分册之一。有机磷化合
泛应用于国民经济的各个
绿色合成方法也是人们一
了有机磷化合物的合成、有
包括：从单质磷直接构筑
合成；三价磷试剂参与的有
应用；叔膦作为有机小分子催
成中的应用；手性磷（膦）酸
对称合成中的应用；从简单易
反应。
科、医药、环境、农药、生命科
科研人员参考阅读。

（CIP）数据
：合成、反应及应用 / 贺峥杰等编著.
出版社，2025. 7. --（磷科学前沿与技
BN 978-7-122-47811-5
Ⅰ
本馆CIP数据核字第20251M61T3号

华
夏
宇

学工业出版社
北京市东城区青年湖南街13号 邮政编码100011）
北京建宏印刷有限公司
000mm 1/16 印张40½ 彩插1 字数565千字
月北京第1版第1次印刷

：010-64518888
：010-64518899
：http://www.cip.com.cn
本书，如有缺损质量问题，本社销售中心负责调换。

价：358.00元 

"十四五"时期国家重点出
出版专项

## 内容简介

本书为"磷科学前沿与技术丛书"
物作为农药、医药和各种功能材料广
领域，因此有机磷化合物相关的高效
直关注的研究方向。本书主要介绍了
机反应以及在有机合成中的应用，
P—C键的方法及有机磷化合物的
机合成反应及其在有机合成中的应
化剂所促进的反应及其在有机合
催化的不对称合成反应及其在不
得的磷试剂构建P—C键的合成
本书适合化学、化工、材
学及相关专业高等院校师生、


**图书在版编目**
有机磷化合物
北京：化学工业
术丛书）. -- IS
Ⅰ. TQ265.
中国国家版

责任编辑：曾照华
责任校对：宋
装帧设计：王晓

出版发行：化
（

印 装：
710mm×1
2025年12

购书咨询
售后服务
网 址
凡购买

定

# 磷科学前沿与技术丛书
# 编委会

# 丛书序

FOREWORD

磷是构成生命体的基本元素，是地球上不可再生的战略资源。磷科学发展至今，早已超出了生命科学的范畴，成为一门涵盖化学、生物学、物理学、材料学、医学、药学和海洋学等学科的综合性科学研究门类，在发展国民经济、促进物质文明、提升国防安全等诸多方面都具有不可替代的作用。本丛书希望通过“磷科学”这一科学桥梁，促进化学、化工、生物、医学、环境、材料等多学科更高效地交叉融合，进一步全面推动“磷科学”自身的创新与发展。

国家对磷资源的可持续及高效利用高度重视，国土资源部等部委于2016年发布《全国矿产资源规划（2016—2020年）》，明确将磷矿列为24种国家战略性矿产资源之一，并出台多项政策，严格限制磷矿石新增产能和磷矿石出口。本丛书重点介绍了磷化工节能与资源化利用。

针对与农业相关的磷化工凸显的问题，如肥料和农药的过量施用、结构失衡等，国家也已出台政策，推动肥料和农药减施增效，为实现化肥农药零增长“对症下药”。本丛书对有机磷农药合成与应用方面的进展及磷在农业中的应用与管理进行了系统总结。

相较于磷化工在能源及农业领域所获得的关注度及取得的成果，我们对精细有机磷化工的重视还远远不够。白磷活化、黑磷在催化新能源及生物医学方面的应用、新型无毒高效磷系阻燃剂、手性膦配体的设计与开发、磷手性药物的绿色经济合成新方法、从生命原始化学进化过程到现代生命体系中系统化的磷调控机制研究、生命起源之同手性起源与密码子起源等方面的研究都是今后值得关注的磷科学战略发展要点，亟需我国的科研工作者深入研究，取得突破。

本丛书以这些研究热点和难点为切入点，重点介绍了磷元素在生命起源过程和当今生命体系中发挥的重要催化与调控作用；有机磷化合物的合成、非手性膦配体及手性膦配体的合成与应用；计算磷化学领域的重要理论与新进展；磷元素在新材料领域应用的进展；含磷药物合成与应用。

本丛书可以作为国内从事磷科学基础研究与工程技术开发及相关交叉学科的科研工作者的常备参考书，也可作为研究生及高年级本科生等学习磷科学与技术的教材。书中列出大量原始文献，方便读者对感兴趣的内容进行深入研究。期望本丛书的出版能吸引并培养一批青年科学家加入磷科学基础研究这一重要领域，为国家新世纪磷战略资源的循环与有效利用发挥促进作用。

最后，对参与本套丛书编写工作的所有作者表示由衷的感谢！丛书中内容的设置与选取未能面面俱到，不足与疏漏之处请读者批评指正。

2023 年 1 月

# 前言 PREFACE

有机磷化合物作为有机合成试剂、配体以及有机小分子催化剂在有机合成中发挥着独特而广泛的作用。著名的 Wittig 反应、Mitsunobu 反应、Staudinger 反应等无疑代表了应用广泛的经典有机合成反应，且与之相关的研究仍在不断地扩展其在有机合成中的应用范围。如今，有机磷试剂的新反应仍然广受关注，相关研究继续取得令人鼓舞的新进展。有机磷化合物，特别是三价膦化合物具有优良的、可调控的配位能力，通过设计合成新的膦配体来实现高度立体选择性的有机反应是探索不对称合成的重要手段，由此膦配体已成为支撑过渡金属不对称催化的基石。近二十年来，随着有机小分子催化快速发展成为继酶催化和金属催化之后的第三类催化模式，以叔膦和有机磷（膦）酸为代表的有机磷化合物也显示出优良的小分子催化性能，已成为有机催化中广受关注的催化剂类型，涌现了大量有机磷化合物催化的有机新反应，有力地促进了有机合成方法学的发展。

有机磷化合物作为农药、医药和各种功能材料广泛应用于国民经济的各个领域，因此有机磷化合物的高效绿色合成方法也是有机化学家一直关注的研究方向。近年来研究工作主要集中在两个方向：一个是以简单易得的有机磷试剂为原料，通过高效、绿色的途径实现功能有机磷化合物的合成；另一个是从最基本的磷单质（白磷）出发，通过白磷的活化手段，从源头上实现有机磷化合物的原子经济性合成。其中最活跃的核心研究课题是关于 P—C 键的有效构建方法，并取得了长足的进展。

本书在内容上主要涵盖有机磷化合物的合成、新反应、叔膦催化、手性有机磷酸催化及有机磷化合物在合成上的应用，重点围绕“磷与合成化学”主题，总结了相关研究领域的最新进展。本书共分 6 章，绪论部分主要介绍有机磷化学发展进程，有机磷化合物的分类、命名及应用；第 1 章主要总结了从单质磷直接构筑 P—C 键的方法及有机磷化合物的合成；第 2 章主要总结了三价磷试剂参与的有机合成反应及其在有机合成中的应用；第 3 章主要总结了叔膦作为有机小分子催化剂所促进的反应及其在有机合成中的应用；第 4 章主要总结了手性磷（膦）酸催化的不对称合成反应及其在不对称合成中的应用；第 5 章主要总结了从简单易得的磷试剂构建 P—C 键的合成反应。全书在内容选取上较好地贯彻了“独创性、先进性、系统性和实用性”的编写原则，重点介绍了有机磷化合物的合成、反应及其在有机合成中的应用等方面的前沿研究成果，是一本适合从事有机磷化学研究的学者和研究生的有益专业书籍。

本分册的编写由下列人员完成：贺峥杰（第 0、2 章，南开大学），徐四龙、李冬秋（第 1 章，西安交通大学），黄有（第 3 章，南开大学），周正洪（第 4 章，南开大学），陈铁桥（第 5 章，海南大学），上述编写人员课题组学生也以不同的方式参与了编写工作，同时得到了众多同行专家的大力帮助，在此一并表示由衷感谢！

由于篇幅限制，本书在内容选择上一定存在不少遗漏，同时限于作者水平和时间，不妥之处在所难免，殷切期望广大读者给予批评指正。

编著者

2025 年 6 月

# 目录 CONTENTS


0 **绪论** **001**

0.1 有机磷化学发展史简介 002

0.2 有机磷化合物的分类与命名 003

0.3 有机磷化合物的应用与发展趋势 007

参考文献 009

1 **从单质磷直接构筑 C—P 键及有机磷化合物的合成** **011**

1.1 白磷与主族金属的亲核加成反应 013

1.2 过渡金属介导的白磷官能团化形成 P—C 键 020

1.3 白磷的光催化官能团化形成 P—C 键 024

1.4 卡宾介导的白磷官能团化合成有机磷化合物 026

1.5 自由基介导的 P—C 键形成 030

1.6 白磷的电化学活化：获取有机磷化合物的另一种方法 032

1.7 由红磷出发直接合成有机磷化合物 034

1.8 黑磷活化直接合成有机磷化合物 040

参考文献 042

2 **化学计量磷试剂参与的反应** **049**

2.1 Wittig 反应 050

2.1.1 化学计量磷试剂参与的 Wittig 反应 051

2.1.2 化学计量磷试剂参与的 aza-Wittig 反应 058
2.1.3 化学计量还原剂参与的 Wittig 反应 059
2.1.4 化学计量还原剂参与的 aza-Wittig 反应 063
2.1.5 基于 Wittig 反应的其他反应 063
2.2 Mitsunobu 反应 069
2.2.1 机理 070
2.2.2 改进的 Mitsunobu 反应 071
2.2.3 应用实例 073
2.3 Appel 反应 083
2.3.1 机理及改进 084
2.3.2 合成中的应用 086
2.3.3 其他包含 Appel 反应的合成 096
2.4 Staudinger 反应 097
2.4.1 Staudinger 还原反应的机理及适用范围 097
2.4.2 普通 Staudinger 连接反应及机理 099
2.4.3 无痕 Staudinger 连接反应及机理 100
2.4.4 Staudinger-亚磷酸酯及 Staudinger-亚膦酸酯反应及机理 102
2.4.5 应用实例 104
2.5 Huisgen 内盐的环化反应 109
2.5.1 早期研究 109
2.5.2 与醛、酮的环化反应 110
2.5.3 与缺电子烯烃的环化反应 114
2.5.4 与亚胺的环化反应 118
2.5.5 与其他亲电底物的环化反应 119
2.5.6 总结与展望 121
2.6 Kukhtin-Ramirez 加合物的反应 121
2.6.1 插入反应 122
2.6.2 [1+2] 环化反应 126
2.6.3 [1+4] 环化反应 130

2.6.4 其他反应 134
参考文献 134

3 叔膦催化的反应 149

3.1 叔膦催化的 Rauhut-Currier 反应 154
3.1.1 叔膦催化的分子间 RC 反应 154
3.1.2 叔膦催化的分子内 RC 反应 162
3.1.3 叔膦催化的 RC 反应引发的串联反应 169
3.1.4 叔膦催化的 RC 反应机理研究 176
3.2 叔膦催化的 Morita-Baylis-Hillman 反应 181
3.2.1 叔膦催化的首例 MBH 反应 181
3.2.2 参与叔膦催化的 MBH 反应的含不饱和碳碳键化合物 182
3.2.3 叔膦催化的亚胺参与的 MBH 反应 185
3.2.4 叔膦催化的不对称 MBH 反应 186
3.3 叔膦催化的加成反应 199
3.3.1 叔膦催化的对活化烯烃的 Michael 加成反应 199
3.3.2 叔膦催化的联烯酸酯的加成反应 215
3.3.3 叔膦催化的 MBH 醇衍生物的烯丙基化反应 230
3.3.4 叔膦催化的对缺电子炔烃的加成反应 236
3.4 叔膦催化的环化反应 249
3.4.1 叔膦催化的 2,3-丁二烯酸酯的环化反应 250
3.4.2 叔膦催化的$\alpha$-烷基取代联烯酸酯的环化反应 275
3.4.3 叔膦催化的$\beta'$-OAc 取代联烯酸酯的环化反应 289
3.4.4 叔膦催化的$\gamma$-烷基取代联烯酸酯的环化反应 295
3.4.5 叔膦催化的$\gamma$-烯基取代联烯酸酯的环化反应 306
3.4.6 叔膦催化的其他$\delta$-取代联烯酸酯的环化反应 308
3.4.7 叔膦催化的 MBH 醇衍生物的环化反应 312
3.4.8 叔膦催化的炔酮的环化反应 338

3.5 叔膦催化的其他反应 345
参考文献 348

4 手性磷酸催化剂 377

4.1 Mannich 反应以及插烯 Mannich（Vinylogous Mannich）反应 378
4.2 Friedel-Crafts 烷基化反应 385
4.2.1 吲哚的 F-C 烷基化 385
4.2.2 吡咯的 F-C 烷基化 395
4.2.3 呋喃的 F-C 烷基化 398
4.2.4 萘酚的 F-C 烷基化 399
4.2.5 其他富电子芳环的 F-C 烷基化 400
4.3 hetero-Diels-Alder 反应 400
4.3.1 aza-Diels-Alder 反应 401
4.3.2 oxa-Diels-Alder 反应 406
4.3.3 其他杂-Diels-Alder 反应 408
4.4 Diels-Alder 反应 408
4.5 Strecker 反应 410
4.6 Pictet-Spengler 反应 411
4.7 酮的还原胺化反应 417
4.8 转移氢化反应 419
4.8.1 亚胺的转移氢化 420
4.8.2 $\alpha$- 亚胺酯的转移氢化 426
4.8.3 喹啉衍生物的转移氢化 427
4.8.4 邻菲咯啉衍生物的转移氢化 430
4.8.5 吡啶衍生物的转移氢化 430
4.8.6 苯丙噁嗪（酮）、苯并噻嗪的转移氢化 431
4.8.7 喹喔啉（酮）的转移氢化 432

4.8.8 其他化合物的转移氢化 433
4.9 ene 反应 435
4.10 亚胺的亲核加成反应 438
4.10.1 磷亲核试剂 439
4.10.2 氮亲核试剂 440
4.10.3 氧亲核试剂 442
4.10.4 硫亲核试剂 443
4.10.5 碳亲核试剂 443
4.11 Aldol 反应 447
4.12 Biginelli 反应 448
4.13 Ugi 反应 450
4.14 Nazarov 环化反应 452
4.15 aza-Darzen 反应 453
4.16 Michael 加成反应 453
4.16.1 碳亲核试剂 454
4.16.2 氮亲核试剂 457
4.16.3 氧亲核试剂 460
4.16.4 硫亲核试剂 460
4.17 Bayer-Villiger 氧化反应 461
4.18 环氧化反应 462
4.19 开环反应 463
4.20 1,3- 偶极环加成 466
4.21 串联环化反应 469
4.22 醛的烃硼化反应 482
4.23 烯烃的 1,2- 双官能化反应 486
4.24 羰基化合物的 $\alpha$- 官能化 492
4.25 缩合反应 497

4.26 去对称化反应 500
4.27 不对称质子化 503
4.28 分子内氢胺化 505
4.29 动力学拆分 507
4.30 去芳构化反应 509
4.31 重排反应 514
4.31.1 aza-Petasis-Ferrier 重排 514
4.31.2 Piancatelli 重排 515
4.31.3 Cloke-Wilson 重排 515
4.31.4 Pinacol 重排及其相关重排 516
4.31.5 [3,3]-diaza-Cope 重排 517
4.31.6 aza-Cope 重排 520
4.32 其他反应 521
参考文献 536

**5 含 P—C 键有机磷化合物的合成 565**

5.1 含 P—C 键有机磷化合物的合成概述 566
5.2 Hirao 偶联反应 567
5.2.1 C—X/P(O)—H 交叉偶联 567
5.2.2 C—Z(Z=O，S，N 等)/P(O)—H 交叉偶联 573
5.3 交叉脱氢(CDC)偶联反应 581
5.3.1 构建 spC—P 键 581
5.3.2 构建 $sp^2$C—P 键 583
5.3.3 构建 $sp^3$C—P 键 586
5.4 炔烃和烯烃的氢磷酰化反应 587
5.4.1 炔烃的氢磷酰化反应 587
5.4.2 烯烃的氢磷酰化反应 596

5.5 磷酰基自由基参与的反应 599
5.5.1 磷酰基自由基与烯烃的双官能团化反应 600
5.5.2 磷酰基自由基与炔烃的双官能团化反应 603
5.5.3 磷酰基自由基的其他反应 608
5.6 其他 609
5.6.1 脱水偶联的磷酸化反应 609
5.6.2 脱羰 / 脱羧过程的磷酸化反应 615
参考文献 622

**索引 629**

# 0

# 绪论

0.1 有机磷化学发展史简介

0.2 有机磷化合物的分类与命名

0.3 有机磷化合物的应用与发展趋势

# 0.1

# 有机磷化学发展史简介[1,2]

自 1669 年德国人 Henning Brandt 在寻找点金石的活动中偶然发现磷元素，从此开启了人们对磷化学的研究。作为专门研究含 P—C 键化合物和有机磷酸衍生物的一门学科，有机磷化学的发展始于 19 世纪初期，有关有机磷化合物的研究最早记载于 1820 年。早期的研究主要涉及三价磷和五价磷化合物，研究工作比较零散，但奠定了有机磷化学的基础。1846 年法国人 Thernard 利用氯甲烷与磷化钙反应制备出甲膦、二甲膦、三甲膦的混合物，所得膦氢化合物均在空气中自燃，这一工作标志着 P—C 键化学的开始。在 1874 年至 1916 年期间，德国 Michaelis 小组完成了一系列开创性的有机磷化学研究工作，涵盖多种含有 P—X(X = C，O，S，N，卤素)键的有机磷化合物，其中部分有机磷化合物的合成方法目前仍在采用。例如，苯与三氯化磷反应制备苯基二氯化膦，该反应几经改进，目前仍在工业上应用；又如以亚磷酸酯的钠盐和卤代烷为原料制备膦酸酯的 Michaelis-Becker 反应，反应中 P(Ⅲ)经重排过程转变为 P(Ⅴ)，提供了制备有机膦酸酯的重要方法。俄国化学家 Arbusov 及其研究团队在同一时期对早期有机磷化学的发展同样做出了突出的贡献，他们重点研究了脂肪族 C—O—P 键化合物，发展了许多有机磷化合物的制备方法，探索了有机磷化合物的重排、异构化、立体化学等理论课题，确定了亚磷酸酯的化学结构，并发展了著名的 Arbusov 重排反应，该反应至今仍是合成膦酸酯的常用方法。

Thernard

$$CH_3Cl + Ca_3P_2 \xrightarrow[\triangle]{\text{封管}} (CH_3)_3P + (CH_3)_2PH + CH_3PH_2 + (CH_3)_2P-P(CH_3)_2$$

Michaelis

$$PCl_3 + C_6H_6 \xrightarrow[\triangle]{500^{\circ}C} C_6H_5PCl_2 + HCl$$

Michaelis-Becker反应

$$(RO)_2PONa + R'X \longrightarrow (RO)_2P(=O)-R' + NaX$$

R, R′ = 烷基；X = 卤素

Arbusov重排反应

$$(RO)_3P \; + \; R'X \longrightarrow (RO)_2\overset{\overset{\large O}{\|}}{P}-R' \; + \; RX$$

R, R′ = 烷基；X = 卤素

从第二次世界大战结束至20世纪60年代，随着有机磷（膦）酸酯杀虫剂的发现，不仅开启了有机磷农药的新时代，而且极大地激发了世界各国科学家对有机磷化合物的研究兴趣。据不完全统计，这个时期合成的有机磷化合物相当于此前过去100年的总数，有机磷化学经历了一个蓬勃发展的时期。同时，在20世纪60年代以后，随着光谱检测技术的日益成熟，特别是核磁共振（NMR）手段的运用，进一步促进了有机磷化学的相关研究活动，使基础理论和实际应用研究进一步向深度和广度发展。例如，一系列低配位（一、二配位）和高配位（五、六配位）有机磷化合物相继被合成和表征，显著扩展了有机磷化合物的类型；天然有机磷酸衍生物在生命体系中发挥着重要的功能，例如人体每天的生命活动需要利用等同于体重的能量物质三磷酸腺苷（adenosine triphosphate，ATP），这些功能的发现逐步揭示了有机磷化合物在生命科学中的重要性；再如1954年报道的Wittig烯化反应，开辟了有机磷化合物在有机合成中的应用先河。总之，直至20世纪中后期，有机磷化学才逐步发展成为一门独立的学科。

# 0.2

# 有机磷化合物的分类与命名[1-3]

随着不同结构的有机磷化合物数目的不断增加，有机磷化合物的合理分类和命名就变得十分必要。为了初学者的方便，在此简要介绍一种常用的分类方法和基本的命名规则。

正如前文中提及的那样，有机磷化合物通常可以按照配位数（coordination number）来进行分类。所谓配位数就是指有机磷化合物分子中与磷原子直接键合的原子个数，也可以指磷原子与其他原子间所形成的σ键个数，用希腊字母σ加上表述个数的阿拉伯数字上标来表示，例如，$PPh_3$属于三配位磷化合物，表示为$\sigma^3$。

若要准确描述有机磷化合物分子中磷原子的成键状态，除了配位数外，还需要标明磷原子的成键数，包含 σ 键和 π 键，用希腊字母 λ 加上表述成键个数的阿拉伯数字上标来表示，例如，完整表示 $PPh_3$ 分子中磷原子的成键状态为 $\sigma^3$，$\lambda^3$。根据磷原子成键状态对有机磷化合物进行分类是目前普遍采用的通用方法。表 0-1 采用这一方法示例了代表性有机磷化合物的分类。

**表0-1　代表性有机磷化合物的分类**

| 键合状态 | 有机磷化合物 | 中、英文名称 |
| --- | --- | --- |
| | 一配位磷化合物 | |
| $\sigma^1$，$\lambda^1$ | R—P | phosphinidenes，磷宾 |
| $\sigma^1$，$\lambda^3$ | R—C≡P | phosphaalkynes，磷杂炔 |
| | 二配位磷化合物 | |
| $\sigma^2$，$\lambda^3$ | $R_2C$═PR | phosphaalkenes，磷杂烯 |
| | RP═O | oxophosphines，氧代膦 |
| | RP═S | thioxophosphines，硫代膦 |
| | RP═NR′ | iminophosphines，亚氨基膦 |
| | RP═PR | diphosphenes，双磷杂烯 |
| | 三配位磷化合物 | |
| $\sigma^3$，$\lambda^3$ | $R_3P$ | phosphines，膦 |
| | $RPX_2$ | alkylphosphonous dihalides，烷基亚膦酸二卤化物 |
| | $R_2PX$ | dialkylphosphinous halides，二烷基次亚膦酸卤化物 |
| | $RP(OR)_2$ | dialkyl phosphonites，亚膦酸二烷基酯 |
| | 三配位磷化合物 | |
| $\sigma^3$，$\lambda^5$ | $(RO)_3P$ | trialkyl phosphites，亚磷酸三烷基酯 |
| | R—$PO_2$ | dioxophosphoranes，二氧代膦烷 |
| | RO—$PO_2$ | alkyl metaphosphates，偏磷酸烷基酯 |
| | RP(O)(═$CH_2$) | methyleneoxophosphoranes，甲亚基氧代膦烷 |
| | RP(═$CR_2$)$_2$ | bis(methylene)phosphoranes，双甲亚基膦烷 |
| | 四配位磷化合物 | |
| $\sigma^4$，$\lambda^5$ | $RP(O)(OH)_2$ | phosphonic acids，膦酸 |
| | $R_2P(O)OH$ | phosphinic acids，次膦酸 |
| | $R_3PO$ | phosphine oxides，氧化膦 |
| | RO—$P(O)(OH)_2$ | alkyl phosphates，磷酸单烷基酯 |
| | $(RO)_2P(O)OH$ | dialkyl phosphates，磷酸二烷基酯 |
| | $(RO)_3PO$ | trialkyl phosphates，磷酸三烷基酯 |
| | 五配位磷化合物 | |
| $\sigma^5$，$\lambda^5$ | $R_5P$ | phosphoranes，膦烷 |
| | 六配位磷化合物 | |
| $\sigma^6$，$\lambda^6$ | $Ph_6P^-$ | hexaphenylphosphate anion，六苯基膦酸阴离子 |

注：分子结构代表了一类化合物；同时，除表中所列名称外也可能存在其他合理的命名。

有机磷化合物采用配位数来归属其结构特征，但同时也常用化合价来描述其结构。例如，人们常用 P(Ⅲ)和 P(Ⅴ)来分别表示三价磷和五价磷化合物，其中罗马数字Ⅲ和Ⅴ应该理解为三价(trivalent)和五价(pentavalent)，而不应该理解为通常意义的氧化态。有机磷化学不采用氧化数来表征磷原子的成键状态。例如，三配位有机磷化合物，如亚磷酸三烷基酯 $P(OR)_3$ 和磷烷 $PH_3$，均可归属为三价磷 P(Ⅲ)化合物；若按照常规的氧化数计算方法，前者 P 原子氧化数为 +3，后者则为 −3。

有机磷化合物的命名需要遵循 IUPAC 制定的规则[3]，与普通有机化合物的命名相比，有其特殊性。对于新进入有机磷化学领域的研究工作者，掌握有机磷化合物的基本命名规则将十分有益于在该领域开展研究工作。有机磷化合物的中文命名在陈茹玉和李玉桂合编的《有机磷化学》一书中有较为详细的介绍[1]，但距今已超过四十年。下面将选取代表性的有机磷化合物为例，简要总结有机磷化合物的中、英文命名规则。需要特别指出的是，对于特定结构的有机磷化合物，有可能存在并非唯一的、合理的中、英文名称。

膦及其衍生物的命名相对简单，首先将磷原子上的取代基按照英文名称首字母顺序列出取代基名称作为前缀，然后加上母体名称膦或膦的衍生物即可。根据 2017 年中国化学会制定的《有机化合物命名原则》精神，中文名称尽可能与英文名称保持一致，因此有机磷化合物的中文命名尽可能按照英文名称进行“直译”。若将分子中含磷部分当作取代基，则下列取代基的中、英文名称分别为：$R_2P$—，dialkylphosphino，二烷基膦基；$R_2P(O)$—，dialkylphosphinoyl，二烷基次膦酰基；$R_2P(S)$—，dialkylthiophosphinoyl，二烷基硫代次膦酰基。

鏻盐的命名与膦类似。先将磷原子上的取代基名称按照英文首字母顺序列出作为前缀，然后加上鏻盐母体名字。若将含磷部分当作取代基，则可按照如下示例进行命名：$R_3P^+$，trialkylphosphonio，三烷基鏻基。

代表性的膦和鏻盐的中、英文命名如下：

| | | |
|---|---|---|
| $PH_3$ | phosphine | 膦 |
| $Me_3P$ | trimethylphosphine | 三甲(基)膦 |
| $EtMe_2P$ | ethyldimethylphosphine | 乙基二甲基膦 |
| $Me_3PO$ | trimethylphosphine oxide | 三甲(基)膦氧化物 |
| $Me_3PS$ | trimethylphosphine sulfide | 三甲(基)膦硫化物 |

| | | |
|---|---|---|
| $Me_4P^+Br^-$ | tetramethylphosphonium bromide | 四甲基溴化鏻 |

磷(膦)酸母体的命名不仅与磷原子的价态相关，而且与分子中C—P或H—P键的个数相关。五价磷(膦)酸以“ic”为后缀；三价亚磷(膦)酸以“ous”为后缀。同时，含一个C—P或H—P键称为膦酸，英文名中带有内缀“-on-”；含两个C—P或H—P键称为次膦酸，英文名中带有内缀“-in-”。

| | | |
|---|---|---|
| $P(O)(OH)_3$ | phosphoric acid | 磷酸 |
| $P(OH)_3$ | phosphorous acid | 亚磷酸 |
| $MeP(O)(OH)_2$ | methylphosphonic acid | 甲基膦酸 |
| $Me_2P(O)(OH)$ | dimethylphosphinic acid | 二甲基次膦酸 |
| $MeP(OH)_2$ | methylphosphonous acid | 甲基亚膦酸 |
| $Me_2P(OH)$ | dimethylphosphinous acid | 二甲基次亚膦酸 |

磷(膦)酸衍生物包括酯、酰胺和酰卤等。简单衍生物的命名以磷(膦)酸母体名称为基础，再加上合适的前缀和后缀。例如五价磷(膦)酸酯加上“ate”后缀；三价亚磷(膦)酸酯加上“ite”后缀。带有多种取代基的磷(膦)酸衍生物的命名中，常需要采用合适的内缀来标明不同的取代基情形，这些常见的内缀包括amid或amido(氨基)、hydrazid(o)(肼基)、fluorid(o)(氟代)、chlorid(o)(氯代)、bromid(o)(溴代)、cyanid(o)(氰基)、thio(硫代)、seleno(硒代)等。不同的内缀同时出现时，则需要按照首字母顺序来确定它们的先后顺序。代表性的磷(膦)酸衍生物的命名例子如下：

| | | |
|---|---|---|
| $P(O)(OR)_3$ | trialkyl phosphate | 磷酸三烷基酯 |
| $P(OR)_3$ | trialkyl phosphite | 亚磷酸三烷基酯 |
| $P(O)(NMe_2)_3$ | hexamethyl phosphoric triamide | 六甲基磷酰三胺 |
| $P(NMe_2)_3$ | hexamethyl phosphorous triamide 或 tris(dimethylamino)phosphine | 六甲基亚磷酰三胺或三(二甲氨基)膦 |
| $MeP(O)Cl_2$ | methylphosphonic dichloride | 甲基膦酰二氯 |
| $MeP(O)(OR)_2$ | dialkyl methylphosphonate | 甲基膦酸二烷基酯 |
| $MeP(OR)_2$ | dialkyl methylphosphonite | 甲基亚膦酸二烷基酯 |
| $MePCl_2$ | methylphosphonous dichloride | 甲基亚膦酰二氯 |

| | | |
|---|---|---|
| $P(O)(OR)_2Cl$ | *O*, *O*-dialkyl phosphorochloridate | *O*, *O*-二烷基氯代磷酸酯 |
| $P(O)(OMe)(Me_2N)Cl$ | *O*-methyl-*N*, *N*-dimethyl phosphoramidochloridate | *O*-甲基-*N*, *N*- 二甲基氯代磷酰胺酯 |
| $MeP(O)(OMe)(NMe_2)$ | *O*-methyl-*N*, *N*-dimethyl methylphosphonamidate | *O*-甲基-*N*, *N*- 二甲基甲基膦酰胺酯 |
| $MeP(SEt)Cl$ | *S*-ethyl methylphosphonochloridothioite | *S*-乙基氯代甲基硫代亚膦酸酯 |
| $Me_2P(OR)$ | *O*-alkyl dimethylphosphinite | *O*-烷基二甲基次亚膦酸酯 |
| $P(S)(OMe)BrCl$ | *O*-methyl thiophosphorobromidochloridate | *O*-甲基溴代氯代硫代磷酸酯 |

低配位和高配位有机磷化合物的命名可参见表 0-1 中所列的实例。五配位磷化合物可作为膦烷($PH_5$)衍生物进行命名，取代氢的基团可按照英文首字母顺序作为前缀给出，然后加上母体名磷(膦)烷(phosphorane)。

以上只是介绍了有机磷化合物的基本命名规则，详细的、涵盖更多化合物类型的命名建议参考 IUPAC 命名规则[3]。

# 0.3

# 有机磷化合物的应用与发展趋势[2,4]

有机磷化合物的分类和命名直观地反映出有机磷化合物具有丰富多样的结构类型，尤其是与元素周期表中与其相邻的 N、S 元素相比，有机磷化合物明显拥有更多样的化合物结构类型，并由此赋予了有机磷化合物丰富的化学转化和广泛的用途。同时，有机磷化学的相关研究一直是化学领域中深受人们关注且富有成果的研究方向，相关研究活动不断揭示有机磷化合物的新用途。

目前，有机磷化合物已广泛应用于社会生活的诸多方面，按用途大致可分为如下几类：有机磷农用化学品，包括杀虫剂、杀菌剂、除草剂和植物生长调节剂；有机磷医药；有机磷合成试剂、催化剂和配体；以及各种具有特殊用途的有机磷功能材料，包括阻燃剂、增塑剂、稀土金属的萃取剂、防腐剂等。

自从第一个具有杀虫活性的有机磷化合物被发现以来，人们对有机磷农药的研究和应用就一直没有停歇，已商品化的有机磷农药超过300个品种，涵盖杀虫剂、杀菌剂、除草剂和植物生长调节剂。目前有机磷农药仍是农药品种中重要的一类，在世界范围内仍在应用的有机磷农药商品达上百种。其中，有机磷除草剂已成为全球应用量最大、应用最广的一类农药，而我国已成为除草剂草甘膦全球最大的生产和出口国。在21世纪之前，我国使用的农药中大部分是有机磷农药，有机磷农药对保证我国粮食安全发挥了重要的作用。进入21世纪，发展高效、低毒、环保的绿色农药已成为全社会对农药产业的要求，针对传统有机磷农药的安全性问题，创制对人类和环境友好的有机磷农药新品种已成为农药工作者努力的方向。

含磷药物在医药领域有着广泛的应用，其使用范围涵盖抗癌、抗病毒、抗骨质疏松、抗菌、强心、降压、酶抑制剂和麻醉等方面。目前已有70多种含磷药物获准上市，同时仍有数十种含磷新药进入临床研究阶段。近年来，引人注目的磷酰胺类抗丙肝药物索非布韦和抗乙肝药物替诺福韦艾拉酚胺等重磅药物的成功上市，大大激发了科学家对含磷药物的研究兴趣，含磷药物的研发迎来了新的契机。

有机磷化合物作为有机合成试剂、配体以及有机小分子催化剂在有机合成中发挥着独特而广泛的作用。著名的Wittig反应、Mitsunobu反应、Staudinger反应等无疑代表了应用广泛的经典有机合成反应，且与之相关的研究仍在不断地扩展其在有机合成中的应用范围。如今，有机磷试剂的新反应仍然广受关注，相关研究继续取得令人鼓舞的新进展。有机磷化合物，特别是三价膦化合物具有优良的、可调控的配位能力，通过设计合成新的膦配体来实现高度立体选择性的有机反应是探索不对称合成方法的重要手段，由此膦配体已成为支撑过渡金属不对称催化的基石。尽管早在20世纪60年代就报道了几例三价膦催化的有机反应，但并未引起人们的重视。直到最近二十年来，随着有机小分子催化快速发展成为继酶催化和金属催化之后的第三类催化模式，以叔膦和有机磷(膦)酸为代表的有机磷化合物也显示出优良的小分子催化性能，已成为有机催化中广受关注的催化剂类型，相关课题的研究取得了令人瞩目的进展，涌现了大量有机磷化合物催化的有机新反应，有力地促进了有机合成方法学的发展。

有机磷化合物作为农药、医药和各种功能材料广泛应用于国民经济的各个领域，因此有机磷化合物本身的高效绿色合成方法也是有机化学家一直关注的研究方向。近年来研究工作主要集中在两个方向：一是以简单易得的有机磷试剂为原料，通过高效、绿色的途径实现功能有机磷化合物的合成；另一方向是从最基本的磷单质(白磷)出发，通过白磷的活化手段，从源头上实现有机磷化合物的原子经济性合成。其中最活跃、最具挑战性的核心研究课题是关于 P—C 键的有效构建方法，并取得了长足的进展。

21 世纪的合成化学应该是“注重经济、安全、环境友好以及节省能源和资源的完美合成化学”，这已成为化学家的共识。以传统的、不够完善的合成方法为主导的化学工业在为人类创造新物质的同时，也给人类赖以生存的环境带来了严重的污染。为从源头上减少和消除污染，加强对人类生态环境的保护，促进社会可持续发展，发展“完美合成化学”便成为 21 世纪合成化学的研究目标。充分利用有机磷化合物在合成化学中所发挥的关键作用和广泛用途，探索有机磷化合物参与的新反应和新合成方法，不仅有力地促进了有机合成方法学的发展，成为合成化学家关注的研究方向，而且也促进了有机磷化学学科的发展，成为有机磷化学学科领域中活跃的研究方向。

本书围绕“磷与合成化学”这一主题，选择有机磷化合物的合成、化学计量磷试剂参与的新反应、叔膦催化和手性磷酸催化这四个活跃的研究方向，总结了相关研究的最新进展，包括有机磷试剂参与的新反应和新方法在有机合成中的应用，相关研究方向的进展涵盖了 2020 年前后的文献报道。

## 参考文献

[1] 陈茹玉，李玉桂 . 有机磷化学 . 北京：高等教育出版社，1987.
[2] Quin L D. A guide to organophosphorus chemistry. John Wiley & Sons, 2000.
[3] Rigaudy J P, Klesney S P. Nomenclature of organic compounds. Oxford: Pergamon Press, 1979.
[4] 中国科学院 . 磷科学 . 北京：科学出版社，2022.

# 1

# 从单质磷直接构筑C—P键及有机磷化合物的合成

1.1 白磷与主族金属的亲核加成反应

1.2 过渡金属介导的白磷官能团化形成 P—C 键

1.3 白磷的光催化官能团化形成 P—C 键

1.4 卡宾介导的白磷官能团化合成有机磷化合物

1.5 自由基介导的 P—C 键形成

1.6 白磷的电化学活化：获取有机磷化合物的另一种方法

1.7 由红磷出发直接合成有机磷化合物

1.8 黑磷活化直接合成有机磷化合物

含有 C—P 键的化合物是一类常见且重要的有机磷化合物[1]，广泛应用于农用化学品、药剂、阻燃剂、增塑剂、稳定剂、有机合成试剂及催化剂等领域[2]。工业上，将磷矿石还原得到的白磷($P_4$)是生产有机磷化合物的主要磷源[3,4]，其首先与氯气反应生成 $PCl_3$，然后与亲核试剂作用得到有机磷化合物(图 1-1)[5]。例如，工业上采用氯苯与三氯化磷在熔融的钠存在下的高温反应来制备三苯基膦[6]。然而，上述方法需要使用具有强腐蚀性、高毒性的氯气，且后续转化会产生化学计量的卤化物废物。一个理想的方法是直接活化单质磷将其转化为含有 C—P 键的有机磷化合物。近几十年来，随着有机磷化学的发展，有关单质磷的直接官能团化反应大量涌现，取得许多重要研究进展[1,4,5,7-14]。

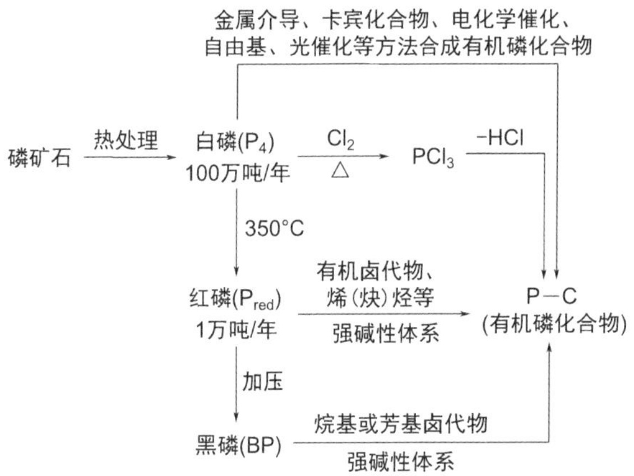


图 1-1　从单质磷制备含 P—C 键有机磷化合物的方法

单质磷有多种同素异形体，包括白磷($P_4$)、红磷($P_{red}$)和黑磷(BP)等。白磷在常压下加热可得到红磷，在高压下加热可制备黑磷。目前，由单质磷直接构建 C—P 键的方法已有不少报道[11,12,14,15]，其中包括白磷与主族金属、过渡金属和卡宾化合物的加成反应，以及通过电化学催化、光催化和自由基反应实现的白磷官能团化反应。反应活性相对较低的红磷和黑磷的活化需要在强碱体系(如 KOH/DMSO、KOH/HMPA、KOH 水溶液 / 相转移催化剂、碱金属 / 液氨 / 叔丁醇)作用下与亲电试剂反应[16,17]。例如，Trofimov-Gusarova 反应[18-21]通过强碱性条件下炔烃、烯烃以及有机卤化物和红磷反应，是制备有机磷化合物的重要方法之一。

# 1.1

# 白磷与主族金属的亲核加成反应

化学家尝试以强亲核试剂对白磷亲核进攻形成 C—P 键，制备含 C—P 键的有机磷化合物。1951 年，Evers 等人[22,23]首次报道了白磷与液氨和金属钠在溴化铵存在下反应，然后用碘甲烷处理以 62% 的产率得到甲基膦化氢（Ⅰ，图 1-2）。1963 年，Rauhut 等人[24]使用苯基锂或正丁基锂与白磷反应，然后用水或卤化物猝灭可分别得到伯膦或叔膦的混合物（Ⅱ，图 1-2），但该反应的选择性和产率（0 ～ 40%）都很低，并且生成大量的氧膦副产物[25]。Trofimov 与 Härer 等人采用白磷与炔基锂（Ⅲ，图 1-2）[26]或叔丁基锂（Ⅳ，图 1-2）[27,28]为底物，以较低的产率（8% ～ 41%）得到含 P—C 键的有机磷化合物。其中大位阻的叔丁基锂可形成四磷杂环丁烷化合物 **1-1/1-1′**（图 1-2），表明空间位阻可调控白磷的降解路径[28]。随后，Fluck 等人[29]证明了大位阻的 2,4,6-三甲基苯基锂（Mes*Li）可进攻白磷中的单个 P—P 键，形成蝶形四磷杂双环[1.1.0]丁烷化合物 **1-2**，并伴随少量二磷烯化合物 **1-3** 的生成（**V**，图 1-2）。

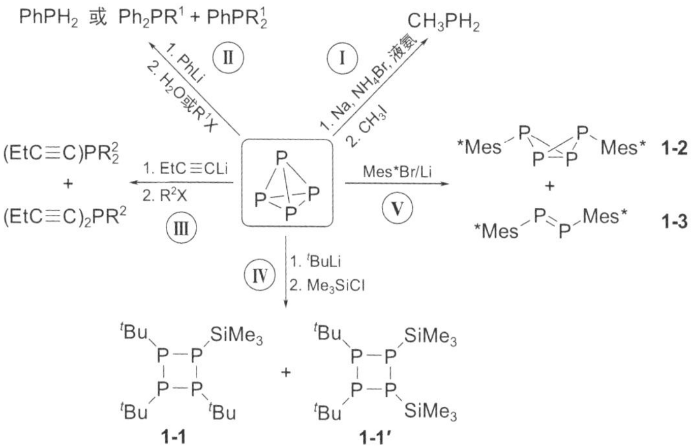


图 1-2　白磷与亲核试剂的反应

白磷与亲核试剂的反应一般是伴随一个 P—P 键裂解，产生高反应性的瞬态双环蝶形阴离子$[RP_4]^-$进行的(路径 A，图 1-3)。接着$[RP_4]^-$在亲核试剂的继续进攻下打开不同的 P—P 键，从而生成不同的产物。

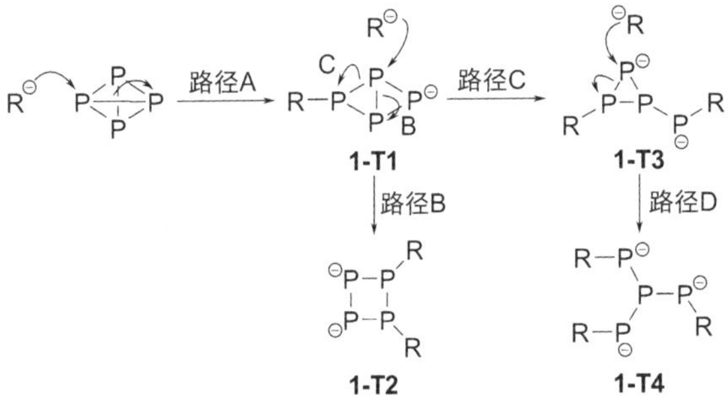


图 1-3　亲核试剂活化白磷的机理

1988 年，Baudler 课题组[30]在 1,2-二甲氧基乙烷中，用钾/萘溶液还原白磷形成 $KHP_4$，并在 −78℃下通过 $^{31}P$ NMR 检测到$[HP_4]^-$阴离子。2014 年，Lammertsma 教授[31]利用大位阻的碳负离子(Ar-Li)作为亲核试剂，在大位阻 Lewis 酸 $B(C_6F_5)_3$ 存在下，成功地分离并表征了 Lewis 酸稳定的芳基 $P_4$ 阴离子结构。Ar-Li 亲核进攻白磷后形成的$[RP_4]^-$蝶形阴离子被 Lewis 酸捕获并形成与硼配位的产物 **1-4**(图 1-4)。由于 P—B 键中的磷原子上有孤对电子，与强 Lewis 酸 $B(C_6F_5)_3$ 配位的 **1-4b** 可以被进一步的官能团化。**1-4b** 与 MeI 作用仅生成 *endo*-甲基化产物 **1-5**，随后 *exo*-P—B 键断裂形成不稳定的双烷基化的 *exo*，*endo*-$R_2P_4$ 蝶形产物 **1-6**。产物 **1-6** 不能被分离纯化，仅能通过 $^1H$ NMR 和 $^{31}P$ NMR 检测并证明其的存在。同时作者指出，如没有 Lewis 酸就不能检测到 2,6-二(2,4,6-三甲基苯基)苯基(Dmp)取代的双环蝶形 $P_4$ 阴离子，仅生成有机多磷化合物，这与 Rauhut 等人的研究结果类似，进一步证明了 Lewis 酸的稳定作用。

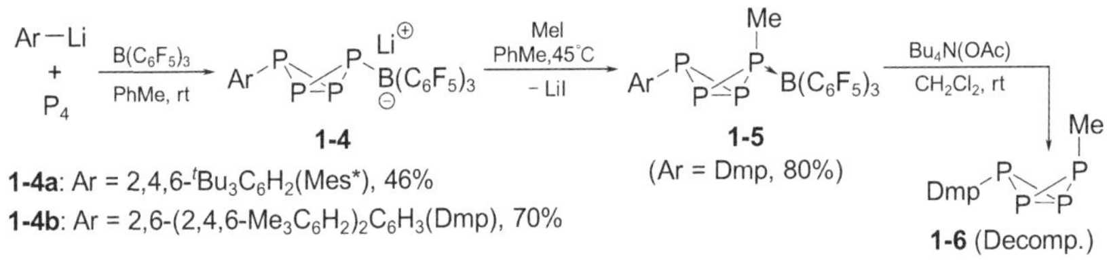


图 1-4　Lewis 酸稳定的$[RP_4]^-$蝶形阴离子的合成以及白磷的双官能团化反应

相反，使用中性的 Lewis 酸 $BPh_3$ 稳定的阴离子 **1-4c** 与 $Ph_3C^+PF_6^-$ 反应直接形成无 Lewis 酸的 *exo*，*exo*-烷基化产物 **1-7**（图 1-5），这主要由于大位阻三苯甲基的空间屏蔽作用使得反应在动力学上是惰性的[32]。

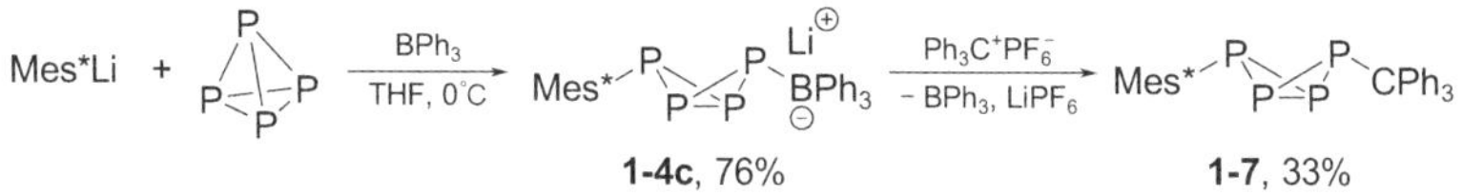


图 1-5 Lewis 酸稳定的芳基 $P_4$ 负离子 **1-4c** 的双官能团化反应

2017 年，Lammertsma 教授[33]发现高反应性的芳基 $P_4$ 负离子 **1-4c** 可在 $P_3$-捕获试剂环己-1,3-二烯（1,3-CHD）存在下，与苯基异氰酸酯或氯化咪唑鎓盐发生"$P_1$+$P_3$"式裂解反应，得到含有 $P_1$ 单元的螺磷酰胺 **1-10** 和卡宾-磷亚基加合物 **1-8** 以及 $P_3$ 单元的有机三磷化合物 **1-9**（$P_1$ 物种：**1-8** 和 **1-10**，$P_3$ 物种：**1-9**，图 1-6），进而构建新颖复杂的有机磷化合物。

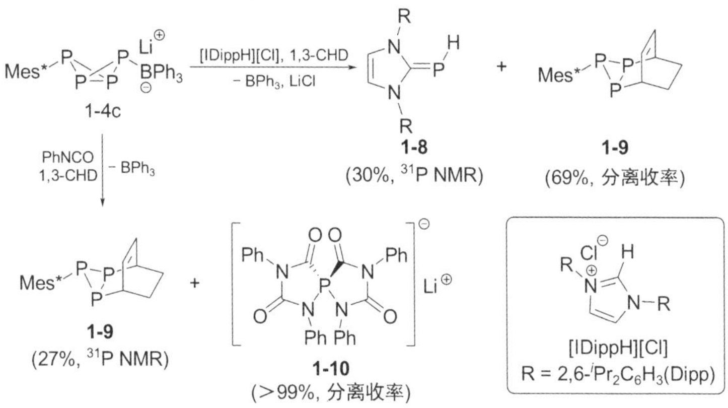


图 1-6 Lewis 酸稳定的芳基 $P_4$ 负离子 **1-4c** 的选择性"$P_1$+$P_3$"式降解反应

稳定的 $[RP_4]^-$ 阴离子 **1-4** 的分离和官能团化表明有机锂试剂对白磷的官能化起着重要作用。有趣的是，咪唑鎓盐形成的 Au（Ⅰ）-氮杂环卡宾配合物与白磷作用形成新的 Au 配合物，之后与位阻稍小的有机锂试剂 MesLi 作用生成 $RP_4$ 衍生物[34]，并没有被硼 Lewis 酸快速猝灭形成 Li[$MesBAr_3$]。例如，2016 年，Lammertsma 课题组[34]发现 Aryl-Li 与 $\eta^2$-$P_4$-配位的阳离子（NHC）AuI 配合物 **1-11b** 反应，选择性地形成了中性四磷杂双环[1.1.0]丁烷中间体 **1-12**，化合物 **1-12** 与另外一分子的金

阳离子配合物 **1-11b** 反应，置换出一分子白磷产生空间多样的双金属配合的 $P_4$ 蝶形衍生物 **1-13**（Ar = Mes 或 Dmp，图 1-7）。

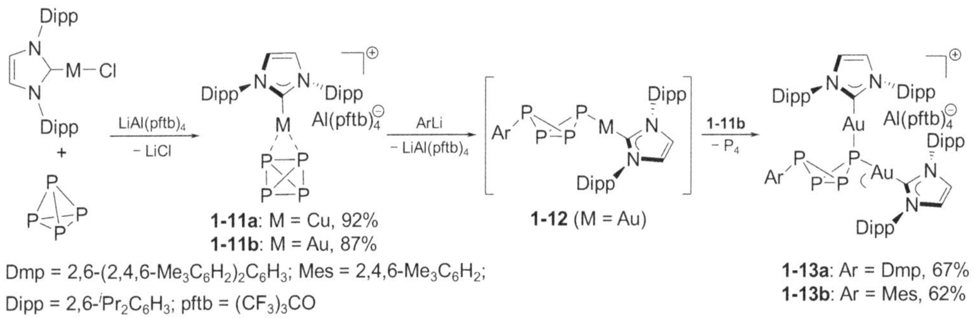

图 1-7　ArLi 与金属配合物的反应活化白磷

2015 年，Hill 课题组[35]发现$\beta$-二酮的双亚胺单阴离子配体与丁基镁形成的配合物[($^{Dipp}$BDI)MgBu] **1-14**[$^{Dipp}$BDI = HC{C(Me)N(2,6-$^i$Pr$_2$C$_6$H$_3$)}$_2$，图 1-8]与白磷作用，选择性地合成了 $Mg^{2+}$ 稳定的双阴离子簇[$Bu_2P_4$]$^{2-}$ 化合物 **1-15**。双取代的 $P_4$-二价阴离子化合物 **1-15** 可能是通过亲核试剂进攻[$BuP_4$]$^-$ 蝶形阴离子(中间体 **1-T1**，图 1-3)中的跨环 P—P 键得到的(中间体 **1-T2**，图 1-3)。由于产物 **1-15** 具有稳定且空间位阻大的($^{Dipp}$BDI)$Mg^{2+}$ 中心，其可以进一步与白磷反应以较高产率生成多磷化合物簇[$Bu_2P_8$]$^{2-}$(**1-16**，图 1-8)。这些结果与前面报道的白磷[24,25]与正丁基溴化镁的非化学选择性反应形成鲜明对比，并证明了金属阳离子对白磷官能团化结果有巨大影响。

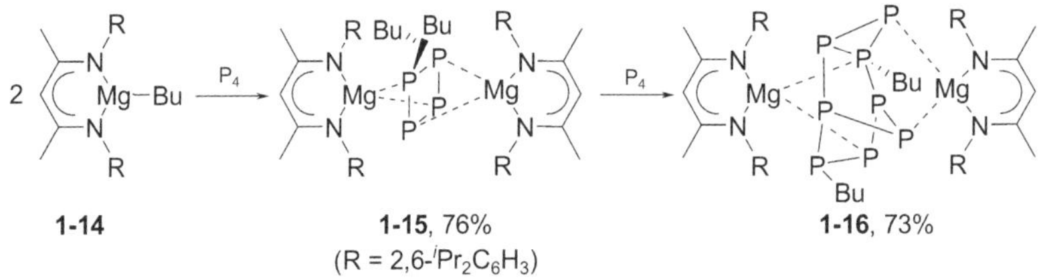

图 1-8　正丁基镁配合物与白磷作用实现白磷的官能化

Lerner 课题组[36]报道了三烷基化白磷衍生物[$R_3P_4$]$^{3-}$ 的合成(**1-17**，图 1-9)，展示了白磷活化时 P—P 键不同的断裂方式。白磷与均三甲基苯基锂在苯溶液中反应，以较高的产率得到 $P_4$ 衍生物 **1-17**。据推测，$P_4$ 衍生物 **1-17** 是三甲基苯基锂对蝶形[$RP_4$]$^-$ 中间体 **1-T1** 进行亲核进攻，一个 P—P 键经路径 C 断裂形成中间体 **1-T3**，然后经路径 D 发生第三次亲核加成生成的（中间体 **1-T4**，图 1-3）。有趣的是，化合物 **1-17** 部分质子化生成 Li[$(Mes)_2P_2H$] **1-18**（图 1-9），随后用三氟乙酸猝灭得到含 P—P 键的化合物 MesHP—PHMes。

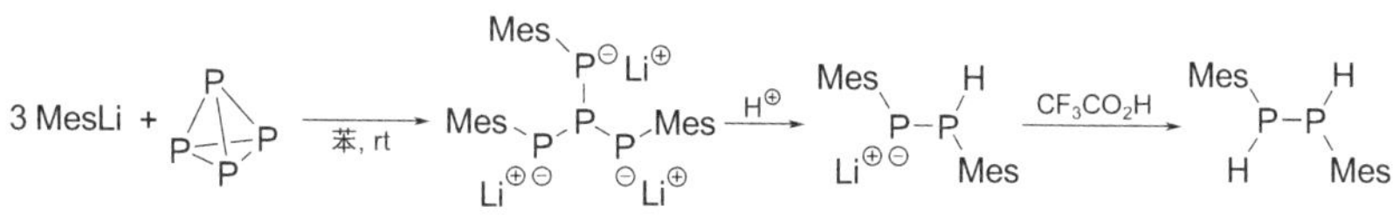


图 1-9 均三甲基苯基锂与白磷反应实现其官能团化

2016 年，北京大学席振峰教授[37]利用其发展的丁二烯基桥连的双锂试剂与白磷反应，以优秀的产率（85% ～ 99%）和广泛的底物范围将白磷一步降解为只含有一个 P 原子的磷杂环戊二烯基锂盐 **1-19**（图 1-10），并且利用理论计算对反应机理进行了分析。计算分析表明白磷上两个磷原子先与双锂试剂中的一个锂原子配位，接着两个 P—P 键断裂和一个 C—P 键生成。随后一个磷原子协同插入两个锂原子之间，再经过环状过渡态和 Li[$P_3$]的释放生成磷杂环戊二烯基锂盐 **1-19**。有趣的是，这种协同插入机制与传统的逐步裂解路线形成了鲜明对比，是该反应高选择性的根源。

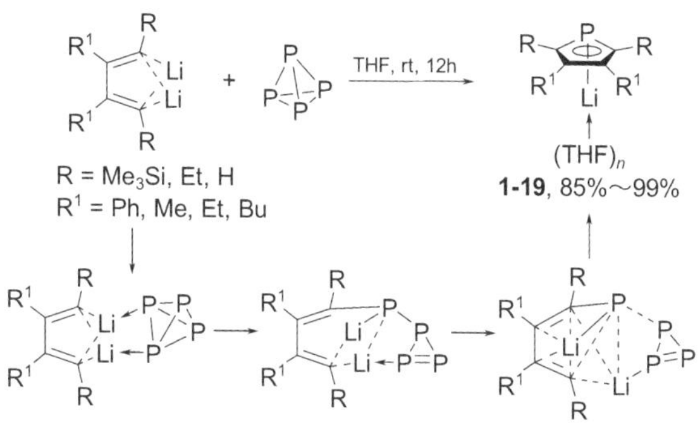


图 1-10 白磷与双锂试剂反应直接制备磷杂环戊二烯基锂盐

随后，Sinyashin 教授课题组[38]将白磷和金属钠在催化量二苯并-18-冠-6（D-18-C-6）存在下，于二乙二醇二甲醚溶液中 160℃反应 6h 可主要得到含有 $NaP_5$ 和 $Na_3P_7$ 等多磷化钠（$Na_xP_y$）的混合物（图 1-11）。在上述反应体系中引入二芳基乙炔（ArC≡CAr）时，相同条件下可以得到 4, 5-二芳基-1, 2, 3-三磷化钠 **1-20** 和 2, 3, 4, 5-四芳基-1-磷化钠 **1-21** 的混合物。值得注意的是，将白磷、金属钠和非对称二芳基乙炔(ArC≡CAr′)一锅法反应时，仅得到4,5-二芳基-1,2,3-三磷化钠**1-20**。此外，使用1,4-二苯基-1,3-丁二炔(PhC≡C—C≡CPh)或1,4-双(苯基乙炔基)苯($PhC≡C—C_6H_4—C≡CPh$)代替二芳基乙炔时，得到的是双4-苯基-1,2,3-三磷化钠或苯基桥连的双4-苯基-1,2,3-三磷化钠**1-22**(图1-11)。

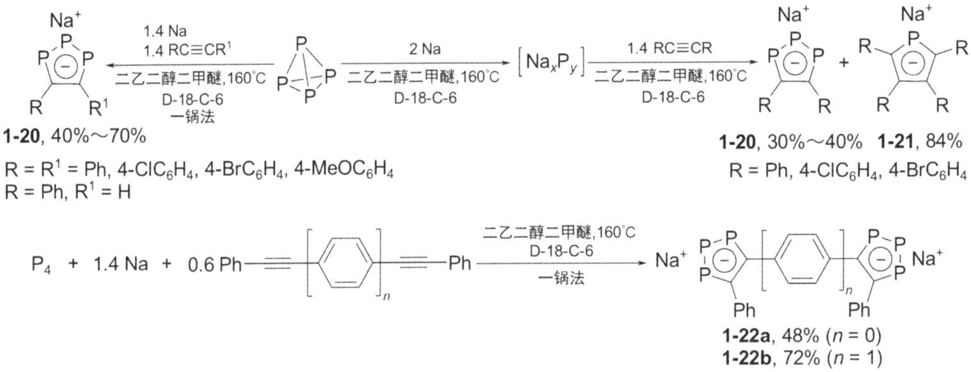

图1-11　白磷与单质Na和芳基炔烃一锅法制备磷杂或1,2,3-三磷杂环戊二烯基钠化合物

截至目前，p区金属有机化合物在白磷活化方面也起到了类似于s区金属有机物的作用，并得到广泛关注。1991年，Barron课题组[39]报道白磷可以插入$Ga(^tBu)_3$的Ga—C键中，得到*endo*,*exo*-双环$P_4$衍生物，其可进一步与镓前体配位形成三官能团化的$P_4$-蝶形化合物**1-23**(图1-12)。随后，Power等人[40]展示了弱二聚的“dithallene”二聚体$(TlAr^{Dipp2})_2[Ar^{Dipp2} = 2,6\text{-}(2,6\text{-}^iPr_2C_6H_3)_2C_6H_3]$的相关反应性，它与白磷反应使芳基转移到磷原子上，得到二芳基四磷化二铊化合物$Tl_2[P_4(Ar^{Dipp2})_2]$ **1-24**(图1-12)，它由两个铊中心封闭的线型二芳基取代的$Ar_2P_4$链构成。这种双重还原的$P_4$衍生物可以用碘氧化成对称取代的蝶形中性二芳基四磷杂双环[1.1.0]丁烷**1-25**。

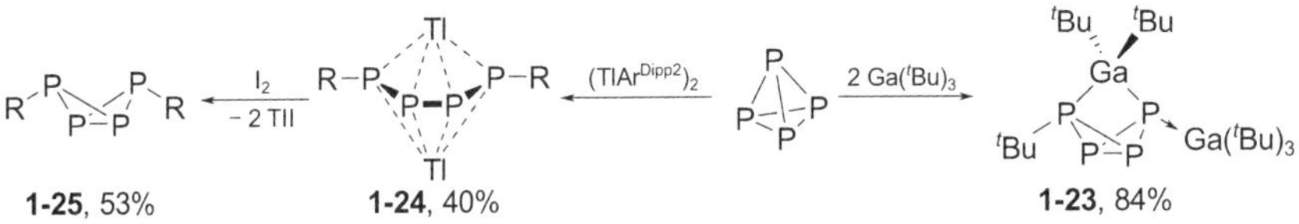

图1-12　p区金属有机化合物与白磷的反应

近期，北京大学席振峰教授和张文雄教授课题组[41]在研究金属中心对白磷活化影响因素的过程中，发现铝杂环戊二烯**1-26**能实现白磷的异构化反应，一步构

建四个 P—P 键，直接构建含四磷杂环丁烷的金属有机铝化合物 **1-27**，反应具有可控、高效和高选择性等优点。该金属有机铝化合物 **1-27** 既可以与过量的碘甲烷在室温下反应得到对甲基化产物 **1-28**，也可以与苯醌在室温下混合得到脱金属的四磷杂环丁烷衍生物 **1-29**，这是目前合成四磷杂环丁烷最高效的策略之一。有趣的是，还原化合物 **1-29** 可得到磷杂环戊二烯阴离子 **1-30**，而用碘甲烷处理则生成磷杂环戊二烯的鏻盐 **1-31**（图 1-13）。

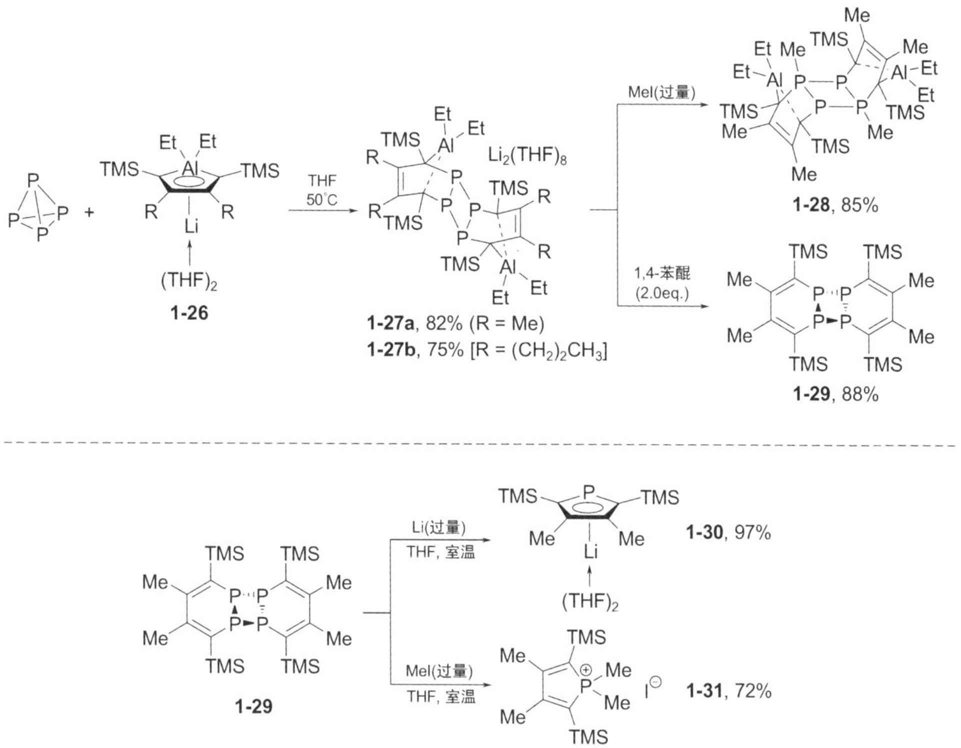


图 1-13 铝杂环戊二烯化合物与白磷的反应

此外，Cummins 教授[42]用三氯硅烷将三偏磷酸还原为二(三氯硅基)磷负离子([P(SiCl$_3$)$_2$]$^-$) **1-32**。该负离子既可以用 Ph(CH$_2$)$_4$Cl 处理得到双(4-苯基丁基)膦，又可以在 Ph(CH$_2$)$_4$Cl 和三氯硅烷共同作用下得到 4-苯基丁基膦。如果用水来猝灭负离子 **1-32**，能够以良好的产率得到磷化氢。有趣的是，使用双氧水将 4-苯基丁基膦氧化为 4-苯基丁基亚膦酸，随后经过 6 步简单的化学转换便可以得到降血压药物福辛普利(Fosinopril)(图 1-14)。

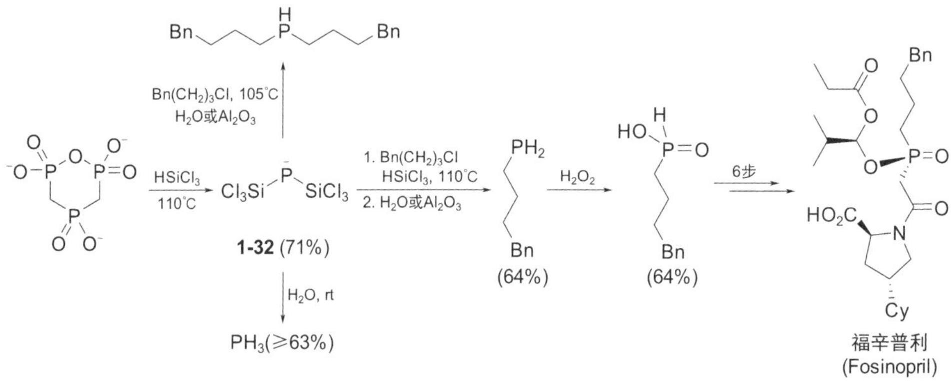

图 1-14　由三偏磷酸制备有机磷化合物

# 1.2

## 过渡金属介导的白磷官能团化形成P—C键

过渡金属已被广泛应用于白磷的官能化[7]，但直接活化白磷形成 P—C 键的例子较少。1999 年，Vizza 教授[43]发现烷基或芳基铑乙烯基配合物{[(triphos)Rh($R^1$)($\eta^2$-$C_2H_4$)]; triphos = 1, 1, 1-三(二苯基膦甲基)乙烷}可与白磷反应形成新的配合物[(triphos)Rh($\eta^1$ ：$\eta^2$-$P_4R^1$)]**1-33**(图 1-15)。机理涉及铑前体与白磷分子发生氧化加成并释放出乙烯，得到[(triphos)Rh($R^1$)($\eta^1$ ：$\eta^2$-$P_4$)](**1-T5**)，之后发生 $R^1$ 基团的迁移插入得到中间产物 **1-33**。该配合物进一步与 $H_2$ 反应可生成单磷化合物($PH_3$ 或 $PH_2R^1$，< 15%)并释放铑配位的环 $P_3$ 配合物 **1-34**[44]。此外，Vizza 课题组[45]发现配合物 **1-33**($R^1$ = Me 或 Ph)可与 MeOTf 反应，在铑配位的 PR-部分进行烷基化，得到[(triphos)Rh($\eta^1$ ：$\eta^2$-$P_4R^1$Me)]OTf 型化合物 **1-35**(图 1-15)。

随后，Cummins 课题组利用过渡金属铌介导白磷的活化，开发了一系列白磷官能团化的方法(图 1-16)。他们通过铌配合物与白磷作用分别得到末端三键磷配合物

[P≡Nb(N(Np)Ar)$_3$]$^-$**1-36**[46,47]和$P_8$-二铌配合物[Nb(Mes[$^2$Ad]CO)$_3$]$_2$**1-39**($P_8$物种)[48]。两个含磷中间体能够转化成各种复杂有趣的有机磷化合物。例如，通过配合物**1-36**与叔戊酰氯[$^t$Bu(CO)Cl]经复分解反应可制备磷炔**1-37**($^t$BuC≡P)[49,50]，以及与氯代亚磷烷反应随后经多步制备二磷烷**1-38**[51]。此外，$P_8$物种**1-39**中的铌金属中心可以被有机基团取代，以不错的产率重排为含有$P_8$核心和四个P—C键的有机多磷骨架**1-40**[22]。

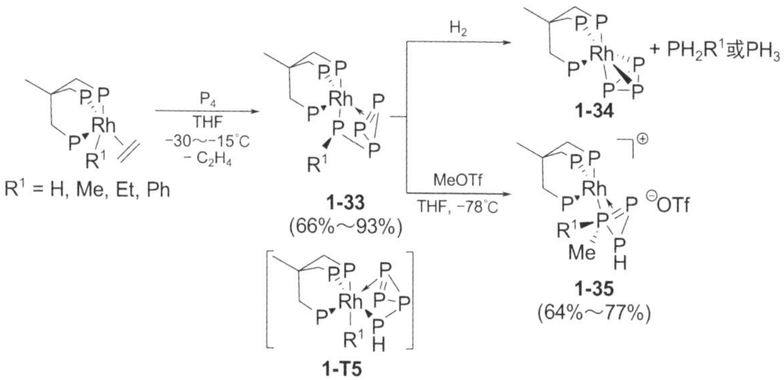


图1-15 烷基或芳基铑乙烯基配合物介导的白磷官能团化反应

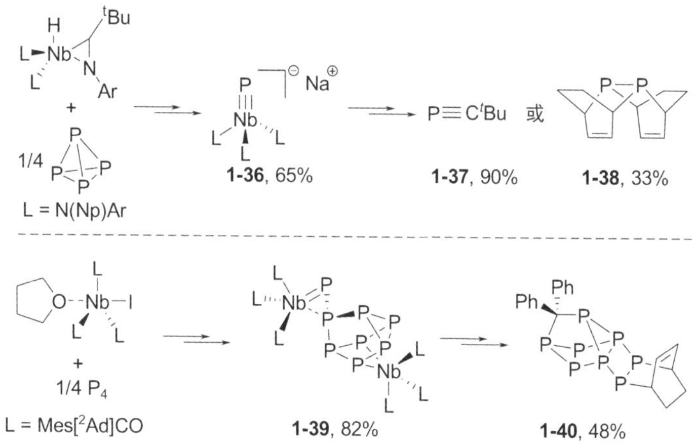


图1-16 过渡金属铌介导白磷官能团化构筑C—P键

Ar = 3,5-$Me_2C_6H_3$；Np = 新戊基；$^2$Ad = 2-金刚烷基

同时，Scheer教授[52]发现利用锆活化白磷可定量转化为双环蝶形$P_4$—Zr配合物**1-41**，然后与$^t$BuC≡P反应可分别得到$P_6$-化合物$P_6$(C-$^t$Bu)$_4$**1-42**、$P_3$-锆配合物[$Cp''_2$Zr($\eta^2$-$P_3$C-$^t$Bu)]**1-43**和$P_6$-锆配合物[$Cp''_2$Zr($\eta^2$-$P_6$(C-$^t$Bu)$_2$)]**1-44**(图1-17)。

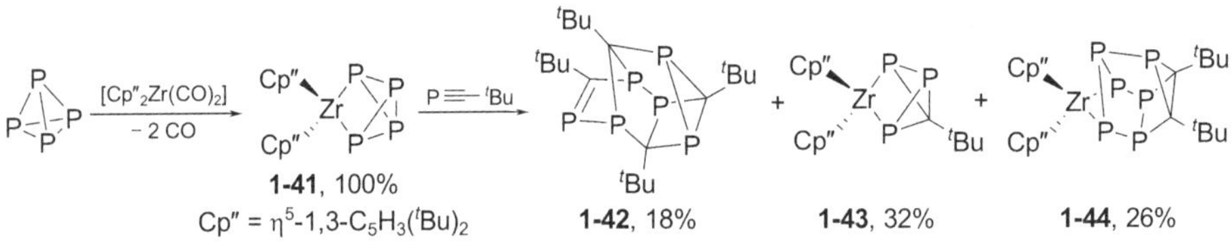

图 1-17 过渡金属锆介导的白磷官能团化构筑 C—P 键的反应

2017 年，北京大学席振峰和张文雄教授[53]在过渡金属镥(Lu)或钇(Y)形成的金属-环戊二烯配合物 **1-45** 介导下，实现了白磷的$[P_1+P_3]$式降解，获得了含有一个 P 原子的磷杂环戊二烯基锂盐 **1-49** 以及含有三个 P 原子的过渡金属环-$P_3$ 化合物 **1-50**（图 1-18），这也是目前为止获得的首例稀土金属环-$P_3$ 化合物。随后，大连理工大学罗一教授[54]利用理论计算对反应机理进行了分析。计算分析表明，白磷经三次 P—P 键的断裂以及四次 C—P 键的形成，以逐步裂解的过程得到目标$[P_3+P_1]$产物：首先，配合物 **1-45** 亲核活化白磷得到电荷分离的中间体 **1-46**，同时伴随着一个 $P^1$—$P^2$ 键的断裂和一个 C—$P^1$ 键的形成；随后，第二分子的配合物 **1-45** 参与反应，经一个 $P^2$—$P^3$ 键的断裂和一个 C—$P^2$ 键的形成得到 $P_4$ 桥连的双核配合物 **1-47**，进一步进行 C—$P^4$ 键形成和 $P^2$—$P^4$ 键弱化得到含五元芳杂环$[P_1]$中间体 **1-48**；最后，经进一步 Ln—$P^4$ 键形成和 $P^2$—$P^4$ 键完全断裂完成转化。

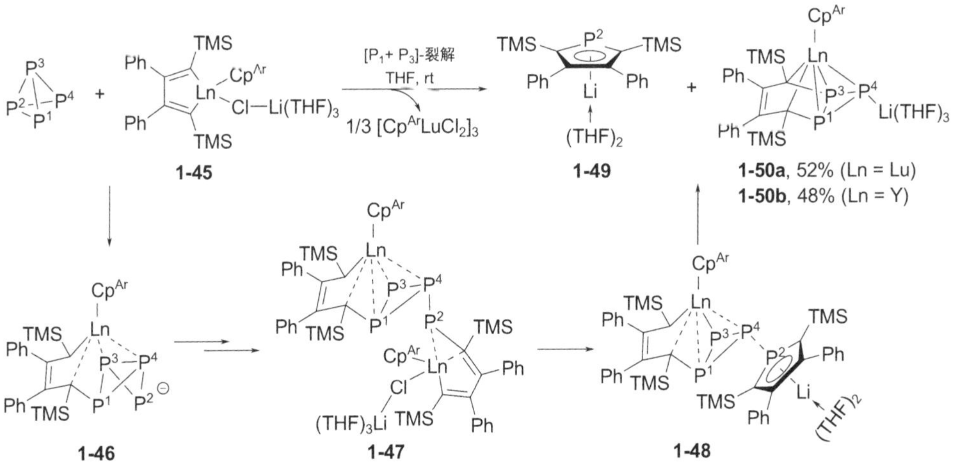

图 1-18 过渡金属镥或钇介导下白磷经 $[P_3+P_1]$ 裂解合成有机磷化合物

$Cp^{Ar} = C_5(CH_3)_5$； $TMS = Si(CH_3)_3$

随后，Wolf 课题组[55]在 2019 年利用白磷制备的多磷阳离子$[P_5R_2]^+$**1-51** 与环戊二烯基铁或钾配合物反应，得到含磷的 $Cp^{Ar}P_5Mes_2$ 化合物 **1-52**（图 1-19）。实验发现，采用环戊二烯基铁参与反应，产物存在无法分离的不明顺磁性物体及其他的含磷分解物（如 $Cp^{Ar}P_4$ 等），无法分离得到纯的化合物 **1-52**，而采用环戊二烯基钾反应能以 37% 的产率得到黄绿色结晶产物 **1-52**。

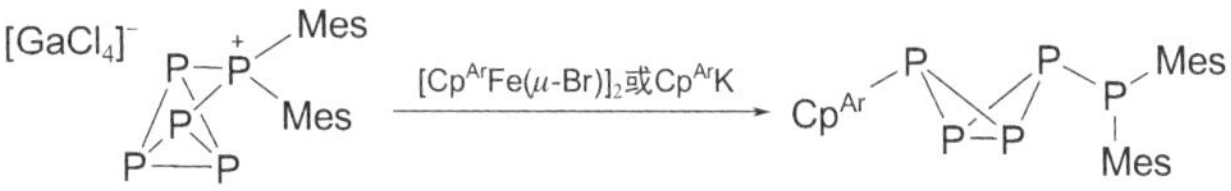


图 1-19　多磷阳离子与环戊二烯基铁或钾配合物的反应

$Cp^{Ar} = C_5(4\text{-}EtC_6H_4)_5$

2021 年，Scheer 教授[56]以白磷与配合物$[M^2][Cp^*Fe(\eta^4\text{-}P_4)]$**1-53** 反应得到的$[Cp^*Fe(\eta^5\text{-}P_5)]$**1-54**$[Cp^* = \eta^5\text{-}C_5(CH_3)_5$，图 1-20$]$作为磷源，与碳亲核试剂反应得到配合物$[M^1][Cp^*Fe(\eta^4\text{-}P_5R^1)]$**1-55**，化合物 **1-55** 通过重结晶分离提纯。配合物 **1-55** 可被芳基或烷基卤化物等亲电试剂猝灭得到双官能团化的$[Cp^*Fe(\eta^4\text{-}P_5R^1R^2)]$**1-56**，化合物 **1-56** 通过重结晶分离提纯。此外，化合物 **1-56** 可再与亲核试剂反应制备叔膦化合物 **1-57** 并生成 **1-53**。

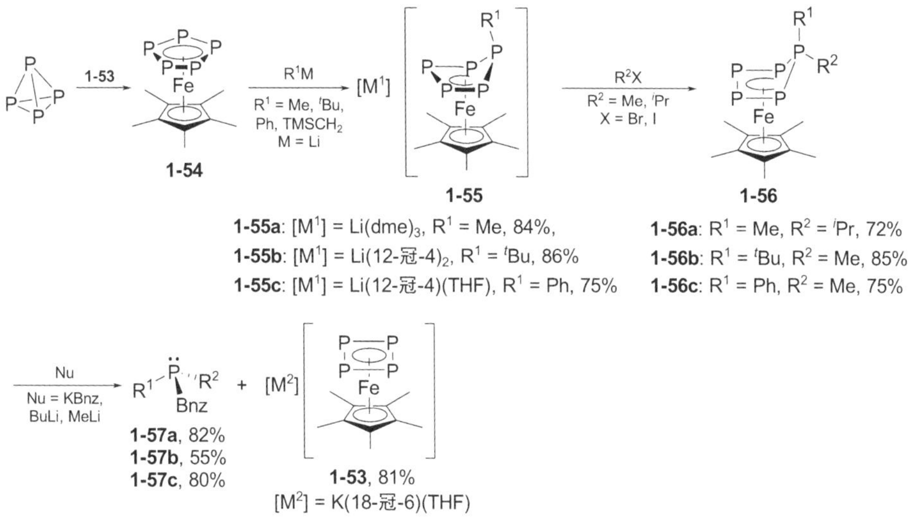


图 1-20　过渡金属介导下白磷直接合成叔膦化合物

# 1.3

# 白磷的光催化官能团化形成P—C键

早在 1937 年，Rathenau 教授[57]曾报道在室温下通过汞灯对白磷进行光解，诱导其聚合转化为活性较低的红色同素异形体。重要的是，他指出在紫外线照射下反应中可能产生瞬态中间体 $P_2$ 分子，这种双磷原子碎片含有高活性的 P—P 三键[51]。

2010 年，Cummins 等人[58]发现在紫外线照射下白磷降解为 $P_2$ 分子，然后与体系中存在的共轭二烯发生两次 Diels-Alder 反应生成稳定的环状二磷烷分子 **1-58**（图 1-21）。这种二磷烷具有独特反应性，可与过渡金属 Ni 配位并通过硫化和烷基化反应使二磷烷结构进一步官能化。尽管该光化学反应将白磷中的磷原子全部转移到有机骨架中，但在紫外辐射条件下其稳定性差，分离产率并不高（R = H，2%；R = Me，34%）。随后，他们用格氏试剂处理环状二磷烷分子 **1-58**，得到鏻盐类化合物 [R—$P_2$(dmb)$_2$]X**1-59**，**1-59** 与有机锂或格氏试剂反应，以 46% ～ 100% 的产率得

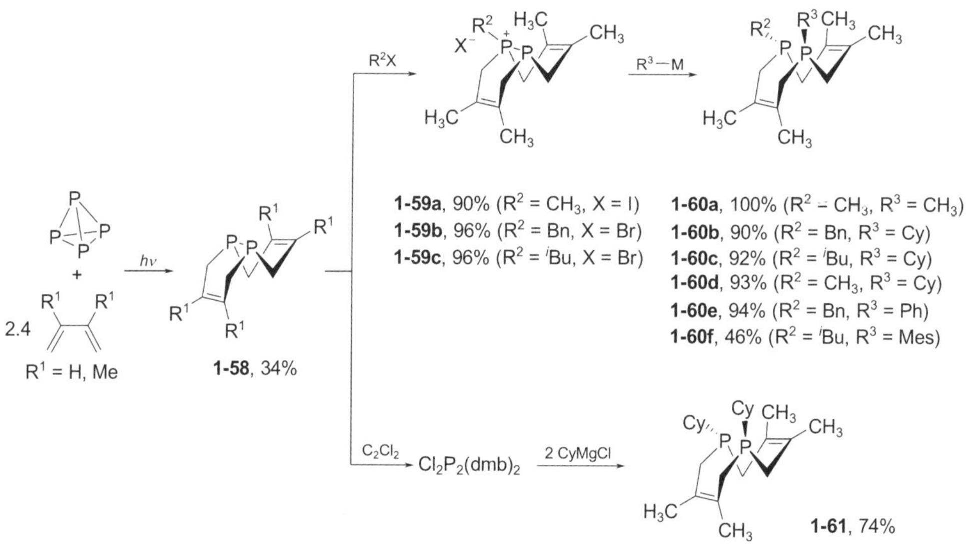


图 1-21　光催化下白磷转化成 $P_2$ 片段构筑 C—P 键的反应

到大环二膦化合物 **1-60**[59]。此外，作者用 $C_2Cl_2$ 与环状二磷烷分子 **1-58** 作用生成 $Cl_2P_2(dmb)_2$，随后用格氏试剂处理可以得到对称的大环二膦化合物 **1-61**。

Wolf 教授[60]利用光氧化还原催化剂[Ir]$PF_6$ 在可见光的诱导下直接将白磷高效转化为四芳基季鏻盐 **1-62** 或三芳基膦 **1-63**（图 1-22）。该策略引入光氧化还原催化循环有效地避免了当量的过渡金属试剂的使用，进而避免了白磷潜在的副反应。

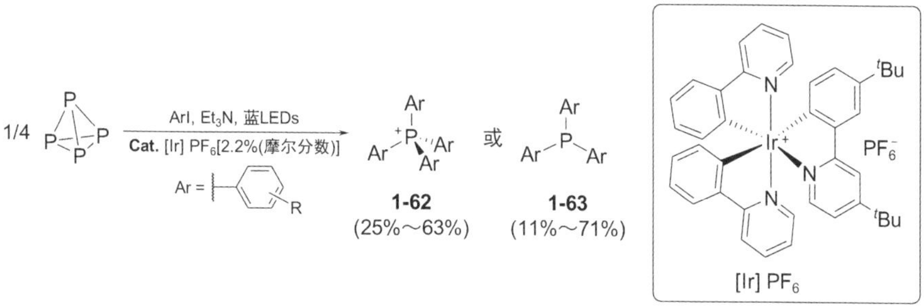


图 1-22　光催化白磷构筑四芳基季鏻盐或三芳基膦

随后，Wolf 课题组[61]在利用有机锡促进白磷高效转化成单磷($P_1$)物种方面取得进展。在 455nm 蓝光激发或者催化量的偶氮二异丁腈(AIBN)存在下，利用 $Bu_3SnH$ 将白磷还原为$(Bu_3Sn)_xPH_{3-x}$，随后利用该 P—Sn 物种与亲电试剂作用制备 $PH_3$、$H_3PO_2$、四苄基季鏻盐以及氯化四羟甲基鏻盐等一系列磷化工产品（图 1-23）。值得一提的是，相关过程能够实现催化循环，并且可以实现有机锡副产物回收利用。

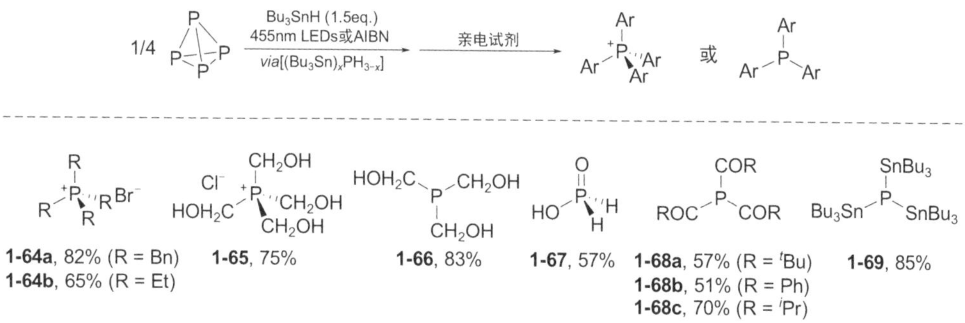


图 1-23　光催化下有机锡促进白磷的活化合成单磷（$P_1$）物种

# 1.4
# 卡宾介导的白磷官能团化合成有机磷化合物

众所周知，过渡金属可以活化小分子白磷，并且可以稳定白磷不同断裂途径中的高活性中间体，这一作用也可以通过两亲性的卡宾来实现。加州大学圣地亚哥分校的 Bertrand 教授[62]发现，体积大且刚性的环烷基氨基卡宾(CAAC，图 1-24)不仅能够打开白磷，同时不会引起白磷的进一步碎裂或聚集。将两当量的 CAAC 与白磷反应，得到由两个卡宾单元桥接的由四个 P 原子开链构成的 2,3,4,5-四磷杂三烯化合物 **1-70**。值得注意的是，Bertrand 及其合作者证明了三磷中间体 **1-T6** 的存在[63]，并通过 2,3-二甲基丁二烯捕获到了该中间体得到 $P_4$ 物种 **1-72**。此外，化合物 **1-70** 与 2,3-二甲基丁二烯的反应还可顺利得到[4+2]环加成产物 **1-71**，成功构建了另外两个 C—P 键[62]。

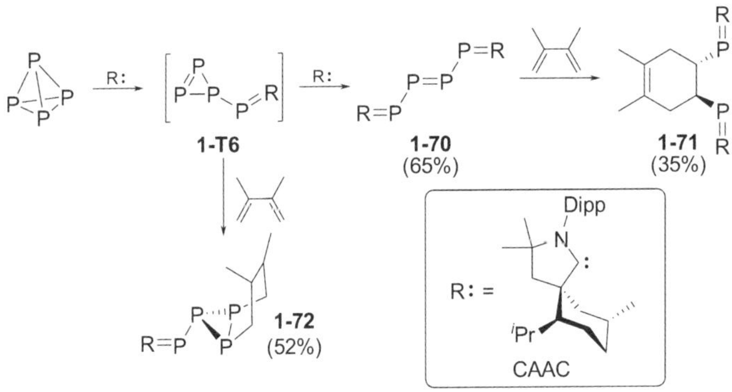


图 1-24　CAAC 卡宾活化白磷构筑 C—P 键的反应

Dipp = 2,6-二异丙基苯基

卡宾的性质也会影响白磷官能团化的反应性(图 1-25)。与 CAAC 活化白磷的反应相比，更亲电的非环状的烷基和氨基取代的卡宾(AAAC)更有利于白磷开环，产生双卡宾加成产物 **1-73**(图 1-25)[64]。另外，使用较小体积的 CAAC 与白磷反应，除了生成三取代的 $P_4$-衍生物 **1-75** 外，还有少量的 $P_2$-二磷杂烯烃 **1-76** 产生。此外，小位阻的双(二异丙基氨基)环丙烯卡宾可将白磷四面体进一步片段化，得到 $P_1$-阳离子 **1-74**[64]。

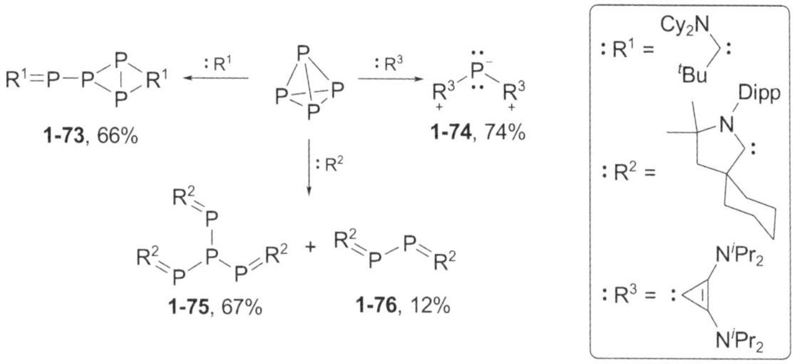

图 1-25　白磷与各种卡宾的反应性

在相似条件下，Bertrand 教授[65]报道了 *N*-杂环卡宾(NHCs)与白磷的反应，得到了完全不同的结果(图 1-26)。两个当量的 1,3-双(2,6-二异丙基苯基)咪唑啉-2-卡宾(SIDipp)与白磷反应得到双(卡宾)四磷杂三烯化合物 **1-77**，但该四磷杂三烯结构随着反应时间的延长会逐渐聚合成含有 12 个磷原子的 $P_{12}$ 集群 **1-79**。其可能的反应机理是化合物 **1-77** 与四磷三元环化合物 **1-78** 发生[3+2]环加成反应得到中间体 **1-80**，然后重排失去两分子的 NHC 形成双环七磷杂磷烯化合物 **1-81**，之后 **1-81** 再与 **1-78** 发生[4+2]环加成反应得到最终产物 **1-79**。由此可知，NHCs 相对于 CAACs 形成的 P═C 双键较弱，容易形成聚合物。

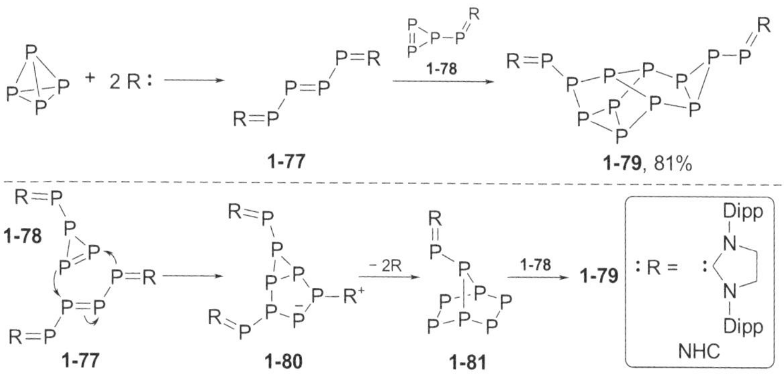

图 1-26　白磷与 NHCs 的反应性研究及形成化合物 **1-79** 的机理

Hudnall 教授[66]使用碳骨架中带有羰基官能团等亲电性更强的 NHCs 与白磷反应，可以分离得到纯净的 $P_8$ 簇 **1-82**，这可能是线型的 $R_2P_4$ 磷杂三烯经[2+2]环加成反应二聚形成的(图 1-27)。但是将此 NHCs 中的羰基换成亚甲基时，仅生成三取

代的 $P_4$ 衍生物 **1-83**。此外，Bertrand 教授[67]发现亲电性的苯甲酰氨基卡宾与白磷反应，其插入白磷的一个 P—P 键中，得到四磷杂的五元笼状化合物 **1-84**。

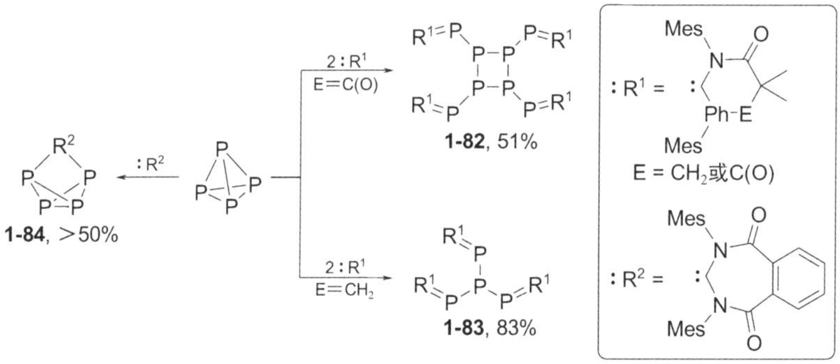


图 1-27　白磷与强亲电性 NHCs、苯甲酰氨基卡宾的反应

Gudat 和 Grützmacher 课题组近期开发了一种从白磷合成只含有 $P_1$ 单元的有机磷化合物的策略，该策略通过咪唑鎓盐和 ${}^t$BuOK 原位生成 NHCs 参与白磷的活化[68]，得到单磷杂烯烃 **1-85**、单磷阴离子化合物 **1-86** 以及少量的有机多磷化合物(图 1-28)，该方法类似于 Bertrand 教授[67]报道的 CAACs 与白磷反应引发的片段化反应(参见图 1-25)。

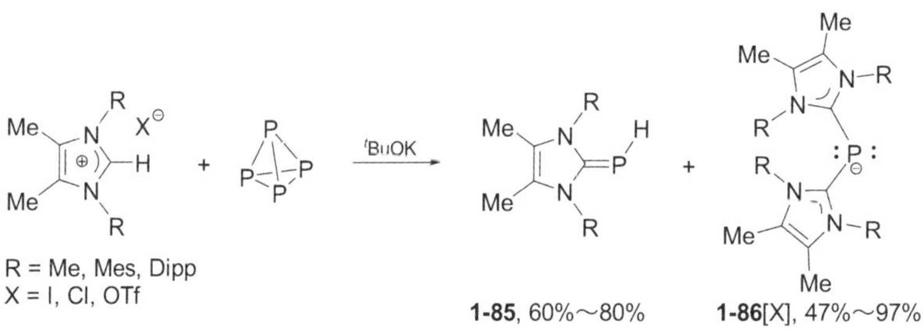


图 1-28　白磷与咪唑鎓盐、${}^t$BuOK 的三组分反应

2019 年，Ghadwal 教授[69]报道了白磷与二阴离子卡宾[Li(ADC$^{Ar}$)] **1-88**(ADC$^{Ar}$ = ArC{NDippC}$_2$)和单阴离子卡宾(iMICs$^{Ar}$) **1-89** 反应，成功合成了 1,2,3-三磷化合物 **1-90**(图 1-29)。用正丁基锂处理 1,3-咪唑鎓盐 **1-87**，接着在室温下与白磷反应能以几乎定量的产率得到产物 **1-90**，该过程可能是白磷以[$P_3$+$P_1$]的形式裂解为阴离子 $P_1$ 碎片和阳离子 $P_3$ 碎片，随后阳离子 $P_3$ 碎片被二阴离子卡宾[Li(ADC$^{Ar}$)] **1-88** 捕捉以产生化合物 **1-90**，而阴离子 $P_1$ 作为亲核试剂与额外的白磷反应形成 $Li_3P_7$。有

趣的是，当量的正丁基锂与1,3-咪唑鎓盐 **1-87** 原位生成卡宾 **1-89**，然后与白磷反应也能以较低的产率得到化合物 **1-90**。

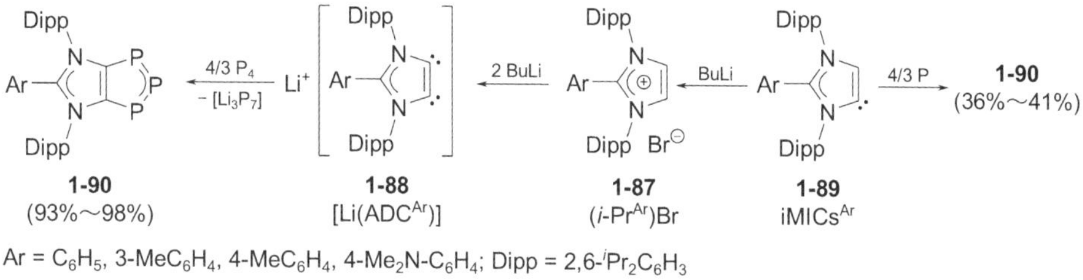


图1-29　二阴离子卡宾[Li(ADC$^{Ar}$)]和单阴离子卡宾（iMICs$^{Ar}$）介导白磷的直接官能团化反应

近期，Driess 教授[70]利用双硅宾裂解白磷策略，成功实现了 $P_4 \rightarrow P_2 \rightarrow P_1$ 的阶梯式转化(图 1-30)。基于氧杂蒽的双硅宾试剂 **1-91** 可裂解白磷得到双硅宾稳定

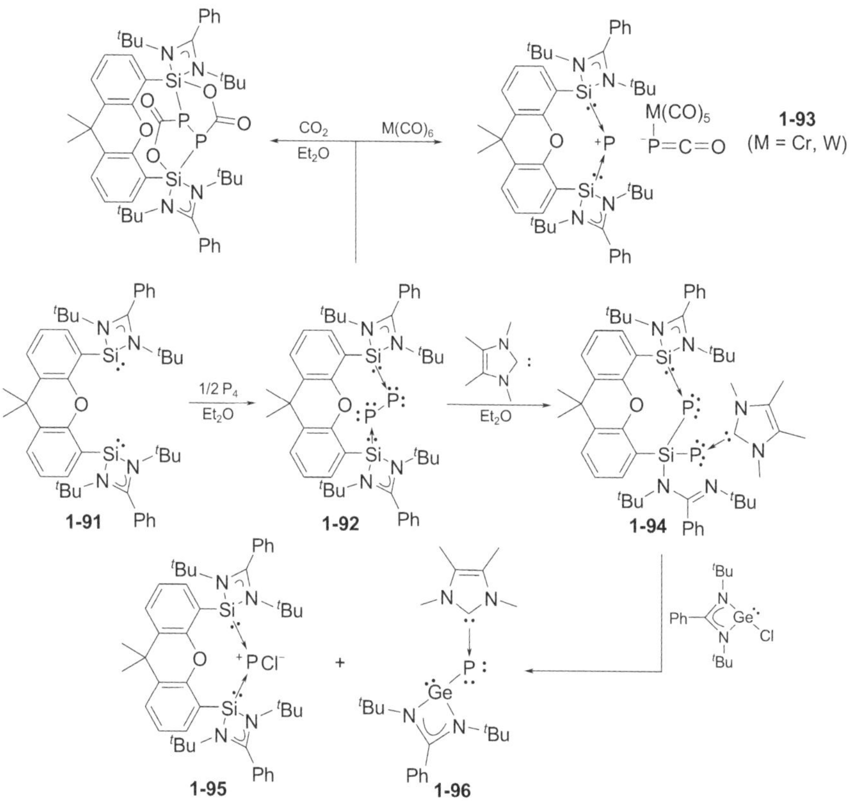


图1-30　双硅宾促进下白磷的阶梯式裂解

的零价 $P_2$ 化合物 **1-92**，这是有关零价 $P_2$ 化合物的首次分离。该 $P_2$ 化合物具有丰富的反应性，既可与二氧化碳进行 1,3-偶极加成构筑 P—C 键，又可与金属羰基化合物 $M(CO)_6$(M = Cr，W) 反应构建 M—P 配合物 **1-93**。此外，小位阻的 NHC 可以促进 $P_2$ 化合物 **1-92** 的异构反应得到化合物 **1-94**。当 **1-94** 与氯代锗宾反应时，其结构中的"NHC—P 负离子"可选择性地与锗中心配位，形成双硅宾稳定的鏻盐 **1-95** 和配合物 **1-96**。

# 1.5

# 自由基介导的P—C键形成

白磷可以作为一种有效的自由基捕获剂，在温和条件下与碳自由基反应。Barton 等人[71] 发现以微量氧为引发剂，使用白磷作为自由基捕获剂与自由基前体 Barton 酯反应，随后用过氧化氢水溶液氧化，可以良好的产率得到磷酸衍生物 **1-97**（图 1-31）。通过该反应，多种羧酸包括天然的羧酸，如油酸和亚油酸，都可以转化成相应的烷基磷酸。

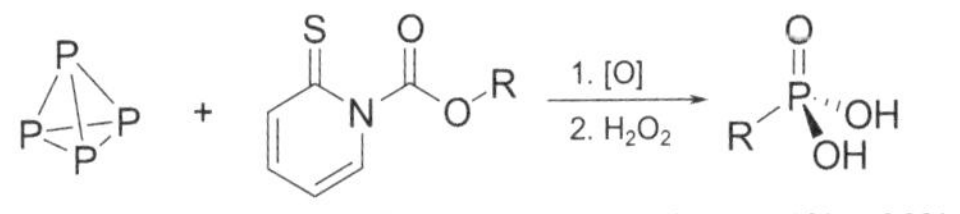


R = Cy, 1-Ad, $BnCH_2$, $^iBuCH_2$　　**1-97**, 71%～86%

图 1-31　从白磷和 Barton 酯出发制备烷基磷酸

类似于白磷，其他含有 P—P 键的化合物也可以作为有机自由基的捕获剂，比如二磷烷 $Ph_2P—PPh_2$ 可与来自 ArX 的芳基自由基反应，实现有机卤化物的自由基磷化[72]。研究发现二磷 $[P(NDipp)_2(CH_2)_2]_2$**1-98** 可逆地解离成磷自由基 **1-99**，在甲苯中短时间回流时可与白磷作用产生六磷化合物 $\{(H_2C)_2(NDipp)_2P\}P_4\{P(NDipp)_2(CH_2)_2\}$**1-100**（图 1-32）[73]。类似地，二磷 $[P\{N\text{-}(SiMe_3)_2\}(N^iPr_2)]_2$ 中的 P—P 键也容易均裂并与白磷反应生成四磷环丁烷衍生物[74]。化合物 **1-100** 的结构通过 X 射线晶体学得到证实，该分子呈空间相互作用较小的反式结构[75]。

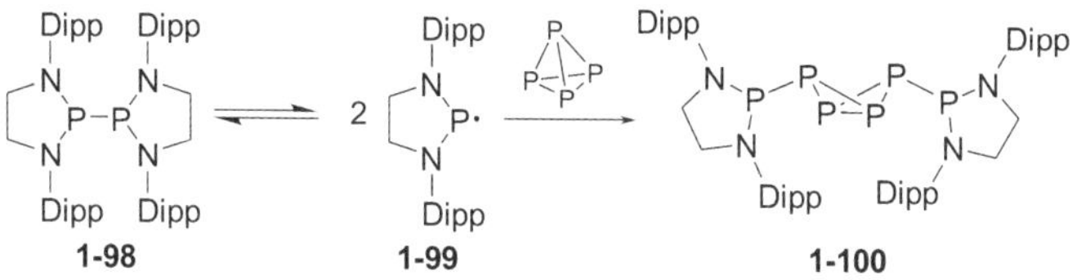


图1-32 磷自由基活化白磷的反应

Cummins 等人利用三苯胺钛[Ti(N(ᵗBu)Ar)$_3$]从卤代烷基或卤代芳基中攫取卤原子生成碳自由基，该自由基可与白磷反应生成叔膦 **1-101**(图 1-33，Ar = 3, 5-$Me_2C_6H_3$)[76,77]。通过 Si—X 和 Sn—X 参与反应，还可以产生 P($SiMe_3$)$_3$ 和 P($SnPh_3$)$_3$。与 Barton 的自由基合成类似，该反应起始于自由基进攻白磷分子，发生 $P^2$—$P^4$ 键的均裂形成中间体 **1-T7**，随后中间体 **1-T7** 进一步在自由基的作用下可能经历途径 A 或途径 B 发生 P—P 键的均裂形成中间体 **1-T8** 或 **1-T9**，最后中间体 **1-T8** 或 **1-T9** 在自由基的作用下可能涉及多个 P—P 键的连续均裂，并经历多个环多磷中间体得到目标产物 **1-101**(图 1-34)。该过程被更大位阻的底物 DmpI 和 MesBr(Dmp = 2, 6-$Mes_2C_6H_3$)的反应所证实，较大的空间位阻有效阻碍了白磷被全取代，分别得到了双环[1.1.0]四磷环丁烷衍生物 **1-102** 和环三磷烷衍生物 **1-103**。

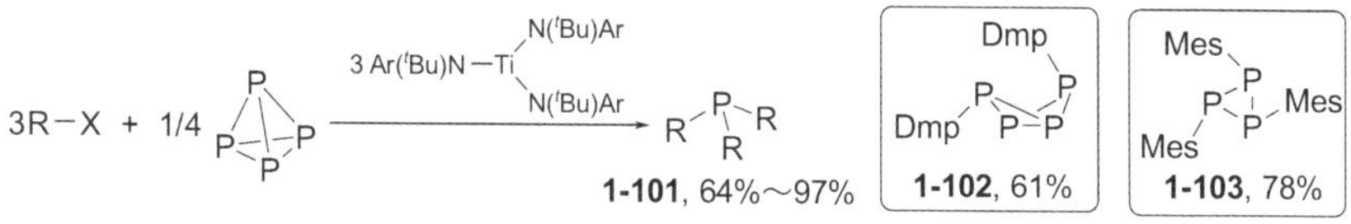


X = Cl, Br, I; Mes = 2,4,6-$Me_3C_6H_2$; Dmp = 2,6-$Mes_2C_6H_3$; R = Ph, Cy, TMS, Dmp, Mes

图1-33 白磷经自由基历程合成叔磷

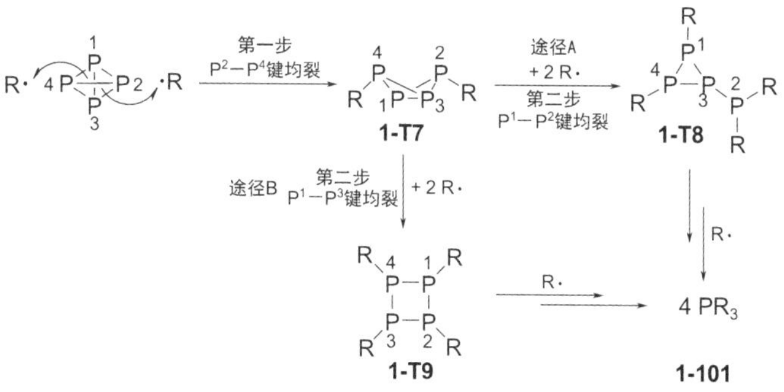


图1-34 白磷活化的自由基反应历程

2014 年，Scheer 进一步探讨了金属介导的自由基与白磷的反应[78]。CuBr 与 $Cp^{BIG}Na$ **1-104** 作用可产生 $\{Cp^{BIG}\}\cdot$ 自由基，然后与白磷作用得到蝶形四磷化合物 $Cp^{BIG}_2P_4$ **1-105**（图 1-35）。EPR 证实了游离碳自由基的存在，体积较小的 $\{Cp^R\}$ 自由基衍生物发生自由基偶联或形成 $Cp^RH$ 而快速分解。此外，通过铁介导，采用 $Cp^RFeBr_2$ 作为自由基转移剂与白磷反应可生成双环四磷化合物 **1-107**。

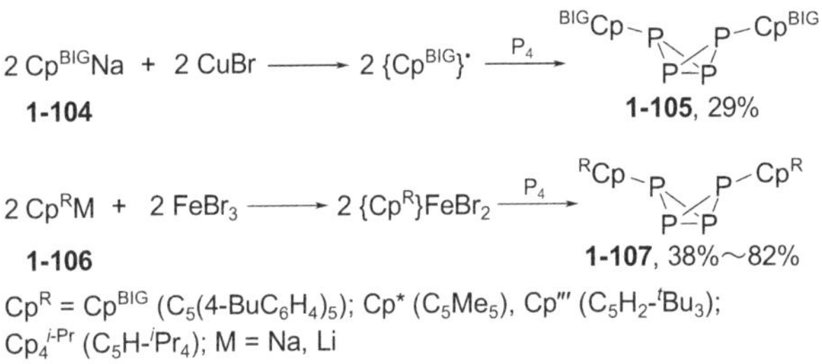


图 1-35　金属介导的 $P_4$ 蝶状化合物的合成

# 1.6

# 白磷的电化学活化：获取有机磷化合物的另一种方法

电化学合成被认为是一种“绿色”合成技术，已成为药物和精细化学品合成中一种极具吸引力的途径。Budnikova[79] 和 Budnikova 课题组[80] 分别报道了在镍配合物存在下白磷的电催化官能团化反应。反应中，活性 Ni(0) 配合物由相应的 $Ni^{II}$ 化合物在阴极原位生成，然后与碘苯生成具有高反应性的有机镍配合物 $PhNi^{II}I(bpy)$，并与白磷反应形成 P—C 键，在温和条件下得到伯膦、仲膦和叔膦混合物（图 1-36）[79]。Budnikova 教授课题组[80] 也采用类似的方法，实现了有机卤代物与白磷之间的电化学活化，以较高的产率得到叔膦化合物 **1-108**（图 1-37）。

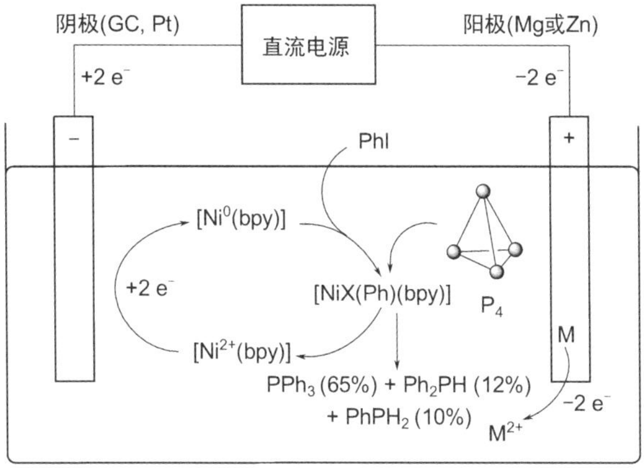


图 1-36　Ni-2,2′-联吡啶（bpy）体系催化下电化学方法实现白磷芳基化反应

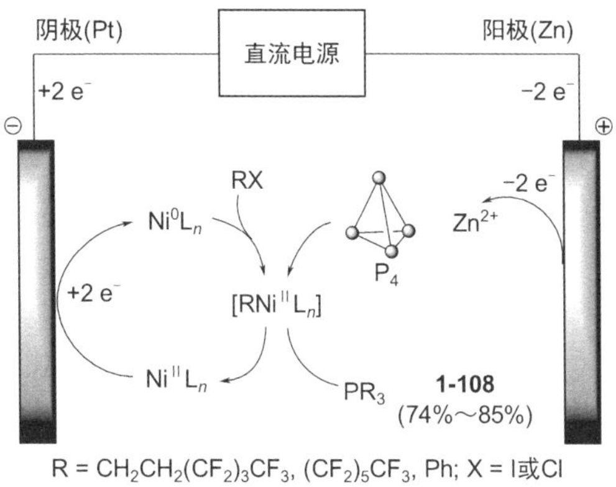


图 1-37　有机卤化物的镍电催化活化白磷合成有机磷化合物示意图

Yakhvarov 等人[80]在不使用任何金属催化剂情况下，在 *N*,*N*-二甲基甲酰胺中电解白磷和芳族卤化物的乳液，在温和条件下从白磷选择性得到三苯基膦，产率高达 82%（图 1-38）。

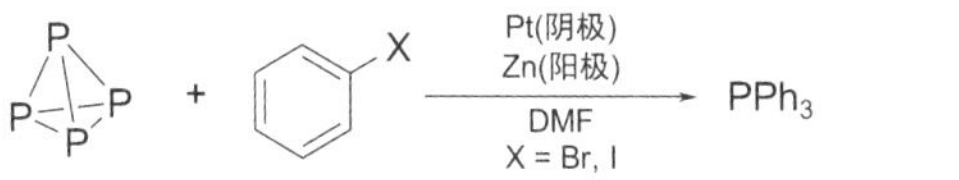


图 1-38　直接从白磷电化学合成三苯基膦

近期，Yakhvarov 教授[81]还利用电化学方法实现了白磷与环烷基酮化合物 **1-110**

反应，得到双(α-羟基环烷基)氧膦化合物 **1-111**(图 1-39)。反应过程中，采用三颈烧瓶作为未分隔的电化学电池，将少量白磷悬浮在水 / 乙醇电解液中，随后通电即可发生反应。

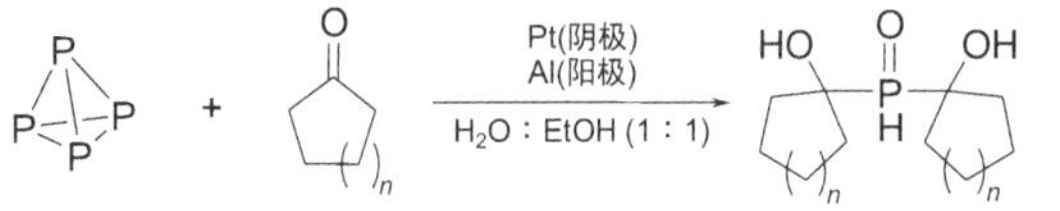


图 1-39　直接从白磷电化学合成双（α－羟基环烷基）氧膦化合物

# 1.7

# 由红磷出发直接合成有机磷化合物

相比于活性高、毒性强的白磷，使用活性低但无毒的红磷的活化生成有机磷化合物的方法也引起了大量关注。1966 年，Bogolyubov 教授[82]首次报道了在 Na-液$NH_3$体系中从红磷合成磷化物阴离子，然后与烷基溴反应以 29% ～ 34% 的产率合成了二烷基膦(图 1-40)。随后，Trofimov 教授[83]发现在叔丁醇存在下用金属锂 / 液氨处理红磷可有效地生成磷化物阴离子，这可能是因为醇作为一种质子供体有助于红磷大分子中 P—P 键的断裂。当红磷、金属锂和叔丁醇的摩尔比为 1：3：2 时，主要得到 $PH_2^-$ 阴离子，其进一步与有机卤化物反应以 72% ～ 87% 的产率得到伯膦 **1-113**。有趣的是，改变红磷、金属锂和叔丁醇的摩尔比为 1：3：1 时，反应以 52% ～ 72% 的产率选择性地合成仲膦 **1-114**。此外，环氧乙烷也可用作该反应的亲电试剂，在液氨中与红磷 / 碱金属 / 叔丁醇体系反应以 27% 产率得到 2-羟乙基膦 **1-115**[16](图 1-40)。

上述从红磷选择性合成伯膦单阴离子也可用于非对称仲膦化合物的合成，产率最高达到 55%(图 1-41)[83]。

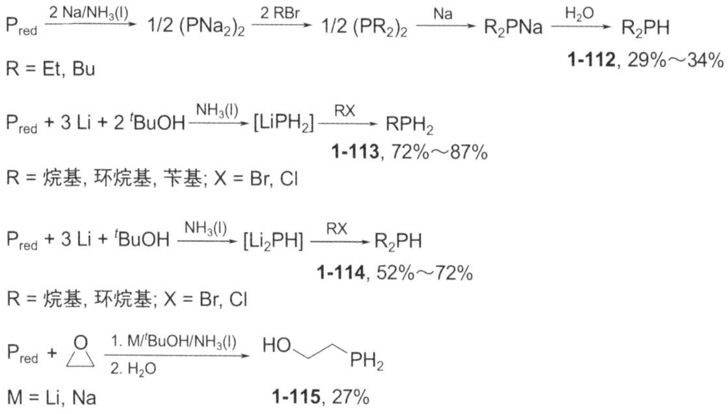

图1-40　液氨中通过红磷 / 碱金属 / 叔丁醇体系制备有机磷化合物

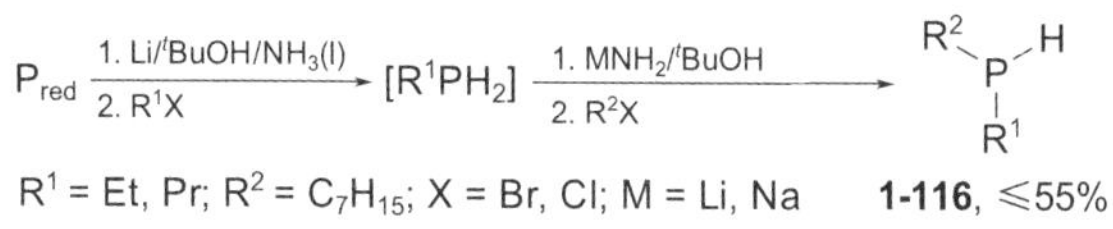

图1-41　液氨中通过红磷 / 金属锂 / 叔丁醇体系制备非对称仲膦化合物

1984 年，Rossi 教授报道了首例通过红磷活化制备叔膦化合物的方法[84]。在金属钠 / 叔丁醇 / 液氨体系下，红磷与卤代苯在紫外灯照射下实现了三苯基膦的合成，被双氧水氧化可得到三苯基氧膦，产率为 75%(图 1-42)。值得注意的是，三苯基膦可以继续在金属钠 / 叔丁醇体系中形成二苯基膦负离子，然后与对甲氧基溴苯作用并氧化后，可得 4-甲氧苯基二苯基氧膦。之后，Trofimov 教授[16]利用液氨 / 金属钾 / 叔丁醇体系活化红磷并与烯烃反应成功制备三烷基膦化合物 **1-117**(图 1-42)。该反应具有良好的化学选择性，即使烯烃的用量小于三个当量，也未产生伯膦或仲膦化合物。

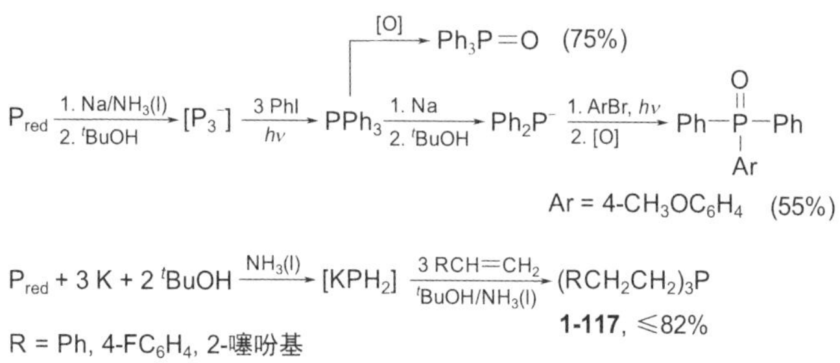

图1-42　液氨中通过红磷 / 碱金属 / 叔丁醇体系制备有机磷化合物

此外，Trofimov 教授[85,86]发现在碱金属氢氧化物和极性非质子溶剂(如：HMPA、DMSO、三乙基氧膦)组成的碱性体系中，红磷可与炔烃在 60 ～ 65℃反应得到三[(*Z*)-苯乙烯基]膦 **1-118**，反应展现出良好的立体、区域和化学选择性(图 1-43)。红磷和*β*-取代的苯乙烯在 KOH/DMSO($H_2O$)体系中 65 ～ 75℃反应，可制备二级氧膦化合物 **1-119**，但产率最高仅有 20%，而当在 KOH/HMPA($H_2O$)体系中 100 ～ 120℃反应时，可以 50% ～ 60% 的产率得到三(2-苯基乙基)氧膦 **1-120**[87]。当使用微波辅助加热(600W，4min)，在 KOH/DMSO($H_2O$)体系中红磷与乙烯基吡啶反应可得到相应的三烷基氧膦[88]。此外，烷基、苄基、烯丙基卤代物在 KOH/DMSO 或 1,4-二氧六环($H_2O$)体系中也能与红磷作用，得到氧膦产物 **1-121** ～ **1-124**[89,90](图 1-43)。

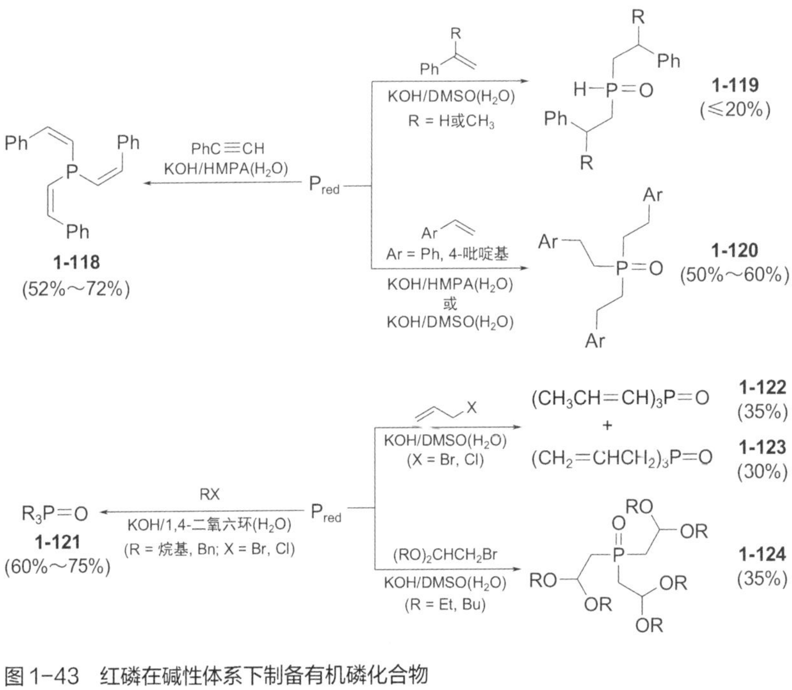


图 1-43　红磷在碱性体系下制备有机磷化合物

1999 年，Guita 教授[91]发现在碱性体系 KOH/DMSO($H_2O$)中红磷可与苯甲醛反应得到*α*-羟基苄基膦酸 **1-125** 与双(*α*-羟基苄基)仲膦氧化物 **1-126** 的混合物(图 1-44)。有趣的是，在 HI 存在下，由红磷原位生成的次磷酸与苯甲醛发生反应得到*α*-羟基苄基次膦酸 **1-125**，随着反应时间的延长以较低的产率分离得到苄基膦

酸 **1-127**（图 1-44）。

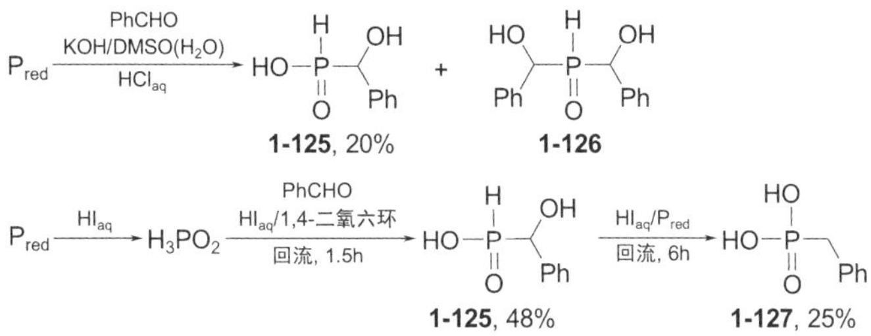

图 1-44　在碱性或酸性条件下红磷与苯甲醛的反应

Artem′ev 教授[19]报道红磷在 KOH/DMSO 强碱性体系中加热与苯乙烯反应生成三（2-苯基乙基）氧膦 **1-128**。烯丙基苯与红磷反应时，加热反应可得到 1-甲基-2-苯基乙基次膦酸 **1-129**，在微波辅助下则得到双（2-苯基-1-甲基乙基）膦 **1-130**。此外，1*H*-茚[19]和乙烯基三甲基硅烷[92]也可在热 KOH/DMSO 体系中与红磷反应得到相应的次膦酸 **1-131** 和 **1-132**（图 1-46）。

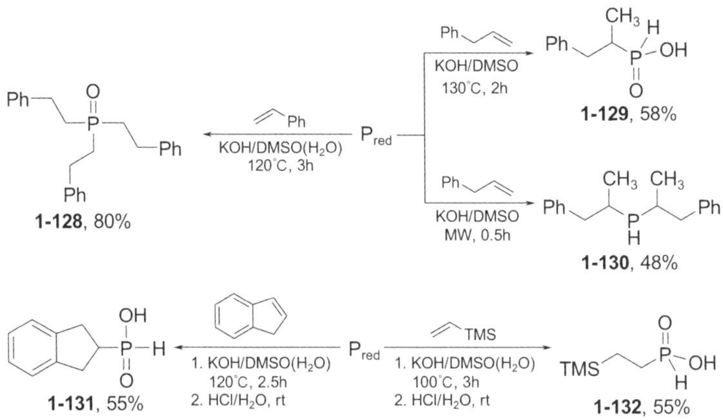

图 1-45　在 KOH/DMSO 体系中红磷与烯烃的反应

在 KOH/DMSO 悬浮液中，于微波辐射下红磷很容易与 $\alpha$-甲基苯乙烯反应，控制反应物比例和反应时间，可得到相应的双（2- 苯基丙基）膦 **1-134** 或三（2-苯基丙基）膦 **1-135**，产率分别为 54% 和 77%（图 1-46）[93]。然而，在 110 ～ 130℃的加热条件下，该反应主要产生三（2-苯基丙基）膦 **1-135** 和其膦氧化物 **1-136**，以及 2-苯基丙基次膦酸 **1-137**（图 1-46）。

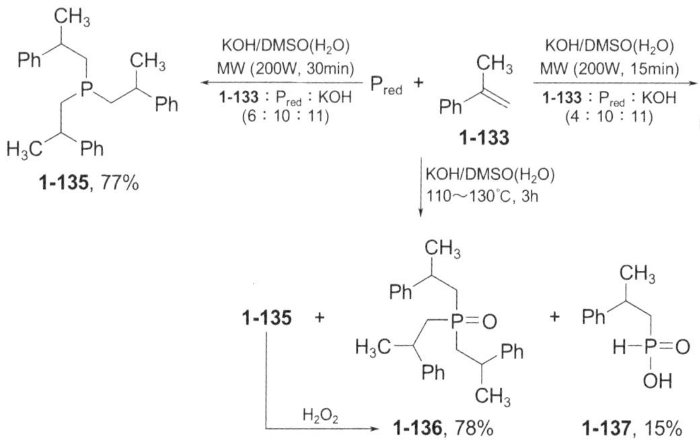

图 1-46　在 KOH/DMSO 体系中红磷与 α-甲基苯乙烯的反应

在 KOH/DMSO 体系中，红磷也可与芳基或杂芳基卤化物反应。例如，红磷与 1-溴萘反应以较低产率生成三(萘-1-基)膦 **1-138** 和萘-1-膦酸 **1-139**(图 1-47)[94]。采用微波辐射可提高该反应的化学选择性，以 25% 的产率获得三(萘-1-基)膦 **1-138**。红磷与 9-溴蒽反应以很低的产率(≤ 10%)形成蒽-9-次膦酸 **1-140**，同时产生大量蒽和 9,10-二氢蒽副产物[95]。2-溴吡啶与红磷的反应相对比较高效，以 62% 的产率得到三(2-吡啶基)膦 **1-141**(图 1-47)[96]。叔膦 **1-141** 含有吡啶结构，可作为一类独特的配体[97]以及合成中间体[98]。

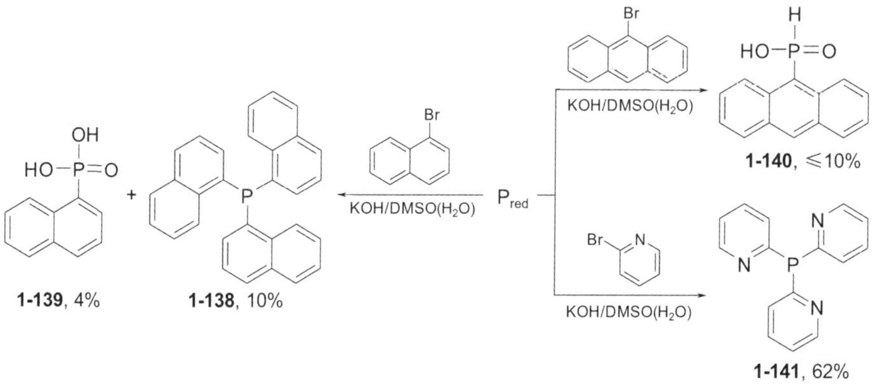

图 1-47　在 KOH/DMSO 体系中红磷与芳基或杂芳基卤化物的反应

2017 年，Klyba 教授[99]报道(*E*,*E*)-1,4-二苯基-1,3-丁二烯与红磷在 KOH/

DMSO($H_2O$)体系中 120℃反应 3h，经酸处理后以 48% 的产率得到 1,4-二苯基丁基次膦酸 **1-142**，同时伴随有 1,4-二苯基丁基膦 **1-143** 及还原产物 **1-144** 和 **1-145** 的生成(图 1-48)。

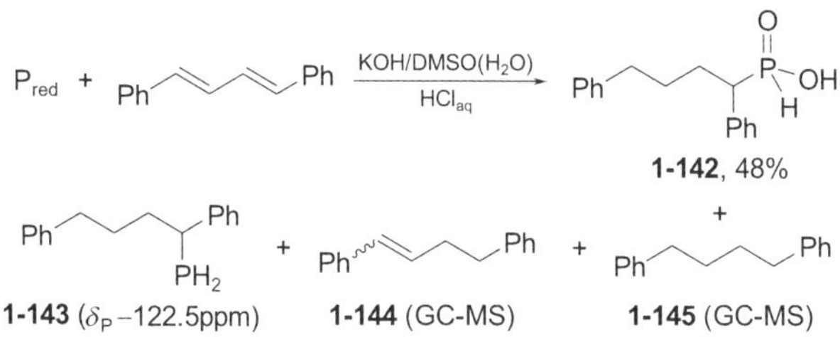


图 1-48 在 KOH/DMSO 体系中红磷与共轭二烯的反应

近期，Trofimov 教授[100]实现了芳基卤化物 ArX 在 KOH 碱性体系中与红磷的反应，当以 NMP、DMSO 和 HMPA 等为溶剂或配体时，反应以高达 74% 的产率选择性得到相应的三芳基膦($Ar_3P$) **1-146**(图 1-49)。随后，Trofimov 教授[101]采用十六烷基三甲基溴化铵(CTAB)作为相转移催化剂，在红磷 /KOH/$H_2O$/ 甲苯多相体系中实现了烷基溴化物与红磷的一锅法反应，烷基膦酸 **1-147** 产率最高可达 71%。在进一步研究中，作者又发现烷基化的 PEG 可以起到很好的催化作用，合成的长链正烷基次膦酸 **1-148** 产率最高可达 90%(图 1-49)[102]，且催化剂 PEG 可进行回收利用。

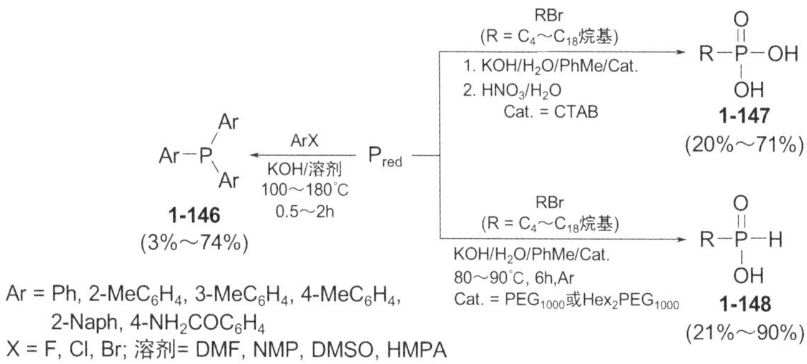


图 1-49 KOH/DMSO 体系中红磷与芳基或烷基卤代物的反应

综上，目前红磷的活化用于直接合成有机磷化合物的研究主要依赖于强碱性体系下实现[15,16,103]，探索更加温和的条件实现红磷的活化仍然是一个亟待研究的课题。

# 1.8

# 黑磷活化直接合成有机磷化合物

黑磷(BP)是一种活性较低的单质磷，可由白磷制备得到，早在1914年，Bridgman等人[104]首次以白磷为原料，在 $1.2\times10^9$Pa 的压强和 200℃高温下制备出了黑磷。黑磷晶体如图 1-50 所示。然而，黑磷往往不稳定，在 $H_2O$ 和 $O_2$ 存在下容易降解形成无机磷酸盐[105,106]。黑磷具有独特的电子性质[107-110]，在电子、光电子、催化、传感和光疗等许多领域显示出良好的应用前景[109,111-113]，但是在有机合成中的应用相对较少[14,114-116]。

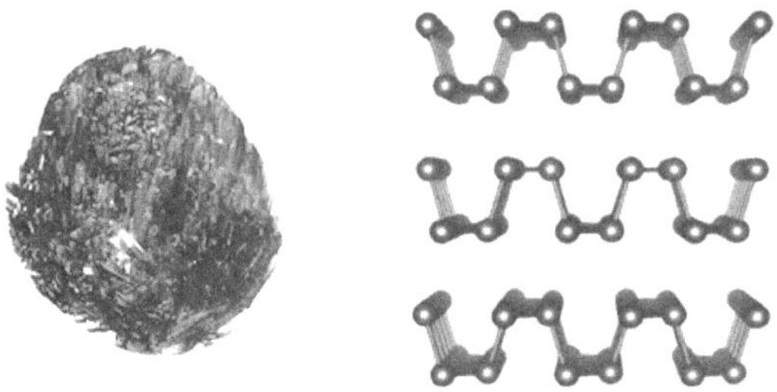

BP

图 1-50　黑磷晶体图

近期，喻学锋研究员报道了以黑磷纳米颗粒为原料直接合成有机磷化合物的新方法。在 KOH/NMP/$H_2O$ 体系中，黑磷与苯乙烯或芳基卤化物反应，以 71% 的分离产率得到三(1-苯基乙基)氧膦 **1-151**。控制黑磷与苯乙烯的摩尔比时，可以化学选择性地制备不同氧化态的含磷化合物(图 1-51)。当黑磷与苯乙烯的摩尔比为 1∶1 时，反应以 90% 的产率得到氧化叔膦 **1-151**；当黑磷与苯乙烯的摩尔比为 2∶1 时，仲膦 **1-152** 为主产物，产率为 68%；当黑磷与苯乙烯的摩尔比为 3∶1 时，苯乙基膦酸 **1-153** 为主产物，产率为 85%。当使用 NaH/ 甲苯体系替代 KOH/NMP/$H_2O$ 体系时，通过控制黑磷与苯乙烯的摩尔比，可化学选择性地得到叔膦、仲膦或伯膦化合物 **1-154** ～ **1-156**(图 1-51)。在相同的条件下，以红磷为磷源的反应的选择性和产率都较低，表明黑磷作为磷源直接构建有机磷化合物的优越性。

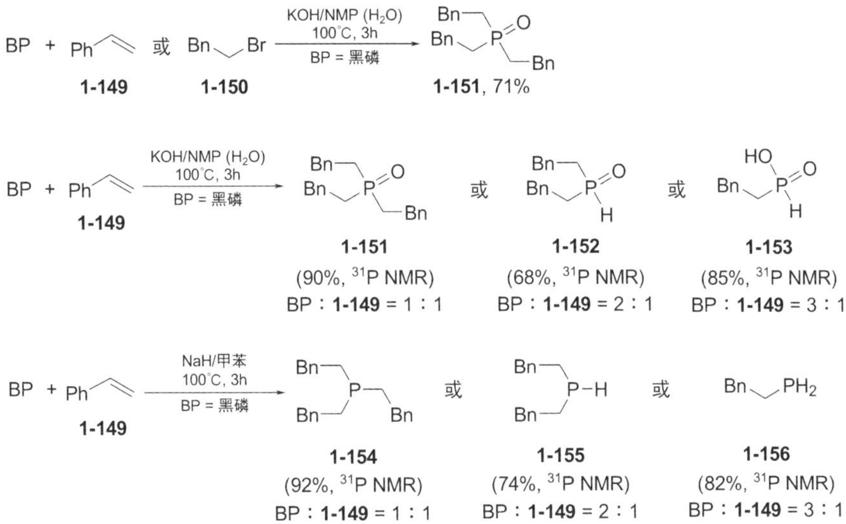


图 1-51　在 DMSO/ 碱体系中黑磷与苯乙烯或有机卤代物的反应

可能反应机理如图 1-52 所示，首先是氢氧根离子引发黑磷的 P—P 键断裂，得到 $[O{=}P_n]^-$ 阴离子 **1-157**。作为强亲核试剂，阴离子 **1-157** 进攻苯乙烯 **1-149** 或 *β*-溴代苯乙烷 **1-150**，在过量的 **1-149** 或 **1-150** 存在下经过一系列加成或取代反应主要得到氧化叔膦产物 **1-151**。当反应体系中的 **1-149** 或 **1-150** 量较少时，反应停留在中间步骤分别得到化合物 **1-153** 及 **1-152**。另外，黑磷在 NaH/ 甲苯条件下可转化为高活性 $PH_3$，可以与底物 **1-149** 或 **1-150** 逐步反应生成膦化合物 **1-154**、**1-155** 或 **1-156**。

除此之外，通过黑磷还能高效构建 P═S 键和 P—F 键，分别以 44% 和 70% 的收率实现叔膦硫化物 **1-163** 和六氟磷酸盐阴离子 **1-164** 等化合物的合成（图 1-53）。

本章主要介绍了从单质磷活化直接构建 P—C 键进而实现有机磷化合物的合成。白磷可与主族金属、过渡金属和卡宾化合物发生开环反应得到有机磷化合物，也可通过电化学催化、光催化和自由基反应等方法实现白磷的官能团化。此外，在强碱性体系中红磷和黑磷也可直接进行官能团化生成有机磷化合物。虽然该领域的研究还面临巨大的挑战，相关合成方法距离产业化应用还有一段距离，但是开发出的相关合成方法展示出了巨大的应用潜力，有望推动有机磷化合物合成的产业发展。

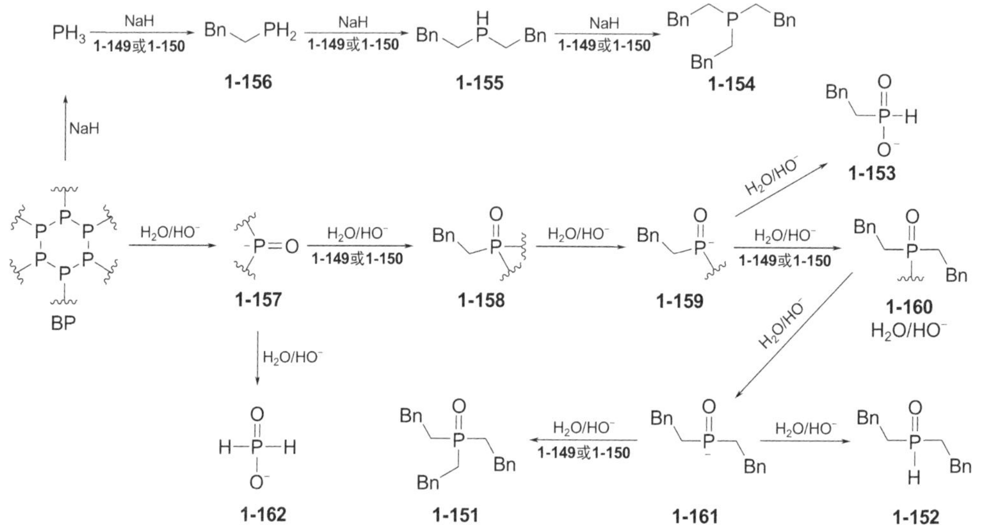


图 1-52　通过黑磷直接合成有机磷化合物的可能途径

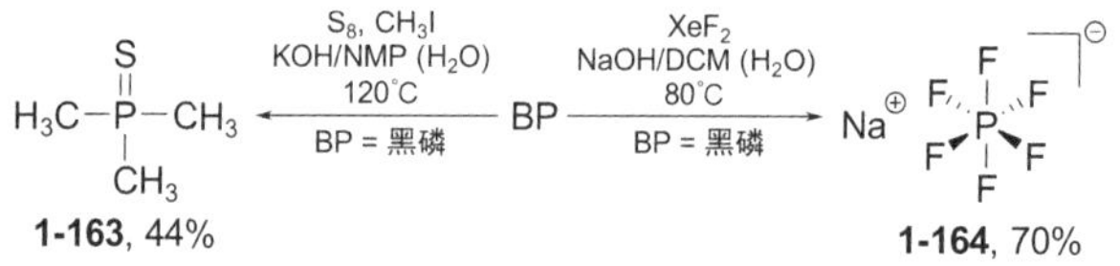


图 1-53　强碱性体系中活化黑磷合成含 P═S 键和 P—F 键的化合物

## 参考文献


[1] Cossairt B M, Piro N A, Cummins C C. Early-transition-metal-mediated activation and transformation of white phosphorus. Chemical Reviews, 2010, 110 (7): 4164-4177.

[2] Borger J E, Ehlers A W, Slootweg J C, et al. Functionalization of $P_4$ through direct P-C bond formation. Chemistry: A European Journal, 2017, 23 (49): 11738-11746.

[3] Budnikova Y H, Yakhvarov D G, Sinyashin O G. Electrocatalytic eco-efficient functionalization of white phosphorus. Journal of Organometallic Chemistry, 2005, 690 (10): 2416-2425.

[4] Caporali M, Gonsalvi L, Rossin A, et al. $P_4$ activation by late-transition metal complexes. Chemical Reviews, 2010, 110 (7): 4178-4235.

[5] Scheer M, Balázs G, Seitz A. $P_4$ activation by main group elements and compounds. Chemical Reviews, 2010, 110 (7): 4236-4256.

[6] 周德敏，赵亚宁，邓祥艳，等. 三苯基膦的合成研究. 海南师范大学学报：自然科学版，2013, 25 (4): 407-408.

[7] Peruzzini M, Gonsalvi L, Romerosa A. Coordination chemistry and functionalization of white phosphorus *via* transition metal complexes. Chemical Society Reviews, 2005, 34 (12): 1038-1047.

[8] Giffin N A, Masuda J D. Reactivity of white phosphorus with compounds of the *p*-block. Coordination Chemistry Reviews, 2011, 255 (11): 1342-1359.

[9] Khan S, Sen S S, Roesky H W. Activation of phosphorus by group 14 elements in low oxidation states. Chemical Communications, 2012, 48 (16): 2169-2179.
[10] Holthausen M H, Weigand J J. The chemistry of cationic polyphosphorus cages——syntheses, structure and reactivity. Chemical Society Reviews, 2014, 43 (18): 6639-6657.
[11] Montchamp J L. Challenges and solutions in phosphinate chemistry. Pure and Applied Chemistry, 2019, 91 (1): 113-120.
[12] Scalambra F, Peruzzini M, Romerosa A. Chapter four-recent advances in transition metal-mediated transformations of white phosphorus. Advances in Organometallic Chemistry, 2019, 72 (48): 173-222.
[13] Geeson M B, Cummins C C. Let's make white phosphorus obsolete. ACS Central Science, 2020, 6 (6): 848-860.
[14] Shiels D, Higham L J. Phosphines: preparation and reactivity. Organophosphorus Chemistry, 2021, 50: 1-36.
[15] Gusarova N K, Trofimov B A. Organophosphorus chemistry based on elemental phosphorus: advances and horizons. Russian Chemical Reviews, 2020, 89 (2): 225-249.
[16] Gusarova N K, Malysheva S F, Arbuzova S N, et al. Synthesis of organic phosphines and phosphine oxides from elemental phosphorus and phosphine in the presence of strong bases. Russian Chemical Bulletin, 1998, 47 (9): 1645-1652.
[17] Abakumov G A, Piskunov A V, Cherkasov V K, et al. Organoelement chemistry: promising growth areas and challenges. Russian Chemical Reviews, 2018, 87 (5): 393-507.
[18] Sukhov B, Malysheva S, Vakul'skaya T, et al. Radiation defect formation processes as a method for activation of red phosphorus in the Trofimov-Gusarova reaction. Arkivoc, 2003, 13: 196-204.
[19] Artem'ev A V, Malysheva S F, Korocheva A O, et al. One-pot halogen-free synthesis of 2, 3-dihydro-1*H*-inden-2-yl-phosphinic acid from 1*H*-indene and elemental phosphorus *via* the Trofimov-Gusarova reaction. Heteroatom Chemistry, 2012, 23 (6): 568-573.
[20] Artem'ev A V, Malysheva S F, Korocheva A O, et al. Direct phosphorylation of $\beta$-alkylstyrenes with elemental phosphorus under Trofimov-Gusarova reaction conditions. Russian Journal of Organic Chemistry, 2013, 49 (12): 1839-1841.
[21] Artemev A V, Sutyrina A O, Matveeva E A, et al. Unexpected formation of 1,4-diphenylbutylphosphinic acid from 1,4-diphenylbuta-1,3-diene and elemental phosphorus *via* the Trofimov-Gusarova reaction. Mendeleev Communications, 2017, 2 (27): 137-138.
[22] Evers E C, Street Jr E H, Jung S L. The Alkali metal phosphides. Ⅱ. Certain chemical properties of tetrasodium diphosphide1,2. Journal of the American Chemical Society, 1951, 73 (11): 5088-5091.
[23] Evers E C. The alkali metal phosphides. Ⅰ. Reaction of alkali metals and white phosphorus in liquid ammonia. Journal of the American Chemical Society, 1951, 73 (5): 2038-2040.
[24] Rauhut M M, Semsel A M. Reactions of elemental phosphorus with organometallic compounds. The Journal of Organic Chemistry, 1963, 28: 471-473.
[25] Rauhut M M, Semsel A M. Reactions of elemental phosphorus with organometallic compounds and alkyl halides. The direct synthesis of tertiary phosphines and cyclotetraphosphines. The Journal of Organic Chemistry, 1963, 28: 473-477.
[26] Trofimov B A, Brandsma L, Arbuzova S N, et al. A new method for the synthesis of 1,3-acetylenic phosphines. Russian Chemical Bulletin, 1997, 4: 849-850.
[27] Fritz G, Härer J, Stoll K. Untersuchungen zur metallierung der cyclophosphane $P_4(Cme_3)_3(Sime_3)$, $P_4(Cme_3)_2(Sime_3)_2$, $P_4(Sime_3)_4$. Zeitschrift Für Anorganische und Allgemeine Chemie, 1983, 504 (9): 47-54.
[28] Fritz G, Härer J. Über umsetzungen von weißem phosphor mit metallorganylen. Zeitschrift Für Anorganische und Allgemeine Chemie, 1983, 504 (9): 23-37.
[29] Riedel R, Hausen H D, Fluck E. Bis(2,4,6-tri-*tert*-butylphenyl)bicyclotetraphosphane. Angewandte Chemie International Edition, 1985, 24 (12): 1056-1057.
[30] Baudler M, Adamek C, Opiela S, et al. Alkali-metal hydrogen tetraphosphides, $MIHP_4$—the first salts of bicyclo[1.1.0] tetraphosphane. Angewandte Chemie International Edition, 1988, 27 (8): 1059-1061.

[31] Borger J E, Ehlers A W, Lutz M, et al. Functionalization of $P_4$ using a Lewis acid stabilized bicyclo [1.1.0] tetraphosphabutane anion. Angewandte Chemie International Edition, 2014, 126 (47): 13050-13053.
[32] Borger J E, Ehlers A W, Lutz M, et al. Stabilization and transfer of the transient $[Mes^*P_4]^-$butterfly anion using $BPh_3$. Angewandte Chemie International Edition, 2016, 55 (2): 613-617.
[33] Borger J E, Ehlers A W, Lutz M, et al. Selective [3+1] fragmentations of $P_4$ by "P" transfer from a Lewis acid stabilized $[RP_4]^-$butterfly anion. Angewandte Chemie International Edition, 2017, 56 (1): 285-290.
[34] Borger J E, Bakker M S, Ehlers A W, et al. Functionalization of $P_4$ in the coordination sphere of coinage metal cations. Chemical Communications, 2016, 52 (16): 3284-3287.
[35] Arrowsmith M, Hill M S, Johnson A L, et al. Attenuated organomagnesium activation of white phosphorus. Angewandte Chemie International Edition, 2015, 127 (27): 7993-7996.
[36] Hübner A, Bernert T, Sänger I, et al. Solvent-free mesityllithium: solid-state structure and its reactivity towards white phosphorus. Dalton Transactions, 2010, 39 (32): 7528-7533.
[37] Xu L, Chi Y, Du S, et al. Direct synthesis of phospholyl lithium from white phosphorus. Angewandte Chemie International Edition, 2016, 55 (32): 9187-9190.
[38] Bezkishko I A, Zagidullin A A, Petrov A V, et al. One-pot synthesis of aryl-substituted 1,2,3-triphospholide anions. Journal of Organometallic Chemistry, 2017, 844: 1-7.
[39] Power M B, Barron A R. The interaction of tri-*tert*-butylgallium with white phosphorus: isolation of an unusual gallium phosphorus cluster. Angewandte Chemie International Edition, 1991, 30 (10): 1353-1354.
[40] Fox A R, Wright R J, Rivard E, et al. $Tl_2[Aryl_2P_4]$: a thallium complexed diaryltetraphosphabutadienediide and its two-electron oxidation to a diaryltetraphosphabicyclobutane, $Aryl_2P_4$. Angewandte Chemie International Edition, 2005, 44 (47): 7729-7733.
[41] Du S, Yang J, Hu J, et al. Direct functionalization of white phosphorus to cyclotetraphosphanes: selective formation of four P-C bonds. Journal of the American Chemical Society, 2019, 141 (17): 6843-6847.
[42] Geeson Michael B, Cummins Christopher C. Phosphoric acid as a precursor to chemicals traditionally synthesized from white phosphorus. Science, 2018, 359 (6382): 1383-1385.
[43] Barbaro P, Peruzzini M, Ramirez J A, et al. Rhodium-mediated functionalization of white phosphorus: a novel formation of C-P bonds. Organometallics, 1999, 18 (21): 4237-4240.
[44] Peruzzini M, Ramirez J A, Vizza F. Hydrogenation of white phosphorus to phosphane with rhodium and iridium trihydrides. Angewandte Chemie International Edition, 1998, 37 (16): 2255-2257.
[45] Barbaro P, Ienco A, Mealli C, et al. Activation and functionalization of white phosphorus at rhodium: experimental and computational analysis of the $[(triphos)Rh\ (\eta^1:\eta^2\text{-}P_4RR')]Y$ complexes (triphos=$MeC(CH_2PPh_2)_3$; R=H, Alkyl, Aryl; R′=2 Electrons, H, Me). Chemistry: A European Journal, 2003, 9 (21): 5195-5210.
[46] Figueroa J S, Cummins C C. Diorganophosphanylphosphinidenes as complexed ligands: synthesis *via* an anionic terminal phosphide of niobium. Angewandte Chemie International Edition, 2004, 43 (8): 984-988.
[47] Figueroa J S, Cummins C C. The niobaziridine-hydride functional group: synthesis and divergent reactivity. Journal of the American Chemical Society, 2003, 125 (14): 4020-4021.
[48] Cossairt B M, Cummins C C. A niobium-mediated cycle producing phosphorus-rich organic molecules from white phosphorus ($P_4$) through activation, functionalization, and transfer reactions. Angewandte Chemie International Edition, 2008, 47 (46): 8863-8866.
[49] Krummenacher I, Cummins C C. Carbon-phosphorus triple bond formation through multiple bond metathesis of an anionic niobium phosphide with carbon dioxide. Polyhedron, 2012, 32 (1): 10-13.
[50] Figueroa J S, Cummins C C. Phosphaalkynes from acid chlorides *via* P for O(Cl) metathesis: a recyclable niobium phosphide ($P^-_3$) reagent that effects C-P triple-bond formation. Journal of the American Chemical Society, 2004, 126 (43): 13916-13917.
[51] Piro N A, Figueroa J S, McKellar J T, et al. Triple-bond reactivity of diphosphorus molecules. Science, 2006, 313 (5791): 1276-1279.
[52] Vogel U, Eberl M, Eckhardt M, et al. Access to phosphorus-rich zirconium complexes. Angewandte Chemie

International Edition, 2011, 50 (38): 8982-8985.

[53] Du S, Yin J, Chi Y, et al. Dual functionalization of white phosphorus: formation, characterization, and reactivity of rare-earth-metal cyclo-$P_3$ complexes. Angewandte Chemie International Edition, 2017, 56 (50): 15886-15890.

[54] Luo G, Du S, Wang P, et al. Fragmentation mechanism of white phosphorus: a theoretical insight into multiple cleavage/formation of P-P and P-C bonds. Chemistry: A European Journal, 2020, 26 (58): 13282-13287.

[55] Adhikari A K, Ziegler C G P, Schwedtmann K, et al. Functionalization of pentaphosphorus cations by complexation. Angewandte Chemie International Edition, 2019, 58 (51): 18584-18590.

[56] Reichl S, Mädl E, Riedlberger F, et al. Pentaphosphaferrocene-mediated synthesis of asymmetric organo-phosphines starting from white phosphorus. Nature Communications, 2021, 12 (1): 5774.

[57] Rathenau G. Optische und photochemische versuche mit phosphor. Physica, 1937, 4 (6): 503-514.

[58] Tofan D, Cummins C C. Photochemical incorporation of diphosphorus units into organic molecules. Angewandte Chemie International Edition, 2010, 122 (41): 7678-7680.

[59] Knopf I, Tofan D, Beetstra D, et al. A family of *cis*-macrocyclic diphosphines: modular, stereoselective synthesis and application in catalytic $CO_2$/ethylene coupling. Chemical Science, 2017, 8 (2): 1463-1468.

[60] Lennert U, Arockiam P B, Streitferdt V, et al. Direct catalytic transformation of white phosphorus into arylphosphines and phosphonium salts. Nature Catalysis, 2019, 2 (12): 1101-1106.

[61] Scott D J, Cammarata J, Schimpf M, et al. Synthesis of monophosphines directly from white phosphorus. Nature Chemistry, 2021, 13 (5): 458-464.

[62] Masuda J D, Schoeller W W, Donnadieu B, et al. Carbene activation of $P_4$ and subsequent derivatization. Angewandte Chemie International Edition, 2007, 119 (37): 7182-7185.

[63] Damrauer R, Pusede S E, Staton G M. Singlet and triplet methylene ($CH_2$) plus $P_4$: a computational study. Organometallics, 2008, 27 (14): 3399-3402.

[64] Back O, Kuchenbeiser G, Donnadieu B, et al. Nonmetal-mediated fragmentation of $P_4$: isolation of $P_1$ and $P_2$ bis(carbene) adducts. Angewandte Chemie International Edition, 2009, 121 (30): 5638-5641.

[65] Masuda J D, Schoeller W W, Donnadieu B, et al. NHC-mediated aggregation of $P_4$: isolation of a $P_{12}$ cluster. Journal of the American Chemical Society, 2007, 129 (46): 14180-14181.

[66] Dorsey C L, Squires B M, Hudnall T W. Isolation of a neutral $P_8$ cluster by [2+2] cycloaddition of a diphosphene facilitated by carbene activation of white phosphorus. Angewandte Chemie International Edition, 2013, 125 (16): 4558-4561.

[67] Martin C D, Weinstein C M, Moore C E, et al. Exploring the reactivity of white phosphorus with electrophilic carbenes: synthesis of a $P_4$ cage and $P_8$ clusters. Chemical Communications, 2013, 49 (40): 4486-4488.

[68] Cicač-Hudi M, Bender J, Schlindwein S H, et al. Direct access to inversely polarized phosphaalkenes from elemental phosphorus or polyphosphides. European Journal of Inorganic Chemistry, 2016, 2016 (5): 649-658.

[69] Rottschäfer D, Blomeyer S, Neumann B, et al. Direct functionalization of white phosphorus with anionic dicarbenes and mesoionic carbenes: facile access to 1,2,3-triphosphol-2-ides. Chemical Science, 2019, 10 (48): 11078-11085.

[70] Wang Y, Szilvási T, Yao S, et al. A bis(silylene)-stabilized diphosphorus compound and its reactivity as a monophosphorus anion transfer reagent. Nature Chemistry, 2020, 12 (9): 801-807.

[71] Barton D H R, Vonder Embse R A. The invention of radical reactions. Part 39. The reaction of white phosphorus with carbon-centered radicals. An improved procedure for the synthesis of phosphonic acids and further mechanistic insights. Tetrahedron, 1998, 54 (41): 12475-12496.

[72] Sato A, Yorimitsu H, Oshima K. Radical phosphination of organic halides and alkyl imidazole-1-carbothioates. Journal of the American Chemical Society, 2006, 128 (13): 4240-4241.

[73] Bezombes J P, Hitchcock P B, Lappert M F, et al. Synthesis and P-P cleavage reactions of $[P(X)X']_2$; X-ray structures of $[Co\{P(X)X'\}(CO)_3]$ and $P_4[P(X)X']_2$ [$X = N(SiMe_3)_2$, $X' = NPr^i_2$]. Dalton Transactions, 2004 (4): 499-501.

[74] Hinchley S L, Morrison C A, Rankin D W H, et al. Persistent phosphinyl radicals from a bulky diphosphine: an example of a molecular jack-in-the-box. Chemical Communications, 2000 (20): 2045-2046.

[75] Giffin N A, Hendsbee A D, Roemmele T L, et al. Preparation of a diphosphine with persistent phosphinyl radical

character in solution: characterization, reactivity with $O_2$, $S_8$, Se, Te, and $P_4$, and electronic structure calculations. Inorganic Chemistry, 2012, 51 (21): 11837-11850.
[76] Cossairt B M, Cummins C C. Radical synthesis of trialkyl, triaryl, trisilyl and tristannyl phosphines from $P_4$. New Journal of Chemistry, 2010, 34 (8): 1533-1536.
[77] Ghosh S K, Cummins C C, Gladysz J A. A direct route from white phosphorus and fluorous alkyl and aryl iodides to the corresponding trialkyl-and Triarylphosphines. Organic Chemistry Frontiers, 2018, 5 (23): 3421-3429.
[78] Heinl S, Reisinger S, Schwarzmaier C, et al. Selective functionalization of $P_4$ by metal-mediated C-P bond formation. Angewandte Chemie International Edition, 2014, 53 (29): 7639-7642.
[79] Yakhvarov D G, Budnikova Y G, Sinyashin O G. Organonickel $\sigma$-complexes—key intermediates of electrocatalytic cycles. Russian Journal of Electrochemistry, 2003, 39 (11): 1261-1270.
[80] Yakhvarov D G, Gorbachuk E V, Sinyashin O G. Electrode reactions of elemental (white) phosphorus and phosphane $PH_3$. European Journal of Inorganic Chemistry, 2013, 2013 (27): 4709-4726.
[81] Gorbachuk E, Badeeva E, Gubaidullin A, et al. Bis($\alpha$-hydroxycycloalkyl)phosphine oxides obtained from white phosphorus *via* phosphine oxide $H_3PO$: synthesis, molecular structure, coordination properties and biological activity. ChemPlusChem, 2020, 85 (5): 958-962.
[82] Bogolyubov G M, Petrov A A. Tetraalkyldiphosphines and tetraalkyldiphosphine disulfides from elemental phosphorus. Doklady Akademii Nauk SSSR, 1967, 173 (5): 1076-1079.
[83] Brandsma L, Gusarova N K, Gusarov A V, et al. Efficient one-pot procedures for the preparation of secondary phosphines. Synthetic Communications, 1994, 24 (22): 3219-3223.
[84] Bornancini E R, Alonso ReA, Rossi R A. One pot synthesis from the elements of symmetrical and unsymmetrical triaryl-phospines,-arsines and-stibines by the SRN1 mechanism. Journal of Organometallic Chemistry, 1984, 270 (2): 177-183.
[85] Trofimov B A, Gusarova N K, Malysheva S F, et al. Synthesis of tristyrylphosphine from red phosphorus and phenylacetylene under the conditions of phase-transfer catalysis. ChemInform, 1989, 20 (50).
[86] Gusarova N K, Trofimov B A, Rakhmatulina TN , et al. Reaction of red phosphorus with electrophiles in superbasic systems. Part 1. tris (*Z*-styryl) phosphine and its derivatives. ChemInform, 1990, 21 (43).
[87] Trofimov B A, Gusarova N K, Malysheva S F, et al. Superbase-induced generation of phosphide and phosphinite ions as applied in organic synthesis. Phosphorus, Sulfur, and Silicon and the Related Elements, 1991, 55 (1-4): 271-274.
[88] Trofimov B A, Dmitriev V I, Kazantseva T I, et al. Phosphorylation of 4-vinylpyridine with elemental phosphorus in the system KOH-dimethyl sulfoxide. ChemInform, 1991, 22 (29).
[89] Trofimov B A, Malysheva S F, Gusarova N K, et al. Reaction of red phosphorus with allyl halides under phase-transfer catalysis. ChemInform, 1990, 21 (14).
[90] Trofimov B A, Rakhmatulina T N, Gusarova N K, et al. Elemental phosphorus-strong base as a system for the synthesis of organophosphorus compounds. Russian Chemical Reviews, 1991, 60 (12): 1360-1367.
[91] Albouy D, Etemad-Moghadam G, Koenig M. Phosphorylating power of red phosphorus towards aldehydes in basic and in acidic media. European Journal of Organic Chemistry, 1999, 1999 (4): 861-868.
[92] Artem'ev A, Gusarova N K, Korocheva A, et al. First example of direct phosphorylation of vinyl silanes with elemental phosphorus in superbasic media. Russian Journal of General Chemistry, 2015, 85: 2416-2417.
[93] Artem'ev A V, Malysheva S F, Gusarova N K, et al. Reaction of elemental phosphorus with $\alpha$-methylstyrenes: one-pot synthesis of secondary and tertiary phosphines, prospective bulky ligands for Pd( Ⅱ ) catalysts. Tetrahedron, 2016, 72 (4): 443-450.
[94] Kuimov V A, Malysheva S F, Gusarova N K, et al. The reaction of red phosphorus with 1-bromonaphthalene in the KOH-DMSO system: synthesis of tri(1-naphthyl)phosphane. Heteroatom Chemistry, 2011, 22 (2): 198-203.
[95] Kuimov V A, Matveeva E A, Telezhkin A A, et al. Reaction of 9-bromoanthracene with red phosphorus in the system KOH-DMSO. Russian Journal of Organic Chemistry, 2016, 52 (7): 1059-1061.
[96] Trofimov B A, Artem'ev A V, Malysheva S F, et al. Expedient one-pot organometallics-free synthesis of tris(2-pyridyl) phosphine from 2-bromopyridine and elemental phosphorus. Tetrahedron Letters, 2012, 53 (19): 2424-2427.

[97] Artem'ev A V, Kashevskii A V, Bogomyakov A S, et al. Variable coordination of tris(2-pyridyl)phosphine and its oxide toward $M(hfac)_2$: a metal-specifiable switching between the formation of mono-and bis-scorpionate complexes. Dalton Transactions, 2017, 46 (18): 5965-5975.
[98] Arbuzova S N, Gusarova N K, Glotova T E, et al. Reaction of tri(2-pyridyl)phosphine with electron-deficient alkynes in water: stereoselective synthesis of functionalized pyridylvinylphosphine oxides. European Journal of Organic Chemistry, 2014, 2014 (3): 639-643.
[99] Artem'ev A V, Sutyrina A O, Matveeva E A, et al. Unexpected formation of 1,4-diphenylbutylphosphinic acid from 1,4-diphenylbuta-1,3-diene and elemental phosphorus *via* the Trofimov-Gusarova reaction. Mendeleev Communications, 2017, 27 (2): 137-138.
[100] Malysheva S F, Kuimov V A, Belogorlova N A, et al. Superbase-assisted selective synthesis of triarylphosphines from aryl halides and red phosphorus: three consecutive different $S_NAR$ reactions in one pot. European Journal of Organic Chemistry, 2019, 2019 (36): 6240-6245.
[101] Kuimov V A, Malysheva S F, Belogorlova N A, et al. Synthesis of long-chain *n*-alkylphosphonic acids by phosphonylation of alkyl bromides with red phosphorus and superbase under micellar/phase transfer catalysis. European Journal of Organic Chemistry, 2021, 2021 (10): 1596-1602.
[102] Kuimov V A, Malysheva S F, Belogorlova N A, et al. Chemoselective synthesis of long-chain alkyl-*H*-phosphinic acids *via* one-pot alkylation/oxidation of red phosphorus with alkyl-PEGs as recyclable micellar catalysts. Organic & Biomolecular Chemistry, 2021, 19 (48): 10587-10595.
[103] Gusarova N K, Arbuzova S N, Trofimov B A. Novel general halogen-free methodology for the synthesis of organophosphorus compounds. Pure and Applied Chemistry, 2012, 84 (3): 439-459.
[104] Bridgman P W. Two new modificationsi of phosphorus. Journal of the American Chemical Society, 1914, 36 (7): 1344-1363.
[105] Favron A, Gaufrès E, Fossard F, et al. Photooxidation and quantum confinement effects in exfoliated black phosphorus. Nature Materials, 2015, 14 (8): 826-832.
[106] Zhang T, Wan Y, Xie H, et al. Degradation chemistry and stabilization of exfoliated few-layer black phosphorus in water. Journal of the American Chemical Society, 2018, 140 (24): 7561-7567.
[107] Li L, Yu Y, Ye G J, et al. Black phosphorus field-effect transistors. Nature Nanotechnology, 2014, 9 (5): 372-377.
[108] Liu H, Neal A T, Zhu Z, et al. Phosphorene: an unexplored 2D semiconductor with a high hole mobility. ACS Nano, 2014, 8 (4): 4033-4041.
[109] Wang Y, Huang G, Mu H, et al. Ultrafast recovery time and broadband saturable absorption properties of black phosphorus suspension. Applied Physics Letters, 2015, 107 (9): 091905.
[110] Bian S, Wen M, Wang J, et al. Edge-rich black phosphorus for photocatalytic nitrogen fixation. The Journal of Physical Chemistry Letters, 2020, 11 (3): 1052-1058.
[111] Xia F, Wang H, Jia Y. Rediscovering black phosphorus as an anisotropic layered material for optoelectronics and electronics. Nature Communications, 2014, 5 (1): 1-6.
[112] Wu J, Mao N, Xie L, et al. Identifying the crystalline orientation of black phosphorus using angle-resolved polarized raman spectroscopy. Angewandte Chemie International Edition, 2015, 54 (8): 2366-2369.
[113] Shao J, Xie H, Huang H, et al. Biodegradable black phosphorus-based nanospheres for in vivo photothermal cancer therapy. Nature Communications, 2016, 7 (1): 1-13.
[114] Sofer Z, Luxa J, Bouša D, et al. The covalent functionalization of layered black phosphorus by nucleophilic reagents. Angewandte Chemie International Edition, 2017, 56 (33): 9891-9896.
[115] Wild S, Fickert M, Mitrovic A, et al. Lattice opening upon bulk reductive covalent functionalization of black phosphorus. Angewandte Chemie International Edition, 2019, 58 (17): 5763-5768.
[116] Wild S, Dinh X T, Maid H, et al. Quantifying the covalent functionalization of black phosphorus. Angewandte Chemie International Edition, 2020, 59 (45): 20230-20234.

# 2

# 化学计量磷试剂参与的反应

2.1 Wittig 反应
2.2 Mitsunobu 反应
2.3 Appel 反应
2.4 Staudinger 反应
2.5 Huisgen 内盐的环化反应
2.6 Kukhtin-Ramirez 加合物的反应

磷试剂参与的有机化学反应一直是有机化学领域中关注度较高的研究课题，相关研究一方面揭示了磷试剂丰富多样的反应性，另一方面拓展了磷试剂在有机合成中的应用。近二十年来，化学计量磷试剂参与的有机化学反应获得了快速的发展，新的反应类型不断涌现，特别是三价磷试剂参与的反应几乎涵盖了这一时期所报道的绝大部分研究成果，除经典的Wittig反应[1]、Mitsunobu反应[2]、Staudinger反应[3]、Appel反应[4]之外，还包括Huisgen内盐及Kukhtin-Ramirez加合物参与的反应[5]。这些磷试剂参与的反应提供了构建碳-碳键和碳-杂原子键的高效方法，在有机合成中发挥着重要的作用。

# 2.1
# Wittig反应

经典的Wittig反应是指醛、酮和磷叶立德试剂作用生成烯烃的化学转化。如果产物为亚胺，则称之为aza-Wittig反应。本节主要总结了近二十年来基于原位生成磷叶立德活性中间体策略所实现的Wittig反应、aza-Wittig反应以及其他相关的反应。

Wittig反应提供了构建碳碳双键简便高效的方法。其普遍接受的反应历程包括Wittig试剂与醛、酮羰基发生亲核加成反应，形成磷氧化合物内盐中间体，以及消除磷氧化合物副产物并生成烯烃产物等关键步骤。aza-Wittig反应是Wittig反应的一个变例，通过氮杂Wittig试剂与羰基化合物反应，生成亚胺产物。Wittig反应的局限性在于其原子利用率较低，其反应总是伴随当量的膦氧副产物如三苯基氧膦的生成。为了克服这一不足，近年来发展了一类在合适还原剂和催化量叔膦或叔膦氧化物共同作用下完成的Wittig反应，即催化的Wittig反应，可有效减少磷试剂的使用量[如图2-1(a)所示]。同样的策略也适用于aza-Wittig反应[如图2-1(b)所示]。

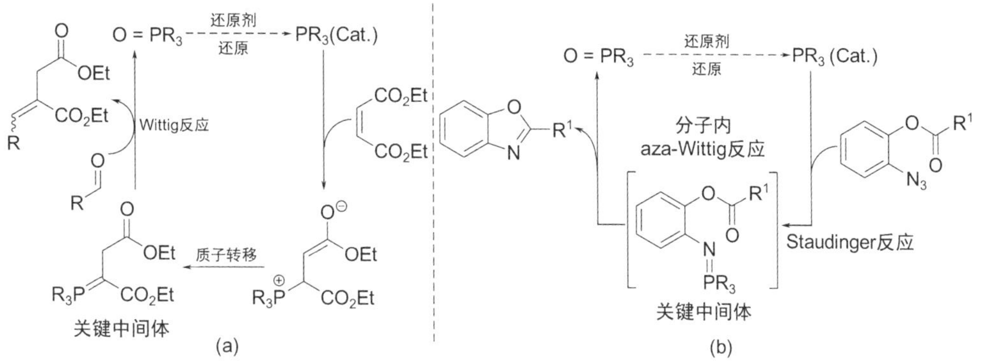


图 2-1 催化的 Wittig 及 aza-Wittig 反应示例

## 2.1.1 化学计量磷试剂参与的 Wittig 反应

近年来，通过叔膦原位生成磷叶立德活性中间体的策略，发展了一系列新的 Wittig 反应。2009 年，Tian 课题组[6]采用“一锅法”策略，从α-卤代羰基化合物、醛、叔膦和缺电子端烯出发，在化学计量叔膦作用下，以较高的产率、较宽的底物普适性和较好的 *Z/E* 选择性合成了α-位取代的α,β-不饱和酮或α,β-不饱和羧酸酯类产物。通过调控反应底物结构以及缺电子端烯的投料比，可以化学选择性地获得两种α,β-不饱和酮或α,β-不饱和羧酸酯衍生物。在可能的反应机理中，首先叔膦对缺电子端烯进行亲核加成，生成两性离子中间体 **A**，同时叔膦与α-卤代羰基化合物形成季鏻盐 **B**，中间体 **A** 作为碱将 **B** 去质子化形成磷叶立德中间体 **C**，经路径 a，与醛发生 Wittig 反应得到相应的产物(eqn 1)；经路径 b，与另一分子缺电子端烯发生亲核加成反应生成两性离子中间体 **D**，通过质子转移形成磷叶立德中间体 **E**，后者与醛发生 Wittig 反应生成相应的产物(eqn 2)。

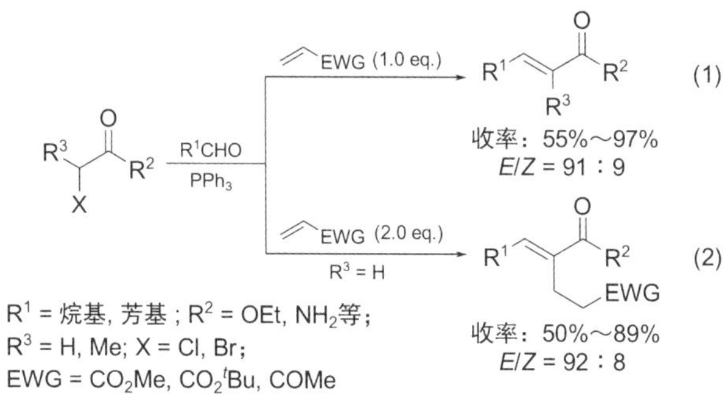

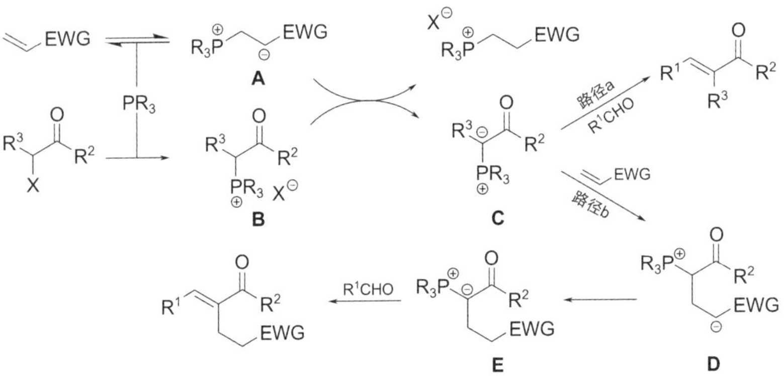


2010 年，贺峥杰课题组[7]报道了以 Morita-Baylis-Hillman（MBH）加合物衍生的烯丙基碳酸酯和醛为底物，在化学计量叔膦作用下，以高达 99% 的产率和 20∶1 的非对映选择性，以及较宽的底物普适性，合成了多取代共轭二烯化合物（eqn 1）。2011 年，Ye 课题组[8]同样以 MBH 烯丙基碳酸酯为底物，在化学计量叔膦作用下与 $\alpha,\alpha,\alpha$-三氟苯乙酮类化合物反应，以最高 76% 的产率和 20∶1 的非对映选择性合成了三氟甲基取代的共轭二烯类化合物（eqn 2）。在该反应的可能机理中，首先 MBH 烯丙基碳酸酯在叔膦的作用下形成烯丙基磷叶立德中间体，然后与醛或酮发生 Wittg 反应生成相应的产物。

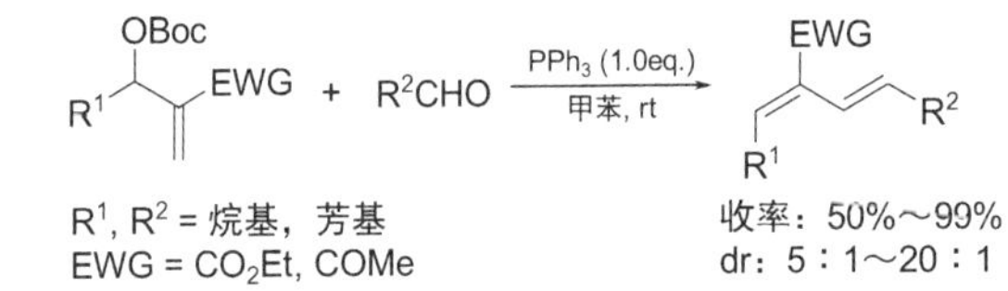

(1)

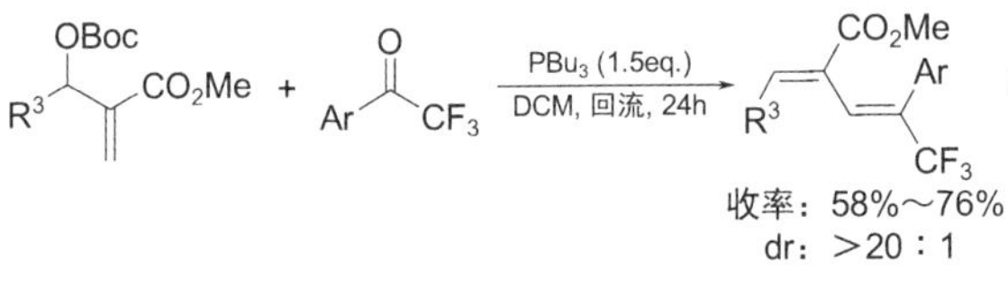

(2)

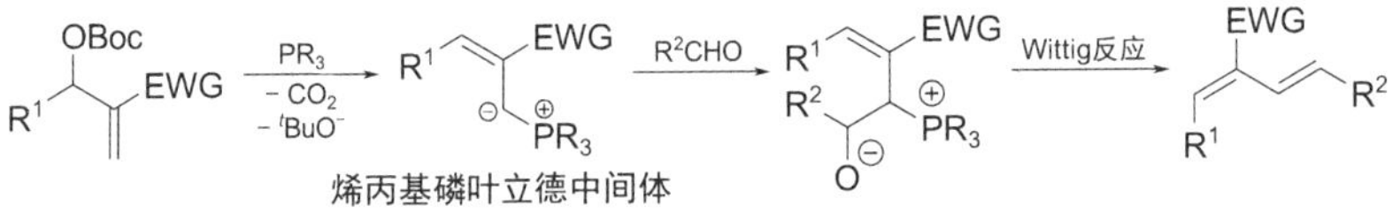


2002 年，Sayahi 课题组[9]以 3-氯吲哚-2-甲醛和丁炔二酸二酯为底物，在化学计量三苯基膦作用下，通过 Wittig 反应，以较高的产率合成了含有吲哚骨架的三环氮杂环化合物。首先，三苯基膦与丁炔二酸二酯类化合物进行亲核加成反应，生成

两性离子中间体，该中间体与3-氯吲哚-2-甲醛经质子脱除形成吲哚氮负离子和烯基鏻盐，然后吲哚氮负离子对烯基鏻盐发生亲核加成生成磷叶立德中间体，最后通过分子内 Wittig 反应生成最终的环化产物。

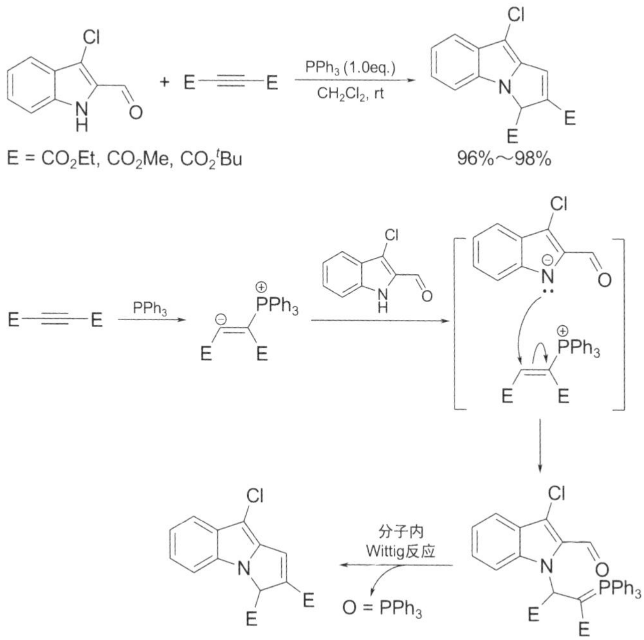


2018 年，Voituriez 课题组[10]同样以3-位甲基取代的吲哚-2-甲醛与 $\alpha$-取代的联烯酸酯为底物，在 $PPh_3$ 参与下，以分子内 Wittig 反应作为关键步骤，以较高产率合成了吡咯并吲哚化合物。同时，该反应类型在1.5eq. 还原剂 $PhSiH_3$ 以及10%(摩尔分数)催化量环状叔膦氧化物的作用下，可以膦催化的方式低收率地获得目标产物。

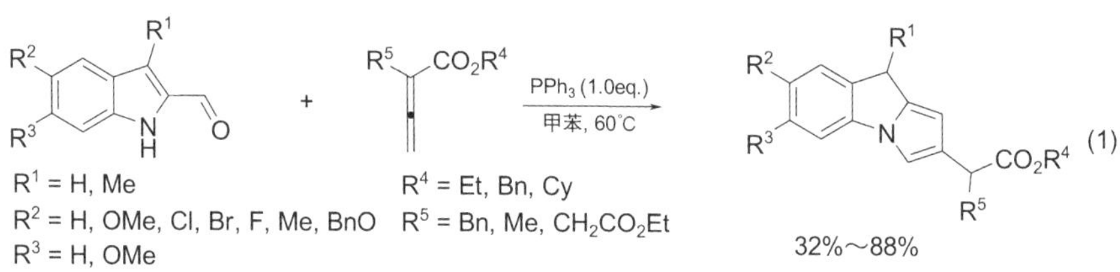


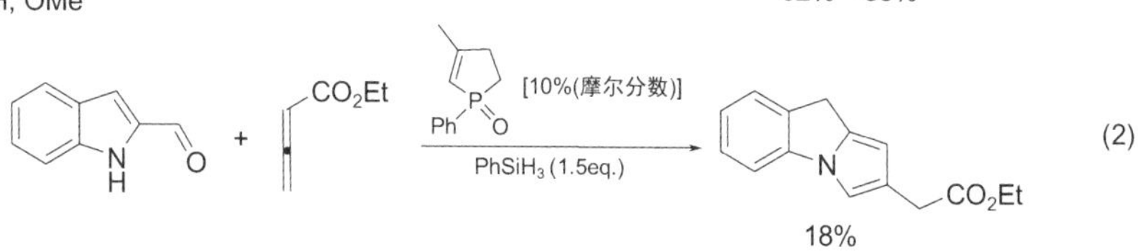

经分子内 Wittig 反应实现的关环反应，近十年来获得了显著的发展。2010 年，Lin 课题组[11] 报道了叔膦介导 $\alpha$-酮酯或者氰基取代的 $\alpha,\beta$-不饱和酮与酰氯的多组分反应，以较高的产率合成了四取代呋喃衍生物。作者认为，首先三丁基膦对 $\alpha,\beta$-不饱和酮进行共轭加成得到两性离子中间体，后者与酰氯发生 $O$-酰基化生成烯醇酯，在 $Et_3N$ 作用下去质子化原位生成 Wittig 试剂，最后经分子内 Wittig 反应实现四取代呋喃的合成。

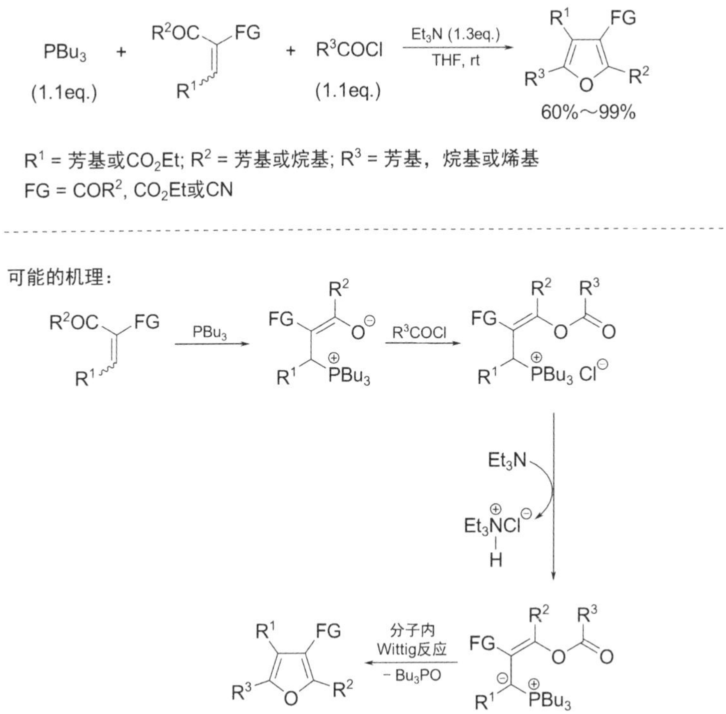


2012 年，Lin 课题组[12] 在之前报道的基础上，以醛、酰氯以及丙二腈等含有活泼亚甲基的化合物作为底物，在 $PBu_3$ 以及吡咯烷和苯甲酸的共同作用下同样实现了类似的三组分反应，以较高产率成功合成了四取代呋喃衍生物。在反应过程中，醛与含活泼亚甲基化合物首先在吡咯烷和苯甲酸的催化下发生 Knoevenagel 缩合，生成 $\alpha$-取代的 $\alpha,\beta$-不饱和酮、羧酸酯或氰类化合物，然后三丁基膦介导其与酰氯反应，并经去质子化原位生成磷叶立德，最后经过分子内 Wittig 反应构建了四取代呋喃类化合物。通过给出关键中间体的形成机制和稠环呋喃类化合物的生成机制，完整地演示了上述可能的反应机理。

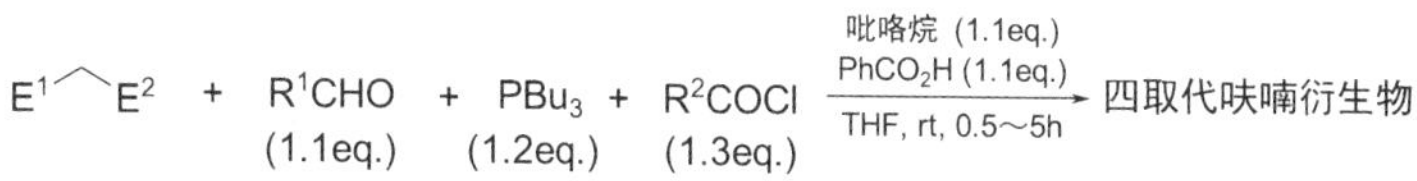


$E^1$, $E^2$ = COR, $CO_2R$, $NO_2$, CN或CONHR

$R^1$, $R^2$ = 烷基，芳基或$CO_2Et$

可能的机理：

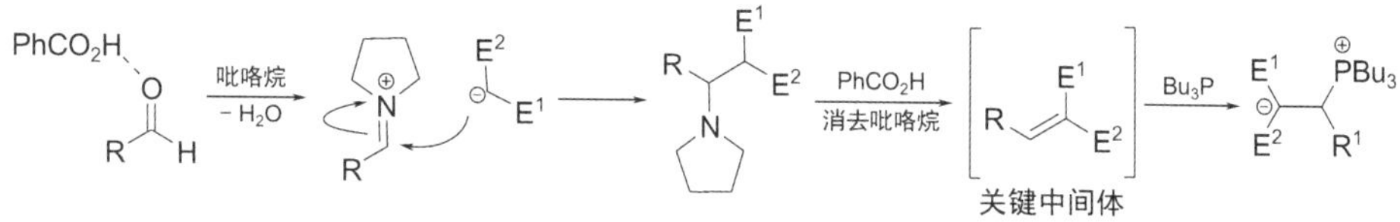


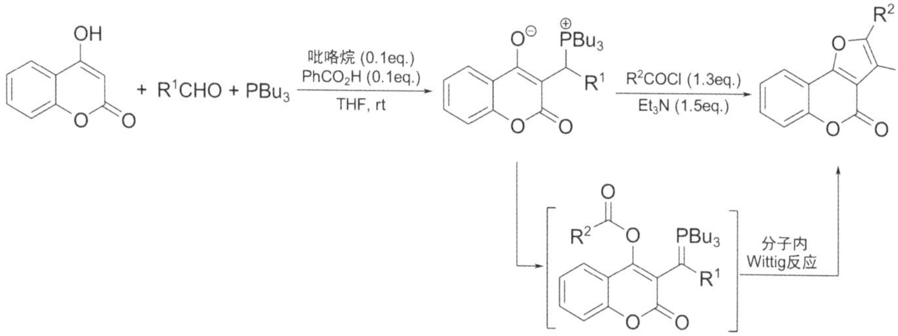


2017 年，黄有课题组[13]以 MBH 碳酸酯与邻氨基查耳酮为底物，在化学计量 $PPh_3$ 作用下，利用分子内 Wittig 反应作为关键步骤，以高达 90% 的产率和 20∶1 的非对映选择性合成了四氢喹啉并环戊烯类化合物。作者认为，在反应中，MBH 碳酸酯在 $PPh_3$ 作用下与邻氨基查耳酮发生烯丙基烷基化，然后继续在 $PPh_3$ 催化下发生分子内 Rauhut-Currier 反应，形成六元氮杂环，后经质子转移生成磷叶立德中间体，最后经过分子内 Wittig 反应生成相应的多环产物。该方法为四氢喹啉类化合物的合成提供了一种简便高效的方法。

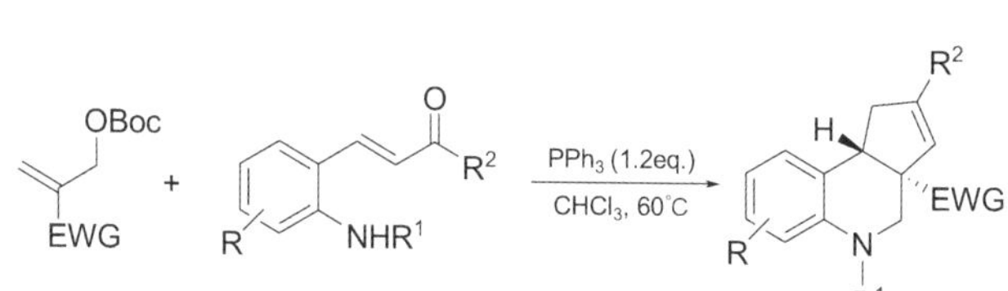


EWG = $CO_2Et$, $CO_2Me$, $CO_2Bu$, $CO_2{}^tBu$, CN

$R^1$ = Ts, $SO_2Ph$

$R^2$ = Ph, Me, 2-呋喃基等

收率：37%～90%

dr：20∶1

可能的机理：

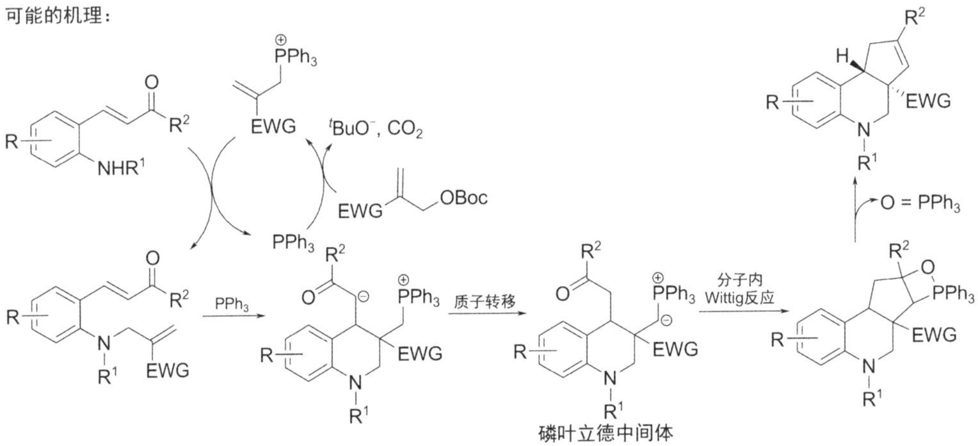


利用缺电子联烯酸酯或炔酸酯与叔膦作用生成的活性中间体与其他合适的多官能团底物反应，可以实现 Wittig 反应参与的串联关环反应。2017 年，Zhou 课题组[14]报道了叔膦 $Ph_2PEt$ 促进邻苯二甲酰亚氨基丙二酸二酯与联烯酸酯的[3+2]多米诺环化反应，以良好的产率制得了高度官能团化的吡咯并吲哚啉酮衍生物。当底物由联烯酸酯换成丁-2-炔酸乙酯时，在相同条件下同样能以较高产率得到目标产物。作者认为，该反应可能经历了 $\gamma$-极性反转加成 / 分子内 Wittig 反应 /$\gamma$-极性反转加成的串联过程。

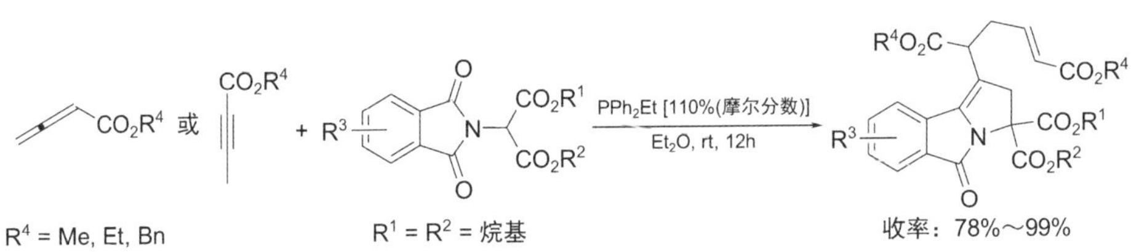


2015 年，Kwon 课题组[15]以联烯酸酯与邻苯二甲醛为底物，在化学计量的叔膦作用下，通过调控反应条件，可以化学选择性地合成不同结构的 2, 3-二取代萘衍生物。在途径 a 中，$PPh_3$ 首先促进联烯酸酯与亲核试剂发生 $\gamma$-极性反转加成，然后与邻苯二甲醛底物发生 Aldol 反应生成半缩醛，经质子转移生成磷叶立德中间体并发生分子内 Wittig 反应，同时脱掉一分子水生成最终产物。在途径 b 中，首先叔膦 $PPh_2Et$ 促进 $\gamma$-取代联烯酸酯与邻苯二甲醛发生 Aldol 反应生成半缩醛，同样经质子转移生成磷叶立德中间体并发生分子内 Wittig 反应，最后脱掉一分子水生成最终产物。

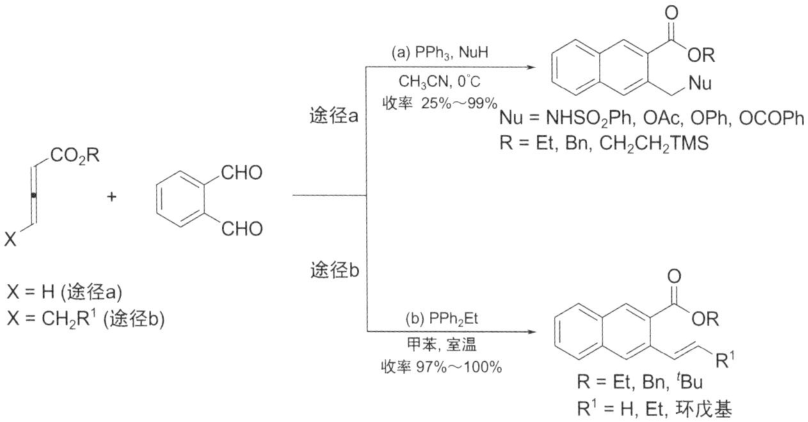


推测的机理：

途径a

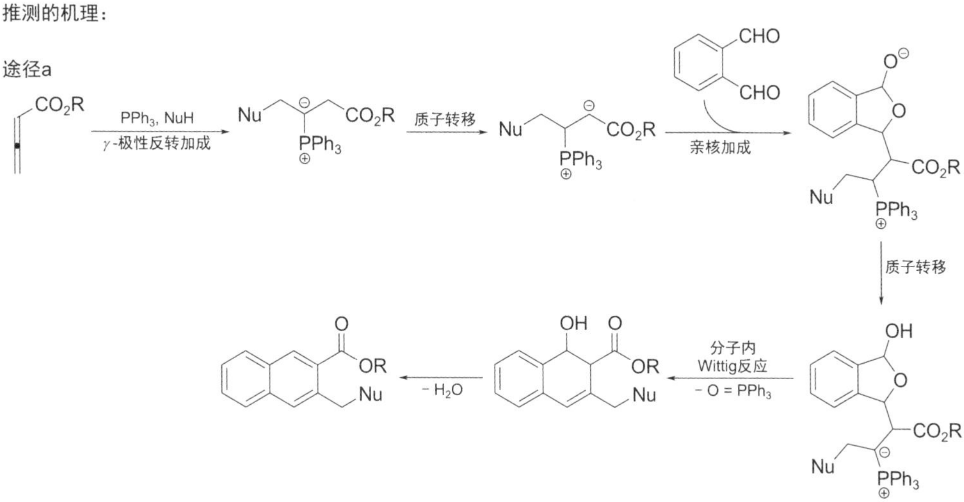


途径b

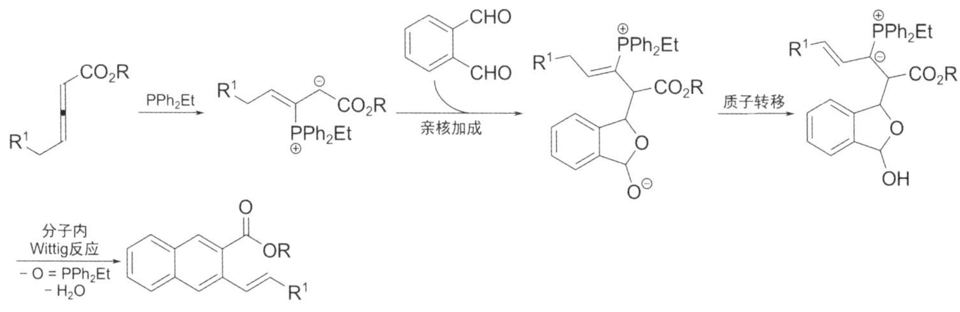

## 2.1.2 化学计量磷试剂参与的 aza-Wittig 反应

近年来，人们通过原位生成氮杂 Wittig 试剂的策略，发展了一系列 aza-Wittig 反应，主要应用于氮杂环化合物的合成。2018 年，Carboni 课题组 [16] 报道了以叠氮基和苯甲酰基取代的四取代烯烃为底物，在亚磷酸三乙酯的作用下，通过串联分子间 Staudinger 反应和分子内 aza-Wittig 反应，以高达 94% 的产率合成了多取代异喹啉衍生物。反应首先经亚磷酸三乙酯与叠氮化合物发生 Staudinger 反应生成氮杂 Wittig 试剂，然后与分子内的羰基发生 aza-Wittig 反应，最终生成目标产物。

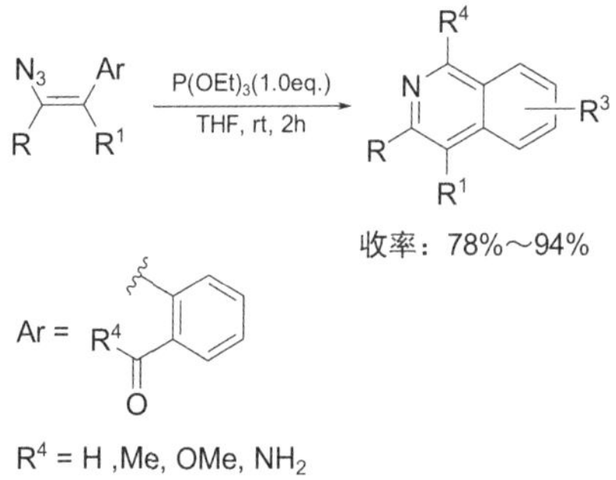


2016 年，Ding 课题组 [17] 报道了以叠氮基取代的苯甲酸酐或者 $\alpha,\beta$-不饱和酸酐为底物，在 $PPh_3$ 作用下，通过串联的 Staudinger 反应和分子内 aza-Wittig 反应，以较高的产率合成了苯并噁嗪和噁唑类化合物。在催化量 $PPh_3$ 和 $Cu(OTf)_2$ 以及过量的 TMDS 还原剂作用下，同样以较高的产率得到目标产物。

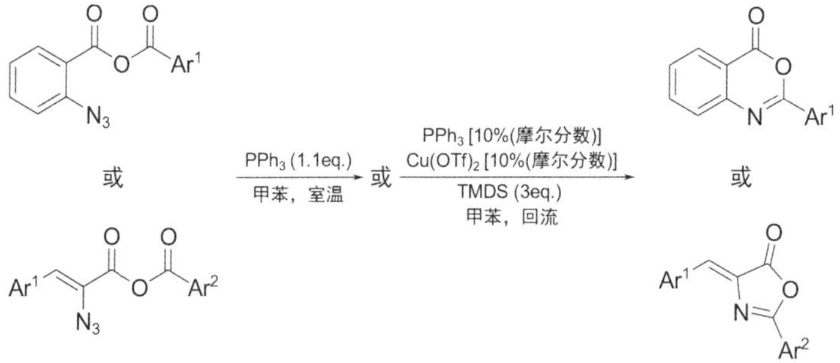

2016 年，Trushkov 课题组[18]以叠氮基取代的丙二酸二甲酯和醛为底物，在 $PPh_3$ 作用下，以高达 77% 的产率和 20∶1 的非对映选择性合成了多取代四氢吡咯化合物。在反应中，首先叠氮基取代的丙二酸二甲酯与 $PPh_3$ 发生 Staudinger 反应生成氮杂 Wittig 试剂，然后与醛发生 aza-Wittig 反应，最后经分子内 Mannich 反应生成关环产物。

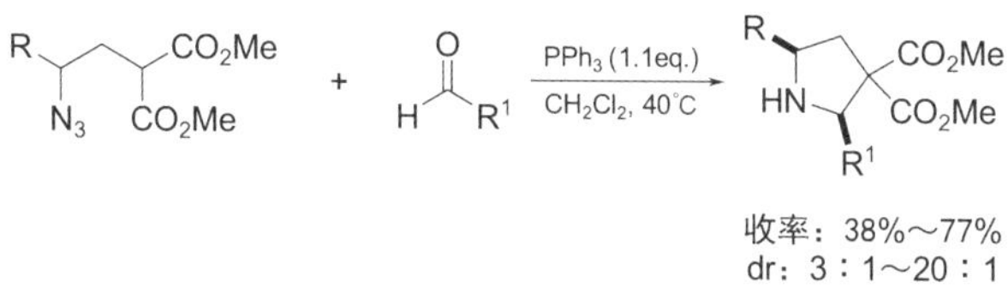


## 2.1.3 化学计量还原剂参与的 Wittig 反应

为了克服 Wittig 反应生成化学计量氧化膦副产物的不足，近年来人们发展了加入化学计量还原剂的策略，实现了一系列使用催化量磷试剂完成的 Wittig 反应。2016 年，Lin 课题组[19]在前期工作的基础上，使用化学计量的苯基硅烷 $PhSiH_3$ 为还原剂，将需要化学计量叔膦完成的多取代呋喃类化合物的合成，改进成催化量环状叔膦氧化物即可实现的催化转化，在反应中需要使用催化量 $Et_3N$ 和 TESCl 作为促进剂。在可能的反应机理中，环状叔膦氧化物在 TESCl 或反应中产生的 $Et_3N \cdot HCl$ 的活化下，经 $Et_3N$ 和 $PhSiH_3$ 的协同作用还原成叔膦，与 $\alpha,\beta$-不饱和酮发生共轭加成生成烯醇活性中间体，并与酰氯反应，然后在 $Et_3N$ 作用下去质子化生成磷叶立德中间体，最后经分子内 Wittg 反应生成目标产物，并释放出环膦氧化物，完成催化循环。

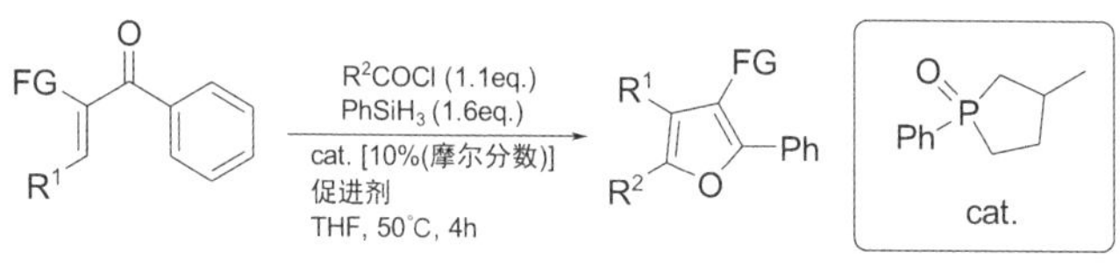


$R^1$ = 芳基；$R^2$ = 芳基；FG = COPh, $CO_2Et$, CN

推测的机理：

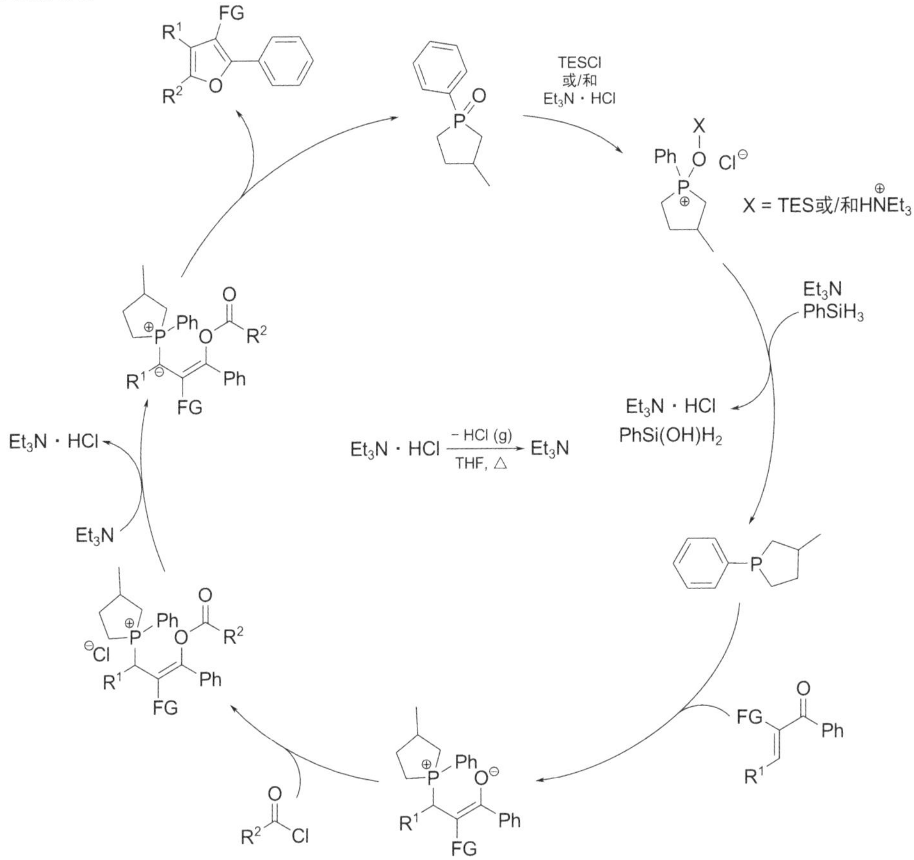

2017 年，Voituriez 课题组[20] 采用相似的方法，以邻氨基苯甲醛和丁炔二酸二酯为底物，实现了多种含氮杂环的合成。在催化循环中，作者采用二芳氧基磷酸作为五价膦氧化物还原成三价膦的促进剂。

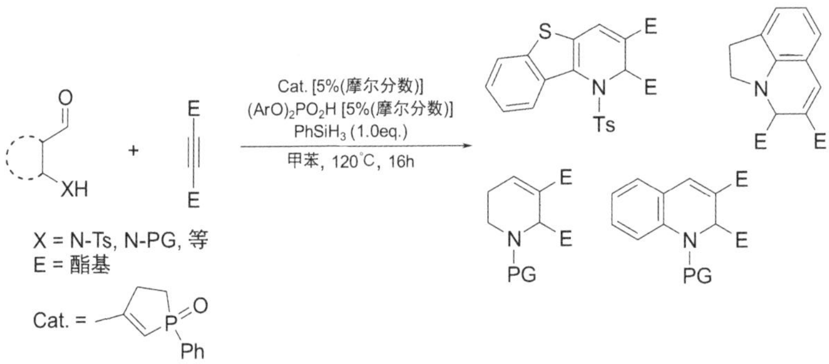

2018 年，Kwon 课题组[21]报道了在还原剂 $Ph_2SiH_2$ 和催化量双环叔膦氧化物的作用下，联烯酸酯和邻氨基苯甲醛的环化反应，以较高产率合成了 3-取代-1, 2-二氢喹啉衍生物。关于反应历程，作者认为，双环叔膦氧化物首先被 $Ph_2SiH_2$ 还原成叔膦，后者与联烯酸酯发生亲核加成，生成两性离子中间体，其与邻氨基苯甲醛发生 γ-极性反转加成，生成磷叶立德中间体，最后经分子内 Wittig 反应生成二氢喹啉产物。

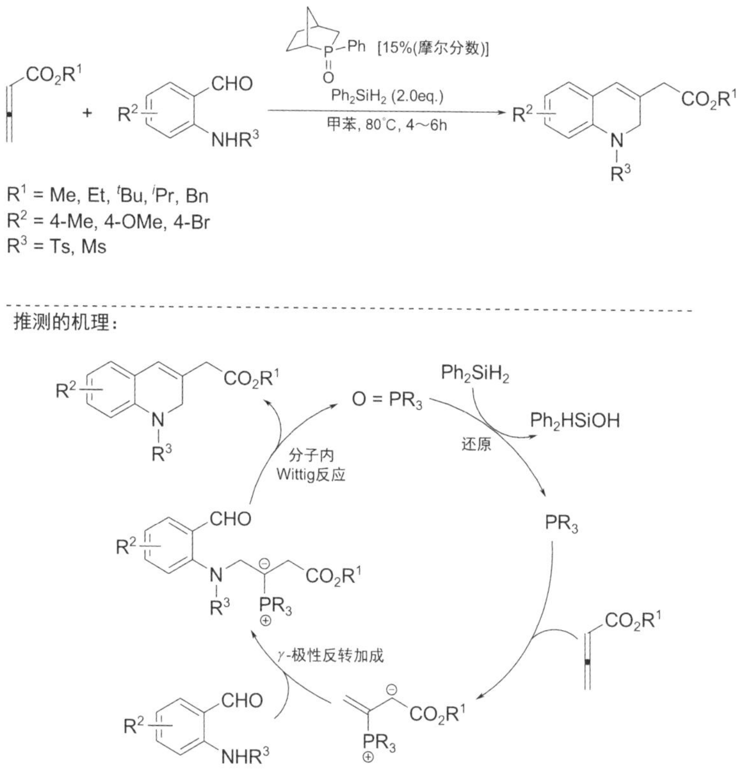


2018 年，Voituriez 课题组[22]在之前工作的基础上，采用类似的策略，使用还原剂 $PhSiH_3$ 和催化量环状叔膦氧化物，实现了邻氨基苯甲醛和丁炔二酸二酯类化合物的反应。研究结果揭示，不同取代的邻氨基苯甲醛可化学选择性地导致关环产物二氢喹啉和未关环产物的生成，据推测，两种产物经由不同的反应途径形成。

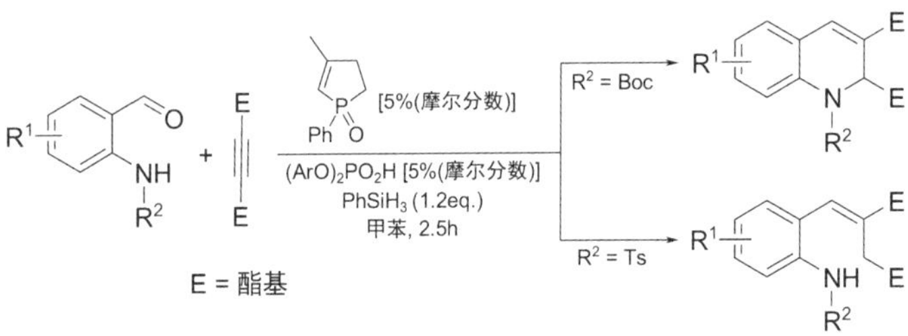

2015 年，Deshmukh 课题组[23] 报道了以醛和 $\alpha$-卤代酸酯为底物，在过量 $HSi(OMe)_3$、$Na_2CO_3$ 以及催化量环状叔膦氧化物的作用下，通过原位生成 Wittig 试剂并发生分子间 Wittig 反应，合成了 $\alpha,\beta$-不饱和羧酸酯(eqn 1)。采用催化量手性双膦催化剂，在相似反应条件下，可以实现对映选择性的分子内 Wittig 反应，得到光学活性双环环戊烯酮衍生物，但反应收率和对映选择性随手性双膦催化剂的不同而波动较大(eqn 2)。

(1)

R¹ = 芳基，杂芳基，烷基；R² = H, Me;
EWG = $CO_2Me$, CN; X = Cl, Br, I

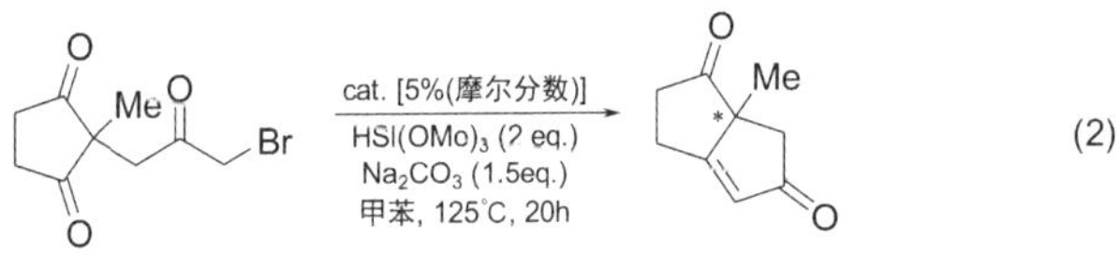

(2)

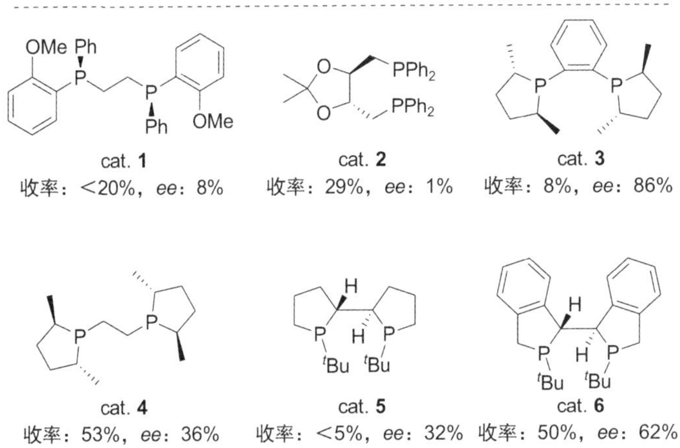

## 2.1.4 化学计量还原剂参与的 aza-Wittig 反应

采用外加还原剂的策略，同样可以实现膦催化的 aza-Wittig 反应。2013 年，Delft 课题组[24] 以叠氮基取代的苯酯和邻氨基苯甲酮衍生物为底物，在还原剂 $Ph_2SiH_2$ 和催化量环状氮杂磷叶立德的作用下，以高达 95% 的产率合成了苯并噁唑，并以高达 88% 的产率实现了苯并内酰胺化合物的合成。

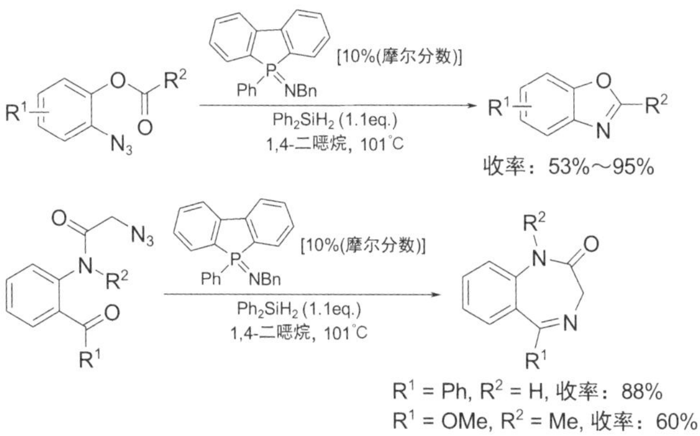


2014 年，Ding 课题组[25] 以邻叠氮基苯甲酰胺衍生物为底物，在过量还原剂 TMDS 以及催化量 $PPh_3$ 的作用下，通过串联的分子间 Staudinger 反应和分子内 aza-Wittig 反应，以高达 95% 的产率合成了氮杂稠环化合物。

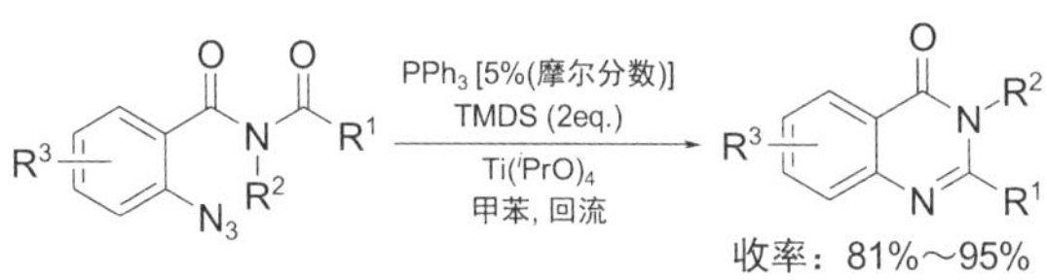


## 2.1.5 基于 Wittig 反应的其他反应

近年来的研究揭示，基于原位生成磷叶立德活性中间体策略，可以成功地实现高效的合成反应。2013 年，唐勇课题组[26] 报道了在 $PPh_3$ 和 $Cs_2CO_3$ 作用下，通过原位生成的 Wittig 试剂参与的分子内 Michael 加成反应，成功实现了包括四氢喹啉在内的一系列杂环化合物的高效合成。该反应首先通过原位生成的 Wittig 试剂完成分子内 Michael 加成，接着通过质子转移及与水猝灭，生成目标产物。

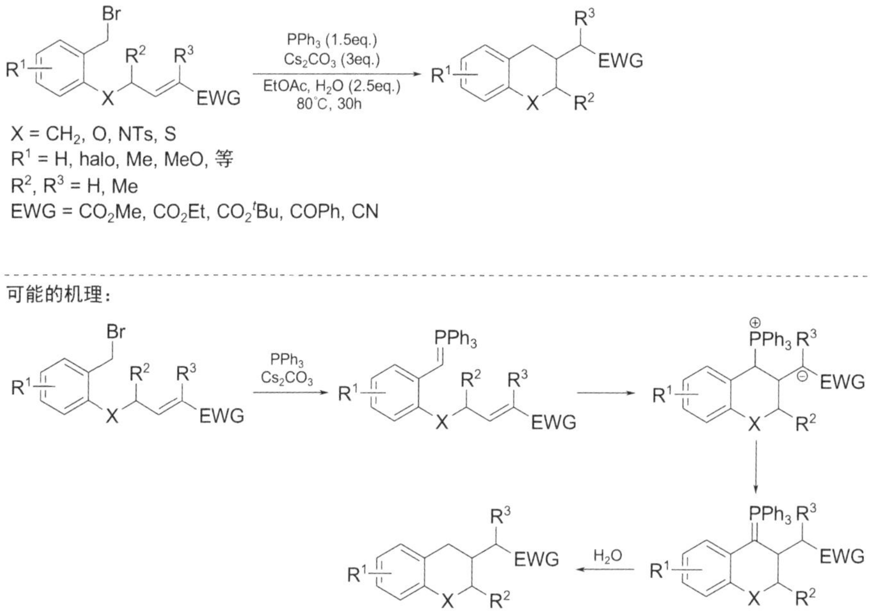


传统的 Morita-Baylis-Hillman(MBH) 反应 [27] 和 Rauhut-Currier(R-C) 反应 [28] 是在有机路易斯碱催化下缺电子烯与亲电试剂醛、亚胺或另一缺电子烯之间进行的亲核加成反应，反应生成烯丙醇等多官能团产物[图 2-2(a)]。当底物缺电子烯 $\alpha$-位存在取代基时，通常的 1,3-质子转移步骤不能发生，而可能发生 1,4-质子转移，导致生成叶立德活性中间体[图 2-2(b)]。早期对该类中间体的反应性研究相对较少 [15]。

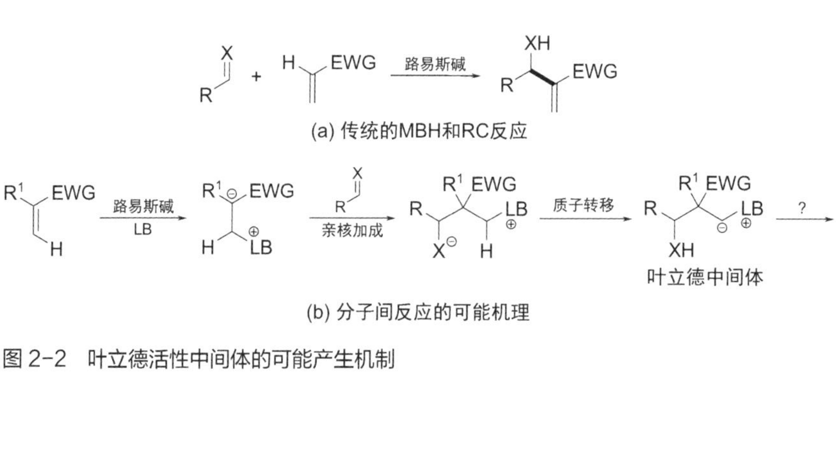


图 2-2 叶立德活性中间体的可能产生机制

2018 年，陈应春课题组[29]成功利用这一策略，实现了磷叶立德介导的如下反应。以靛红衍生的缺电子烯和醛或者亚胺为底物，在叔膦作用下，以较高的产率和非对映选择性合成了 3,3-二取代吲哚酮衍生物。采用含硫脲基团的手性膦试剂时，能以高达 98% *ee* 的对映选择性得到目标产物。

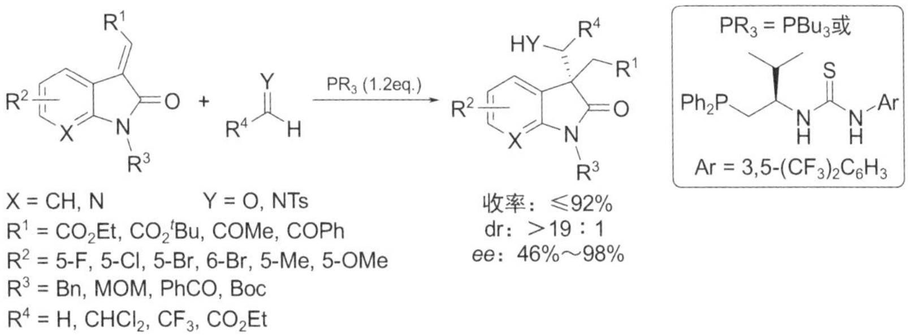


2017 年，Ghorai 课题组[30]利用邻甲酰基苯基硼酸与 Wittig 试剂反应，采用金鸡纳生物碱衍生的手性方酰胺催化剂，成功实现了 Wittig 反应 / 分子内不对称 Michael 加成的串联反应，以较高产率和高达 99% *ee* 值合成了硼酸酯化合物。该硼酸酯化合物在碱性条件下经 $H_2O_2$ 氧化后可制得光学纯多官能团产物，从而发展了合成该类手性多官能团化合物的有效方法。

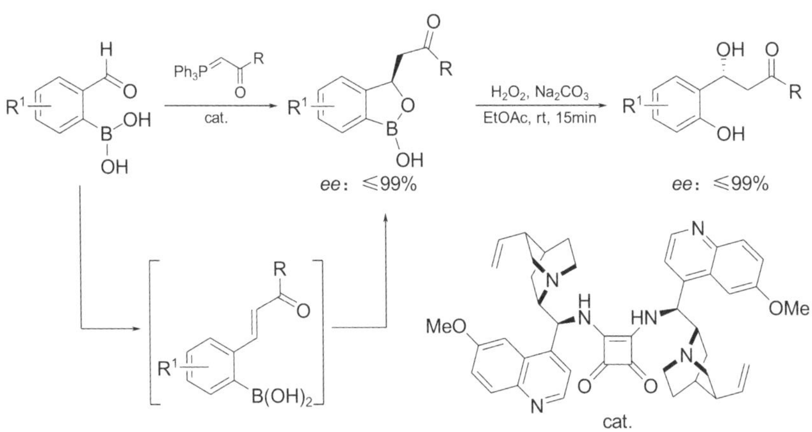


经典的 Wittig 反应总是伴随着化学计量的三苯基氧膦副产物生成，这导致了反应原子经济性较低(eqn 1)；虽然采用加入硅烷等还原剂的策略，可以减少叔膦的使用量，但仍以消耗还原剂为代价，因此，如何更加有效地利用膦氧化物副产物，

一直以来也是化学家关注的挑战性问题。采用串联反应模式，利用 Wittig 反应产生的三苯基氧膦充当后续反应的催化剂或试剂，不失为一种行之有效的策略[31]。例如，将 Wittig 反应生成的 $\alpha,\beta$-不饱和酸酯在三苯基氧膦催化下进一步转化为另一种更有价值的产物(eqn 2)。

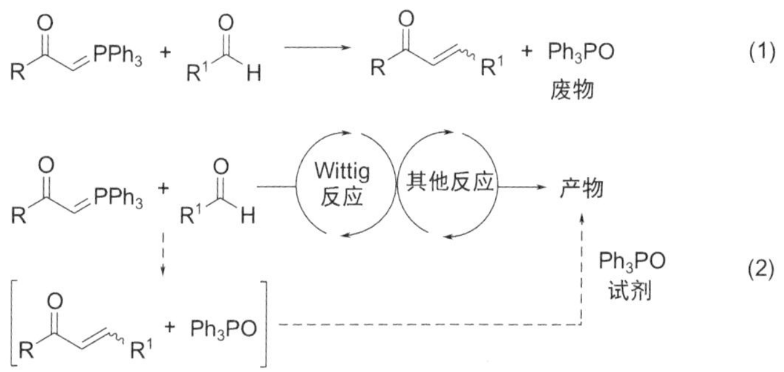


2010 年，Zhou 课题组[32]以醛和 Wittig 试剂为底物，采用 $HSiCl_3$ 和原位生成的三苯基氧膦为还原体系，实现了 $\alpha,\beta$-不饱和酮的合成与碳碳双键共轭还原的串联转化过程。该反应能以高达 98% 的产率得到目标产物，同时反应区域选择性比较好，对于 R[1] 基团含有端烯结构的底物，只选择性地还原与羰基共轭的双键。同样以醛和 Wittig 试剂为底物，利用 Wittig 反应中生成的三苯基氧膦与手性 Salen-Al 催化剂的协同作用，在化学计量 TMSCN 的存在下，成功实现了 $\alpha,\beta$-不饱和酮的合成与不对称氰基硅基化反应的串联组合，因此，通过合理设计，充分利用 Wittig 反应产生的副产物在后续化学转化中的作用，可以起到事半功倍的效果。

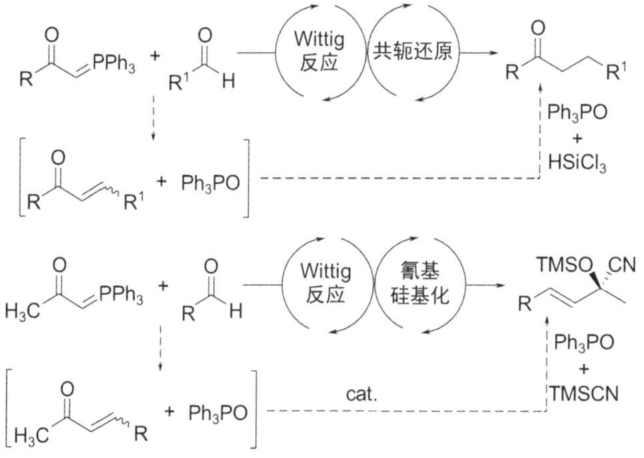

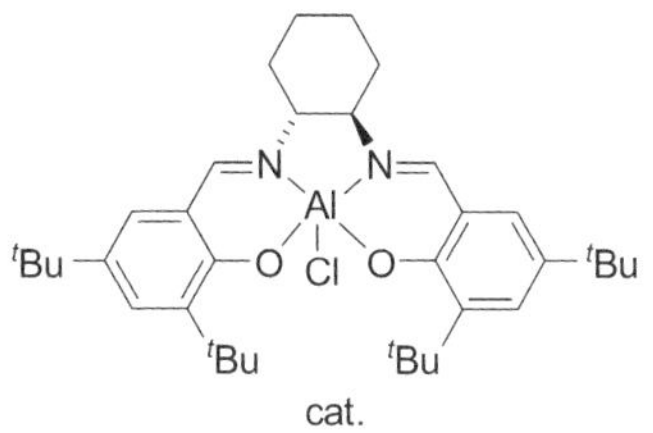

2016 年，Xu 课题组[33] 以醛、Wittig 试剂和草酰溴为底物，采用两步“一锅法”反应方式，以较高产率和非对映选择性实现了 1,2-二溴或者 1,2,3,4-四溴代羧酸酯的合成。在该反应可能的机理中，第一步 Wittig 反应产生的三苯基氧膦作为第二步溴化的活化试剂，不仅充分利用了反应副产物三苯基氧膦，同时扩展了传统 Wittig 反应的应用范围。

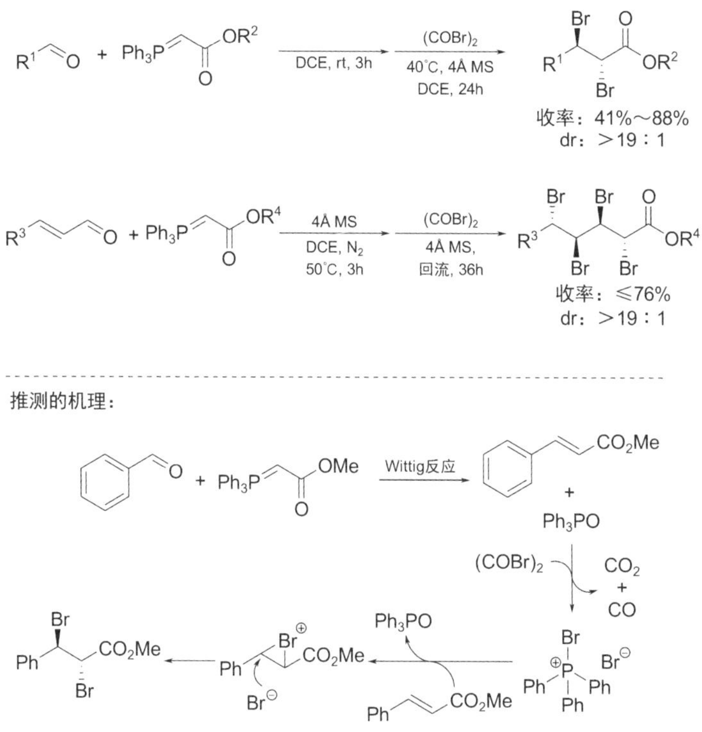

2018 年，王锐课题组[34] 报道了以半缩醛和 Wittig 试剂为底物，在 $Bu_2Mg$ 及手性联萘二酚配体的共同作用下，通过串联的 Wittig-oxa-Michael 反应，以高达 98% 的产率和 93% *ee* 的对映选择性合成了色满、异色满以及四氢吡喃类化合物，并应

用该方法实现了对天然产物 erythrococcamide B 的不对称全合成。实验结果证明，Wittig 反应所产生的三苯基氧膦对反应产率以及立体选择性起到了至关重要的作用。在反应中，三苯基氧膦可以与二价 Mg 和手性联萘二酚配体产生的配合物按照 1∶2 的比例配位，当三苯基氧膦与镁配合物用量分别为 10%(摩尔分数) 和 20%(摩尔分数) 时，该反应的产率和对映选择性达到最佳。

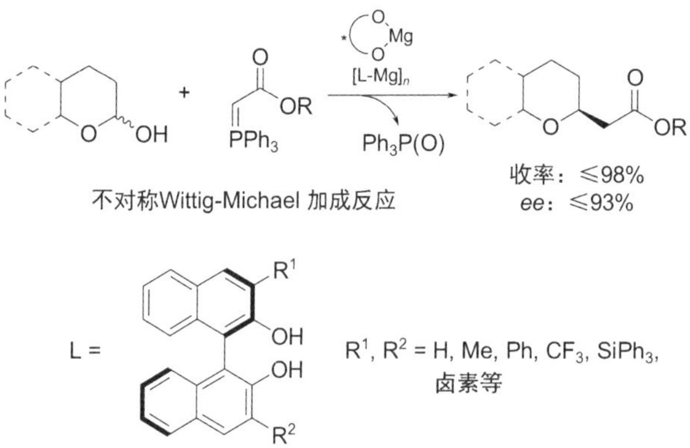


磷试剂的 Wittig 反应提供了构建碳碳双键简便有效的方法，aza-Wittig 反应也是合成碳氮双键的简便有效方法，因而在有机合成中已得到广泛的应用。如上所述，有关 Wittig 反应的研究进展主要集中在两个方面：一方面，Wittig 反应主要通过亲核性叔膦原位生成磷叶立德的方式进行，磷叶立德通常由叔膦与缺电子烯、联烯、炔或者 MBH 衍生物在接近中性和无盐的条件下原位生成，并参与反应，这有别于传统的 Wittig 反应，经典的 Wittig 反应通常在强碱性和碱金属盐存在的条件下进行，从而进一步扩展了 Wittig 反应的应用范围。另一方面，研究进展主要涉及 Wittig 反应的原子经济性和副产物叔膦氧化物的合理利用。由于 Wittig 反应总是伴随着当量的三苯基膦氧化物副产物的生成，反应的原子利用率较低，因此，如何有效减少及利用该副产物，一直是化学家亟待解决的挑战性问题，也吸引了人们的关注。近年来，在传统的 Wittig 反应基础上，发展了一系列在硅烷等还原剂和催化量叔膦作用下的膦催化 Wittig 反应，虽然这一反应模式可以有效减少磷试剂的使用量和化学计量的叔膦氧化物副产物的产生，但必须以消耗化学计量的还原剂为代价，因此该类反应仍有待进一步发展。另一种比较行之有效的策略就是充分利用 Wittig 反应产生的三苯基膦氧化物副产物，通过合理设计串联反应模式，将 Wittig 反应产

生的三苯基膦氧化物作为催化剂或试剂，应用于后续化学转化，从而最大程度上利用该副产物，这一策略目前已有成功的先例，随着研究的深入，相信会越来越受到化学家的重视。

# 2.2 Mitsunobu反应

Mitsunobu 反应由 Oyo Mitsunobu 于 1967 年首次报道，实现了醇与潜亲核试剂(通常为具有酸性质子的物质)在三苯基膦($Ph_3P$)和偶氮二甲酸二乙酯(DEAD)或偶氮二甲酸二异丙酯(DIAD)存在下发生脱水偶联，得到醇羟基被取代的产物[35,36]。该反应在有机合成中应用广泛，常用于天然产物及复杂有机化合物的合成，目前已成为有机合成及相关领域中的重要反应之一[2,36-38]。该反应适用于 $pK_a < 11$ 的潜亲核试剂，如羧酸、醇、硫醇、酰胺、苯酚、叠氮酸、硫代羧酸及氰基乙酸乙酯等。这个“$pK_a$ 规则”源于反应机理，反应中由 DEAD 与 $PPh_3$ 反应产生的两性离子中间体的 $pK_a$ 值约为 13，需要从潜亲核试剂获得质子，否则就会发生 DEAD 的烷基化反应。Mitsunobu 反应条件温和，常用溶剂包括四氢呋喃、二乙醚、二氯甲烷和甲苯，极性更高的溶剂如乙酸乙酯、乙腈和 DMF 也可使用。根据使用的潜亲核试剂不同，Mitsunobu 反应可实现 C—C、C—O、C—S、C—N 等化学键的形成，分子内及分子间反应效果均比较理想(图 2-3)[39]。

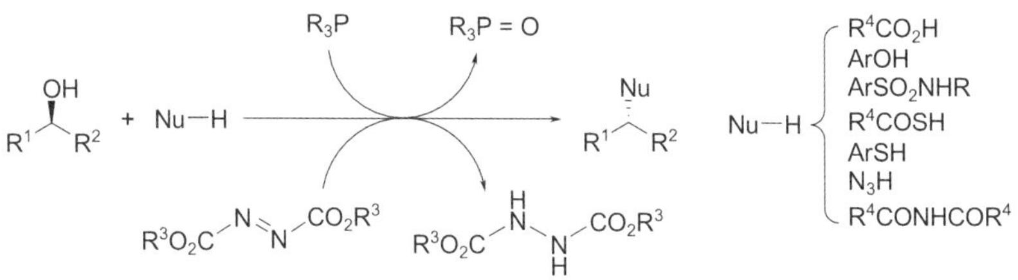


图 2-3 Mitsunobu 反应

## 2.2.1 机理

Mitsunobu 反应的典型机理如图 2-4 所示[40-44]。首先 $Ph_3P$ 与 DEAD 进行加成产生两性离子中间体 **1**(Morrison-Brunn-Huisgen 内盐)。这个中间体可通过两个途径转变为关键中间体 **2**：与两分子醇反应产生二烷氧基膦中间体以及双酰基肼类化合物 DEAD-$H_2$，再与酸(或带有酸性质子的潜亲核试剂)反应生成烷氧基三苯基鏻盐关键中间体 **2**(途径 a)；也可以与酸反应，夺取酸中的质子形成鏻盐，再与醇反应，同样得到烷氧基三苯基鏻盐 **2**，并释放出双酰基肼 DEAD-$H_2$(途径 b)。当酸和醇同时存在于反应体系中时，以上两种途径都可能发生并存在一定的竞争关系。无论两性离子 **1** 先与酸还是先与醇反应，均能生成关键的烷氧基三苯基鏻盐中间体 **2**。中间体 **2** 通过两种不同的方式生成产物。在绝大多数情况下，**2** 中的酸根负离子(或亲核试剂)与烷氧基鏻正离子发生 $S_N2$ 反应生成酯(或取代产物)和三苯基氧膦；使用手性醇的反应，得到构型翻转的产物。在少数情况下，当中间体 **2** 中烷氧基的位阻较大，导致亲核取代难以发生时，**2** 转化为酰氧基鏻盐中间体 **3**，然后烷氧负离子进攻酰氧基鏻盐的羰基，生成酯产物。在这一特殊情况下，手性仲醇参与的反应会

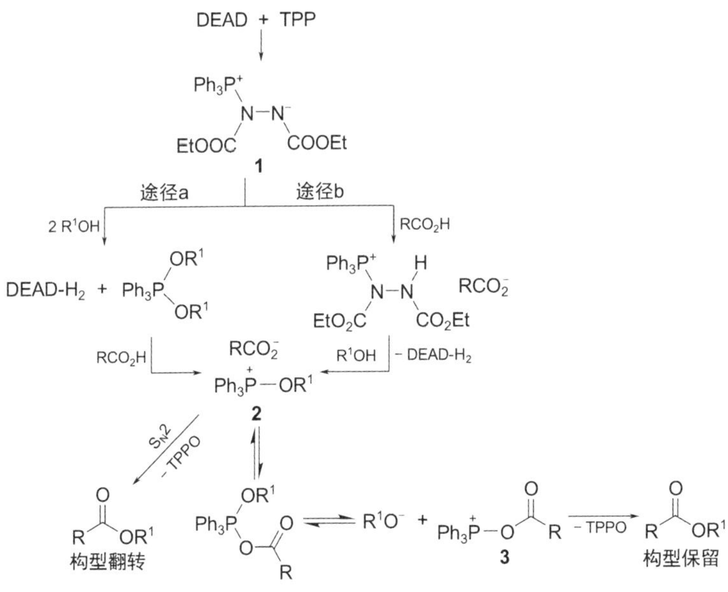


图 2-4 Mitsunobu 反应的典型机理

生成构型保持的产物。这也解释了为什么空间位阻大的二级醇更倾向于生成构型保持的取代产物。在这种特殊情况中，中间体 **2** 与 **3** 形成一种平衡，这种平衡可能由 DEAD-$H_2$ 调节，也可能取决于酸 / 潜亲核试剂的酸性，酸性越强，平衡越倾向 **2**。

### 2.2.2 改进的 Mitsunobu 反应

Mitsunobu 反应的一个主要缺点是反应产生两种化学计量的副产物，即三苯基氧膦和双酰基肼，该副产物不仅影响反应的原子经济性，而且常常造成产品分离提纯困难。例如，双酰基肼 DEAD-$H_2$ 常与产物的 $R_f$ 值很接近，采用硅胶柱色谱法都很难分开，因此，许多研究一直致力于开发有助于产物分离的替代试剂 [38] 应用于该反应。

2006 年，Plenio 等人采用具有二茂铁骨架的叔膦及偶氮二甲酸二叔丁酯代替三苯基氧膦及 DEAD 的 Mitsunobu 偶联方法 [45]。该方法优势在于反应后处理方便，经过两步萃取即可除去副产物。

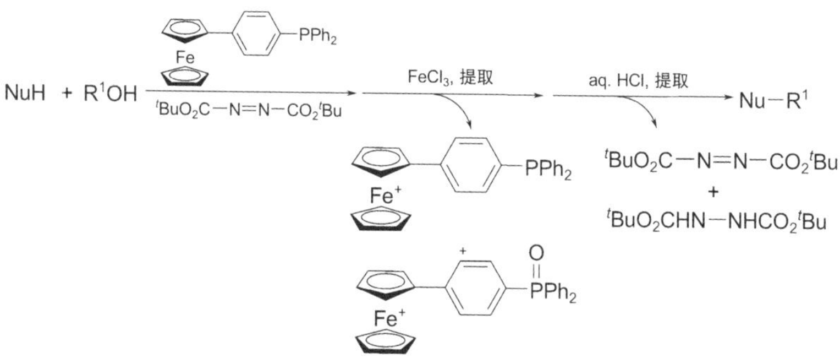


同年，Corral 及其合作者报道用双(4-氯苄基)偶氮二甲酸酯(DCAD)代替 DEAD 的方法 [46]。其优势不仅在于 DCAD 在室温下是稳定的固体，且它对应的副产物在硅胶上与 DEAD-$H_2$ 有明显区别，而且只需在二氯甲烷中沉淀即可除去。类似的偶氮二甲酸酯还有 DNAD[47]、DMEAD[48]、DCpAD[49]，它们都可以使反应后处理简化。此外，含有金刚烷结构的 DEAD 类似物也有报道 [50]。与 DEAD 相比，金刚烷结构单元可以被环糊精识别形成主客体包结物，使得它在环糊精键合硅胶中的保留时间长，容易实现产物与副产物的分离。

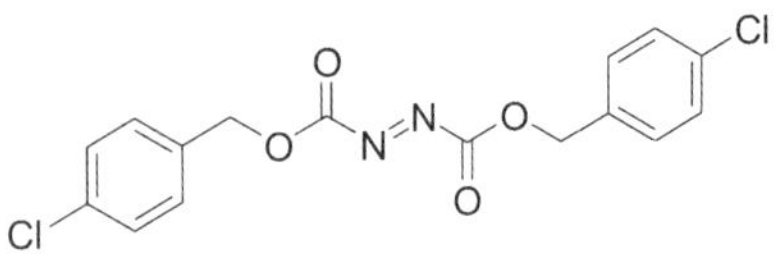

DCAD

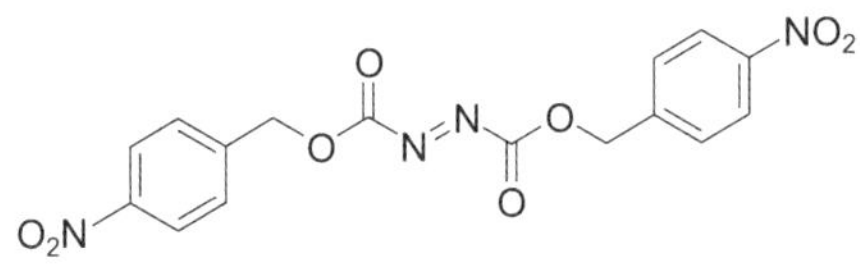

DNAD

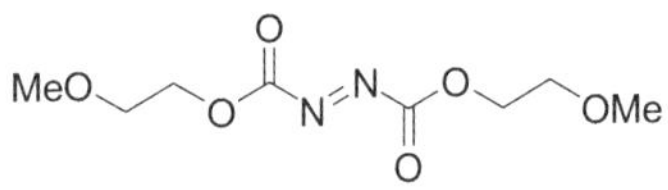

DMEAD

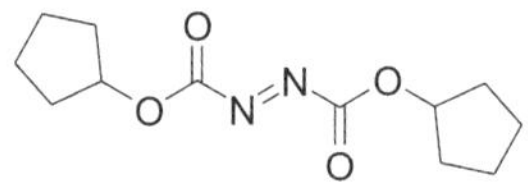

DCpAD

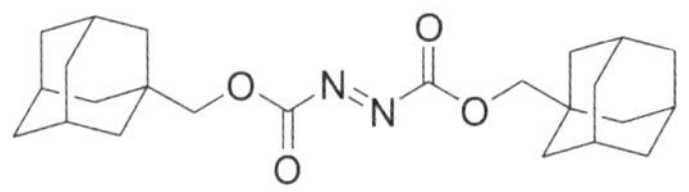

BadMAD

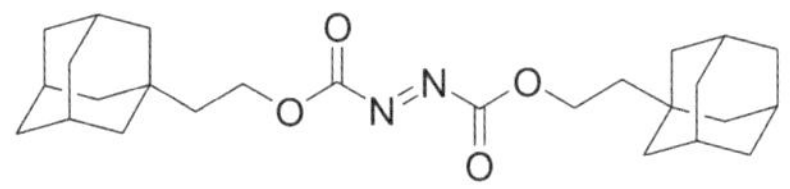

BadEAD

采用全氟烷基取代的DEAD类似物和全氟烷基侧链的三苯基膦(TPP)类似物来代替DEAD/TPP的方法也有报道[51]。这类替代试剂通过利用氟-氟相互作用，经氟快速色谱或者氟固相萃取技术，可方便、快速地纯化产物而不影响反应产率[52]。

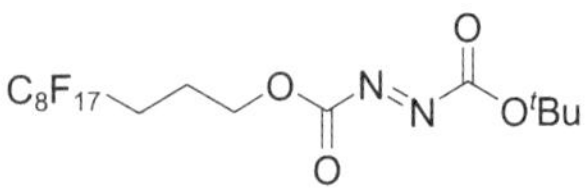

A

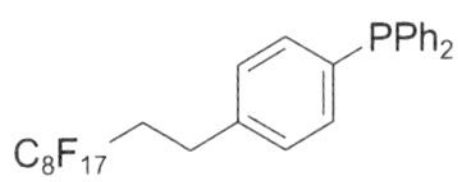

C

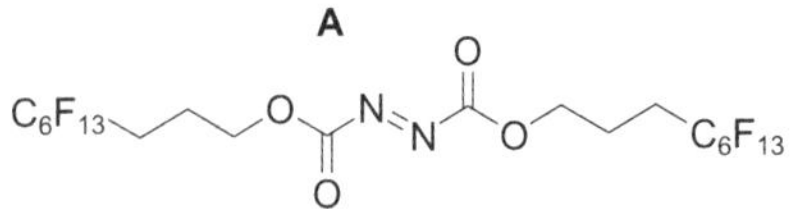

B

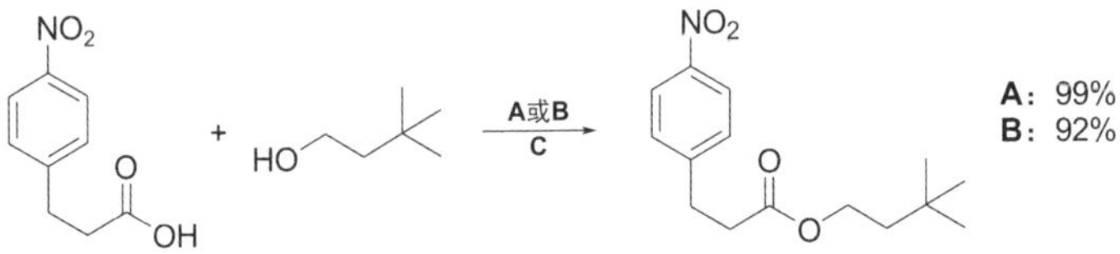


2006年，Charette等人设计合成了含季鏻盐基团的TPP类似物和DEAD类似物。利用季鏻盐基团有效地调控副产物溶解度，易溶于极性溶剂而不溶于弱极性或非极性溶剂。当反应完成后，只需向反应混合物中加入弱极性或非极性溶剂即可将副产物从反应体系中完全沉降出来，从而简化了后处理过程[53]。

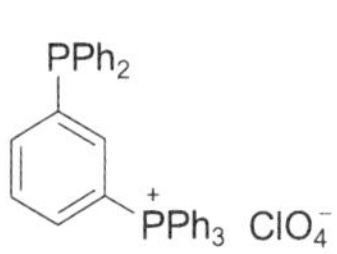

A

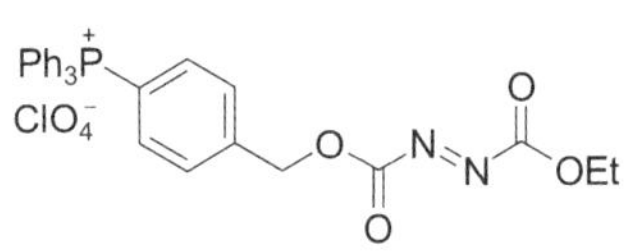

B

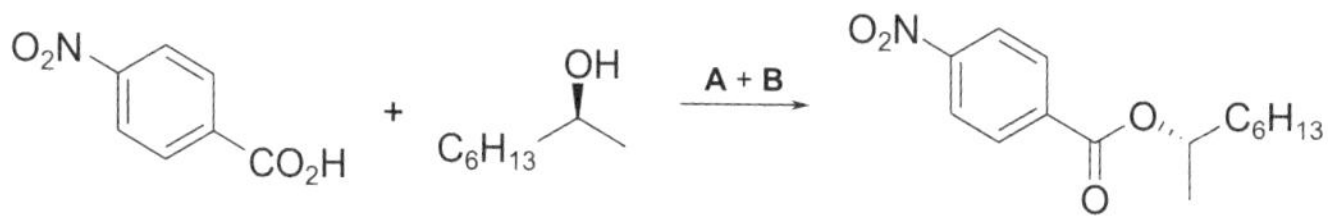

另一种解决副产物分离难题的策略是使用聚合物负载的 TPP 和 DEAD 类似物。2005 年，Hanson 从含有降冰片烯单元的 TPP 衍生物和含降冰片烯的 DEAD 衍生物出发，利用烯烃复分解反应，制备了键合在聚合物上的 TPP 和 DEAD 类似物[54]。同年，Haag 等人也报道了聚乙醇长链负载的 TPP 和 DEAD 类似物[55]。这类聚合物负载的 Mitsunobu 试剂可使反应后处理简单，只需用沉淀 - 过滤的方法即可除去相应副产物。

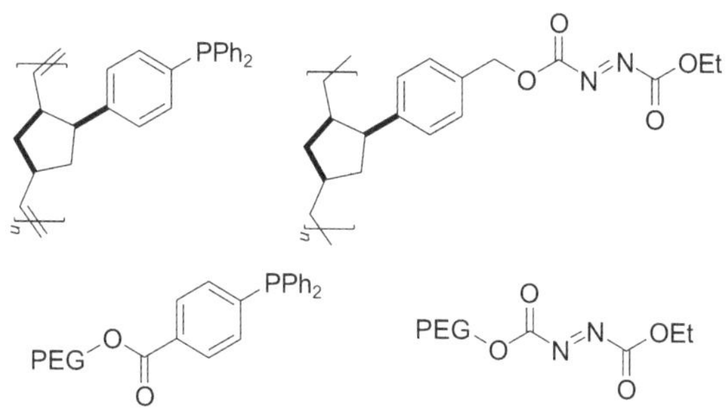

为了减少 DEAD/TPP 体系副产物对反应后处理的影响，还有一种策略是从源头上减少 DEAD 的用量，即在反应体系中加入适当氧化剂，将反应生成的氢化偶氮二甲酸二乙酯（DEAD-$H_2$）原位氧化脱氢再生为 DEAD，使其循环利用，从而仅需使用催化剂量的 DEAD，其反应过程如下所示[56]。

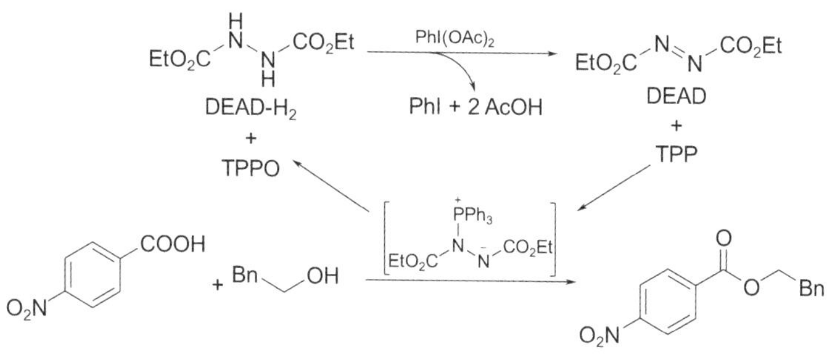

## 2.2.3 应用实例

Mitsunobu 反应在有机合成中具有十分重要的地位，不仅在药物及其中间体合成方面应用广泛，而且在天然产物全合成中也发挥了重要作用。下面将按反应所形成化学键的类型分别介绍一些具体的实例。

（1）C—O 键的形成

Mitsunobu 反应最重要的特点是可以使二级醇的立体中心实现构型翻转。通过 Mitsunobu 反应将由羧酸和手性仲醇生成的酯再水解，可以得到光学纯的构型翻转的仲醇。除了采用羧酸制备羧酸酯之外，使用酚与醇生成醚或二醇形成环醚的反应也比较常见。

2012 年，Yan 与同事[57]发展了串联 Mitsunobu 反应，两步“一锅法”合成 2-氨基苯并噁唑。反应机理如下所示，底物中的脲结构单元互变异构后相当于醇，在 Mitsunobu 反应条件下与酚羟基发生分子内 Mitsunobu 反应形成 C—O 键，从而实现苯并噁唑骨架的构建，然后在微波条件下与醇发生分子间 Mitsunobu 反应形成 C—N 键，得到 *N*-烷基化产物。

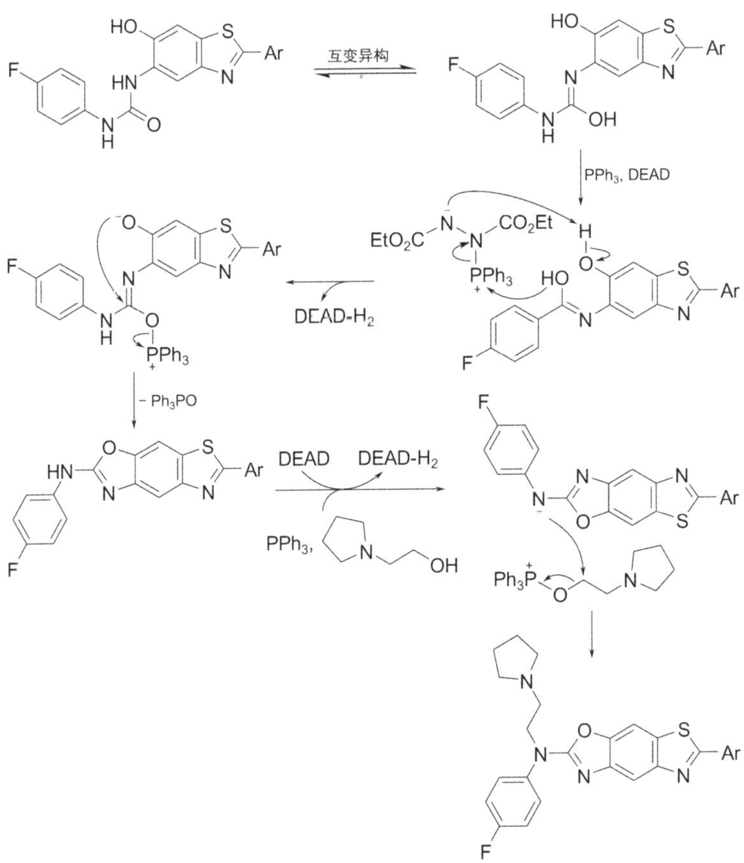

2014年，Fletcher利用Mitsunobu反应实现了3-羟基异噁唑的选择性*O*-烷基化[58]，避免了经典烷基化过程中通常会伴随*N*-烷基化副产物的缺点。该方法反应条件温和，只需在室温下即可实现完全转化。

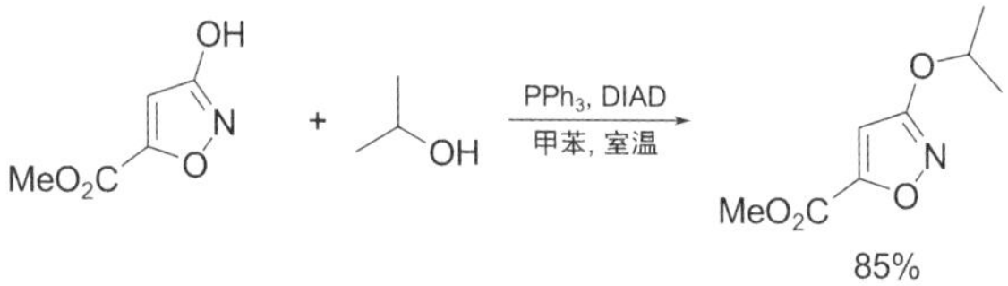


Polysphorin是一种从新热带植物Myristicaceae中分离得到的天然产物，具有抗疟疾、抗菌和抗氧化作用。2015年，Sudalai等人利用Mitsunobu反应成功地实现了其类似物的合成[59]。从二醇底物出发，首先经过两步反应转化成手性仲醇，然后在Mitsunobu反应条件下与欧花秋素成醚，最后水解脱去保护基即可得到目标产物，产率可达90%。

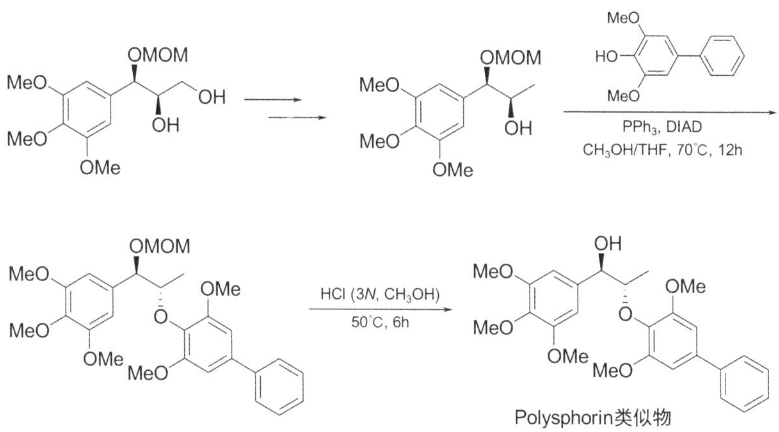


2005年，Keenan报道了一种合成抗癌活性物质安卓奎诺尔的方法[60]。其中的关键步骤利用了Mitsunobu反应来实现构型翻转，合成路线如下所示。

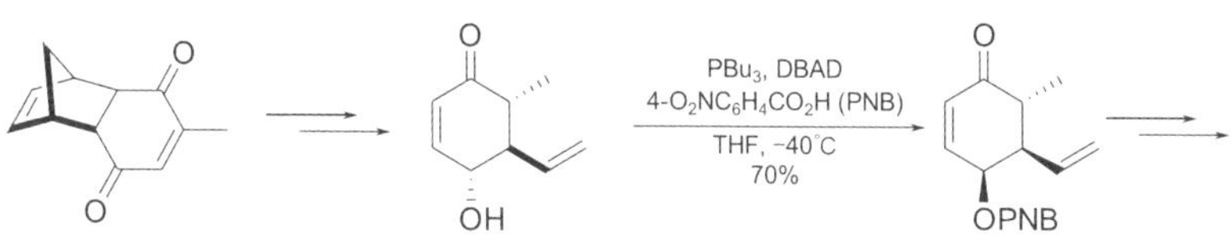

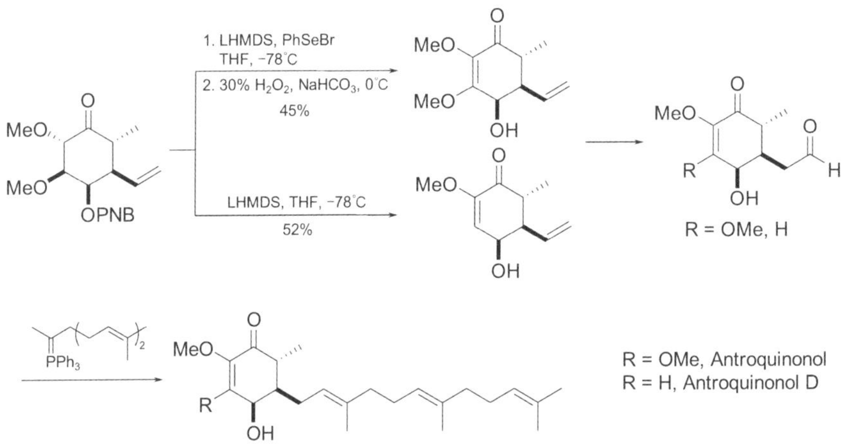


下面的反应式所示手性二醇是一种从天然褐藻中提取的海洋天然产物，对寄生线虫有较强的选择性杀虫功效。2011 年，McErlean 团队以 12 步反应完成了其对映体的全合成 [61]。其中关键步骤使用 Mitsunobu 反应完成醇羟基所在手性碳原子绝对构型的翻转。

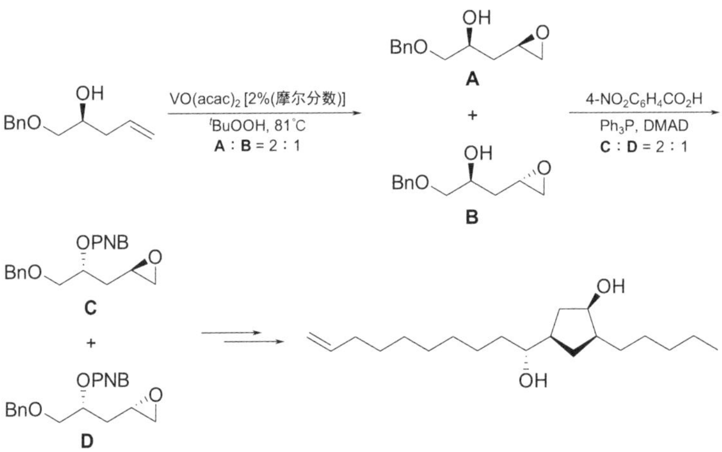


Diospongins 是从植物薯蓣科植物绵萆薢（*Dioscorea spongiosa*）的根茎中分离得到的一类 1, 7-二芳基庚烷类天然产物，具有抗骨质疏松的活性，因此引起了众多化学家的兴趣。Fall 小组在 2015 年报道了一种 Diospongin A 的全合成方法 [62]。其中利用 Mitsunobu 反应实现了 C5 位绝对构型的转化，同时利用水解过程中发生的逆 oxa-Michael 加成完成 C3 位绝对构型的翻转。

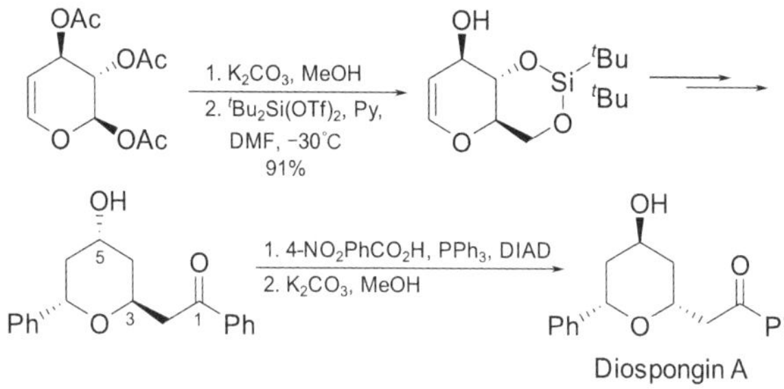

(2) C—N 键的形成

McCarthy 课题组报道手性三级 α-羟基酸酯在 Mitsunobu 反应条件下与叠氮酸反应，可立体选择性地转化为构型翻转的 α-叠氮酯，然后经还原和酯水解后可制得氨基酸，从而为合成大位阻的 α,α-二取代氨基酸提供了一种有效的策略 [63]。但该方法仍存在一些不足之处：首先，需要使用有毒易爆的叠氮酸；其次，首选的偶氮二甲酸衍生物为偶氮二甲酰基二哌啶(ADDP)，价格昂贵，且需要过量；最后，需要使用自燃且有臭味的 $Me_3P$。

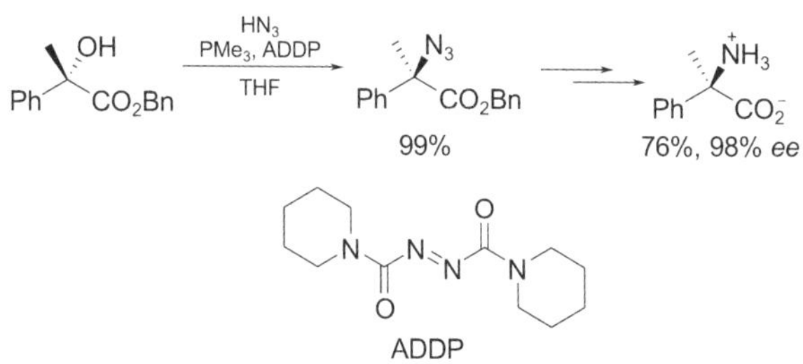

2004 年，Schneller 报道了利用 Mitsunobu 反应完成对 6-氯嘌呤进行 N9 区域选择性烷基化，但反应产率较低，且反应副产物 DIAD-$H_2$ 难以除尽，导致产物纯度不高 [64]。

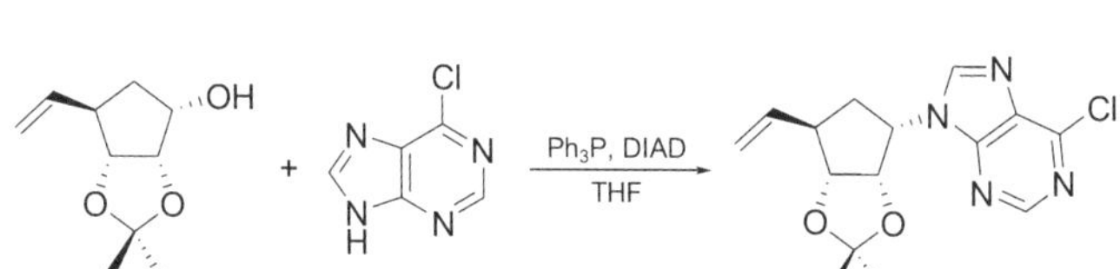

Shi 等人在进行自组装核苷分子的研究中重点考察了 *O*-氨基甲酰基鸟嘌呤的 N9 区域选择性烷基化反应 [65]。由于底物仅部分溶于 THF(四氢呋喃)，为了提高溶解性，需将反应温度提高到 70℃，反应取得了很好的产率。但 Mitsunobu 试剂在高温条件下会发生分解，在反应过程中需要添加两轮偶联试剂。值得注意的是，尽管

之前有报道使用 $^{i}Pr_3P$/DIAD 体系在 50℃下就有 N2 烷基化副产物的形成[66]，但在该反应条件下并没有观察到 N2 烷基化产物的生成，表现出好的区域选择性。该方法不仅适用于多种嘌呤碱，而且以手性仲醇为烷基化试剂，产物经 X 射线单晶衍射证实构型发生了完全翻转。

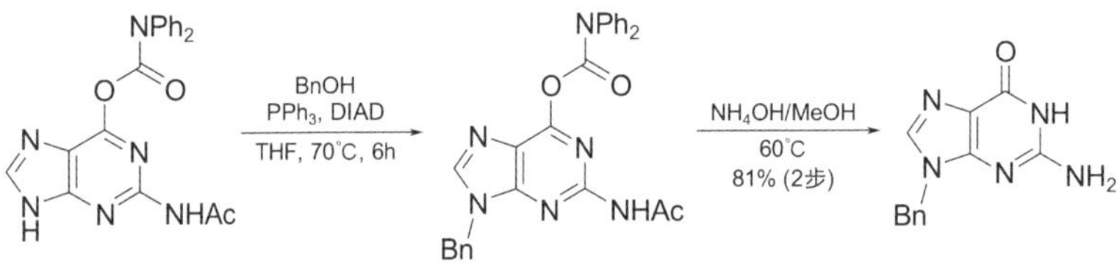

2009 年，Gunning 等人在上述工作基础上，将乙酰基保护基换为叔丁氧羰基(Boc)，大大提高了嘌呤在四氢呋喃中的溶解性，使得反应可以在室温条件下进行。此外，由于 Boc 相对于乙酰基的空间体积较大，可以减少反应中不必要的 N2 烷基化[67]。

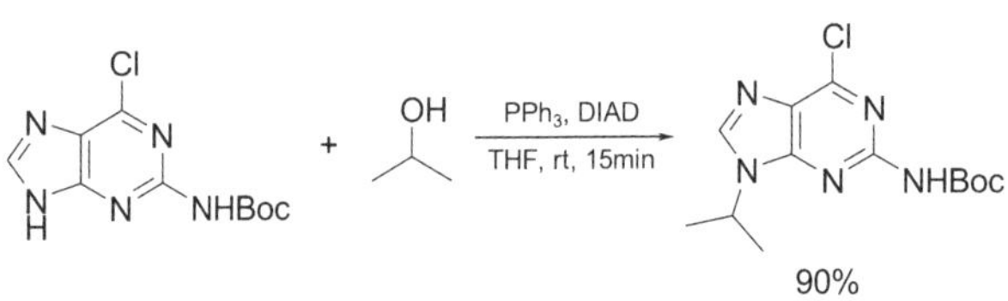

上述得到的 N9 烷基化产物在加热条件下经甲酸脱 Boc 和脱氯，可以制得 N9 烷基化鸟嘌呤；同时，在 Mitsunobu 反应条件下可以继续将 N2 位烷基化，然后经甲酸处理可以制得 N2、N9 双烷基化鸟嘌呤；或者在 Mitsunobu 反应条件下将 N2 位烷基化，然后再与胺发生芳香亲核取代，产物经 TFA 处理后可以得到 N2、N6 和 N9 三取代嘌呤衍生物[68]。

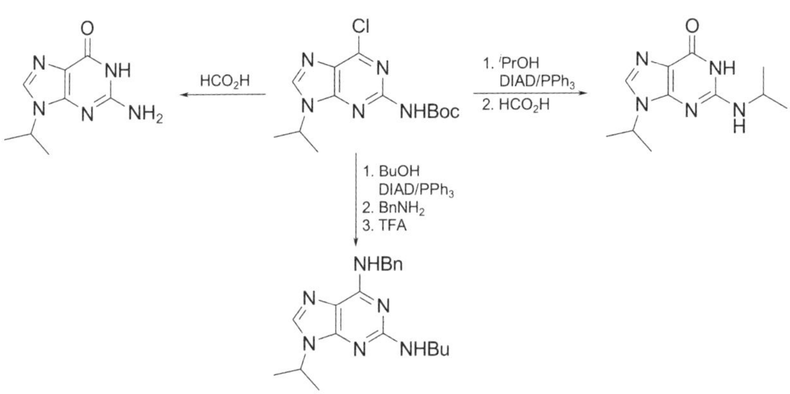

同时，该小组还发现 Boc 基团同样能够激活腺嘌呤和腺苷的 C6 位氨基，也可以在 Mitsunobu 反应条件下实现烷基化，为嘌呤核酸的 C6 位置官能团化提供了一种比传统的芳香亲核取代更温和的替代方案[69]。

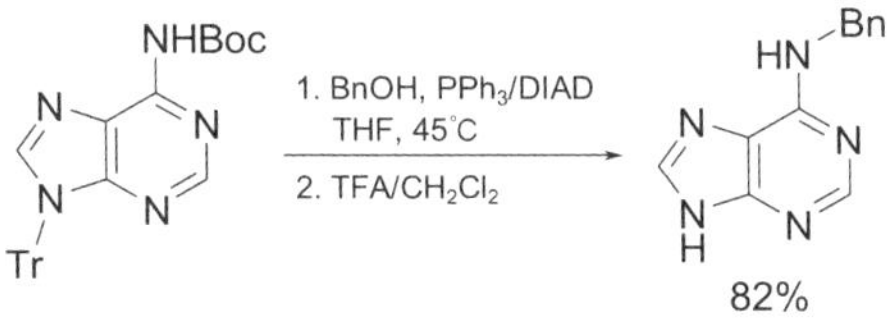


总之，采用 Mitsunobu 反应实现 *N*-烷基化具有实用性强、效率高和适用范围广等优点，此方法在核酸碱基的区域选择性功能化中有很好的应用。

苯并二氮䓬类药物作为苯并二氮䓬受体激动剂，可引起中枢神经系统不同位点的传导抑制。研究证实，可以通过 Mitsunobu 反应实现苯并二氮䓬-2, 5-二酮及苯并二氮䓬-2-酮的区域和化学选择性烷基化。传统的烷基化手段会生成 *N*-烷基化和 *O*-烷基化两种混合产物，过量的试剂也可导致苯甲酰氨基的 *N*-烷基化[70]。使用 DIAD/$PPh_3$/BnOH 体系进行烷基化时，可选择性地对 N1 位置进行烷基化，且选择性高。后续的条件优化[71]结果表明，伯醇在 $CHCl_3$ 作溶剂时，采用 DIAD/$PBu_3$ 体系和在室温下，*N*-烷基化产物比例和产率最高。仲醇如异丙醇的反应性有所下降，不仅需加热到 40℃进行反应，而且反应产率和选择性也稍有降低。

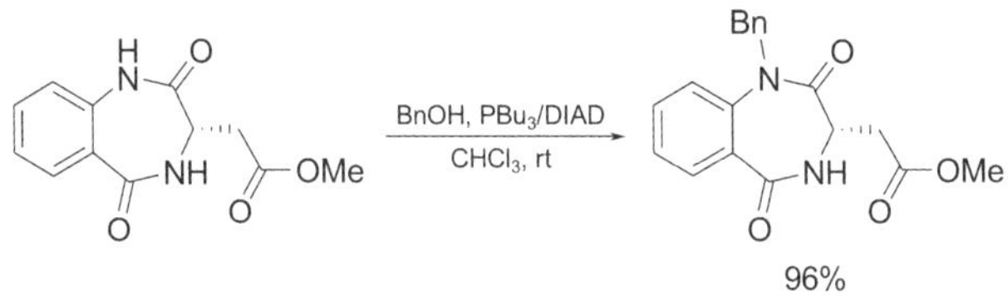


2006 年，Gomez 等人发现对甲苯磺酰基取代的酸性 NH 可以通过 Mitsunobu 反应实现烷基化，一级醇、二级醇以及苄醇都可作为烷基化试剂，且产率高。相应的 Boc 基团保护的底物由于 NH 酸性不足反应活性明显降低，只有通过引入拉电子基团来降低 NH 的 p$K_a$ 值，才能确保有足够的反应活性[72]。

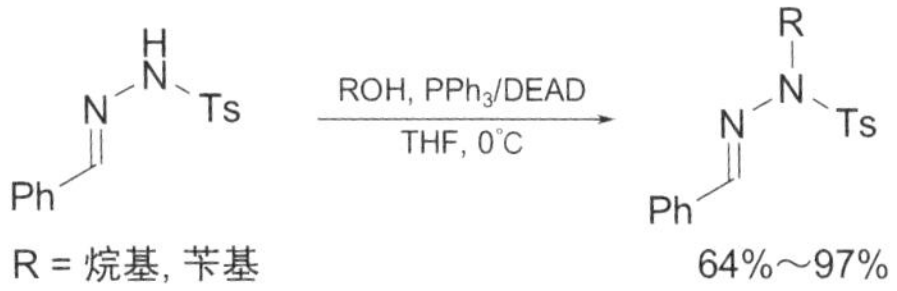

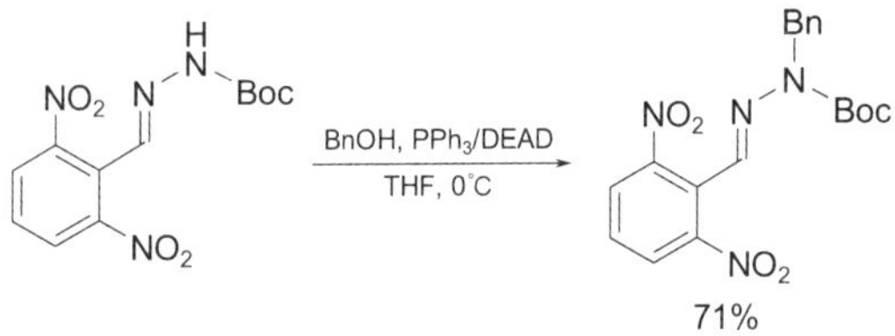

吲哚生物碱 Perophoramidine 是一种结构复杂的海洋天然产物，具有较高的细胞毒性。Dehaloperophoramidine 是苯环上少一个氯的吲哚生物碱 Perophoramidine 的类似物，其合成具有很强的挑战性。目前，该化合物通过如下所示的途径实现了人工合成[73]。从商品化的异靛蓝出发，进行多步反应后制得二醇中间体，然后与 $HN_3$ 在 Mitsunobu 反应条件下（DIAD/$PPh_3$）反应后得到双叠氮化合物，最后再经 8 步反应得到外消旋的目标化合物。

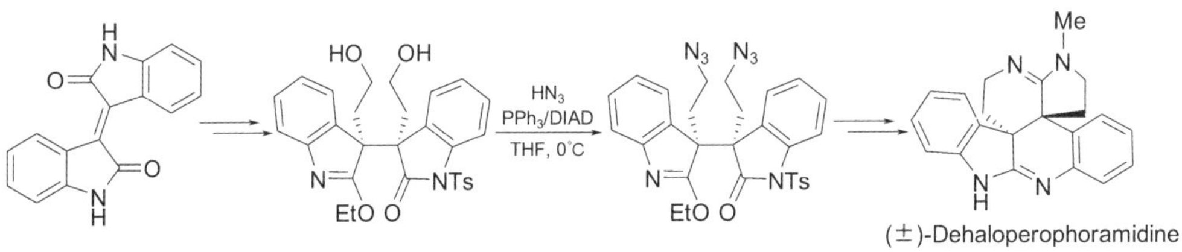

(3) C—C 键的形成

Palmisano 等人报道，甲烷三羧酸三乙酯具有足够的酸性，可以与手性醇发生 Mitsunobu 反应生成光学纯产物[74]。例如，(*S*)-2-甲基琥珀酸可以通过(*S*)-乳酸乙酯的烷基化，然后经酸性水解和脱羧成功制备。

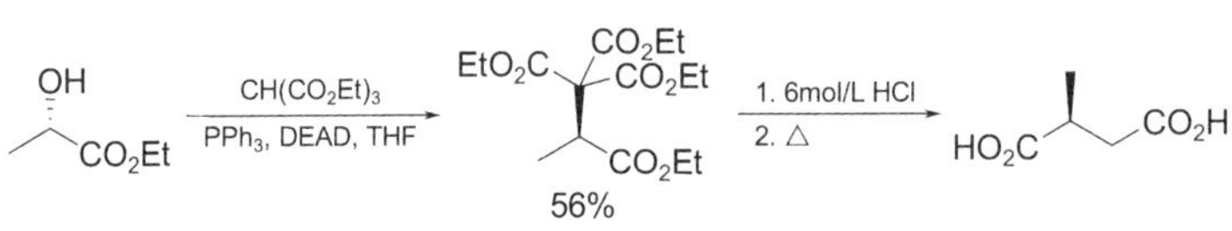

2004 年，Hillier 等[75]同样使用甲烷三羧酸三乙酯为酸性底物，在 Mitsunobu 反应条件下先与手性仲醇反应得到构型翻转的偶联产物，然后经皂化和脱羧可制得手性 3-芳基丙酸衍生物。该反应不仅为延长醇的碳链提供了一条切实有效的途径，而且生成的羧酸又可进一步转化为其他官能团，因此具有较好的合成价值。

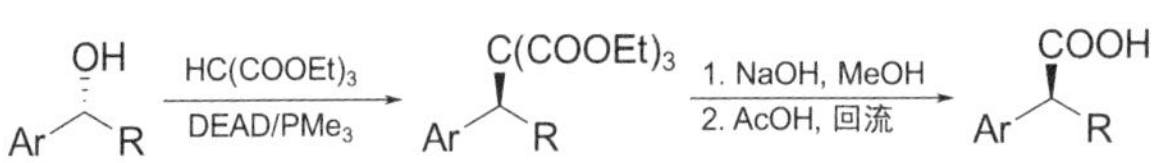

梅氏酸(Melterum acid)是有机合成中的一种多用途的底物[76]，具有“异常低”的 p$K_a$ 值(4.97)[77]，同样可以发生 Mitsunobu 反应。它拥有两个酸性氢，很难控制仅发生单烷基化反应，通常得到双烷基化产物[78]。此外，Shing 等人发现单取代梅氏酸的 C-烷基化反应产率高，可以得到 5,5-二取代衍生物。不足之处是适用的烷基化试剂仅局限于高反应活性的一级烯丙醇和苄醇，而活性较低的 2-苯乙醇和异丙醇则不反应。

丙二酸二酯的 p$K_a$ 值高达 13.52，尽管在结构上类似于梅氏酸，却不能发生 Mitsunobu 反应。Takacs 等人推测，如果提高丙二酸二酯中酯基的吸电子能力，则可降低其 p$K_a$ 值，从而使其能够发生 Mitsunobu 反应。因此制备了丙二酸双(2,2,2-三氟乙基)酯[79]，在 Mitsunobu 反应条件下与伯醇反应，以较高产率成功地实现了 C-烷基化。与梅氏酸不同，该底物可以发生可控的单烷基化反应，因此可以通过连续的烷基化过程引入两个不同的烷基。

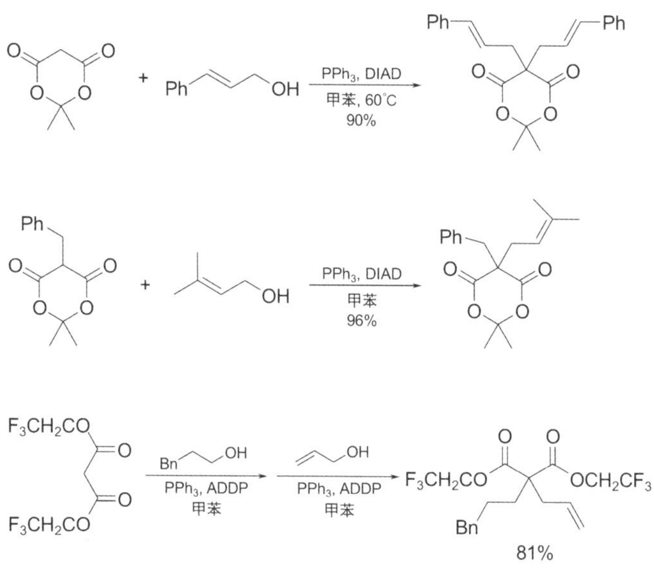


Szantay 等人使用丙酮氰醇代替 HCN，在 Mitsunobu 反应条件下成功将一级醇和空间位阻小的二级醇直接转化为相应的腈[80]。该方法最大的优势是避免使用有毒的 HCN 和金属氰化物，是一种操作安全的合成腈的方法。

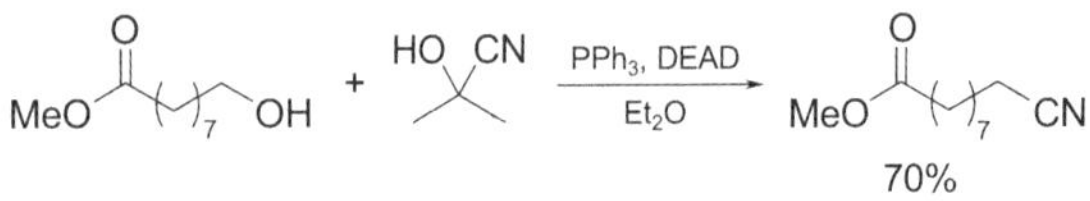

Mitsunobu 反应还被用于捕获原位生成的氨基甲酸生成氨基甲酸酯，反应发生的方式既可以是分子内的，也可是分子间的[81]。有趣的是，氮原子上取代基类型决定了 Mitsunobu 反应的立体化学；当 R 为烷基时构型发生翻转，当 R 为氢时则构型保持。作者提出了如下机理：当 R═H 时，活化的氨基甲酸经过 $\beta$-消除得到异氰酸酯中间体，随后与醇发生反应生成氨基甲酸酯。由于羟基亲核进攻并不涉及手性中心上键的断裂，因此构型得以保持不变。

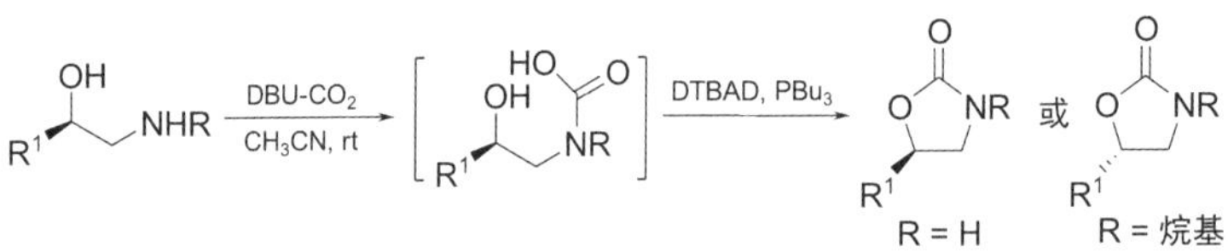

2007 年，Prakash 等人[82]将二(苯磺酰基)氟甲烷和醇在 Mitsunobu 反应条件下成功偶联形成 C—C 键，然后用镁还原除去苯磺酰基后得到了氟甲基化产物。该反应具有快捷高效及立体选择性高等特点，可用于合成一些有重要生物活性的分子，如氟甲基化的维生素 D3 及葡萄糖等。

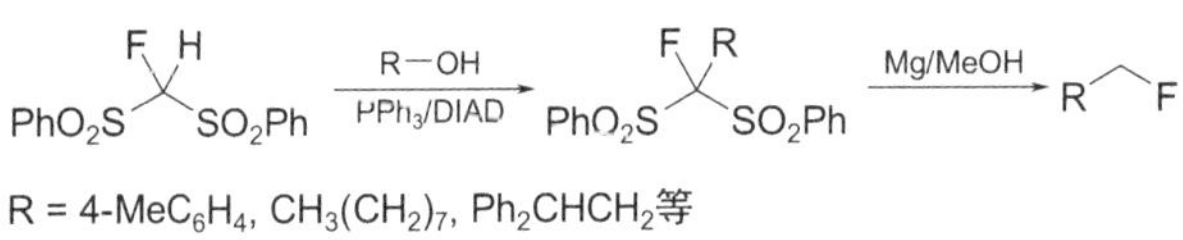

Mitsunobu 反应可以高效地构建多种化学键，不仅具有良好的立体选择性，实现手性碳构型发生翻转，而且在多官能团底物的反应中，也常表现出很好的区域选择性[39]。同时，该反应还具有产率较高、操作简便及反应条件温和等优点。针对它的缺点，近年来也有了显著的进展与改进。尽管如此，优化产物的分离提纯过程和简化后处理的需求仍然迫切存在。此外，反应的原子经济性也有待提高。最后，Mitsunobu 反应在 C—C 键形成方面的应用研究仍有待深入。通过这些方面的进一步发展和改进，相信 Mitsunobu 反应在有机合成领域中将会得到更加广泛的应用，特别在天然产物及功能性复杂有机分子的合成中仍将发挥重要的作用。

# 2.3 Appel反应

经典的 Appel 反应是指用三苯基膦在四氯化碳存在的条件下将醇转化为氯代烃的反应。用四溴化碳或溴作为溴源，或者用四碘甲烷或单质碘作为碘源，可得到相应的溴代烃和碘代烃。因此该反应提供了分子中引入卤原子的一种较为中性和温和的方法，尤其在合成对热或酸敏感的物质时具有明显的优势。伯醇、仲醇和多数叔醇都能顺利发生反应，并且官能团容忍度高，对酮、醚和酯的保护基团也无影响，得到的烯丙基卤化物也没有重排现象的发生[4,83]。例如：

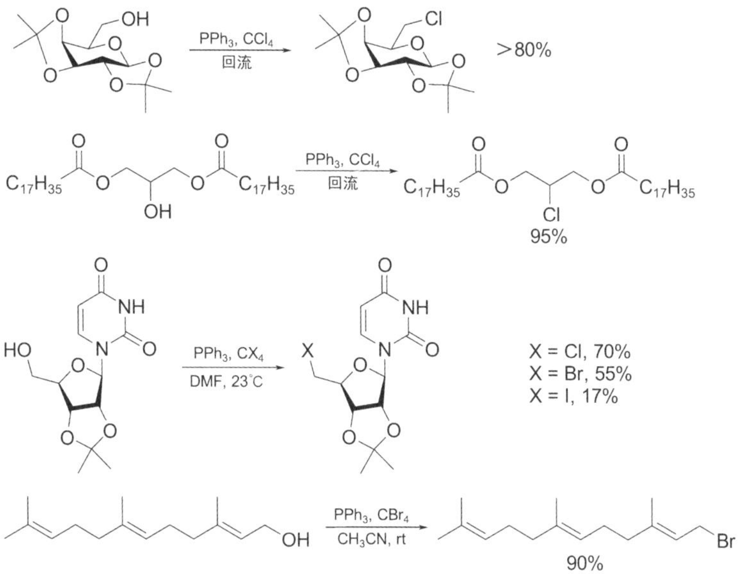


Appel 反应除了可将醇与硫醇转化为卤代烃，还可以将羧酸转化为酰卤，将醛肟或伯酰胺转化为腈，其中应用最为广泛的仍是转化为卤代烃的反应。这主要是由于卤代烃不仅是有机合成中的一类重要中间体和合成砌块，而且从海洋植物、动物和细菌中发现的各种自然产生的有机卤化物具有广泛的生物活性，是药物的潜在来源[4,84-93]。

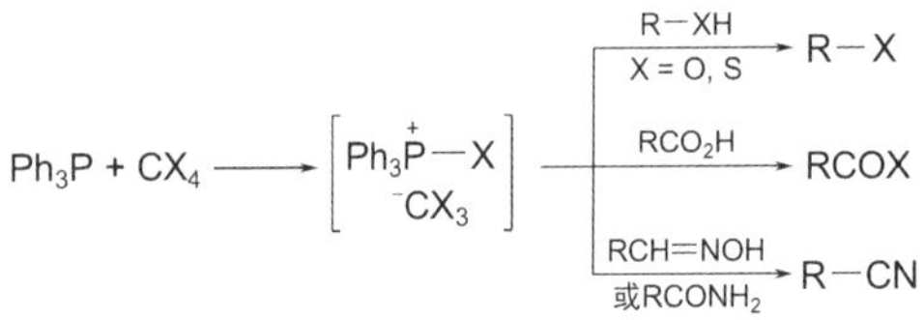


## 2.3.1 机理及改进

目前认为，Appel 反应的机理可能存在两个复杂的竞争路线(即路径 A 和路径 B，如图 2-5 所示)[4,93]。

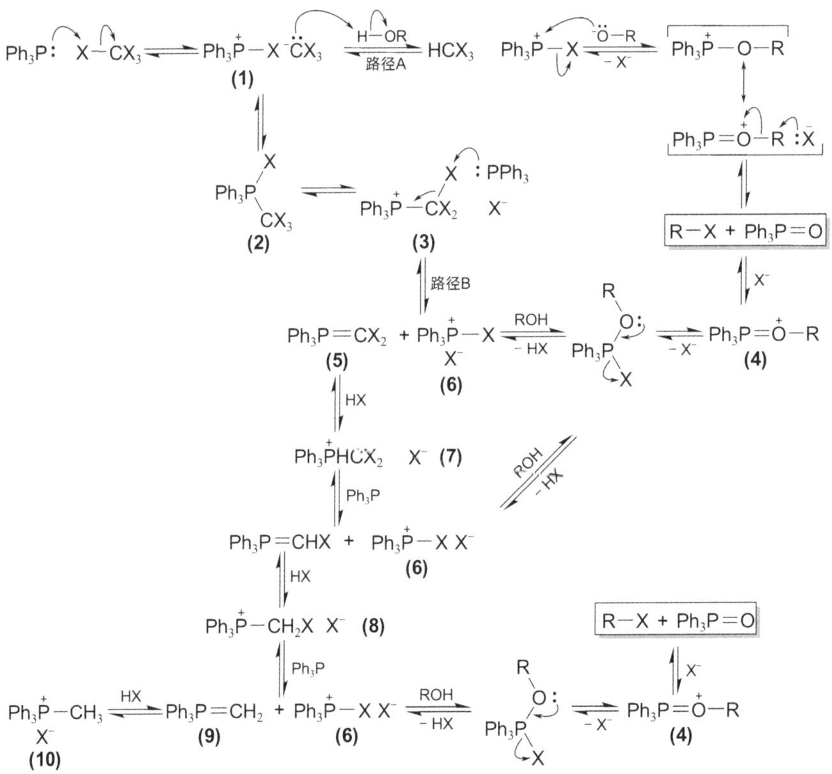


图 2-5 Appel 反应的可能机理

首先三苯基膦与四卤化碳生成三苯基卤鏻正离子和三卤甲基负离子离子对(**1**)，在路径 A 中，三卤甲基负离子从醇夺取质子生成卤仿，同时醇转化为烷氧负离子。

烷氧负离子对鏻正离子进行亲核取代，生成三苯基烷氧基鏻(**4**)，然后卤素阴离子亲核进攻生成三苯基氧膦和产物卤代烃。如果以叔醇为底物，则最后一步生成卤代烃和三苯基氧膦为 $S_N1$ 机理，即首先碳氧键断裂生成三级碳正离子和三苯基氧膦，然后卤负离子亲核进攻碳正离子生成产物卤代烃。

三苯基卤鏻正离子和三卤甲基负离子离子对(**1**)与五价磷化合物(**2**)形成可逆平衡，五价磷化合物(**2**)可发生重组生成三苯基三卤甲基鏻正离子与卤负离子离子对(**3**)。在路径 B 中，该离子对与三苯基膦反应生成二卤甲亚基磷烷(**5**)及三苯基卤鏻正离子和卤负离子离子对(**6**)。(**6**)与醇反应生成烷氧基三苯基卤化鏻及卤化氢，之后卤负离子进攻亲电的碳原子生成卤代烃和三苯基氧膦。二卤甲亚基磷烷(**5**)作为卤化氢受体生成三苯基二卤甲基卤化鏻(**7**)，它与三苯基膦反应可生成卤甲亚基磷烷及三苯基卤鏻正离子和卤负离子离子对(**6**)，再与醇反应生成卤代烃和三苯基氧膦。卤甲亚基磷烷同样可以作为卤化氢受体，此过程再重复两次，通过中间体(**8**)和(**9**)最终生成甲基三苯基卤化鏻(**10**)。

使用手性仲醇作为底物来研究反应的立体化学，可以高立体选择性地得到构型翻转的手性卤代烃，此结果佐证了上述机理[4]。

反应的热力学驱动力来自副产物三苯基氧膦中高能磷-氧双键的形成。在反应中，四卤化碳的一个卤原子在反应中转移到产物卤代烃中，自身接受醇的羟基氢生成卤仿，而醇的羟基氧则被三苯基膦接受生成三苯基氧膦。通常该反应的产率高，几乎可以定量地将醇转化成相应的卤代烃。

近年来人们对 Appel 反应进行了一些改进，开发了几种方便的亲电试剂加以应用。在卤源方面，由于四氯化碳和四溴化碳具有肝毒性，并且对环境有害，不符合绿色化学的要求，目前已减少使用。常规的其他卤素来源如 $X_2$、$SOCl_2$、$PCl_5$、$PCl_3$ 以及 $PBr_3$[91] 也具有腐蚀性。因此，化学家开发了其他试剂来提供卤源。例如使用化学计量的三氯溴甲烷[94]、多卤代物[95]及 *N*-卤化物[96]作为卤素来源，以及使用不同的叔膦[97]和亚磷酸酯[98]来作为氧受体。此外，除卤代烷之外，改进的 Appel 反应还可用于合成硫氰化物、硝基化合物、亚硝基化合物、酰胺、酯和酰卤等。

改进的 Appel 反应还可以将二级炔丙醇转化成相应的炔丙基溴、溴代联烯或者溴代共轭二烯。例如，2009 年 Sakai 等[99]报道了在 $PPh_3/CBr_4/^iPr_2NEt/PBu_3$ 体系里，二级炔丙醇可转化为炔丙基溴或溴代联烯，当不加 $^iPr_2NEt$ 时，则转化为溴代共轭二烯。

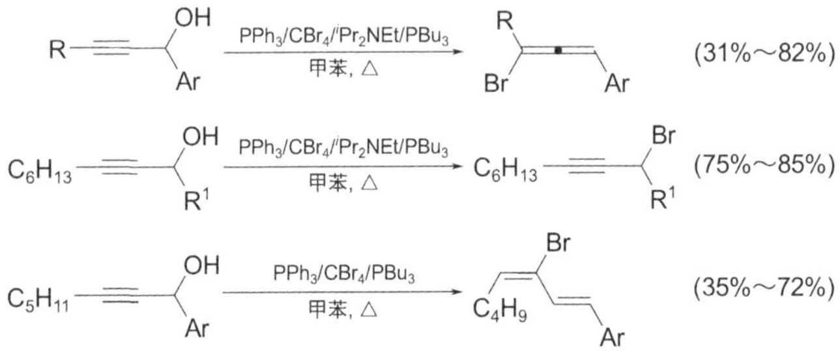

Appel 反应还可用于合成含磷手性中心的叔膦氧化物，其还原产物手性叔膦不仅可以作为不对称催化中的手性配体，而且还可直接用作不对称有机催化中的手性催化剂，在不对称合成中具有广泛的用途[100]。2007 年，Bergin 等报道了一种用 Appel 反应合成手性叔膦氧化物的方法[101]，即外消旋的叔膦与手性醇在 Appel 反应条件下进行氧化反应。当把 $CCl_4$ 换成活性更好的六氯丙酮时效果更佳。特别是使用(−)-薄荷醇时，叔膦氧化物的产率和 *ee* 值都很高。将该方法制得的叔膦氧化物在强碱条件下经 Cu 催化氧化偶联，可以进一步转化为光学纯的双膦氧化物。

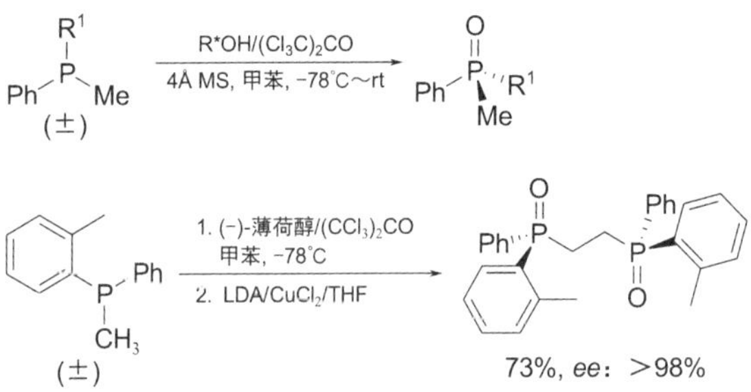

## 2.3.2 合成中的应用

### 2.3.2.1 由醇制备烷基卤化物等衍生物

(1) *N*-卤化物 /$PPh_3$ 体系

*N*-卤化物[102]是代替毒性的四卤化碳的亲电卤素($X^+$)的有效来源，可与三苯基膦反应形成活性中间体$[Ph_3P\text{-}X]^+$，并且合成卤代烃的产率较高，因此被视为较好的替代物。在众多不同的 *N*-卤化物中，*N*-卤代琥珀酰亚胺、*N*-卤代糖精、*N*,*N*,*N*′,*N*′-四卤代苯-1,3-二磺酰胺和三卤代异氰尿酸较为常用。

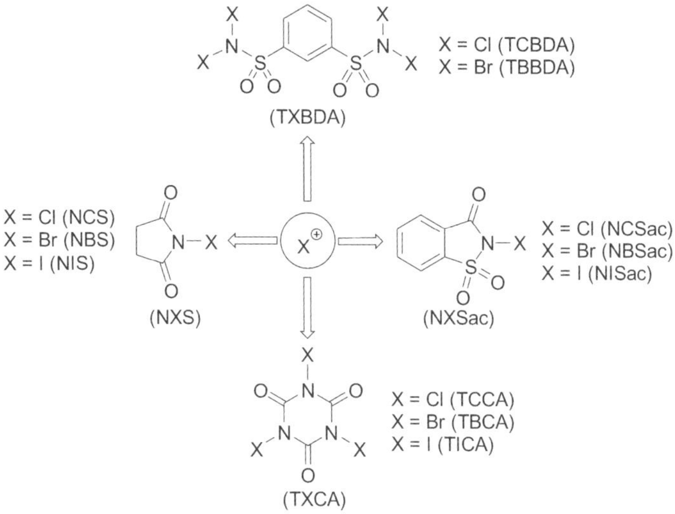


*N*-卤代琥珀酰亚胺已商业可得，合成也较方便，可以通过琥珀酰亚胺与卤素在碱性介质中反应得到[103]。*N*-卤代琥珀酰亚胺与三苯基膦体系首次报道将伯醇转化为卤代烃[104]。该反应在糖化学中有着十分重要的作用。卤代糖可用于制备氨基糖、脱氧糖和不饱和糖等衍生物，而且一些卤代糖是重要的抗生素的有效成分。NXS/三苯基膦体系的一个重要特点是具有选择性；当底物中同时存在伯醇和仲醇结构单元时，伯醇会优先发生反应生成一级卤代烃。下面列举了几个利用醇与 NXS/ 三苯基膦的 Appel 反应制备卤代烷的具体实例[104(b),105-110]。

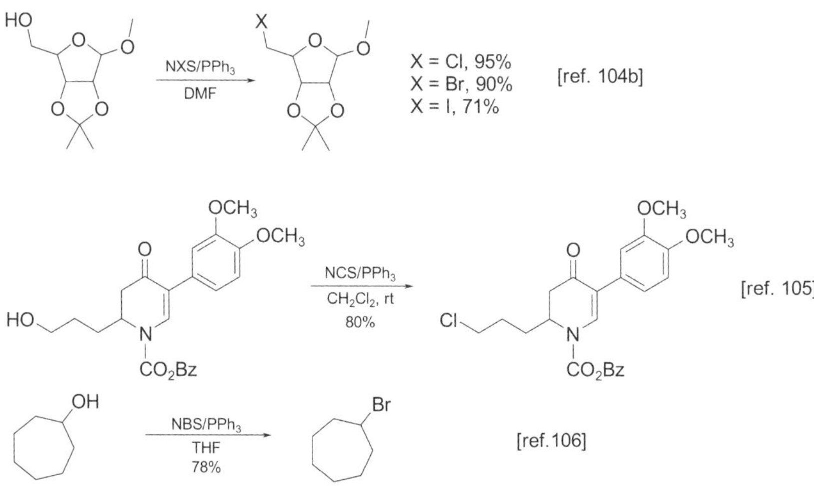

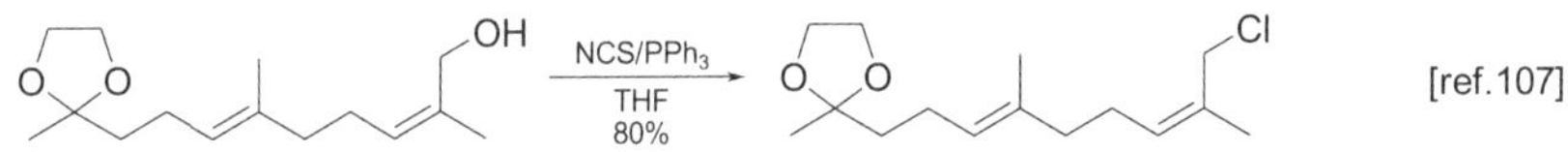

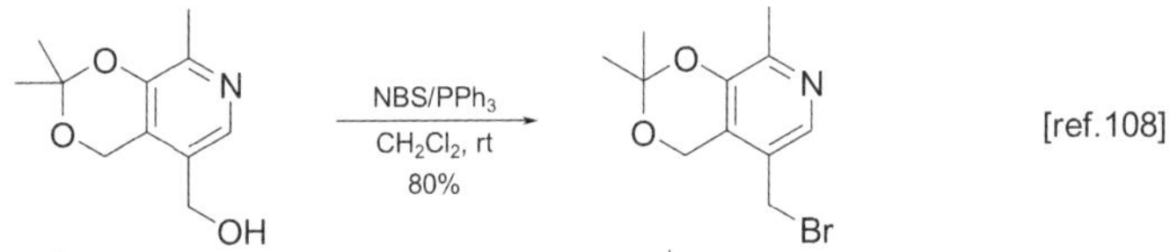

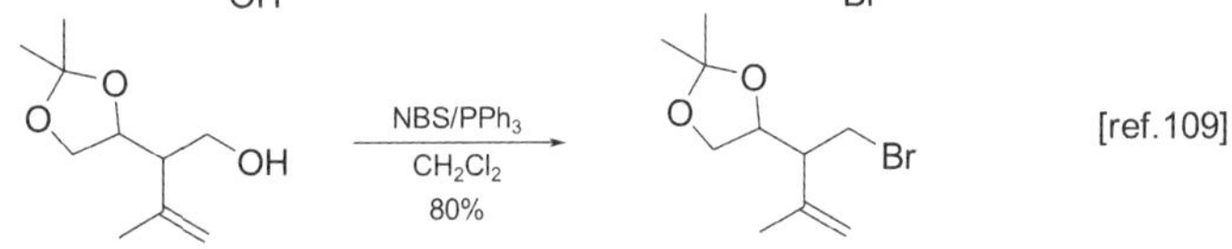

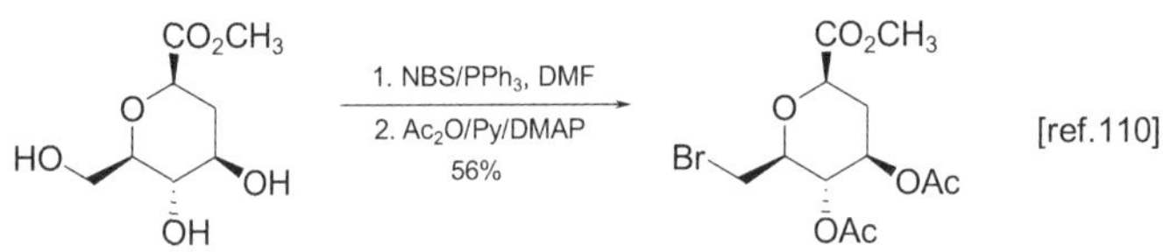

2004 年，Lee 等[111] 报道了一个制备苄基溴化物的绿色合成方法。该方法使用 NBS/ 三苯基膦在微波辐射和无溶剂条件下由醇制备苄基溴化物。反应产率高(71%～98%)且反应时间短。

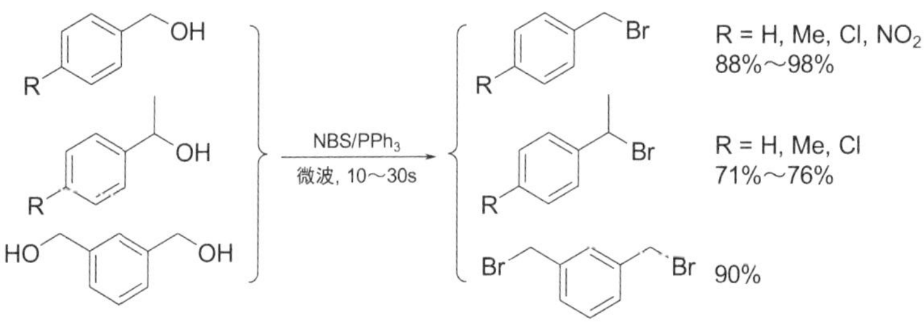

2014 年，Levine 等人[112] 报道了使用 1, 3-二溴-5, 5-二甲基乙内酰脲 / 三苯基膦体系完成醇溴化的反应。该方法简单方便，并成功应用于制备抗酸剂——奥美拉唑(Prilosec™)。

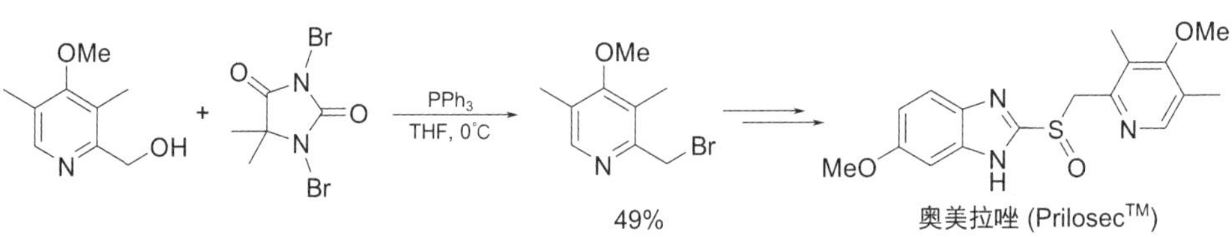

Juvvik 等人使用 NBS/$Ph_3P$ 体系首先将伯醇转化为相应的一级溴代烃，然后与伯

胺或仲胺发生亲核取代反应，实现了“一锅法”将伯醇转化为相应的仲胺和叔胺[113]。

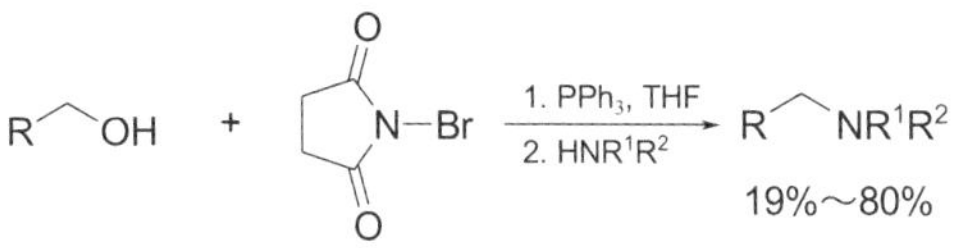


与 *N*-卤代琥珀酰亚胺相比，*N*-卤代糖精(NXSac)中用吸电子能力更强的磺酰基取代了前者结构中的一个酰基，因此具有更高的反应活性[114]。此外，*N*-卤代糖精无论在固态还是溶液中都比 *N*-卤代琥珀酰亚胺更稳定。*N*-卤代糖精可以通过食品工业中便宜的甜味剂糖精的卤代来制备，也可用卤化钾在过硫酸氢钾复合盐条件下采用绿色工艺来制备[115]。

Firouzabadi 等人发展了用 *N*-卤代糖精 / 三苯基膦体系将醇转化为烷基溴化物和碘化物的重要方法[116]。随后，作者将该体系进一步应用于将三甲基硅醚和四氢吡喃醚转化为相应的溴化物和碘化物的反应[117]，且产率普遍较高。

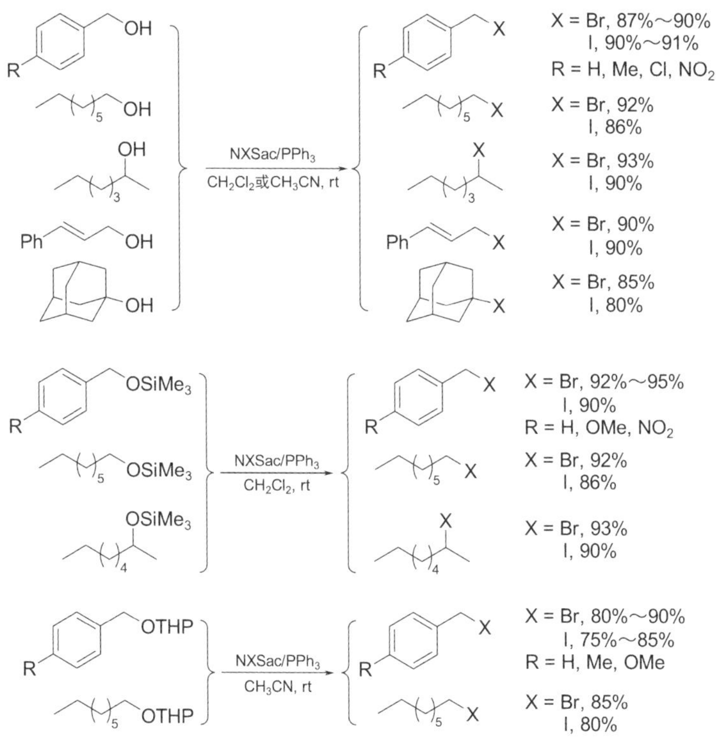

Ghorbani-Vaghei 等人采用 $N,N,N',N'$-四溴苯-1,3-二磺酰胺(TBBDA)和 $N,N,N',N'$-四氯苯-1,3-二磺酰胺(TCBDA)/三苯基膦体系，成功将苄醇、伯醇、仲醇高产率地转化为相对应的烷基氯化物(87%～91%)和溴化物(86%～94%)[118]。

三卤异氰尿酸[1,3,5-三卤-1,3,5-三嗪-2,4,6-(1*H*,3*H*,5*H*)-三酮]是类似于 *N*-卤代咪唑的卤化试剂[119]，其中使用最广泛的是廉价且商品化的三氯异氰尿酸(TCCA)[120]。另外，三溴异氰尿酸(TBCA)也是一种安全、稳定的试剂，可以容易地由廉价原料制备，例如三聚氰酸、KBr 和 Oxone[121]。

Hiegel 等人报道，三氯异氰尿酸与三苯基膦组合试剂可以将醇转化为相应的氯代烃(17%～70%)[122]。他们在随后的研究中发现，如果在反应体系中额外加入 $AgNO_2$、$AgNO_3$ 或者 NaSCN，此改良的四组分 Appel 反应可直接将醇转化为相应的亚硝酸酯、硝酸酯或硫氰酸酯[123]。

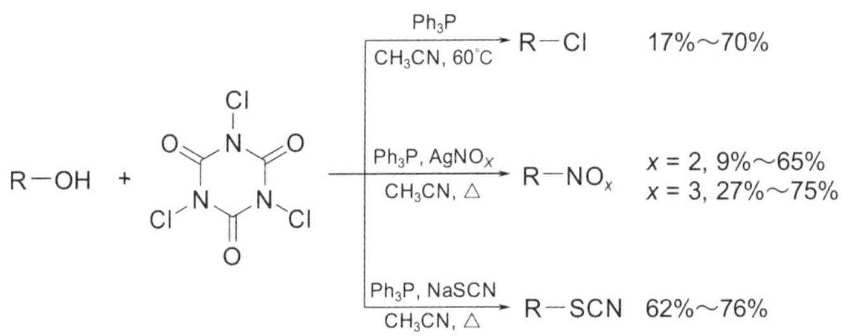

2014 年，de Mattos 报道三溴异氰尿酸和三苯基膦组合试剂可将醇转化为相应的溴代烃。该体系可应用于伯醇、仲醇、苄醇和烯丙醇，且产率较高[124]。推测机理如下反应式所示，首先三苯基膦与 TBCA 反应生成三苯基溴鏻离子对，离子对中的负离子夺取醇羟基质子，将醇转化为烷氧负离子，烷氧负离子对鏻正离子进行亲核取代生成烷氧基三苯基鏻正离子和溴负离子，然后溴负离子对烷氧基三苯基鏻正离子进行亲核进攻生成产物溴代烃和三苯基氧膦。此过程进行三次，TBCA 最终转化为三聚氰酸。如果使用手性醇反应则可得到构型翻转的溴代产物[125]。

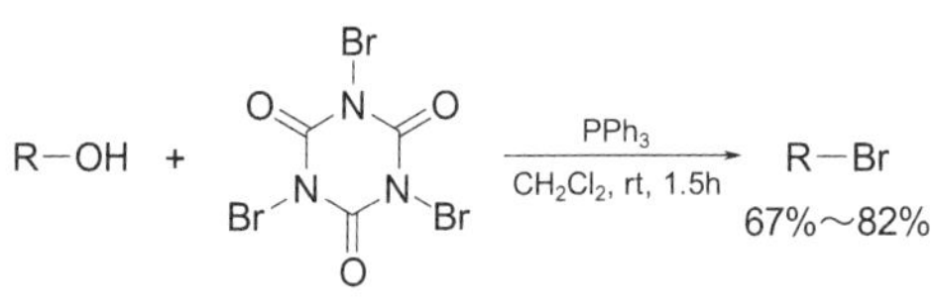

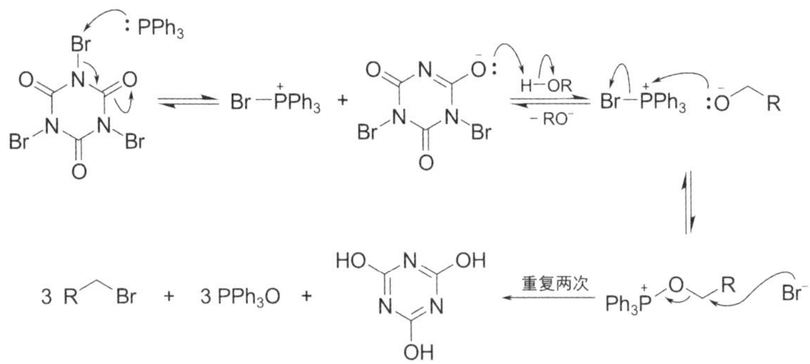

2016 年，de Mattos 等人利用 TBCA/$PPh_3$ 体系，在温和、中性的条件下成功将羧酸转化为相应的酰溴；不经分离直接向反应体系中加入醇或胺可以“一锅法”将羧酸转化成酯或酰胺[126]。除此之外，作者还发现，在温和条件下用 TXCA/$PPh_3$ 体系还能实现将环氧化物转化为邻卤代醇或邻二卤代烃[127]。

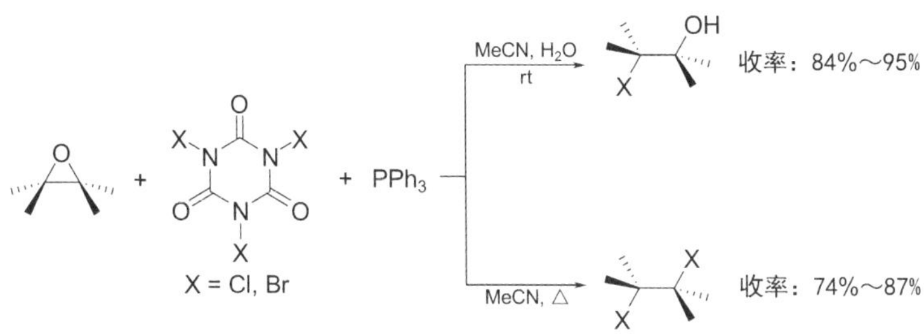

有人以苄醇转化成溴化苄为模型反应，对上述四种 *N*-卤化合物的性能进行了比较[116,118,124,128]。结果表明，四种试剂都能取得不错的产率。虽然 TBCA 的产率相对稍低，然而在原子经济性方面却具有较大优势，它能转移三个溴原子至产物，相当于其质量的 65%[129]。虽然在原子效率方面，使用 TBCA 或 TBBDA 是一样的[130]，然而，制备 TBCA 的原料和反应条件更简单[120]，符合绿色化学的原则[131]。此外，使用 TBCA 可以生成三聚氰酸沉淀，容易回收并重复利用，再生出新的 TBCA[132]。

(2) 多卤代烃及相关试剂 /$PPh_3$ 体系

2019 年，Dastan 报道使用 1, 2-二溴四氯乙烷(DBTCE)/$PPh_3$ 体系能够在数分钟内高产率地将醇转化为相应的溴代烃[133]。当使用手性醇为底物时，能得到高光学纯度的构型翻转产物。

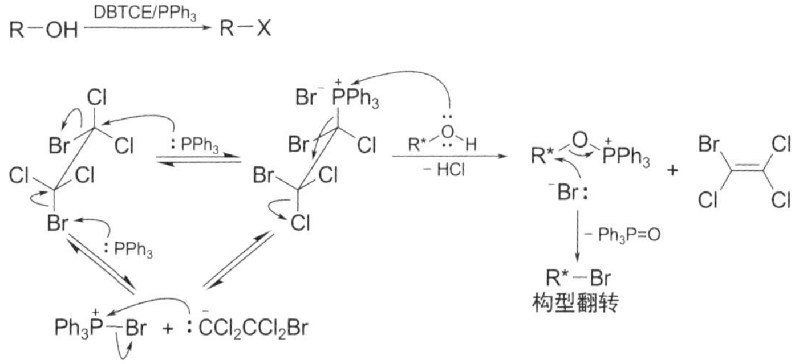

除此之外，该体系也可以实现由羧酸到酸酐、酯及酰胺的转化；还可用于环醚的开环反应，将其转化为相应的二溴代烃。

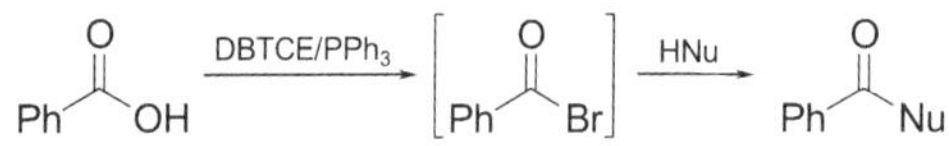

Nu = PhCH(Me)$NH_2$, BnOH, $^{i}Pr_2NH$, $PhCO_2H$

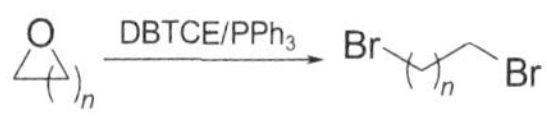

一些多卤代羰基化合物也可在 Appel 反应中代替四卤甲烷。反应中多卤代羰基化合物充当亲电性卤离子源与三苯基膦反应生成 Appel 反应中的活性物种卤代鏻盐 $[Ph_3P—X]^+$[134]。

Pluempanupat 和 Chavasiri 对多种氯化试剂作了比较[135]。氯代烃产率高低依赖于氯化试剂的性质。采用含有拉电子基团的氯化试剂如 $Cl_3CCN$ 时，醇转化为氯代烃的产率更高。

研究表明，含强拉电子基团的卤化试剂有利于反应进行。下面列举了一些具体的例子[136-138]。值得注意的是，环丙基醇与 2,2-二溴乙酰乙酸乙酯 / 三苯基膦体系反应时生成重排产物——高烯丙基溴代烃。

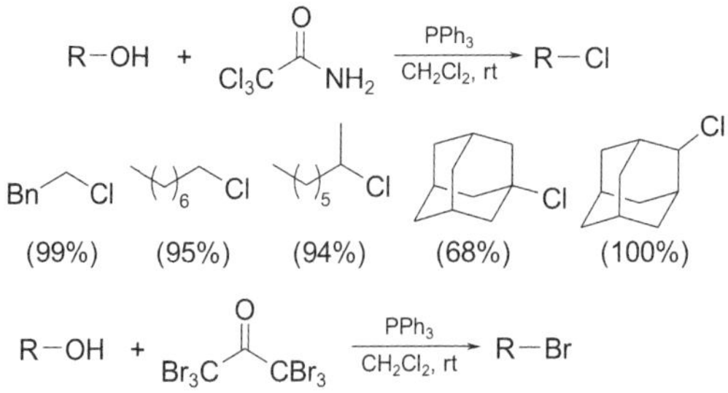

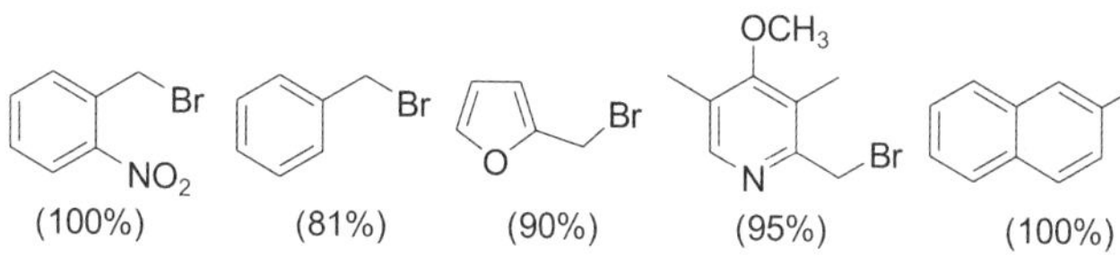

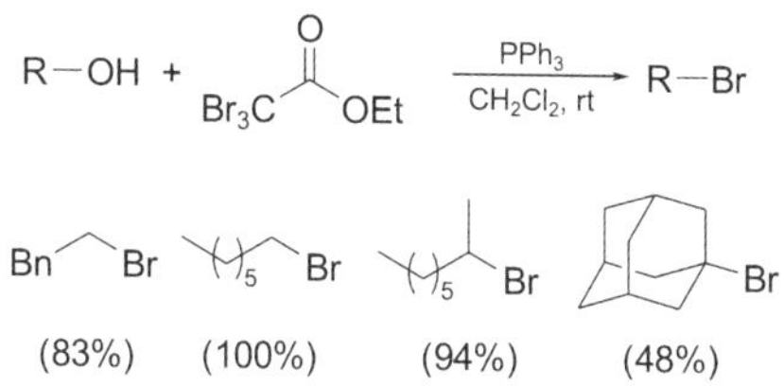

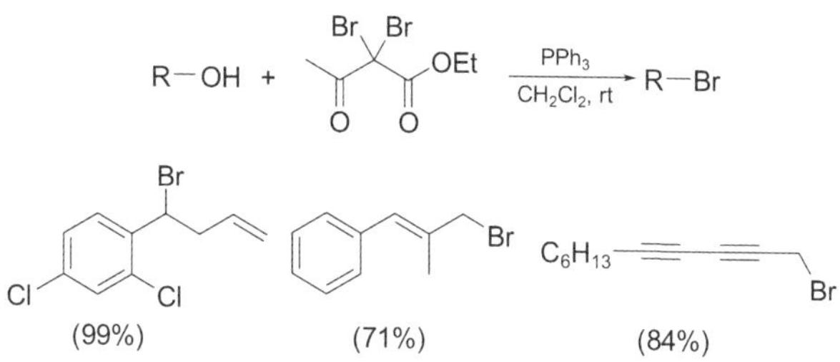

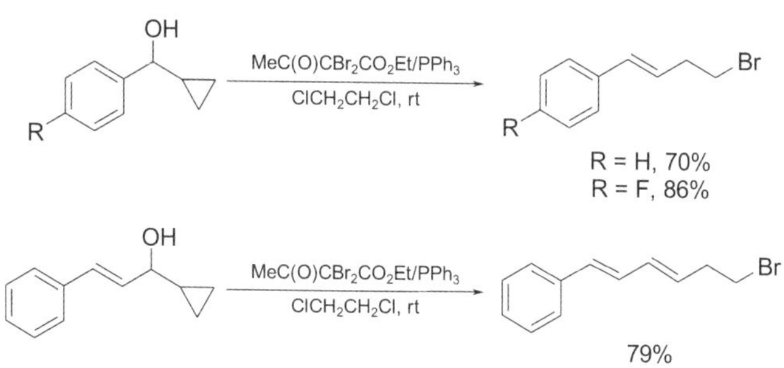

(3) 2, 3-二氯-5, 6-二氰基醌 /$Bu_4N^+Z^-$/$PPh_3$ 体系

2002 年，Iranpoor 等人利用 2, 3-二氯-5, 6-二氰基醌（DDQ）/ 三苯基膦 / 季铵盐体系来改进 Appel 反应。以醇、硫醇或三甲基硅醚为底物，通过简单地改变铵盐的抗衡阴离子即可实现不同官能团的转化。该反应适用范围广，一级、二级、三级以及苄醇都能顺利地转化为相应的卤代烃 [139]、叠氮化物 [140]、腈 [141]、亚硝酸酯 [142]、硫氰酸酯或异硫氰酸酯 [143]。值得注意的是，当使用 $Bu_4NSCN$ 时，一级醇反应生成硫氰酸酯，三级醇反应生成异硫氰酸酯，而二级醇则生成二者的混合物。

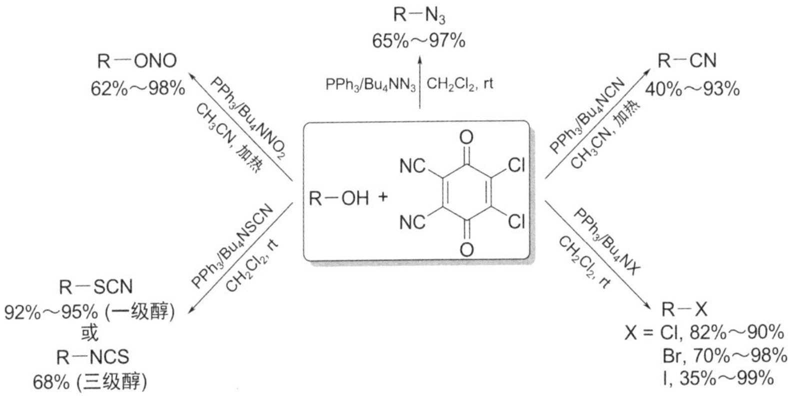

此外，在没有季铵盐 $R_4N^+X^-$ 参与的情况下，该体系可选择性地合成单烷基化和二烷基化芳香胺[144]。在有机合成中，通过 *N*-烷基化来制备胺的最大问题是存在过度烷基化，通常会伴随叔胺或季铵盐的生成，往往需要使用单一原料大大过量来克服这一不足。由此可见，使用 $PPh_3$/DDQ 体系是一种高选择性方法，不仅在温和条件和短时间内高选择性和高产率地得到 *N*-单烷基化产物，而且通过改变醇的用量，还可以实现对称或非对称的 *N*,*N*-二烷基化产物的合成。前者使用两当量的醇，后者则使用两种不同的醇，操作简便。

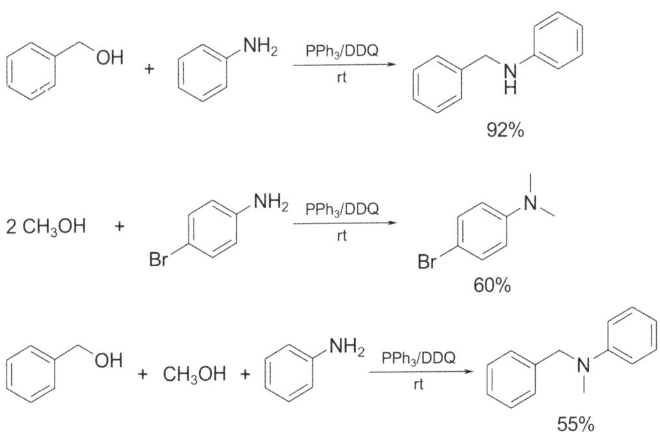

### 2.3.2.2 制备羰基化合物

在有机合成中，酰卤是许多反应如 Friedel-Crafts 酰基化、氨解、醇解等的关键原料。通常酰卤化合物由羧酸和二卤亚砜、草酰氯、卤化磷或其他卤化物反应来制备，反应过程中伴随有卤化氢副产物的生成。

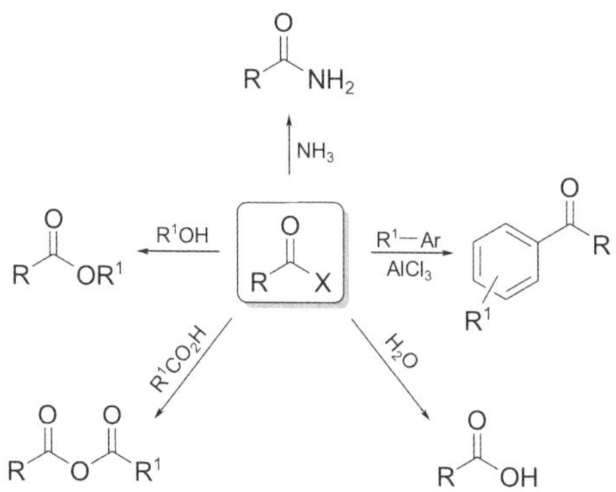

蒋等人[145]报道使用三氯乙腈/三苯基膦体系，可以将羧酸转化为相应的酰氯，再与胺进行氨解生成相应的酰胺。该方法条件温和、产率高，而且反应中无卤化氢形成，非常适合对酸敏感底物的转化。据报道，高血压处方药卡托普利可以利用该方法进行合成。

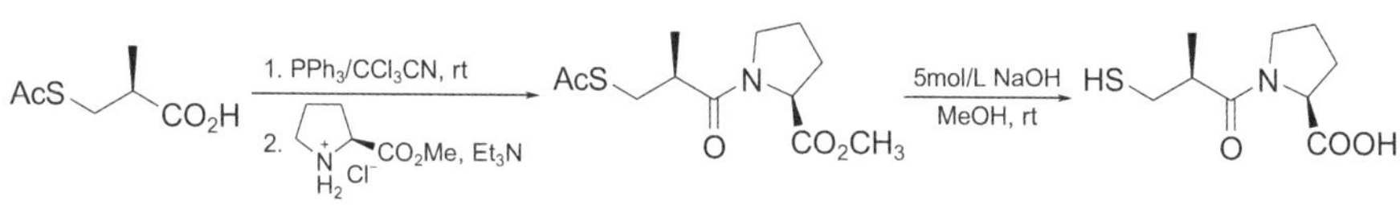

同样，具有生物活性的酰胺也可采用羧酸在三氯乙酰胺/三苯基膦体系生成酰氯后与胺反应制得[146]。

三氯异氰尿酸(TCCA)/三苯基膦体系的另一个用途是可以实现温和条件下“一锅法”将羧酸转化为酰胺、酯和叠氮化物。首先，羧酸与 TCCA/$PPh_3$ 反应产生酰氯，与胺或醇进一步反应生成酰胺和酯[147]。羧酸也可以在三组分体系，即 TCCA/$PPh_3$/$NaN_3$ 中转化成酰基叠氮化物，不仅条件温和、产率高，而且没有 Curtius 重排副产物的生成[148]。基于上述策略，Chantarasriwong 等人进一步将 $CCl_3CN$/$PPh_3$ 体系拓展至由磺酸到磺酰胺的转化[149]。磺胺类药物具有抗菌、利尿和抗惊厥等生物活性，在医药中应用广泛[150]。此方法避免了直接使用磺酰氯来合成磺酰胺，是合成此类常用处方药的有效途径。

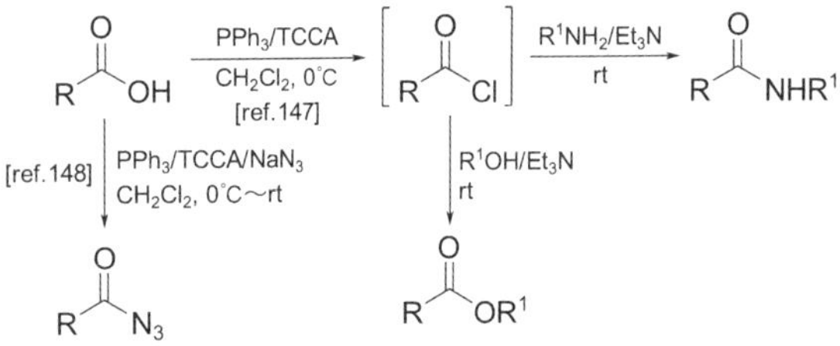


## 2.3.3 其他包含 Appel 反应的合成

氮杂环芳烃卤代物在有机合成中具有重要的应用价值，它们不仅是金属催化的交叉偶联反应中的常见底物[151]，而且广泛用于芳香亲核取代反应，与多种亲核试剂如卡宾[152]、醇氧负离子[153]、硫醇[154]和胺[155]反应生成官能团化的氮杂环芳香化合物。

NXS/三苯基膦体系可以将氮杂环羟基化合物转化为卤代氮杂环化合物[156]。在制备卤代氮杂环化合物的传统方法中，通常使用三氯氧磷等有害且对水敏感的试剂。因此，使用 Appel 卤化体系具有简单、易操作的特点。此外，$CCl_3CN$/三苯基膦体系也可用于氮杂环的氯代[157]。Tanji 等人报道，TCCA 三苯基膦体系能顺利地将喹啉-2-酮转化为 2-氯喹啉，将 2(1*H*)-喹啉酮转化为 2-氯喹啉[158]。

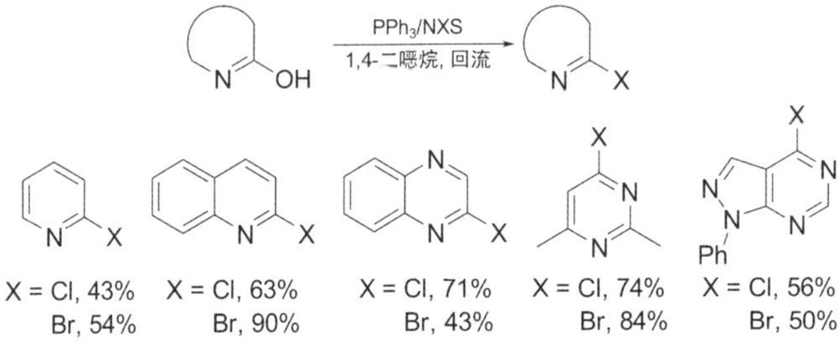


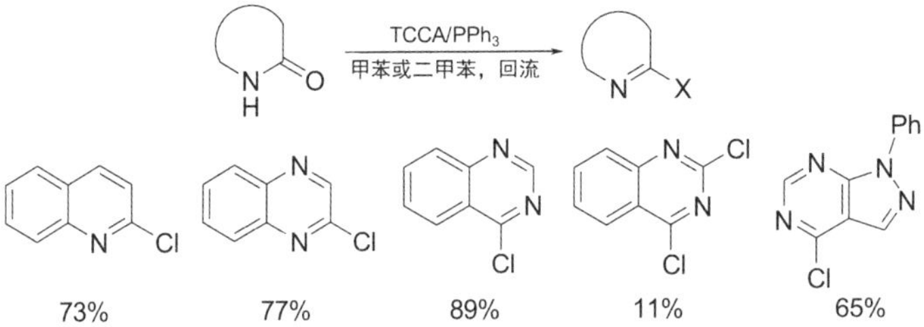

*N*-卤化物 / 三苯基膦体系的另一个用途是可以实现一级酰胺和醛肟脱水生成相应的腈。例如，TCCA[159] 和 NCS[160] 可使一级酰胺转化为腈，NCS[160] 和 TXBDA[161] 可使醛肟转化为腈。此外，酮肟可在中性 Appel 条件下通过贝克曼重排以 75% ～ 82% 的产率转化为相应的二级酰胺 [160]，避免了强酸如硫酸或多聚磷酸的使用，使得反应条件更为温和，降低了底物或产物在反应过程中分解的可能性。其中，使用 NCS 作为亲电卤素源时效果最好。

# 2.4 Staudinger反应

Staudinger 反应是另一个重要的化学计量磷试剂参与的反应。1919 年，Jules Meyer 和 Hermann Staudinger 首次报道了 Staudinger 还原反应 [162]。最初 Staudinger 反应只是作为有机合成中的一个重要方法，通过三价磷试剂与叠氮化物反应制备胺 [3]。直到 21 世纪，Staudinger 反应在生物学研究中的巨大用途才被完全认可。2000 年，Saxon 和 Bertozzi 发表了一篇开创性的文章，证明 Staudinger 反应是一种适应性强、可用于生理环境中标记的生物正交工具 [163]。此后，Staudinger 反应因其可以广泛地用于“连接(ligation)”两个生物活性分子而被称为 Staudinger 连接。从那时起，Staudinger 连接反应的大量应用和相关化学不断被人们所揭示，包括无痕 Staudinger 连接和 Staudinger 亚磷酸酯或 Staudinger 磷酸酯反应，也代表了有关 Staudinger 反应的主要研究进展。本节总结了各种 Staudinger 连接反应的化学机理、优点、缺点和应用实例。

## 2.4.1 Staudinger 还原反应的机理及适用范围

在 Staudinger 还原反应 [162] 中，三苯基膦与叠氮化物等当量地反应，生成磷亚胺并释放出氮气，磷亚胺随后水解生成三苯基氧膦和伯胺。

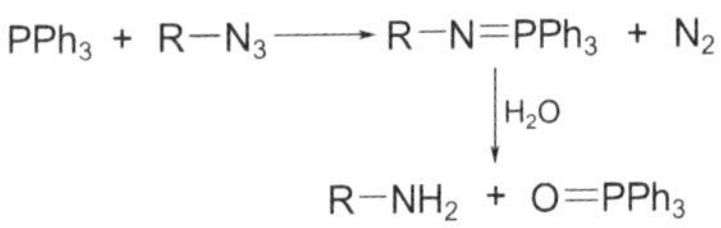

它的可能机理如图 2-6 所示。磷亚胺中间体Ⅰ与氮杂磷叶立德Ⅱ互为共振结构，随后水解生成伯胺和磷氧化合物。经典的 Staudinger 反应机理已通过实验 [3,164] 和计算 [165] 方法进行了深入研究。首先三价磷化合物对叠氮化物末端氮进行亲核进攻，生成叠氮基鏻中间体Ⅲ；然后叠氮基鏻经分子内环化形成三氮杂磷杂环丁烯中间体Ⅳ，最后释放出一分子氮气生成磷亚胺中间体。

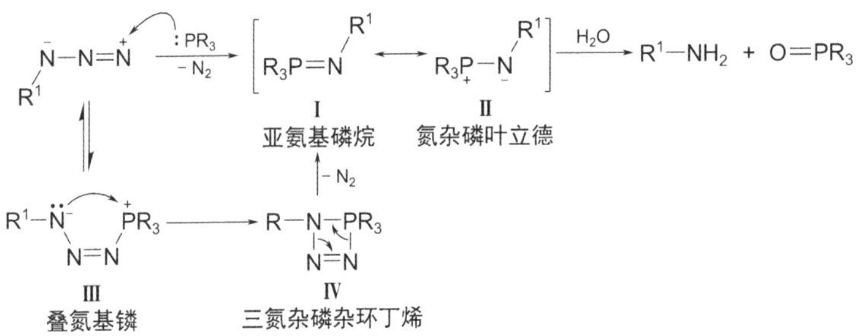


图 2-6　Staudinger 还原反应的机理

在反应的第一步中，叠氮基鏻Ⅲ由三价磷化合物和叠氮化合物反应生成，空间因素对反应速率无显著影响。然而三价磷化合物和叠氮化合物上取代基的电子效应显著影响反应产物 [3,165,166]。例如，带强给电子基团的三价磷化合物与叠氮化物发生不可逆反应，生成叠氮基鏻中间体 [167]；而三苯基膦形成的叠氮基鏻中间体就可以逆向分解成起始物 [165]。一般来说，富电子的三价磷化合物和缺电子的叠氮化物反应最容易 [166]。反应的第二步包括分子内环化和磷亚胺的形成过程，受叠氮基鏻中间体稳定性影响大，叠氮基鏻中间体越稳定，第二步反应速率越慢。和第一步相比，第二步反应速率主要取决于叠氮基鏻取代基的体积，体积越大，速率越快，不同取代基对反应速率的影响差异可高达 100 倍 [168]。

在上述 Staudinger 反应中，除了能将叠氮化物还原成胺，磷亚胺或其共振结构氮杂磷叶立德的亲核性氮原子还可与多种亲电试剂发生反应 [169]。根据亲电试剂性质的不同，氮杂磷叶立德中间体可以发生不同的反应，包括烷基化、氧化、插入及环化反应 [170]。虽然经典的 Staudinger 反应适用范围广，但氮杂磷叶立德稳定性差，易水解，以及三价磷试剂对水和空气的敏感性都限制了此法在生物体系及水环境中的应用。

### 2.4.2 普通 Staudinger 连接反应及机理

2000 年，Saxon 和 Bertozzi 报道了一种 Staudinger 反应的革命性变例，后来被称为 Staudinger 连接反应[163]。邻位带有二苯基膦基的苯甲酸甲酯与带有叠氮基的生物活性分子反应，产生的氮杂磷叶立德活性中间体发生分子内的亲核取代反应形成酰胺键，后经水解步骤，实现了标记分子与生物活性分子经酰胺键的偶联[163,171]。为了证明这种新型的 Staudinger 反应可以作为生物正交工具，Bertozzi 等人用生物素修饰的膦化合物成功标记了叠氮基修饰的多聚糖[163]。

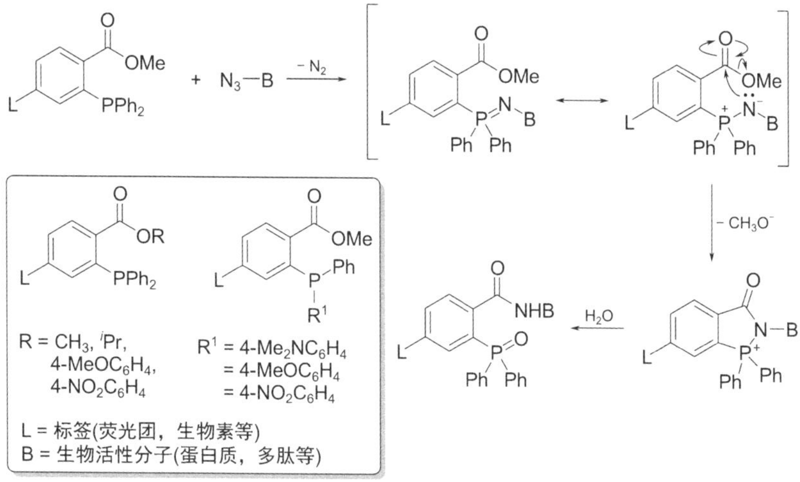


为了研究 Staudinger 连接反应的反应动力学，化学家对磷化合物取代基、叠氮化合物结构和溶剂等方面进行了深入研究[171]。Bertozzi 等人发现，反应的总速率取决于磷化合物和叠氮化合物的电子性质，修饰这两种底物都可提高反应速率[171]。例如，通过研究磷化合物上的一系列酯基离去基团，发现离去基团的大小并不显著影响反应速率；苯酯离去基团的反应动力学与烷基酯无显著差别，这说明反应的决速步先于亲核氮原子分子内亲核进攻羰基之前出现。与酯基离去基团相比，三价磷化合物中苯基上的取代基对整个反应速率影响更大。在此反应中，磷化合物上给电

子取代基可大大提升 Staudinger 连接反应整体反应速率。这一结果佐证了生成叠氮基磷中间体的步骤为决速步骤。Bertozzi 等人也探索了溶剂极性对 Staudinger 连接反应的影响。结果显示溶剂极性增大促使反应加速，证明水是一种对反应有利的溶剂[171]。

此报道之后，Staudinger 连接反应作为生物正交工具的应用更加广泛。值得指出的是，该反应因其庞大且疏水的膦氧化物残基的存在而导致在多肽和蛋白质合成方面受到颇多限制。

## 2.4.3 无痕 Staudinger 连接反应及机理

在 Bertozzi 等人报道 Staudinger 连接反应之后不久，Bertozzi[172] 和 Raines[173] 几乎同时报道了无痕 Staudinger 连接反应。无痕 Staudinger 连接反应与普通 Staudinger 连接反应的反应机制一样，只比普通 Staudinger 连接反应在底物设计上多了一份巧妙，即在无痕 Staudinger 连接反应中，膦氧化物可以从标记分子或目标分子中水解脱除，形成酰胺键连接的同时没有其他残基或非天然的部分保留。

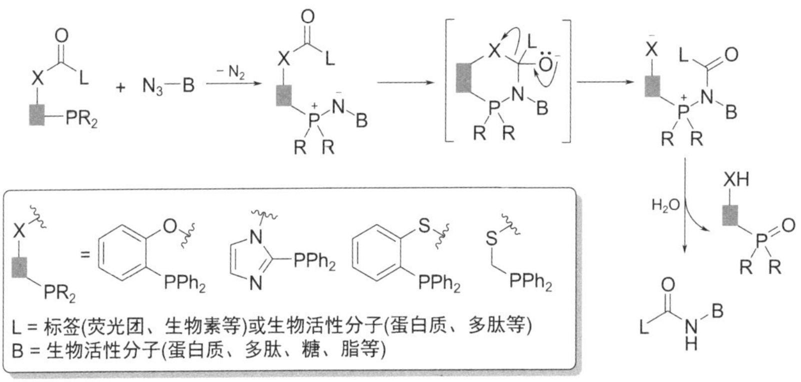


为了阐述无痕 Staudinger 连接反应，Bertozzi[172] 和 Raines[173] 分别独立设计了一系列官能化的叔膦化合物，其特点是通过桥连单元与酰基连接的叔膦中磷原子上至少连接两个芳基以确保其稳定，不易被空气中的氧气氧化，同时也可通过增加氮杂磷叶立德中间体的刚性使其更稳定。从机理来看，氮杂磷叶立德中间体的亲核性氮原子分子内进攻酯羰基，经由四面体中间体形成两性离子盐，最后，P—N 键水解形成酰胺和副产物磷氧化物。Raines 小组对反应机理进行了深入探究，他们用 $^{18}O$

标记的 $H_2O$ 进行反应，发现形成的酰胺中仅含 $^{16}O$，而膦氧化物中仅含 $^{18}O$，揭示了氮亲核进攻羰基形成四面体中间体后，直接发生消除完成从硫原子到氮原子的酰基转移过程，而不是通过氮杂 Wittig 反应生成亚胺，再经历水解的路径[174]。

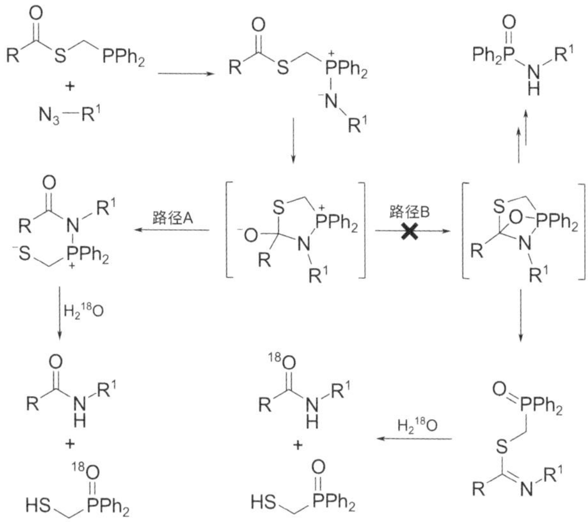


Raines 小组通过研究发现，反应形成的环状正四面体中间体的环大小对接枝反应活性和选择性影响比较明显。其中某些叔膦表现出了更高的反应活性，获得了更快的反应速率和更强的化学选择性[175]。原因可能与其形成的正四面体中间体的环大小有关。

接枝试剂中磷原子上取代基的电子效应、空间立体效应和库仑效应对反应活性的影响也十分明显[174-179]。例如，Bertozzi 小组在无痕 Staudinger 连接反应研究中发现，与苯基取代叔膦接枝试剂相比，拉电子咪唑基取代叔膦反应速度明显慢得多[172]。另外，二苯基叔膦介导的连接反应合成丙氨酸-丙氨酸二肽的产率在 36% ～ 47%；而采用结构相似的对甲氧基苯基叔膦接枝试剂，产率可提高到 82%。然而，提高磷上取代基的给电子性质会导致叔膦对氧化高度敏感，同时也会导致氮杂磷叶立德中间体会更快质子化，加剧 P—N 键水解生成胺而不是酰胺。

除此之外，正四面体中间体中离去基团的离去能力也影响接枝试剂的活性。例如，将接枝试剂分子中的硫原子替换成氧原子后，相应试剂显示出很低的反应活性，主要原因是烷氧负离子的离去能力较差，不能快速离去，从而优先发生氮杂 Wittig 反应而不是 Staudinger 连接反应[174]。

2007 年，Raines 小组实施了第一例水体系中 Staudinger 连接反应，这意味着将 Staudinger 连接反应应用于蛋白质合成迈进了重大一步[179]。在这个研究中，使用水溶性的叔膦接枝试剂，例如，在叔膦苯环的对位或间位引入 2-(二甲基氨基)乙基，该叔胺单元的引入不仅可以减弱氮杂磷叶立德中间体上氮原子的质子化程度，并且能提高其在水中的溶解度。

尽管脂肪族叔膦对氧化很敏感，Kiessling 小组仍然成功地实现了糖基叠氮化物和天冬酰胺衍生的叔膦硫酯之间的偶联[180]。为了稳定二烷基叔膦部分不被氧化，使用了稳定的叔膦硼烷配合物作为试剂前体，在酸性或碱性条件下都可容易地脱除保护原位生成游离的叔膦试剂[181]。

下面为上述无痕 Staudinger 连接反应研究中所采用的接枝试剂。

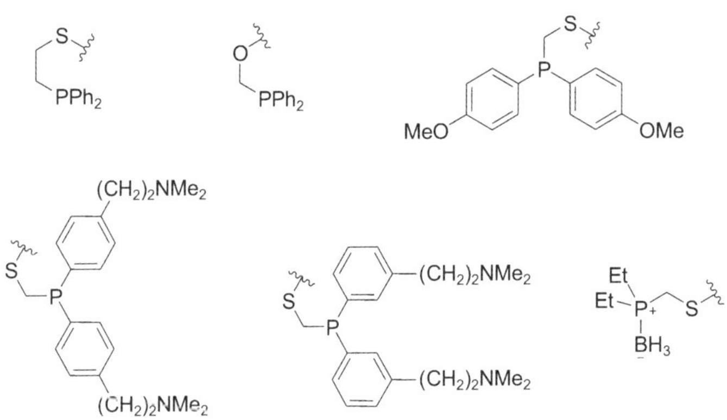


近年来，无痕 Staudinger 连接法已成功应用于多肽和蛋白质化学。然而，叔膦对氧化的敏感性仍然是这一方法的一个显著缺点。另一个不足之处是叔膦接枝试剂的低溶解性，需要显著过量的反应物才能实现高转化率。此外，如果重排步骤发生得不够快，磷亚胺中间体水解易竞争发生。以上不足一定程度上限制了反应的应用范围。

## 2.4.4 Staudinger-亚磷酸酯及 Staudinger-亚膦酸酯反应及机理

Hackenberger 及其同事报道了 Staudinger-亚磷酸酯[182-184]和 Staudinger-亚膦

酸酯反应[185]用于肽和蛋白质的化学选择性标记。这些反应是基于半个多世纪前 Kabachnik 和 Gilyarov 的研究[186]。在研究中，经典 Staudinger 反应的叔膦部分被亚磷酸酯或亚膦酸酯所替代，反应后分别生成磷酰胺酯或膦酰胺酯。由于亚磷酸三烷基酯或亚膦酸二烷基酯的抗氧化能力远高于叔膦化合物，显著提高了实验操作的便利性。叠氮肽和蛋白质与亚磷酸酯或亚磷酸酯接枝试剂的 Staudinger 反应最佳反应条件为 pH 7.4 ～ 8.2、25 ～ 40℃，反应可以在各种非极性和极性有机溶剂以及水溶性缓冲溶液或细胞溶解物中进行[183]。将 pH 值降低到 7 以下或升高温度将导致亚磷酸酯或磷酸酯的水解，但这个问题可以通过增加磷试剂的用量来解决[185]。

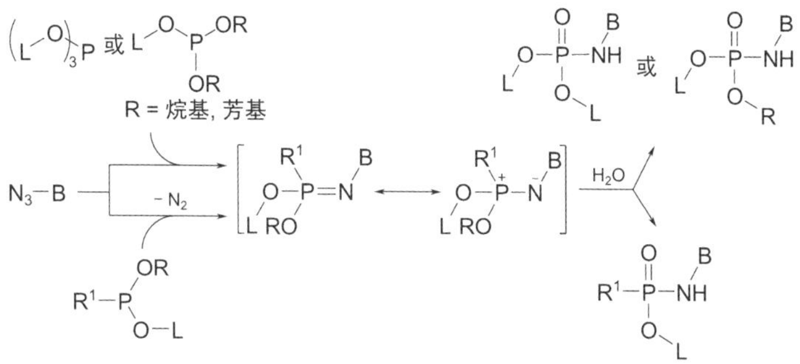


R = R$^1$ = 芳基，炔基，杂芳基
L = H, 烷基，芳基，聚乙二醇单元，生物素或生物分子等
B = 生物分子(蛋白质，多肽，糖等)

与普通 Staudinger 连接反应类似，Staudinger-亚磷酸酯反应同样通过两步进行；但与经典的 Staudinger 连接中的叔膦化合物相比，在 Staudinger- 亚磷酸酯反应中形成的磷酰亚胺中间体没有断裂形成磷酸酯和伯胺，而是水解形成磷酰胺酯。在 Staudinger-亚磷酸酯反应中，亚磷酸酯上的一个烷氧基可以被一个 $sp^2$ 或 sp 杂化的烃基取代以形成芳基亚膦酸酯或炔基亚膦酸酯，从而拥有足够的抗氧化稳定性。

在 Staudinger-亚磷酸酯及 Staudinger-亚膦酸酯反应中，水解时总是酯基作为离去基团。关于这种转化，涉及两种不同的反应机理：水分子中的氧原子在 Arbuzov 反应中亲核攻击烷基，或者直接进攻氮杂磷叶立德中间体中的亲电磷原子[184,187]。

Staudinger-亚磷酸酯或 Staudinger-亚膦酸酯反应的最大优势在于这类功能性三价磷化合物非常易于合成。对称或不对称亚磷酸酯的合成可依据成熟的氨基亚磷酸酯合成方法[188-191]，而亚膦酸酯则可以通过有机金属试剂与亚磷酰氯反应制得[185]。

## 2.4.5 应用实例

(1)肽/蛋白质连接与修饰

Staudinger连接方法已被广泛用来实现肽/蛋白质的连接与修饰。Raines小组[179]在具有酶活性的核糖核酸酶A(RNase A)的模块化构建中成功使用无痕Staudinger连接来合成多肽。首先通过固相合成方法合成两个肽片段，并通过Staudinger连接进行适当的修饰和偶联；然后，通过表达蛋白连接(EPL)将合成的肽连接到大肠杆菌表达的肽上。

2018年Hu等人[192]开发一种在可见光下引发无痕Staudinger反应的试剂。通过扩大无痕Staudinger连接试剂中蒽发色团的共轭程度，实现了光引发过程的波长响应红移到可见光范围，使得可见光辐射就能够触发无痕Staudinger连接，可用于生物相关应用，例如可见光诱导的寡肽合成。这一试剂提供了可见光引发原位合成具有生物活性的蛋白/肽的新策略，进一步扩展了无痕Staudinger连接反应在生物领域的应用。

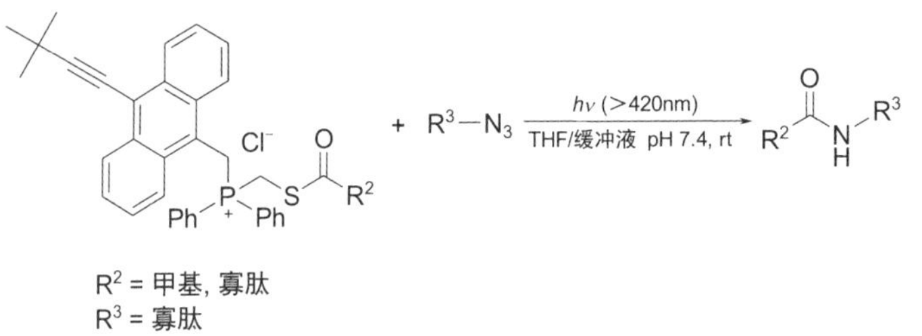


2017年，Guo研究小组[193]利用叔膦官能化的多肽和糖基磷脂酰肌醇(GPI)叠氮多糖之间的无痕Staudinger连接合成了GPI多糖-肽结合物。

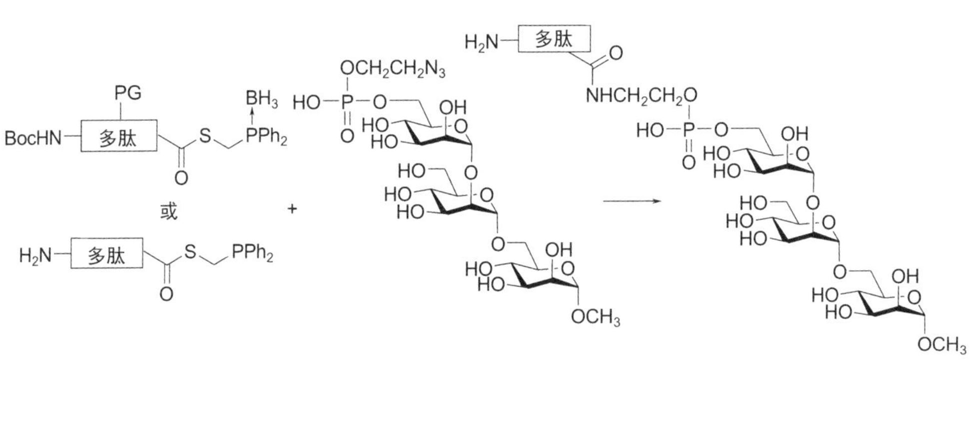

同年，Liu 和 Dai[194(a)] 报道了一种蛋白质位点特异性赖氨酸酰化的通用方法，即利用无痕 Staudinger 连接，只需改变接枝试剂中的酰基结构，就可以引入任意赖氨酸酰化类型。利用这种方法，乙酰化赖氨酸和琥珀酰化赖氨酸都可以选择性地安装在泛素和合成组蛋白 H3 的 K4 位。

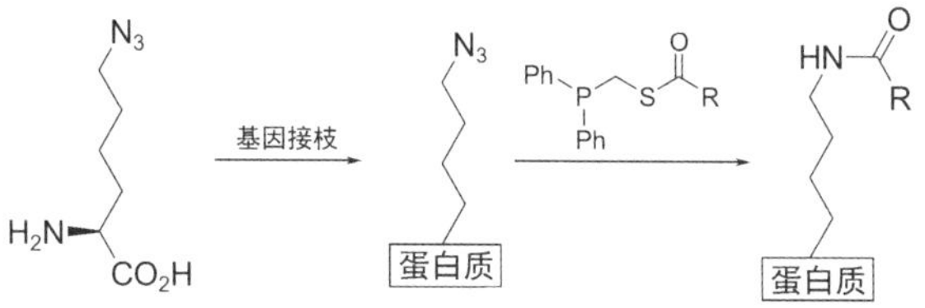


2014 年，Inoue 组 [194(b)] 报道了利用无痕 Staudinger 连接合成海洋天然产物 nobilamide B 和 nobilamide D 的方法。Nobilamides B 具有强力的长效阻断人源受体 TRPV1 的作用，而 TRPV1 是产生疼痛和炎症的介质，所以 nobilamide B 具有治疗疼痛的潜力。如下所示，这种线性七肽在 C 端具有(*Z*)-脱氢氨基丁酸单元。采用无痕 Staudinger 连接成功实现了脱氢氨基丁酸部分的立体选择性构建。结合固相多肽合成和 Staudinger 连接技术，不仅可以快速地获得 nobilamide B，而且可以快速地获得其大环类似物 nobilamide D。

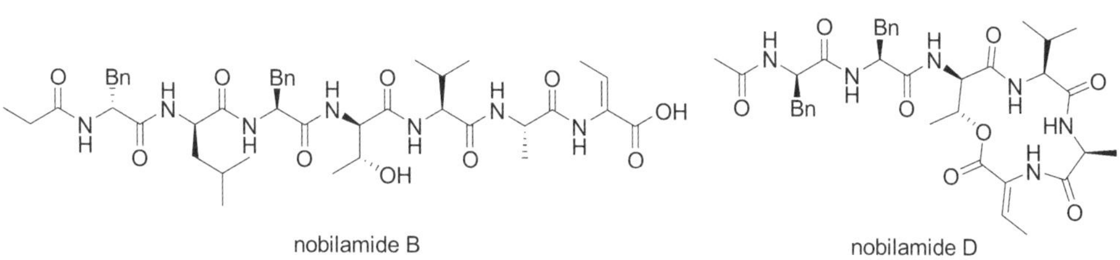


(2) 合成内酰胺和氮杂环化合物

Staudinger 反应在有机合成中常用来合成内酰胺。例如，2019 年，Massa 等人[195] 使用三甲基膦合成了具有活性 N—H 的内酰胺，与其他方法相比，产率较高。

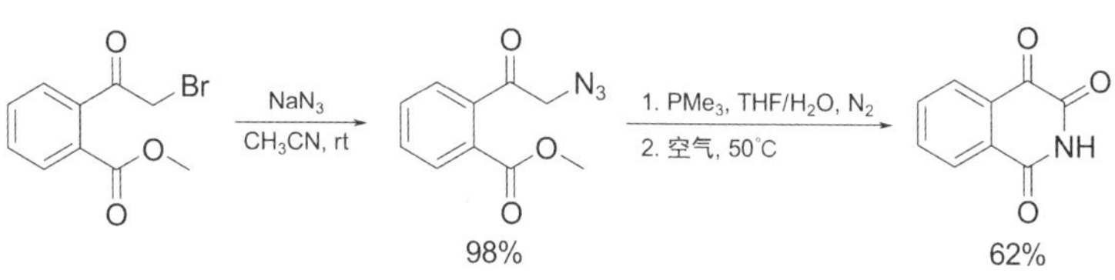

Staudinger 反应在有机合成中也可用来合成氮杂环化合物。2019 年 Verma 等人[196]利用 Staudinger 反应合成了苯并吡啶类化合物，反应及机理如下式所示，具有良好的化学选择性及较高产率。

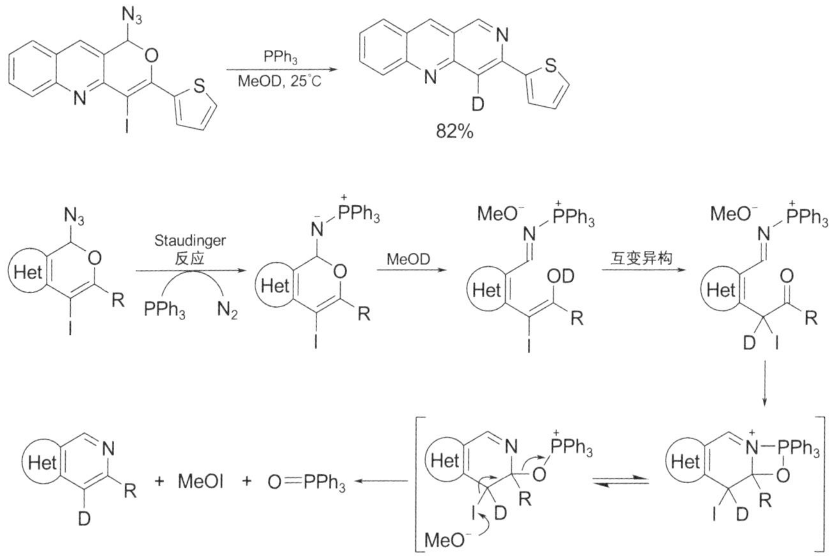

(3) 合成环肽或大环化合物

Hackenberger 小组研究了无痕 Staudinger 连接在环肽合成中的应用[181]。为了防止两个肽链发生分子间的副反应，在合成 C 端叔膦官能化的叠氮肽链的过程中，采用了 van Maarseveen 等人提出的小分子二肽的环化方案，使用了硼烷配合物保护的二苯基膦基甲硫醇。在酸性条件下，C 端叔膦官能化的叠氮肽链同时发生叔膦的去硼烷和氨基酸侧链的脱保护，继而发生无痕 Staudinger 连接生成目标环肽[181]。这一方法的有效性在由 21 个氨基酸单元组成的环肽 microcin J25 的合成中得到了例证，总产率达 12%。

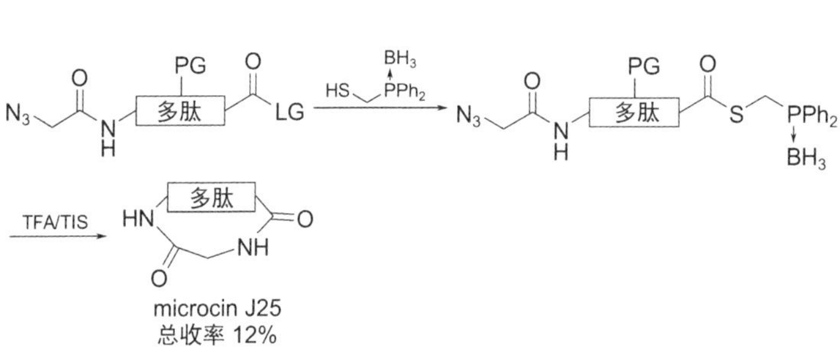

2017 年，Wuest 小组[197(b)] 首次利用无痕 Staudinger 连接合成了非酰胺连接的环状中性二核苷酸前体。作者首先在底物分子中引入二苯膦基甲硫基，随后利用叔膦单元与远端的叠氮基团发生分子内的无痕 Staudinger 连接合成目标大环分子。

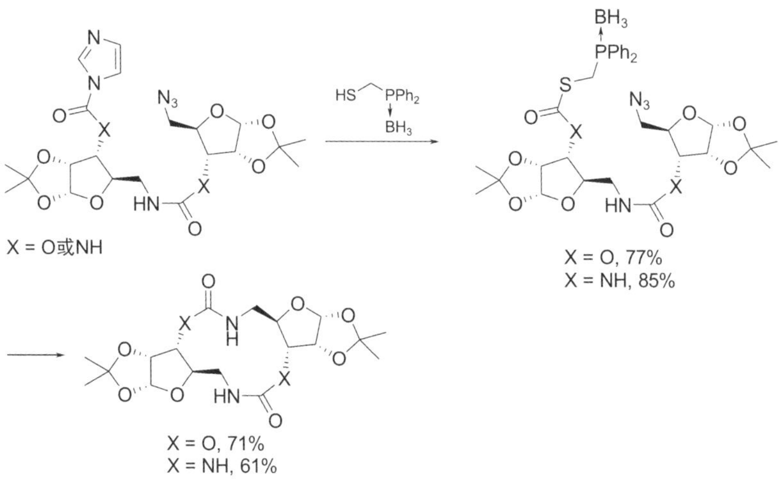


(4) 生物分子标记

由于所涉及的叠氮化合物和磷化合物在一定浓度下无毒，Staudinger 连接因此已被证明是一种在体外和体内实现生物分子标记的安全工具[198]。与流行的双正交 CuAAC 方法相比，该方法不仅试剂无毒性，而且叠氮化合物具有温和的亲电性，不与生物分子中存在的亲核性基团反应；叠氮化合物在生理条件下也稳定，但在自然界很少存在[197]。此外，将叠氮基团引入生物分子(包括肽、蛋白质或聚糖)中容易实现。这些属性促进了 Staudinger 连接反应在许多生物和化学标记中的应用，包括标记和修饰多糖、肽、蛋白质、核酸、脂质和脂肪酸[198]，以及将蛋白质固定到载体表面[198-202]。生物泛素化是生物分子标记的一种普遍方法，链霉亲和素作为配体可以附着在荧光团、树脂或磁珠上，因此经常与 Staudinger 连接一起用于固定和标记[198]。

Bertozzi 等人首次报道了使用 Staudinger 连接生物素三价磷探针标记的多糖[163]。*N*-叠氮乙酰甘露糖胺(甘露糖)通过在尤尔卡细胞内源性生物合成途径被嵌入细胞表面多糖。将叠氮修饰的细胞多糖与叔膦修饰的生物素探针进行 Staudinger 连接反应，将荧光标记的亲和素与生物素探针特异性结合，使得用甘露糖培养的代谢标记细胞的荧光特异性增强。

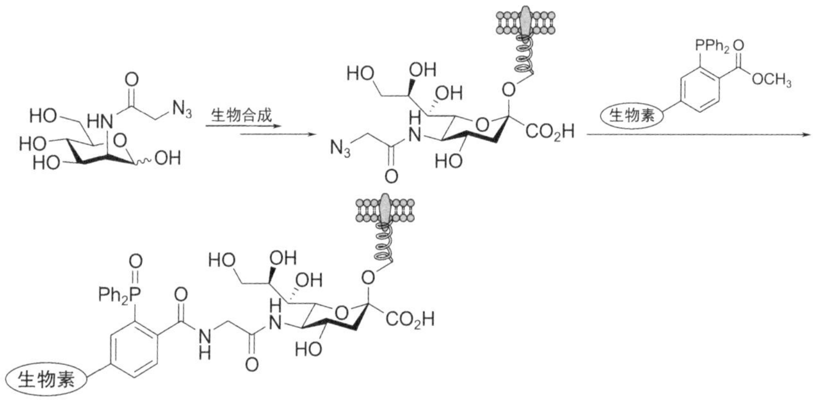


Bertozzi 小组设计了叔膦修饰的香豆素类似物，磷原子上的孤对电子导致荧光团猝灭，试剂自身并无荧光[203]。将该接枝试剂与叠氮修饰的小鼠二氢叶酸还原酶(MDHFR)蛋白反应，不仅完成偶联，而且生成膦氧化合物，从而使荧光增强60倍。

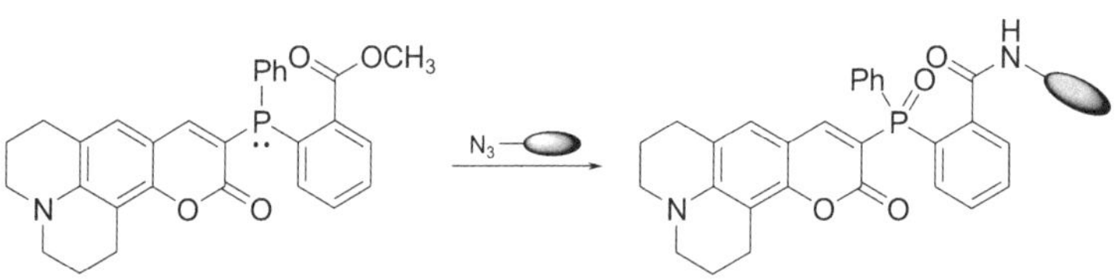

Staudinger 反应不仅在有机合成上提供了重要的合成方法，而且在生物学领域也应用广泛，该反应具有化学选择性高、毒性低、体外和体内生物相容性好等特点。这些突出的特点使 Staudinger 反应成为生物学中一种通用的化学工具，以解决日益增多的富有挑战性的生物学问题。Staudinger 反应已被用于多糖、脂类、DNA 和蛋白质的标记。此外，Staudinger 反应也作为一种合成方法用于构造糖肽类、微阵型和功能性的生物大分子。在生物正交的新兴领域中，各种最新的技术通常与 Staudinger 反应树立的高标准进行比较。Staudinger 反应也广泛应用于材料表面功能化、各种生物大分子的合成及标记等方面，同时，在药物合成与递送，以及生物传感器等应用方面具有较大的发展空间。当然，现有的磷试剂还存在对氧敏感等问题，部分磷试剂的溶解性不理想，新型的稳定性好、溶解性强的磷试剂还有待开发。

# 2.5
# Huisgen内盐的环化反应

Huisgen 内盐是指由叔膦亲核进攻偶氮二甲酸二酯中的 N═N 双键形成的两性离子加合物，它被认为是著名的 Mitsunobu 反应的关键中间体[204]。其准确结构在 1969 年由化学家 Huisgen 等[1(b),2,5(b),204-209]确定。其中，最廉价易得的叔膦试剂是 $Ph_3P$，而便宜且常用的偶氮试剂是偶氮二甲酸二乙酯(DEAD)和偶氮二甲酸二异丙酯(DIAD)。除此之外，常见的偶氮试剂还有偶氮二甲酸二叔丁酯(DTBAD)、偶氮二甲酸二苄酯(DBAD)、偶氮二甲酸二甲酯(DMAD)。研究发现，Huisgen 内盐能与多种亲电试剂发生环化反应，高效地实现 C—N 键的形成，为氮杂环化合物提供了简便、新颖的合成方法[206,210-213]。本节根据亲电试剂的类型不同，总结了 Husigen 内盐与羰基化合物、缺电子烯烃、亚胺以及其他亲电试剂的环化反应。

## 2.5.1 早期研究

Huisgen 内盐的发现最早可以追溯到 20 世纪 50 年代，当时 Morrison[214] 通过 DEAD 与三苯基膦在乙醚溶液中反应，得到树脂状产物。后经水解生成三苯基氧膦和氢化偶氮二甲酸二乙酯，但是树脂状产物的准确化学结构并未确定[图 2-7(a)]。1963 年，Cookson 和 Locke[215] 发现丁炔二酸二甲酯(DMADC)与三苯基膦和偶氮二甲酸二乙酯形成的内盐反应，生成吡唑衍生物和三苯基氧膦。虽然吡唑产物被成功分离和表征，但三苯基膦和偶氮二甲酸二乙酯形成的两性离子结构仍未能确定[图 2-7(b)]。直到 1969 年，Huisgen 等人[207]在 Cookson 工作的基础上，通过 $Ph_3P$/DMAD 与异氰酸苯酯或异硫氰酸苯酯反应，生成了三唑类化合物和三苯基氧膦

[图 2-7(c)]。在可能的机理中，作者首次提出 $Ph_3P$ 与 DMAD 在反应中原位形成两性离子中间体，并且基于偶氮化合物中氮原子强亲核性的实验事实以及前期的相关研究工作，Huisgen 等人最终确定内盐中间体的化学结构如图 2-7 所示。在后续研究报道中 Huisgen 的实验结果得到广泛认可，从而将叔膦与偶氮二甲酸二酯经亲核加成得到的两性离子中间体称为 Huisgen 内盐[211]。

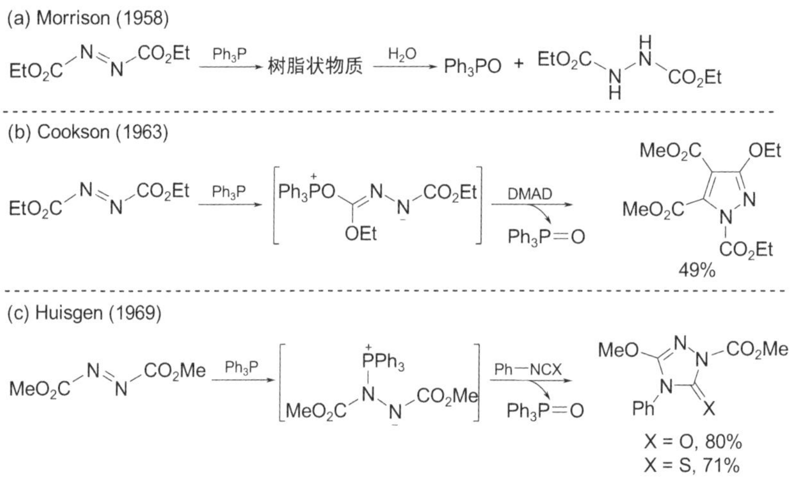


图 2-7　Huisgen 内盐的早期研究

## 2.5.2　与醛、酮的环化反应

醛、酮等羰基化合物属典型的亲电试剂。近年来的研究揭示，特殊的醛酮化合物可与 Huisgen 内盐发生关环反应，生成多种杂环化合物。2005 年，Lee 课题组[216]发现 Huisgen 内盐与 α-酮酸酯发生环化反应，生成 1,3,4-噁二唑衍生物。在环化反应中，三苯基膦首先形成 Huisgen 内盐关键中间体，随后与 α-酮酸酯发生两次亲核加成，最后脱除三苯基氧膦得到 1,3,4-噁二唑产物。

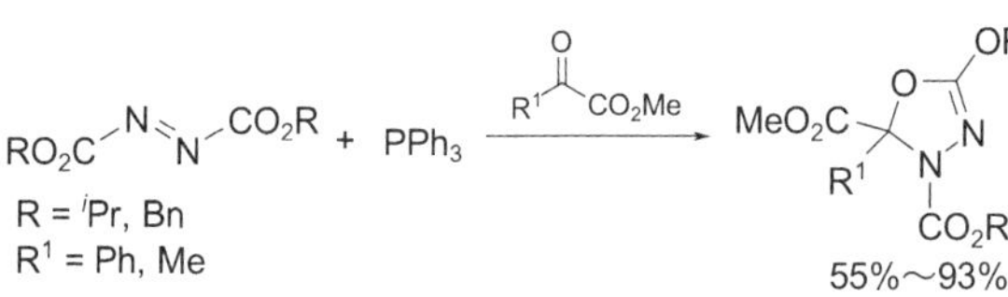

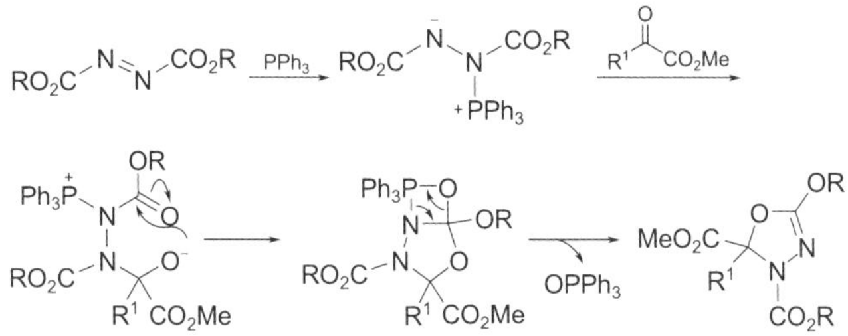

在探索 Huisgen 内盐与酮的反应中，Nair 课题组发展了一系列 1,2-二酮 [217] 以及 $\alpha,\beta$-不饱和酮 [218] 与 Huisgen 内盐反应构建氮杂环的新策略。Huisgen 内盐与 *N*-取代靛红发生环化反应，以较好的产率生成了螺吲哚酮-1,3,4-噁二唑衍生物。当反应底物为邻苯醌时，环化反应产物为苯并1,2,3-噁二唑衍生物。关于这一产物的形成机制，作者认为，反应同样始于 Huisgen 内盐对羰基的亲电加成，经分子内关环得到螺环 1,3,4-噁二唑关键中间体，最后通过分子内开环重排 / 环化得到苯并 1,2,3-噁二唑。

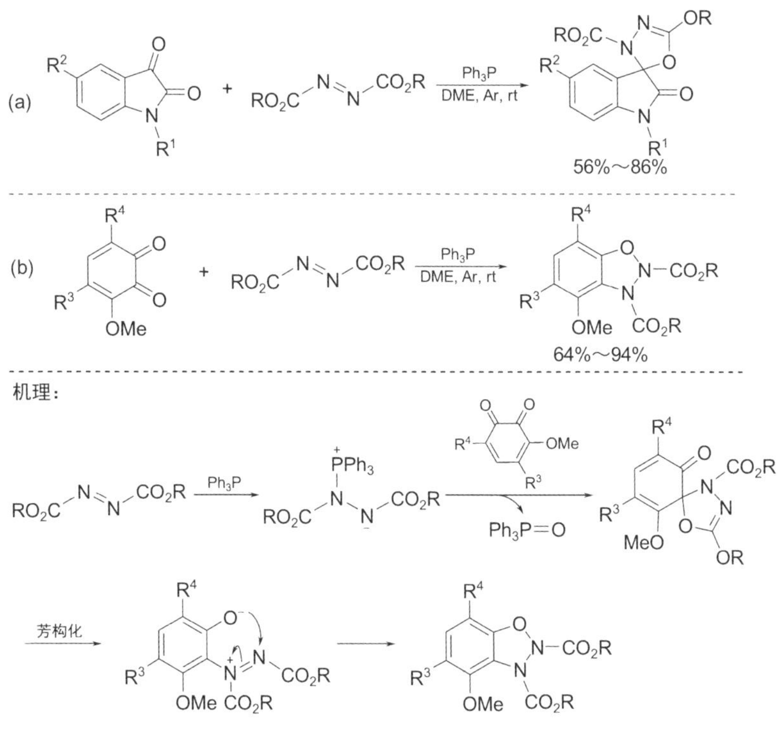

$\alpha,\beta$-不饱和酮和双烯酮同样可以与 Huisgen 内盐发生关环反应，以中等至良好

的产率生成吡唑啉衍生物。在双烯酮的反应中，如果提高偶氮二甲酸酯的投料比，吡唑啉产物可进一步经 Diels-Alder 反应生成吡唑并哒嗪产物。

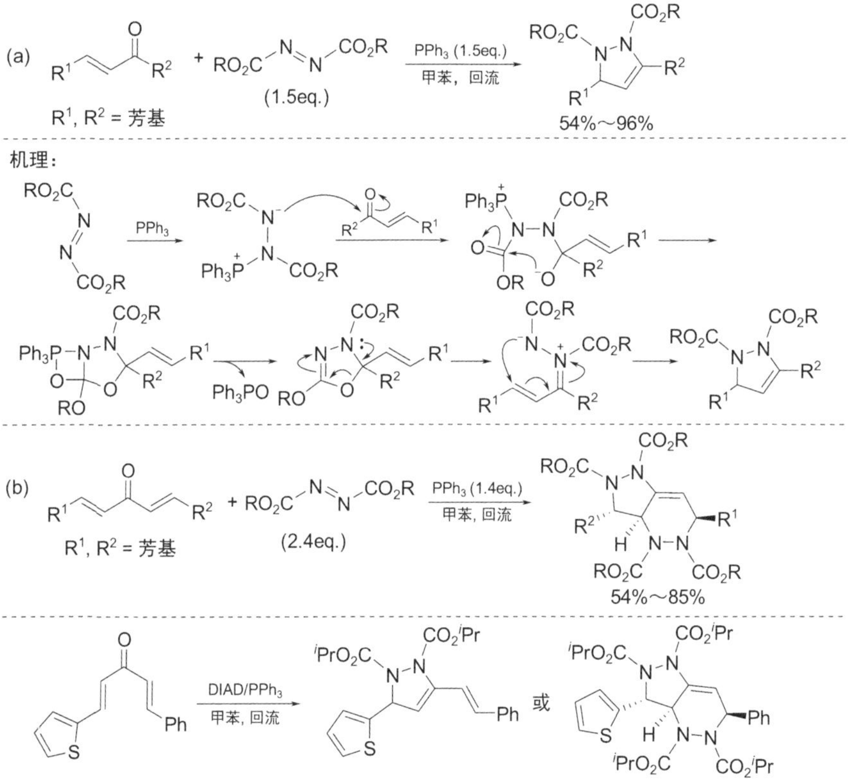


2011 年，Kumar 课题组[219]报道了 Huisgen 内盐与色酮衍生的 $\alpha,\beta$-不饱和酮酸酯环化生成色酮取代的吡唑啉衍生物。其后，该课题组[220]又报道了两分子 Huisgen 内盐与 3-甲酰基色酮的串联环化反应，合成了具有复杂骨架的稠环化合物。作者认为，色酮底物首先与一分子 Huisgen 内盐关环生成色酮并[2, 3-$c$]吡唑啉中间体，然后与第二分子 Huisgen 内盐继续反应，最后经酚氧负离子分子内顺式共轭加成及 aza-Wittig 反应步骤生成串联环化产物。

(a) Kumar (2011)

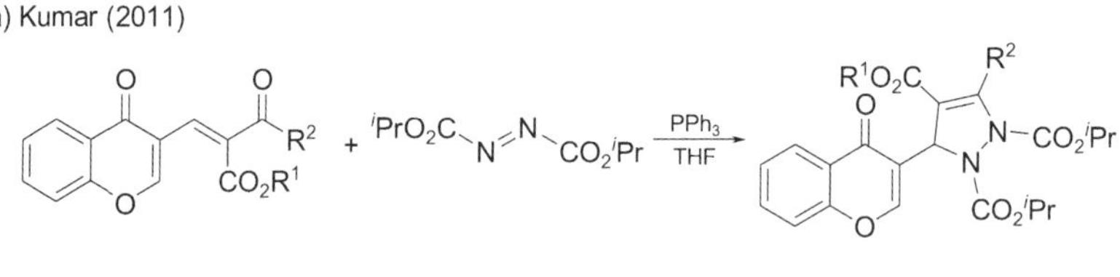

(b) Kumar (2012)

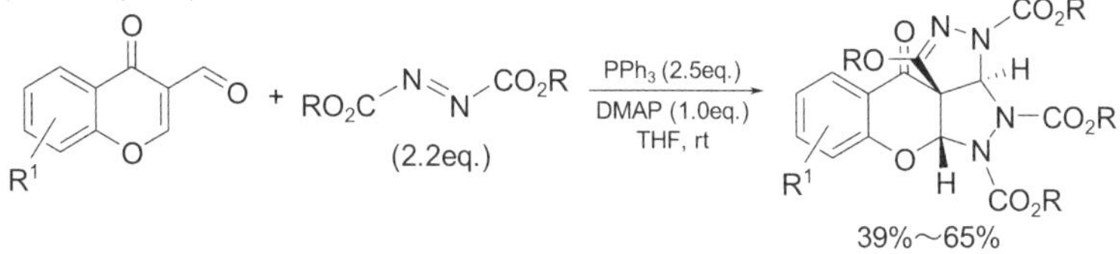

机理：

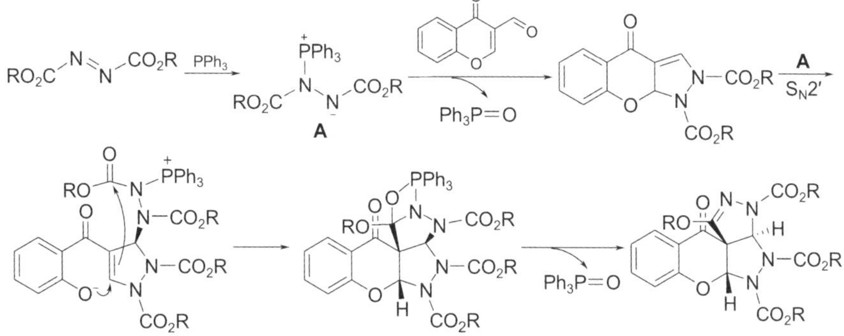

2016 年，贺峥杰课题组[221] 首次报道了 Huisgen 内盐与具有 $\alpha,\beta$-不饱和酮结构的 3-酰甲亚基-2-吲哚酮底物的环化反应。通过对反应条件的优化，以中等至优秀的产率实现了吡咯并[4, 3, 2-*de*]二氢喹啉酮衍生物的高效合成。该方法原料简单易得、反应条件温和，具有良好的底物适用范围。在 Huisgen 内盐的环化反应中，偶氮二甲酸酯通常作为三元合成砌块参与环的构建；而在上述反应中，作为氮源的偶氮试剂 N—N 键发生断裂，以 N1 合成子的方式参与吡咯并[4, 3, 2-*de*]二氢喹啉酮骨架的构建，揭示了一种 Huisgen 内盐参与环化反应的全新模式，为构建具有复杂结构的吡咯并喹啉骨架提供了高效的合成方法。作者基于这一合成反应，成功以 12.9% 的总产率实现了海洋生物碱 Ammosamide B 的全合成。

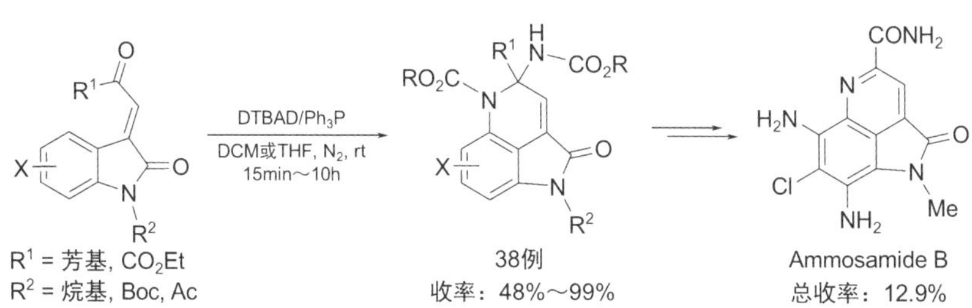

机理：

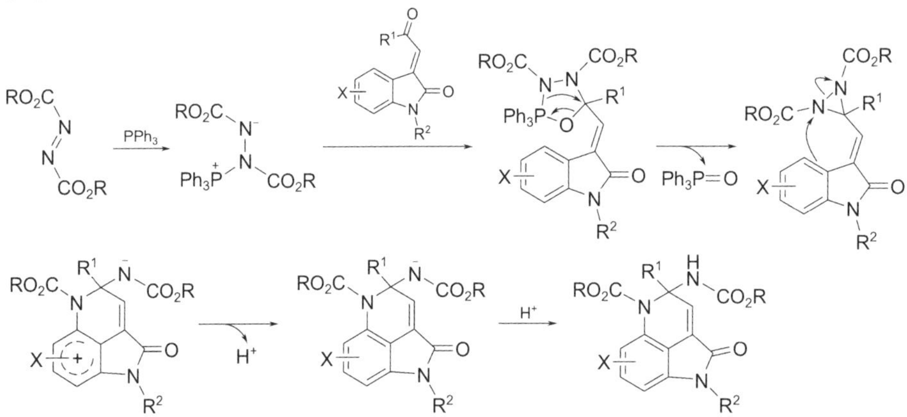

## 2.5.3 与缺电子烯烃的环化反应

缺电子烯烃是一类常见的亲电底物，经常作 Michael 受体，与各种亲核试剂发生 Michael 加成反应。Huisgen 内盐具有良好的亲核性，近年来通过其与缺电子烯烃的反应，发展了众多不同类型的由 Michael 加成引发的串联环化反应。其中，最常见的缺电子烯烃包括联烯酸酯和共轭烯酮。缺电子联烯是一类具有独特性质的亲电底物，通过与亲核性试剂反应生成 1, 3-偶极中间体，然后再与其他底物反应，完成形式多样的化学转化。2006 年，Nair 课题组[222]先后报道了不同取代的缺电子联烯与 Huisgen 内盐的两种环化反应：Huisgen 内盐与 $\alpha$-取代联烯酸酯的形式[3+2]环化反应，生成具有环外双键的吡唑啉衍生物；$\gamma$-取代的联烯酸酯与 Huisgen 内盐反应，则生成高度官能团化的吡唑化合物。

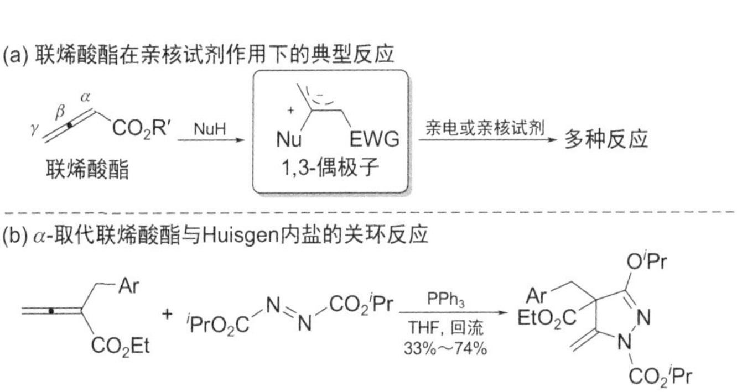

(c) γ-取代联烯酸酯与Huisgen内盐的关环反应

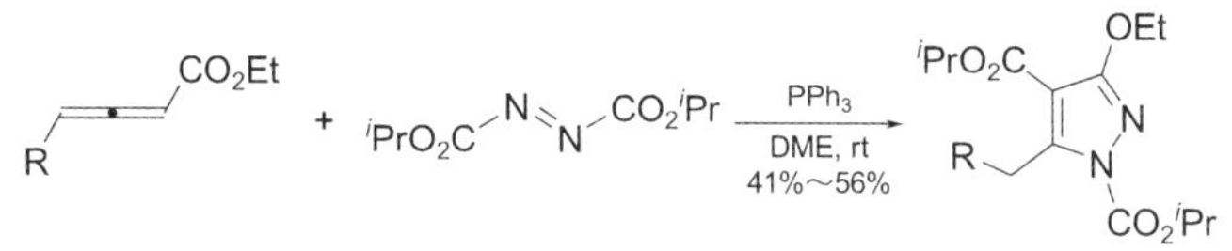

作者认为，吡唑啉化合物的环化反应机理与之前的相关报道结果类似；Huisgen内盐亲核进攻联烯酸酯$\beta$-位，然后依次经过碳负离子对$N$-酯基的分子内亲核加成以及内盐中间体的形成，最后三苯基氧膦消去，生成相应的产物(途径A)。在吡唑衍生物的形成机理中，作者提出了一种新颖的成环机制(途径B)：$\gamma$-取代联烯酸酯首先通过与Huisgen内盐发生亲核加成，生成关键中间体，随后经碳负离子亲核进攻酯羰基并完成分子内酰基从氮原子到碳原子的转移，得到氮杂磷叶立德中间体，最后通过分子内氮杂-Wittig反应生成环化产物。实验结果表明，亲电底物取代基位置影响反应的成环模式，进一步揭示了Huisgen内盐环化反应的多样性。

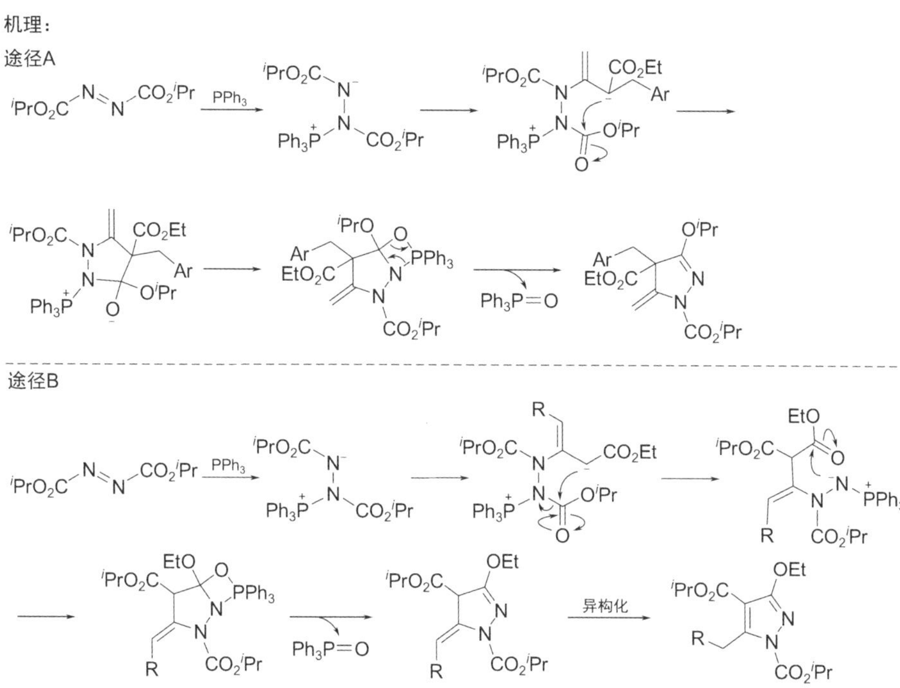

2014年，Ma课题组[223]报道了$\alpha$-联烯甲酸与Huisgen内盐的环化反应，提供了合成吡唑啉酮衍生物的新方法。在这一环化过程中，Huisgen内盐先夺取$\alpha$-联烯

甲酸的酸性质子，形成离子对，然后以鳞盐转移的方式转化为另一离子对；随后氮负离子与羰基作用生成中间体，并脱去 O═$PPh_3$ 得到酰基肼中间体；该中间体进一步通过分子内的氮杂-Michael 加成生成内盐中间体；最后依次经双键迁移、质子转移等步骤生成环化产物。

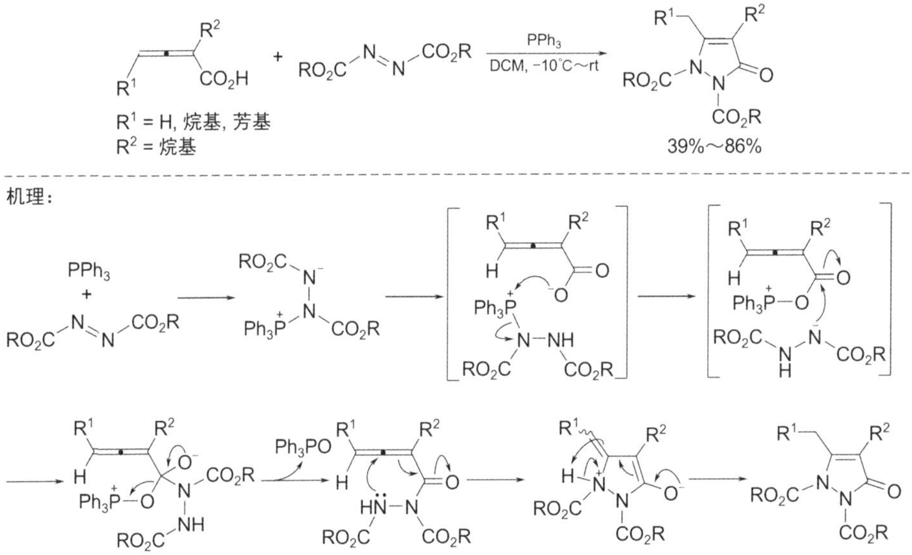


2015 年，贺峥杰课题组[224]报道了 3-甲亚基-2-吲哚酮类缺电子双键与 Huisgen 内盐的环化反应，实现了含有吲哚酮骨架的螺环吡唑啉衍生物的高效合成。该策略同样适用于苯并呋喃酮底物(X = O)。作者对产物的生物活性进行了测试，结果表明该类螺环吡唑啉化合物对九种植物病原菌有显著的杀菌活性[225]。作者提出的可能反应机理如下：Huisgen 内盐对反应底物中的极性 C═C 双键进行 Michael 加成，形成内盐中间体，随后经分子内碳负离子对 *N*-酯基亲核进攻、磷-氧键形成等过程生成磷氮氧杂环丁烷中间体；最后该中间体脱除三苯基氧膦得到螺环吡唑啉产物。

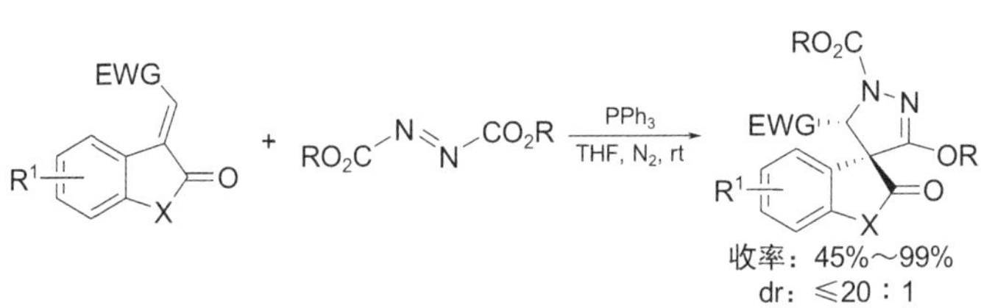

机理：

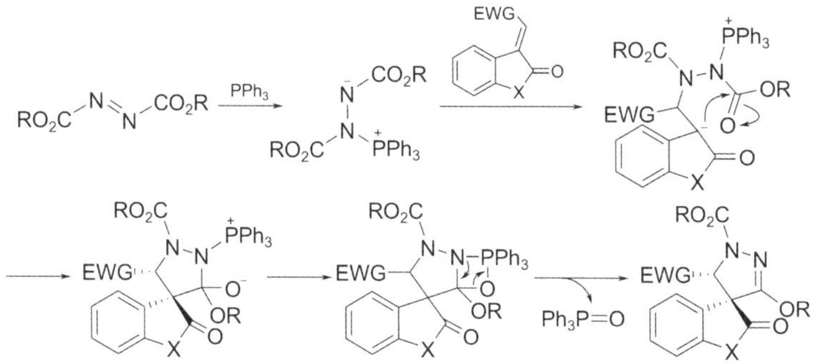

2017 年，苗志伟课题组[226] 报道了一例 Huisgen 内盐与 1,3-茚二酮衍生的缺电子烯烃的[3+2]环化反应，以 60% ～ 87% 的产率和良好的立体选择性得到一系列茚并吡唑啉骨架产物。根据控制实验以及核磁跟踪实验结果，作者提出如下反应机理：首先三苯基膦与偶氮试剂反应生成 Huisgen 内盐活性中间体，Huisgen 内盐继续与缺电子烯烃底物进行 Michael 加成，并通过分子内 Aldol 反应完成 *N*-酯基的迁移和氮杂磷叶立德中间体的生成，最后经分子内 aza-Wittig 反应关环，生成相应的茚并吡唑啉产物。该反应为合成具有复杂结构的吡唑啉衍生物提供了新颖的合成途径，进一步展现了 Huisgen 内盐在氮杂环化合物合成方面的独特性。

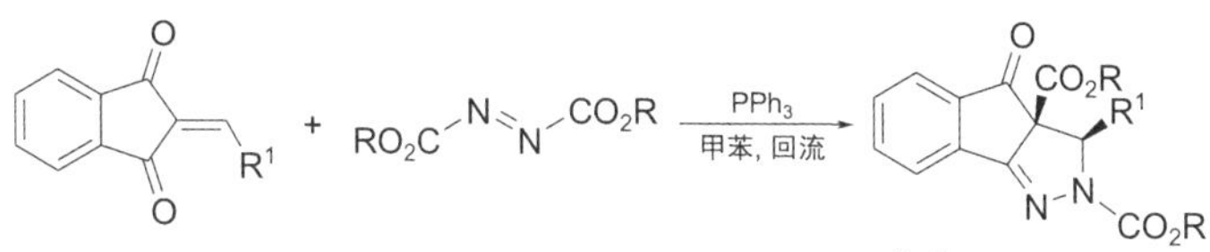

收率：60%～87%

dr：≤ 20：1

机理：

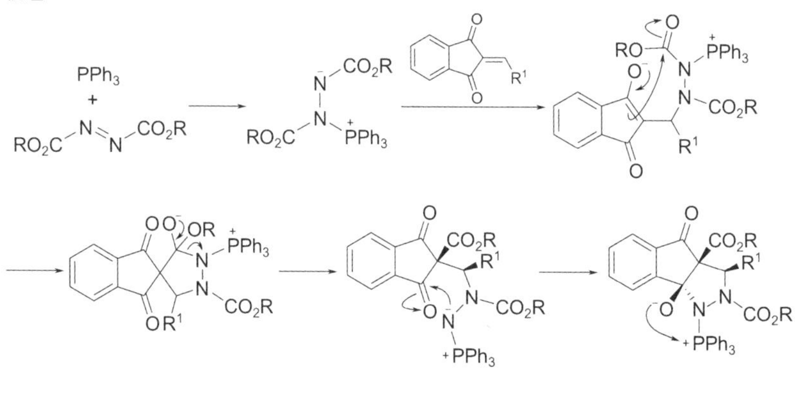

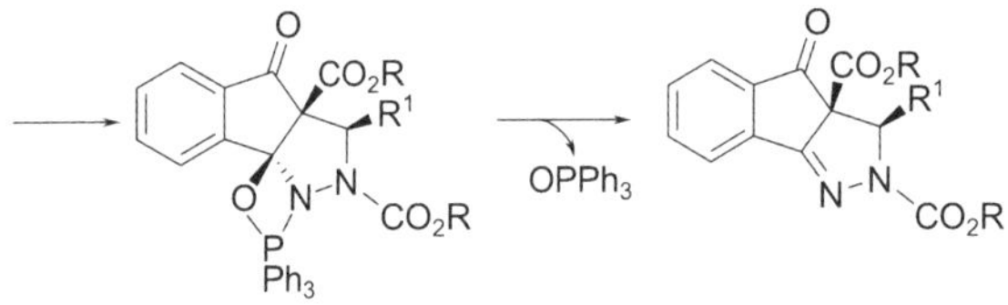

## 2.5.4 与亚胺的环化反应

亚胺 C═N 键与羰基化合物的 C═O 键无论在化学结构还是在反应性方面都比较相似，因此，亚胺化合物同样是叔膦介导的环化反应中常用的亲电试剂。2011 年，施敏团队[227] 报道了 *N*-取代芳香醛亚胺与 Huisgen 内盐的环化反应，以较高的产率合成了 1,2,4-三唑啉衍生物。当使用亚胺前体替代亚胺时，在 3 当量 DEAD 和 $PPh_3$ 作用下，环化反应同样可以顺利进行，且底物范围能够拓展到烷基如环己基取代的 $\alpha$-磺酰基胺。作者认为，Huisgen 内盐可作为路易斯碱促进消除苯基亚磺酸原位形成亚胺。可能的反应机理如下式所示，原位形成的 Huisgen 内盐亲核进攻亚胺，形成两性离子中间体；该中间体通过分子内环化并消除三苯基氧膦生成环化产物，类似于 Huisgen 内盐与羰基化合物的反应机制。

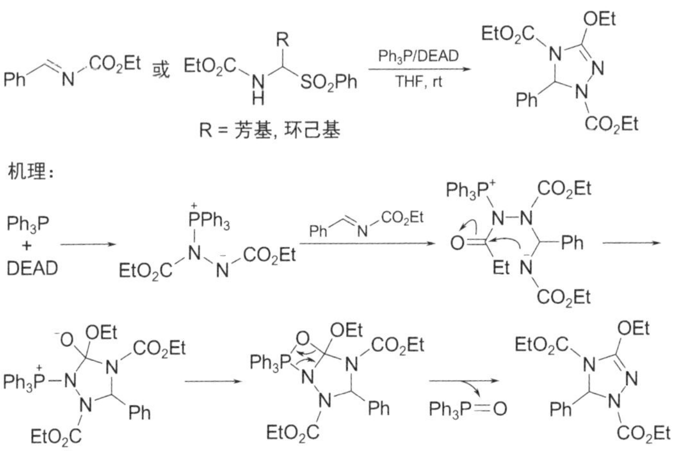


取代基的空间和电子效应导致酮亚胺的反应活性较低，因此要实现酮亚胺与 Huisgen 内盐的环化反应，通常需要在酮亚胺 C═N 键上引入拉电子基团，以增强其亲电反应活性。2013 年，Kumar 等[228] 成功实现了酯基或三氟甲基活化的酮亚胺

与 Huisgen 内盐的环化反应，在温和条件下高效合成了多取代 1,2,4-三唑啉衍生物。此外，靛红衍生的酮亚胺同样是优良的反应底物，不同取代基的靛红酮亚胺能以中等至优秀的产率生成相应的氧化吲哚螺三唑啉化合物。

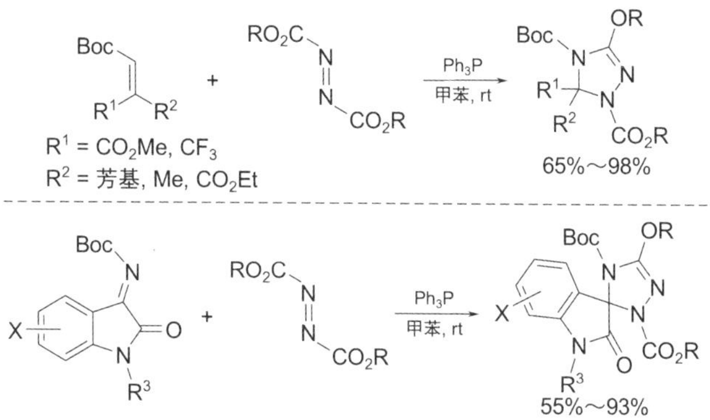

## 2.5.5 与其他亲电底物的环化反应

Huisgen 内盐具有良好的亲核性，可以与醛酮化合物以及缺电子烯等亲电试剂发生多样的环化反应，为氮杂环化合物的高效构建提供了新思路。除此之外，人们在相关环化反应的探索过程中发现，腙以及 D-A 环丙烷化合物也能与 Huisgen 内盐发生环化反应。

2010 年，Wang 课题组 [229] 首次开展了 Huisgen 内盐与芳醛腙的环化反应研究，成功实现了 1,2,4-三唑啉酮衍生物合成。在此反应中，Huisgen 内盐中只有一个氮原子参与环的构建，并伴有 *N*-酯基的烷基迁移，从而揭示了 Huisgen 内盐的又一成环新模式。随后，Zhu 等人 [230] 通过密度泛函理论（DFT）计算，佐证了环化反应的机理：原位生成的 Huisgen 内盐亲核进攻醛腙的异构化中间体，经过分子内关环与三苯基氧膦的离去得到氧鎓中间体，最后通过分子内的烷基迁移与氧化脱氢得到产物。

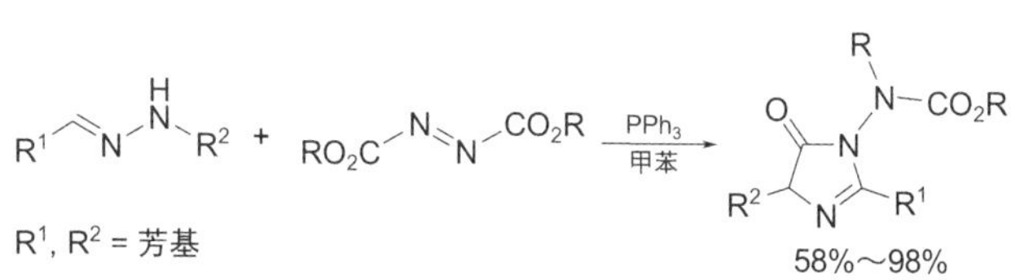

机理：

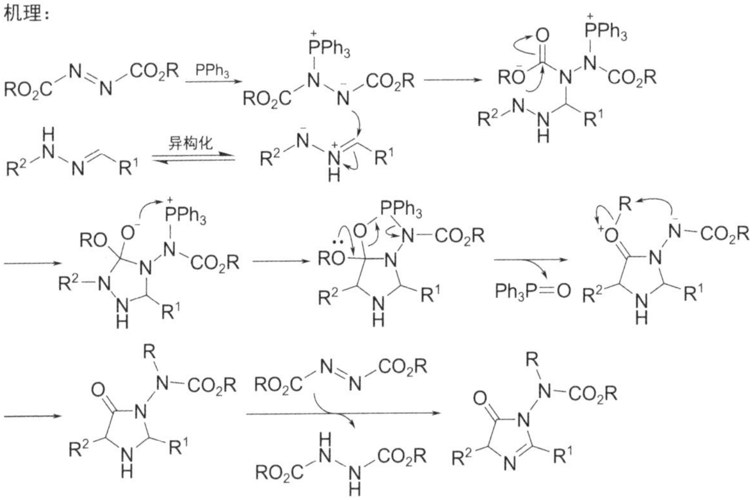

D-A 环丙烷是一类同时带有电子供体(donor)和受体(acceptor)基团的环丙烷衍生物。由于环丙烷的内在环张力以及相邻两种电子性质迥异的基团推拉电子效应的共同影响，这类化合物具有多样的化学反应性。2016 年，贺峥杰课题组[231]报道了 Huisgen 内盐与硝基环丙烷新颖的环化反应，以良好的产率和非对映选择性合成了一系列吡唑啉衍生物。该反应是第一例 Huisgen 内盐与 D-A 环丙烷底物的环化反应。基于控制实验和氘代实验结果，作者提出如下可能的反应机理：首先原位生成 Huisgen 内盐中间体作为碱夺取硝基环丙烷的酸性质子生成硝基稳定的碳负离子中间体，通过环丙烷发生开环重排，进一步生成烯丙基型碳负离子中间体，随后亚硝酸根离去生成缺电子联烯中间体，Huisgen 内盐对缺电子联烯中间体发生亲核进攻，并发生从氮原子到碳原子的分子内酰基转移过程生成氮杂磷叶立德中间体，最后经分子内氮杂-Wittig 反应关环，并脱除三苯基氧膦生成吡唑啉衍生物。

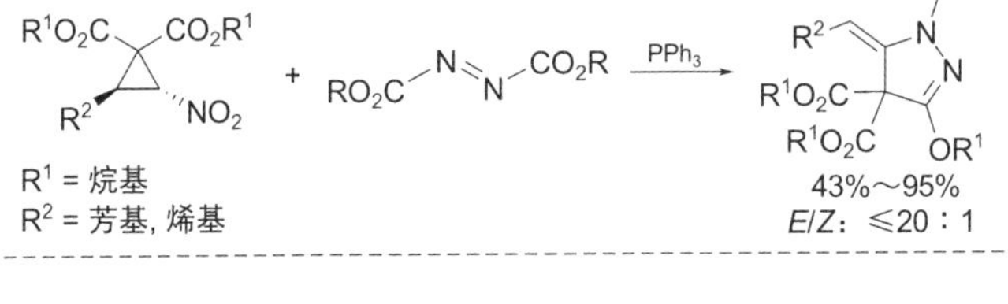

机理：

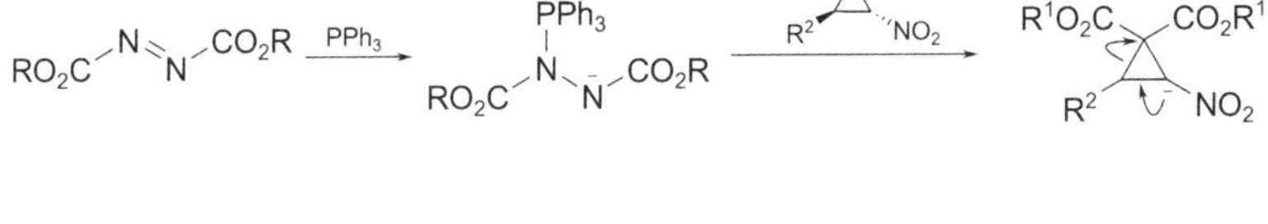

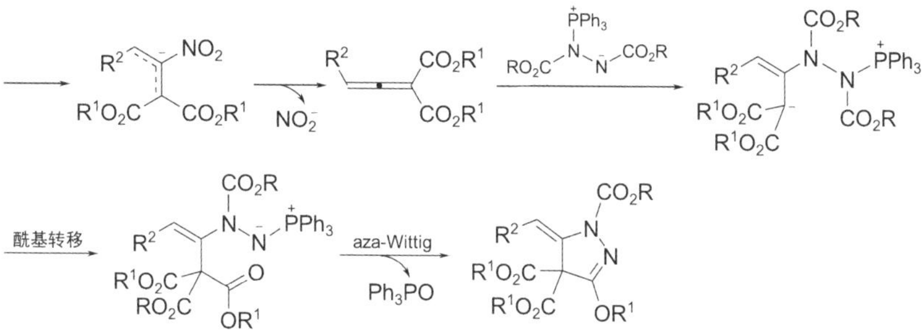

## 2.5.6 总结与展望

尽管距离 Huisgen 内盐的发现已经过去了半个多世纪，有关其化学反应性早期也仅有少量报道，然而，近二十年来，随着叔膦促进下具有内盐结构的两性离子中间体参与的环化反应大量涌现，Huisgen 内盐才重新受到有机化学家的重视，并由此发展了一系列基于 Huisgen 内盐的环化反应，为氮杂环化合物的合成提供了高效的新途径。在这些反应中，羰基化合物、缺电子烯烃及亚胺等亲电试剂是常用的反应底物。从机理上反应一般起始于 Husigen 内盐对反应底物的亲核加成，经过连续转化后脱除氧化膦完成环化过程，因此，相关反应需要化学计量的叔膦试剂参与，导致反应具有较低的原子经济性及较少的绿色化学特征。鉴于此，开发叔膦催化的、基于 Husigen 内盐的环化反应，将显著拓展 Huisgen 内盐在有机合成中的应用，也是继续促进这一领域发展的重要方向。

# 2.6

# Kukhtin-Ramirez加合物的反应

1,2-二羰基化合物与三价磷试剂(如亚磷酸酯、亚磷酰胺、叔膦等)发生氧化还原反应生成五配位氧磷烷 I（图 2-8），又称为 Kukhtin-Ramirez 加合物。早在 20 世纪 60 年代，Kukhtin[232] 与 Ramirez[233] 先后独立地合成了该类加合物，并进行了相关研究报道。研究发现，五配位氧磷烷结构 I 可以互变异构为四配位季鏻盐两性离子结构 Ⅱ，因此，Kukhtin-Ramirez 加合物通常以这两种结构共存于反应体系中。活性结构 Ⅱ 以烯醇盐形式存在，其中一个酮羰基碳发生了极性反转而具有亲核性，同时连有的膦氧基团可以充当好的离去基，因此在化学性质上相当于一个 1,1-偶极子，能够发生亲核、亲电反应；同时，Kukhtin-Ramirez 加合物也可作为卡宾等价物实现一系列无金属试剂参与的插入反应。由此，近年来，Kukhtin-Ramirez 加合物的反应性引起了人们的关注，并发展了一系列的有机合成新反应。

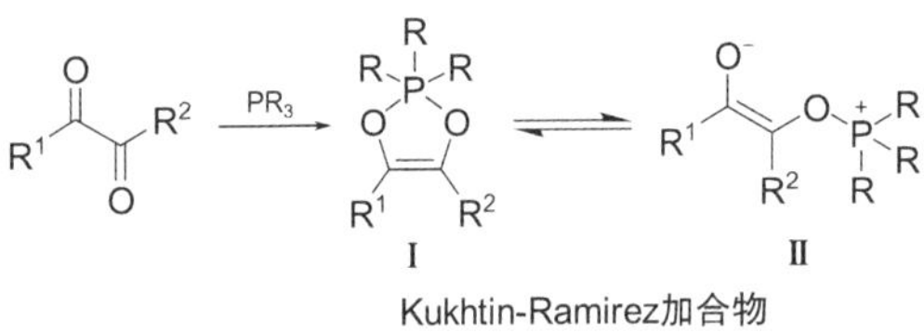


图 2-8 Kukhtin-Ramirez 加合物的形成

## 2.6.1 插入反应

2012 年，Radosevich 课题组[234] 报道了首例在当量的 $P(NMe_2)_3$ 参与下，α-酮酸酯与极性 X—H 键的还原插入反应，以高达 99% 产率生成一系列 α-烷氧基羧酸酯或 α-氨基羧酸酯衍生物。反应底物范围比较广，酚、醇、羧酸、磺酰胺、酰亚胺以及含氮杂环类化合物都可以反应。

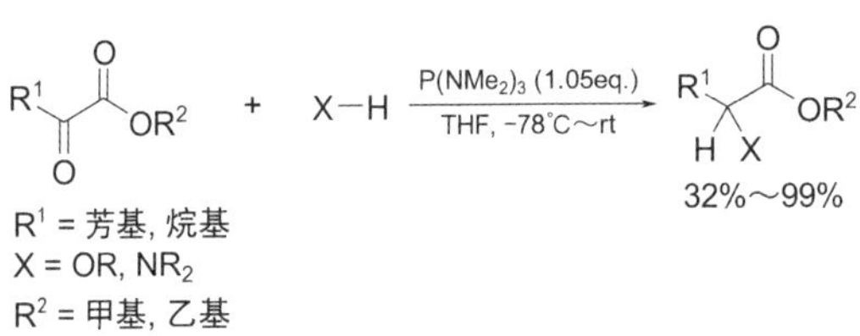


根据该反应的实验结果，Radosevich 等人提出了如下两种可能的反应路径：一种是 α-酮酸酯与 $P(NMe_2)_3$ 反应形成的 Kukhtin-Ramirez 加合物先通过脱去六甲基磷酰三胺生成游离的卡宾中间体 I，随后该中间体对 X—H 键发生插入反应，得到 α 位取代的羧酸酯产物(路径 A)；另一种可能的路径是原位形成的 Kukhtin-Ramirez

加合物以 1,1-偶极体形式，先夺取 X—H 中的质子形成离子对中间体Ⅱ，随后该中间体经过 $S_N2$ 取代反应生成最终产物，同时离去膦氧化合物副产物。从理论上分析，这两种反应机理可以通过使用手性磷试剂的实验来加以区分。若经过卡宾中间体完成反应(路径 A)，即便使用手性磷试剂参与反应，反应产物也不会有立体选择性；若按照路径 B 的方式进行反应，在手性磷试剂的参与下，反应产物的生成则会有立体选择性。为此，作者以苯甲酰甲酸甲酯与 3,5-二硝基苯甲酸为底物，在手性亚磷酰胺试剂参与下，对 O—H 键的插入反应进行了研究。结果显示，该反应以高达 98% *ee* 值生成目标产物 α-芳甲酰氧基苯乙酸甲酯，从而印证了 Kukhtin-Ramirez 加合物对 X—H 键的插入反应并非经卡宾对 X—H 键的插入过程，而是经路径 B 这种分步过程完成。

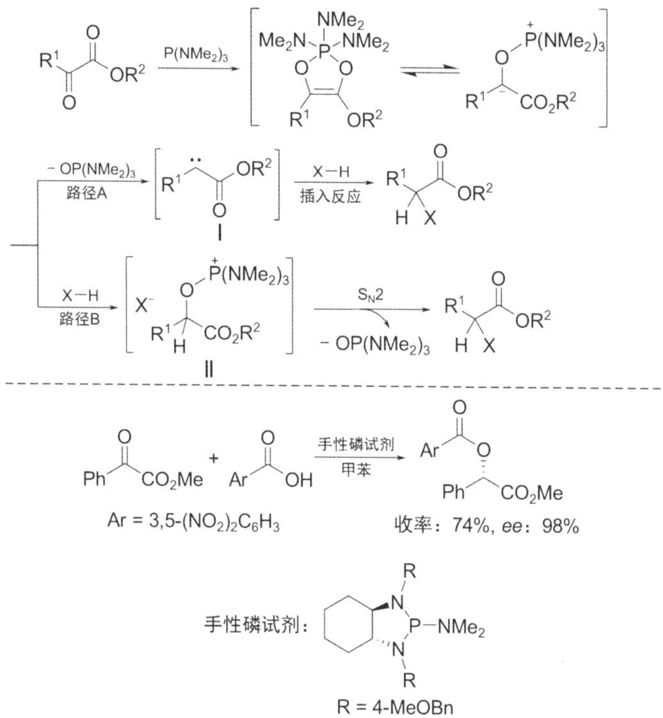


2013 年，Radosevich 等人[235]又利用 α-酮酸酯衍生的 Kukhtin-Ramirez 加合物成功实现含 α 活泼氢的羰基化合物的 C—H 键插入反应，以较高的产率合成了一系列 1,4-二羰基化合物，为快速构建广泛存在于药物分子以及天然产物中的 1,4-二羰

基结构单元提供了一条新的合成途径。

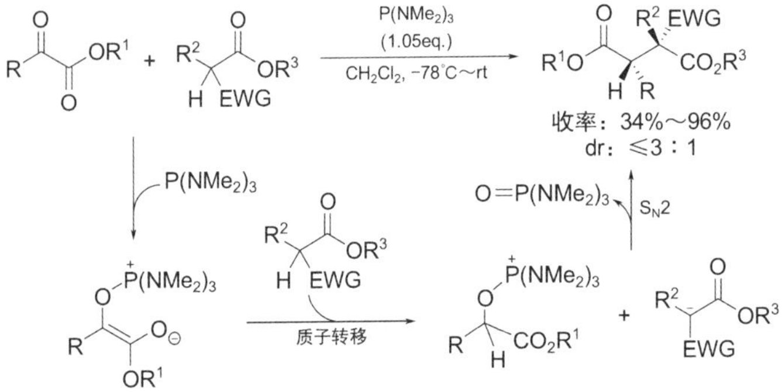

2017 年，Zhou 课题组[236]利用靛红衍生物与 $P(NMe_2)_3$ 形成的 Kukhtin-Ramirez 加合物实现了对卤代烃中 C—X 键的插入反应，以中等至较高的产率得到了 3-卤代 3,3-二取代吲哚酮化合物，为这类化合物的合成提供了一种简易的合成方法。作者在研究中发现，以 2-卤甲基丙烯酸乙酯作为底物，获得的产物在三氟乙酸中加热回流条件下，可容易地转化为螺环吲哚-$\gamma$-丁内酯。该螺环产物具有比较重要的应用价值[237]。

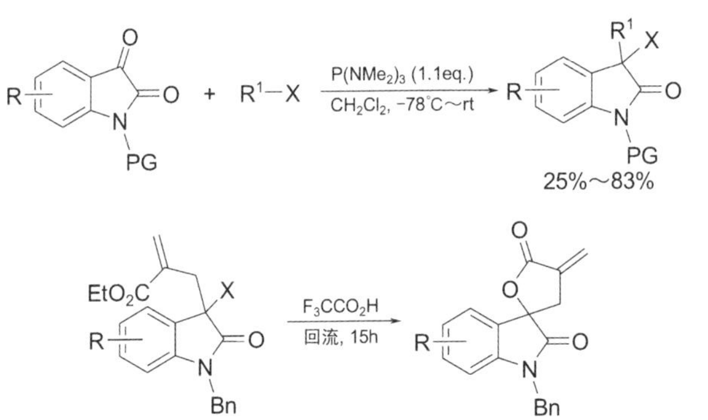

Kukhtin-Ramirez 加合物参与的反应具有一个共同的特征，即反应伴随五价磷氧化物副产物生成，因此严重影响了反应的原子经济性，并一定程度上限制了这类反应的大规模应用。如何将化学计量磷试剂介导的反应转化为催化量的反应已成为该领域引人关注的挑战性难题，并取得了令人鼓舞的研究进展[238]。

2015 年，Radosevich 课题组[239]首次实现了催化量磷试剂介导 $\alpha$-酮酸酯与羧酸的 O—H 键插入反应。作者采用加入 1.2 当量的硅烷还原剂，实现了催化量的四元环次膦酰胺在反应中的循环利用。该插入反应具有较高的转化率以及较广范的底物适用范围，可以作为催化合成 α-酰氧基羧酸酯衍生物的一种新方法。

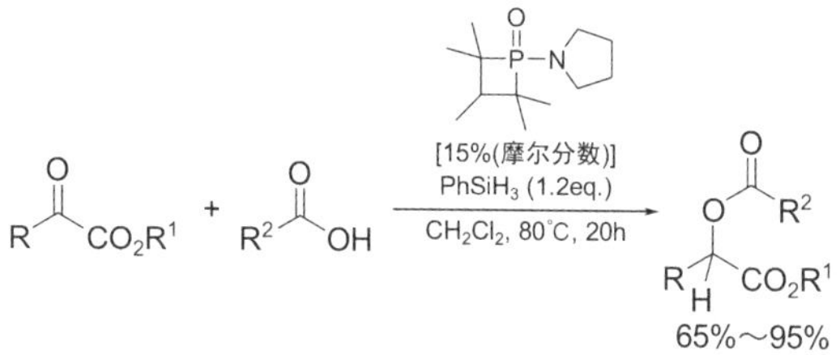


在上述反应研究过程中，作者通过对比实验发现，在可用于硅烷还原实现催化转化的环状磷氧化物中[240]，具有较大张力的四元环磷氧化物在反应性上明显优于其他环状磷氧化物。通过考察温度对反应的影响，证实了环张力对促进 PⅢ/PⅤ=O 循环的重要性，即四元环张力作用对完成正常的硅氢还原插入过程是必不可少的。在实验结果及相关理论研究的基础上[241]，作者提出了如下催化循环过程：首先四元环次膦酰胺与硅烷形成 Lewis 酸碱复合物Ⅰ，随后氢从硅原子转移到磷原子生成中间体Ⅱ，此过程是硅烷介导还原磷氧化合物的决速步骤。该步骤的能垒与伪四面体的环磷氧化物Ⅰ转变为三角双锥的磷烷中间体Ⅱ所引起的键角收缩明显相关。四元环张力的存在使得中间体Ⅱ的中心磷原子构象易发生重组，从而更倾向于还原消除形成配位数更小的活性三价环状磷催化剂Ⅲ，Ⅲ与底物 α-酮酸酯原位生成的 Kukhtin-Ramirez 加合物对反应的另一底物羧酸中的 O—H 键发生还原插入过程，得到 α-酰氧基酯类化合物，同时再生五价环状磷氧化物，完成整个催化循环。

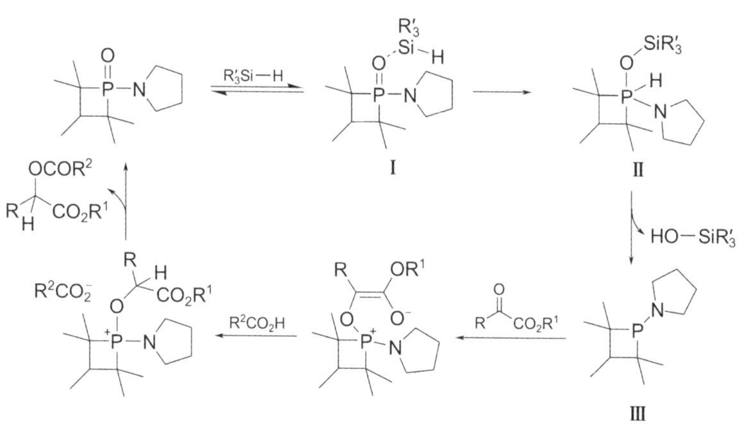

## 2.6.2 [1+2]环化反应

早在1971年，Foucaud等人[242]发现，由丁二酮与亚磷酸三甲酯反应制得的Kukhtin-Ramirez加合物与芳亚甲基丙二腈可以发生形式上的[1+2]环化反应，生成多取代环丙烷衍生物。该反应采用的Kukhtin-Ramirez加合物反应活性较低，能够分离得到。这篇报道所揭示的底物适用范围有限，仅有三个反应实例，且反应的立体选择性也比较差。

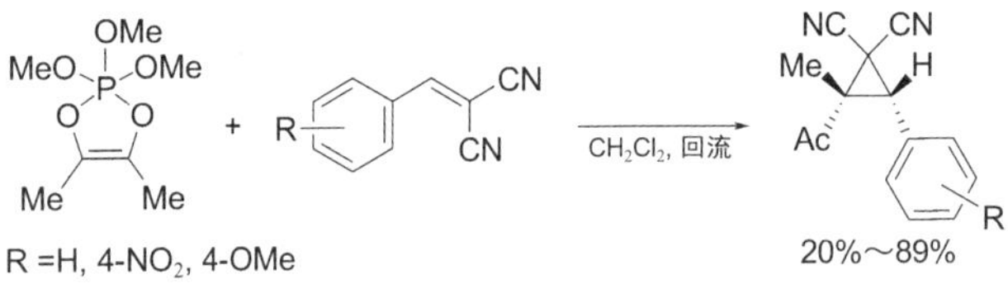


1980年，Fauduet等人[243]报道了1,2-二酮在$P(NMe_2)_3$存在下与缺电子烯烃的[1+2]环化反应，进一步拓展了Foucaud等人先前的研究工作。该反应的可能历程如下：首先1,2-二酮与$P(NMe_2)_3$原位形成Kukhtin-Ramirez加合物，与缺电子烯烃发生亲核加成，随后经分子内类似$S_N2$取代反应完成关环。需要指出的是，Kukhtin-Ramirez加合物作为1,1-偶极子参与的[1+2]环化反应可以作为经典的金属卡宾环丙烷化反应的重要补充。

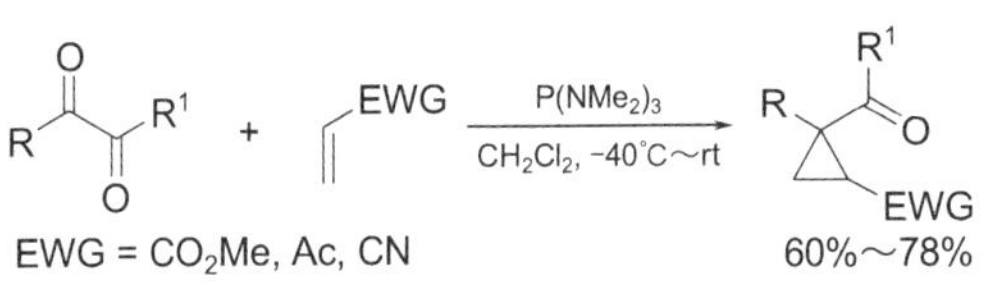


尽管基于Kukhtin-Ramirez加合物的环丙烷化反应早在几十年前便已被化学家发现，但其在有机合成中的应用并未得到应有的重视和探索。直到2011年，Bogdanov课题组[244]报道了在六乙基亚磷酰三胺的参与下，环状1,2-双羰基化合物(苊醌、醋蒽醌、*N*-烷基靛红)与富勒烯$C_{60}$的还原性环丙烷化反应，成功将环状双羰基化合物组装在富勒烯$C_{60}$分子上，制备了环丙烷化的富勒烯衍生物。亚甲基富勒烯衍生物作为潜在的药效团、抗氧化剂和光动力疗法的重要试剂，具有潜在的应用价值[245]。这一研究为这类化合物的合成提供了一种简单易行的新方法。

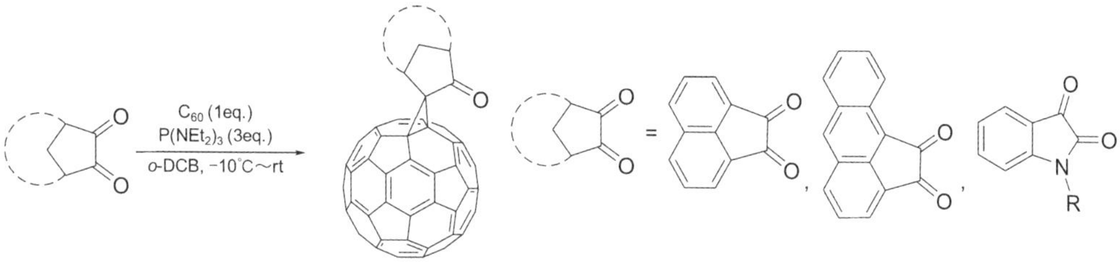


2014 年，贺峥杰课题组[246]报道了一例基于 Kukhtin-Ramirez 加合物环丙烷化反应的应用实例。在 $P(NMe_2)_3$ 的参与下，α-酮酸酯原位形成的 Kukhtin-Ramirez 加合物与 3-亚甲基吲哚酮发生环丙烷化反应，以良好的非对映选择性合成了反式异构体为主的螺环丙烷吲哚酮衍生物。该反应底物范围广，且无需金属试剂参与，是一种绿色高效合成具有药物活性的螺环丙烷吲哚酮化合物[247]的新方法。在反应过程中，α-酮酸酯衍生的 Kukhtin-Ramirez 中间体 **B** 先从 α 位对亚甲基吲哚酮的双键发生亲核加成，得到反应中间体 **C**，中间体 **C** 在完成关环时倾向于以优势构象 **C′** 发生分子内的取代反应，从而生成反式为主的环化产物。作者认为，中间体 **C** 的优势构象 **C′** 是由分子内 $S_N2$ 取代反应的立体化学要求以及鏻阳离子与酰胺基团中羰基氧之间的库仑相互作用共同发挥作用的结果。

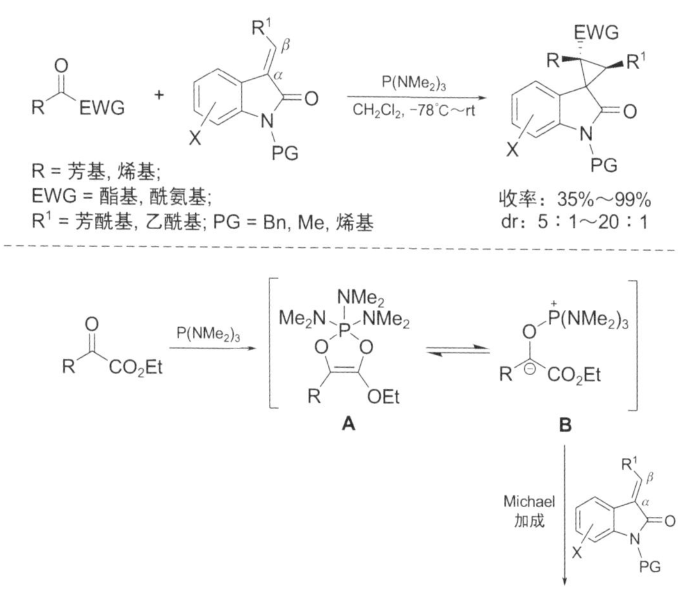

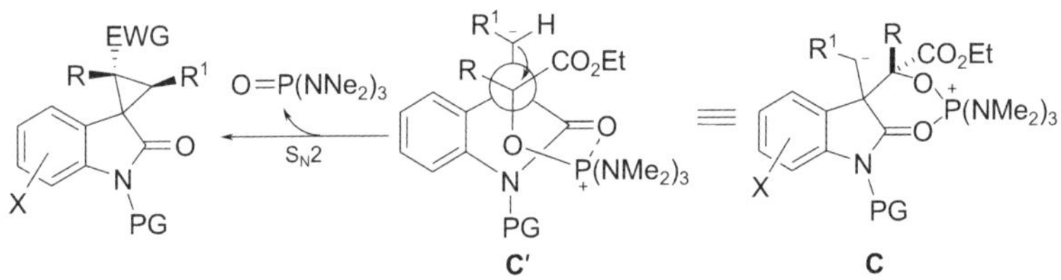

2015 年，Ashfeld 课题组[5(a)]也报道了类似的六甲基亚磷酰三胺介导靛红衍生的烯酮与 $\alpha$-酮酸酯的环丙烷化反应。与贺峥杰等人的报道有所不同的是，该反应得到了顺式为主的螺环丙烷吲哚酮衍生物。造成这一立体化学差异的原因是所用底物烯酮中的 $R^1$ 基团不同，电子性质不同的 $R^1$ 基团导致与之相连的双键极性发生变化，从而改变亲核加成时的反应位点。在 Ashfeld 等人的报道中，Kukhtin-Ramirez 中间体首先对烯酮的 $\beta$ 位进行共轭加成得到中间体 **D**，中间体 **D** 中 R 与 $R^1$ 这两个芳香基团在空间处于反式时的构象 **D′**为优势构象，随后 **D′**发生分子内的 $S_N2$ 反应完成关环，得到 $R^1$ 基团与酯基处于同侧的顺式产物。作者在机理研究中还发现，烯酮中双键构型在实验条件下发生 $E/Z$ 异构化，这也对环化产物的立体化学结果产生一定影响。

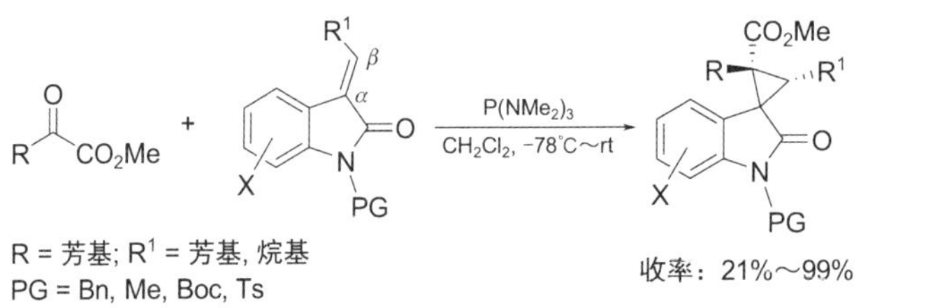


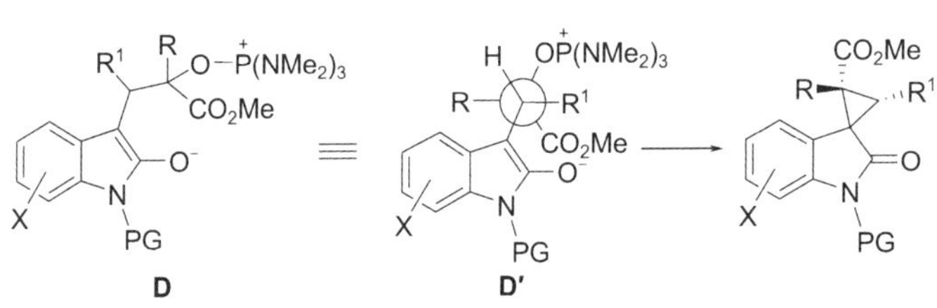

后续的研究表明，Kukhtin-Ramirez 加合物参与的[1+2]环化反应还可以扩展至缺电子烯烃以外的底物。2016 年，Lu 课题组[248]报道了磺酰亚胺与芳酰甲酸乙酯的氮杂环丙烷化反应，以良好的产率和优秀的非对映选择性合成了一系列多取代氮

杂环丙烷化合物。氮杂环丙烷是生物活性剂中的重要结构单元，也可作为中间体广泛用于一些含氮化合物的合成[249]。

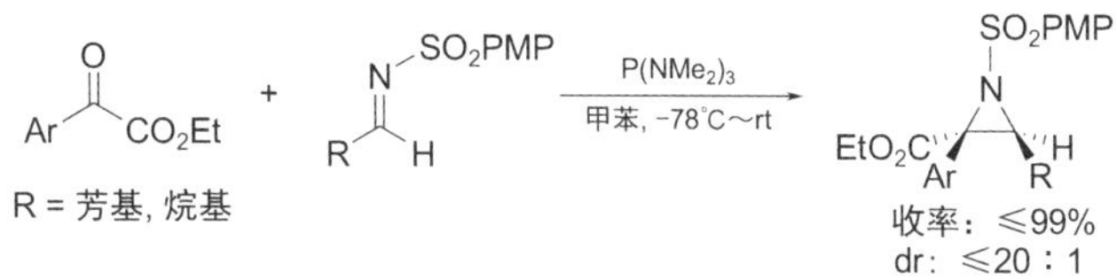


上述反应的机制与缺电子烯烃的环丙烷化反应机理类似。Lu 等人认为该反应的非对映选择性主要由底物在反应过程中的空间位阻决定。反应起始于 $\alpha$-酮酸酯与 $P(NMe_2)_3$ 原位生成 Kukhtin-Ramirez 加合物，然后与底物亚胺进行亲核加成，加成时存在 **TS-1** 和 **TS-2** 两种可能的过渡态。过渡态 **TS-1** 中各大基团间的空间排斥作用最小，随后以最优构象 I 完成关环，得到以反式构型为主的氮杂环丙烷；如果芳基 Ar 或亚胺中的 R 基团体积较大，将导致过渡态中 Ar 和 R 基团间的位阻增大，此时过渡态 **TS-2** 在空间上更为有利，从而生成顺式为主的氮杂环丙烷产物。

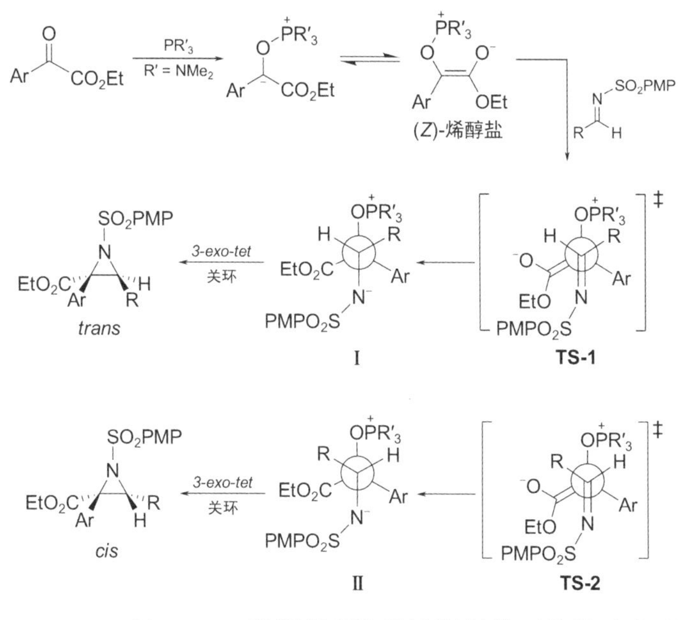


2018 年，Zhou 课题组[250]采用相似的环化策略实现了醛与 Kukhtin-Ramirez 加合物的[1+2]环化反应，为环氧化合物的合成提供了新方法。研究发现，尽管部分

特殊的酮羰基化合物（如共轭炔酮）也可用作环氧化反应底物，但其反应活性明显低于醛类化合物。

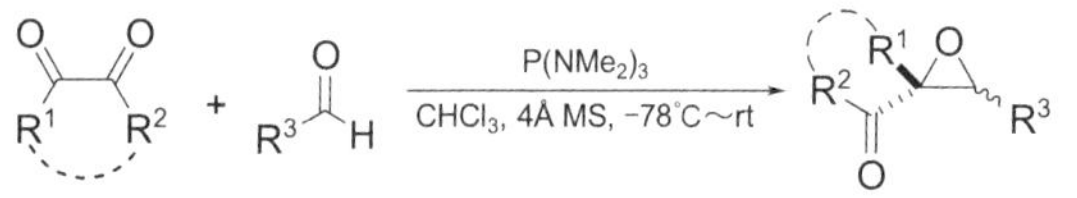


$R^1$ = 芳基
$R^2$ = 氨基, 芳基, OEt
$R^3$ = 芳基, 杂芳基, 烷基

收率：31%～99%
dr：51∶49～98∶2

## 2.6.3 [1+4]环化反应

Kukhtin-Ramirez 加合物介导的[1+4]环化反应直到最近几年才有相关报道。2015 年，周荣与贺峥杰课题组[251]首次报道了 *N*-保护的靛红在六甲基亚磷酰三胺作用下，与 $\alpha,\beta$-不饱和酮发生[1+4]环化反应，以中等至优秀的产率得到了以顺式为主的螺吲哚酮-二氢呋喃衍生物，开辟了 Kukhtin-Ramirez 加合物用于构建五元环的新应用。值得一提的是，当使用查耳酮作为底物时，反应仅得到[1+2]环化产物。

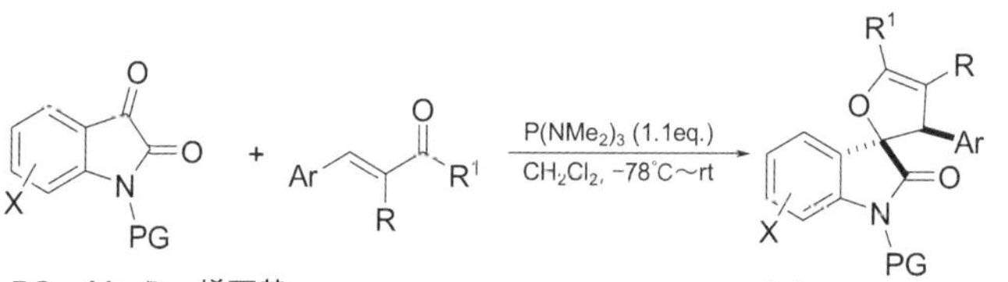


PG = Me, Bn, 烯丙基
$R^1$ = 酰基, 酯基, CN
$R^2$ = Me, Ph

收率：60%～90%
dr：4∶1～19∶1

根据之前的一些报道，作者对该反应提出了一种合理的反应机制。首先，*N*-甲基保护的靛红和六甲基亚磷酰三胺作用形成 Kukhtin-Ramirez 加合物，并通过偶极形式的活性中间体 **B** 对 $\alpha,\beta$-不饱和酮底物进行非对映选择性的共轭加成得到烯醇氧负离子中间体 **C**，中间体 **C** 通过更有利的构象 **C′** 发生分子内的 $S_N2$ 反应完成关环，同时脱去副产物六甲基磷酰三胺，从而生成最终的环化产物。该反应的立体化学主要由底物的空间位阻、亲核试剂发生取代时的立体化学要求以及鏻阳离子与中间体 **C** 中羰基氧原子之间的库仑相互作用共同控制。

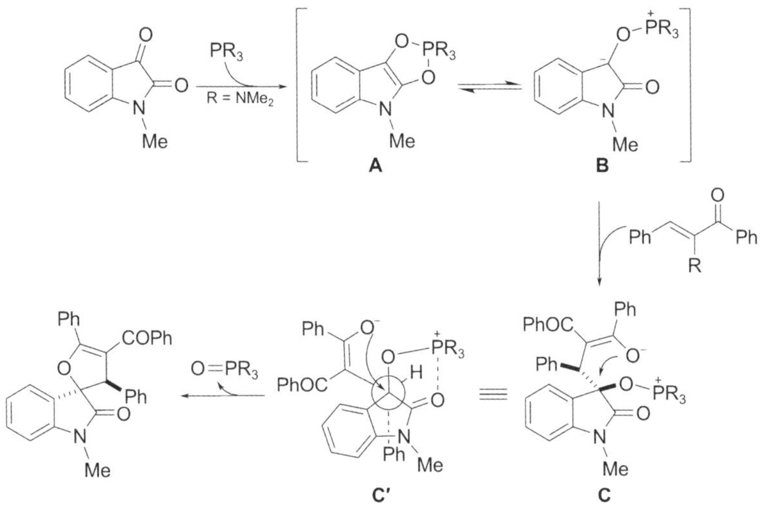

2016 年，周荣课题组[252]进一步将靛红衍生的 Kukhtin-Ramirez 加合物应用于 1,1-双氰基-1,3-二烯类底物，意外发现了一种新的［1+4］环化反应。该反应以中等至优秀的产率得到了环戊烯衍生物。该环化产物在酸性条件下水解可以进一步转化为环戊烯酮。此外，作者发现，$\alpha$-酮酸酯类 1,2-二羰基化合物也可与 1,1-双氰基-1,3-二烯反应，生成相应的多取代环戊烯产物。

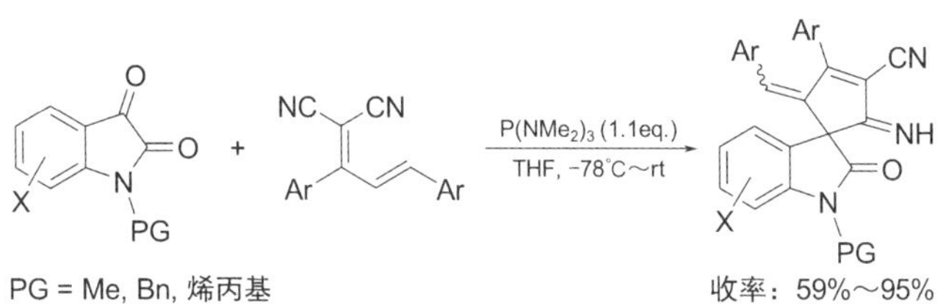

值得提及的是，环化产物中五元环骨架中的一个碳来自底物 1,3-二烯中的氰基，与作者预期的环化产物并不一致。为此，作者在实验结果和机理研究的基础上，提出了一种合理的反应机理。反应起始于形成 Kukhtin-Ramirez 加合物，随后以 1,1-偶极体 **B** 的形式对 1,3-二烯进行 Michael 加成得到中间体 **C**，中间体 **C** 倾向于以空间位阻更小的碳负离子发生分子内的 $S_N2$ 反应，从而得到环丙烷中间体 **D**，中间体 **D** 在反应体系中的碱性物质作用下失去质子生成碳负离子中间体 **E**，中间体 **E** 发生开环重排得到中间体 **F**，中间体 **F** 中的碳负离子对氰基发生分子内的亲核加成生成中间体 **G**，中间体 **G** 最后经质子化后得到环戊烯产物。

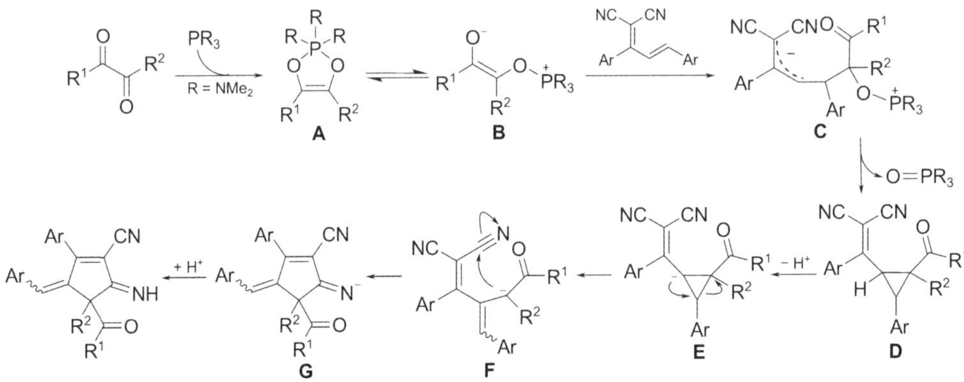

2017 年，Xu 课题组[5(c)]相继报道了一例在三苯基膦介导下，由 *N*-Ts 保护的靛红衍生的 Kukhtin-Ramirez 加合物与双氰基 1,3-二烯底物的环化反应。作者在研究中发现，该反应存在如下两种反应方式：当以甲苯为反应溶剂，温度为 60℃的条件下得到[1+2]环化产物螺环丙烷-吲哚酮衍生物；而当往反应体系中加入 3 倍当量的无机盐 LiCl，并以二氯乙烷作溶剂，80℃条件下反应，则主要生成[1+4]环化产物螺环戊烯-吲哚酮衍生物。该研究工作通过加入添加物以及对反应条件的调控，实现了 Kukhtin-Ramirez 加合物与缺电子 1,3-二烯间的环化反应，而螺环戊烯-吲哚酮产物的形成标志着缺电子 1,3-二烯作为 C4 合成子也能够与 Kukhtin-Ramirez 加合物顺利发生[1+4]环化反应。在作者提出的反应机理中，添加物 LiCl 作为路易斯酸能与底物中的双氰基发生配合，对[1+4]环化产物的形成起着关键作用。

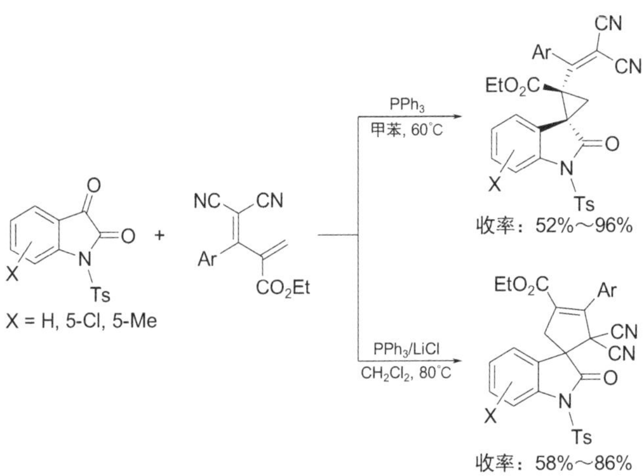

近几年，Kukhtin-Ramirez 加合物作为 C1 合成子用于构建五元环的策略进一步

拓展到其他共轭体系。2016 年，Ashfeld 课题组[5(d)]报道以原位生成的邻甲亚基醌为底物，成功地实现了与 Kukhtin-Ramirez 加合物的[1+4]环化反应。该反应以中等至较高的产率构筑了含有相邻叔碳和季碳手性中心的二氢苯并呋喃环化合物。

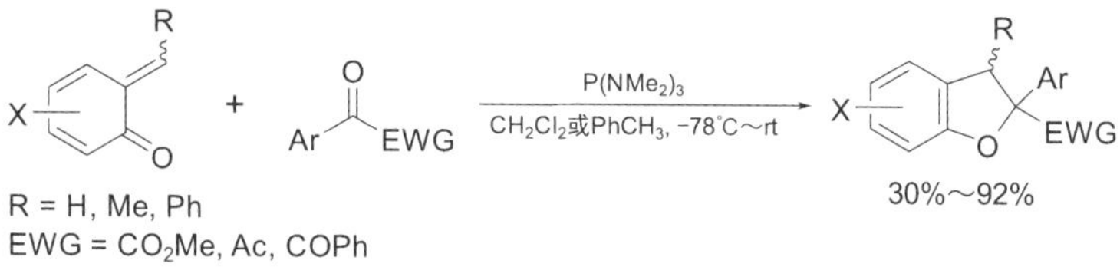


2017 年，周荣课题组[253]又一次报道了 *N*-取代的靛红在 $P(NMe_2)_3$ 作用下与 *N*-酰基偶氮化合物的[1+4]环化反应，以最高可达 99%的产率构建了螺吲哚酮-噁二唑啉骨架化合物。其他 1,2-二羰基化合物，如芳酰基甲酸乙酯、苯偶酰等也能用于该反应，并以满意的产率获得相应的多取代噁二唑啉化合物。

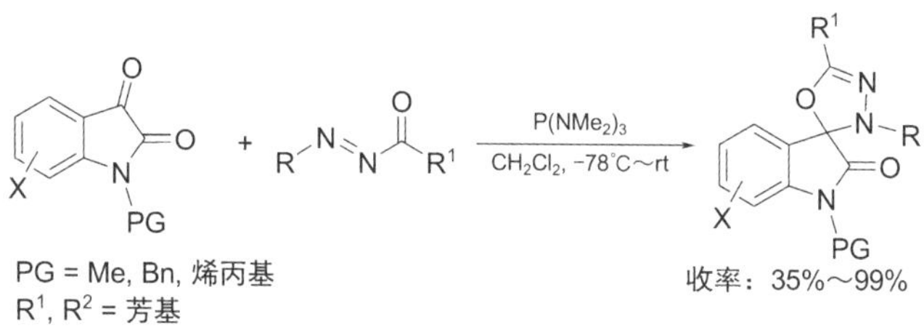


同年，贺峥杰课题组[254]也报道了硝基烯与靛红衍生的 Kukhtin-Ramirez 加合物的[1+4]环化反应，以中等至优秀的产率成功合成了一系列螺吲哚酮-异噁唑啉氮氧化物。在研究中发现，该氮氧化物在过量 $P(OMe)_3$ 的作用下，容易还原成螺吲哚酮-异噁唑啉化合物，为螺吲哚酮-异噁唑啉化合物提供了一种简单有效的合成路径。

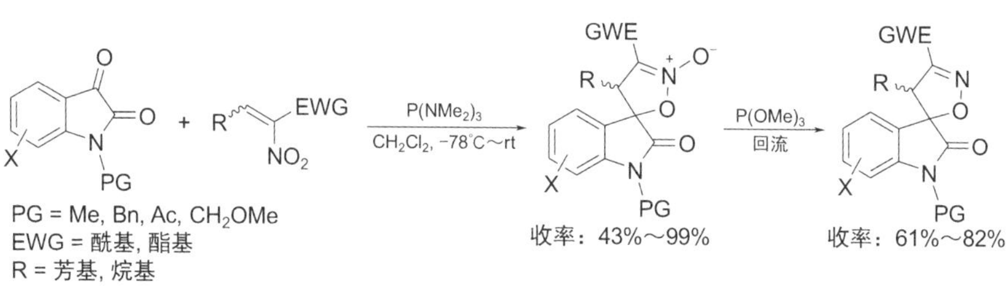


2018 年，Ashfeld 课题组[255]报道在六甲基亚磷酰三胺的作用下，1,2-双羰基化合物(芳基 *α*-酮酸酯和 *N*-保护的靛红)与芳酰基异氰酸酯的[1+4]环化反应，以较

高的产率获得了多取代噁唑酮以及含螺环吲哚酮-噁唑酮等特殊骨架的化合物。

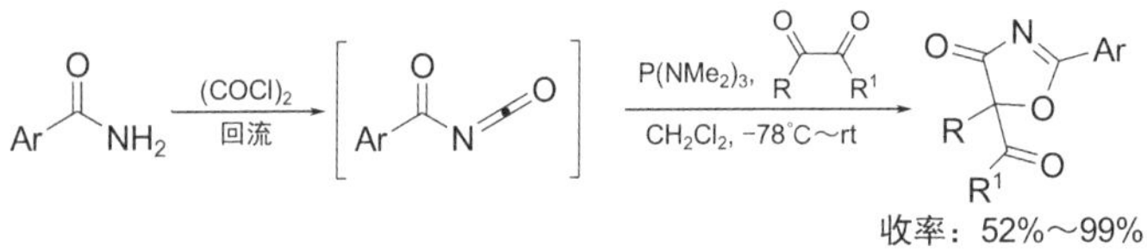


综上所述，近十多年来，有机磷试剂参与的[1+4]环化反应得到了快速发展，这类反应在五元碳环以及五元杂环骨架的构建中展现出了巨大优势。由于其独特的化学活性，三价磷化合物形成的Kukhtin-Ramirez加合物作为近几年研究比较热门的一类C1合成子，在插入反应以及环化反应等方面的应用吸引了不少研究者的关注。尽管其在[1+4]环化反应中已有一些初步的应用报道，但其在五元环骨架化合物的构建中依旧有待进一步的深入研究。同时发展Kukhtin-Ramirez加合物参与的[1+4]环化反应将进一步拓展有机磷试剂在有机合成中的应用范围。

## 2.6.4 其他反应

除了上述反应类型之外，还有一些其他反应。例如Radosevich等[256]报道了$P(NMe_2)_3$促进的芳亚甲基丙酮酸酯的环化反应。该反应中，三分子的芳亚甲基丙酮酸酯通过形式上的[4+2]环化反应生成了多取代二氢吡喃衍生物。其中，Kukhtin-Ramirez中间体是以1, 3-偶极子的形式参与反应。

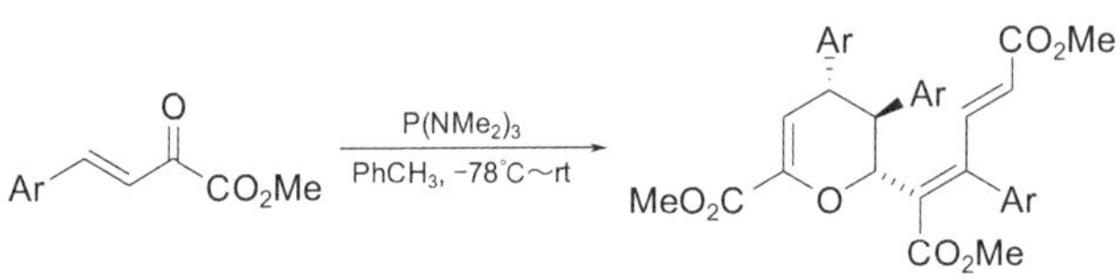


### 参考文献


[1] (a) Maryanoff B E, Reitz A B. The Wittig olefination reaction and modifications involving phosphoryl-stabilized carbanions. stereochemistry, mechanism, and selected synthetic aspects. Chemical Reviews, 1989, 89(4): 863-927; (b) Xu S L, He Z J. Recent advances in stoichiometric phosphine-mediated organic synthetic reactions. RSC Advances, 2013, 3(38): 16885-16904.

[2] Swamy K C K, Kumar N N B, Balaraman E, et al. Mitsunobu and related reactions: advances and applications. Chemical Reviews, 2009, 109(6): 2551-2651.

[3] Gololobov Y G, Kasukhin L F. Recent advances in the Staudinger reaction. Tetrahedron, 1992, 48(8): 1353-1406.

[4] Appel R. Tertiary phosphane/tetrachloromethane, a versatile reagent for chlorination, dehydration, and P-N linkage. Angewandte Chemie International Edition in English, 1975, 14(12): 801-811.

[5] (a) Wilson E E, Rodriguez K X, Ashfeld B L. Stereochemical implications inthe synthesis of 3, 3′-spirocyclopropyl oxindoles from *β*-aryl/alkyl-substituted alkylidene cxindoles. Tetrahedron, 2015, 71(35): 5765-5775; (b) Liu Y Y, Sun F N, He Z J. Recent renewed interest in the classical Kukhtin-Ramirez adducts. Tetrahedron Letters, 2018, 59(47): 4136-4148; (c) Zhang L, Lu H, Xu G Q, et al. $PPh_3$ mediated reductive annulation reaction between isatins and electron deficient dienes to construct spirooxindole compounds. The Journal of Organic Chemistry, 2017, 82(11): 5782-5789; (d) Rodriguez K X, Vail J D, Ashfeld B L. Phosphorus ( Ⅲ )-mediated stereoconvergent formal [4+1]-cycloannulation of 1,2-dicarbonyls and *o*-quinone methides: a multicomponent assembly of 2,3-dihydrobenzofurans. Organic Letters, 2016, 18(18): 4514-4517.

[6] Liu D N, Tian S K. Stereoselective synthesis of polysubstituted alkenes through a phosphine-mediated three-component system of aldehydes, α-halo carbonyl compounds, and terminal alkenes. Chemistry: A European Journal, 2009, 15(18): 4538-4542.

[7] Zhou R, Wang C Z, Song H B, et al. Wittig olefination between phosphine, aldehyde, and allylic carbonate: a general method for stereoselective synthesis of trisubstituted 1,3-dienes with highly variable substituents. Organic Letters, 2010, 12(5): 976-979.

[8] Wang T, Shen L T, Ye S. Wittig olefination of trifluoromethyl ketones and allylic carbonates mediated by phosphines. Synthesis, 2011, 20: 3359-3363.

[9] Yavari I, Adib M, Sayahi M H. Efficient synthesis of functionalized 3*H*-pyrrolo[1,2-*a*]indoles. Journal of the Chemical Society, Perkin Transactions 1, 2002 (13): 1517-1519.

[10] Lorton C, Voituriez A. Phosphine-promoted synthesis of 9*H*-pyrrolo[1,2-*a*]indole derivatives via an *γ*-umpolung addition/intramolecular Wittig reaction. The Journal of Organic Chemistry, 2018, 83(10): 5801-5806.

[11] Kao T T, Syu S E, Jhang Y W, et al. Preparation of tetrasubstituted furans via intramolecular Wittig reactions with phosphorus Ylides as intermediates. Organic Letters, 2010, 12(13): 3066-3069.

[12] Lee C J, Jang Y J, Wu Z Z, et al. Preparation of functional phosphorus zwitterions from activated alkanes, aldehydes, and tributylphosphine: synthesis of polysubstituted furo[3,2-*c*]coumarins. Organic Letters, 2012, 14(7): 1906-1909.

[13] Zhang Q L, Zhu Y N, Jin H X, et al. A phosphine mediated sequential annulation process of 2-tosylaminochalcones with MBH carbonates to construct functionalized aza-benzobicyclo [4.3.0] derivatives. Chemical Communications, 2017, 53(28): 3974-3977.

[14] Huang Z S, Chen Q Q, Yang X Q, et al. Phosphine-mediated domino reactions of phthalimidomalonates with allenoates or but-2-ynoate: facile entry into highly functionalized pyrroloisoindolinone derivatives. Organic Chemistry Frontiers, 2017, 4(6): 967-971.

[15] Zhang K, Cai L C, Jiang X, et al. Phosphine-mediated iterative arene homologation using allenes. Journal of the American Chemical Society, 2015, 137(35): 11258-11261.

[16] Jayaram V, Sridhar T, Sharma G V M, et al. Synthesis of polysubstituted isoquinolines and related fused pyridines from alkenyl boronic esters via a copper-catalyzed azidation/aza-wittig condensation sequence. The Journal of Organic Chemistry, 2018, 83(2): 843-853.

[17] Wang L, Xie Y B, Huang N Y, et al. Catalytic aza-wittig reaction of acid anhydride for the synthesis of 4*H*-benzo[*d*][1,3] oxazin-4-ones and 4-benzylidene-2-aryloxazol-5(4*H*)-ones. ACS Catalysis, 2016, 6(6): 4010-4016.

[18] Pavlova A S, Ivanova O A, Chagarovskiy A O, et al. Domino staudinger/aza-wittig/mannich reaction: an approach to diversity of di-and tetrahydropyrrole scaffolds. Chemistry: A European Journal, 2016, 22(50): 17967-17971.

[19] Lee C J, Chang T H, Yu J K, et al. Synthesis of functionalized furans via chemoselective reduction/Wittig reaction using catalytic triethylamine and phosphine. Organic Letters, 2016, 18(15): 3758-3761.

[20] Saleh N, Blanchard F, Voituriez A. Synthesis of nitrogen-containing heterocycles and cyclopentenone derivatives *via* phosphine-catalyzed michael addition/intramolecular Wittig reaction. Advanced Synthesis & Catalysis, 2017, 359(13): 2304-2315.

[21] Zhang K, Cai L C, Yang Z Y, et al. Bridged [2.2.1] bicyclic phosphine oxide facilitates catalytic *γ*-umpolung addition-Wittig olefination. Chemical Science, 2018, 9(7): 1867-1872.

[22] Han X, Saleh N, Retailleau P, et al. Phosphine-catalyzed reaction between 2-aminobenzaldehydes and dialkyl acetylenedicarboxylates: synthesis of 1,2-dihydroquinoline derivatives and toward the development of an olefination reaction. Organic Letters, 2018, 20(15): 4584-4588.
[23] Werner T, Hoffmann M, Deshmukh S. Phospholane-catalyzed Wittig reaction. European Journal of Organic Chemistry, 2015(15): 3286-3295.
[24] Van Kalkeren H A, Te Grotenhuis C, Haasjes F S, et al. Catalytic Staudinger/aza-Wittig sequence by in situ phosphane oxide reduction. European Journal of Organic Chemistry, 2013(31): 7059-7066.
[25] Wang L, Wang Y, Chen M, et al. Reversible P( Ⅲ )/P( Ⅴ ) redox: catalytic aza-Wittig reaction for the synthesis of 4(3*H*)-quinazolinones and the natural product vasicinone. Advanced Synthesis & Catalysis, 2014, 356(5): 1098-1104.
[26] Zhu J B, Wang P, Liao S H, et al. $PPh_3$-mediated intramolecular conjugation of alkyl halides with electron-deficient olefins: facile synthesis of chromans and relevant analogues. Chemical Communications, 2013, 49(40): 4570-4572.
[27] Satpathi B, Ramasastry S S V. Morita-Baylis-Hillman reaction of *β,β*-disubstituted enones: an enantioselective organocatalytic approach for the synthesis of cyclopenta[*b*]annulated arenes and heteroarenes. Angewandte Chemie International Edition, 2016, 55(5): 1777-1781.
[28] Li S H, Liu Y Y, Huang B, et al. Phosphine-catalyzed asymmetric intermolecular cross-vinylogous Rauhut-Currier reactions of vinyl ketones with *para*-quinone methides. ACS Catalysis, 2017, 7(4): 2805-2809.
[29] Gu J, Xiao B X, Chen Y R, et al. Interrupted Morita-Baylis-Hillman-type reaction of *α*-substituted activated olefins. Organic Letters, 2018, 20(7): 2088-2091.
[30] Hazra G, Maity S, Bhowmick S, et al. Organocatalytic, enantioselective synthesis of benzoxaboroles via Wittig/oxa-Michael reaction cascade of *α*-formyl boronic acids. Chemical Science, 2017, 8(4): 3026-3030.
[31] (a) Storch G, Trapp O. By-design enantioselective self-amplification based on non-covalent product-catalyst interactions. Nature Chemistry, 2017, 9: 179-187; (b) Bolm C, Bienewald F, Seger A. Asymmetric autocatalysis with amplification of chirality. Angewandte Chemie International Edition in English, 1996, 35(15): 1657-1659.
[32] Cao J J, Zhou F, Zhou J. Improving the atom efficiency of the Wittig reaction by a "waste as catalyst/Co-catalyst" strategy. Angewandte Chemie International Edition, 2010, 49(29): 4976-4980.
[33] Yu T Y, Wei H, Luo Y C, et al. $PPh_3O$ as an activating reagent for one-pot stereoselective syntheses of di-and polybrominated esters from simple aldehydes. The Journal of Organic Chemistry, 2016, 81(7): 2730-2736.
[34] Wang L Q, Yang D X, Li D, et al. The important role of the byproduct triphenylphosphine oxide in the magnesium(Ⅱ)-catalyzed enantioselective reaction of hemiacetals and phosphorus Ylides. Angewandte Chemie International Edition, 2018, 57(29): 9088-9092.
[35] Mitsunobu O, Yamada M. Preparation of esters of carboxylic and phosphoric acid via quaternary phosphonium salts. Bulletin of the Chemical Society of Japan, 1967, 40(10): 2380-2382.
[36] Mitsunobu O. The use of diethyl azodicarboxylate and triphenylphosphine in synthesis and transformation of natural products. Synthesis, 1981, 1: 1-28.
[37] Hughes D L. Progress in the mitsunobu reaction. A review. Organic Preparations and Procedures International, 1996, 28(2): 127-164.
[38] But T Y S, Toy P H. The mitsunobu reaction: origin, mechanism, improvements, and applications. Chemistry: An Asian Journal, 2007, 2(11): 1340-1355.
[39] Wang X L, Yang F, Xue Z Y, et al. Progress of Mitsunobu reaction in construction of chemical bond. Chinese Journal of Organic Chemistry, 2015, 35(1): 29-38.
[40] Wilson S R, Perez J, Pasternak A. Esi-Ms detection of ionic intermediates in phosphine-mediated reactions. Journal of the American Chemical Society, 1993, 115(5): 1994-1997.
[41] Afonso C M, Barros M T, Godinho L S, et al. The mechanism of the mitsunobu azide modification and the effect of additives on the rate of hydroxyl group activation. Tetrahedron, 1994, 50(32): 9671-9678.
[42] McNulty J, Capretta A, Laritchev V, et al. Dimethylmalonyltrialkylphosphoranes: new general reagents for esterification reactions allowing controlled inversion or retention of configuration on chiral alcohols. The Journal of Organic Chemistry, 2003, 68(4): 1597-1600.
[43] Schenk S, Weston J, Anders E. Density functional investigation of the Mitsunobu reaction. Journal of the American

Chemical Society, 2005, 127(36): 12566-12576.

[44] Heravi M M, Ghalavand N, Ghanbarian M, et al. Applications of Mitsunobu reaction in total synthesis of natural products. Applied Organometallic Chemistry, 2018, 32(9): e4464.

[45] Fleckenstein C A, Plenio H. Redox-Switchable phase tags-facile Mitsunobu reactions using ferrocenyl-tagged triphenylphosphine. Advanced Synthesis & Catalysis, 2006, 348(9): 1058-1062.

[46] Lipshutz B H, Chung D W, Rich B, et al. Simplification of the Mitsunobu reaction. Di-*p*-chlorobenzyl azodicarboxylate: a new azodicarboxylate. Organic Letters, 2006, 8(22): 5069-5072.

[47] Yang J, Dai L, Wang X, et al. Di-*p*-nitrobenzyl azodicarboxylate (DNAD): an alternative azo-reagent for the Mitsunobu reaction. Tetrahedron, 2011, 67(7): 1456-1462.

[48] Hagiya K, Muramoto N, Misaki T, et al. Dmead: a new dialkyl azodicarboxylate for the Mitsunobu reaction. Tetrahedron, 2009, 65(31): 6109-6114.

[49] Yang J H, Dai L Y, Wang X Z, et al. Dicyclopentyl azodicarboxylate (DCpAD): a new alternative azo-reagent for the mitsunobu reaction. Chinese Chemical Letters, 2011, 22(9): 1047-1050.

[50] Dandapani S, Newsome J J, Curran D P. Separation tagging with cyclodextrin-binding groups: Mitsunobu reactions with bis-(2-(1-adamantyl) ethyl) azodicarboxylate (BadEAD) and bis-(1-adamantylmethyl) azodicarboxylate (BadMAD). Tetrahedron Letters, 2004, 45(35): 6653-6656.

[51] Dandapani S, Curran D P. Second generation fluorous DEAD reagents have expanded scope in the Mitsunobu reaction and retain convenient separation features. The Journal of Organic Chemistry, 2004, 69(25): 8751-8757.

[52] Curran D P, Bajpai R, Sanger E. Purification of fluorous Mitsunobu reactions by liquid-liquid extraction. Advanced Synthesis & Catalysis, 2006, 348(12-13): 1621-1624.

[53] Poupon J C, Boezio A A, Charette A B. Tetraarylphosphonium salts as solubility-control groups: phosphonium-supported triphenylphosphine and azodicarboxylate reagents. Angewandte Chemie International Edition, 2006, 45(9): 1415-1420.

[54] Harned A M, He H S, Toy P H, et al. Multipolymer solution-phase reactions: application to the Mitsunobu reaction. Journal of the American Chemical Society, 2005, 127(1): 52-53.

[55] Roller S, Zhou H, Haag R. High-loading polyglycerol supported reagents for Mitsunobu-and acylation-reactions and other useful polyglycerol derivatives. Molecular Diversity, 2005, 9(4): 305-316.

[56] But T Y S, Toy P H. Organocatalytic Mitsunobu reactions. Journal of the American Chemical Society, 2006, 128(30): 9636-9637.

[57] Yan Y, Zhong Q, Zhao N, et al. First cascade Mitsunobu reactions for the synthesis of 2-benzoxazole-*N*-phenyl and 2-benzimidazole-*N*-phenyl derivatives. Molecular Diversity, 2012, 16(1): 157-162.

[58] Chen L, Fletcher S. *O*-Alkylation of 3-hydroxyisoxazoles predominates under Mitsunobu conditions. Tetrahedron Letters, 2014, 55(10): 1693-1696.

[59] Lalwani K G, Sudalai A. First enantioselective synthesis of surinamensinol B and a non-natural polysphorin analogue by a two-stereocentered hydrolytic kinetic resolution. European Journal of Organic Chemistry, 2015, 2015(33): 7344-7351.

[60] Donohoe T J, Johnson P D, Pye R J, et al. Concise and enantioselective synthesis of the aminocyclitol core of hygromycin A. Organic Letters, 2005, 7(7): 1275-1277.

[61] Nesbitt C L, McErlean C S P. Total synthesis of $C_{19}$ lipid diols containing a 2,5-disubstituted-3-oxygenated tetrahydrofuran. Organic & Biomolecular Chemistry, 2011, 9(7): 2198-2208.

[62] Zúñiga A, Pérez M, Gándara Z, et al. Synthesis of diospongin a, ent-diospongin a and C-5 epimer of diospongin B from tri-*O*-acetyl-D-glucal. Arkivoc, 2015(7): 195-215.

[63] Green J E, Bender D M, Jackson S, et al. Mitsunobu approach to the synthesis of optically active *α*,*α*-disubstituted amino acids. Organic Letters, 2009, 11(4): 807-810.

[64] (a) Kitade Y, Ando T, Yamaguchi T, et al. 4′-fluorinated carbocyclic nucleosides: synthesis and inhibitory activity against *S*-adenosyl-L-homocysteine hydrolase. Bioorganic & Medicinal Chemistry, 2006, 14(16): 5578-5583; (b) Yang M, Ye W, Schneller S W. Preparation of carbocyclic *S*-adenosylazamethionine accompanied by a practical synthesis of (-)-aristeromycin. The Journal of Organic Chemistry, 2004, 69(11): 3993-3996.

[65] Lu W, Sengupta S, Petersen J L, et al. Mitsunobu coupling of nucleobases and alcohols: an efficient, practical synthesis for novel nonsugar carbon nucleosides. The Journal of Organic Chemistry, 2007, 72(13): 5012-5015.

[66] Véliz E A, Beal P A. Mitsunobu reactions of nucleoside analogs using triisopropyl phosphite-DIAD. Tetrahedron Letters, 2006, 47(18): 3153-3156.

[67] Fletcher S, Shahani V M, Gunning P T. Facile and efficient access to 2,6,9-tri-substituted purines through sequential N9, N2 Mitsunobu reactions. Tetrahedron Letters, 2009, 50(29): 4258-4261.

[68] Fletcher S, Shahani V M, Lough A J, et al. Concise access to N9-mono-, N2-mono-and N2,N9-di-substituted guanines via efficient Mitsunobu reactions. Tetrahedron, 2010, 66(25): 4621-4632.

[69] Fletcher S. Regioselective alkylation of the exocyclic nitrogen of adenine and adenosine by the Mitsunobu reaction. Tetrahedron Letters, 2010, 51(22): 2948-2950.

[70] Blass B E, Burt T M, Liu S, et al. A facile $KF/Al_2O_3$ mediated, selective alkylation of benzodiazepin-2,5-diones. Tetrahedron Letters, 2000, 41(13): 2063-2066.

[71] Jung K Y, Fletcher S. Fine-tuning the chemo-and regioselective alkylation of 1,4-benzodiazepines: further applications of the Mitsunobu reaction. MedChemComm, 2012, 3(9): 1160-1163.

[72] Keith J M, Gomez L. Exploration of the Mitsunobu reaction with tosyl-and boc-hydrazones as nucleophilic agents. The Journal of Organic Chemistry, 2006, 71(18): 7113-7116.

[73] Hoang A, Popov K, Somfai P. An efficient synthesis of (±)-dehaloperophoramidine. The Journal of Organic Chemistry, 2017, 82(4): 2171-2176.

[74] Cravotto G, Giovenzana G B, Sisti M, et al. Dehydrative alkylation of alcohols with triethyl methanetricarboxylate under Mitsunobu conditions. Tetrahedron, 1996, 52(40): 13007-13016.

[75] Hillier M C, Desrosiers J N, Marcoux J F, et al. Stereoselective carbon-carbon bond formation via the Mitsunobu displacement of chiral secondary benzylic alcohols. Organic Letters, 2004, 6(4): 573-576.

[76] Oikawa Y, Hirasawa H, Yonemitsu O. Meldrum's acid in organic synthesis. 1. A convenient one-pot synthesis of ethyl indolepropionates. Tetrahedron Letters, 1978, 19(20): 1759-1762.

[77] Nakamura S, Hirao H, Ohwada T. Rationale for the acidity of Meldrum's acid. Consistent relation of C-H acidities to the properties of localized reactive orbital. The Journal of Organic Chemistry, 2004, 69(13): 4309-4316.

[78] Shing T K M, Li L H, Narkunan K. Mitsunobu *C*-alkylation of Meldrum's acids. The Journal of Organic Chemistry, 1997, 62(6): 1617-1622.

[79] Takacs J M, Xu Z, Jiang X T, et al. Carbon nucleophiles in the Mitsunobu reaction. Mono-and dialkylation of bis(2,2,2-trifluoroethyl) malonates. Organic Letters, 2002, 4(22): 3843-3845.

[80] Aesa M C, Baán G, Novák L, et al. Preparation of nitriles by the modification of Mitsunobu-Wilk procedure Ⅲ carbon elongation of hydroxy esters. Synthetic Communications, 1996, 26(5): 909-914.

[81] Dinsmore C J, Mercer S P. Carboxylation and Mitsunobu reaction of amines to give carbamates: retention vs inversion of configuration is substituent-dependent. Organic Letters, 2004, 6(17): 2885-2888.

[82] Prakash G K S, Chacko S, Alconcel S, et al. Stereoselective monofluoromethylation of primary and secondary alcohols by using a fluorocarbon nucleophile in a Mitsunobu reaction. Angewandte Chemie International Edition, 2007, 46(26): 4933-4936.

[83] Quin L D. A guide to organophosphorus chemistry. New York: John Wiley & Sons, 2000.

[84] (a) van Kalkeren H A, van Delft F L, Rutjes F P J T. Organophosphorus catalysis to bypass phosphine oxide waste. ChemSusChem, 2013, 6(9): 1615-1624; (b) Kirklin D R, Domalski E S. Enthalpies of combustion of triphenylphosphine and triphenylphosphine oxide. The Journal of Chemical Thermodynamics, 1988, 20(6): 743-754.

[85] Niecke E, Filippou A C. Rolf appel (1921—2012). Angewandte Chemie International Edition, 2012, 51(37): 9216.

[86] (a) Lee J B, Nolan T J. Sugar esters: Ⅲ. New reagent for deoxyhalo sugar preparation. Canadian Journal of Chemistry, 1966, 44(11): 1331-1334; (b) Lee J B, Downie I M. Sugar esters- Ⅳ: the preparation of chloroesters under essentially-neutral conditions. Tetrahedron, 1967, 23(1): 359-363; (c) Weiss R G, Snyder E I. Conversion of some bicycloheptanols to chlorides using triphenylphosphine-carbon tetrachloride. Stereochemistry and mechanistic implications. The Journal of Organic Chemistry, 1970, 35(5): 1627-1632; (d) Verheyden J P H, Moffatt J G. Halo sugar nucleosides. Ⅲ. Reactions for the chlorination and bromination of nucleoside hydroxyl groups. The Journal of

Organic Chemistry, 1972, 37(4): 110-111.
[87] Recknagel R O. Carbon tetrachloride hepatotoxicity. Pharmacological Reviews, 1967, 19(2): 145-208.
[88] Sullivan J B, Krieger G R. Clinical environmental health and toxic exposures. Philadelphia: Lippincott Willams & Wilkins, 2001.
[89] (a) Spargo P L. Organic halides. Contemporary Organic Synthesis, 1994, 1(2): 113-124; (b) Sotomayor N, Lete E. Aryl and heteroaryllithium compounds by metal-halogen exchange. Synthesis of carbocyclic and heterocyclic systems. Current Organic Chemistry, 2003, 7(3): 275-300; (c) Ma D, Cai Q. Copper/amino acid catalyzed cross-couplings of aryl and vinyl halides with nucleophiles. Accounts of Chemical Research, 2008, 41(11): 1450-1460; (d) Kambe N, Iwasaki T, Terao J. Pd-catalyzed cross-coupling reactions of alkyl halides. Chemical Society Reviews, 2011, 40(10): 4937-4947.
[90] Gribble G W. The diversity of naturally produced organohalogens. Chemosphere, 2003, 52(2): 289-297.
[91] Larock R C. Comprehensive organic transformations: a guide to functional group preparation, 2nd Ed. New York: John Wiley & Sons, 1999.
[92] Axelrod E, Milne G M, Van Tamelen E E. General 1,5-diene synthesis involving overall allyl alcohol coupling with geometrical and positional control. Journal of the American Chemical Society, 1970, 92(7): 2139-2141.
[93] Roper K A, Lange H, Polyzos A, et al. The application of a monolithic triphenylphosphine reagent for conducting appel reactions in flow microreactors. Beilstein Journal of Organic Chemistry, 2011, 7: 1648-1655.
[94] Newman S G, Bryan C S, Perez D, et al. The use of bromotrichloromethane in chlorination reactions. Synthesis, 2011, 2: 342-346.
[95] Bringmann G, Schneider S J S. Improved methods for dehydration and hydroxy/halogen exchange using novel combinations of triphenylphosphine and halogenated ethanes. Synthesis, 1983(2): 139-141.
[96] (a) Wiley G A, Hershkowitz R L, Rein B M, et al. Studies in organophosphorus chemistry. Ⅰ. Conversion of alcohols and phenols to halides by tertiary phosphine dihalides. Journal of the American Chemical Society, 1964, 86(5): 964-965; (b) Wünsch S, Breit B. Probing *o*-diphenylphosphanyl benzoate (*o*-dppb)-directed C—C bond formation: total synthesis of dictyostatin. Chemistry: A European Journal, 2015, 21(6): 2358-2363.
[97] (a) Downie I M, Lee J B, Matough M F S. The reaction of alcohols with carbon tetrachloride and phosphorus trisdimethylamide. Chemical Communications (London), 1968, (21): 1350b-1351; (b) Hooz J, Gilani S S H. A rapid, mild procedure for the preparation of alkyl chlorides and bromides. Canadian Journal of Chemistry, 1968, 46(1): 86-87; (c) Desmaris L, Percina N, Cottier L, et al. Conversion of alcohols to bromides using a fluorous phosphine. Tetrahedron Letters, 2003, 44(41): 7589-7591.
[98] Burn A J, Cadogan J I G. The reactivity of organophosphorus compounds. Part XVII. A novel oxidation of some tervalent compounds: reduction of carbon tetrachloride to chloroform by trialkyl phosphites. Journal of the Chemical Society, 1963, (0): 5788-5796.
[99] Sakai N, Maruyama T, Konakahara T. Chemoselective isomerization of secondary-type propargylic alcohols to propargylic/allenic bromides, and brominated dienes with appel-type reaction conditions. Synlett, 2009(13): 2105-2108.
[100] (a) Connon S J. Chiral phosphoric acids: powerful organocatalysts for asymmetric addition reactions to imines. Angewandte Chemie International Edition, 2006, 45(24): 3909-3912; (b) Zhang X. Chiral phosphorus ligands. Tetrahedron: Asymmetry, 2004, 15(14): 2099-2312; (c) Crépy K V L, Imamoto T. New P-chirogenic phosphine ligands and their use in catalytic asymmetric reactions. Topics In Current Chemistry, 2003, 229: 1-40.
[101] Bergin E, O' Connor C, Robinson S, et al. Synthesis of P-stereogenic phosphorus compounds. Asymmetric oxidation of phosphines under appel conditions. Journal of the American Chemical Society, 2007, 129(31): 9566-9567.
[102] Veisi H, Ghorbani-Vaghei R, Zolfigol M. Recent progress in the use of *N*-halo compounds in organic synthesis. Organic Preparations and Procedures International, 2011, 43(6): 489-540.
[103] Koval' I V. *N*-halo reagents. *N*-halosuccinimides in organic synthesis and in chemistry of natural compounds. Russian Journal of Organic Chemistry, 2002, 38(3): 301-337.
[104] (a) Ponpipom M M, Hanessian S. A method for the selective bromination of primary alcohol groups. Carbohydrate Research, 1971, 18(2): 342-344; (b) Hanessian S, Ponpipom M M, Lavallee P. Procedures for the direct replacement

of primary hydroxyl groups in carbohydrates by halogen. Carbohydrate Research, 1972, 24(1): 45-56.
[105] Comins D L, Morgan L A. *N*-acyldihydropyridones as synthetic intermediates. Synthesis of (±)-septicine and (±)-tylophorine. Tetrahedron Letters, 1991, 32(42): 5919-5922.
[106] Bose A K, Lal B. A Facile replacement of hydroxyl by halogen with inversion. Tetrahedron Letters, 1973, 14(40): 3937-3940.
[107] McMurry J E, Dushin R G. Total synthesis of (±)-isolobophytolide and (±)-crassin by titanium-induced carbonyl coupling. Journal of the American Chemical Society, 1990, 112(19): 6942-6949.
[108] Imperiali B, Roy R S. Stereoselective synthesis and peptide incorporation of a pyridoxal coenzyme-amino acid chimera. The Journal of Organic Chemistry, 1995, 60(6): 1891-1894.
[109] Tius M A, Fauq A H. Total synthesis of (+)-desepoxyasperdiol. Journal of the American Chemical Society, 1986, 108(5): 1035-1039.
[110] Myrvold S, Reimer L M, Pompliano D L, et al. Chemical inhibition of dehydroquinate synthase. Journal of the American Chemical Society, 1989, 111(5): 1861-1866.
[111] Lee J C, Hwang E Y. An efficient and fast method for the preparation of benzylic bromides. Synthetic Communications, 2004, 34(16): 2959-2963.
[112] Radaram B, Levine M. A green bromination method for the synthesis of benzylic dibromides. Tetrahedron Letters, 2014, 55(35): 4905-4908.
[113] Froyen P, Juvvik P. One-pot synthesis of secondary or tertiary amines from alcohols and amines via alkoxyphosphonium salts. Tetrahedron Letters, 1995, 36(52): 9555-9558.
[114] de Souza S P L, da Silva J F M, Mattos M. *N*-halossacarinas: reagentes úteis (e alternativos) em síntese orgânica. Química Nova, 2006, 29: 1061-1064.
[115] de Souza S P L, da Silva J F M, de Mattos M C S. A green preparation of *N*-chloro-and *N*-bromosaccharin. Synthetic Communications, 2003, 33(6): 935-939.
[116] Firouzabadi H, Iranpoor N, Ebrahimzadeh F. Facile conversion of alcohols into their bromides and iodides by *N*-bromo and *N*-iodosaccharins/triphenylphosphine under neutral conditions. Tetrahedron Letters, 2006, 47(11): 1771-1775.
[117] Firouzabadi H, Iranpoor N, Ebrahimzadeh F. Direct conversion of trimethylsilyl and tetrahydropyranyl ethers into their bromides and iodides under neutral conditions using *N*-bromo and *N*-iodosaccharins in the presence of triphenylphosphine. Journal of the Iranian Chemical Society, 2008, 5: 400-406.
[118] Ghorbani-Vaghei R, Shiri L, Ghorbani-Choghamarani A. *N*, *N*, *N′*, *N′*-tetrahalobenzene-1,3-disulfonamide/$PPh_3$ as an efficient system for the preparation of alkyl halides. Bulletin of the Korean Chemical Society, 2013, 34(3): 820-822.
[119] (a) de Almeida L S, Esteves P M, de Mattos M C S. Tribromoisocyanuric acid: a green and versatile reagent. Current Green Chemistry, 2014, 1(2): 94-107; (b) Mendonça G F, de Mattos M C S. Green chlorination of organic compounds using trichloroisocyanuric acid (TCCA). Current Organic Synthesis, 2013, 10(6): 820-836
[120] Tilstam U, Weinmann H. Trichloroisocyanuric acid: a safe and efficient oxidant. Organic Process Research & Development, 2002, 6(4): 384-393.
[121] de Almeida L S, Esteves P M, de Mattos M C S. Tribromoisocyanuric acid: a new reagent for regioselective cobromination of alkenes. Synlett, 2006(10): 1515-1518.
[122] Hiegel G A, Rubino M. Conversion of alcohols into alkyl chlorides using trichloroisocyanuric acid with triphenylphosphine. Synthetic Communications, 2002, 32(17): 2691-2694.
[123] Hiegel G A, Nguyen J, Zhou Y. Preparation of alkyl nitrates, nitrites, and thiocyanates from alcohols utilizing trichloroisocyanuric acid with triphenylphosphine. Synthetic Communications, 2004, 34(14): 2507-2511.
[124] de Andrade V S C, de Mattos M C S. Tribromoisocyanuric acid/triphenylphosphine: a new system for conversion of alcohols into alkyl bromides. Journal of the Brazilian Chemical Society, 2014, 25: 975-979.
[125] de Andrade V S C, de Mattos M C S. New reagents and synthetic approaches to the appel reaction. Current Organic Synthesis, 2015, 12(3): 309-327.
[126] da Cunha Sindra H, de Mattos M C S. Appel reaction of carboxylic acids with tribromoisocyanuric acid/triphenylphosphine: a mild and acid-free preparation of esters and amides. Journal of the Brazilian Chemical Society, 2016, 27(6): 1129-1136.

[127] de Andrade V S C, de Mattos M C S. Trihaloisocyanuric acid/triphenylphosphine: an efficient system for regioselective conversion of epoxides into vicinal halohydrins and vicinal dihalides under mild conditions. Synthesis, 2016: 1381-1388.

[128] Froyen P. Formation of acyl bromides from carboxylic acids and *N*-bromosuccinimide; some reactions of bromocyanotriphenylphosphorane. Phosphorus, Sulfur, Silicon the Related Elements, 1995, 102(1-4): 253-259.

[129] Trost B M. The atom economy-a search for synthetic efficiency. Science, 1991, 254(5037): 1471-1477.

[130] Kumar A, Saxena D, Gupta M K. Nanoparticle catalyzed reaction (NPCR): ZnO-NP catalyzed Ugi-reaction in aqueous medium. Green Chemistry, 2013, 15(10): 2699-2703.

[131] (a) Anastas P T, Warner J C. Green chemistry: theory and practice. Oxford: Oxford University Press, 2000; (b) Clark J H. Green chemistry: challenges and opportunities. Green Chemistry, 1999, 1(1): 1-8; (c) Dunn P J. The importance of green chemistry in process research and development. Chemical Society Reviews, 2012, 41(4): 1452-1461.

[132] Tozetti S D F, Almeida L S, Esteves P M, et al. Trihaloisocyanuric acids/NaX: an environmentaly friendly system for vicinal dihalogenation of alkenes without using molecular halogen. Journal of the Brazilian Chemical Society, 2007, 18: 675-677.

[133] EŞSİZ S, DAŞTAN A. 1,2-dibromotetrachloroethane: an efficient reagent for many transformations by modified appel reaction. Turkish Journal of Chemistry, 2019, 43(1): 150-156.

[134] Magid R M, Fruchey O S, Johnson W L, et al. Hexachloroacetone/triphenylphosphine: a mild reagent for the regioselective and stereospecific production of allylic chlorides from the alcohols. The Journal of Organic Chemistry, 1979, 44(3): 359-363.

[135] Pluempanupat W, Chavasiri W. An efficient method for chlorination of alcohols using $PPh_3/Cl_3CCONH_2$. Tetrahedron Letters, 2006, 47(38): 6821-6823.

[136] Joseph K M, Larraza-Sanchez I. Synthesis of benzyl bromides with hexabromoacetone: an alternative path to drug intermediates. Tetrahedron Letters, 2011, 52(1): 13-16.

[137] Tongkate P, Pluempanupat W, Chavasiri W. Hexabromoacetone and ethyl tribromoacetate: a highly efficient reagent for bromination of alcohol. Tetrahedron Letters, 2008, 49(7): 1146-1148.

[138] Cui X M, Guan Y H, Li N, et al. A mild and efficient method for bromination of alcohols using $\alpha,\alpha$-dibromo-$\beta$-dicarbonyl compounds as halogen sources. Tetrahedron Letters, 2014, 55(1): 90-93.

[139] Iranpoor N, Firouzabadi H, Aghapour G. Triphenylphosphine/2,3-dichloro-5,6-dicyanobenzoquinone as a new, selective and neutral system for the facile conversion of alcohols, thiols and selenols to alkyl halides in the presence of halide ions. Tetrahedron, 2002, 58(43): 8689-8693.

[140] Iranpoor N, Firouzabadi H, Akhlaghinia B, et al. A novel and highly selective conversion of alcohols, thiols, and silyl ethers to azides using the triphenylphosphine/2,3-dichloro-5,6-dicyanobenzoquinone (DDQ)/$n$-$Bu_4NN_3$ system. Tetrahedron Letters, 2004, 45(16): 3291-3294.

[141] Iranpoor N, Firouzabadi H, Akhlaghinia B, et al. Conversion of alcohols, thiols, and trimethysilyl ethers to alkyl cyanides using triphenylphosphine/2,3-dichloro-5,6-dicyanobenzoquinone/$n$-$Bu_4NCN$. The Journal of Organic Chemistry, 2004, 69(7): 2562-2564.

[142] Akhlaghinia B, Pourali A R. Novel and highly selective conversion of alcohols and thiols to alkyl nitrites with triphenylphosphine/2,3-dichloro-5,6-dicyanobenzoquinone/$Bu_4NNO_2$ system. Synthesis, 2004(11): 1747-1749.

[143] Iranpoor N, Firouzabadi H, Nowrouzi N. Preparation of thiocyanates and isothiocyanates from alcohols, thiols, trimethylsilyl-, and tetrahydropyranyl ethers using triphenylphosphine/2,3-dichloro-5,6-dicyanobenzoquinone (DDQ)/$n$-$Bu_4NSCN$ system. Tetrahedron, 2006, 62(23): 5498-5501.

[144] Iranpoor N, Firouzabadi H, Nowrouzi N, et al. Selective mono-and di-*N*-alkylation of aromatic amines with alcohols and acylation of aromatic amines using $Ph_3P$/DDQ. Tetrahedron, 2009, 65(19): 3893-3899.

[145] Jang D O, Park D J, Kim J. A mild and efficient procedure for the preparation of acid chlorides from carboxylic acids. Tetrahedron Letters, 1999, 40(29): 5323-5326.

[146] Chaysripongkul S, Pluempanupat W, Jang D O, et al. Application of $Cl_3CCONH_2/PPh_3$ towards the synthesis of bioactive amides. Bulletin of the Korean Chemical Society, 2009, 30(9): 2066-2070.

[147] Rodrigues R C, Barros I M A, Lima E L S. Mild one-pot conversion of carboxylic acids to amides or esters with

$Ph_3P$/trichloroisocyanuric acid. Tetrahedron Letters, 2005, 46(35): 5945-5947.

[148] Akhlaghinia B, Rouhi-Saadabad H. Direct and facile synthesis of acyl azides from carboxylic acids using the trichloroisocyanuric acid-triphenylphosphine system. Canadian Journal of Chemistry, 2013, 91(3): 181-185.

[149] Chantarasriwong O, Jang D O, Chavasiri W. A practical and efficient method for the preparation of sulfonamides utilizing $Cl_3CCN/PPh_3$. Tetrahedron Letters, 2006, 47(42): 7489-7492.

[150] (a) Kołaczek A, Fusiarz I, Ławecka J, et al. Biological activity and synthesis of sulfonamide derivatives: a brief review. Chemik, 2014, 68(7): 620-628; (b) Ashfaq M, Shah S S A, Najjam T, et al. Synthetic routes of sulfonamide derivatives: a brief review. Mini-Reviews in Organic Chemistry, 2013, 10(2): 160-170.

[151] (a) Rossi R, Bellina F, Lessi M, et al. Cross-coupling of heteroarenes by C-H functionalization: recent progress towards direct arylation and heteroarylation reactions involving heteroarenes containing one heteroatom. Advanced Synthesis & Catalysis, 2014, 356(1): 17-117; (b) Mphahlele M J, Lesenyeho L G. Halogenated quinolines as substrates for the palladium-catalyzed cross-coupling reactions to afford substituted quinolines. Journal of Heterocyclic Chemistry, 2013, 50(1): 1-16; (c) Zhao D B, You J S, Hu C W. Recent progress in coupling of two heteroarenes. Chemistry: A European Journal, 2011, 17(20): 5466-5492; (d) Undheim K, Benneche T. Metalation and metal-assisted bond formation in Pi-electron deficient heterocycles. Acta Chemica Scandinavica, 1993, 47(1): 102-121.

[152] Panizzon L. La preparazione di piridil-e piperidil-arilacetonitrili e di alcuni prodotti di trasformazione (Parte I[a]). Helvetica Chimica Acta, 1944, 27(1): 1748-1756.

[153] Fuson R C, Jackson H L, Grieshaber E W. The reaction of benzylmagnesium chloride with certain 2-methoxyquinolines. The Journal of Organic Chemistry, 1951, 16(10): 1529-1535.

[154] Furukawa N, Ogawa S, Kawai T, et al. Selective ipso-substitution in pyridine ring and its application for the synthesis of macrocylces containing both oxa-and thia-bridges. Tetrahedron Letters, 1983, 24(31): 3243-3246.

[155] Sakamoto T, Kondo Y, Yamanaka H. Condensed heteroaromatic ring systems. Ⅳ. Synthesis of naphthyridine derivatives by cyclization of aminopyridineacrylic esters. Chemical and Pharmaceutical Bulletin, 1985, 33(11): 4764-4768.

[156] Sugimoto O, Mori M, Tanji K I. A facile halogenation of some hydroxyheterocycles using triphenylphosphine and *N*-halosuccinimide. Tetrahedron Letters, 1999, 40(42): 7477-7478.

[157] Kijrungphaiboon W, Chantarasriwong O, Chavasiri W. $Cl_3CCN/PPh_3$ and $CBr_4/PPh_3$: two efficient reagent systems for the preparation of *N*-heteroaromatic halides. Tetrahedron Letters, 2012, 53(6): 674-677.

[158] Sugimoto O, Tanji K I. An improved method for chlorination of nitrogen-containing $\pi$-deficient heteroaromatics using triphenylphosphine and trichloroisocyanuric acid. Heterocycles, 2005, 65(1): 181-185.

[159] Sugimoto O, Harada Y, Tanji K I. Phosphonium chloride as a non-volatile chlorinating reagent: preparation and reaction in no solvent or ionic liquid. Heterocycles, 2012, 86(2): 1583-1590.

[160] Iranpoor N, Firouzabadi H, Aghapour G. A rapid and facile conversion of primary amides and aldoximes to nitriles and ketoximes to amides with triphenylphosphine and *N*-chlorosuccinimide. Synthetic Communications, 2002, 32(16): 2535-2541.

[161] Ghorbani-Vaghei R, Shiri L, Ghorbani-Choghamarani A. An efficient, rapid and facile procedure for conversion of aldoximes to nitriles using triphenylphosphine and *N*-halo sulfonamides. Chinese Chemical Letters, 2013, 24(12): 1123-1126.

[162] Staudinger H, Meyer J. Über neue organische phosphorverbindungen Ⅲ. Phosphinmethylenderivate und phosphinimine. Helvetica Chimica Acta, 1919, 2(1): 635-646.

[163] Saxon E, Bertozzi C R. Cell surface engineering by a modified Staudinger reaction. Science, 2000, 287(5460): 2007-2010.

[164] Gololobov Y G, Zhmurova I N, Kasukhin L F. Sixty years of Staudinger reaction. Tetrahedron Letters, 1981, 37(3): 437-472.

[165] (a) Tian W Q, Wang Y A. Dynamics of the Staudinger reaction. Journal of Chemical Theory and Computation, 2005, 1(3): 353-362; (b) Widauer C, Grützmacher H, Shevchenko I, et al. Insights into the Staudinger reaction: experimental and theoretical studies on the stabilization of *cis*-phosphazides. European Journal of Inorganic

Chemistry, 1999(10): 1659-1664; (c) Leffler J E, Temple R D. Staudinger reaction between triarylphosphines and azides. mechanism. Journal of the American Chemical Society, 1967, 89(20): 5235-5246.

[166] Gololobov Y G, Kasukhin L F, Petrenko V S. New aspects of the Staudinger react. Phosphorus and Sulfur and the Related Elements, 1987, 30(1-2): 393-396.

[167] Goldwhite H, Gysegem P, Schow S, et al. Phosphorimidates and related compounds. Journal of the Chemical Society, Dalton Transactions, 1975(1): 12-15.

[168] Kasukhin L F, Ponomarchuk M P, Yurchenko R I, et al. Phosphorylated adamantanes. 4. Imination kinetics of 1-adamantyl and 2-adamantyl esters of trivalent phosphorus-acids by phenylazide. Zhurnal Obshchei Khimii, 1982, 52(4): 797-801.

[169] (a) Cooper R D G, Daugherty B W, Boyd D B. Chiral control of the Staudinger reaction. Pure and Applied Chemistry, 1987, 59(3): 485-492; (b) Abel E W, Mucklejohn S A. The chemistry of phosphinimines. Phosphorus and Sulfur and the Related Elements, 1981, 9(3): 235-266.

[170] (a) Palacios F, Alonso C, Aparicio D, et al. The aza-wittig reaction: an efficient tool for the construction of carbon-nitrogen double bonds. Tetrahedron, 2007, 63(3): 523-575; (b) Molina P, Aller E, Lorenzo Á, et al. Solid-phase synthesis and inhibitory effects of some pyrido[1,2-*c*]pyrimidine derivatives on leukocyte functions and experimental inflammation. Journal of Medicinal Chemistry, 2001, 44(6): 1011-1014; (c) Staudinger H, Hauser E. Über neue organische phosphorverbindungen IV phosphinimine. Helvetica Chimica Acta, 1921, 4(1): 861-886.

[171] (a) Lin F L, Hoyt H M, van Halbeek H, et al. Mechanistic investigation of the Staudinger ligation. Journal of the American Chemical Society, 2005, 127(8): 2686-2695; (b) Saxon E, Luchansky S J, Hang H C, et al. Investigating cellular metabolism of synthetic azidosugars with the Staudinger ligation. Journal of the American Chemical Society, 2002, 124(50): 14893-14902.

[172] Saxon E, Armstrong J I, Bertozzi C R. A "traceless" Staudinger ligation for the chemoselective synthesis of amide bonds. Organic Letters, 2000, 2(14): 2141-2143.

[173] Nilsson B L, Kiessling L L, Raines R T. Staudinger ligation: a peptide from a thioester and azide. Organic Letters, 2000, 2(13): 1939-1941.

[174] (a) Tam A, Soellner M B, Raines R T. Electronic and steric effects on the rate of the traceless staudinger ligation. Organic & Biomolecular Chemistry, 2008, 6(7): 1173-1175; (b) Soellner M B, Nilsson B L, Raines R T. Reaction mechanism and kinetics of the traceless Staudinger ligation. Journal of the American Chemical Society, 2006, 128(27): 8820-8828.

[175] Nilsson B L, Kiessling L L, Raines R T. High-Yielding Staudinger ligation of a phosphinothioester and azide to form a peptide. Organic Letters, 2001, 3(1): 9-12.

[176] Merkx R, Rijkers D T S, Kemmink J, et al. Chemoselective coupling of peptide fragments using the Staudinger ligation. Tetrahedron Letters, 2003, 44(24): 4515-4518.

[177] Soellner M B, Nilsson B L, Raines R T. Staudinger ligation of $\alpha$-azido acids retains stereochemistry. The Journal of Organic Chemistry, 2002, 67(14): 4993-4996.

[178] Soellner M B, Tam A, Raines R T. Staudinger ligation of peptides at non-glycyl residues. The Journal of Organic Chemistry, 2006, 71(26): 9824-9830.

[179] (a) Tam A, Soellner M B, Raines R T. Water-soluble phosphinothiols for traceless Staudinger ligation and integration with expressed protein ligation. Journal of the American Chemical Society, 2007, 129(37): 11421-11430; (b) Tam A, Raines R T. Coulombic effects on the traceless Staudinger ligation in water. Bioorganic & Medicinal Chemistry, 2009, 17(3): 1055-1063.

[180] He Y, Hinklin R J, Chang J, et al. Stereoselective *N*-glycosylation by Staudinger ligation. Organic Letters, 2004, 6(24): 4479-4482.

[181] (a) Kleineweischede R, Hackenberger C P R. Chemoselective peptide cyclization by traceless Staudinger ligation. Angewandte Chemie International Edition, 2008, 47(32): 5984-5988; (b) Mühlberg M, Jaradat D M M, Kleineweischede R, et al. Acidic and basic deprotection strategies of borane-protected phosphinothioesters for the traceless Staudinger ligation. Bioorganic & Medicinal Chemistry, 2010, 18(11): 3679-3686.

[182] Serwa R, Wilkening I, Del Signore G, et al. Chemoselective Staudinger-phosphite reaction of azides for the

phosphorylation of proteins. Angewandte Chemie International Edition, 2009, 48(44): 8234-8239.

[183] Serwa R, Majkut P, Horstmann B, et al. Site-specific pegylation of proteins by a Staudinger-phosphite reaction. Chemical Science, 2010, 1(5): 596-602.

[184] Böhrsch V, Serwa R, Majkut P, et al. Site-specific functionalisation of proteins by a Staudinger-type reaction using unsymmetrical phosphites. Chemical Communications, 2010, 46(18): 3176-3178.

[185] Vallée M R J, Majkut P, Wilkening I, et al. Staudinger-phosphonite reactions for the chemoselective transformation of azido-containing peptides and proteins. Organic Letters, 2011, 13(20): 5440-5443.

[186] Kabachnik M I, Gilyarov V A. Trialkyl phosphorimidates trialkyl phenylphosphorimidates. Bulletin of the Academy of Sciences of the USSR, Division of Chemical Science, 1956, 5(7): 809-816.

[187] Nischan N, Kasper M A, Mathew T, et al. Bis(arylmethyl)-substituted unsymmetrical phosphites for the synthesis of lipidated peptides via Staudinger-phosphite reactions. Organic & Biomolecular Chemistry, 2016, 14(31): 7500-7508.

[188] Vallée M R J, Majkut P, Krause D, et al. Chemoselective bioconjugation of triazole phosphonites in aqueous media. Chemistry: A European Journal, 2015, 21(3): 970-974.

[189] (a) Bertran-Vicente J, Serwa R A, Schümann M, et al. Site-specifically phosphorylated lysine peptides. Journal of the American Chemical Society, 2014, 136(39): 13622-13628; (b) Bertran-Vicente J, Schümann M, Hackenberger C P R, et al. Gas-phase rearrangement in lysine phosphorylated peptides during electron-transfer dissociation tandem mass spectrometry. Analytical Chemistry, 2015, 87(14): 6990-6994; (c) Bertran-Vicente J, Schümann M, Schmieder P, et al. Direct access to site-specifically phosphorylated-lysine peptides from a solid-support. Organic & Biomolecular Chemistry, 2015, 13(24): 6839-6843.

[190] Krishna H, Caruthers M H. Alkynyl phosphonate DNA: a versatile “click” Able backbone for DNA-based biological applications. Journal of the American Chemical Society, 2012, 134(28): 11618-11631.

[191] Vallée M J, Artner L M, Dernedde J, et al. Alkyne phosphonites for sequential azide-azide couplings. Angewandte Chemie International Edition, 2013, 52(36): 9504-9508.

[192] Hu P, Berning K, Lam Y W, et al. Development of a visible light triggerable traceless Staudinger ligation reagent. The Journal of Organic Chemistry, 2018, 83(21): 12998-13010.

[193] Zhu S, Guo Z. Chemical synthesis of gpi glycan-peptide conjugates by traceless Staudinger ligation. Organic Letters, 2017, 19(12): 3063-3066.

[194] (a) Wang Z A, Kurra Y, Wang X, et al. A versatile approach for site-specific lysine acylation in proteins. Angewandte Chemie International Edition, 2017, 56(6): 1643-1647; (b) Yamashita T, Matoba H, Kuranaga T, et al. Total syntheses of nobilamides B and D· application of traceless Staudinger ligation. Tetrahedron, 2014, 70(42): 7746-7752.

[195] Di Mola A, Tedesco C, Massa A. Metal-fiec air oxidation in a convenient cascade approach for the access to isoquinoline-1,3,4 (2*H*)-triones. Molecules, 2019, 24(11): 2177.

[196] Kumar P, Garg V, Verma A K. Azidation vs [3+2]-cycloaddition: chemoselective reaction of sodium azide towards *O*-alkynylaldehydes for the synthesis of *N*-heterocycles. Tetrahedron Letters, 2019, 60(28): 1854-1859.

[197] (a) Reference 181a; (b) Fletcher M H, Burns-Lynch C E, Knouse K W, et al. A novel application of the Staudinger ligation to access neutral cyclic di-nucleotide analog precursors via a divergent method. RSC Advances, 2017, 7(47): 29835-29838.

[198] (a) van Berkel S S, van Eldijk M B, van Hest J C M. Staudinger ligation as a method for bioconjugation. Angewandte Chemie International Edition, 2011, 50(38): 8806-8827; (b) Schilling C I, Jung N, Biskup M, et al. Bioconjugation via azide-Staudinger ligation: an overview. Chemical Society Reviews, 2011, 40(9): 4840-4871; (c) Köhn M, Breinbauer R. The Staudinger ligation: a gift to chemical biology. Angewandte Chemie International Edition, 2004, 43(24): 3106-3116.

[199] Agard N J, Baskin J M, Prescher J A, et al. A comparative study of bioorthogonal reactions with azides. ACS Chemical Biology, 2006, 1(10): 644-648.

[200] Lang K, Chin J W. Bioorthogonal reactions for labeling proteins. ACS Chemical Biology, 2014, 9(1): 16-20.

[201] (a) Debets M F, van der Doelen C W, Rutjes F P, et al. Azide: a unique dipole for metal-free bioorthogonal ligations. ChemBioChem, 2010, 11(9): 1168-1184; (b) Bräse S, Gil C, Knepper K, et al. Organic azides: an exploding diversity of a unique class of compounds. Angewandte Chemie International Edition, 2005, 44(33): 5188-5240.

[202] Watzke A, Köhn M, Gutierrez-Rodriguez M, et al. Site-selective protein immobilization by Staudinger ligation. Angewandte Chemie International Edition, 2006, 45(9): 1408-1412.

[203] Lemieux G A, De Graffenried C L, Bertozzi C R. A fluorogenic dye activated by the Staudinger ligation. Journal of the American Chemical Society, 2003, 125(16): 4708-4709.

[204] Huisgen R, Blaschke H, Brunn E. Zur 1.3-dipolaren cycloaddition aromatischer nitriloxide an azodicarbonsäureester. Tetrahedron Letters, 1966, 7(4): 405-409.

[205] Xu S L, He Z J. Progress on vinylogous organic reactions of allylic phosphorus Ylides with carbonyl compounds. Chinese Journal of Organic Chemistry, 2014, 34(12): 2438-2447.

[206] Karanam P, Reddy G M, Koppolu S R, et al. Recent topics of phosphine-mediated reactions. Tetrahedron Letters, 2018, 59(2): 59-76.

[207] Brunn E, Huisgen R. Structure and reactivity of the betaine derived from triphenylphosphine and dimethyl azodicarboxylate. Angewandte Chemie International Edition, 1969, 8(7): 513-515.

[208] von Itzstein M, Jenkins I D. The mechanism of the Mitsunobu reaction. Ⅱ. Dialkoxytriphenylphosphoranes. Australian Journal of Chemistry, 1983, 36(3): 557-563.

[209] Monge D, Jensen K L, Marin I, et al. Synthesis of 1,2,4-triazolines: base-catalyzed hydrazination/cyclization cascade of $\alpha$-isocyano esters and amides. Organic Letters, 2011, 13(2): 328-331.

[210] Nair V, Menon R S, Sreekanth A, et al. Engaging Zwitterions in carbon-carbon and carbon-nitrogen bond-forming reactions: a promising synthetic strategy. Accounts of Chemical Research, 2006, 39(8): 520-530.

[211] Nair V, Biju A T, Mathew S C, et al. Carbon-nitrogen bond-forming reactions of dialkyl azodicarboxylate: a promising synthetic strategy. Chemistry: An Asian Journal, 2008, 3(5): 810-820.

[212] Košmrlj J, Kočevar M, Polanc S. Diazenes as powerful and versatile tools in organic synthesis. Synlett, 2009(14): 2217-2235.

[213] Nair V, Menon R S. Nucleophile-initiated catalytic and multicomponent reactions. The Chemical Record, 2019, 19(2-3): 347-361.

[214] Morrison D C. Reactions of alkyl phosphites with diethyl azodicarboxylate. The Journal of Organic Chemistry, 1958, 23(7): 1072-1074.

[215] Cookson R C, Locke J M. Synthesis of a pyrazole by removal of oxygen from an ester-carbonyl group with triphenylphosphine. Journal of the Chemical Society, 1963: 6062-6064.

[216] Otte R D, Sakata T, Guzei I A, et al. Reactivity of Mitsunobu reagent toward carbonyl compounds. Organic Letters, 2005, 7(3): 495-498.

[217] Nair V, Biju A T, Vinod A U, et al. Reaction of Huisgen zwitterion with 1,2-benzoquinones and isatins: expeditious synthesis of dihydro-1,2,3-benzoxadiazoles and spirooxadiazolines. Organic Letters, 2005, 7(23): 5139-5142.

[218] Nair V, Mathew S C, Biju A T, et al. a novel reaction of the "huisgen zwitterion" with chalcones and dienones: an efficient strategy for the synthesis of pyrazoline and pyrazolopyridazine derivatives. Angewandte Chemie International Edition, 2007, 119(12): 2116-2119.

[219] Liu W, Khedkar V, Baskar B, et al. Branching cascades: a concise synthetic strategy targeting diverse and complex molecular frameworks. Angewandte Chemie International Edition, 2011, 30(50): 6900-6905.

[220] Baskar B, Wittstein K, Sankar M G, et al. Stereoselective cascade double-annulations provide diversely ring-fused tetracyclic benzopyrones. Organic Letters, 2012, 14(23): 5924-5927.

[221] Yang C J, Chen X Y, Tang T, et al. Annulation reaction of 3-acylmethylidene oxindoles with Huisgen zwitterions and its applications in the syntheses of pyrrolo[4,3,2-*de*]quinolinones and marine alkaloids ammosamides. Organic Letters, 2016, 18(6): 1486-1489.

[222] Nair V, Biju A T, Mohanan K, et al. Novel synthesis of highly functionalized pyrazolines and pyrazoles by triphenylphosphine-mediated reaction of dialkyl azodicarboxylate with allenic esters. Organic Letters, 2006, 8(11): 2213-2216.

[223] Lyu R, Cheng X, Zheng X, et al. Efficient synthesis of 1,2-bis(alkoxycarbonyl)pyrazol-3-ones from 2,3-allenoic acids, azodicarboxylates and $PPh_3$. Chemical Communications, 2014, 50(13): 1537-1539.

[224] Yang C J, Li J J, Zhou R, et al. Facile synthesis of spirooxindole-pyrazolines and spirobenzofuranone-pyrazolines

and their fungicidal activity. Organic & Biomolecular Chemistry, 2015, 13(17): 4869-4878.

[225] Fan Z, Shi Z, Zhang H, et al. Synthesis and biological activity evaluation of 1,2,3-thiadiazole derivatives as potential elicitors with highly systemic acquired resistance. Journal of Agricultural and Food Chemistry, 2009, 57(10): 4279-4286.

[226] Li Y M, Zhang H K, Wei R, et al. Chemo-and diastereoselective construction of indenopyrazolines via a cascade aza-Michael/aldol annulation of Huisgen zwitterions with 2-arylideneindane-1,3-diones. Advanced Synthesis & Catalysis, 2017, 359(23): 4158-4164.

[227] Lian Z, Guan X Y, Shi M. Phosphine-mediated annulation of *N*-protected imines with DEAD. Tetrahedron, 2011, 67(11): 2018-2024.

[228] Sankar M G, Garcia-Castro M, Wang Y, et al. A facile dipolar entry to diverse dihydro-1*H*-1,2,4-triazoles. Asian Journal of Organic Chemistry, 2013, 2(8): 646-649.

[229] Su Y, Jiang Z, Hong D, et al. Cascade synthesis of substituted 4-amino-1,2,4-triazol-3-ones from aldehyde hydrazones and azodicarboxylates. Tetrahedron, 2010, 66(13): 2427-2432.

[230] Zhang W, Zhu Y, Wei D, et al. Mechanisms of the cascade synthesis of substituted 4-amino-1,2,4-triazol-3-ones from Huisgen zwitterion and aldehyde hydrazone: a DFT study. Journal of Computational Chemistry, 2012, 33(7): 715-722.

[231] Yang C J, Liu W, He Z J, et al. Divergent reactivity of nitrocyclopropanes with Huisgen zwitterions and facile syntheses of 3-alkoxy pyrazolines and pyrazoles. Organic Letters, 2016, 18(19): 4936-4939.

[232] Kukhtin V A. Some new types of Arbuzov's regrouping. Doklady Akademii Nauk SSSR, 1958, 121(3): 466-469.

[233] (a) Ramirez F, Desai N B. Crystalline 1:1 adducts from the reaction of tertiary phosphite esters with *ortho*-quinones and with *alpha*-diketones. New routes to quinol-monophosphates and to ketol-monophosphates1. Journal of the American Chemical Society, 1960, 82(10): 2652-2653; (b) Ramirez F. Condensations of carbonyl compounds with phosphite esters. Pure and Applied Chemistry, 1964, 9(2): 337-370; (c) Ramirez F. Oxyphosphoranes. Accounts of Chemical Research, 1968, 1(6): 168-174.

[234] Miller E J, Zhao W, Herr J D. A nonmetal approach to $\alpha$-heterofunctionalized carbonyl derivatives by formal reductive X—H insertion. Angewandte Chemie International Edition, 2012, 51(42): 10605-10609.

[235] Zhao W, Fink D M, Labutta C A, et al. A $Csp^3$-$Csp^3$ bond forming reductive condensation of $\alpha$-keto esters and enolizable carbon pronucleophiles. Organic Letters, 2013, 15(12): 3090-3093.

[236] Zhou R, Liu R, Zhang K, et al. Metal-free formal carbon-halogen bond insertion: facile syntheses of 3-halo 3, 3′-disubstituted oxindoles and spirooxindole-$\gamma$-butyrolactones. Chemical Communications, 2017, 53(51): 6860-6863.

[237] (a) Rana S, Blowers E C, Tebbe C, et al. Isatin derived spirocyclic analogues with $\alpha$-methylene-$\gamma$-butyrolactone as anticancer agents: a structure-activity relationship study. Journal of Medicinal Chemistry, 2016, 59(10): 5121-5127; (b) Gomes N M, Bessa L J, Buttachon S, et al. Antibacterial and antibiofilm activities of tryptoquivalines and meroditerpenes isolated from the marine-derived fungi neosartorya paulistensis, *N. Laciniosa*, *N. Tsunodae*, and the soil fungi *N. Fischeri* and *N. Siamensis*. Marine Drugs, 2014, 12(2): 822-839; (c) Heindel N D, Minatelli J A. Synthesis and antibacterial and anticancer evaluations of $\alpha$-methylene-$\gamma$-butyrolactones. Journal of Pharmaceutical Sciences, 1981, 70(1): 84-86.

[238] (a) Reference 1b; (b) Xu S, Tang Y. Catalytic approaches to stoichiometric phosphine-mediated organic reactions. Letters in Organic Chemistry, 2014, 11(7): 524-533.

[239] Zhao W, Yan P K, Radosevich A T. A phosphetane catalyzes deoxygenative condensation of $\alpha$-keto esters and carboxylic acids via $P^{III}/P^{V}$=O redox cycling. Journal of the American Chemical Society, 2015, 137(2): 616-619.

[240] (a) Tang X, Chapman C, Whiting M, et al. Development of a redox-free Mitsunobu reaction exploiting phosphine oxides as precursors to dioxyphosphoranes. Chemical Communications, 2014, 50(55): 7340-7343; (b) O' Brien C J, Lavigne F, Coyle E E, et al. Breaking the ring through a room temperature catalytic Wittig reaction. Chemistry: A European Journal, 2013, 19(19): 5854-5858; (c) Van Kalkeren H A, Leenders S H A M, Hommersom C R A. In situ phosphine oxide reduction: a catalytic appel reaction. Chemistry: A European Journal, 2011, 17(40): 11290-11295.

[241] (a) Marsi K L. Phenylsilane reduction of phosphine oxides with complete stereospecificity. The Journal of Organic Chemistry, 1974, 39(2): 265-267; (b) Krenske E H. Theoretical investigation of the mechanisms and

stereoselectivities of reductions of acyclic phosphine oxides and sulfides by chlorosilanes. The Journal of Organic Chemistry, 2012, 77(8): 3969-3977.

[242] Corre E, Foucaud A. Synthesis of 2-acetyl-3-aryl-1,1-dicyano-2-methyl-cyclopropanes. Journal of the Chemical Society D: Chemical Communications, 1971, 11: 570.

[243] Fauduet H, Burgada R. A convenient synthesis of polysubstituted cyclopropanes. Synthesis, 1980, 642-644.

[244] Romanova I P, Bogdanov A V, Mironov V F, et al. Deoxygenation of some $\alpha$-dicarbonyl compounds by tris(diethylamino)phosphine in the presence of fullerene $C_{60}$. The Journal of Organic Chemistry, 2011, 76(8): 2548-2557.

[245] (a) Troshin P A, Lyubovskaya R N. Organic chemistry of fullerenes: the major reactions, types of fullerene derivatives and prospects for practical use. Russian Chemical Reviews, 2008, 77(4): 305-349; (b) Kumar A, Menon S K. Fullerene derivatized*s*-triazine analogues as antimicrobial agents. European Journal of Medicinal Chemistry, 2009, 44(5): 2178-2183; (c) Yin J J, Lao F, Fu P P, et al. The scavenging of reactive oxygen species and the potential for cell protection by functionalized fullerene materials. Biomaterials, 2009, 30(4): 611-621; (d) Enes R F, Farinha A S, Tome A C, et al. Synthesis and antioxidant activity of [60] fullerene-flavonoid conjugates. Tetrahedron, 2009, 65(1): 253-262; (e) Gubskaya V P, Berezhnaya L S, Gubaidullin A T, et al. Synthesis, structure and biological activity of nitroxide malonate methanofullerenes. Organic & Biomolecular Chemistry, 2007, 5(6): 976-981; (f) Witte P, Beuerle F, Hartnagel U, et al. Water solubility, antioxidant activity and cytochrome C binding of four families of exohedral adducts of $C_{60}$ and $C_{70}$. Organic & Biomolecular Chemistry, 2007, 5(22): 3599-3613.

[246] Zhou R, Yang C J, Liu Y Y, et al. Diastereoselective synthesis of functionalized spirocyclopropyl oxindoles via $P(NMe_2)_3$-mediated reductive cyclopropanation. The Journal of Organic Chemistry, 2014, 79(21): 10709-10715.

[247] Jiang T, Kuhen K L, Wolff K, et al. Design, synthesis and biological evaluations of novel oxindoles as HIV-1 non-nucleoside reverse transcriptase inhibitors. Part Ⅰ. Bioorganic & medicinal chemistry letters, 2006, 16(8): 2105-2108.

[248] Jiang J, Liu H, Lu C D, et al. $P(NMe_2)_3$-mediated aziridination of imines with $\alpha$-ketoesters for synthesis of aziridine-2-carboxylates. The Journal of Organic Chemistry, 2017, 82(1): 811-818.

[249] (a) Singh G S. Synthetic aziridines in medicinal chemistry: a mini-review. Mini Reviews in Medicinal Chemistry, 2016, 16(11): 892-904; (b) Pellissier H. Recent developments in asymmetric aziridination. Tetrahedron, 2010, 66(8): 1509-1555; (c) Watson I D, Yu L, Yudin A K. Advances in nitrogen transfer reactions involving aziridines. Accounts of Chemical Research, 2006, 39(3): 194-206.

[250] Zhou R, Zhang H, Liu J, et al. Chemoselective $P(NMe_2)_3$-mediated reductive epoxidation between two different carbonyl electrophiles: synthesis of highly functionalized unsymmetrical epoxides. The Journal of Organic Chemistry, 2018, 83(15): 8272-8280.

[251] Zhou R, Zhang K, Chen Y S, et al. $P(NMe_2)_3$-mediated reductive [1+4] annulation of isatins with enones: a facile synthesis of spirooxindole-dihydrofurans. Chemical Communications, 2015, 51(78): 14663-14666.

[252] Zhou R, Zhang K, Han L, et al. Unusual formal [1+4] annulation through tandem $P(NMe_2)_3$-mediated cyclopropanation/base-catalyzed cyclopropane rearrangement: facile syntheses of cyclopentenimines and cyclopentenones. Chemistry: A European Journal, 2016, 22(17): 5883-5887.

[253] Zhou R, Han L, Zhang H, et al. A deoxygenative [4+1] annulation involving *N*-acyldiazenes for an efficient synthesis of 2,2,5-trisubstituted 1,3,4-oxadiazole derivatives. Advanced Synthesis & Catalysis, 2017, 359(22): 3977-3982.

[254] Liu Y Y, Li H Y, Zhou X, et al. $P(NMe_2)_3$-mediated reductive (1+4) annulation reaction of isatins with nitroalkenes: an access to spirooxindolyl isoxazoline *N*-oxides and their corresponding isoxazolines. The Journal of Organic Chemistry, 2017, 82(20): 10997-11007.

[255] Eckert K E, Ashfeld B L. Aroyl isocyanates as 1,4-dipoles in a formal [4+1]-cycloaddition approach toward oxazolone construction. Organic Letters, 2018, 20(8): 2315-2319.

[256] Wang S R, Radosevich A T. Reductive homocondensation of benzylidene-and alkylidenepyruvate esters by a $P(NMe_2)_3$-mediated tandem reaction. Organic Letters, 2013, 15(8): 1926-1929.

# 3

# 叔膦催化的反应

3.1 叔膦催化的 Rauhut-Currier 反应
3.2 叔膦催化的 Morita-Baylis-Hillman 反应
3.3 叔膦催化的加成反应
3.4 叔膦催化的环化反应
3.5 叔膦催化的其他反应

有机合成中的化学反应大部分是靠催化剂催化的，以前人们普遍认为催化剂的类型主要是金属催化剂和酶催化剂，直到2000年，利斯特和麦克米伦提出第三种催化剂——有机催化剂，并且发展了有机小分子催化的不对称反应。这类催化剂建立在有机小分子上，有机小分子催化剂含有活泼化学基团且具有稳定的碳骨架，这些催化剂通常含有常见元素，如氮、氧、磷或硫，这些化合物用作催化剂的主要优点是催化剂类别广泛，合成容易，成本低廉，催化过程绿色环保。随着这一概念的提出，有机催化剂及有机催化反应立即得到了广泛研究，人们发展了各种有机催化剂，主要有胺、叔膦以及氮杂环卡宾等。2021年诺贝尔化学奖授予德国科学家本亚明·利斯特（Benjamin List）和美国科学家戴维·麦克米伦（David W.C. MacMillan）以表彰他们在不对称有机催化领域做出的突出贡献，也彰显了有机催化在有机合成中的重要性。

实际上，有机催化反应早已存在，特别是叔膦催化的反应早就被发现并用于有机合成。基于三价磷试剂的特性的叔膦催化目前已经成为有机合成中的重要工具。在有机合成中，叔膦化合物早就被广泛地应用，作为试剂已经发展了一系列经典的人名反应，例如 Wittig 反应、Staudinger 反应、Mitsunobu 反应；作为金属催化剂的配体在金属催化反应中也被广泛地应用。使用叔膦作为有机小分子催化一些有机合成反应，在20世纪60年代到80年代就开始有了一些零星的报道，到20世纪90年代以后，叔膦催化的有机合成反应开始快速发展，到目前为止，已经发展成为构筑碳-碳键以及碳-杂原子键的一种非常有效的方式。

叔膦催化反应源于叔膦中的磷原子拥有一对孤对电子，具有作为 Lewis 碱催化剂以及亲核性催化剂的特性。亲核叔膦催化剂与相应的胺类化合物相比拥有弱的碱性和强的亲核性（表3-1）[1,2]。

**表3-1　三级膦和三级胺的亲核性和碱性①**

| 三级膦 | p$K_a$[1] | $n$[2] | 三级胺 | p$K_a$[3] | $n$[2] |
|---|---|---|---|---|---|
| $PMe_3$ | 8.7 | — | $NMe_3$ | 9.8 | — |
| $PEt_3$ | 8.7 | 8.7 | $NEt_3$ | 10.8 | 6.7 |
| $PBu_3$ | 8.4 | 8.7 | $NBu_3$ | 9.9 | — |
| $PhPMe_2$ | 6.5 | — | $PhNMe_2$ | 5.2 | 5.6 |
| $PPh_3$ | 2.7 | 7.0 | | | |

① 共轭酸数据。

根据 Henderson 和 Buckler 的研究，三乙基膦的亲核性比三乙胺高 100 倍，而三乙胺的碱性是三乙基膦的 100 倍，而且叔膦的亲核性可以通过置换不同的取代基来实现调节，例如：三个取代基从苯基变化到乙基，叔膦的亲核性的变化值达到 $10^7$(Henderson 和 Buckler 的研究条件：25℃条件下在甲醇中不同的亲核底物对碘甲烷的取代)。因此，叔膦催化剂的催化活性可以非常方便地通过调节磷原子上连接的取代基来进行调节。

基于叔膦的强亲核性，其主要催化形式是对含有极性碳-碳重键以及碳-杂原子重键(主要是双键或者三键)的底物进行亲核加成，产生一个关键的两性离子中间体，然后这个两性离子中间体再对另一分子的亲电底物进行亲核加成。因此，叔膦催化发展的关键是选择合适的具有极性重键的亲电底物。到目前为止，比较适合的底物包括缺电子的烯烃、缺电子的联烯、缺电子的炔烃以及 Morita-Baylis-Hillman (MBH) 加成产物等，基于叔膦催化的这些关键底物的反应，人们已经发现了许多叔膦催化的新反应。

叔膦催化反应的另一个特点是叔膦催化剂和底物加成生成的两性离子中间体，由于含有一个鏻盐正离子，这个基团具有强拉电子效应，非常易于促进两性离子中间体发生质子转移，从而产生新的两性离子中间体或者磷叶立德中间体，进而产生新的反应位点接着发生新的反应，这就更加丰富了叔膦催化反应。常见的叔膦催化剂与关键反应底物的反应模式如图 3-1 所示。

叔膦催化剂对含有极性碳-碳重键底物进行亲核加成生成的两性离子中间体以及其丰富的共振形式构成了叔膦催化反应的丰富多彩性。两性离子中的碳负离子可以作为碱对具有酸性的前亲核试剂夺氢，从而产生新的亲核试剂，这些亲核试剂可以与碳-碳重键底物发生加成反应(图 3-2)。另外，两性离子中的碳负离子，或者其他杂原子负离子，可以与许多亲电试剂发生加成反应，从而发展出许多碳-碳键的成键反应或者环化反应，为新的多官能团化合物、碳环化合物以及杂环化合物的合成提供了广阔的合成平台。这些反应的主要类型如图 3-3 所示。

叔膦催化剂对含有极性碳-碳双键底物进行亲核加成生成的两性离子中间体可以与亲电性底物进行加成反应，如叔膦对丙烯酸酯进行加成，生成的两性离子中间体可以作为碳负离子对另一分子丙烯酸酯进行加成，通过质子迁移最终生成多官能团的丙烯酸酯双分子偶联产物，这就是 Rauhut-Currier 反应，而叔膦对丙烯酸酯进行加成生成的两性离子中间体对醛酮化合物的加成反应就是 Morita-Baylis-Hillman (MBH) 反应。叔膦对丙烯酸酯进行加成生成的两性离子中间体作为碱，夺取前亲核试剂分子中的氢原子，从而产生一个新的亲核试剂，可以对丙烯酸酯类化合物发生加成反应，即叔膦催化的 Michael 加成反应。而叔膦对缺电子的联烯酸酯或者炔酸酯的加成，可以通过质子迁移产生一个双键连接鏻盐正离子的中间体，从而产生极性反转加成(umpolung addition)，这些反应总结在图 3-2 中。

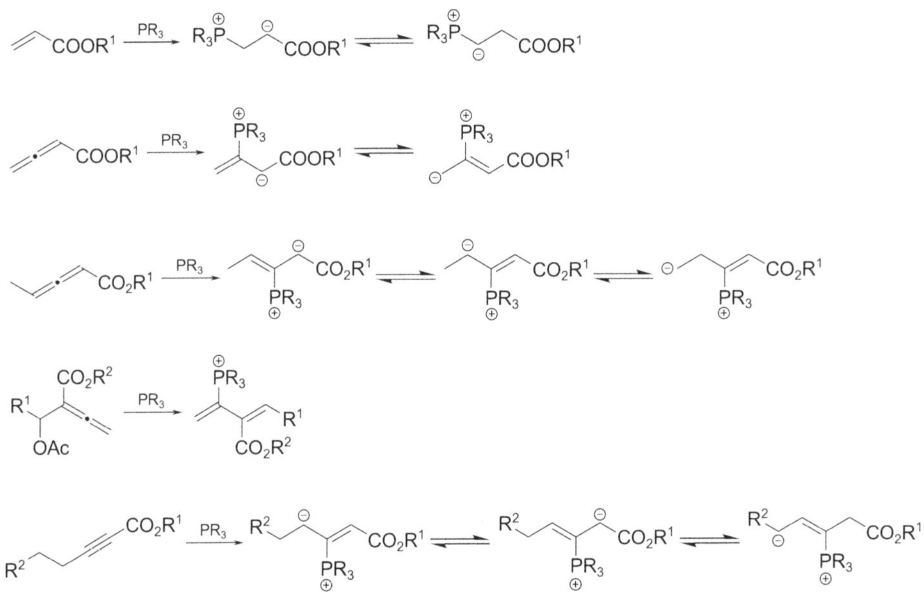

图 3-1　叔膦催化剂和常见底物加成生成的两性离子中间体

叔膦与缺电子的联烯酸酯或者 MBH 加成产物的加成反应生成的两性离子中间体，可以与其他不饱和键发生加成反应，接着进行环化生成相应的环状化合物，人们已经发展了一系列的叔膦催化的[3+2]、[4+2]、[4+3]和[4+1]等各种环化反应，为环状化合物的合成提供了有效的新方法，这些反应总结在图 3-3 中。

叔膦催化的反应丰富多彩，我们将以这些反应发展的时间顺序，分别对叔膦催化的 Rauhut-Currier 反应、Morita-Baylis-Hillman (MBH) 反应、Michael 加成反应以及以叔膦催化的环化反应为主线，结合关键的反应底物进行介绍，同时也将对这些反应的不对称催化和合成应用进行介绍。

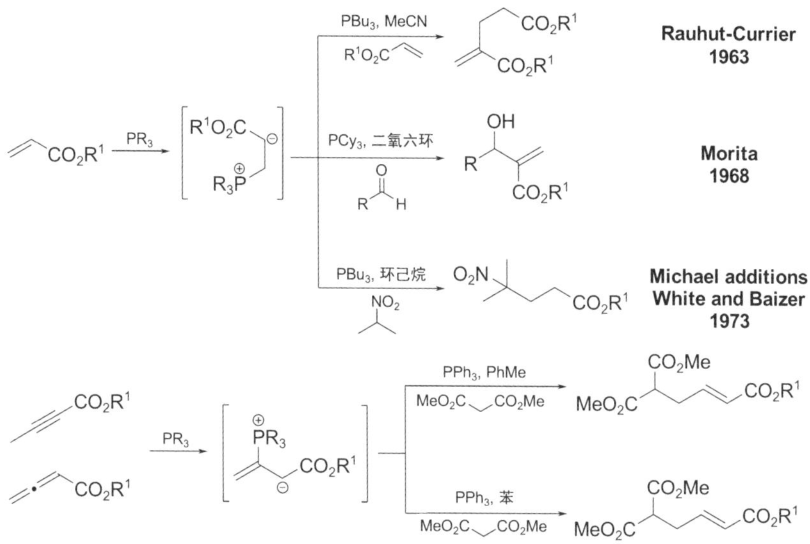


图 3-2　叔膦催化剂催化的加成反应类型

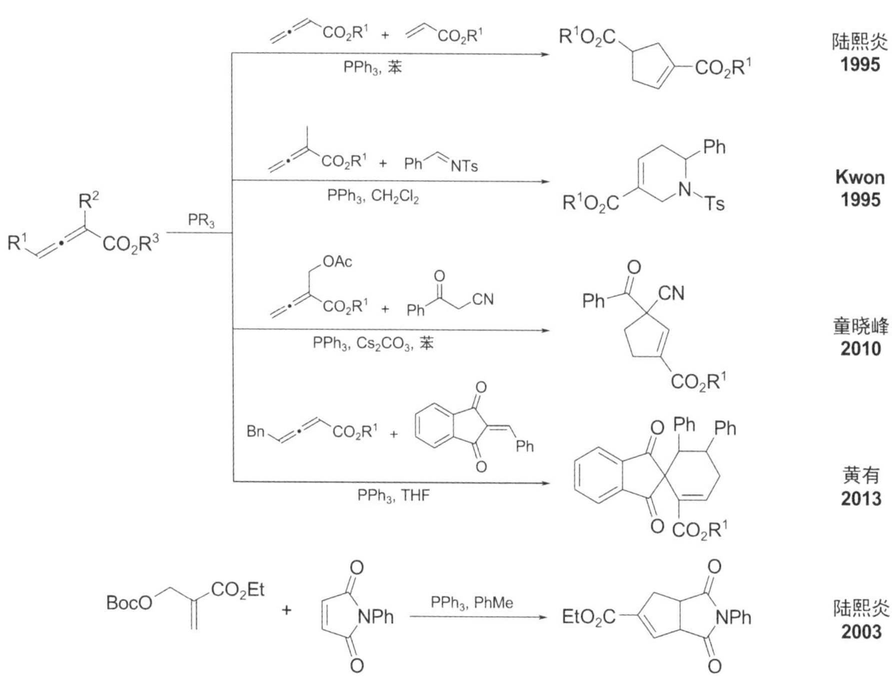


图 3-3　叔膦催化剂催化的环加成反应类型

# 3.1
# 叔膦催化的Rauhut-Currier反应

叔膦催化反应是一种高效构建碳碳键的方法，其中Rauhut-Currier(RC)反应(又被称为烯基Morita-Baylis-Hillman反应)，因其原子经济性高和官能团耐受性好而在近年来受到广泛的关注。该反应由Rauhut和Currier课题组在1963年首次发现，随后Morita和Kobayashi课题组于1969年报道了三环己基膦催化的富马酸酯和丙烯酸酯之间的交叉RC反应，能够以95.5%的收率得到RC产物。但是，之后的几十年间RC反应并没有得到突破性的发展，直到2002年Krische和Roush课题组分别独立报道了分子内交叉RC反应，人们的注意力才集中到分子内RC反应上，并实现了相应的不对称研究。2015年，黄有课题组设计了一类结构新颖的多官能团手性膦催化剂，首次实现了叔膦催化的不同烯烃之间的不对称交叉RC反应，反应具有很好的化学选择性、区域选择性和对映选择性。随后一系列新催化剂和底物也相继被开发，RC反应得到了进一步发展。但是RC反应的底物局限性、溶剂依赖性和选择性等挑战依旧存在。

## 3.1.1 叔膦催化的分子间RC反应

早期对RC反应的研究主要集中在活化烯烃的二聚上，而RC产物一般用作高聚物材料的单体。在条件优化过程中，壳牌开发公司使用质子性溶剂叔丁醇阻止活化烯烃的多聚反应；Baizer和Anderson课题组发现阻止丙烯腈的三聚和四聚反应比阻止丙烯酸酯的多聚需要更多的质子供体；Jenner课题组在探索有位阻的丙烯腈二聚时使用亲核性更强的三配位磷催化剂$P[N(CH_3)_2]_3$；而Verkade使用大位阻强亲核试剂$P(RNCH_2CH_2)_3N$($R = {}^iBu$或Bn)，使丙烯酸酯的二聚得到了更高的收率。Namboothiri首次把RC反应底物范围扩展到硝基烯烃，反应机理包含硝基离去步骤，与一般RC反应的历程有所不同。值得一提的是有时RC反应的副产物也有一定的应用价值，例如丙烯腈二聚的副产物1,4-二氰基-1-丁烯可后续转化，在环氧树脂的制备中有重要应用。

叔膦催化的分子间 RC 反应由 Morita 和 Kobayashi 课题组于 1969 年首次报道。但是分子间交叉 RC 反应除了面临活化烯烃同源二聚的副反应外，还有交叉反应选择性差的问题，反应效率不高。2015 年黄有课题组报道了芳基乙烯基酮和活化烯烃的分子间 RC 反应，并突破了其对映选择性难题。随后张俊良课题组等设计了一系列新的催化剂，用于高效催化不对称分子间 RC 反应。自此，分子间 RC 反应迎来了一段蓬勃发展期。

#### 3.1.1.1 叔膦催化的 RC 反应中的同源二聚

1963 年，Rauhut 和 Currier 课题组报道了膦催化的缺电子烯烃的二聚反应，后来被人们称为 RC 反应(图 3-4)[3]。该反应首先通过亲核催化剂(三烷基膦或三芳基膦)对活化烯烃进行可逆共轭加成生成两性离子中间体。两性离子中间体和第二当量的活化烯烃通过 Michael 加成生成中间体，随后通过质子转移，消去催化剂生成 RC 偶联产物。

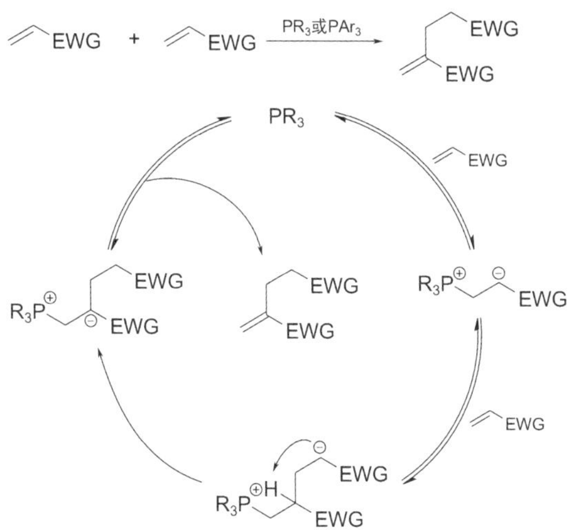


图 3-4 首例叔膦催化的丙烯酸酯分子间 Rauhut-Currier 反应

1965 年，壳牌开发公司申请了丙烯腈在叔膦催化下的二聚反应的专利(图 3-5)[4]。反应较优条件为：温度区间 100 ～ 150℃，溶剂为叔醇，叔膦用量 0.1% ～ 1%，反应时间 3 ～ 12h。惰性气体保护、无水条件下反应为佳，可容忍溶剂含水量 1% ～

2%，继续提高含水量则收率降低。封管中反应，压力略大于大气压，反应结束用酸猝灭，有利于提高收率。反应主产物为2-甲亚基戊二腈，但是副产物1,4-二氰基-1-丁烯可后续转化，在环氧树脂的制备中有重要应用。

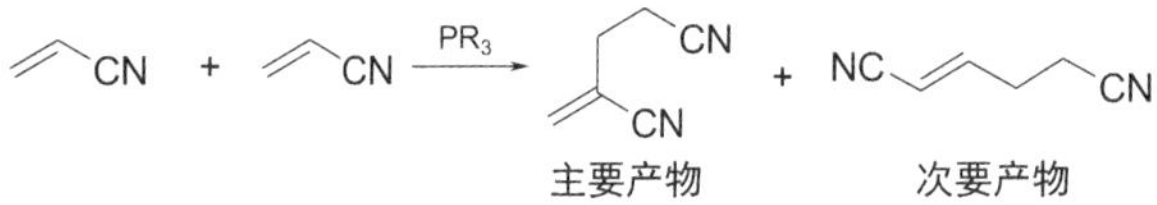


图 3-5　叔膦催化的丙烯腈分子间 Rauhut-Currier 反应

随后，Baizer 和 Anderson 课题组发现阻止丙烯腈的三聚和四聚反应比阻止丙烯酸酯的多聚需要更多的质子供体，因此他们改进了反应条件，即加入酸性更强的质子供体叔丁醇或水。作者还提出了反应的副产物1,4-二氰基-1-丁烯生成的可能反应机理，反应是经过关键的磷叶立德中间体进行的(图 3-6)[5]。

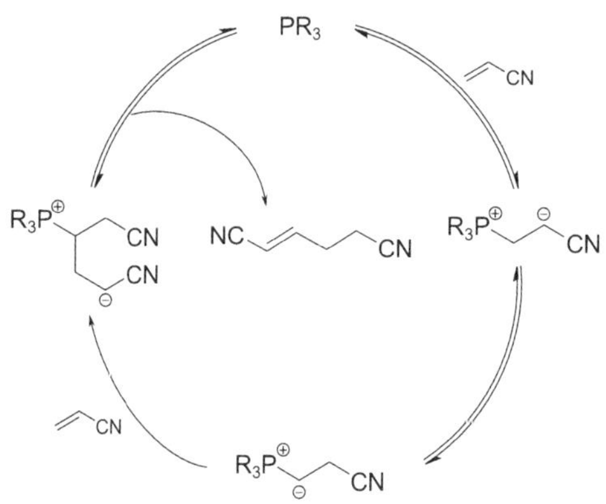


图 3-6　叔膦催化丙烯腈生成 1,4-二氰基-1-丁烯的反应机理

2000年，Jenner 课题组探索了 $\beta$ 位有取代基的丙烯腈的二聚反应条件(图 3-7)[6]。其中以丁烯腈为原料时，常压下使用 $P[N(CH_3)_2]_3$ 为催化剂可以得到87%的收率，加压条件下使用三丁基膦可得到定量的收率，而使用三苯基膦等固体膦催化剂则得不到产物；以肉桂腈为原料，即使在900MPa的高压下也无法得到产物；环己-1-烯-3-酮在常压下很容易二聚。总之，$\beta$ 位无位阻的活化烯烃容易聚合，而取代的丙烯腈化合物通常需要强亲核性的三配位磷催化剂或在高压条件(300MPa)下反应，这使选择性地制备高官能化的烯烃衍生物成为可能。

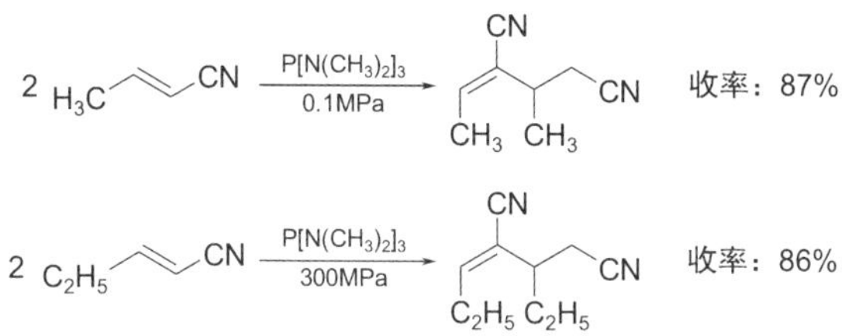


图 3-7 $\beta$－取代丙烯腈的二聚反应条件

2003 年，Verkade 课题组报道了丙烯酸酯二聚的新催化剂，使用 $P(RNCH_2CH_2)_3N$（R = $^t$Bu 或 Bn），分别得到 82% 和 85% 的收率（图 3-8）[7]。而使用小位阻的 $P(MeNCH_2CH_2)_3N$ 则主要得到低聚物和多聚物。利用 $N_{ax} \rightarrow P$ 的跨环相互作用，调控 P 上孤对电子的亲核性，使反应在室温下 4h 即可完成。

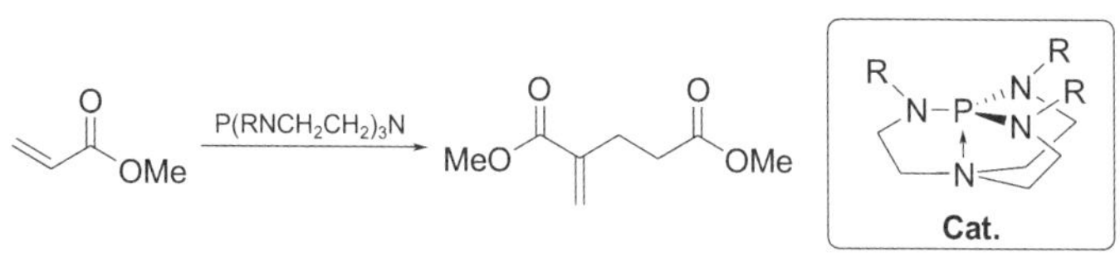


图 3-8 $P(RNCH_2CH_2)_3N$ 催化丙烯酸酯的二聚反应

2010 年，Namboothiri 课题组报道了硝基烯烃在三环己基膦催化下二聚生成二烯产物的反应，收率 58% ～ 79%（图 3-9）[8]。芳基可以是 2-呋喃基、2-噻吩基和 3-呋喃基，而苯基和 3-噻吩基则不发生该反应。作者提出了可能的反应机理，包含了一步硝基离去的历程。

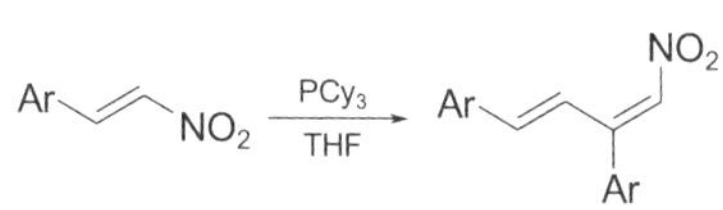


图 3-9 硝基烯烃在三环己基膦催化下的二聚反应

分子间交叉 RC 反应具有一定的底物依赖性。一般而言，被叔膦催化剂所加成的亲电试剂前体是 $\beta$ 位无取代基的活化烯烃，常见于丙烯酸酯、丙烯醛（酮）和乙烯基吡啶等。而被两性离子中间体所加成的 Michael 受体的 $\beta$ 位一般有一个取代基，取代基常为吸电子基团，总体而言 Michael 受体的亲电性强于亲核试剂前体（图 3-10）。

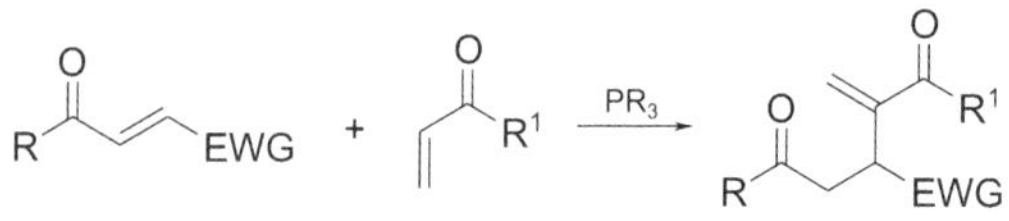

图 3-10　分子间膦催化 RC 反应

### 3.1.1.2　叔膦催化的丙烯酸酯前体的分子间 RC 反应

近年来 RC 反应因其重要性而被广泛研究，但其早期应用却仅限于丙烯酸酯和丙烯腈的自身二聚反应。因此，Morita 和 Kobayashi 课题组于 1969 年报道了丙烯酸甲酯与富马酸二酯或马来酸二酯的分子间 RC 反应（图 3-11）[9]。反应在氮气保护下，以二氧六环为溶剂，70℃反应 16h，收率 95.5%。

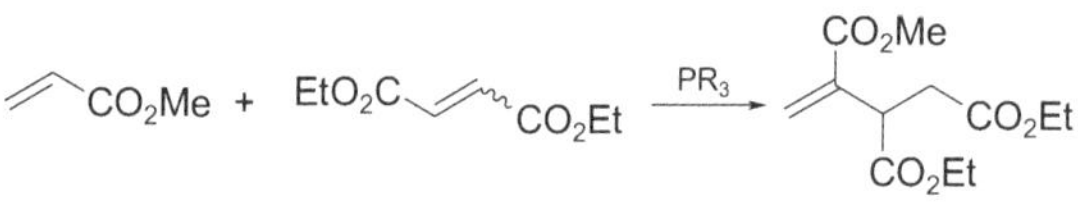

图 3-11　丙烯酸甲酯与富马酸二酯或马来酸二酯的分子间 RC 反应

1970 年，McClure 课题组报道了在三丁基膦的催化下，丙烯酸酯作为亲核试剂前体与丙烯腈在 100℃的反应（图 3-12）[10]。虽然只有一种交叉偶联产物 2-乙氧羰基-戊-1-烯腈，但是仍伴随有同源二聚物的生成，反应收率较低，选择性差。

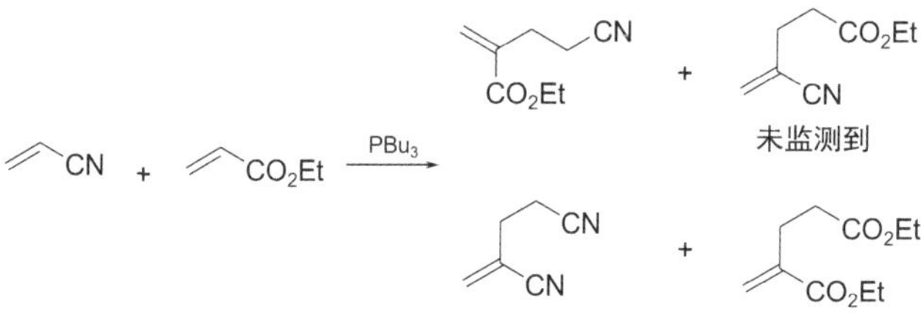


图 3-12　丙烯酸酯作为亲核试剂前体与丙烯腈的 RC 反应

2019 年，黄有课题组报道了三丁基膦催化的查耳酮与丙烯酸酯的交叉 RC 反应（图 3-13）[11]。该反应条件温和，操作简单，产物收率较高，反应具有较好的底物适应性和选择性，为多官能团化丙烯酸酯类化合物的合成提供了一种有效的新方法。

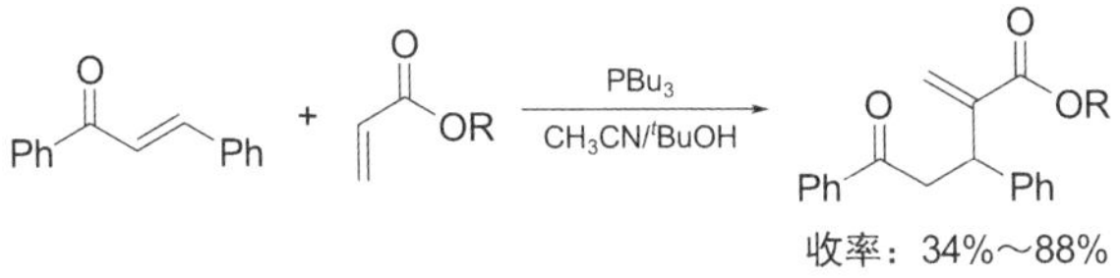


图 3-13　三丁基膦催化的查耳酮与丙烯酸酯的交叉 RC 反应

### 3.1.1.3　叔膦催化的丙烯醛（酮）前体的分子间 RC 反应

2015 年，黄有课题组报道了首例叔膦催化的不对称分子间交叉 RC 偶联反应(图 3-14)[12]。反应以芳基乙烯基酮为亲核试剂前体，在他们设计合成的多功能手性膦催化剂的作用下，产物收率高达 98%，*ee* 值 96%。值得一提的是，放大实验时，催化剂用量可低至 1%(摩尔分数)，是目前催化分子间交叉 RC 反应活性最高的催化剂之一。作者提出了可能的对映选择性模型，芳基乙烯基酮和叔膦催化剂形成的中间体被催化剂上酰胺氢和苯酚的羟基氢通过氢键所稳定。随后发生的 Michael 加成由于空间位阻的影响，更容易从 *Re* 面进攻。

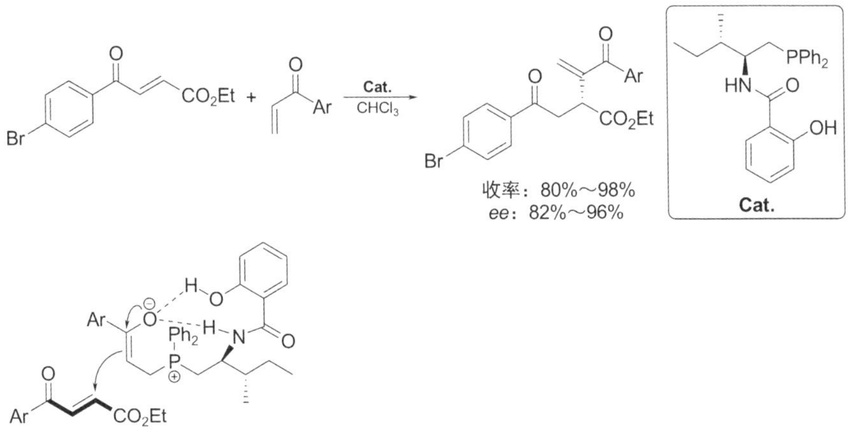


图 3-14　首例叔膦催化的不对称分子间交叉 RC 偶联反应

随后，张俊良课题组设计一系列手性酰胺叔双膦催化剂，用于催化烷基乙烯基酮和活化烯烃的分子间交叉 RC 反应，收率和 *ee* 值取得很好的结果(图 3-15)[13-16]。

2017 年，唐波课题组报道了烷基乙烯基酮和靛红衍生的活化烯烃的不对称分子间交叉 RC 反应(图 3-16)[17]。收率最高可达 98%，*ee* 值最高可达 97%。作者提出了可能的立体控制模型，手性叔膦催化剂与底物形成的两性离子中间体被氮氢和烯醇负离子的分子内氢键和底物中两个羰基所形成的分子间氢键所稳定(图 3-16)。这种相互作用使两个分子紧密结合，由于空间位阻的作用，两性离子中间体从 *Si* 面进攻 Michael 受体。

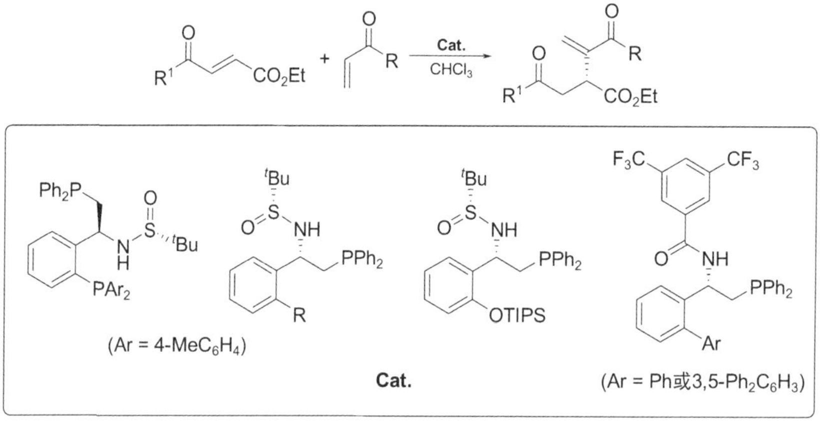

图 3-15　新型手性催化剂催化烷基乙烯基酮和活化烯烃的分子间交叉 RC 反应

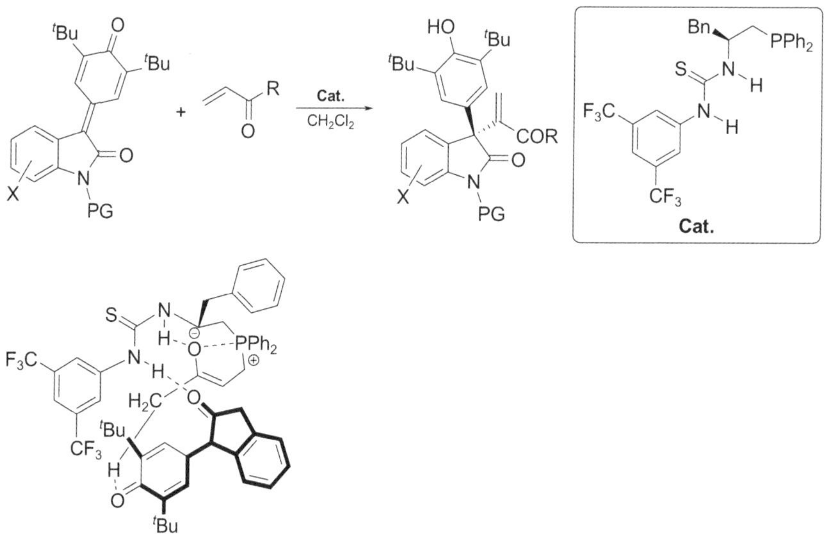

图 3-16　手性叔膦催化剂催化烷基乙烯基酮和亚吲哚酮基衍生物的不对称分子间交叉 RC 反应

2017 年，张俊良课题组和伍新燕课题组同时报道了分子间插烯 RC 反应，反应以烷基乙烯基酮和对甲亚基苯醌为底物，分别使用他们发展的有机膦催化剂以优异的收率和 *ee* 值实现了这一反应(图 3-17)[18-19]。他们还提出了可能的反应机理和可能的立体控制模型。

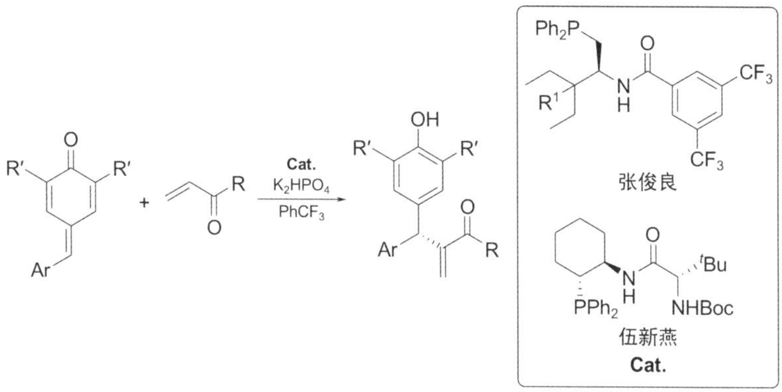


图 3-17 首例分子间插烯 RC 反应及反应机理

2019 年，陈应春报道了 2-呋喃基环戊(己)烯酮和丙二腈衍生物的分子间插烯 RC 反应(图 3-18)[20]。呋喃的 5 位是潜在的亲核位点，反应过程也可以看成是呋喃的傅-克烷基化过程。当环戊烯酮 $\alpha$ 位的取代基换成苯并呋喃时，反应发生在苯并呋喃的 3 位，且可以发生 RC/Michael 串联的形式[4+2]反应。

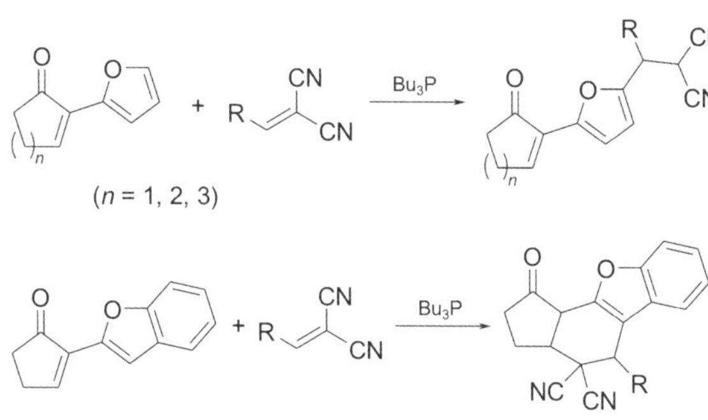


图 3-18 2-呋喃基环戊（己）烯酮和丙二腈衍生物的分子间插烯 RC 反应

### 3.1.1.4 叔膦催化的丙烯腈前体的分子间 RC 反应

2018 年，韩波课题组报道了 $\beta,\beta$-位双取代丙烯腈和硝基烯烃的分子间交叉 RC 反应，产物收率高，$Z : E > 95 : 5$(图 3-19)[21]。使用该方法可以制备三氟甲基化的四取代烯烃。值得一提的是，该方法是以硝基烯烃为 Michael 受体的分子间 RC 反应。

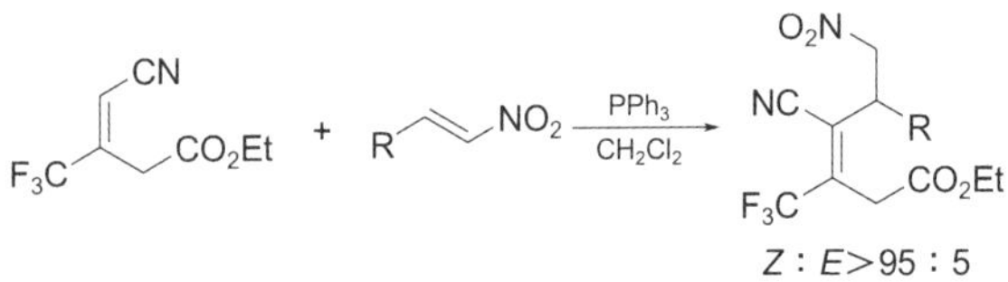


图 3-19　$\beta,\beta$-双取代丙烯腈和硝基烯烃的分子间交叉 RC 反应

### 3.1.1.5　叔膦催化的乙烯基吡啶前体的分子间 RC 反应

2018 年，王卫、李浩课题组报道了以乙烯基吡啶为亲核试剂前体的不对称分子间交叉 RC 反应，为合成各种吡啶衍生物提供了一种新方法(图 3-20)[22]。反应条件温和，收率和 *ee* 值均很高。作者还提出了可能的立体控制模型，催化剂上的氮氢通过氢键作用体现了重要作用。

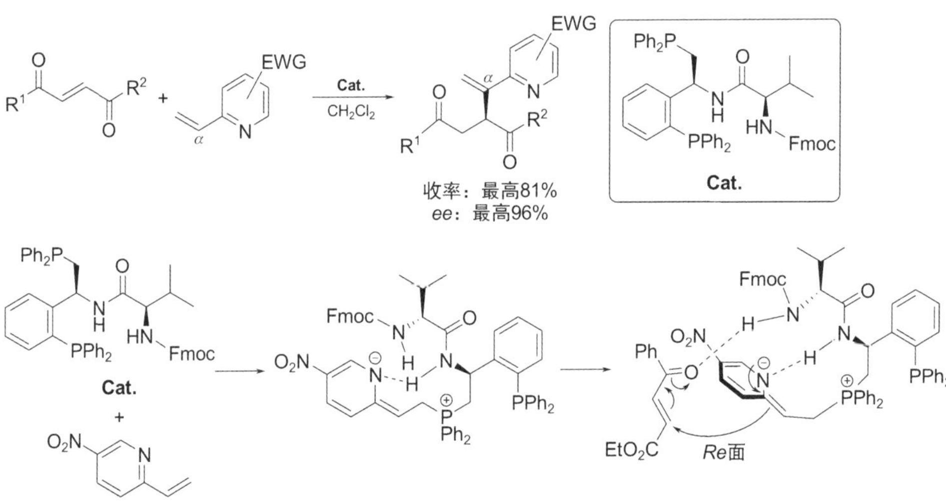


图 3-20　以乙烯基吡啶为亲核试剂前体的不对称分子间交叉 RC 反应及立体控制模型

## 3.1.2　叔膦催化的分子内 RC 反应

分子内的 RC 反应的底物主要是活化烯烃和对苯醌衍生物(图 3-21)。其中活化

烯烃部分可以是烯酸酯、烯酮、烯砜、烯酸硫酯和炔酸酯等，而对苯醌衍生物中的X可以是O和NTs。大量的研究围绕其分子内交叉RC反应和不对称反应展开。

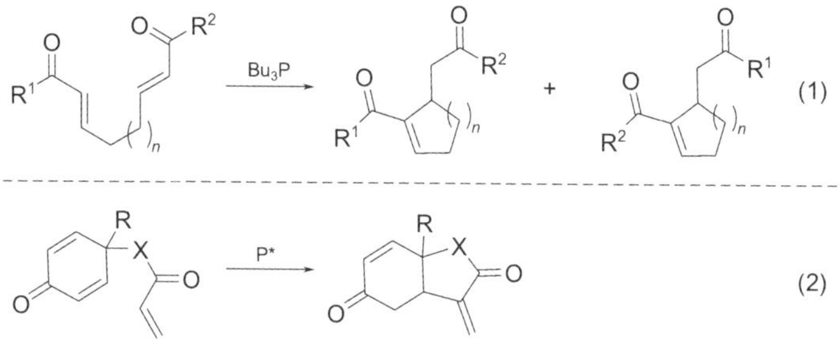

图 3-21 活化烯烃和对苯醌衍生物的分子内 RC 反应

### 3.1.2.1 叔膦催化的双丙烯酸酯（酮）衍生物的分子内 RC 反应

在解决分子间的RC反应选择性之前，Krische课题组和Roush课题组2002年用了新的策略来控制RC反应的选择性，通过连接活泼双烯，他们同时报道了首例叔膦催化的分子内RC反应，可以合成环戊烯和环己烯衍生物。Roush课题组使用的最优条件为0.1当量三甲基膦为催化剂(图3-22)[23]，叔戊醇为溶剂，反应收率为95%，区域选择性为97∶3。使用MBH反应中常见的氮亲核试剂如DABCO、DBU和DMAP则无法催化该反应。在所有反应实例中都是叔膦先加成到亲核性较强的Michael受体上，而亲核性较弱的不饱和羰基化合物则作为关环步骤的Michael受体。

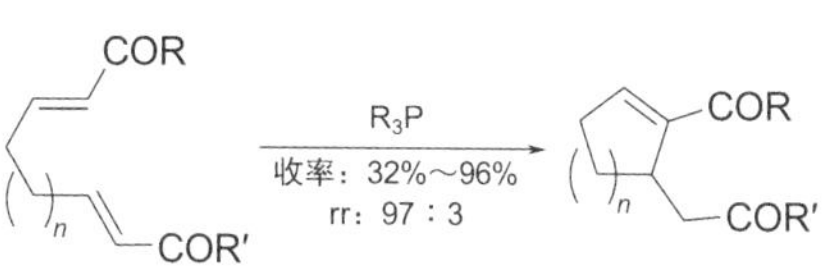

图 3-22 首例叔膦催化的分子内 RC 反应

Krische课题组使用的是三丁基膦催化剂(图3-23)[24]，Krische首次定义了Rauhut-Currier反应，并对反应的溶剂效应进行了较详细的研究，发现增大溶剂极性有利于提高反应速率，但会得到大量低聚物；对芳基取代的底物来说，使用中等极性的溶剂可以降低低聚物的生成，其中丙酮是最好的溶剂；对于强亲电基取代的底物则需进一步降低溶剂极性，乙酸乙酯是较为适合的；对于脂肪基取代的双烯酮，由于其较弱的亲电性，则需在叔丁醇中回流反应才能提高效率。非对称的双烯酮也可以发生反应。以 $n$=1 的双烯酮为原料得到 1∶1 的产物，可见一开始叔膦催化剂对不同烯酮的加成速率基本一致，而五元环的成环速率很快，成环步骤的动力学过程就被掩盖了，所以得到相同比例的异构体；以 $n$=2 的双烯酮为原料得到的产物比例为 7∶1，由于六元环的成环速率相对较慢，使膦加合物的预平衡得以建立，而成环是产物和反应速率的决定步骤。当烯酮上的电子效应和立体效应差别比较大的时候，产物几乎是唯一的异构体，叔膦先加成到亲电性较强或者位阻较小的烯酮上，而亲电性较弱或位阻较大的烯酮则作为关环步骤的 Michael 受体。Krische 课题组还把分子内 RC 反应的底物范围扩展至乙烯基砜[25]，并用光学纯的烯酮烯酸酯为底物，立体选择性地得到了单一异构体，并提出了可能的中间体立体模型。

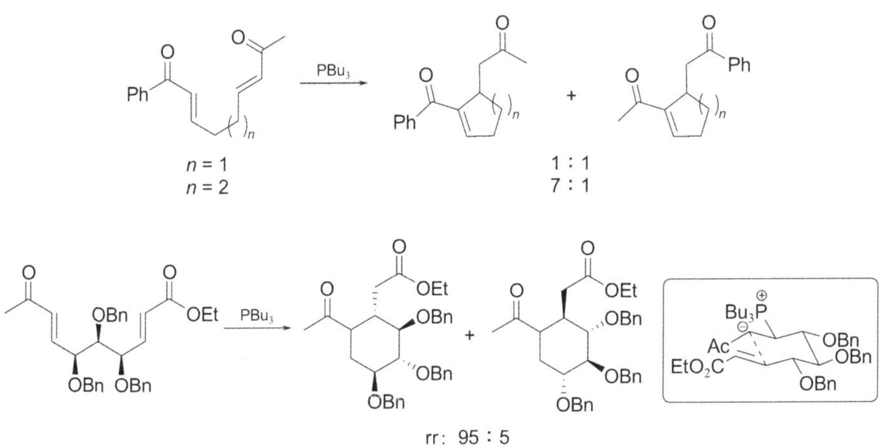


图 3-23　非对称双烯酮的分子内 RC 反应

同年，Kappel 课题组实现了苯丙活泼双烯的分子内 RC 反应，研究发现，双烯酸酯 / 酮类底物即使延长反应时间也无法发生分子内 RC 反应，可能是其亲电性太低无法形成含磷两性离子中间体的缘故。但是，烯酮烯酸酯底物则可以得到唯一产物(图 3-24)[26]。作者还发现了无法通过此法合成七元环。

接着，人们对不对称分子内 RC 反应进行了研究，2007年，Gladysz 课题组报道了含铼的手性叔膦催化的不对称分子内 RC 反应，*ee* 值最高可达 56%(图 3-25)[27]。手性催化剂需 9 步合成，总收率 36%。收率和 *ee* 值对溶剂和温度很敏感。作者把 RC 反应的 Michael 受体扩展到烯酸硫酯。

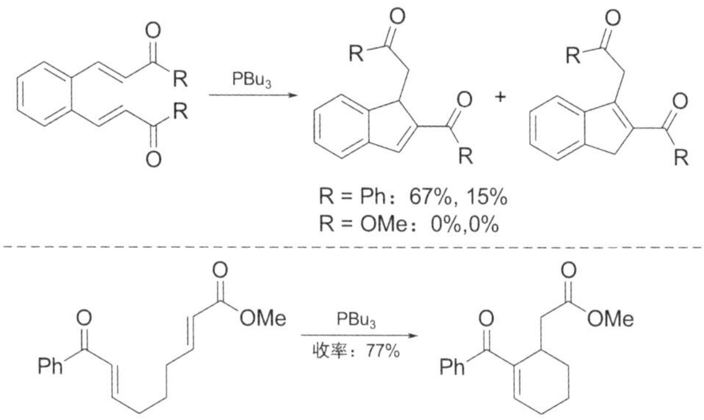


图 3-24 烯酮烯酸酯底物的分子内 RC 反应

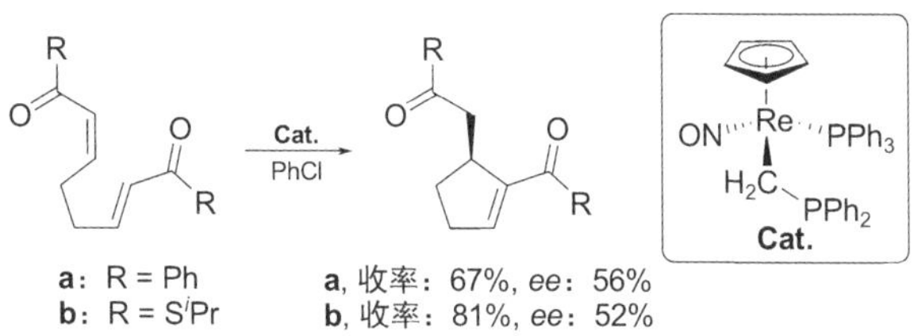


图 3-25 含铼手性叔膦催化的不对称分子内 RC 反应

2011 年，伍新燕课题组报道了缬氨酸衍生的手性硫脲叔膦催化的分子内 RC 反应，最优条件下收率 85%，*ee* 值 89%，但是反应时间很长，需 3.5 天(图 3-26)[28]。在非质子溶剂中，收率和 *ee* 值中等到好；极性质子溶剂可以缩短反应时间，但是会大大降低 *ee* 值。在极性非质子溶剂 DMSO 中，反应不发生。二氯甲烷是最优溶剂，降低反应物浓度，产物收率会明显降低，而降低温度会提高对映选择性(-30℃下 99.4% 的 *ee* 值)。

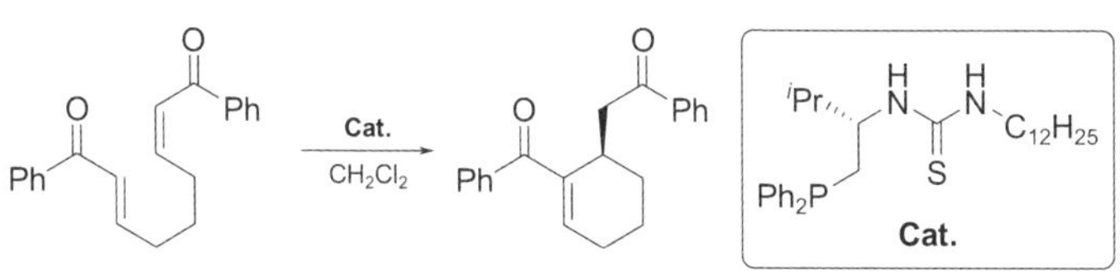


图 3-26 缬氨酸衍生的手性硫脲叔膦催化的分子内 RC 反应

2012 年，施敏课题组报道了一种联萘骨架的叔膦催化剂，用于不对称分子内 RC 反应，取得了很好的选择性，作者提出了立体控制模型(图 3-27)[29]。

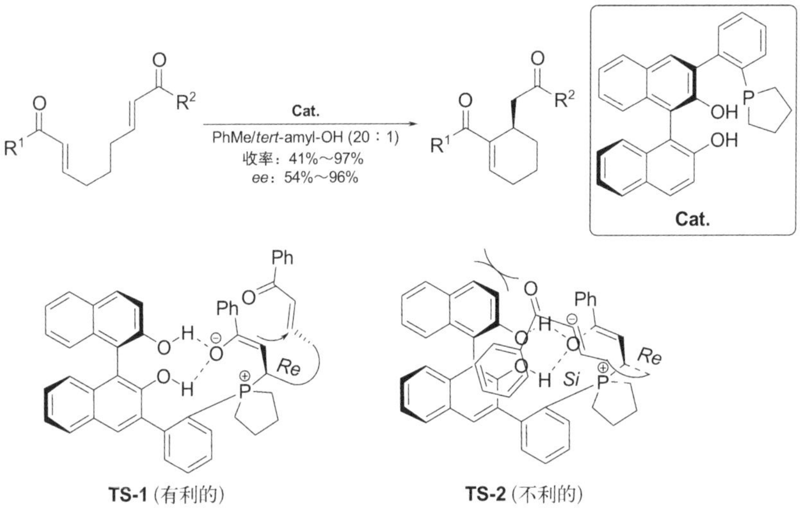


图 3-27　叔膦催化的不对称分子内 RC 反应

2012 年，MacKay 课题组用丙炔酸酯代替烯酸酯，可以合成带有双酯基的环戊烯和环己烯衍生物，收率中等(图 3-28)[30]。

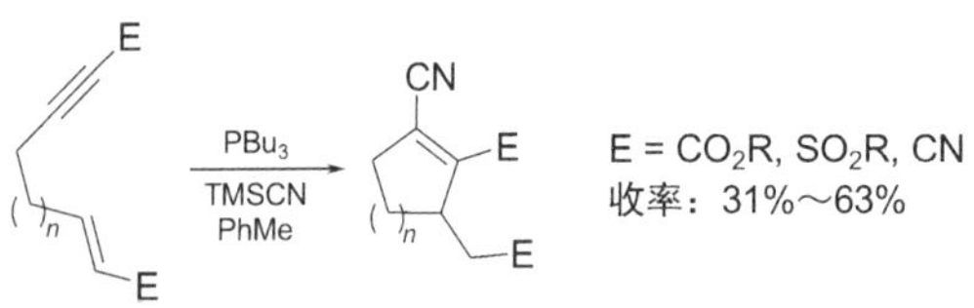


图 3-28　丙炔酸酯的分子内 RC 反应

2015 年，伍新燕课题组报道了一种基于环己烷骨架的手性硫脲叔膦催化剂，用于催化分子内双烯酮的不对称RC反应，收率和*ee*值均为中等到良好(图3-29)[31]。作者提出了可能的立体控制模型，叔膦催化剂上氮氢和 Michael 受体上的羰基间的氢键作用不仅稳定了两性离子中间体，还起到活化羰基的作用。由于位阻的作用，两性离子中间体发生分子内 Michael 加成时，烯醇负离子从 *Si* 面进攻。

同年，Grossmann 和 Spring 课题组以丙烯酸苯酯为亲核试剂前体，在一种新型二肽衍生的叔膦催化剂的作用下发生分子内 RC 反应，收率和 *ee* 值均可高达 99%(图 3-30)[32]。

2019 年，陈卫平和姜茹课题组报道了两种基于二茂铁骨架的手性叔膦催化剂，用于催化分子内 RC 反应，*ee* 值最高可达 99.9%(图 3-31)[33]。

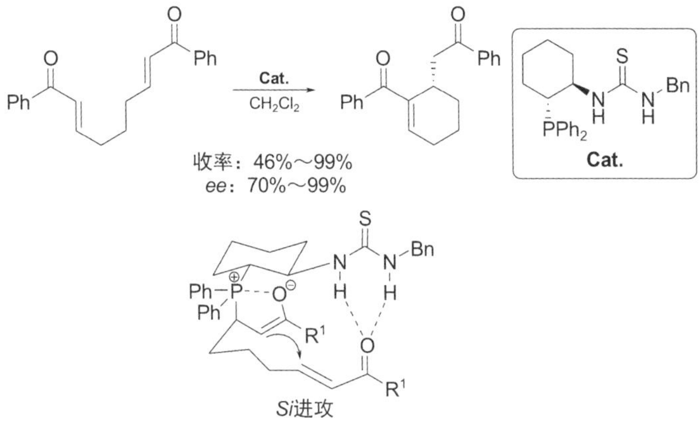


图 3-29　环己烷骨架的手性硫脲叔膦催化剂催化的分子内双烯酮不对称 RC 反应

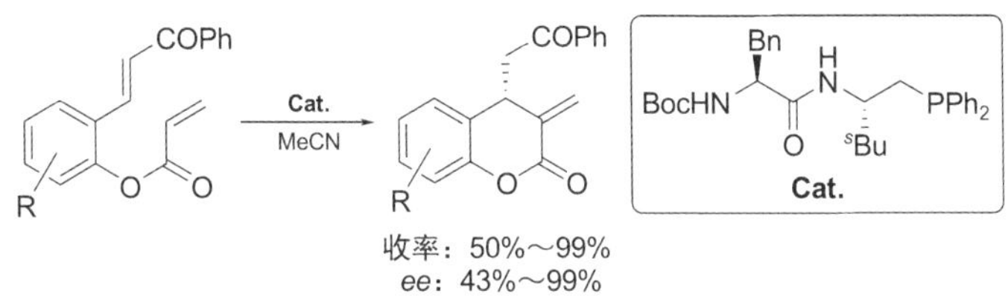


图 3-30　新型二肽衍生的叔膦催化的分子内 RC 反应

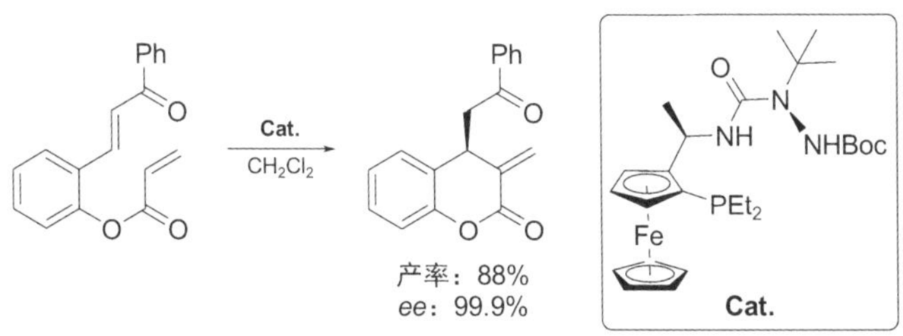


图 3-31　二茂铁骨架手性叔膦催化剂催化的分子内 RC 反应

### 3.1.2.2　叔膦催化的丙烯酸酯烯酮衍生物的分子内 RC 反应

2012 年，Sasai 课题组通过分子内不对称 RC 反应，完成了对苯醌衍生物的去对称化。在缬氨酸衍生的手性叔膦催化剂作用下，可合成含有一个季碳中心的手性化合物，收率和 *ee* 值均很高(图 3-32)[34,35]。但是，双烯酮的 $\beta$ 位含有两个甲基取代基时收率和 *ee* 值均为中等。作者提出了可能的机理和立体控制模型，催化剂上的氮氢通过氢键作用稳定两性离子中间体，并导向了立体选择性。

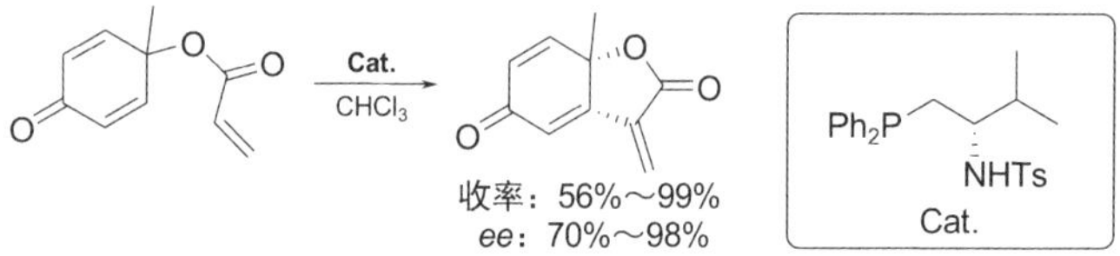


图 3-32　分子内不对称 RC 反应实现对苯醌衍生物的去对称化

随后，张俊良课题组报道了一种新型手性亚磺酰胺叔膦催化剂，用于催化该分子内 RC 反应，高收率和高 *ee* 值实现了这一分子内 RC 反应（图 3-33）[36]。

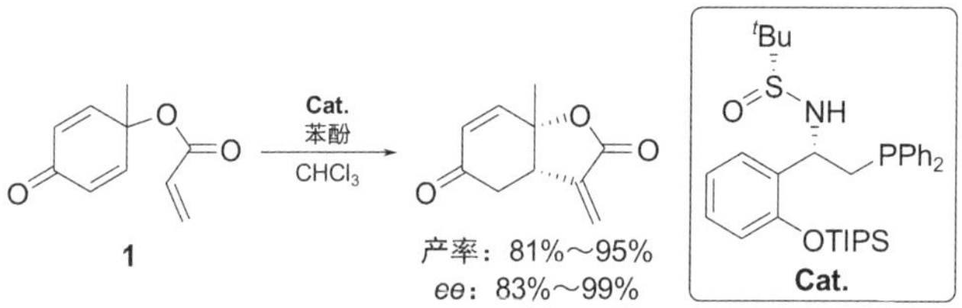


图 3-33　手性亚磺酰胺叔膦催化剂催化对苯醌衍生物的分子内 RC 反应

2017 年，黄有课题组报道了手性膦催化的对苯醌衍生物的去对称化，可以对映选择性地得到 $\gamma$-丁内酰胺化合物（图 3-34）[37-38]。根据实验结果，提出了反应机理及立体控制模型。

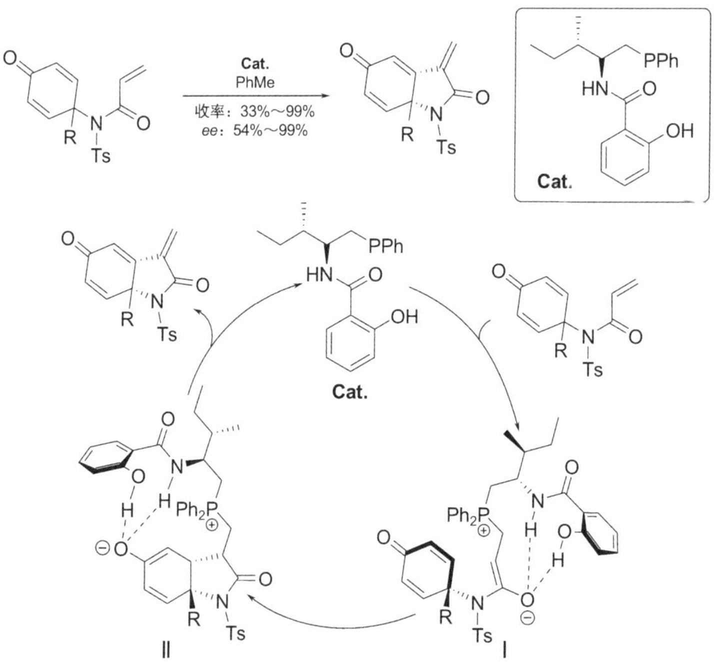


图 3-34　手性膦催化的对苯醌衍生物的去对称化反应

2017 年，樊春安课题组报道了氨基酸衍生的叔膦催化剂催化下的对甲亚基苯醌（*p*-QMs）的分子内 RC 反应。膦与活化烯烃形成的两性离子中间体对 *p*-QMs 部分进行 1,6-共轭加成，得到香豆素或喹啉酮衍生物（图 3-35）[39]。作者认为叔膦催化剂上的氮氢和烯醇负离子之间的氢键稳定了两性离子中间体，随后由烯醇位阻较小的 *Re* 面对 *p*-QMs 的 *Si* 面进行共轭的加成，所以产物是（*S*）- 选择性。

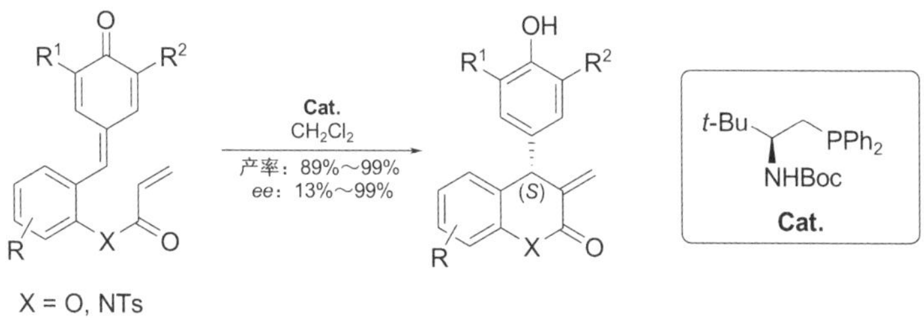


图 3-35　氨基酸衍生的叔膦催化剂催化对甲亚基苯醌的分子内 RC 反应

2018 年，卢一新课题组报道了对苯醌衍生物的分子内 RC 反应，立体选择性地构筑了八氢茚和吡喃骨架（图 3-36）[40]。硫脲催化剂上的氮氢与烯酮部分的氢键不仅起到稳定两性离子中间体的作用，还活化了羰基。

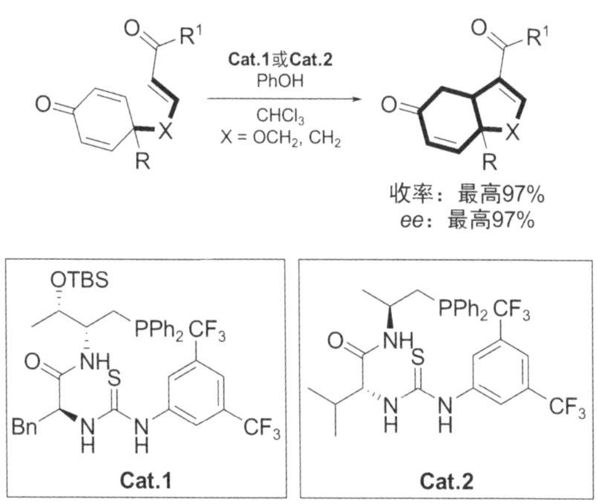


图 3-36　对苯醌衍生物的分子内 RC 反应立体选择性构筑八氢茚和吡喃骨架

## 3.1.3　叔膦催化的 RC 反应引发的串联反应

路易斯碱催化的串联反应是高效构筑碳（杂）环化合物的方法之一，常用的路易斯碱有叔胺和叔膦。RC 反应的产物是高官能化的缺电子烯烃，具有发生后续转化的潜力。串联的 RC 反应一方面可以把重要的活性中间体直接用于下一步反应，避免原有的副反应；另一方面可以推动反应平衡往目标产物移动，提高交叉 RC 反应的选择性。化学家们通过设计新底物策略和开发新催化体系的方法，实现了串联的 RC/Michael 和 RC/Aldol 等连续环化反应，可以构筑双环、螺环和桥环等具有重要合成意义的骨架。

#### 3.1.3.1 叔膦催化的 RC/Michael 串联反应

2004 年，Couturier 首次报道了膦催化的 RC/Michael 串联反应，实现了双环癸烷的合成(图 3-37)[41]。底物在三环己基膦的催化下得到中间体，由于膦催化剂的碱性无法催化第三个 Michael 加成，所以需额外的碱 CsF 来完成第二个环的构建。当反应体系中含有水时或者在质子溶剂中反应时，无需额外的碱也可发生该串联反应。

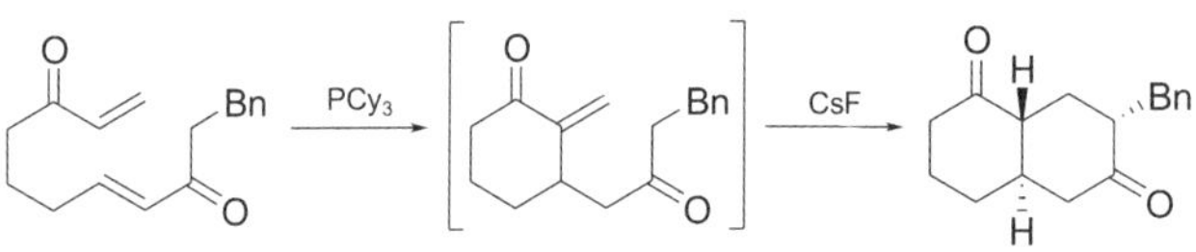


图 3-37　首例膦催化的 RC/Michael 串联反应

2012 年，钟国富课题组报道了 RC/aza-Michael 串联反应，可以高对映选择性合成手性四氢吡啶化合物(图 3-38)[42,43]。该形式[4+2]环化反应具有高度立体选择性，作者提出了可能的反应机理和立体控制模型。

2012 年，黄有课题组报道了一种具有高化学选择性和非对映选择性，简便高效构筑高官能化环戊烯的新方法(图 3-39)[44]。在叔膦催化剂作用下，活泼二烯与活泼氰基烯烃反应形成了两个新 C—C 键，一个季碳中心。优势产物为反式构型，这是联烯酸酯和活化烯烃环加成反应得到环戊烯的重要补充。

2013 年，黄有使用吲哚酮和共轭二烯酮在叔膦催化下发生 RC/Michael 串联反应，合成了一系列螺环吲哚化合物，产物构型反式：顺式最高可达 92：8(图 3-40)[45]。

2019 年，陈应春报道了 RC/Micahel 串联反应，该反应包含苯并呋喃的去芳构化及其与烯基吲哚酮的形式[4+2]环化反应(图 3-41)[46]。反应收率中等到好，非对映选择性和对映选择性非常好。值得一提的是，该反应是连有羰基这种较弱吸电子基的呋喃直接去芳构化的首例报道。

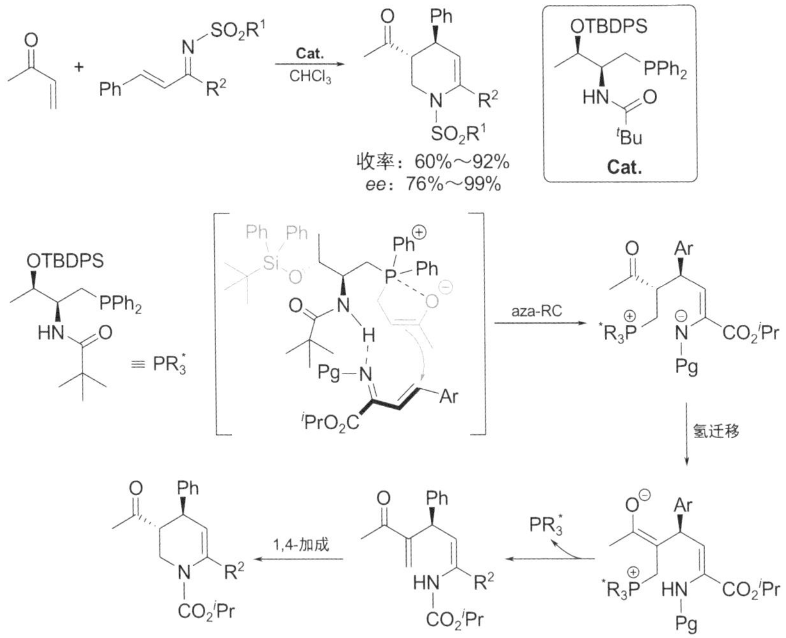


图 3-38 高对映选择性合成手性四氢吡啶化合物

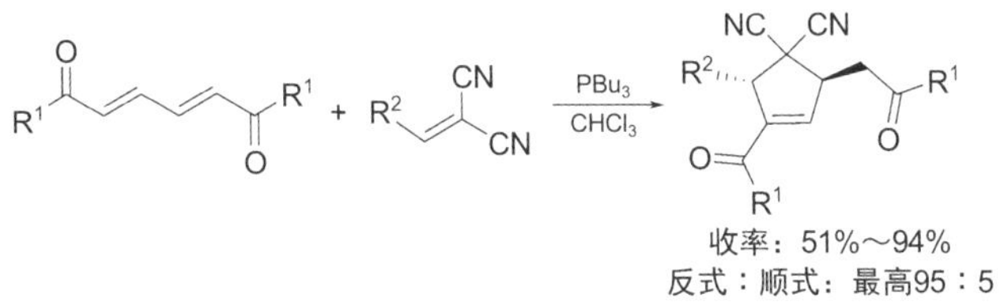


图 3-39 高效构筑高官能化环戊烯的新方法

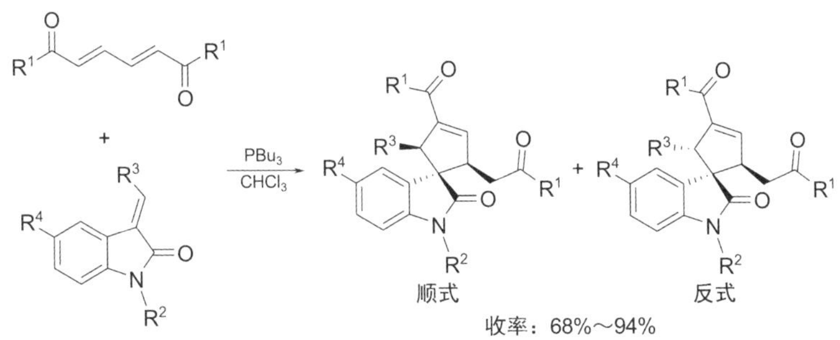


图 3-40 吲哚酮和共轭二烯酮在叔膦催化下的 RC/Michael 串联反应

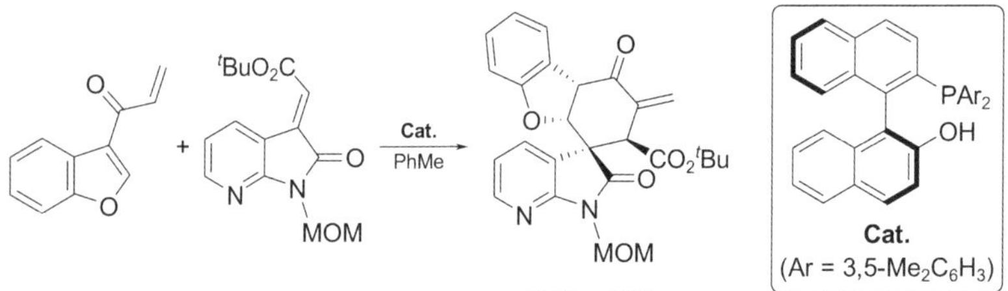


图 3-41　苯并呋喃的去芳构化及其与烯基吲哚酮的形式 [4+2] 环化反应

### 3.1.3.2　叔膦催化的 RC/Aldol 串联反应

2005 年，Roush 报道了二烯酮原料的 RC/Aldol 串联反应，可以在温和条件下高区域选择性地合成交叉共轭二烯酮[47]。

这种选择性令人意外，首先中间体的酮 $\alpha$ 位的 p$K_a$ 值相似，且产物热力学更稳定。而反应得到热力学更不稳定的异构体，作者认为反应过程中存在以下平衡。季鏻盐与邻近的羰基相互作用得到中间体，使得该羰基的 $\alpha$ 位更容易去质子化（图 3-42）。

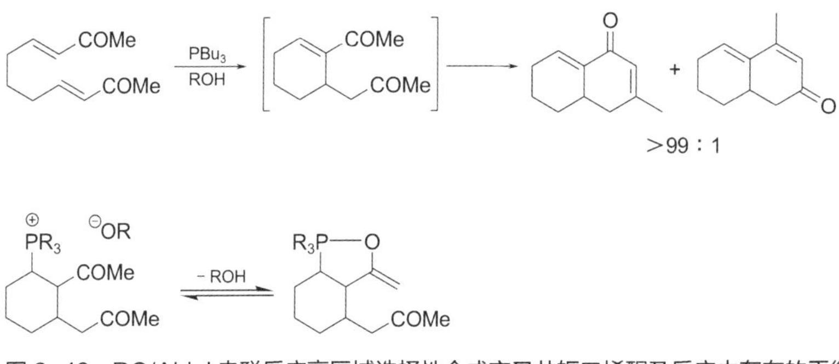


图 3-42　RC/Aldol 串联反应高区域选择性合成交叉共轭二烯酮及反应中存在的平衡

### 3.1.3.3　叔膦催化的 RC/Wittig 串联反应

2013 年，贺峥杰课题组报道了马来酰胺和活化烯烃分子间 RC 反应 / 分子内 Wittig 串联反应（图 3-43）[48]。使用该方法可以中等到好的收率制备高官能化的环戊烯并吡咯衍生物。作者提出了可能的机理，叔膦催化剂首先加成到苯基马来酰亚胺上，生成的两性离子中间体与活化烯烃反应，接着发生分子内 Wittig 反应得到双环产物。作者还通过控制实验指出，该反应是底物控制而不是条件控制。

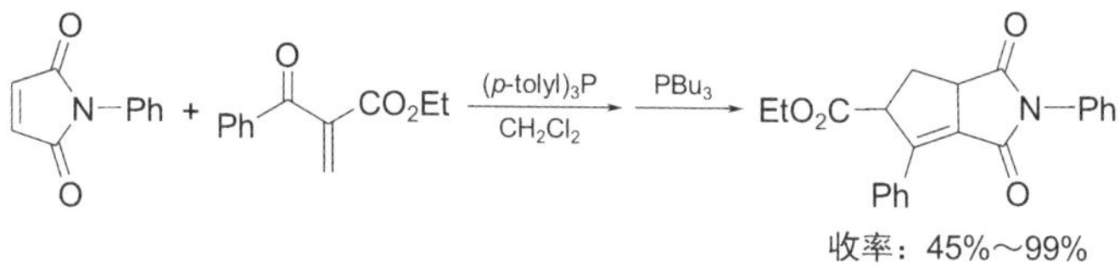


图 3-43　马来酰胺和活化烯烃分子间 RC 反应 / 分子内 Wittig 串联反应

### 3.1.3.4　叔膦催化的其他 RC 串联反应

2006 年，Schaus 报道了串联的 RC/Michael/Wittig 反应，高非对映选择性合成双环[3.2.1]辛烯酮(图 3-44)[49]。反应的最优条件是：以 $CH_2Cl_2$ 为溶剂，在一当量二乙基苯基膦和吡啶作用下，室温下反应。$R^1$ 可以是各种电子效应的芳基，当 $R^1$ 是烷基时，需使用三丁基膦。

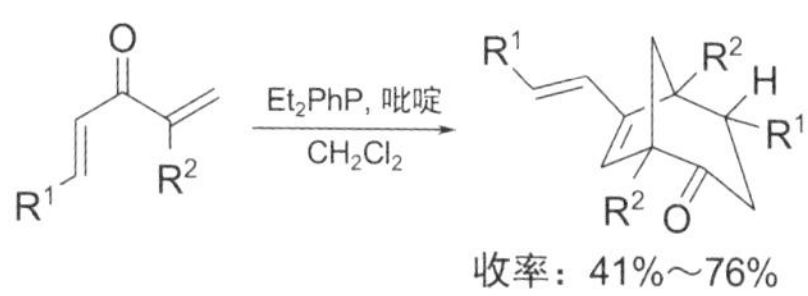


图 3-44　串联的 RC/Michael/Wittig 反应高非对映选择性合成双环 [3.2.1] 辛烯酮

2011 年，黄有课题组报道了双官能团叔膦催化剂催化的三组分交叉 RC/Michael/Aldol串联反应，其中两分子的丙烯醛参与了反应，可用于合成高官能化的环己烯衍生物(图 3-45)[50]。

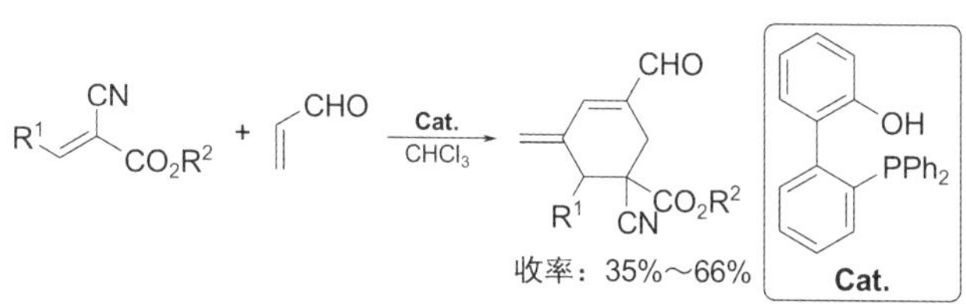


图 3-45　双官能团叔膦催化剂催化的三组分交叉 RC/Michael/Aldol 串联反应

2011 年，黄有课题组报道了 $\beta,\gamma$-不饱和 $\alpha$-酮酸酯和共轭活化烯烃的串联反应

（图 3-46）[51]。在催化量叔膦和化学计量叔膦的作用下可分别得到双环二氢呋喃衍生物和双环膦烷。

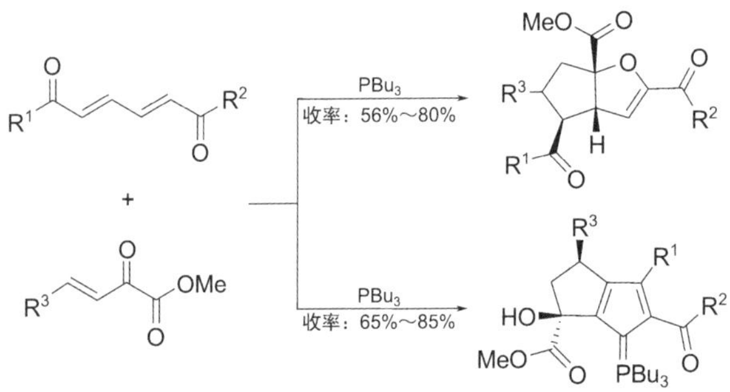


图 3-46　β,γ-不饱和 α-酮酸酯和共轭活化烯烃的串联反应

作者提出了可能的机理，当使用催化量的叔膦时，叔膦与底物加成得到的两性离子中间体 I 加成到酮酸酯上得到中间体 II。接着发生分子内质子转移得到中间体 III，随后发生分子内 Aldol 反应生成中间体 IV，最后极性反转加成并消去催化剂得到产物（图 3-47）。

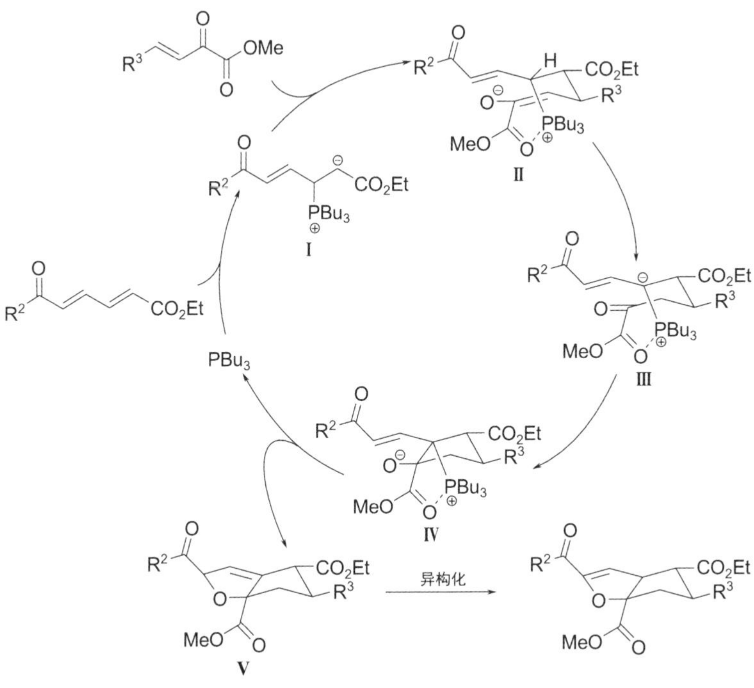


图 3-47　使用催化量叔膦可能的反应机理

当使用化学计量的叔膦时，中间体Ⅳ′发生质子转移并消去催化剂得到中间体Ⅵ，随后叔膦催化剂重新加成到中间体Ⅵ的活化烯烃上得到两性离子中间体Ⅶ，接着发生分子内 Aldol 反应，脱去一分子水得到双环膦烷产物(图 3-48)。

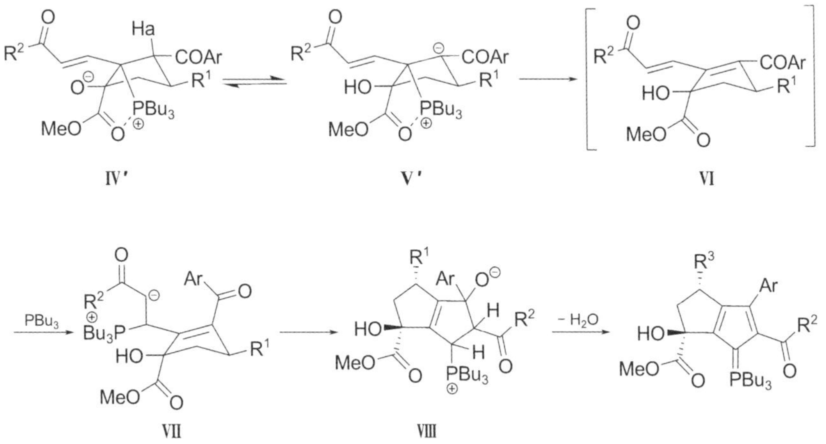

图 3-48　使用化学计量叔膦可能的反应机理

2014 年，施敏课题组首次报道了叔膦催化的亚吲哚酮基丙二腈和活化烯烃的形式[4+2]串联环化反应(图 3-49)[52]。该反应通过串联的 RC/Michael/RC 历程，具有中等到好的收率和较高的对映选择性。作者提出了可能的立体控制模型。

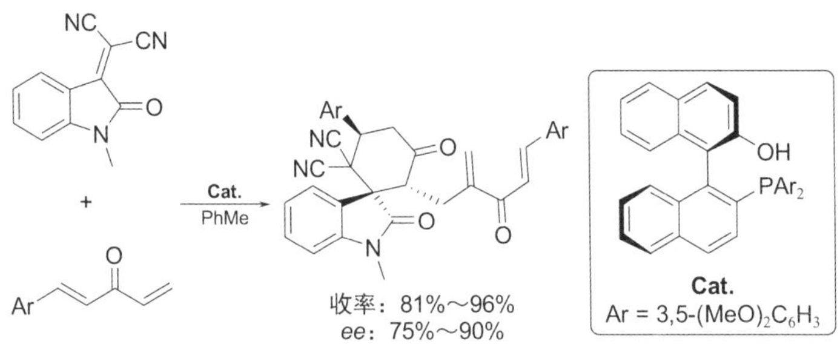

图 3-49　叔膦催化的串联的 RC/Michael/RC 反应

2021 年，林文伟课题组报道了分子内 RC 反应 / 酰基转移 / 分子内 Wittig 串联反应(图 3-50)[53]。该方法通过叔膦催化的 RC 型反应生成含磷两性离子中间体，并进一步在碱的存在下经过 *O*-酰化与酰氯形成七元甜菜碱中间体。研究表明，*δ*-酰化通过七元甜菜碱上的 C—O 键断裂随后的 Wittig 反应生成含有螺环骨架的化合物。

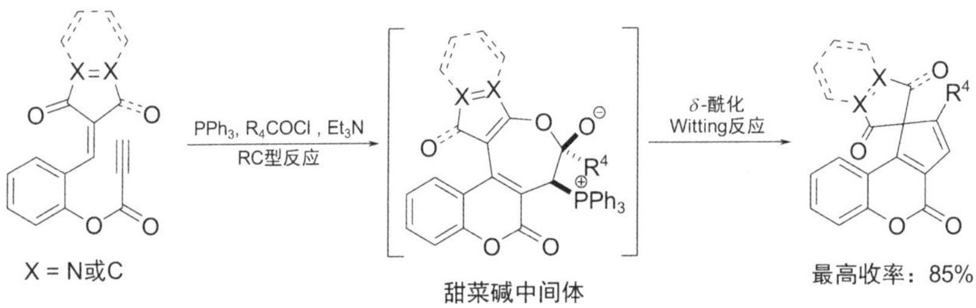


图 3-50 分子内 RC 反应 / 酰基转移 / 分子内 Wittig 串联反应

## 3.1.4 叔膦催化的 RC 反应机理研究

关于 RC 反应机理的系统研究的文献很少，大部分是通过控制实验证明其两性离子中间体的存在或者通过 DFT 计算确定反应的优势路径，并提出可能的立体控制模型和机理。1998 年，Hall 课题组对叔膦催化丙烯腈二聚的反应动力学及机理进行了研究；2003 年，Roush 课题组对分子内 RC 反应的溶剂效应进行了研究；2017 年，Li 课题组对膦催化的 *N*-苯基马来酰胺和 2-苯甲酰丙烯酸酯的分子间 RC 反应的机理及立体选择性进行了计算研究，阐明了添加剂苯甲酸对反应的促进作用机制。

RC 反应经过多年的发展，化学家们提出了公认的机理(图 3-51)。首先亲核催化剂(三烷基膦或三芳基膦)对活化烯烃 **I** 进行可逆共轭加成生成两性离子中间体 **II** 。烯醇盐和活化烯烃 **II** 通过 Michael 加成生成中间体 **III**，随后质子转移，消去催化剂生成 RC 偶联产物 **V** 。

1998 年，Hall 课题组对三价磷催化丙烯腈二聚的反应动力学及机理进行了研究，其主要目的却是为了提高 RC 副产物的收率(图 3-52)[54]。

丙烯腈的二聚有两种主要产物，其中 DCB(非 RC 产物)通过两步后续转化可以得到尼龙 66 的重要中间体 1, 6-己二胺。为了选择性得到 DCB，扩大其商业化应用，有必要就其反应动力学和机理进行研究。作者通过 GC 和 $^{1}$H NMR 监测反应，发现产物除了 MGN 和 DCB 外还有各种丙烯腈的三聚体和一种六聚体结晶。没有在 NMR 中检测到叶立德中间体，但却可用苯甲醛捕获证明其存在。从三聚体 / 丙烯腈转化率曲线是 S 形的(图 3-53)，可见三聚体的产生是由丙烯腈和 DCB 反应所得，而不是由两性离子中间体和丙烯腈反应所得。

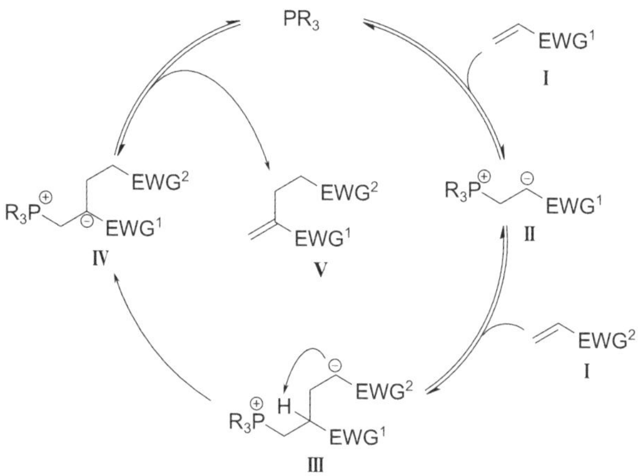


图 3-51　公认的 RC 反应机理

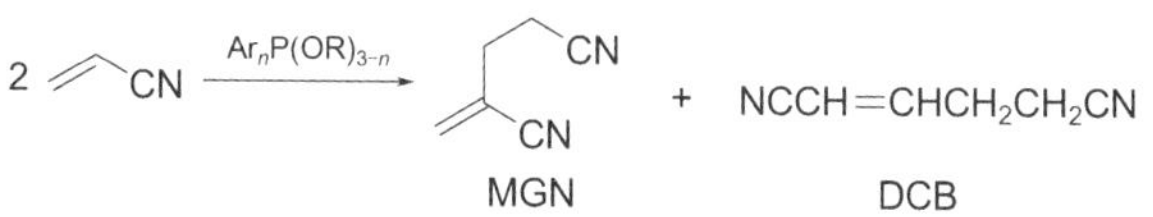


图 3-52　膦催化丙烯腈二聚的反应动力学及机理

丙烯腈和催化剂的反应是一级动力学过程。增加催化剂活性使反应生成 DCB 的选择性降低，其选择性明显取决于甜菜碱和叶立德之间的平衡。而其平衡间的转化可能是通过以下过程(图 3-54)。

作者还讨论了温度对反应速率和选择性的影响，最终得出使用二对甲苯基异丙氧基膦为催化剂，60℃反应，以 92% 的选择性得到 DCB 为最简便的条件。

2003 年，Roush 对分子内 RC 反应的溶剂效应进行了研究(图 3-55)[55]。底物在三甲基膦的催化下可以得到产物 **a**、**b** 和 **c**，因反应中间体具有较大的极性，所以溶剂化效应很显著。

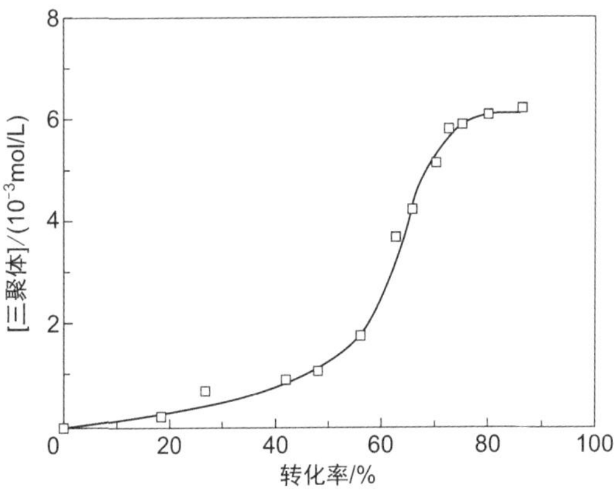


图 3-53　三聚体 / 丙烯腈转化率曲线

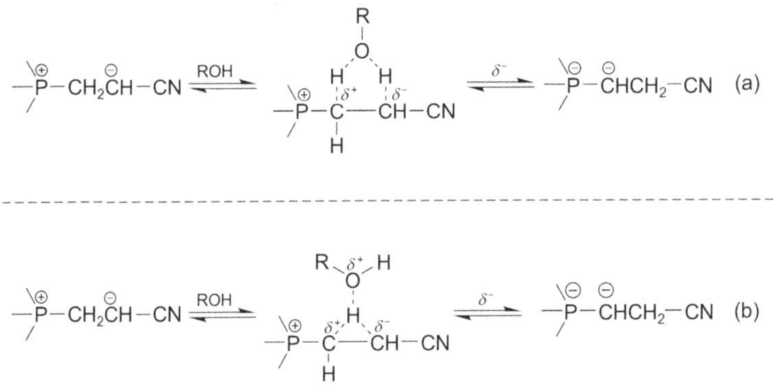

图 3-54　平衡间的转化

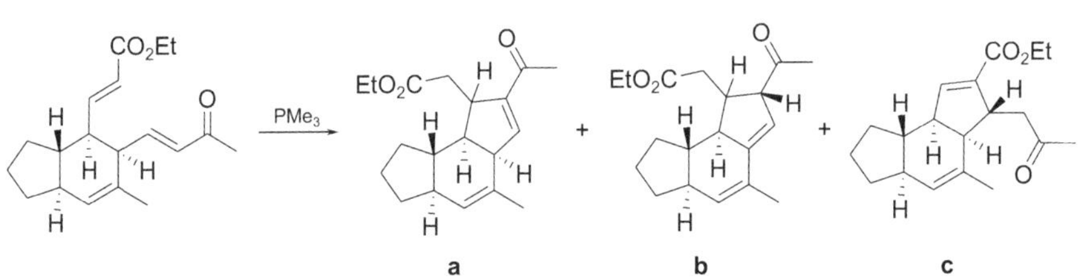

图 3-55　分子内 RC 反应的溶剂效应研究

当溶剂为三氟乙醇时，仅得到产物 **c**。当使用 THF/$H_2O$(3∶1)时，产物 **a** 是唯一的产物。使用三乙胺为催化剂、HMPA 为溶剂或者使用硫酚锂盐为催化剂、THF 为溶剂，则可以专一地得到产物 **b**。当溶剂为甲醇或者乙醇时，产物 **a** 是主产物约占 70%；当溶剂为异丙醇时则得到产物 **b** 和产物 **c** 各 50%；当溶剂为非质子溶剂 *N*-甲基吡咯烷酮或六甲基磷酰三胺时，产物 **b** 是主产物。当以乙腈为溶剂时，主要得到产物 **c**，以 DMSO 为溶剂时则得到三个异构体的混合物。

作者还提出了非 RC 产物产生的可能原因。产物 **b** 可能是底物先异构成化合物 **d** 再发生分子内 Michael 反应，或者中间体 **I** 烯丙位去质子化再脱去催化剂所得。产物 **c** 则是底物中烯酮的 $\beta$ 位由于烯丙基位阻作用使三甲基膦的加成受到抑制，叔膦更容易先加成到烯酸酯的 $\beta$ 位，继而引发分子内 RC 反应（图 3-56）。

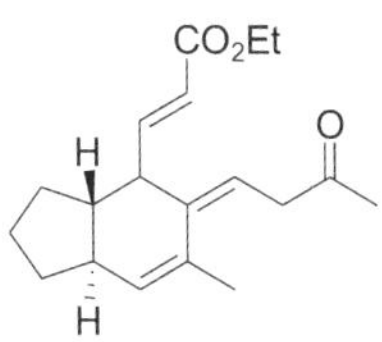

**d**

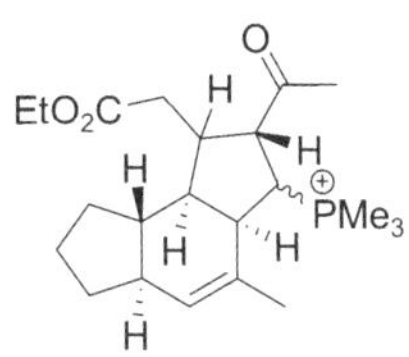

**I**

图 3-56　非 RC 产物产生的可能原因

2017 年，李彦课题组对膦催化的 *N*-苯基马来酰胺分子间 RC 反应的机理及立体选择性进行了计算研究（图 3-57）[56]。通过 DFT 计算作者研究了在添加剂存在与否条件下，各种反应路径的势能图。通过比较以下两条路径的活化能，可以看出苯甲酸的重要作用。在优势路径 **B** 中，膦催化剂首先对马来酰胺加成得到中间体 **B-1**（第一步），接着与活化烯烃反应生成中间体 **B-2**（第二步）。随后在苯甲酸的促进下发生两次质子转移：**B-2** 首先从苯甲酸上获取一个质子得到中间体 **B-3**，然后苯甲酸负离子拔掉 **B-3** 上酰胺 $\alpha$ 位的氢得到中间体 **B-4**（第三步）。最后消去催化剂得到交叉偶联产物。

通过 DFT 计算证明以上反应通过路径 **B** 生成 *S*-构型的交叉偶联产物是最有利的能量路径。第二步反应的自由能垒是 21.3kcal/mol，是反应的速率和立体选择性决定步骤。

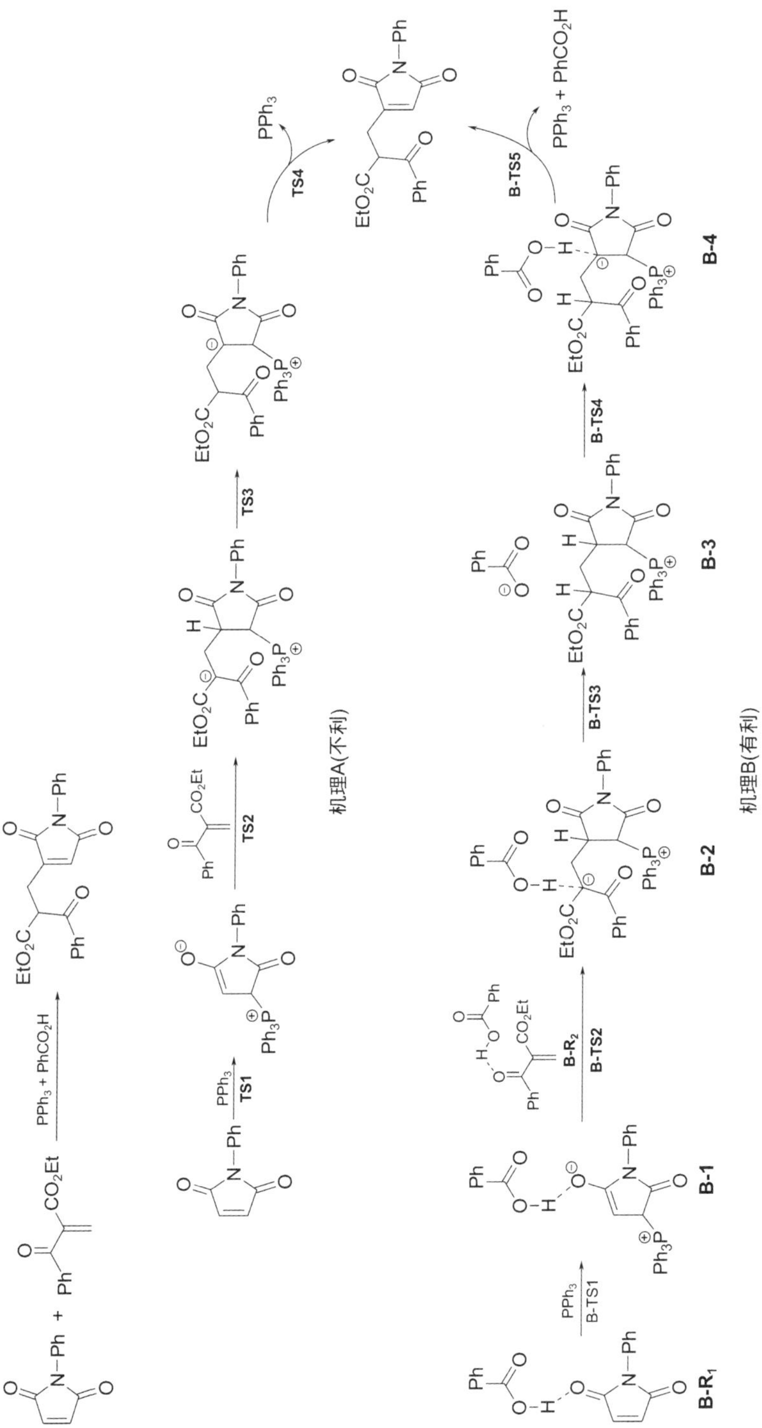


图 3-57 膦催化的 *N*- 苯基马来酰胺分子间 RC 反应及反应机理

# 3.2

# 叔膦催化的Morita-Baylis-Hillman反应

Morita-Baylis-Hillman 反应（简称 MBH 反应）是在叔膦或者叔胺催化下，缺电子烯基化合物与醛、酮或者亚胺反应，构建一个新的 C—C 键，得到类似 Aldol 加成反应的产物。该反应具有条件温和、原子经济性高的特点。MBH 反应原料易得，操作方便，已经在天然产物全合成，以及活性药物分子合成设计中得到广泛应用。

## 3.2.1 叔膦催化的首例 MBH 反应

叔膦催化的 MBH 反应，首先由 Morita 在 1968 年报道，在三环己基膦催化条件下，脂肪醛或者芳香醛，与丙烯腈或者丙烯酸酯反应，得到烯丙醇类化合物（图 3-58）[57]。1969 年 Morita 与 Kobayashi 报道了在三环己基膦催化下活化烯烃与富马酸二酯的反应[58]。1972 年，Baylis 与 Hillman 发表专利，首次报道了 DABCO（三乙烯二胺）作为催化剂，丙烯酸乙酯与乙醛反应得到 MBH 反应的产物[59]。

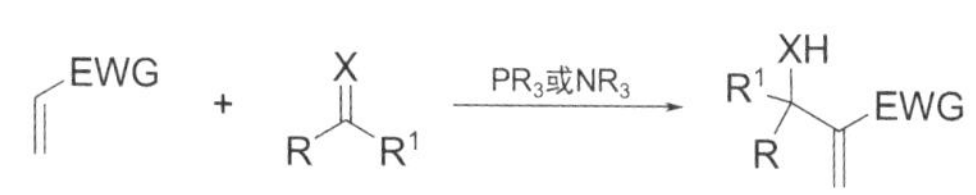


R = 芳基, 烷基; $R^1$= H, $CO_2R$; X = O, $NCO_2R$, NTs, $NC_6F_5$
EWG = 吸电子基团：COR, CHO, CN, $CO_2R$

图 3-58 Morita-Baylis-Hillman 反应

基于实验和理论研究证明 Morita-Baylis-Hillman 反应，首先是 Lewis 碱对 Michael 受体活化烯烃加成，得到的两性离子中间体对醛酮或亚胺进行 Aldol 加成，后经质子转移和消除得到目标化合物（图 3-59）[60]。具体的反应机理为: Lewis 碱催化剂（LB）亲核加成到活化的烯烃得到两性离子中间体，接着通过类 Aldol 加成到活化的醛或亚胺，随后发生质子转移，最后经过 $\beta$-消除脱去催化剂得到最终的 MBH 加成产物。

最近几十年 MBH 反应引起许多化学家的关注，已经发展成为十分高效的构筑碳碳键的方法[61]。尽管 MBH 反应已经得到充分的发展，但仍然存在某些反应底物的低反应速率和较低的对映选择性等缺点。叔膦具有较强的亲核性，且可以通过改变磷原子上的取代基，得到不同类型的 Lewis 碱催化剂，对提高 MBH 反应效率和不对称的 MBH 反应具有重要的研究价值。本节将从缺电子双键(Michael 受体)、亲电试剂、手性催化剂等方面介绍叔膦催化的 MBH 反应。

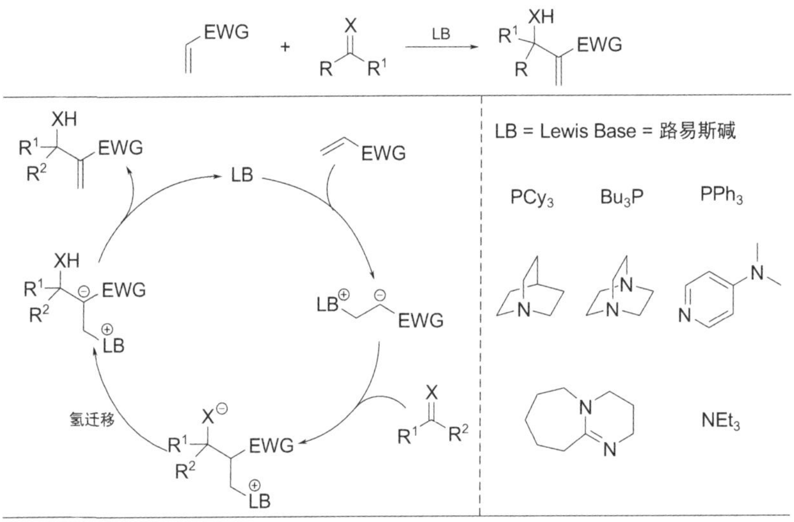


图 3-59　MBH 反应机理

## 3.2.2　参与叔膦催化的 MBH 反应的含不饱和碳碳键化合物

作为 Michael 受体的活化烯烃类化合物已经得到了充分的研究。作为 MBH 反应的重要部分，活化烯烃对该反应的反应速率和化学选择性具有较大的影响，该活化烯烃需要满足两个条件，首先，活化烯烃必须是良好的 Michael 受体，便于 Lewis 碱性催化剂的亲核进攻；其次，与催化剂发生 Michael 加成得到的两性烯醇类化合物，必须具备足够的亲核性参与后续反应。满足要求的活化烯烃常见为共轭烯酮、丙烯酸酯和丙烯腈类化合物，后续发展到炔酮类化合物。

### 3.2.2.1　叔膦催化的共轭烯酮参与的 MBH 反应

2000 年，Yamada 和 Ikegami 报道了三烷基膦催化的环戊烯酮与醛的 MBH 反应，其中需要苯酚和 BINOL（联二萘酚）作为添加剂[62]。Netherton 和 Fu 在 2001 年报道，采用三烷基膦四氟硼酸盐和苯酚钠体系也可以达到同样的催化效果（图 3-60）[63]。

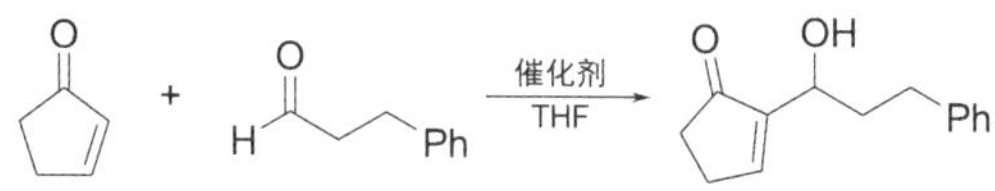


催化剂 = $PBu_3$/PhOH (1：1), 收率：96%; $[Bu_3PH]BF_4$/PhONa (1：1), 收率：94%

图 3-60　环戊烯酮参与的 MBH 反应

在 MBH 反应中，极性质子溶剂或质子性添加剂可以有效提升反应速率，还可以控制反应的选择性[64]，2003 年，Schaus 报道了三乙基膦催化的环己烯酮与醛的 MBH 反应，以氢化联二萘酚作为添加剂成功实现不对称 MBH 反应（图 3-61）[65]。

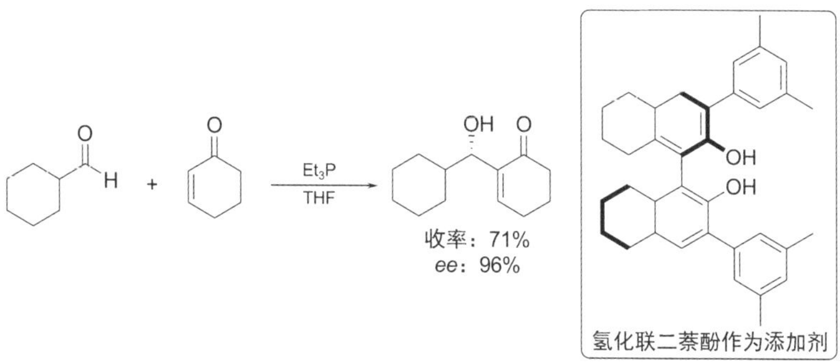


图 3-61　环己烯酮的 MBH 反应

### 3.2.2.2　叔膦催化的丙烯酸酯参与的 MBH 反应

丙烯酸酯参与的 MBH 反应得到的产物，可以看作是 Aldol 加成反应的类似物，因此得到广泛的关注。室温条件下，叔胺催化的丙烯酸酯参与的 MBH 反应效率较低，Rafel 和 Leahy 在 1997 年发现，采用三烷基膦作为催化剂可以明显提高反应速率（图 3-62）[66]。

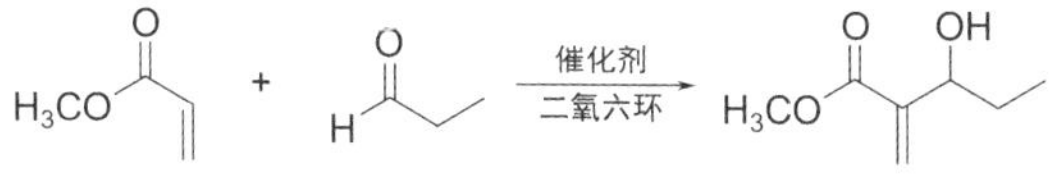


催化剂 = DABCO, 收率：84%;
$PBu_3$, 收率：80%

图 3-62　丙烯酸酯参与的 MBH 反应

### 3.2.2.3 叔膦催化的丙烯腈参与的MBH反应

丙烯腈参与的MBH反应，首先由Morita在1968年报道，采用三烷基膦为催化剂，得到相应的醇类化合物[57]。但采用DBU作为催化剂，可以达到相当的反应速率(图3-63)[67]。

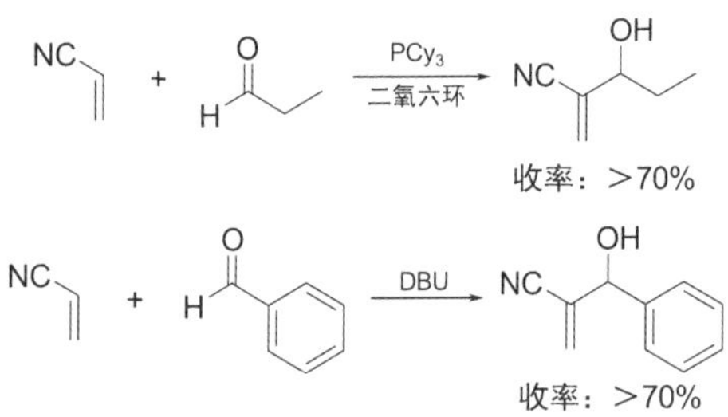


图3-63 丙烯腈参与的MBH反应

### 3.2.2.4 叔膦催化的α-硅基烯酮参与的MBH反应

烯酮参与MBH反应时，烯酮在Lewis碱催化下会发生自身二聚，得到Rauhut-Currier反应的副产物。Trofimov和Gevorgyan采用α-硅基烯酮作为Michael受体，以三(2,6-二甲氧基苯基)膦(TDMPP)作为催化剂，得到相应的MBH醇硅醚产物。其反应机理表明，催化剂加成之后得到的两性离子中间体，因为位阻原因，较难发生自身的二聚反应，与醛加成之后，经1,2-Brook重排，最后E1cb消除离去大位阻的TDMPP催化剂，得到目标化合物(图3-64)[68]。

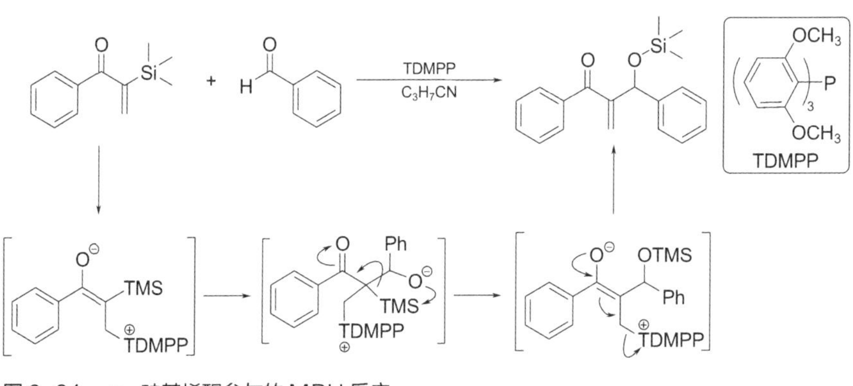


图3-64 α-硅基烯酮参与的MBH反应

#### 3.2.2.5 叔膦催化的炔酮参与的MBH反应

2021 年，林文蔚课题组报道了由三苯基膦催化炔酮的 MBH 反应，该反应使用一锅法经 MBH/Wittig 反应及 MBH/ 酰基迁移 /Wittig 反应过程，能够以 80% 以上的收率获得不同类型的香豆素和喹喏啉酮类产物(图 3-65)[69]。

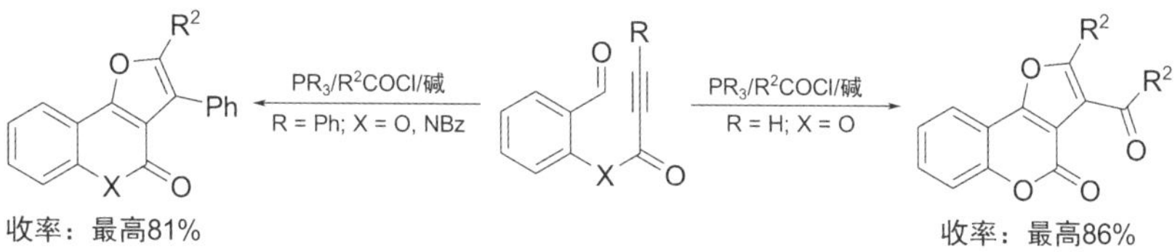


图 3-65　炔酮参与的 MBH 反应

### 3.2.3 叔膦催化的亚胺参与的MBH反应

除了醛酮作为亲电试剂参与的 MBH 反应之外，亚胺的 MBH 反应(亦称 aza-MBH 反应)也得到了充分的发展，与醛酮 MBH 反应机理一致，且都有反应速率慢的缺点。尽管多氟取代的 *N*-芳基亚胺可以参与 MBH 反应[70]，但因亚胺氮上的取代芳基吸电子性较弱，*N*-芳基亚胺与丙烯酸酯的 MBH 反应鲜有报道。甲基乙烯基酮与 *N*-芳基亚胺的 aza-MBH 反应，需要亚胺碳上含有吸电子活化基团，这样可以增加亚胺碳的亲电性，反应才可以顺利进行，如下反应，在 30% 的 $Ph_3P$ 作为催化剂催化下，需要进行 3 天时间才可以达到 69% 收率(图 3-66)[71]。

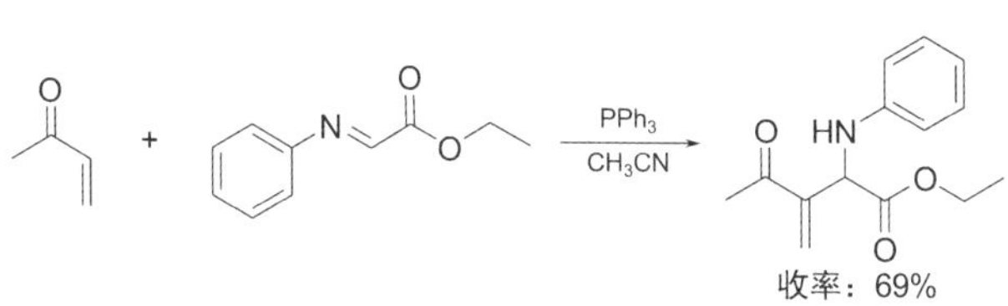


图 3-66　亚胺的 aza-MBH 反应

Kahn 课题组在 1989 年报道了原位生成的 *N*-烷氧基酰基亚胺或者 *N*-对甲苯磺酰亚胺参与的 aza-MBH 反应，以异丙醇为溶剂，0.8% 的 $Ph_3P$ 为催化剂，40℃反应 40h，以中等到好的收率得到相应的产物(图 3-67)[72]。

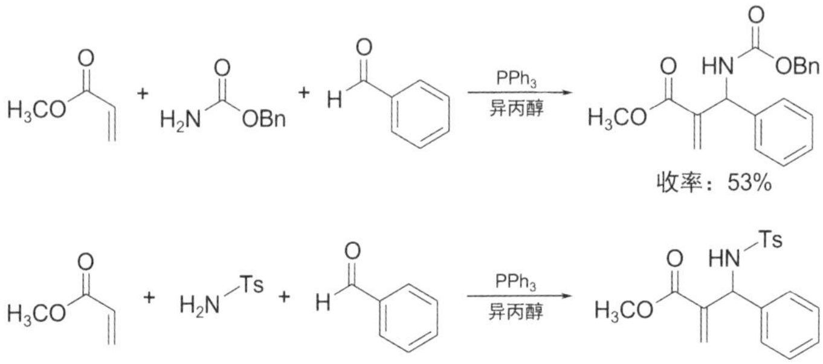


图 3-67　原位生成亚胺的 aza-MBH 反应

相对于对甲苯磺酰基而言，二苯基次膦酰基更容易脱除。因此，*N*-(二苯基次膦酰基)亚胺的反应性引起了化学家的注意。施敏课题组在 2002 年和 2004 年先后报道了叔膦催化的甲基乙烯基酮[73]和丙烯酸甲酯[74]与 *N*-(二苯基次膦酰基)亚胺的 aza-MBH 反应，分别以 99% 和 71% 的收率得到相应的加成产物(图 3-68)。

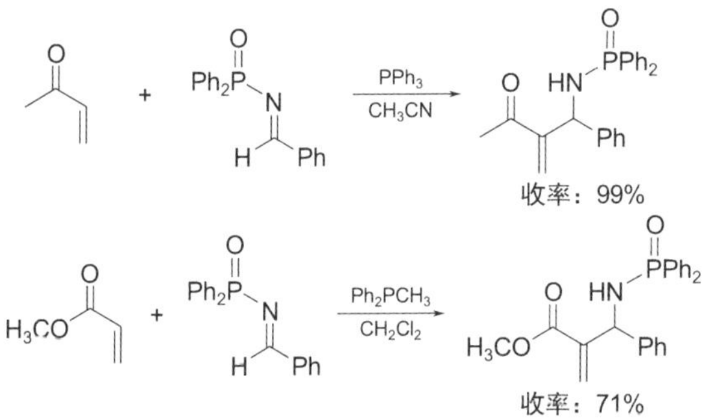


图 3-68　*N*-(二苯基次膦酰基)亚胺的 aza-MBH 反应

## 3.2.4　叔膦催化的不对称 MBH 反应

### 3.2.4.1　基于联萘骨架的有机膦催化剂催化的不对称 MBH 反应

手性联萘骨架的有机胺和叔膦化合物，常用于金属催化反应的配体，或者作为手性有机碱单独使用。该骨架结构的有机碱催化剂已经被证实可以有效催化 aza-MBH 反应。

1998 年，Soai 课题组首先使用手性的联萘骨架的催化剂，实现了丙烯酸酯和嘧啶-5-甲醛的 MBH 反应。虽然仅以较低的收率和中等程度的对映选择性得到目标产物，但该结果足以证实经修饰的联萘骨架叔膦催化剂可以有效地催化对映选择性的 MBH 反应（图 3-69）[75]。

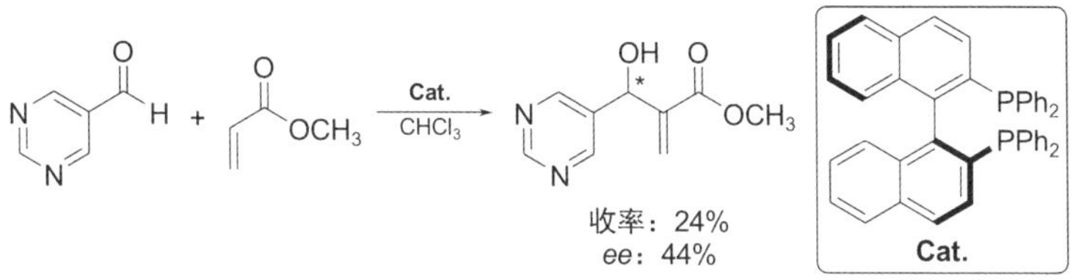


图 3-69　首例 BIANP 催化的不对称 MBH 反应

受 Soai 课题组实验结果的启发，2003 年，施敏课题组采用双官能团联萘骨架的手性叔膦催化剂［路易斯碱布朗斯特酸（LBBA）］实现了磺酰亚胺与甲基乙烯基酮（MVK）的 aza-MBH 反应，反应能够以 82% ～ 96% 的收率和 79% ～ 92% 的 *ee* 值得到相应的加成产物（图 3-70）[76]。之后作者又将此催化剂应用于乙基乙烯基酮、丙烯酸苯酯以及丙烯醛与 *N*-磺酰亚胺的 aza-MBH 反应中，同样能够得到较好的结果。在反应机理中，催化剂中的叔膦部分作为亲核试剂进攻甲基乙烯基酮的双键，形成烯醇负离子中间体，催化剂中羟基部分能够与烯醇氧形成氢键，从而稳定这一重要的中间体。之后烯醇负离子中间体与磺酰亚胺发生 Mannich 类型反应，反应过程中能够产生 4 个异构体，但是由于酚羟基上 H 与磺酰亚胺上 N 的氢键作用，使得异构体的构型相对稳定，在这两个异构体中，由于—C(O)Me 与芳基以及芳基与磷原子上两个苯基之间的位阻作用的影响，使得构型更加稳定，因此中间体脱除催化剂之后生成 *S* 构型的 aza-MBH 产物。

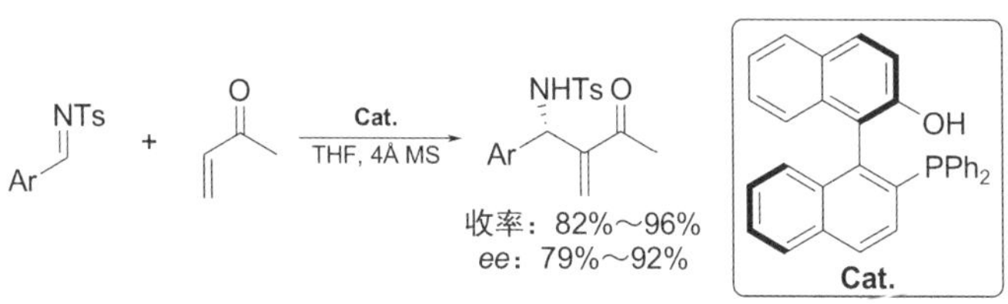


图 3-70　手性 LBBA 催化的不对称 aza-MBH 反应

2005 年，施敏课题组在 BINOL-衍生的双官能团叔膦的催化下，实现了芳香醛亚胺和乙烯基酮或丙烯酸酯的 aza-MBH 反应，以最高 94% 的收率和 94% 的 *ee* 值得到 $\alpha$-亚甲基-$\beta$-氨基酮及氨基酸酯衍生物（图 3-71）[77]。为了解释所观察到的立体选择性，作者做了相应的 $^{31}$P 和 $^{1}$H NMR 实验并提出了可能的反应过渡态，即双官能团的叔膦催化剂和氮阴离子的酚羟基之间的氢键相互作用促进相对稳定的关键烯醇负离子中间体的形成。

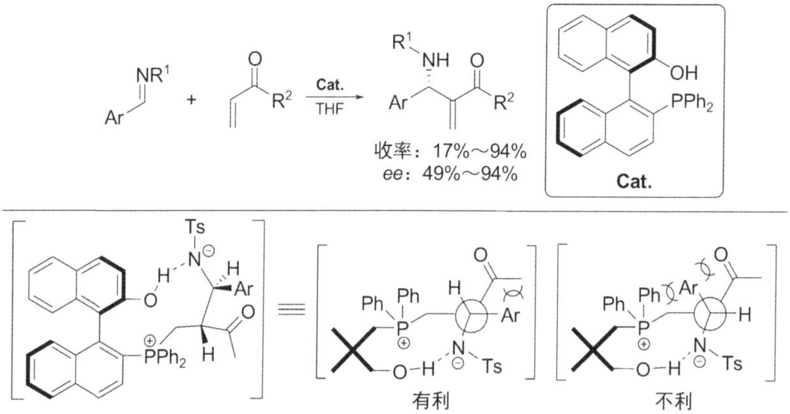


图 3-71　手性 LBBA 催化的不对称 aza-MBH 反应

2006 年，施敏课题组又设计合成了含有多酚羟基的联萘手性叔膦催化剂，并将此催化剂应用于磺酰亚胺与甲基乙烯基酮的 aza-MBH 反应中，能够以 67% ～ 97% 的收率和 90% ～ 96% 的 *ee* 值得到 *α*-亚甲基-*β*-氨基酮类衍生物（图 3-72）[78]。作者通过 $^{31}$P NMR 实验发现苯氧离子或烯醇负离子是通过分子内酚羟基的氢键作用稳定的，所以催化剂中的多个酚羟基对于反应收率和选择性的提高起到了重要的作用。

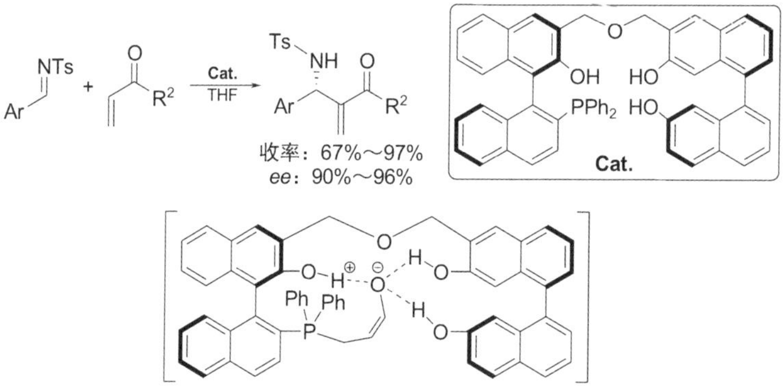


图 3-72　多酚羟基联萘手性叔膦催化的不对称 aza-MBH 反应

接着，该课题组合成了一类全新的硫脲类有机膦催化剂，成功实现了磺酰亚胺和甲基乙烯基酮或苯基乙烯基酮的 aza-MBH 反应(图 3-73)[79]。

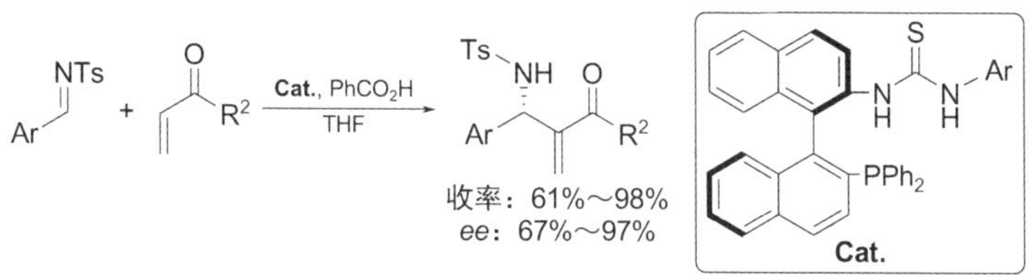


图 3-73 硫脲类联萘手性叔膦催化的不对称 aza-MBH 反应

随后，施敏课题组用他们发展的双官能团叔膦催化剂实现了乙醛酸酯亚胺和甲基乙烯基酮或乙基乙烯基酮的不对称 aza-MBH 反应，以 53% ～ 99% 的收率和 66% ～ 97% 的 *ee* 值立体选择性地合成相应的加成产物(图 3-74)[80]。

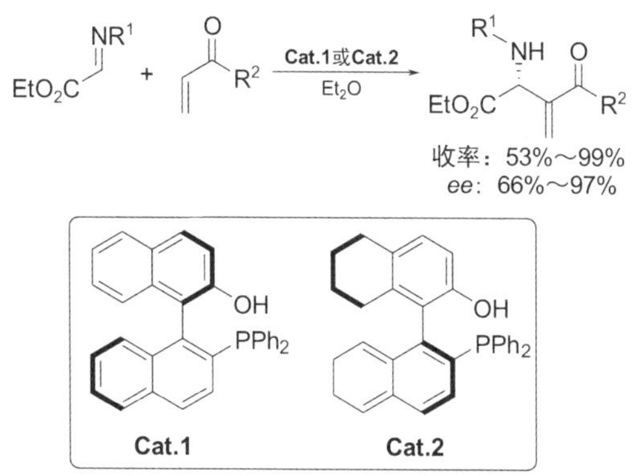


图 3-74 手性双官能团叔膦催化剂催化的乙醛酸酯亚胺的不对称氮杂 MBH 反应

在 2007 年，Ito 课题组发展了双酚类叔膦催化剂，在亚胺和甲基乙烯基酮的 aza-MBH 反应中表现出很好的催化活性和不对称诱导能力，能够以 71% ～ 100% 的收率和 87% ～ 96% 的 *ee* 值得到相应的加成产物(图 3-75)[81]。另外，当将催化剂的量减少至 1% 同样能够以 96% 的 *ee* 值得到相应的产物。

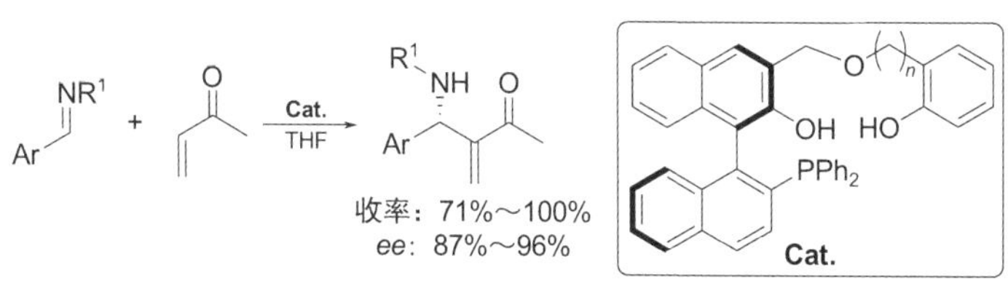


图 3-75 双酚类联萘手性叔膦催化的不对称氮杂 MBH 反应

2008 年，施敏课题组报道了固载多醚树枝状有机膦催化剂，能够以 84% ～ 99% 的收率和 89% ～ 97% 的 *ee* 值实现磺酰亚胺与甲基乙烯基酮的 aza-MBH 反应，并且能够回收 75% 的催化剂，重复使用此催化剂进行此反应，反应 *ee* 值稍微有所下降(图 3-76)[82]。

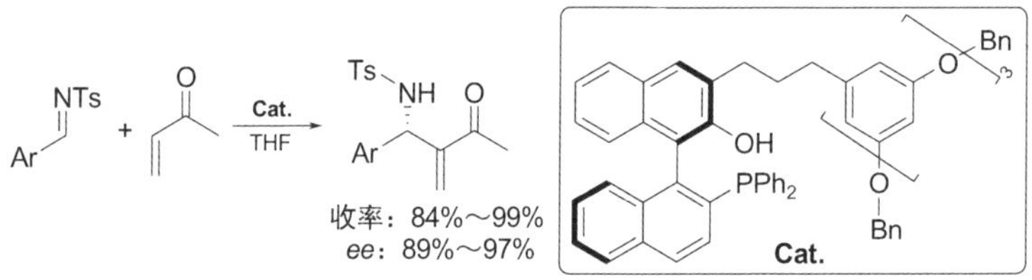


图 3-76　多醚树枝状联萘手性叔膦催化的不对称 aza-MBH 反应

在 2009 年，刘菲课题组报道了布朗斯特酸活化的三官能团化的叔膦催化剂催化的磺酰亚胺和甲基乙烯基酮的 aza-MBH 反应，能够以 86% ～ 94% 的收率和 59% ～ 92% 的 *ee* 值立体选择性地合成 aza-MBH 加成产物(图 3-77)[83]。相比较于双官能团叔膦催化剂，该催化剂通过引入布朗斯特碱，亲核的叔膦引发反应后，在质子化过程中生成仲胺离子对并与布朗斯特酸苯酚发生相互作用，从而控制反应的速率和立体选择性。

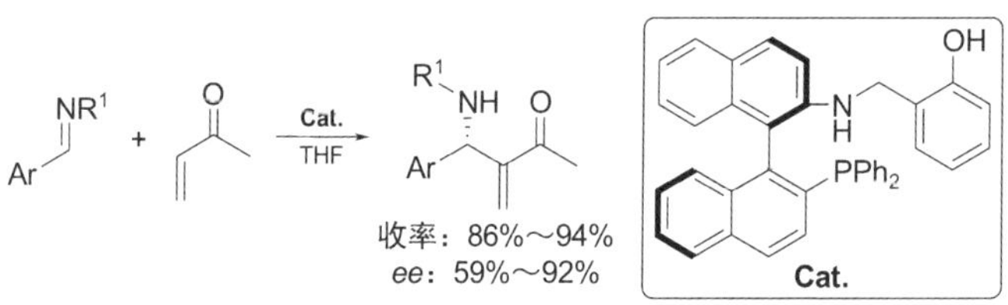


图 3-77　氨基酚类联萘手性叔膦催化的不对称 aza-MBH 反应

2010 年，Sasai 课题组成功使用双功能叔膦催化剂实现了不对称的 aza-MBH 反应和分子内的 Michael 反应的串联反应，能够以 49% ～ 98% 的收率和 82%～ 93% 的 *ee* 值对映选择性地制备异吲哚啉类化合物(图 3-78)[84]。

2012 年，施敏课题组设计合成了亲核性更强的手性叔膦催化剂，使用 BINOL 衍生物作为添加剂，成功实现了 5, 5-二取代-2-环戊烯酮与醛亚胺的不对称 aza-MBH 反应，能够以 44% ～ 99% 的收率和 68% ～ 85% 的 *ee* 值立体选择性地得到相应的加成产物(图 3-79)[85]。

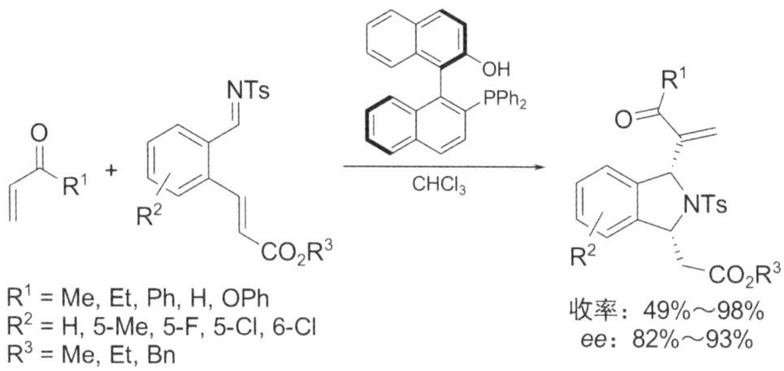


图 3-78　手性 LBBA 催化的不对称 aza-MBH/Michael 串联反应

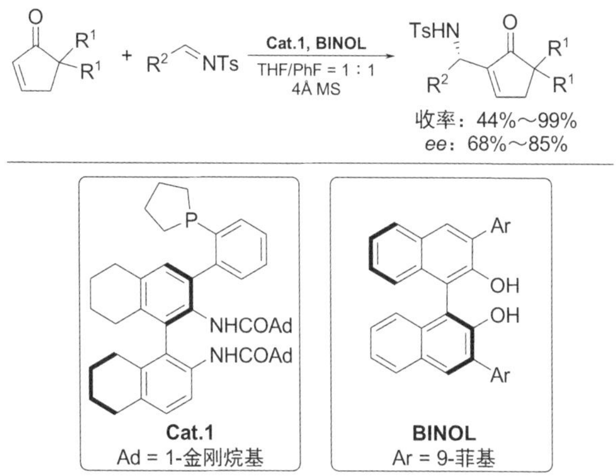


图 3-79　联萘骨架手性三烷基叔膦催化的不对称 aza-MBH 反应

施敏和李桂根课题组采用 BINOL-衍生的叔膦催化剂，实现了靛红衍生的酮亚胺和甲基乙烯基酮的不对称 aza-MBH 反应，以 70% ～ 97% 的收率和 70% ～ 99% 的 *ee* 值对映选择性地得到 3-取代-3-氨基-氧杂吲哚类衍生物(图 3-80)[86]。

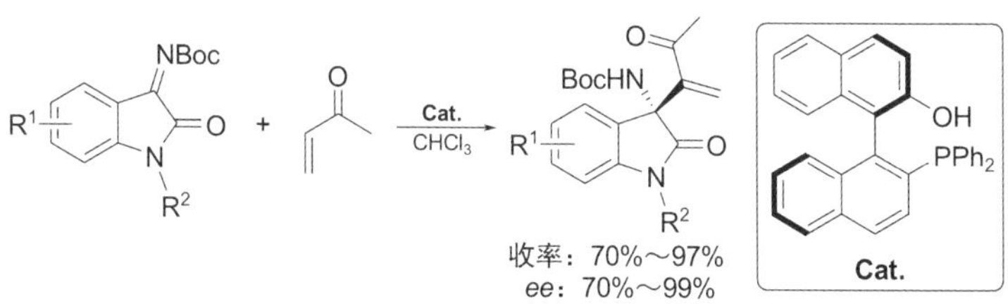


图 3-80　手性 LBBA 催化的酮亚胺的不对称 aza-MBH 反应

在 2016 年，施敏课题组采用炔基亚胺和甲基乙烯基酮或乙基乙烯基酮作为反应底物，实现了手性叔膦和金作为催化剂的接力催化，能够以 73% ～ 91% 的收率和 85% ～ 97% 的 *ee* 值合成异喹啉类衍生物(图 3-81)[87]。另外，该反应主要通过关键的 aza-MBH 中间体进行。

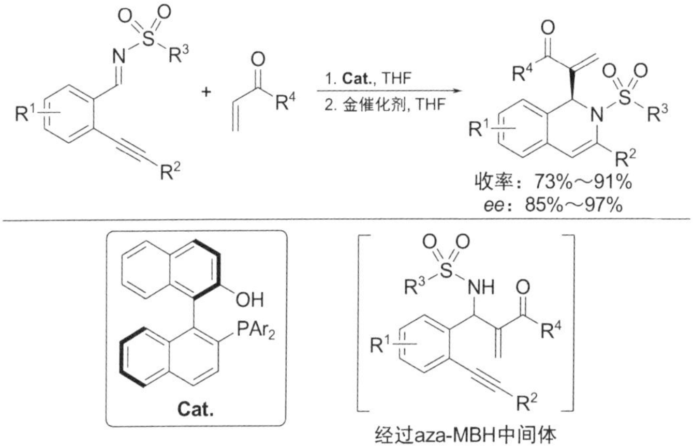


图 3-81　手性 LBBA/ 金接力催化的不对称 aza-MBH/ 分子内环化串联反应

### 3.2.4.2　基于二苯基烷基膦的手性催化剂催化的不对称 MBH 反应

2011 年，卢一新课题组将氨基酸骨架的双官能团手性叔膦催化剂 **Cat.1** 应用于芳基磺酰亚胺与丙烯酸酯的 aza-MBH 反应当中，能够以 73% ～ 96% 的收率和 75% ～ 97% 的 *ee* 值得到相应的加成产物(图 3-82)[88]。为了研究反应机理，作者对不同种类的催化剂进行了考察。当使用 **Cat.2** 作为催化剂时会使该反应变慢并且对映选择性急剧降低，说明磺酰胺 N—H 键的重要性。需要指出当 **Cat.3** 含有三氟甲磺酰胺时会有比较差的结果，作者认为可能是烯醇负离子过于稳定的结果。卢一新和黄国维课题组随后做了相应的 DFT 理论计算解释该反应对映选择性产生的原因。理论计算表明，磺酰胺的 N—H 键和烯醇负离子的氧之间的分子内氢键对鏻鎓-烯醇负离子中间体的刚性结构的稳定至关重要[89]。另外，催化剂中大位阻的二甲基叔己基硅基(TDS)和丙烯酸酯中的萘酯基可以导向亚胺底物从而得到相应的立体选择性。

在 2014 年，伍新燕课题组报道了丙烯酸酯和靛红亚胺的不对称 aza-MBH 反应。需要指出的是在 2% 的双官能团的方酰胺衍生的有机膦催化下，能够以 58% ～ 99% 和 70% ～ 91%的 *ee* 值生成 aza-MBH 加成产物(图 3-83)[90]。作者认为方酰胺的 N—H

键和酮亚胺的氮和氧原子之间的氢键相互作用促使烯醇负离子从 *Si*-面进攻生成主要的(*S*)-构型产物。

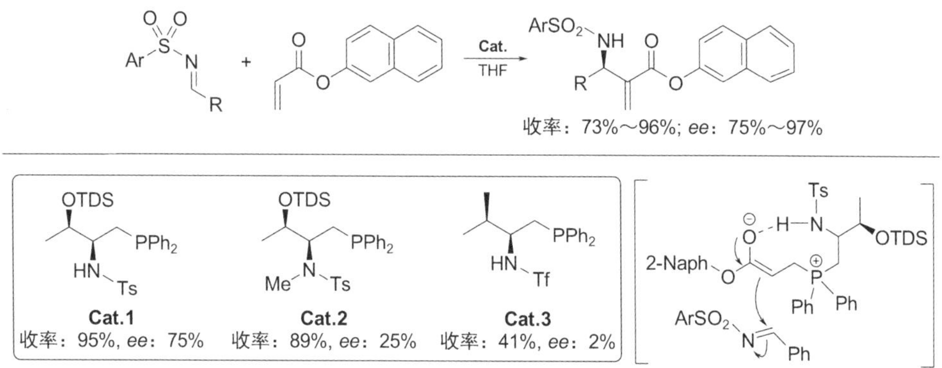


图 3-82 氨基酸骨架手性叔膦催化的不对称 aza-MBH 反应

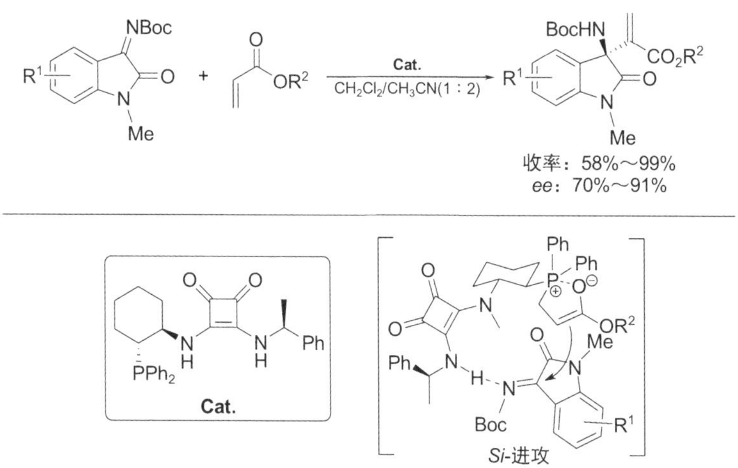


图 3-83 手性双功能方酰胺－叔膦催化的不对称 aza-MBH 反应

在 2015 年，施敏课题组报道了以吲哚-2-甲醛衍生的磺酰亚胺和丙烯酸酯为反应底物，氨基酸衍生的双功能硫脲-叔膦催化的不对称的 aza-MBH 反应，能够以 86% ～ 95% 的收率和 76% ～ 97% 的 *ee* 值合成相应的吲哚类衍生物(图 3-84)[91]。作者对 MBH 加成产物做了进一步转化，以复分解(RCM)反应为关键步合成二氢吡啶并[1, 2-*a*]吲哚类衍生物。

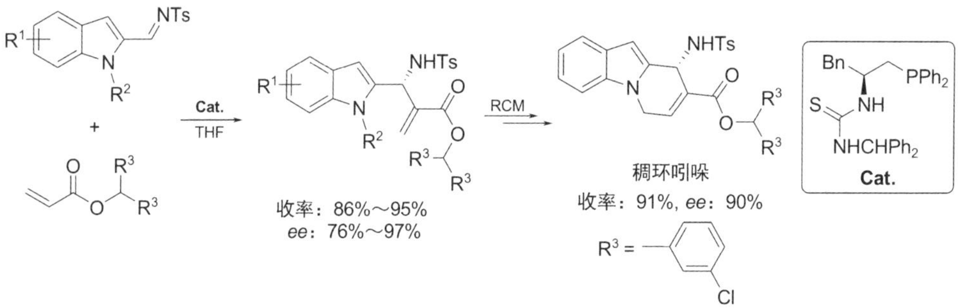


图 3-84　氨基酸骨架手性双功能硫脲－叔膦催化的不对称 aza-MBH 反应

随后，伍新燕课题组设计合成了一系列基于反式 2-氨基-1-二苯基膦基环己烷骨架的双官能团有机膦催化剂，分别将硫脲基、糖基、方酰氨基引入此类骨架的催化剂结构之中，在此双官能团有机膦催化剂催化下实现了甲基乙烯基甲酮、丙烯酸酯类化合物与芳香醛的分子间不对称 MBH 反应，还实现了 $\omega$-甲酰基-$\alpha,\beta$-不饱和羰基化合物的不对称分子内 MBH 反应，能够以较好的收率和优异的 ee 值对映选择性地合成 $\alpha$-亚甲基-$\beta$-羟基羰基类化合物(图 3-85)[92-97]。

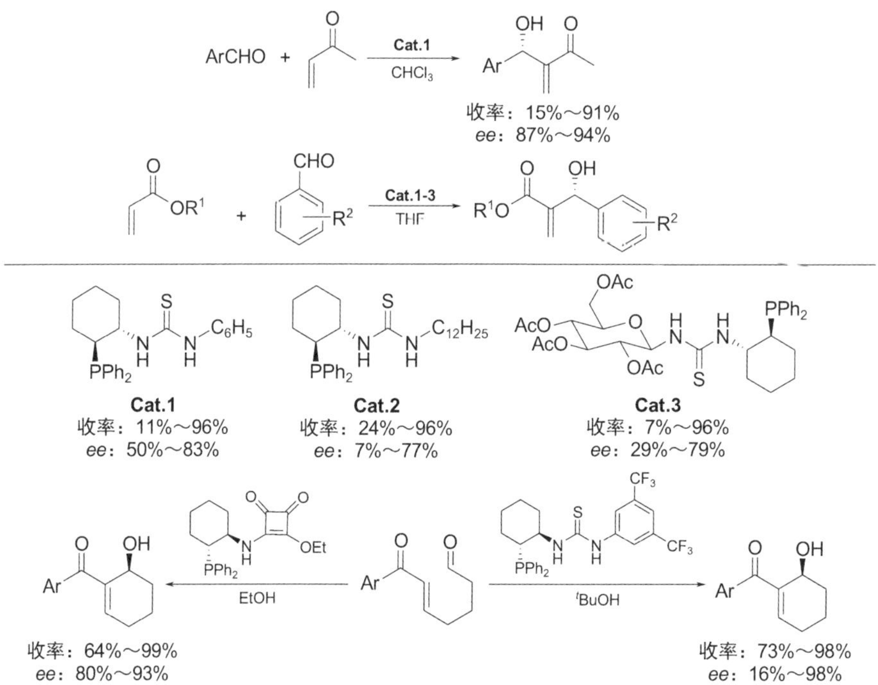


图 3-85　环己烷骨架手性双功能叔膦催化的不对称 MBH 反应

伍新燕课题组还把他们发展的环己烷骨架手性双功能硫脲-叔膦催化剂和环己烷骨架的双功能手性方酰胺-叔膦催化剂，用于催化靛红衍生物和丙烯酸酯的不对称 MBH 反应[94,98]，能够以不错的收率和 *ee* 值制备含有季碳手性中心的 3-羟基-2-羟吲哚类化合物(图 3-86)。

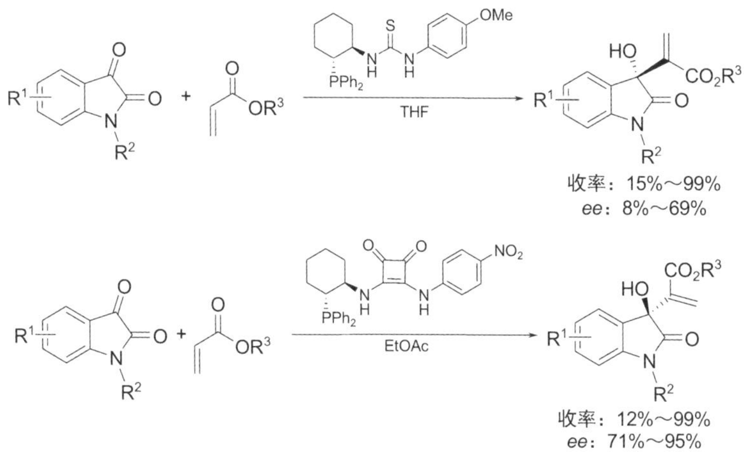


图 3-86　环己烷骨架手性双功能叔膦催化靛红衍生物的不对称 MBH 反应

在 2011 年，卢一新课题组发展了苏氨酸衍生的双官能团有机叔膦催化剂，实现了丙烯酸酯和芳醛的不对称 MBH 反应，能够以 25% ～ 92% 的收率和 69% ～ 90% 的 *ee* 值对映选择性地合成相应的 MBH 加成产物(图 3-87)[99]。为了研究反应的机理，作者还考察了不同的添加剂对 MBH 反应的影响。作者认为催化剂的硫脲部分和烯醇负离子之间的氢键相互作用是产生立体选择性的关键因素。

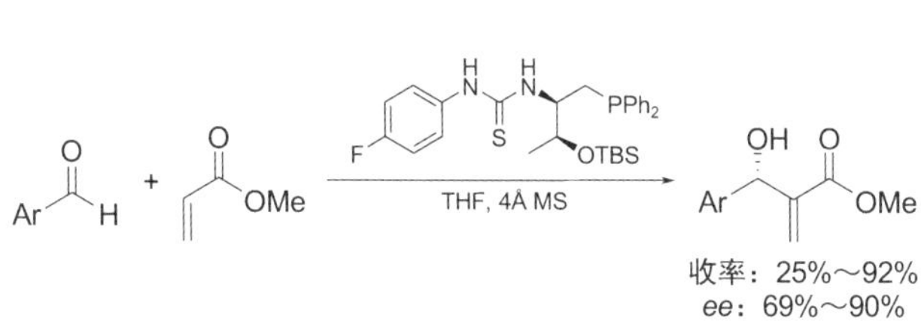


图 3-87　硫脲类苏氨酸骨架手性叔膦催化的不对称 MBH 反应

在 2015 年，Vesely 课题组[100]和伍新燕课题组[101]分别发展了 $\alpha$-氨基酸衍生的含葡萄糖单元的双功能硫脲-叔膦催化剂，以及环己烷骨架的含糖单元的双功能手性硫脲-叔膦催化剂，将其成功应用于芳醛和丙烯酸酯的不对称 MBH 反应以及 $\omega$-

甲酰基烯酮的分子内不对称 MBH 反应中，能够以较好的收率和对映选择性合成相应的 MBH 加成产物(图 3-88)。

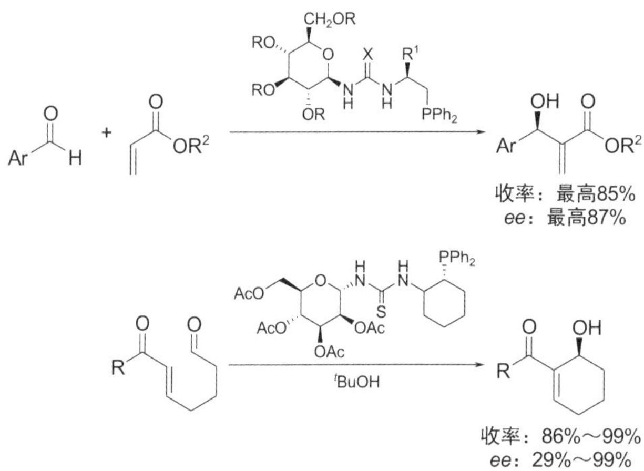


图 3-88　含葡萄糖单元的双功能手性硫脲-叔膦催化的不对称 MBH 反应

在 2014 年，Ramasastry 课题组报道了环己烷骨架双功能手性硫脲-叔膦催化的不对称分子内 MBH 反应(图 3-89)[102]。当 *β*-单取代的丙烯酮作为反应底物时，MBH 产物具有好的 *E*/*Z* 比和优秀的对映选择性。当 *β*,*β*-双取代的丙烯酮作为反应底物时，仍然能够以 80% ～ 91% 的收率和 77% ～ 88% 的 *ee* 值，立体选择性地合成环戊[*b*]环芳烃和杂芳烃类化合物。

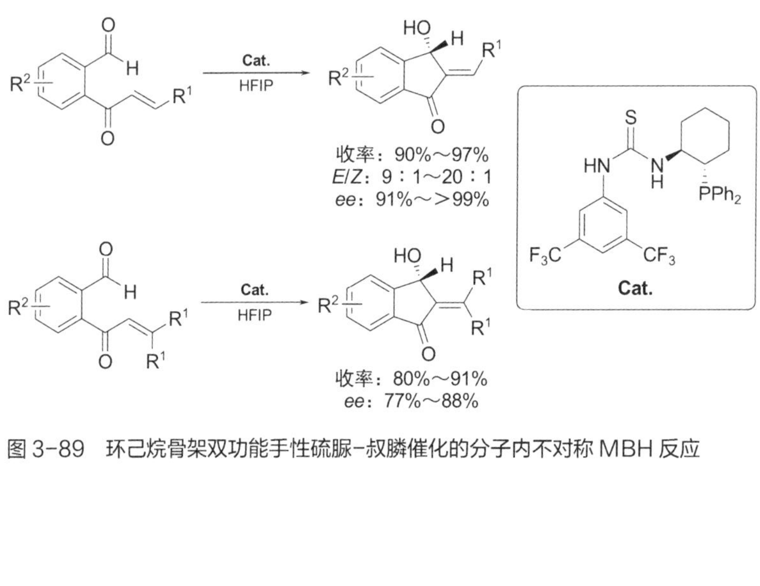


图 3-89　环己烷骨架双功能手性硫脲-叔膦催化的分子内不对称 MBH 反应

在 2019 年，Vicario 课题组报道了手性双功能叔膦催化剂催化的不对称分子内 MBH 反应。该反应使用二酮作为反应底物，在温和的反应条件下能够以高达 99% 的收率和 98% 的 *ee* 值获得含有一个季碳中心的双环烯酮类产物(图 3-90)[103]。

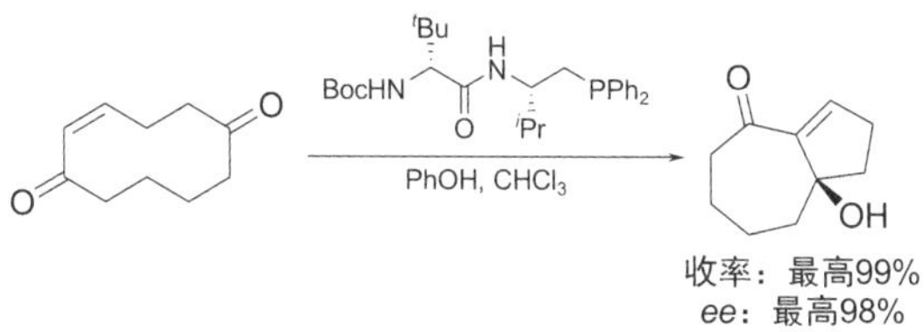


图 3-90　氨基酸骨架手性叔膦催化的分子内不对称 MBH 反应

### 3.2.4.3　其他骨架叔膦催化剂催化的不对称 MBH 反应

随后，在 2011 年 Sasai 课题组报道了一种新的含有布朗斯特酸和路易斯碱的螺环类型的手性叔膦催化剂，可以实现磺酰亚胺和甲基乙烯基酮或乙基乙烯基酮的不对称 aza-MBH 反应，能够以 72% ～ 99% 的收率和 85% ～ 98% 的 *ee* 值立体选择性地合成相应的产物(图 3-91)[104]。该反应中新发展的螺环手性叔膦催化剂比以往的 BINOL衍生的叔膦催化剂有更好的催化活性，可能是该类催化剂有更为刚性的螺环骨架结构。

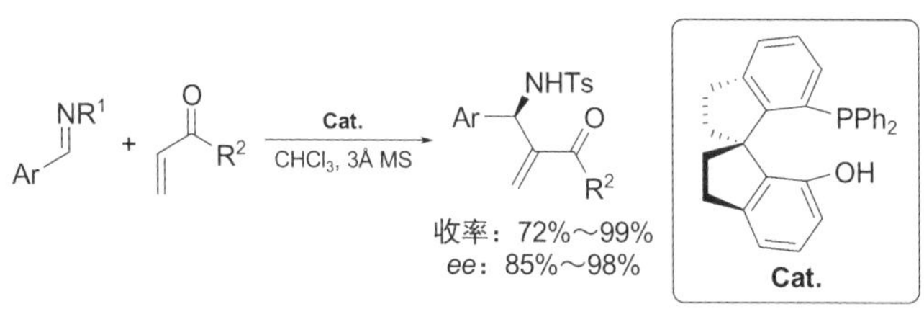


图 3-91　螺环骨架手性叔膦催化的不对称 aza-MBH 反应

在 2013 年，Sasai 课题组发展了二茂铁骨架的 *P*-手性叔膦催化剂 **Cat.1**，可以高效地催化乙烯基酮和 *α*-酯基酮亚胺的不对称 aza-MBH 反应，能够以 55% ～ 98% 的收率和 66% ～ 97% 的 *ee* 值得到相应的加成产物(图 3-92)[105]。另外，当靛红衍生的酮亚胺参与 aza-MBH 反应时，能够以当量的收率和 90% *ee* 值得到相应的 aza-MBH 加成产物。

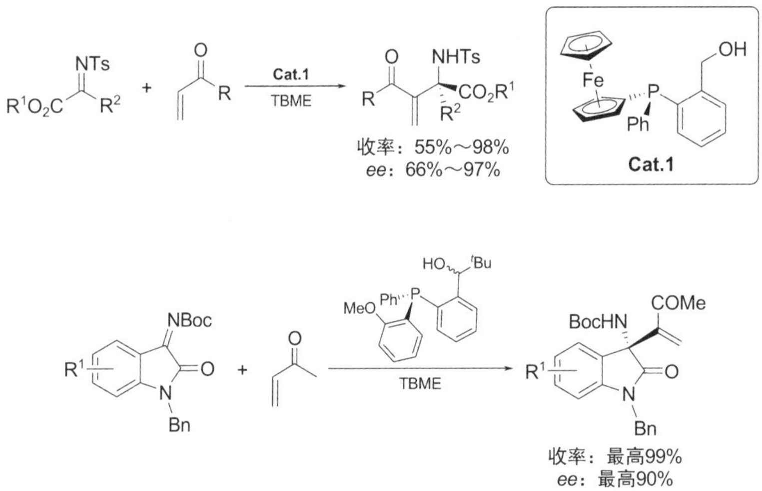


图 3-92　手性叔膦催化的不对称 aza-MBH 反应

在 20 世纪 90 年代，Fráter 课题组实现了 (+)-CAMP 促进的分子内不对称 MBH 反应合成了 $\alpha,\beta$-不饱和-$\varepsilon$-酮酯类化合物，但是该环化反应只有 14% 的 *ee* 值[106]。2007 年，Gladysz 课题组报道了含叔膦单元的手性金属铼化合物催化的分子内 MBH 反应，当使用不同的二羰基类反应底物时可以对映选择性地合成环戊烯或环己烯醇衍生物（图 3-93）[27]。

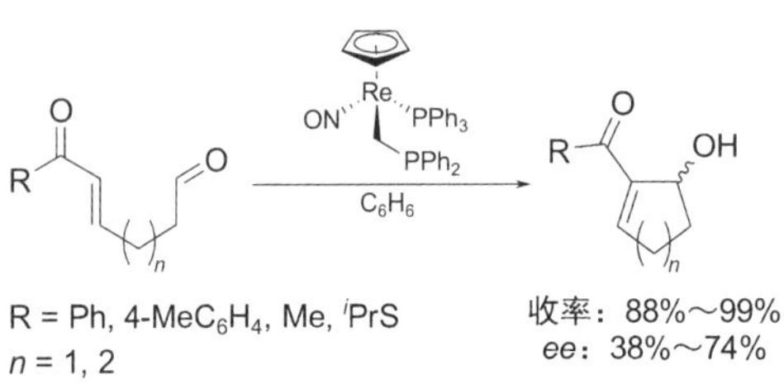


图 3-93　铼手性中心叔膦催化的不对称 MBH 反应

在 2014 年，陈卫平课题组使用二茂铁骨架的双功能手性方酰胺-叔膦作为催化剂，实现了二羰基化合物的分子内不对称 MBH 反应，获得了 41% ～ 85% 的收率和 10% ～ 94% 的 *ee* 值，其中芳基含有邻位卤原子取代基的底物的对映选择性显著下降（图 3-94）[107]。

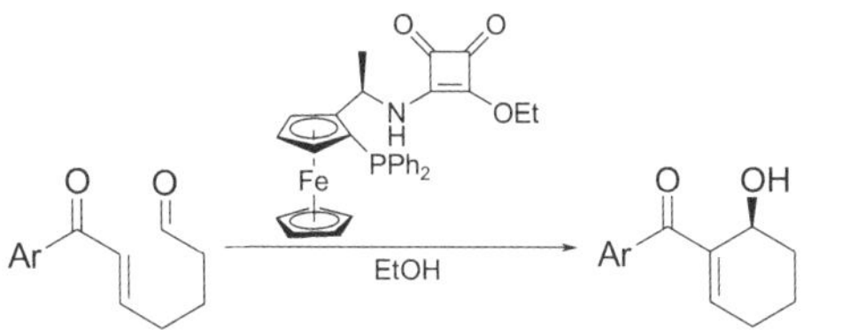


图 3-94　二茂铁骨架双功能手性方酰胺-叔膦催化的不对称 MBH 反应

# 3.3

# 叔膦催化的加成反应

叔膦对活化烯烃的加成反应可以生成新的两性离子中间体，既可以作为亲核试剂，也可以作为新的碱使用，作为亲核试剂可以对不饱和烯烃进行加成反应，从而发生 Rauhut-Currier 反应，也可以对醛、酮以及亚胺进行加成反应，发生 Morita-Baylis-Hillman 反应。当反应体系中含有前亲核试剂时，叔膦对活化烯烃的加成生成的两性离子中间体可以作为碱使用，对前亲核试剂进行去质子化生成新的亲核试剂，进而对活化烯烃发生加成反应。由于不同的活化烯烃具有不同的反应活性，叔膦催化的加成反应根据活化烯烃的种类、亲核试剂的种类不同而丰富多彩，本节将根据活化烯烃的种类将加成反应进行分类介绍，包括叔膦催化的活化烯烃的 Michael 加成反应、叔膦催化的联烯酸酯的加成反应、叔膦催化的 MBH 碳酸酯的烯丙基化反应、叔膦催化的缺电子炔烃的加成反应。对叔膦催化的每类加成反应，将根据亲核试剂的不同进行分类。

## 3.3.1　叔膦催化的对活化烯烃的 Michael 加成反应

### 3.3.1.1　叔膦催化的碳亲核试剂对活泼烯烃的 Michael 加成反应

叔膦催化的 Michael 加成反应可以追溯到 1973 年，首次由 White 和 Baizer 课题组报道了在叔膦催化剂存在下，碳亲核试剂与丙烯酸乙酯、甲基乙烯基酮及丙烯腈发生加成反应形成碳碳键(图 3-95)[108]。在该反应中作者排除了叔膦对前亲核试剂去质子化的可能性，并提出了反应中形成含鏻两性离子中间体的可能机理。

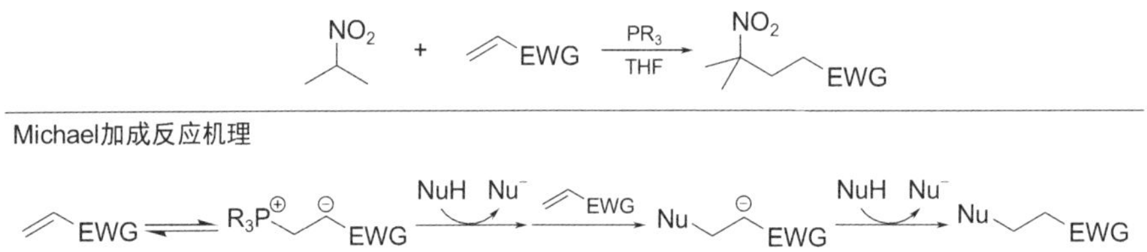


图 3-95 首例叔膦催化的 Michael 加成反应

1982 年，Yoshida 和 Saito 报道了 $PBu_3$ 催化的 $\alpha$-苯次磺酰基乙酸甲酯与 1-辛烯-3-酮反应，能够以优异的产率获得相应的加成产物(图 3-96)[109]。

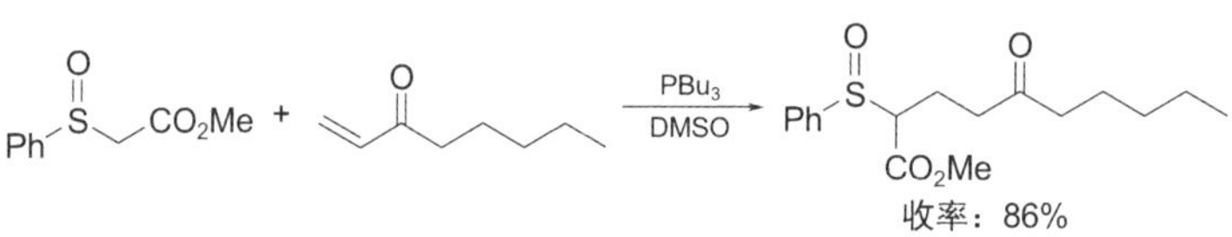


图 3-96 $PBu_3$ 催化的 1-辛烯-3-酮的加成反应

考虑到聚合物负载的催化剂在循环利用和回收方面的优势，1984 年，Regen 课题组研究了在 1%(摩尔分数)聚苯乙烯连接的三烷基膦催化下，2-硝基丙烷和丙烯酸乙酯在室温下反应 19h，能够以 75% 的产率获得加成产物(图 3-97)[110]。

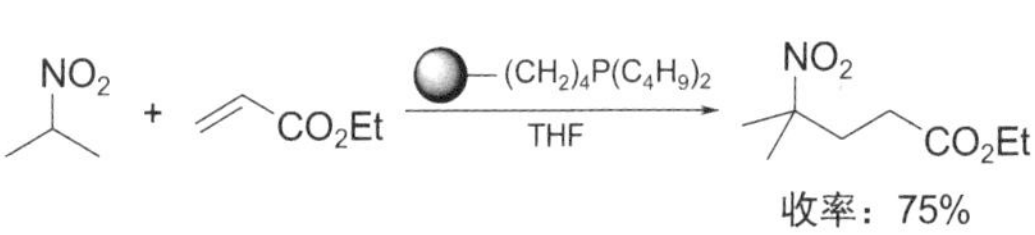


图 3-97 聚苯乙烯固载三烷基膦催化 2-硝基丙烷与丙烯酸乙酯的加成反应

2005 年，Moreno-Mañas 和 Vallribera 课题组使用大量的 Michael 供体(丙二酸酯、环和非环 $\beta$-酮酯、$\beta$-二酮、$\beta$-酮酰胺)和 Michael 受体(取代和未取代的活化烯烃、偶氮二羧酸盐)研究了叔膦催化的加成反应(图 3-98)[111]。他们发现，就 Michael 供体而言，叔膦催化 Michael 加成反应比过渡金属催化反应的底物范围更广，能够以 42% ～ 100% 的产率获得相应的加成产物。具有空间位阻的 C—H 酸对叔膦催化也有良好的耐受性。然而，由于 Michael 受体的反应特质，该反应氛围是十分敏感的。

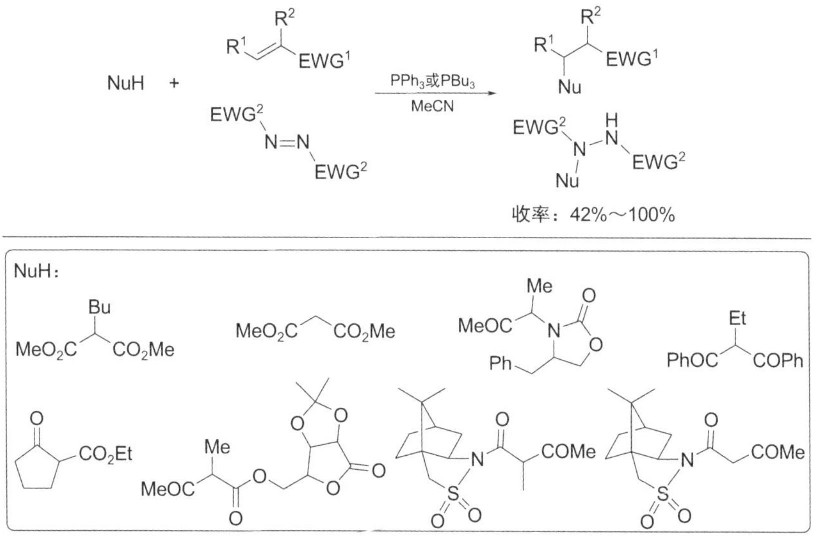


图 3-98 叔膦催化的 Michael 加成反应

通常，含有活泼亚甲基化合物在叔膦催化下的 Michael 反应生成单一产物。然而，第一次 Michael 加成的产物还保留了一个活泼的 C—H 键，它可以进行第二次的 Michael 加成。2014 年，黄有课题组报道了一种在 $PBu_3$ 存在下，碳亲核试剂与缺电子烯烃进行双重 Michael 加成的反应(图 3-99)[112]。该反应选择具有强 C—H 酸性的丙二腈作为 Michael 供体与无取代及端烯取代的烯烃反应，以 95% ～ 98% 的优异产率获得了相应的双加成产物。丙二酸二乙酯和硝基甲烷也适用于该双 / 三重加成反应，但只能与未取代的丙烯酸酯反应。该反应模式为快速构建季碳中心提供了一种新的方法。同时，这一反应也适用于 $PBu_3$ 催化丙二腈或氰基乙酸乙酯与二烯酮的双 Michael 加成反应，可以 82% ～ 99% 的优异产率构建环己酮类化合物[112]，而且二烯酮芳环上取代基的电子效应不影响产物的产率。

由于结构的特殊性和稳定性，$\alpha$-甲亚基烯-$\gamma$-丁内酯在叔膦催化的反应中是活性很高的 Michael 受体(图 3-100)[113]。由于 $\alpha$-甲亚基烯-$\gamma$-丁内酯的高反应活性，它能顺利发生叔膦催化的双迈克尔加成反应，这样的加成反应在其他的 $\alpha$ 取代烯烃中是不常见的。例如，$\alpha$-甲亚基烯-$\gamma$-丁内酯(郁金香 A)很容易与丙二酸二乙酯在 10%(摩尔分数)$PBu_3$ 催化下，以 63% 的产率得到主要双加成产物，以 20% 的产率获得单加成产物。这一反应可以用于丙二酸二乙酯对两分子的具有抗肿瘤活性的倍半萜内酯加成，得到单一的双 Michael 加成产物。在简单的反应条件下，$PBu_3$ 能够化学选择性和非对映选择性地合成具有 12 个手性中心及季碳中心的产物。

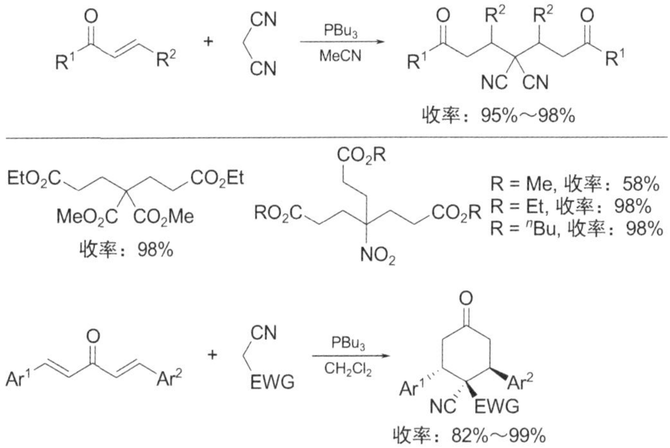


图 3-99　$PBu_3$ 催化的双重和三重 Michael 加成反应

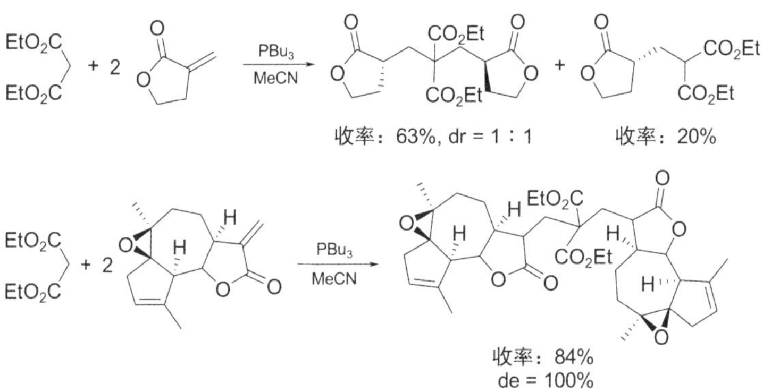


图 3-100　$PBu_3$ 催化的丙二酸二乙酯和 $\alpha$-甲亚基烯-$\gamma$-丁内酯的加成反应

Olah 和 Prakash 课题组通过使用含氟的苯基砜底物与缺电子烯烃在 20%(摩尔分数)$PMe_3$ 催化下发生 Michael 加成反应，能够以 60% ～ 93% 的产率获得加成产物(图 3-101)[114]。与其他叔膦($PPh_3$，$PBu_3$，$P^iPr_3$)催化剂相比，体积较小的 $PMe_3$ 是一种催化效率更高的催化剂。但是，由于空间效应，该反应对含有末端烯烃的化合物并不耐受。

叔膦催化的 $\alpha$-三氟甲基羧酸酯与缺电子端烯的 Michael 加成反应可以在温

和条件下进行，能够以 60% ～ 93% 的产率构建含有 $CF_3$ 取代的季碳中心的产物(图 3-102)[115]。

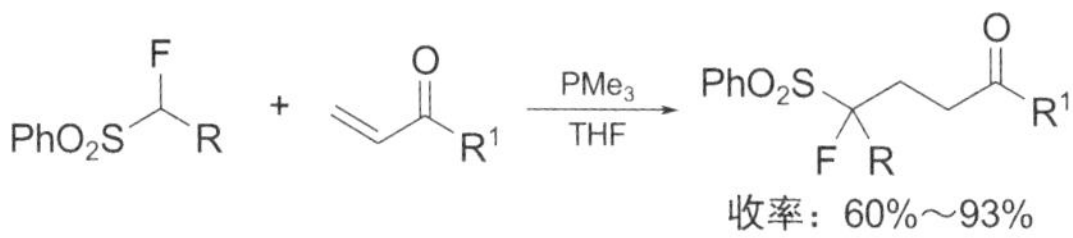


图 3-101 叔膦催化氟取代 C—H 酸的 Michael 加成反应

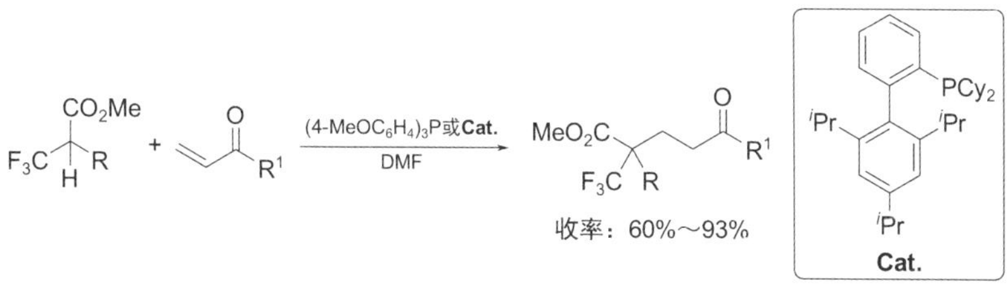


图 3-102 叔膦催化的 α- 三氟甲基羧酸酯的 Michael 加成反应

当 C—H 酸性部分出现在缺电子烯烃中时，叔膦会促进分子内 Michael 加成反应生成环化产物。2014 年，寮渭巍课题组通过这一策略使用 5%(摩尔分数)的 $PBu_3$ 实现了 *N*-烯丙基取代的 α-氨基腈的环化反应，以 33% ～ 96%的产率快速构建了含有吡咯环结构的产物(图 3-103)[116]。

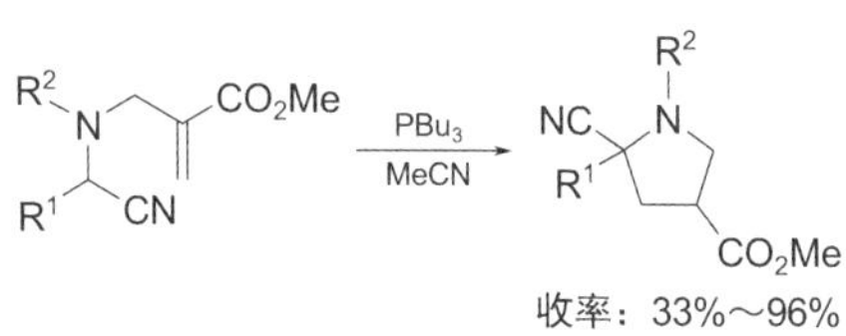


图 3-103 *N*- 烯丙基取代的 α- 氨基腈的有机催化环化反应

除了简单的 Michael 加成反应外，还发展了其他叔膦催化的碳亲核试剂与缺电子烯烃的反应以构建杂环类化合物。2012 年，Riyaz 课题组报道了一种 $PPh_3$ 催化的环己-1,3-二酮与氧化靛红和丙二腈或 2-氰乙酸乙酯的缩合产物发生分子间的环化反应，以 85% ～ 92% 的产率实现螺氧吲哚产物的合成(图 3-104)[117]。

2020 年，Sin 课题组报道了在 $PBu_3$ 的催化下，α-氨基腈与丙烯酸甲酯的 Michael 加成反应，随后再发生分子内环化反应，以中等至优异的产率得到 *N*-芳基取代的吡咯烷产物。在 α-氨基腈的两个芳香环上都引入给电子基会促进反应的进行(图 3-105)[118]。

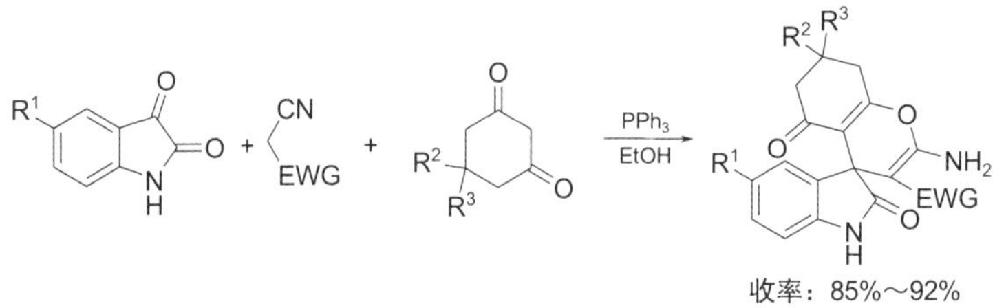

图 3-104 叔膦催化三组分反应合成螺氧吲哚

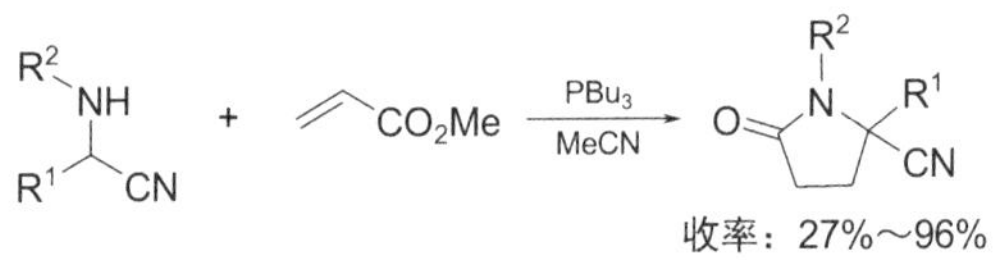

图 3-105 $PBu_3$ 催化 α-氨基腈与丙烯酸甲酯反应合成 *N*-芳基取代吡咯烷

为了提高催化效率，Bouhadir 和 Bourissou 课题组引入了一类新的双功能叔膦-硼酸盐有机催化剂(图 3-106)[119]。这些催化剂具有较大空间位阻的 Lewis 电子对，其中 Lewis 碱性叔膦中心和 Lewis 酸性硼中心位于芳环的邻位位置，由于空间位阻而不能形成经典的 Lewis 电子对。推测 Lewis 酸性硼中心的存在可能会提高催化剂的活性。然而，对于甲基乙烯基酮和丙二酸二甲酯的模型反应，使用这类受阻 Lewis 酸碱对催化剂只能得到中等产率的 Michael 加成产物。通过把催化剂中二苯基膦基替换成二甲基膦基，虽然缩短了反应时间，但没有显著提高产率。通过使用计量的催化剂，能够对形成的含磷中间体实现纯化并进行结构表征，结果表明，该烯醇中心是由相邻的硼酸盐来稳定的，形成一个八元环中间体。作者推测这种稳定的中间体显著地降低了烯醇负离子的碱性，抑制了碳亲核试剂的去质子化，从而降低 Michael 加成产物的产率。

将含有氢键供体基团(如羟基、酰胺、硫脲等)引入叔膦结构形成双功能催化剂也是一种提高反应活性的方法。2013 年，石德清课题组发现，2′-(二苯基膦)联苯-2-醇催化剂中羟基的存在对取代丙二腈和 β-硝基烯烃的反应效率至关重要，能够高效地构建环己醇类化合物(图 3-107，eq. 1)。以烯基酮与丙二腈为起始原料，在 $PBu_3$ 的催化下能够以 60% ～ 91% 的产率获得相应的 Michael 加成产物(图 3-107，eq. 2)[120]。

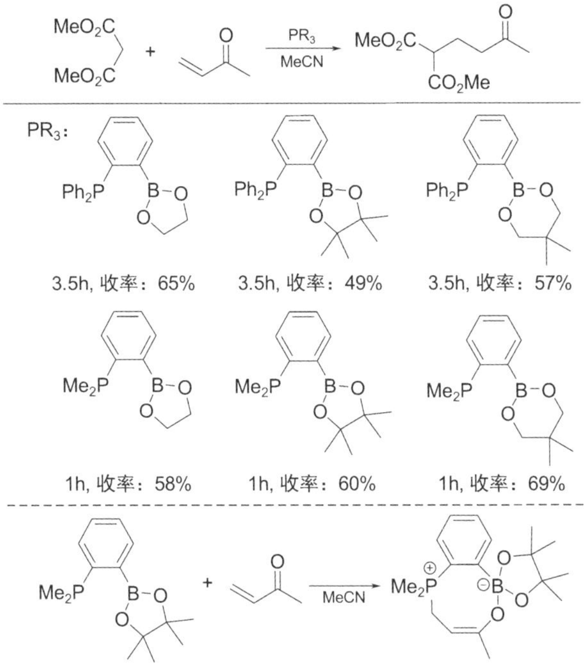

图 3-106　用于 Michael 反应的叔膦-硼酸盐催化剂和由双官能膦的硼酸盐部分稳定的烯醇膦

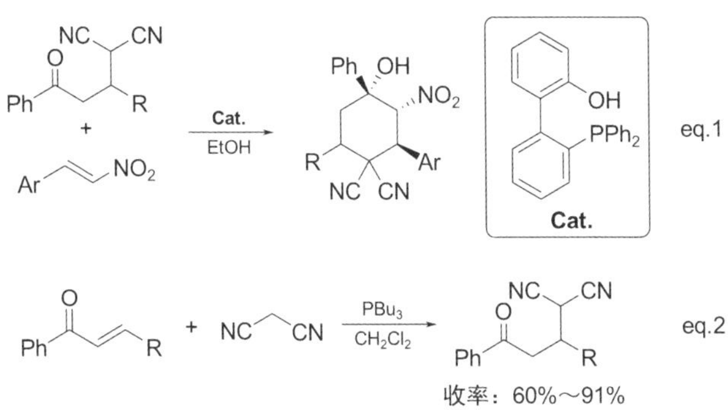

图 3-107　叔膦催化丙二腈衍生物的共轭加成

### 3.3.1.2　叔膦催化的氧亲核试剂对活化烯烃的 Michael 加成反应

叔膦也能催化如水和醇等氧亲核试剂对缺电子烯烃的 Michael 加成反应，实现 C—O 键的高效构建。在 1988 年，Larpent 和 Patin 在研究水溶性叔膦化合物与活化烯烃的加成时注意到，单磺化的催化剂也能催化丙烯腈的水合反应(图 3-108)[121]。随着反应的进行，体系 pH 值增加，表明在反应过程中鏻盐双性离子中间体从水中夺取质子，生成氢氧根离子。遗憾的是，作者没有进一步探讨该反应的底物范围。

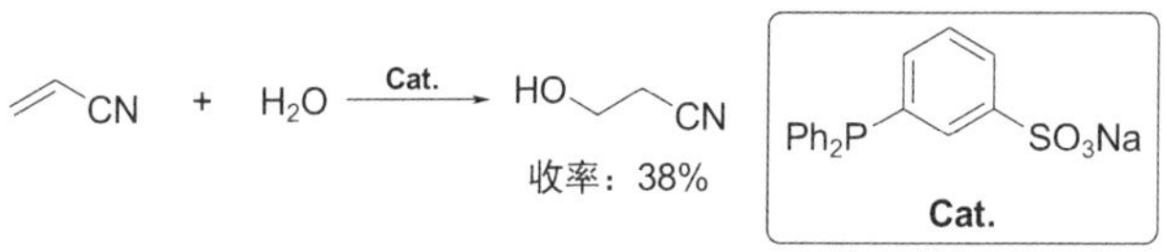


图 3-108　水溶性叔膦催化的丙烯腈水合反应

在 21 世纪初，Jenner 课题组报道了在室温下，$PBu_3$ 可以催化乙醇及其他伯醇与丙烯腈、甲基乙烯基酮和丙烯酸甲酯的加成反应(图 3-109)[122,123]。在 300MPa 时，反应性较差的甲基丙烯腈、甲基丙烯酸甲酯和巴豆腈也可以发生该加成反应。

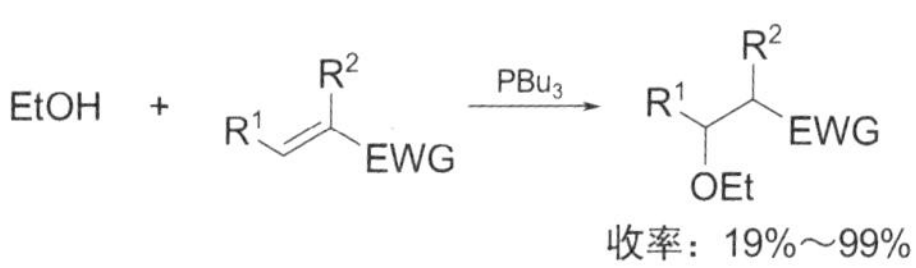


图 3-109　$PBu_3$ 催化乙醇与缺电子烯烃的加成反应

在 2003 年，Toste 课题组报道了在 $PMe_3$ 的催化下缺电子烯烃可以与水和醇发生加成反应(图 3-110)[124]。有趣的是，弱亲核性的苯酚在该反应体系中也是兼容的。由于位阻原因三级醇不能发生该类型的加成反应。当使用氘代醇时，在产物的 $\alpha$ 位和吸电子基团等两个位置都观察到了 H/D 交换，这是由于中间产生了强碱性的烷氧基离子。

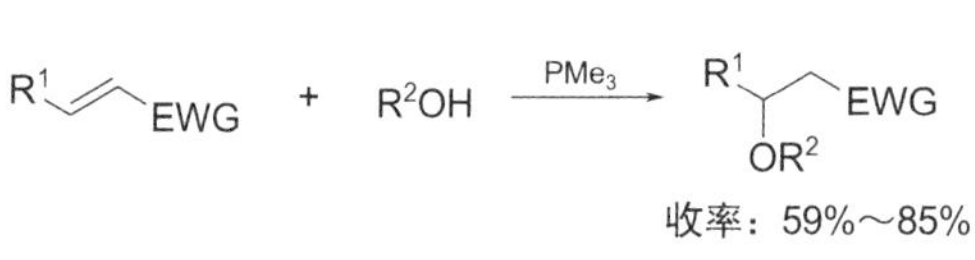


图 3-110　$PMe_3$ 催化的缺电子烯烃的水合和氢烷氧基化反应

随后在 2007 年，江焕峰课题组报道了醇对活化烯烃的加成反应也能通过弱亲核性的 $PPh_3$ 催化实现(图 3-111)[125]。然而，该反应需要 2 ～ 24h 的反应时间才能以 22% ～ 79% 的产率获得相应产物。当反应底物是烯丙醇和炔丙醇时产率最高。对于空间位阻稍大的巴豆酸甲酯，反应效率很低。

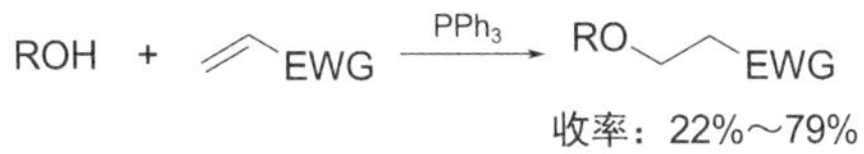

图 3-111　$PPh_3$ 催化的缺电子烯烃加成反应

Bhuniya 等使用肟类为反应底物拓宽了含氧亲核试剂与缺电子烯烃加成的底物范围，能够以 30% ～ 96% 的产率获得产物（图 3-112）[126]。在该反应中，醛肟的反应性比酮肟更高，苯乙烯基砜的产率最高。

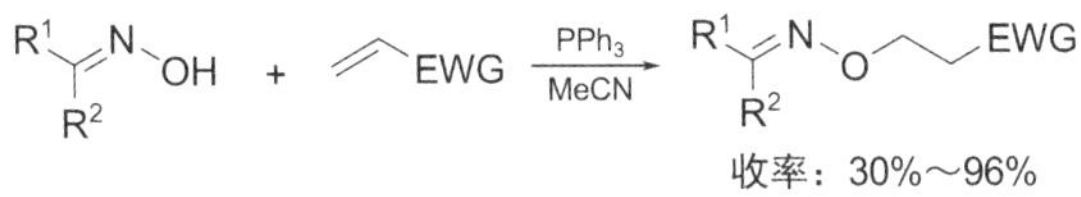

图 3-112　$PPh_3$ 催化的肟类与缺电子烯烃的加成反应

### 3.3.1.3　叔膦催化的硫亲核试剂对活化烯烃的 Michael 加成反应合成碳硫键

由于硫醇具有更强的亲核特性，更容易发生叔膦催化的 Michael 加成反应。这些反应在合成线型、支链和偶联聚合物的大分子化学中有广泛的应用。2009 年，Holye 课题组报道了在 $Me_2PPh$ 催化下，1,6-己二硫醇与 1,4-丁二醇二丙烯酸酯在室温下反应 10min 就能以几乎定量的产率得到端巯基低聚物（图 3-113）[127]。这些低聚物在 $NEt_3$ 存在下会进一步与二异氰酸酯反应得到聚硫醚类多聚物。

以丙烯酸正丁酯和 *N*,*N*-二乙基丙烯酰胺为原料，可以合成均聚物。该均聚物与 1,1,1-三（丙烯酰氧甲基）丙烷经 $Me_2PPh$ 催化可以实现多聚化合物的合成（图 3-114）[128]。在该反应中使用正己胺将合成均聚物的二硫酯转化为巯基，随后用于 Michael 加成反应。

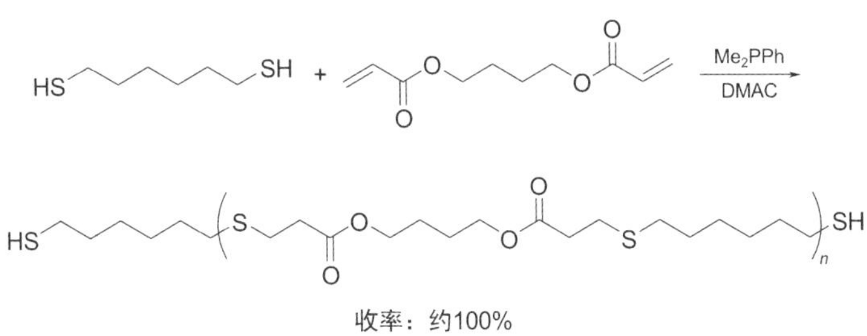

图 3-113　叔膦催化下 1,6- 己二硫醇与 1,4- 丁二醇二丙烯酸酯 Michael 加成反应合成端硫醇低聚物

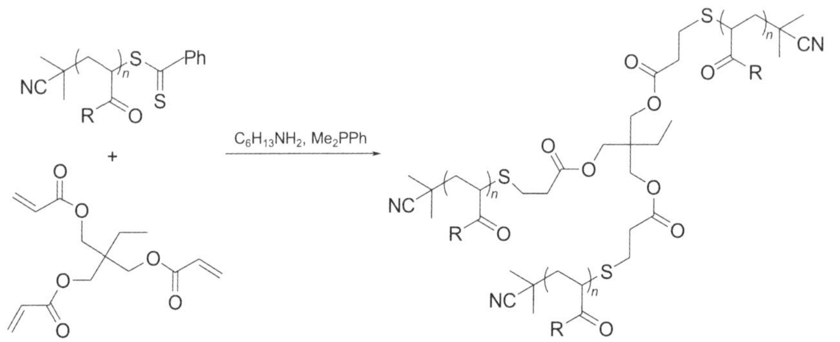

图 3-114 叔膦催化下的 Michael 反应合成三臂星形聚合物

Hoyle 课题组也通过 $Me_2PPh$ 催化季戊四醇四(3-巯基丙酸酯)与丙烯酸酯的反应实现了二硫醇和三硫醇的合成(图 3-115)[129]。该加成反应的选择性仅由反应物的摩尔比控制。另外，得到的二硫醇和三硫醇可作为单体与三烯在光引发下实现诱导共聚反应，得到具有高度均匀和致密网络结构的多聚物。通过使用 $Me_2PPh$ 为催化剂，欧俊杰和邹汉法课题组以甲基丙烯酸酯-多面体低聚硅氧烷(POSS)和多硫醇交联剂为底物合成了适用于毛细管液相色谱的新型大孔杂化单体[130]。

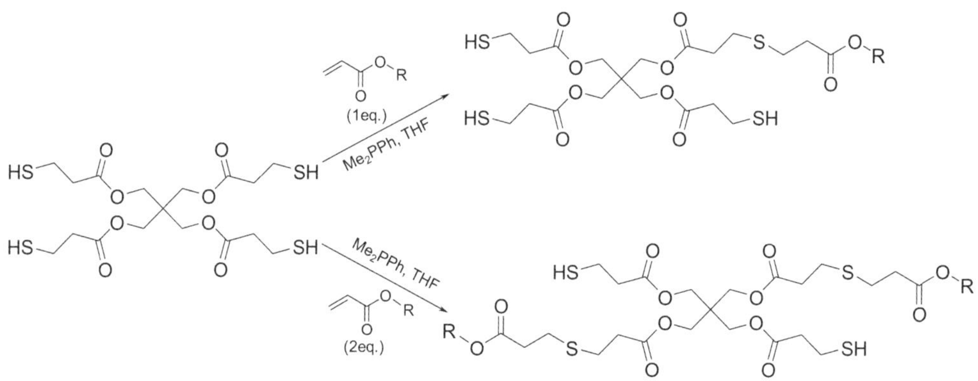

图 3-115 $Me_2PPh$ 催化季戊四醇四(3-巯基丙酸酯)与丙烯酸酯的 Michael 加成

### 3.3.1.4 叔膦催化的对活化烯烃的 Michael 加成反应合成碳氮键

氮亲核试剂与缺电子烯烃的 Michael 加成是获得 β-氨基羰基类化合物的有效途径，β-氨基羰基类化合物是合成有用生物分子和药物分子的重要砌块。一般来说，具有高亲核性的含氮化合物(如脂肪胺)的加成反应都是自发进行的。但是弱亲核性的含氮化合物，如芳香胺、酰胺、氨基甲酸酯就需要加入额外的催化剂才能反应。

在2004年，夏春谷课题组报道了在$PBu_3$和三甲基氯硅烷存在下，以二氯甲烷为溶剂，30℃反应24h，氨基甲酸酯对非环和环状共轭烯酮的加成反应(图3-116)[131]。不加入三甲基氯硅烷，则没有Michael加成产物的生成。经实验推测，这种共催化剂起到了路易斯酸的作用，从而激活了烯烃的羰基部分。

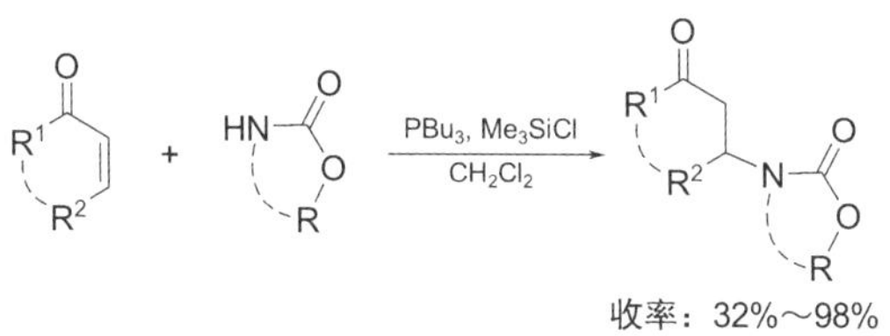


图3-116　氨基甲酸酯与共轭烯酮的加成反应

在2007年，Moreno-Mañas和Vallribera等研究了在$PBu_3$催化下多种弱亲核含氮化合物的共轭加成(图3-117)[132]。酰胺、硫酰胺、磺胺以及缺电子苯胺在该反应中是合适的Michael供体。若亲核试剂的p$K_a$值低于20，比如尿嘧啶、对甲苯磺酰胺以及硫代乙酰胺，其产物的产率最高。对于含有两个活性N—H键的底物，形成单取代*N*-烷基化产物的反应较为复杂。

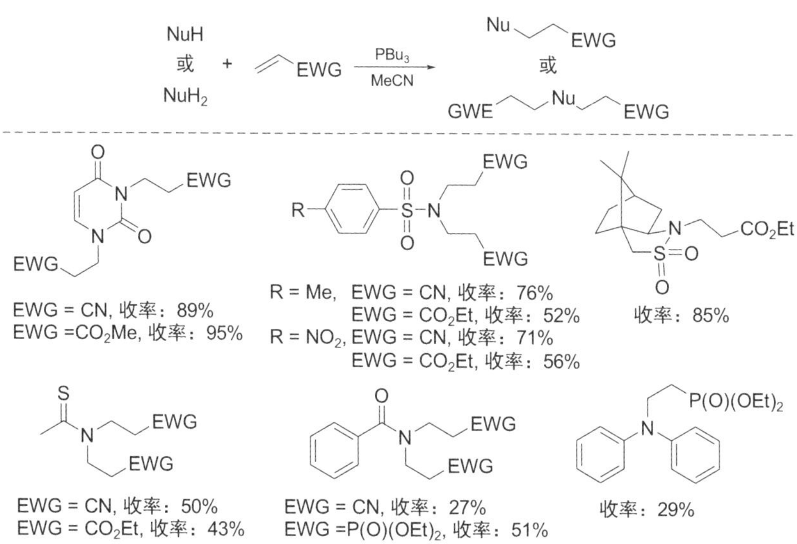


图3-117　$PBu_3$催化含氮化合物的Michael加成反应

在 2013 年，施敏课题组报道了在 $PPh_3$ 作用下，氨基吲嗪衍生物在室温下与乙烯基酮的有效加成，能够以 83% ～ 99% 的产率获得产物(图 3-118)[133]。然而，丙烯酸甲酯和丙烯醛在该反应中是不合适的 Michael 受体。

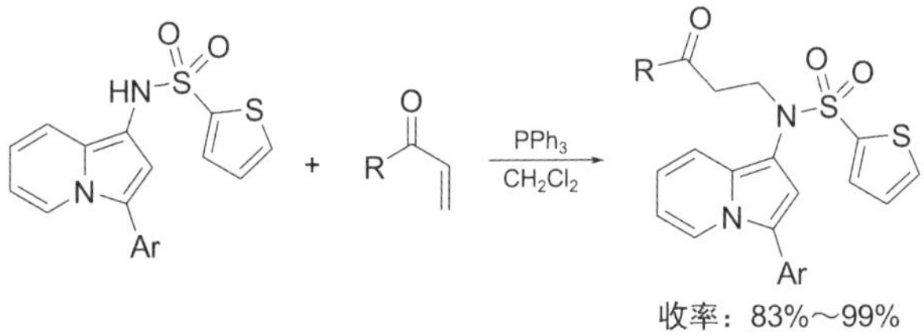


图 3-118　$PPh_3$ 催化的氨基吲嗪衍生物与乙烯基酮的加成反应

### 3.3.1.5　叔膦催化的对活化烯烃的 Michael 加成反应合成其他碳杂原子键

P(O)—H 键对碳-碳重键的共轭加成被称为 Pudovik 反应，这是制备含 P—C 键化合物最重要的方法之一。在 1948 年，Pudovik 使用醇的碱金属盐来催化该反应[134-136]，之后相继引入了许多其他类型的催化剂，例如叔胺、胍类衍生物、无机碱(KOH 等)、自由基引发剂、过渡金属配合物以及 Brønsted/Lewis 酸等[137]。

2013 年，Kim 课题组报道了 $PBu_3$ 催化亚磷酸二烷基酯对缺电子烯烃的加成反应(图 3-119)[138]。对于无取代的活化烯烃，叔膦催化的加成反应是复杂的二聚化，接着再进行 Pudovik 反应合成膦酸酯类化合物。在该反应中，作者使用两倍的烯烃进行反应。$\beta$-取代的烯烃对该反应条件不耐受。

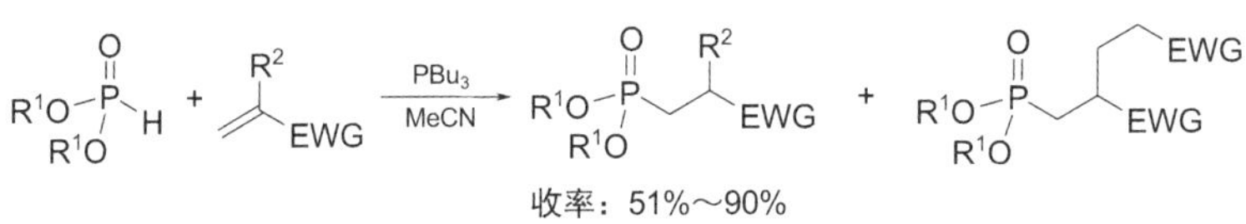


图 3-119　亚磷酸二烷基酯在 $PBu_3$ 催化下和缺电子烯烃加成及烯烃竞争性二聚反应

随后，Salin 课题组独立研究了 $PBu_3$ 催化的 Pudovik 反应，其中，烯烃的缓慢加成抑制了二聚反应。该反应使用 5% ～ 70%(摩尔分数)的催化剂，降低了两种反应物的活性，缩短了反应时间(图 3-120)[139]。另外，在该反应中无需加入额外的烯烃就能提高反应的化学选择性和产率。

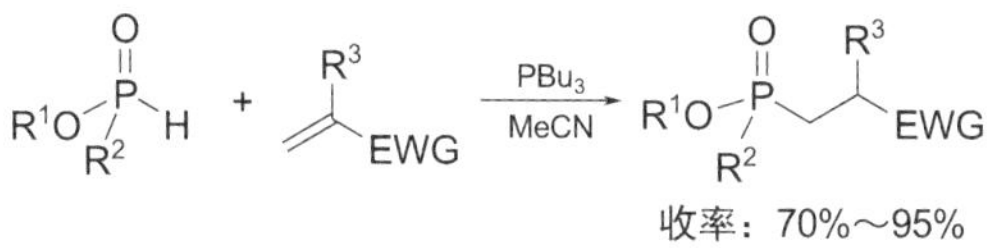

图 3-120 PBu₃ 催化的 Pudovik 反应

含不同酯基数的 P(O)—H 化合物在 $PBu_3$ 催化的 Pudovik 反应中的反应活性顺序依次为：Ph(EtO)P(O)H < $(EtO)_2P(O)H$ < $Ph_2P(O)H$，表明了 P(O)—H 键的酸度在加成反应中不是唯一的决定因素[140]。$Ph_2P(O)H$ 的反应活性最高是由于它最容易被异构化成 $Ph_2POH$，从而去质子化生成亲核性最强的二苯基次亚膦酸阴离子。值得注意的是，在三丁基膦存在的情况下，二苯基膦氧化物能够和 *β*-取代的活化烯烃在室温下发生加成反应，以中等至良好的产率获得相应的加成产物(图 3-121)。然而，在该反应过程中需要添加化学计量的催化剂，且亚磷酸二烷基酯与 *β*-取代的活化烯烃类似的加成反应效率不高。

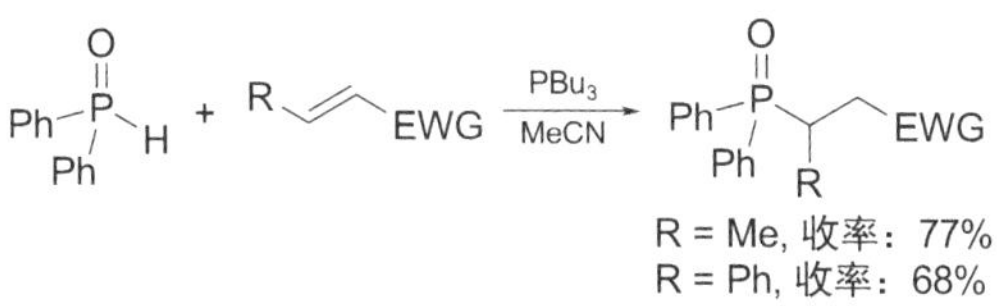

图 3-121 $PBu_3$ 催化 $Ph_2P(O)H$ 与 *β*-取代的活化烯烃的加成反应

在膦催化的 Pudovik 反应中，*α*-甲亚基烯-*γ*-丁基内酯具有很高的反应活性(图 3-122)[113]。与其他的 *α*-取代烯烃、甲基丙烯酸甲酯的类似反应相比，*α*-甲亚基烯-*γ*-丁基内酯所需要的催化剂量是其 1/5，且不影响产物的产率。当使用倍半萜内酯发生此反应时，能够获得具有 *S* 构型的单一立体异构体。

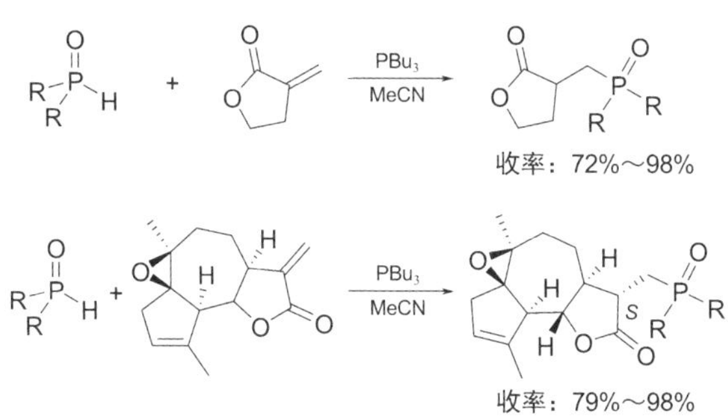

图 3-122 $PBu_3$ 催化的 P(O)—H 化合物与 *α*-甲亚基烯-*γ*-丁基内酯的加成反应

对于 Pudovik 反应，$PBu_3$ 是比叔胺(如 $NEt_3$、DABCO 或 DBU) 碱性更高的催化剂。其催化活性与工业中 Pudovik 反应的醇的碱金属盐的催化活性相当。例如，在 20%(摩尔分数)$PBu_3$ 催化下反应 1h，能够以优异的产率获得相应的产物(图 3-123)[141]。与传统的 MeONa 催化相比，产物的生成速度更快，温度更低且产率更高。

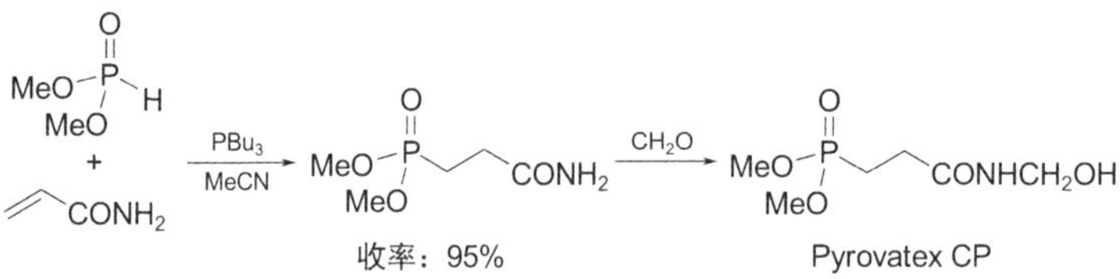


图 3-123 $PBu_3$ 催化下阻燃剂 Pyrovatex CP 前体的合成

$PBu_3$ 还具有可回收性、反应条件温和等优点。其他三配位膦催化剂如 $PMe_3$[142] 或 $P(NEt_2)_3$[143] 也是 Pudovik 反应的合适催化剂。$PMe_3$ 能有效地催化 Pudovik 反应，通过与缺电子烯烃的竞争性二聚化反应生成膦氧化物(图 3-124)[144]。由于 $PMe_3$ 对空气的高敏感性，反应必须在惰性气氛下进行。

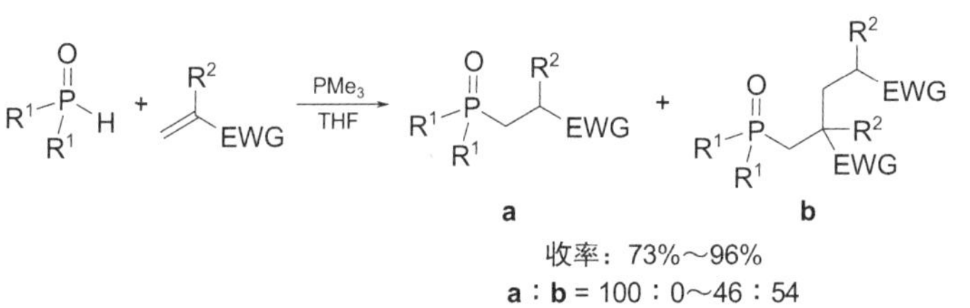


图 3-124 $PMe_3$ 催化的 Pudovik 反应和活化烯烃的竞争性二聚反应

以光学纯度的 P(O)—H 化合物和 $PMe_3$ 为催化剂，Han 课题组开发了一种膦手性化合物的合成方法(图 3-125)[145]。

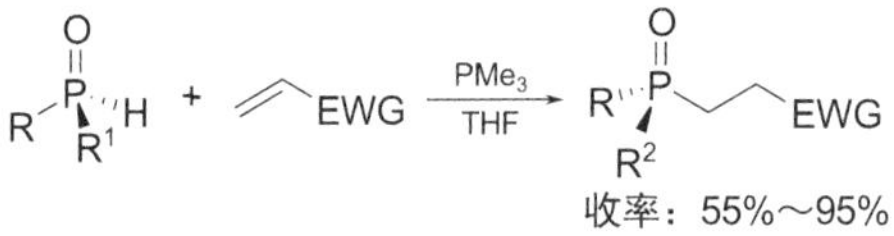


图 3-125 $PMe_3$ 催化对映体纯 P(O)—H 化合物与缺电子烯烃的加成反应

### 3.3.1.6 叔膦催化的对活化烯烃的不对称 Michael 加成反应

2013 年，卢一新课题组开发了高对映选择性的叔膦催化 Michael 加成反应。在他们的研究中，氧吲哚与缺电子的烯烃的加成反应是由 L-缬氨酸衍生的手性叔膦催化的（图 3-126）[146]。使用 *N*-甲基化类似物的酰胺催化剂，对映选择性差，反应速度慢。为了解释反应的立体化学，作者提出了一个过渡态模型，在该模型中，酰胺基团和烯醇氧原子之间形成的氢键使得脱质子氧吲哚的阴离子和鏻阳离子形成的离子对结构更稳定。氨基上的 3，5-双（三氟甲基）取代苯环阻止了碳离子中心从 *Re* 面对甲基乙烯基酮的亲核进攻，从而使来自 *Si* 面的相互作用更有利。

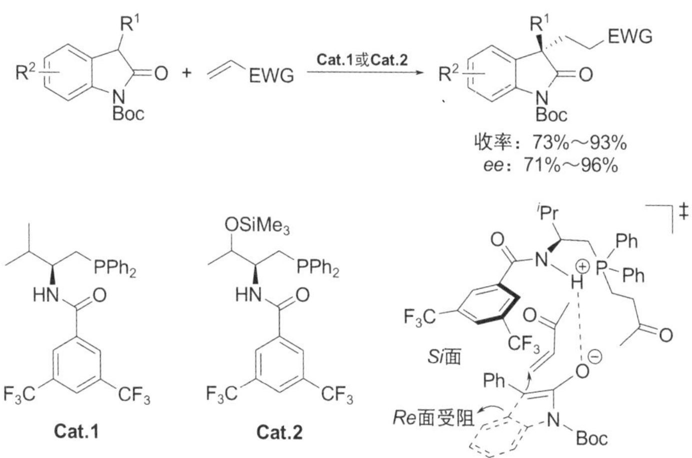


图 3-126 氧吲哚与缺电子烯烃的不对称 Michael 加成反应

结构上类似的双功能叔膦在催化偶氮二甲酸二酯和氧吲哚加成的同时，还表现出高的活性和对映选择性，得到对映体富集的 *α*-胺化产物（图 3-127）[147]。

张俊良课题组使用 *β*-取代烯烃扩展了对映选择性 Michael 加成的范围。用多功能二酰胺叔膦催化剂分别催化 *β*-酮酸酯与 *β*-三氟甲基烯酮的不对称加成反应（图 3-128）[148]。由于叔膦对末端取代烯烃的初始攻击困难，采用丙烯酸甲酯作为助催化剂生成烯醇鏻盐。无机碱 $K_3PO_4$ 的存在也促进了反应的进行，$K_3PO_4$ 很可能在 Michael 给体和离子对中间体之间起到质子梭的作用。对照实验中，催化剂的一个 N—H 键被甲基化后催化活性和对映选择性都显著下降，表明两个酰胺质子对催化活性和立体选择性都至关重要。

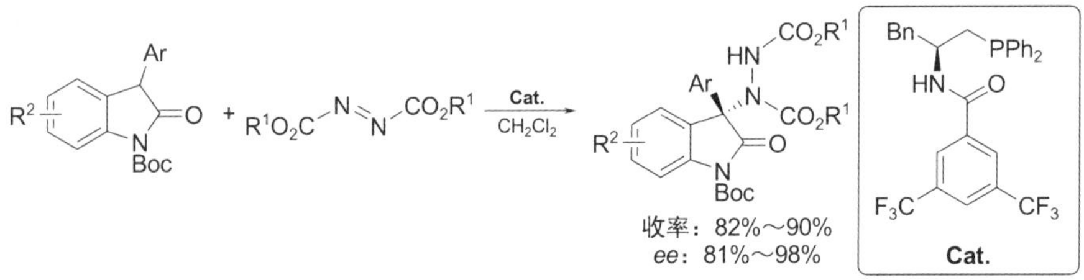


图 3-127 氧吲哚与偶氮二甲酸二酯的不对称 Michael 加成反应

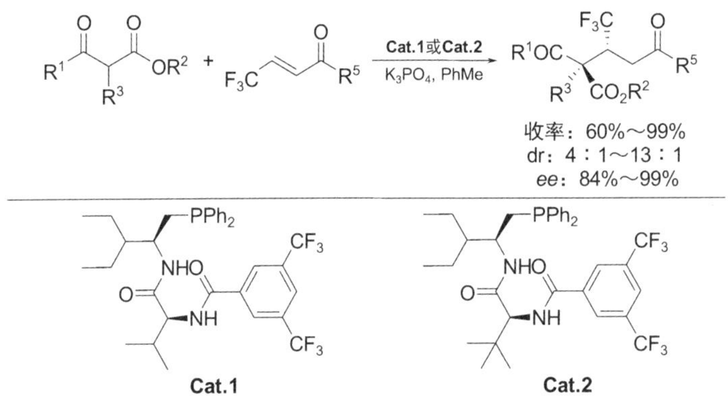


图 3-128 β-酮酸酯与 β-三氟甲基烯酮不对称 Michael 加成反应

张俊良课题组在 2020 年报道了多功能的酰胺类手性叔膦催化剂催化的哒嗪酮衍生物与共轭烯酮的对映发散 Michael 加成反应，该反应以良好至优异的产率和优异的 *ee* 值得到 *N*-烷基吡嗪酮类化合物(图 3-129)[149]。用丙烯酸甲酯可以促进两性

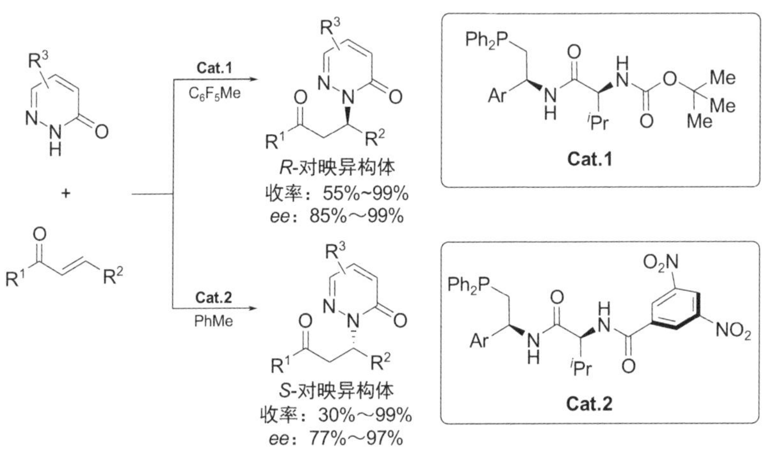


图 3-129 多功能的酰胺类手性叔膦催化剂催化的哒嗪酮衍生物与共轭烯酮的对映发散 Michael 加成反应

离子中间体的生成。通过改变多官能叔膦催化剂结构中的非手性酰胺基团，可以改变反应的对映体选择性，反应结果表明，氢键相互作用对催化活性和不对称诱导都是至关重要的。

## 3.3.2 叔膦催化的联烯酸酯的加成反应

在叔膦催化下，亲核试剂和联烯酸酯可以发生亲核加成反应。从陆熙炎发展叔膦催化 2,3-丁二烯酸酯 $\gamma$-极性反转加成反应开始，越来越多的碳、氧、氮、硫亲核试剂被发现可以作为亲核性物种与季鏻盐中间体发生加成反应。随着后续的不断研究，化学工作者们发现通过在联烯酸酯上预装不同官能团以及对叔膦催化剂的结构调控，可以诱导出完全不同的新颖的反应性，包括 $\beta$-、$\beta'$-、$\alpha$-和远程的 1,7-加成。以上加成反应在手性叔膦催化的不对称加成反应中也得以大量应用，可以实现对一些天然产物和药物核心骨架的对映选择性合成。下面将根据不同的联烯酸酯分类，对叔膦催化的联烯酸酯的加成反应进行介绍。

### 3.3.2.1 叔膦催化的联烯酸酯的 $\gamma$-极性反转加成反应

早在 1982 年，Cristau 课题组提出了 $\gamma$-极性反转的概念[150]。1994 年 Trost 课题组把这一概念应用于叔膦催化反应，成功实现了亲核试剂对丁炔酸酯的 $\gamma$-极性反转加成(图 3-130)[151]。研究表明：以碳、氧、氮等为中心的亲核试剂都适用于该反应，得到一系列取代的烯烃化合物。

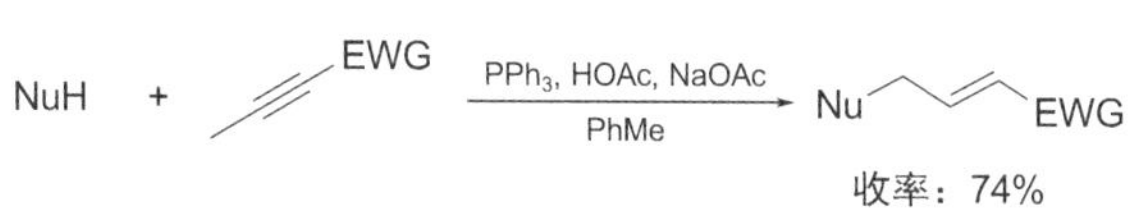


图 3-130 丁炔酸酯的 $\gamma$-极性反转加成反应

(1) 叔膦催化的碳亲核试剂对联烯酸酯的 $\gamma$-极性反转加成

1995 年，陆熙炎课题组报道了碳亲核试剂与联烯酸酯的加成反应，首次实现了叔膦催化下的联烯酸酯的 $\gamma$-极性反转加成(图 3-131)[152]。与炔酸酯的 $\gamma$-极性反转加成相比较，该反应无需额外的添加剂、反应条件更加温和、操作简便，以中等到较好的收率和区域选择性得到了 $\gamma$-加成产物。当联烯酸酯的 $\gamma$-碳上连有乙基取代基时，在叔膦催化下无法发生$\gamma$-极性反转加成，而是得到异构化产物。

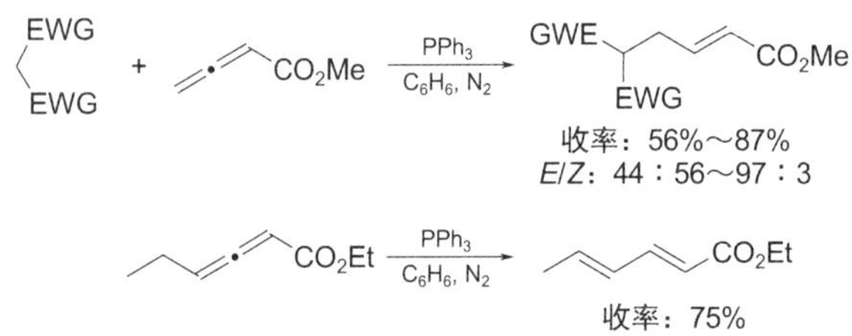


图 3-131　首例叔膦催化的联烯酸酯的 $\gamma$-极性反转加成反应与联烯酸酯的异构化反应

$\gamma$-极性反转加成反应机理如下：首先，三苯基膦对联烯酸甲酯的$\beta$-碳发生亲核进攻生成两性离子中间体。随后两性离子中间体夺取前亲核试剂的质子后形成相应的烯基鏻盐中间体和亲核负离子。亲核负离子对烯基鏻盐中间体发生极性反转加成，最后通过异构化并脱去催化剂得到产物(图 3-132)。

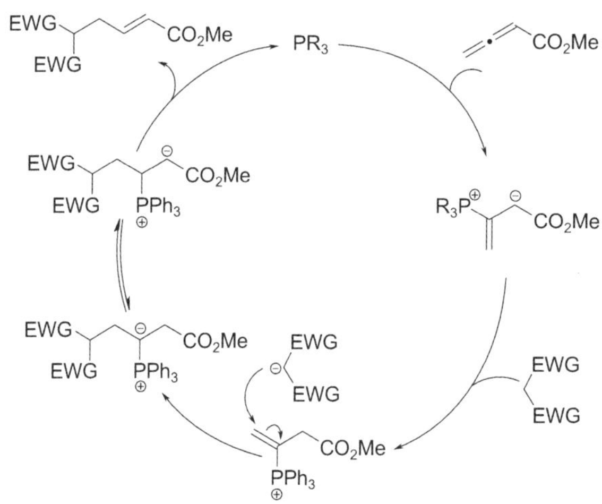


图 3-132　叔膦催化的 $\gamma$- 极性反转加成反应机理

陆熙炎课题组接着报道了芳香醛、丙二腈和联烯酸酯在叔膦催化下的[3+2]环化反应。实验过程中发现，当该反应以三苯基膦为催化剂，甲苯为溶剂加热至回流时可以分离得到丙二腈与联烯酸酯直接反应的$\gamma$-极性反转加成产物(图 3-133)[153]。该发现表明：丙二腈与联烯酸酯之间发生$\gamma$-极性反转加成反应的速率远远高于芳香醛和丙二腈的缩合反应速率。

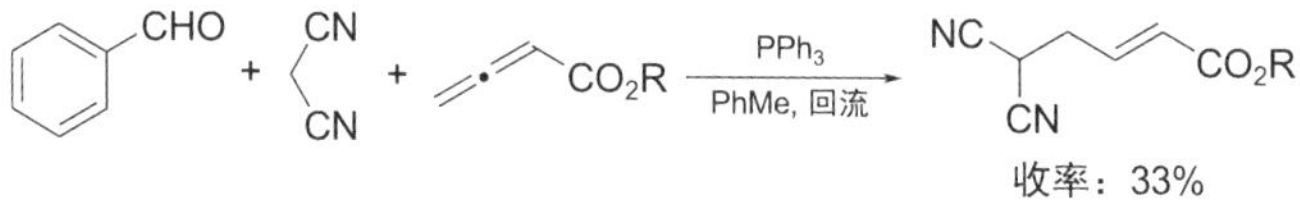

图 3-133 叔膦催化的丙二腈参与的 γ-极性反转加成反应

随后陆续有更多课题组发展了此类叔膦催化的反应，大量的前亲核试剂可被应用于对联烯酸酯或炔酸酯的 γ-极性反转加成反应(图 3-134)。

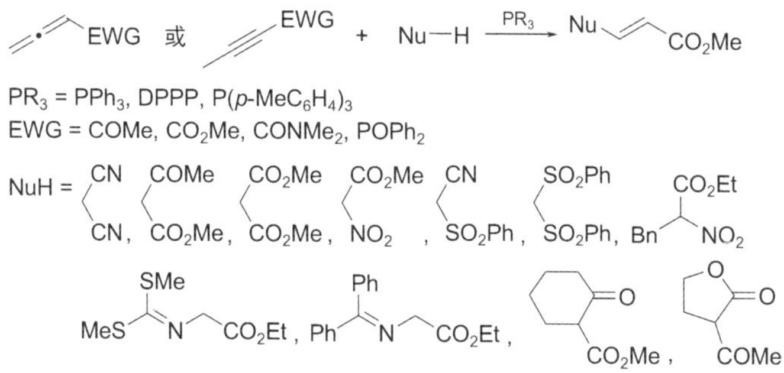

图 3-134 有机膦催化的联烯酸酯的 γ-极性反转加成反应的催化剂、活化基团和前碳亲核试剂范围

(2)叔膦催化的氧亲核试剂对联烯酸酯的 γ-极性反转加成反应

陆熙炎课题组发现当使用氧亲核试剂作为底物参与反应时，三苯基膦依旧是有效的催化剂，在 AcOH 作为添加剂时能以较好的收率得到含有氧杂原子的 γ-极性反转加成产物(图 3-135)[152]。

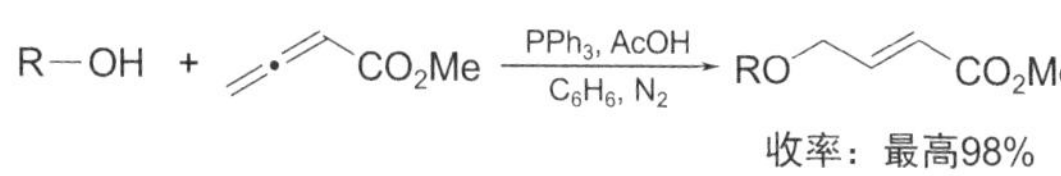

图 3-135 叔膦催化的醇与联烯酸酯的 γ-极性反转加成反应

(3)叔膦催化的氮亲核试剂对联烯酸酯的 γ-极性反转加成反应

2006 年，Virieux 课题组报道了胺作为前亲核试剂的叔膦催化的联烯酸酯的 γ-极性反转加成反应。该反应以唑类化合物和联烯酸酯作为反应底物，三苯基膦作为催化剂，在温和的反应条件下得到 *N*-烯丙基唑类化合物(图 3-136)[154]。此外，该课题组研究了前亲核试剂的 $pK_a$ 范围对 γ-极性反转加成反应的影响。以氮原子为中心的前亲核试剂为例进行研究发现：前亲核试剂的 $pK_a$ 值在 8 ～ 16 之间时，底物的亲核性最适合反应，能以中等到较好的收率得到 γ-极性反转加成产物。当前亲核

试剂的 p$K_a$ 值小于 8.5 时，底物亲核性较差，不能进行加成反应。当前亲核试剂的 p$K_a$ 值大于 16.2 时，前亲核试剂的酸性较低，反应性差，无法脱去质子转化为亲核试剂，所以也无法发生反应。

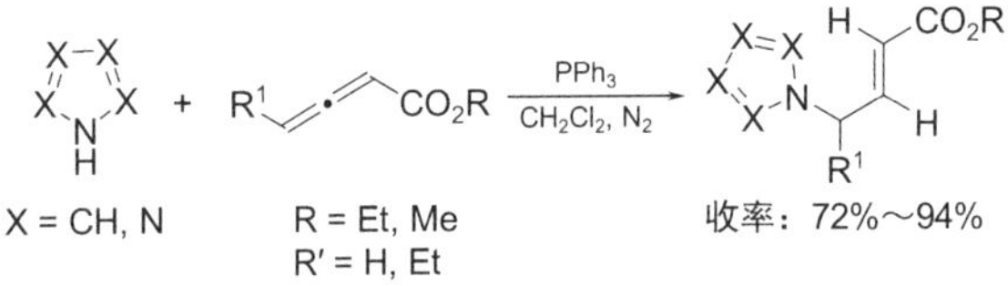


图 3-136　唑类化合物参与的 γ- 极性反转加成反应

2012 年，施敏课题组报道了衍生自靛红的酮肟在叔膦催化下对联烯酸酯的 γ-极性反转加成反应(图 3-137)[155]。氘代实验和机理研究表明：该反应中联烯酸酯参与了两次 γ-极性反转加成，第一次是氮亲核试剂参与的反应，第二次是碳亲核试剂参与的反应，通过这两次加成可以高收率地得到官能团化的硝酮化合物。硝酮化合物可通过分子内的[3+2]环化反应以高收率和高区域选择性得到桥环化合物。这些桥环化合物骨架广泛存在于生物活性和药物分子中，因此该策略可为有机合成化学中构筑复杂分子提供新的思路。

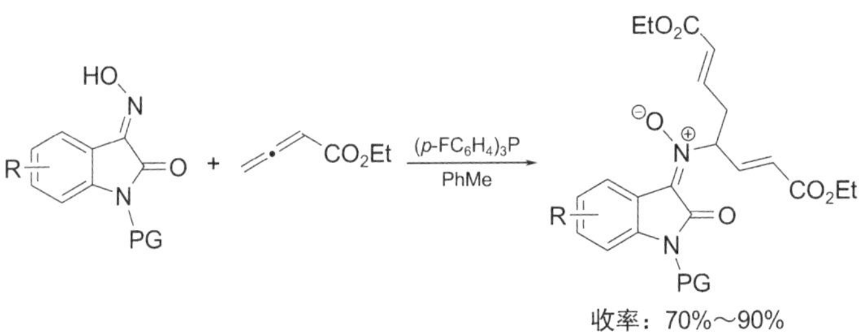


图 3-137　衍生自靛红的酮肟在叔膦催化下对联烯酸酯的 γ-极性反转加成反应

3-吡咯啉骨架是天然产物中常见的结构单元，它的合成具有重要的研究价值[156]。2012 年，Kwon 课题组使用 *N*-对甲苯磺酰基-*α*-氨基联烯酸酯在叔膦的催化下实现了分子内 γ-极性反转加成反应，以较好的收率得到了环化产物 3-酯基-2-烷基-3-吡咯啉化合物(图 3-138)[157]。该反应的机理如下：三苯基膦对 *α*-氨基联烯酸乙酯的 *β*-碳亲核进攻得到 1,4-偶极中间体，随后经过质子转移以及分子内亲核加成生成磷叶立德中间体，最后经质子转移以及催化剂的脱去得到目标产物。

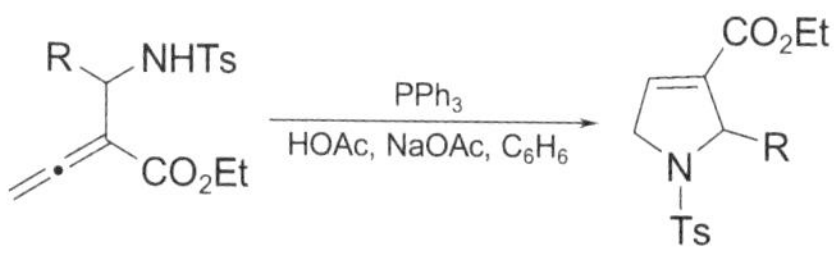


图 3-138　分子内 $\gamma$- 极性反转加成反应

2015 年 Kwon 课题组报道了叔膦催化下磺酰胺和 $\gamma$-取代联烯酸酯发生的 $\gamma$-极性反转加成反应，可以区域选择性地生成 $\alpha,\beta$-不饱和的 $\gamma$-氨基酸酯类化合物(图 3-139)[158]。通过改变磺酰胺和联烯酸酯中的取代基，能得到一系列官能团化的 $\gamma$-氨基酸酯衍生物，体现出了很好的底物兼容性。

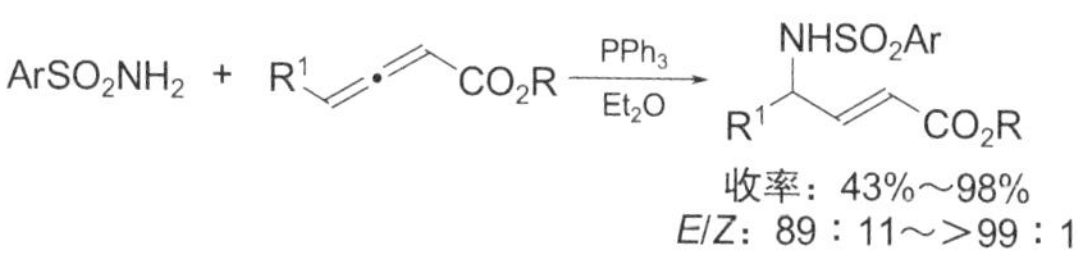


图 3-139　磺酰胺参与的联烯酸酯的 $\gamma$-极性反转加成反应

(4) 叔膦催化的联烯酸酯的不对称 $\gamma$-极性反转加成反应

在许多生物活性分子中都含有季碳中心，这类化合物的不对称合成一直都是有机合成中的重要挑战[159]。近年来，化学家们已经发展、报道了大量的方法来构筑含有季碳中心的 C—C 键。手性叔膦催化的联烯酸酯的不对称反应就是其中一种常见的方法。

1998 年，张绪穆课题组设计了具有双环骨架的手性叔膦催化剂，首次实现了联烯酸酯和亲核试剂的 $\gamma$-极性反转加成反应，以较好的收率和对映选择性得到了手性烯烃化合物，成功实现了含有季碳中心的碳—碳键的构筑(图 3-140)[160]。

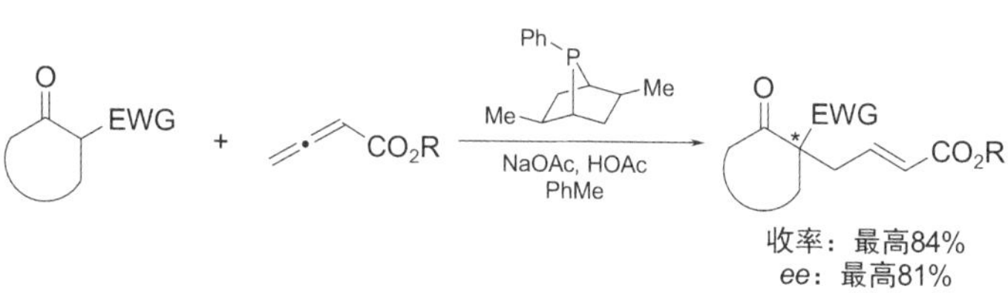


图 3-140　首例联烯酸酯的不对称 $\gamma$-极性反转加成反应

2009 年，Fu 课题组通过设计合适的联萘骨架手性亚膦酰胺催化剂 **Cat. 1**，以高收率和高对映选择性实现了硝基甲烷对 $\gamma$-取代联烯酸酯的 $\gamma$-极性反转加成反应。该策略可以有效地合成 $\gamma$-叔碳立体中心的 $\alpha,\beta$-不饱和羰基化合物(图 3-141)[161]。

2010 年，该课题组使用同一种催化剂实现了 1,3-二羰基化合物的 γ-取代联烯酸酯的不对称 γ-极性反转加成反应，发展了高效的方法来合成官能团化的手性羰基化合物，有很好的收率和对映选择性[162]。当使用 α-甲基取代的 1,3-双羰基化合物作为底物时，反应依旧可以发生，有好的收率和对映选择性，立体选择性地构筑了碳—碳键以及两个连续的立体中心。

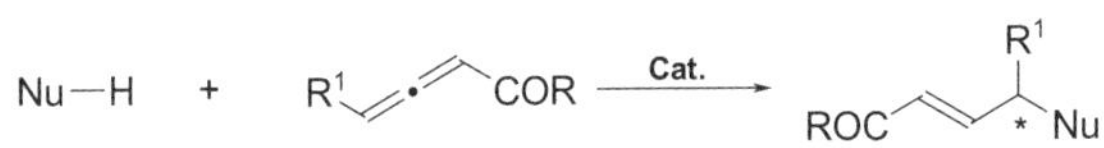

| Cat. | 产物 | 结果 |
|---|---|---|
| 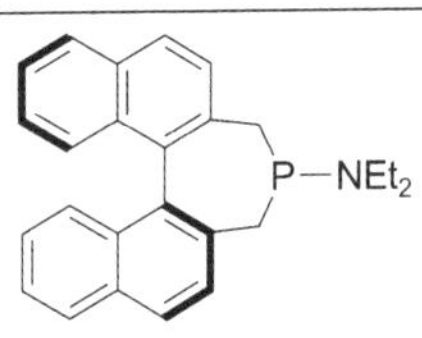 Cat.1 | 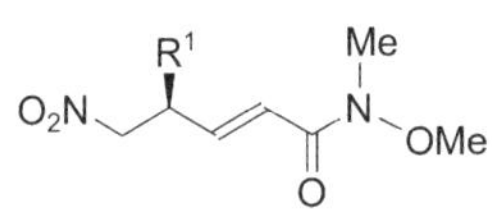 | 收率：最高94%<br>*ee*：最高97% |
| 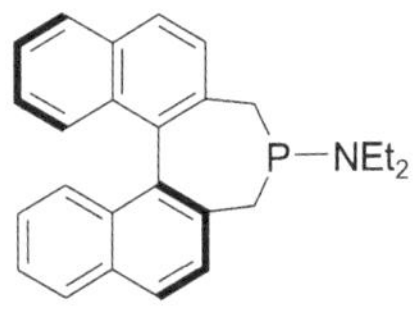 Cat.1 | 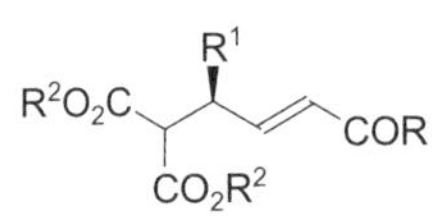 | 收率：最高98%<br>*ee*：最高95% |
| 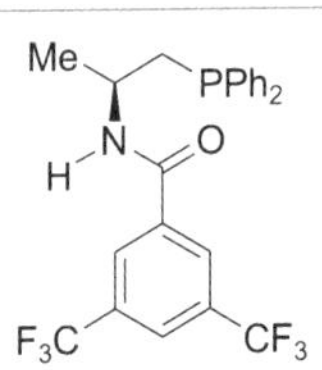 Cat.2 | 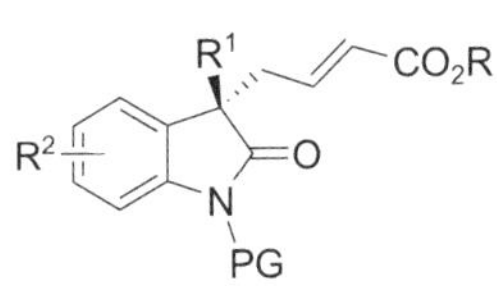 | 收率：最高98%<br>*ee*：最高94% |
| 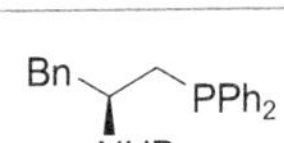 Cat.3 | 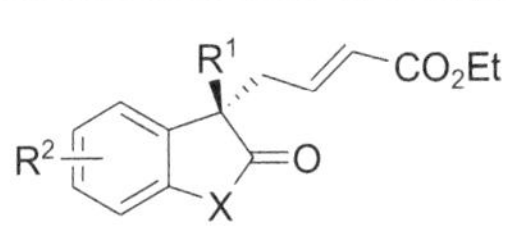 | 收率：最高98%<br>*ee*：最高94% |
| 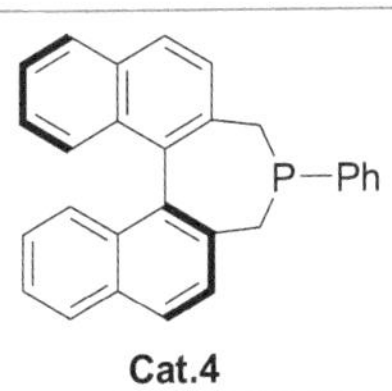 Cat.4 | 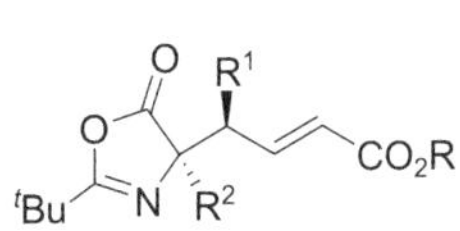 | 收率：最高95%<br>*ee*：最高96%<br>dr：＞20：1 |

图 3-141　手性叔膦催化碳亲核试剂与联烯酸酯的不对称 γ-极性反转加成反应

2014 年，卢一新课题组使用氨基酸骨架衍生的手性叔膦催化剂 **Cat. 2** 实现了对映选择性的 $\gamma$-极性反转加成反应，能以好的收率和对映选择性得到含有季碳中心的羟吲哚化合物。该反应得到的 $\gamma$-加成产物可以进一步转换，合成两种天然产物(-)-esermethole 和(-)-physostigmine，也能合成具有生物活性的神经激肽受体拮抗剂[163]。同年，赵刚课题组使用氨基酸骨架衍生的手性叔膦催化剂 **Cat. 3** 也实现了类似的 $\gamma$-极性反转反应，得到 3,3-双取代的羟吲哚化合物。该反应底物范围广，反应条件温和，原子经济性好，最高可达到 98% 收率和 94% *ee*[164]。

许多化学家将研究兴趣集中于发展新的加成反应，以便有效合成含有多个立体中心的化合物。2015 年 Fu 课题组报道了手性叔膦 **Cat. 4** 催化下联烯酸酯的 $\gamma$-极性反转加成反应，实现了 $\alpha,\alpha$-双取代的 $\alpha$-氨基酸衍生物的合成，有较好的收率、非对映选择性和对映选择性，该反应一次性在 $\gamma$-碳和 $\delta$-碳位构筑了两个连续的立体中心[165]。

噻唑酮是一类重要的分子骨架，广泛存在于有机合成化学和具有生物活性的化学分子中[166,167]，近年来化学家已经报道了许多方法来合成光学活性的硫醇衍生物。2015 年卢一新课题组报道了手性叔膦催化的联烯酸酯的 $\gamma$-极性反转加成反应，可以高对映选择性地合成噻唑酮和噁唑酮化合物。该反应使用 L-缬氨酸衍生的双官能团叔膦催化剂，有很好的收率和立体选择性(图 3-142)[168]。该反应为合成高对映选择性的叔硫醚 / 醇提供了简便的方法。在这个反应中，磺酰胺的 N—H 和噻唑烯醇负离子之间存在氢键相互作用，从而控制亲核负离子对碳碳双键的加成，这是诱导不对称反应的关键步骤。如过渡态显示：由于 *Re*-面进攻的位阻效应较小，所以更容易得到 *Re*-面进攻的产物。

接着他们还实现了叔膦催化剂调控的噁唑酮位点选择性地对联烯酸酯的不对称 $\gamma$-极性反转加成反应，高收率和对映选择性地合成了一系列 $\alpha,\alpha$-双取代的 $\alpha$-氨基酸和 *N*,*O*-乙缩醛衍生物(图 3-143)[169]。

罗丹宁结构广泛存在于天然产物、生物活性分子和药物分子中[170]。使用含有罗丹宁结构的底物参与的不对称加成反应是构筑手性罗丹宁化合物的重要方法之一[171]。伍新燕课题组用他们发展的环己烷骨架的手性叔膦催化剂首次实现了罗丹宁底物和联烯酸酯在手性叔膦催化下的 $\gamma$-极性反转加成反应。该反应在温和的反应条件下以高收率和高对映选择性得到了罗丹宁衍生物(图 3-144)[172]。

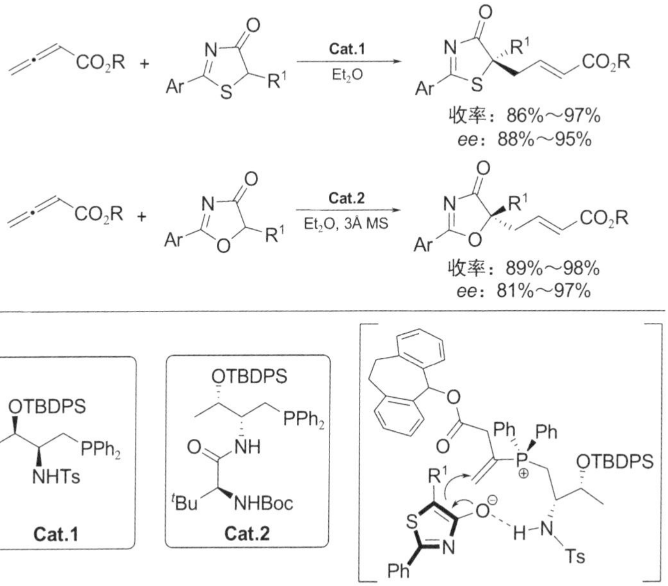


图 3-142　手性叔膦催化唑类化合物与联烯酸酯的不对称 $\gamma$-极性反转加成反应

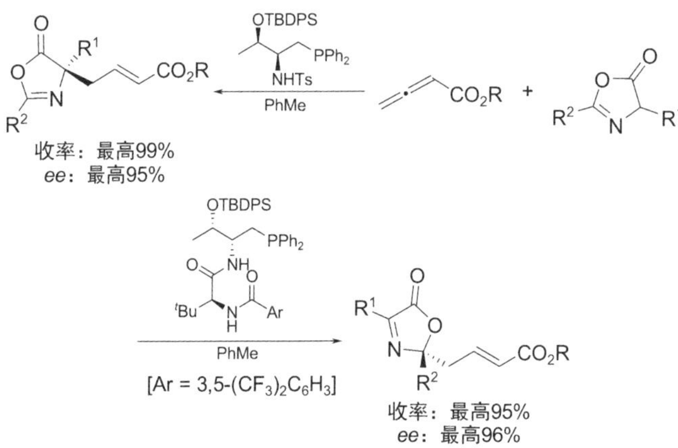


图 3-143　手性叔膦催化噁唑酮与联烯酸酯的区域选择性不对称 $\gamma$-极性反转加成反应

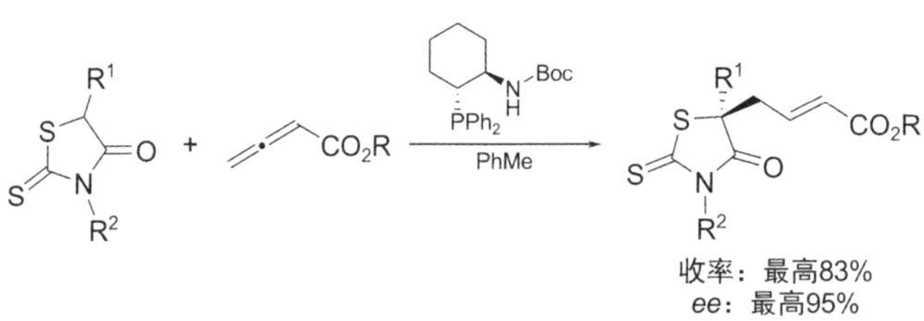


图 3-144　手性叔膦催化罗丹宁底物与联烯酸酯的不对称 $\gamma$-极性反转加成反应

含氟化合物具有膜渗透性、抗代谢稳定性、热稳定性和化学稳定性等特点，在农药、医药及高分子功能材料中有着非常广泛的应用。卢一新课题组使用3-氟取代的羟吲哚和联烯酸酯作为底物，使用L-苏氨酸衍生的手性叔膦催化剂，得到了含有季碳中心的$\gamma$-加成产物(图3-145)[173]。该反应有很好的收率和对映选择性，表现出了好的底物兼容性。该加成产物中既含有吲哚-2-酮骨架，又含有氟原子，为药物化学的发展提供了新的思路，具有很高的潜在价值。

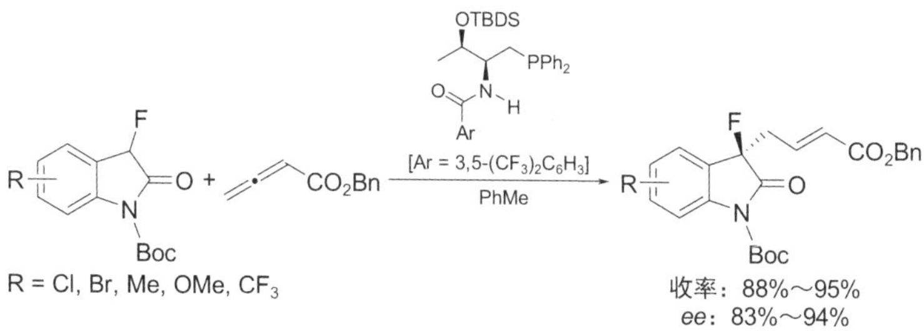


图3-145 手性叔膦催化3-氟取代羟吲哚与联烯酸酯的不对称$\gamma$-极性反转加成反应

在有机化学中，胺亲电试剂转为胺亲核试剂的极性反转转化是构筑手性胺和氨基酸酯类化合物的有效方法之一[174,175]。酮亚胺的极性反转加成是快速构筑碳碳键来得到$\alpha$-季碳胺类化合物的重要策略。但是酮亚胺的反应性较弱，该反应的发展受到了限制。

2017年张俊良课题组报道了磺酰亚胺衍生的手性叔膦催化的联烯酸酯的$\gamma$-极性反转加成反应，高效构筑$\gamma,\delta$-不饱和的含有叔碳立体中心的$\alpha$-氨基酸酯类化合物(图3-146)[176]。该反应底物范围广，反应条件温和，有很好的收率和对映选择性。此外，反应所得到的氨基酸酯类化合物可以通过简单的转换得到$\delta$-内酰胺化合物。令人惊喜的是：当使用$\alpha$-酮酸酯、对硝基苄胺和联烯酸酯作为底物时，成功实现了首例叔膦催化下三组分的不对称$\gamma$-极性反转加成反应，构筑了一个新的碳碳键和季碳中心。该反应的对映选择性与手性催化剂中氮原子上的取代基有关，作者通过对比实验提出了可能的催化模式。当氮原子上的取代基为氢时，氮氢键和亚胺之间的氢键相互作用对手性诱导起关键作用。当手性催化剂中氮原子上的取代基是甲基时，在标准条件下该反应得到了较低的收率和对映选择性，对比实验表明氢键相互作用的重要性。

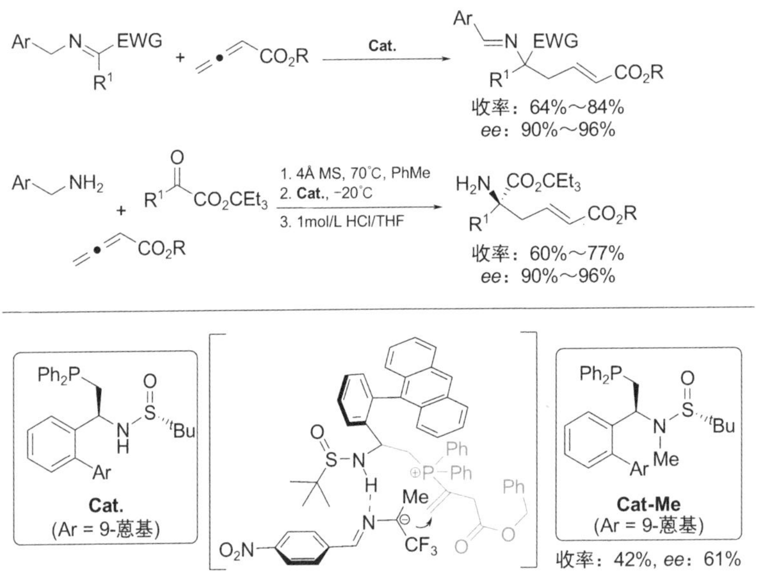

图 3-146 手性叔膦催化亚胺类底物与联烯酸酯的不对称 $\gamma$-极性反转加成反应

2017 年，施敏课题组使用氨基酸衍生的手性叔膦催化剂，以 $\alpha$-三氟甲基亚胺和联烯酸酯作为底物，经过 $\gamma$-极性反转加成反应，顺利地得到了高立体选择性的 $\alpha$-三氟甲基亚胺衍生物(图 3-147)[177]。该反应有较好的收率和中等到较好的对映选择性。反应得到的含氟化合物可用于合成生物活性分子。

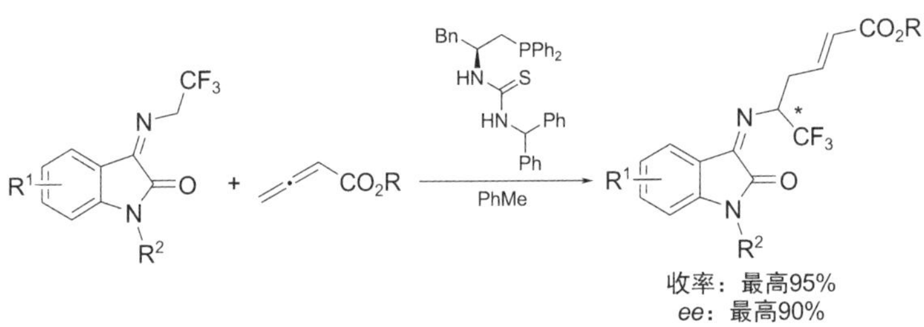

图 3-147 手性叔膦催化亚胺类底物与联烯酸酯的不对称 $\gamma$-极性反转加成反应

Miller 课题组首先报道了碳、氮、氧亲核试剂对联烯酸酯的 $\gamma$-极性反转加成反应[178]，随后，Fu 课题组对手性叔膦催化的不同亲核试剂对 $\gamma$-取代联烯酸酯的分子内和分子间的 $\gamma$-加成反应进行了系统的研究。Fu 课题组利用螺二氢茚骨架的手性叔膦催化剂，发展了苄醇和三氟乙酰胺与联烯酸酯或炔酸酯的 $\gamma$-极性反转加成反应，以优秀的结果得到了不对称 O-烯丙基烷基化产物(图 3-148)[179] 和 N-烯丙基烷基化产物(图 3-148)[180]。也可以通过分子内反应合成手性吡咯烷、吲哚啉、γ-氨基取代的 α,β-不饱和羰基化合物等目标分子。

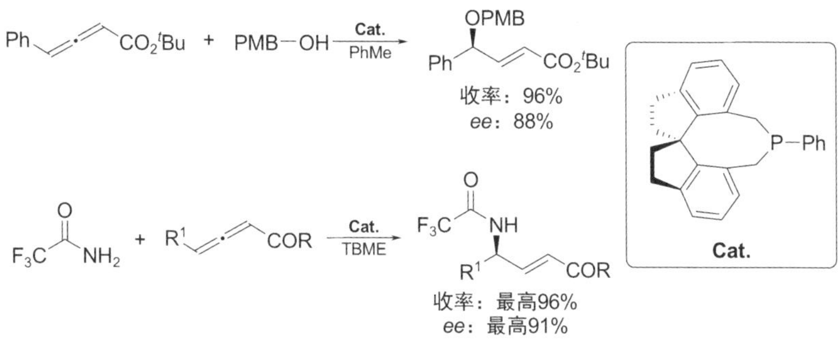


图 3-148　手性叔膦催化苄醇及胺类化合物与联烯酸酯的不对称 γ-极性反转加成反应

手性含硫化合物在化学和生物中具有重要的应用价值，可作为抗生素、金属催化剂配体以及手性辅助剂等。接着，Fu 课题组在手性双膦催化剂(Tang-Phos)和羧酸组成的催化体系催化下成功实现了硫亲核试剂与联烯酸酯的不对称 γ-加成反应，能以很好的收率和对映选择性得到含硫加成产物(图 3-149)[181]。他们还以联萘骨架的手性膦催化剂实现了这一反应[182]。

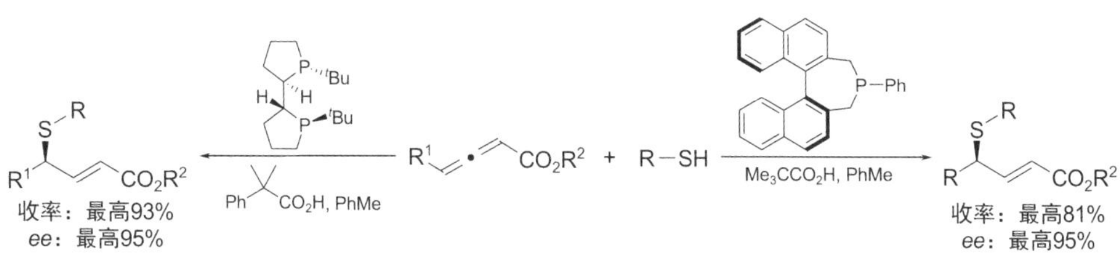


图 3-149　手性叔膦催化硫醇与联烯酸酯的不对称 γ-极性反转加成反应

### 3.3.2.2　叔膦催化的联烯酸酯的 β-加成反应

2004 年，陆熙炎课题组发现在三苯基膦催化的条件下，可以实现联烯基苯基砜的 β-加成反应。有趣的是，在类似的反应条件下，1,3-环己二酮和乙酰基丙酮参与反应能够分别得到 O-和 C-加成产物(图 3-150)[183]。

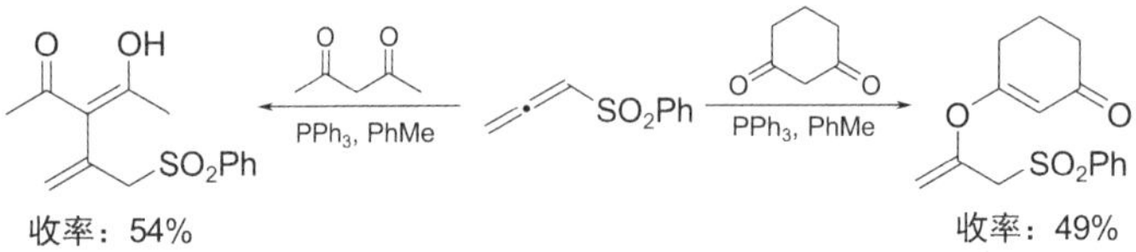


图 3-150 叔膦催化联烯酸酯的选择性 β-加成反应

2015 年，卢一新课题组使用 α-芳基氰基乙酸酯和联烯酸苄酯作为底物，三苯基膦作为催化剂，实现了联烯酸酯的 β-选择性加成，以很好的收率得到了一系列含有季碳中心的 Michael 加成产物(图 3-151)[184]。该反应条件温和，具有很好的底物适用性。反应的区域选择性是由底物控制的。当底物是苯基氰基乙酸乙酯时，反应以 β-选择性加成产物为主；当底物是苄基氰基乙酸乙酯或是甲基氰基乙酸乙酯时，反应以 γ-选择性加成产物为主。这一结果表明联烯酸酯的亲核加成反应与底物的空间位阻有关。

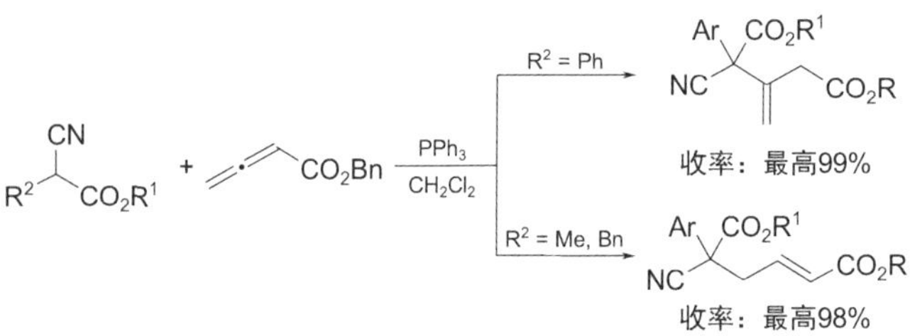


图 3-151 叔膦催化联烯酸酯的选择性 β-/γ-加成反应

2017 年，周庆发课题组报道了叔膦催化的苯并呋喃酮和联烯酸酯的反应，以较好的收率合成了不对称的 3, 3-二取代苯并呋喃酮化合物。该反应条件温和，底物适用性广。机理研究表明，反应中两分子联烯酸酯参与反应，经历了 γ-加成和 β-加成两个过程(图 3-152)[185]。

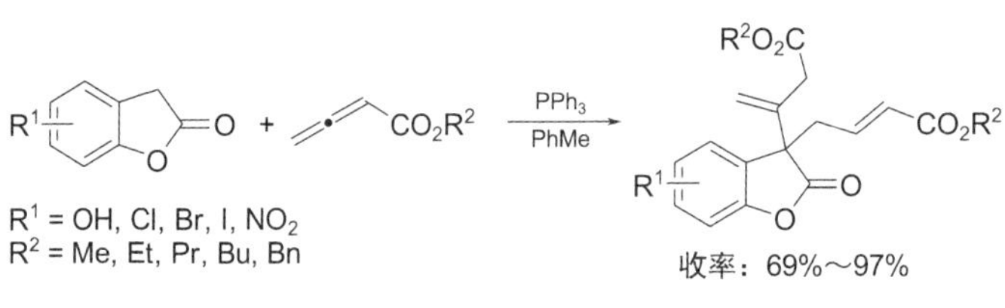


图 3-152 叔膦催化联烯酸酯的 β, γ-双加成反应

2019 年，Mohanan 课题组使用 $\alpha$-氟-$\beta$-酮酰胺和联烯酸酯作为底物，三苯基膦作为催化剂，实现了联烯酸酯的 $\beta$-选择性加成，得到了一系列季碳中心含氟取代的 $\beta$-加成产物（图 3-153）[186]。

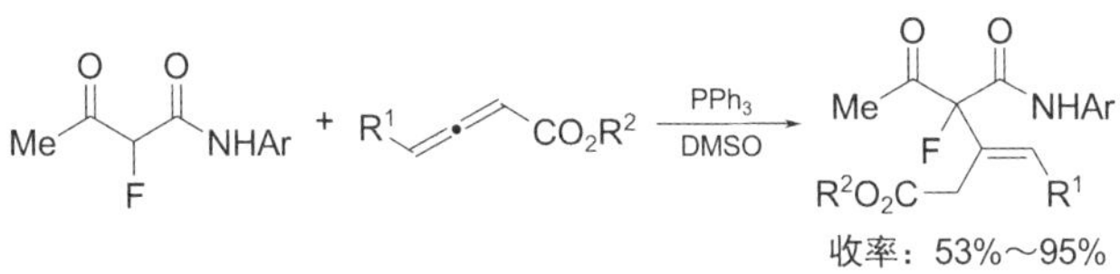


图 3-153　叔膦催化 $\alpha$-氟-$\beta$-酮酰胺与联烯酸酯的 $\beta$-加成反应

2016 年，Kwon 课题组报道了 $\alpha$-硝基乙基联烯酸酯的分子内环化反应。该反应在叔膦的催化下，经过分子内联烯酸酯的 $\beta$-亲核加成以及后续的环氮酸酯的重排，能以好的收率和化学选择性合成（$Z$）-呋喃-2（3$H$）-酮肟衍生物。该反应操作简便，官能团兼容性好。此外，研究发现，当联烯酸酯的 $\gamma$-碳位连有甲基取代基时，并未监测到目标化合物的生成。这可能是因为联烯酸酯的空间位阻变大，使得联烯酸酯的亲电性下降，反应无法进行（图 3-154）[187]。

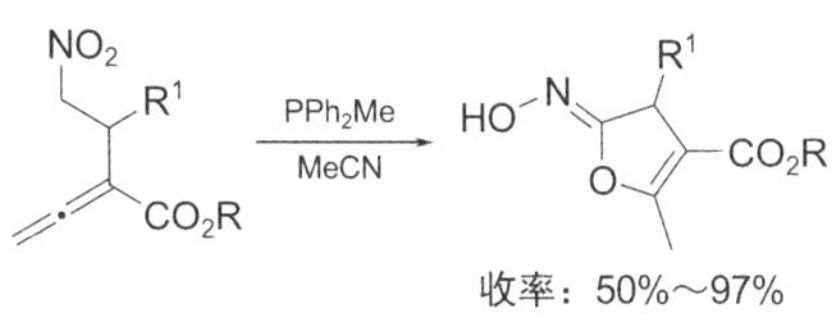


图 3-154　叔膦催化联烯酸酯的分子内 $\beta$-加成反应

2013 年，黄有课题组使用腙作为氮亲核试剂，发展了叔膦催化的联烯酸酯的氮杂-Michael 加成反应，通过催化剂调控实现了 $\beta$-碳位点的选择性加成（图 3-155）[188]。该反应的原子经济性好，反应底物简单易得，操作简便，可以在温和的反应条件下以高收率和高区域选择性得到加成产物。此外，控制实验和 DFT计算结果表明：1, 1-双取代的烯烃是动力学产物，反式烯烃是热力学产物。

2011 年，施敏课题组报道了叔膦催化苯硫酚对于联烯酸酯的 Michael 加成（图 3-156）[189]。而在相似的条件下，碳、氧和氮亲核试剂得到的都是 $\beta'$-极性反转加成反应的结果。

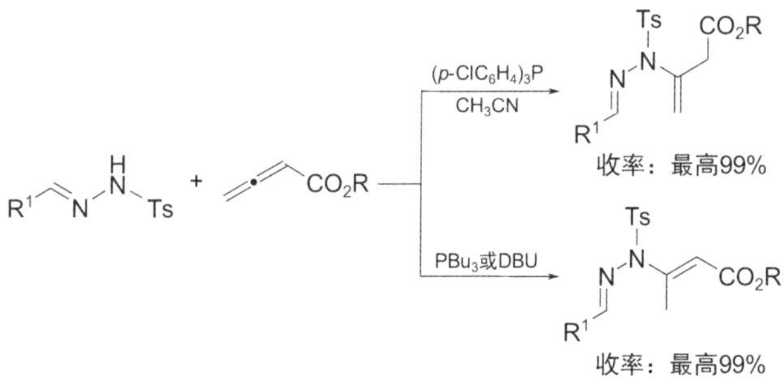

图 3-155 叔膦催化腙类底物与联烯酸酯的 β-加成反应

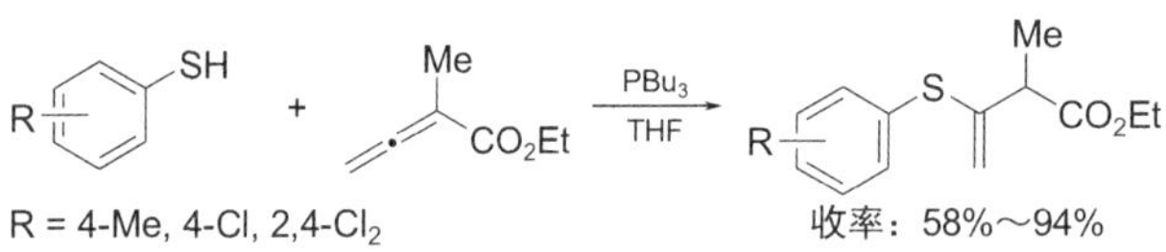

图 3-156 叔膦催化苯硫酚底物与联烯酸酯的Michael加成反应

### 3.3.2.3 叔膦催化的联烯酸酯的β′-加成反应

联烯酸酯的 α-位引入取代基后，它的反应位点和活性都会发生变化[190]。施敏课题组报道了叔膦催化的 α-甲基取代联烯酸酯的 β′-极性反转加成反应。在该反应中，氧、氮和碳亲核试剂都可以与 α-取代联烯酸酯发生反应，以良好的收率得到相应的 β′-极性反转加成产物(图 3-157)[189]。机理研究表明：碳、氮、氧亲核试剂参与反应的机理是相似的。首先，叔膦催化剂对联烯酸酯亲核进攻得到两性离子中间体，接

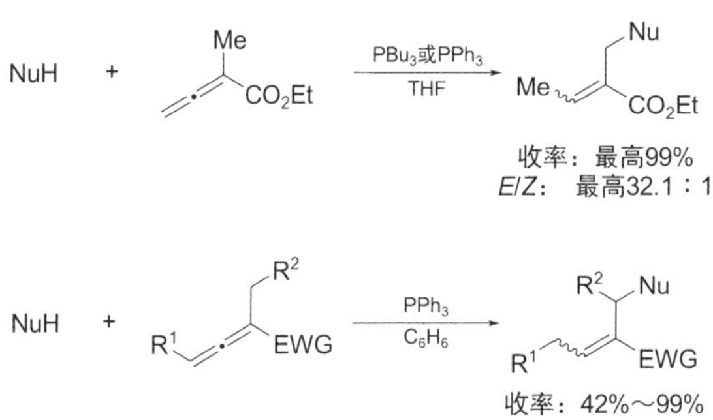

图 3-157 叔膦催化 α-取代联烯酸酯的 β′-极性反转加成反应

着通过连续的异构化中间体作为碱，夺取前亲核试剂中的质子得到季𬭸盐中间体和亲核负离子，随后发生亲核加成，脱去催化剂得到 β′-极性反转加成产物。Kwon 课题组也报道了叔膦催化的 β′ -极性反转加成反应来合成多官能团化的烯烃化合物。该反应使用碳、氧、氮和硫亲核试剂作为底物，能以好的收率得到具有潜在价值的加成产物(图 3-157)[191]。

### 3.3.2.4 叔膦催化的联烯酸酯的 α-极性反转加成反应

在联烯酸酯的 γ-碳位引入取代基后会大大降低联烯酸酯的活性，所以 γ-取代的联烯酸酯参与的反应是具有挑战的研究领域之一。2018 年童晓峰课题组使用 δ-乙酰氧基联烯酸酯作为底物，率先实现了叔膦催化的 α-极性反转加成反应，高效简捷地合成了一系列双烯化合物(图 3-158)[192]。该反应对亚磺酸酯、双芳基氧化膦以及碳亲核试剂等都具有很好的底物兼容性。机理研究表明，叔膦首先对联烯酸酯的 β-碳发生亲核进攻得到两性离子中间体，消去乙酰氧基得到季𬭸盐中间体，这是反应成功的关键。随后亲核试剂可以对季𬭸盐的 α-碳进行极性反转加成，再通过分子内质子迁移以及脱去催化剂得到目标产物。

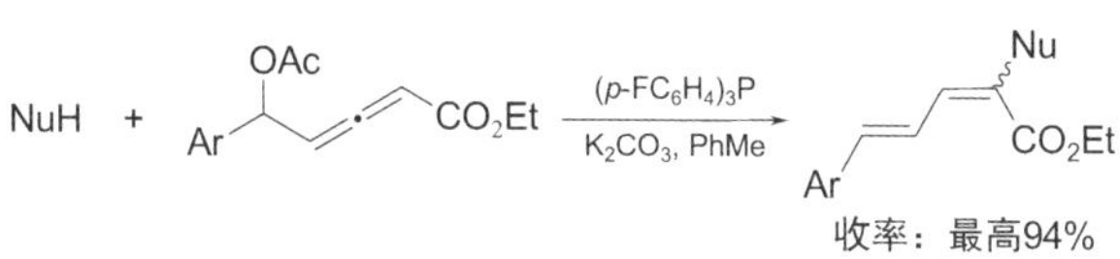


图 3-158 叔膦催化 δ-乙酰氧基联烯酸酯的 α-极性反转加成反应

### 3.3.2.5 叔膦催化的烯基联烯酸酯的 1,7-极性反转加成反应

2020 年黄有课题组设计合成了一种新的 γ-烯基取代的联烯酸酯，这类联烯酸酯可以在双功能硫脲-叔膦催化剂的催化下实现 γ-烯基联烯酸酯的远程 1, 7-加成反应，得到了官能团化的全反式 1, 3-双烯化合物。当含有两个 α-活性氢的前亲核试剂参与反应时，可以实现远程双 1, 7-加成反应，得到四烯化合物。在硫脲骨架手性叔膦催化下，可以高收率和对映选择性得到远程 1, 7-加成产物(图 3-159)[193]。在该反应中，γ-烯基联烯酸酯的 ε-碳首次参与反应。

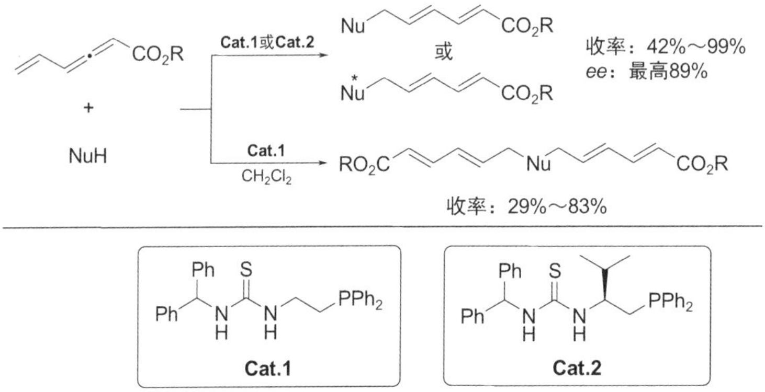


图 3-159　叔膦催化$\gamma$-烯基联烯酸酯的远程 1,7-加成反应

## 3.3.3　叔膦催化的 MBH 醇衍生物的烯丙基化反应

通过对 Morita-Baylis-Hillman 醇衍生物(MBHADs)$\beta'$-位置的改造，引入离去基团，使得 MBHADs 在叔膦催化下拥有了与活化烯烃、联烯酸酯以及炔酸酯相类似的反应性。而 MBHADs 在叔膦催化下与前亲核试剂的加成反应(亦称为烯丙基化反应)，可以有效构筑新的包括 C-C、C-N 以及 C-杂原子键，同时也极大地丰富了叔膦催化的烯丙基化反应的类型。

叔膦催化的 MBHADs 的烯丙基化反应是通过 $S_N2'$-$S_N2'$机理进行的(图 3-160)。亲核的膦对 MBHADs 的$\beta$-位发起进攻，生成季鏻盐中间体的同时离去一分子乙酰氧基负离子，随后原位生成的乙酰氧基负离子作为碱活化前亲核试剂并与季鏻盐中间体发生 $S_N2'$反应完成催化循环，生成相应的烯丙基化产物。

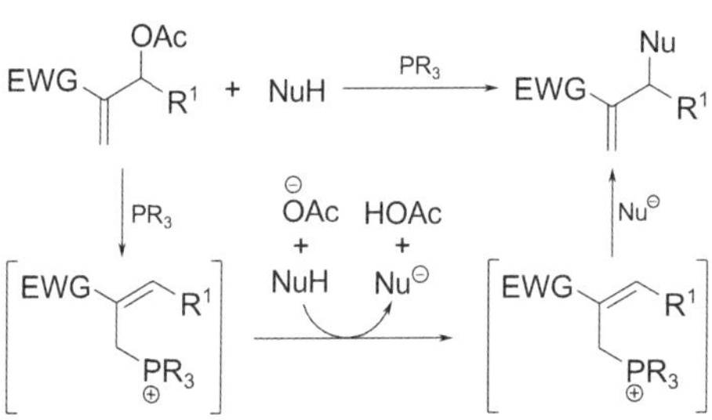


图 3-160　叔膦催化下 MBHADs 的烯丙基化反应机理

### 3.3.3.1 叔膦催化的碳亲核试剂与 MBH 醇衍生物的烯丙基化反应

2004 年 Krische 课题组首次报道了三甲基硅基保护的烯醇硅醚与 MBHADs 的烯丙基烷基化反应（图 3-161）[194]。该反应在三苯基膦催化下，使用过量的烯醇硅醚作为反应底物，可以以中等到良好的产率得到 $\gamma$-丁烯内酯化合物，除了 MBHADs 的 $R^1$ 基团为甲氧基时，该反应非对映选择性都非常好。

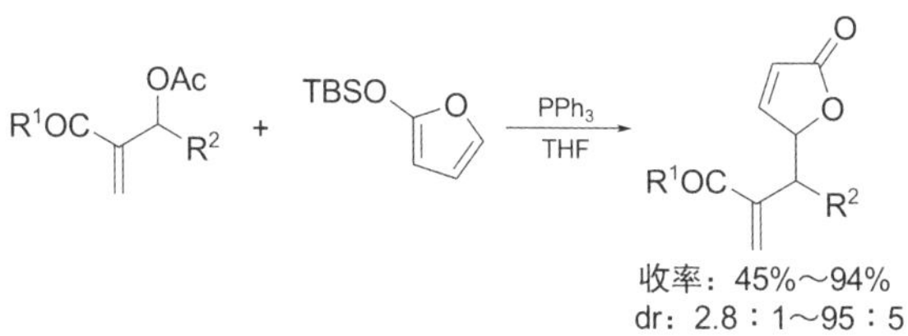


图 3-161 叔膦催化下 MBHADs 与烯醇硅醚的烯丙基烷基化反应

2018 年，周庆发课题组报道了叔膦催化下水杨醛亚胺与 MBHADs 的极性反转加成 / 氮杂 Cope 重排 / 分子内加成反应，以中等到好的产率合成 $\gamma$-氨基丁酸衍生物（图 3-162）[195]。机理表明该反应经过了串联的 $S_N2'$ /2-氮杂 Cope 重排以及分子内加成反应过程。

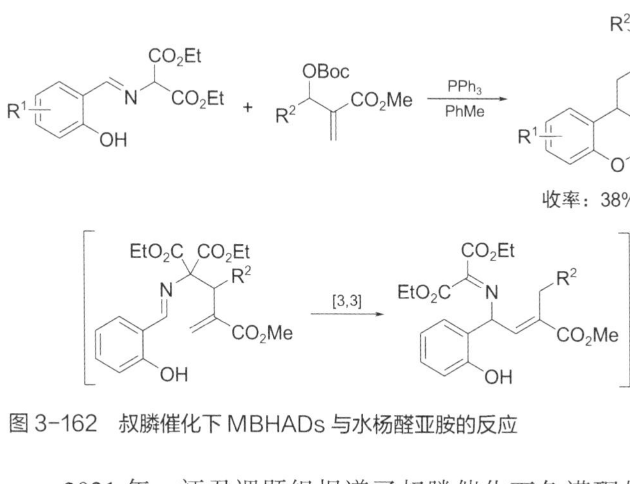


图 3-162 叔膦催化下 MBHADs 与水杨醛亚胺的反应

2021 年，汪君课题组报道了叔膦催化下色满酮与醇及 MBHADs 的烯丙基烷基化反应，以中等到高的产率合成了一系列官能团化的色满酮产物（图 3-163）[196]。机理研究表明，该反应过程中原位生成的叔丁氧基负离子可活化前亲核试剂以及作为溶剂的醇类，随后亲核试剂对色满酮 C2 位发起进攻生成碳负离子，再对 MBHADs 的烯丙基过程中生成的季鏻盐发生 $S_N2'$反应，生成产物的同时完成催化循环，值得注意的是该反应生成的叔丁氧基负离子不能作为亲核试剂引发反应。

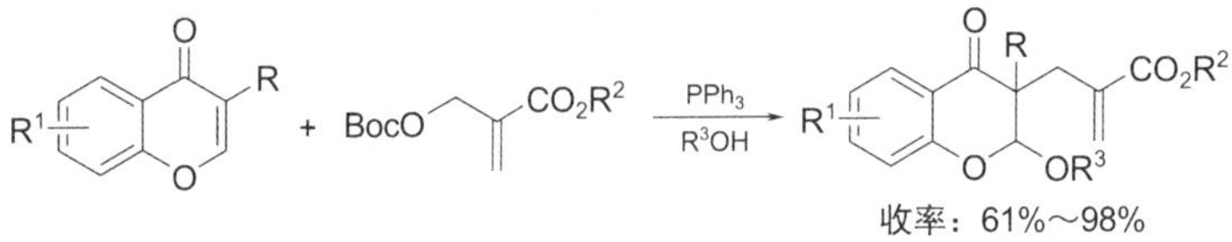


图 3-163 叔膦催化下 MBHADs 与色满酮及醇的烯丙基烷基化反应

### 3.3.3.2 叔膦催化的氮亲核试剂与 MBH 醇衍生物的烯丙基化反应

2004 年以及 2006 年 Krische 课题组首次报道了叔膦催化下 MBHADs 与氮亲核试剂的烯丙基氨基化反应(图 3-164)[197,198]。该反应以邻苯二甲酰亚胺为前亲核试剂，与烯丙基烷基化反应类似，经过 $S_N2'$-$S_N2'$反应过程，可最高以 95% 的产率得到烯丙胺衍生物。

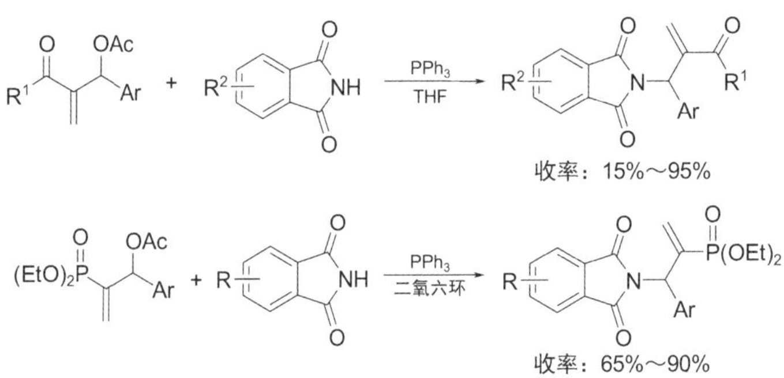


图 3-164 叔膦催化下 MBHADs的烯丙基氨基化反应

### 3.3.3.3 叔膦催化的对 MBH 醇衍生物的不对称烯丙基化反应

(1)叔膦催化的 MBH 醇衍生物的不对称烯丙基烷基化反应构建 C—C 键

与 γ-极性反转加成反应类似，叔膦催化的 MBH 醇衍生物的不对称烯丙基烷基化反应得到了广泛的研究，人们发展了一系列不同的手性叔膦催化剂，成功实现了 MBHADs 的不对称烯丙基烷基化反应(图 3-165)[200,208]。

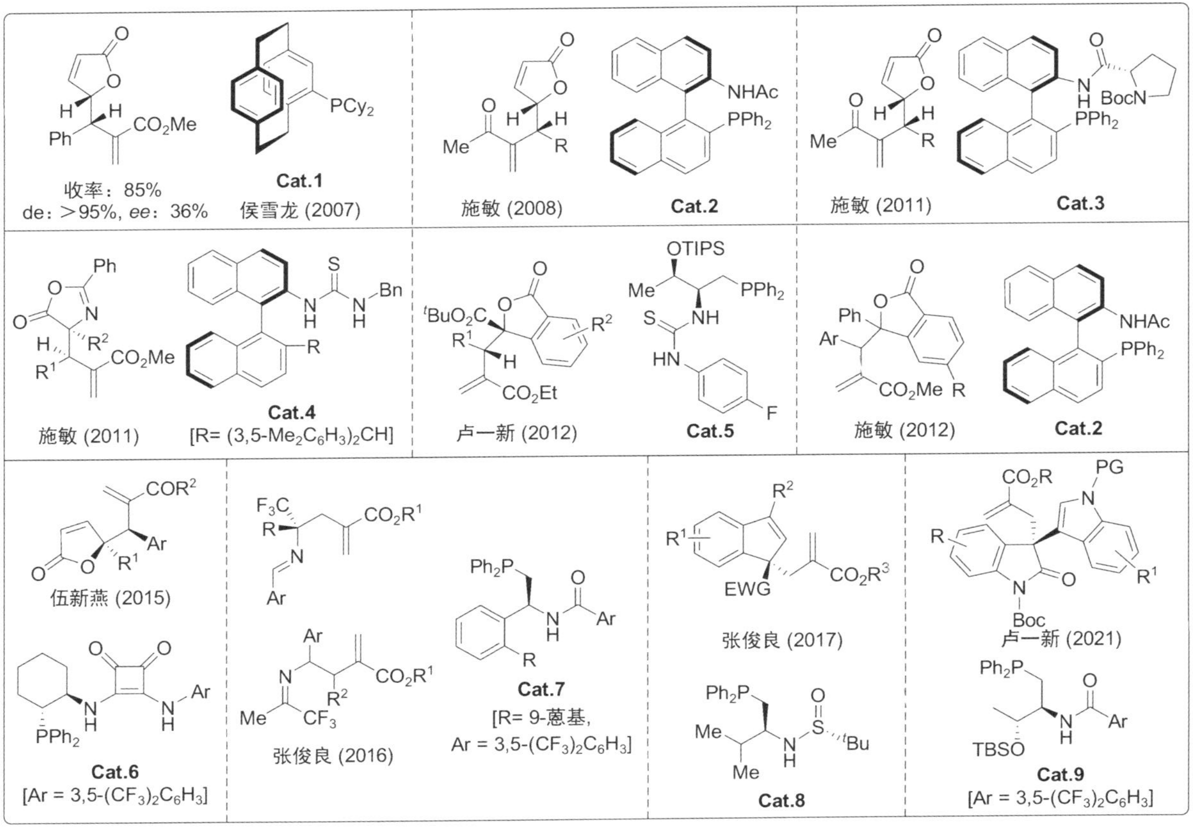


图 3-165　MBHADs 的不对称烯丙基烷基化反应 [199,201-207]

（2）叔膦催化的 MBH 醇衍生物的不对称烯丙基氨基化反应构建 C—N 键

2007 年，侯雪龙课题组使用具有面手性的叔膦催化剂 **Cat.** 首次实现了 MBHADs 的不对称烯丙基氨基化反应（图 3-166）[209]。虽然该反应的底物兼容性不错，但是在不对称的控制方面不是很好，产物的最高 *ee* 值只有 71%。

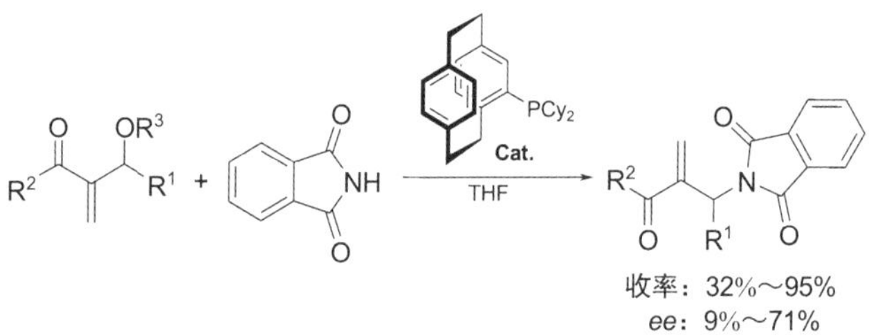


图 3-166　首例叔膦催化 MBHADs 的不对称烯丙基氨基化反应

施敏课题组和伍新燕课题组使用他们发展的脯氨酸修饰的联萘骨架手性双官能叔膦催化剂 **Cat.1**、**Cat.2**、**Cat.3** 进一步提高了该反应的产率和对映选择性（图 3-167）[210-212]。

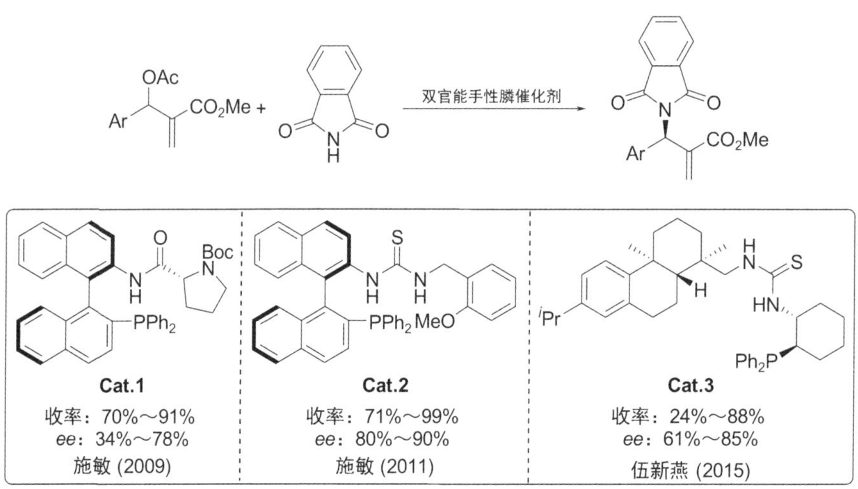


图 3-167　手性双官能叔膦催化 MBHADs 的不对称烯丙基氨基化反应

（3）叔膦催化的 MBH 醇衍生物的不对称烯丙基化反应构建其他碳-杂原子键

2012 年，施敏课题组使用亚磷酸二苯酯以及二苯基氧磷作为潜亲核试剂发展了不对称烯丙基膦酰化反应(图 3-168)[213]。通过使用联萘骨架的手性硫脲 - 叔膦催化剂，该反应可以以 70% ～ 99% 的产率以及 90% ～ 97% 的对映选择性得到一系列烯丙基膦酰化的产物。

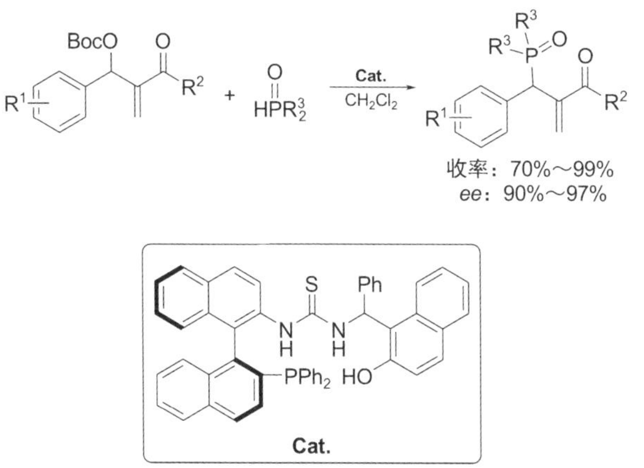


图 3-168　叔膦催化下 MBHADs 的不对称烯丙基膦酰化反应

后来，Vo-Thanh 课题组报道了基于叔膦-硫脲的双官能催化剂催化的 MBHADs 的不对称烯丙基氨基化以及烯丙基硫醚化的反应，实现了 MBHADs 的烯丙基化反应的 C-S 键构筑(图 3-169)[214]。值得注意的是，无论是烯丙基氨基化还是烯丙基硫醚化反应，MBHADs 芳环的 4 号位上都需要有强拉电子的硝基才能使反应顺利进行。

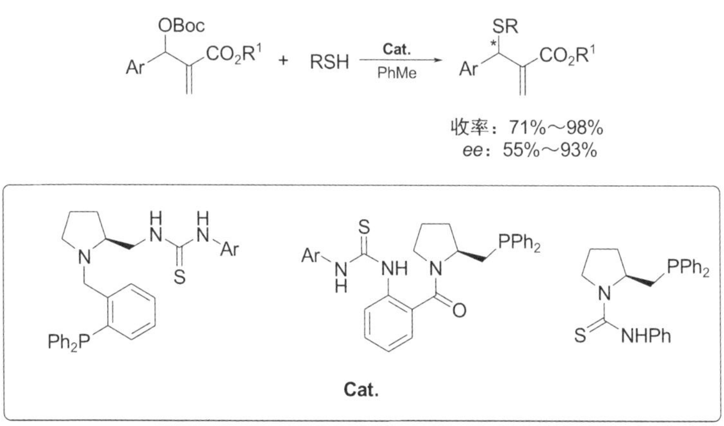


图 3-169　叔膦催化下 MBHADs 的不对称烯丙基硫醚化反应

## 3.3.4 叔膦催化的对缺电子炔烃的加成反应

历史上，叔膦催化的对缺电子炔烃的 Michael 加成反应是在 White 和 Baizer 课题组首次发现叔膦催化的对活泼炔烃的 Michael 加成反应之后的二十年[215]。首例报道的反应是以氧和硫原子为亲核原子。当炔烃作为 Michael 加成反应的受体时，其展现了多种多样的串联反应的反应性，为合成碳环和杂环化合物提供了直接有效的方法。

### 3.3.4.1 叔膦催化的碳亲核试剂对缺电子炔烃的 Michael 加成反应

碳亲核试剂进行 Michael 加成具有一定的局限性，因为活泼炔烃在叔膦存在下会发生快速聚合。为了实现共轭加成，碳亲核试剂必须具有足够的酸性来质子化鳞盐两性离子中间体。2002 年，Grossman 团队发表了在叔膦的催化下炔烃能够与碳亲核试剂发生 Michael 加成反应的结果(图 3-170)[216]。当使用 3-丁炔-2-酮作为亲电子中心时该反应能够非常顺利地进行并且可以获得更多 *Z* 异构体。而使用丙炔酸乙酯时，反应则更多地形成 *E* 异构体。

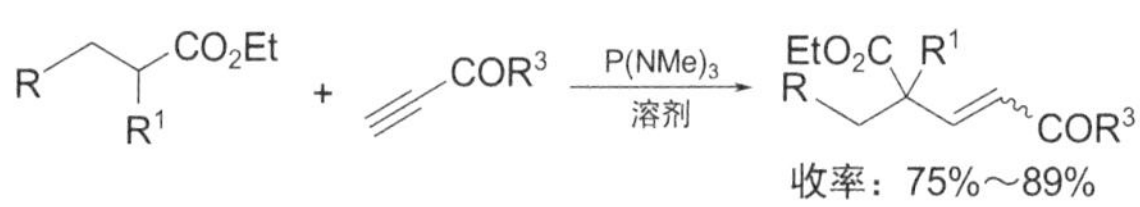


图 3-170 叔膦催化的碳亲核试剂与炔烃之间的 Michael 加成反应

此后，还有很多碳亲核试剂在叔膦催化下对缺电子炔烃进行 Michael 加成反应的报道。2008 年，Williamson 和 Pedduri 课题组报道了叔膦催化的亚烷基丙二酸酯和 *γ*-羟基丁炔酸乙酯的 Michael 加成反应，生成了一系列多取代四氢呋喃产物[217]。2011 年，薛松课题组报道了叔膦催化的 *β*-烷基酮酸酯或 *β*-芳基酮酸酯对炔酮的 Michael 加成反应，以良好的产率得到了 2-吡喃酮衍生物[218]。2015 年，Kwon 课题组报道了叔膦催化利用串联 Michael-Heck 反应合成一系列亚烷基茚满和茚酮衍生物[219]。2016 年，Kamijo 课题组报道了叔膦催化下丙二腈对炔酸酯的 Michael 加成以及后续微波下 Cope 重排反应，得到长链二腈化合物[220]。

|  | 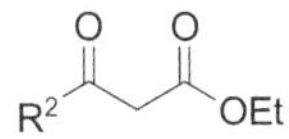 | $PPh_3$ | 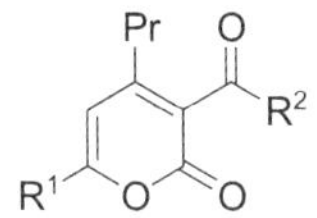<br>收率：45%～85%　**薛松 (2011)** |
|---|---|---|---|
| | 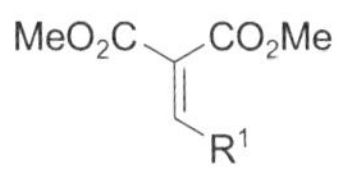 | $PBu_3$ | 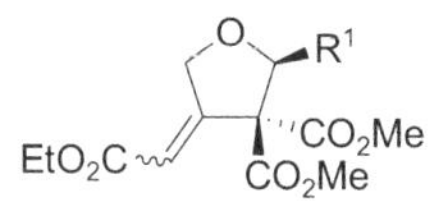<br>收率：75%～92%<br>$E$：$Z$：16：84～40：60<br>**Williamson Pedduri (2010)** |
| | 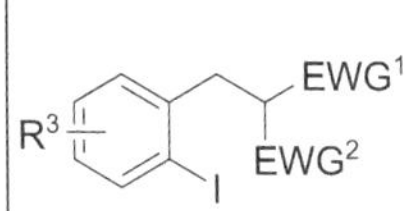 | $PPh_3$ | 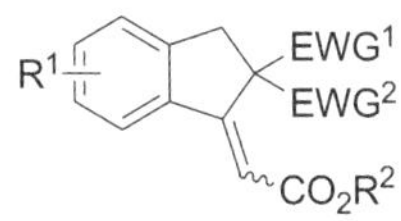<br>收率：38%～99%<br>$E$：$Z$：1：1～99：1<br>**Kown Fan (2015)** |
| | 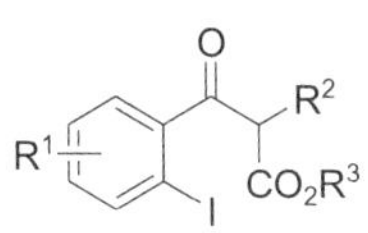 | | 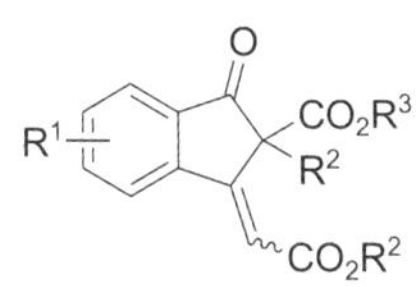<br>收率：48%～100%<br>$E$：$Z$：1：1～99：1<br>**Kwon Fan (2015)** |
| | 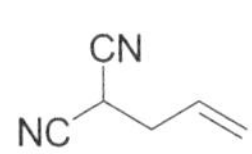 | $PCy_3$ | <br>**Kamijo (2016)**　收率：51%～71% |

### 3.3.4.2 叔膦催化的氧亲核试剂对缺电子炔烃的加成反应

氧亲核试剂对缺电子炔烃进行加成时，除了能以$\beta$-加成的形式生成 Michael 加成产物，也能以$\alpha$-加成和$\gamma$-加成的形式生成加成产物。

(1) 叔膦催化的氧亲核试剂对缺电子炔烃的$\beta$-加成

对于叔膦催化缺电子炔烃的 Michael 反应，可以提出两种机理。两者都涉及初始形成鏻盐两性离子，使亲核试剂去质子化。在第一种机理中，活化的亲核试剂进攻缺电子的炔烃(图 3-171)；而在另一种机理中，亲核试剂以加成消除的方式进攻$\beta$碳原子上相同的乙烯基鏻盐(图 3-172)。

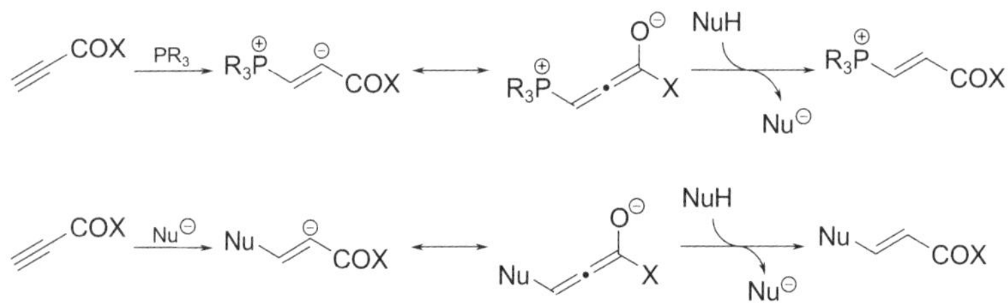

图 3-171　叔膦催化下缺电子炔烃发生 Michael加成的第一种机理

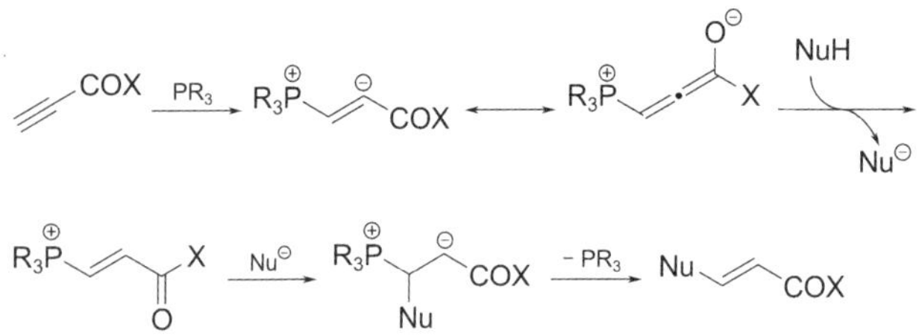

图 3-172　叔膦催化下缺电子炔烃发生 Michael 加成的第二种机理

1993 年，Inanaga 课题组报道了 $PBu_3$ 催化的醇对丙炔酸甲酯的 Michael 加成反应[221]。在该反应中，伯醇为亲核试剂时能够快速以优异的产率立体专一地得到 *E* 构型目标产物。当使用 $PPh_3$ 作为催化剂时，尽管反应也能发生，但是产率会降低并且得到 *E* 构型和 *Z* 构型产物的混合物。当使用酸性较弱的仲醇时，反应速率变慢并且产率降低。2001 年，Gladysz 课题组报道当使用含氟叔膦作为催化剂时，可以使活泼炔烃发生的 Michael 加成反应更容易进行催化剂的回收与纯化(图 3-173)[222]。该团队利用这种方法以高产率得到了多种不同的活泼炔烃与氧亲核试剂的 Michael 加成反应产物。除此之外，在使用含氟叔膦作为催化剂时，这种催化剂可以在冷却反应物时直接沉淀析出，简化了催化剂的回收和分离过程。

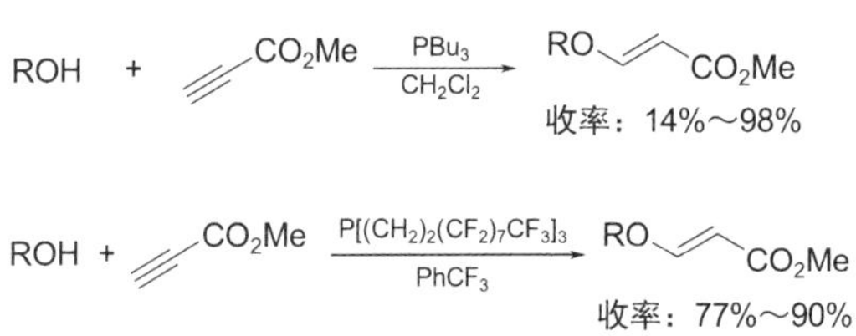


图 3-173　$PBu_3$ 和氟膦催化的醇对丙炔酸甲酯的 Michael 加成反应

1997 年，Endo 课题组报道了利用 $PBu_3$ 催化二元醇对双炔酸酯和双炔酮的加成反应来生成聚合物(图 3-174)[223]。作者分别报道了炔烃 *β* 位无取代基和有 Bu 取代的情况，均得到了优异的产率。

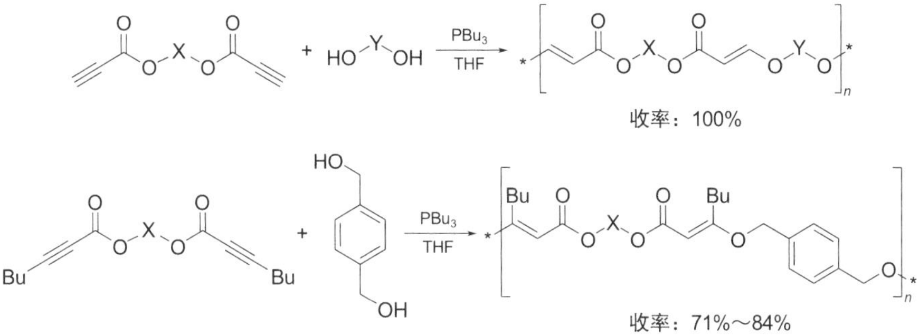


图 3-174　$PBu_3$ 催化二元醇对双炔酸酯和双炔酮的加成反应

此后，还有很多氧亲核试剂在叔膦催化下对缺电子炔烃进行 Michael 加成反应的报道(图 3-175)。1997 年和 2010 年，Yavari 和 Trofimov 课题组分别报道了室温下由 $PPh_3$ 催化的肟对缺电子炔烃的加成反应[224,225]。2003 年和 2004 年，Ramazani 和 Baharfar 课题组分别报道了 3-甲基环戊烷-1, 2-二酮的烯醇式互变异构体在叔膦存在下与炔酸酯的加成反应[226,227]。2005 年，Yavari 课题组报道了弱氧亲核试剂如酚、萘酚等都可以和缺电子炔烃发生 Michael 加成反应[228]。2009 年，Tejedor 课题组报道了利用 $PBu_3$ 引发从 $\gamma$-羟基丁炔酸酯和丙酸甲酯开始的 Michael 加成串联反应合成稠合四氢呋喃双环体系[229]。2012 年，Kwon 课题组报道了邻碘苄醇与末端炔烃的串联 Michael-Heck 反应，以高产率和良好的立体选择性得到了官能化的亚烷基二氢异苯并呋喃[230]。2013 年，周庆发课题组报道了缺电子炔烃和 *N*-羟基邻苯二甲酰亚胺在 $PPh_3$ 存在下的串联反应，以优异的产率生成羟基异噁唑并异吲哚酮类化合物[231]。

(2) 叔膦催化的氧亲核试剂对缺电子炔烃的 $\alpha$-加成

2014 年，张俊良课题组报道了一种三苯基膦催化的羧酸和酚与 $\alpha$-炔基取代共轭烯酮中的三键的 oxa-Michael 加成反应(图 3-176)[232]，以良好到优异的产率和高立体选择性得到相应的高度官能化的共轭二烯。三键上含有 $\beta$-取代基的炔烯酮需要使用亲核性更强的 $MePPh_2$ 催化剂。

(3) 叔膦催化的氧亲核试剂对缺电子炔烃的 $\gamma$-加成

1994 年，Trost 课题组报道了利用羟基炔酸酯在叔膦催化下实现分子内的 $\gamma$-加成(图 3-177)[233]。使用催化量的 DPPP，以 20%(摩尔分数)的乙酸作为添加剂。通常情况下，$pK_a$ 值小于 16 的亲核试剂更容易反应，否则产率较低或不发生反应。

| 炔烃 | 底物 | 催化剂 | 产物 | 作者（年份） |
|---|---|---|---|---|
|  | 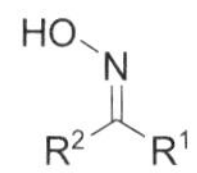 | $PPh_3$ | 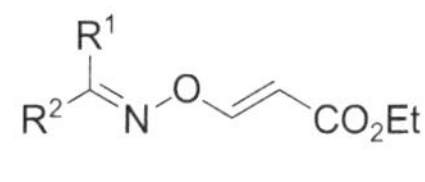<br>收率：68%～83% | **Yavari (1997)** |
| | 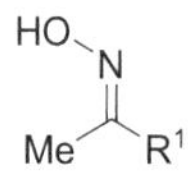 | | 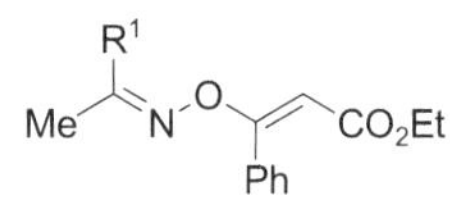<br>收率：80%～85% | **Trofimov (2010)** |
| | 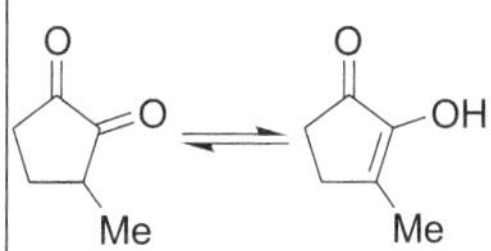 | $PBu_3$ | 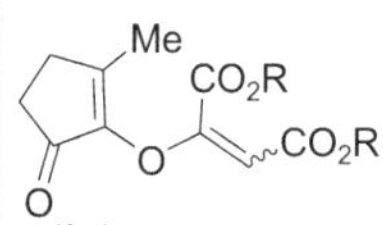<br>收率：82%～85%<br>*E*：*Z*：1：1 | **Ramazani (2003)**<br>**Baharfar (2004)** |
| | $R^1OH$ | $PPh_3$ | 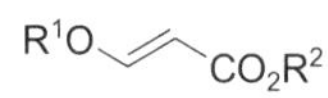<br>收率：45%～95% | **Yavari (2005)** |
| | 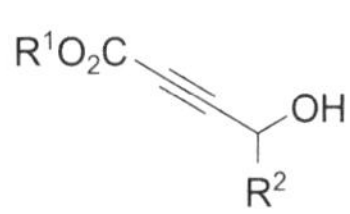 | $PBu_3$ | 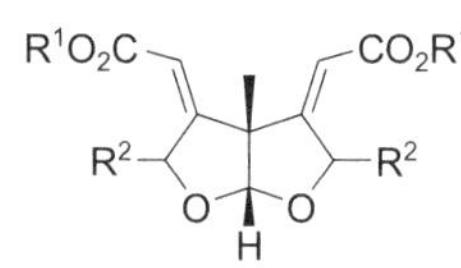<br>收率：52%～84% | **Tejedor (2009)** |
| | 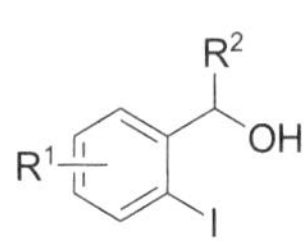 | $PPh_3$ | 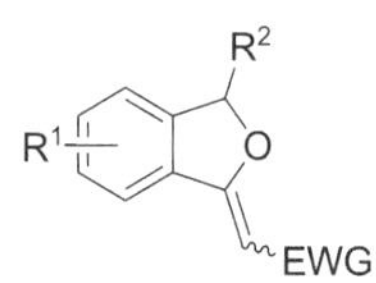<br>收率：16%～94%<br>*E*：*Z*：1：3～1：22 | **Kwon**<br>**Fan**<br>**(2012)** |
| | 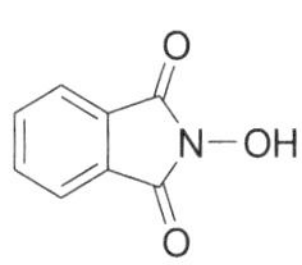 | | 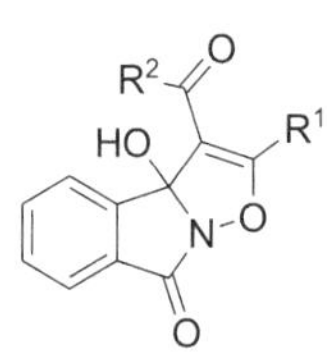<br>收率：74%～99% | 周庆发<br>**(2013)** |

图 3-175　其他叔膦催化剂对缺电子炔烃加成合成碳氧键的反应

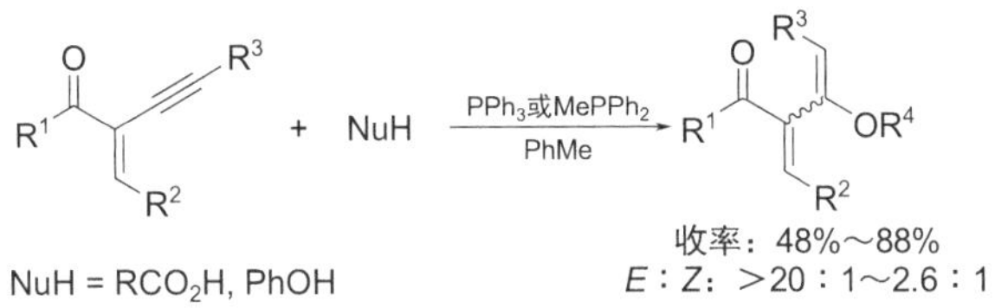

图 3-176　叔膦催化的羧酸和酚与炔酮中羰基交叉共轭三键的 oxa-Michael 加成反应

图 3-177　羟基炔酸酯在叔膦催化下实现分子内的 $\gamma$-加成反应

2000 年，Alvarez-Ibarra 课题组报道了 2-丁炔酸甲酯和 $\alpha$-硝基丙酸酯发生的 $\gamma$-加成反应(图 3-178)[234]。当使用等量的羧酸及其共轭碱时，合成了官能化的烯丙基乙酸酯。以乙酸钠和乙酸为助催化剂，促进了 $\alpha$-硝基丙酸酯与 2-丁炔酸甲酯的 $\gamma$-不饱和加成反应。

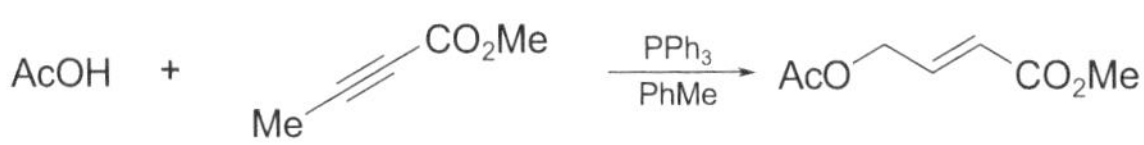

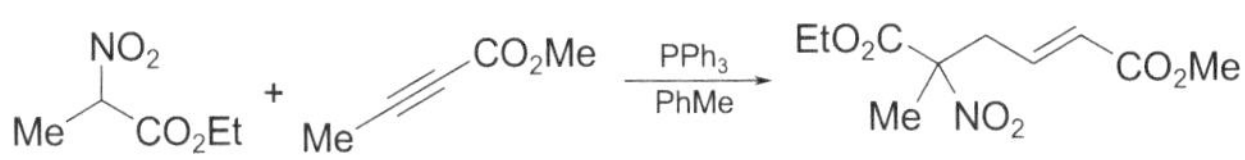

图 3-178　2-丁炔酸甲酯和 $\alpha$-硝基丙酸酯发生的 $\gamma$-加成反应

2009 年，Fu 利用羟基炔酸酯在手性叔膦催化剂催化下的分子内 $\gamma$-加成对映选择性地合成了四氢呋喃和四氢吡喃衍生物(图 3-179)[235]。该反应的两个显著特点是使用单膦防止炔烃异构化和使用苯甲酸作为酸添加剂。各种官能化的四氢呋喃、四氢吡喃和二氢苯并吡喃均以较高的产率和 *ee* 值得到。

### 3.3.4.3　叔膦催化的氮亲核试剂对缺电子炔烃的加成反应

由于竞争性 $\alpha$-加成的存在，叔膦催化的氮亲核试剂与缺电子炔烃的区域选择性 Michael 加成反应十分罕见。1997 年，Trost 课题组报道了在 $PPh_3$ 催化下邻苯二甲酰亚胺对丙炔酸乙酯的竞争性的 Michael 加成和 α-加成(图 3-180)[236]，然而使用乙酸 - 乙酸钠缓冲溶液时则只能生成 α-加成产物。

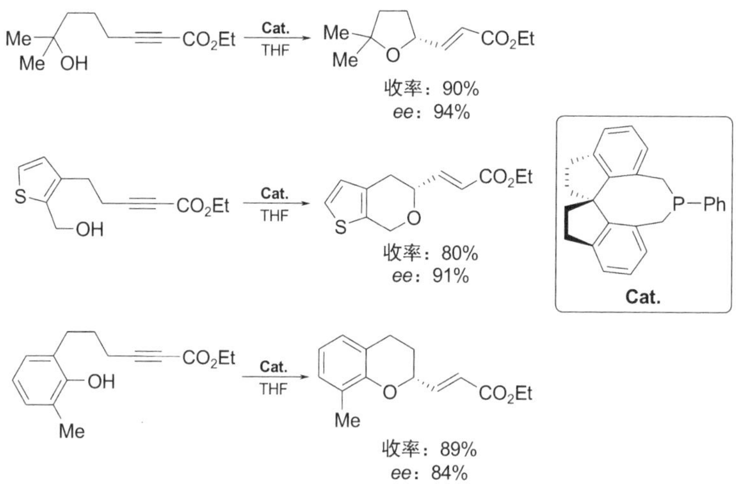


图 3-179　羟基炔酸酯在手性叔膦催化下分子内 γ-加成对映选择性地合成四氢呋喃和四氢吡喃衍生物

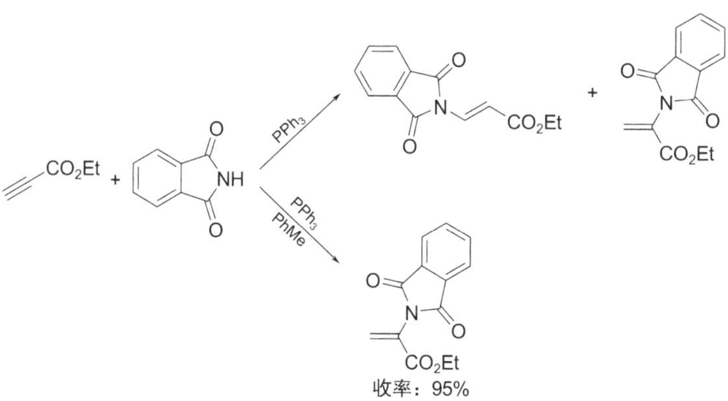


图 3-180　在 $PPh_3$ 催化下邻苯二甲酰亚胺对丙炔酸乙酯的竞争性的 Michael 加成和 α-加成

此后，有很多以氮原子为亲核试剂在叔膦催化下对缺电子炔烃进行 Michael 加成反应的报道(图 3-181)，这为烯胺类化合物的合成提供了有效的方法[237-242]。

2014 年，Jacobsen 课题组报道了在手性叔膦催化剂的催化下通过 γ-加成来合成 4-氨基-丁-2-烯酸酯衍生物的反应(图 3-182)[243]。在 γ-位具有取代基的炔酸酯是合适的底物，并且能以优异的产率和对映选择性得到目标产物。

| 底物 | 亲核试剂 | 催化剂 | 产物 |
|---|---|---|---|
| 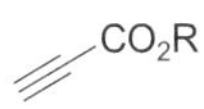 | 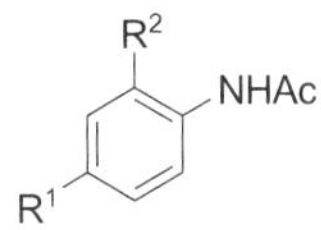 | $PPh_3$ | 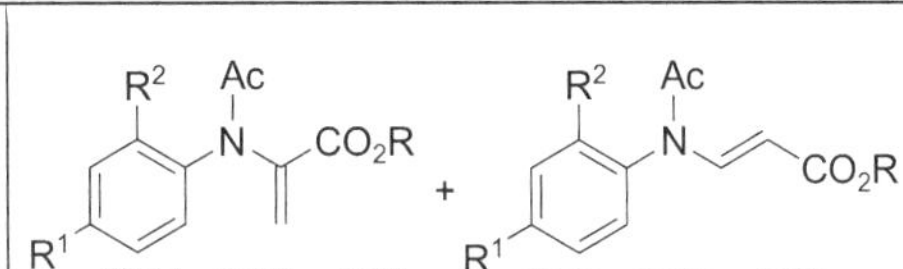 收率：64%～72%　收率：22%～32% **Yavari (2007)** |
| | 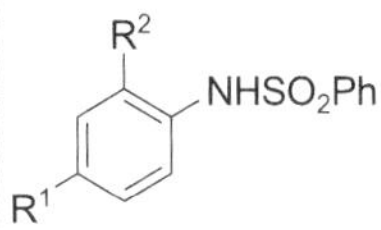 | | 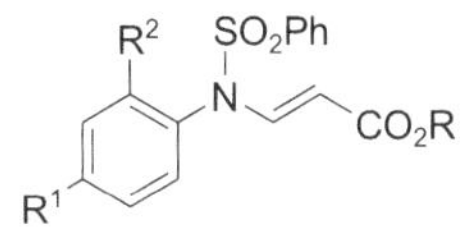 收率：22%～32% **Yavari (2007)** |
| 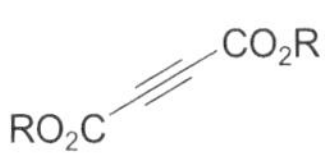 | 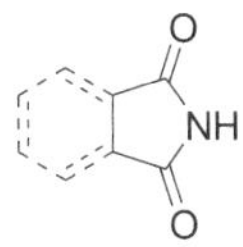 | $PBu_3$ | 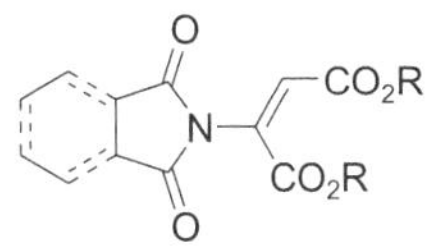 收率：95%～98% **Ramazani (2003)** |
| | 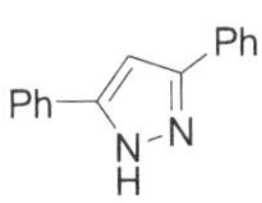 | $PPh_3$ | 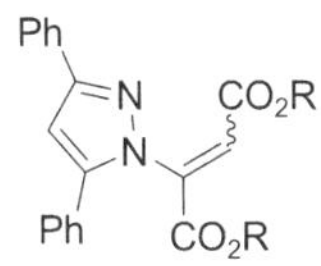 收率：75% *E*：*Z*：29：71～41：59 **Noshiranzadeh (2008)** |
| | 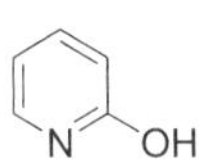 | | 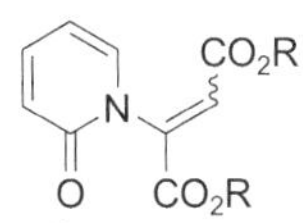 收率：85% *E*：*Z*：12：88～24：76 **Yavari (2007)** |
| | 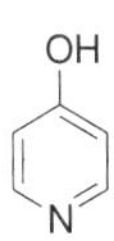 | | 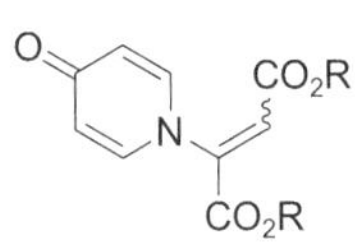 收率：86%～93% *E*：*Z*：14：86～31：69 **Mohtat (2011)** |
| | 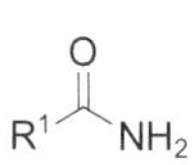 | | 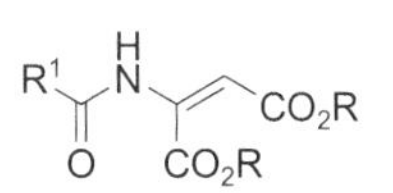 收率：92%～98% **Hekmatshor (2008)** |

图 3-181　其他叔膦催化氮亲核试剂对缺电子炔烃的加成反应

图 3-182 在手性叔膦催化剂的催化下通过 $\gamma$-加成来合成 4-氨基-丁-2-烯酸酯衍生物

## 3.3.4.4 叔膦催化的其他亲核试剂对缺电子炔烃的加成反应

(1)叔膦催化的硫亲核试剂对缺电子炔烃的加成反应

1996 年，Endo 课题组报道了在叔膦催化剂催化下硫醇能够与丙炔酸甲酯发生两次 Michael 加成反应，从而生成二硫代乙缩醛的反应(图 3-183)[244]。研究表明，在该反应中第二次分子间 Michael 加成反应的速率要比第一次低。当使用1,3-丙二硫醇进行反应，产物则为环状产物。

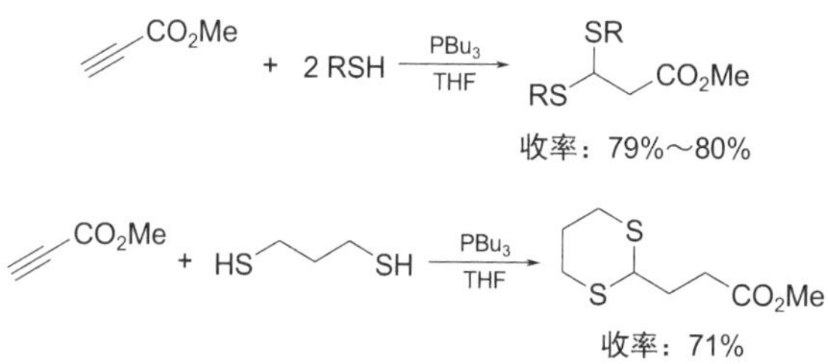

图 3-183 叔膦催化的硫醇与丙炔酸甲酯发生的两次 Michael 加成反应

Inanaga 课题组[221]和 Baharfar 课题组[245]分别报道了硫醇与丙炔酸甲酯之间进行 Michael 加成反应(图 3-184)。这种反应的机理与由叔膦引发的活化烯烃的 Michael 加成反应的机理类似。硫醇在该反应中体现了良好的反应性能，反应速率和反应产率与氧亲核试剂相当甚至优于氧亲核试剂。

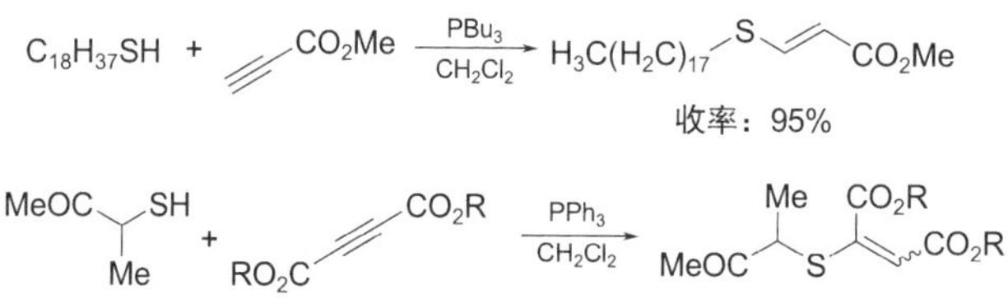

图 3-184 叔膦催化的硫醇与丙炔酸甲酯以及丁炔酸二酯发生的 Michael 加成反应

2011 年，周庆发课题组报道了硫醇亲核试剂与活泼炔烃的 Michael 加成反应，该反应是乙硫醇与二取代的炔酮在三丁基膦催化下发生 Michael 加成反应（图 3-185）[246]。这种反应可以高效地合成官能团化的巯基苯乙酮衍生物。

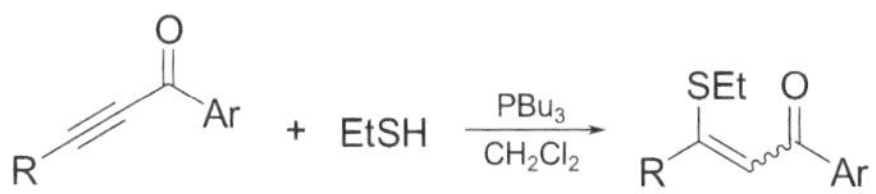

图 3-185 叔膦催化的乙硫醇与二取代的炔酮的 Michael 加成反应

Endo 课题组分别在 1995 年和 1997 年报道了叔膦催化的 Michael 反应来合成聚合物（图 3-186）[223,247]。在 $PBu_3$ 催化下，二硫醇与双（烷基酸酯）和双（炔酮）反应，得到在主链中具有（$\beta$-烷基巯基）烯酸 / 烯酮部分的聚合物。

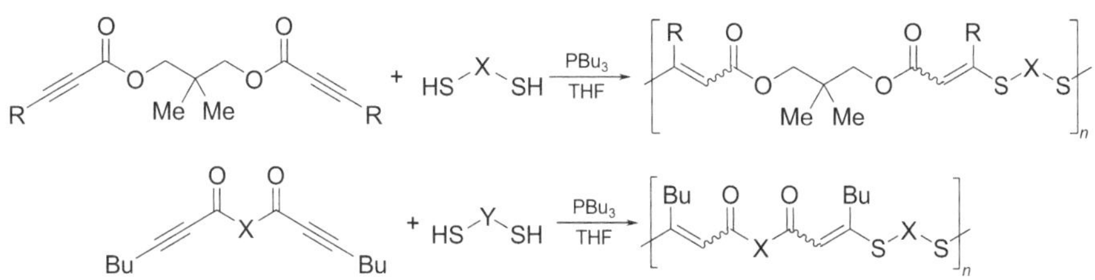

图 3-186 $PBu_3$ 催化二硫醇与双（烷基酸酯）和双（炔酮）反应合成聚合物

接着他们课题组还报道了以缺电子的单炔烃为单体和二硫醇合成在主链上具有二硫代缩醛基团的聚合物的反应（图 3-187）[223,248]。

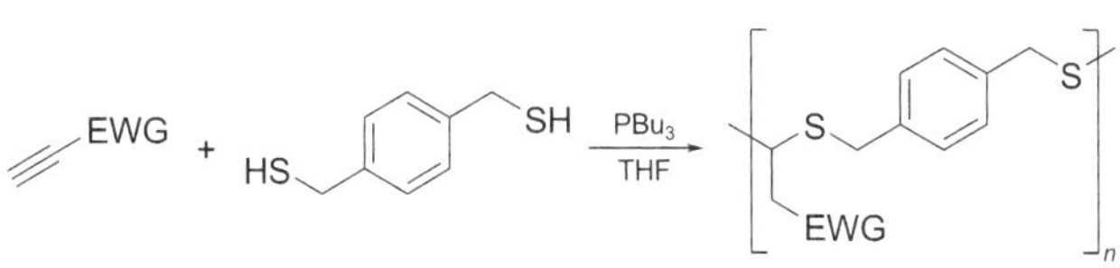

收率：85%～92%

图 3-187 $PBu_3$ 催化合成二硫代缩醛聚合物的反应

（2）叔膦催化的磷亲核试剂对缺电子炔烃的加成反应

2009 年，Taran 课题组报道 $PBu_3$ 催化的缺电子炔烃和二烷基氧膦构建 C—P 键的反应（图 3-188）[249]。在微波照射下，150℃条件下反应 30min 得到 $\gamma$-加成产物及其同分异构体产率为 25% ～ 78%。在 Pd/C 存在下，发生氢化反应可以提供一系列对称和非对称的 1,3-膦烷氧化物，并且产率优良。

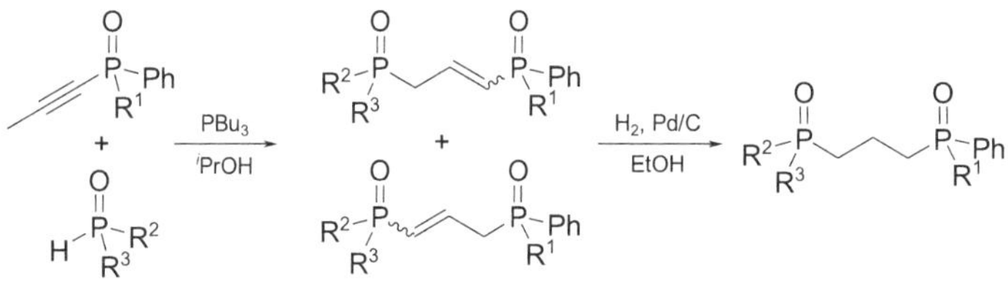

图 3-188 $PBu_3$ 催化二烷基氧膦对缺电子炔烃的加成

2011 年，Kumara Swamy 课题组报道了 $PBu_3$ 催化的二苯基膦酸与膦基活化的内炔反应中有 $\alpha$-加成和双加成产物的混合物，而二苯基膦硫化物表现出另一种反应模式，只产生 Michael 加成产物(图 3-189)[250]。

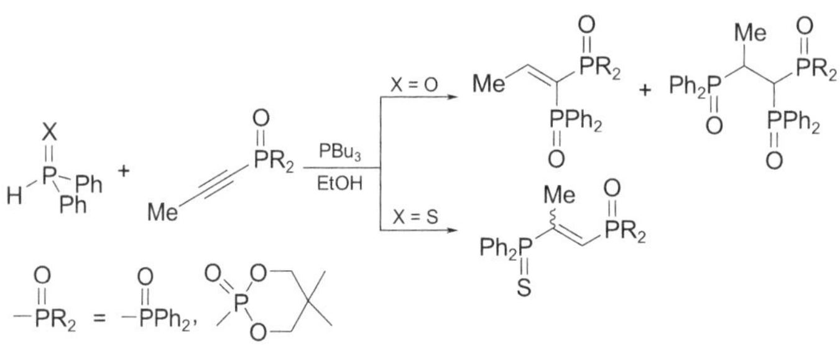

图 3-189 $PBu_3$ 催化膦基活化的内炔和 $Ph_2P(O)H$ 和 $Ph_2P(S)H$ 的反应

2019 年，Salin 课题组报道了通过 $PBu_3$ 催化的 $\alpha$-极性反转 /$\beta$-共轭加成高效合成双膦酸盐或双膦氧化物(图 3-190)[251]。

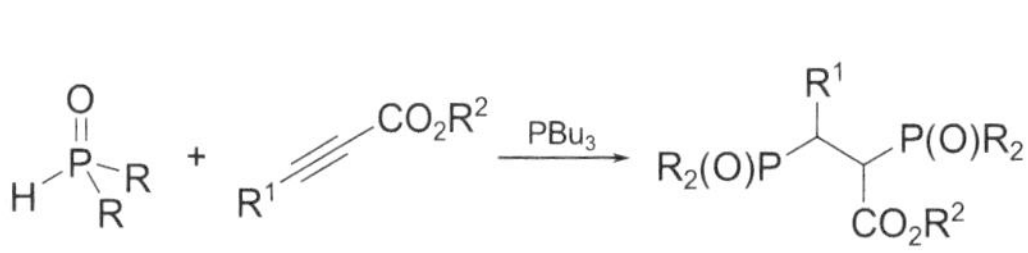

图 3-190 $PBu_3$ 催化高效合成双膦酸盐或双膦氧化物

## 3.3.4.5 叔膦催化的缺电子炔烃的串联加成反应

缺电子炔烃具有高度的不饱和度，经过简单的 Michael 加成，可以生成缺电子烯基化合物，因此，缺电子炔烃在叔膦催化下，还可以发生第二次 Michael 加成，在双亲核试剂的存在下，叔膦催化的双核试剂与缺电子炔烃可以发生广泛的串联反应。在膦催化下，Michael 加成可以与 $\alpha$-加成或 $\gamma$-极性反转加成产物进一步发生串联反应，在中性条件下获得复杂的环状分子，并可以很好地控制反应的选择性。

1996 年，Endo 课题组报道了在 $PBu_3$ 催化下将 1,3-丙二硫醇与炔丙酸酯串联加成得到环二硫缩醛衍生物[244]。1999 年，Grossman 课题组报道了 $Ph_3P$ 催化的 3-丁炔-2-酮的双 Michael 加成反应(图 3-191)[252]。该反应以较高的产率得到高度官能团化的环己酮，但是反应的非对映选择性较差，得到四个立体异构体的化合物，比例为 17∶5∶2∶1。

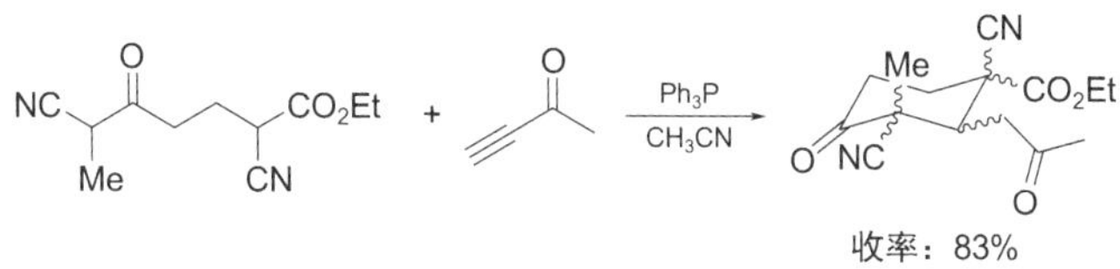


图 3-191　$Ph_3P$ 催化的双 Michael 加成反应

2007 年，Kwon 课题组报道了双膦催化的双 Michael 反应(图 3-192)[253]。该反应以优异的产率和高非对映选择性合成了噁唑烷、噻唑烷和吡咯烷的 $\beta$-氨基羰基衍生物。氨基酸衍生的亲核试剂(如 $\beta$-氨基醇、$\beta$-氨基硫醇和 $\gamma$-氨基二酯)作为 Michael 供体与缺电子炔酸酯作为 Michael 受体之间发生双 Michael 反应。作者提出相关的反应机理，使用双膦对于防止无环单加成产物的形成至关重要(图 3-192)。

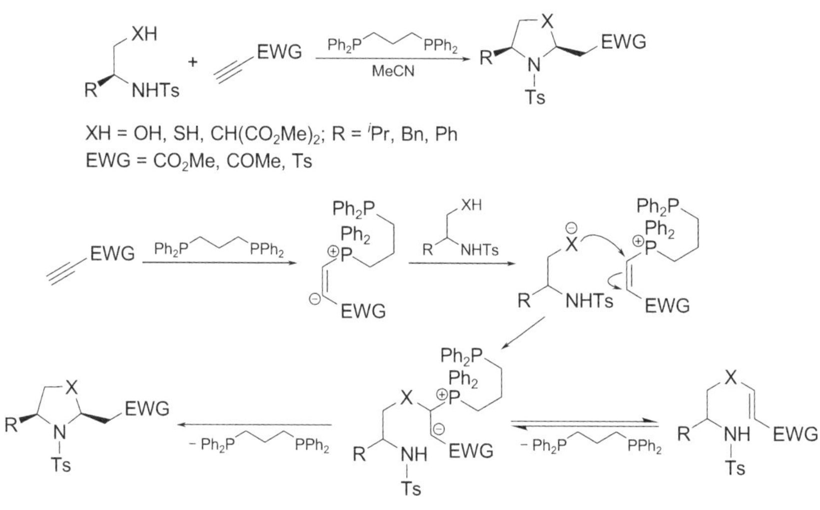


图 3-192　双膦催化的双 Michael 加成反应及反应机理

2016 年，Zhou和 Lu 课题组报道了 $Ph_3P$ 催化的 *N*-对甲苯磺酰氨基邻苯二甲酰亚胺与丙炔酸酯或丙炔酮的串联 Michael/ 分子内 MBH 反应（图 3-193）[254]。该反应以中等至较好的产率得到三环异吲哚啉酮衍生物。

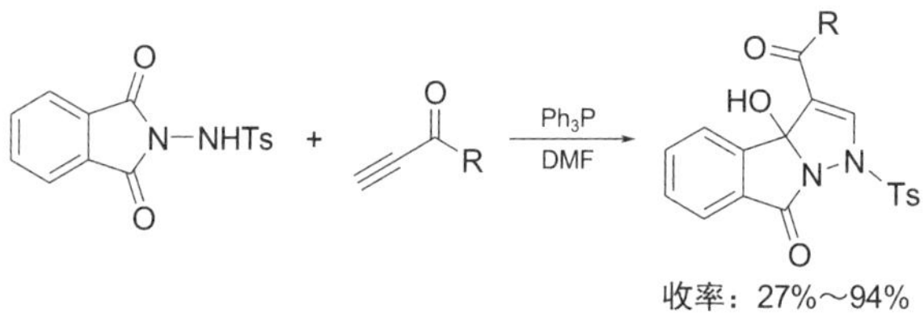

图 3-193　$Ph_3P$ 催化的串联 Michael/ 分子内 MBH 反应

2016 年，该课题组报道了 $Ph_3P$ 催化的靛红衍生的对甲苯磺酰腙和丙炔酮的串联 Michael/ 分子内 Mannich/ 重排反应（图 3-194），以中等产率得到相应的吡唑并喹喔啉衍生物[255]。

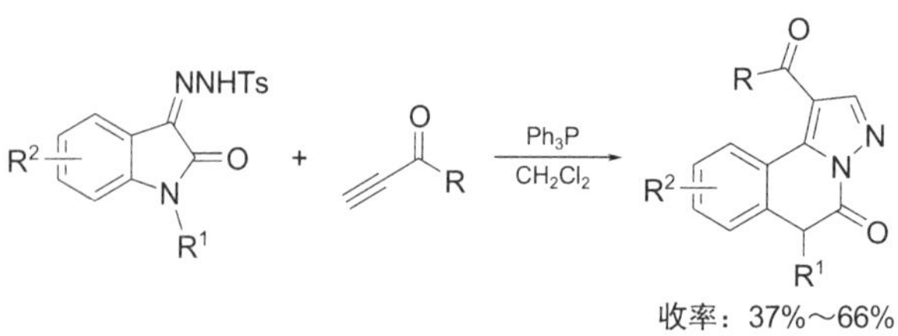

图 3-194　$Ph_3P$ 催化的串联 Michael/ 分子内 Mannich/ 重排反应

2019 年，张俊良课题组报道了手性叔膦催化剂 **Cat.3** 催化的炔酮的双 Michael 加成反应（图 3-195）[256]。该反应对芳香族炔和脂肪族炔的耐受性均良好，而具有吸电子取代基的芳基炔的反应活性较低，对映选择性控制较差。用其他保护基团取代甲磺基，如硝基、甲磺酰基或苯磺酰基，对产率和对映选择性影响不大。

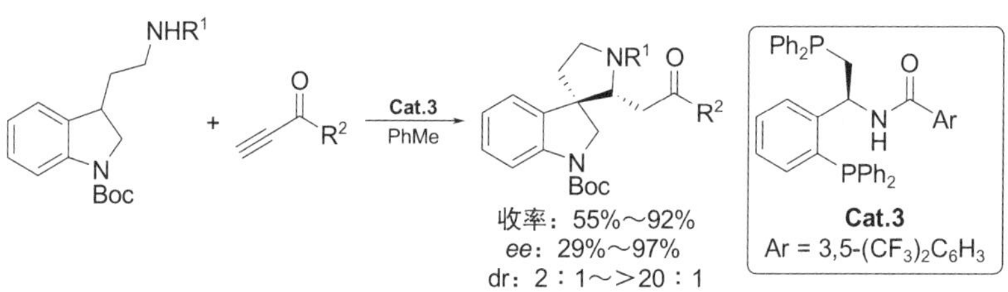

图 3-195　手性叔膦催化的双 Michael 加成反应

2021 年，王彦波课题组使用三丁基膦为催化剂，实现了烯丙醇与双炔基酮之间的串联 Michael 加成 /Claisen 重排 /oxa-Michael 加成反应，以最高达 94% 的产率得到相应的吡喃酮衍生物（图 3-196）[257]。

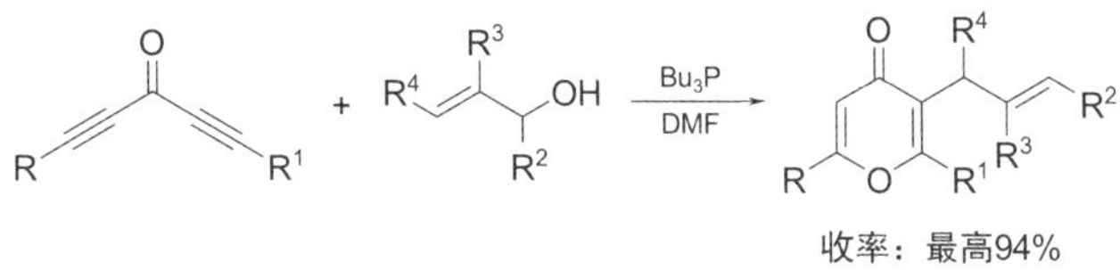


图 3-196　$Bu_3P$ 催化的串联 Michael 加成 /Claisen 重排 /oxa-Michael 加成反应

# 3.4

# 叔膦催化的环化反应

叔膦催化的环化反应具有反应高效、原子经济性高的优点，自从 1995 年陆熙炎课题组报道了叔膦催化的基于联烯酸酯的[3+2]环化反应，叔膦催化的环化反应已经成为一个合成各种碳环、杂环的有效平台，除了已经发展的叔膦催化的分子内 Rauhut-Currier 反应、分子内 Morita-Baylis-Hillman 反应、分子内 Michael 加成反应可以合成环状化合物外，叔膦催化的基于联烯酸酯、Morita-Baylis-Hillman 加成产物、炔酮类化合物环化反应也得到了广泛的研究，由于底物的多样性，以及反应位点的多样性，目前已经发展出了许多不同类型的环化反应，所以本节根据关键底物，对叔膦催化的 2,3-丁二烯酸酯的环化反应、叔膦催化的 $\alpha$-烷基取代联烯酸酯的环化反应、叔膦催化的 $\beta'$-OAc 取代联烯酸酯的环化反应、叔膦催化的 $\gamma$-烷基取代联烯酸酯的环化反应、叔膦催化的 MBH 醇衍生物的环化反应、叔膦催化的炔酮的环化反应分别进行介绍。

## 3.4.1 叔膦催化的 2,3-丁二烯酸酯的环化反应

### 3.4.1.1 叔膦催化的 2,3-丁二烯酸酯的［3+2］环化反应

1995 年，陆熙炎课题组报道了亲核性叔膦促进的联烯酸酯与缺电子烯烃或亚胺[3+2]环化反应[258,259]，发展至今，作为高效构筑多官能团的碳环和杂环化合物的有效方法，叔膦催化的联烯酸酯的环化反应受到化学家们的广泛关注。不同亲核性的叔膦和不同结构的联烯酸酯的应用，可呈现多种类型的环化反应。其中，特别是手性叔膦的应用，可以有效实现不对称催化的环化反应，从而为一些天然产物和药物模块的全合成提供新途径。此外，其他缺电子底物如醛、酮也可以成功运用到此类环化反应中，从而构筑出不同结构的含氧杂环化合物。除缺电子底物之外，一些亲核体和具有电子供-受体结构的化合物也能发生叔膦催化下的与联烯酸酯的环化反应。

陆熙炎提出了[3+2]环化反应的机理，后来余志祥课题组[260]和Kwon课题组[261]通过 DFT 计算予以了证明(图 3-197)。首先 $PPh_3$ 对 2,3-丁二烯酸酯的 $\beta$-位碳原子亲核进攻生成两性离子中间体 **1A** 和 **1B**，中间体 **1A** 和 **1B** 互为共振结构，从而可以解释为什么会有两种不同化学选择性的产物生成。紧接着亲核性的中间体 **1A** 或 **1B** 对缺电子烯烃进行亲核进攻，然后发生[3+2]环化反应生成中间体 **C1** 和 **C2**，接下来通过分子内的质子迁移得到中间体 **D1** 和 **D2**，根据余志祥教授 DFT 计算的结果，反应体系中含有的少量的水促进了反应过程中的质子转移过程。最后脱去叔膦催化剂，得到最终的化学选择性的产物 **3** 和 **4**。

(1)叔膦催化的 2,3-丁二烯酸酯的[3+2]环化反应合成五元碳环

在叔膦催化的基于 2,3-丁二烯酸酯的环化反应中，2,3-丁二烯酸酯作为三元合成子参与的环化反应是最常见的反应类型。1995 年，陆熙炎课题组首次报道了叔膦催化下联烯酸酯与缺电子烯烃的[3+2]环化反应(图 3-198)。在 $PPh_3$ 的催化下，联烯酸乙酯与丙烯酸乙酯能发生[3+2]环化反应，以较高的收率生成两种区域选择性的环戊烯衍生物，同时生成少量的联烯酸酯二聚体副产物。在这之后，陆熙炎[3+2]环化反应得到了极其广泛的应用。

当使用其他缺电子烯烃(图 3-199)[262]，如 3-丁烯-2-酮、马来酸酯、富马酸酯以及丙烯腈时，同样可以在 $PPh_3$ 的催化下，以 55% ～ 81% 的收率得到相应的环戊烯类产物。但同样具有比较低的区域选择性。

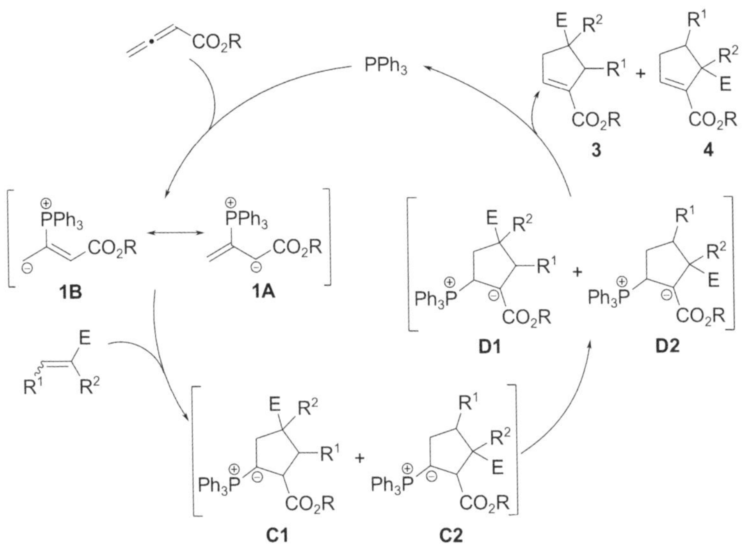


图 3-197 叔膦催化的 2,3- 丁二烯酸酯的 [3+2] 环化反应机理

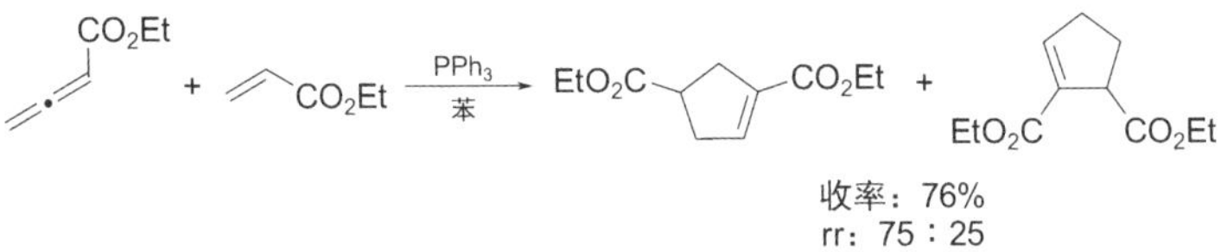


图 3-198 陆熙炎 [3+2] 环化反应（一）

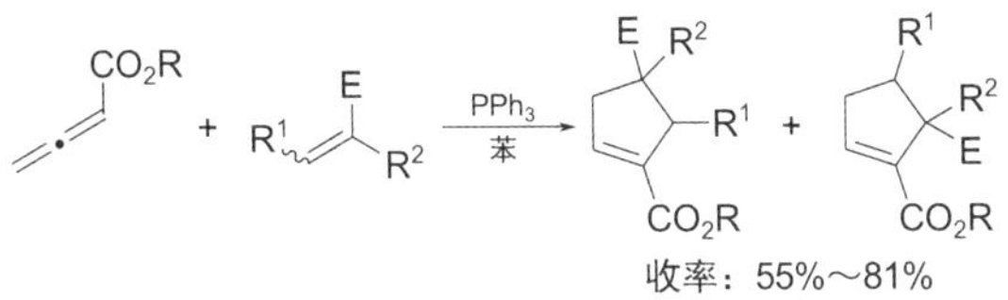


图 3-199 陆熙炎 [3+2] 环化反应（二）

2003 年，陆熙炎课题组报道了叔膦催化的[3+2]环化反应构筑螺环化合物[263]（图 3-200）。在该反应中，作者选用 2-甲亚基-3,4-二氢-1-萘酮作为亲电试剂，2,3-丁二烯酸酯作为 C3 合成子，实现了[3+2]环化过程。在大多数情况下，反应能以很高的收率得到最终的螺环产物，与之前相似，反应没有得到很好的区域选择性。在后续的研究中，作者将这种方式应用到天然产物全合成当中，通过 10 步和总计 22% 的收率，成功合成了具有药物活性的茅术醇(-)-hinesol。

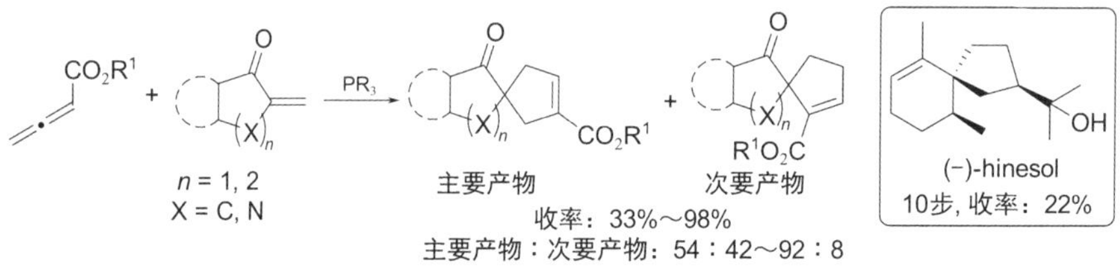


图 3-200 陆熙炎 [3+2] 环化反应构筑螺环化合物

对于 C═C 键在环内的缺电子烯烃，同样适合于此反应。早在 1997 年，吴世晖课题组[264]和 Walton 课题组[265]就几乎同时报道了叔膦催化联烯酸酯与[60]富勒烯的[3+2]环化反应，成功地将环戊烯结构引入富勒烯化合物，得到富勒烯加成产物(图 3-201)。

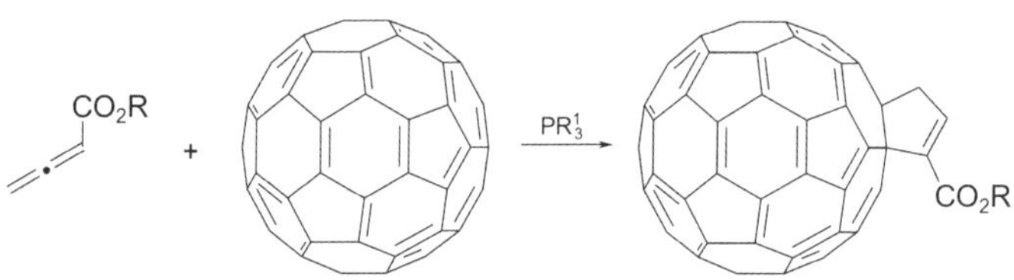


图 3-201 叔膦催化 [60] 富勒烯参与的 [3+2] 环化反应

另一例 C═C 键在环内的缺电子烯烃参与的环化反应是 Ishar 课题组于 2000 年报道的(图 3-202)[266]。在该报道中，作者发现了一种新的底物调控的[3+2]环化反应类型。当作者选用色酮-3-甲醛作为亲电试剂时，发生的是通常的[3+2]环化反应，并且伴随着一分子甲酰基的脱除。而使用色酮-3-甲醛芳香亚胺作为亲电试剂

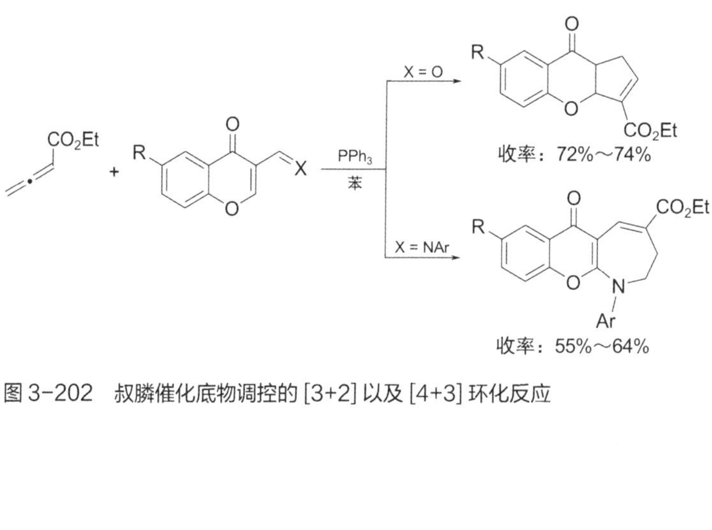


图 3-202 叔膦催化底物调控的 [3+2] 以及 [4+3] 环化反应

时，得到的是一种新的[4+3]环化反应的产物。这两个反应均有很好的区域选择性，在所有的情况下，仅仅有 $\alpha$-区域选择性产物生成。

2010 年，施敏课题组[267]实现了第一例叔膦催化下联烯酸酯与硝基烯烃的分子间[3+2]环化反应（图 3-203）。环化产物本身可以作为亲核试剂，能继续与另一分子联烯酸酯发生 $\gamma$-极性反转加成反应，最终生成环戊烯衍生物。值得注意的是，脂肪族硝基烯烃也能进行该反应，但收率比芳香硝基烯烃低。

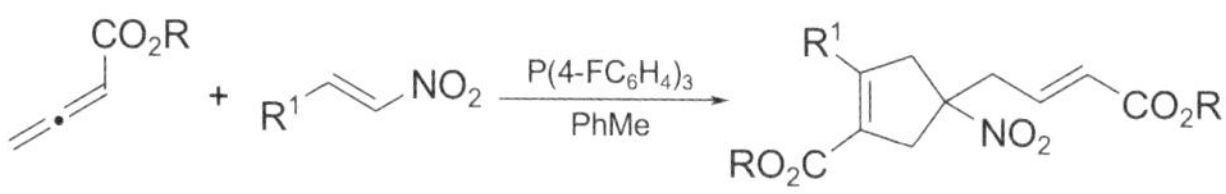


收率：最高93%
dr：最高8.5：1

图 3-203　叔膦催化硝基烯烃与联烯酸酯的 [3+2] 环化反应

肖文精课题组[268]在 2011 年将噁唑酮骨架作为活化基团引入烯烃，成功实现了其与联烯酸苄酯的[3+2]环化反应，构建了一系列带有噁唑酮片段的螺环化合物，并可进一步开环，转化成为天冬氨酸类似物（图 3-204）。同一年，施敏课题组[269]以靛红衍生的三取代或四取代缺电子烯烃为原料，在 $PBu_3$ 催化下，与联烯酸酯高收率、高非对映选择性地实现了该类反应，生成螺环产物（图 3-204）。

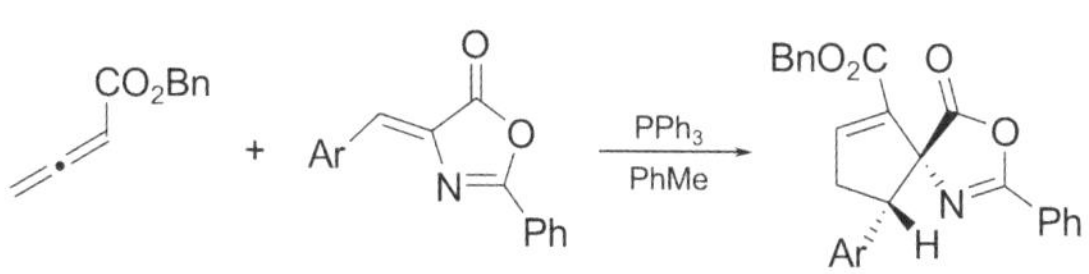


收率：35%～95%

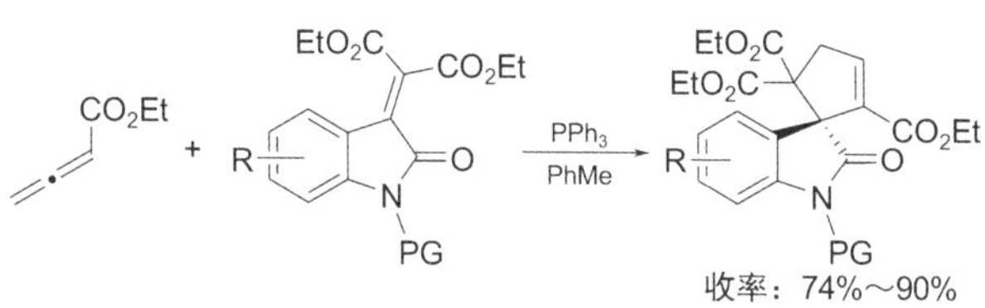


收率：74%～90%

图 3-204　叔膦催化联烯酸酯与多取代活化烯烃的 [3+2] 环化反应

环状色烯-2-酮也可用于叔膦催化的陆熙炎[3+2]环化反应中。2012 年，石德清课题组[270]报道了 $PBu_3$ 催化的环状色烯-2-酮和 2,3-丁二烯酸酯的[3+2]环化反应，在室温下可以生成高官能度的二氢香豆素类化合物（图 3-205）。

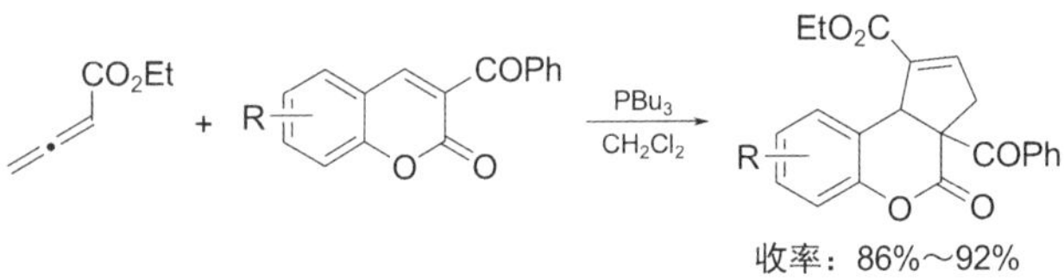

图 3-205 叔膦催化联烯酸酯与环状色烯-2-酮的 [3+2] 环化反应

随后，人们发展了一系列的基于叔膦催化联烯酸酯的[3+2]环化反应，工作都集中于寻找新的缺电子烯烃底物，在基于环状化合物缺电子烯烃底物研究中，发展了许多通过[3+2]环化反应合成含环戊烯结构的稠环化合物和螺环化合物(图 3-206)，丰富了叔膦催化联烯酸酯的[3+2]环化反应在有机合成中的应用。分别使用色满酮吡唑衍生物(图 3-206a)[271]、具有环外双键的$\beta$-内酰胺(图 3-206b)[272]、苯并呋喃酮衍生物(图 3-206c)[273]、2-羟基-1,4-萘醌(图 3-206d)[274] 作为缺电子烯烃底物，可以合成稠环体系或螺环体系的多环产物。

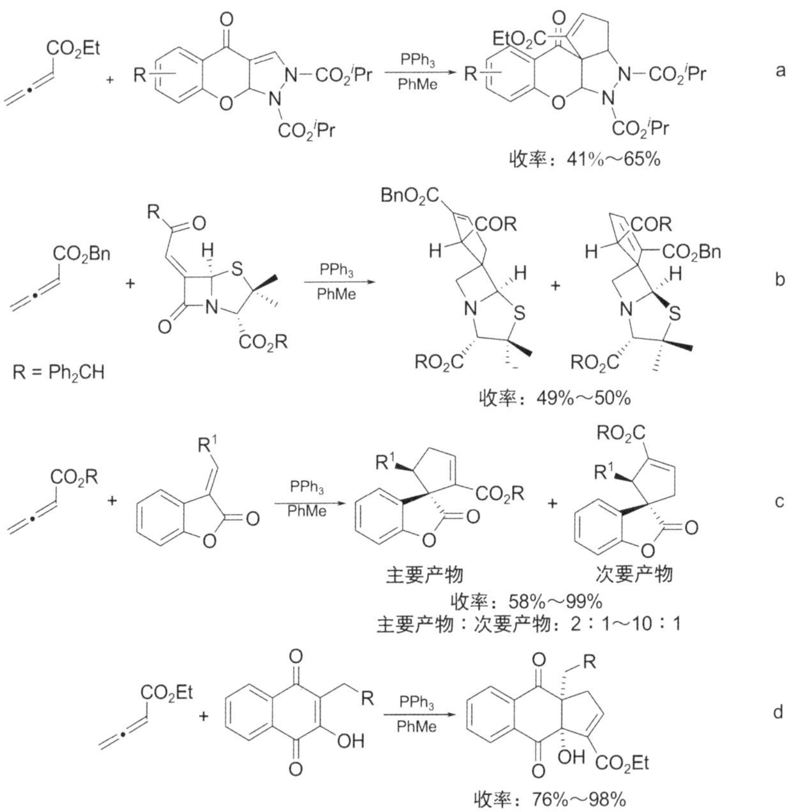

图 3-206 叔膦催化联烯酸酯与环内烯烃及环外烯烃的 [3+2] 环化反应

2019 年，赵建强课题组[275]报道了叔膦催化下硝基取代的苯并呋喃以及苯并噻吩与联烯酸酯的[3+2]去芳构化环化反应（图 3-207）。该反应可以以极高的区域选择性得到 α-选择性的[3+2]去芳构化环化产物。

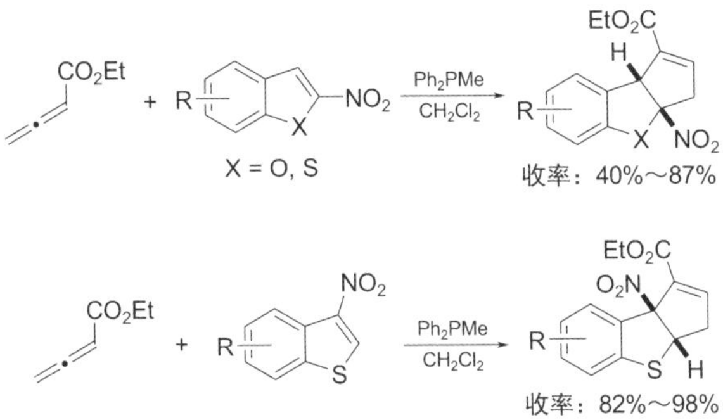


图 3-207　叔膦催化联烯酸酯与硝基取代的苯并呋喃以及苯并噻吩的[3+2]去芳构化环化反应

2020 年，刘运林[276]课题组报道了 $PPh_3$ 催化下联烯酸酯与三氟甲基取代的 1, 4-烯炔以及 1, 4, 5-烯二炔的[3+2]环化反应（图 3-208）。该反应以单一的 α-区域选择性得到[3+2]环化反应产物，可以合成一系列含有炔基以及联二炔基的环戊烯化合物。

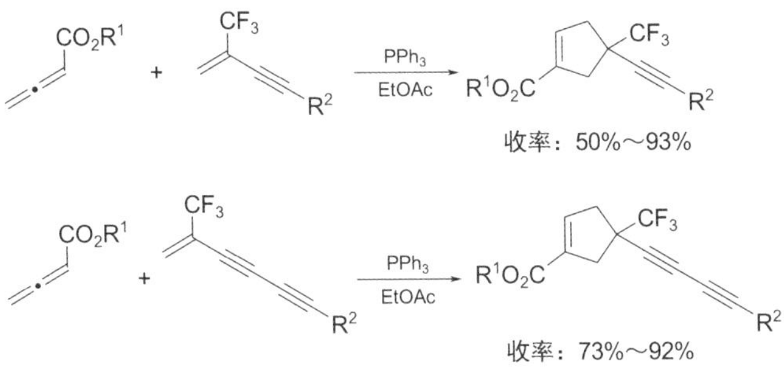


图 3-208　叔膦催化联烯酸酯与三氟甲基取代的 1, 4-烯炔以及 1, 4, 5-烯二炔的[3+2]环化反应

2021 年，Anwar 课题组[277]报道了联烯酸酯与 1, 3-茚二酮衍生的烯烃的[3+2]环化反应（图 3-209）。该反应主要以 γ-区域选择性的产物为主，DFT 计算表明 γ-进攻过程中的能垒更低，因而反应更倾向于 γ-区域选择性。

在广泛研究叔膦催化的[3+2]环化反应的同时，对叔膦催化的联烯酸酯的不对称[3+2]环化反应的研究也引起了人们的极大兴趣。1997 年，张绪穆[278]课题组通过设计合成一种桥环骨架的手性膦催化剂，首次实现了2,3-丁二烯酸酯与缺电子烯烃的不对称[3+2]环化反应，能够以很好的区域选择性和立体选择性得到手性环戊烯类产物(图3-210)。当在催化剂上引入两个异丙基取代基，由于其大的位阻，可以有效控制两性离子中间体对缺电子烯烃的加成构象，从而得到最好的区域选择性和立体选择性。

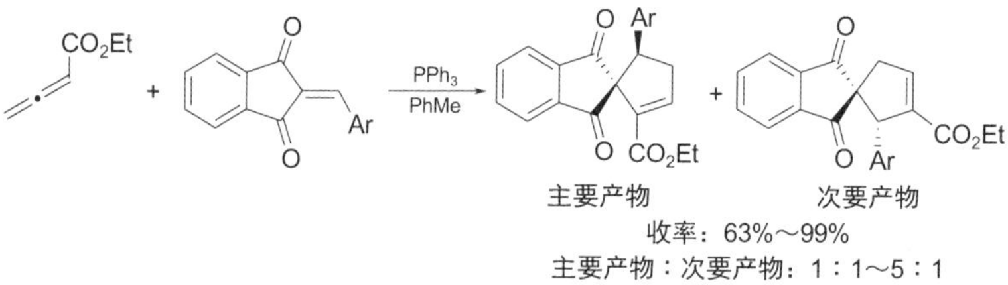


图3-209 膦催化联烯酸酯与1,3-茚二酮衍生的烯烃的[3+2]环化反应

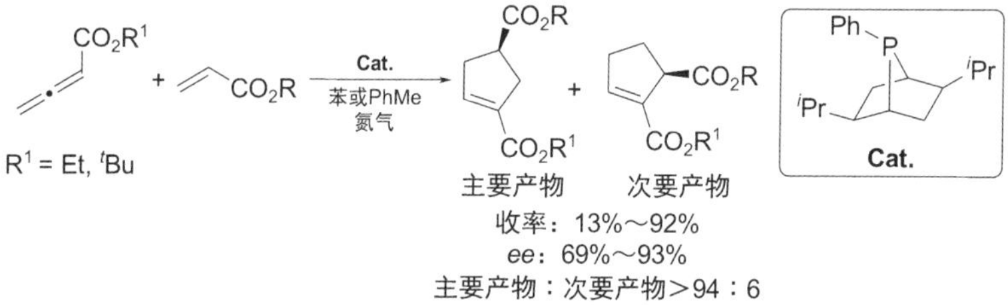


图3-210 首例叔膦催化的联烯酸酯的不对称[3+2]环化反应

2006年，Fu课题组[279]报道了一种联萘骨架的手性叔膦催化的[3+2]环化反应(图3-211a)。作者使用简单易得的查耳酮作为底物，与联烯酸酯反应，合成了一系列具有两个连续手性中心的环戊烯类化合物。作者通过使用三取代的烯酮底物，成功地得到了具有连续的一个季碳中心和一个叔碳中心的螺环化合物，最高能够获得95%的*ee*值。

随后，他们课题组也实现了手性叔膦催化的联烯酸酯与5-烯基乙内酰脲作为底物的不对称[3+2]环化反应(图3-211b)[280]，这类反应具有很广泛的底物适用性。该反应使用无取代的联烯酸酯以及*γ*-取代的联烯酸酯均能顺利进行。随后，Jøgensen课题组[281]通过使用Fu所发展的催化剂，以烯基吖内酯和无取代的联烯酸酯作为底物，能够以高立体选择性得到目标产物，并且在MeOH/TMSCl的作用下开环，得到最终的*α*-氨基酸酯衍生物(图3-211c)。

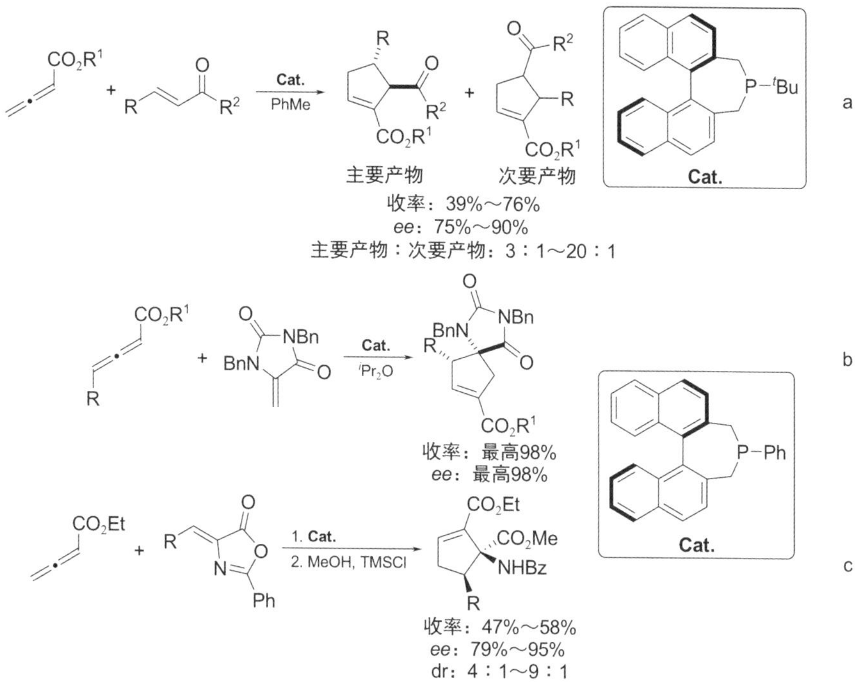


图 3-211　联萘骨架的手性膦催化的联烯酸酯的不对称 [3+2] 环化反应

2007 年，Miller 课题组[282]发展了一系列的氨基酸衍生的多官能团手性叔膦催化剂，这种催化剂通过氢键相互作用实现对反应的立体控制(图 3-212)。作者通过使用 2-甲亚基(苯并)环己酮作为底物，能以高区域选择性和立体选择性得到光学活性环化产物。收率和 ee 值最高可以分别达到 95% 和 84%。对于反应的立体控制，作者提出了可能的中间体结构。

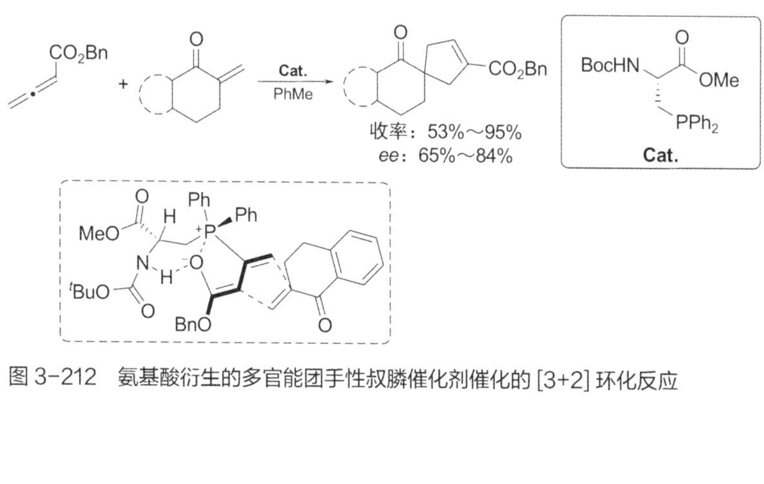


图 3-212　氨基酸衍生的多官能团手性叔膦催化剂催化的 [3+2] 环化反应

在这之后，赵刚课题组[283]也发展了一系列氨基酸衍生的手性双功能酰胺-叔膦催化剂，通过使用芳基烯基丙二腈作为缺电子底物，能够以很高的收率、高度区域选择性和很好的立体选择性得到光学活性环戊烯类化合物(图 3-213)。作者发现，催化剂中氮氢酸性的强弱对反应的立体选择性起着重要的作用。

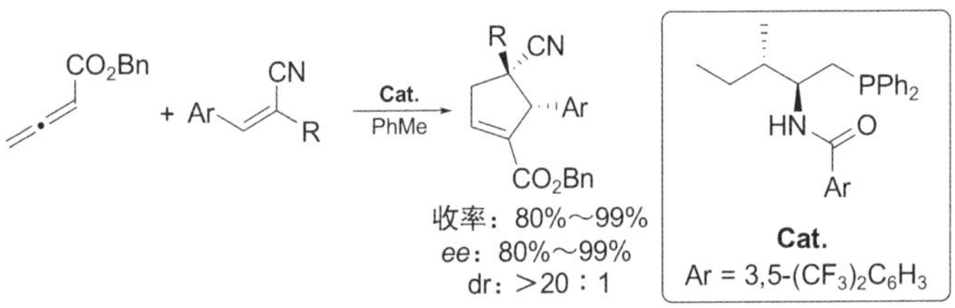


图 3-213　手性双功能酰胺-叔膦催化的[3+2]环化反应

卢一新课题组[284]发展了一系列的衍生自氨基酸的手性叔膦催化剂，也能成功将其运用到联烯酸酯的[3+2]环化反应中(图 3-214)。通过使用 2-取代的丙烯酸酯作为亲电试剂，能够以很好的收率、区域选择性和立体选择性得到相应的产物。在后续的研究中，作者使用 *N*-取代的马来酰亚胺作为亲电试剂，通过[3+2]环化反应

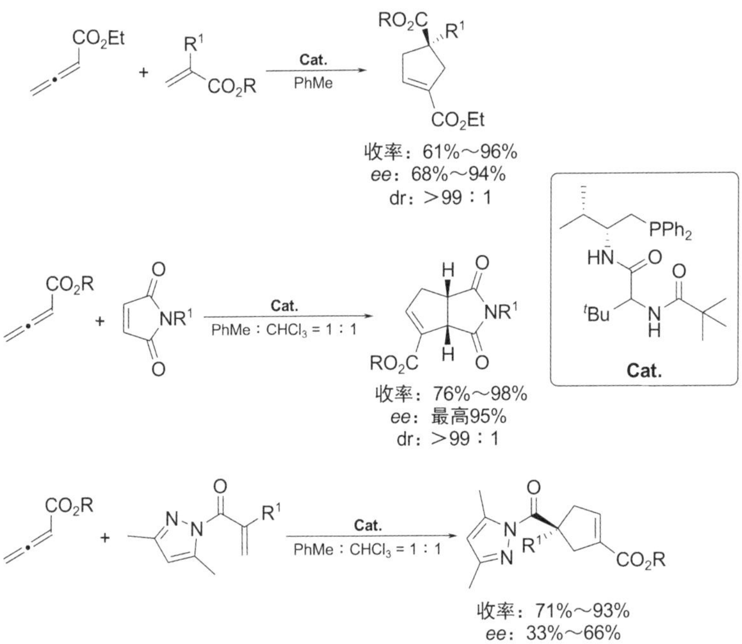


图 3-214　氨基酸衍生的手性叔膦催化的[3+2]环化反应

得到一系列并环化合物，反应具有很高的立体选择性[285]。随后，在这种催化剂作用下，他们又成功实现了联烯酸酯与丙烯酰胺的不对称[3+2]环化反应，得到了一系列带有吡唑片段的手性环戊烯类化合物[286]。

2008 年，Marinetti 课题组发展了一种具有二茂铁骨架的手性叔膦催化剂，通过使用不同类型的缺电子烯烃，能够得到一系列具有高收率、区域选择性和立体选择性的手性单环或螺环化合物[287–289]（图 3-215）。在反应过程中联烯酸酯更趋向于对缺电子烯烃发生 $\gamma$-位亲核进攻，得到相应的环化产物。这种二茂铁骨架的手性叔膦催化剂在空气中有很好的稳定性，并可循环使用，具有良好的实用价值。

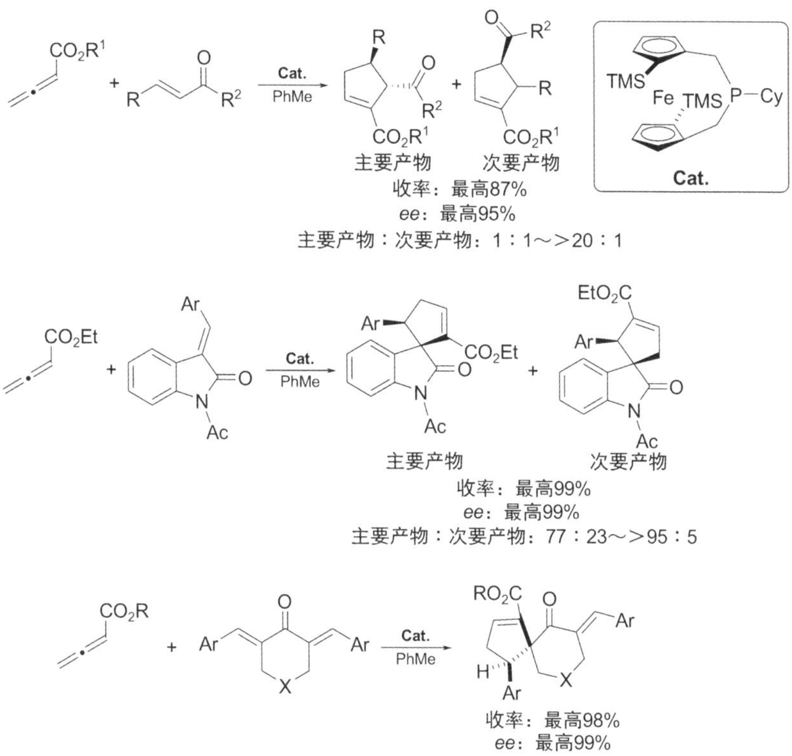


图 3-215　二茂铁骨架手性叔膦催化剂催化的 [3+2] 环化反应

2010 年，该课题组[290]又利用这类二茂铁骨架手性叔膦催化剂成功实现了吸电子能力较弱的联烯基膦酸酯与查耳酮的[3+2]环化反应，并取得了很好的反应效果，*ee* 值最高达到 91%（图 3-216）。

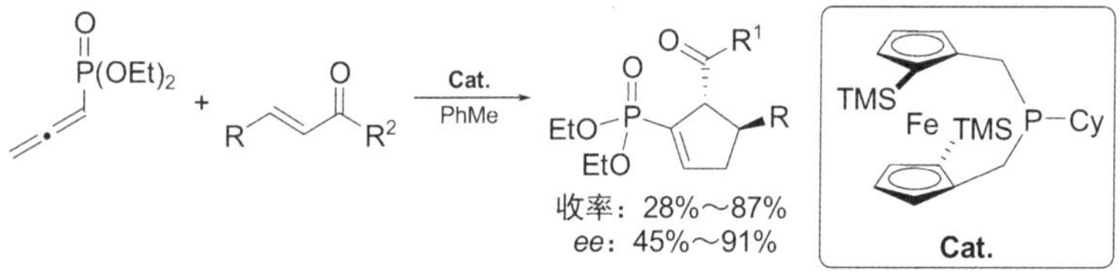


图 3-216　二茂铁骨架手性叔膦催化剂催化的联烯基膦酸酯与查耳酮的 [3+2] 环化反应

2012 年，施敏课题组[291]通过使用螺二氢茚骨架的手性叔膦催化剂，以烯基吖内酯和联烯酸酯作为底物，顺利完成了一系列手性螺环戊烯类化合物的高立体选择性合成(图 3-217)。

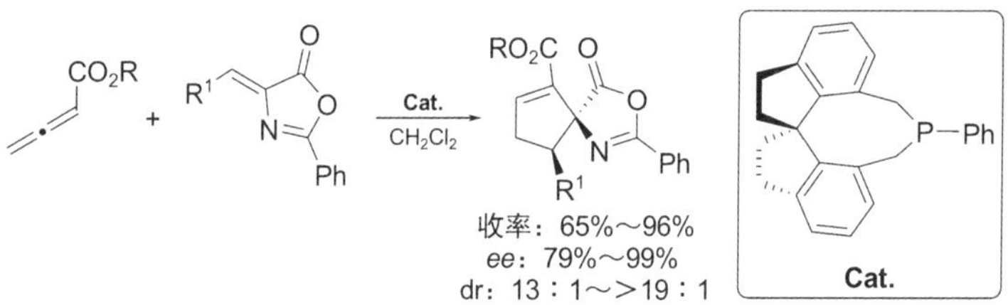


图 3-217　螺二氢茚骨架的手性叔膦催化剂催化的 [3+2] 环化反应

2013 年，施敏课题组[292]设计合成了一种联萘骨架的双功能手性硫脲-叔膦催化剂，实现了联烯酸苄酯与 $\alpha$-取代丙烯酸酯的不对称[3+2]环化反应，能以中等的 *ee* 值得到光学活性环戊烯衍生物(图 3-218)。

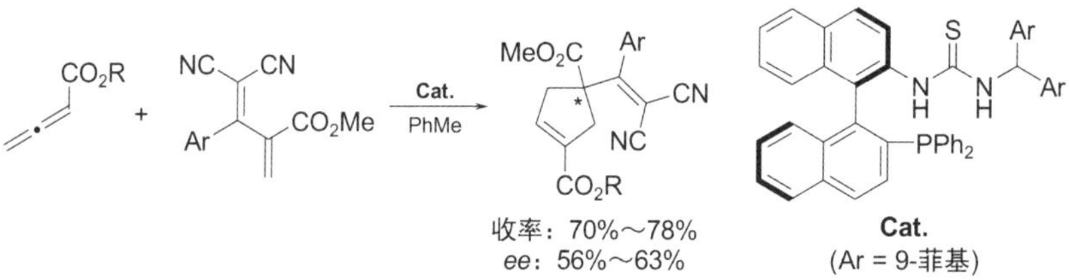


图 3-218　联萘骨架的双功能手性硫脲 - 叔膦催化剂催化的 [3+2] 环化反应

2015 年，郭红超课题组[293]报道了邻位 Boc-保护氨基取代的查耳酮和联烯酸酯的高对映选择性的[3+2]环化反应，反应用螺二氢茚骨架手性叔膦为催化剂，生成了 1,4,5-三取代的环戊烯产物，反应具有单一的非对映选择性和非常好的对映选择性(图 3-219)。

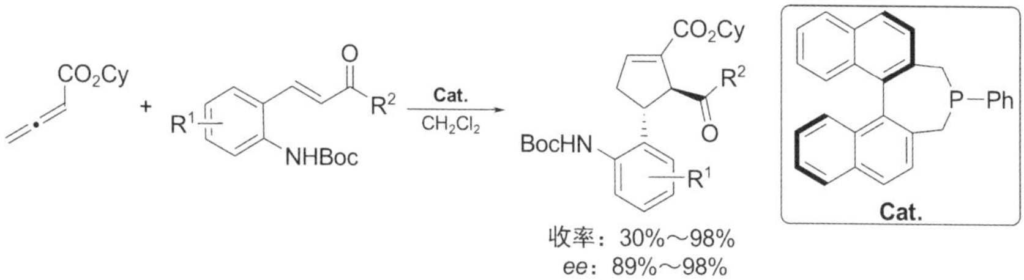

图 3-219 螺环骨架手性叔膦催化剂催化的邻位 Boc- 保护氨基取代的查耳酮和联烯酸酯的 [3+2] 环化反应

2017 年，卢一新课题组[294]报道了首例不同构型催化剂控制的区域选择性[3+2]环化反应(图 3-220)。反应以带有环外双键的苯并呋喃酮作为 C2 合成子，当使用 L-L-构型的二肽骨架的手性叔膦 **Cat.1** 时，由联烯酸酯形成的两性离子中间体的 $\gamma$-位对苯并呋喃酮底物进行亲核进攻；当使用 L-D-构型的二肽骨架的手性叔膦 **Cat.2** 时，两性离子中间体的 $\alpha$-位对苯并呋喃酮底物进行亲核进攻，从而得到两种区域选择性的手性螺环产物。通过 DFT 计算表明，实验所观察到的催化剂控制的 $\alpha/\gamma$-区域选择性是由二肽叔膦催化剂的构型决定的，不同的催化剂构型能够区分两种不同过渡态中的活化能或氢键相互作用，因此有利于形成特定的区域异构体。

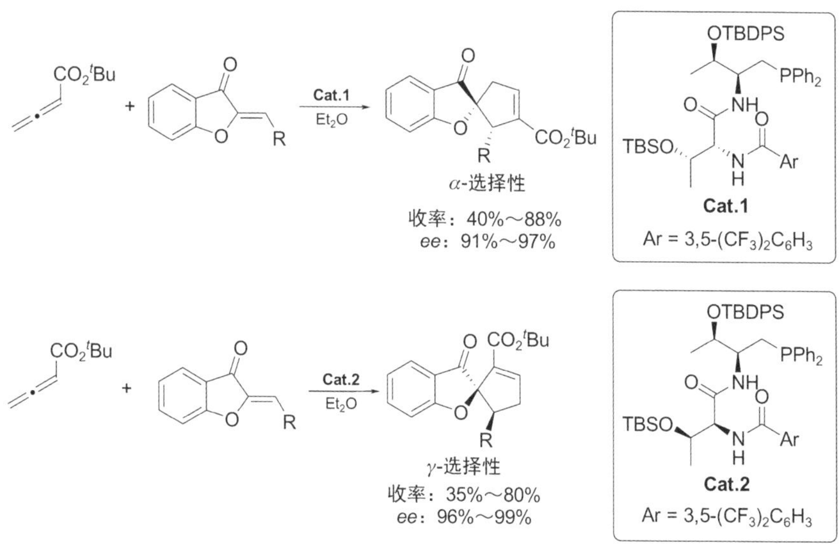

图 3-220 首例不同手性构型催化剂控制的区域选择性 [3+2] 环化反应

以往叔膦催化的环化反应中都是 2,3-丁二烯酸酯与另一活化不饱和烯烃发生分子间环化。2017 年，卢一新课题组[295]设计合成了一种带有联烯酸酯片段的查耳酮底物，从而将联烯酸酯部分和活化烯烃结合在了一个分子中，两个反应片段通过苯环相连接(图 3-221)。在氨基酸衍生的手性叔膦 **Cat.** 的催化下，可以发生分子内[3+2]环化反应得到手性二氢香豆素衍生物。反应中加入苯甲酸作为 Brønsted 添加剂后，可以提高反应的立体选择性。通过 DFT 计算进行的理论研究表明，由非手性 Brønsted 酸和手性叔膦与底物之间相互作用形成的多重氢键可以更有效地区分两种对映选择性途径，从而提高反应的对映选择性。

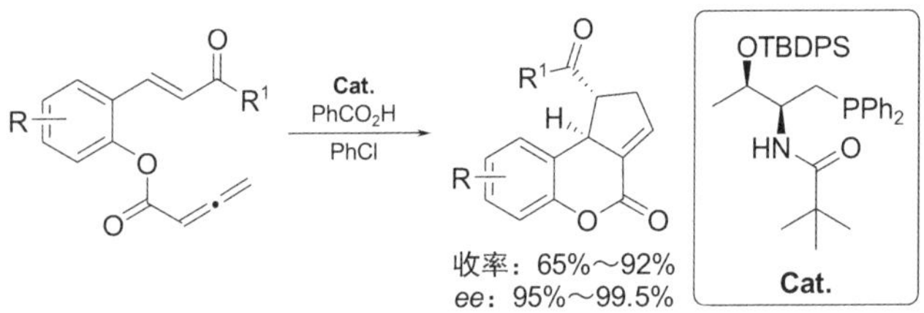


图 3-221 氨基酸衍生的手性叔膦催化的分子内 [3+2] 环化反应

2019 年，卢一新课题组[296]和张俊良课题组[297]同时报道了首例联烯酸酯和 3-硝基吲哚的去芳构化[3+2]环化反应(图 3-222)。分别在两种不同骨架二肽衍生的手性叔膦的催化下，于室温中反应得到光学活性吲哚并环戊烯的衍生物，都获得了很好的对映选择性。

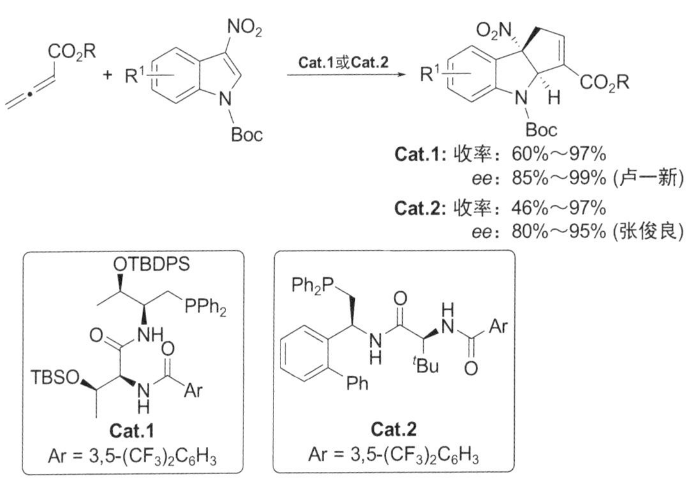


图 3-222 二肽衍生的手性叔膦催化的联烯酸酯和 3- 硝基吲哚的去芳构化 [3+2] 环化反应

2019 年，卢一新课题组[298]报道了连有两个羟吲哚基团的异靛蓝和 2, 3-丁二烯酸酯之间的叔膦催化的不对称[3+2]环化反应，反应以氨基酸衍生的双官能团叔膦为催化剂，可以高对映选择性地构建螺环双吲哚啉生物碱核心骨架，产物中具有两个连续的季碳手性中心(图 3-223)。反应具有非常好的区域选择性，为合成结构上具有挑战性的双吲哚啉天然产物提供了简单高效的策略。

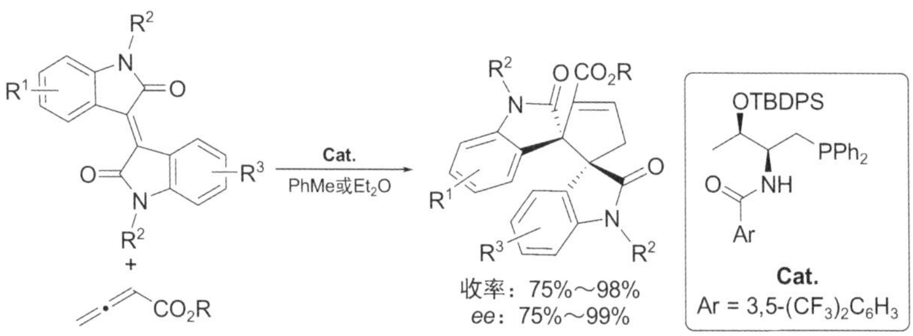


图 3-223　氨基酸衍生的双官能团叔膦催化的异靛蓝和 2,3- 丁二烯酸酯的不对称 [3+2] 环化反应

2020 年，Sasai 课题组[299]报道了通过机器学习探索的在流动相反应器中手性叔膦催化的联烯酸酯与氨基对苯醌的连续 RC 反应 /[3+2]环化反应，以单一的非对映选择性以及高对映选择性合成了一系列螺环氧化吲哚类似物，且该反应速度极快，可在 1min 内反应完成(图 3-224)。

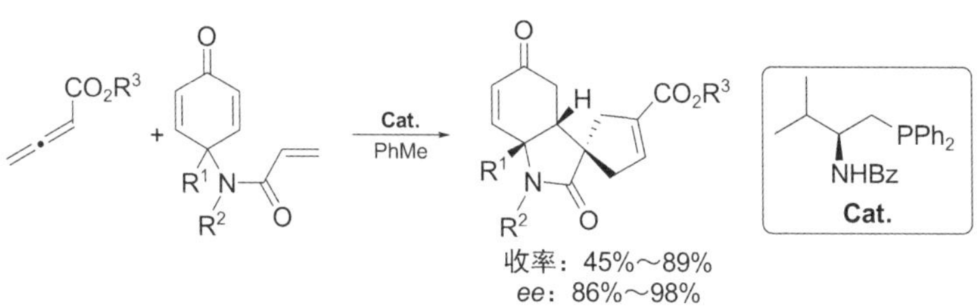


图 3-224　流动相反应器中手性叔膦催化的联烯酸酯与氨基对苯醌的连续 RC 反应 /[3+2] 环化反应

2022 年，卢一新课题组[300]报道了含三氟甲基取代的轴手性芳基吡咯的合成(图 3-225)。该反应在氨基酸衍生的手性叔膦催化下发生[3+2]环化反应，生成具有中心手性的二氢吡咯，再通过醋酸钯的氧化实现从中心手性向轴手性的转化，从而实现了一系列含三氟甲基取代的轴手性芳基吡咯的快速合成，同时该反应还可以实现含碘原子取代的轴手性芳基吡咯的合成，最后，他们通过该策略实现了轴手性药物艾沙利酮的合成。

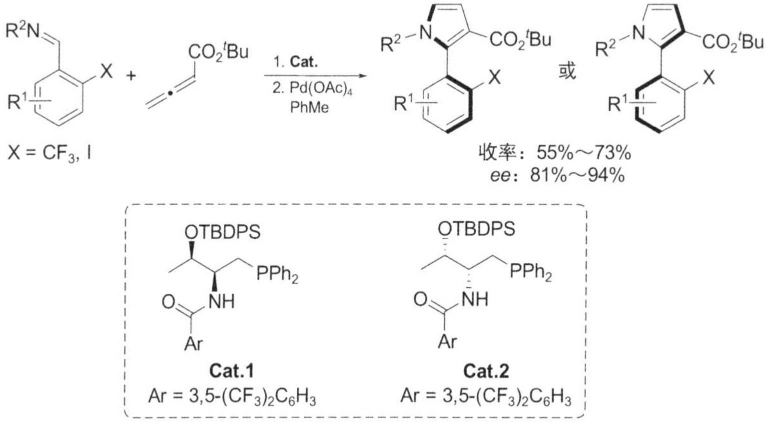


图 3-225　叔膦催化不对称 [3+2] 环化 / 醋酸钯氧化的中心手性向轴手性转化的轴手性芳基吡咯的合成

2023 年，Pirovano 课题组[301]报道了桥环手性叔膦催化的高区域选择性[3+2]环化反应(图 3-226)。该反应在手性膦催化下，实现了氧化吲哚衍生的活化烯烃与联烯的 $\gamma$-区域选择性不对称[3+2]环化反应，构筑了一系列螺环氧化吲哚化合物。

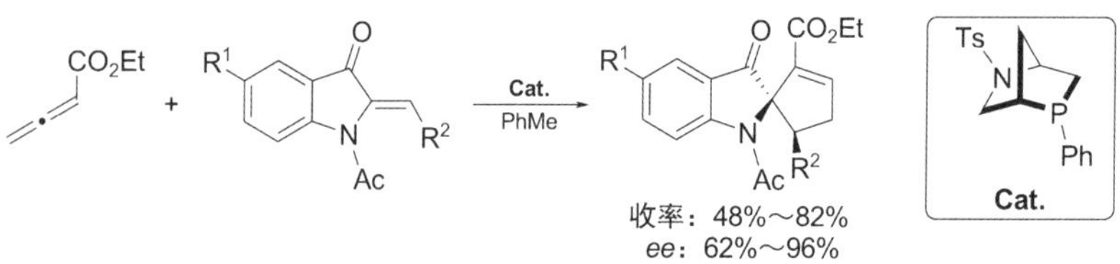


图 3-226　桥环手性叔膦催化的高区域选择性不对称 [3+2] 环化反应

(2)叔膦催化的 2,3-丁二烯酸酯的[3+2]环化反应合成五元氮杂环

1995 年，陆熙炎发现了联烯酸酯与活泼烯烃的[3+2]环化反应，为了进一步扩展该反应的应用，1997 年，陆熙炎课题组又报道了 $PPh_3$ 促进的联烯酸酯与醛磺酰亚胺的[3+2]环化反应[302]，以 53%～98% 的收率得到了二氢吡咯衍生物(图 3-227)。该反应具有很好的化学选择性，在大多数情况下，仅得到单一的环化产物。但将亚胺中的芳基换为脂肪族取代基时，仅能得到少量的环化产物。

在 2008 年，贺峥杰课题组[303]通过使用硫代磷酰亚胺和联烯酸酯作为底物，也成功地实现了类似的[3+2]环化反应(图 3-228)。当使用 2,3-丁二烯酸酯作为底物，亲核性较弱的 $PPh_3$ 作为催化剂时，能够得到较好的收率。随后，叶松课题组[304]发现糖精衍生的酮亚胺作为底物可以与联烯酸酯发生高区域选择性的[3+2]环化反应，反应使用亲核性较弱的三(4-氟苯基)膦作为催化剂，可以得到一系列的二氢吡咯并环产物(图 3-228)。

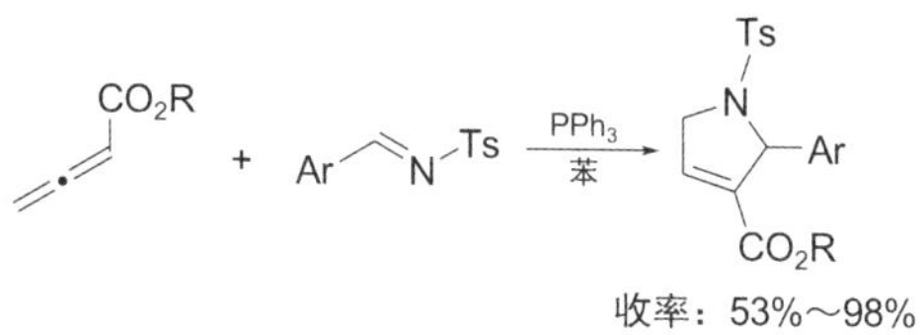


图 3-227　首例叔膦催化联烯酸酯的 [3+2] 环化反应用于五元氮杂环化合物的合成

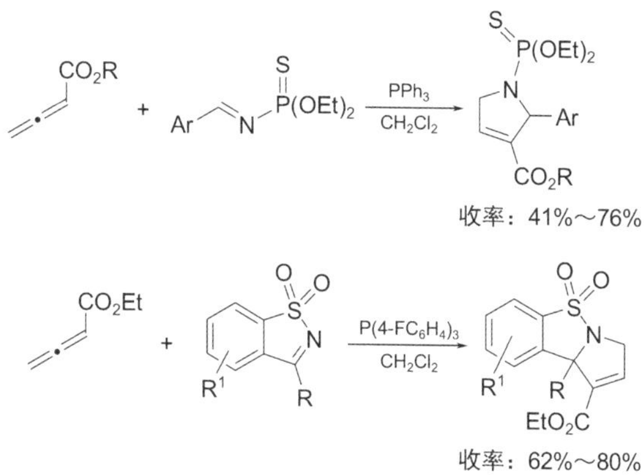


图 3-228　叔膦催化硫代磷酰亚胺以及糖精衍生的酮亚胺和联烯酸酯的 [3+2] 环化反应

2017 年，周庆发课题组[305]发展了一种化学选择性和区域选择性的叔膦催化的联烯酸酯与邻羟基芳基醛亚胺丙二酸酯的[3+2]环化反应(图 3-229)合成了官能化的4-甲亚基吡咯烷衍生物。通过控制实验发现，亚胺邻位的羟基可以与亚胺上的氮原子形成分子内氢键，从而提高亚胺片段的亲电性，使之更易于被联烯中间体亲核进攻。当使用不带有邻位羟基的普通芳基醛亚胺丙二酸酯时，反应不会发生，从而证明了邻位羟基对反应的重要性。

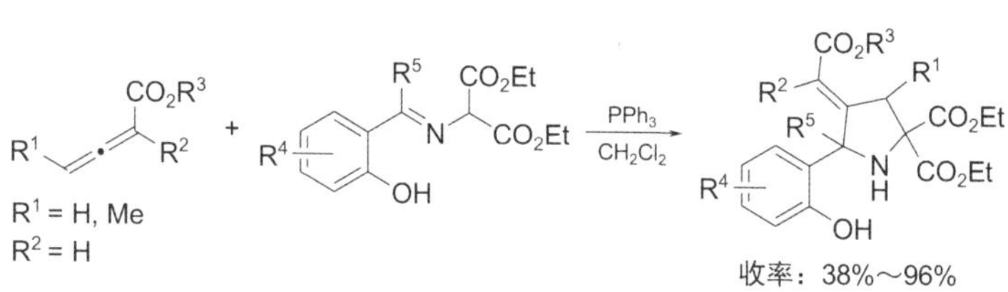


图 3-229　叔膦催化的联烯酸酯与邻羟基芳基醛亚胺丙二酸酯的 [3+2] 环化反应

2020 年，施敏课题组[306]报道了 $PPh_3$ 催化的烯胺与联烯酸酯的[3+2]环化反应（图 3-230）。反应过程中原位生成的亚胺中间体是该反应能够生成含有季碳中心的关键，此外该反应底物范围广，可以高效地合成一系列官能化的吡咯啉化合物。

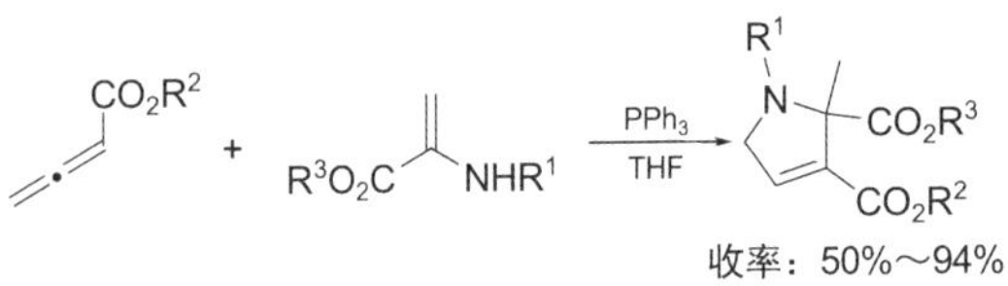

图 3-230　$PPh_3$ 催化的烯胺与联烯酸酯的[3+2]环化反应

吡咯类衍生物在天然产物及生物活性分子中广泛存在，自从陆熙炎[3+2]反应被发现以来，叔膦催化的环化反应已经发展为一种构建吡咯类衍生物的有效的方法。在完成 $PPh_3$ 催化的基于联烯酸酯的环化反应获得二氢吡咯类化合物以后，化学家们将目光转向它的不对称合成。2006 年，Marinetti 课题组[307]报道了第一例的手性叔膦催化的[3+2]环化反应，对映选择性地合成了手性二氢吡咯类化合物（图 3-231）。作者通过使用他们发展的一种平面手性的双膦手性试剂，以 64% 的 *ee* 值和 32% 的收率得到一系列的手性二氢吡咯类化合物。同年，Gladysz 设计合成了一种铼手性中心的叔膦催化剂，并实现了 2, 3-丁二烯酸酯与醛磺酰亚胺的不对称[3+2]环化反应，得到手性吡咯啉衍生物[308]（图 3-231）。以对甲氧基芳基磺酰亚胺或对硝基芳基磺酰亚胺为底物时能以高收率得到相应的吡咯啉，但反应的对映选择性不高。

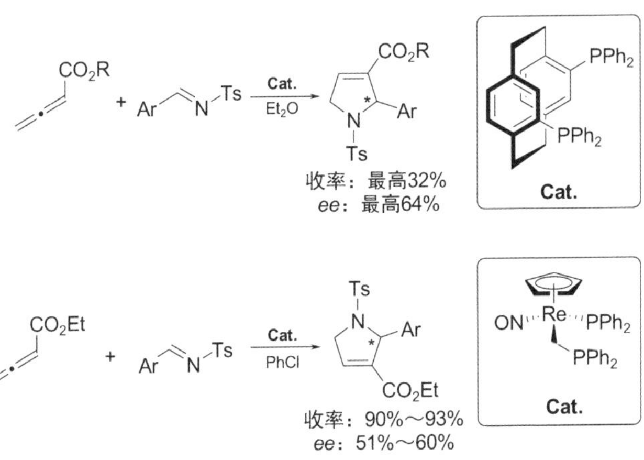

图 3-231　手性叔膦催化的[3+2]环化反应合成手性吡咯啉衍生物

2018 年，Yoshida 课题组[309]发展了一种双官能团的平面手性叔膦催化剂，实现了芳基磺酰亚胺和 2,3-丁二烯酸酯的[3+2]环化反应（图 3-232），*ee* 值最高可达 92%。作者提出了可能的立体控制模型，催化剂中的羟基可以与磺酰亚胺中的磺酰基形成分子间氢键，从而控制反应的立体选择性。

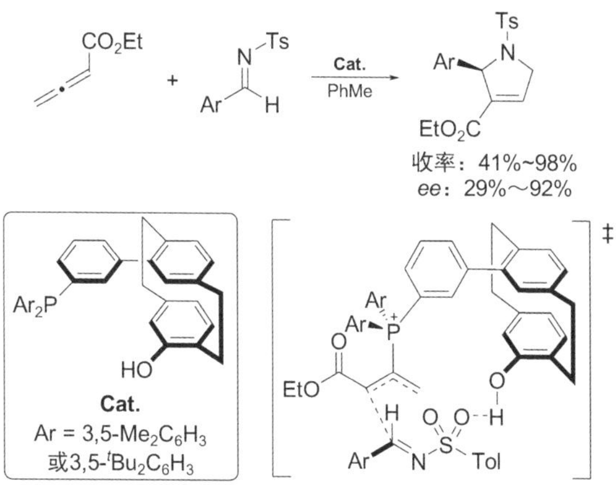


图 3-232　双官能团的平面手性叔膦催化芳基磺酰亚胺和 2,3-丁二烯酸酯的不对称 [3+2] 环化反应

2008 年，Jacobson 课题组[310]通过使用双功能手性硫脲 - 叔膦催化剂，以二苯基次膦酰亚胺和 2,3-丁二烯酸酯作为底物，以高收率和高立体选择性区域专一地得到一系列手性二氢吡咯类化合物（图 3-233）。在机理上，催化剂与反应底物之间的氢键作用对于高立体选择性起着关键性的作用。

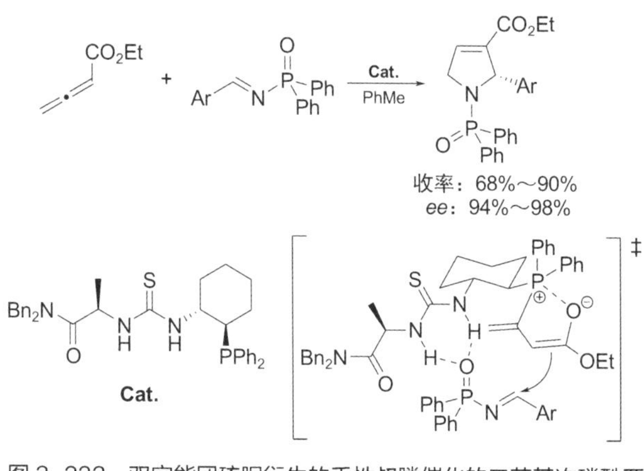


图 3-233　双官能团硫脲衍生的手性叔膦催化的二苯基次磷酰亚胺和 2,3-丁二烯酸酯的不对称 [3+2] 环化反应

在后续的研究中，卢一新课题组[311]通过使用他们发展的二肽衍生的手性叔膦催化剂，以二苯基次膦酰亚胺和联烯酸酯作为底物，成功通过[3+2]环化反应得到高立体选择性的手性二氢吡咯类化合物，在作者所使用的催化体系中，脂肪族和芳香族的二苯基次膦酰亚胺均能参与反应的进行(图 3-234)。

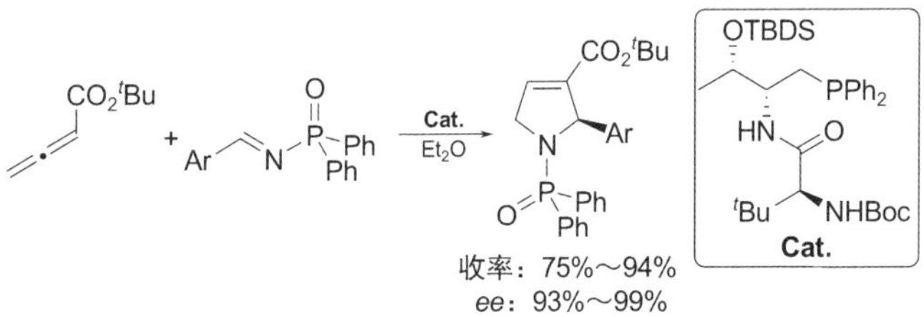

图 3-234　二肽衍生的手性叔膦催化的二苯基次磷酰亚胺和联烯酸酯不对称 [3+2] 环化反应

2016 年，卢一新课题组[312]发现当使用氨基酸衍生的双官能团手性叔膦为催化剂时，2,3-丁二烯酸酯可以与靛红衍生的酮亚胺发生[3+2]不对称环化反应，以较好的收率和非常好的对映选择性得到手性螺环产物(图 3-235)。同年，Kumar 课题组[313]也报道了类似的反应。

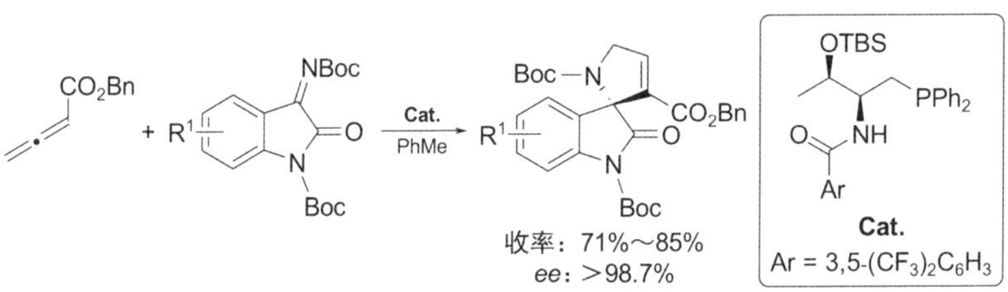

图 3-235　氨基酸衍生的手性叔膦催化的 2,3-丁二烯酸酯与靛红衍生的酮亚胺的不对称 [3+2] 环化反应

2020 年，Lupton 课题组[314]报道了联萘骨架的手性叔膦催化的联烯酸酯与氨基巴豆酸酯的极性反转 $\gamma$-氨基化 /$\beta$-极性反转分子内共轭加成反应，合成一系列手性的四氢吡咯化合物(图 3-236)。该反应先发生联烯酸酯的 $\gamma$-氨基化反应，随后发生分子内的极性反转共轭加成反应，以形式上的[3+2]环化反应过程生成四氢吡咯化合物。

(3) 叔膦催化的 2,3-丁二烯酸酯的[3+2]环化反应合成五元氧杂环化合物

2002 年，陆熙炎课题组[315]报道了基于 1,3-二酮类化合物与 2,3-丁二烯酸酯的[2+3]环化反应，在这类反应中，联烯酸酯作为 C2 合成子参与成环，联烯酸酯上

的 $\beta$ 位和 $\gamma$ 位碳原子参与了新键的构筑(图 3-237)。在三苯基膦的催化下，于乙腈溶剂中反应，能够以不错的收率得到并环 1, 2-二氢呋喃的衍生物。

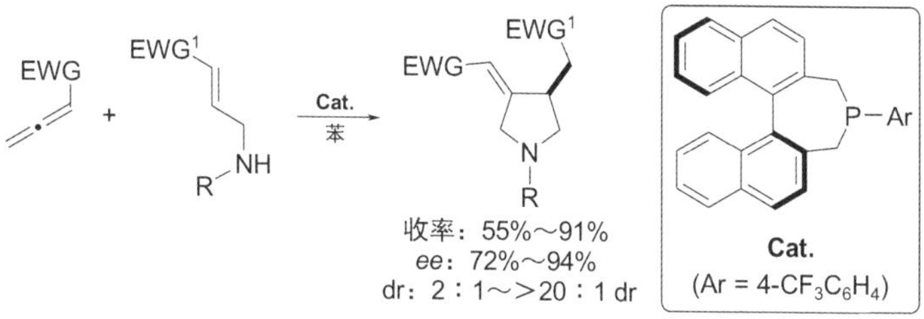


图 3-236 联萘骨架手性叔膦催化的联烯酸酯与氨基巴豆酸酯的极性反转 $\gamma$-氨基化 / $\beta$-极性反转分子内共轭加成反应

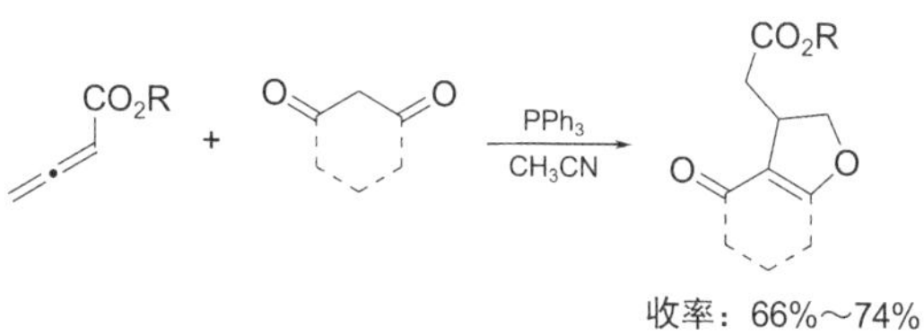


图 3-237 叔膦催化联烯酸酯的 [3+2] 环化反应构筑五元氧杂环化合物

Ishar 课题组[316]还报道了一种环庚三烯酮参与的[8+2]环化反应，用于构筑环庚三烯并四氢呋喃类衍生物(图 3-238)。在这个反应中，联烯酸酯同样作为 C2 合成子参与反应。反应以较好到非常好的收率得到并环 1, 2-二氢呋喃的衍生物。

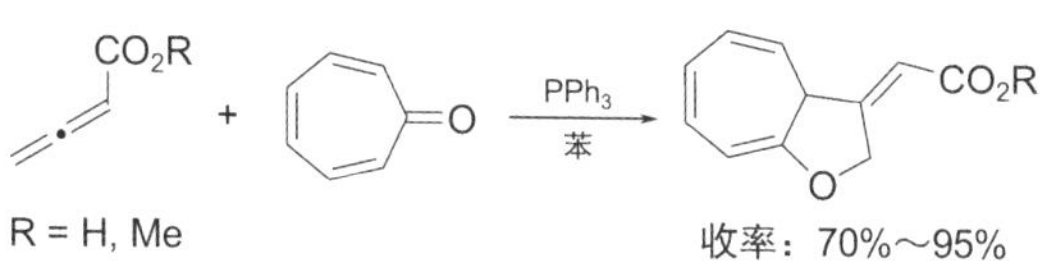


图 3-238 叔膦催化联烯酸酯与环庚三烯酮参与的 [8+2] 环化反应

酮类化合物作为一种有效的亲电试剂也被广泛地应用于叔膦催化的环化反应当中。与联烯酸酯和醛的反应相似，在联烯酸酯与酮的反应中，也是在叔膦的亲核进攻下由联烯酸酯生成两性离子中间体，接着发生两性离子中间体的 $\gamma$- 位对酮羰基的亲核进攻。比较有代表性的是 Miller 课题组[317]在 2011 年报道的三氟甲基芳基苯乙酮与联烯酸酯的[3+2]环化反应(图 3-239)。苯乙酮中的三氟甲基可以增强羰基碳的亲电性，使之更易于遭受两性离子中间体的亲核进攻。反应在 $Ph_2PMe$ 的催化下进行，能够以中等收率得到含三氟甲基的二氢呋喃衍生物。

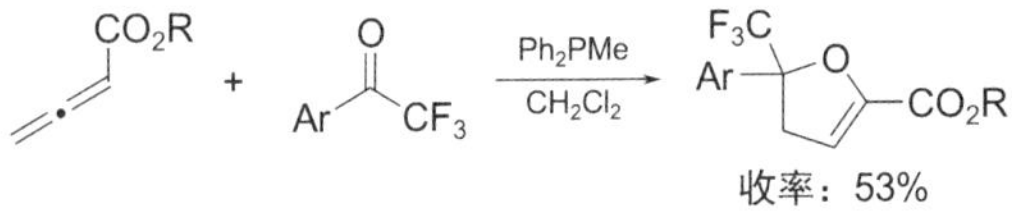


图 3-239　叔膦催化三氟甲基芳基苯乙酮与联烯酸酯的 [3+2] 环化反应

2012 年，黄有课题组[318]报道了一种叔膦催化的基于联烯酸酯与 Nazarov 试剂的[2+3]环化反应，实现了一种高效高原子经济性地合成共轭二氢呋喃化合物的反应(图 3-240)。Nazarov 试剂被首次应用于叔膦催化的反应，并成功地构筑五元环化合物。实验及其 DFT 理论计算证明了乙醇在该反应过程的 1,2-质子转移中起到了重要作用。

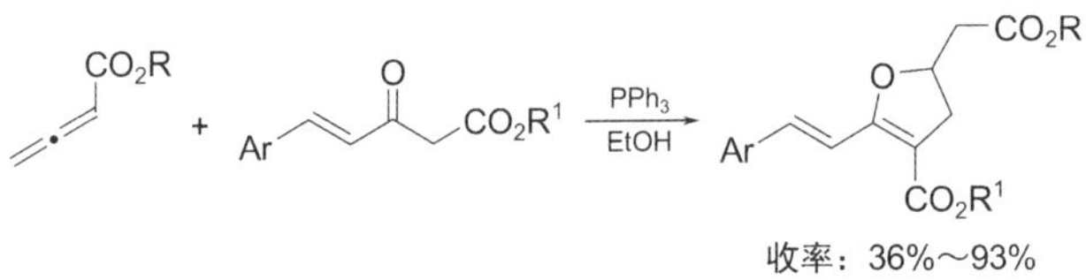


图 3-240　叔膦催化的联烯酸酯与 Nazarov试剂的 [2+3] 环化反应

2017 年，王治明课题组[319]报道了 $PPh_3$ 催化的联烯酸酯与 4-羟基香豆素的[3+2]环化反应，合成了一系列香豆素衍生物(图 3-241)。

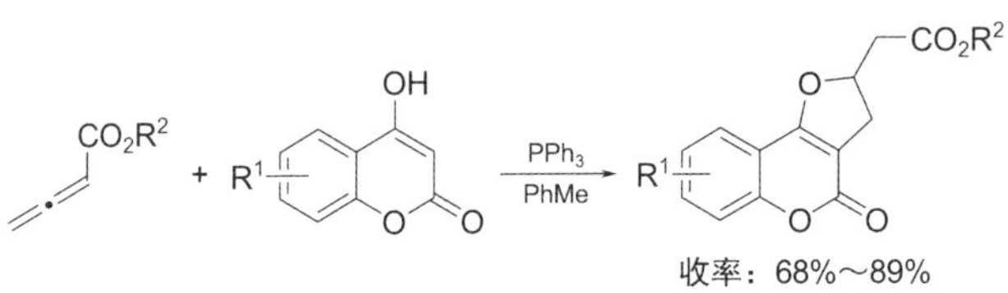


图 3-241　$PPh_3$ 催化的联烯酸酯与 4-羟基香豆素的 [3+2] 环化反应

2015 年，Sasai 课题组[320]使用螺二氢茚骨架手性叔膦催化剂，以 2,3-丁二烯酸酯和前手性环状二烯酮为底物，经 $\beta,\gamma$-反转加成合成了含有一个季碳手性中心的官能团密集的苯并四氢呋喃酮衍生物(图 3-242)。这是联烯酸酯的 $\gamma$-位碳原子首次作为亲核中心参与不对称串联反应，联烯酸酯在反应中作为 C2 合成子。最佳反应条件为二氯甲烷 / 甲苯(1 ∶ 1)作溶剂，在 0℃下反应，主要生成 $Z$ 构型的产物。

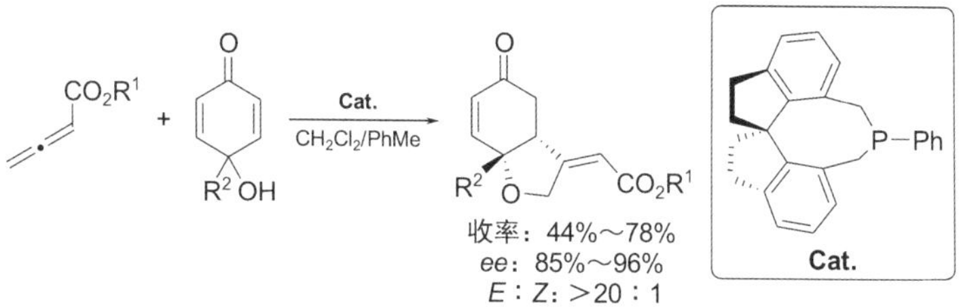

图 3-242 螺二氢茚骨架手性叔膦催化的联烯酸酯和环状二烯酮的不对称 [3+2] 环化反应

### 3.4.1.2 叔膦催化的 2,3-丁二烯酸酯的 [ 1+4 ] 环化反应

2009 年，黄有课题组[321]通过使用 *N*-二苯基硫代次膦酰基水杨醛亚胺作为电子供受体底物，与 2,3-丁二烯酸酯通过一个新的[1+4]环化反应，以很高的收率和选择性得到一系列的苯并二氢呋喃类化合物(图 3-243)。在这个反应中，联烯酸酯首次作为 1,1-偶极子用于[1+4]环化反应，作者设计了一种新的双官能团催化剂，与已知的叔膦催化剂 $PBu_3$ 相比，该双官能团叔膦催化剂能够在空气中稳定存在，不易被氧化，而且催化剂中的羟基对该反应收率和选择性的控制起着关键性的作用。

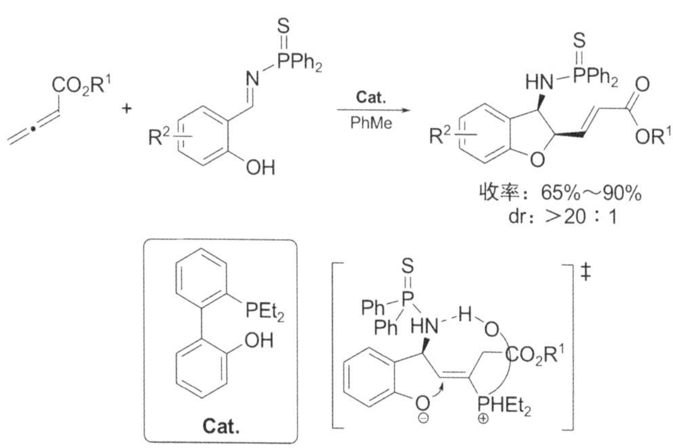

图 3-243 首例叔膦催化的 2,3-丁二烯酸酯与二苯基硫代次膦酰基水杨醛亚胺的 [1+4] 环化反应

2015 年，郭红超课题组[322]报道了一例 $PBu_3$ 催化的 2,3-丁二烯酸酯和邻氨基查耳酮的[1+4]环化反应，合成了反式 2,3-二取代二氢吲哚衍生物(图 3-244)。反应具有中等到好的收率和非常好的非对映选择性。

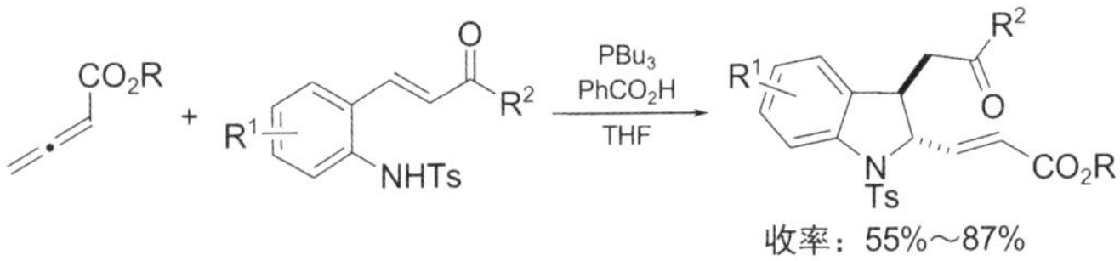


图 3-244 PBu₃ 催化的 2, 3-丁二烯酸酯和邻氨基查耳酮的 [1+4] 环化反应

### 3.4.1.3 叔膦催化的 2,3-丁二烯酸酯的连续环化反应

2013 年，马军安课题组[323]报道了一种连续的[3+2]/[3+2]环化反应，在这篇报道中，在双膦催化剂 DPPP 催化下，两分子的联烯酸酯通过连续的环化反应，合成一系列的五元并环产物(图 3-245)。在这个反应中，含氟取代基 $R^3$ 对反应的进行起着关键性的作用。所得产物在三乙胺的促进下，能够继续与氯代醛肟反应得到相应的五元并环结构。

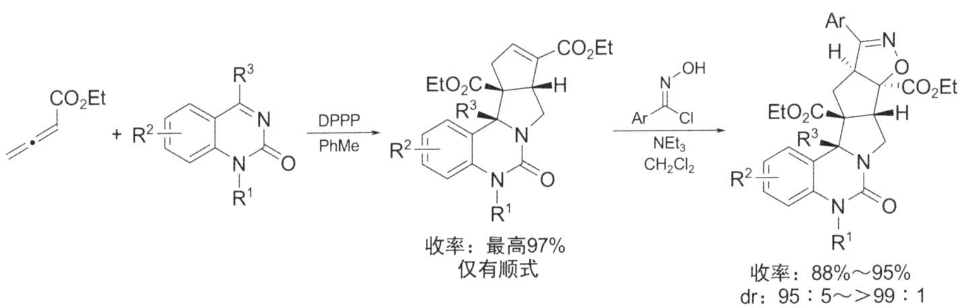


图 3-245 双膦 DPPP 催化联烯酸酯连续的 [3+2]/[3+2] 环化反应

2022 年，卢一新课题组[324]报道了相类似的连续的[3+2]/[3+2]环化反应。该反应在手性叔膦催化下发生连续的[3+2]/[3+2]环化反应，可以高非对映和对映选择性地合成一系列 5, 5-并环产物，但是该反应对丙二腈衍生的烯烃有一定的要求，只有芳环上带有强拉电子基团反应才可以顺利进行(图 3-246)。

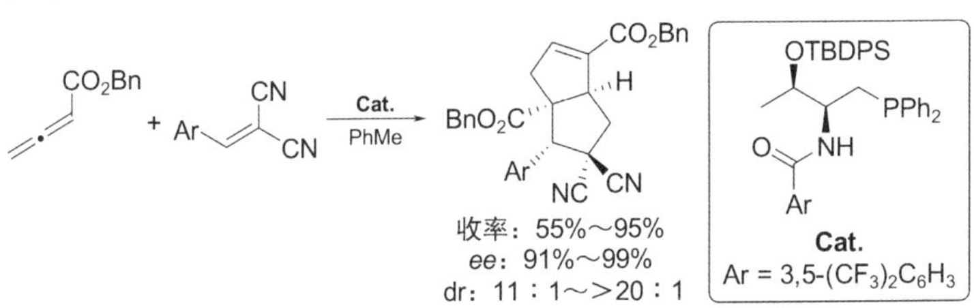


图 3-246 手性叔膦催化的联烯酸酯的连续 [3+2]/[3+2] 不对称环化反应

### 3.4.1.4 叔膦催化的2,3-丁二烯酸酯的其他环化反应

2005年，Kwon课题组[325]将醛类化合物作为缺电子底物与联烯酸酯发生环化反应。与具有强吸电子基取代的磺酰亚胺相比，醛羰基中碳原子的亲电性相对较低，所以Kwon选用具有更强亲核性的$PMe_3$作为催化剂参与这个反应(图3-247)。在该条件下，通常的[3+2]环化反应并没有发生，而是发生了一个新的[2+2+2]环化反应，两分子醛参与到环化反应中。联烯酸酯中酯基的电性对反应进行的效率影响很大，当酯基上的取代基是吸电子基时，反应不会发生或收率很低。底物拓展实验表明，醛上的取代基对反应的收率有一定的影响，吸电子取代基往往获得更高的收率。而且脂肪醛不适用于该反应。当在该反应中加入2当量的甲醇以及1当量的正丁基锂时，该反应则变成[4+2]环化反应生成六元环内酯化合物，而不是原来的[2+2+2]环化反应(图3-247)[326]。

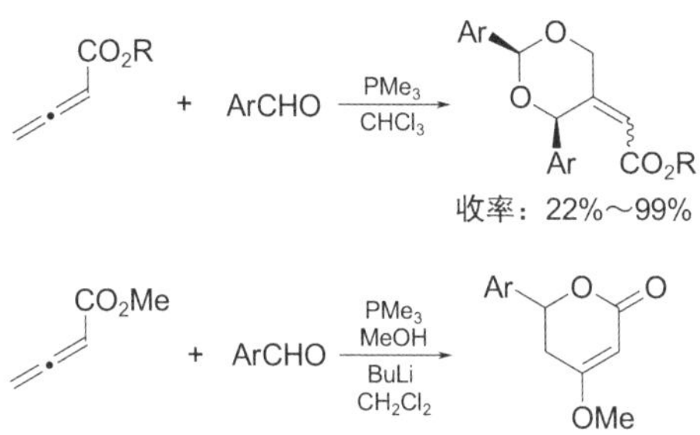


图3-247 $PMe_3$催化联烯酸酯与芳香醛的[2+2+2]环化反应及[4+2]环化反应

2010年，施敏课题组[327]分别使用*N*-二苯基硫代次膦酰基水杨醛亚胺和水杨醛作为底物，通过[2+4]环化反应得到两种高官能团化的苯并二氢吡喃类化合物，$PPh_3$作为叔膦催化剂(图3-248)。在这个反应当中，联烯酸酯作为C2合成子参与反应，能以非常好的收率得到带有环外双键的苯并二氢吡喃产物。

含两个氮原子的杂环是许多具有生物活性分子的重要组成模块，因此构建偶氮杂环化合物具有重要的意义。2011年，Kwon课题组[328]报道了$PCy_3$催化下，两分子联烯酸酯与偶氮甲碱亚胺的[3+2+3]环化反应，成功合成了八元偶氮杂并环化合物(图3-249)。需要注意的是，在该反应中，一分子联烯酸酯作为C3合成子，而另一分子联烯酸酯作为C2合成子参与八元环的构筑。在亲核性较弱的$PCy_3$作用下，形成的1,3-内鎓盐会对另一分子联烯酸酯进攻，产生由两分子联烯酸酯和一分

子叔膦构成的1,5-内鎓盐，其进攻甲亚胺，发生[5+3]环化反应，最终以中等到较高的收率生成[3+2+3]环化产物，反应得到两种化学选择性的八元环产物。

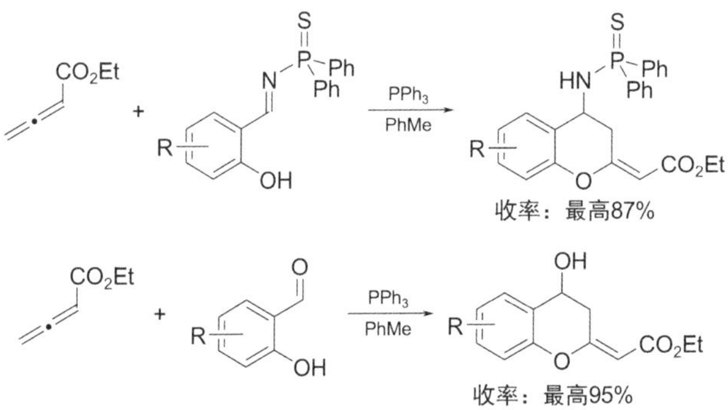


图 3-248　叔膦催化联烯酸酯与水杨醛和硫代次膦酰基水杨醛亚胺的 [4+2] 环化反应

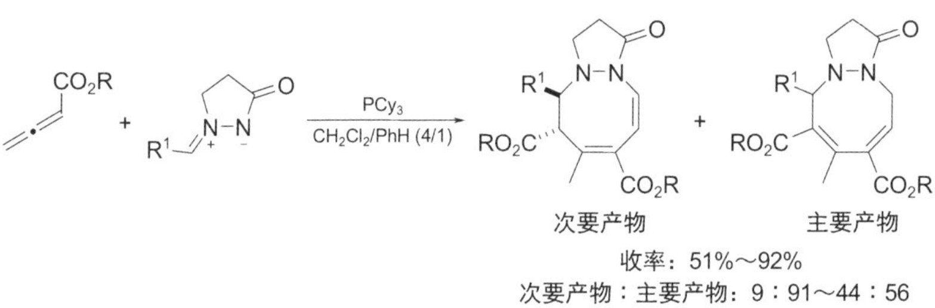


图 3-249　$PCy_3$ 催化下两分子联烯酸酯与偶氮甲亚胺的 [3+2+3] 环化反应

与此同时，马军安课题组[329]也探究了叔膦催化下联烯酸酯与偶氮甲碱亚胺的环化反应(图 3-250)。研究表明，亲核性的亚磷酰三胺是更有效的催化剂，联烯酸乙酯在当量强亲核性的 $P(NEt_2)_3$ 作用下，首先形成1,5-内鎓盐，然后与偶氮甲碱亚胺发生[5+3]环化反应，最终能以高非对映选择性得到相应的环化产物。作者还通过理论计算的方法证明了1,5-内鎓盐的存在，并提出了合理的反应机理。

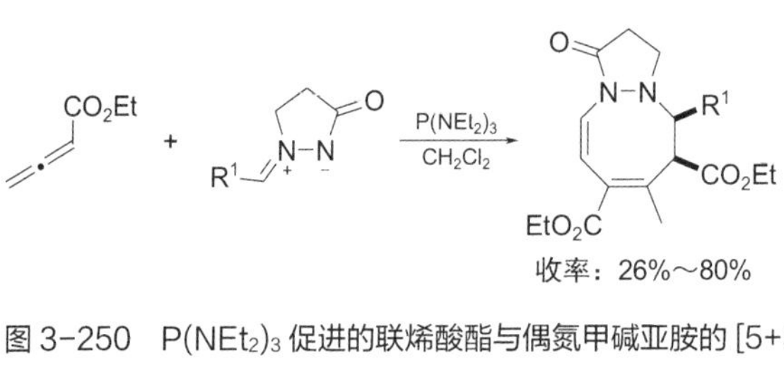


图 3-250　$P(NEt_2)_3$ 促进的联烯酸酯与偶氮甲碱亚胺的 [5+3] 环化反应

2017 年，周庆发课题组[330]报道了 $PPh_3$ 催化的 *N*- 羟基邻苯二甲酰亚胺和 2,3-丁二烯酸酯的[2+3]环化反应，2,3-丁二烯酸酯作为 C2 合成子参与新键构筑，生成四氢异噁唑并异吲哚产物(图 3-251)。

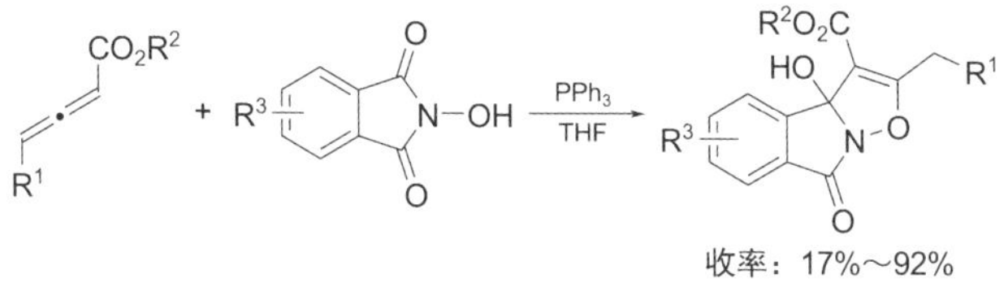


图 3-251　$PPh_3$ 催化的 *N*-羟基邻苯二甲酰亚胺和 2, 3-丁二烯酸酯的 [2+3] 环化反应

2018 年，孟祥太课题组[331]报道了叔膦催化的联烯酸酯与氧化苯并噻吩衍生的活化烯烃的串联[2+4]/Michael 加成反应，得到一系列含桥环结构的八元环产物，该反应非对映选择性好、收率高，同时有不错的底物普适性(图 3-252)。

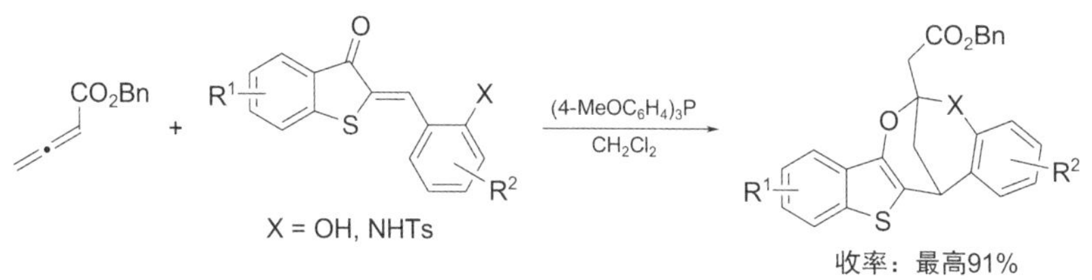


图 3-252　叔膦催化的联烯酸酯与氧化苯并噻吩衍生的活化烯烃的串联 [2+4]/Michael 加成反应

## 3.4.2　叔膦催化的 $\alpha$-烷基取代联烯酸酯的环化反应

### 3.4.2.1　叔膦催化的 $\alpha$-烷基取代联烯酸酯的 [ 4+2 ] 环化反应

2003 年，Kwon 课题组报道了通过在联烯酸酯的 $\alpha$ 位引入一个甲基取代基，在三丁基膦的催化下，成功地实现了 $\alpha$-甲基取代联烯酸酯和磺酰亚胺的[4+2]环化反应(图 3-253)[332]，合成了一系列的四氢吡啶类化合物。这类反应对 Diels-Alder 反应合成六元环状化合物是一种有效的补充。而且相比较 Diels-Alder 反应，这类反应具有反应条件温和、底物适用性广等优点，为吡啶类化合物的合成提供了一种简单有效的方法。Kwon提出了反应可能的机理。首先 $PBu_3$ 对 $\alpha$-甲基联烯酸酯亲核加

成生成 1,4-偶极中间体 Ⅰ 和 Ⅱ，中间体 Ⅰ 和 Ⅱ 是一对互变异构体。中间体 Ⅰ 然后对磺酰亚胺进行 $\gamma$-极性反转加成生成中间体 Ⅲ，然后经过两步连续的分子内的氢迁移生成中间体 Ⅵ，最后通过分子内的氢迁移和脱去催化剂，得到最终的六元碳环产物（图 3-253）。

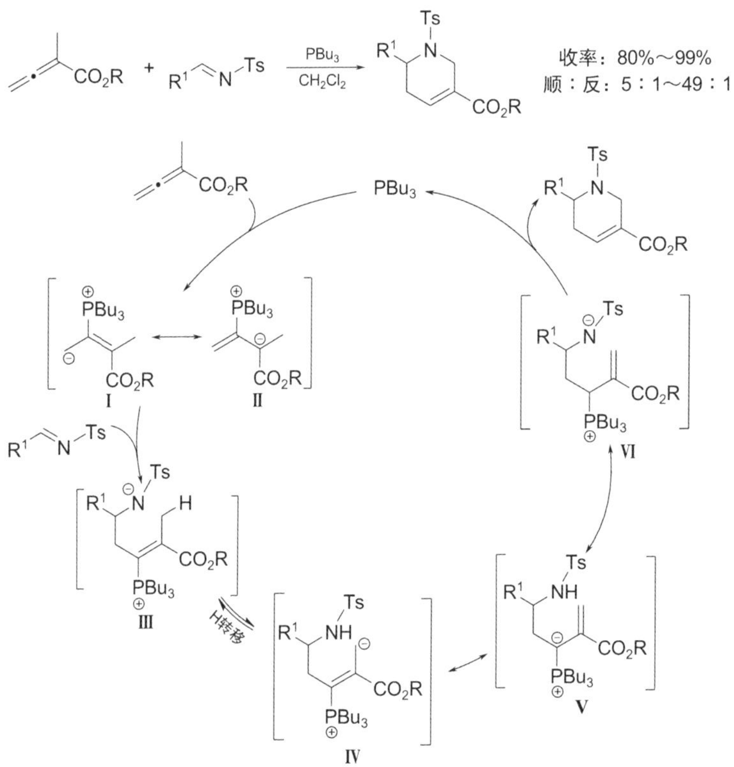


图 3-253　$\alpha$-甲基取代联烯酸酯和磺酰亚胺的 [4+2] 环化反应及反应机理

（1）叔膦催化的 $\alpha$-烷基取代联烯酸酯的[4+2]环化反应合成六元碳环

2007 年，Kwon 课题组报道了利用 $\alpha$-烷基取代联烯酸酯和活化烯烃作为反应底物，顺利地实现了叔膦催化的[4+2]环化反应（图 3-254）[333,334]。作者发现，通过使用不同亲核性的三价磷催化剂，可以调控反应生成不同区域选择性的产物。当使用 $P(NMe_2)_3$（HMPT）作为催化剂时，1,4-偶极中间体首先对缺电子烯烃发生 $\gamma$-极性反转加成，而使用 $PAr_3$ 作为催化剂时，首先得到的是 $\beta'$-加成的中间体。在 HMPT 催化下，亲核性磷原子与 $\alpha$-烷基联烯酸酯共轭加成而成的中间体 Ⅰ 在 $\gamma$-碳原子上与烯基丙二腈加成生成中间体Ⅱ，中间体Ⅱ通过分子内质子转移转化为烯丙基鏻盐中间体Ⅲ。中间体Ⅲ中丙二腈阴离子的共轭加成和随后 HMPT 的 $\beta$-消除得到环己烯产物 **1**。另外，当使用更具吸电子性的三芳基膦时，中间体Ⅳ与烯基丙二腈形成中间体Ⅴ，通过分子内质子转移得到中间体Ⅵ，分子内环化生成环状叶立德中间体Ⅶ。最后，1,2-质子转移和随后的 $PAr_3$ 的 $\beta$-消除得到环己烯产物 **2**（图 3-254）。

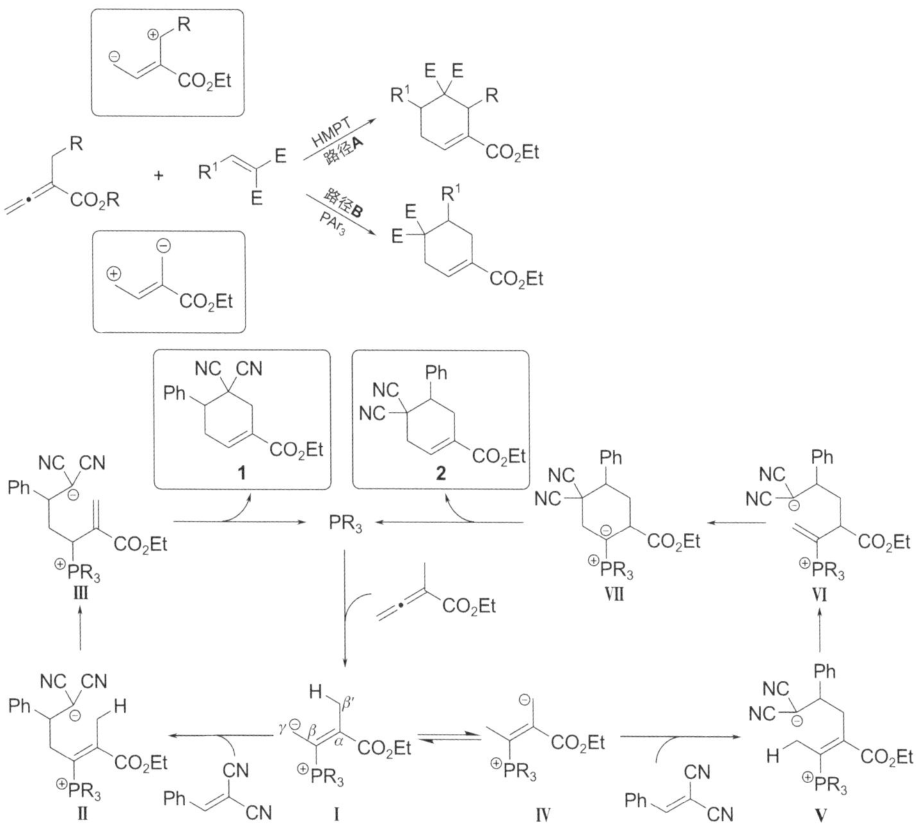

图 3-254　α-烷基取代联烯酸酯和烯基丙二腈的 [4+2] 环化反应及反应机理

2011 年，Kumar 课题组报道了三丁基膦催化的 $\alpha$-取代联烯酸酯和活性色原酮的[4+2]环化反应（图 3-255）[335]。反应由活化的色原酮出发，能以中等到很好的产率得到目标产物三环苯并吡喃酮类衍生物。

2017 年，贺峥杰课题组报道了叔膦催化的 $\alpha$-烷基取代的联烯酸酯与吲哚酮、1,3-茚满二酮的[4+2]环化反应（图 3-256）[336]。他们使用 $PPh_3$ 作为催化剂，在甲苯中 80℃反应，得到了一系列螺吲哚酮或螺茚-1,3-二酮衍生物，具有中等至优异的产率和区域选择性。

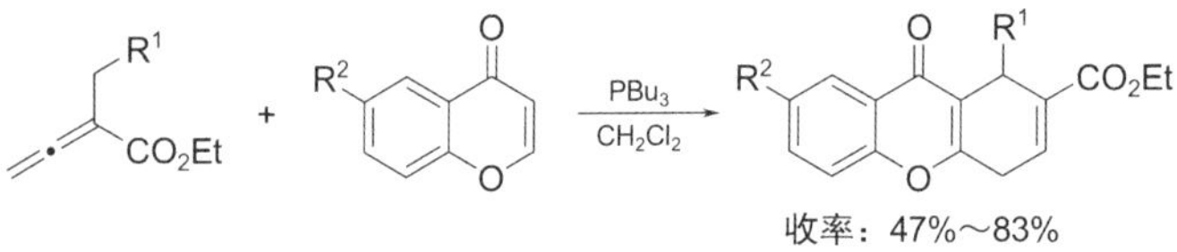


图 3-255　α-烷基取代联烯酸酯和活性色原酮的 [4+2] 环化反应

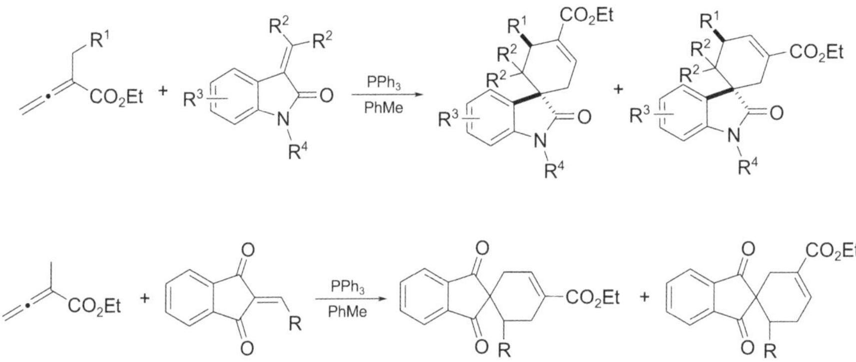


图 3-256　α-烷基取代的联烯酸酯和吲哚酮 /1, 3- 茚满二酮的 [4+2] 环化反应

2012 年，卢一新课题组报道了通过使用他们发展的手性双功能酰胺-叔膦催化剂 **Cat. 1** 和 **Cat. 2**，以芳甲亚基丙二腈作为亲电试剂和 α-烷基取代联烯酸酯反应，能够高效地获得高对映选择性的环己烯类化合物(图 3-257)[337]。这类反应具有很好的底物适用性，分别使用芳基甲醛衍生的芳甲亚基丙二腈和靛红衍生的甲亚基丙二腈类化合物作为底物，均能顺利实现[4+2]环化产物的不对称合成，靛红衍生的甲亚基丙二腈类化合物能够得到比芳基甲醛衍生的芳甲亚基丙二腈更好的结果。

与此同时，赵刚课题组报道了通过使用他们所发展的手性双功能酰胺-叔膦催化剂，也顺利地实现了通过[4+2]环化反应获得高对映选择性的环己烯类化合物(图 3-258)[338]。而且在这个反应中，双活化烯烃上的取代基可以是芳香族取代基，也可以是脂肪族取代基。与传统的 Diels-Alder 反应相比，这种新的方式克服了底物适用性窄、反应条件苛刻等问题。

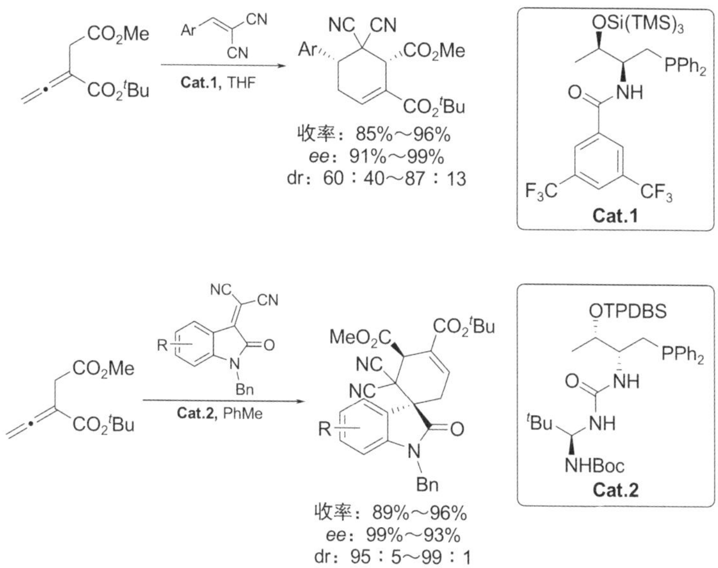


图 3-257　α-烷基取代联烯酸酯和甲亚基丙二腈类化合物的不对称 [4+2] 环化反应

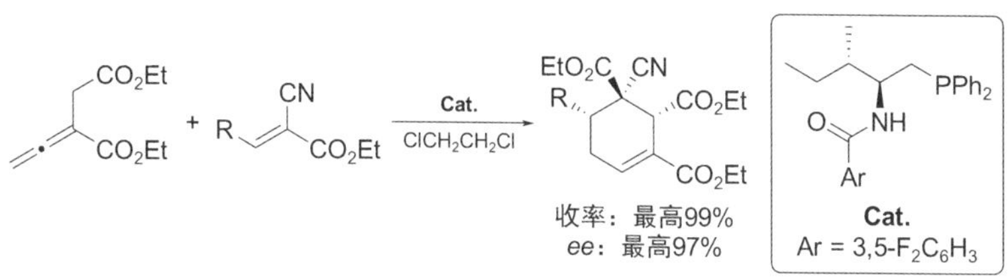


图 3-258　α-烷基取代联烯酸酯和双活化烯烃的不对称 [4+2] 环化反应

2015 年，郭红超课题组报道了通过叔膦催化 α-烷基取代联烯酸酯和不饱和吡唑酮的[4+2]环化反应合成螺吡唑酮的新方法(图 3-259)[339]。在 $MePPh_2$ 的催化下，反应以中等到优良的产率和中等到良好的非对映选择性获得螺吡唑酮。在手性双功能硫脲-叔膦催化剂的催化下，以良好的对映选择性和中等到优良的非对映选择性获得各种光学活性螺吡唑酮。

2016 年，Kumar 课题组报道了氨基酸衍生的双功能手性酰胺-叔膦催化剂催化的 α-烷基取代联烯酸酯与 3-氰基色原酮的[4+2]环化反应，该反应可以构建手性多环苯并吡喃酮(图 3-260)[340]。反应具有高产率和很好的对映选择性，中等到较高的非对映选择性。

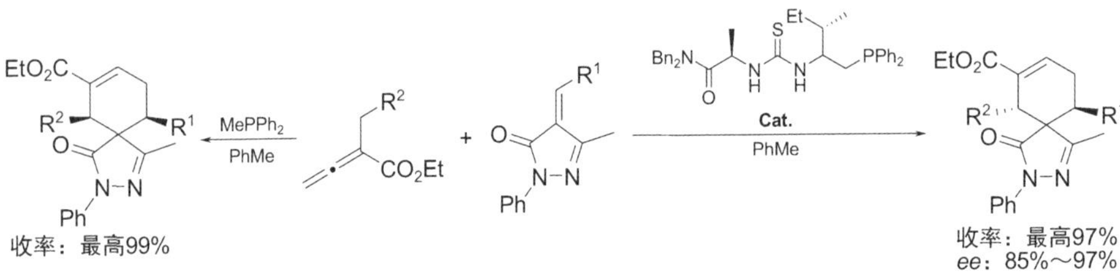

图 3-259　α-烷基取代联烯酸酯和不饱和吡唑酮的 [4+2] 环化反应

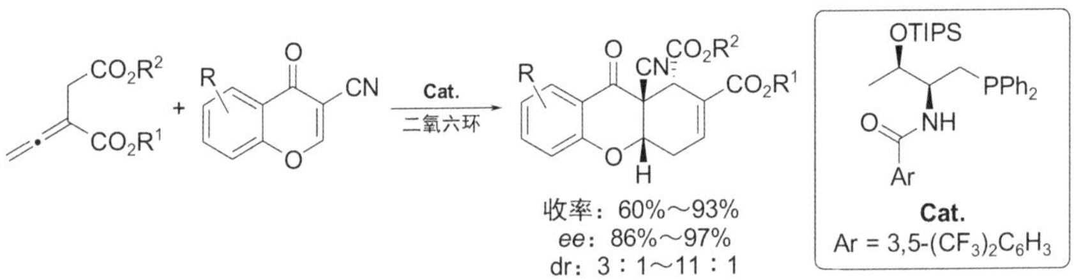

图 3-260　α-烷基取代联烯酸酯和 3-氰基色原酮的不对称 [4+2] 环化反应

2016 年，郭红超课题组报道了螺二氢茚骨架手性叔膦催化的 α-烷基取代联烯酸酯与巴比妥酸酯衍生的烯烃的[4+2]环化反应（图 3-261）[341]。通过该反应可获得各种螺环巴比妥酸酯-环己烯，并且该反应具有中等到优良的产率、优异的非对映选择性和对映选择性。同时该反应对各种 α-烷基取代联烯酸酯与巴比妥酸酯衍生的烯烃耐受广泛。

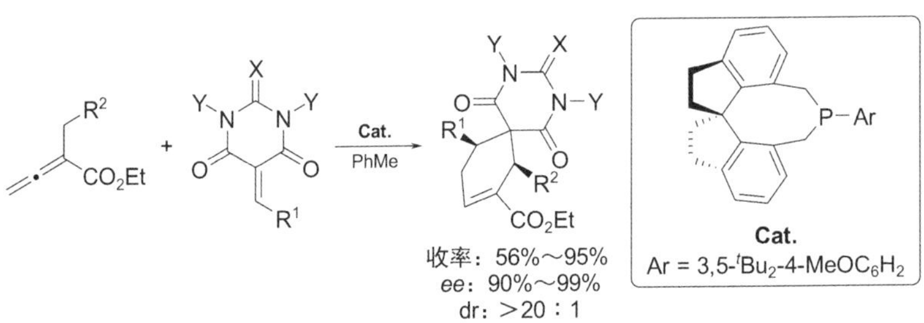

图 3-261　α-烷基取代联烯酸酯和巴比妥酸酯衍生的烯烃的不对称 [4+2] 环化反应

2020 年，郭昌课题组报道了手性叔膦催化剂催化的 α-烷基取代联烯酸酯与 3-硝基吲哚或 3-硝基苯并噻吩的[4+2]环化反应（图 3-262）[342]。通过该反应可以构建官能化二氢咔唑或二氢二苯并噻吩，并且具有高产率和很好的对映选择性。

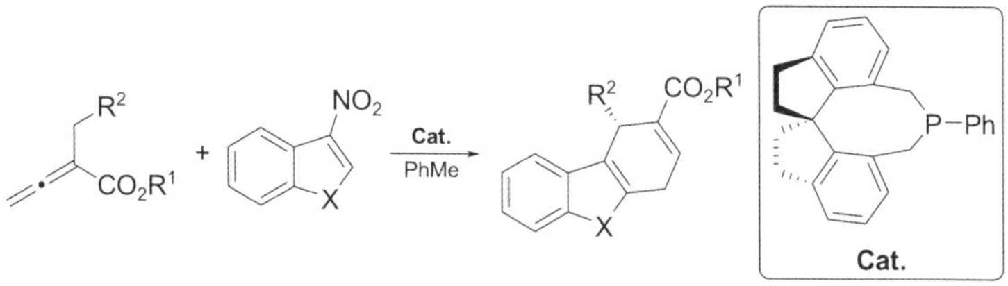

图 3-262　α-烷基取代联烯酸酯和 3-硝基吲哚 /3-硝基苯并噻吩的不对称 [4+2] 环化反应

2022 年，郭红超课题组报道了一种特别的四氢苯并呋喃酮衍生的 α-烷基取代联烯酸酯与苯并呋喃衍生的氮杂二烯的[4+2]环化反应(图 3-263)[343]。通过该反应构建了各种十氢-2*H*-萘并[1,8-bc]呋喃衍生物，随后用 4-甲基苯硫醇和三甲胺以优异的产率和良好的非对映选择性产生硫代 Michael 加成产物。

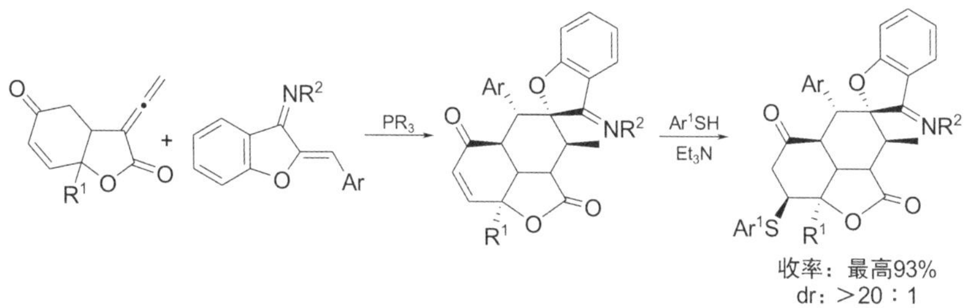

图 3-263　α-烷基取代联烯酸酯和苯并呋喃衍生的氮杂二烯的 [4+2] 环化反应

(2)叔膦催化的 α-烷基取代联烯酸酯的[4+2]环化反应合成六元氮杂环

2003 年，Kwon 课题组发现 α-甲基取代联烯酸酯和磺酰亚胺的[4+2]环化反应合成六元氮环后，人们对其他氮组分底物进行了广泛的研究，叶松课题组(图 3-264 eq.1)[344] 和郭红超课题组(图 3-264 eq.2，eq.3)[345,346] 分别使用简单易得的糖精衍生的磺酰亚胺以及六元环状磺酰亚胺作为底物，发展了膦催化的 α-甲基取代联烯酸酯[4+2]环化反应，合成了六元氮环稠合的多环化合物(图 3-264)。

为了展示叔膦催化的 α-甲基取代联烯酸酯和磺酰亚胺的[4+2]环化反应的应用价值，Kwon 课题组采用叔膦催化的 α-甲基取代联烯酸酯和磺酰亚胺的[4+2]环化反应为关键步骤，对一些天然产物单萜吲哚生物碱(±)-alstonerine(图 3-265，eq.1)[347]、吲哚型生物碱利血平骨架(图 3-265，eq.2)[348]、生物碱(±)-hirsutine(图 3-265，eq.3)[349] 进行了合成。

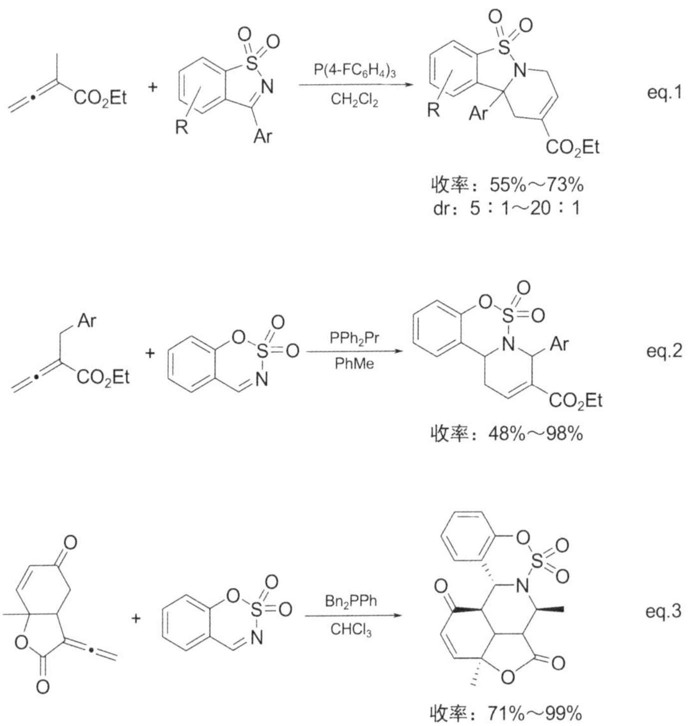


图 3-264　α-烷基取代联烯酸酯和磺酰亚胺的[4+2]环化反应

2005 年，Fu 课题组 [350] 和 Sasai 课题组 [351] 以 $\alpha$-烷基取代联烯酸酯与芳基磺酰亚胺及糖精衍生的磺酰亚胺作为底物，顺利地实现了[4+2]不对称环化反应（图 3-266）。以高的产率、非对映选择性和立体选择性得到一系列的二氢吡啶类衍生物。

赵刚课题组 [352] 和郭红超课题组 [346] 分别使用氨基酸衍生的手性叔膦催化剂，以 $\alpha$-烷基取代联烯酸酯和芳基磺酰亚胺及六元环状磺酰亚胺为底物进行[4+2]不对称环化反应（图 3-267）。

（3）叔膦催化的 $\alpha$-烷基取代联烯酸酯的[4+2]环化反应合成六元氧杂环

2010 年，叶松课题组报道了通过使用三氟甲基苯乙酮作为亲电试剂，通过[4+2]环化反应，合成了一系列的二氢吡喃类化合物（图 3-268）[353]。在这个反应中，联烯酸酯作为四碳合成子参与反应，三氟甲基对反应的进行起着关键性的作用，当换用氰基苯乙酮、2-氧代苯乙酸酯或者靛红衍生物时，这个反应均不会发生。

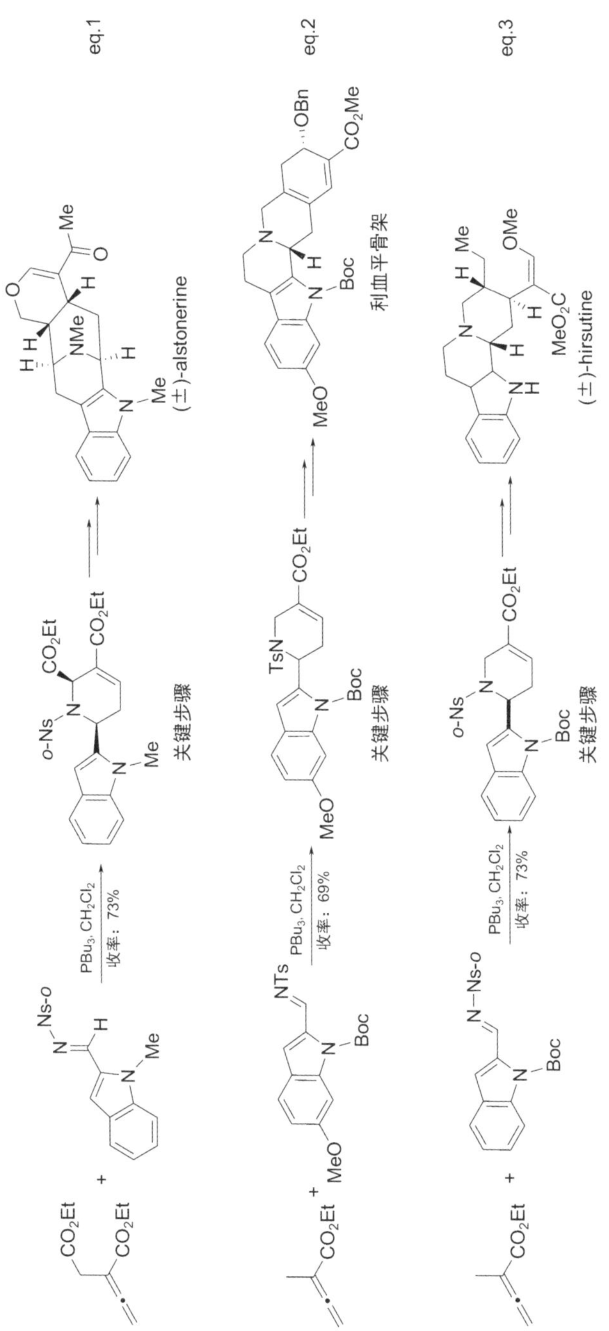


图 3-265　α-甲基取代联烯酸酯和磺酰亚胺的 [4+2] 环化反应在合成中的应用

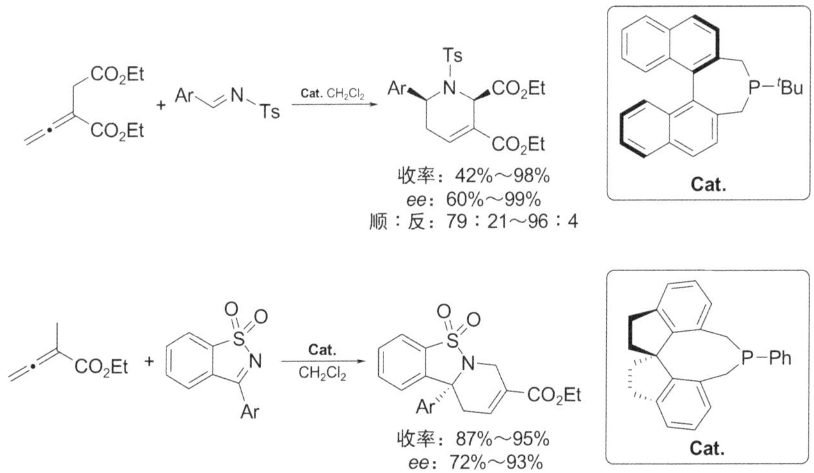


图 3-266　α-烷基取代联烯酸酯与芳基磺酰亚胺不对称 [4+2] 环化反应

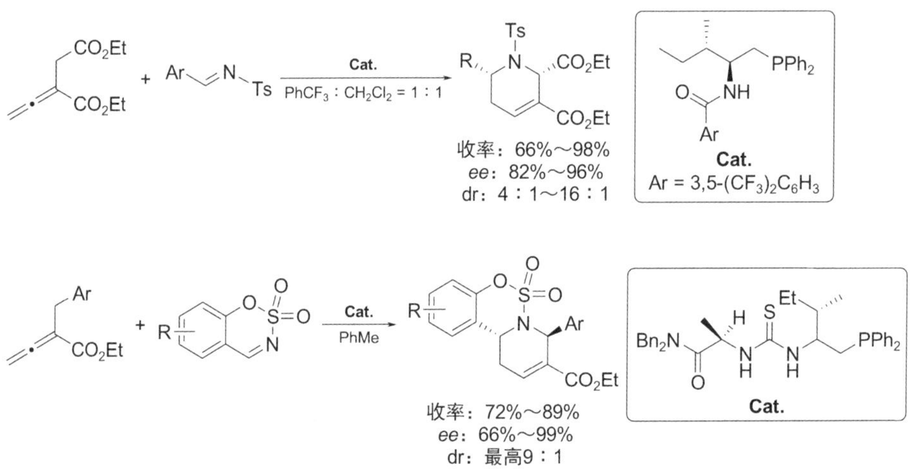


图 3-267　α-烷基取代联烯酸酯与芳基磺酰亚胺及六元环状磺酰亚胺不对称 [4+2] 环化反应

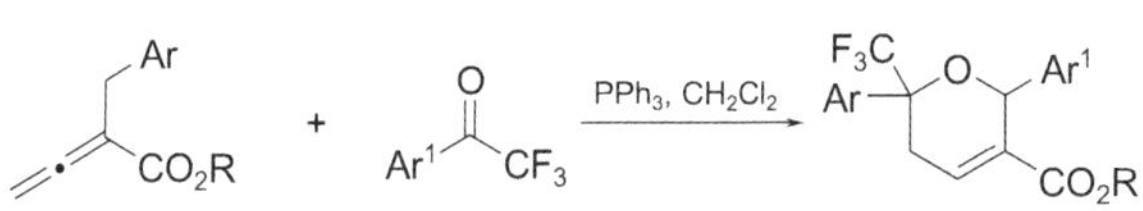


图 3-268　α-烷基取代联烯酸酯和三氟甲基苯乙酮的 [4+2] 环化反应

2018 年，李健课题组报道了 α-烷基取代联烯酸酯和 α,β-不饱和酮的[4+2]环化反应(图 3-269)[354]。在这个反应中，联烯酸酯作为二碳合成子参与反应，通过该反应可以制备一系列多取代二氢-2*H*-吡喃，并且该反应有出色的立体选择性、广泛的底物范围和原子经济性。

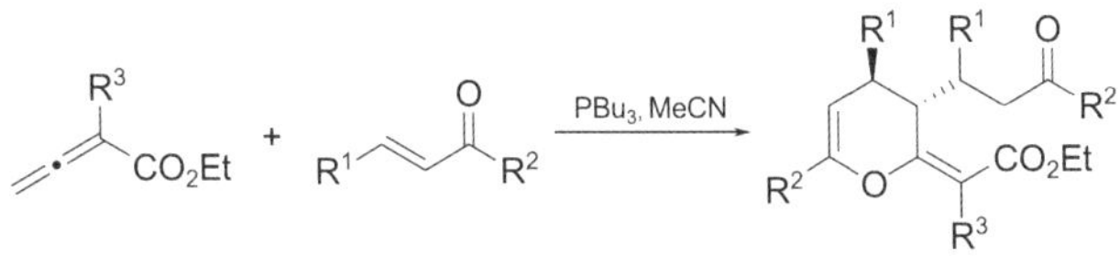

图 3-269 α-烷基取代联烯酸酯和 α,β-不饱和酮的 [4+2] 环化反应

2016 年，郭红超课题组报道了叔膦催化的 α-烷基取代的联烯酸酯和环噻唑酮衍生的烯烃的[4+2]环化反应，用于构筑二氢吡喃稠合的噻唑骨架(图 3-270)[355]。在 $PMe_2Ph$ 的催化下，一系列噻唑酮衍生的烯烃可以与各种不同的 α-烷基取代的联烯酸酯反应，以较高到极好的产率得到 6,7-二氢-5*H*-吡喃并[2,3-d]噻唑衍生物。当使用 Kwon 发展的桥环手性叔膦作为手性催化剂时，能以高产率和优异的对映选择性得到相应的光学活性产物。

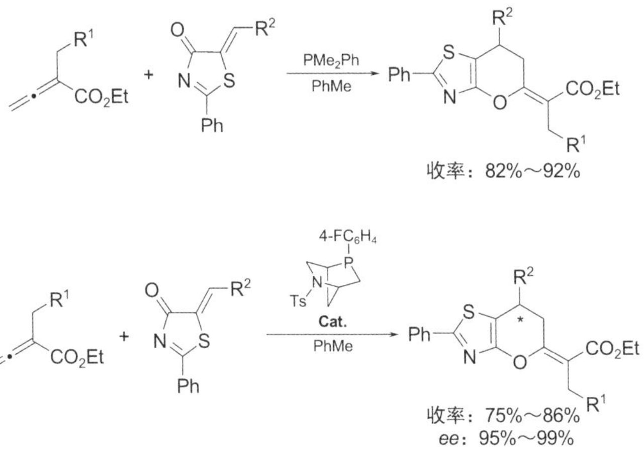

图 3-270 α-烷基取代联烯酸酯和环噻唑酮衍生的烯烃的 [4+2] 环化反应

2017 年，郭红超课题组报道了另一种类似的对映选择性[4+2]环化反应(图 3-271)[356]。在二肽衍生的手性叔膦催化下，各种吡咯烷-2,3-二酮衍生的烯烃与各种不同的 α-烷基取代的联烯酸酯反应，能以中等至良好的产率得到 2-吡咯烷-2-酮

稠合的二氢吡喃衍生物，具有出色的对映选择性。

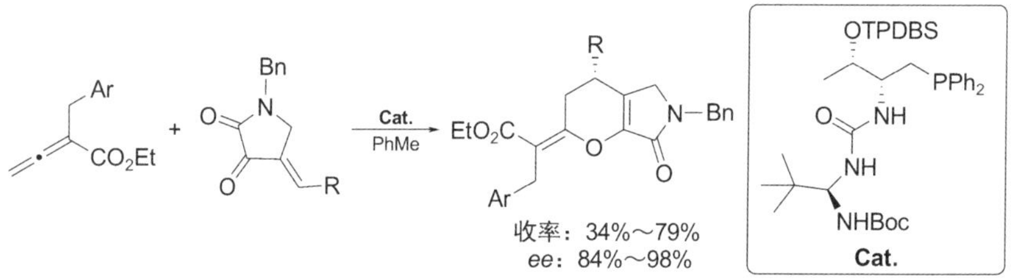


图 3-271 α-烷基取代联烯酸酯和吡咯烷-2,3-二酮衍生的烯烃的不对称 [4+2] 环化反应

### 3.4.2.2 叔膦催化的α-烷基取代联烯酸酯的其他环化反应

2018年，Waser 课题组报道了 α-烷基取代联烯酸酯与邻苯醌甲基化物的[4+1]环化反应(图 3-272)[357]。在三苯基膦的存在下，反应在室温下于二氯甲烷中进行，得到具有出色非对映选择性的官能化的二氢苯并呋喃衍生物，产率为 31% ～ 90%。

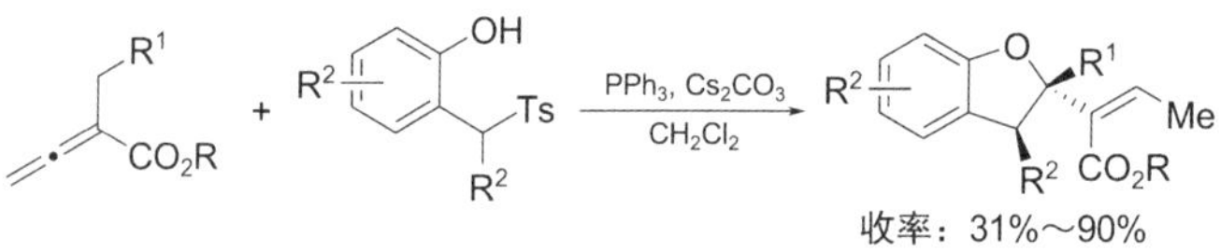


图 3-272 α-烷基取代联烯酸酯与邻苯醌甲基化物的 [4+1] 环化反应

2011 年，Kwon 和郭红超课题组研究了叔膦催化的 α-烷基取代联烯酸酯与偶氮亚胺反应，α-烷基取代联烯酸酯可以表现出丰富的反应性，根据不同位点的反应性，可以多样性地分别发生[2+3]、[3+2]、[3+3]和[4+3]环化反应，得到一系列的二氮稠合的杂环类化合物(图 3-273)[358]。利用手性螺环叔膦催化剂，可以实现对映选择性的环化反应。

郭红超课题组还研究了叔膦催化的 α-烷基取代联烯酸酯与环状偶氮亚胺的环化反应(图 3-274)[359]。而且当 α-取代基 R 是 H 或者烷基时，得到以[2+3]为主的产物，当 R 是芳基时，则得到以[4+3]环化反应为主的产物。当把环状偶氮亚胺换成双氰基取代的环状偶氮亚胺，在 $PMe_3$ 催化下反应得到[2+3]环化反应(图 3-274)[360]。通过手性叔膦催化剂，也可以实现对映选择性的[2+3]环化反应。

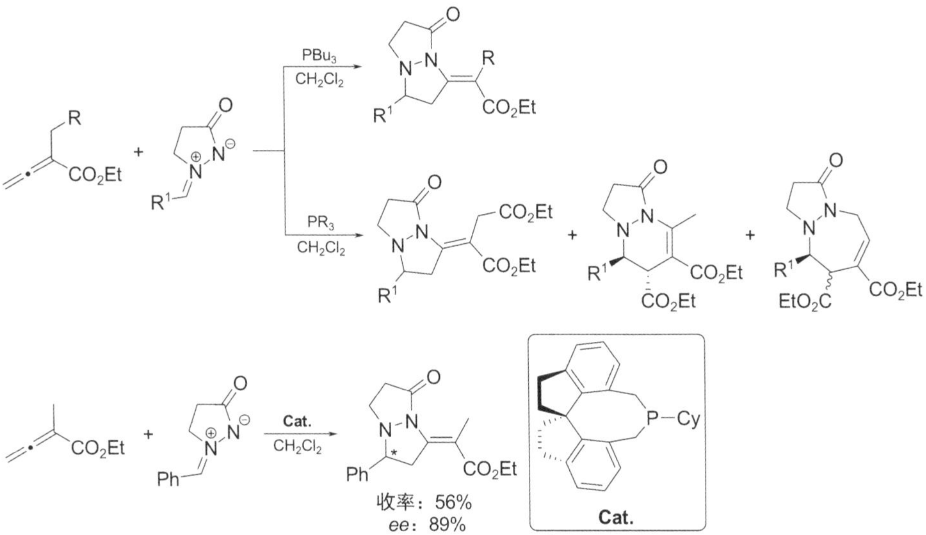


图 3-273　α-烷基取代联烯酸酯与偶氮亚胺的环化反应

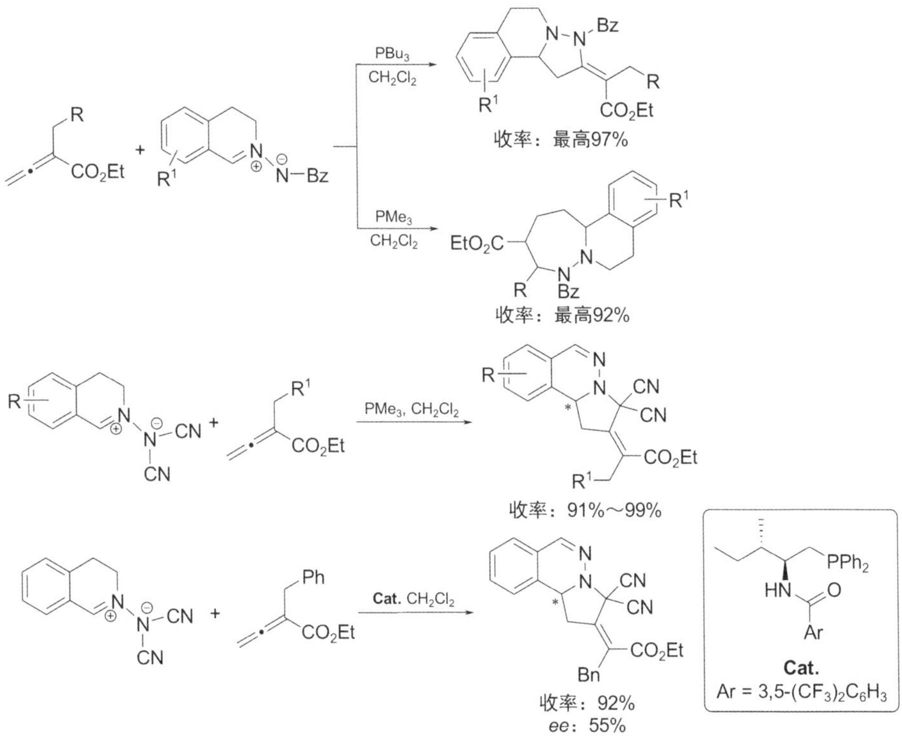


图 3-274　α-烷基取代联烯酸酯与环状偶氮亚胺的环化反应

2013 年，贺峥杰课题组报道了 α-取代的联烯酸酯和 β,γ-不饱和酮酸酯亚胺的[3+2]环化反应(图 3-275)[361]。这是首次采用 α-取代的联烯酸酯作为底物所进行的陆熙炎[3+2]环化反应。和通常陆熙炎[3+2]反应是两性离子中间体的 α 位与缺电子的烯烃或者亚胺加成不同，作者通过在联烯酸酯上 α 位引入苄基，顺利地实现了区域选择性的 γ-极性反转加成。接着，卢一新课题组在手性双官能团叔膦催化剂的催化下，以中等至良好的产率和良好至优异的对映选择性获得了带有全碳季碳中心的高度官能化的环戊烯[362]。

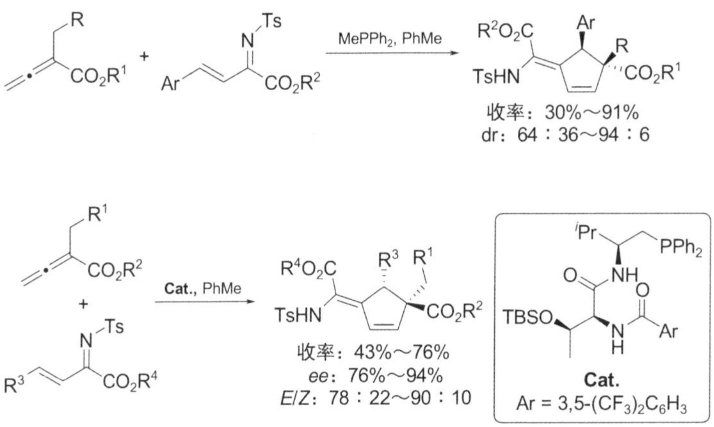


图 3-275 α-取代联烯酸酯与 β,γ-不饱和酮酸酯亚胺的[3+2]环化反应

2016 年，Kumar 课题组报道了螺环手性叔膦的催化下，α-烷基取代联烯酸酯与靛红酮亚胺的不对称[3+2]环化反应(图 3-276)[363]。反应可以中等至很好的产率和出色的对映选择性得到具有连续两个手性中心的多取代 3,2′-吡咯烷基螺酮。

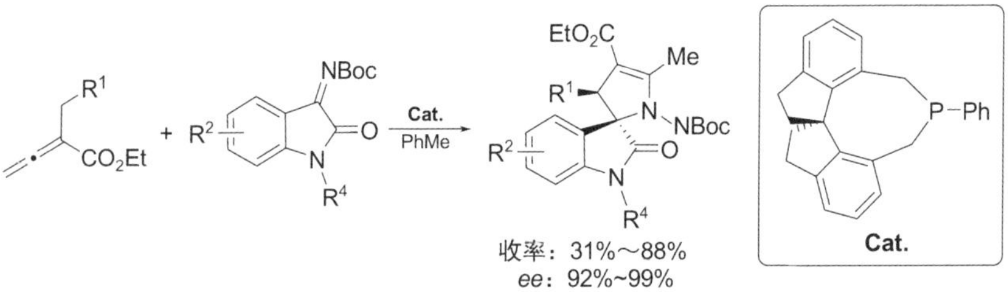


图 3-276 α-取代联烯酸酯与靛红酮亚胺的不对称[3+2]环化反应

2010 年，Kwon 课题组报道了一种新的 α-取代联烯酸酯与磺酰基吖啶之间的

[3+3]环化反应(图 3-277)[364]。在这类反应当中，$\alpha$-取代联烯酸酯的 $\beta$-位和 $\beta'$-位参与了化学键的生成，能够以很高的区域选择性得到四氢吡啶类化合物。令人感兴趣的是，在反应当中发生了一个分子内的 $S_NAr$ 取代反应，并且脱去了一分子的 $SO_2$。

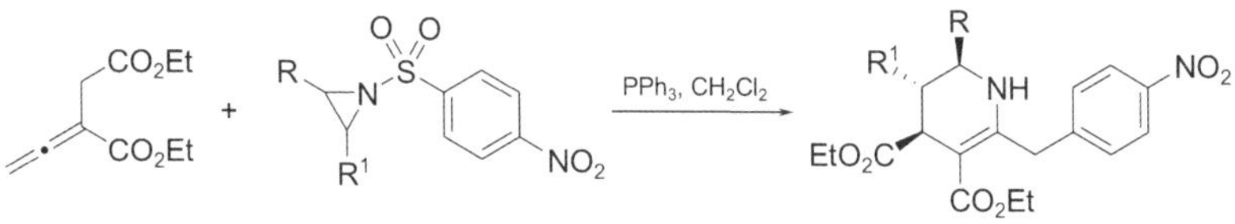


图 3-277 $\alpha$-取代联烯酸酯与磺酰基吖啶的 [3+3] 环化反应

## 3.4.3 叔膦催化的 $\beta'$-OAc 取代联烯酸酯的环化反应

### 3.4.3.1 叔膦催化的 $\beta'$-OAc 取代联烯酸酯的 [ 4+1 ] 环化反应

2010 年，童晓峰课题组在联烯酸酯的 $\beta'$ 位引入了一个乙酰氧基，设计合成了 $\beta'$-乙酰氧基联烯酸酯，其在叔膦的亲核进攻下，首先形成经典的两性离子中间体，紧接着乙酸根作为易离去基团离去，形成 1,3-二烯中间体。与以往经典的两性离子中间体的电子特性不同，形成的 1,3-二烯中间体具有双亲电的性质，可以与双亲核底物发生环化反应，得到不同环系的碳环或杂环产物(图 3-278)[365]。在该报道中，作者以 $\alpha$-氰基苯乙酮或 1,3-二羰基化合物等被双吸电子基活化的双亲核试剂作为 C1 合成子，在 20% 的 $PPh_3$ 的催化下，$Cs_2CO_3$ 作为碱，以苯作为溶剂，能以最高 97% 的分离收率得到多取代的环戊烯产物。从反应机理上看，双亲核试剂中的亚甲基部分在碱的作用下，两次形成碳负离子对双亲电的 1,3-二烯联烯酸酯中间体进行亲核进攻，最终脱去三苯基膦催化剂完成[4+1]环化反应。

2014 年，卢一新课题组用氨基酸衍生的手性叔膦作为催化剂，首次实现了该 $\beta'$-乙酰氧基联烯酸酯[4+1]环化反应的不对称研究(图 3-279)[366]。反应以吡唑啉酮作为 C1 合成子，$Cs_2CO_3$ 作为碱，在甲苯溶剂中于室温下反应，能够以最高 88% 的分离收率，91% 的 *ee* 值得到手性螺环吡唑啉酮的衍生物，其分子结构在药物化学中具有重要的研究意义。

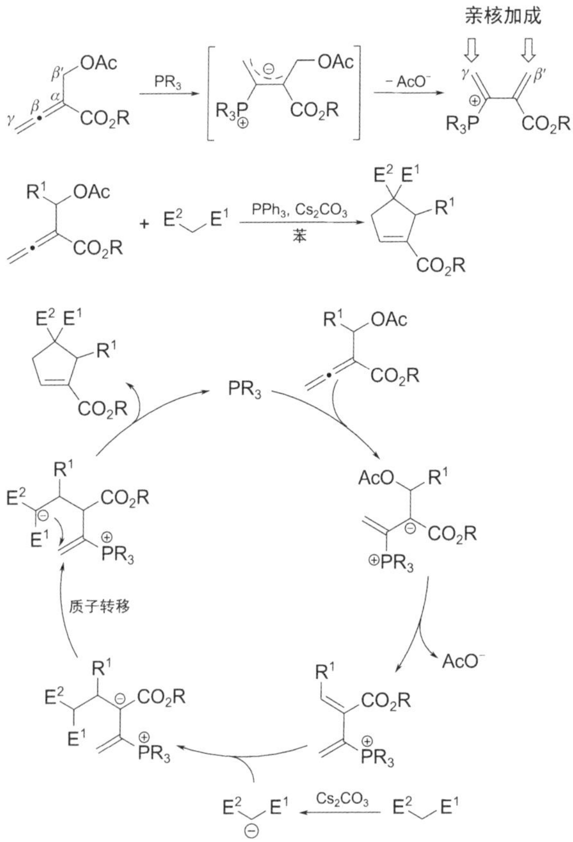

图 3-278　首例叔膦催化的 β′-OAc 取代联烯酸酯的 [4+1] 环化反应及反应机理

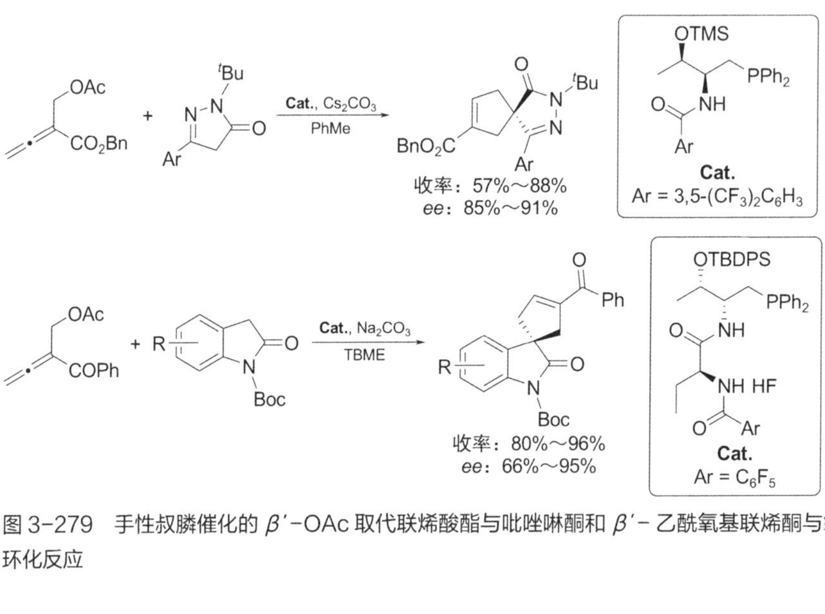

图 3-279　手性叔膦催化的 β′-OAc 取代联烯酸酯与吡唑啉酮和 β′- 乙酰氧基联烯酮与氧化吲哚的 [4+1] 环化反应

2021 年，卢一新课题组以氨基酸衍生的手性叔膦作为催化剂，实现了 $\beta'$-乙酰氧基联烯酮与氧化吲哚的不对称[4+1]环化反应(图 3-279)[367]。该反应以氧化吲哚作为 C1 合成子，$Na_2CO_3$ 作为碱，在甲基叔丁基醚溶剂中反应，能够以最高 96% 的收率，95% 的 *ee* 值得到含有季碳中心的手性 3-螺环戊烯-2-氧吲哚衍生物。

2014 年，Fu 课题组以联苯骨架的刚性手性叔膦作为催化剂，实现了基于 $\beta'$-乙酰氧基联烯酸酯的不对称[4+1]环化反应(图 3-280)[368]。带有不同双吸电子基官能团的 C1 合成子如 $\alpha$-氰基砜、$\alpha$-氰基膦酸酯等均能实现该反应，$Cs_2CO_3$ 作为碱，在甲苯溶剂中反应，能够以最高 99% 的分离收率、96% 的 *ee* 值得到光学活性环戊烯衍生物。接着，他们以磺酰胺作为一元合成子，实现了氮原子作为亲核试剂的[4+1]不对称环化反应，得到相应的光学活性二氢吡咯产物[369]。反应以刚性的螺环骨架手性叔膦作为催化剂，苯酚钠作为碱，环戊基甲基醚和甲苯的混合溶剂作为反应溶剂，收率最高可以达到 95%，*ee* 值最高达到 93%。

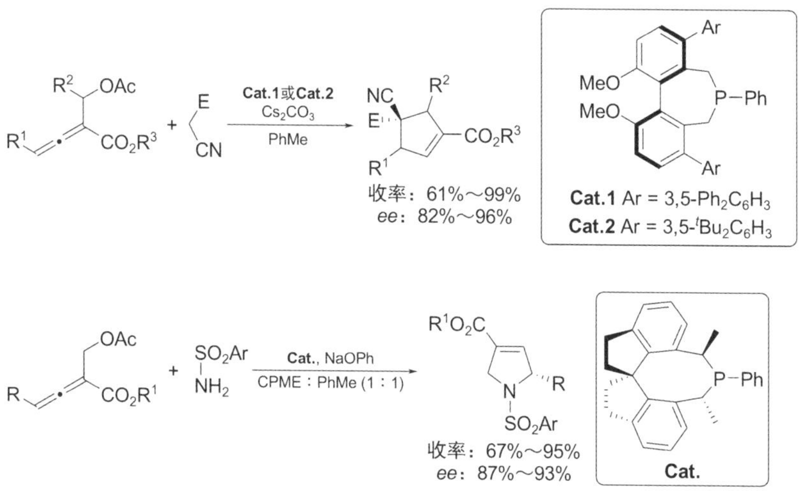


图 3-280　手性叔膦催化的 $\beta'$-OAc 取代联烯酸酯的不对称 [4+1] 环化反应

2021 年，童晓峰课题组以 $\beta,\gamma$-不饱和酮作为供电子受体，在 20% 的 $P(4\text{-}MeOC_6H_4)_3$ 的催化下，实现了与 $\beta'$-乙酰氧基联烯酸酯的[4+1]环化反应(图 3-281)[370]。该反应以 $\beta,\gamma$-不饱和酮的 $\alpha$ 位作为 C1 合成子，$Na_2CO_3$ 作为碱，在甲苯溶剂中于室温下反应 12h，能够以 38% ～ 81% 的分离收率得到环戊烯类衍生物。

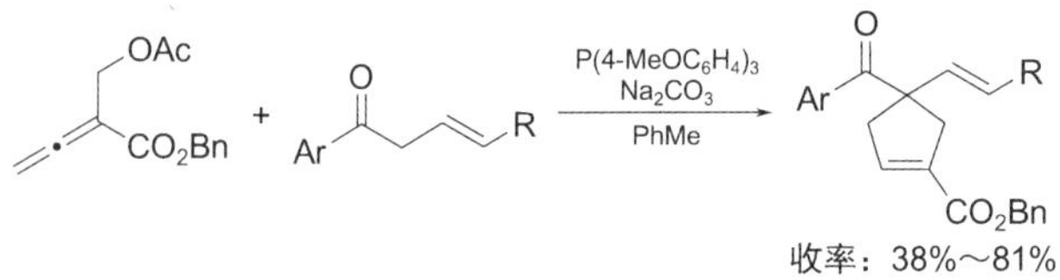

图 3-281　叔膦催化 $\beta'$-OAc 取代联烯酸酯和 $\beta,\gamma$-不饱和酮的 [4+1] 环化反应

### 3.4.3.2　叔膦催化的 $\beta'$-OAc 取代联烯酸酯的 [ 4+$n$ ] 环化反应

2021 年，卢一新课题组以氨基酸衍生的手性叔膦作为催化剂，实现了 $\beta'$-乙酰氧基联烯酮与 3,3'-二氧化吲哚的不对称[4+2]环化反应(图 3-282)[371]。该反应以 3,3'-二氧化吲哚作为 C2 合成子，1.2 当量的 $Na_2CO_3$ 作为碱，在甲苯中室温下反应 8h，能够以最高 98% 的收率、97% 的 *ee* 值得到含有连续两个季碳中心的手性螺环双吲哚结构产物。

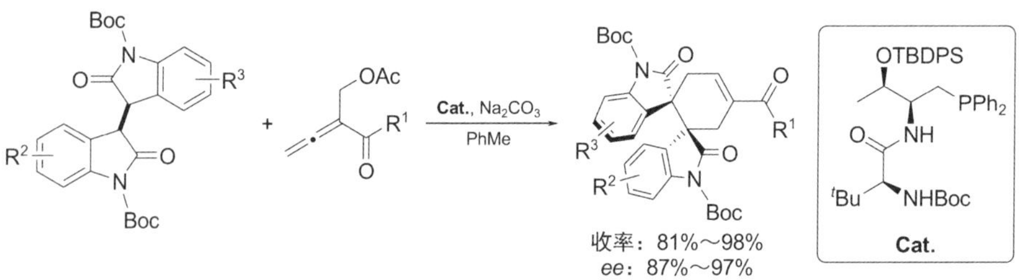

图 3-282　叔膦催化 $\beta'$-OAc 取代联烯酮和 3,3'-二氧化吲哚不对称 [4+2] 环化反应

2021 年，黄有课题组以 $PPh_3$ 作为催化剂，实现了 $\beta'$-乙酰氧基联烯酸酯与烯胺的[4+2]苯环化反应(图 3-283)[372]。该反应以烯胺作为 C2 合成子，1.2 当量的 $Na_2CO_3$ 作为碱，在甲苯溶剂中于室温下反应 5h，能够以最高 93% 的分离收率得到一系列取代对苯二甲酸酯产物。

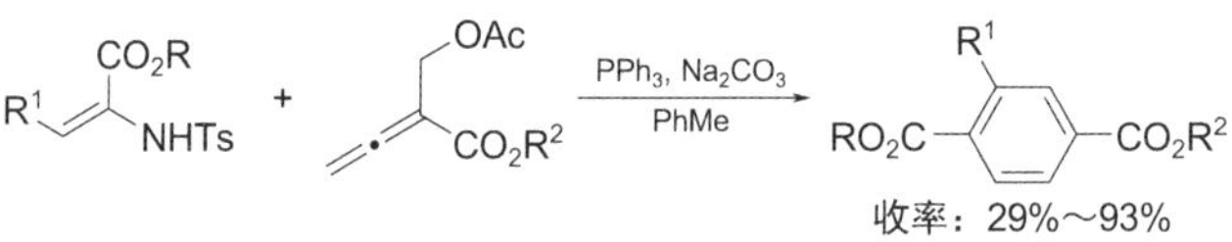

图 3-283　$PPh_3$ 催化 $\beta'$-OAc 取代联烯酸酯和烯胺的 [4+2] 苯环化反应

2018 年，周庆发课题组以水杨醛亚氨基丙二酸二乙酯作为电子供受体底物，

在 20% $PPh_3$ 的催化下，以三氯甲烷作为反应溶剂，室温下可以在无外加碱的条件下，与 β′-乙酰氧基甲基联烯酸酯发生[4+3]环化反应，得到吖庚环衍生物；如果反应外加碳酸铯作为碱，则可以发生连续环化反应，在一步反应中同时构筑一个七元氮杂环和一个六元氧杂环，得到吖庚环并香豆素的产物(图 3-284)[373]。

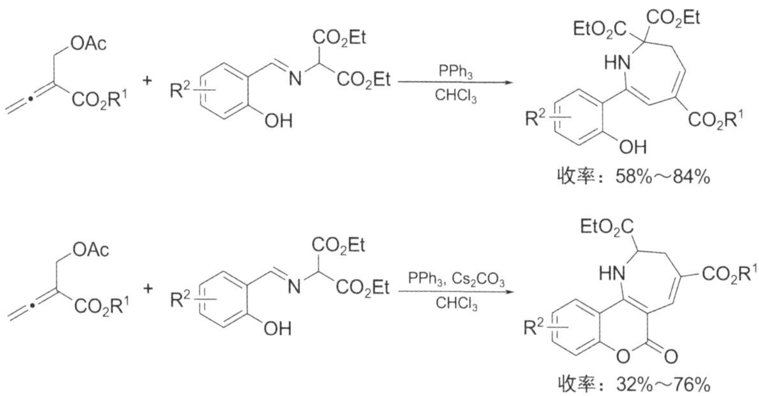


图 3-284　$PPh_3$ 催化 β′-OAc 取代联烯酸酯和水杨醛亚氨基丙二酸二乙酯的环化反应

### 3.4.3.3　叔膦催化的 β′-OAc 取代联烯酸酯的其他环化反应

叔膦催化下 β′-OAc 取代联烯酸酯的反应不限于以上的双亲电反应模式加成反应，可以根据底物设计，发展更丰富的环化反应。2015 年，童晓峰课题组以 2-酰基-3-甲基丙烯腈作为双亲核体，在 20% $PPh_3$ 的催化下，与 β′-乙酰氧基联烯酸酯发生连续的[3+2]环化反应，以 45% ～ 88% 的收率得到桥连氧杂壬环产物(图 3-285)[374]。在该反应中，底物 2-酰基-3-甲基丙烯腈中的甲基和羰基氧分别作为亲核位点参与到环化反应中。接着他们以 2-酰基-3-吡咯基丙烯腈作为电子供受体，在 20% $PPh_3$ 的催化下，能与 β′-乙酰氧基联烯酸酯发生连续的[3+2]环化反应，以最高 95% 的分离收率得到环戊烯并吡咯嗪产物。在该反应中，2-酰基 3-吡咯基丙烯腈的碳碳双键部分作为亲电位点，吡咯基上的 NH 作为亲核位点参与到环化反应中[374]。

2018 年，施敏课题组以对羟基环己二烯酮作为电子供受体，在 20% $PPh_3$ 的催化下，与 β′-乙酰氧基联烯酸酯发生串联[3+2]环化反应，得到稠合五元氧杂环产物，收率最高达到 99%。在该反应中，对羟基环己二烯酮的 α 碳、β 碳和羟基氧都参与了新键的构筑(图 3-286)[375]。

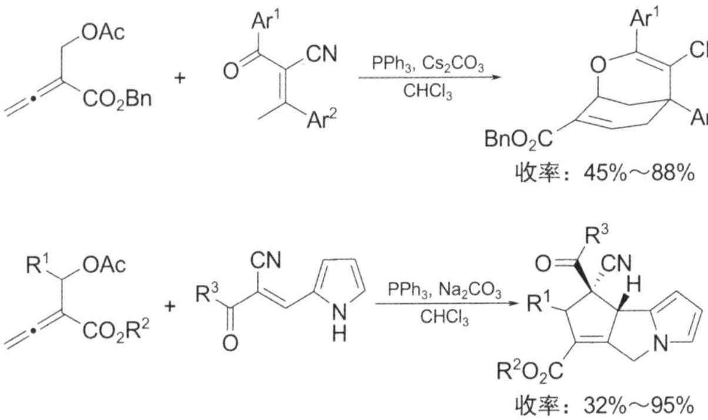

图 3-285　$PPh_3$ 催化 $\beta'$-OAc 取代联烯酸酯与 2-酰基-3-甲基丙烯腈和 2-酰基-3-吡咯基丙烯腈的环化反应

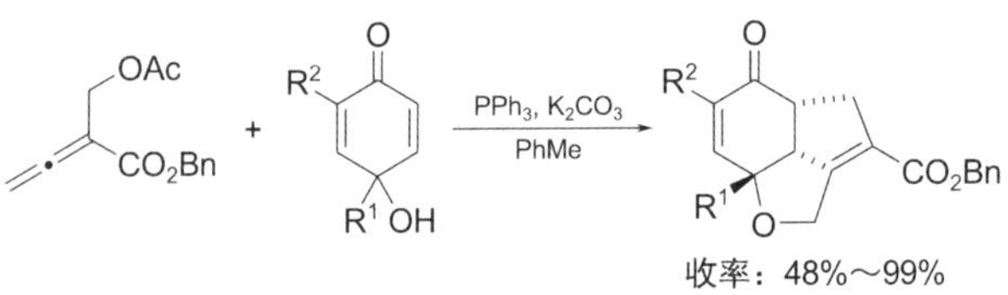

图 3-286　$PPh_3$ 催化 $\beta'$-OAc 取代联烯酸酯和对羟基环己二烯酮的环化反应

黄有课题组发展了一个有机膦催化的基于 $\beta'$-乙酰氧基联烯酸酯环化新的反应模式，通过叔膦连续催化，发展了一个新的[4+2]环化反应。在催化量膦催化条件下实现了一个连续膦催化的过程，通过机理研究及烯炔中间体的分离，提出该反应是由一个连续的膦催化的两个催化循环构成的。第一个催化过程，$\beta'$-乙酰氧基联烯酸酯在叔膦催化下生成烯炔中间体，同时释放出叔膦催化剂，然后，叔膦再加到烯炔中间体的烯基上，生成新的两性离子中间体，与另一底物邻氨基查耳酮发生环化反应生成目标分子，该反应不仅首次实现了膦催化下由联烯基异构化为炔基的环化反应，同时首次实现了联烯酸酯的 $\alpha$-位和 $\beta'$-位碳原子参与的环化反应。使用邻氨基查耳酮和 $\beta'$-乙酰氧基联烯酸酯为底物，可以中等以上的产率和对映选择性构筑 3-乙炔基四氢喹啉衍生物，该化合物含有一个端位炔基取代的季碳中心。这为含炔基基团的四氢喹啉类衍生物的合成提供了一种新的合成方法(图 3-287)[376]。

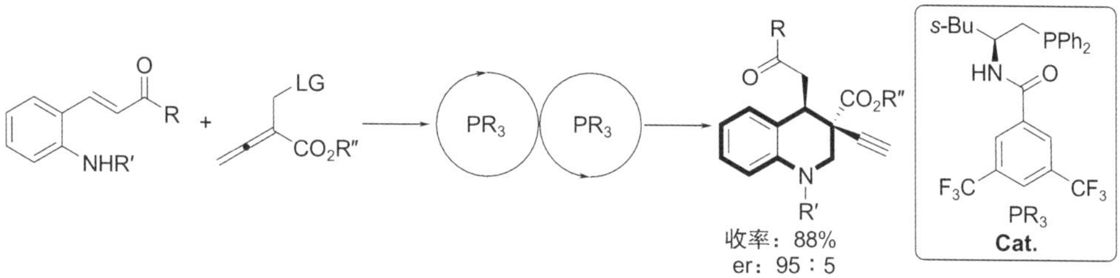


图 3-287　连续膦催化的 $\beta'$-OAc 取代联烯酸酯的环化反应及反应机理

接着，他们使用邻羟基或邻氨基对亚甲基苯醌（*p*-QMs）作为亲电-亲核底物，有机膦作催化剂，在碱性环境下能够与 $\beta'$-乙酰氧基联烯酸酯发生[4+2]环化反应，合成了一系列含有炔基取代全碳季碳中心的色满或四氢喹啉衍生物，具有很好至非常好的收率，且反应的非对映选择性可以通过调控联烯酸酯的酯基来得到明显提高，产物中的乙炔基可以进一步实现多种合成转化（图 3-288）[377]。

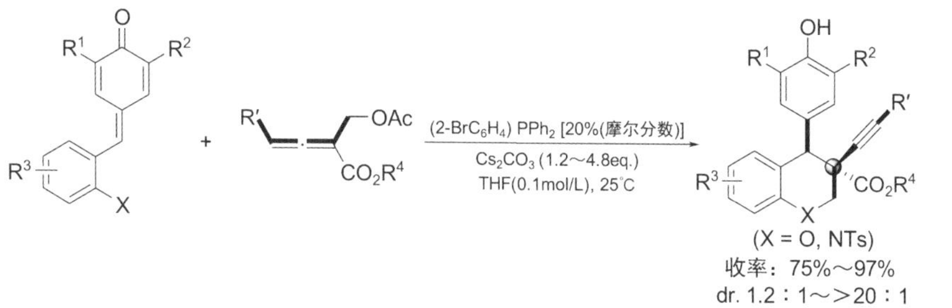


图 3-288　连续膦催化的 $\beta'$-OAc 取代联烯酸酯与邻羟基或邻氨基对亚甲基苯醌的环化反应

## 3.4.4　叔膦催化的 $\gamma$-烷基取代联烯酸酯的环化反应

### 3.4.4.1　叔膦催化的 $\gamma$-烷基取代联烯酸酯的［4+2］环化反应

2013 年，黄有课题组报道了一种基于 $\gamma$-甲基取代联烯酸酯的 Domino 苯环化反应，该反应以二苯砜基取代共轭二烯烃为底物，使用 50% 的 $P(4\text{-}ClC_6H_4)_3$ 作为催化剂，在二氯甲烷中 40℃下反应，能够以 42% ～ 89% 的收率获得一系列联苯类化合物（图 3-289）[378]。虽然在反应中有两种产物生成，但是该反应是 $\gamma$-甲基取代联烯酸酯首次作为底物参与的苯环化反应，在有机合成中具有重要的意义。

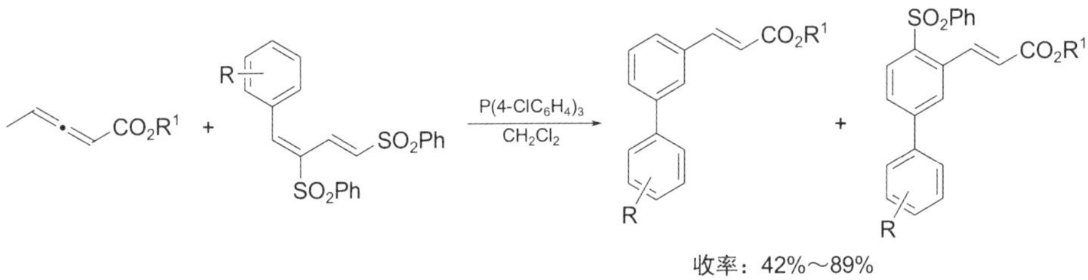

图 3-289　$P(4\text{-}ClC_6H_4)_3$ 催化γ-甲基联烯酸酯的苯环化反应

经典联烯酸酯的反应模式使其最多以 C3 合成子参与到环化反应中，但 γ-苄基取代联烯酸酯能够通过质子转移等过程，使 δ 位碳的活性更高，优先参与反应，使得其作为 C4 合成子参与环化反应成为可能。2013 年，黄有课题组首先报道了叔膦催化的 γ-苄基取代联烯酸酯分别与茚二酮发生[4+2]环化反应，在此反应中联烯作为 C4 合成子，将反应位点扩展到了 δ 位(图 3-290)[379]。该反应使用 $PPh_3$ 作为催化剂，以中等至优异的收率获得了一系列螺环类化合物。随后，Marinetti 课题组报道了 γ-苄基取代联烯酸酯与羟吲哚衍生物的[4+2]环化反应，取得了很好的效果(图 3-290)[380]。

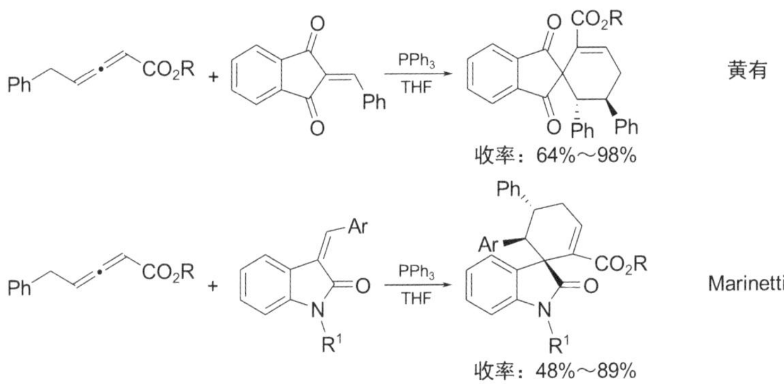

图 3-290　$PPh_3$ 催化γ-苄基取代联烯酸酯与茚二酮 / 羟吲哚衍生物的 [4+2] 环化反应

2015 年，苗志伟课题组使用吡唑-3-酮衍生的三取代烯烃作为反应底物，在 25% 双膦的催化作用下，除了得到类似的螺环化合物外，还可以发生第二次[4+2]环化过程，生成第二个环，得到产物结构更为复杂的多环化合物。但该反应在最优条件下其反应的选择性并不是很好(图 3-291)[381]。

2019 年，段征课题组报道了 γ-苄基联烯酸酯与 1,3-共轭二烯的[4+2]环化反应，该反应使用 20% 的 $P(4\text{-}FC_6H_4)_3$ 作为催化剂，在三氯甲烷中室温下反应，能以

56% ～ 90% 的收率获得一系列[4+2]环己烯衍生化产物(图 3-292)[382]。

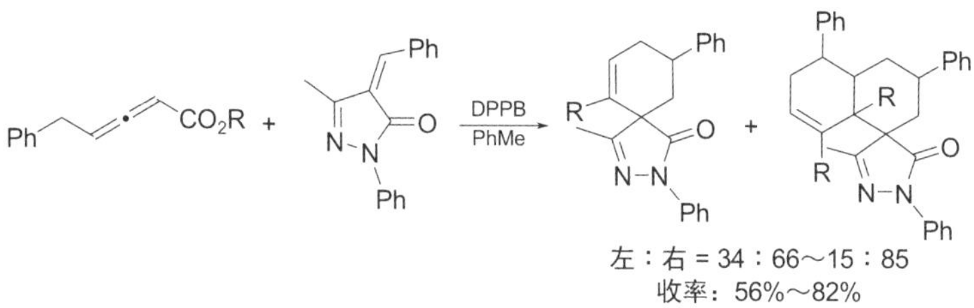


图 3-291　DPPB 催化γ-苄基取代联烯酸酯与吡唑-3-酮衍生物的 [4+2] 环化反应

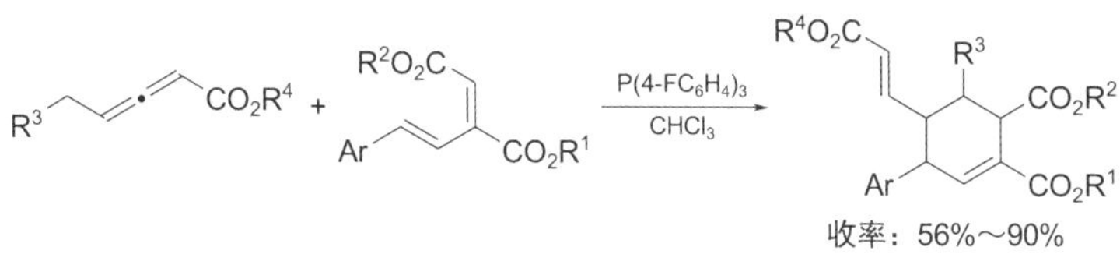


图 3-292　P(4-FC6H4)3 催化γ-苄基联烯酸酯与 1,3-共轭二烯的 [4+2] 环化反应

2021 年，段征课题组从廉价易得的原料出发，经五步反应制得两种互为非对映异构体的新型手性叔膦催化剂 **Cat.1** 和 **Cat.2**，二者在 3-亚甲基-2-氧吲哚和γ-苄基联烯酸酯的[4+2]对映选择性环化反应中表现出良好的性能，得到了范围广泛的 3, 3′-螺环氧吲哚类化合物，两种产物均具有良好的反应效率和对映选择性(图 3-293)[383]。

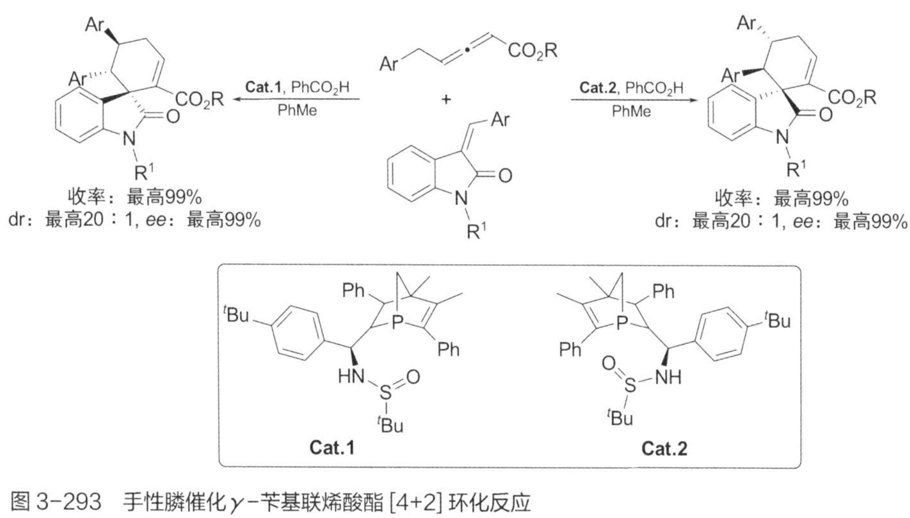


图 3-293　手性膦催化γ-苄基联烯酸酯 [4+2] 环化反应

### 3.4.4.2 叔膦催化的γ-烷基取代联烯酸酯的[3+2]环化反应

早在1997年，Pyne课题组在报道无取代联烯酸酯与吡唑酮烯烃的立体选择性的[3+2]环化反应时，引入了γ-甲基取代联烯酸酯作为底物拓展，与无取代联烯酸酯性质相同，γ-甲基不参加反应，以较低收率得到对应产物(图3-294)[384]。陆熙炎[385]、Miller[386]和赵刚[387]等课题组也在相关无取代联烯酸酯研究中有过类似的拓展报道。

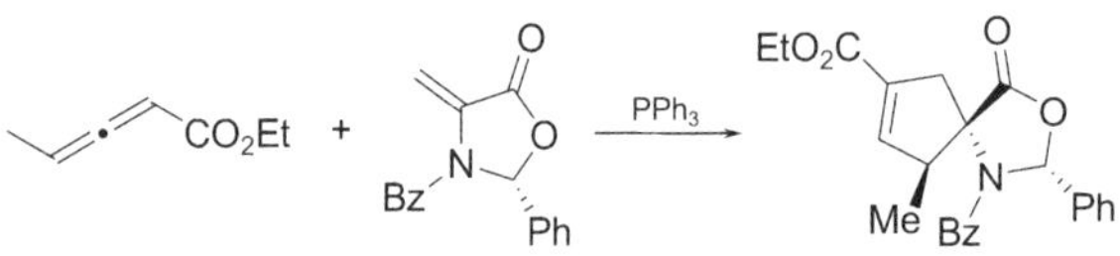


图3-294 $PPh_3$催化γ-甲基联烯酸酯与吡唑酮烯烃的[3+2]环化反应

当γ-取代的联烯酸酯与吸电子基团活化的亚胺反应时，就会得到二氢吡咯衍生物。2005年，Kwon课题组首先使用γ-取代的联烯酸酯和磺酰亚胺作为底物，顺利地实现了[3+2]环化反应，而且通过加大联烯酸酯γ位取代基的位阻，能够以89%～99%的优异收率得到单一的顺式二氢吡咯类产物(图3-295)[388]。贺峥杰课题组通过使用γ-甲基取代的联烯酸酯与硫代磷酰亚胺作为底物，在叔膦催化下，也成功地实现了[3+2]环化反应(图3-295)[389]。值得注意的是，该反应需要使用亲核性较强的PTA作为催化剂，才能有效地催化反应的进行，以53%～99%的收率和6∶1～46∶1的dr值获得一系列二氢吡咯类产物。

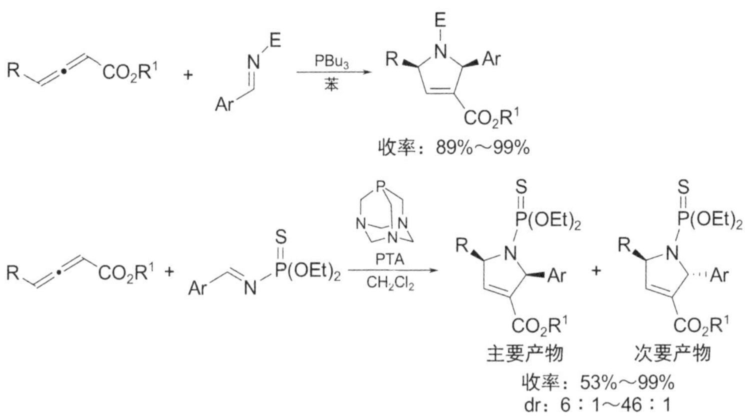


图3-295 $PBu_3$催化γ-取代联烯酸酯与亚胺的[3+2]环化反应

在 2009 年，贺峥杰课题组使用简单易得的芳基醛作为亲电试剂，$\gamma$-甲基取代联烯酸酯的 $\delta$ 位和 $\beta$ 位两个反应位点参与化学键的形成，发展了一类基于 $\gamma$-甲基取代联烯酸酯的[3+2]环化反应，能够以 19% ～ 98% 的收率获得四氢呋喃类化合物(图 3-296)[390]。

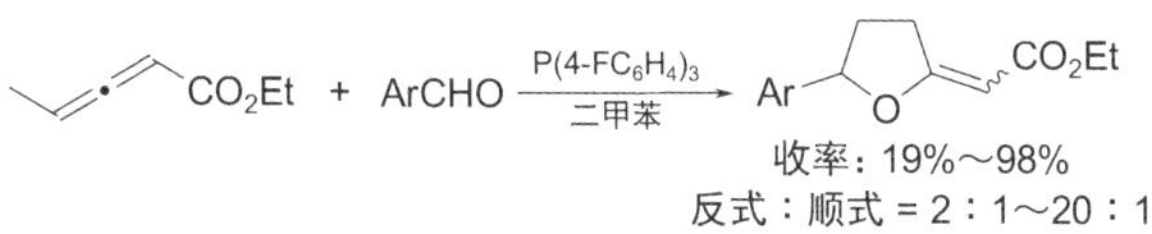


图 3-296　叔膦催化 $\gamma$-烷基取代联烯酸酯与羰基类化合物的 [3+2] 环化反应

Loh 课题组在 2010 年报道了通过苯丁炔酸酯原位生成的 $\gamma$-苯基取代的联烯酸酯与不饱和烯烃的[3+2]环化反应，以良好的收率和优异的对映选择性合成了一系列光学活性环戊烯类化合物(图 3-297)[391]。

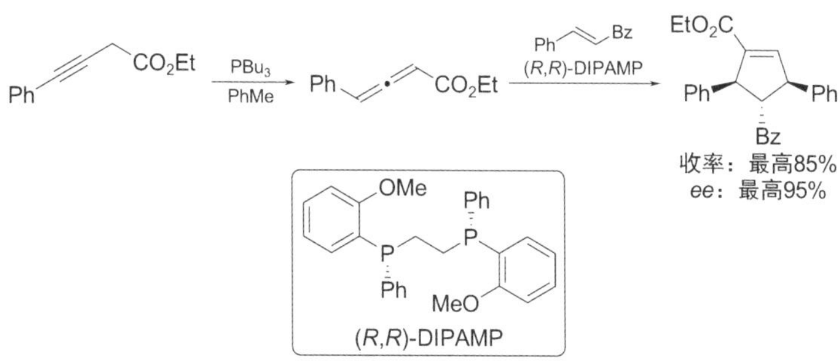


图 3-297　手性叔膦催化 $\gamma$-苯基取代联烯酸酯的 [3+2] 环化反应

2013 年，赵刚课题组报道了基于 $\alpha,\gamma$-双取代联烯酸酯和三氟甲基苯乙酮的[3+2]环化反应类型，通过三氟甲基的引入，提高了羰基的亲电性，从而使芳环上的供电子取代基在这个反应中也有很好的适用性，以 64% ～ 93% 的收率获得相应的四氢呋喃产物(图 3-298，式 1)[392]。2019 年，贺峥杰课题组使用芳基酮酸酯也实现了类似的反应，以 31% ～ 99% 的收率获得了对应的[3+2]产物(图 3-298，式 2)[393]。

Kwon 课题组发展了一种脯氨酸衍生的手性叔膦催化剂，这种催化剂通过把磷原子固定在刚性的双环[2.2.1]骨架中，从而克服了之前环状手性叔膦构象易于转变的缺点。2014 年，作者通过使用 $\gamma$-烷基取代联烯酸酯和磺酰亚胺作为底物，成功地实现了陆熙炎的[3+2]环化反应，以最高至 93% 的收率和 99% 的 *ee* 值得到一系列手性二氢吡咯类化合物(图 3-299)[394]。

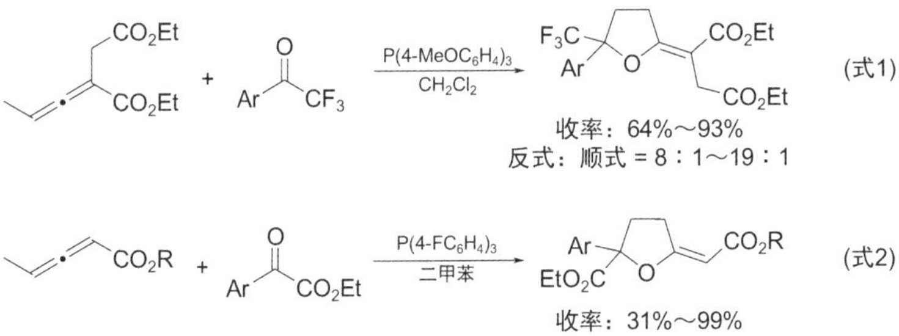


图 3-298　叔膦催化 α，γ-双取代联烯酸酯的 [3+2] 环化反应

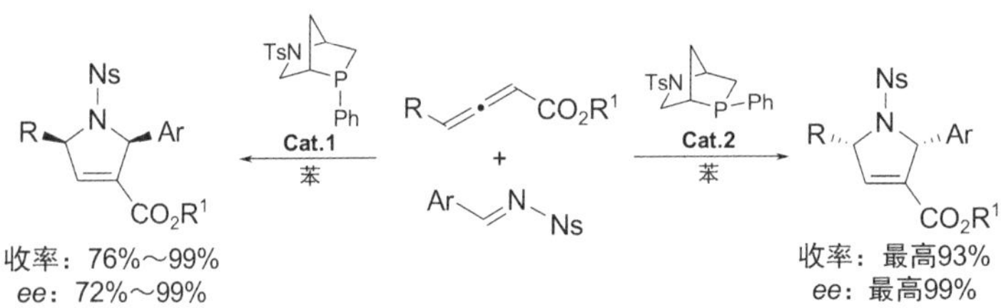


图 3-299　脯氨酸衍生的手性叔膦催化 γ-烷基取代联烯酸酯与磺酰亚胺的 [3+2] 环化反应

对于 γ-苄基取代联烯酸酯，通常 δ 位点优先发生亲核进攻，但是也可以发生无取代联烯酸酯的反应，仅以 α，β，γ 碳原子参与[3+2]反应。2018 年，黄有课题组报道了 γ-苄基取代联烯酸酯与三取代烯烃的[3+2]环化反应(图 3-300)[395]。该反应以 15% $PBu_3$ 为催化剂，在三氯甲烷中 60℃反应 4h，能够以 49% ～ 90% 的收率获得一系列多取代环戊烯衍生物。

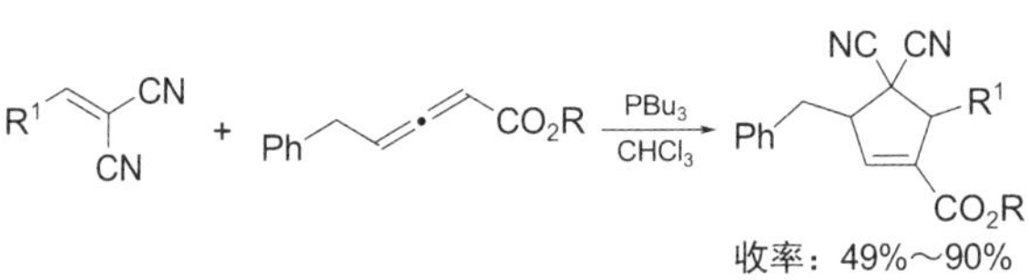


图 3-300　$PBu_3$ 催化 γ-苄基取代联烯酸酯与三取代烯烃的 [3+2] 环化反应

2018 年，Kwon 课题组从(*R*)-香芹酮出发，合成了具有相反构型的桥环叔膦催化剂 **Cat.1** 和 **Cat.2**，可以分别实现与磺酰亚胺的[3+2]环化反应，以优异的收率和对映选择性合成了两种相反构型的多取代的手性二氢吡咯类化合物(图 3-301)[396]。

在该反应中，联烯酸酯的取代基的位阻大小对于反应的对映选择性有着非常大的影响，无取代联烯酸酯在该反应条件下立体选择性较差。

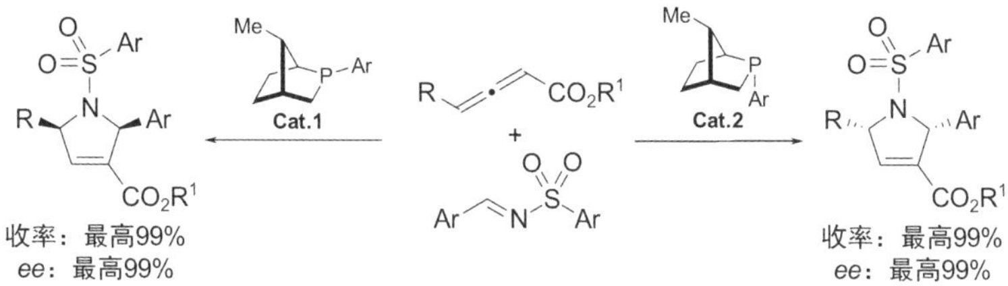


图 3-301　手性桥环叔膦催化 γ-烷基取代联烯酸酯与磺酰亚胺的 [3+2] 环化反应

除了甲基，其他脂肪族取代的联烯酸酯也可以发生[3+2]反应。2019 年，Chataigner[397] 和 Bandini[398] 课题组几乎同时报道了 γ-烷基取代联烯酸酯与硝基活化的吲哚衍生物的[3+2]环化反应，该反应实现了吲哚的去芳构化过程(图 3-302)。Chataigner 课题组在报道中合成了一系列带有特殊取代基的联烯酸酯，例如含端炔、端烯、硅醚、氨基，甚至是脱氧胆酸的衍生物。

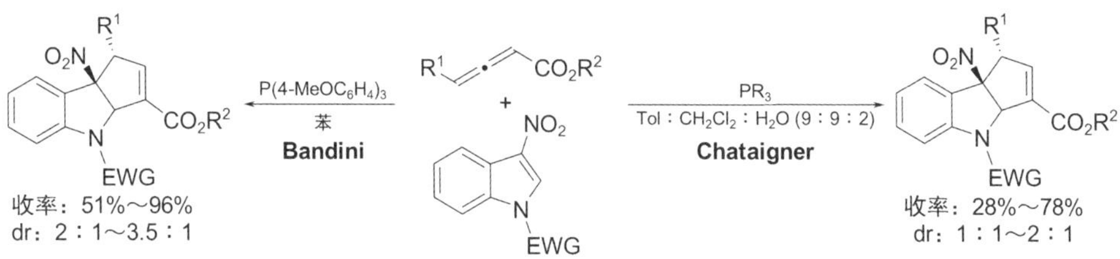


图 3-302　叔膦催化 γ-烷基取代联烯酸酯与硝基吲哚的 [3+2] 环化反应

钟为慧课题组则分别在 2017 年和 2020 年报道了关于 γ-苯基取代的联烯酸酯与环外三取代、四取代烯烃的环化反应，该两种环化反应可以用于合成螺环类化合物，分别以 65% ～ 96% 的收率、79% ～ 95% 的收率和 79% ～ 98% 的 *ee* 值获得产物(图 3-303)[399,400]。

2020 年，贺峥杰课题组报道了膦催化的 γ-甲基联烯酸酯与芳基 α-酮酸酯的[3+2]和[2+4]环化反应。在三芳基膦的催化下，γ-甲基烯丙酸甲酯顺利地参与了与芳酰甲酸酯的[3+2]环合反应和与邻羟基芳酰甲酸酯的[2+4]环合反应，分别以中等到很高的收率，高立体选择性得到了官能化的四氢呋喃和 4-色满醇(图 3-304)[401]。

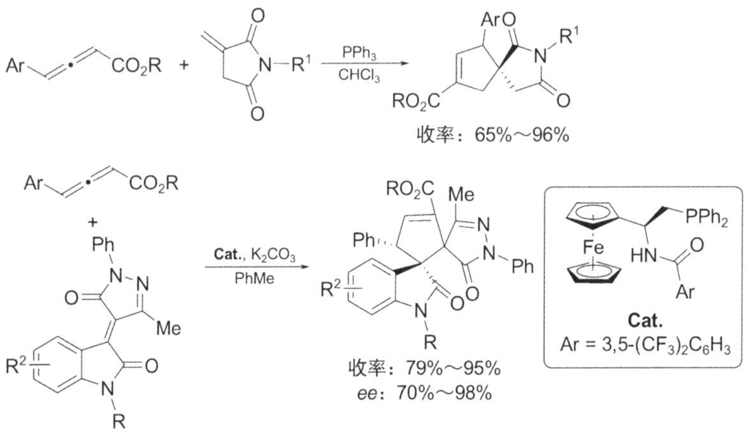

图 3-303 膦催化γ-苯基取代联烯酸酯的[3+2]环化反应

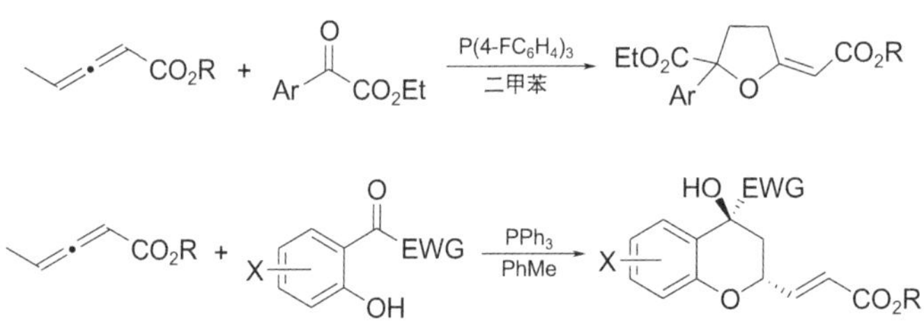

图 3-304 膦催化γ-甲基联烯酸酯与芳基α-酮酸酯的[3+2]和[2+4]环化反应

### 3.4.4.3 叔膦催化的γ-烷基取代联烯酸酯的[2+4]环化反应

由于在联烯酸酯的γ位引入取代基会大大降低联烯酸酯的活性，所以对于γ-取代的尤其是γ-甲基取代的联烯酸酯参与的反应研究很少。在2009年，黄有课题组通过使用邻羟基硫代次膦酰亚胺作为底物，率先实现了γ-甲基取代的联烯酸酯的δ位参与的[2+4]环化反应，得到了一系列苯并吡喃类衍生物(图3-305)[402]。在之后的研究中，贺峥杰教授通过使用水杨醛作为底物，也顺利地实现了该[2+4]环化反应(图3-303)[403]。

### 3.4.4.4 叔膦催化的γ-烷基取代联烯酸酯的连续环化反应

双环和多环化合物在天然产物、药物分子以及材料当中广泛存在，所以采用原子经济性和步骤经济性的方式来合成双环或者多环化合物是很多化学家的追求目

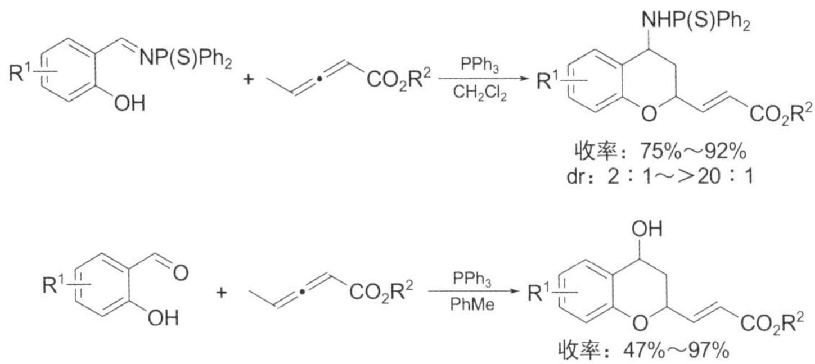

图 3-305 $PPh_3$ 催化 γ-甲基联烯酸酯的 [2+4] 环化反应

标。黄有课题组对 γ-苄基取代联烯酸酯参与的连续环化反应进行了系列研究。他们将 γ-苄基取代联烯酸酯分别与苯基-β,γ-不饱和酮酸酯、查耳酮亚胺以及二烯基丙二腈化合物反应，在叔膦的催化下，一分子的 γ-苄基取代联烯酸酯作为 C4 合成子，参与到连续[3+2]和[2+3]环化过程，合成了一系列含有双环[3.3.0]辛烯或其杂原子取代的衍生物。值得一提的是，产物虽然有多个手性中心，但普遍具有专一的立体选择性，并且条件温和，反应适用范围广(图 3-306)[404-406]。

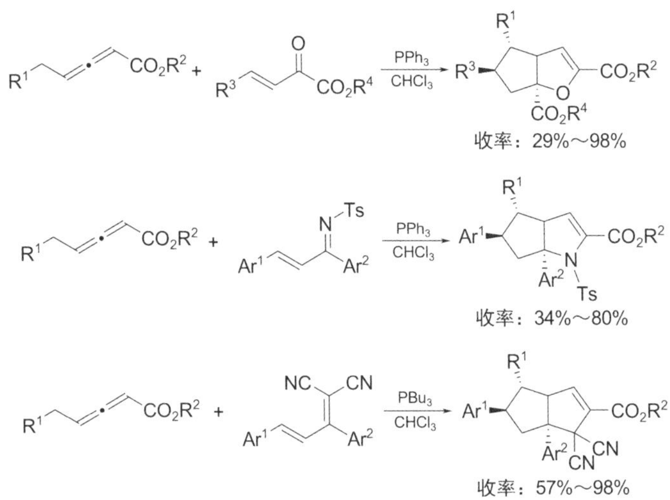

图 3-306 叔膦催化 γ-苄基取代联烯酸酯的连续 [3+2] 和 [2+3] 环化反应

2016 年，黄有课题组使用天然氨基酸衍生的手性膦作为催化剂，首次实现了 γ-苄基取代联烯酸酯连续环化的不对称研究(图 3-307)[407]。作者用氮杂二烯作为底物，20% 的手性叔膦催化剂，在三氯甲烷中室温下反应，能够以 59% ～ 98% 的收率和 81% ～ 97% 的 *ee* 值获得一系列磺胺衍生物，其分子结构在药物化学中具有重要的研究意义。

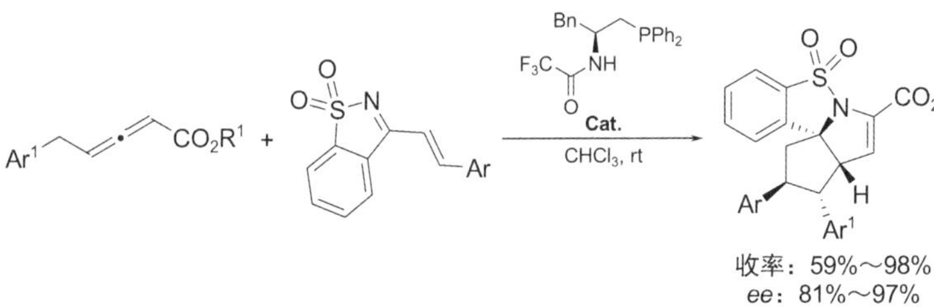


图 3-307　手性叔膦催化 $\gamma$-苄基取代联烯酸酯的连续环化反应

2019 年，卢一新课题组使用螺环骨架的手性叔膦为催化剂，30% 的苯甲酸作为添加剂，在 1,4-二氧六环中室温下反应，通过对 $\gamma$-苄基取代联烯酸酯的动态动力学拆分过程，实现了对吡咯烷-2,3-二酮的连续环化反应，以 65% ～ 98% 的收率和高至 95% 的 *ee* 值获得含有连续五个手性中心的环化产物，该反应底物拓展获得的一系列产物都得到了非常好的立体控制（图 3-308）[408]。

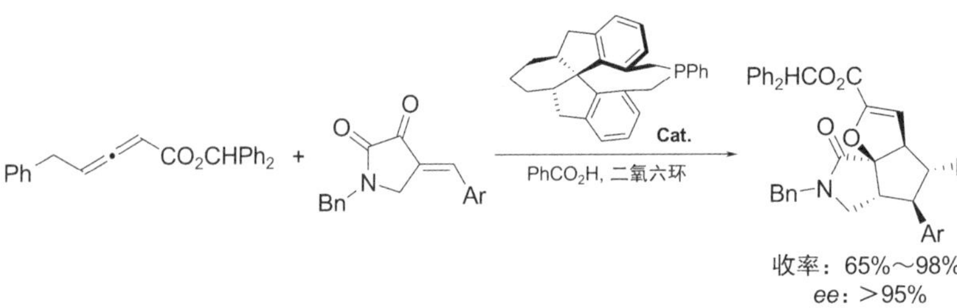


图 3-308　螺环骨架手性叔膦催化 $\gamma$-苄基取代联烯酸酯与吡咯烷-2,3-二酮的连续环化反应

2014 年，施敏课题组通过使用二茂铁骨架的手性叔膦催化剂，以 $\gamma$-苄基取代的联烯酸酯作为底物，和甲亚胺成功地实现了 [2+3] 环化反应，高立体选择性合成了一系列的吡唑烷类化合物（图 3-309）。在这个反应中，联烯酸酯的 $\delta$-亚甲基参与了反应 [409]。

除了单一的环化过程外，化学家还发现取代的联烯酸酯能以多于两个反应位点的形式，通过连续环化参与到结构相对复杂的双环化合物的合成中，如合成并环、桥环等化合物。2013 年，黄有课题组使用水杨醛磺酰亚胺作为底物，$PPh_3$ 作为催化剂，以二氯甲烷为溶剂，在40℃下发生连续环化反应，以33%～71%的收率顺利地得到了一系列苯并氧杂吖庚因类衍生物（图3-310）[410]。在这个反应中，联烯酸酯的$\delta$、$\gamma$和$\beta$位三个反应位点均参与了反应。

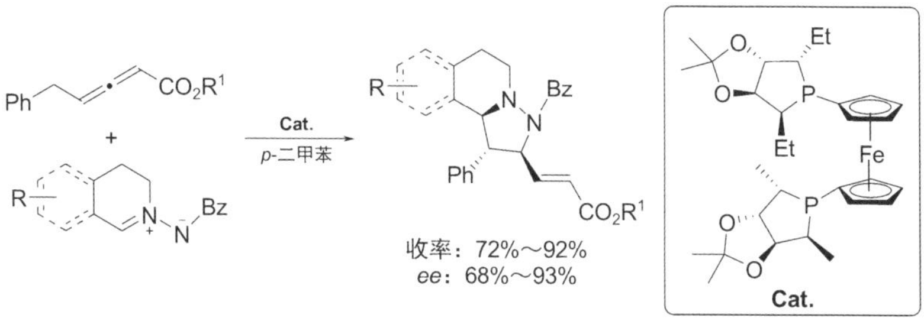


图3-309　二茂铁骨架手性叔膦催化的$\gamma$-苄基取代联烯酸酯和甲亚胺的不对称[2+3]环化反应

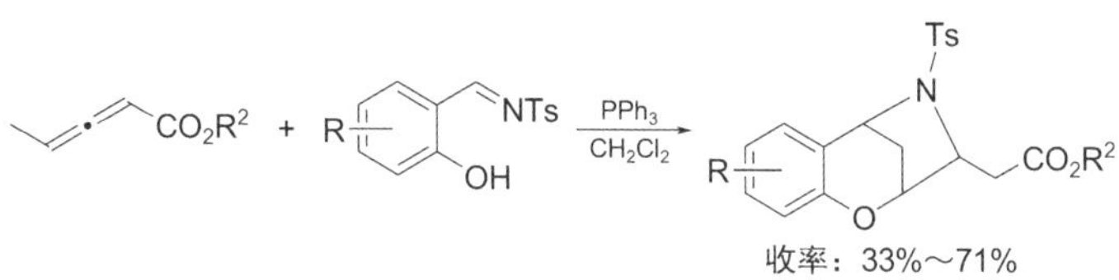


图3-310　$PPh_3$催化$\gamma$-甲基取代联烯酸酯与邻羟基磺酰亚胺的连续环化反应

随后，黄有课题组又报道了$\gamma$-甲基取代联烯酸酯与二苯砜基取代共轭二烯烃的连续环化得到高度官能团化的双环[3.2.0]庚烯衍生物（图3-311）[411]。与之前研究联烯酸酯参与的苯环化反应不同，该反应使用50%的三甲基膦作为催化剂时，反应体系得到了完全不同的产物结构。

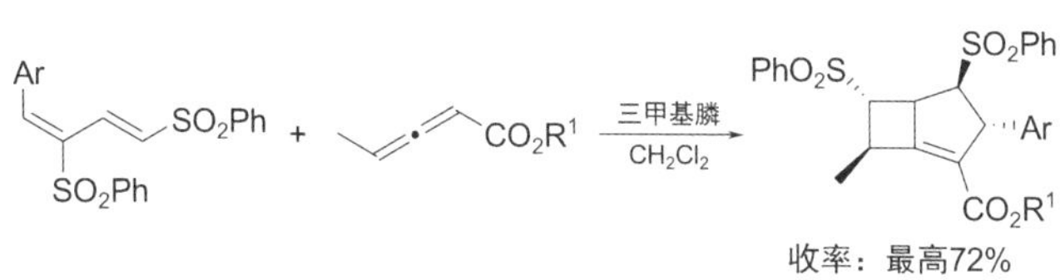


图3-311　$PPh_3$催化$\gamma$-甲基取代联烯酸酯与二苯砜基取代共轭二烯烃的连续环化反应

2021年，郭红超课题组在手性叔膦催化下实现了烯丙胺与联烯酸酯的不对称异构化/环化连续反应。$\gamma$取代的烯丙酸酯可以高收率地合成具有良好对映体选择性的手性吡咯烷衍生物（图3-312）[412]。在该反应中，易得的$N$-烯丙基胺通过1,4-质子转移异构化为反应性脂肪族亚胺是关键步骤，它避免了高度不稳定的烷基$N$-磺酰亚胺的分离。

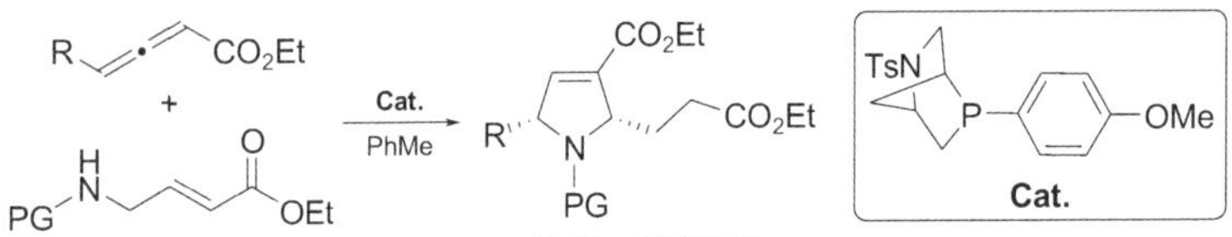


图 3-312 手性膦催化联烯酸酯的不对称异构化 / 环化连续反应

2021 年，Lupton 课题组报道了一种叔膦催化合成吡咯烷的方法，它包括两个机理上不相连的催化过程。第一种过程涉及氨基巴豆酸酯异构化成脂肪族对甲苯磺酰亚胺，然后与不同的联烯酸酯进行[3+2]环化得到吡咯烷结构产物（图 3-313）[413]。

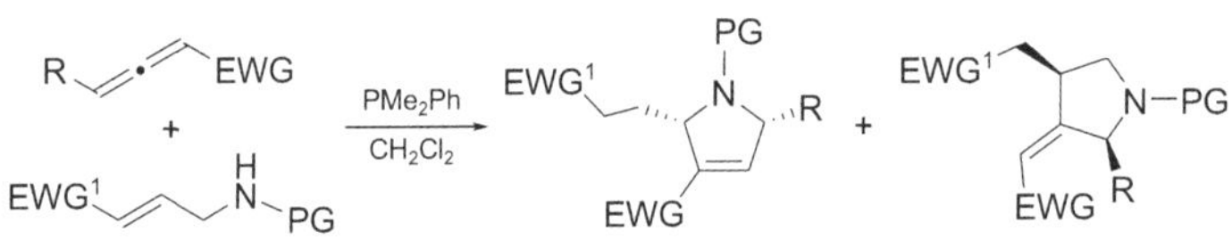


图 3-313 $PMe_2Ph$ 催化联烯酸酯的串联异构化 /[3+2] 环化反应

## 3.4.5 叔膦催化的γ-烯基取代联烯酸酯的环化反应

2019年，黄有课题组报道了γ-烯基取代联烯酸酯的连续环化反应（图3-314）[414]。这一联烯酸酯的反应性质与普通联烯酸酯有所不同，γ-烯基联烯酸酯在膦的作用下，可以生成三个位点的亲电中心，而 3-脲羟吲哚骨架化合物可以作为三重亲核试剂，通过三次亲核进攻，三次加成反应，发生连续[3+2]/[2+3]环化反应，得到中等到优秀的总产率的螺环产物。

2020 年，黄有课题组报道了 γ-烯基联烯酸酯和烯基丙二腈的连续[3+2]/[3+2]环化反应（图 3-315）[415]。值得一提的是，联烯酸酯作为 C5 合成子参与到环化反应中，将联烯酸酯的反应位点进一步扩展到了 ε-碳原子，可以合成一系列包括一个季碳在内的连续三个手性中心的稠环化合物。接着他们还报道了叔膦催化的 γ-烯基联烯酸酯与亚胺酯的连续[2+3]/[2+4]环化反应（图 3-315）[416]。以提供一系列包含三个连续立体中心的二氢苯并吡喃稠和的吡咯衍生物，该方法在温和条件下具有良好的产率、优异的化学选择性和非对映选择性。

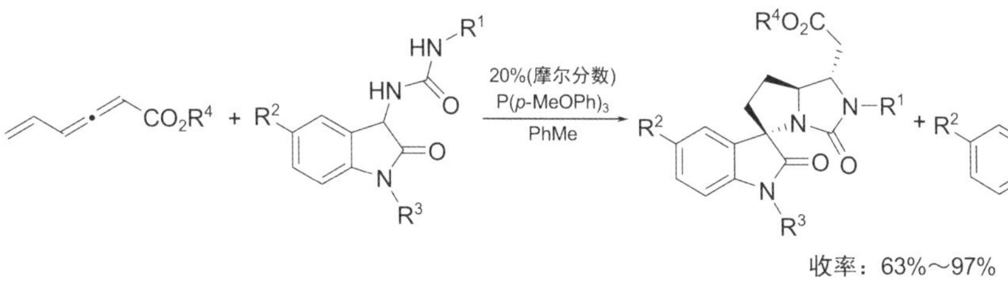


图 3-314　γ-烯基联烯酸酯和 3-脲羟吲哚骨架化合物 [3+2]/[2+3] 环化反应

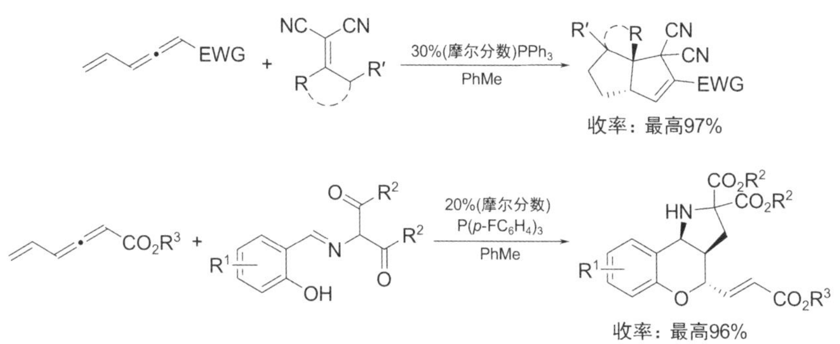


图 3-315　叔膦催化的γ-烯基联烯酸酯连续环化反应

2022年，黄有课题组报道了叔膦催化的γ-烯基联烯酸酯与烯胺一锅法合成2,3,6-三取代吡啶的反应(图 3-316)[417]。该反应在叔膦催化下先发生γ-烯基联烯酸酯与烯胺的[3+3]环化反应生成四氢吡啶，随后在氧化剂DDQ的氧化下发生芳构化生成三取代吡啶。方法克服了需要高反应温度下使用特殊原料和金属催化剂的缺点。

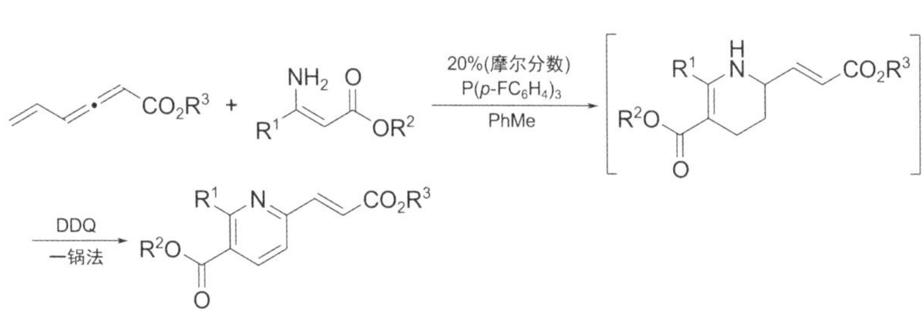


图 3-316　叔膦催化的γ-烯基联烯酸酯和烯胺的一锅法合成三取代吡啶的反应

## 3.4.6 叔膦催化的其他$\delta$-取代联烯酸酯的环化反应

### 3.4.6.1 叔膦催化的$\delta$-OAc 取代联烯酸酯的环化反应

$\delta$-乙酰氧基联烯酸酯与$\beta'$-乙酰氧基联烯酸酯的反应性质相似，在叔膦的亲核进攻下，乙酰氧基作为易离去基团离去，形成双亲电的 1,3-二烯中间体，进而与双亲核体发生环化反应，得到不同环系的碳环或杂环产物。2012 年，童晓峰课题组以 1,3-二羰基化合物作为 1C，3O-双亲核底物，在 20%(摩尔分数)的 $PPh_3$ 的催化下，在甲苯溶剂中于室温下与 $\delta$-乙酰氧基联烯酸酯发生[3+3]环化反应，以 41% ～ 96% 的产率得到了单环 2*H*-吡喃类产物(图 3-317)[418]。值得注意的是，该反应需要加入 100%(摩尔分数)的苯甲酸作为添加剂来促进分子间的质子迁移。

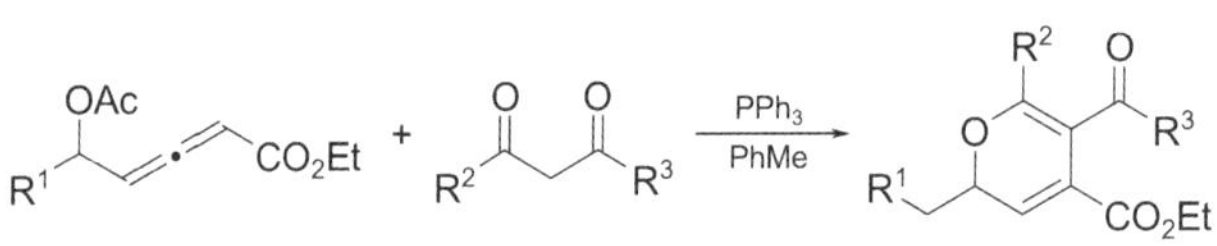


图 3-317 首例 $PPh_3$ 催化$\delta$-乙酰氧基联烯酸酯与 1,3-二羰基化合物的环化反应

基于这一发现，童晓峰课题组以$\beta$-萘酚作为 1C，3O-双亲核底物，实现了叔膦催化下基于$\delta$-乙酰氧基联烯酸酯的五元氧杂环产物的不对称合成。该反应在 10%(摩尔分数)的螺环手性叔膦的催化下，以碳酸钾为碱，在甲苯中反应，实现了与$\delta$-乙酰氧基联烯酸酯的[3+2]环化反应，以 27% ～ 99% 的产率和 83% ～ 96% 的 *ee* 值得到了一系列含有手性 1,2-二氢萘并呋喃的衍生物(图 3-318)[419]。接着他们以 2-磺酰氨基丙二酸酯作为双亲核底物(图 3-318)[420]，以 10%(摩尔分数)的 $PPh_3$ 作为催化剂，在甲苯中室温下反应能够以 54% ～ 98% 的产率得到多取代的 3-吡咯啉产物。该反应中$\delta$-乙酰氧基联烯酸酯的$\alpha$位和$\gamma$位碳原子参与了新键的构筑，整体作为 C3 合成子参与到[3+2]环化反应中。

2019 年，童晓峰课题组以甲氧酰氧基丙二酸酯作为 C1 合成子，在 20%(摩尔分数)的$(4\text{-}MeC_6H_4)_3P$ 的催化下，实现了与$\delta$-乙酰氧基联烯酸酯的[1+4]环化反应，得到多取代的环戊二烯产物，产率最高达 92%(图 3-319)[421]。这是$\delta$-乙酰氧基联烯酸酯首次作为 C4 合成子参与到环化反应中。在反应过程中，底物甲氧酰氧基丙二酸酯的甲氧酰氧基可以作为易离去基团离去，形成关键的 1,4-二烯中间体，中间体中的活化碳碳双键可以作为亲核位点，从而实现最终的环化反应。

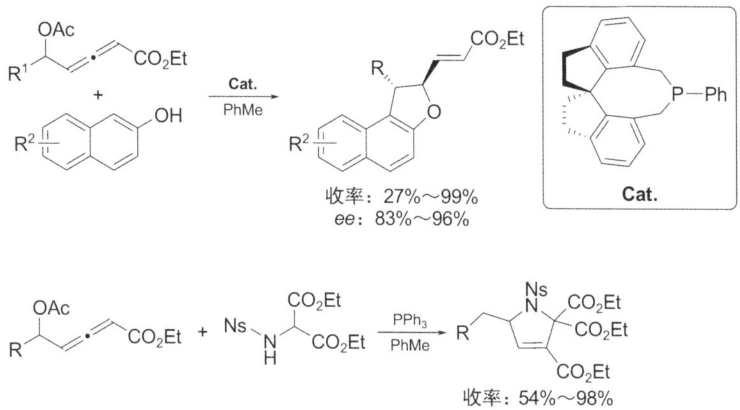


图 3-318 叔膦催化δ-乙酰氧基联烯酸酯的 [3+2] 的环化反应

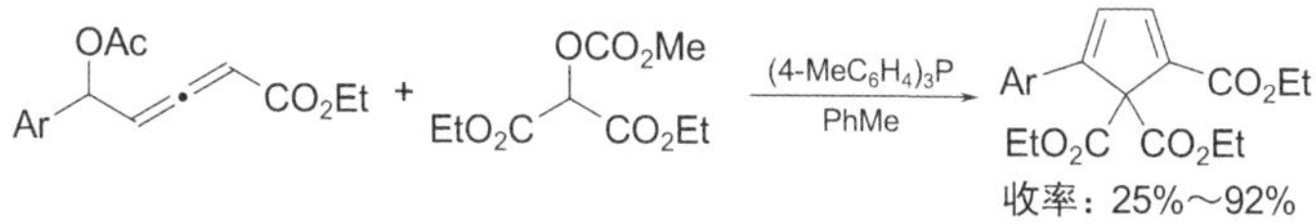


图 3-319 $PPh_3$ 催化δ-乙酰氧基联烯酸酯与甲氧酰氧基丙二酸酯的环化反应

2019 年，童晓峰课题组实现了基于δ-乙酰氧基联烯酸酯的苯环化反应（图 3-320）[422]。反应以 2-羟基苯醌或 2-羟基萘醌作为 C2 合成子，在二茂铁骨架手性叔膦的催化下，与δ-乙酰氧基联烯酸酯发生阻转选择性的[4+2]环化反应，得到具有轴手性的联苯衍生物，这是乙酰氧基取代的联烯酸酯首次参与到轴手性产物的合成中。

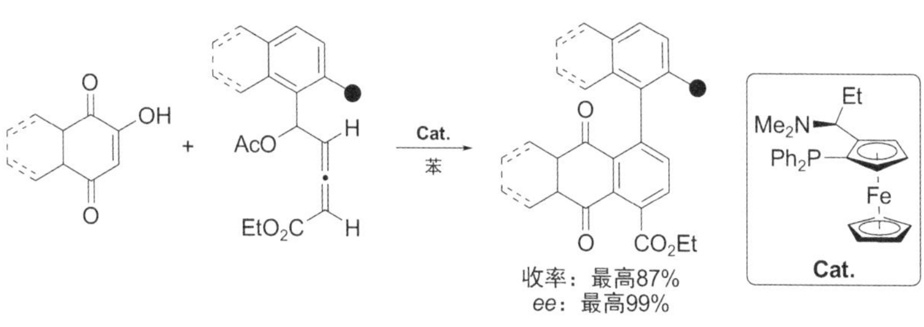


图 3-320 首例手性叔膦催化δ-乙酰氧基联烯酸酯的苯环化反应

施敏课题组以二级$\beta$-酮酰胺作为1C，3N-双亲核底物，在20%(摩尔分数)的$PPh_3$催化下，使用100%(摩尔分数)的苯甲酸作为反应的添加剂，在甲苯溶剂中反应，以54%～99%的产率和3∶2～20∶1的dr值实现了多官能团的螺五元环内酰胺产物的合成(图3-321)[423]。该反应加入的添加剂苯甲酸可以促进分子间的质子迁移。与$\beta'$-乙酰氧基甲基联烯酸酯反应性质相似，反应也是通过关键的双亲电性的1,3-二烯中间体来完成的。

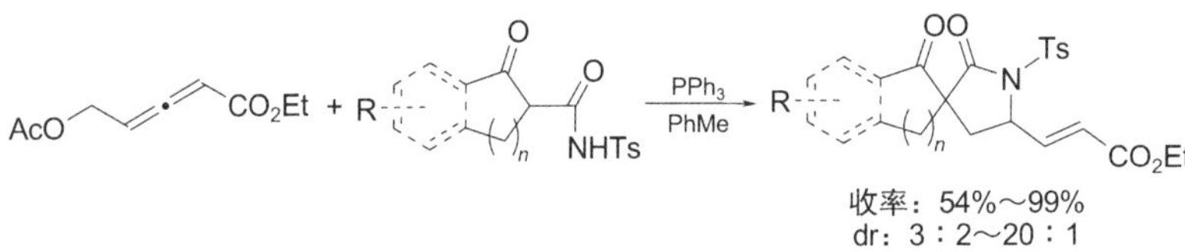


图3-321 $PPh_3$催化$\delta$-乙酰氧基联烯酸酯与$\beta$-酮酰胺的环化反应

2020年，周庆发课题组报道了$\delta$-乙酰氧基联烯酸酯与水杨醛亚氨基丙二酸酯的串联环化反应(图3-322)[424]。该反应使用20%(摩尔分数)的$PPh_3$作为催化剂，碳酸钾为碱，在甲苯中反应，能够以53%～81%的产率获得一系列含有三个连续不对称中心的色[4,3-*b*]吡咯衍生物。另外，作者还尝试了用手性膦催化该反应，也能以中等至良好的产率、立体选择性和良好的*E/Z*比获得相应的目标产物，实现了吡咯衍生物的不对称合成。

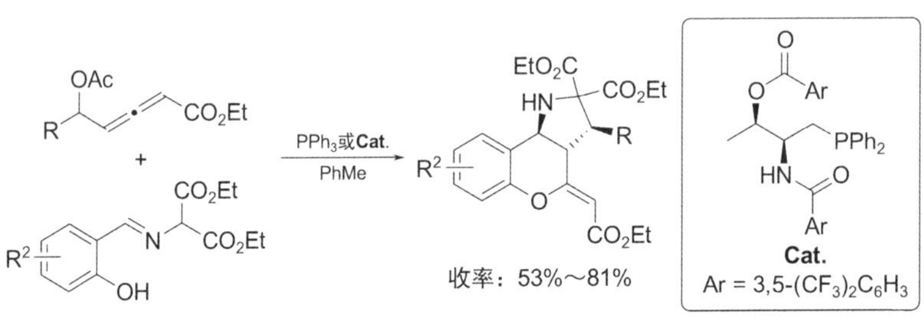


图3-322 叔膦催化$\delta$-乙酰氧基联烯酸酯与水杨醛亚氨基丙二酸酯的串联环化反应

2020年，Swamy课题组报道了$\delta$-乙酰氧基联烯酸酯与磺酰亚胺的串联环化反应(图3-323)[425]。该反应使用20%(摩尔分数)的$PPh_3$作为催化剂，在甲苯中反应，能够以65%～85%的产率获得一系列[4+2]环化产物。与其他反应不同的是，该反应主要经历了曼尼希偶联和C-N裂解的反应过程。接着他们报道了$\delta$-乙酰氧基联烯酸酯与 2-磺酰氨基吲哚的串联环化反应（图 3-323）[426]。该反应以 65% ～ 83% 的产率获得一系列含有 *β*-H 和 *γ*-对甲苯磺酰基的 *α*-羰基类化合物。

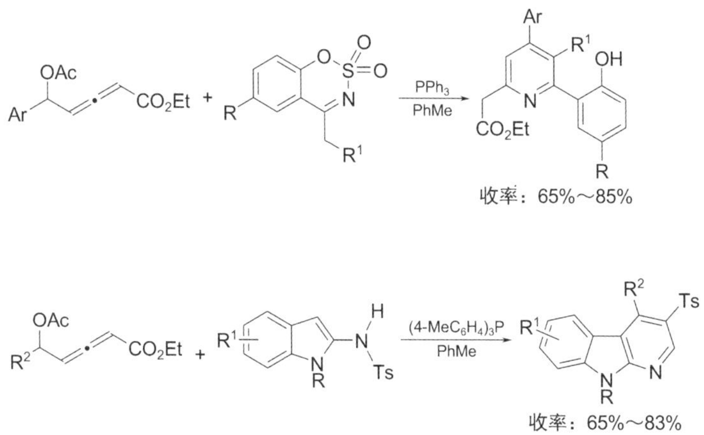


图 3-323　$PPh_3$ 催化 *δ*-乙酰氧基联烯酸酯与磺酰亚胺和 2-磺酰氨基吲哚的串联环化反应

### 3.4.6.2　叔膦催化的 *δ*-氨基取代联烯酸酯的环化反应

2019 年，黄有课题组设计合成了 *δ*-磺酰氨基联烯酸酯，并报道了其与二烯基丙二腈的连续[3+3]/[3+3]环化反应（图 3-324）[427]。这是首例叔膦催化的联烯酸酯参与的连续[3+3]/[3+3]环化反应的报道，也是 *δ*-磺酰氨基联烯酸酯作为 5 原子合成子（$C_4N_1$）的首次应用。该反应条件温和，使用 30%（摩尔分数）的 $PBu_3$ 作为催化剂，以醋酸 / 醋酸钠为添加剂，在三氯甲烷中 60℃反应，能够以 15% ～ 97% 的产率一步高效构筑氢化异喹啉骨架类化合物。随后，他们又报道了叔膦催化 *δ*-磺酰氨基联烯酸酯的连续 3+3/ 氮杂-6π 电环化反应（图 3-324）[428]。该反以 20%（摩尔分数）的 $P(4\text{-}MeC_6H_4)_3$ 为催化剂，以三水磷酸钾为碱，在二氯甲烷中反应，能够以 25% ～ 92% 的产率和 1.7 ∶ 1 ～ 10 ∶ 1 的 dr 获得氢化异喹啉衍生物。该反应扩展了经典联烯酸酯的反应类型，*δ*-磺酰氨基联烯酸酯依然作为 5 原子合成子（$C_4N_1$）参与环化反应，同时其独特的作用模式不同于现有联烯酸酯的反应，有助于进一步加深对联烯酸酯相关反应性质的理解和应用。

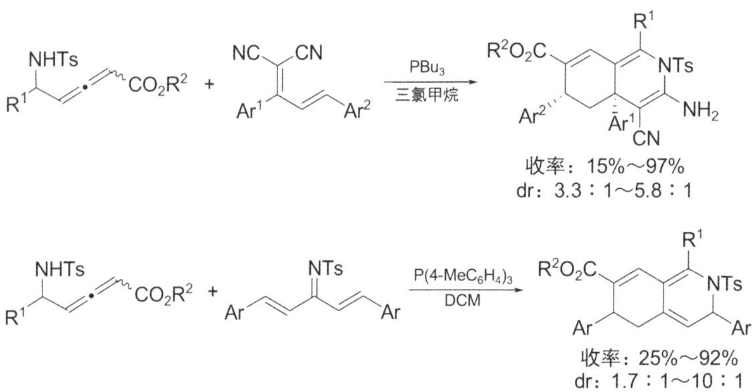


图 3-324　叔膦催化δ-磺酰胺联烯酸酯与二烯基丙二腈和双氮杂二烯的环化反应

## 3.4.7　叔膦催化的 MBH 醇衍生物的环化反应

2003 年，陆熙炎课题组首次在 MBH 醇衍生物(Morita-Baylis-Hillman alcohol derivatives，MBHADs)的β′-位安装离去基团(—Br，—OAc，—OBoc)，在叔膦催化下可以得到新的鏻物种，为叔膦催化的反应途径打开了新的大门[429,430]。类似于烯烃、联烯和炔烃的叔膦催化，MBHADs 也可以与亲核试剂、双亲核试剂、亲电试剂和亲电-亲核试剂反应来高效构筑多官能团的碳环和杂环化合物。随着不断深入研究，其丰富多样的反应性也被挖掘出来：除了作为经典的 C3 合成子来参与环化反应之外，MBHADs 还可以作为 C1、C2、1，2，3-C3 以及 C4 合成子。另外，通过使用手性叔膦催化剂，可以实现对一些天然产物和药物核心骨架的对映选择性的合成。

### 3.4.7.1　叔膦催化的 MBH 醇衍生物的［3+2］环化反应

(1)叔膦催化的 MBH 醇衍生物的[3+2]环化反应合成五元碳环

叔膦催化基于 MBH 醇衍生物的环化反应当中，其作为 C3 合成子参与环化反应是最常见的反应类型。2003 年，陆熙炎课题组报道了首例叔膦催化的 MBH 醇衍生物的[3+2]环化反应(图 3-325)[429]。与膦催化的联烯酸酯的[3+2]环化反应生成环戊烯的过程类似，这里也展现出了良好的区域选择性。当使用 MBH 醇溴代物或者 MBH 醋酸酯作为底物时，反应体系中需要添加额外的碱。而使用 MBH 碳酸酯时，由于—OBoc 离去时原位生成的 $CO_2$ 和 $^tBuO^-$，不需要添加额外的碱，反应会和联烯酸酯或者炔酸酯作为底物时一样高效。

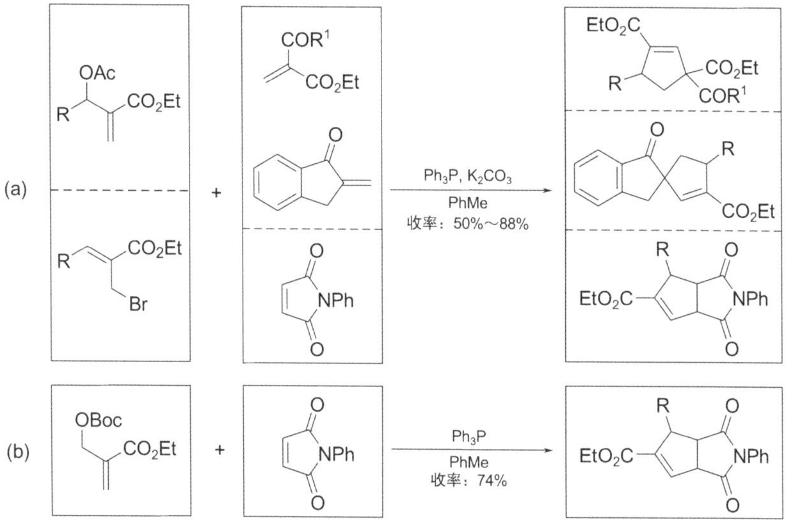

图 3-325　首例叔膦催化 MBH 醇衍生物的环化反应

反应通过叔膦进攻 MBH 醇衍生物的 $S_N2'$或者 $S_N2$ 过程启动，得到磷叶立德。通过碱(额外添加或者 OBoc 自身裂解)活化并得到烯丙基磷叶立德。叶立德通过与缺电子烯烃的亲核加成，随后加成和消除叔膦催化剂，得到两种可能的环戊烯异构体(图 3-326)。

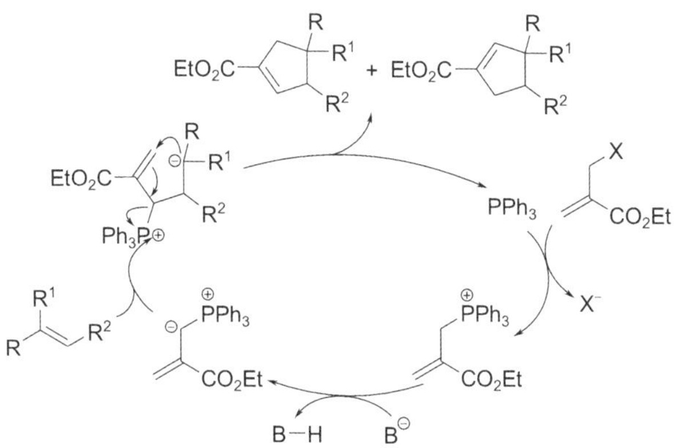

图 3-326　叔膦催化 MBH 醇衍生物的 [3+2] 环化反应机理

在上述报道的反应当中，MBHADs 与作为亲电试剂的亚甲基丙二酸酯和 3-酮基-2-亚甲基酯的反应主要涉及在 α-位形成初始键，产生 α-加成产物。另外，2-亚甲基茚满酮、$\alpha,\beta$-不饱和酮和芳基/亚烷基丙二腈作为亲电试剂的反应只产生它们的$\gamma$-加成产物。尽管事实上$\alpha$-环戊烯和$\gamma$-环戊烯都可能选择性地获得，但大多数MBHADs的[3+2]环化反应更有利于$\gamma$-产物的形成，只有零星的例子得到$\alpha$-环戊烯。

陆熙炎课题组报道的叔膦催化下MBH碳酸酯作为1,3-偶极子与活化烯烃的[3+2]环化反应为小分子催化领域打开了新的大门。近二十年来众多课题组基于叔膦催化MBH碳酸酯与亲电试剂作为两原子合成子的[3+2]环化反应的模式，发展了多种多样的多取代环戊烯、二氢吡咯、二氢吡唑、二氢噻吩、二氢呋喃等化合物的制备方法。手性叔膦催化对映选择性地合成这些化合物也被广泛报道。这一策略还应用于许多天然产物或者具有生物活性的分子全合成中。由此，基于路易斯碱催化MBH碳酸酯与亲电试剂的[3+2]环化反应已经十分成熟，下面仅做概要介绍(图3-327)。

2007年，唐勇课题组首次报道了叔膦催化MBH衍生物参与的分子内[3+2]环化反应，广泛应用于多种[*n*.3.0]骨架的构筑[431,432]。2010年，Shanmugam课题组将靛红衍生的MBH醇溴代物应用到了[3+2]环化反应中得到了一系列官能团化的螺环戊烯氧化吲哚。值得注意的是，一般来说，鏻物种的亲核加成发生在$\gamma$-位，不过在此例反应中，由于位阻的影响，叔膦的加成发生在$\alpha$-位[433]。2011年，施敏课题组将亲电试剂的底物范围拓宽到吲哚酮衍生的活化烯烃，并通过这一反应得到环戊烯螺氧化吲哚类化合物[434]。贺峥杰课题组在同一年报道了叔膦催化的MBH碳酸酯[3+2]环化串联烯丙基烷基化的反应[435]。

Martin课题组于2014年通过这种策略在富勒烯上成功引入取代的环戊烯。同年贺峥杰课题组报道了2-硝基-MBH醋酸酯与缺电子烯烃发生[3+2]环化/烯丙基化的串联反应[436]。2017年，苗志伟课题组将底物范围拓宽到*N*-苯基吡唑啉酮衍生的活化烯烃[437]。2018年，王立新课题组发展了以靛蓝作为亲电试剂的反应，得到了双螺环结构[438]。2021年，郭红超课题组报道在$PPhMe_2$催化条件下，异噁唑取代的烯烃也可以作为亲电试剂与MBH碳酸酯发生[3+2]环化[439]。同年，孟祥太课题组发展了一例$PPhMe_2$催化的氮杂二烯和靛红衍生的MBH碳酸酯的[3+2]环化反应，构筑出同时含有苯并二氢噻吩结构和吲哚酮结构的双螺环骨架[440]。2022年，陶磊和郭红超课题组合作报道了叔膦催化的MBH碳酸酯与衍生自色酮和靛红的活化烯烃的[3+2]环化反应[441]。郭红超课题组于2022年开发了叔膦催化$\beta$-氟烷基乙烯基芳基砜与MBH碳酸酯的[3+2]环化反应，高立体选择性地得到了氟烷基环戊烯[442]。

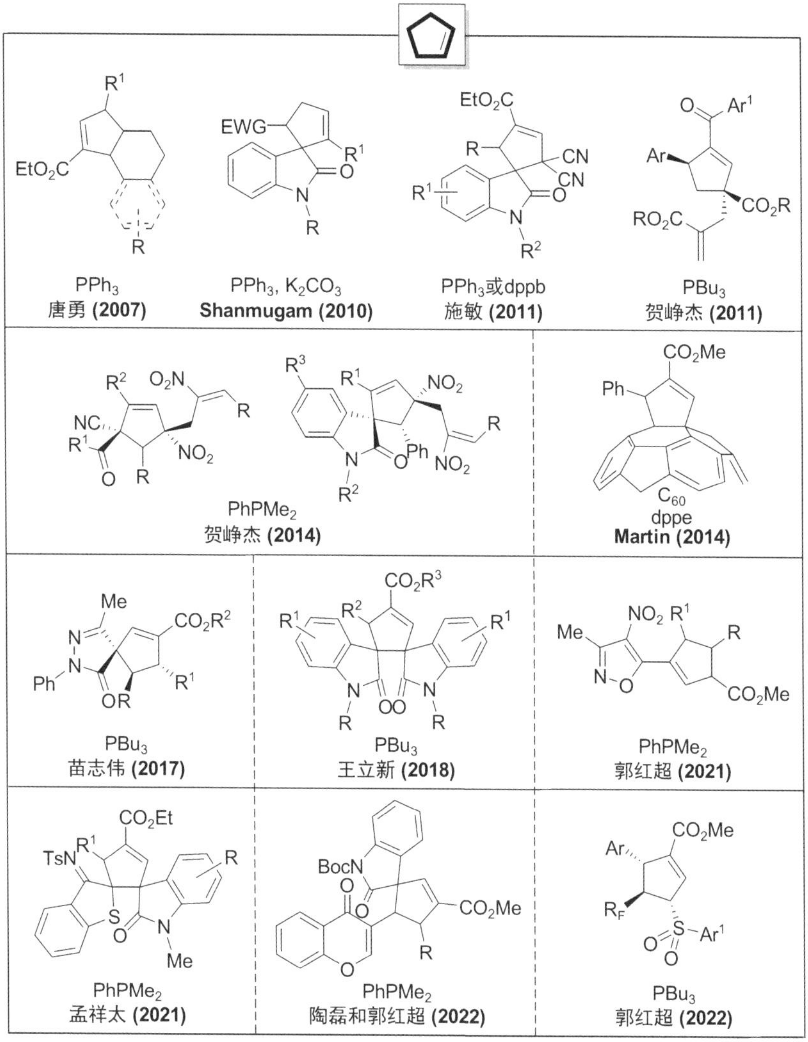


图 3-327　叔膦催化 MBH 醇衍生物的 [3+2] 环化反应合成五元碳环

基于路易斯碱催化 MBH 碳酸酯的[3+2]环化反应，对映选择性地合成多取代环戊烯的反应也被陆续报道(图 3-328，图 3-329)。2010 年，唐勇课题组和周其林课题组合作报道了首例手性叔膦催化 MBH 碳酸酯的不对称[3+2]环化反应，采用的是具有螺二氢茚骨架的手性叔膦催化剂 **Cat.1**[443]。

随后化学工作者们发展了多种多样骨架的手性叔膦和手性胺催化剂来完成 MBH 碳酸酯与活化烯烃的[3+2]环化反应。手性叔膦催化剂包括双膦催化剂 **Cat.2**[444,445]、**Cat.5**[446]，氨基酸衍生的双功能硫脲-叔膦催化剂 **Cat.3**[447]、**Cat.4**[448-450]，氨基酸衍生的二肽骨架膦催化剂 **Cat.6**[451]、**Cat.9**[452]、**Cat.15**[453]、**Cat.16**[454]，氨基酸衍生的双功能酰胺-叔膦催化剂 **Cat.8**[455-457]、**Cat.12**[458]、**Cat.13**[459]、**Cat.14**[460]，二茂铁骨架的叔膦催化剂 **Cat.7**[461]，桥环骨架的叔膦催化剂 **Cat.10**[452]，螺环骨架的叔膦催化剂 **Cat.11**[462-464] 等。通过这些手性路易斯碱催化剂催化无取代 MBH 碳酸酯或芳基 MBH 碳酸酯或靛红衍生的 MBH 碳酸酯，构筑了不计其数的高度对映选择性的多取代环戊烯结构，包括单环、并环、螺环，为合成具有环戊烯骨架的复杂分子提供了高效且灵活的方法。

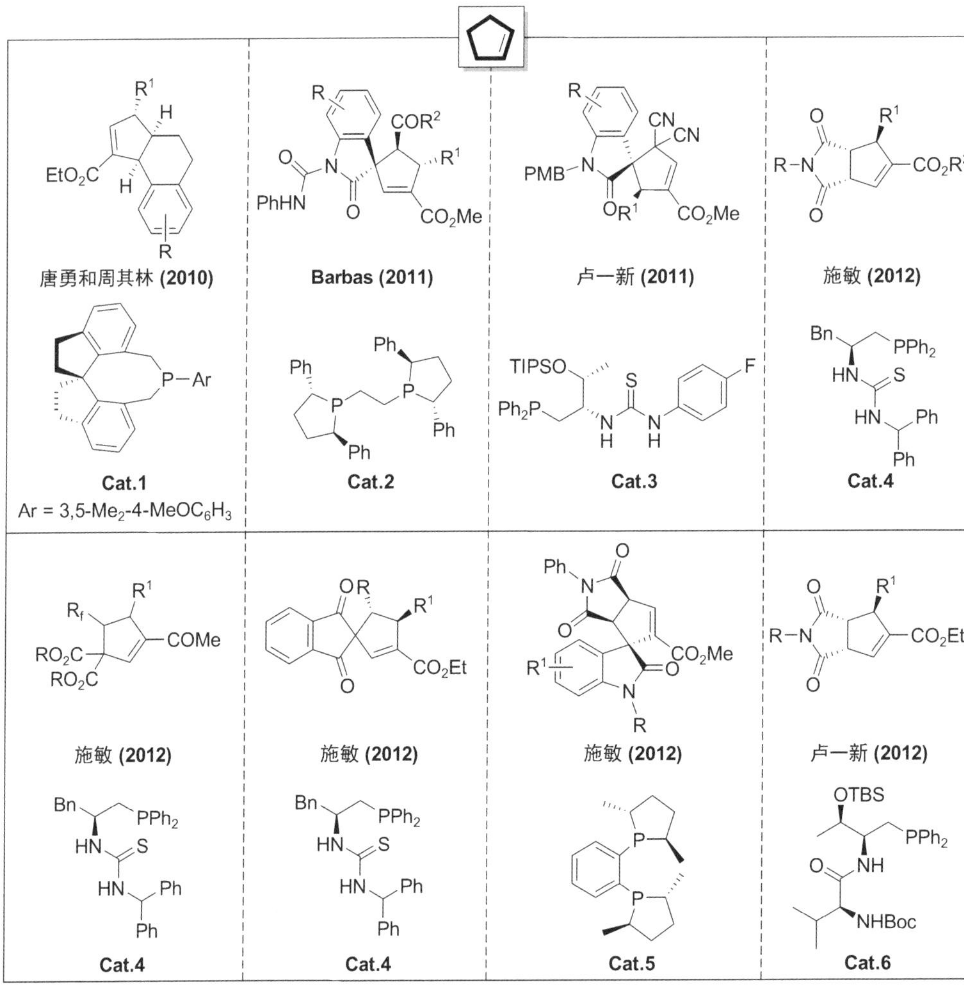


图 3-328　手性叔膦催化 MBH 醇衍生物的 [3+2] 环化反应合成五元碳环（一）

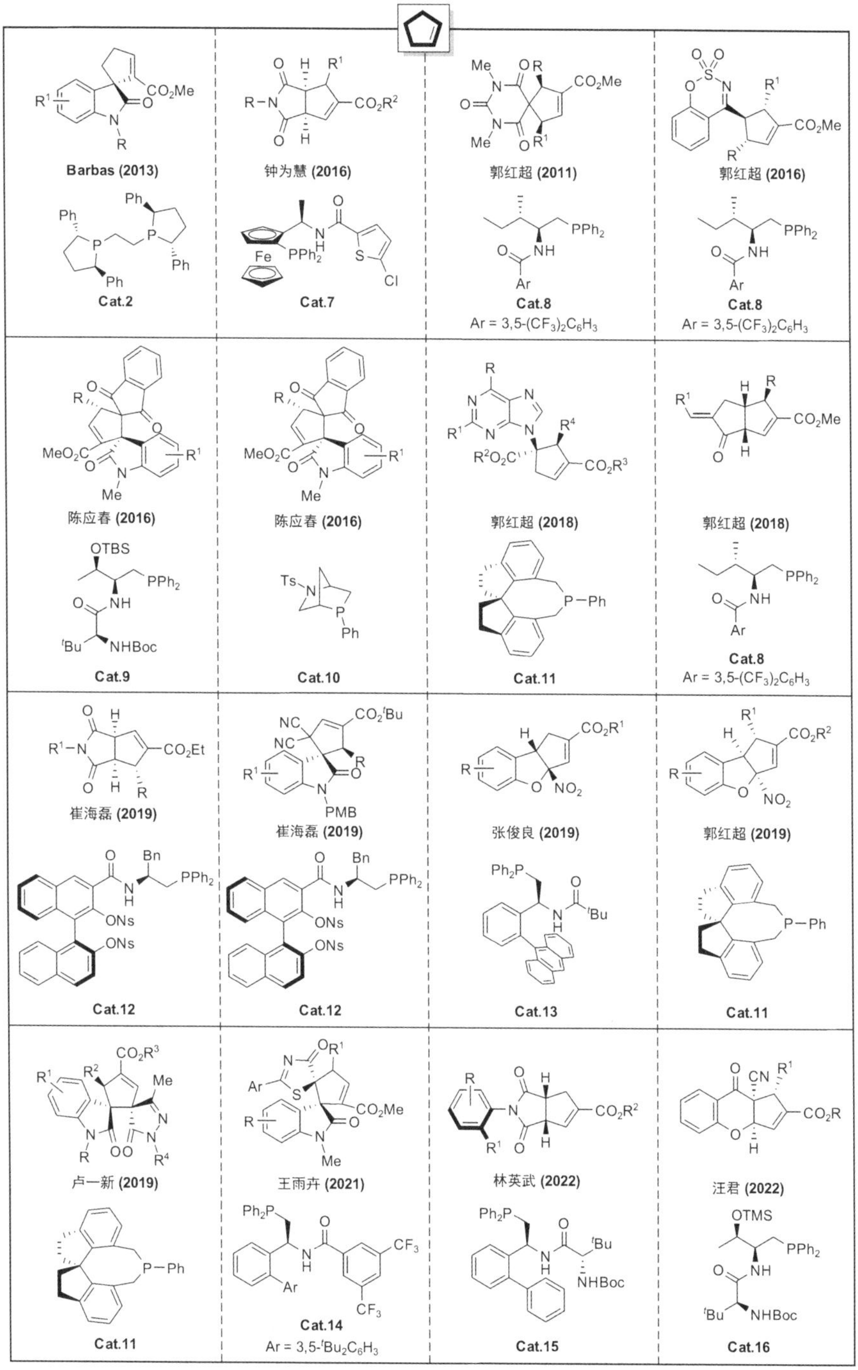


图 3-329 手性叔膦催化 MBH 醇衍生物的 [3+2] 环化反应合成五元碳环（二）

(2) 叔膦催化的 MBH 醇衍生物的 [3+2] 环化反应合成五元氮杂环

亚胺和重氮作为亲电官能团也可以在路易斯碱催化 MBH 碳酸酯作为 1, 3-偶极子的模式下发生 [3+2] 环化反应得到氮杂五元环骨架的化合物。2008 年，陆熙炎课题组报道了首例通过 MBH 醇衍生物来合成氮杂环的反应（图 3-330）[465]。作者使用三苯基膦催化 MBH 碳酸酯与 *N*-对甲苯磺酰亚胺在甲苯中回流得到 [3+2] 环化的多官能化的吡咯啉。

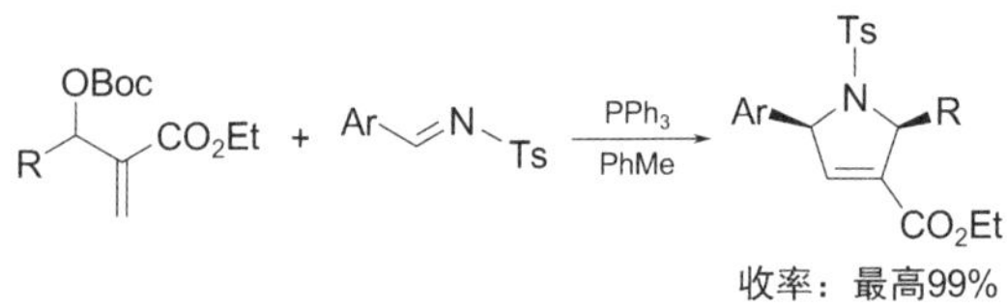


图 3-330 首例叔膦催化 MBH 醇衍生物的 [3+2] 环化反应合成五元氮杂环

随后叔膦催化 MBH 醇衍生物以合成氮杂五元环也得以发展（图 3-331）。2013 年，马军安课题组和郭红超课题组分别将亚胺的适用范围拓宽到 *N*-酰基保护的环内亚胺 [466,467]。2015 年，王磊课题组报道了三丁基膦催化 MBH 碳酸酯与芳基偶氮磺酸酯的 [3+2] 环化反应，用于构建吡唑骨架 [468]。2019 年，郭红超课题组使用螺环骨架的手性叔膦催化剂完成了高对映选择性的多取代氢化吡唑类化合物的合成 [469]。

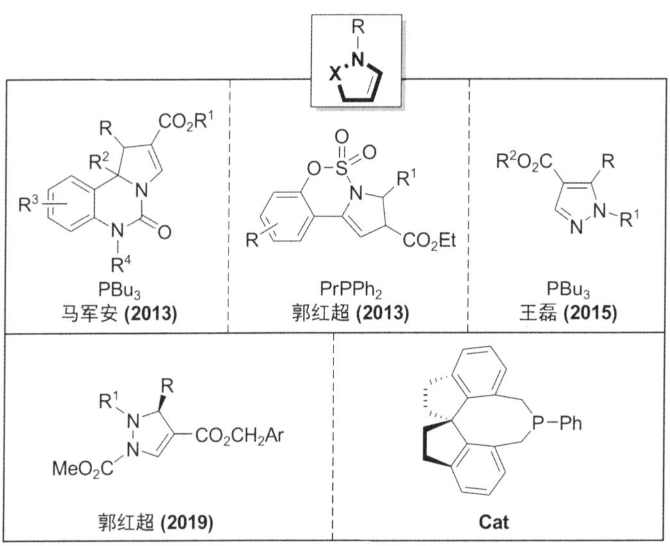


图 3-331 叔膦催化 MBH 醇衍生物的 [3+2] 环化反应合成五元氮杂环

(3) 叔膦催化的 MBH 醇衍生物的[3+2]环化反应合成五元氧杂环

除了活化烯烃、亚胺、偶氮化合物，叔膦催化剂还可以催化 MBH 醇衍生物与羰基发生[3+2]环化反应从而得到五元氧杂环化合物。肖华课题组在 2015 年报道了三丁基膦催化三氟甲基活化的酮羰基与无取代的甲基乙烯基酮衍生的 MBH 碳酸酯的反应，得到一系列含三氟甲基的 2,3-二氢呋喃类化合物（图 3-332）[470]。反应有非常好的化学和区域选择性，产率中等。

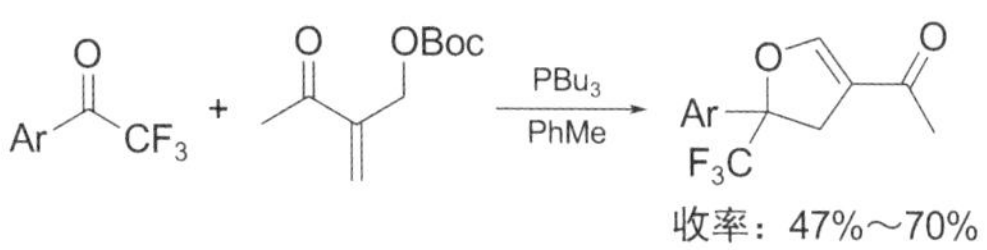


图 3-332 叔膦催化 MBH 醇衍生物的 [3+2] 环化反应合成五元氧杂环（一）

MBH 醇衍生物在叔膦催化的条件下除了作为经典的 1,3-偶极子与羰基发生[3+2]环化得到氧杂五元环之外，2014 年肖华和赵刚课题组还发现这类化合物可以通过串联亲核加成 / 酯交换 /Wittig 反应的路径得到[3+2]环化的结果，从而以中等到优秀的产率制备出一系列环戊内酯类化合物，不过 *Z*/*E* 大多偏中等（图 3-333）[471]。产物还可以进一步在叔膦催化的条件下与 MBH 碳酸酯发生经典的 1,3-偶极子和缺电子烯烃的[3+2]环化过程进而得到环戊烯并环戊内酯类化合物。此反应可以串联一锅进行，产率和选择性中等。

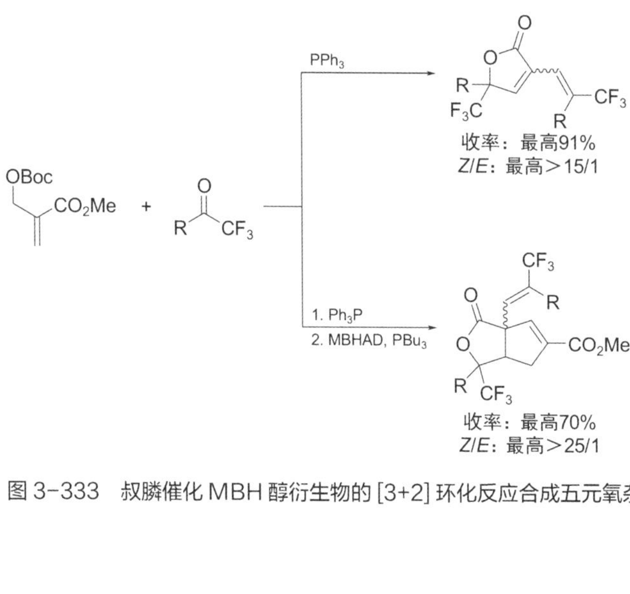


图 3-333 叔膦催化 MBH 醇衍生物的 [3+2] 环化反应合成五元氧杂环（二）

(4) 叔膦催化的 MBH 醇衍生物的[3+2]环化反应合成五元硫杂环

叔膦催化 MBH 醇衍生物的[3+2]环化反应除了可以合成碳环、氮杂环和氧杂环之外，2015 年，Kim 课题组使用异硫氰酸酯作为亲电试剂成功合成出了噻吩类化合物，反应经历[3+2]环化 / 芳构化的过程，有着中等到良好的产率(图 3-334)[472]。

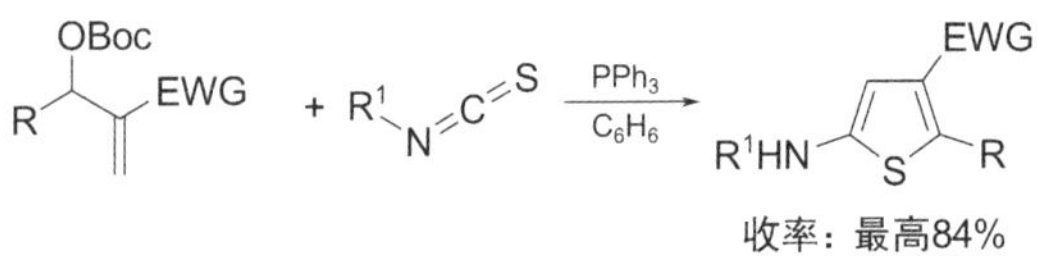


图 3-334　叔膦催化 MBH 醇衍生物的 [3+2] 环化反应合成五元硫杂环

### 3.4.7.2　叔膦催化的 MBH 醇衍生物的［3+$n$］（$n$ = 6，4，3）环化反应

(1) 叔膦催化的 MBH 醇衍生物的[3+6]环化反应合成九元桥环

在设计合成 MBH 醇衍生物并探究其反应性之后，陆熙炎课题组使用环庚三烯酮作为亲电试剂成功构筑出[4.3.1]桥环骨架。此反应相比于环庚三烯酮与联烯酸酯的[8+2]环化反应，有着不一样的反应性，以更好的产率得到[6+3]类型的桥环化产物。与之前提到的类似，除了 MBH 碳酸酯，其他 MBH 衍生物均需要使用额外添加的碱以确保反应进行。另外，使用吸电子能力更强的 R 基团可以缩短反应时间(图 3-335)[473]。

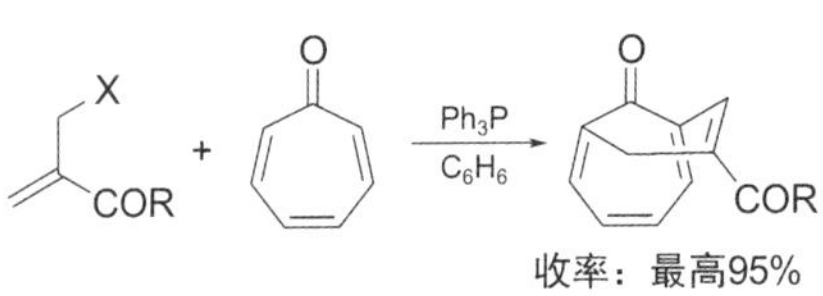


图 3-335　叔膦催化 MBH 醇衍生物的 [3+6] 环化反应合成九元桥环

反应通过叔膦亲核进攻 MBH 醇衍生物启动，得到的季鏻盐在碱性环境下转化为活泼的磷叶立德，进而对环庚三烯酮亲核进攻并通过共轭得到新的两性离子中间体，接着进一步环化再消去叔膦催化剂从而得到目标产物(图 3-336)。

(2) 叔膦催化的 MBH 醇衍生物的[3+4]环化反应合成七元环

除了上述亲电试剂之外，Diels-Alder 的原料也可以作为亲电试剂用于叔膦催化的 MBH 醇衍生物的环化反应。2009 年，陆熙炎发展了叔膦催化的 MBH 碳酸酯与

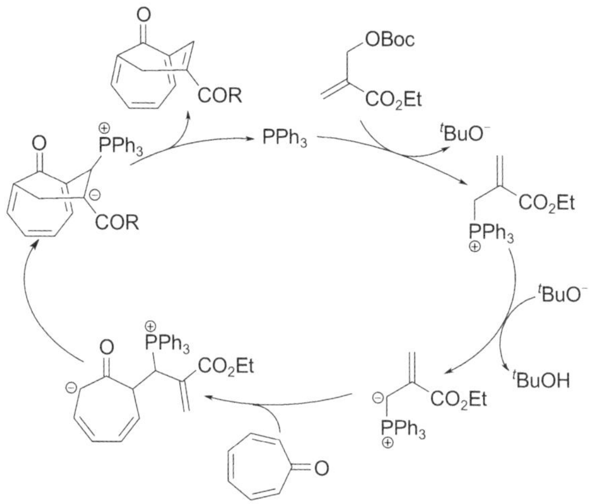

图 3-336　叔膦催化 MBH 醇衍生物的 [3+6] 环化反应合成九元桥环的反应机理

香豆灵酸甲酯的[3+4]环化反应制备出一系列官能团化的[3.2.2]桥环化合物。反应的产率受 MBH 碳酸酯芳基上取代基电性的影响，当带有吸电子基团时产率较好，供电子基团只能得到中等产率。有趣的是，产物中的桥环内酯结构一直存在，并没有发生逆 Diels-Alder 反应(图 3-337)[474]。

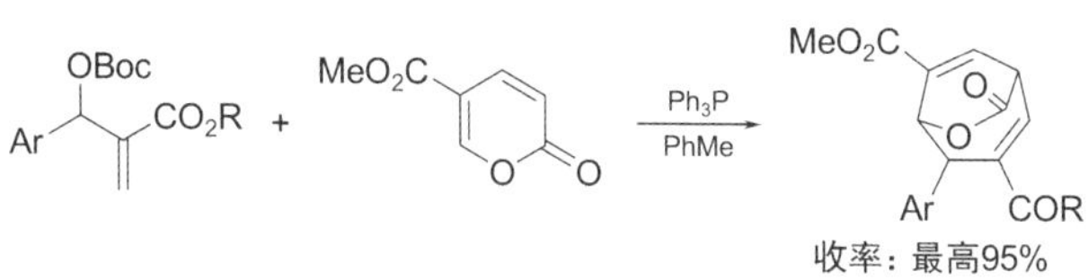

图 3-337　首例叔膦催化 MBH 醇衍生物的 [3+4] 环化反应合成七元环

除了和亲电试剂发生反应，双亲核试剂也可以在叔膦催化的条件下与 MBH 醇衍生物发生环化反应。2012 年，贺峥杰课题组发展了叔膦催化的 MBH 碳酸酯与多种氨基醇以及双氨基化合物作为四原子合成子的[3+4]环化反应，以很好的产率和比较好的非对映选择性得到了多种七元氮杂环化合物(图 3-338)[475]。

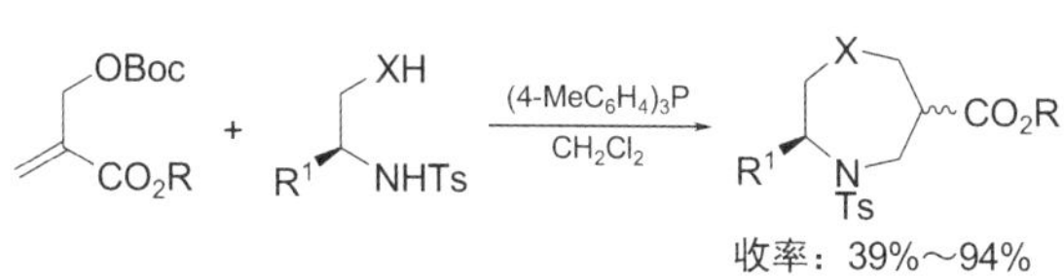

图 3-338　叔膦催化 MBH 醇衍生物的 [3+4] 环化反应合成七元氮杂环

2015 年，陈应春课题组发展了一种 $(4\text{-}FC_6H_4)_3P$ 催化靛红衍生的 MBH 醇溴代物与原位生成的氮杂邻甲亚基苯醌在外加碳酸铯时的[3+4]环化反应，实现了氮杂环庚烷螺氧化吲哚骨架的构建。反应中的两个中间体都是原位生成的，十分具有挑战性(图 3-339)[476]。

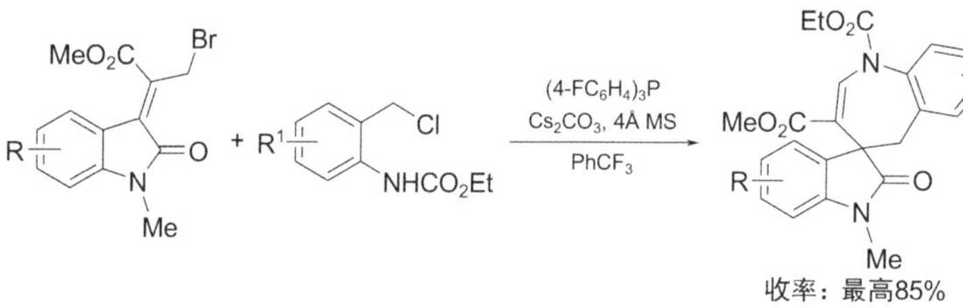

图 3-339　叔膦催化 MBH 醇溴代物的 [3+4] 环加成反应合成七元氮杂环

黄有课题组在 2017 年报道了叔膦催化的 MBH 碳酸酯与 *N*-对甲苯磺酰基氮杂双烯的[3+4]环化串联烯丙基烷基化反应，反应以中等到好的产率得到了苯丙呋喃并氮杂七元环骨架(图 3-340)[477]。

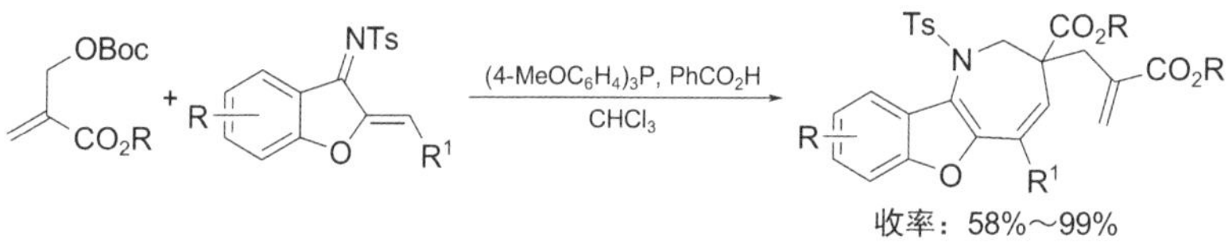

图 3-340　叔膦催化 MBH 碳酸酯的 [3+4] 环化串联烯丙基烷基化反应

紧接着，黄有课题组又发展了叔膦催化的无取代 MBH 碳酸酯与 *N*-芳基氯代亚胺的环化反应，有趣的是，作者发现在三苯基膦催化条件下得到的是[3+4]环化的产物，而在三对甲氧基苯基膦催化条件下得到的是[3+4]环化 / 烯丙基化的产物。前者有中等到良好的产率，而后者的产率中等(图 3-341)[478]。

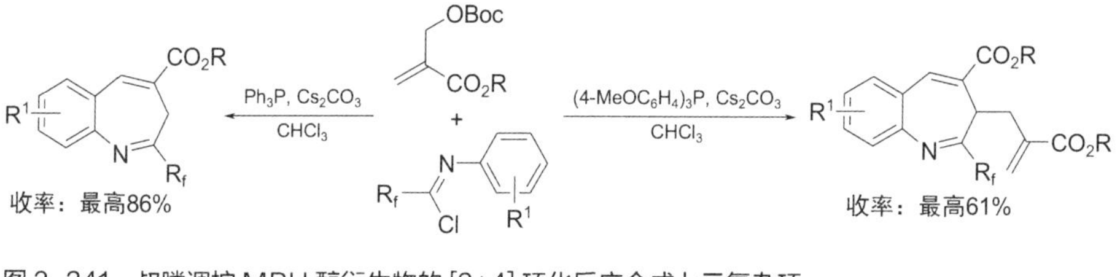

图 3-341　叔膦调控 MBH 醇衍生物的 [3+4] 环化反应合成七元氮杂环

2017 年，孟祥太课题组发现苯丙二氢噻吩骨架的烯酮可以作为四原子合成子亲电试剂与无取代 MBH 碳酸酯在叔膦催化下发生[3+4]环化 / 烯丙基化的过程，得到七元氧杂环化合物，反应的产率中等(图 3-342)[479]。有趣的是，在改变溶剂和温度时，会有其他的反应性，将在 MBH 醇衍生物的后续反应中介绍。

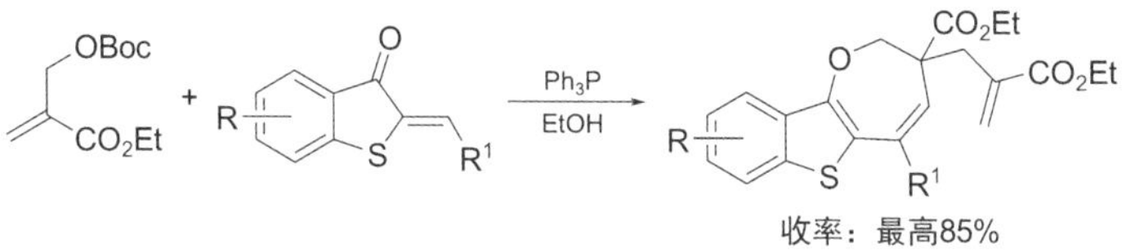


图 3-342　叔膦催化 MBH 醇衍生物的 [3+4] 环化反应合成七元氧杂环

(3)叔膦催化的 MBH 醇衍生物的[3+3]环化反应合成六元环

基于对 MBH 碳酸酯的反应活性的研究，2009 年，陆熙炎课题组报道了三苯基膦催化的 MBH 碳酸酯与亚烷基烯腈形成官能化的环己烯的反应。反应首先发生叔膦催化的对亚烷基烯腈的烯丙基烷基化，接着发生去质子化、异构化和环化的过程得到目标产物。反应的产率很好而非对映选择性一般(图 3-343)[480]。

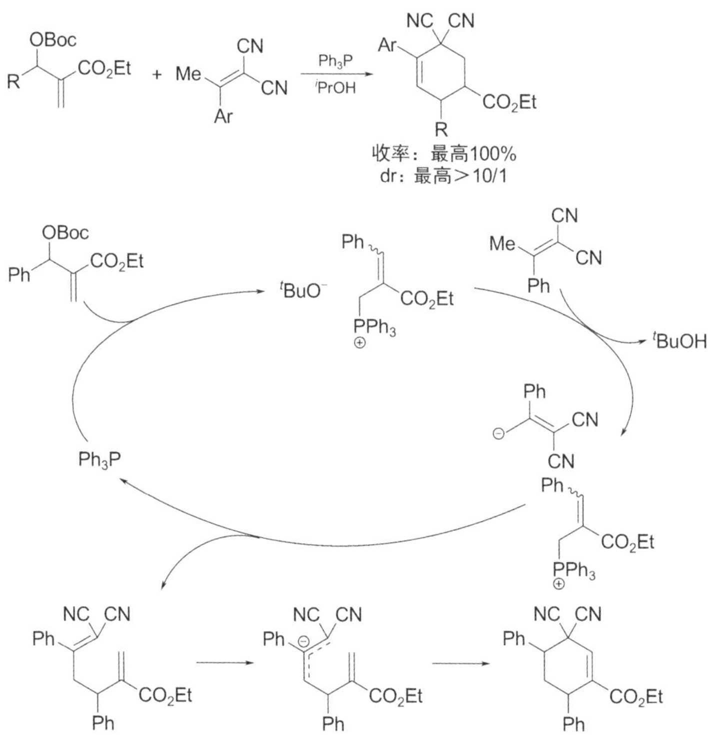


图 3-343　首例叔膦催化 MBH 醇衍生物的 [3+3] 环化反应及其反应机理

黄有课题组在 2012 年发现叔膦催化 MBH 碳酸酯的新反应模式。在与 $\alpha,\beta$-不饱和酮酸酯的反应中，叔膦催化剂进攻 MBH 碳酸酯形成两性离子中间体后，随即亲核进攻 $\alpha,\beta$-不饱和酮酸酯的酮羰基，随即发生 Wittig 反应后得到三烯，经历 $6\pi$ 电环化得到环己二烯，紧接着被氧化脱氢芳构化得到苯的衍生物。该反应官能团耐受性好，有中等到良好的产率。产物通过两步转化可以得到生物活性分子阿卡碱类似物(图 3-344)[481]。随后黄有课题组还发现随着叔膦催化剂用量的降低，苯环化的产物产率降低，而一类新的[1+4]环化反应的产物二氢呋喃会增加[482]，将在叔膦催化的 MBH 醇衍生物的[1+4]环化反应中进行介绍。

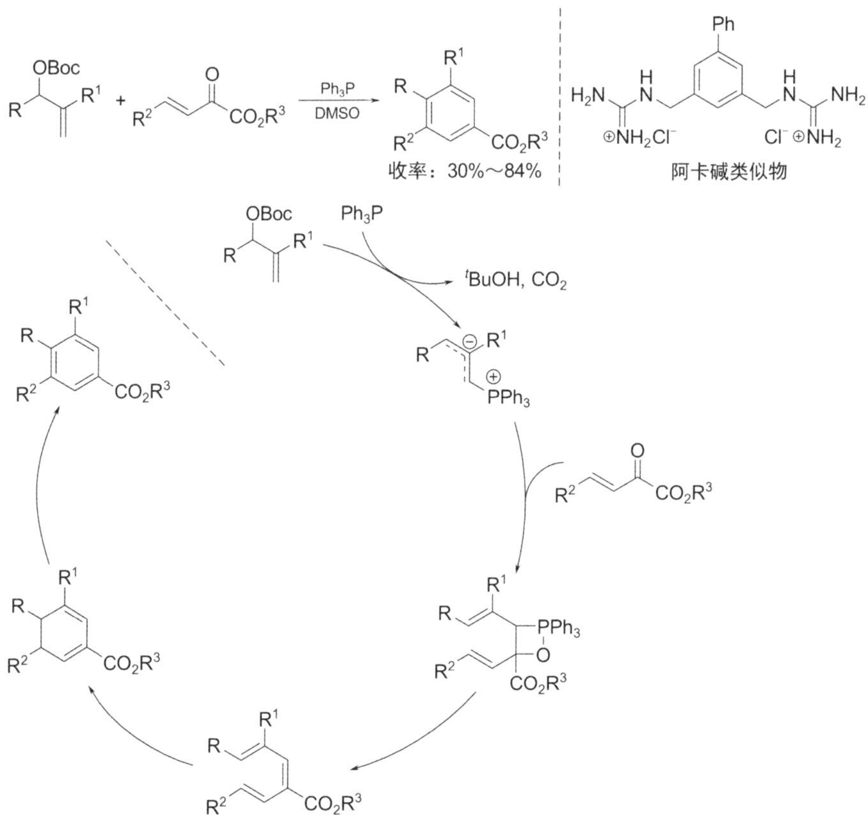


图 3-344　首例叔膦催化 MBH 醇衍生物的 [3+3] 苯环化反应及其反应机理

2014 年，石德清课题组将叔膦催化 MBH 碳酸酯的苯环化反应的底物范围拓宽到 2-苯甲酰基色满酮。反应适用于无取代 MBH 碳酸酯，反应有中等到优秀的产率

（图 3-345）[483]。和黄有课题组报道的苯环化反应一样，这里将催化剂用量降低，在温和的条件下也是得到[1+4]环化的产物。

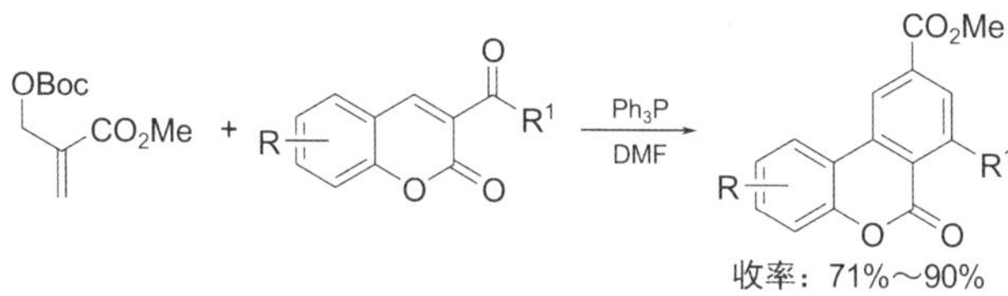


图 3-345　叔膦催化 MBH 醇衍生物的 [3+3] 苯环化反应

2018 年，蒋先兴课题组报道了一种少见的叔膦催化 MBH 碳酸酯作为 C3 合成子的反应模式。季鏻盐与 2-酰基-2-丁烯腈烯醇化的中间体发生 D-A 反应后，接着发生半片呐醇重排得到一个新的六元环（图 3-346）[484]。反应在手性双膦催化剂的催化下进行，以中等的产率、优秀的对映选择性和非对映选择性得到一系列含三个手性中心的多取代环己烯类化合物。

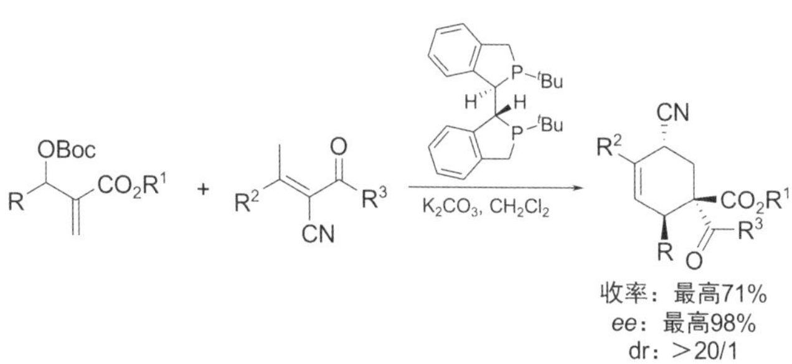


图 3-346　叔膦催化 MBH 醇衍生物的 D-A 反应串联半片呐醇重排的 [3+3] 环化反应

2015 年，郭红超课题组发展了手性叔膦催化的 MBH 碳酸酯与 *C,N*-环状甲亚胺的对映选择性的[3+3]环化反应。将 MBH 碳酸酯替换为炔酸酯或者联烯酸酯时，反应的产率极低，化学选择性也很差。而将 MBH 碳酸酯应用于此反应中时，在螺环骨架手性膦的催化作用下，可以以很好的产率和极好的对映及非对映选择性得到目标产物（图 3-347）[485,486]。紧接着，郭红超课题组又将反应体系应用于苯并嘧啶骨架的 *C,N*-环状甲亚胺，在桥环手性叔膦催化剂的催化条件下以很好的产率和对映选择性得到了目标产物（图 3-347）[487]。遗憾的是，该反应中的 MBH 碳酸酯的取代基不能是烷基，否则反应无法发生。

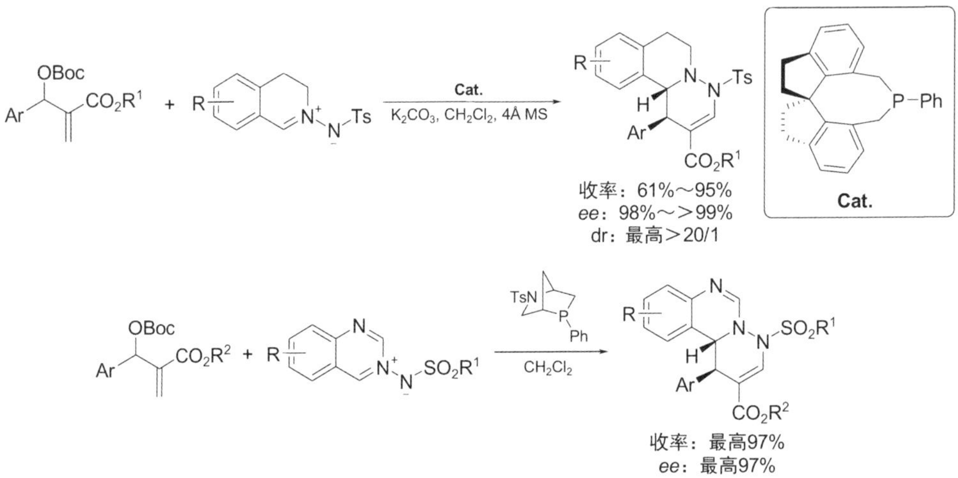


图 3-347　手性叔膦催化 MBH 碳酸酯与 *C*,*N*- 环状甲亚胺的对映选择性的 [3+3] 环化反应

同一年，魏东辉课题组通过 DFT 计算，提出了叔膦催化 MBH 碳酸酯与 *C*,*N*-环状甲亚胺类化合物的[3+3]环化反应可能的详细机理（图 3-348）[488]：反应由叔膦亲核进攻 MBH 碳酸酯启动，随着 C—O 键的断裂，OBoc 基团攫氢后裂解为 $CO_2$

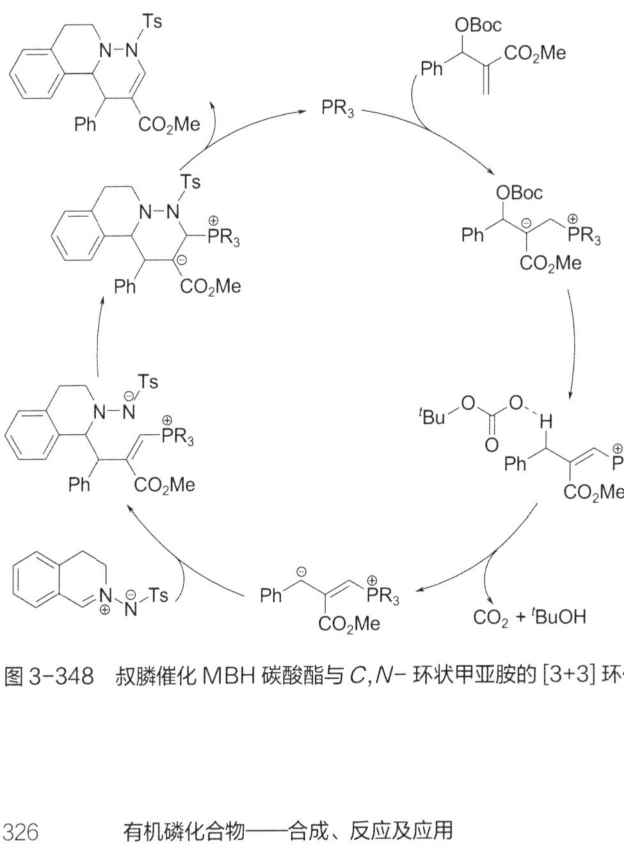


图 3-348　叔膦催化 MBH 碳酸酯与 *C*,*N*- 环状甲亚胺的 [3+3] 环化反应的反应机理

和 $^t$BuOH，并形成经典的烯丙基磷叶立德中间体。接着亲核进攻 *C*,*N*-环状甲亚胺并进一步环化、消去叔膦催化剂即可得到目标产物。计算结果表明：碳碳键形成过程是决定立体选择性的步骤，在碳碳键形成的过渡态的(*R*,*R*)-构型中，有利的氢键和较小的空间位阻决定了(*R*,*R*)-产物占主导地位。

2019 年，黄有课题组设计了一例叔膦催化 MBH 碳酸酯与亲电 - 亲核试剂对氨基苯醌的[3+3]环化反应(图 3-349)[489]。和郭红超课题组报道的与 *C*,*N*-环状甲亚胺的[3+3]环化反应不同，鏻物种是作为亲电试剂参与反应，而后发生极性反转加成再消去叔膦催化剂从而得到氢化喹啉类化合物。MBH 碳酸酯作为底物时反应有优秀的产率和非对映选择性，而使用 MBH 醋酸酯会使得产率下降。

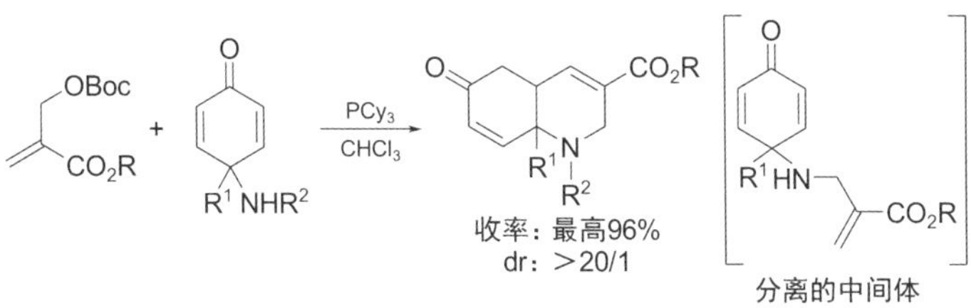


图 3-349 叔膦催化 MBH 醇衍生物与对氨基苯醌的 [3+3] 环化反应

2021 年，钟为慧课题组设计了一类新颖的 2-氯代喹啉骨架的 MBH 碳酸酯，发展了一例二茂铁骨架手性叔膦催化下 MBH 碳酸酯与吡唑啉酮的对映选择性[3+3]环化反应以构建六元氧杂环，得到一系列并环骨架的化合物(图 3-350)[490]。

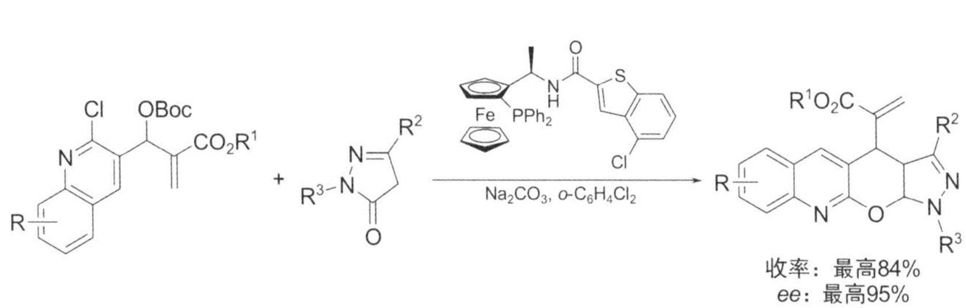


图 3-350 手性叔膦催化 2-氯代喹啉骨架的 MBH 碳酸酯的 [3+3] 环化反应

### 3.4.7.3 叔膦催化的 MBH 醇衍生物的 [ 1+4 ] 环化反应

(1)叔膦催化的 MBH 醇衍生物的[1+4]环化反应合成五元氧杂环

2010 年，张俊良课题组报道了首例叔膦催化 MBH 碳酸酯作为 C1 合成子与 *α*-

炔基-$\alpha,\beta$-不饱和酮的[1+4]环化反应。该反应中烷基取代的烯炔需要更高的催化剂用量。除了烯炔底物之外，还可以使用亚苄基乙酰乙酸乙酯，但是需要四氢呋喃作为溶剂来保持良好的产率。作者认为反应的机理如下：在经典的叔膦催化 MBH 碳酸酯形成烯丙基磷叶立德之后，$\gamma$-位亲核进攻缺电子的 $\alpha$-炔基-$\alpha,\beta$-不饱和酮得到新的两性离子中间体，碱性条件协助质子转移造成异构化，进一步环化并消去叔膦催化剂得到二氢呋喃类化合物。在反应过程中 MBH 碳酸酯的同一位点既作为亲核位点又作为亲电位点，所以 MBH 碳酸酯在这里的中间体又被称为 1,1-偶极子（图 3-351）[491]。

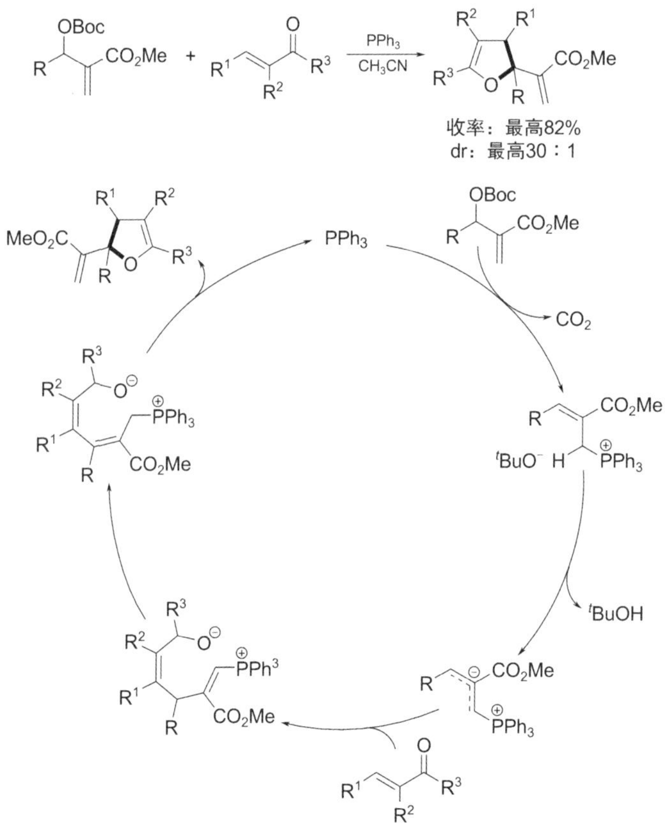


图 3-351 叔膦催化 MBH 醇衍生物的 [1+4] 环化反应

2013 年，黄有课题组将烯基酮酸酯应用于叔膦催化 MBH 碳酸酯的[1+4]环化反应当中（图 3-352）。反应有单一的非对映选择性，受芳基上取代基电性的影响较小。更有趣的是，产物二氢呋喃可以通过胺催化转化为 2*H*-吡喃类化合物[492]。

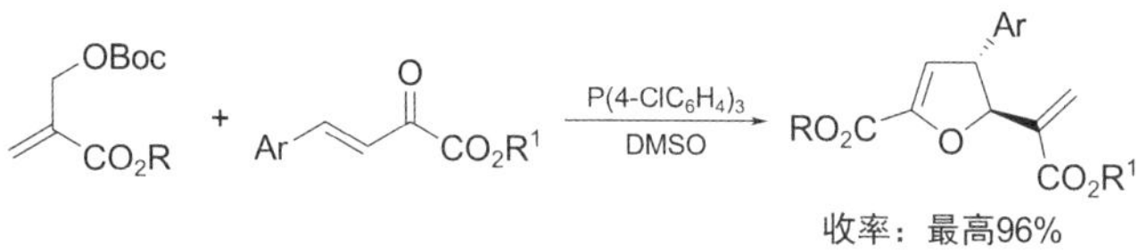


图 3-352　叔膦催化 MBH 醇衍生物和烯基酮酸酯的 [1+4] 环化反应

作为对一类反应底物的扩充，2014 年石德清课题组使用色满酮作为亲电试剂也完成了[1+4]环化反应，以中等到好的产率得到了一系列目标产物(图 3-353)[483]。

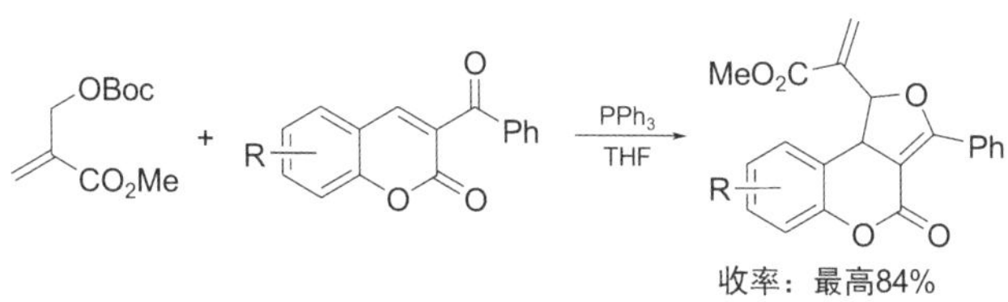


图 3-353　叔膦催化 MBH 醇衍生物和色满酮的 [1+4] 环化反应

同年，施敏课题组使用联萘骨架的手性双功能硫脲 - 叔膦催化剂实现了 MBH 碳酸酯与靛红衍生的活化烯烃的[1+4]环化反应(图 3-354)[493]。该反应有着非常好的产率和对映选择性，不过非对映选择性较差。

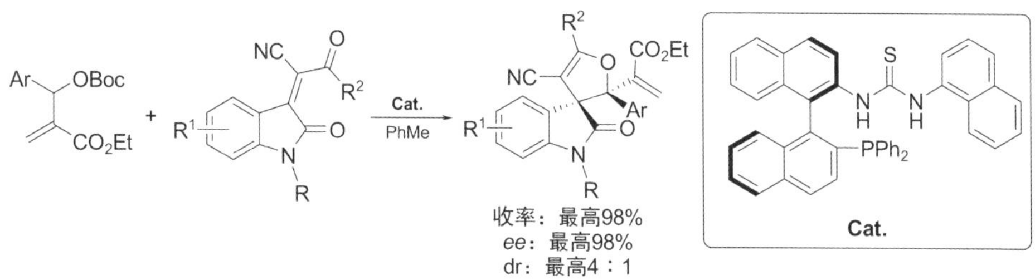


图 3-354　手性叔膦催化 MBH 醇衍生物的 [1+4] 环化反应

2017 年，李鹏飞课题组使用双膦配体 Du-phos 的单氧化物也实现了类似的反应，以极高的产率和很好的非对映及对映选择性得到了一系列二氢呋喃类化合物(图 3-355)[494]。随后作者又报道了手性叔膦催化剂催化 MBH碳酸酯与 2-烯酰基吡啶和 2-烯酰基氧化吡啶的[1+4]环化反应[495,496]。

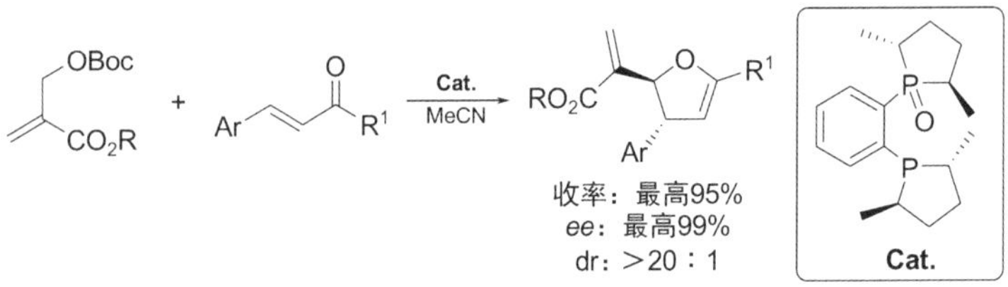


图 3-355　双膦配体催化 MBH 醇衍生物的 [1+4] 环化反应

几乎在2018年的同一时间，李鹏飞、石枫和张俊良课题组分别报道了叔膦催化 MBH 碳酸酯与邻亚甲基苯醌的[1+4]环化反应[497-499]（图 3-356）。李鹏飞课题组使用双膦配体 Du-phos 的单氧化物催化无取代 MBH 碳酸酯与芳基邻亚甲基苯醌的反应，以中等到良好的产率和对映选择性得到了几乎单一非对映选择性的手性苯并二氢呋喃类化合物。石枫课题组使用联萘吲哚骨架的叔膦催化剂催化 MBH 碳酸酯与烯基邻亚甲基苯醌的反应，获得了中等到优秀的产率和非对映选择性。不过将无取代 MBH 碳酸酯替换为芳基 MBH 碳酸酯时，反应产率明显降低甚至不能发生反应。张俊良课题组使用手性双功能酰胺-叔膦催化剂催化芳基 MBH 碳酸酯与烯基邻亚甲基苯醌的反应，以从中等到优秀的产率和对映选择性得到目标产物。遗憾的是其非对映选择性普遍较差，只有个别良好。

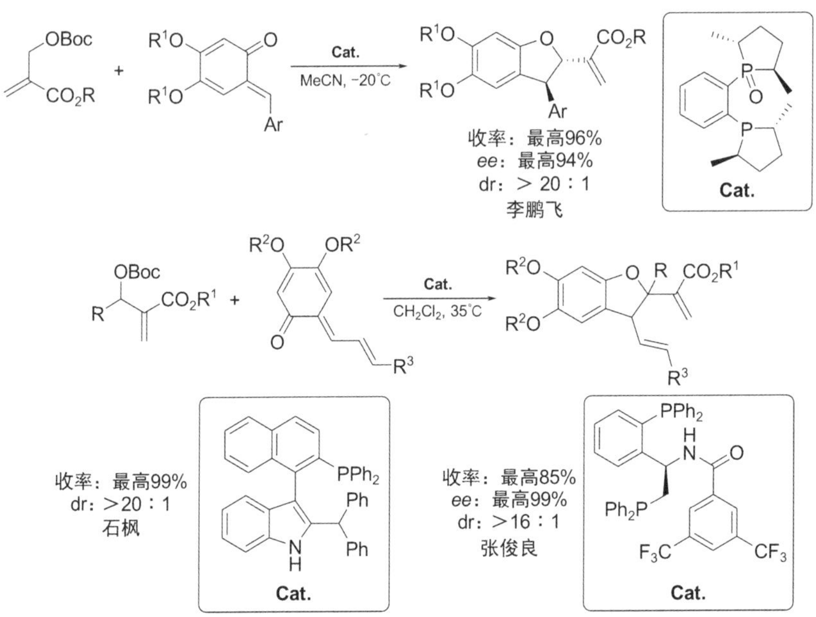


图 3-356　手性叔膦催化 MBH 醇衍生物和邻亚甲基苯醌的 [1+4] 环化反应

叔膦催化 MBH 醇衍生物除了可以与共轭的亲电试剂发生[1+4]环化反应，2010 年，黄有课题组报道了首例与亲电-亲核试剂通过[1+4]环化得到五元氧杂环。作者使用水杨醛衍生的 *N*-硫代次膦酰亚胺作为四原子合成子，以中等到优秀的产率得到了一系列苯并二氢呋喃类化合物(图 3-357)[500]。

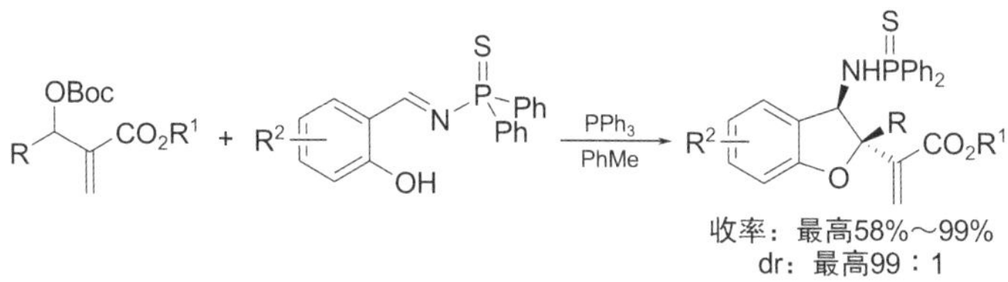


图 3-357　首例叔膦催化 MBH 醇衍生物和亲电－亲核试剂的 [1+4] 环化反应

2016 年，贺峥杰课题组将此反应的底物范围拓宽到邻羟基 / 氨基苯基酮类化合物，在更温和的条件下使用三苯基膦催化无取代 MBH 碳酸酯与其发生[1+4]环化反应得到苯并二氢呋喃或者二氢吲哚类产物，反应有从中等到优秀的产率和非对映选择性(图 3-358)[501]。

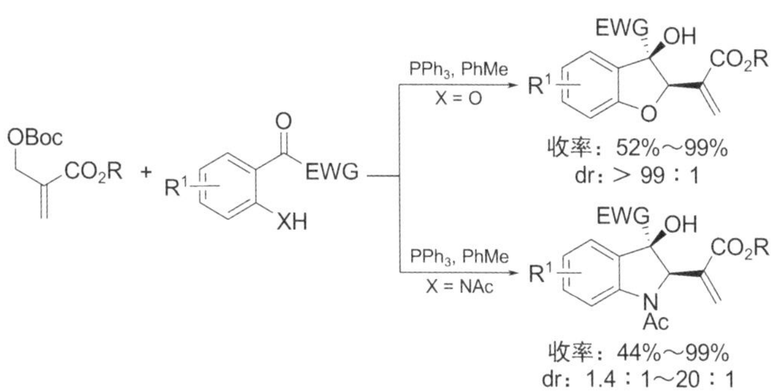


图 3-358　叔膦催化 MBH 醇衍生物和亲电－亲核试剂的 [1+4] 环化反应合成氧杂环 / 氮杂环

(2) 叔膦催化的 MBH 醇衍生物的[1+4]环化反应合成五元氮杂环

与上述[1+4]环化合成氧杂环的方法类似，贺峥杰课题组在 2011 年报道了叔膦催化 MBH 碳酸酯与 *N*-对甲苯磺酰基-$\alpha,\beta$-不饱和酮亚胺的[1+4]环化反应来合成 2-吡咯啉类化合物(图 3-359)[502]。不饱和酮亚胺底物中的芳基无论是被吸电子还是供电子基团取代，都有着很好的产率和极好的非对映选择性。接着，他们使用磷手性中心的双功能次膦酰胺-叔膦催化剂，实现了对映选择性的 MBH 碳酸酯与 *N*-对甲苯磺酰基-$\alpha,\beta$-不饱和酮亚胺的[1+4]环化反应(图 3-359)[503]。以很好的产率和对映选择性制备出了多种高对映选择性的多取代 2-吡咯啉类化合物。

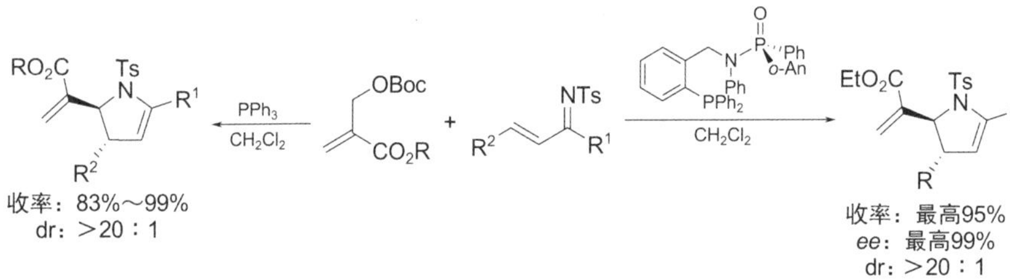


图 3-359 手性叔膦催化 MBH 醇衍生物的不对称 [1+4] 环化反应合成五元氮杂环（一）

2015 年，施敏课题组报道了 $PPh_2Me$ 催化 MBH 碳酸酯与吲哚酮骨架的 $\alpha,\beta$-不饱和酮亚胺的[1+4]环化反应(图 3-360)[504]，反应有中等到好的产率和非对映选择性。作者也使用了二肽骨架的手性膦催化剂对不对称催化进行了尝试，然而效果不佳。

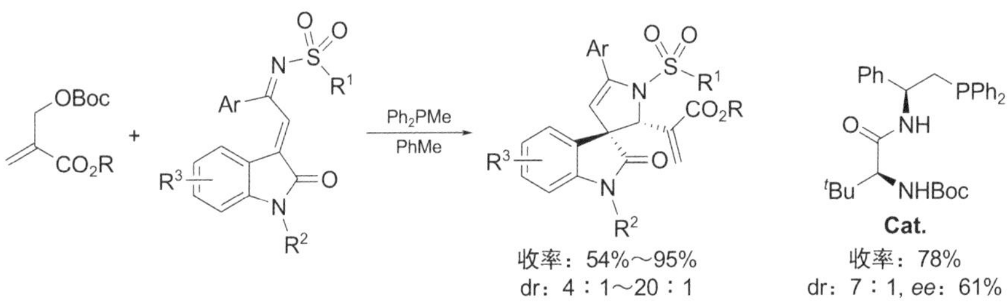


图 3-360 手性叔膦催化 MBH 醇衍生物的不对称 [1+4] 环化反应合成五元氮杂环（二）

2019 年，李鹏飞课题组报道了叔膦催化剂催化无取代 MBH 碳酸酯与 *N*-磺酰基-$\alpha,\beta$-不饱和酮亚胺的[1+4]环化反应(图 3-361)[505]，以中等程度到良好的产率和优秀的对映选择性得到了一系列 2-吡咯啉类化合物。

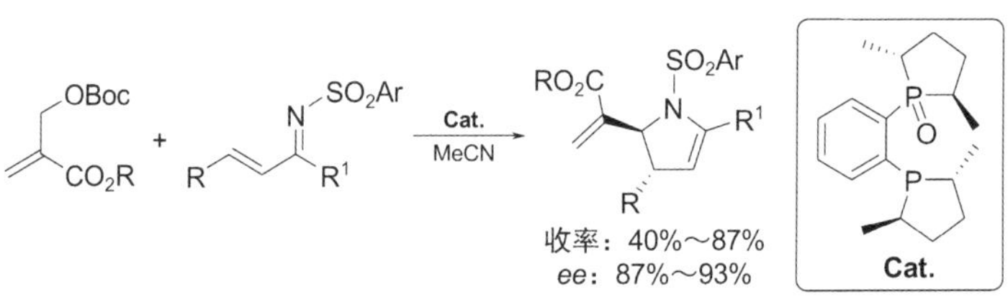


图 3-361 手性叔膦催化 MBH 醇衍生物的不对称 [1+4] 环化反应合成五元氮杂环（三）

和 $\alpha,\beta$-不饱和酮亚胺的反应性类似，硝基烯烃也可以作为四原子合成子在叔膦催化的条件下与 MBH 碳酸酯发生[1+4]环化反应。贺峥杰课题组发现该反应可以以良好的产率和非对映选择性制备官能化的异噁唑啉 *N*-氧化物(图 3-362)[506]。对于未取代的 MBH 碳酸酯，产物以反式异构体为主。当使用芳基 MBH 碳酸酯时，主要产物则是顺式异构体。

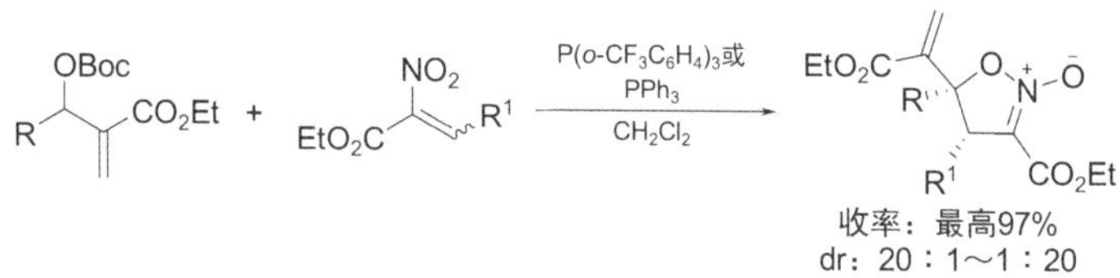


图 3-362　叔膦催化 MBH 醇衍生物的 [1+4] 环化反应合成五元环状亚硝基化合物

(3)叔膦催化的 MBH 醇衍生物的[1+4]环化反应合成五元碳环

为了进一步拓宽叔膦催化 MBH 碳酸酯与亲电试剂的[1+4]环化反应的底物范围，施敏课题组于 2012 年研究了活化二烯参与的[1+4]环化反应[507]。其反应性与烯烃类似，在联萘骨架手性叔膦的催化下，以高产率和高对映选择性得到各种官能团化的环戊烯衍生物(图 3-363)。不过 MBH 碳酸酯被烷基或者带有供电子基团的芳基取代时，产率会大幅下降。

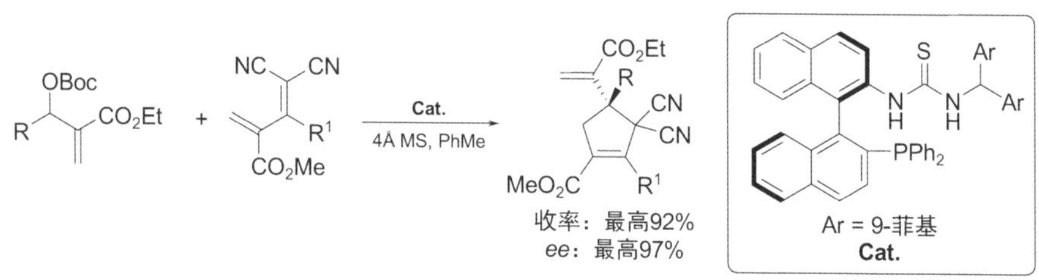


图 3-363　手性叔膦催化 MBH 醇衍生物的不对称 [1+4] 环化反应合成五元碳环

贺峥杰课题组在 2013 年使用三苯基磷作为催化剂也完成了这一转化，以高产率得到各种芳基取代的环戊烯(图 3-364)[508]。有趣的是，MBH 醋酸酯比 MBH 碳酸酯的产率要高。

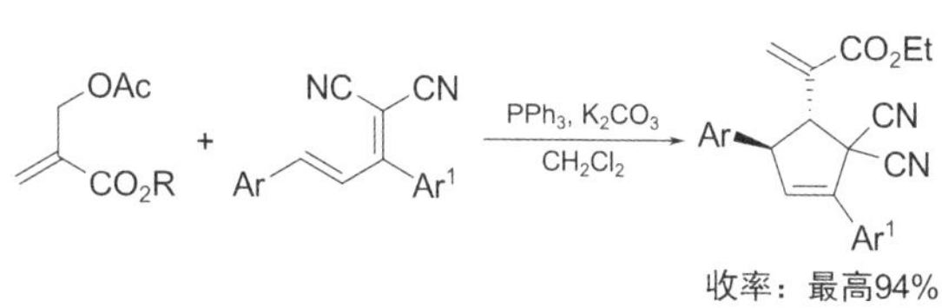


图 3-364　叔膦催化 MBH 醋酸酯的 [1+4] 环化反应合成五元碳环

### 3.4.7.4 叔膦催化的MBH醇衍生物的连续环化反应

MBH醇衍生物在叔膦催化下作为C1、C3合成子得到了广泛的应用，2014年，黄有课题组报道了首例叔膦催化MBH醇衍生物作为1,2,3-C3合成子的连续环化反应。在三对氟苯基膦的催化下，无取代MBH碳酸酯与1,3-二苯砜基-1,3-丁二烯反应，以中等到优秀的产率和完美的非对映选择性得到了[4.1.0]并环化合物。作者认为可能的反应机理如下：叔膦催化剂进攻MBH碳酸酯后得到的鏻物种进攻1,3-二苯砜基-1,3-丁二烯，接着发生极性反转加成的环化/质子转移/消去催化剂的过程，最终得到目标产物（图3-365）[509]。

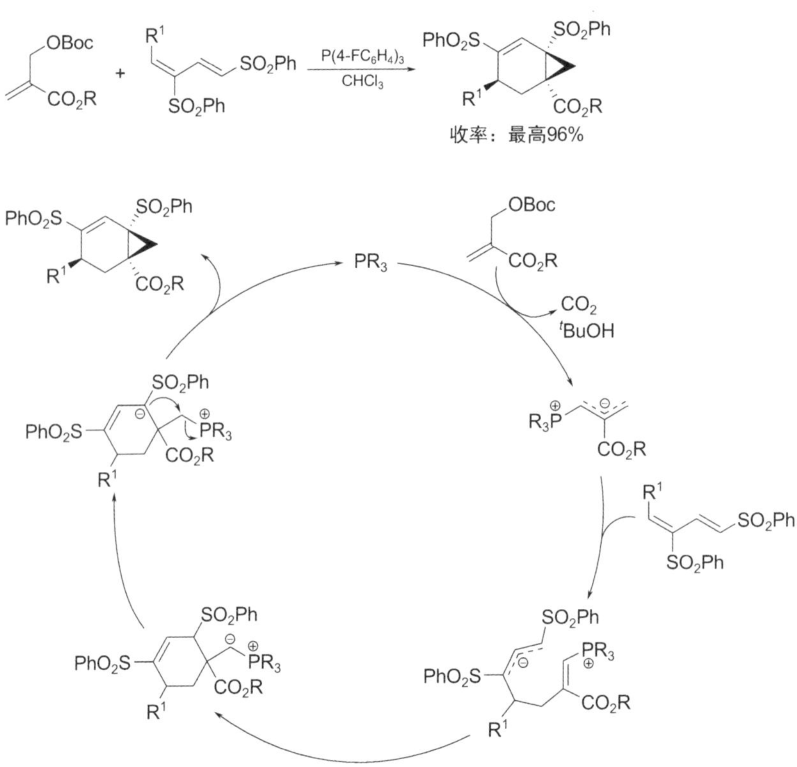


图3-365 首例叔膦催化MBH醇衍生物的连续环化反应及其机理

2017年，孟祥太课题组报道了三对甲氧基苯基膦催化两分子无取代MBH碳酸酯与一分子苯丙二氢噻吩骨架的烯酮的串联环化反应，在高温下以中等的产率得到复杂的笼状结构（图3-366）[479]。

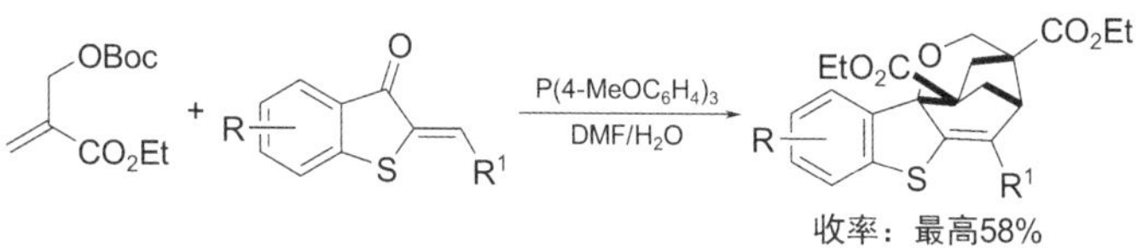


图 3-366　叔膦催化 MBH 醇衍生物的连续环化反应合成复杂笼状分子

黄有课题组发展了化学计量叔膦促进的 MBH 碳酸酯与邻氨基查耳酮的反应，MBH 碳酸酯作为 1,2,3-C3 合成子实现了多官能化氮杂苯并双环[4.3.0]骨架的构筑，反应有从良好到优秀的产率和非对映选择性。作者认为该反应涉及一个“一锅”催化和化学计量的过程：叔膦催化 MBH 碳酸酯形成的鏻物种首先与氨基发生烯丙基烷基化反应，得到可以分离的中间体，而后发生叔膦促进的分子内亲核进攻 / 质子转移 /Wittig 反应最后得到目标化合物(图 3-367)[510]。2020 年孟祥太课题组也报道了类似的反应[511]。

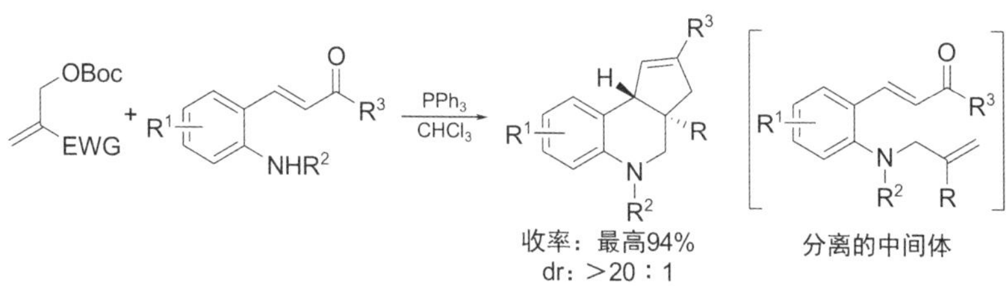


图 3-367　化学计量叔膦促进 MBH 醇衍生物的连续环化反应

2022 年，黄有课题组又发现在膦催化剂的介导下，*N*-未保护吲哚衍生的烯酮可以与 MBH 碳酸酯发生[2+4]/[2+3]连续环化反应，合成出天然产物和材料当中的常见结构单元 1,7-环取代吲哚。反应的底物适用范围广泛，有着几乎完美的非对映选择性，吲哚 3 号位上的含氟吸电子基团是反应所必需的。同时还发现，在还原剂苯基硅烷的存在下，催化量的氧化膦杂环丁烷也可以促使反应的发生(图 3-368)[512]。

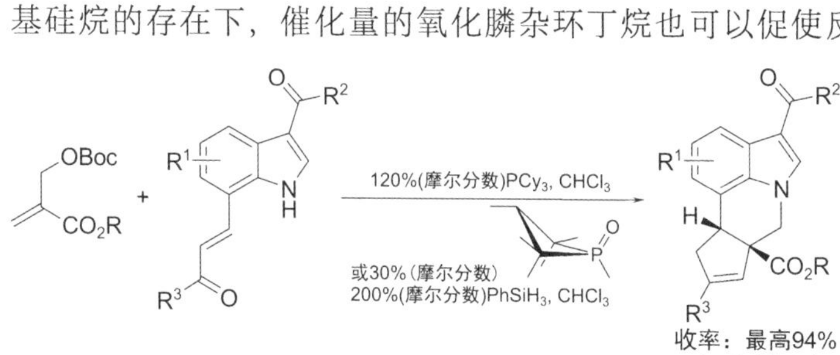


图 3-368　叔膦促进 MBH 醇衍生物的连续环化反应

### 3.4.7.5 叔膦催化的 MBH 醇衍生物的其他环化反应

(1)叔膦催化的 MBH 醇衍生物的[2+4]环化反应

路易斯碱催化 MBH 碳酸酯作为 C2 合成子的报道有限却十分有趣。黄有课题组在 2014 年报道了首例膦催化 MBH 碳酸酯作为 C2 合成子的反应。作者使用三对氯苯基膦催化无取代 MBH 碳酸酯与 $\alpha,\beta$-不饱和酮酸酯反应，首先生成[1+4]环化的产物，紧接着加入二级胺，可以使得二氢呋喃转化为二氢吡喃类化合物。分步反应也证明了这一过程。因此推测第二步反应是通过二级胺使二氢呋喃开环，并进一步异构为双烯酮中间体，最后发生氧杂 6π 电环化得到产物。同时作者对其过程进行了密度泛函理论(DFT)计算，也证实了这一反应路径(图 3-369)[513]。

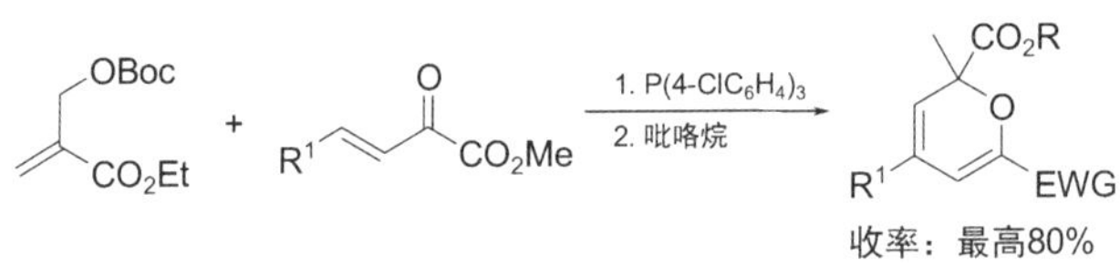


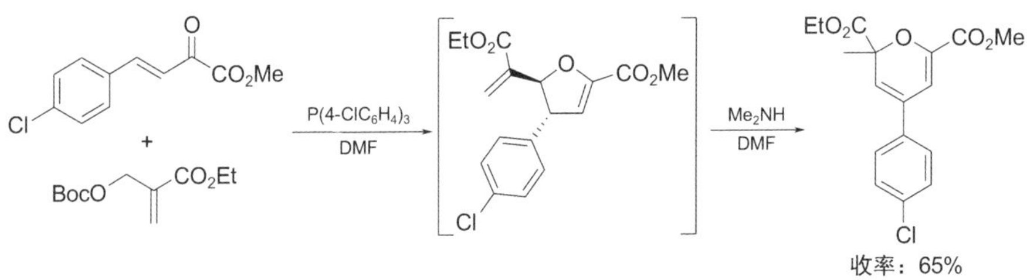


图 3-369 首例叔膦催化 MBH 醇衍生物的 [2+4] 环化反应

孟祥太课题组在发展叔膦催化MBH碳酸酯与苯丙二氢噻吩骨架的烯酮的[3+4]环化反应的同时，发现将溶剂由乙醇换为四氢呋喃并降低温度，可以实现其作为C2合成子的反应(图 3-370)[479]。

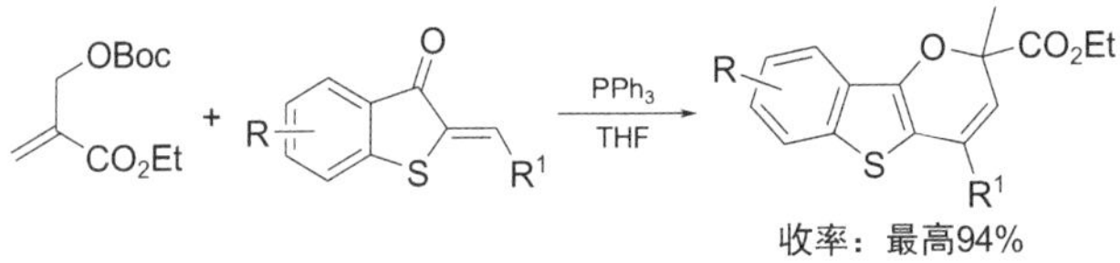


图 3-370 叔膦催化 MBH 醇衍生物的 [2+4] 环化反应

(2) 叔膦催化的 MBH 醇衍生物的[1+2+2]环化反应

叔膦催化 MBH 醇衍生物作为 C1 合成子与共轭的两个双键可以发生[1+4]环化反应，而两个双键不共轭时反应也可以发生。2011 年，贺峥杰课题组报道了叔膦催化 MBH 碳酸酯与两分子的查耳酮发生串联的[1+2+2]环化反应。这是在[3+2]环化反应的基础上发现的，通过增加查耳酮的用量并在查耳酮的芳基上引入强吸电子基团，即可得到全取代的环戊烷衍生物。该反应的产率偏中等且底物适用性不好(图 3-371)[436]。

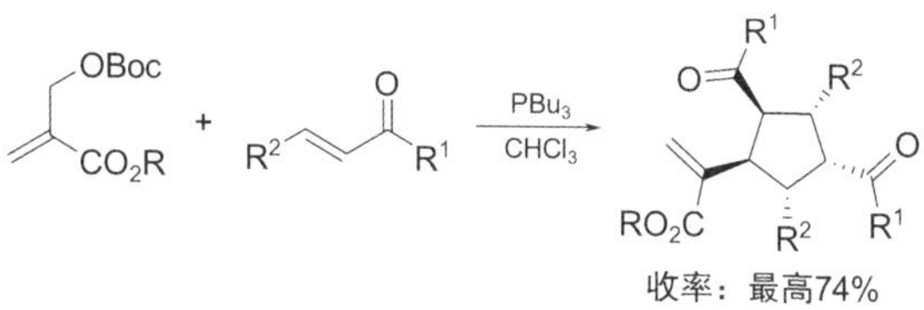


图 3-371 叔膦催化 MBH 醇衍生物的 [1+2+2] 环化反应（一）

沈守杰课题组在 2018 年发展了类似的叔膦催化 MBH 碳酸酯与 *N*-苯基吡唑啉酮衍生的烯烃的[1+2+2]环化反应，以优秀的产率得到环戊烷结构，但反应的非对映选择性较差(图 3-372)[514]。

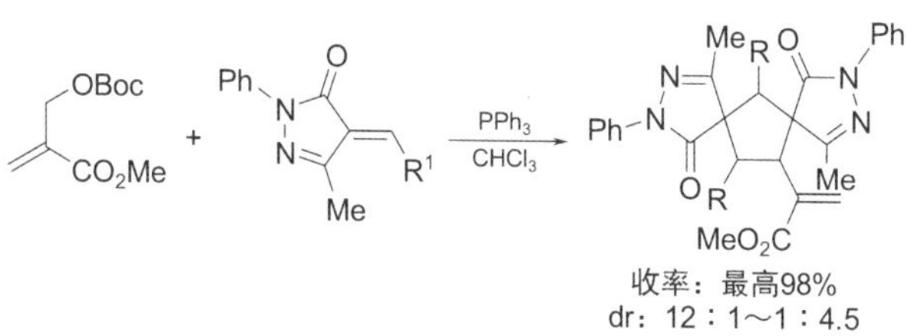


图 3-372 叔膦催化 MBH 醇衍生物的 [1+2+2] 环化反应（二）

(3) 叔膦催化的 MBH 醇衍生物的[4+2]环化反应

2022 年，郭红超课题组基于 Trost 课题组发展的含酸性氢 MBH 碳酸酯[515]报道了叔膦催化 MBH 碳酸酯与活化烯烃的[4+2]环化反应，可以得到环己烯醇或环己酮类化合物(图 3-373)[516]。随后作者又将反应应用于和亚胺的[4+2]环化反应，成功构筑了一系列氮杂六元环化合物[517]。

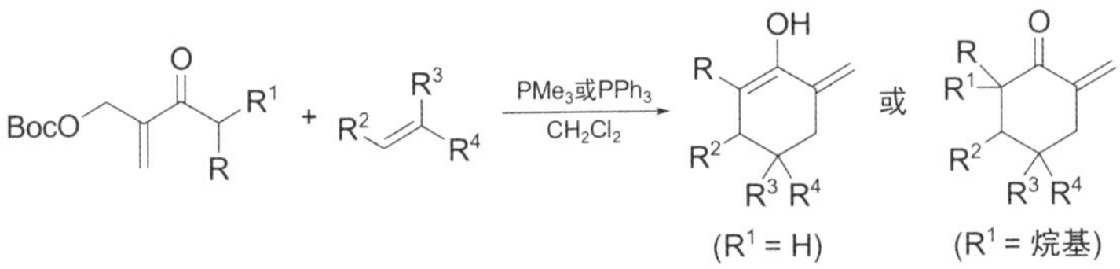

图 3-373　叔膦催化 MBH 醇衍生物的 [4+2] 环化反应

## 3.4.8　叔膦催化的炔酮的环化反应

### 3.4.8.1　叔膦催化的炔酮的分子内环化反应

2003 年，Tomita 课题组报道了双炔酮发生分子内环化反应，该反应包括叔膦催化的 $\alpha'$-Adole 加成和随后的 $\alpha$-极性反转加成反应（图 3-374）[518]。这种串联的 $\alpha'$-加成反应 /$\alpha$-极性反转加成反应被称为 Tomita 拉链环化反应，此后被应用于多种亲电试剂，包括酮、$\alpha,\beta$-不饱和羰基化合物、亚胺和甲亚胺。此外，各种双炔酮与三丁基膦反应以良好的产率生成双环呋喃酮体系。

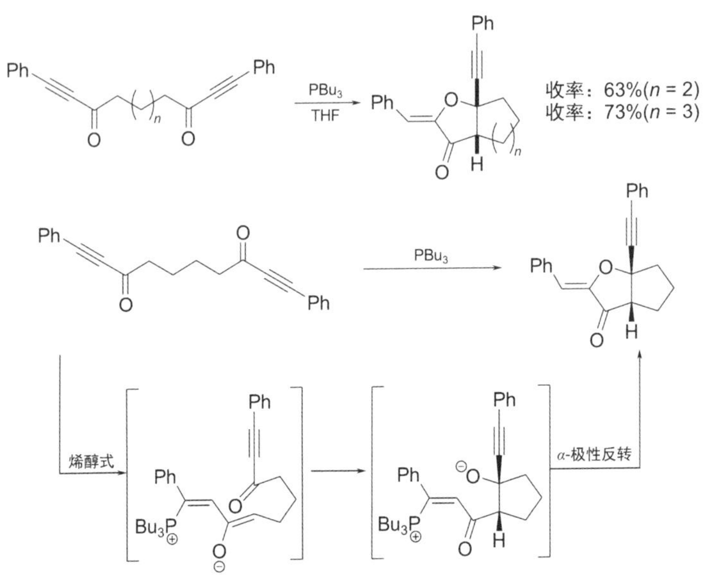

图 3-374　双炔酮发生分子内环化反应

2010 年，在 Tomita 于 2003 年的工作的启发下，Fu 看到了该转化在形成官能化双环[3.3.0]辛烷方面的潜在合成效用(图 3-375)[519]。在 Tomita 的炔-二酮体系之后进行[3+2]环化，涉及连续的 Michael 加成和 $\alpha$-不饱和加成。此外，作者也提出了该反应的机理。三丁基膦具有很好的催化效率，烯基炔丙基酮可以高产率地得到产物双环[3.3.0]辛烷。

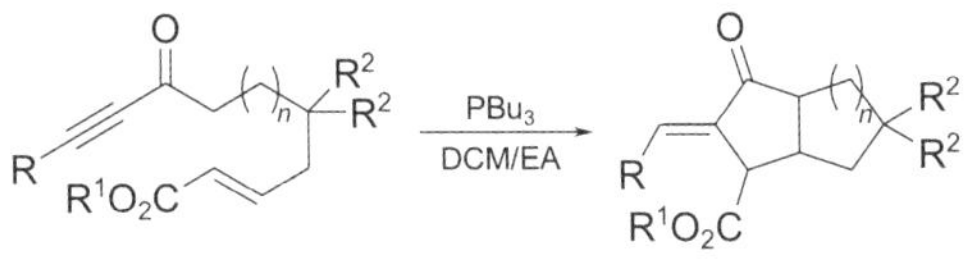
收率：56%～89%

图 3-375 形成官能化双环 [3.3.0] 辛烷衍生物的反应

2016 年，Ramasastry 课题组报道了炔酮的分子内 $\alpha$-不饱和加成反应，合成了一系列环戊烷稠合的杂芳烃(图 3-376)[520]。在 10%(摩尔分数)的 $PCy_3$ 存在下，与吲哚衍生物连接的炔酮以中等到良好的产率和优异的 $E$∶$Z$ 选择性得到相应的产物。此外，与 2-甲基苯并噻吩和苯并呋喃连接的炔酮也是合适的底物，以中等至优异的产率和良好的 $E$∶$Z$ 选择性得到了目标产物。

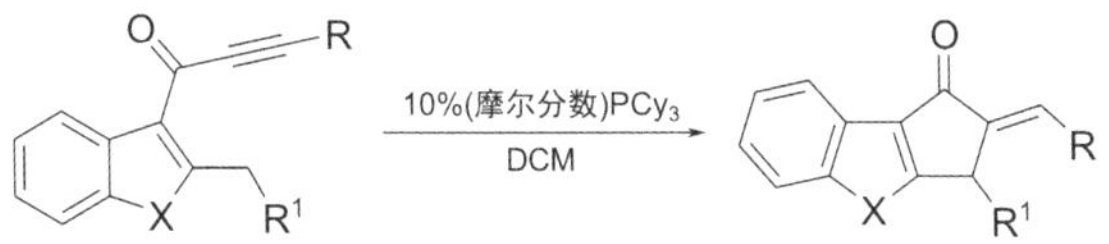
收率：64%～95%
$E$：$Z$：94：6～99：1

图 3-376 炔酮的分子内 $\alpha$-不饱和加成反应

### 3.4.8.2 叔膦催化的炔酮的分子间环化反应

(1)叔膦催化炔酮与双亲核试剂分子间环化反应

炔烃 Michael 加成反应和单亲核加成反应中，环化反应都是不常见的，除非它们是以分子内的方式发生。然而，使用双亲核试剂，许多途径是可能的，能够获得各种杂环化合物。该过程主要经过双 Michael 加成和 $\alpha$-极性反转内酯化。许多双亲核试剂、活泼基团和叔膦都很好地参与了叔膦催化的这一反应。

1999 年，Grossman 课题组报道了叔膦催化通过双 Michael 加成环化反应为碳环和杂环体系的合成提供了新的途径(图 3-377)[521]。以 2,6-二氰基-5-氧代庚酸乙酯为碳双亲核试剂，3-丁炔-2-酮为 Michael 受体，经过双 Michael 加成顺序，分离得到了较好的环己酮产率。以 2,5-二氰基-4-氧代己酸乙酯为原料，官能化环戊酮的形成也是可行的，尽管产率不高。

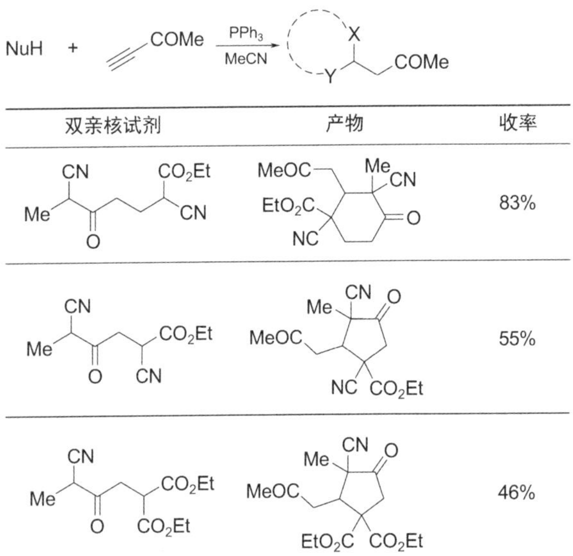


图 3-377 叔膦催化通过双 Michael 加成环化反应合成碳环和杂环体系

2007 年，Kwon 课题组报道了一种通用的环化策略，利用缺电子炔烃的不饱和性质，在膦催化下，可以发生两次 Michael 加成反应，以优异的产率生成多种不同的杂环化合物(图 3-378)[522-524]。许多杂环结构可以由双亲核试剂通过双 Michael 反应构建。利用氨基酸衍生的双亲核试剂，高产率和高对映选择性地合成了噁唑烷、噻吩烷和吡咯烷化合物。当使用芳香双亲核试剂，这种混合的双 Michael 加成策略也可以用于合成吲哚啉、二氢吡咯并吡啶、苯并咪唑啉、四氢喹啉、四氢异喹啉、二氢苯并-1,4-噁嗪类和二氢苯并-3,1-噁嗪。在该反应中，DPPP 的使用对于确保高产率至关重要，这可能是由于双膦配体中的邻位有稳定鏻离子的作用。

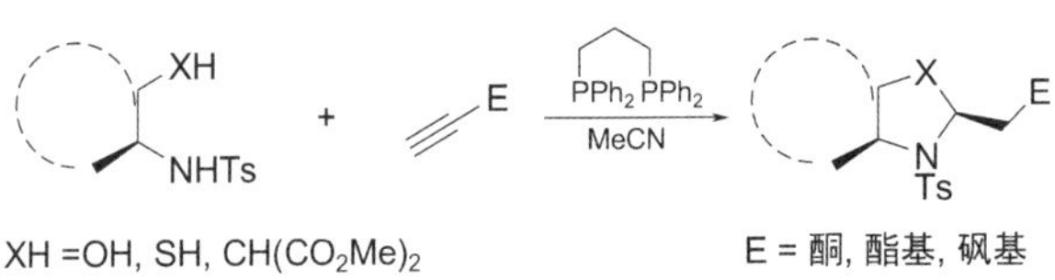


图 3-378 利用混合双亲核试剂的双 Michael 加成反应合成不同的杂环化合物

2017 年，Hooper 课题组报道了炔酮/Michael 受体与磺酰胺的[5+1]环化反应，得到异喹啉酮、吡咯烷酮和吡咯哌嗪(图 3-379)[525]。磺酰胺配体、炔酮的 $\beta$-位取代基、Michael 受体的耐受性很好，以中等到良好的产率和良好的 $E$∶$Z$ 获得了所需的产物。

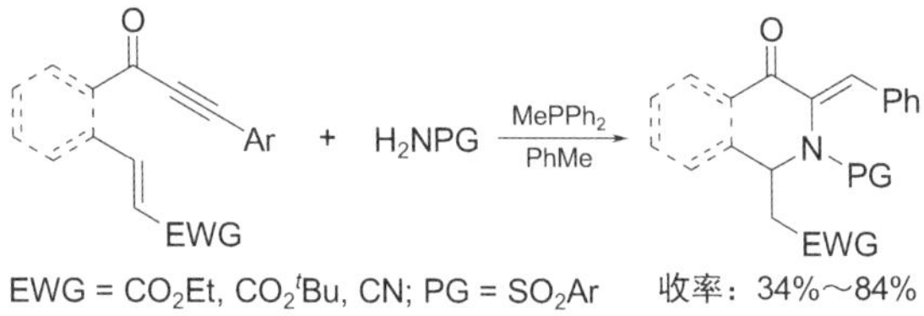


图 3-379 炔酮/Michael 受体与磺酰胺的 [5+1] 环化反应

2002 年，陆熙炎课题组发现了哌嗪和 1,4-二氮杂环通过 $\alpha$-极性反转-Michael 环化的途径形成。在氮亲核试剂的作用下，以较高的产率得到了官能化的哌嗪和 1,4-二氮杂环(图 3-380)[526]。在最优条件下，炔酸酯和炔酮能够很好地反应。

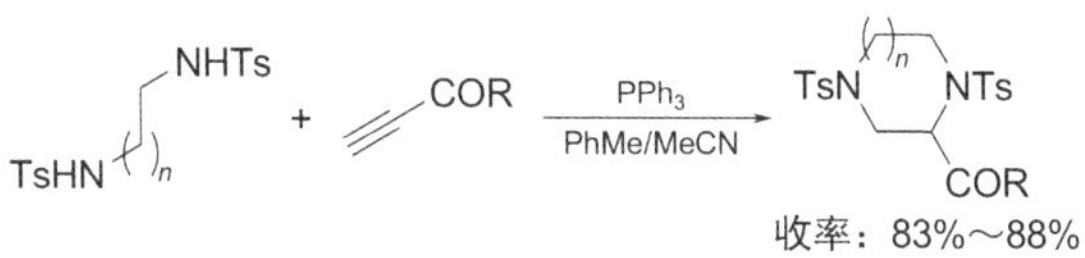


图 3-380 通过 $\alpha$-极性反转-Michael 环化的途径形成 1,4-二氮杂环

(2)叔膦催化炔酮与亲电试剂分子间环化反应

2012 年，施敏课题组报道了一个新颖的炔酮-靛红衍生物环化生成 3-螺四氢呋喃-3-酮-2-吲哚二酮衍生物的反应(图 3-381)[527]。该反应可以高产率地制备 3-螺四氢呋喃-3-酮-2-氧化吲哚衍生物。含有 5-甲氧基-$N$-苄基的靛红衍生物反应顺利，产物产率较高，而含有 7-溴取代基的靛红产物产率较低。将靛红上的苄基保护基替换为吸电子的 Boc 基团，反应效率较高。

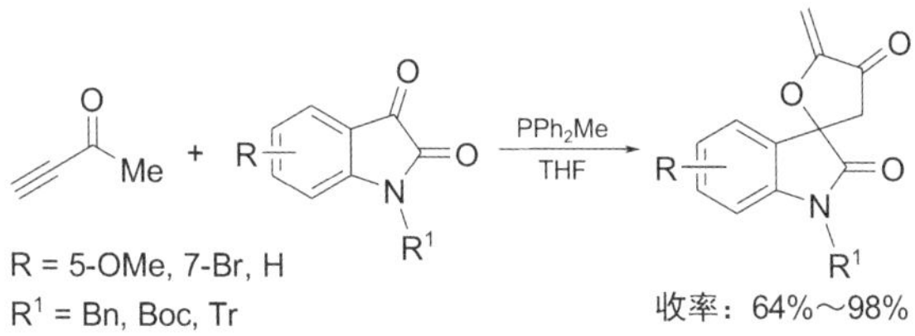


图 3-381 炔酮-靛红衍生物环化生成 3-螺四氢呋喃-3-酮-2-吲哚二酮衍生物

2012 年，黄有课题组报道了利用炔酮和靛红衍生物在叔膦催化下高效合成螺环氧化吲哚(图 3-382)[528]。该反应在体系中加入苯甲酸以提高产率。此外，对于含有不同取代基的靛红底物，均能以较高的产率得到目标螺环氧化吲哚。

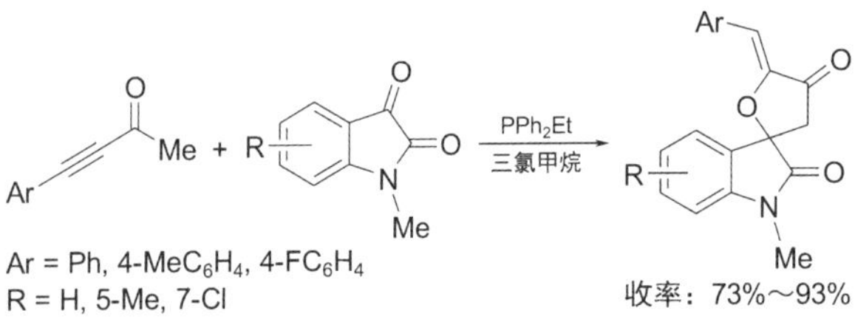


图 3-382　利用炔酮和靛红衍生物在叔膦催化下高效合成螺环氧化吲哚

2013年，周庆发课题组报道了利用炔酮和靛红衍生的烯炔合成了官能团化螺环氧化吲哚(图 3-383)[529]。不管内炔的取代基如何，该反应都给出了良好的产率。

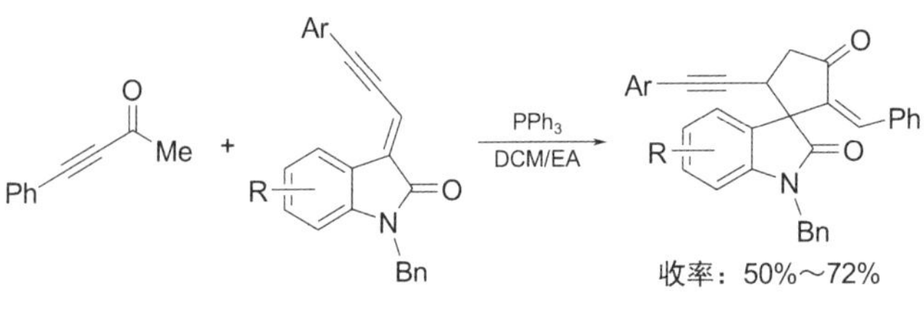


图 3-383　利用炔酮和靛红衍生的烯炔合成官能团化螺环氧化吲哚

接着，黄有课题组以芳甲亚基茚满-1, 3-二酮为反应底物，以较好的产率得到了一系列官能化的螺环茚满-1, 3-二酮(图 3-384)[530]。该反应对带有不同取代基的芳甲亚基茚-1, 3-二酮都是耐受的，能够以良好的产率得到目标产物。

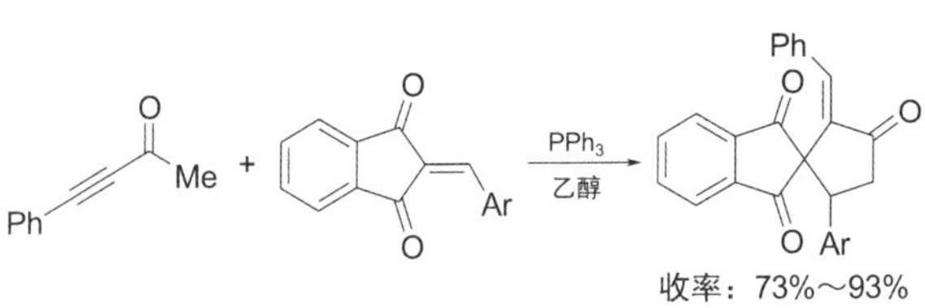


图 3-384　以芳基茚满-1, 3-二酮为底物合成一系列官能化螺环茚满-1, 3-二酮

2016 年，黄有课题组报道了以 *N*, *N*-环状亚甲胺亚胺为底物与炔酮的[3+3]环化反应(图 3-385)[531]。在 $PPh_3$ 存在下，几种炔酮与各种亚甲胺亚胺在混合溶剂(正

丁醇：三氯甲烷 = 1 ∶ 1）中反应，以中等到良好的产率得到官能团化的氢化哒嗪衍生物。

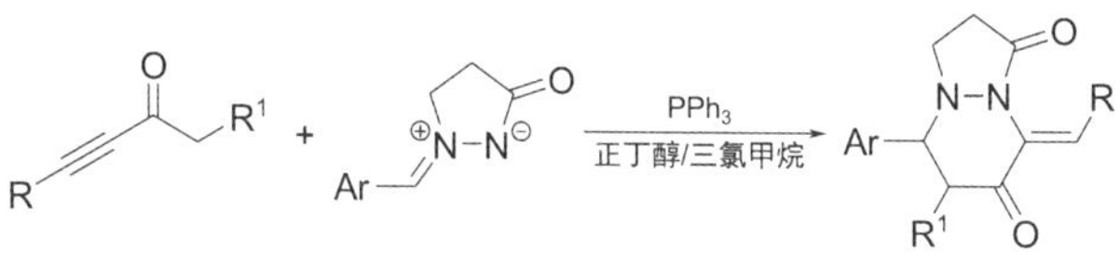


图 3-385 *N*,*N*-环状亚甲胺亚胺为底物与炔酮的 [3+3] 环化反应

2017 年，Ramachary 课题组报道了膦催化炔酮的[3+2]环化二聚反应（图 3-386）[532]。两分子的炔酮分别作为 C2 和 C3 合成子来合成 5-亚烷基-2-环戊烯酮类化合物。当使用 $PPh_3$ 作为催化剂，(±)-BINOL 作为助催化剂时，具有不同芳基取代基的炔酮均能以中等产率得到环化产物。

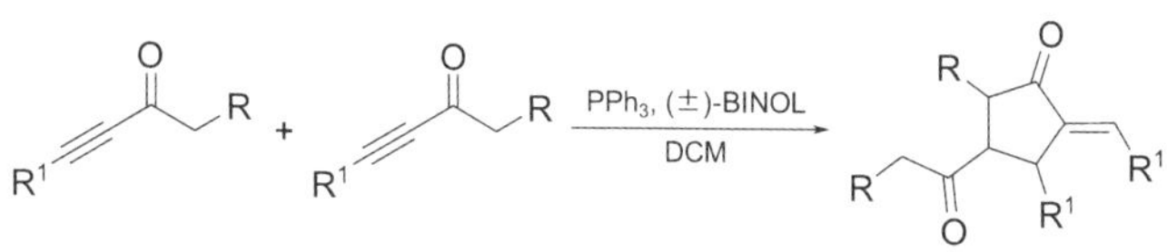


图 3-386 叔膦催化炔酮的 [3+2] 环化二聚反应

2010 年，童晓峰课题组报道了一种将磺酰亚胺和炔基酮合成官能团化二氢吡啶的[2+2+2]环化过程（图 3-387）[533]。在优化的条件下，得到了中等产率的二氢吡啶。作者认为反应过程中原位生成相应的烯基亚胺，再通过与另一分子丙炔酮环化得到官能团化的二氢吡啶。直接使用烯基亚胺与炔基酮在相同的反应条件下通过[4+2]环化则可以得到不同取代模式的二氢吡啶衍生物。

2015 年，Lee 课题组报道了叔膦催化的 1,4-萘醌和炔类化合物的[3+2]环化反应，作为一种简单高效的方法来制备多种具有生物活性的萘并[1,2-*b*]呋喃衍生物（图 3-388）[534]。当使用 $PPh_3$ 作为催化剂时，具有不同酯基的 1,4-萘醌与几种炔类化合物反应，以中等到良好的产率得到相应的产物。而 2-乙酰基萘-1,4-二酮、萘-1,4-二酮和 2-甲氧基萘-1,4-二酮在标准状况下不发生反应。

施敏和魏音课题组还报道了叔膦催化 2-氨基苯甲酮和炔酮生成四氢呋喃 / 四氢呋喃酮的反应（图 3-389）[535]。与上述例子不同的是，酰基苯的 2-氨基促进了由 $\delta$ 加成引起的醇的分子内共轭加成。通过调节2-氨基苯乙酮的取代基、加水、改变反应温度，以中等至优异的产率得到了两种高区域选择性的环化产物。

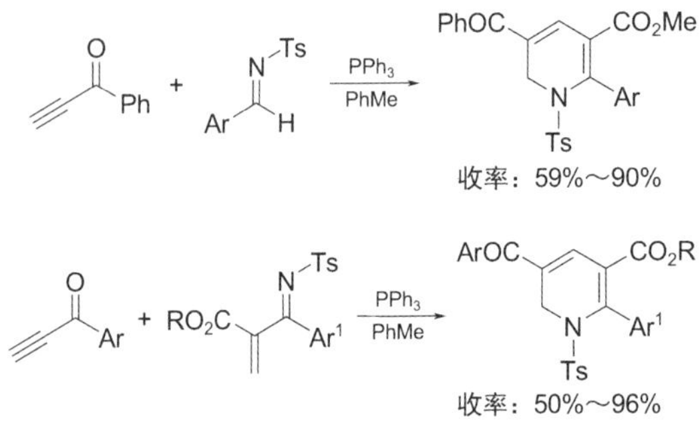


图 3-387　磺酰亚胺和炔基酮合成官能团化二氢吡啶

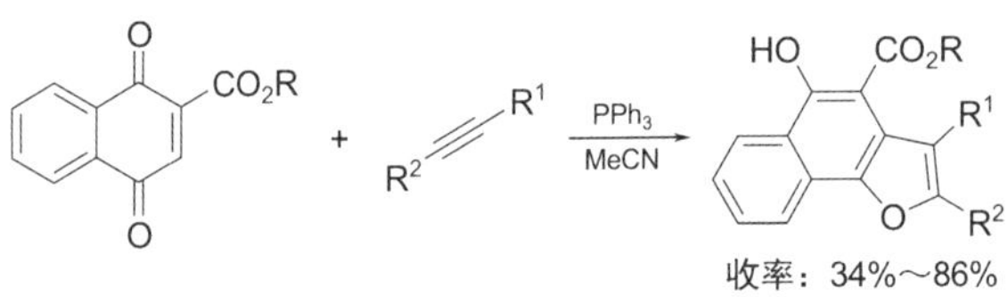


图 3-388　叔膦催化的1, 4-萘醌和炔类化合物的[3+2]环化反应

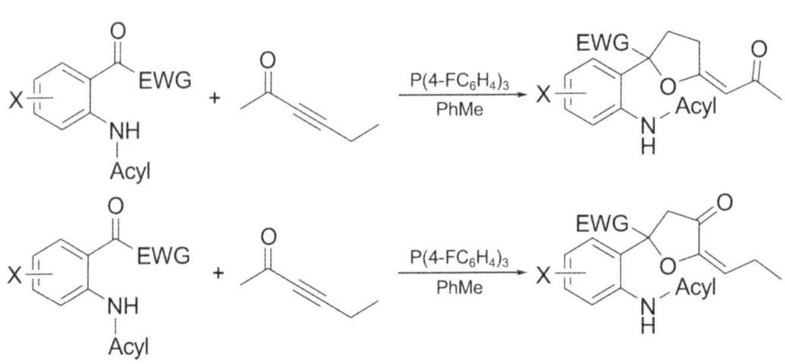


图 3-389　叔膦催化 2-氨基苯甲酮和炔酮生成四氢呋喃 / 四氢呋喃酮

2016年，崔海磊和谢建武课题组报道了微波辅助叔膦催化的二氰亚甲基氧化吲哚和炔酮的[3+2]环化反应(图3-390)[536]。与联烯-烯烃[3+2]环化反应不同，炔酮-二氰亚甲基更倾向于通过炔酮$\gamma$位碳上的反应引发环化反应。在$PPh_3$的条件下，以中等到良好的产率和中等到优秀的非对映选择性得到了多个螺氧化吲哚类化合物。

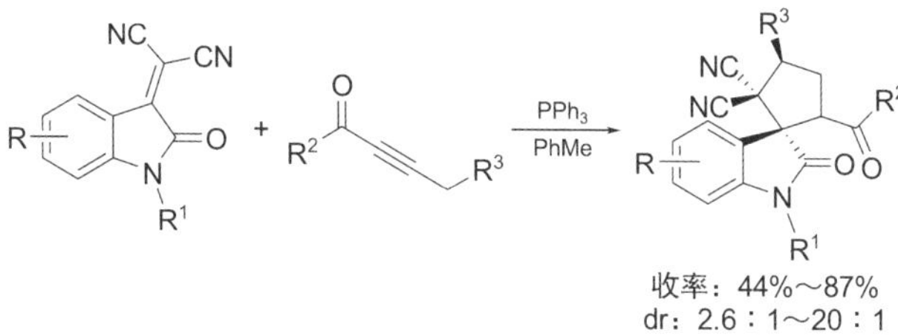


图 3-390　微波辅助叔膦催化的二氰亚甲基氧化吲哚和炔酮的 [3+2] 环化反应

2017 年，施敏课题组报道了一种叔膦催化的共轭烯-炔酮的二聚反应来合成 4,5-二氢苯并呋喃(图 3-391)[537]。烯炔酮能和一系列在炔烃部分有取代的烷基和芳基的化合物反应以高产率得到相应产物。然而，在标准条件下，具有大位阻 1-萘基取代的烯炔酮并没有得到目标产物。具有不同吸电子基团(酰基、酯基、苯磺酰基、硝基)的底物也适用于该反应，以中等到良好的产率得到相应的产物。使用手性叔膦作为催化剂，能够以 75% ～ 94% 的 *ee* 值得到目标产物。

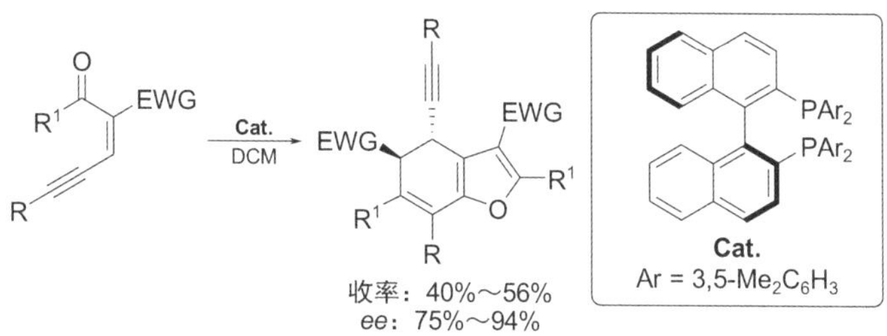


图 3-391　叔膦催化的共轭烯-炔酮的二聚反应合成 4,5-二氢苯并呋喃

# 3.5 叔膦催化的其他反应

叔膦催化的反应得到了很好的研究，反应主要基于叔膦对缺电子双键底物的加成反应产生的两性离子中间体为主要反应模式，然后与亲电试剂发生下面的反应，

这一反应模式，限制了反应底物的种类，也限制了反应的类型。后来人们发展了极性反转的叔膦催化的联烯酸酯的反应，主要为双亲电中间体，这样把另一个反应底物扩展到亲核试剂，但这种反应的亲核试剂也有比较大的局限性，因此，发展新的催化模式，可以把叔膦催化的反应扩展到更广泛的底物范围引起了人们的注意。

人们发现叔膦催化可以与其他活化模式相结合，从而发展叔膦催化的新反应。2018 年，McNally 团队和 Paton 团队合作，发现叔膦能够完成过渡金属催化剂难以实现的杂芳基-杂芳基偶联。该偶联反应无需使用诸如杂芳基卤化物或硼酸作为偶联底物，而是区域选择性地依次取代每个杂环中氮原子对位的 C—H 键形成 C—P 键，产生双氮杂𬭸鎓盐，随后在酸性醇溶液的引发下发生偶联过程，形成双杂环偶联产物(图 3-392)[538]。作者通过实验和理论计算，认为在反应中，第一个杂环 2-苯基吡啶与 $Tf_2O$ 在低温下形成中间体吡啶三氟甲磺酸盐，二苯基烷基膦与其混合，选择性地在氮原子的对位发生反应，形成去芳构化中间体 **Int-Ⅰ**，在 2 当量 DBU 碱的作用下，**Int-Ⅰ** 先消除三氟甲磺酸阴离子形成 **Int-Ⅱ**，然后消除丙烯酸甲酯以形成二苯基杂芳基膦，接着作为亲核试剂与另一个吡啶形成双杂芳基𬭸盐，最后在 80℃的 EtOH 中，加入 2 当量的 HCl 即可以优异的产率形成杂联芳基化合物。

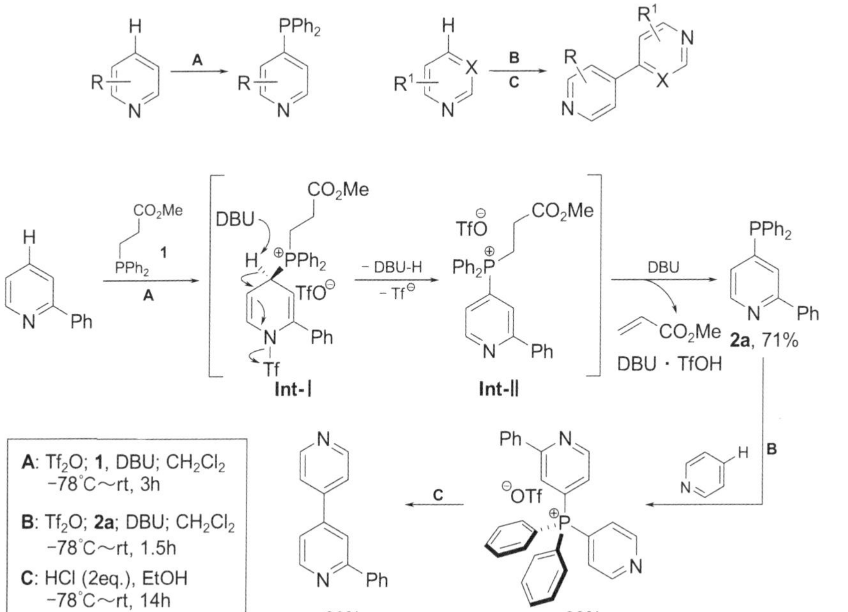


图 3-392　叔膦催化的杂芳基-杂芳基偶联反应

人们把叔膦催化的反应从离子型反应扩展到自由基反应，这一反应模式的变化，将对叔膦催化反应产生重要的影响。2019 年，傅尧课题组报道了在没有过渡金属的情况下，$PPh_3$ 和 NaI 在 456nm 的 LED 蓝光照射下，通过脱羧与氧化还原活性酯的耦合可以催化烯醇硅醚的烷基化反应（图 3-393，式 1），同时也使用 *N*-烷基吡啶盐进行脱羧烷基化反应（图 3-393，式 2），此外，基于 $PPh_3$ 和 NaI 的光催化体系使 *N*-杂环发生 Minisci 型烷基化反应，并且可以与手性磷酸 **Cat.** 产生协同作用，从而获得较高的对映选择性（图 3-393，式 3）[539]。

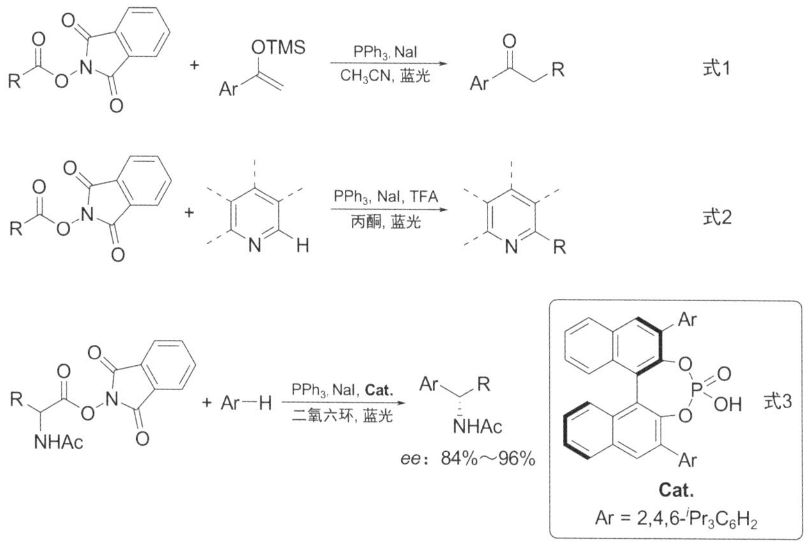


图 3-393　由 $PPh_3$ 和 NaI 介导的光催化脱羧烷基化反应

2023 年，Polyzos 和 Lupton 课题组探索了利用传统的亲核叔膦催化和光氧化还原催化，实现炔酸酯的 Giese 偶联反应，在该反应中，叔膦催化剂未被氧化成磷自由基。其中以 1-苯乙基三氟硼酸钾和丙炔酸苄酯为原料，以三苯基膦为催化剂并以 4CzTPN 为光催化剂时，能够以 68% 的产率得到产物（图 3-394）[540]。该反应不加入叔膦催化剂或不提供光源，则得不到目标产物，而不加入光催化剂，能以 72% 的产率得到三苯基膦与丙炔酸苄酯的加成产物。此外，作者还提出了该反应的可能反应机理，并通过循环伏安法、Stern-Volmer 猝灭实验等方法验证了该反应机理。该反应同时实现了叔膦催化与光催化的结合，扩展了叔膦催化的反应类型。

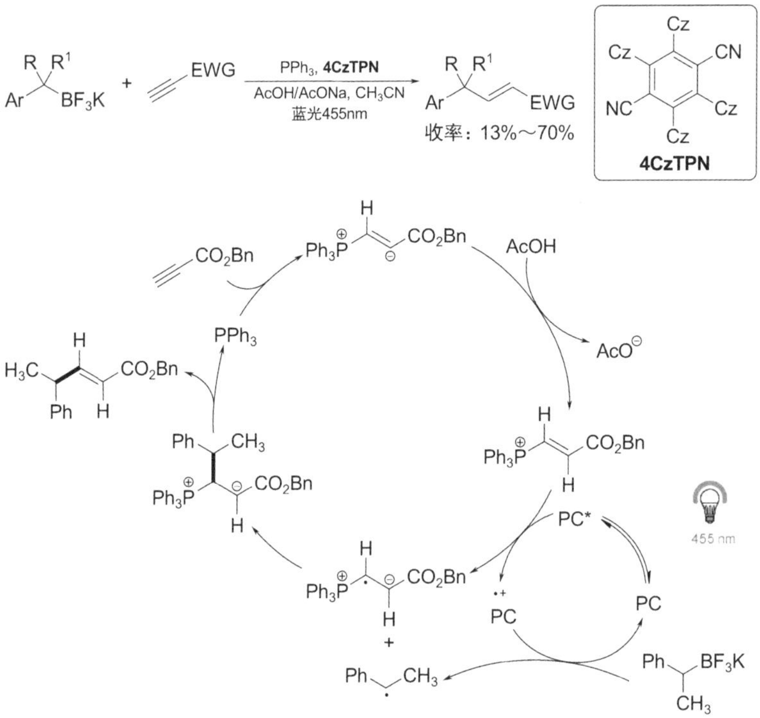


图 3-394　传统的亲核叔膦催化和光氧化还原催化实现炔酸酯的 Giese 偶联反应

## 参考文献


[1] Rahman M M, Liu H Y, Eriks K, et al. Quantitative analysis of ligand effects. Part 3. Separation of phosphorus (Ⅲ) ligands into pure sigma.-donors and sigma.-donor/.pi.-acceptors. Comparison of basicity and sigma.-donicity. Organometallics, 1989, 8(1): 1-7.

[2] Pearson R G, Sobel H R, Songstad J. Nucleophilic reactivity constants toward methyl iodide and trans-dichlorodi (pyridine) platinum (Ⅱ). Journal of the American Chemical Society, 1968, 90(2): 319-326.

[3] Rauhut MM, Currier H. U.S. Patent (1963) 3074999.

[4] McClure J D. *U.S.* Patent (1965) 3225083.

[5] Baizer M M, Anderson J D T. Electrolytic reductive coupling. Ⅷ.[1] Utilization and a new preparation of $\alpha$-methyleneglutaronitrile. The Journal of Organic Chemistry, 1965, 30(5): 1357.

[6] Jenner G. Phosphine-catalyzed dimerization of activated alkenes under ambient and high pressure conditions. Tetrahedron Letters, 2000, 41(17): 3091-3094.

[7] Su W, McLeod D, Verkade J G. $(RNCH_2CH_2)_3N$: catalysts for the head-to-tail dimerization of methyl acrylate. The Journal of Organic Chemistry, 2003, 68(24): 9499-9501.

[8] Shanbhag P, Nareddy P R, Dadwal M, et al. Rauhut-Currier type homo-and heterocouplings involving nitroalkenes and nitrodienes. Organic & Biomolecular Chemistry, 2010, 8(21): 4867-4873.

[9] Morita K, Kobayashi T. New addition reactions of acrylic compounds with fumaric acid esters catalyzed by tervalent phosphorus compounds. Bulletin of the Chemical Society of Japan,1969, 42(9): 2732.

[10] McClure J D. Triarylphosphine-catalyzed dimerization of acrylonitrile and related reactions. The Journal of Organic Chemistry, 1970, 35(9): 3045-3048.

[11] Gu Y, Huang Y. Tributylphosphine catalyzed cross Rauhut-Currier reaction of chalcones and acrylates. Chinese Journal of Organic Chemistry, 2019, 39(8): 2251-2256.

[12] Dong X, Liang L, Li E, et al. Highly enantioselective intermolecular cross Rauhut-Currier reaction catalyzed by a multifunctional Lewis base catalyst. Angewandte Chemie International Edition, 2015, 54(5): 1621-1624.

[13] Zhou W, Su X, Tao M, et al. Chiral sulfinamide bisphosphine catalysts: design, synthesis, and application in highly enantioselective intermolecular cross-Rauhut-Currier reactions. Angewandte Chemie International Edition, 2015, 54(49):14853-14857.

[14] Zhou W, Chen P, Tao M, et al. Enantioselective intermolecular cross Rauhut-Currier reactions of activated alkenes with acrolein. Chemical Communications, 2016, 52(48): 7612.

[15] Tao M, Zhou W, Zhang J, et al. Phosphine-catalyzed asymmetric intermolecular cross Rauhut-Currier reaction of $\beta$-perfluoroalkyl-substituted enones and vinyl ketones. Advanced Synthesis & Catalysis, 2017, 359(19): 3347-3353.

[16] Zhou W, Gao L, Tao M, et al. Highly enantioselective intermolecular Rauhut-Currier reaction of activated alkenes catalyzed by multifunctional chiral phosphine. Acta Chimica Sinica, 2016, 74(10): 800-804.

[17] Wang H, Wang K, Man Y, et al. Asymmetric intermolecular Rauhut-Currier reaction for the construction of 3,3-disubstituted oxindoles with quaternary stereogenic centers. Advanced Synthesis & Catalysis, 2017, 359(22): 3934-3939.

[18] Li S, Liu Y, Huang B, et al. Phosphine-catalyzed asymmetric intermolecular cross-vinylogous Rauhut-Currier reactions of vinyl ketones with para-quinone methides. Advanced Synthesis & Catalysis, 2017, 7(4): 2805-2809.

[19] Kang T, Wu L, Yu Q, et al. Enantioselective Rauhut-Currier-type 1,6-conjugate addition of methyl vinyl ketone to para-quinone methides. Chemistry: A European Journal, 2017, 23(27): 6509-6513.

[20] Xiao B, Shi C, Liang S, et al. Remote Friedel-Crafts reaction with $\alpha$-heteroaryl-substituted cyclic ketones via homo activation of Lewis bases. Organic Letters, 2019, 21(18): 7554-7557.

[21] He X, Yang L, Ji Y, et al. Chemo-and stereoselective cross Rauhut-Currier-type reaction of tri-substituted alkenes containing trifluoromethyl groups. Chemistry: A European Journal, 2018, 24(8): 1947-1955.

[22] Qin C, Liu Y, Yu Y, et al. $\alpha$-Functionalization of 2-vinylpyridines via a chiral phosphine catalyzed enantioselective cross Rauhut-Currier reaction. Organic Letters, 2018, 20(5): 1304-1307.

[23] Frank S A, Mergott D J, Roush W R. The vinylogous intramolecular Morita-Baylis-Hillman reaction: synthesis of functionalized cyclopentenes and cyclohexenes with trialkylphosphines as nucleophilic catalysts. Journal of the American Chemical Society, 2002, 9(11): 2404-2405.

[24] Wang L, Luis A, Agapiou K, et al. Organocatalytic michael cycloisomerization of bis(enones): the intramolecular Rauhut-Currier reaction. Journal of the American Chemical Society, 2002, 124(11): 2402-2403.

[25] Luis A L, Krische M J. Nucleophilic catalysis via phosphine conjugate addition: vinyl sulfones as reacting partners in catalytic cross-michael cycloisomerization. Synthesis, 2004(15):2579-2585.

[26] Brown P M, Kappel N, Murphy P J. Tandem Michael/Michael reactions mediated by phosphines or aryl thiolates. Tetrahedron Letters, 2002, 43(48): 8707-8710.

[27] Seidel F, Gladysz J A. Enantioselective catalysis of intramolecular Morita-Baylis-Hillman and related reactions by chiral rhenium-containing phosphines of the formula $(\eta^5\text{-}C_5H_5)Re(NO)(PPh_3)(CH_2PAr_2)$. Synlett, 2007(6): 0986-0988.

[28] Gong J, Li T, Pan K, et al. Enantioselective intramolecular Rauhut-Currier reaction catalyzed by chiral phosphinothiourea. Chemical Communications, 2011, 47(5): 1491-1493.

[29] Zhang X, Shi M. A highly nucleophilic multifunctional chiral phosphane-catalyzed asymmetric intramolecular Rauhut-Currier reaction. EuropeanJournal of Organic Chemistry, 2012, 31: 6271-6279.

[30] MacKay J A, Landis J C, Motika S E, et al. The intramolecular allenolate Rauhut-Currier reaction. The Journal of Organic Chemistry, 2012, 77(17): 7768-7774.

[31] Zhao X, Gong J, Yuan K, et al. Highly enantioselective intramolecular Rauhut-Currier reaction catalyzed by chiral thiourea-phosphine. Tetrahedron Letters, 2015, 56(19): 2526-2528.

[32] Scanes R H J, Grossmann O, Grossmann A, et al. Enantioselective synthesis of chromanones via a peptidic phosphane catalyzed Rauhut-Currier reaction. Organic Letters, 2015, 17(10):2462-2465.
[33] Zhou X, Nie H, Liu X, et al. Ferrocene-based bifunctional organocatalyst for highly enantioselective intramolecular Rauhut-Currier reaction. Catalysis Communications, 2019, 121: 78-83.
[34] Takizawa S, Nguyen T M N, Grossmann A, et al. Enantioselective synthesis of $\alpha$-alkylidene-$\gamma$-butyrolactones: intramolecular Rauhut-Currier reaction promoted by acid/base organocatalysts. Angewandte Chemie International Edition, 2012, 124(22): 5423-5426.
[35] Takizawa S, Nguyen T M N, Grossmann A, et al. Facile synthesis of $\alpha$-methylidene-$\gamma$-butyrolactones: intramolecular Rauhut-Currier reaction promoted by chiral acid-base organocatalysts. Tetrahedron, 2013, 69(3): 1202e1209.
[36] Su X, Zhou W, Li Y, et al. Design, synthesis, and application of a chiral sulfinamide phosphine catalyst for the enantioselective intramolecular Rauhut-Currier reaction. Angewandte Chemie International Edition, 2015, 54(23): 6874-6877.
[37] Zhou W, Gao L, Tao M, et al. Highly enantioselective intermolecular Rauhut-Currier reaction of activated alkenes catalyzed by multifunctional chiral phosphine. Acta Chimica Sinica, 2016, 74(10): 800-804.
[38] Jin H, Zhang Q L, Li E, et al. Phosphine-catalyzed intramolecular Rauhut-Currier reaction: enantioselective synthesis of hydro-2*H*-indole derivatives. Organic & Biomolecular Chemistry, 2017, 15(34): 7097-7101.
[39] Zhang X, Gan K, Liu X, et al. Enantioselective synthesis of functionalized 4-aryl hydrocoumarins and 4-aryl hydroquinolin-2-ones via intramolecular vinylogous Rauhut-Currier reaction of para-quinone methides. Organic Letters, 2017, 19(12): 3207-3210.
[40] Li K, Jin Z, Chan W, et al. Enantioselective construction of bicyclic pyran and hydrindane scaffolds via intramolecular Rauhut-Currier reactions catalyzed by thiourea-phosphines. ACS Catalysis, 2018, 8(9): 8810-8815.
[41] Couturier M, Ménard F, Ragan J A, et al. Phosphine-mediated [4+2] annulation of bis(enones): a Lewis base catalyzed “Mock Diels-Alder” reaction. Organic Letters, 2004, 6(11):1857-1860.
[42] Shi Z, Yu P, Loh T P, et al. Catalytic asymmetric [4+2] annulation initiated by an aza-Rauhut-Currier reaction: facile entry to highly functionalized tetrahydropyridines. Angewandte Chemie: International Edition, 2012,124(31): 7945-7949.
[43] Shi Z, Tong Q, Leong W W Y, et al. [4+2] Annulation of vinyl ketones initiated by a phosphine-catalyzed aza-Rauhut-Currier reaction: a practical access to densely functionalized tetrahydropyridines. Chemistry: A European Journal, 2012, 18(32): 9802-9806.
[44] Hu C, Geng Z, Ma J, et al. Phosphine-catalyzed Rauhut-Currier domino reaction: a facile strategy for the construction of highly functionalized cyclopentene. Asian Journal of Chemistry, 2012, 7(9): 2032-2035.
[45] Hu C, Zhang Q, Huang Y. Phosphine-catalyzed Rauhut-Currier domino reaction: a facile strategy for the construction of carbocyclic spirooxindoles skeletons. Asian Journal of Chemistry, 2013, 8(9): 1981-1984.
[46] Xiao B, Jiang B, Song X, et al. Phosphine-catalysed symmetric dearomative formal [4+2] cycloadditions of 3-benzofuranyl vinyl ketones. Chemical Communications, 2019, 55(21): 3097.
[47] Thalji R K, Roush W R. Remarkable phosphine-effect on the intramolecular aldol reactions of unsaturated 1,5-diketones: highly regioselective synthesis of cross-conjugated dienones. Journal of the American Chemical Society, 2005, 127(48):16778-16779.
[48] Zhou R, Wang J, Yu J, et al. Highly chemoselective Rauhut-Currier reaction between maleimides and enones and Dual phosphine-mediated one-pot synthesis of bicyclic and polycyclic skeletons. Journal of Organic Chemistry, 2013, 78(21): 10596-10604.
[49] McDougal N T, Schaus S E. Highly diastereoselective synthesis of bicyclo[3.2.1]octenones through phosphine-mediated condensations of 1,4-dien-3-ones. Angewandte Chemie International Edition, 2006, 45(19): 3117-3119.
[50] Xie P, Huang Y, Lai W, et al. Bifunctional phosphine-catalyzed cross-Rauhut-Currier/Michael/Aldol condensation triple domino reaction: synthesis of functionalized cyclohexenes. Organic & Biomolecular Chemistry, 2011, 9(19): 6707-6714.
[51] Ma J, Xie P, Hu C, et al. Substrate-controlled, phosphine-catalyzed domino reactions of activated conjugated dienes:

highly diastereoselective synthesis of bicyclic skeletons. Chemistry: A European Journal, 2011, 17(27):7418-7422.
[52] Hu F, Wei Y, Shi M. Phosphine-catalyzed asymmetric formal [4+2] Tandem cyclization of activated dienes with isatylidenemalononitriles: enantioselective synthesis of multistereogenic spirocyclic oxindoles. Advanced Synthesis & Catalysis, 2014, 356(4): 736-742.
[53] Vagh S S, Hou B, Edukondalu A, et al. Phosphine-mediated Rauhut-Currier-type/acyl transfer/Wittig strategy for synthesis of spirocyclopenta[*c*]chromene-indolinones. Advanced Synthesis & Catalysis, 2021, 363(24): 5429-5435.
[54] Hall C D, Lowther N, Tweedy B R, et al. The kinetics and mechanism of the phosphorus-catalysed dimerisation of acrylonitrile. Journal of the Chemical Society, Perkin Transactions 2, 1998, 2(9): 2047-2054.
[55] Methot J L, Roush W R. Synthetic studies toward FR182877. Remarkable solvent effect in the vinylogous Morita-Baylis-Hillman cyclization. Organic Letters, 2003, 5(22): 4223-4226.
[56] Li Y, Liu T, Zhang H, et al. Mechanisms and stereoselectivities of phosphine-catalyzed Rauhut-Currier reaction between *N*-phenylmaleimide and 2-benzoyl acrylate: a computational investigation. Molecular Catalysis, 2017, 432: 292-298.
[57] Morita K, Suzuki Z, Hirose H. A tertiary phosphine-catalyzed reaction of acrylic compounds with aldehydes. Bulletin of the Chemical of Japan, 1968, 41(11): 2815.
[58] Morita K, Kobayashi T. New addition reactions of acrylic compounds with fumaric acid esters catalyzed by tervalent phosphorus compounds. Bulletin of the Chemical of Japan, 1969, 42(9): 2732.
[59] Baylis AB, Hillman MED. German Patent (1972) 2155113.
[60] Aggarwal V K, Fulford S Y, Lloyd-Jones G C. Reevaluation of the mechanism of the Baylis-Hillman reaction: implications for asymmetric catalysis. Angewandte Chemie International Edition, 2005, 44(11): 1706-1708.
[61] (a) Basavaiah D, Rao A J, Satyanarayana T. Recent advances in the Baylis-Hillman reaction and applications. Chemical Reviews, 2003, 103(3): 811-892; (b) Basavaiah D, Reddy B S, Badsara S S. Recent contributions from the Baylis-Hillman reaction to organic chemistry. Chemical Reviews, 2010, 110(9): 5447-5674; (c) Wei Y, Shi M. Recent advances in organocatalytic asymmetric Morita-Baylis-Hillman/aza-Morita-Baylis-Hillman reactions. Chemical Reviews, 2013, 113(8): 6659-6690.
[62] Yoichi M A Yamada, Ikegami S. Efficient Baylis-Hillman reactions promoted by mild cooperative catalysts and their application to catalytic asymmetric synthesis. Tetrahedron Letters, 2000, 41(13): 2165-2169.
[63] Netherton M R, Fu G C. Air-stable trialkylphosphonium salts: simple, practical, and versatile replacements for air-sensitive trialkylphosphines. Applications in stoichiometric and catalytic processes. Organic Letters, 2001, 3(26): 4295-4298.
[64] (a) Aggarwal V K, Emme I, Fulford S Y. Correlation between p$K_a$ and reactivity of quinuclidine-based catalysts in the Baylis-Hillman reaction: discovery of quinuclidine as optimum catalyst leading to substantial enhancement of scope. The Journal of Organic Chemistry, 2003, 68(3): 692-700; (b) Yu C, Liu B, Hu L. Efficient Baylis-Hillman reaction using stoichiometric base catalyst and an aqueous medium. The Journal of Organic Chemistry, 2001, 66(16): 5413-5418.
[65] McDougal N T, Schaus S E. Asymmetric Morita-Baylis-Hillman reactions catalyzed by chiral Brønsted acids. Journal of the American Chemical Society, 2003, 125(40): 12094-12095.
[66] Rafel S, Leahy J W. An unexpected rate acceleration-practical improvements in the Baylis-Hillman reaction. The Journal of Organic Chemistry, 1997, 62(5): 1521-1522.
[67] Aggarwal V K, Mereu A. Superior amine catalysts for the Baylis-Hillman reaction: the use of DBU and its implications. Chemical Communications, 1999(22): 2311-2312.
[68] Trofimov A, Vladimir Gevorgyan V. Sila-Morita-Baylis-Hillman reaction of arylvinyl ketones: overcoming the dimerization problem. Organic Letters, 2009, 11(1): 253-255.
[69] Vagh S S, Hou B J, Edukondalu A, et al. Phosphine-mediated MBH-type/acyl transfer/Wittig sequence for construction of functionalized furo[3,2-*c*]coumarins. Organic Letters, 2021, 23(3): 842-846.
[70] Liu X, Chai Z, Zhao G, et al. Aza-Morita-Baylis-Hillman reactions of *N*-(benzylidene)polyfluoroanilines with methyl acrylate and acrylonitrile. Journal of Fluorine Chemistry, 2005, 126(8): 1215-1221.

[71] Gao J, Ma G N, Li Q J, et al. Aza-Morita-Baylis-Hillman reaction of ethyl (arylimino)acetate with methyl vinyl ketone and ethyl vinyl ketone. Tetrahedron Letters, 2006, 47(44): 7685-7688.

[72] Bertenshaw S, Kahn, M. Phosphine mediated synthesis of 2-methylidene-3-amino esters and ketones. Tetrahedron Letters, 1989, 30(21): 2731-2732.

[73] Shi, M, Zhao G. Baylis-Hillman reactions of *N*-arylidenediphenylphosphinamides with methyl vinyl ketone, methyl acrylate, and acrylonitrile. Tetrahedron Letters, 2002, 43(25): 4499-4502.

[74] Shi M, Zhao G L. Aza-Baylis-Hillman reactions of *N*-(arylmethylene) diphenylphosphinamides with activated olefins in the presence of various Lewis bases. Advanced Synthesis & Catalysis, 2004, 346(9-10): 1205-1219.

[75] Hayase T, Shibata T, Soai K, et al. An enantioselective Baylis-Hillman reaction catalyzed by chiral phosphines under atmospheric pressure. Chemical Communications, 1998(12): 1271-1272.

[76] Shi M, Chen L. Chiral phosphine Lewis base catalyzed asymmetric aza-Baylis-Hillman reaction of *N*-sulfonated imines with methyl vinyl ketone and phenyl acrylate. Chemical Communications, 2003(11): 1310-1311.

[77] Chen L, Li C, Shi M. Chiral phosphine Lewis bases catalyzed asymmetric aza-Baylis-Hillman reaction of *N*-sulfonated imines with activated olefins. Journal of the American Chemical Society, 2005, 127(11): 3790.

[78] Liu Y, Chen L, Shi M. Asymmetric aza-Morita-Baylis-Hillman reaction of *N*-sulfonated imines with activated olefins catalyzed by chiral phosphine Lewis bases bearing multiple phenol groups. Advanced Synthesis & Catalysis, 2006, 348(7): 973-979.

[79] Shi Y, Shi M. Chiral thiourea-phosphine organocatalysts in the asymmetric aza-Morita-Baylis-Hillman reaction. Advanced Synthesis & Catalysis, 2007, 349(13): 2129-2135.

[80] Ma G, Gao J, Shi M. Chiral bifunctional organocatalysts in asymmetric aza-Morita-Baylis-Hillman reactions of ethyl (arylimino) acetates with methyl vinyl ketone and ethyl vinyl ketone. Journal of Organic Chemistry, 2007, 72(25): 9779-9781.

[81] Ito K, Nishida K, Gotanda T. Highly enantioselective aza-Morita-Baylis-Hillman reaction with a bisphenol-based bifunctional organocatalyst. Tetrahedron Letters, 2007, 48(35): 6147-6149.

[82] Liu Y H, Shi M. Dendritic chiral phosphine Lewis bases-catalyzed asymmetric aza-Morita-Baylis-Hillman reaction of *N*-sulfonated imines with activated olefins. Advanced Synthesis & Catalysis, 2008, 350(1): 122-128.

[83] Garnier J, Anstiss C, Liu F. Enantioselective trifunctional organocatalysts for rate-enhanced aza-Morita-Baylis-Hillman reactions at room temperature. Advanced Synthesis & Catalysis, 2009, 351(3): 331-338.

[84] Takizawa S, Inoue N, Hirata S, et al. Enantioselective synthesis of isoindolines: an organocatalyzed domino process based on the aza-Morita-Baylis-Hillman reaction. Angewandte Chemie International Edition, 2010, 49(50): 9725-9729.

[85] Yang Y L, Wei Y, Shi M. New multifunctional chiral phosphines and BINOL derivatives Co-catalyzed enantioselective aza-Morita-Baylis-Hillman reaction of 5,5-disubstituted cyclopent-2-enone and *N*-sulfonated imines. Organic & Biomolecular Chemistry, 2012, 10(36): 7429-7438.

[86] Hu F L, Wei Y, Shi M, et al. Asymmetric catalytic aza-Morita-Baylis-Hillman reaction for the synthesis of 3-substituted-3-aminooxindoles with chiral quaternary carbon centers. Organic and Biomolecular Chemistry, 2013, 11(12): 1921-1924.

[87] Gao Y N, Shi F C, Xu Q, et al. Enantioselective synthesis of isoquinolines: merging chiral-phosphine and gold catalysis. Chemistry: A European Journal, 2016, 22(20): 6803-6807.

[88] Zhong F, Wang Y, Han X, et al. L-threonine-derived novel bifunctional phosphine-sulfonamide catalyst-promoted enantioselective aza-Morita-Baylis-Hillman reaction. Organic Letters, 2011, 13(6): 1310-1313.

[89] Lee R, Zhong F, Zheng B, et al. The origin of enantioselectivity in the L-threonine-derived phosphine-sulfonamide catalyzed aza-Morita-Baylis-Hillman reaction: effects of the intramolecular hydrogen bonding. Organic and Biomolecular Chemistry, 2013, 11(29): 4818-4824.

[90] Zhao X, Li T Z, Qian J Y, et al. Enantioselective aza-Morita-Baylis-Hillman reaction between acrylates and *N*-boc isatin ketimines: asymmetric construction of chiral 3-substituted-3-aminooxindoles. Organic and Biomolecular

Chemistry, 2014, 12(40): 8072-8078.

[91] Gao Y, Xu Q, Shi M. Enantioselective synthesis of polycyclic indole derivatives based on aza-Morita-Baylis-Hillman reaction. ACS Catalysis, 2015, 5(11): 6608-6614.

[92] Yuan K, Zhang L, Song H L, et al. Chiral phosphinothiourea organocatalyst in the enantioselective Morita-Baylis-Hillman reactions of aromatic aldehydes with methyl vinyl ketone. Tetrahedron Letters, 2008, 49(43): 6262-6264.

[93] Gong J J, Yuan K, Wu X Y. Valine-derived phosphinothiourea as organocatalyst in enantioselective Morita-Baylis-Hillman reactions of acrylates with aromatic aldehydes. Tetrahedron Asymmetry, 2009, 20(18): 2117-2120.

[94] Qian J Y, Wang C C, Sha F, et al. Chiral phosphine-squaramide-catalyzed Morita-Baylis-Hillman reaction: enantioselective synthesis of 3-hydroxy-2-oxindoles. RSC Advances, 2012, 2(14): 6042-6048.

[95] Yuan K, Song H L, Hu Y J, et al. Enantioselective intramolecular Morita-Baylis-Hillman reaction using chiral bifunctional phosphinothiourea as an organocatalyst. Tetrahedron: Asymmetry, 2010, 21(8): 903-908.

[96] Song H L, Yuan K, Wu X Y. Chiral phosphine-squaramides as enantioselective catalysts for the intramolecular Morita-Baylis-Hillman reaction. Chemical Communications, 2011, 47(3): 1012-1014.

[97] Gong J J, Yuan K, Song H L, et al. The enantioselective intramolecular Morita-Baylis-Hillman reaction catalyzed by amino acid-derived phosphinothiourea. Tetrahedron Letters, 2010, 66(13): 2439-2443.

[98] Wang C C, Wu X Y. Catalytic asymmetric synthesis of 3-hydroxyl-2-oxindoles via enantioselective Morita-Baylis-Hillman reaction of isatins. Tetrahedron Letters, 2011, 67(16): 2974-2978.

[99] Han X, Wang Y, Zhong F, et al. Enantioselective Morita-Baylis-Hillman reaction promoted by L-threonine-derived phosphine-thiourea catalysts. Organic & Biomolecular Chemistry, 2011, 9(19): 6734-6740.

[100] Gergelitsová I, Tauchman J, Císařová I, et al. Bifunctional (thio)urea-phosphine organocatalysts derived from D-glucose and $\alpha$-amino acids and their application to the enantioselective Morita-Baylis-Hillman reaction. Synlett, 2015, 26(19): 2690-2696.

[101] Yang W, Yuan K, Song H, et al. Highly enantioselective intramolecular Morita-Baylis-Hillman reaction catalyzed by mannose-based thiourea-phosphine. Chinese Journal of Chemistry, 2015, 33(10): 1111-1114.

[102] Satpathi B, Ramasastry S V. Morita-Baylis-Hillman reaction of $\beta$, $\beta$-disubstituted enones: an enantioselective organocatalytic approach for the synthesis of cyclopenta[*b*]annulated arenes and heteroarenes. Angewandte Chemie International Edition, 2016, 55(5): 1777-1781.

[103] Mato R, Manzano R, Reyes E, et al. Catalytic enantioselective transannular Morita-Baylis-Hillman reaction. Journal of the American Chemical Society, 2019, 141(24): 9495-9499.

[104] Takizawa S, Kiriyama K, Ieki K, et al. A bifunctional spiro-type organocatalyst with high enantiocontrol: application to the aza-Morita-Baylis-Hillman reactions. Chemical Communications, 2011, 47(32): 9227-9229.

[105] Takizawa S, Rémond E, Arteaga F A, et al. P-Chirogenic organocatalysts: application to the aza-Morita-Baylis-Hillman (aza-MBH) reaction of ketimines. Chemical Communications, 2013, 49(75): 8392-8394.

[106] Roth F, Gygax P, Fráter G. An intramolecular Baylis-Hillman reaction. Tetrahedron Letters, 1992, 33(8): 1045-1048.

[107] Zhang X, Ma P, Zhang D, et al. Bifunctional ferrocene-based squaramide-phosphine as an organocatalyst for highly enantioselective intramolecular Morita-Baylis-Hillman reaction. Organic and Biomolecular Chemistry, 2014, 12(15): 2423-2426.

[108] White D A, Baizer M M. Catalysis of the michael reaction by tertiary phosphines. Tetrahedron Letters, 1973, 14(37): 3597-3600.

[109] Yoshida T, Saito S. A new method for synthesis of $\alpha$, $\beta$-unsaturated $\delta$-lactones via michael addition using methyl (phenylsulfinyl) acetate. Chemistry Letters, 1982, 11(10): 1587-1590.

[110] Kim B, Kodomari M, Regen S L. Polystyryltri-*N*-butylphosphine. The Journal of Organic Chemistry, 1984, 49(17): 3233-3235.

[111] Gimbert C, Lumbierres M, Marchi C, et al. Michael additions catalyzed by phosphines. An overlooked synthetic method. Tetrahedron, 2005, 61(36): 8598-8605.

[112] Xu D Z, Zhan M Z, Huang Y. A simple and highly efficient procedure for construction of quaternary carbons centers by tributylphosphine catalyzed bis-Michael addition. Tetrahedron, 2014, 70(2): 176-180.

[113] Salin A V, Islamov D R. Phosphine-catalyzed Michael additions to $\alpha$-methylene-$\gamma$-butyrolactones. Organic & Biomolecular Chemistry, 2019, 17(31): 7293-7299.
[114] Prakash G K, Zhao X, Chacko S, et al. Efficient 1,4-addition of $\alpha$-substituted fluoro (phenylsulfonyl) methane derivatives to $\alpha$, $\beta$-unsaturated compounds. Beilstein Journal of Organic Chemistry, 2008, 4(17): 17-23.
[115] Wang Q, Huan F, Shen H, et al. Organocatalytic reactions of $\alpha$-trifluoromethylated esters with terminal alkenes at room temperature. The Journal of Organic Chemistry, 2013, 78(24): 12525-12531.
[116] En D, Zou G F, Guo Y, et al. Nucleophilic phosphine-catalyzed intramolecular Michael reactions of *N*-allylic substituted $\alpha$-amino nitriles: construction of functionalized pyrrolidine rings via 5-endo-trig cyclizations. The Journal of Organic Chemistry, 2014, 79(10): 4456-4462.
[117] Riyaz S, Naidu A, Dubey P K. Triphenylphosphine catalyzed, one-pot, multicomponent synthesis of spirooxindoles. Letters in Organic Chemistry, 2012, 9(2): 101-105.
[118] Jang H C, Sin K R, Paek H R, et al. Aminonitriles and methyl acrylate for cyclization: synthesis of *N*-aryl-substituted pyrrolidines. Russian Journal of Organic Chemistry, 2020, 56(12): 2228-2235.
[119] Baslé O, Porcel S, Ladeira S, et al. Phosphine-boronates: efficient bifunctional organocatalysts for Michael addition. Chemical Communications, 2012, 48(37): 4495-4497.
[120] Wang Y, Yuan W, Zheng H F, et al. Bifunctional tertiary phosphine-catalyzed cascade Michael-Henry reaction of $\alpha$, $\beta$-nitroolefin and a 2-(1-substituted 3-oxo-3-phenylpropyl) malononitrile. Synthesis, 2013, 45(3): 382-388.
[121] Larpent C, Patin H. Nucleophilic addition of water-soluble phosphines on activated olefins. Tetrahedron, 1988, 44(19): 6107-6118.
[122] Jenner G. Synthesis of hindered functionalized ethers via high-pressure addition of alcohols to acrylic compounds. Tetrahedron Letters, 2001, 42(29): 4807-4810.
[123] Jenner G. Effect of pressure on sterically congested cyanoalkylation reactions of alcohols. Tetrahedron, 2002, 58(21): 4311-4317.
[124] Stewart I C, Bergman R G, Toste F D. Phosphine-catalyzed hydration and hydroalkoxylation of activated olefins: use of a strong nucleophile to generate a strong base. Journal of the American Chemical Society, 2003, 125(29): 8696-8697.
[125] Liu H L, Jiang H F, Wang Y G. Triphenylphosphine-catalyzed Michael addition of alcohols to acrylic compounds. Chinese Journal of Chemistry, 2007, 25(7): 1023-1026.
[126] Bhuniya D, Mohan S, Narayanan S. Triphenylphosphine catalyzed Michael addition of oximes onto activated olefins. Synthesis, 2003, 2003(7): 1018-1024.
[127] Shin J, Matsushima H, Chan J W, et al. Segmented polythiourethane elastomers through sequential thiol-ene and thiol-isocyanate reactions. Macromolecules, 2009, 42(9): 3294-3301.
[128] Chan J W, Yu B, Hoyle C E, et al. The nucleophilic, phosphine-catalyzed thiol-ene click reaction and convergent star synthesis with raft-prepared homopolymers. Polymer, 2009, 50(14): 3158-3168.
[129] Shin J, Nazarenko S, Hoyle C E. Effects of chemical modification of thiol-ene networks on enthalpy relaxation. Macromolecules, 2009, 42(17): 6549-6557.
[130] Lin H, Ou J J, Liu Z, et al. Facile construction of macroporous hybrid monoliths via thiol-methacrylate Michael addition click reaction for capillary liquid chromatography. Journal of Chromatography A, 2015, 1379(30): 34-42.
[131] Xu L W, Xia C G. Highly efficient phosphine-catalyzed aza-Michael reactions of $\alpha$, $\beta$-unsaturated compounds with carbamates in the presence of TMSCl. Tetrahedron Letters, 2004, 45(23): 4507-4510.
[132] Gimbert C, Moreno-Mañas M, Perez E, et al. Tributylphosphine, excellent organocatalyst for conjugate additions of non-nucleophilic *N*-containing compounds. Tetrahedron, 2007, 63(34): 8305-8310.
[133] Wang D, Wei Y, Shi M. Synthesis of highly functionalized aminoindolizines by titanium (Ⅳ) chloride mediated cycloisomerization and phosphine-catalyzed aza-Michael addition reactions. Asian Journal of Organic Chemistry, 2013, 2(6): 480-485.
[134] Pudovik A N. Prisoyedinenii dialkilfosforistykh kislot K Nepredel'nym Elektrofil'-Nym Reagentam. Izvestiya Akademii Nauk SSSR Otdeleniye Khimicheskikh Nauk 1948, 1, 151 (in Russian).

[135] Pudovik A N. Novyy metod sinteza efirov fosfinovykh I tiofosfinovykh kislot. Uspekhi Khimii, 1954, 23(5): 547-580.

[136] Pudovik A N, Konovalova I V. Addition reactions of esters of phosphorus (Ⅲ) acids with unsaturated systems. Synthesis, 1979, 1979(2): 81-96.

[137] Rulev A Y. Recent advances in Michael addition of H-phosphonates. RSC Advances, 2014, 2014(4): 26002-26012.

[138] Kim S H, Kim S H, Kim H J, et al. An efficient conjugate addition of dialkyl phosphite to electron-deficient olefins: the use of a nucleophilic organocatalyst to form a strong base. Bulletin of the Korean Chemical Society, 2013, 34(3): 989-992.

[139] Salin A V, Il'in A V, Fatkhutdinov A R, et al. Method of producing phosphonates from dialkyl phosphites and unsaturated carboxylic acid derivatives. Russian Patent, 2014, 2(551): 287.

[140] Salin A V, Il'in A V, Shamsutdinova F G, et al. The Pudovik reaction catalyzed by tertiary phosphines. Current Organic Synthesis, 2016, 13(1): 132-141.

[141] Il'in A V, Fatkhutdinov A R, Salin A V. Efficient hydrophosphorylation of activated alkenes under phosphine catalysis. Phosphorus, Sulfur and Silicon and Related Elements, 2016, 191(11-12): 1628-1629.

[142] Salin A V, Il'in A V, Faskhutdinov R I, et al. Tributylphosphine catalyzed addition of diphenylphosphine oxide to unsubstituted and substituted electron-deficient alkenes. Tetrahedron Letters, 2018, 59(17): 1630-1634.

[143] Saga Y, Han D, Kawaguchi S I, et al. A salt-free synthesis of 1,2-bisphosphorylethanes via an efficient $PMe_3$-catalyzed addition of >P(O)H to vinylphosphoryl compounds. Tetrahedron Letters, 2015, 56(38): 5303-5305.

[144] Salin A V, Il'in A V. Comparison of catalytic activity of hexamethyltriamino-and tri-*n*-butylphosphines in the Pudovik reaction. Phosphorus, Sulfur and Silicon and Related Elements, 2019, 194(4-6): 355-356.

[145] Huang T Z, Chen T, Saga Y, et al. $Me_3P$-catalyzed addition of hydrogen phosphoryl compounds P(O)H to electron-deficient alkenes: 1 to 1 vs 1 to 2 adducts. Tetrahedron, 2017, 73(50): 7085-7093.

[146] Zhong F, Dou X, Han X, et al. Chiral phosphine catalyzed asymmetric Michael addition of oxindoles. Angewandte Chemie International Edition, 2013, 52 (3): 943-947.

[147] Jin Q W, Chai Z, Huang Y M, et al. Asymmetric $\alpha$-amination of 3-substituted oxindoles using chiral bifunctional phosphine catalysts. Beilstein The Journal of Organic Chemistry, 2016, 12(6): 725-731.

[148] Huang B, Li C, Wang H, et al. Phosphine-catalyzed diastereo and enantioselective Michael addition of $\beta$-carbonyl esters to $\beta$-trifluoromethyl and $\beta$-ester enones: enhanced reactivity by inorganic base. Organic Letters, 2017, 19(19): 5102-5105.

[149] Wang H, Li X, Tu Y, et al. Catalytic enantiodivergent Michael addition by subtle adjustment of achiral amino moiety of dipeptide phosphines. iScience, 2020, 23(6): 101138.

[150] Cristau H J, Viala J, Christol H. Inversion de polarite $a^4$ des cetones $\alpha$-alleniques par le groupe triphenylphosphonio. Tetrahedron Letters, 1982, 23(15): 1569-1572.

[151] (a) Trost B M, Li C J. Novel "umpolung" in C-C bond formation catalyzed by triphenylphosphine. Journal of the American Chemical Society, 1994, 116(7): 3167-3168; (b) Trost B M, Li C J. Phosphine-catalyzed isomerization-addition of oxygen nucleophiles to 2-alkynoates. Journal of the American Chemical Society, 1994, 116(23): 10819-10820.

[152] Zhang C M, Lu X Y. Umpolung addition reaction of nucleophiles to 2,3-butadienoates catalyzed by a phosphine. Synlett, 1995, 1995(6): 645-646.

[153] Lu X Y, Lu Z, Zhang X M. Phosphine-catalyzed one-pot synthesis of cyclopentenes from electron-deficient allene, malononitrile and aromatic aldehydes. Tetrahedron, 2006, 62(2-3): 457-460.

[154] Virieux D, Guillouzic A F, Cristau H J. Phosphines catalyzed nucleophilic addition of azoles to allenes: synthesis of allylazoles and indolizines. Tetrahedron, 2006, 62(15): 3710-3720.

[155] Pei C K, Jiang Y, Shi M. Phosphorus-containing Lewis base catalyzed cascade reactions of isatin-derived oximes with allenic esters and further transformations. European Journal of Organic Chemistry, 2012, 2012(22): 4206-4216.

[156] Sun W S, Ma X Z, Hong L, et al. Asymmetic organocatalytic allylic substitution of Morita-Baylis-Hillman carbonates with allylamines for the synthesis of 2,5-dihydropyrroles. The Journal of Organic Chemistry, 2011, 76(19): 7826-

7833.

[157] Andrews I P, Blank B R, Kwon O. Phosphine-catalyzed intramolecular $\gamma$-umpolung addition of $\alpha$-aminoalkylallenic esters: facile synthesis of 3-carbethoxy-2-alkyl-3-pyrrolines. Chemical Communications, 2012, 48(43): 5373-5375.

[158] Zhou Q F, Zhang K, Kwon O. Stereoselective syntheses of $\alpha$, $\beta$-unsaturated $\gamma$-amino esters through phosphine-catalyzed $\gamma$-umpolung additions of sulfonamides to $\gamma$-substituted allenoates. Tetrahedron Letters, 2015, 56(23): 3273-3276.

[159] Fuji K. Asymmetric creation of quaternary carbon centers. Chemical Reviews, 1993, 93(6): 2037-2066.

[160] Chen Z C, Zhu G X, Jiang Q Z, et al. Asymmetric formation of quaternary carbon centers catalyzed by novel chiral 2,5-dialkyl-7-phenyl-7-phosphabicyclo [2.2.1] heptanes. The Journal of Organic Chemistry, 1998, 63(16): 5631-5635.

[161] Smith S W, Fu G C. Asymmetric carbon-carbon bond formation $\gamma$ to a carbonyl group: phosphine-catalyzed addition of nitromethane to allenes. Journal of the American Chemical Society, 2009, 131(40): 14231-14233.

[162] Sinisi R, Sun J W, Fu G C. Phosphine-catalyzed asymmetric additions of malonate esters to $\gamma$-substituted allenoates and allenamides. Proceedings of the National Academy of Sciences of the United States of America, 2010, 107(48): 20652-20654.

[163] Wang T L, Yao W J, Zhong F R, et al. Phosphine-catalyzed enantioselective $\gamma$-addition of 3-substituted oxindoles to 2,3-butadienoates and 2-butynoates: use of prochiral nucleophiles. Angewandte Chemie International Edition, 2014, 53(11): 2964-2968.

[164] Chen J H, Cai Y P, Zhao G. Asymmetric Michael addition of oxindoles to allenoate catalyzed by *N*-acyl aminophosphine: construction of functionalized oxindoles with quaternary stereogenic center. Advanced Synthesis & Catalysis, 2014, 356(2-3): 359-363.

[165] Kalek M, Fu G C. Phosphine-catalyzed doubly stereoconvergent $\gamma$-additions of racemic heterocycles to racemic allenoates: the catalytic enantioselective synthesis of protected $\alpha$, $\alpha$-disubstituted $\alpha$-amino acid derivatives. Journal of the American Chemical Society, 2015, 137(29): 9438-9442.

[166] Moran L K, Gutteridge J M, Quinlan G J. Thiols in celluar redox signalling and control. Current Medicinal Chemistry, 2001, 8(7): 763-772.

[167] Pachamuthu K, Schmidt R R. Synthetic routes to thiooligosaccharides and thioglycopeptides. Chemical Reviews, 2006, 106(1): 160-187.

[168] Wang T L, Yu Z Y, Hoon D H, et al. Highly enantioselective construction of tertiary thioethers and alcohols via phosphine-catalyzed asymmetric $\gamma$-addition reactions of 5*H*-thiazol-4-ones and 5*H*-oxazol-4-ones: scope and mechanistic understandings. Chemical Science, 2015, 6(8): 4912-4922.

[169] Wang T L, Yu Z Y, Hoon D L, et al. Regiodivergent enantioselective $\gamma$-addition of oxazolones to 2,3-butadienoates catalyzed by phosphines: synthesis $\alpha$, $\alpha$-disubstituted $\alpha$-amino acids and *N*,*O*-acetal derivatives. Journal of the American Chemical Society, 2016, 138(1): 265-271.

[170] Zhang J Y, Zhang M X, Li Y M, et al. Diastereoselective synthesis of cyclopentene spiro-rhodanines containing three contiguous stereocenters via phosphine-catalyzed [3+2] cycloaddition or one-pot sequential [3+2]/[3+2] cycloaddition. RSC Advances, 2016, 6(109): 107984-107993.

[171] Yu F, Hu H X, Gu X D, et al. Asymmetric Michael addition of substituted rhodanines to $\alpha$, $\beta$-unsaturated ketones catalyzed by bulky primary amines. Organic Letters, 2012, 14(8): 2038-2041.

[172] Kang T C, Wu L P, Sha F, et al. Enantioselective $\gamma$-addition reaction of rhodanines to allenoates catalyzed by chiral phosphine-carbamate. Tetrahedron, 2018, 74(10): 1017-1023.

[173] Wang T L, Hoon D L, Lu Y X. Enantioselective synthesis of 3-fluoro-3-allyloxindoles via phosphine-catalyzed asymmetric $\gamma$-addition of 3-fluoro-oxindoles to 2,3-butadienoates. Chemical Communications, 2015, 51(50): 10186-10189.

[174] Seebach D. Methods of reactivity umpolung. Angewandte Chemie International Edition, 1979, 18(4): 239-336.

[175] Wu Y W, Deng L. Asymmetric synthesis of trifluoromethylated amines via catalytic enantioselective isomerization of imines. Journal of the American Chemical Society, 2012, 134(35): 14334-14337.

[176] Chen P, Zhang J L. Phosphine-catalyzed asymmetric synthesis of $\alpha$-quaternary amine via umpolung $\gamma$-addition of ketimines to allenoates. Organic Letters, 2017, 19(24): 6550-6553.
[177] Gao Y N, Shi M. Enantioselective synthesis of isatin-derived $\alpha$-(trifluoromethyl)imine derivatives: phosphine-catalyzed $\gamma$-addition of $\alpha$-(trifluoromethyl)imines and allenoates. European Journal of Organic Chemistry, 2017, 2017(11): 1552-1560.
[178] Cowen B J, Miller S J. Enantioselective catalysis and complexity generation from allenoates. Chemical Society Reviews. 2009, 38(11): 3102-3116.
[179] Ziegler D T, Fu G C. Catalytic enantioselective carbon-oxygen bond formation: phosphine-catalyzed synthesis of benzylic ethers via the oxidation of benzylic C-H bonds. Journal of the American Chemical Society, 2016, 138(37): 12069-12072.
[180] Lundgren R J, Wilsily A, Marion N, et al. Catalytic asymmetric C-N bond formation: phosphine-catalyzed intra-and intermolecular $\gamma$-addition of nitrogen nucleophiles to allenoates and alkynoates. Angewandte Chemie International Edition, 2013, 52(9): 2525-2528.
[181] Sun J W, Fu G C. Phosphine-catalyzed formation of carbon-sulfur bonds: catalytic asymmetric synthesis of $\gamma$-thioesters. Journal of the American Chemical Society, 2010, 132(13): 4568-4569.
[182] Fujiwara Y J, Sun J W, Fu G C. Enantioselective carbon-sulfur bond formation: $\gamma$-additions of aryl thiols to allenoates catalyzed by a chiral phosphepine. Chemical Science, 2011, 2(11): 2196-2198.
[183] Lu C, Lu X Y. Unexpected results in the reaction of active methylene compounds with phenylsulfonyl-1,2-propadiene triggered by triphenylphosphine. Tetrahedron. 2004, 60 (31): 6575-6579.
[184] Gandi V R, Lu Y X. Phosphine-catalyzed regioselective Michael addition to allenoates. Chemical Communications, 2015, 51(90): 16188-16190.
[185] Huang Z S, Yang X Q, Yang F L, et al. Phosphine-catalyzed domino $\beta/\gamma$-addition of benzofuranones with allenoates: a method for unsymmetrical 3,3-substituted benzofuranones. Organic Letters, 2017, 19(13): 3524-3527.
[186] Vaishanv N K, Zaheer M K, Kant R, et al. Phosphine-catalyzed $\beta$-selective conjugate addition of $\alpha$-fluoro-$\beta$-ketoamides to allenic esters. The European Journal of Organic Chemistry, 2019, 2019(35): 6138-6142.
[187] Zhou Q F, Zhang K, Cai L C, et al. Phosphine-catalyzed intramolecular cyclizations of $\alpha$-nitroethylallenoates forming (*Z*)-furanone oximes. Organic Letters, 2016, 18(12): 2954-2957.
[188] Li E Q, Xie P Z, Yang L H, et al. Tuning catalysts to tune the products: phosphine-catalyzed aza-Michael addition reaction of hydrazones with allenoates. Chemistry: An Asian Journal, 2013, 8(3): 603-610.
[189] Guan X Y, Wei Y, Shi M. Phosphine-catalyzed umpolung addition reaction of nucleophiles to ethyl 2-methyl-2,3-butadienoate. European Journal of Organic Chemistry, 2011, 2011(14): 2673-2677.
[190] Na R, Jing C, Xu Q, et al. Phosphine-catalyzed annulations of azomethine imines: allene-dependent [3+2], [3+3], [4+3], and [3+2+3] pathways. Journal of the American Chemical Society, 2011, 133(34): 13337-13348.
[191] Martin T J, Vakhshori V G, Tran Y S, et al. Phosphine-catalyzed $\beta'$-umpolung addition of nucleophiles to activated $\alpha$-alkyl allenes. Organic Letters, 2011, 13(10): 2586-2589.
[192] Hou Y D, Zhang Y W, Tong X F. Phosphine-catalysed $\alpha$-umpolung addition of nucleophiles to $\delta$-acetoxy allenoates: stereoselective synthesis of 2,4-dienoates. Organic & Biomolecular Chemistry, 2018, 16(29): 5245-5249.
[193] Feng J X, Huang Y. Phosphine-catalyzed remote 1,7-addition for synthesis of diene carboxylates. ACS Catalysis, 2020, 10(6): 3541-3547.
[194] Cho C, Krische M J. Regio-and stereoselective construction of $\gamma$-butenolides through phosphine-catalyzed substitution of Morita-Baylis-Hillman acetates: an organocatalytic allylic alkylation. Angewandte Chemie International Edition, 2004, 43(48): 6689-6691.
[195] Chen Q, Bao Y, Yang X et al. Umpolung of *o*-hydroxyaryl azomethine Ylides: entry to functionalized $\gamma$-aminobutyric acid under phosphine catalysis. Organic Letters, 2018, 20(17): 5380-5383.
[196] Meng L, Chang X, Lin Z, et al. Metal-free access to 3-allyl-2-alkoxychromanones via phosphine-catalyzed alkoxy allylation of chromones with MBH carbonates and alcohols. Organic & Biomolecular Chemistry, 2021, 19(12): 2663-2667.

[197] Cho C, Kong J, Krische M J. Phosphine-catalyzed regiospecific allylic amination and dynamic kinetic resolution of Morita-Baylis-Hillman acetates. Organic Letters, 2004, 6(8): 1337-1339.
[198] Park H, Cho C, Krische M J, et al. Phosphine-catalyzed allylic substitution of Morita-Baylis-Hillman acetates: synthesis of *N*-protected *β*-aminophosphonic acid esters. The Journal of Organic Chemistry, 2006, 71(20): 7892-7894.
[199] Zhang T, Dai L, Hou X. Enantioselective allylic substitution of Morita-Baylis-Hillman adducts catalyzed by planar chiral [2.2] paracyclophane monophosphines. Tetrahedron: Asymmetry, 2007, 18(16): 1990-1994.
[200] Jiang Y, Shi Y, Shi M. Chiral phosphine-catalyzed enantioselective construction of *γ*-butenolides through substitution of Morita-Baylis-Hillman acetates with 2-trimethylsilyloxy furan. Journal of the American Chemical Society, 2008, 130(23): 7202-7203.
[201] Wei Y, Ma G, Shi M. Diastereo-and enantioselective construction of *γ*-butenolides through chiral phosphane-catalyzed allylic alkylation of Morita-Baylis-Hillman acetates. European Journal of Organic Chemistry, 2011, 2011(26): 5146-5155.
[202] Yang Y, Pei C, Shi M. Multifunctional chiral phosphines-catalyzed highly diastereoselective and enantioselective substitution of Morita-Baylis-Hillman adducts with oxazolones. Organic & Biomolecular Chemistry, 2011, 9(9): 3349-3358.
[203] Zhong F, Luo J, Chen G Y, et al. Highly enantioselective regiodivergent allylic alkylations of MBH carbonates with phthalides. Journal of the American Chemical Society, 2012, 134(24): 10222-10227.
[204] Wang D, Yang Y, Jiang J, et al. Chiral phosphine-catalyzed asymmetric allylic alkylation of 3-substituted benzofuran-2(3*H*)-ones or oxindoles with Morita-Baylis-Hillman carbonates. Organic & Biomolecular Chemistry, 2012, 10(35): 7158-7166.
[205] Kang T, Zhao X, Sha F, et al. Highly enantioselective direct allylic alkylation of butenolides with Morita-Baylis-Hillman carbonates catalyzed by chiral squaramide-phosphine. RSC Advances, 2015, 5(91): 74170-74173.
[206] Chen P, Yue Z, Zhang J, et al. Phosphine-catalyzed asymmetric umpolung addition of trifluoromethyl ketimines to Morita-Baylis-Hillman carbonates. Angewandte Chemie International Edition, 2016, 55(42): 13316-13320.
[207] Zhang J, Wu H H, Zhang J. Enantioselective phosphine-catalyzed allylic alkylations of mix-indene with MBH carbonates. Organic Letters, 2017, 19(22): 6080-6083.
[208] Alvin Tan C X, Mei G J, Lu Y X, et al. Phosphine-catalyzed asymmetric allylic alkylation of achiral MBH carbonates with 3,3′ -bisindolines: enantioselective construction of quaternary stereogenic centers. Organic Letters, 2021, 23(5): 1787-1792.
[209] Zhang T, Dai L, Hou X L. Enantioselective allylic substitution of Morita-Baylis-Hillman adducts catalyzed by planar chiral [2.2]paracyclophane monophosphines. Tetrahedron: Asymmetry, 2007, 18(16): 1990-1994.
[210] Ma G, Cao S, Shi M. Chiral phosphine-catalyzed regio-and enantioselective allylic amination of Morita-Baylis-Hillman acetates. Tetrahedron: Asymmetry, 2009, 20(9): 1086-1092.
[211] Deng H, Wei Y, Shi M. Chiral bifunctional thiourea-phosphane organocatalysts in asymmetric allylic amination of Morita-Baylis-Hillman acetates. European Journal of Organic Chemistry, 2011, 2011(10): 1956-1960.
[212] Zhao X, Kang T, Shen J, et al. Enantioselective allylic amination of Morita-Baylis-Hillman acetates catalyzed by chiral thiourea-phosphine. Chinese Journal of Chemistry, 2015, 33(12): 1333-1337.
[213] Deng H, Shi M. Preparation of chiral multifunctional thiourea-phosphanes and synthesis of chiral allylic phosphites and phosphane oxides through asymmetric allylic substitution reactions of Morita-Baylis-Hillman carbonates. European Journal of Organic Chemistry, 2012, 2012(1): 183-187.
[214] Ngo T, Nguyen T, Bournaud C, et al. Phosphine-thiourea-organocatalyzed asymmetric C-N and C-S bond formation reactions. Asian Journal of Organic Chemistry, 2016, 5(7): 895-899.
[215] White D A, Baizer M M. Catalysis of the Michael reaction by tertiary phosphines. Tetrahedron Letters, 1973, 14(37): 3597-3600.
[216] Grossman R B, Comesse S, Rasne R M. Phosphoramidites are efficient, green organocatalysts for the Michael reaction: mechanistic insights into the phosphoruscatalyzed Michael reaction of alkynones and implications for

asymmetric catalysis. The Journal of Organic Chemistry, 2003, 68(3): 871-874.

[217] Pedduri Y, Williamson J S. One-pot synthesis of highly substituted tetrahydrofurans from activated propargyl alcohols using $Bu_3P$. Tetrahedron Letters, 2008, 49(41): 6009-6012.

[218] Hu B, Meng L, Hao X, et al. $PPh_3$-KOtBu-mediated cyclization reaction of $\beta$-ketoesters with alkynyl ketones: synthesis of functionalized 2-pyrones. Synthetic Communications, 2011, 41(21): 3147-3161.

[219] Fan Y C, Kwon O. Synthesis of functionalized alkylidene indanes and indanones through tandem phosphine-palladium catalysis. Organic Letters, 2015, 17(9): 2058-2061.

[220] Kamijo S, Kamijo K, Magarifuchi D, et al. Two-directional carbon chain elongation via the consecutive 1,4-addition of allyl malononitrile and the cope rearrangement on an alkynoate platform. Tetrahedron Letters, 2016, 57(1): 137-140.

[221] Inanaga J, Baba Y, Hanamoto T. Organic synthesis with trialkylphosphine catalysts. Conjugate addition of alcohols to $\alpha$, $\beta$-unsaturated alkynic acid esters. Chemistry Letters, 1993, 22(2): 241-244.

[222] Wende M, Meier R, Gladysz J A. Fluorous catalysis without fluorous solvents: a friendlier catalyst recovery/recycling protocol based upon thermomorphic pproperties and liquid/solid phase separation. Journal of the American Chemical Society, 2001, 123(46): 11490-11491.

[223] Kuroda H, Tomita I, Endo T. A novel polyaddition of bifunctional acetylenes containing electron-withdrawing groups: 4. Synthesis of polymers having enone moieties by the reaction of ynones with bifunctional heteronucleophiles. Polymer, 1997, 38(14): 3655-3662.

[224] Yavari I, Ramazani A. Triphenylphosphine catalyzed stereoselective synthesis of *o*-vinyloximes. Synthetic Communications, 1997, 27(8): 1449-1454.

[225] Trofimov B A, Glotova T E, Dvorko M Y, et al. Triphenylphosphine as an effective catalyst for ketoximes addition to acylacetylenes: regio-and stereospecifics synthesis of (*E*)-(*o*)-2-(acyl)vinylketoximes. Tetrahedron, 2010, 66(38): 7527-7532.

[226] Ramazani A, Mohammadi B, Noshiranzadeh N. Tributylphosphine catalyzed *O*-vinylation of 2-hydroxy-3-methyl-2-cyclopenten-1-one. Phosphorus, Sulfur, and Silicon and the Related Elements, 2003, 178(3): 545-548.

[227] Baharfar R, Ostadzadeh A, Abbasi A. Triphenylphosphine catalysed stereoselective synthesis of *O*-vinylcyclopentenones. Journal of Chemical Research, 2004, 2004(1): 37-38.

[228] Yavari I, Souri S, Sirouspour M, et al. Synthesis of alkyl 3-aryloxypropenoates and alkyl 2-arylacrylates through nucleophilic addition to alkyl propiolates. Synthesis, 2005, 11: 1761-1764.

[229] Tejedor D, Santos-Expósito A, Méndez-Abt G, et al. Trialkylamine versus trialkylphosphine: catalytic conjugate addition of alcohols to alkyl propiolates. Synlett, 2009, 2009(8): 1223-1226.

[230] Fan Y C, Kwon O. Phosphine/palladium-catalyzed syntheses of alkylidene phthalans, 3-deoxyisoochracinic acid, isoochracinic acid, and isoochracinol. Organic Letters, 2012, 14 (13): 3264-3267.

[231] Zhou Q F, Chu X P, Ge F F, et al. Phosphine-catalyzed [3+2] annulation of electron-deficient alkynes with *N*-hydroxyphthalimide: synthesis of 3a-hydroxyisoxazolo [3,2-a] isoindol-8(3aH)-ones. Advanced Synthesis & Catalysis, 2013, 355(14): 2787-2792.

[232] Li W, Zhang J L. Phosphine-mediated regio-and stereoselective hydrocarboxylation of enynes. Organic Letters, 2014, 16(1): 162-165.

[233] Trost B M, Li C J. Nucleophilic $\alpha$-addition to alkynoates: a synthesis of dehydroamino acids. Journal of the American Chemical Society, 1997, 119(32): 7595-7596.

[234] Alvarez-Ibarra C, Csákÿ A G, Gómez de la Oliva, C. Synthesis of $\gamma$, $\delta$-didehydrohomoglutamates by the phosphine-catalyzed $\gamma$-addition reaction to acetylenic esters. Journal of Organic Chemistry, 2000, 65(11): 3544-3547.

[235] Chung Y K, Fu G C. Phosphine-catalyzed enantioselective synthesis of oxygen heterocycles. Angewandte Chemie International Edition, 2009, 48(12): 2225-2227.

[236] Trost B M, Dake G R. Nucleophilic $\alpha$-addition to alkynoates: a synthesis of dehydroamino acids. Journal of the American Chemical Society, 1997, 119(32): 7595-7596.

[237] Yavari I, Hazeri N, Maghsoodlou M T, et al. $Ph_3P$ catalyzed efficient synthesis of ethyl 2-(acetylanilino)-acrylates

and ethyl (*E*)-3-(acetylanilino)-2-propenoates by nucleophilic addition to ethyl propiolate. Journal of Molecular Catalysis A: Chemical, 2007, 264(1-2): 313-317.

[238] Ramazani A, Noshiranzadeh N, Mohammadi B. Tributylphosphine catalyzed stereoselective *N*-vinylation of phthalimide and succinimide. Phosphorus, Sulfur, and Silicon and the Related Elements, 2003, 178(3): 539-543.

[239] Noshiranzadeh N, Ramazani A. Triphenylphosphine catalyzed stereoselective addition of 3,5-diphenyl-1*H*-pyrazole to acetylenic esters. Phosphorus, Sulfur, and Silicon and the Related Elements, 2008, 183(1): 144-149.

[240] Yavari I, Alborzi A R, Mohtat B. $Ph_3P$-promoted one-pot synthesis of dialkyl 2-(2-oxopyridin-1(2*H*)-yl)but-2-enedioates from a reaction of 2-hydroxypyridine and dialkyl acetylenedicarboxylates. Journal of Chemical Research, 2007(7): 397-399.

[241] Mohtat B, Azar Z N, Nahavandian S, et al. Synthesis of dialkyl 2-(4-oxopyridin-1(4*H*)-yl) dicarboxylates through the reaction of 4-hydroxypyridine and dialkyl acetylenedicarboxylate in the presence of triphenylphosphine. Journal of the Mexican Chemical Society, 2011, 55(3): 194-196.

[242] Hekmatshor R, Sadjadi S, Heravi M M. Triphenylphosphine catalyzed vinyl amides: a mild, stereoselective and general synthesis. Arkivoc, 2008 ( xiii ): 10-15.

[243] Fang Y, Tadross P M, Jacobsen E N. Highly enantioselective, intermolecular hydroamination of allenyl esters catalyzed by bifunctional phosphinothioureas. Journal of the American Chemical Society. 2014, 136(52): 17966-17968.

[244] Kuroda H, Tomita I, Endo T. Facile synthetic method for the preparation of dithioacetals by the double conjugate addition of acetylenes bearing electron-withdrawing groups with thiols. Synthetic communications, 1996, 26(8): 1539-1543.

[245] Baharfar R, Baghbanian S M, Hossein nia R. The novel one-pot synthesis of functionalized vinyl sulfides using triphenylphosphine catalyzed nucleophilic addition of thiols to acetylenes. Letters in Organic Chemistry, 2007, 4(8): 567-570.

[246] Zhao S, Zhou Q F, Liu J, et al. Tributylphosphine-catalyzed reaction of ethanethiol with alkynyl ketones. Chinese Chemical Letters, 2011, 22(4): 397-400.

[247] Kuroda H, Tomita I, Endo T. A novel polyaddition of bifunctional acetylenes containing electron-withdrawing groups. 2. Synthesis of polymers having *β*-alkylmer-captoenoate moieties by the reaction with dithiols. Macromolecules, 1995, 28(18): 6020-6025.

[248] Kuroda H, Tomita I, Endo T. A novel phosphine-catalysed polyaddition of terminal acetylenes bearing electron-withdrawing groups with dithiols. Synthesis of polymers having dithioacetal moieties in the main chain. Polymer, 1997, 38(24) : 6049-6054.

[249] Lin Y, Bernardi D, Doris E, et al. Phosphine-catalyzed synthesis of unsymmetrical 1,3-bis-and trisphosphorus ligands. Synlett, 2009(9): 1466-1470.

[250] Srinivas V, Balaraman E, Sajna K V, et al. Catalyst-free and catalysed addition of P(O)-H bonds to allenyl/alkynyl-phosphonates and phosphane oxides: use of a robust, recoverable dinuclear palladium ( I ) catalyst. European Journal of Organic Chemistry, 2011, 2011(22): 4222-4230.

[251] Salin A V, Il'in A V, Faskhutdinov R I, et al. Phosphine-catalyzed bishydrophosphorylation of electron-deficient alkynes. Tetrahedron, 2019, 75(18): 2676-2686.

[252] Grossman R B, Pendharkar D S, Patrick B O. [*N*+1] annulation route to highly substituted cyclic ketones with pendant ketone, nitrile, and ester functionality. Journal of Organic Chemistry, 1999, 64(19): 7178-7183.

[253] Sriramurthy V, Barcan G A, Kwon O. Bisphosphine-catalyzed mixed double-Michael reactions: asymmetric synthesis of oxazolidines, thiazolidines, and pyrrolidines. Journal of the American Chemical Society, 2007, 129(43): 12928-12929.

[254] Zhou Q, Ge F, Chen Q, et al. Construction of pyrazolo[5,1-a]isoindol-8(3aH)-one derivatives via phosphine-catalyzed cyclization of electron-deficient alkynes and *N*-amino substituted phthalimide. RSC Advances, 2016, 6(2): 1395-1402.

[255] Chen Q, Li K, Lu T, et al. Phosphine-catalyzed domino reactions of alkynyl ketones with sulfonylhydrazones:

construction of diverse pyrazoloquinazoline derivatives. RSC Advances, 2016, 6(29): 24792-24796.
[256] Cong T, Wang H, Li X, et al. Chiral Bifunctional bisphosphine enabled enantioselective tandem Michael addition of tryptamine-derived oxindoles to ynones. Chemical Communications, 2019, 55(62): 9176-9179.
[257] Ye Y, Yang W, Zhang J, et al. Phosphine-catalyzed synthesis of 3-allyl-4-pyrones by the tandem reaction of diynones and allylic alcohols. Journal of Organic Chemistry, 2021, 86(21): 14476-14484.
[258] Zhang C, Lu X Y. Phosphine-catalyzed cycloaddition of 2,3-butadienoates or 2-butynoates with electron-deficient olefins. A novel [3+2] annulation approach to cyclopentenes. Journal of Organic Chemistry, 1995, 60(9): 2906-2908.
[259] Xu Z, Lu X Y. Phosphine-catalyzed [3+2] cycloaddition reaction of methyl 2,3-butadienoate and *N*-tosylimines. A novel approach to nitrogen heterocycles. Tetrahedron Letters, 1997, 38(19): 3461-3464.
[260] Xia Y, Liang Y, Chen Y, et al. An unexpected role of a trace amount of water in catalyzing proton transfer in phosphine-catalyzed [3+2] cycloaddition of allenoates and alkenes. Journal of the American Chemical Society, 2007, 129(12): 3470-3471.
[261] Dudding T, Kwon O, Mercier E. Theoretical rationale for regioselection in phosphine-catalyzed allenoate additions to acrylates, imines, and aldehydes. Organic Letters, 2006, 8(17): 3643-3646.
[262] Lu Z, Zheng S, Zhang X, et al. An unexpected phosphine-catalyzed [3+2] annulation. Synthesis of highly functionalized cyclopentenes. Organic Letters, 2008, 10(15): 3267-3270.
[263] Du Y, Lu X Y. A phosphine-catalyzed [3+2] cycloaddition strategy leading to the first total synthesis of (-)-hinesol. Journal of Organic Chemistry, 2003, 68(16): 6463-6465.
[264] Shu L, Sun W, Zhang D, et al. Phosphine-catalysed [3+2] cycloadditions of buta-2,3-dienoates with [60] fullerene. Chemical Communications, 1997: 79-80.
[265] Bryan F O, Peter B H, Mohamed F M, et al. Phosphine-catalysed cycloaddition of buta-2,3-dienoates and but-2-ynoates to [60] fullerene. Chemical Communications, 1997: 81-82.
[266] Kumar K, Kapoor R, Kapur A, et al. Annulation reactions of allene-derived 1,3-dipole with 3-substituted-chromones: unusual recognition of 4$\pi$-component in 3-(*N*-aryliminomethyl)chromones through [4+3] annulation. Organic Letters, 2000, 2(14): 2023-2025.
[267] Guan X, Wei Y, Shi M. Phosphine-catalyzed tandem reaction of allenoates with nitroalkenes. Organic Letters, 2010, 12(21): 5024-5027.
[268] Xiao W J, Chen J, Zou Y, et al. Phosphine-catalyzed [3+2] cycloadditions of 2-phenyl-4-arylidene-5(4*H*)-oxazolones with allenoate: a concise synthesis of aspartic acid analogues. Synlett, 2011, 7: 1000-1004.
[269] Zhang X, Cao S, Wei Y, et al. Phosphine-and nitrogen-containing Lewis base catalyzed highly regioselective and geometric selective cyclization of isatin derived electron-deficient alkenes with ethyl 2,3-butadienoate. Organic Letters, 2011, 13(5): 1142-1145.
[270] Wang Y, Yu Z, Zheng H, et al. DABCO and $Bu_3P$ catalyzed [4+2] and [3+2] cycloadditions of 3-acyl-2*H*-chromen-ones and ethyl 2,3-butadienoate. Organic & Biomolecular Chemistry, 2012, 10(38):7739-7746.
[271] Baskar B, Wittstein K, Sankar M G, et al. Stereoselective cascade double-annulations provide diversely ring-fused tetracyclic benzopyrones. Organic Letters, 2012, 14(23): 5924-5927.
[272] Santos B S, Pinho E, Melo T M V D. Synthesis of chiral spirocyclopentenyl-$\beta$-lactams through phosphane-catalyzed [3+2] annulation of allenoates with 6-alkylidenepenicillanates. European Journal of Organic Chemistry, 2013(18): 3901-3909.
[273] Li X, Wang F, Dong N, et al. Phosphine-containing Lewis base catalyzed cyclization of benzofuranone type electron-deficient alkenes with allenoates: a facile synthesis of spirocyclic benzofuranones. Organic & Biomolecular Chemistry, 2013, 11(9): 1451-1455.
[274] Zhou L, Wang C, Yuan C, et al. Phosphine-catalyzed [3+2] annulation of 2-hydroxy-1,4-naphthaquinones and allenoate: an allene-alkene [3+2] annulation mechanism involving consecutive $\gamma$-addition-aldol reaction. Organic Letters, 2018, 20(20): 6591-6595.
[275] Zhao J Q, Yang L, You Y, et al. Phosphine-catalyzed dearomative [3+2] annulation of 2-nitrobenzofurans and nitrobenzothiophenes with allenoates. Organic & Biomolecular Chemistry, 2019, 17(21): 5294-5304.

[276] Chen S, Chen G, Zhang J, et al. Phosphine-catalyzed [3+2] cycloadditions of trifluoromethyl enynes/enediynes with allenoates: access to cyclopentenes containing a $CF_3$-substituted quaternary carbon center. Organic Chemistry Frontiers, 2020, 7(21): 3399-3405.
[277] Anwar S, Lin L, Srinivasadesikan V, et al. [3+2] Regioselective annulation reaction of 2-arylidene-1,3-indandiones towards synthesis of spirocyclopentenes: understanding the mechanism of $\gamma$-attack vs. $\alpha$-attack using DFT studies. RSC Advances, 2021, 11(61): 38648-38653.
[278] Zhu G, Chen Z, Jiang Q, et al. Asymmetric [3+2] cycloaddition of 2,3-butadienoates with electron-deficient olefins catalyzed by novel chiral 2,5-dialkyl-7-phenyl-7-phosphabicyclo[2.2.1]heptanes. Journal of the American Chemical Society, 1997, 119(16): 3836-3837.
[279] Wilson J E, Fu G C. Synthesis of functionalized cyclopentenes through catalytic asymmetric [3+2] cycloadditions of allenes with enones. Angewandte Chemie International Edition, 2006, 45(9):1426-1429.
[280] Fujiwara Y, Fu G C. Application of a new chiral phosphepine to the catalytic asymmetric synthesis of highly functionalized cyclopentenes that bear an array of heteroatom-substituted quaternary stereocenters. Journal of the American Chemical Society, 2011, 133(31): 12293-12297.
[281] Steurer M, Jensen K L, Worgull D, et al. Enantioselective one-pot synthesis of $\alpha$-amino esters by a phosphine-catalyzed [3+2]-cycloaddition reaction. Chemistry A European Journal, 2012, 18(1): 76-79.
[282] Cowen B J, Miller S J. Enantioselective [3+2]-cycloadditions catalyzed by a protected, multifunctional phosphine-containing $\alpha$-amino acid. Journal of the American Chemical Society, 2007, 129(36): 10988-10989.
[283] Xiao H, Chai Z, Zheng C, et al. Asymmetric [3+2] cycloadditions of allenoates and Dual activated olefins catalyzed by simple bifunctional *N*-acyl aminophosphines. Angewandte Chemie International Edition, 2010, 49(26): 4467-4470.
[284] Han X, Wang Y, Zhong F, et al. Enantioselective [3+2] cycloaddition of allenes to acrylates catalyzed by dipeptide-derived phosphines: facile creation of functionalized cyclopentenes containing quaternary stereogenic centers. Journal of the American Chemical Society, 2011, 133(6): 1726-1729.
[285] Zhao Q, Han X, Wei Y, et al. Asymmetric [3+2] annulation of allenes with maleimides catalyzed by dipeptide-derived phosphines: facile creation of functionalized bicyclic cyclopentenes containing two tertiary stereogenic centers. Chemical Communications, 2012, 48(7): 970-972.
[286] Lu Y, Han X, Wang S, et al. Formation of functionalized cyclopentenes via catalytic asymmetric [3+2] cycloaddition of acrylamides with an allenoate promoted by dipeptide-derived phosphines. Synthesis, 2011(12): 1859-1864.
[287] Voituriez A, Panossian A, Fleury-Brégeot N, et al. 2-phospha[3]ferrocenophanes with planar chirality: synthesis and use in enantioselective organocatalytic [3+2] cyclizations. Journal of the American Chemical Society, 2008, 130(43): 14030-14031.
[288] Voituriez A, Pinto N, Neel M, et al. An organocatalytic [3+2] cyclisation strategy for the highly enantioselective synthesis of spirooxindoles. Chemistry A European Journal, 2010, 16(42): 12541-12544.
[289] Duvvuru D, Pinto N, Gomez C, et al. Heterocyclic spiranes and dispiranes via enantioselective phosphine-catalyzed [3+2] annulations. Advanced Synthesis & Catalysis, 2012, 354(3): 408-414.
[290] Pinto N, Neel M, Panossian A, et al. Expanding the scope of enantioselective ferroPHANE-promoted [3+2] annulations with $\alpha$, $\beta$-unsaturated ketones. Chemistry A European Journal, 2010, 16(3): 1033-1045.
[291] Wang D, Wei Y, Shi M. Construction of adjacent spiro-quaternary and tertiary stereocenters through phosphine-catalyzed asymmetric [3+2] annulation of allenoates with alkylidene azlactones. Chemical Communications, 2012, 48(22): 2764-2766.
[292] Zhang X, Shi M. Phosphine-catalyzed [3+2] cycloaddition of 4,4-dicyano-2-methylenebut-3-enoates with benzyl buta-2,3-dienoate and penta-3,4-dien-2-one. ACS Catalysis, 2013, 3(4): 507-512.
[293] Gao Z, Wang C, Yuan C, et al. Phosphine-catalyzed asymmetric [3+2] annulation of chalcones with allenoates for enantioselective synthesis of functionalized cyclopentenes. RSC Advances,2015, 5(127): 105359-105362.
[294] Ni H, Yu Z, Yao W, et al. Catalyst-controlled regioselectivity in phosphine catalysis: the synthesis of spirocyclic benzofuranones via regiodivergent [3+2] annulations of aurones and an allenoate. Chemical Science, 2017, 8(8):

5699-5704.
[295] Yao W, Yu Z, Wen S, et al. Chiral phosphine-mediated intramolecular [3+2] annulation: enhanced enantioselectivity by achiral Brønsted acid. Chemical Science, 2017, 8(7): 5196-5200.
[296] Li K, Gonçalves T P, Huang K W, et al. Dearomatization of 3-nitroindoles by a phosphine-catalyzed enantioselective [3+2] annulation reaction. Angewandte Chemie International Edition, 2019, 58(16): 5427-5431.
[297] Wang H, Zhang J L, Tu Y, et al. Phosphine-catalyzed enantioselective dearomative [3+2]-cycloaddition of 3-nitroindoles and 2-nitrobenzofurans. Angewandte Chemie International Edition, 2019, 58(16): 5422-5426.
[298] Chan W, Tang X, Zhang F, et al. Phosphine-catalyzed [3+2] annulation of isoindigos with allenes: enantioselective formation of two vicinal quaternary stereogenic centers. Angewandte Chemie International Edition, 2019, 58 (19): 6260-6264.
[299] Kondo M, Wathsala H D P, Sako M, et al. Exploration of flow reaction conditions using machine-learning for enantioselective organocatalyzed rauhut-Currier and [3+2] annulation sequence. Chemical Communications, 2020, 56(8): 1259-1262.
[300] Chuan X A T, Li R, Zhang F H, et al. Synthesis of axially chiral $CF_3$-substituted 2-arylpyrroles by sequential phosphine-catalyzed asymmetric [3+2] annulation and oxidative central-to-axial chirality transfer. Angewandte Chemie International Edition, 2022, 61(47): e202209494.
[301] Brambilla E, Pozza C, Rizzato S, et al. Phosphine-catalyzed [3+2] cycloaddition of aza-aurones and allenoates: Enantioselective synthesis of 2-spirocyclopentyl-indolin-3-ones. European Journal of Organic Chemistry, 2023, 26, e202201385.
[302] Xu Z, Lu X Y. Phosphine-catalyzed [3+2] cycloaddition reaction of methyl 2,3-butadienoate and *N*-tosylimines. A novel approach to nitrogen heterocycles. Tetrahedron Lett. 1997, 38(19): 3461-3464.
[303] Zhang B, He Z J, Xu S, et al. Nucleophilic phosphine-catalyzed [3+2] cycloaddition of allenes with *N*-(thio) phosphoryl imines and acidic methanolysis of adducts *N*-(thio)phosphoryl 3-pyrrolines: a facile synthesis of free amine 3-pyrrolines. Tetrahedron, 2008, 64(40): 9471-9479.
[304] Chen X, Lin R, Ye S. Catalytic [2+2] and [3+2] cycloaddition reactions of allenoates with cyclic ketimines. Chemical Communications, 2012, 48(9): 1317-1319.
[305] Huang Z, Bao Y, Zhang Y, et al. Hydroxy-assisted regio-and stereoselective synthesis of functionalized 4-methylenepyrrolidine derivatives via phosphine-catalyzed [3+2] cycloaddition of allenoates with *o*-hydroxyaryl azomethine Ylides. The Journal of Organic Chemistry, 2017, 82(23): 12726-12734.
[306] Wu X, Gui H, Jangra H, et al. Phosphine-catalyzed [3+2] annulation of 2-aminoacrylates with allenoates and mechanistic studies. Catalysis Science & Technology, 2020, 10(12): 3959-3964.
[307] Jean L, Marinetti A. Phosphine-catalyzed enantioselective [3+2] annulations of 2,3-butadienoates with imines. Tetrahedron Letters, 2006, 47(13): 2141-2145.
[308] Scherer A, Gladysz J A. A promising new catalyst family for enantioselective cycloadditions involving allenes and imines: chiral phosphines with transition metal-$CH_2$-P: linkages. Tetrahedron Letters, 2006, 47(36): 6335-6337.
[309] Kitagaki S, Nakamura K, Kawabata C, et al. Planar chiral [2.2]paracyclophane-based phosphine-phenols: use in enantioselective [3+2] annulations of allenoates and *N*-tosylimines. Organic & Biomolecular Chemistry, 2018, 16(10): 1770-1778.
[310] Fang Y Q, Jacobsen E N. Cooperative, highly enantioselective phosphinothiourea catalysis of imine-allene [3+2] cycloadditions. Journal of the American Chemical Society, 2008, 130(17): 5660-5661.
[311] Han X, Zhong F, Wang Y, et al. Versatile enantioselective [3+2] cyclization between imines and allenoates catalyzed by dipeptide-based phosphines. Angewandte Chemie International Edition, 2012, 51(3): 767-770.
[312] Han X, Chan W, Yao W, et al. Phosphine-mediated highly enantioselective spirocyclization with ketimines as substrates. Angewandte Chemie International Edition, 2016, 55(22): 6492-6496.
[313] Sankar M G, Garcia-Castro M, Golz C, et al. l-isoleucine derived bifunctional phosphine catalyses asymmetric [3+2]-annulation of allenyl-esters and-ketones with ketimines. RSC Advances, 2016, 6(61): 56537-56543.
[314] Maddigan-Wyatt J T, Cao J, Ametovski J, et al. Enantioselective synthesis of pyrrolidines by a phosphine-catalyzed

$\gamma$-umpolung/$\beta$-umpolung cascade. Organic Letters, 2022, 24(15): 2847-2852.

[315] Lu C, Lu X Y. Tandem reactions to construct heterocycles via phosphine-catalyzed umpolung addition and intramolecular conjugate addition. Organic Letters, 2002, 4(26): 4677-4679.

[316] Kumar K, Kapur A, Ishar M P S. Unusual [8+2] annulation in the reactions of allenic ester/ketone-derived 1,3-dipoles with tropone. Organic Letters, 2000, 2(6): 787-789.

[317] Saunders L B, Miller S J. Divergent reactivity in amine-and phosphine-catalyzed C-C bond-forming reactions of allenoates with 2,2,2-trifluoroacetophenones. ACS Catalysis, 2011, 1(10): 1347-1350.

[318] Xie P, Lai W, Geng Z, et al. Phosphine-catalyzed domino reaction for the synthesis of conjugated 2,3-dihydrofurans from allenoates and nazarov reagents. Chemistry: An Asian Journal, 2012, 7(7): 1533-1537.

[319] Su Q, Qian H, Li Z, et al. Lewis-base-catalyzed alkylation reaction of 4-hydroxycoumarins with allenoates: regioselective synthesis of 2*H*-[3,2-c] furocoumarins and 4-hydroxycoumarin vinyl ether derivatives. Asian Journal of Organic Chemistry, 2017, 6(5): 512-515.

[320] Takizawa S, Kishi K, Yoshida Y, et al. Phosphine-catalyzed $\beta$, $\gamma$-umpolung domino reaction of allenic esters: facile synthesis of tetrahydrobenzofuranones bearing a chiral tetrasubstituted stereogenic carbon center. Angewandte Chemie International Edition, 2015, 54(51): 15511-15515.

[321] Meng X, Huang Y, Chen R. Bifunctional phosphine-catalyzed domino reaction: highly stereoselective synthesis of *cis*-2,3-dihydrobenzofurans from salicyl *N*-thiophosphinyl imines and allenes. Organic Letters, 2009, 11(1): 137-140.

[322] Gao Z, Wang C, Yuan C, et al. Phosphine-catalyzed [4+1] annulation of 2-tosylaminochalcones with allenoates: synthesis of *trans*-2,3-disubstitued indolines. Chemical Communications, 2015, 51(63): 12653-12656.

[323] Yang L, Wang S, Nie J, et al. Bisphosphine-triggered one-pot sequential [3+2]/[3+2] annulation of allenoates with cyclic ketimines. Organic Letters, 2013, 15(20): 5214-5217.

[324] Wang N, Lang Y, Wang J, et al. Phosphine-catalyzed sequential [3+2]/[3+2] annulation between allenoates and arylidenemalononitriles for the enantioselective construction of bicyclo[3,3,0]octenes and cyclopenta[c]quinolinones. Organic Letters, 2022, 24(20): 3712-3716.

[325] Zhu X, Henry C E, Wang J, et al. Phosphine-catalyzed synthesis of 1,3-dioxan-4-ylidenes. Organic Letters, 2005, 7(7): 1387-1390.

[326] Creech G S, Kwon O. Alcohol-assisted phosphine catalysis: one-step syntheses of dihydropyrones from aldehydes and allenoates. Organic Letters, 2008, 10(3): 429-432.

[327] Sun Y, Guan X, Shi M. Synthesis of functionalized chromans by P$n$Bu$_3$-catalyzed reactions of aalicylaldimines and aalicylaldehydes with allenic ester. Organic Letters, 2010, 12(24): 5664-5667.

[328] Na R, Jing C, Xu Q, et al. Phosphine-catalyzed annulations of azomethine imines: allene-dependent [3+2], [3+3], [4+3], and [3+2+3] pathways. Journal of the American Chemical Society, 2011, 133(34): 13337-13348.

[329] Meng W, Zhao H, Nie J, et al. Allenoate-derived 1,5-, 1,7-, and 1,9-zwitterions as highly versatile coupling-partners for phosphine-triggered cycloaddition reactions. Chemical Science, 2012, 3(10): 3053-3057.

[330] Zhao S, Zhu Y, Wu Y, et al. Phosphine-catalyzed domino reactions of allenoates with *N*-hydroxyphthalimides: direct method to 3 a-hydroxyisoxazolo[3,2-a]isoindol-8(3 aH)-one derivatives. ChemistrySelect, 2017, 2(4): 1700-1704.

[331] Ma S, Yu A, Zhang L, et al. Phosphine-catalyzed domino reaction of thioaurones and allenoate: synthesis of benzothiophene-fused dioxabicyclo[3.3.1]nonane derivatives. The Journal of Organic Chemistry, 2018, 83(10): 5410-5419.

[332] Zhu X, Lan J, Kwon O. An expedient phosphine-catalyzed [4+2] annulation: synthesis of highly functionalized tetrahydropyridines. Journal of the American Chemical Society, 2003, 125(16): 4716-4717.

[333] Tran S, Kwon O. Phosphine-catalyzed [4+2] annulation: synthesis of cyclohexenes. Journal of the American Chemical Society, 2007, 129(42): 12632-12633.

[334] Tran S, Martin J, Kwon O. Phosphine-catalyzed [4+2] annulations of 2-alkylallenoates and olefins: synthesis of multisubstituted cyclohexenes. Chemistry: An Asian Journal, 2011, 6(8): 2101-2106.

[335] Baskar B, Dakas P Y, Kumar K. Natural product biosynthesis inspired concise and stereoselective synthesis of benzopyrones and related scaffolds. Organic Letters, 2011, 13(8): 1988-1991.

[336] Chen R, Fan X, Xu Z, et al. Facile synthesis of spirooxindole-cyclohexenes via phosphine-catalyzed [4+2] annulation of $\alpha$-substituted allenoates. Chinese Journal of Chemistry, 2017, 35(9): 1469-1473.

[337] Zhong F, Han X, Wang Y, et al. Highly enantioselective [4+2] annulations catalyzed by amino acid-based phosphines: synthesis of functionalized cyclohexenes and 3-spirocyclohexene-2-oxindoles. Chemical Science, 2012, 3(4): 1231-1234.

[338] Xiao H, Chai Z, Cao D, et al. Highly enantioselective [4+2] cycloadditions of allenoates and Dual activated olefins catalyzed by *N*-acyl aminophosphines. Organic & Biomolecular Chemistry, 2012, 10(16): 3195-3201.

[339] Yang W, Zhang Y, Qiu S, et al. Phosphine-catalyzed [4+2] cycloaddition of unsaturated pyrazolones with allenoates: a concise approach toward spiropyrazolones. RSC Advances, 2015, 5(77): 62343-62347.

[340] Danda A, Kesava-Reddy N, Golz C, et al. Roadmap to diverse polycyclic benzopyrans via phosphine-catalyzed enantioselective [4+2]-annulation reaction. Organic Letters, 2016, 18(11): 2632-2635.

[341] Liu H, Liu Y, Yuan C, et al. Enantioselective synthesis of spirobarbiturate-cyclohexenes through phosphine-catalyzed asymmetric [4+2] annulation of barbiturate-derived alkenes with allenoates. Organic Letters, 2016, 18(6): 1302-1305.

[342] Wang H, Hu Q, Wang M, et al. Enantioselective [4+2] annulation to the concise dynthesis of chiral dihydrocarbazoles. iScience, 2020, 23 (2): 100840.

[343] Shi W, Ren Y, Zhao H, et al. Phosphine-catalyzed [4+2] annulation of allenoates with benzofuran-derived azadienes and subsequent thio-Michael addition. Organic Letters, 2022, 24 (20): 3747-3752.

[344] Chen X, Ye S. Phosphane-catalyzed [4+2] annulation of allenoates with ketimines: synthesis of sultam-fused tetrahydropyridines. European Journal of Organic Chemistry, 2012, 2012(20): 5723-5728.

[345] Yu H, Zhang L, Li Z, et al. Phosphine-catalyzed [4+2] cycloaddition of sulfamate-derived cyclic imines with allenoates: synthesis of sulfamate-fused tetrahydropyridines. Tetrahedron, 2014, 70(2): 340-348.

[346] Mao B, Shi W, Liao J, et al. Phosphine-catalyzed [4+2] annulation of allenoate with sulfamate derived cyclic imines: a reaction mode involving $\gamma'$ -carbon of $\alpha$-substituted allenoate. Organic Letters, 2017, 19(23): 6340-6343.

[347] Tran Y S, Kwon O. An application of the phosphine-catalyzed [4+2] annulation in indole alkaloid synthesis: formal syntheses of (±)-alstonerine and (±)-macroline. Organic Letters, 2005, 7(19): 4289-4291.

[348] Barcan G A, Patel A, Houk K N, et al. A torquoselective $6\pi$ electrocyclization approach to reserpine alkaloids. Organic Letters, 2012, 14: 5388-5391.

[349] Villa R A, Xu Q, Kwon O. Total synthesis of (±)-hirsutine: application of phosphine-catalyzed imine-allene [4+2] annulation. Organic Letters, 2012, 14(17): 4634-4637.

[350] Wurz R P, Fu G C. Catalytic asymmetric synthesis of piperidine derivatives through the [4+2] annulation of imines with allenes. Journal of the American Chemistry Society, 2005, 127(35): 12234-12235.

[351] Takizawa S, Arteaga F A, Yoshida Y, et al. Enantioselective organocatalyzed formal [4+2] cycloaddition of ketimines with allenoates: easy access to a tetrahydropyridine framework with a chiral tetrasubstituted stereogenic carbon center. Asian Journal of Organic Chemistry, 2014, 3(4): 412-415.

[352] Xiao H, Chai Z, Wang H, et al. Bifunctional *N*-acyl-aminophosphine-catalyzed asymmetric [4+2] cycloadditions of allenoates and imines. Chemistry A European Journal, 2011, 17(38): 10562-10565.

[353] Wang T, Ye S. Diastereoselective synthesis of 6-trifluoromethyl-5,6-dihydropyrans via phosphine-catalyzed [4+2] annulation of $\gamma$-benzylallenoates with ketones. Organic Letters, 2010, 12(18): 4168-4171.

[354] Li J, Chen Y, Yuan H, et al. Phosphine-catalyzed domino reaction of $\alpha$, $\beta$-unsaturated ketone and allenoate: stereoselective synthesis of polysubstituted dihydro-2*H*-pyran. Advanced Synthesis & Catalysis 2018, 360 (12): 2333-2338.

[355] Wang C, Gao Z, Zhou L, et al. Phosphine-catalyzed [2+4] annulation of allenoates with thiazolone-derived alkenes: synthesis of functionalized 6,7-dihydro-5*H*-pyrano [2,3-d] thiazoles. Organic Letters, 2016, 18(14): 3418-3421.

[356] Wang C, Jia H, Zhang C, et al. Phosphine-catalyzed enantioselective [2+4] cycloaddition to synthesize pyrrolidin-2-one fused dihydropyrans using $\alpha$-substituted allenoates as $C_2$ synthons. The Journal of Organic Chemistry, 2017, 82(1): 633-641.

[357] Zielke K, Waser M. Formal [4+1] addition of allenoates to *o*-quinone methides. Organic Letters, 2018, 20(3): 768-771.

[358] Na R, Jing C, Xu Q, et al. Phosphine-catalyzed annulations of azomethine imines: allene-dependent [3+2], [3+3], [4+3], and [3+2+3] pathways. Journal of the American Chemistry Society, 2011, 133(34): 13337-13348.

[359] Jing C, Na R, Wang B, et al. Phosphine-catalyzed [3+2] and [4+3] annulation reactions of C, N-cyclic azomethine imines with allenoates. Advanced Synthesis & Catalysis 2012, 354 (6): 1023-1034.

[360] Yuan C, Zhou L, Sun Z, et al. Phosphine-catalyzed [3+2] cycloaddition of phthalazinium dicyanomethanides with allenoates: highly efficient synthesis of 1,2,3,10b-tetrahydropyrrolo[2,1-a]-phthalazine derivatives. RSC Advances, 2016, 6(81): 77931-77936.

[361] Tian J, He Z J. Phosphine-catalyzed [3+2] annulation of $\alpha$-substituted allenoates with ester-activated $\alpha$, $\beta$-unsaturated imines: a novel variation of the Lu [3+2] cycloaddition reaction. Chemical Communications, 2013, 49(20): 2058-2060.

[362] Ni H, Yao W, Lu Y X. Enantioselective [3+2] annulation of $\alpha$-substituted allenoates with $\beta$, $\gamma$-unsaturated *N*-sulfonylimines catalyzed by a bifunctional dipeptide phosphine. Beilstein Journal of Organic Chemistry, 2016, 12: 343-348.

[363] Sankar M G, Garcia-Castro M, Golz C, et al. Engaging allene-derived zwitterions in an unprecedented mode of asymmetric [3+2]-annulation reaction. Angewandte Chemie International Edition, 2016, 55(33): 9709-9713.

[364] Guo H, Xu Q, Kwon O. Phosphine-promoted [3+3] annulations of aziridines with allenoates: facile entry into highly functionalized tetrahydropyridines. Journal of the American Chemistry Society, 2009, 131(18): 6318-6319.

[365] Zhang Q M, Yang L, Tong X F. 2-(acetoxymethyl)buta-2,3-dienoate, a versatile 1,4-biselectrophile for phosphine-catalyzed (4+*n*) annulations with 1, *n*-bisnucleophiles ($n$ = 1, 2). Journal of the American Chemistry Society, 2010, 132(8): 2550-2551.

[366] Han X Y, Yao W J, Wang T L, et al. Asymmetric synthesis of spiropyrazolones through phosphine-catalyzed [4+1] annulation. Angewandte Chemie International Edition, 2014, 53(22): 5643-5647.

[367] Tang X, Ni H, Lu Y X. Phosphine-catalyzed enantioselective [4+1] annulation of oxindoles with allenic ketones for the construction of spirocyclopentene oxindoles. Organic Chemis Frontiers, 2021, 8: 4485-4489.

[368] Ziegler D T, Riesgo L, Ikeda T, et al. Biphenyl-derived phosphepines as chiral nucleophilic catalysts: enantioselective [4+1] annulations to form functionalized cyclopentenes. Angewandte Chemie International Edition, 2014, 53(48): 13183-13187.

[369] Kramer S, Fu G C. Use of a new spirophosphine to achieve catalytic enantioselective [4+1] annulations of amines with allenes to generate dihydropyrroles. Journal of the American Chemistry Society, 2015, 137(11): 3083-3086.

[370] Zhang Y, Wang D, Tong X F, et al. Phosphine-catalysed (4+1) annulations of $\beta'$-acetoxy allenoate with $\beta'$, $\gamma$-unsaturated carbonyl compounds. Chemical Communications, 2021, 57(28): 3488-3491.

[371] Tang X, Tan C X A, Chan W L, et al. Phosphine-catalyzed enantioselective [4+1] annulation of oxindoles with allenic ketones for the construction of spirocyclopentene oxindoles. Organic Chemistry Frontiers, 2021, 8(16): 4485-4489.

[372] Wang D, Lin J, Zhu Y, et al. De novo construction of substituted terephthalates via Phosphine catalyzed domino benzannulation reactions. Advanced Synthesis & Catalysis, 363(7), 1873-1877.

[373] Dai Z, Zhu J, Wang J, et al. Phosphine-catalyzed chemoselective [4+3] cycloaddition of alminine esters and $\beta'$-acetoxy allenoates for divergent synthesis of azepines. Advanced Synthesis & Catalysis, 2020, 362(3): 545-551.

[374] Gu Y T, Hu P F, Ni C J, et al. Phosphine-catalyzed addition/cycloaddition domino reactions of $\beta'$-acetoxy allenoate: highly stereoselective access to 2-oxabicyclo[3.3.1]nonane and cyclopenta[a]pyrrolizine. Journal of the American Chemistry Society, 2015, 137(19): 6400-6406.

[375] Xing J J, Gao Y N, Shi M. Phosphine-initiated cascade annulation of $\beta'$-acetoxy allenoate and *p*-quinols: access to ring fused hexahydroindeno furan derivatives. Advanced Synthesis & Catalysis, 2018, 360(13): 2552-2559.

[376] Zhang Q, Jin H, Feng J. Sequential phosphine-catalyzed [4+2] annulation of $\beta'$ -acetoxy allenoates: enantioselective synthesis of 3-ethynyl-substituted tetrahydroquinolines. Organic Letters, 2019, 21: 1407-1411.

[377] Zhu Y, Wang D, Huang Y. Phosphine sequentially catalyzed domino 1,6-addition/annulation: access to functionalized chromans and tetrahydroquinolines with an ethynyl-substituted all-carbon quaternary center. Organic Letter, 2019, 21: 908-912.

[378] Zheng J, Huang Y, Li Z. Phosphine-catalyzed domino benzannulation: an efficient method to construct biaryl skeletons. Organic Letters, 2013, 15(19): 5064-5067.

[379] Li E, Huang Y, Liang L, et al. Phosphine-catalyzed [4+2] annulation of *γ*-substituent allenoates: facile access to functionalized spirocyclic skeletons. Organic Letters, 2013, 15(12): 3138-3141.

[380] Gicquel M, Gomez C, Retailleau P, et al. Synthesis of 3,3′-spirocyclic oxindoles via phosphine catalyzed [4+2] cyclizations. Organic Letters, 2013, 15(15): 4002-4005.

[381] Jia Y, Tang X, Cai G, et al. Nucleophilic-bisphosphine-catalysed one-pot sequential [4+2]/[4+2] annulation of an allenoate with benzylidenepyrazolones. European Journal of Organic Chemistry, 2015, 2015(21): 4720-4725.

[382] Gan Z, Gong Y, Chu Y, et al. Phosphine-catalyzed regiodivergent annulations of *γ*-substituted allenoates with conjugated dienes. Chemical Communications, 2019, 55(68): 10120-10123.

[383] Jia S, Ma M, Li E Q, et al. Design of 1-phosphanorbornene derivatives as chiral organocatalysts for enantioselective (4+2) annulation reactions of *γ*-benzyl allenoates. Organic Letters, 2021, 23(9): 3337-3342.

[384] Pyne S G, Schafer K, Skelton B W, et al. Synthesis of novel conformationally restricted L-glutamate analogues. Chemical Communications, 1997, 23: 2267-2268.

[385] Xu Z, Lu X Y. Phosphine-catalyzed [3+2] cycloaddition reactions of substituted 2-alkynoates or 2,3-allenoates with electron-deficient olefins and imines. Tetrahedron Letters, 1999, 40(3): 549-552.

[386] Cowen B J, Miller S J. Enantioselective [3+2]-cycloadditions catalyzed by a protected, multifunctional phosphine-containing *α*-amino acid. Journal of the American Chemistry Society, 2007, 129(36): 10988-10989.

[387] Xiao H, Chai Z, Zheng C W, et al. Asymmetrie [3+2] cycloadditions of allenoates and Dual activated olefins catalyzed by simple bifunctional *N*-acyl aminophosphines. Angewandte Chemie International Edition, 2010, 122(26): 4569-4572.

[388] Zhu X F, Henry C E, Kwon O. A highly diastereoselective synthesis of 3-carbethoxy-2,5-disubstituted-3-pyrrolines by phosphine catalysis. Tetrahedron, 2005, 61(26): 6276-66282.

[389] Zhang B, He Z J, Xu S, et al. Nucleophilic phosphine-catalyzed [3+2] cycloaddition of allenes with *N*-(thio) phosphoryl imines and acidic methanolysis of adducts *N*-(thio)phosphoryl 3-pyrrolines: a facile synthesis of free amine 3-pyrrolines. Tetrahedron, 2008, 64(40): 9471-9479.

[390] Xu S, Zhou L, Ma R, et al. Phosphane-catalyzed [3+2] annulation of allenoates with aldehydes: a simple and efficient synthesis of 2-alkylidenetetrahydrofurans. Chemistry: A European Journal, 2009, 15(35): 8698-8702.

[391] Sampath M, Loh T P. Highly enantio-, regio-and diastereo-selective one-pot [2+3]-cycloaddition reaction via isomerization of 3-butynoates to allenoates. Chemical Science, 2010, 1(6): 739-742.

[392] Xiao H, Chai Z, Yao R S, et al. Phosphine catalyst-controlled cycloaddition or dienylation reactions of trifluoromethyl aryl ketones with bis-substituted allenoates. The Journal of Organic Chemistry, 2013, 78(19): 9781-9790.

[393] Qin Z, Liu R, Zhou R, et al. Phosphine-catalyzed [3+2] and [2+4] annulations of *γ*-methyl allenoates with aryl *α*-keto esters: stereoselective syntheses of functionalized tetrahydrofurans and 4-chromanols. Asian Journal of Organic Chemistry, 2019, 9(1): 86-93.

[394] Henry C E, Xu Q, Fan Y C, et al. Hydroxyproline-derived pseudoenantiomeric [2.2.1] bicyclic phosphines: asymmetric synthesis of (+)-and (−)-pyrrolines. Journal of the American Chemistry Society, 2014, 136(34): 11890-11893.

[395] Li E, Jin H, Huang Y. Phosphine-catalyzed [3+2] annulation of *γ*-substituted allenoates: novel access to functionalized cyclopentenes and bicyclic[3,3,0]octene derivatives. ChemistrySelect, 2018, 3(42): 12007-12010.

[396] Smaligo A J, Vardhineedi S, Kwon O. Carvone-derived *p*-stereogenic phosphines: design, synthesis, and use in allene-imine [3+2] annulation. ACS Catalysis, 2018, 8(6): 5188-5192.

[397] Birbaum L, Gillard L, Gérard H, et al. Dearomatization of 3-nitroindoles with highly *γ*-functionalized allenoates in

formal (3+2) cycloadditions. Chemistry: A European Journal, 2019, 25(60): 13688-13693.

[398] Cerveri A, Faza O N, López C S, et al. Phosphine-catalyzed stereoselective dearomatization of 3-$NO_2$-indoles with allenoates. The Journal of Organic Chemistry, 2019, 84(10): 6347-6355.

[399] Luo W, Hu H, Nian S, et al. Phosphine-catalyzed [3+2] annulation reaction: highly regio-and diastereoselective synthesis of 2-azaspiro[4.4]nonene-1,3-diones. Organic and Biomolecular Chemistry, 2017, 15(36): 7523-7526.

[400] Luo W, Shao B, Li J, et al. Construction of spirooxindole-fused spiropyrazolones containing contiguous three stereogenic centres via [3+2] annulation utilizing a ferrocene derived bifunctional phosphine catalyst. Organic Chemistry. Frontier. 2020, 7, 1016-1021.

[401] Qin Z, Liu R, Zhou R, et al. Phosphine-catalyzed [3+2] and [2+4] annulations of $\gamma$-methyl allenoates with aryl $\alpha$-keto esters: stereoselective syntheses of functionalized tetrahydrofurans and 4-chromanols. Asian Journal of Organic Chemistry, 2020, 9(1): 86-93.

[402] Meng X, Huang Y, Zhao H, et al. $PPh_3$-catalyzed domino reaction: a facile method for the synthesis of chroman derivatives. Organic Letters, 2009, 11(4): 991-994.

[403] Ma R, Xu S, Tang X, et al.Phosphine-mediated diverse reactivity of $\gamma$-substituted allenoates with aldehydes: syntheses of highly functionalized chromans and (*E*, *E*)-1,3-dienes. Tetrahedron, 2011, 67(6): 1053-1061.

[404] Li E, Huang Y. Phosphine-catalyzed domino reactions: a route to functionalized bicyclic skeletons. Chemistry: A European Journal, 2014, 20(12): 3520-3527.

[405] Li E, Huang Y. Phosphine-catalyzed domino reaction: a novel sequential [2+3] and [3+2] annulation reaction of $\gamma$-substituent allenoates to construct bicyclic[3,3,0]octene derivatives. Chemical Communications, 2014, 50(8): 948-950.

[406] Li E, Jia P, Liang L, et al. Phosphine-catalyzed sequential [2+3] and [3+2] annulation domino reaction of $\gamma$-benzyl-substituted allenoates with $\alpha$, $\beta$-unsaturated ketimines to construct aza-bicyclo[3,3,0]octane derivatives. ACS Catalysis, 2014, 4(2): 600-603.

[407] Li E, Jin H, Jia P, et al. Bifunctional-phosphine-catalyzed sequential annulations of allenoates and ketimines: construction of functionalized poly-heterocycle rings. Angewandte Chemie International Edition, 2016, 55(38): 11591-11594.

[408] Wu M, Han Z, LiK, et al. Cyclohexyl-fused, spirobiindane-derived, phosphine-catalyzed synthesis of tricyclic $\gamma$-lactams and kinetic resolution of $\gamma$-substituted allenoates. Journal of the American Chemistry Society, 2019, 141(41): 16362-16373.

[409] Wang D, Lei Y, Wei Y, et al. Phosphine-catalyzed novel asymmetric [3+2] cycloaddition of C, N-cyclic azomethine imines with $\delta$-substituted allenoates. Chemistry: A European Journal, 2014, 20(47): 15325-15329.

[410] Zhao H, Meng X, Huang Y. One step synthesis of benzoxazepine derivatives via A $PPh_3$ catalyzed aza-MBH domino reaction between salicyl *N*-tosylimines and allenoates. Chemical Communications, 2013, 49(89): 10513-10515.

[411] Zheng J, Huang Y, Li Z. Phosphine-catalyzed domino reaction: an efficient method for the synthesis of bicyclo [3.2.0] heptenes skeleton. Organic Letters, 2013, 15(22): 5758-5761.

[412] Zhou L, Zhang X, Wang Q, et al. Phosphine-catalyzed asymmetric tandem isomerization/annulation of allyl amines with allenoates: enantioselective annulation of a saturated C-N bond. Organic Letters, 2021, 23(23): 9173-9178.

[413] Maddigan-Wyatt J T, Blyth M T, Ametovski J, et al.Redox isomerization/(3+2) allenoate annulation by auto-tandem phosphine catalysis. Chemistry: A European Journal, 2021, 27(65): 16232-16236.

[414] Feng J, Huang Y. Phosphine-catalyzed [3+2]/[2+3] sequential annulation involving a triple nucleophilic addition reaction of $\gamma$-vinyl allenoates. Chemical Communications, 2019, 55(93): 14011-14014.

[415] Feng J, Chen Y, Qin W, et al. Phosphine-catalyzed (3+2)/(3+2) sequential annulation of $\gamma$-vinyl allenoates: access to fused carbocycles. Organic Letters, 2020, 22(2): 433-437.

[416] Li X, Huang Y. Phosphine-catalyzed sequential [2+3]/[2+4] annulation of $\gamma$-vinyl allenoates: access to the synthesis of chromeno [4,3-b] pyrroles. Chemical Communications, 2021, 57(77): 9934-9937.

[417] Li X, Cai W, Huang Y. One-pot synthesis of 2,3,6-trisubstituted pyridines by phosphine-catalyzed annulation of $\gamma$-vinyl allenoates with enamino esters followed by DDQ-promoted oxidative aromatization. Advanced Synthesis &

Catalysis, 2022, 364(11): 1879-1883.

[418] Hu J, Dong W, Wu X Y, et al. $PPh_3$-catalyzed (3+3) annulations of 5-acetoxypenta-2,3-dienoate with 1C,3O-bisnucleophiles: facile entry to stable monocyclic 2H-pyrans. Organic Letters, 2012, 14(21): 5530-5533.

[419] Wang D, Tong X F. Phosphine-catalyzed asymmetric (3+2) annulations of $\delta$-acetoxy allenoates with 2-naphthols. Organic Letters, 2017, 19(23): 6392-6395.

[420] Wang D, Liu W, Hong Y, et al. Phosphine-catalyzed (3+2) annulation of $\delta$-acetoxy allenoates with 2-sulfonamidomalonate: synthesis of highly substituted 3-pyrrolines and mechanistic insight. Organic Letters, 2018, 20(16): 5002-5005.

[421] Xu T, Wang D, Liu W, et al. Phosphine-promoted divergent annulations of $\delta$-acetoxy allenoates with $\alpha$-hydroxy-$\beta$-carbonyl ester derivatives: synthesis of tetrasubstituted cyclopentadienes and benzenes. Organic Letters, 2019, 21(7): 1944-1947.

[422] Chen X, Gao D D, Wang D, et al. Access to aryl-naphthaquinone atropisomers by phosphine-catalyzed atroposelective (4+2) annulations of $\delta$-acetoxy allenoates with 2-hydroxyquinone derivatives. Angewandte Chemie International Edition, 2019, 58, 15334-15338.

[423] Xing J J, Lei Y, Gao Y N, et al. $PPh_3$-catalyzed [3+2] spiroannulation of 1C,3N-bisnucleophiles derived from secondary $\beta$-ketoamides with $\delta$-acetoxy allenoate: a route to functionalized spiro *N*-heterocyclic derivatives. Organic Letters, 2017, 19: 2382-2385.

[424] Dai Z, Zhu J, Su W, et al. Phosphine-catalyzed stereoselective tandem annulation reaction for the synthesis of chromeno [4,3-b] pyrroles. Organic Letters, 2020, 22(17): 7008-7012.

[425] Arupula S K, Qureshi A A, Swamy K C K. Lewis base-switched [3+3] and [4+2] annulation reactions of $\delta$-acetoxy allenoates with cyclic *N*-sulfonyl imines: divergent synthesis of functionalized $\alpha$-pyridyl acetates and teraryl scaffolds. Journal of Organic Chemistry, 2020, 85(6): 4130-4144.

[426] Debnath S, Kumar A S, Chauhan S, et al. Lewis-base dependent (3+3) annulations of acetoxy allenoates with iminoindolines: $\alpha$-carboline scaffolds with varied substituents. Advanced Synthesis & Catalysis, 2022, 364: 4316-4332.

[427] Li N, Jia P, Huang Y. Facile access to highly functionalized hydroisoquinoline derivatives: via phosphine-catalyzed sequential [3+3]/[3+3] annulation. Chemical Communication, 2019, 55(73): 10976-10979.

[428] Li N, Huang Y. Phosphine-catalyzed sequential [3+3]/aza-6π-electrocyclization reaction of cross-conjugated azatrienes and $\delta$-sulfonamido-allenoates. Organic Letters, 2020, 22(23): 9392-9397.

[429] Du Y, Lu X Y, Zhang, C. A catalytic carbon-phosphorus Ylide reaction: phosphane-catalyzed annulation of allylic compounds with electron-deficient alkenes. Angewandte Chemie International Edition, 2006, 42(9): 1035-1037.

[430] Feng J, Lu X Y, Kong A, et al. A highly regio-and stereo-selective [3+2] annulation of allylic compounds and 2-substituted 1,1-dicyanoalkenes through a catalytic carbon-phosphorus Ylide reaction. Tetrahedron, 2007, 63(26): 6035-6041.

[431] Ye L W, Sun X L, Wang Q G, et al. Phosphine-catalyzed intramolecular formal [3+2] cycloaddition for highly diastereoselective synthesis of bicyclo[*n*.3.0] compounds. Angewandte Chemie International Edition, 2007, 46(31): 5951-5954.

[432] Ye L W, Han X, Sun X L, et al. $PPh_3$-catalyzed Ylide cyclization for the controllable synthesis of benzobicyclo[4.3.0] compounds: base effects and scope. Tetrahedron, 2008, 64(7): 1487-1493.

[433] Selvakumar K, Vaithiyanathan V, Shanmugam P. An efficient stereoselective synthesis of spirocyclopentene-and 3-spiropyrazole-2-oxindoles via1,3-dipolar cycloaddition reaction. Chemical Communications, 2010, 46(16): 2826-2828.

[434] Deng H P, Wei Y, Shi M. Highly regio-and diastereoselective construction of spirocyclopenteneoxindoles through phosphine-catalyzed [3+2] annulation of Morita-Baylis-Hillman carbonates with isatylidene malononitriles. Organic Letters, 2011, 13(13): 3348-3351.

[435] Zhou R, Wang J, Song H, et al. Phosphine-catalyzed cascade [3+2] cyclization-allylic alkylation, [2+2+1] annulation, and [3+2] cyclization reactions between allylic carbonates and enones. Organic Letters, 2011, 13(4): 580-583.

[436] Chen R, Fan X, Gong J, et al. Lewis-base-catalyzed annulations of nitroallylic acetates as $C_3$ synthons with electron-deficient alkenes. Asian Journal of Organic Chemistry, 2014, 3(8): 877-885.
[437] Miao Z W, Zheng W, Li Y, et al. Highly regio-and diastereoselective [3+2]-annulation reaction of Morita-Baylis-Hillman carbonates with pyrazolones catalyzed by tertiary phosphines. Synthesis, 2017, 49(16): 3676-3685.
[438] Ren H, Peng L, Song X, et al. Effective and diastereoselective preparation of dispiro [cyclopent-3′-ene] bisoxindoles via novel [3+2] annulation of isoindigos and MBH carbonates. Organic & Biomolecular Chemistry, 2018, 16(8): 1297-1304.
[439] Liao J, Dong J, Xu J, et al. Phosphine-catalyzed [3+2] annulation of Morita-Baylis-Hillman carbonates with isoxazole-based alkenes. The Journal of Organic Chemistry, 2021, 86(3): 2090-2099.
[440] Zeng W, Yu A, Meng X T. Catalyst-controlled switchable [4+1], [4+3] and [3+2] domino reactions of azadienes and MBH carbonates: diverse synthesis of benzothiophene fused derivatives. Organic & Biomolecular Chemistry, 2021, 19(40): 8783-8788.
[441] Wang B, Hu Y, Guo H C, et al. Synthesis of chromone-spiroindolinone-cyclopentene derivatives through phosphine-catalyzed (3+2) annulation of Morita-Baylis-Hillman carbonates with oxindole-chromones. Chemistryselect, 2022, 7(44): E202203340.
[442] Xu J, Hu Y, Liao J, et al. Synthesis of fluoroalkyl cyclopentenes: highly diastereoselective phosphine-catalyzed [3+2] annulation of $\beta$-fluoroalkylvinyl arylsulfones with Morita-Baylis-Hillman carbonates. Chemistryselect, 2022, 7(36): E202203184.
[443] Wang Q G, Zhu S F, Ye L W, et al. Catalytic asymmetric intramolecular cascade reaction for the construction of functionalized benzobicyclo[4.3.0] skeletons. Remote control of enantioselectivity. Advanced Synthesis & Catalysis, 2010, 352(11-12): 1914-1919.
[444] Tan B, Candeias N R, Barbas C F. Core-structure-motivated design of a phosphine-catalyzed [3+2] cycloaddition reaction: enantioselective syntheses of spirocyclopenteneoxindoles. Journal of the American Chemical Society, 2011, 133(13): 4672-4675.
[445] Albertshofer K, Tan B, Barbas III C F. Asymmetric construction of spirocyclopentenebenzofuranone core structures via highly selective phosphine-catalyzed [3+2] cycloaddition reactions. Organic Letters, 2013, 15(12): 2958-2961.
[446] Wang Y, Liu L, Zhang T, et al. Diastereo-and enantioselective [3+2] cycloaddition reaction of Morita-Baylis-Hillman carbonates of isatins with $N$-phenylmaleimide catalyzed by Me-duphos. The Journal of Organic Chemistry, 2012, 77(8): 4143-4147.
[447] Zhong F, Han X, Wang Y, et al. Highly enantioselective [3+2] annulation of Morita-Baylis-Hillman adducts mediated by L-threonine-derived phosphines: synthesis of 3-spirocyclopentene-2-oxindoles having two contiguous quaternary centers. Angewandte Chemie International Edition, 2011, 50(34): 7837-7841.
[448] Deng H P, Wang D, Wei Y, et al. Chiral multifunctional thiourea-phosphine catalyzed asymmetric [3+2] annulation of Morita-Baylis-Hillman carbonates with maleimides. Beilstein Journal of Organic Chemistry, 2012, 8: 1098-1104.
[449] Deng H P, Wei Y, Shi M. Enantioselective synthesis of highly functionalized trifluoromethyl-bearing cyclopentenes: asymmetric [3+2] annulation of Morita-Baylis-Hillman carbonates with trifluoroethylidenemalonates catalyzed by multifunctional thiourea-phosphines. Advanced Synthesis & Catalysis, 2012, 354(5): 783-789.
[450] Hu F, Wei Y, Shi M. Enantioselective synthesis of spirocyclic cyclopentenes: asymmetric [3+2] annulation of 2-arylideneindane-1,3-diones with MBH carbonates derivatives catalyzed by multifunctional thiourea-phosphines. Tetrahedron, 2012, 68(38): 7911-7919.
[451] Zhong F, Chen G Y, Han X, et al. Asymmetric construction of functionalized bicyclic imides via [3+2] annulation of MBH carbonates catalyzed by dipeptide-based phosphines. Organic Letters, 2012, 14(14): 3764-3767.
[452] Zhan G, Shi M L, He Q, et al. Catalyst-controlled switch in chemo-and diastereoselectivities: annulations of Morita-Baylis-Hillman carbonates from isatins. Angewandte Chemie International Edition, 2016, 55(6): 2147-2151.
[453] Wang H, Wei Y, Li Y, et al. Phosphine-catalyzed atroposelective formal [3+2] cycloaddition desymmetrization of $N$-arylmaleimides. Organic Letters, 2022, 24(36): 6494-6498.
[454] Meng L, Liu H, Lin Z, et al. Synthetic and computational study of the enantioselective [3+2]-cycloaddition of

chromones with MBH carbonates. Organic Letters, 2022, 24(32): 5890-5895.

[455] Liu Y, Yang W, Wu Y, et al. Asymmetric construction of highly functionalized spirobarbiturate-cyclopentenes through chiral phosphine-catalyzed [3+2] annulation of Morita-Baylis-Hillman carbonates with barbiturate-derived alkenes. Advanced Synthesis & Catalysis, 2016, 358(18): 2867-2872.

[456] Wu Y, Liu Y, Yang W, et al. Chiral phosphine-catalyzed enantioselective [3+2] annulation of Morita-Baylis-Hillman carbonates with cyclic 1-azadienes: synthesis of functionalized cyclopentenes. Advanced Synthesis & Catalysis, 2016, 358(22): 3517-3521.

[457] Wang C, Gao Z, Zhou L, et al. Multifunctional chiral phosphine-catalyzed [3+2] annulation of Morita-Baylis-Hillman carbonates with cyclopentenones: asymmetric synthesis of 4-oxo-hexahydropentalenes. Chemical Communications, 2018, 54(3): 279-282.

[458] Cui H L, Tang X, Li M F, et al. Asymmetric [3+2] cycloaddition of olefins with Morita-Baylis-Hillman carbonates catalyzed by BINOL-based bifunctional phosphine. Synlett, 2019, 30(7): 845-850.

[459] Wang H, Zhang J, Tu Y, et al. Phosphine-catalyzed enantioselective dearomative [3+2]-cycloaddition of 3-nitroindoles and 2-nitrobenzofurans. Angewandte Chemie International Edition, 2019, 58(16): 5422-5426.

[460] Mei M S, Wang Y J, Zhang G S, et al. Catalyst-controlled diastereoselectivity switch in the asymmetric [3+2] annulation of isatin-derived MBH carbonates and 5-alkenylthiazol-4(5*H*)-ones. Organic Letters, 2021, 23(19): 7336-7341.

[461] Hu H, Yu S, Zhu L, et al. Chiral bifunctional ferrocenylphosphine catalyzed highly enantioselective [3+2] cycloaddition reaction. Organic & Biomolecular Chemistry, 2016, 14(2): 752-760.

[462] Huang K X, Xie M S, Zhang Q Y, et al. Enantioselective synthesis of carbocyclic nucleosides via asymmetric [3+2] annulation of a-purine-substituted acrylates with MBH carbonates. Organic Letters, 2018, 20(2): 389-392.

[463] Yang X H, Li J P, Wang D C, et al. Enantioselective dearomative [3+2] cycloaddition of 2-nitrobenzofurans with aldehyde-derived Morita-Baylis-Hillman carbonates. Chemical Communications, 2019, 55(62): 9144-9147.

[464] Zhang J, Chan W L, Chen L, et al. Creation of bispiro[pyrazolone-3,3′-oxindoles] via a phosphine-catalyzed enantioselective [3+2] annulation of the Morita-Baylis-Hillman carbonates with pyrazolylidene oxindoles. Organic Chemistry Frontiers, 2019, 6(13): 2210-2214.

[465] Zheng S, Lu X Y. A phosphine-catalyzed [3+2] annulation reaction of modified allylic compounds and *N*-tosylimines. Organic Letters, 2008, 10(20): 4481-4484.

[466] Yang L J, Cai H, Nie J, et al. A highly regio-and diastereoselective phosphane-catalyzed [3+2] annulation of Morita-Baylis-Hillman carbonates with cyclic *N*-acyl ketimines. European Journal of Organic Chemistry, 2013, 2013(20): 4434-4442.

[467] Zhang L, Yu H, Yang Z, et al. Phosphine-catalyzed [3+2] cycloaddition of Morita-Baylis-Hillman carbonates with sulfamate-derived cyclic imines. Organic & Biomolecular Chemistry, 2013, 11(47): 8235-8240.

[468] Zhang Q, Meng L G, Wang K, et al. $^{n}Bu_3P$-catalyzed desulfonylative [3+2] cycloadditions of allylic carbonates with arylazosulfones to pyrazole derivatives. Organic Letters, 2015, 17(4): 872-875.

[469] Wang C, Chen Y, Li J, et al. Phosphine-catalyzed asymmetric cycloaddition reaction of diazenes: enantioselective synthesis of chiral dihydropyrazoles. Organic Letters, 2019, 21(18): 7519-7523.

[470] Duan H Y, Ma J, Yuan Z Z, et al. Phosphine-promoted [3+2] cycloaddition between nonsubstituted MBH carbonates and trifluoromethyl ketones. Chinese Journal of Chemistry, 2015, 26(6): 646-648.

[471] Xiao H, Duan H Y, Ye J, et al. Chemoselective synthesis of trifluoromethylated $\gamma$-butenolide derivatives via phosphine-promoted tandem reaction of allylic carbonates and trifluoromethyl ketones. Organic Letters, 2014, 16(20): 5462-5465.

[472] Kim K H, Lim J W, Kim S Y, et al. Regioselective synthesis of 2,4,5-trisubstituted thiophenes from Morita-Baylis-Hillman adduct-derived phosphorous Ylides and isothiocyanates. Tetrahedron Letters, 2015, 56(42): 5799-5801.

[473] Du Y, Feng J, Lu X Y. A phosphine-catalyzed [3+6] annulation reaction of modified allylic compounds and tropone. Organic Letters, 2005, 7(10): 1987-1989.

[474] Zheng S, Lu X Y. Phosphine-catalyzed [4+3] annulation for the synthesis of highly functionalized bicyclo[3.2.2]

nonadienes. Organic Letters, 2009, 11(17): 3978-3981.

[475] Zhou R, Wang J, Duan C, et al. Phosphine-triggered tandem annulation between Morita-Baylis-Hillman carbonates and dinucleophiles: facile syntheses of oxazepanes, thiazepanes, and diazepanes. Organic Letters, 2012, 14(24): 6134-6137.

[476] Zhan G, Shi M L, He Q, et al. [4+3] Cycloadditions with bromo-substituted Morita-Baylis-Hillman adducts of isatins and *N*-(ortho-chloromethyl)aryl amides. Organic Letters, 2015, 17(19): 4750-4753.

[477] Chen J, Huang Y. Phosphine-catalyzed sequential [4+3] domino annulation/allylic alkylation reaction of MBH carbonates: efficient construction of seven-membered heterocycles. Organic Letters, 2017, 19(20): 5609-5612.

[478] Chen J, Yin Z, Huang Y. Phosphine-catalyzed divergent [4+3] domino annulations of $CF_3$-containing imines with MBH carbonates: construction of perfluoroalkylated benzazepines. Organic Letters, 2019, 21(17): 7060-7064.

[479] Jia J, Yu A, Ma S, et al. Solvent-controlled switchable domino reactions of MBH carbonate: synthesis of benzothiophene fused a-pyran, 2,3-dihydrooxepine, and oxatricyclodecene derivatives. Organic Letters, 2017, 19(22): 6084-6087.

[480] Zheng S, Lu X Y. Phosphine-catalyzed [3+3] annulation reaction of modified tert-butyl allylic carbonates and substituted alkylidenemalononitriles. Tetrahedron Letters, 2009, 50(31): 4532-4535.

[481] Xie P, Huang Y, Chen R. Phosphine-mediated domino benzannulation strategy for the construction of highly functionalized multiaryl skeletons. Chemistry: A European Journal, 2012, 18(24): 7362-7366.

[482] Xie P, Li E, Zheng J, et al. Tunable phosphine-mediated domino reaction: selective synthesis of 2,3-dihydrofurans and biaryls. Advanced Synthesis & Catalysis, 2013, 355(1): 161-169.

[483] Yuan W, Zheng H F, Yu Z H, et al. Tunable phosphine-triggered cascade reactions of MBH derivatives and 3-acyl-2H-chromen-2-ones: highly selective synthesis of diverse chromenones. European Journal of Organic Chemistry, 2014, 2014(3): 583-591.

[484] Zhong Y, Zhao X, Gan L, et al. Phosphine-catalyzed enantioselective [4+2] cycloaddition-semipinacol-type-rearrangement reaction of Morilta-Baylis-Hillman carbonates. Organic Letters, 2018, 20(14): 4250-4254.

[485] Zhang L, Liu H, Qiao G, et al. Phosphine-catalyzed highly enantioselective [3+3] cycloaddition of Morita-Baylis-Hillman carbonates with C,N-cyclic azomethine imines. Journal of the American Chemical Society, 2015, 137(13): 4316-4319.

[486] Zhang L, Yang W, Zhou L, et al. Phosphine-catalyzed diastereoselective [3+3] annulation of Morita-Baylis-Hillman carbonates with C,N-cyclic azomethine imines. Journal of Heterocyclic Chemistry, 2017, 54(6): 3377-3388.

[487] Zhou L, Yuan C, Zhang C, et al. Enantioselective synthesis of quinazoline-based heterocycles through phosphine-catalyzed asymmetric [3+3] annulation of Morita-Baylis-Hillman carbonates with azomethine imines. Advanced Synthesis & Catalysis, 2017, 359(13): 2316-2321.

[488] Zhang W, Qiao Y, Wang Y, et al. Theoretical investigation toward organophosphine-catalyzed [3+3] annulation of Morita-Baylis-Hillman carbonates with azomethine imines: mechanism, origin of stereoselectivity, and role of catalyst. International Journal of Quantum Chemistry, 2017, 117(11): 25367-25374.

[489] Jin H, Lai J, Huang Y. Phosphine-catalyzed domino [3+3] cyclization of para-quinamines with Morita-Baylis-Hillman carbonates: access to hydroquinoline derivatives. Organic Letters, 2019, 21(8): 2843-2846.

[490] Xiao X, Shao B, Li J, et al. Enantioselective synthesis of functionalized 1,4-dihydropyrazolo-[4',3':5,6]pyrano[2,3-B]quinolines through ferrocenyl-phosphine-catalyzed annulation of modified MBH carbonates and pyrazolones. Chemical Communications, 2021, 57(38): 4690-4693.

[491] Chen Z, Zhang J L. An unexpected phosphine-catalyzed regio-and diastereoselective [4+1] annulation reaction of modified allylic compounds with activated enones. Chemistry: An Asian Journal, 2010, 5(7): 1542-1545.

[492] Xie P, Yang J, Zheng J, et al. Sequential catalyst phosphine/secondary amine promoted [1+4]/rearrangement domino reaction for the construction of (2*H*)-pyrans and 2-oxabicyclo[2.2.2]oct-5-ene skeletons. European Journal of Organic Chemistry, 2014, 2014(6): 1189-1194.

[493] Hu F L, Wei Y, Shi M. Phosphine-catalyzed asymmetric [4+1] annulation of activated A,B-unsaturated ketones with Morita-Baylis-Hillman carbonates: enantioselective synthesis of spirooxindoles containing two adjacent quaternary

stereocenters. Chemical Communications, 2014, 50(64): 8912-8914.
[494] Cheng Y, Han Y, Li P F. Organocatalytic enantioselective [1+4] annulation of Morita-Baylis-Hillman carbonates with electron-deficient olefins: access to chiral 2,3-dihydrofuran derivatives. Organic Letters, 2017, 19(18): 4774-4777.
[495] Wang T, Zhang P, Li W, et al. Phosphine-mediated enantioselective [1+4]-annulation of Morita-Baylis-Hillman carbonates with 2-enoylpyridines. RSC Advances, 2018, 8(72): 41620-41623.
[496] Zhang P, Guo X, Liu C, et al. Enantioselective construction of pyridine *N*-oxides featuring 2,3-dihydrofuran motifs via phosphine-catalyzed [4+1]-annulation of 2-enoylpyridine *N*-oxides with Morita-Baylis-Hillman carbonates. Organic Letters, 2019, 21(1): 152-155.
[497] Cheng Y, Fang Z, Li W, et al. Phosphine-mediated enantioselective [4+1] annulations between ortho-quinone methides and Morita-Baylis-Hillman carbonates. Organic Chemistry Frontiers, 2018, 5(18): 2728-2733.
[498] Jiang F, Luo G Z, Zhu Z Q, et al. Application of naphthylindole-derived phosphines as organocatalysts in [4+1] cyclizations of *O*-quinone methides with Morita-Baylis-Hillman carbonates. The Journal of Organic Chemistry, 2018, 83(17): 10060-10069.
[499] Zhou T, Xia T, Liu Z, et al. Asymmetric phosphine-catalyzed [4+1] annulations of *O*-quinone methides with MBH carbonates. Advanced Synthesis & Catalysis, 2018, 360(23): 4475-4479.
[500] Xie P, Huang Y, Chen R. Phosphine-catalyzed domino reaction: highly stereoselective synthesis of *trans*-2,3-dihydrobenzofurans from salicyl *N*-thiophosphinyl imines and allylic carbonates. Organic Letters, 2010, 12(17): 3768-3771.
[501] Qin Z, Liu W, Wang D, et al. Phosphine-catalyzed (4+1) annulation of *O*-hydroxyphenyl and *O*-aminophenyl ketones with allylic carbonates: syntheses and transformations of 3-hydroxy-2,3-disubstituted dihydrobenzofurans and indolines. The Journal of Organic Chemistry, 2016, 81(11): 4690-4700.
[502] Tian J, Zhou R, Sun H, et al. Phosphine-catalyzed [4+1] annulation between A, B-unsaturated imines and allylic carbonates: synthesis of 2-pyrrolines. The Journal of Organic Chemistry, 2011, 76(7): 2374-2378.
[503] Li H, Luo J, Li B, et al. Enantioselective [4+1]-annulation of A, B-unsaturated imines with allylic carbonates catalyzed by a hybrid P-chiral phosphine oxide-phosphine. Organic Letters, 2017, 19(20): 5637-5640.
[504] Lei Y, Zhang X N, Yang X Y, et al. Regio-and diastereoselective construction of 1′, 2′ -(dihydrospiro[indoline-3,3′ -pyrrol]-2′ -Yl)acrylates through phosphine-catalyzed [4+1] annulation of Morita-Baylis-Hillman carbonates with oxindole-derived *α*, *β*-unsaturated imines. RSC Advances, 2015, 5(61): 49657-49661.
[505] Qian C, Zhang P, Li W, et al. Phosphine-catalyzed enantioselective [1+4] annulation of Morita-Baylis-Hillman carbonates with *α*, *β*-unsaturated imines. Chemistry: An Asian Journal, 2019, 8(2): 242-245.
[506] Zhou R, Duan C, Yang C, et al. Phosphane-catalyzed [4+1] annulation between nitroalkenes and Morita-Baylis-Hillman carbonates: facile synthesis of isoxazoline *N*-oxides by phosphorus Ylides. Chemistry: An Asian Journal, 2014, 9(4): 1183-1189.
[507] Zhang X N, Deng H P, Huang L, et al. Phosphine-catalyzed asymmetric [4+1] annulation of Morita-Baylis-Hillman carbonates with dicyano-2-methylenebut-3-enoates. Chemical Communications, 2012, 48(69): 8664-8666.
[508] Tian J, Sun H, Zhou R, et al. Phosphine-catalyzed annulations between modified allylic derivatives and polar dienes and substituent effect on the annulation mode. Chinese Journal of Chemistry, 2013, 31(10): 1348-1351.
[509] Zheng J, Huang Y, Li Z, et al. Phosphine-catalyzed sequential annulation domino reaction: rapid construction of bicyclo[4.1.0]heptene skeletons. Chemical Communications, 2014, 50(43): 5710-5713.
[510] Zhang Q, Zhu Y, Jin H, et al. A phosphine mediated sequential annulation process of 2-tosylaminochalcones with MBH carbonates to construct functionalized aza-benzobicyclo[4.3.0] derivatives. Chemical Communications, 2017, 53(28): 3974-3977.
[511] Ma S, Yu A, Zhang S, et al. Construction of [6-5-5-6-6] pentacyclic skeleton via a phosphine-catalyzed domino reaction and mechanism study. The Journal of Organic Chemistry, 2020, 85(12): 7884-7895.
[512] Lin J, Zhu Y, Cai W, et al. Phosphine-mediated sequential [2+4]/[2+3] annulation to construct pyrroloquinolines. Organic Letters, 2022, 24(8): 1593-1597.
[513] Xie P, Yang J, Zheng J, et al. Sequential catalyst phosphine/secondary amine promoted [1+4]/rearrangement domino

reaction for the construction of (2*H*)-pyrans and 2-oxabicyclo[2.2.2]oct-5-ene skeletons. European Journal of Organic Chemistry, 2014, 2014(6): 1189-1194.
[514] Liang J Y, Shen S J, Chai X Q, et al. Lewis-base-catalyzed [1+2+2] annulation reaction of Morita-Baylis-Hillman carbonates with unsaturated pyrazolones: construction of all-stereogenic carbon cyclopentane-fused dispiropyrazolones. The Journal of Organic Chemistry, 2018, 83(20): 12744-12752.
[515] Trost B M, Jiao Z. Palladium-catalyzed enantioselective cycloaddition of carbonylogous 1,4-dipoles: efficient access to chiral cyclohexanones. Journal of the American Chemical Society, 2020, 142(52): 21645-21650.
[516] Liao J, Han Q, Liu M, et al. Phosphine-catalyzed (4+2) annulation of alkenes with acidic hydrogen-tethered allylic carbonates. Advanced Synthesis & Catalysis, 2022, 364(18): 3283-3288.
[517] Liu M, Liao J, Dong Y, et al. Acidic hydrogen-tethered allylic carbonates for phosphine-catalyzed (4+2) annulation of sulfamate-derived cyclic imines. Advanced Synthesis & Catalysis, 2022, 364(13): 2146-2151.
[518] Kuroda H, Tomita I, Endo T. Novel phosphine-catalyzed zipper cyclization of aliphatic diyne-dione and yne-dione systems. Organic Letters, 2003, 5(2): 129-131.
[519] Wilson J E, Sun J, Fu G C. Stereoselective phosphinecatalyzed synthesis of highly functionalized diquinanes. Angewandte Chemie International Edition, 2010, 49(1): 161-163.
[520] Raghu M, Grover J, Ramasastry S S V. Cyclopenta [b] annulation of heteroarenes by organocatalytic $\gamma$-[C(sp$^3$)-H] functionalization of ynones. Chemistry: A European Journal 2016, 22(51): 18316-18321.
[521] Grossman R B, Pendharkar D S, Patrick B O, et al. [*N*+1] Annulation route to highly substituted cyclic ketones with pendant ketone, nitrile, and ester functionality. Journal of Organic Chemistry, 1999, 64(19): 7178-7183.
[522] Sriramurthy V, Barcan G A, Kwon O. Bisphosphinecatalyzed mixed double-michael reactions: asymmetric synthesis of oxazolidines, thiazolidines, and pyrrolidines. Journal of the American Chemical Society, 2007, 129(43): 12928-12929.
[523] Sriramurthy V, Kwon O. Diphosphine-catalyzed mixed double-michael reaction: a unified synthesis of indolines, dihydropyrrolopyridines, benzimidazolines, tetrahydroquinolines, tetrahydroisoquinolines, dihydrobenzo-1,4-oxazines, and dihydrobenzo-3,1-oxazines. Organic Letters, 2010, 12(5): 1084-1087.
[524] Fan Y C, Kwon O. Diversity-oriented synthesis based on the Dppp-catalyzed mixed double-Michael reactions of electron-deficient acetylenes and B-amino alcohols. Molecules, 2011, 16(5): 3802-3825.
[525] Ametovski J, Dutta U, Burchill L, et al. Phosphine catalysed [5+1] annulation of ynone/ cinnamates with primary amines. Chemical Communications, 2017, 53: 13071-13074.
[526] Lu C, Lu X Y. Tandem reactions to construct heterocycles via phosphine-catalyzed umpolung addition and intramolecular conjugate addition. Organic Letters, 2002, 4(26): 4677-4679.
[527] Lian Z, Shi M. Nitrogen-and phosphorus-containing Lewis base catalyzed [4+2] and [3+2] annulation reactions of isatins with but-3-yn-2-one. European Journal of Organic Chemistry 2012, 2012: 581-586.
[528] Yang L, Xie P, Li E, et al. Phosphinecatalyzed domino reaction: an efficient method for the synthesis of highly functionalized spirooxazolines. Organic & Biomolecular Chemistry, 2012, 10: 7628-7634.
[529] Zhou Q F, Chu X, Ge F, et al. Stereoselective syntheses of functionalized spirocyclopenteneoxindoles via triphenylphosphine-catalyzed [3+2] cycloaddition reactions. Molecular Diversity, 2013, 17: 563-571.
[530] Liang L, Li E, Xie P, et al. Phosphine-initiated domino reaction: a convenient method for the preparation of spirocyclopentanones. Chemistry: An Asian Journal, 2014, 9(5): 1270-1273.
[531] Liang L, Huang Y. Stereoselective synthesis of cyclopentanone-fused benzosultams through tomita zipper cyclization. Organic Letters, 2016, 18(11): 2604-2607.
[532] Ramachary D B, Prabhakar R T, Suresh K A. Organocatalytic umpolung annulative dimerization of ynones for the synthesis of 5-alkylidene-2-cyclopentenones. Organic & Biomolecular Chemistry, 2017, 15: 9785-9789.
[533] Liu H, Zhang Q, Wang L, et al. $PPh_3$-catalyzed [2+2+2] and [4+2] annulations: synthesis of highly substituted 1,2-dihydropyridines (dhps). Chemical Communications, 2010, 46: 312-314.
[534] Xia L, Magar K B, Lee Y R. The intramolecular allenolate Rauhut-Currier Reaction. Molecular Diversity, 2015, 19: 55-66.

[535] Sun Y, Wei Y, Shi M. Phosphine catalyzed $\delta$-carbon addition and isomerization of alkynones to ketimines: the preparation of 1,3-diene substituted dihydroquinazolinones and 3-aminooxindoles. Organic Chemistry Frontiers, 2018, 5(2): 210-215.
[536] Zhang X, Shen Z, Hu L, et al. Microwave-assisted organocatalysis: phosphinemediated tomita zipper cyclization affording functionalized spirooxindole. Tetrahedron Letters, 2016, 57(13): 3790-3794.
[537] Zhu C, Sun Y, Wei Y, et al. Phosphine-mediated dimerization of conjugated ene-yne ketones: stereoselective construction of dihydrobenzofurans. Advanced Synthesis & Catalysis, 2017, 359(8): 1263-1270.
[538] Hilton M C, Zhang X, Boyle B T, et al. Mcnally, heterobiaryl synthesis by contractive C-C coupling via P( V ) intermediates. Science, 2018, 362(6416): 799-804.
[539] Fu M, Shang R, Zhao B, et al. Photocatalytic decarboxylative alkylations mediated by triphenylphosphine and sodium iodide. Science, 2019, 363(6434): 1429-1434.
[540] Cao J, Seitz M S, Forni J A, et al. Radical coupling initiated by organophosphine addition to ynoates. Angewandte Chemie International Edition, 2023, 62(29): e202303869.

# 4

# 手性磷酸催化剂


4.1 Mannich 反应以及插烯 Mannich（Vinylogous Mannich）反应

4.2 Friedel-Crafts 烷基化反应

4.3 hetero-Diels-Alder 反应

4.4 Diels-Alder 反应

4.5 Strecker 反应

4.6 Pictet-Spengler 反应

4.7 酮的还原胺化反应

4.8 转移氢化反应

4.9 ene 反应

4.10 亚胺的亲核加成反应

4.11 Aldol 反应

4.12 Biginelli 反应

4.13 Ugi 反应

4.14 Nazarov 环化反应

4.15 aza-Darzen 反应

4.16 Michael 加成反应

4.17 Bayer-Villiger 氧化反应

4.18 环氧化反应

4.19 开环反应

4.20 1,3- 偶极环加成

4.21 串联环化反应

4.22 醛的烃硼化反应

4.23 烯烃的 1,2- 双官能化反应

4.24 羰基化合物的 α- 官能化

4.25 缩合反应

4.26 去对称化反应

4.27 不对称质子化

4.28 分子内氢胺化

4.29 动力学拆分

4.30 去芳构化反应

4.31 重排反应

4.32 其他反应

手性磷酸基于其独特的性质成为近年来 Brønsted 酸催化中一个令人关注的焦点。①磷原子周围的四配位结构可以形成环状结构而阻止磷原子中心的自由旋转。这种特有的结构是羧酸和磺酸等其他 Brønsted 酸所不具有的。②手性磷酸适当的酸性保证其通过氢键牢牢地与亚胺或其他底物结合而非形成不牢固的离子对。③磷酸中的磷酰基氧可以作为 Lewis 碱而发挥作用，使得磷酸成为一种双功能催化剂。自从 2004 年，Akiyama[1] 和 Terada[2] 研究小组首次各自独立报道了手性磷酸作为有机催化剂在不对称合成中的成功应用以来，手性磷酸催化的不对称反应屡见报道 [3]。主要集中在不对称 Mannich 反应、aza-Diels-Alder 反应、转移氢化反应、Friedel-Crafts 烷基化反应、Strecker 反应、Pictet-Spengler 反应、去对称化、去芳构化、串联环化反应等，而且都得到了很高的对映选择性。本节涉及的手性磷酸催化剂主要是基于联萘骨架、其他联芳基骨架、螺二氢茚骨架以及 TADDOL 骨架的磷酸。下面我们将按反应类型分别讲述手性磷酸催化剂在不对称反应中的应用进展。

# 4.1 Mannich反应以及插烯Mannich（Vinylogous Mannich）反应

Mannich 反应是手性磷酸催化中研究得比较早的一类有机反应，所涉及的羰基组分主要有烯醇硅醚、乙酰丙酮、简单醛 / 酮、$\beta$-酮酸硫酯、丙二酸二硫酯、吖内酯以及噻唑啉酮等，而亚胺组分有醛亚胺、酮亚胺(或者醛、酮与胺组分原位缩合形成的亚胺)以及在反应条件下可以转化形成亚胺的烯胺。下面我们主要按照羰基组分分类介绍手性磷酸催化的不对称 Mannich 反应研究进展。

2004 年，Akiyama 研究小组报道手性磷酸($R$)-**1** 能有效催化醛亚胺与三甲基硅基烯酮缩醛的类 Mannich 反应 [1,4]，不仅能高产率地得到加成产物 $\beta$-氨基酸酯，而且具有很好的非对映和对映选择性。反应对芳香醛亚胺以及 $\alpha,\beta$-不饱和脂肪醛亚胺有效，但对于脂肪醛亚胺则不能得到相应的 $\alpha$-氨基酸酯衍生物 [4]。值得注意的是，

N-芳基上邻位羟基的存在是获得高对映选择性的必要条件。

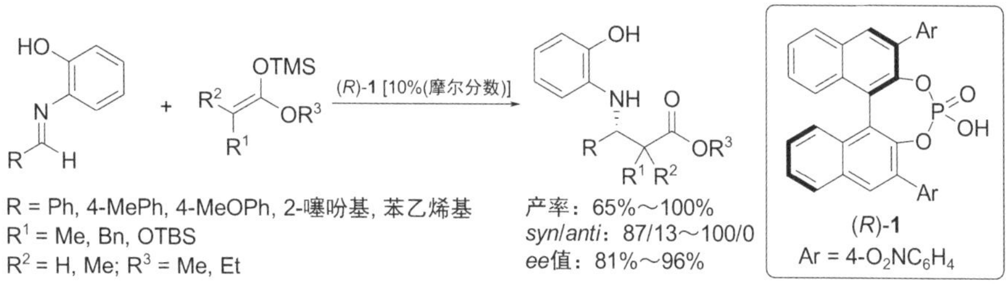


该小组在上述工作的基础上，进一步拓展手性磷酸催化剂的结构骨架，从L-酒石酸出发合成了以TADDOL为构架的手性磷酸(*R*,*R*)-**2**[5]，与联二萘酚(BINOL)骨架相比，虽然TADDOL骨架具有不同的电子和空间效应，但同样可应用于催化*N*-芳基醛亚胺与三甲基硅基乙烯酮缩醛的类Mannich反应。与(*R*)-**1**催化的反应一样，*N*-芳基上邻位羟基的存在同样是反应获得高选择性的必需条件。通过对机理的研究，作者认为该反应要经过如下九元环状过渡态。在其中磷酸质子化亚胺形成亚胺正离子从而起到活化亚胺的作用，而磷酰基氧与亚胺中的羟基基团通过氢键相互作用，亲核试剂优先进攻*Re*面，从而解释了为何邻位羟基的存在是获得好的对映选择性的关键所在[6]。

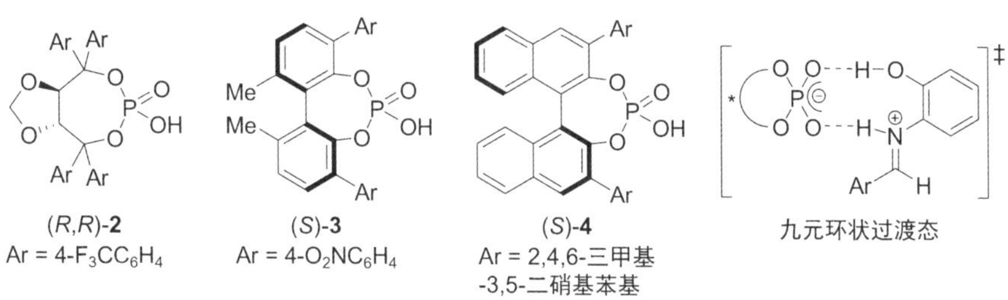


Akiyama课题组进一步合成了联苯骨架手性磷酸(*S*)-**3**，并将其应用于硅基烯酮缩醛与*N*-邻羟基苯基醛亚胺的Mannich反应。当以衍生于异丁酸乙酯的硅基烯酮缩醛为底物时，其催化活性与具有联萘骨架的催化剂(*R*)-**1**相当；当以衍生于丙酸乙酯的硅基烯酮缩醛为底物时，与具有联萘骨架的催化剂(*R*)-**1**相比，联苯骨架催化剂(*S*)-**3**有更好的对映选择结果[7]。

Zhou和Yamamoto等人通过在联萘骨架的3,3′-位引入2,4,6-三甲基-3,5-二硝基苯基，设计合成了具有更强酸性和更大位阻的手性磷酸(*S*)-**4**，并在(*S*)-**4**的催化下实现了结构多样的硅基烯酮缩醛与 *N*-邻羟基苯基醛亚胺之间的不对称 Mannich 反应，在对映选择性方面得到了巨大的提升，无论是脂肪族还是芳香族醛亚胺都能得到很好的对映选择性[8]。

除了 *N*-芳基醛亚胺底物之外，Akiyama 小组还报道了手性磷酸催化的 *N*-Boc 亚胺和二氟烯醇硅醚之间的不对称 Mannich 反应。在联苯骨架手性磷酸(*S*)-**5** 的催化下，一系列 *N*-Boc 芳香醛亚胺可以顺利地反应得到高 *ee* 值的 $\alpha,\alpha$-二氟-$\beta$-氨基酮衍生物，产物经 Baeyer-Villigar 氧化、脱保护及碱促环化可以进一步转化成具有重要价值的手性合成砌块 $\beta$-内酰胺而不影响光学纯度[9]。

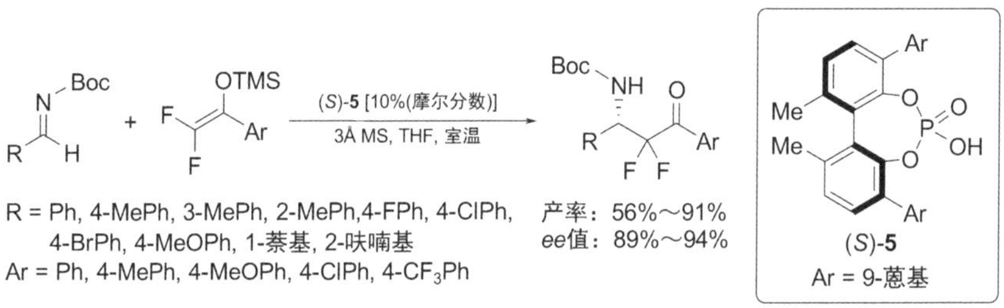


以上烯醇硅醚参与的不对称 Mannich 反应中涉及的都是醛亚胺的反应，而活性较低的酮亚胺参与的反应则鲜有报道。2017 年，Ma 等人发现 2-苯基或 2-吲哚基取代的吲哚酮作为一类特殊的活化酮亚胺，在手性磷酸(*S*)-**6**(TRIP)的催化下能顺利地与 $\beta,\beta$-二氟烯醇硅醚发生不对称 Mannich 反应，得到光学活性含氟吲哚啉酮衍生物。值得注意的是反应产物在氢氧化钠存在下可以发生选择性的 C—C 键断裂得到相应的二氟甲基化合物[10]。

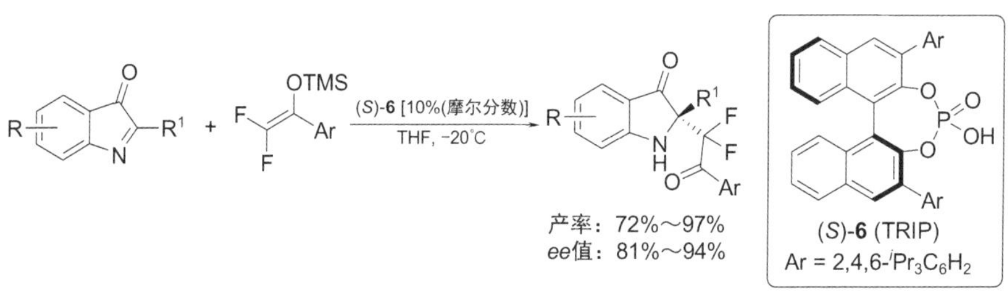


$\gamma$-丁烯羟酸内酯($\gamma$-butenolides)是天然产物中重要的结构单元之一，因此研究其新的立体选择合成方法吸引了合成有机化学家的广泛注意[11,12]。Akiyama 报道手性磷酸(*R*)-**7** 能有效地催化 2-三甲硅氧基呋喃作为一类特殊的烯醇硅醚与亚胺之间的

不对称插烯 Mannich 反应，得到光学活性的含氨基的 $\gamma$-丁烯羟酸内酯衍生物。反应具有很好的产率和立体选择性(非对映和对映选择性)，无论是芳香醛亚胺还是脂肪醛亚胺均能得到令人满意的结果 [13]。

Schneider 课题组几乎同时报道了另一例手性磷酸催化的不对称插烯 Mannich 反应。作者使用手性磷酸(*R*)-**8** 为催化剂催化醛亚胺与叔丁基二甲基硅基(TBS)取代的乙烯基烯酮缩醛之间的反应，以很好的产率和较好的对映选择性得到相应的插烯 Mannich 反应产物 $\gamma$-氨基-$\alpha,\beta$-不饱和酸酯衍生物 [14]。此外，该反应还可直接用醛、胺、硅基取代乙烯基烯酮缩醛为底物，在(*R*)-**8** 的催化下进行三组分不对称插烯 Mannich 反应，而且并不影响反应的产率和对映选择性，从而避免了亚胺的制备和纯化过程 [14]。

Schneider 等人还对手性磷酸催化的乙烯基烯酮的硅基 *N*,*O*-缩醛与亚胺的插烯 Mannich 反应进行了研究，其中 3,3′-位三苯基硅基取代的联萘二酚衍生的手性磷酸(*R*)-**9** 表现出最好的不对称诱导能力，仅需使用 1%(摩尔分数)催化剂大部分底物均可获得很好的立体选择性。反应的不足之处在于反应速率太慢，对绝大部分底物需要一周以上的反应时间，这在一定程度上限制了其在有机合成中的应用 [15]。与乙烯基烯酮缩醛的插烯 Mannich 反应一样，该反应同样可以避免亚胺的制备和分离过程，实现三组分一锅反应而不影响反应的产率和对映选择性。

Schneider 课题组还报道了手性磷酸催化下 $\gamma$-取代乙烯基烯酮缩醛与芳香 [16] 以及脂肪醛亚胺 [17] 之间的不对称插烯 Mannich 反应，在手性磷酸(*R*)-**10** 的催化下同样取得了好的立体选择结果。当进一步将底物扩展为 $\beta$- 取代乙烯基烯酮缩醛时，在手性磷酸(*R*)-**10** 的催化下首先发生插烯 Mannich 反应优先生成(*Z*)-构型产物，继而发生内酰胺化得到形式 aza-Diels-Alder 反应产物 $\alpha,\beta$-不饱和哌啶酮衍生物 [18]。

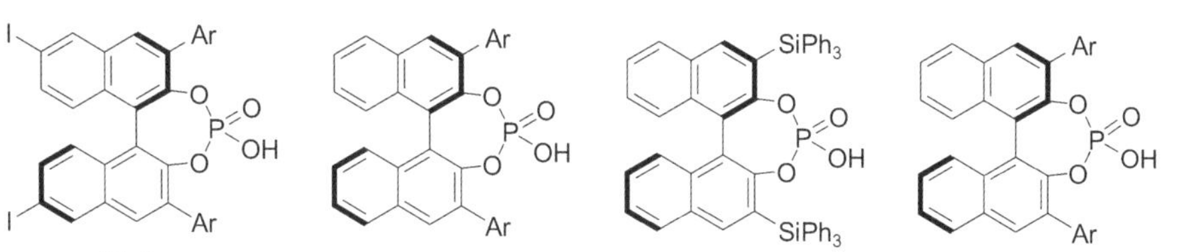


(*R*)-**7** Ar = 2,4,6-$^{i}Pr_3C_6H_2$　(*R*)-**8** Ar = 2,4,6-$Me_3C_6H_2$　(*R*)-**9**　(*R*)-**10** Ar = 2,6-二甲基-4-叔丁基苯基

上述 Mannich 反应均需对可烯醇化羰基化合物进行预处理得到相应的烯醇硅醚

来参与反应，不如直接使用可烯醇化羰基化合物方便。2004 年，Terada 研究小组报道手性磷酸催化剂(*R*)-**11** 能有效地催化 *N*-Boc 亚胺与乙酰丙酮的 Mannich 反应，并获得了很好的不对称诱导效果，产物 *ee* 值高达 98%[2]。

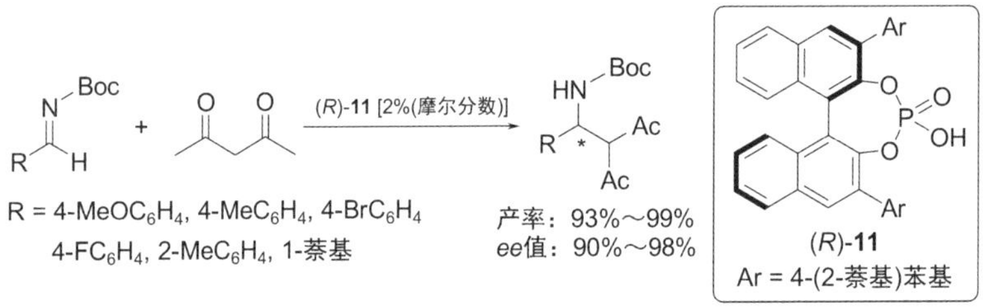


随后，该小组合成了衍生自联萘二胺的手性二氮杂磷酸(*R*)-**12**，发现后者同样能催化 *N*-苯甲酰亚胺与乙酰丙酮的 Mannich 反应，虽然只得到中等程度的立体选择性，但是通过改变手性二胺的骨架或者改变氮原子上的取代基的性质，都可能使手性二氮杂磷酸成为一种有效的催化剂[19]。

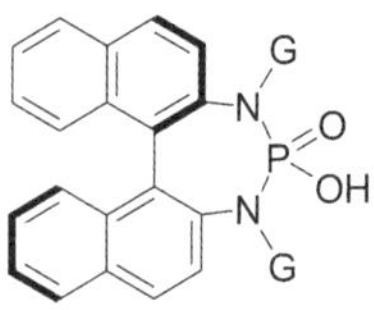

(*R*)-**12**
G = 对甲苯磺酰基

含有 *α*-氢的脂肪族亚胺由于易于异构化成相应的烯胺，因此很少作为 Mannich 反应中的底物。Terada 利用烯胺在酸性催化剂作用下可以发生异构原位产生亚胺，进而质子化形成亚胺正离子得以活化的特点，成功地实现了手性磷酸催化的含有 *α*-氢的脂肪族亚胺与乙酰丙酮之间的直接 Mannich 反应。在手性磷酸(*R*)-TRIP 的催化下，不同结构的烯胺底物可以较好的产率和中等至很好的 *ee* 值得到相应的 Mannich 产物。在反应中无论(*Z*)-还是(*E*)-烯胺都得到相同的对映选择性，这说明反应经历了一个共同的中间体，即相应的亚胺正离子中间体[20]。

Gong 课题组发现联萘骨架手性磷酸(*R*)-**13** 和八氢联萘骨架手性磷酸(*R*)-**14** 在环酮、芳胺和醛的三组分直接 Mannich 反应中表现出很好的催化活性。与前面的亚胺与烯酮三甲基硅基缩醛的间接 Mannich 反应相比，反应不仅具有原子经济性，而且得到以 *anti*-选择性为主的 *β*-氨基酮。除环酮外，非环状甲基酮在八氢联萘骨架手性磷酸(*R*)-**15**、(*R*)-**16** 的催化下也能得到很高 *ee* 值的 Mannich 缩合产物[21]。

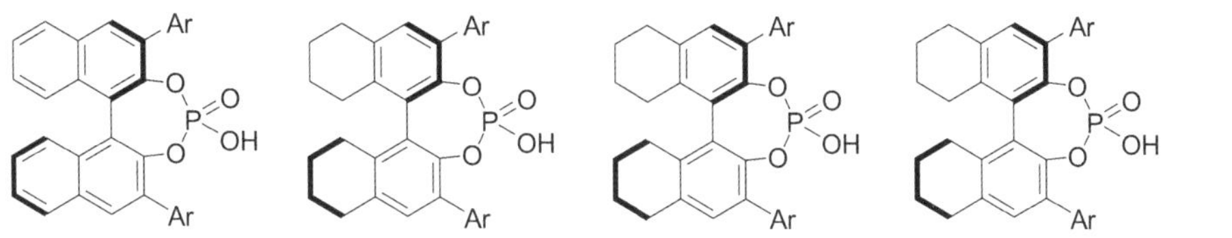

(*R*)-**13** Ar = 4-$ClC_6H_4$　(*R*)-**14** Ar = Ph　(*R*)-**15** Ar = 4-$FC_6H_4$　(*R*)-**16** Ar = 4-$ClC_6H_4$

2018 年，Zhu 课题组报道在手性磷酸(*S*)-TRIP 催化下酮、4-硝基苯胺和芳醛能顺利地发生三组分不对称 Mannich 反应，以好的对映选择性得到相应的手性 *β*-氨基酮衍生物，但反应的非对映选择性并不理想[22]。

Rueping 课题组也研究了苯乙酮与 *N*-芳基醛亚胺在手性磷酸(*R*)-**17** 和非手性 Brønsted 酸、醋酸的催化下进行的直接 Mannich 反应。发现当在 *N*-芳基的对位引入氯原子时，反应得到了最好的结果(86% *ee*)，但是反应的产率(22% ～ 53%)太低，在合成上没有太大的价值[23]。作者认为在反应过程中，手性磷酸与亚胺形成离子对从而活化了亲电试剂亚胺同时发挥不对称诱导作用；而非手性 Brønsted 酸、醋酸的作用则是促进苯乙酮烯醇式和酮式之间平衡的快速建立。

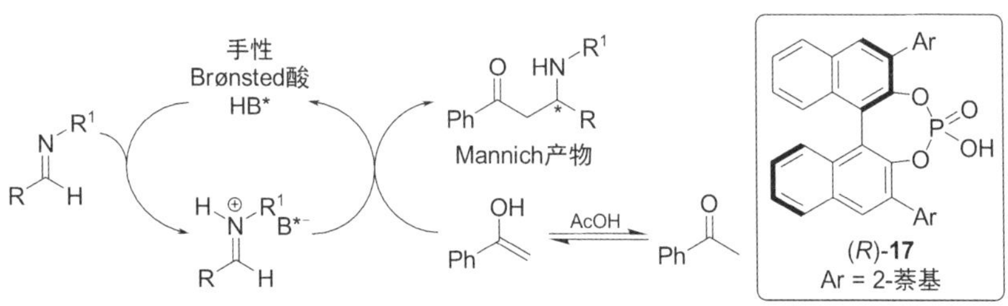


(*R*)-**17**
Ar = 2-萘基

Ma 课题组报道了 2-取代吲哚酮作为一类特殊结构的酮亚胺，在联萘骨架手性磷酸(*S*)-**9** 的催化下也能够与甲基酮顺利地发生不对称 Mannich 反应，以好的立体选择结果得到相应的产物[24]。

与酮相比，醛作为羰基组分参与的 Mannich 反应相对较少，Maruoka 使用手性磷酸(*R*)-**18** 为催化剂，实现了炔醛的 *N*,*N*-缩醛与醛的不对称 Mannich 反应，产物经硼氢化钠还原可以得到光学活性 1,3-氨基醇化合物，但是反应只得到中等程度的非对映选择性。反应中 *N*,*N*-缩醛首先在磷酸作用下消除一分子氨基甲酸叔丁酯原

位形成 *N*-Boc 亚胺，后者在手性磷酸催化下与醛发生 Mannich 反应得到相应的 *β*-氨基醛产物 [25]。

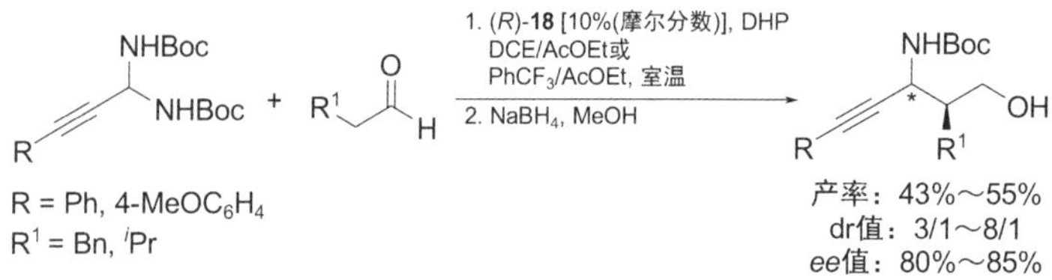


Ishihara 等人发现经过盐酸洗涤纯化后的手性磷酸(*R*)-**19** 在乙酰丙酮、链状或环状 *β*-酮酸酯以及 *β*-酮酸硫酯与 *N*-Boc 醛亚胺的 Mannich 反应中表现出了很好的催化活性和选择性。反应不仅获得了好的对映选择性，而且对环状酮酸酯底物还获得了很好的 *anti*-选择性。进一步深入研究发现手性磷酸(*R*)-**17** 的钙盐同样能有效催化 *β*-酮酸硫酯与 *N*-Boc 醛亚胺的 Mannich 反应，得到更好的立体控制结果。有趣的是，产物的立体化学与手性磷酸催化的结果相反。此外，手性磷酸催化下不能反应的丙二酸二硫酯底物在手性磷酸钙盐的催化下能够顺利地发生反应，以高产率和高 *ee* 值得到相应的 Mannich 产物 [26]。

含有活泼氢的杂环化合物如吖内酯和噻唑酮在手性磷酸的催化下也能够作为羰基组分参与不对称 Mannich 反应。Amarante 课题组报道了手性磷酸(*S*)-TRIP 催化的吖内酯与 *N*-甲磺酰醛亚胺之间的不对称 Mannich 反应，所得 Mannich 产物经酸性水解可以进一步转化成为光学活性非天然 *α*-氨基酸，为手性非天然 *α*-氨基酸的合成提供了新途径 [27]。Momiyama 和 Terada 课题组则通过联萘骨架手性磷酸(*R*)-**19** 催化的噻唑酮与 *N*-苯甲酰基烯胺的不对称 Mannich 反应，同样实现了非天然 *α*-氨基酸衍生物的对映选择合成。在反应过程中，烯胺在手性磷酸作用下异构化原位产生脂肪族醛亚胺，进一步与烯醇化的噻唑酮反应得到相应的 Mannich产物 [28]。

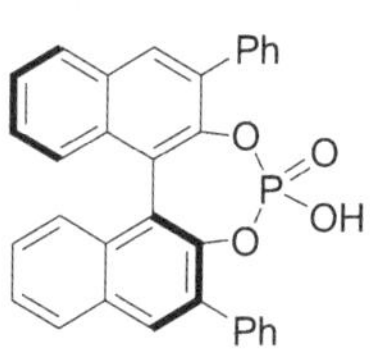


(*R*)-**18**

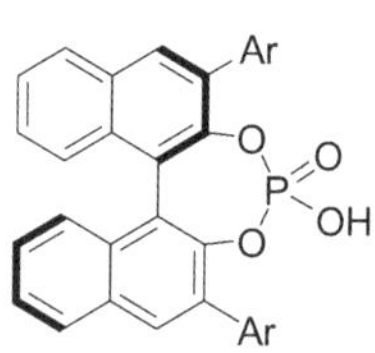


(*R*)-**19**
Ar = 9-蒽基

# 4.2

# Friedel-Crafts烷基化反应

富电子的芳香体系亲核进攻具有缺电子 $sp^2$ 杂化碳原子的底物，然后经去质子化得到 Friedel-Crafts(F-C) 烷基化产物。该反应很高的原子经济性引起了工业界和学术界的共同关注。其中不对称 F-C 烷基化反应无疑是一种原子经济和简洁高效的在富电子芳环上引入手性侧链的方法，同时也是一个具有挑战性的有机转化。通过近二十年的研究，该反应已成为手性磷酸催化中研究最广泛、取得研究成果最丰富的有机反应。所涉及的富电子芳香体系有吲哚、吡咯、呋喃、萘酚、苯腙以及吲嗪等，下面按富电子芳香体系的种类进行分别介绍。

## 4.2.1 吲哚的 F-C 烷基化

由于吲哚骨架广泛存在于众多具有生物活性的天然产物和合成药物分子结构中，因此，手性磷酸催化的吲哚的不对称 F-C 烷基化作为一种高效的获取手性吲哚衍生物的方法在有机合成中广受关注，吲哚已成为手性磷酸催化的不对称 F-C 烷基化反应中研究最广泛和深入的富电子芳烃底物。截至目前，成功应用于吲哚的不对称 F-C 烷基化反应的底物有简单亚胺、复杂环状亚胺、醛、酮、缺电子烯烃等亲电试剂以及在手性磷酸作用下能够原位产生相应亲电试剂的化合物。

2007 年，You 等人在联萘骨架手性磷酸(*R*)-**20** 的催化下，首次实现了 *N*-磺酰亚胺对吲哚 3-位的不对称烷基化反应。该催化体系对芳香醛亚胺能够得到具有很好 *ee* 值的烷基化产物，但对脂肪醛亚胺而言，产率和立体选择性均有所下降[29]。

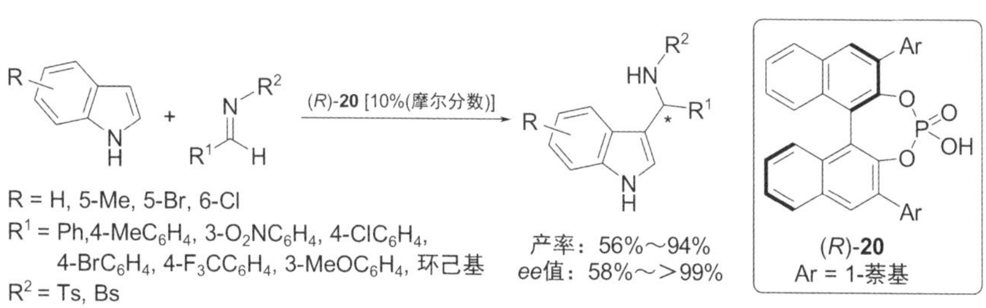

在手性磷酸(*S*)-**21** 的存在下，该小组还实现了 *N*-芳基乙醛酸酯亚胺与(取代)吲哚的不对称 F-C 烷基化反应，高产率地得到具有中等程度至好的 *ee* 值的吲哚-3-基取代的甘氨酸衍生物。该类化合物是一类重要的非天然氨基酸，是许多重要生物活性物质如 dragmacidins 和 pemedolac 的合成中间体[30,31]。

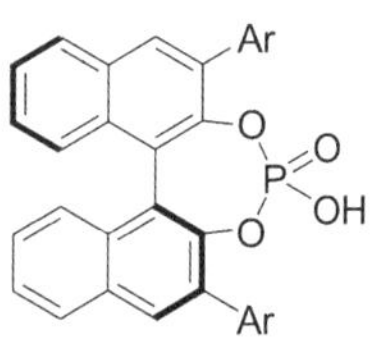


(*S*)-**21**
Ar = 9-菲基

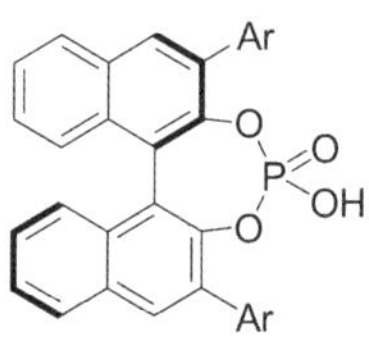


(*R*)-**22**
Ar = 3,5-$Ph_2C_6H_3$

Hiemstra 以手性磷酸催化的 F-C 烷基化为关键步骤也实现了上述非天然氨基酸的对映选择合成。在手性磷酸(*R*)-**9** 的催化下，*N*-2-硝基苯硫基取代的乙醛酸甲酯亚胺与吲哚反应，以中等程度的对映选择性得到相应的烷基化产物，经过重结晶可以得到几乎光学纯的产物，进一步经过*N*-去保护和酯基水解得到 *ee* 值为 98% 的(*S*)-吲哚甘氨酸[32]。

Terada[33] 和 Bolm[34] 小组还先后报道了 *N*-Boc 保护的醛亚胺和酮亚胺与吲哚的不对称 F-C 烷基化反应。Terada 等人在衍生自(*R*)-联萘二酚的手性磷酸(*R*)-**22** 的催化下，实现了 *N*-Boc 芳香醛亚胺与 *N*-叔丁基二甲基硅基保护的吲哚之间的不对称 F-C 烷基化反应。反应具有较好的底物适用范围，无论是在芳香醛亚胺苯环对位和吲哚 5-位引入拉电子基团还是给电子基团都能以高产率和高 *ee* 值得到烷基化产物，但是对于位阻较大的邻位取代底物反应活性则明显下降。该反应为 3-吲哚基甲胺这一广泛存在于生物活性天然产物和合成药物分子中的核心结构单元的立体选择构建提供了高效的方法。Bolm 等人则利用手性磷酸(*R*)-TRIP 催化的吲哚与衍生自三氟丙酮酸乙酯的 *N*-Boc 酮亚胺的不对称 F-C 烷基化反应，实现了含三氟甲基的非天然季碳 $\alpha$-氨基酸的高对映选择合成。对照实验表明，吲哚氮氢的存在是获得高对映选择性的必要条件，*N*-甲基化吲哚只能得到外消旋的产物。

在简单亚胺的 F-C 烷基化反应基础上，一些研究小组将注意力转移到一些具有环状结构的特殊亚胺底物，从而可以得到光学活性吲哚基取代的含氮杂环化合物。

三氟甲基喹唑啉衍生物作为非核苷类的 HIV 逆转录酶抑制剂，是药物研究中的重要结构骨架。2013 年，Ma 小组报道 4-三氟甲基取代喹唑-2-酮作为一类特殊的环状酮亚胺在手性磷酸(*S*)-TRIP的催化下，可以顺利地与吲哚发生不对称F-C烷基化反应，实现了光学活性吲哚取代的三氟甲基喹唑啉衍生物的对映选择合成，为这类重要的生物活性物质的不对称合成提供了新方法[35]。

随后，Maruoka[36]和Zhao[37]课题组先后报道了含有苯并[1,4]噁嗪酮骨架的环状酮亚胺作为亲电试剂在手性磷酸(*R*)-**8**和(*R*)-**9**催化下与吲哚的不对称F-C反应。为了提高底物的反应活性，Maruoka小组采用在亚胺碳上引入拉电子的酯基，而Zhao小组则采用在苯并[1,4]噁嗪酮骨架苯环7-位引入拉电子硝基的策略。

2017年，Zhou课题组在八氢联萘骨架手性磷酸(*S*)-**23**的催化下实现了吲哚与膦酰基取代的五元环状磺酰亚胺的不对称F-C烷基化反应，为吲哚环取代的光学活性*α*-氨基膦酸酯的对映选择合成提供了新途径[38]。采用类似的策略，Lin小组从酯基取代的五元环状磺酰亚胺出发，在联萘骨架手性磷酸(*R*)-**17**的催化下与吲哚发生不对称F-C烷基化反应，成功地实现了环状季碳*α*-氨基酸衍生物的对映选择合成，取得了好的立体选择结果[39]。

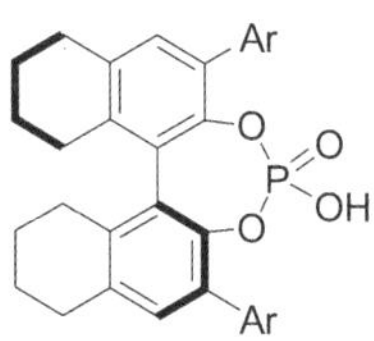

(*S*)-**23**
Ar = 3,5-$(CF_3)_2C_6H_3$

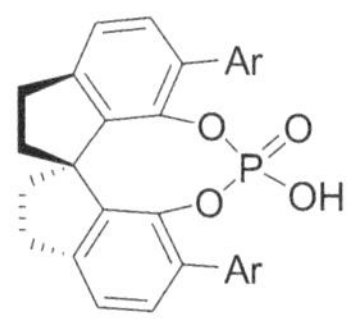

(*R*)-**24** (STRIP)
Ar = 2,4,6-$^{i}Pr_3C_6H_2$

Kim小组在联萘骨架手性磷酸(*S*)-**18**的催化下实现了吲哚与六元环状磺酰亚胺的不对称F-C烷基化反应，也取得了很好的对映选择结果[40]。Lin小组在螺二氢茚骨架手性磷酸(*R*)-**24**(STRIP)的催化下，实现了吲哚稠合的环状三氟甲基酮亚胺与吲哚的不对称F-C烷基化反应，得到吲哚-3-基取代的含季碳手性中心的光学活性苯并氮杂草稠合的吲哚衍生物[41]。

Ma小组报道了一例原位缩合产生亚胺亲电试剂参与的吲哚的F-C烷基化反应，实现了三组分“一锅法”反应，简化了反应操作。在手性磷酸(*S*)-TRIP的催化下，三氟乙醛甲氧半缩醛、3,4,5-三甲氧基苯胺和吲哚发生三组分F-C烷基化反应，成功地实现了含三氟甲基手性胺类化合物的构建。当底物换为二氟乙醛甲氧半缩醛之后，反应同样获得了很好的结果[42]。

除了亚胺或亚胺正离子可以作为亲电试剂参与吲哚的F-C烷基化反应之外，一些底物由于其结构的特殊性，可以在手性磷酸作用下原位形成亲电的亚胺或亚胺正离子中间体，因而也能作为底物参与手性磷酸催化的吲哚的 F-C 烷基化反应。

Terada 等人利用烯胺在酸催化下可以异构成相应的亚胺这一特性，使用 *N*-Boc 烯胺作为前亲电试剂，在手性磷酸(*R*)-TRIP 的催化下以很好的立体选择性实现了对吲哚的不对称 F-C 烷基化反应[43]。同样在手性磷酸(*S*)-TRIP 的催化下，Zhou 课题组实现了 *α*-芳基取代烯胺与吲哚的不对称 F-C 烷基化反应，为高对映选择地构筑手性季碳中心提供了有效的新方法。研究发现，吲哚氮氢和烯胺氮氢的存在是反应进行的必要条件，因此作者认为存在催化剂和底物间通过氢键相互作用的反应过渡态[44]。

2011 年，You 报道了手性磷酸(*S*)-TRIP 催化的吲哚与外消旋螺吲哚啉酮之间的开环 F-C 烷基化反应，得到高 *ee* 值的吲哚基取代的手性吲哚啉酮衍生物，所得产物进一步衍生可以转化成为稠合吲哚啉酮化合物。在反应过程中，外消旋螺吲哚啉酮首先在手性磷酸催化下发生消除原位产生亚胺中间体，后者在手性磷酸催化下经由手性亚胺正离子对实现对吲哚的不对称 F-C 烷基化[45]。

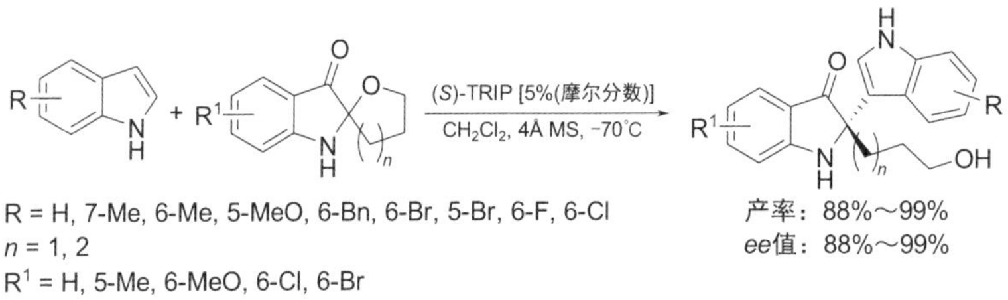


Zhou 课题组报道 3-羟基异吲哚啉-1-酮在手性磷酸(*R*)-**25** 的催化下，可以经由原位脱水产生的环状 *N*-酰基亚胺中间体实现与吲哚的不对称 F-C 烷基化反应，方便快捷地实现了手性吲哚-3-基取代的异吲哚啉酮化合物的对映选择合成。产物的光学纯度为 83%，经简单重结晶可以提高到 99% 以上。这是首例不对称催化合成光学活性异吲哚啉酮衍生物的报道[46]。

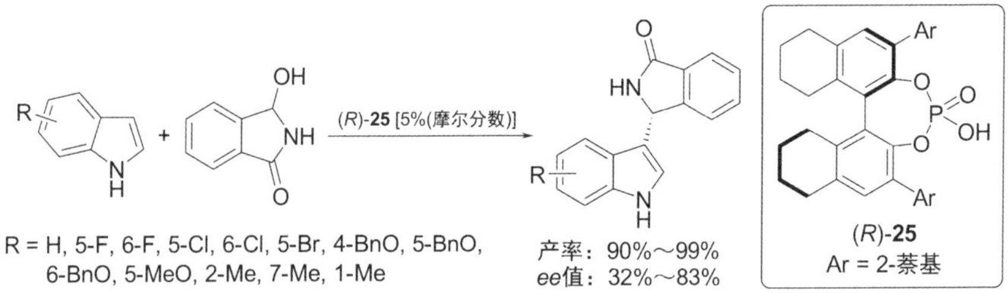

在上述工作的基础上，该小组进一步将反应扩展至3-取代-3-羟基异吲哚啉酮底物。在手性磷酸(*S*)-**9**的催化下通过不对称F-C烷基化反应成功地实现了含氮手性季碳中心的构筑，产物的*ee*值最高达95%，通过简单重结晶即可得到光学纯的化合物[47]。基于类似的策略，Masson小组在手性磷酸(*R*)-**21**的作用下，通过吲哚与*γ*-羟基-*γ*-内酰胺的不对称F-C烷基化反应，实现了光学活性*γ*-内酰胺的对映选择性合成。在反应中，*γ*-羟基-*γ*-内酰胺首先在手性磷酸作用下原位产生酰基亚胺中间体，继而与吲哚发生F-C烷基化反应得到目标化合物[48]。

在手性磷酸催化吲哚的不对称F-C烷基化反应中，醛作为亲电试剂的报道相对较少，而且由于底物特点，新形成的吲哚甲醇在手性磷酸作用下会脱水原位产生亲电的烯基亚胺中间体，继续发生分子内F-C烷基化反应，即双F-C烷基化反应，最终得到环状化合物。You课题组报道了手性磷酸(*S*)-**20**催化的2-(3,5-二甲氧基)苯基苯甲醛和2-取代吲哚的双F-C烷基化反应，首次实现了光学活性芴衍生物的不对称合成[49]。采用相似的策略，Nielsen[50]和Zhang[51]课题组在手性磷酸(*R*)-TRIP的催化下，先后实现了4-(吲哚-3-基)丁醛与吲哚的双F-C烷基化反应，最终得到光学富集的四氢咔唑衍生物。

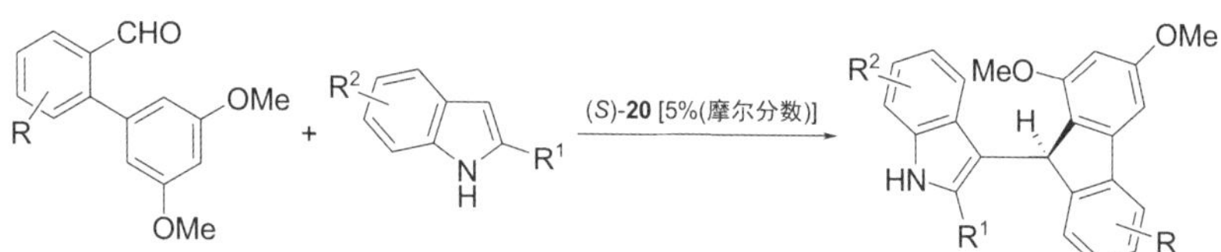


R = 5-MeO, 5-F, 3-MeO, 4,5-OCH$_2$O, 4-Me, 5-Cl
R$^1$ = H, Me, Et, Ph
R$^2$ = H, 5-Me, 5-Br, 5-Cl, 5-F, 5-MeO, 7-Br

产率：37%～96%
*ee*值：73%～96%

酮与吲哚的F-C烷基化反应文献报道同样较少，而且所使用的酮底物大多是多氟代酮，受氟原子的强拉电子诱导效应影响，这类底物往往具有较高的亲电反应活性。其中，Ma课题组先后报道了三氟乙酰乙酸乙酯和三氟丙酮酸乙酯[52]、(取代)*α*,*α*,*α*-三氟苯乙酮、*α*,*α*-二氟苯乙酮以及*α*,*α*,*β*,*β*,*β*-五氟苯丙酮[53]在手性磷酸(*R*)-TRIP的催化下与吲哚的不对称F-C烷基化反应；Akiyama小组[54]研究了八氢联萘骨架手性磷酸(*R*)-**26**催化下三氟丙酮酸乙酯与吲哚的不对称F-C烷基化反应；Kass等人[55]则设计合成了3,3′-位含季鏻盐单元的联萘骨架手性磷酸(*R*)-**27**并应用于吲哚与三氟苯乙酮的不对称F-C烷基化反应，该催化剂表现出了比3,3′-位三苯基硅基和2,4,6-三异丙基苯基取代的手性磷酸更强的催化活性和相近的立体选择性。

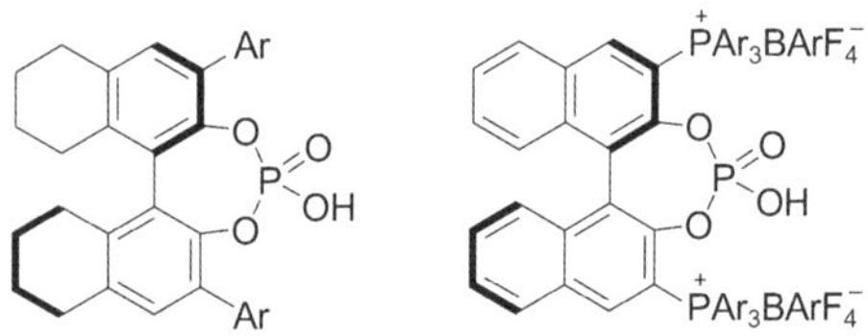

(*R*)-**26**
Ar = 1-萘基

(*R*)-**27**
Ar = 4-$MeC_6H_4$

共轭烯酮作为亲电试剂在手性磷酸催化的吲哚的不对称F-C烷基化反应中也有成功的应用，主要发生Michael加成类型的烷基化反应。2008年，Zhou课题组首次报道了挑战性底物查耳酮与吲哚的不对称Michael加成类型的F-C烷基化反应。就对映选择性而言，八氢联萘骨架手性磷酸明显优于联萘骨架手性磷酸，其中3,3′-位4-氯苯基取代的手性磷酸(*R*)-**16**得到了最好的结果，可以很好的产率和中等程度的对映选择性得到相应的烷基化产物[56]。

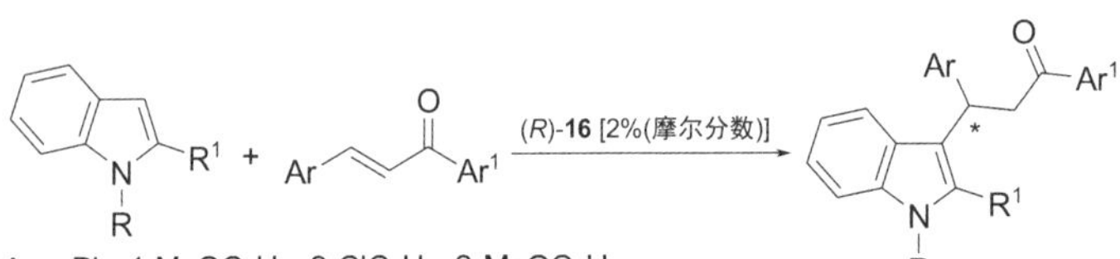

Ar = Ph, 4-$MeOC_6H_4$, 2-$ClC_6H_4$, 2-$MeOC_6H_4$
$Ar^1$ = Ph, 4-$NO_2C_6H_4$, 4-$BrC_6H_4$, 2-$ClC_6H_4$
R = H, Me, Bn; $R^1$ = H, Me

产率：63%～92%
*ee*值：18%～56%

随后，Akiyama小组[57]以及Liu和Zhou小组[58]进一步深入研究实现了查耳酮衍生物与吲哚的对映选择Michael加成类型的F-C烷基化反应，对催化剂骨架和结构进行修饰，当使用联萘骨架手性磷酸(*R*)-**28**和(*R*)-**29**为催化剂时，反应的对映选择性得到了不同程度的提高。

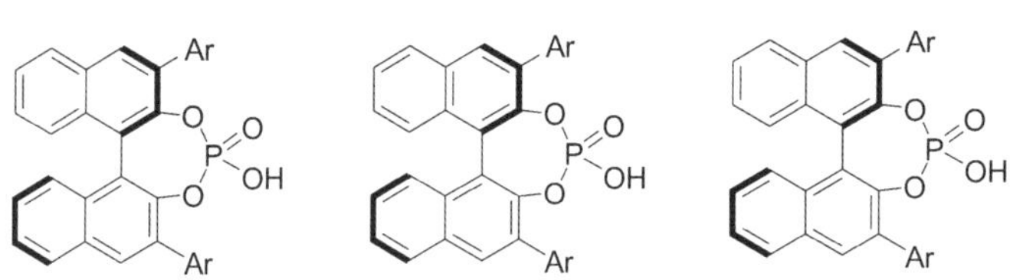

(*R*)-**28**
Ar = 2,4-$(CF_3)_2C_6H_3$

(*R*)-**29**
Ar = 2-$HOC_6H_4$

(*R*)-**30**
Ar = 2,6-二异丙基-4-(9-蒽基)苯基

Ma 课题组使用 $\alpha,\beta$-不饱和三氟甲基酮作为亲电试剂，在手性磷酸(*R*)-**19** 的催化下与吲哚发生 Michael 加成类型的不对称 F-C 烷基化反应，得到了含三氟甲基的手性吲哚衍生物。虽然反应只得到中等程度的对映选择结果，但部分产物的光学纯度可以通过简单的重结晶得到大幅提高 [59]。Akiyama 小组进一步将亲电试剂 $\alpha,\beta$-不饱和羰基化合物拓展至 $\beta,\gamma$-不饱和-$\alpha$-羰基膦酸酯。由于 $\alpha$-羰基膦酸酯是一个温和的酰基化试剂，烷基化反应产物不经纯化可以在 DBU 存在下与醇、胺类亲核试剂发生后续酰基化反应得到 3-(吲哚-3-基)取代的羧酸酯或酰胺。这一策略实现了反应活性较低的 $\alpha,\beta$-不饱和羧酸衍生物的有机催化间接共轭加成反应 [60]。

You 课题组采用接力催化的策略，从吲哚取代的烯烃和烯酮出发，巧妙地将钌催化的烯烃交叉复分解反应和手性磷酸(*R*)-**21** 催化的分子内 F-C 烷基化反应结合在一起，实现了光学活性多环吲哚衍生物的立体选择合成。这种接力催化策略不仅克服了分步反应中耗时长、产率低的缺点，而且还可以避免部分烯烃复分解产物分离纯化时易于环化的缺点 [61]。

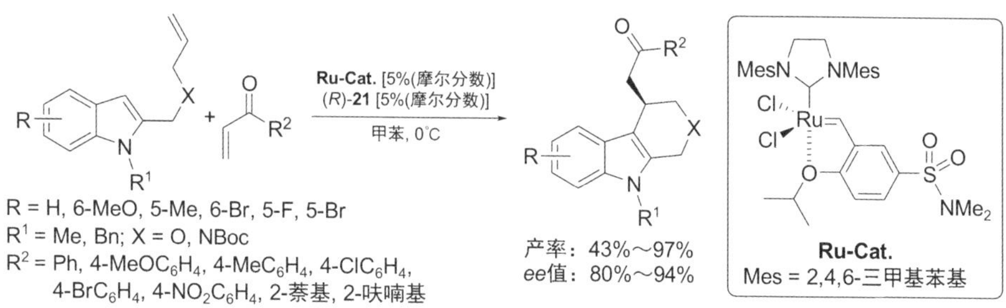


Schneider 课题组报道邻羟基苄醇底物在手性磷酸(*R*)-**10** 作用下脱水去芳构化可以原位产生具有很高反应活性的一类特殊烯酮底物，即邻甲亚基苯醌(*o*-QMs)，继而与吲哚发生不对称 Michael 加成类型的 F-C 烷基化反应，得到光学活性二芳基吲哚基甲烷衍生物 [62]。

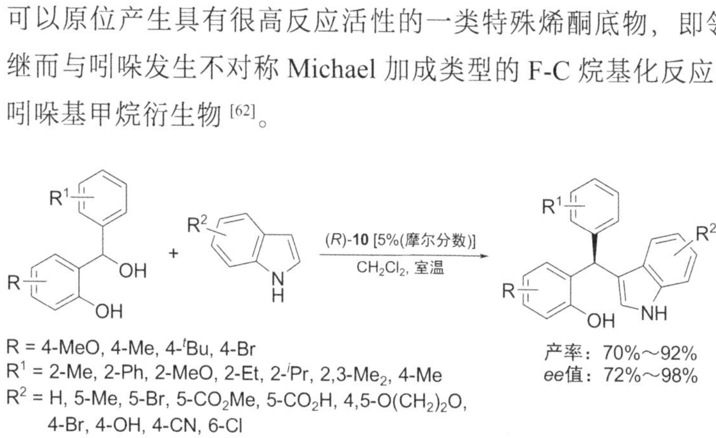

Cai 等人采用相同的策略，在联萘骨架手性磷酸(*R*)-**19** 的催化下，实现了邻羟基苄醇和 3-取代吲哚的 C2 位不对称 F-C 烷基化反应[63]。

Lin 和 Sun 等人在研究手性磷酸催化的含邻位或对位酚羟基的富电子 1,1-二芳基取代乙烯的不对称转移氢化反应时发现，当以吲哚代替 Hantzsch 二乙酯(HEH)时，可以得到吲哚与原位产生的邻或对甲亚基醌之间的不对称 F-C 烷基化产物[64]。

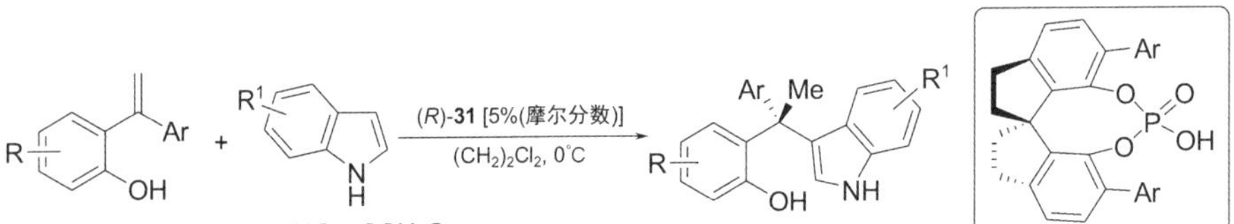


R = H, 4-MeO, 5-Me, 4-HC≡$CCH_2O$
Ar = Ph, 4-$MeOC_6H_4$, 4-$FC_6H_4$
$R^1$ = H, 5-Br, 5-MeO, 5-$CO_2Me$, 6-F

产率：78%～98%
*ee*值：86%～98%

(*R*)-**31**
Ar = 9-菲基

具有和共轭烯酮相似反应性的共轭烯亚胺作为亲电试剂在手性磷酸催化的吲哚的不对称 Michael 加成类型的 F-C 烷基化反应中也得到成功应用。

Zhao 等人发现作为一类特殊的环状共轭烯基亚胺底物，环状 $\beta,\gamma$-不饱和-$\alpha$-亚胺酸酯在联萘骨架手性磷酸(*R*)-**9** 的催化下，能顺利地与 3-取代吲哚发生共轭加成类型的不对称 F-C 烷基化反应，得到 C2 位带有手性侧链的光学活性吲哚衍生物。有趣的是，当吲哚 C3 位无取代基时，虽然也能得到相应的 C3 位 F-C 烷基化产物，但反应几乎没有对映选择性[65]。

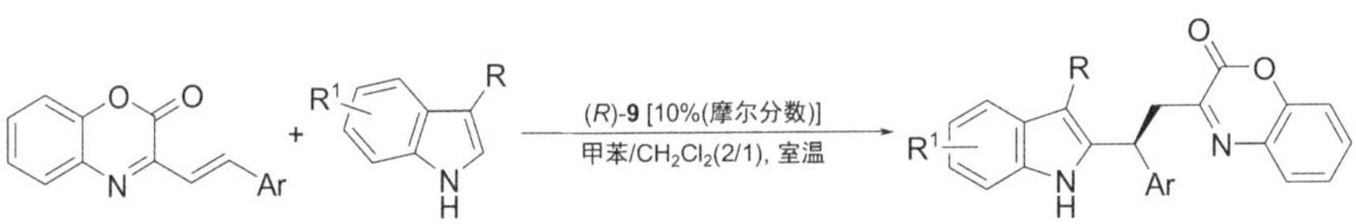


Ar = Ph, 4-$NO_2C_6H_4$, 3-$NO_2C_6H_4$, 4-$MeOC_6H_4$, 3-$MeOC_6H_4$, 4-$MeC_6H_4$, 2-$MeC_6H_4$, 4-$BrC_6H_4$, 3-$BrC_6H_4$, 5-Br-2-$FC_6H_3$, 4-$FC_6H_4$, 4-$ClC_6H_4$, 3-$ClC_6H_4$, 4-$^iPrC_6H_4$, 4-$CF_3C_6H_4$, 1-萘基, 2-噻吩基, 2-呋喃基
R = Me, Et, NHBoc
$R^1$ = H, 4-Me, 5-Me, 6-Me, 7-Me, 4-BnO, 5-BnO, 6-BnO

产率：30%～93%
*ee*值：90%～>99%

Meng 等人也报道了手性磷酸(*R*)-**9** 催化的环状 $\beta,\gamma$-不饱和-$\alpha$-亚胺酸酯与 4-氨基取代吲哚的不对称 F-C 烷基化反应。有趣的是，各种控制实验结果表明吲哚 C4 位氨基的存在是获得好的立体控制结果的必要条件，一旦没有 C4 位氨基的存在或者将氮上氢原子用甲基取代均会导致对映选择性的急剧下降。作者认为在反应过渡态中该氨基作为氢键给体与磷酸催化剂有氢键相互作用，从而有利于对反应的立体控制。

此外，尽管脂肪族底物也能得到烷基化产物，但产率和立体选择性明显下降[66]。随后的研究表明，当把吲哚4位的Boc保护氨基换成烷氨基或氨基时，可以显著提高吲哚苯环部分的电子云密度，增强亲电取代反应活性，在手性磷酸(*R*)-**32**催化下与$\beta,\gamma$-不饱和-$\alpha$-亚胺酸酯发生不对称F-C烷基化反应时表现出完全不同的区域选择性，优先得到C7位烷基化的产物[67]。

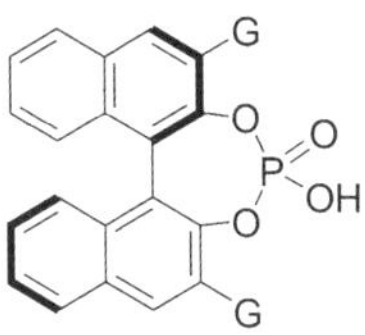

(*R*)-**32**
G = (4-$^t$BuC$_6$H$_4$)$_3$Si

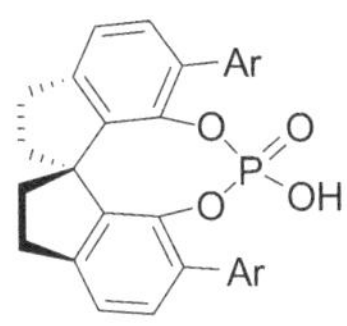

(*S*)-**33**
Ar = 4-CF$_3$C$_6$H$_4$

Shi课题组发现3-(吲哚-3-基)-3-羟基吲哚酮作为环状烯亚胺前体，在手性磷酸(*R*)-**13**催化下也能与3-甲基吲哚发生不对称F-C烷基化反应，得到光学活性3,3-双吲哚基取代吲哚酮，但反应的立体选择性表现出很大程度的底物结构依赖性，个别底物只能得到几乎外消旋的产物。反应过程中底物在手性磷酸作用下脱水形成手性烯基亚胺离子对，然后与吲哚发生共轭加成类型的F-C烷基化反应得到产物[68]。

采用类似原位形成亲电的烯基亚胺或具有更大离域体系的烯基亚胺中间体的反应策略，Guo小组从3-乙烯基吲哚出发[69]，Li和Tang小组从1,2-二氢喹啉出发[70]，Mei和Shi等从吲哚-7-甲醇出发[71]，Antilla小组从吲哚-6-甲醇和吲哚-7-甲醇出发[72]，分别在螺二氢茚骨架手性磷酸(*S*)-**33**和联萘骨架手性磷酸(*R*)-**21**或(*R*)-**31**的催化下和取代吲哚或*N*-酰基色胺衍生物发生不对称共轭加成类型F-C烷基化反应，实现了含季碳手性中心的手性双吲哚甲烷衍生物、含季碳手性中心的光学活性四氢喹啉衍生物和光学活性三芳基甲烷化合物的不对称合成，均取得了好的对映选择结果。

硝基烯烃作为一类高反应活性的Michael受体在手性磷酸催化的吲哚的不对称Michael加成类型F-C烷基化反应中也取得了成功。Akiyama和Xiao课题组分别报道了硝基烯烃作为亲电试剂参与的吲哚的F-C烷基化反应。在手性磷酸(*R*)-**9**和(*R*)-TRIP的催化下，Akiyama小组先后实现了简单硝基烯烃[73]和$\beta$-酯基取代硝基烯烃[74]与吲哚的不对称F-C烷基化反应；在手性磷酸(*R*)-**9**的催化下，Xiao等人则实现了含氟烷基取代硝基烯烃与吲哚的不对称F-C烷基化反应[75]。

Jia 课题组报道了一例特殊亲电试剂 3-吲哚酮-*N*-氧化物参与的不对称 F-C 烷基化反应。他们利用金属 / 有机协同催化的策略，在氯化金和手性磷酸(*R*)-**19** 的协同催化下，实现了邻硝基苯乙炔和吲哚之间的不对称串联环化 /F-C 烷基化反应，得到含季碳手性中心的光学活性 *N*-羟基吲哚啉酮衍生物，进一步还原可以得到吲哚啉酮衍生物。作者认为金催化剂的作用是催化邻硝基苯炔发生分子内氧化还原环化过程得到 3-吲哚酮-*N*-氧化物，而手性磷酸催化剂的作用是催化吲哚与原位产生的 3-吲哚酮-*N*-氧化物之间的不对称 F-C 烷基化反应。从分离得到的 3-吲哚酮-*N*-氧化物出发，在手性磷酸(*R*)-**19** 的催化下可以得到与二元催化体系相当的产率和对映选择结果[76]。

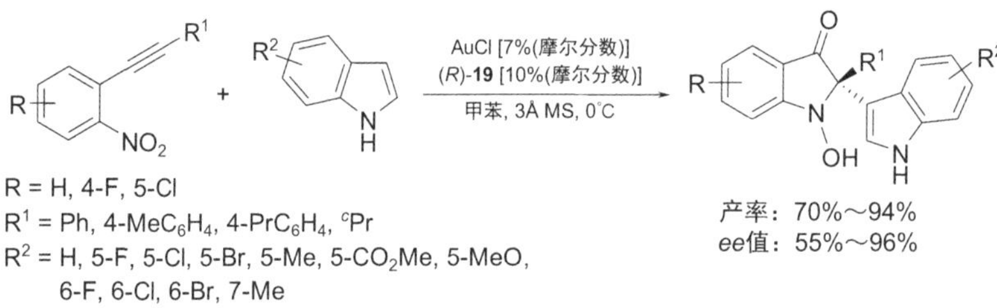


偶氮结构单元在金属催化的 C—H 键活化转化中是一个很好的导向基团，但有机催化的偶氮化合物的芳基化反应却未见文献报道。2017 年，Tan 课题组利用手性磷酸(*R*)-**34** 为催化剂，首次实现了偶氮化合物作为亲电试剂与吲哚的不对称 Michael 加成类型 F-C 芳基化反应，在 2-偶氮基萘的 1-位成功地引入吲哚基团，得到具有轴手性的联芳基化合物。在反应过程中，底物中的偶氮单元既作为导向基团又作为活化基团，而手性磷酸则作为双功能催化剂通过氢键相互作用同时活化亲电试剂偶氮化合物和亲核试剂 2-取代吲哚，反应首先得到 Michael 加成类型产物去芳构化脲，随即异构得到芳构化产物[77]。

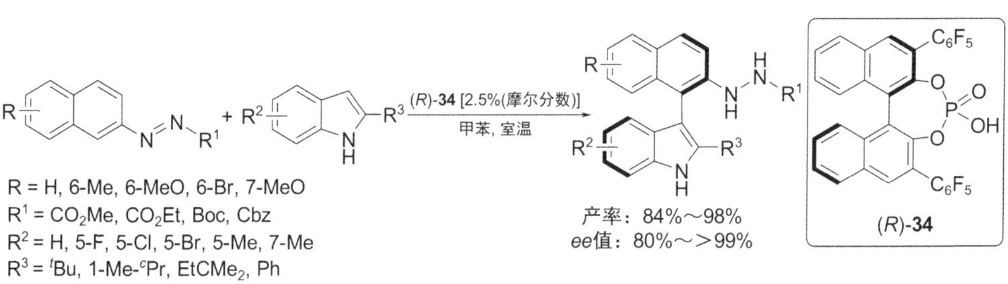

Hu 等人报道 α-重氮酸酯与 $Rh_2(OAc)_4$ 反应形成的金属卡宾也能作为亲电试剂参与手性磷酸催化的吲哚的不对称 F-C 烷基化反应。在铑 / 手性磷酸的协同催化下，吲哚与 α-重氮酸酯反应可以生成吲哚 C3 烷基化产物，得到光学活性 α-(吲哚-3-基)取代羧酸酯。在反应过程中，金属铑催化的作用是分解 α-重氮酸酯形成金属卡宾，后者作为亲电试剂与吲哚形成烯醇盐离子对，然后在手性磷酸(*R*)-TRIP 的催化下发生不对称质子化并芳构化得到最终产物[78]。

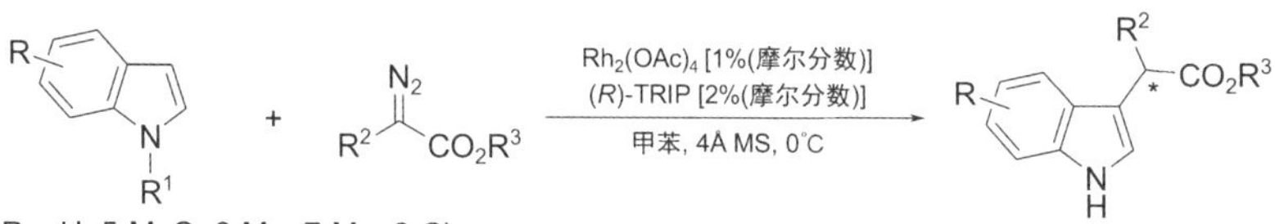

R = H, 5-MeO, 6-Me, 7-Me, 6-Cl
$R^1$ = Me, Bn, Ph, TBS
$R^2$ = Ph, 4-MeOPh, 3-MeOPh, 2-MeOPh, 4-BrPh, 3-BrPh,2-BrPh, 4-ClPh, 3-ClPh, 4-MePh, 4-$NO_2$Ph, 2-噻吩基
$R^3$ = Me, Et, Bn

产率：80%～99%
*ee*值：60%～94%

## 4.2.2 吡咯的 F-C 烷基化

吡咯是一类非常富电子的五元氮杂芳香化合物，是手性磷酸催化的不对称 F-C 烷基化反应中另一种应用比较广泛的底物，尤其是 4, 7-二氢吲哚作为一类特殊的吡咯衍生物，由于其 α-定位效应，得到的烷基化产物经脱氢芳构化可以得到吲哚的 C2 烷基化产物，与吲哚的 C3 烷基化正好互补。

2007 年，Antilla 研究小组首次实现了手性磷酸催化的吡咯的不对称 F-C 烷基化反应。在手性磷酸(*R*)-**9** 的催化下，一系列 *N*-取代吡咯与 *N*-苯甲酰基亚胺可以顺利地进行不对称 F-C 烷基化反应。产物的 *ee* 值高达 99%，并可进一步转化为具有广泛生物活性的手性吡咯并[1, 2-*a*]哌嗪衍生物[79]。

随后，Nakamura 小组研究了手性磷酸催化的 *N*-未保护吡咯与 *N*-杂环磺酰亚胺之间的不对称 F-C 烷基化反应。发现含氮杂环 2-吡啶磺酰亚胺是一类比较好的底物，在手性磷酸(*R*)-**9** 的催化下可以获得较好的产率和很好 *ee* 值的烷基化产物。而 2-喹啉磺酰亚胺底物虽然可以获得几乎完美的立体控制结果，但是反应活性很差，只能得到很低的转化率[80]。作者认为在反应过渡态中，手性磷酸发挥了双功能催化作用，一方面酸性质子与亚胺氮和吡啶氮之间存在双齿配位作用，另一方面，磷酰基氧作为 Lewis 碱与吡咯氮氢存在氢键相互作用。

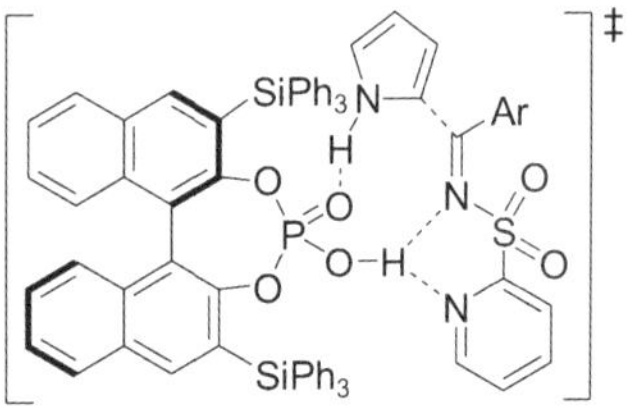


Lin 小组报道在螺二氢茚骨架手性磷酸(*R*)-STRIP 的催化下，吲哚稠合的环状三氟甲基酮亚胺作为亲电试剂与吡咯可以顺利地发生不对称 F-C 烷基化反应，得到吡咯-2-基取代的含季碳手性中心的光学活性苯并氮杂䓬稠合的吲哚衍生物[81]。

硝基烯烃与富电子的吡咯以及 2-取代吡咯之间的不对称 F-C 烷基化反应在手性磷酸(*S*)-**19** 的催化下也得以实现。无论是拉电子还是给电子基团取代的芳香族硝基烯烃底物大多可以获得很好的立体选择性，其中位阻较大的邻位取代底物则不利于反应的立体控制，如 2-溴取代硝基苯乙烯只得到 11% *ee* 的烷基化产物。此外，脂肪族硝基烯烃如环己基取代硝基烯烃几乎不能得到相应的烷基化产物。在反应过渡态中，手性磷酸起着双功能催化剂的作用，其中酸性质子和磷酰基氧分别与硝基烯烃中的硝基和吡咯氮氢发生氢键相互作用。使用 *N*-甲基化吡咯为底物几乎得到外消旋的烷基化产物这一实验事实为该过渡态的形成提供了部分支持[82]。

在手性磷酸催化吡啶衍生物的不对称转移氢化反应中，氢转移是分步进行的，首先得到的是 1,4-氢转移的二氢吡啶中间体。2014 年，You 课题组巧妙地引入富电子芳香体系吡咯作为亲核试剂成功地捕获该中间体，发生不对称 F-C 烷基化反应，阻断了进一步还原，得到了相应的光学活性吡咯取代的二氢吡啶衍生物。作者认为在反应中，吡啶首先与磷酸催化剂形成手性亚胺离子对，进而发生 1,4-氢转移得到二氢吡啶中间体，该中间体在磷酸作用下异构并形成新的烯基亚胺正离子对，然后与吡咯发生 F-C 烷基化反应得到目标化合物[83]。

Antilla 等人在联萘骨架手性磷酸(*R*)-**21** 的催化下实现了吡咯和吲哚-7-甲醇之间的不对称 F-C 烷基化反应，得到光学活性三芳基甲烷衍生物。在反应过程中，吲哚-7-甲醇底物在手性磷酸作用下脱水得到去芳构化的烯亚胺中间体，然后与吡咯发生 1,4-共轭加成得到相应的吲哚烷基化产物[84]。

You 等人采用接力催化策略，在金属钌催化剂(**Ru-Cat.**)和手性磷酸(*S*)**-21** 的接力催化下，从吡咯取代烯烃和烯酮出发，通过吡咯与钌催化烯烃复分解产生的烯酮的分子内 F-C 烷基化实现了光学活性稠合吡咯衍生物的对映选择合成[85]。

Çavdar 和 Saraçoğlu 发现 4,7-二氢吲哚与 $\alpha,\beta$-不饱和羰基化合物发生 Michael 类型 F-C 烷基化后再经氧化脱氢可以便利地得到 2-取代吲哚衍生物[86]。You 采用这一策略，在手性磷酸(*S*)**-9** 的催化下 4,7-二氢吲哚与 *N*-磺酰亚胺首先发生高对映选择性的 F-C 烷基化反应，所得产物再经氧化脱氢顺利地得到相应的 2-取代吲哚衍生物。在反应过程中，F-C 烷基化产物不经分离即可继续进行后面的氧化步骤，从而实现了“一锅法”制备光学活性 2-取代吲哚衍生物[87]。

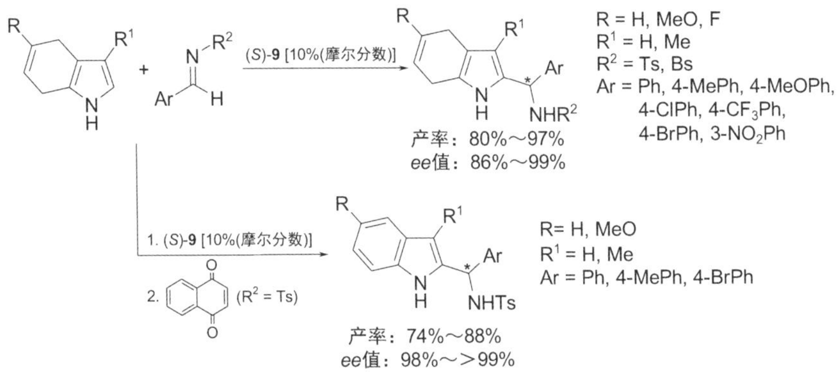


采用同样的策略，You 还实现了手性磷酸(*S*)**-19** 催化的 4,7-二氢吲哚与硝基烯烃之间的不对称 Michael 加成类型 F-C 烷基化反应。由于存在严重的背景反应，为了得到令人满意的立体控制结果，底物硝基烯烃必须缓慢加入以控制背景反应的发生。在此条件下，对于芳香硝基烯烃均可获得很好的手性诱导结果，但对于脂肪族硝基烯烃，反应的立体选择性大幅下降，如环己基甲醛衍生的硝基烯烃底物得到的烷基化产物的 *ee* 值仅为 24%[88]。反应同样可以在一锅反应条件下进行得到 2-取代吲哚衍生物而不影响产物的 *ee* 值，而且产物还可以进一步转化为四氢 $\gamma$-咔唑啉衍生物。

在手性磷酸(*S*)**-35** 的催化下，4,7-二氢吲哚与三氟甲基酮也能发生不对称 F-C 烷基化反应，以较好的对映选择结果得到烷基化产物，由于反应伴随一定量的烷基化产物进一步脱水、氧化副产物的形成，反应只能得到中等程度的目标产物[89]。

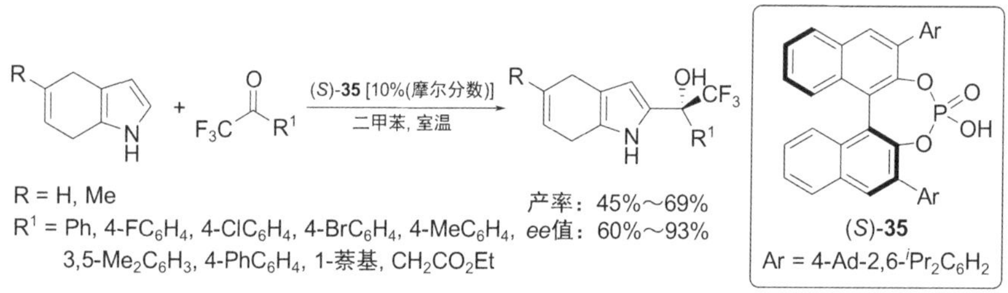


## 4.2.3 呋喃的 F-C 烷基化

尽管呋喃是手性磷酸催化的不对称 F-C 反应中应用比较早的一种富电子芳环，但是迄今为止关于呋喃参与的相关报道仅有两例。

2004 年，Terada 小组首次报道了手性磷酸(*R*)-**36** 催化 *N*-Boc 的醛亚胺与呋喃的 F-C 烷基化反应[90]。所得的产物可以方便地转化为合成天然产物的有用中间体 *γ*-丁烯酸内酯，在整个转化过程中 *ee* 值没有任何降低。

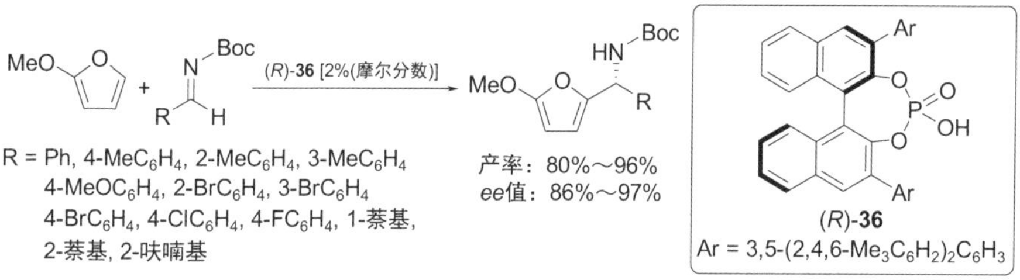


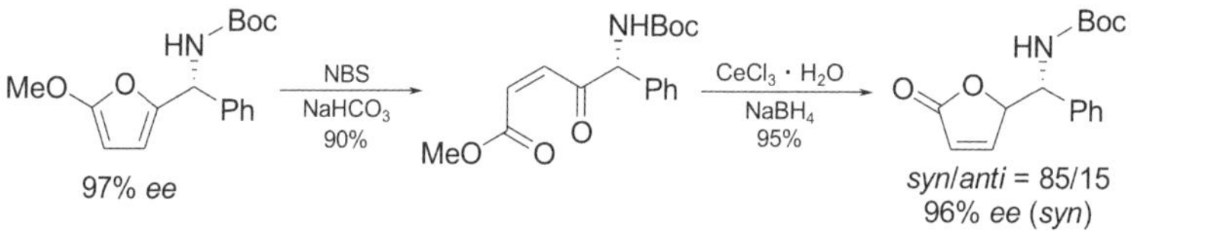


时隔多年后，该小组报道了另一例呋喃参与的手性磷酸催化的不对称 F-C 烷基化反应。在螺二氢茚骨架手性磷酸(*S*)-**31** 的催化下，(硫)海因衍生的 *N*, *O*-缩酮与 2-甲氧基呋喃反应得到含有手性侧链的呋喃衍生物，产物经开环和还原内酯化可以得到光学活性丁烯羟酸内酯。作者认为(硫)海因衍生的 *N*, *O*-缩酮在手性磷酸的作用下消除一分子乙醇原位产生环状缩酮，后者作为亲电试剂与富电子呋喃发生不对称 F-C 烷基化反应得到相应的手性呋喃衍生物[91]。

## 4.2.4 萘酚的 F-C 烷基化

由于羟基的强给电子能力，萘酚类化合物也是手性磷酸催化的不对称 F-C 烷基化反应中常见的一种富电子芳香体系。

Schneider 课题组报道了一例原位形成邻甲亚基苯醌与萘-1-酚或萘-2-酚的不对称 F-C 烷基化反应。他们从邻羟基苄醇底物出发，在手性磷酸(*R*)-**10** 的催化下与吲哚发生不对称 F-C 烷基化反应得到光学活性三芳基甲烷衍生物[62]。随后，Sun 课题组报道了手性磷酸催化的萘-2-酚与原位生成对甲亚基苯醌之间的不对称 F-C 烷基化反应。他们从对羟基苄醇出发，在螺二氢茚骨架手性磷酸(*S*)-**37** 的催化下，同样以好的对映选择性得到手性三芳基甲烷类化合物[92]。在手性磷酸(*R*)-TRIP 的催化下，缩醛与萘-2-酚的不对称 F-C 烷基化反应也得以实现，得到了中等程度以上的对映选择性。其中添加醋酸可以提高催化活性和选择性，作者认为醋酸中的酸性氢与催化剂中 Lewis 碱性的磷酰基氧有氢键相互作用，参与了过渡态的形成，从而提高催化活性和选择性[93]。

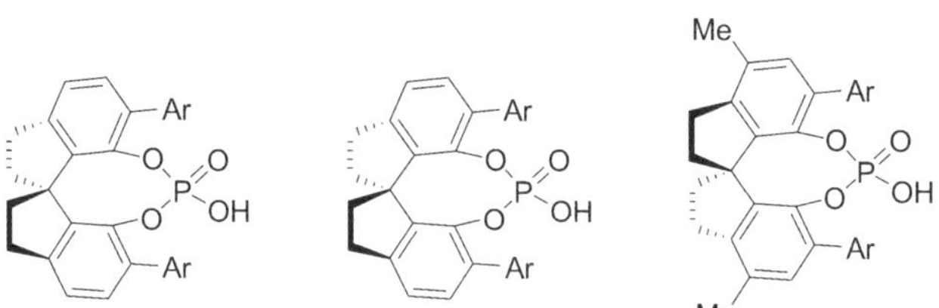

(*S*)-**37** Ar = 9-蒽基　(*S*)-**38** Ar = 3,5-$(CF_3)_2C_6H_3$　(*R*)-**39** Ar = 3,5-$(CF_3)_2C_6H_3$

Tan 等人发现在螺二氢茚骨架手性磷酸(*S*)-**38** 的催化下，1,5-二(2-取代-3-羟基苯基)戊-3-酮或相应的甲缩酮可以发生分子内双 F-C 烷基化过程得到光学活性的螺环二酚(1,1-螺二氢茚-7,7′-二酚)衍生物，为该类合成其他螺二氢茚骨架手性配体或催化剂的重要原料提供了方便实用的新合成方法。其中，酮底物反应活性较低，需要较大的催化剂用量和较高的反应温度，并且底物适用范围较窄，尤其是卤原子溴或碘取代的底物的反应产率显著下降；而缩酮底物反应活性明显高于酮底物，不仅催化剂用量较少、反应温度较低，而且底物适用范围显著拓宽，还能合成不对称的螺环二酚衍生物[94]。作者进一步从获得的螺环二酚衍生物出发合成了新型手性磷酸(*R*)-**39** 并应用于该缩合反应，同样表现出了好的催化活性和选择性。

### 4.2.5 其他富电子芳环的 F-C 烷基化

在手性磷酸催化的不对称 F-C 烷基化反应中，富电子芳香体系主要集中在吲哚、吡咯、呋喃、酚等，其他芳香体系报道很少。

2015 年，Shi 课题组报道手性磷酸(*R*)-**19** 可以催化邻羟基取代苯乙烯与苯腙的不对称 F-C 烷基化反应，但是反应的产率较低，并且只得到中等程度的对映选择结果。作者认为，在反应过程中，邻羟基取代苯乙烯底物首先与手性磷酸催化剂作用原位形成邻甲亚基醌中间体，后者在手性磷酸催化下进一步接受苯腙底物中富电子苯环的亲核进攻，即 Michael 加成类型 F-C 烷基化反应，得到相应的目标产物[95]。

2017 年，List 小组报道了一例吲嗪的不对称 F-C 烷基化反应。在手性磷酸(*S*)-TRIP 的催化下，吲嗪与一系列烯酮顺利地发生共轭加成类型 F-C 烷基化反应得到光学活性吲嗪衍生物，但是反应活性较低，反应时间偏长[96]。

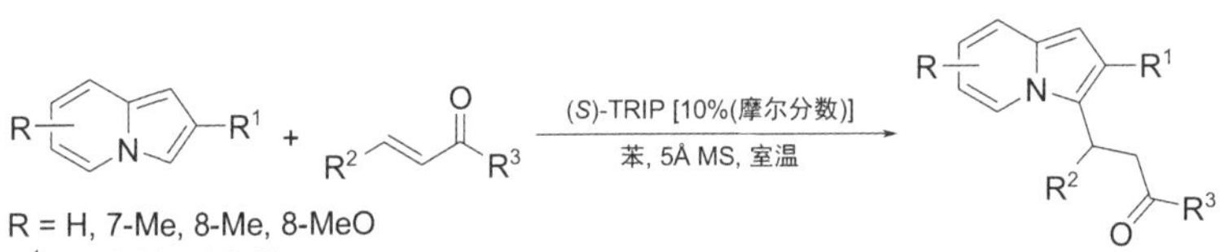


R = H, 7-Me, 8-Me, 8-MeO
$R^1$ = $CO_2Me$, $CO_2Et$
$R^2$ = Ph, 3-ClPh, 4-ClPh, 3-$NO_2$Ph, 4-$NO_2$Ph, 4-BrPh, 3,5-$F_2$Ph, 3-MeOPh, 3,4-$(MeO)_2$Ph, 3,4-$OCH_2O$Ph, 4-MePh, 3-MePh, 2-噻吩基, Me, $^i$Pr
$R^3$ = Me, Ph

产率：21%～98%
*ee*值：54%～92%

# 4.3 hetero-Diels-Alder反应

所谓 hetero-Diels-Alder 反应是指杂双烯体和亲双烯体(或者杂亲双烯体和双烯体)进行 Diels-Alder 反应得到六元杂环的反应，是一类重要的原子经济性反应。最常见的是 aza-Diels-Alder 反应和 oxa-Diels-Alder 反应，分别是合成具有广泛生物活性的手性六元氮杂环和六元氧杂环化合物的重要方法。除此之外，还有一类比较特殊的杂-D-A 反应，即亚硝基苯参与的杂-D-A 反应，得到同时含有氮、氧两种杂原子的环化产物。

### 4.3.1 aza-Diels-Alder 反应

首次不对称 aza-Diels-Alder 反应是在化学计量的联萘酚的硼配合物作用下完成的[97]，随后针对该反应发展了多种金属催化体系，如锆-联萘酚体系[97(b)～(g)]；BINAP 的铜配合物体系[97(h)]；银/叔膦-肽-席夫碱体系[97(i)]以及二茂铁磷、硫配体的铜配合物体系[97(j)]。近年来，手性磷酸催化的不对称 aza-Diels-Alder 反应也陆续出现，大致可以分为两类，一类是富电子双烯与缺电子亚胺之间的正常电子需求的氮杂-D-A 反应，另一类是氮杂双烯与富电子亲双烯体之间的氮杂-D-A 反应。

2006 年，Akiyama 小组报道了首例手性磷酸催化的正常电子需求的不对称 aza-Diels-Alder 反应。在手性磷酸(*R*)-TRIP 的催化下，*N*-芳基醛亚胺作为氮杂亲双烯体与富电子的 Danishefsky 二烯(1-甲氧基-3-三甲基硅氧基丁-1,3-二烯)反应顺利地得到了手性氮杂环己烯酮衍生物。反应具有不错的立体选择性，其中 1-萘甲醛亚胺底物获得了 *ee* 值高达 91% 的环化产物[98]。

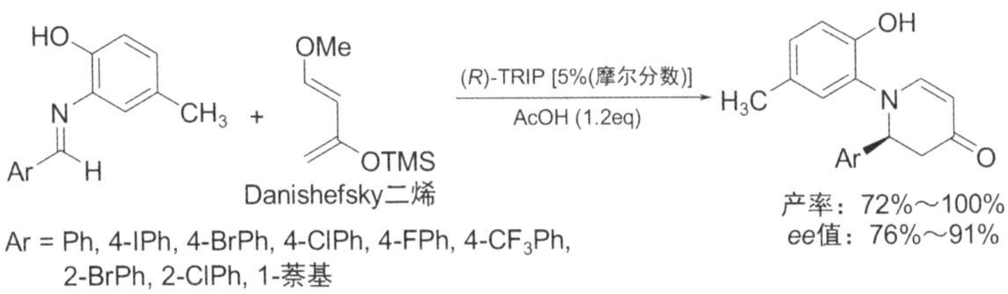


由于亚胺底物 *N*-芳基上邻位羟基对反应的活性和选择性有决定性的影响，作者认为反应要经过一个九元环状过渡态，其中磷酸中的酸性氢起到活化亚胺的作用，而磷酰基氧与醛亚胺羟基中的氢通过氢键相互作用，亲核试剂优先进攻 *Si* 面。

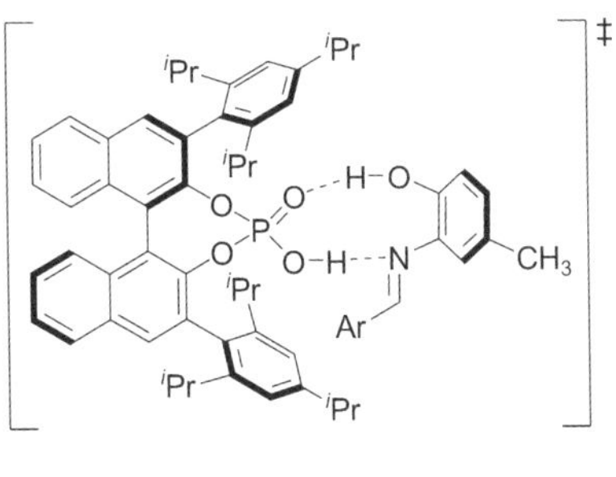

该小组还发现手性磷酸(*R*)-**21** 与吡啶形成的盐同样能催化 Brassard 二烯[1,3-二甲氧基-1-(三甲基硅氧基)丁-1,3-二烯]与醛亚胺的氮杂-D-A 反应，*ee* 值最高达到 99%，而且具有广泛的底物适用范围，无论是芳香族亚胺还是脂肪族亚胺均可获得很好的立体选择性[99]。加成产物中的甲氧基可以方便地转化为其他官能团，例如经过水解、酯化以及偶联反应，可以引入甲基。

Rueping 报道在手性磷酸(*R*)-**17** 或(*R*)-**40** 与醋酸组成的催化体系催化下，环己烯酮和 *N*-对溴苯基醛亚胺可以发生形式 aza-Diels-Alder 反应生成 2-氮杂双环[2.2.2]辛-5-酮。反应具有较好的立体选择性，为该类手性含氮桥环化合物的合成提供了新方法[100]。作者认为在反应过程中，非手性 Brønsted 酸 AcOH 首先催化烯酮的烯醇化，进而与亚胺在手性磷酸催化下发生不对称 Mannich 反应，最后发生分子内胺对烯酮的共轭加成实现了 2-氮杂双环[2.2.2]辛-5-酮衍生物的合成。

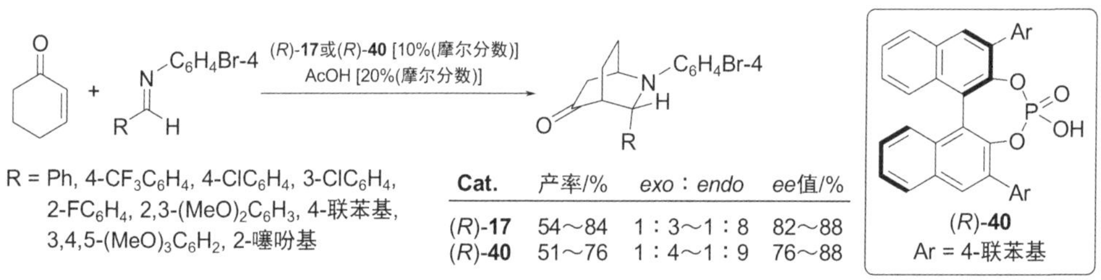


| Cat. | 产率/% | *exo*：*endo* | *ee*值/% |
|---|---|---|---|
| (*R*)-**17** | 54～84 | 1：3～1：8 | 82～88 |
| (*R*)-**40** | 51～76 | 1：4～1：9 | 76～88 |

几乎同时，Gong 报道在八氢联萘骨架手性磷酸的催化下，环己烯酮与 *N*-对甲氧苯基醛亚胺之间同样能进行形式 aza-Diels-Alder 反应，以较好的选择性(非对映选择性和对映选择性)得到加成产物手性多取代哌啶。比较有意思的是，反应的非对映选择性与底物亚胺的结构几乎无关，无论是在苯环上引入吸电子还是给电子基团均得到相似的结果。进一步研究表明，该催化体系还能催化对甲氧基苯胺、醛和环己烯酮三组分“一锅法”反应，并且获得与前者相当的产率和选择性[101]。

2-氮杂双烯与富电子烯烃之间的反电子需求 aza-Diels-Alder 反应(亦称为 Povarov 反应)是一种快速构建多取代四氢喹啉骨架的有效方法，也是手性磷酸催化中报道最多的一类 aza-Diels-Alder 反应。在该类反应中所涉及的富电子亲双烯体有烯基醚、烯胺、双烯胺、乙烯基吲哚、烯基酚等。

2006 年，Akiyama 小组在手性磷酸(*R*)-**19** 的催化下成功地实现了衍生于邻羟基苯胺的醛亚胺与乙烯基醚之间的不对称 Povarov 反应，*ee* 值最高达到 97%[102]。

环加成产物是合成具有生物活性的四氢喹啉衍生物的重要中间体。

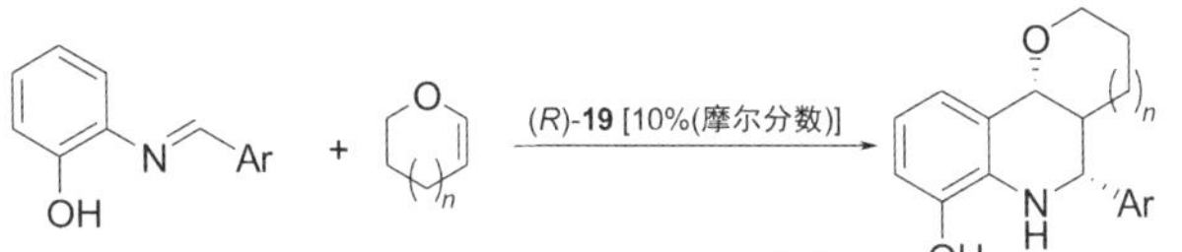


Ar = Ph, 4-MePh, 4-BrPh, 4-ClPh, 2-ClPh, 2-萘基
R = Et, $^n$Bu, Bn
$n$ = 0, 1

产率：59%～89%
*ee*值：88%～97%

Rodríguez 等人采用接力催化的策略，在 AuMe(JohnPhos)/ 手性磷酸二元催化体系催化下实现了取代丁-3-炔-1-醇、芳醛和芳胺的三组分不对称 Povarov 反应。在反应中，金催化剂的作用是催化取代丁-3-炔-1-醇的分子内亲核加成原位产生环状烯基醚作为亲双烯体参与后续手性磷酸催化的 Povarov 反应，得到相应的光学活性四氢呋喃稠合的四氢喹啉衍生物[103]。

上述 Akiyama 催化体系只对芳香醛亚胺有效，而不适用于衍生于脂肪醛的亚胺底物，而且必须使用邻羟基苯胺衍生的亚胺，以利用其中的羟基与催化剂中磷酰基氧之间的氢键相互作用形成环状过渡态从而利于实现对反应的立体控制。Masson 和 Zhu 用 *N*-Cbz 保护的烯胺代替烯基醚作为亲双烯体发展了另一种手性磷酸催化的三组分 Povarov 反应。作者巧妙地利用酸性酰胺氮氢与催化剂中的磷酰基氧之间的氢键相互作用形成环状过渡态，从而使得亚胺 *N*-芳基上的邻位羟基不再是反应获得高对映选择性的必要条件，而且无论是芳香族亚胺还是脂肪族亚胺，在八氢联萘骨架手性磷酸(*R*)-**16** 的催化下均可高对映选择地得到相应的 1,2,3,4-四氢喹啉衍生物[104]。

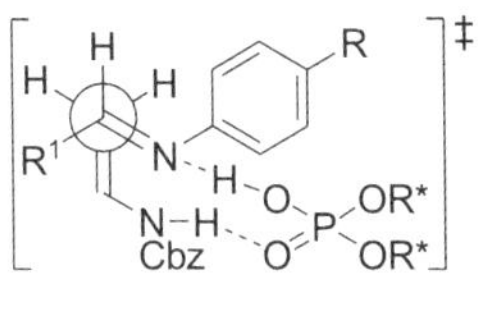


进一步的研究表明，该催化体系同样适用于 *β*-取代的 *N*-Cbz 保护的烯胺底物，得到相应的全反式 2,3,4-三取代四氢喹啉衍生物。对照实验表明，烯胺氮氢的存在是确保反应活性和立体选择的关键因素，说明该氮氢与催化剂中磷酰基氧的氢键相互作用在活化烯胺底物和立体控制方面的重要作用[105]。

随后，Masson 和 Zhu 等人还研究了含有环状烯胺结构单元的硫脲作为亲双烯体参与的三组分不对称 Povarov 反应。在手性磷酸(*R*)-TRIP 的催化下，以好的非对映和对映选择性得到了四氢吡咯稠合的手性四氢喹啉衍生物[106]。

Huang 等人发现在手性磷酸催化下，两分子芳胺和两分子丙酮酸甲酯能发生四组分不对称 Povarov 反应生成光学活性四氢喹啉化合物，得到了很好的非对映及对映选择性结果[107]。

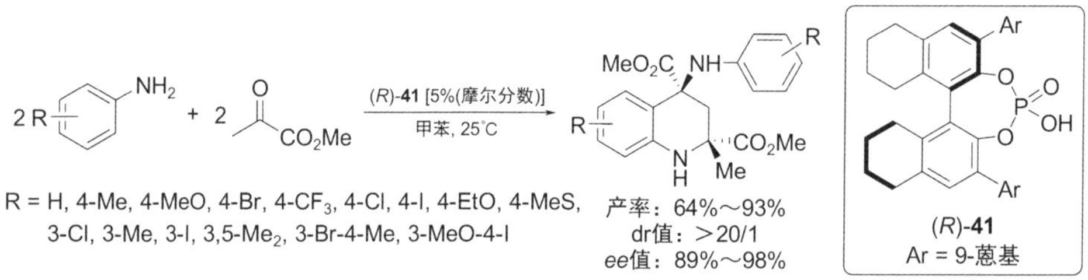


在反应过程中，丙酮酸甲酯首先在手性磷酸作用下和芳胺反应得到氮杂双烯的亚胺和作为亲双烯的烯胺中间体，二者紧接着发生手性磷酸催化的不对称 Povarov 反应实现四氢喹啉环的构筑。当选择两种不同电子性质的芳胺进行反应，同样可以得到很好的反应结果[107]。在研究过程中，作者发现在醋酸作用下，产物可以通过如下脱胺去芳构化形成的烯亚胺正离子中间体发生 *cis*/*trans* 异构体之间的转化，当在体系中加入不同的亲核试剂时，可以顺利地发生 $S_N2$ 类型的反应得到更多取代类型的四氢喹啉衍生物，而并不影响产物的光学纯度[107]。

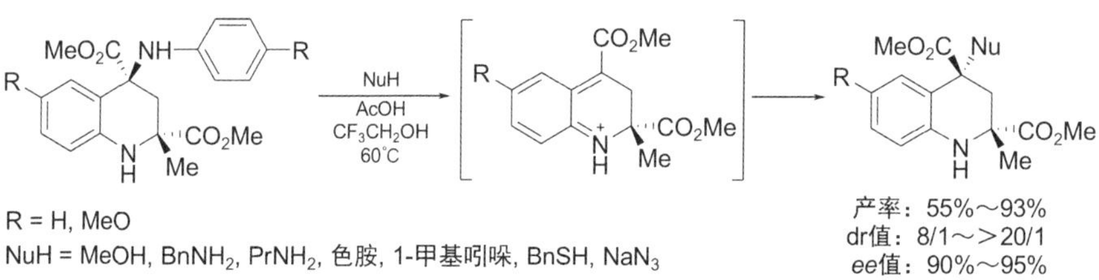


有机 / 金属二元催化体系，即所谓协同催化或接力催化能够实现一些单一催化体系不能催化的化学转化，是合成复杂结构分子的一种有效方法。Gong 采用接力催化的策略，从 2-炔丙基苯胺、醛和 Cbz 保护的烯胺出发，利用手性磷酸(*R*)-**19** 催化的不对称 Povarov 反应和后续金催化的分子内氢胺化反应，实现了“一锅法”快速高立体选择构建久洛利定(julolidine)骨架[108]。

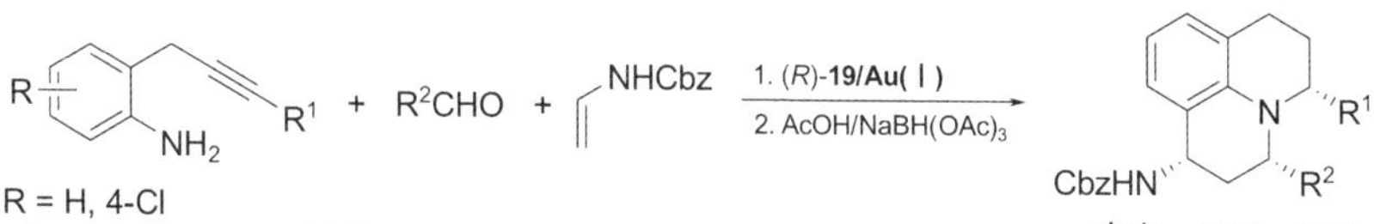

R = H, 4-Cl

$R^1$ = Ph, 4-$FC_6H_4$, 2-萘基

$R^2$ = Ph, 4-$ClC_6H_4$, 4-$MeC_6H_4$, 4-$MeOC_6H_4$, 4-$CNC_6H_4$, 4-$BrC_6H_4$, 4-$MeO_2CC_6H_4$, 4-$NO_2C_6H_4$, 3-$ClC_6H_4$, 3-$NO_2C_6H_4$, 3-$CF_3C_6H_4$, 3-$MeOC_6H_4$, 2-呋喃基, $BnCH_2$

产率：47%～70%

*ee*值：92%～>99%

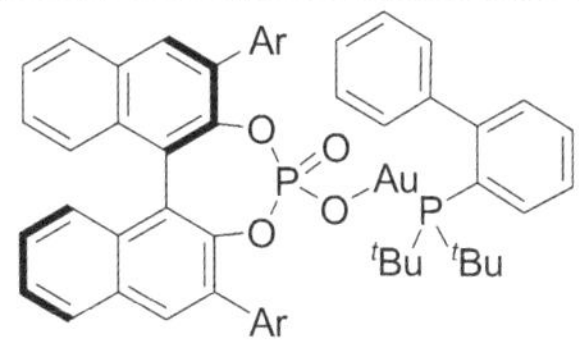

**Au(Ⅰ)**

Ar = 9-蒽基

Ji 等人以 *α*-氟代脂肪醛衍生的 *N*-芳基亚胺为缺电子双烯，在手性磷酸(*R*)-**11** 的催化下与 *N*-Cbz 保护的烯胺发生不对称 Povarov 反应，取得了很好的立体选择结果，为氟烷基化的光学活性四氢喹啉衍生物的合成提供了新途径 [109]。

除了苯胺之外，Zhu 和 Masson 课题组报道其他杂芳环胺，如 3-氨基吡咯或 3-氨基吡唑也可以作为胺组分参与手性磷酸催化的三组分 Povarov 反应。为了克服底物不稳定的缺点，作者巧妙地采用了原位形成的方法，即相应的硝基化合物在催化氢化条件下原位形成氨基化合物，不经纯化在手性磷酸(*R*)-**16** 催化下与醛、保护的烯胺发生不对称 Povarov 反应得到吡咯或吡唑稠合的光学活性哌啶衍生物 [110]。

Bernardi 和 Ricci 小组发现吲哚-2- 基或吲哚-3- 基取代的乙烯作为富电子亲双烯体在手性磷酸(*S*)-TRIP 的催化下也能够与 *N*-芳基醛亚胺发生不对称 Povarov 反应，得到 4-位吲哚-2-基或吲哚-3-基取代的手性四氢喹啉衍生物。但是，由于 3-乙烯基吲哚在酸性条件下易于分解，需要非常缓慢地加入反应体系才能获得令人满意的产率。对于不稳定的 *N*-芳基脂肪族醛亚胺可以采用三组分反应原位产生亚胺的策略 [111]。

Fochi 和 Bernardi 等人采用二烯胺代替烯胺作为亲双烯体在手性磷酸(*R*)-**41** 的催化下同样实现了不对称 Povarov 反应，不论是脂肪族还是芳香族 *N*-芳基醛亚胺都获得了近乎完美的立体选择结果 [112]。

2012 年，Masson 等人研究发现异丁香酚同样可以作为亲双烯体参与手性磷酸催化的三组分 Povarov 反应，当以手性磷酸(*R*)-TRIP为催化剂时，反应获得了很好的非对映及对映选择性，为快速构建 C4-苯基取代的三取代四氢喹啉骨架提供了便利的方法 [113]。

Masson 小组还报道了一例分子内烯基酚参与的不对称 Povarov 反应，在手性磷酸(*R*)-TRIP 的催化下，4-羟基肉桂酰基酰化的邻氨基或邻羟基苯甲醛与邻氨基苯酚可以顺利地进行分子内 Povarov 反应，以很好的立体选择性得到了结构多样的光学富集多环 3,4-二氢香豆素及其类似物[114]。

Zhu 和 Sun 等人发现吲哚也能作为一类特殊的亲双烯体参与衍生自螺环二酚的手性磷酸(*R*)-STRIP 催化的不对称三组分 Povarov 反应。值得注意的是在底物芳香醛的邻位引入的氧杂环丁烷结构单元作为导向基团对反应活性、化学选择性及立体选择性起着决定性的作用。作者认为在[4+2]环化过渡态中氧杂环丁烷中的氧作为氢键受体与手性磷酸之间存在氢键相互作用。Povarov 反应得到的四氢喹啉中的仲胺单元作为亲核试剂在手性磷酸的催化下还会继续对氧杂环丁烷进行去对称开环反应，最终得到同时含有吲哚啉、四氢喹啉和四氢异喹啉结构单元的复杂多环化合物[115]。

以上报道的都是醛参与的手性磷酸催化的三组分 Povarov 反应，2013 年，Shi 和 Tu 等人首次报道了活化酮靛红参与的三组分不对称 Povarov 反应，实现了含四氢喹啉单元的螺吲哚酮骨架的立体选择构筑。所用的亲双烯体是邻位烯基取代的苯酚，催化效果最好的是手性磷酸(*R*)-TRIP[116]。

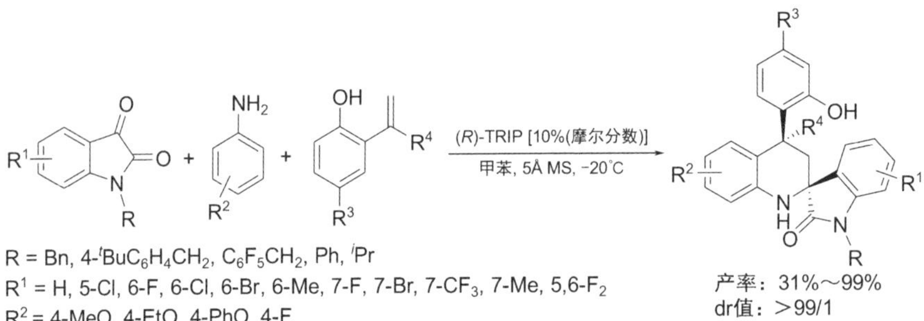


随后，Zhao 和 Shi 课题组还研究了联萘骨架手性磷酸(*R*)-**20** 催化的 2-乙烯基吲哚作为亲双烯体与靛红衍生的亚胺之间的不对称 Povarov 反应，但与上述反应体系相比，反应的非对映和对映选择性均有一定程度下降[117]。

## 4.3.2 oxa-Diels-Alder 反应

二烯与羰基化合物之间的 oxa-Diels-Alder 反应是合成二氢吡喃衍生物的有效方法。

虽然过渡金属催化体系可以有效催化该类反应，但往往只能得到 *syn* 选择性。Terada 发现在手性磷酸(*R*)-**18** 的催化下乙醛酸乙酯参与的氧杂 D-A 反应可以得到很好的 *anti* 选择性，同时加成产物具有很高的 *ee* 值。作者发现催化剂 3,3′-位取代基的空间体积是决定反应非对映选择性的关键因素，如果使用 3,3′-具有大体积取代的手性磷酸(*R*)-**22** 或(*R*)-TRIP 为催化剂，则反应同样只能得到以 *syn* 式产物为主的环加成产物[118]。

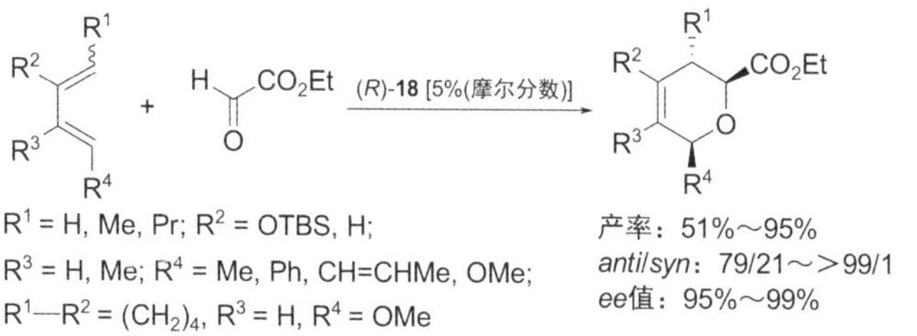


Fochi 等人系统地研究了手性磷酸催化的水杨醛衍生的 *N*-芳基亚胺与不同富电子烯烃之间的反电子需求[4+2]环化反应，有趣的是富电子烯烃的类型对反应的环化模式具有明显的影响。当以二氢呋喃和 2-乙烯基吲哚为亲双烯体时，反应以 oxa-Diels-Alder 模式进行[4+2]环化得到光学活性四氢苯并吡喃衍生物，但以 *N*- 苄基保护烯胺为底物时，除了强拉电子的硝基取代亚胺只得到四氢苯并吡喃环化产物之外，其余底物不仅得到四氢苯并吡喃环化产物，还伴随经由 Povarov 反应模式形成的四氢异喹啉衍生物[119]。

2017 年，Chen 课题组采用手性磷酸催化原位产生邻甲亚基苯醌与苯并呋喃的不对称 oxa-Diels-Alder 反应为关键步骤实现了天然产物 paeoveitol 的对映选择合成。分别使用螺二氢茚骨架手性磷酸 **42** 的一对对映体为催化剂可以方便地获得(−)-或(+)-paeoveitol[120]。

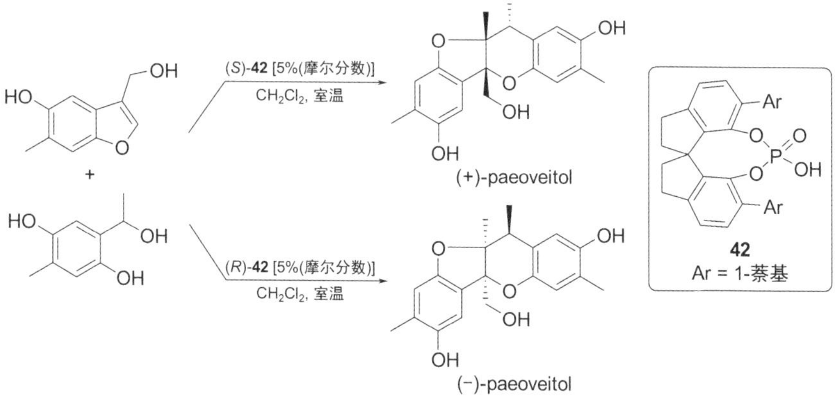

### 4.3.3 其他杂-Diels-Alder 反应

在手性磷酸催化的杂-Diels-Alder 反应中，除了常见的氮杂-Diels-Alder 和氧杂-Diels-Alder 反应之外，还有一类特殊的杂-Diels-Alder 反应，即亚硝基化合物作为亲双烯体参与的反应，产物中同时含有氮氧两种杂原子。

由于严重的背景反应和易于二聚等问题，亚硝基苯参与的不对称杂-Diels-Alder 反应成功的报道非常少见。2015 年，Masson 课题组在手性磷酸(*S*)-TRIP 的催化下，实现了二烯胺与亚硝基苯之间的高区域及对映选择的杂-Diels-Alder 反应，得到光学活性氮氧杂环己烯衍生物。产物在催化氢解条件下可以转化为具有重要合成价值的手性 1,4-氨基醇化合物[121]。

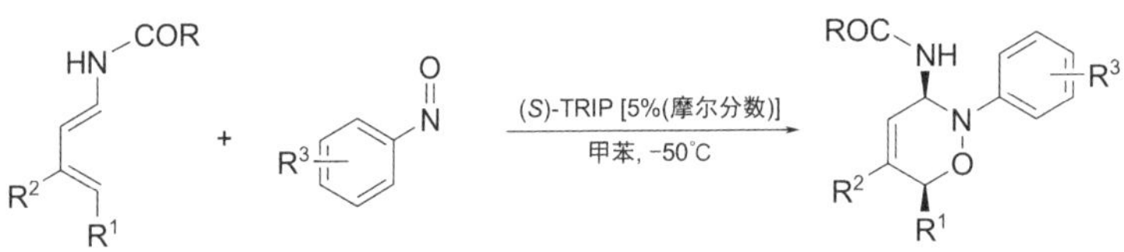


R = Bn, 烯丙基, 芴-9-甲基, $C_6F_5CH_2$, 4-BrBn, 4-$NO_2$Bn
$R^1$ = Me, Ph, Bn, $^nC_6H_{13}$, TBDPS$(CH_2)_3$, HO$(CH_2)_3$
$R^2$ = H, Me
$R^3$ = H, 4-F, 4-Cl, 4-Br, 4-I, 4-Me, 4-MeO, 4-Ph, 4-$CO_2$Et, 3-Cl, 2-Cl

产率：66%～95%
*ee*值：84%～>99%

在上述工作的基础上，该小组进一步发展了氧化 / 环加成“一锅法”从 *N*-芳基羟胺与二烯胺出发合成手性氮氧杂环己烯衍生物的方法。在反应过程中，间氯过氧苯甲酸首先将 *N*-芳基羟胺氧化成亚硝基苯，后者在手性磷酸(*S*)-TRIP 的催化下进一步与二烯胺发生环加成反应得到环化产物[122]。

# 4.4 Diels-Alder反应

共轭双烯和亲双烯体发生的 Diels-Alder 反应是合成环己烯或环己-1,4-二烯衍生物的重要方法，在有机合成中占有十分重要的地位。最近几年的研究表明，手性磷酸催化剂同样可以应用于不对称 Diels-Alder 反应，得到光学活性的环己烯衍生物。

2014 年，Melchiorre 报道手性磷酸(*R*)-**43** 可以活化双烯酮作为亲双烯体与 2-乙烯基吲哚发生插烯 Diels-Alder 反应，继而异构得到具有连续三个手性中心的光学活性四氢咔唑衍生物，为这类具有重要生物活性的物质的不对称合成提供了新方法 [123]。

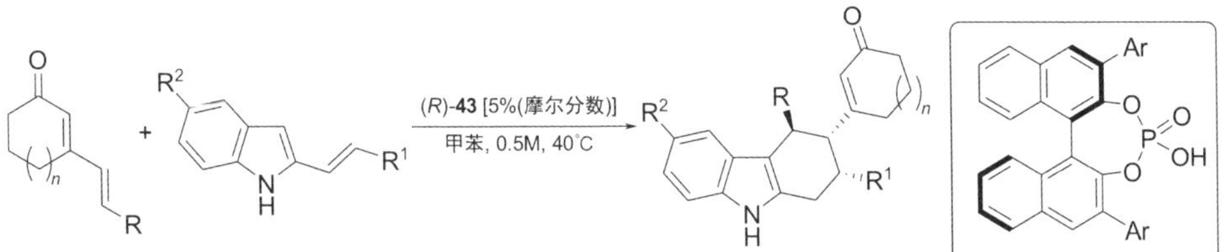


R = Ph, 4-FC$_6$H$_4$, 4-ClC$_6$H$_4$, 3-ClC$_6$H$_4$, 2-BrC$_6$H$_4$, 4-MeC$_6$H$_4$, 4-MeOC$_6$H$_4$, 3-呋喃基, Me
R$^1$ = Ph, 4-ClC$_6$H$_4$, 4-BrC$_6$H$_4$, 2-BrC$_6$H$_4$, 4-MeC$_6$H$_4$, Me, 3,4-(MeO)$_2$C$_6$H$_4$
R$^2$ = H, Cl, Me, MeO; *n* = 0, 1

产率：53%～86%
*ee*值：88%～99%

(*R*)-**43**
Ar = 3,5-(CF$_3$)$_2$C$_6$H$_3$

随后，Shi 课题组在联萘骨架手性磷酸(*R*)-**9** 的催化下，实现了 2-烯基吲哚与 3-甲亚基吲哚酮之间的不对称[4+2]环化反应，得到光学活性螺吲哚酮化合物。作者认为在手性磷酸作用下，二者首先发生不对称 Diels-Alder 反应，然后异构化得到螺吲哚酮衍生物 [124]。

Takagi 小组在八氢联萘骨架手性磷酸(*R*)-**41** 的催化下，实现了环戊二烯与 4,4-二取代环己二烯酮的不对称 Diels-Alder 反应，得到亲双烯体 4,4-二取代环己二烯酮的去对称化环化产物，但是反应的对映选择性有很大程度的底物结构依赖性，只有 4-位酯基取代的底物可以得到较好的对映选择结果 [125]。

手性磷酸由于酸性强度不够往往难以活化 Lewis 碱性较弱的醛羰基，Ishihara 课题组利用 Lewis 酸与手性磷酸中呈 Lewis 碱性的磷酰基氧之间的 Lewis 酸碱相互作用可以增强其酸性的特点，采用外加非手性 Lewis 酸的方法实现了手性磷酸(*R*)-**40** 催化的烯醛与环状共轭二烯烃的不对称 Diels-Alder 反应，并取得了很好的非对映和对映选择性结果 [126]。利用新发展的催化体系，该小组实现了具有抗肿瘤活性的吲哚类生物碱(+)-catharanthine 的对映选择全合成。

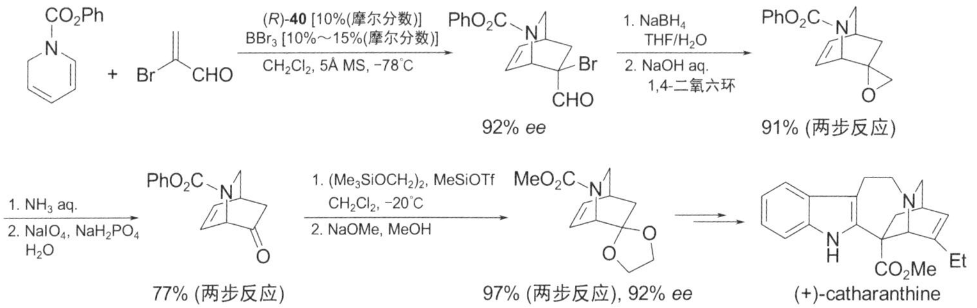

随后，该小组采用相同的策略又发展了一种远程的非手性 Lewis 酸 $B(C_6F_5)_3$ 协助手性磷酸催化体系，并用于环戊二烯与 α-取代烯醛的不对称 Diels-Alder 反应。研究表明，这种远程 Lewis 协助 Brønsted 酸策略同样可以提高手性磷酸的催化活性，主要得到非正常的 *exo* 产物，但不对称诱导能力不及直接作用于磷酰基氧的催化体系[127]。

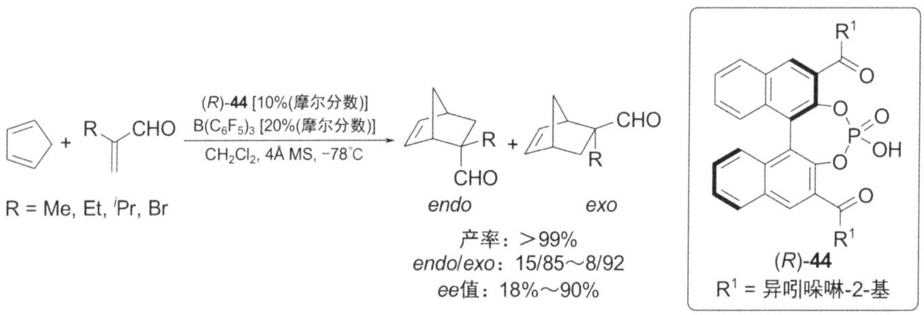

# 4.5

# Strecker反应

Strecker 反应(亚胺的氢氰化)是一个实用的直接制备 α-氨基酸的方法。目前，除了运用金属催化剂，如手性 Al、Ti、Zr 和镧系催化剂催化此反应外[128]，有机催化剂，包括手性胍[129]、脲、硫脲[130]、*N*-氧化物[131]和铵盐[132]也是人们关注的焦点。

2006 年，Rueping 等人报道了首例手性磷酸催化的不对称 Strecker 反应。在手性磷酸(*S*)-**21** 的催化下，不同结构的芳醛亚胺均取得了很好的对映选择结果。作者也尝试了脂肪族亚胺底物，但是效果不好。例如，2-苯基氨基-3-甲基丁腈只得到了 55% 的 *ee* 值 [133]。Strecker 反应中的产物氨基腈可以用来制备手性氨基酸和二胺。例如经过还原和脱三氟乙酰基可以得到相应的手性二胺；或者经过水解和脱苄基则能得到光学活性苯甘氨酸衍生物。

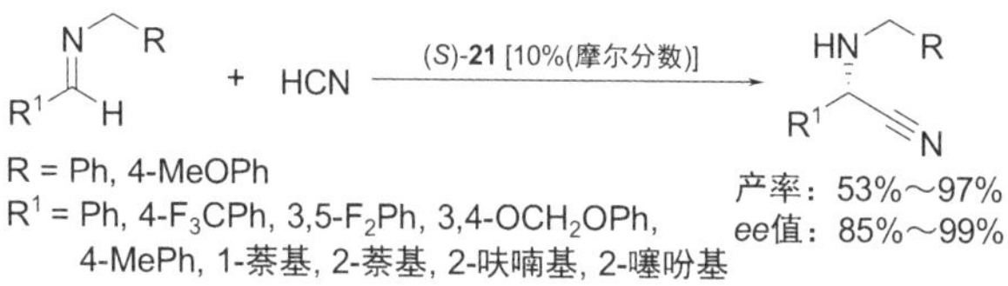


进一步研究发现该催化剂对反应活性相对较低的酮亚胺参与的不对称 Strecker 反应同样有效，只需 5%(摩尔分数)用量就能得到较好产率的产物，但反应的立体选择性有所降低 [134]。

# 4.6

# Pictet-Spengler反应

所谓 Pictet-Spengler 反应是指羰基化合物与苯基乙基胺生成四氢异喹啉，或与 *β*-吲哚乙胺反应生成四氢-*β*-咔啉的反应，它是一类重要的酸催化反应，对合成生物碱具有重要的意义。随着近年来手性磷酸催化的快速发展，不对称 Pictet-Spengler 反应也取得了较大的发展，反应底物也不再局限于传统的苯乙胺和色胺衍生物。

2006 年，List 在手性磷酸(*R*)-TRIP 的催化下，首次实现了色胺衍生物参与的不对称 Pictet-Spengler 反应，取得了很好的不对称诱导效果。反应底物范围比较广泛，不仅适用于脂肪醛，而且对芳香醛也有很好的催化效果 [135]。

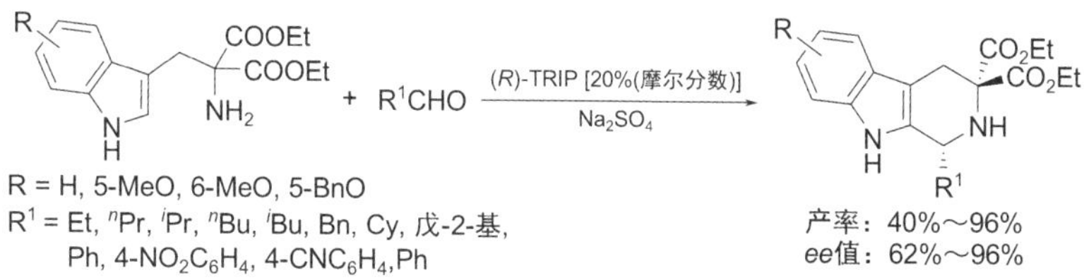

随后，Hiemstra 等人使用手性磷酸(*R*)-**43** 为催化剂，在温和的条件下实现了 *N*-三苯甲基次磺酰基色胺与醛的不对称 Pictet-Spengler 反应，所得产物经酸性水解后得到具有较高 *ee* 值的四氢咔啉衍生物 [136]。进一步将底物扩展为 *N*-苄基色胺，在手性磷酸(*R*)-**9** 的存在下，一系列芳香醛和脂肪醛也能高产率地得到相应的四氢咔啉衍生物，同时获得中等至很高的对映选择性。产物经 Winterfeldt 氧化可以方便地得到具有重要生物活性的吡咯并喹诺酮衍生物 [137]。

Guinchard 课题组报道了 *N*-烯丙基色胺衍生物与联烯醛的不对称 Pictet-Spengler 反应，在具有螺二氢茚骨架的手性磷酸(*S*)-**38** 的催化下，以中等至很好的对映选择性得到含有联烯结构单元的光学活性 *β*-咔啉衍生物，所得产物在钯催化下可以进一步发生脱烯丙基环化反应得到手性多环吲哚衍生物 [138]。

You 课题组通过巧妙的分子设计，从 *N*-吲哚-3-基乙基取代的二氢吡啶出发，在螺二氢茚骨架手性磷酸(*R*)-STRIP 的催化下通过不对称 Pictet-Spengler 反应方便地实现了光学富集咔啉衍生物的不对称合成。在反应过程中 1,4-二氢吡啶单元首先在酸催化下发生异构原位形成亚胺正离子中间体，继而发生 Pictet-Spengler 反应得到环化产物 [139]。

以上都是醛参与的不对称 Pictet-Spengler 反应，2010 年，Dixon 小组报道 *γ*-或 *δ*-酮酸衍生物同样可以与色胺在八氢联萘骨架手性磷酸(*R*)-**45** 催化下，通过不对称 Pictet-Spengler 反应实现结构多样的光学活性多环吲哚衍生物的快速立体选择性合成。

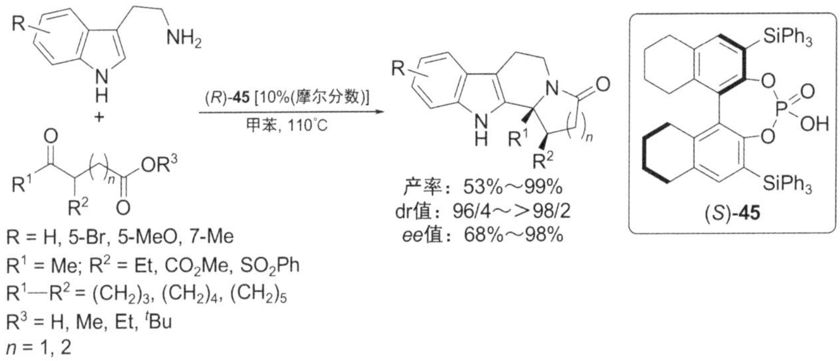


在反应过程中，色胺与酮酸(酯)首先在手性磷酸的催化下形成环状烯胺中间体，环状烯胺中间体在手性磷酸的作用下异构形成手性环状亚胺正离子对，进而发

生动态动力学拆分过程的 Pictet-Spengler 反应得到目标分子[140]。

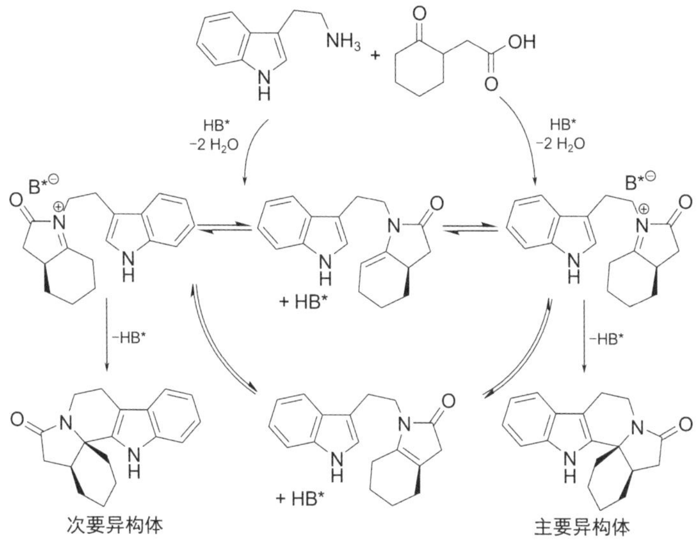


螺吲哚酮是许多生物活性天然产物和合成化合物的核心结构单元，因此，发展高效立体选择构筑螺吲哚酮骨架的新方法吸引了广泛关注。2011 年，Bernardi 和 Bencivenni 课题组[141]以及 Franz 小组[142]各自独立地报道联萘骨架手性磷酸(*S*)-TRIP 和(*R*)-**19** 能有效催化色胺和靛红衍生物的不对称 Pictet-Spengler 反应，实现了光学富集新型螺吲哚酮衍生物的对映选择合成。

You 等人采用接力催化的策略，从 *N*-烯丙基-*N*-丙烯酰基色胺衍生物出发，在 Hoveyda-Grubbs Ⅱ (**Ru-Cat.**)/ 手性磷酸(*S*)-**9** 组成的二元催化体系催化下，经由钌催化关环烯烃复分解、异构化以及 Pictet-Spengler 反应得到光学富集的三环吲哚衍生物。其中，烯丙基 C1 位上取代基的存在有利于反应的立体控制，没有取代的烯丙基底物对映选择性会显著下降[143]。

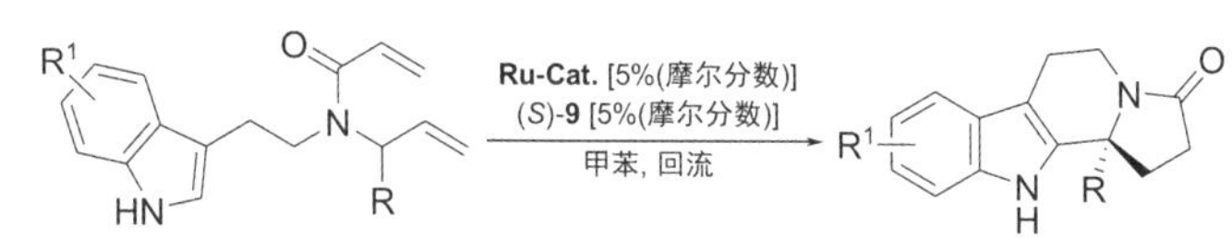


R = H, Ph, 4-$^iBuC_6H_4$, 4-$MeOC_6H_4$, 3-$MeOC_6H_4$, 4-$BrC_6H_4$, 3-$CF_3C_6H_4$, Me, Bu, Cy

$R^1$ = H, 6-F, 5-Br, 4-Me, 6-Me, 7-Me

产率：82%～96%

*ee*值：22%～99%

随后，该小组采用相同的策略，从 *N*-烯丙基取代的色胺出发，在 Hoveyda-

Grubbs Ⅱ (**Ru-Cat.**)/手性磷酸(*R*)-**42** 组成的二元催化体系催化下得到光学富集的多环吲哚衍生物。在反应过程中，金属钌催化剂首先催化烯烃的异构得到亚胺正离子中间体，然后在螺环手性磷酸的催化下发生不对称 Pictet-Spengler 反应得到目标化合物[144]。

Dixon 小组从 3-丁炔磺酰基保护的色胺出发，同样采用接力催化策略实现了手性多环吲哚的合成。在反应中，非手性 Lewis 酸金催化剂(**Au-Cat.**)首先催化胺对炔的亲核加成得到环状烯胺中间体，后者在手性磷酸(*R*)-**9** 作用下经由手性环状亚胺正离子中间体发生不对称 Pictet-Spengler 反应得到多环吲哚衍生物[145]。此外，该催化体系还可以进一步拓展至4-戊炔酰基保护色胺的串联环化/Pictet-Spengler反应，同样可以得到较好的对映选择结果。

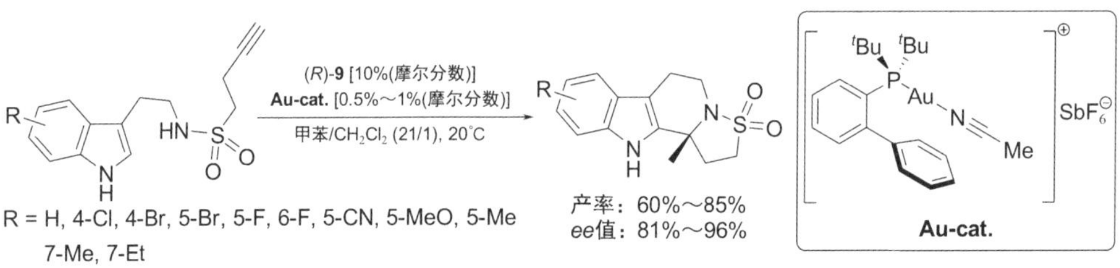


Terada 等人报道了一例立体选择性构筑四氢异喹啉骨架的不对称 Pictet-Spengler 反应。作者从 *N*-烯丙基-3-羟基苯乙胺出发，采用接力催化的策略，在 Ru/手性磷酸二元催化体系作用下，实现了手性四氢异喹啉衍生物的对映选择性合成。在反应过程中，底物首先经钌[$RuClH(CO)(PPh_3)_3$]催化的烯烃异构化得到与手性磷酸(*R*)-**21** 形成的手性亚胺正离子对中间体，继而发生 Pictet-Spengler 反应，得到光学富集的四氢异喹啉衍生物，但是只得到较低至中等程度的对映选择性[146]。

除了以上色胺衍生物或*β*-苯乙胺衍生物参与的不对称 Pictet-Spengler 反应之外，其他一些分子内同时含有富电子芳香体系和氨基结构单元的分子在手性磷酸的催化下也可以和醛或酮发生不对称 Pictet-Spengler 反应，得到相应的手性环化产物。

2010 年，Kundu 等人报道三氟甲磺酸可以催化 4-(2-氨基苯基)吲哚与醛的 Pictet-Spengler 反应，得到多环苯并氮杂䓬衍生物[147]。在此基础上，Tian 等人发现该反应在手性磷酸(*R*)-**19** 催化下可以得到光学富集的 Pictet-Spengler 产物，有趣的是当使用 *N*-(4-甲氧基苯基)醛亚胺代替醛作为反应底物时，虽然反应速度有所减慢，但反应的对映选择性却有一定程度的提高。作者认为反应中亚胺交换产生的4-甲氧基苯胺副产物可能通过如下多重氢键相互作用参与了过渡态的形成，从而更有利于实现对反应的立体控制[148]。

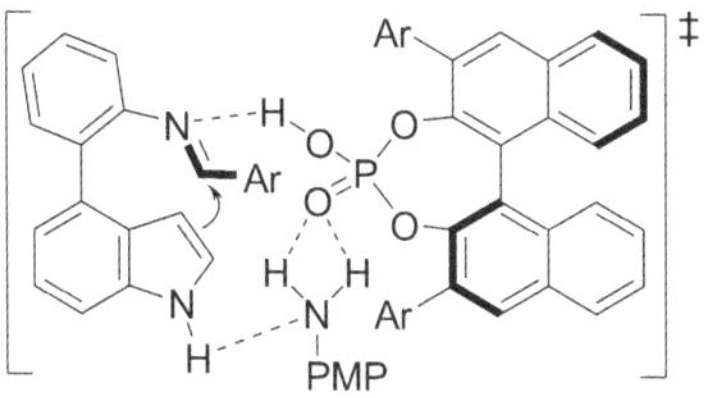


随后，Antilla 小组在手性磷酸(*R*)-TRIP 的催化下，实现了 2-(吡咯-1-基)乙胺与醛的不对称 Pictet-Spengler 环化反应，为光学富集的四氢吡咯并哌嗪衍生物的对映选择合成提供了新途径[149]。

Kobayashi 小组也报道了一例 2-(吡咯-1-基)乙胺参与的不对称 Pictet-Spengler 反应。他们从 6,6′-双(4-烯基苯基)取代的手性磷酸(*S*)-VB-TRIP(**46**)、Au/Pd 纳米粒子 PI(Au/Pd)-CO、甲基丙烯酸苄酯和二乙烯基苯通过拟悬浮共聚方法(pseudo-suspension copolymerization method)制备了一种由 Au/Pd 纳米粒子和手性磷酸组成的双功能非均相材料 IOC-PI/CB(Au/Pd)，并用于苄醇与 2-(吡咯-1-基)乙胺的串联氧化/不对称 Pictet-Spengler 反应。反应取得了好的对映选择结果，而且催化剂可以至少回收使用 6 次而不影响活性和选择性[150]。

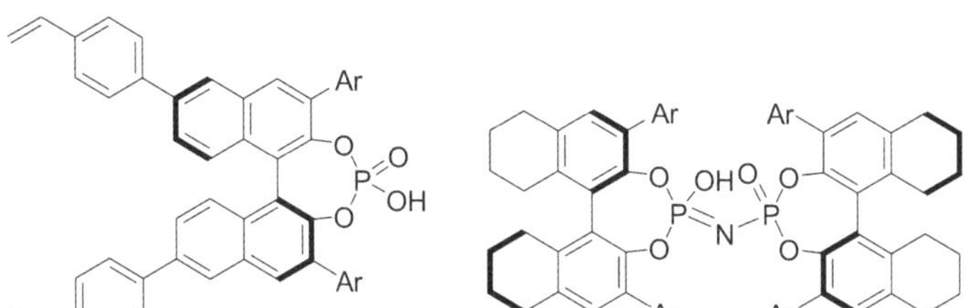


(*S*)-VB-TRIP (**46**)
Ar = 2,4,6-$^{i}Pr_3C_6H_2$

(*R*,*R*)-**47**
Ar = 3,5-$(CF_3)_2C_6H_3$

Qiu 等人在螺二氢茚骨架手性磷酸(*R*)-STRIP 的催化下，通过 2-(吡咯-1-基)乙胺与靛红衍生物的不对称 Pictet-Spengler 反应实现了光学活性螺吲哚酮衍生物的合成，但是反应具有很强的底物结构依赖性，部分底物只能得到很低的对映选择结果[151]。

Zhang[152] 和 Lin 等人[153] 先后报道了 1-(2-氨基苯基)吲哚和 1-(2-氨基苯基)吡

咯参与的不对称 Pictet-Spengler 反应。在亚氨基双磷酸(*R*, *R*)-**47** 和螺二氢茚骨架手性磷酸(*S*)-**31** 的催化下，1-(2-氨基苯基)吲哚和 1-(2-氨基苯基)吡咯分别与丙酮酸酯、1,2-二酮和 *α*-酮酰胺顺利地发生不对称 Pictet-Spengler 反应，得到具有广泛生物活性的手性 4,5-二氢吡咯[1,2-*a*]并喹喔啉衍生物。在后者中，酰胺氮氢的存在是确保反应活性的关键因素，表明在活化模式中酰胺氮上氢原子与催化剂之间存在氢键相互作用。

Pictet-Spengler 反应环化的关键步骤是富电子芳环与亚胺或亚胺正离子的分子内 F-C 烷基化反应。研究表明，如果将亚胺或亚胺正离子单元用氧鎓离子替代，反应同样能够顺利地进行得到相应的氧杂环产物，即所谓的 oxa-Pictet-Spengler 反应。2013 年，Scheidt 等人报道用手性磷酸(*S*)-**43** 代替 Lewis 酸 Bi(OTf)$_3$ 作为催化剂实现了吲哚取代烯醇醚的不对称环化反应，得到光学富集氧杂环稠合的吲哚衍生物。在反应过程中，在手性磷酸作用下烯醇醚原位产生手性氧碳鎓离子对，继而发生氧杂-Pictet-Spengler 反应得到相应的多环吲哚衍生物[154]。

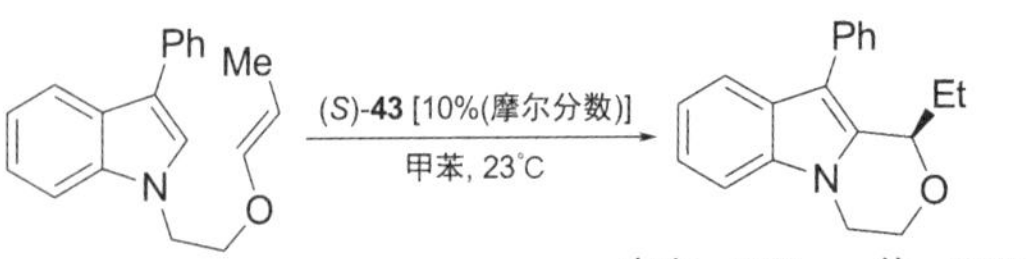


产率：75%, *ee*值：60%

进一步研究发现，氢键给体 *N*,*N′*-二(3,5-二三氟甲基苯基)脲作为助催化剂的加入可以显著提高催化活性和拓展底物适用范围，从而实现一系列光学富集的四氢吡喃并吲哚衍生物的合成。利用该方法可以方便地实现螺吲哚酮天然产物(-)-coixspirolactam C 的不对称合成[155]。

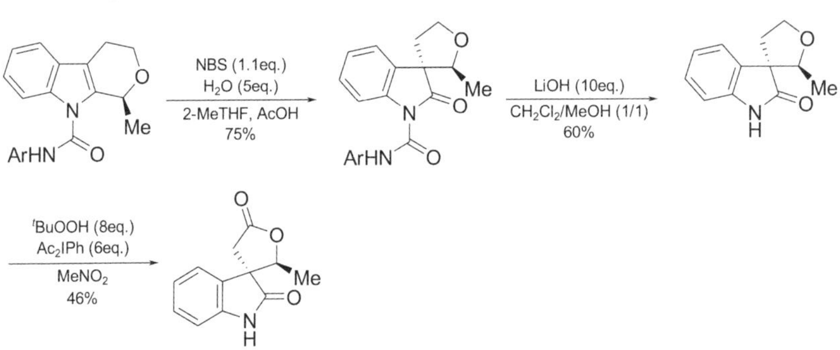


(−)-coixspirolactam C

# 4.7

## 酮的还原胺化反应

胺类化合物是一类非常重要的有机化合物，在有机合成中有着广泛的应用。在众多合成胺类化合物的方法中，羰基化合物的还原胺化是最常见、最有效的方法之一。尽管酮的催化不对称还原胺化反应是合成手性胺，同时也是形成 C—N 键的有效方法之一，但是目前对于立体控制 C—N 键的形成，酮亚胺的不对称还原仍是最广泛采用的方法，而还原胺化反应在手性磷酸催化出现之前几乎没有行之有效的实验室方法。

2006 年，MacMillan 等人在手性磷酸(*R*)-**9** 的催化下首次实现了酮的不对称还原胺化[156]，在反应中，作者以 Hantzsch 二乙酯(**HEH**)为氢源，*ee* 值最高达 97%。反应具有广泛的底物适用范围，无论是芳香族还是脂肪族甲基酮以及不同结构的芳胺底物均能得到很好的催化效果。

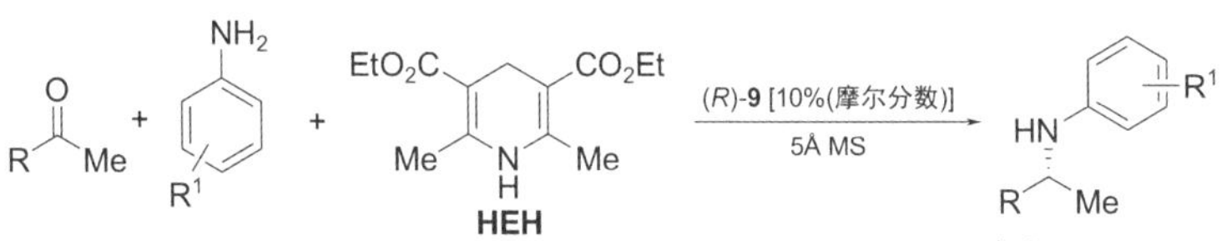


R = Ph, 4-MeC$_6$H$_4$, 4-MeOC$_6$H$_4$, 4-O$_2$NC$_6$H$_4$, 4-ClC$_6$H$_4$, 4-FC$_6$H$_4$, 3-FC$_6$H$_4$, 2-FC$_6$H$_4$, 2-萘基, Et, BnCH$_2$,BnOCH$_2$, 己基, 环己基
R$^1$ = Ph, 4-MeOC$_6$H$_4$, 4-F$_3$CC$_6$H$_4$, 苯并噻唑-6-基

产率：49%～87%
*ee*值：81%～97%

不对称串联反应是合成具有多个手性中心复杂分子的有效方法。在上面酮的还原胺化反应基础上，List 等人巧妙地从 1,5-二酮、取代苯胺出发，在手性磷酸(*R*)-TRIP(HB*)的催化下，**HEH** 作为氢源，经由串联的羟醛缩合、共轭还原和还原胺化高对映选择性地一步得到具有两个手性中心的 3-取代环己胺及其类似物[157]。

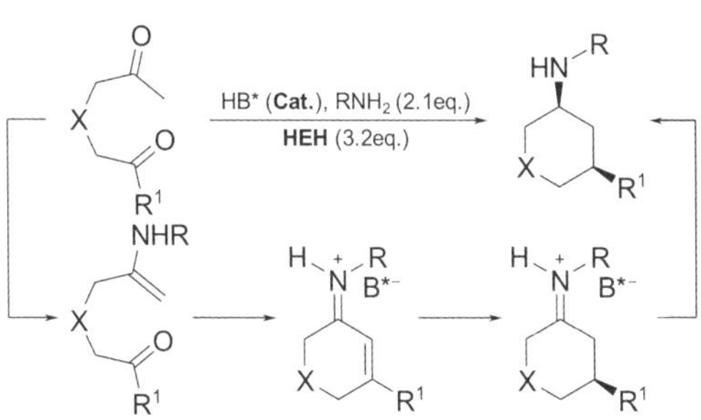

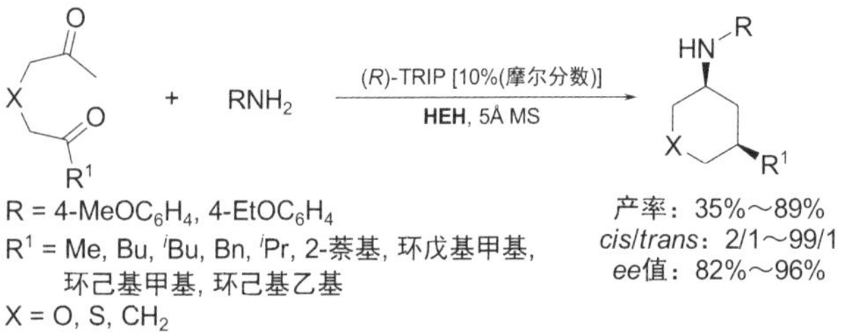


Akiyama 小组使用手性磷酸(*R*)-TRIP 为催化剂，以 2-苯基苯并噻唑啉为氢源同样实现了一系列脂肪酮的不对称还原胺化反应。反应对甲基酮底物取得了好的产率和对映选择性，但是对于活性稍低的乙基酮反应产率和 *ee* 值均明显下降[158]。

Cheon 小组同样使用手性磷酸(*R*)-TRIP 为催化剂，以 Hantzsch 二乙酯为氢源研究了苄基甲基酮与 4-甲氧基苯胺的不对称还原胺化反应。该反应具有很好的合成价值，放大实验表明，即使使用 1%(摩尔分数)催化剂也不会影响反应的对映选择性[159]。随后，该课题组采用手性磷酸(*R*)-**48** 催化的不对称还原胺化为关键步骤实现了异喹啉类生物碱 ancistrocladinium A 对映体的对映选择合成[160]。

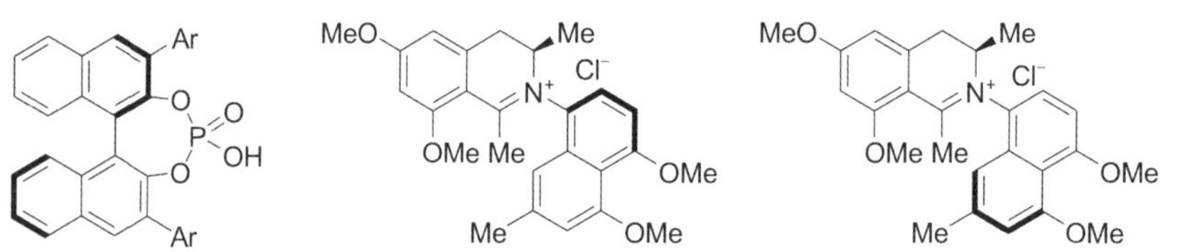

(*R*)-**48**
Ar = 2,6-Me$_2$-4-(2,4,6-Me$_3$C$_6$H$_2$)C$_6$H$_2$

(*P*)-ent-ancistrocladinium A

(*M*)-ent-ancistrocladinium A

Akiyama 课题组采用手性磷酸催化的酮的分子内不对称还原胺化策略实现了氨基官能化的 2,2-二取代-1,3-茚二酮的去对称化，分别得到 5,5-稠合和 5,6-稠合的光学活性多环体系。其中手性磷酸(*R*)-**49**(CTRIP)在 5,6-稠合体系的合成中具有最好的对映选择性，但反应的产率随取代基体积的增大明显降低；而手性磷酸(*R*)-**19** 在合成 5,5-稠合体系中表现出了最好的不对称诱导能力。其中，氮上 3-羟基苯基的存在是获取好的立体控制结果的必要条件，一旦改变羟基的位置或将其保护则会导致反应活性和对映选择性的急剧下降，表明 3-位酚羟基与催化剂磷酰基氧之间的氢键作用对反应活性和立体化学都有重要的影响[161]。

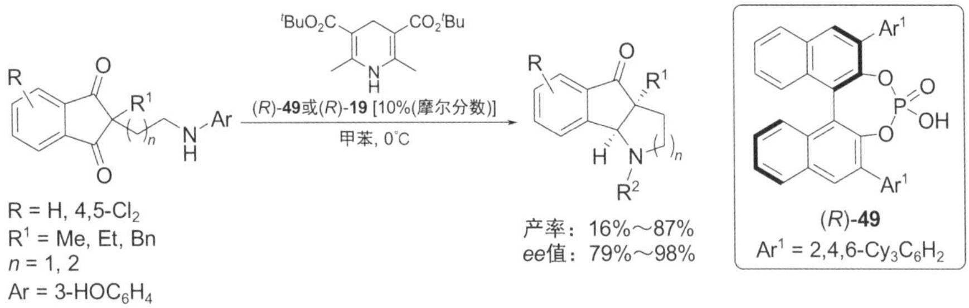


手性吡啶-2-甲胺衍生物作为一类 *N*,*N*-双齿配体在不对称催化中占有重要的地位。Rexit 和 Luo 等人采用不对称还原胺化方法，从 2-乙酰基吡啶出发，芳胺为胺化试剂，Hantzsch 二甲酯为氢源，(*R*)-**19** 为催化剂，实现了这类重要手性配体的对映选择合成[162]。

手性 *β*-氨基四氢萘是许多生物活性分子或药物的核心结构单元，Cheon 课题组利用手性磷酸催化的还原胺化策略，发展了一种方便的合成光学活性 *β*-氨基四氢萘衍生物的方法。在(*R*)-TRIP 的催化下，以 **HEH** 为氢源，通过 *β*-四氢萘酮与芳胺的不对称还原胺化反应以较好的对映选择性得到相应的 *β*-氨基四氢萘衍生物，并以该方法为基础成功地实现了治疗早期帕金森综合征药物罗替戈汀(rotigotine)的对映选择合成[163]。

Akiyama 小组发现在樟脑磺酸的催化下，以噻唑啉为氢源可以实现对芳香族硝基化合物的还原得到相应的芳香胺。在此基础上，作者从邻硝基苯基取代氢化查耳酮衍生物出发，在手性磷酸(*R*)-TRIP 的催化下，以 2-(3,4,5-三甲氧基苯基)噻唑啉为氢源，实现了串联硝基还原和分子内酮的还原胺化，以好的对映选择性得到相应的四氢喹啉衍生物[164]。

# 4.8

# 转移氢化反应

所谓转移氢化是指不使用氢气而使用易于被氧化的一些有机物小分子作为氢源

的还原反应。转移氢化具有操作简便的特点，同时能避免氢化反应中因使用氢气而带来的一些危险操作。由于手性磷酸可以通过质子化或氢键活化碳氮或碳氧双键，因此含有碳氮、碳氧双键或可以原位形成这些结构单元的底物在手性磷酸的催化下，可以顺利地实现不对称转移氢化得到相应的手性还原产物。目前手性磷酸催化的不对称转移氢化反应取得了巨大的成功，所涉及的底物有简单亚胺(包括原位形成亚胺)(上节介绍的酮的还原胺化实际上也包含了亚胺的转移氢化过程)、亚胺酯、吡啶、喹啉、邻菲咯啉、喹喔啉、苯丙噻嗪、苯丙噁嗪(酮)等含氮杂环以及一些可以原位形成碳氧双键的底物；所采用的氢源除了最常见的 Hantzsch 酯之外，还有噻唑啉、二氢吡咯并喹喔啉、二氢菲啶等。下面我们按底物类型来分别进行介绍。

## 4.8.1 亚胺的转移氢化

亚胺的不对称催化转移氢化反应是获得手性胺的重要方法之一，直到 21 世纪初有机催化的亚胺不对称转移氢化却未见报道。2005 年，Rueping 小组以手性磷酸 (*S*)-**21** 为催化剂，使用 Hantzsch 二乙酯(**HEH**)作为氢源，首次实现了芳香酮亚胺的不对称转移氢化反应，得到了较好的对映选择结果[165]。通过对机理的深入探索，作者认为手性磷酸可以通过质子化作用活化酮亚胺，产生手性亚胺正离子对中间体 **A**，接着发生负氢转移产生手性胺和吡啶盐 **B**，吡啶盐 **B** 经过质子转移再生手性磷酸催化剂，从而实现催化循环。

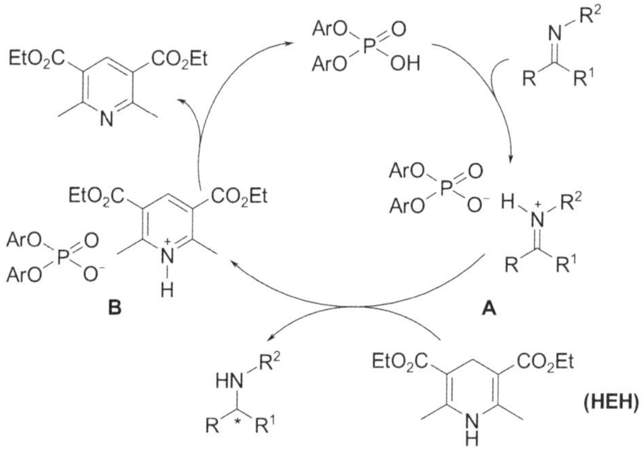

与此同时，List 小组也报道了手性磷酸(*R*)-TRIP 催化的酮亚胺的不对称转移氢化反应。与 Rueping 小组相比，他们在反应条件、收率和 *ee* 值方面都有很大程度的提高，重要的是催化剂用量[1%(摩尔分数) vs. 20%(摩尔分数)]更低。此外，底物还可以扩大至脂肪族酮亚胺而不影响反应的产率和对映选择性[166]。

在手性磷酸催化的不对称转移氢化中所使用的氢源大多局限于 Hantzsch 酯(如 **HEH**)，其他类型的氢源很少见于报道。Akiyama 课题组报道苯并噻唑啉同样是磷酸催化的亚胺不对称转移氢化反应的有效氢源，在手性磷酸(*R*)-TRIP 的存在下，一系列酮亚胺可以顺利地转化为相应的还原产物，并且得到很好的对映选择性。尤其值得注意的是，其中脂肪酮亚胺同样获得了的令人满意的结果。进一步深入研究发现，使用邻氨基苯硫酚和醛原位生成的苯并噻唑啉作为还原试剂同样有效，而且并不影响反应的立体选择性[167]。

Gong 课题组利用手性磷酸(*R*)-**14** 催化的不对称转移氢化实现了含季碳手性中心的外消旋 2,4-二芳基-2,3-二氢苯并[1,4]二氮杂䓬的还原动态动力学拆分，得到光学富集的环状 1,3-二胺衍生物，但只获得较低至中等程度的非对映选择结果。作者认为之所以能够实现动态动力学拆分是由于其中(*S*)-对映体反应速度快于(*R*)-对映体，而反应速度慢的(*R*)-对映体在手性磷酸的作用下可以通过逆 Mannich 反应开环和后续重新环化得到外消旋化[168]。

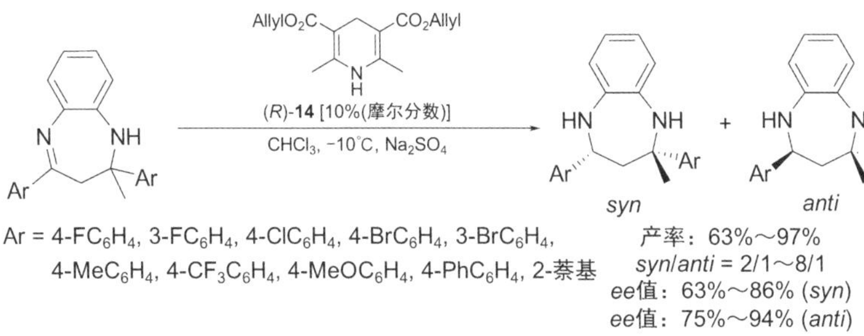


Akiyama 小组通过深入研究发现在使用 3,3′-大体积取代基取代的联萘骨架手性磷酸(*R*)-**50** 为催化剂，2-(3-羟基苯基)苯并噻唑啉为氢源的情况下，含有叔碳手性中心的外消旋 2,4-二芳基-2,3-二氢苯并[1,4]二氮杂䓬底物也能得到高效的动态动力学拆分，以很好的非对映和对映选择性得到四氢苯并[1,4]二氮杂䓬衍生物。有趣的是，这类含有叔碳手性中心底物的外消旋化不再是通过逆 Mannich/Mannich 反应而是通过逆 Michael/Michael 反应得以实现[169]。

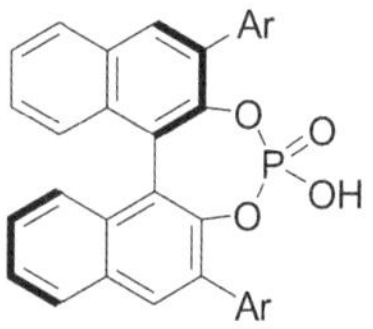

(*R*)-**50**

Ar = 2,6-$^i$Pr$_2$-4-(2,4,6-$^i$Pr$_3$C$_6$H$_2$)C$_6$H$_2$

含氟有机物具有多种优良的特性，在有机合成中占有十分重要的地位。Akiyama小组使用2-(4-硝基苯基)苯并噻唑啉为氢源，联萘骨架手性磷酸(*R*)-**43**为催化剂成功地实现了*N*-(对甲氧基苯基)三氟甲基芳基酮亚胺的高对映选择不对称转移氢化，为光学活性三氟甲基取代的手性胺的合成提供了有效途径。有趣的是，在相同的反应条件下常用氢源Hantzsch酯表现出了显著不同的反应性，不仅只能得到很低产率的还原产物，而且所得产物只有中等程度的光学纯度[170]。该催化体系同样适用于*N*-(4-甲氧基苯基)二氟甲基芳香酮亚胺的不对称转移氢化，得到高光学纯度的二氟甲基取代的手性胺[171]。

Zhou课题组采用催化氢化和手性磷酸催化的不对称转移氢化相结合的策略，发展了一种铑/手性磷酸组合催化体系，实现了从*N*-芳基炔基全氟烷基酮亚胺与8-甲基菲啶出发合成光学活性炔丙基胺衍生物的方法。在反应中，铑催化剂和手性磷酸催化剂各自独立、不相互影响地发挥催化作用，其中铑催化剂催化8-甲基菲啶的氢化原位产生二氢菲啶，然后在手性磷酸(*R*)-**19**催化下，二氢菲啶为氢源对亚胺进行不对称转移氢化得到炔丙基胺产物[172]。

Akiyama小组也研究了联萘骨架手性磷酸(*R*)-**43**催化的*N*-(4-甲氧基苯基)炔基三氟甲基酮亚胺的不对称转移氢化。有趣的是，在该反应中氢源在很大程度上决定反应活性，当以常见的**HEH**为氢源时反应并不发生，而以2-(4-硝基苯基)苯并噻唑啉为氢源时，不仅反应可以顺利进行，而且获得了很好的对映选择性结果[173]。与此同时，Peng课题组采用八氢联萘骨架手性磷酸(*S*)-**23**为催化剂，2-(4-硝基苯基)苯并噻唑啉为氢源也实现了*N*-芳基炔基全氟烷基酮亚胺的不对称转移氢化，同样取得了好的对映选择性结果[174]。

在亚胺的不对称转移氢化中，普遍使用的是*N*-保护的亚胺底物，而*N*-未保护的亚胺通常不太稳定，因此在有机催化亚胺的不对称转移氢化中鲜有使用。2010年，Wang等人实现了首例未保护的邻羟基芳基烷基酮亚胺的不对称转移氢化。在手性磷酸(*S*)-**9** 的催化下，以 Hantzsch 二叔丁酯为氢源，一系列未保护的邻羟基芳基烷基酮亚胺可以顺利地被还原得到高 *ee* 值的手性氨基酚。邻羟基亚胺由于分子内氢键的形成而得以稳定，可以定量地从邻羟基芳基烷基酮与氨的甲醇溶液反应得到，手性磷酸催化剂不仅能有效破坏底物的分子内氢键，还能通过质子化亚胺以提高其亲电活性，从而发生立体选择性的还原反应[175]。

同样以(*S*)-**9** 为催化剂，Hantzsch 二甲酯为氢源，该小组还实现了 *N*-芳基邻羟基二苯甲酮亚胺的不对称转移氢化，高对映选择性地得到了相应的光学活性二芳基甲胺。对照实验表明，邻位羟基的存在可以显著提高亚胺的反应活性，如果将羟基用氢原子、甲基或氯原子替换，反应根本不能进行[176]。

Akiyama 小组采用手性磷酸催化的转移氢化策略，巧妙地使用 2-(2- 萘基)-2-氘代苯并噻唑啉作为氘源，在手性磷酸(*R*)-TRIP 的催化下实现了 *N*-(4-甲氧基苯基)(PMP)酮亚胺的不对称转移氘化，得到手性氘代胺类化合物[177]。

在手性磷酸催化的酮亚胺的不对称转移氢化中，底物大多局限于甲基酮亚胺，而乙基酮亚胺或其他具有更长烷基链的酮亚胺则少有报道。Akiyama 小组研究了手性磷酸(*S*)-TRIP 催化的芳基乙基酮亚胺的不对称转移氢化，发现氢源对反应的对映选择性影响十分显著，当使用传统的 **HEH** 为氢源时，只能得到很低至中等程度的对映选择结果，而使用 2-(2- 萘基)苯并噻唑啉为氢源时则可以得到令人满意的立体控制结果[178]。

尽管上述亚胺的转移氢化都是以分离得到的亚胺为反应底物，但是研究表明，反应过程中能够原位产生亚胺结构单元的一些底物同样可以在手性磷酸的催化下发生不对称转移氢化得到相应的手性胺化合物。

Antilla 报道 *N*-乙酰基烯胺在手性磷酸(*S*)-**19** 与非手性弱质子酸 AcOH 的共催化下，可以实现不对称转移氢化得到相应的 *N*-乙酰基保护的手性胺，其中乙酰基保护基可以方便地通过酸性水解脱除。反应过程中，烯胺首先在催化剂作用下发生异构原位形成亚胺正离子，继而发生亚胺的不对称转移氢化得到还原产物。通过对比实验发现在反应过程中，非手性弱质子酸 AcOH 虽然不能催化转移氢化的发生，但有助于提高反应体系中亚胺正离子的有效浓度，从而加速手性磷酸催化的转移氢化过程。该催化体系只适用于芳香族烯胺，对脂肪族烯胺无效。此外，反应底物的立体位阻是影响反应立体选择性的关键因素，如甲基取代的烯胺底物，其中对位甲

基取代底物的 *ee* 值为 95%，随着位阻的增大，间位取代和邻位取代的底物的 *ee* 值分别下降为 71% 和 41%[179]。

Gong 课题组采用接力催化的策略，在非手性金配合物与手性磷酸(*R*)-**21** 组成的二元催化体系催化下，实现了 2-炔丙基苯胺的串联分子内氢胺化-不对称转移氢化反应(**HEH** 作为氢源)。在此二元催化体系中，非手性金配合物的作用是催化分子内氢胺化得到烯胺中间体，而烯胺中间体在手性磷酸的催化下先后发生异构和不对称转移氢化即得到四氢喹啉衍生物[180]。

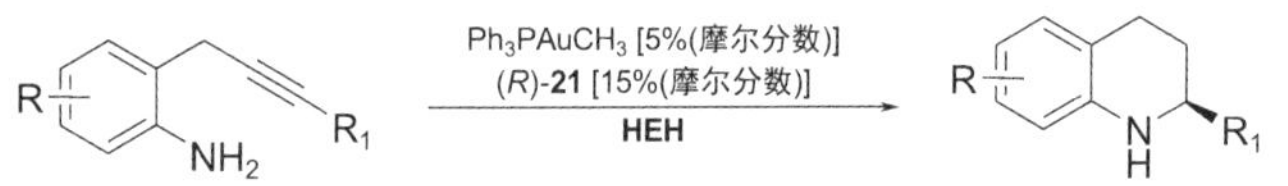


R = H, 4,5-($OCH_2O$), 4-Ph, 4-F, 4-Cl, 5-Cl, Benzo[g]
$R^1$ = 4-MePh, 3-MePh, 4-BrPh, 4-MeOPh, 4-FPh, 2-萘基, 2-MePh, 4-$CF_3$Ph, Ph, $^t$Bu, $C_5H_{11}$

产率：82%～>99%
*ee*值：87%～>99%

随后，Che 课题组报道了另一例非手性金配合物和手性磷酸(*S*)-TRIP 组成的二元催化体系，直接从炔和胺出发通过串联的分子间氢胺化-不对称转移氢化过程实现了手性胺的合成[181]。反应首先在金催化下发生炔烃的区域选择氢胺化得到烯胺中间体，然后在手性磷酸催化下异构成亚胺，最后发生亚胺的不对称转移氢化。

串联反应是从简单原料出发快速合成复杂分子的有效方法[182]。Rueping 从烯胺和 $\alpha,\beta$-不饱和烯酮出发，在手性磷酸(*R*)-**19** 的存在下发生串联不对称反应，得到手性四氢吡啶衍生物。在反应过程中，在手性磷酸催化下，烯胺对烯酮首先发生共轭加成得到 1,5-二酮的单亚胺，随后异构成烯胺，然后氨基与羰基缩合环化得到环状烯基亚胺中间体，最后在手性磷酸催化下发生亚胺的不对称转移氢化。该反应对不同结构的 $\alpha,\beta$-不饱和芳酮底物均可获得很好的对映选择性，但对 $\alpha,\beta$-不饱和脂肪酮而言，对映选择性有稍许下降[183]。

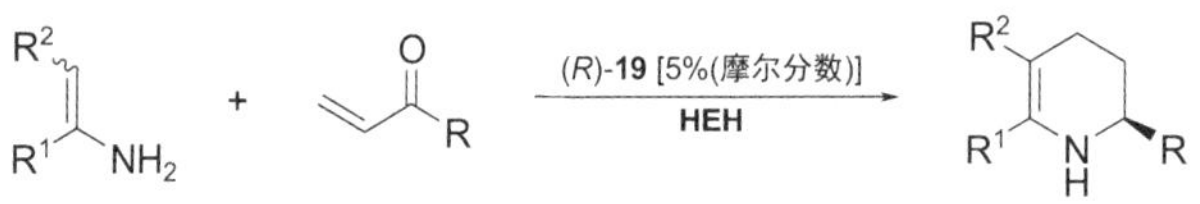


R = Ph, 4-MeOPh, 4-BrPh, 4-$CF_3$Ph, 2,4-$F_2$Ph, 4-MePh, 5-甲基噻吩-2-基, $C_5H_{11}$
$R^1$ = $R^2$ = Me; $R^1$ = Me, $R^2$ = CN; $R^1$ = Me, $R^2$ = OMe; $R^1$—$R^2$ = $(CH_2)_3$

产率：42%～89%
*ee*值：89%～99%

随后该小组从2-氨基查耳酮衍生物出发，巧妙地结合光催化双键异构化和原位形成环状酮亚胺(喹啉)的不对称转移氢化实现了光学富集的四氢喹啉衍生物的合成。在反应过程中，光照促使双键从反式异构成顺式，进而关环得到喹啉中间体，后者在手性磷酸(*R*)-TRIP催化下发生不对称转移氢化得到四氢喹啉衍生物[184]。

3-芳基-3-羟基异吲哚啉酮底物在手性磷酸存在下非常容易失去一分子水得到相应的手性亚胺离子对，然后在氢源存在下可以发生不对称转移氢化得到形式上的氢解产物。Zhou等人[185]以联菲骨架手性磷酸(*R*)-**51**为催化剂、Hantzsch二叔丁酯为氢源，Jia等人[186]使用2-苯基苯并噻唑啉为氢源、联萘骨架手性磷酸(*S*)-**21**为催化剂，Shi等人[187]则使用Hantzsch二乙酯为氢源、螺二氢茚骨架手性磷酸(*S*)-**37**为催化剂先后实现了外消旋3-芳基-3-羟基异吲哚啉酮的不对称氢解反应，得到光学富集的3-芳基异吲哚啉酮衍生物，为该类化合物的不对称合成提供了新方法。

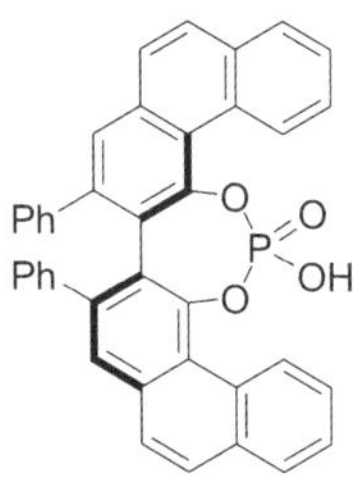

(*R*)-**51**

采用类似的策略，You课题组使用联萘骨架手性磷酸(*S*)-**9**为催化剂，实现了衍生自色胺的3-羟基异吲哚啉酮的不对称转移氢解反应，得到光学富集的多环四氢咔唑衍生物，为该类生物活性物质的不对称合成提供了新途径[188]。

You小组巧妙地从*N*-(吲哚-3-丙基)-1,4-二氢吡啶出发，在Hantzsch二乙酯存在下和手性磷酸(*S*)-**21**催化下实现了光学活性螺吲哚啉衍生物的合成。在反应过程中，底物首先在手性磷酸催化下发生烯胺的互变异构得到手性亚胺正离子对，然后接受吲哚的分子内亲核进攻得到假吲哚中间体，随后在手性磷酸催化下，以Hantzsch二乙酯为氢源发生亚胺结构单元的转移氢化得到吲哚啉衍生物。反应具有很好的立体选择性，除了个别底物，其余底物都几乎得到高*ee*值的单一非对映异构体[189]。

## 4.8.2 α-亚胺酯的转移氢化

尽管 α-亚胺酯的不对称氢化是获取光学活性甘氨酸衍生物的简单途径，但是该类底物反应活性较差，仅有少数成功的例子报道[190]。2007 年，Antilla[191] 和 You[192] 小组分别独立报道源于 VAPOL 的具有联菲骨架手性磷酸(*S*)-**51** 和具有联萘骨架的手性磷酸(*S*)-**19** 在非环状亚胺酯的不对称转移氢化中表现出优良的催化性能，以很高产率和立体选择性得到相应的 α-氨基酸衍生物。

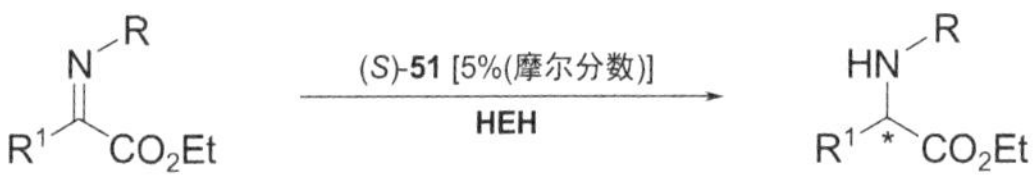

R = Ph, 4-MeO$C_6H_4$
$R^1$ = Ph, 4-Me$C_6H_4$, 4-MeO$C_6H_4$, 4-Cl$C_6H_4$, 4-Br$C_6H_4$, 4-$CF_3C_6H_4$, 3,5-$F_2C_6H_3$, Me, 己基, Ph$CH_2CH_2$

产率：85%～98%
*ee*值：94%～99%

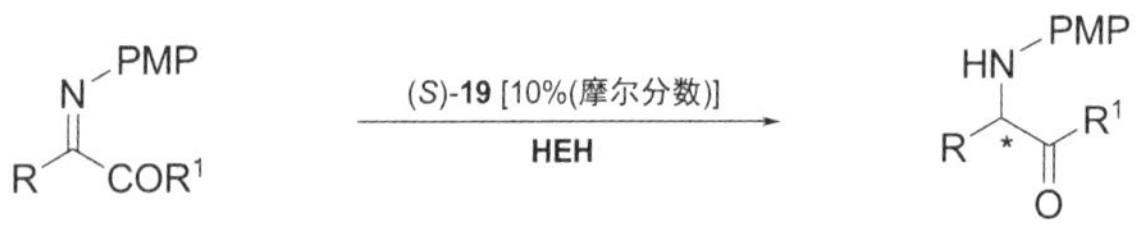

R = Ph, 4-MeO$C_6H_4$, 4-Br$C_6H_4$, 4-F$C_6H_4$, 4-Cl$C_6H_4$, 4-Me$C_6H_4$, 3-Me$C_6H_4$, 2-萘基, 2-噻吩基, Cy
$R^1$ = OMe, OEt, OBn, O$^i$Pr, O$^t$Bu

产率：46%～92%
*ee*值：84%～98%

随后，Akiyama 小组在手性磷酸(*R*)-TRIP 的催化下，以 2-苯基苯并噻唑啉为氢源，同样实现了 α-亚胺酯的不对称转移氢化合成光学活性 α-氨基酸衍生物，也取得了很好的对映选择结果[193]。

手性 β,γ-烯基-α-氨基酸衍生物作为一类重要的合成砌块，其不对称合成仍主要局限于手性辅助剂诱导的非对映选择性合成，而不对称催化的方法则鲜有报道[194]。You 等人巧妙地利用手性 Brønsted 酸催化的 β,γ-炔基-α-亚胺酯的不对称转移氢化一步实现了该类化合物的立体控制合成。在手性磷酸(*S*)-**19** 的催化下，芳基取代的底物均可获得较好的对映选择性结果，但反应的产率并不是很理想，尤其是空间位阻增大的 1-萘基取代底物仅得到 27% 的分离产率。此外，该催化体系对烷基取代的底物无效，几乎得不到预期还原产物[195]。

## 4.8.3 喹啉衍生物的转移氢化

四氢喹啉骨架是众多生物活性生物碱和合成药物的核心结构单元，作为一种简单、快捷获取光学活性四氢喹啉化合物的途径，手性磷酸催化的喹啉衍生物的不对称转移氢化反应受到了广泛关注，并且取得了许多很好的研究成果。

Rueping 小组在亚胺的不对称氢化的工作基础上，用手性磷酸(*R*)-**21** 为催化剂，以 **HEH** 为氢源，首次实现了喹啉的不对称转移氢化，得到了很好的催化效果。产物经过进一步反应可以得到 *N*-甲基化产物，这就为具有生物活性的四氢喹啉生物碱类，如 Galipinine，Cuspareine，Angustureine 提供了新的合成方法 [196]。

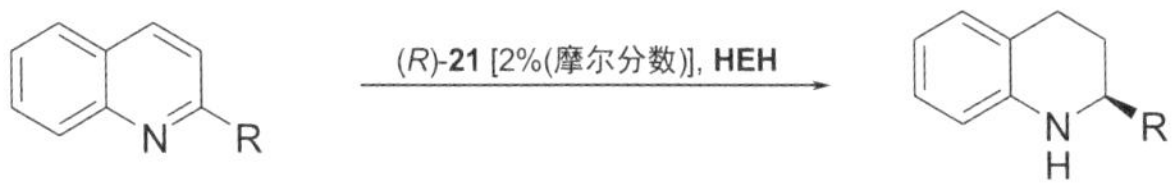


R = Ph, 2-F, 2-$MeC_6H_4$, 2,4-$Me_2C_6H_3$, 4-$MeOC_6H_4$, 3-$BrC_6H_4$, 4-$F_3CC_6H_4$, 4-$PhC_6H_4$, 2-萘基, 2-呋喃基, $ClCH_2$, Bu, 戊基, $PhCH_2CH_2$, 3,4-$OCH_2OC_6H_3(CH_2)_2$, 3,4-$(MeO)_2C_6H_3(CH_2)_2$

产率：54%～95%
*ee*值：87%～99%

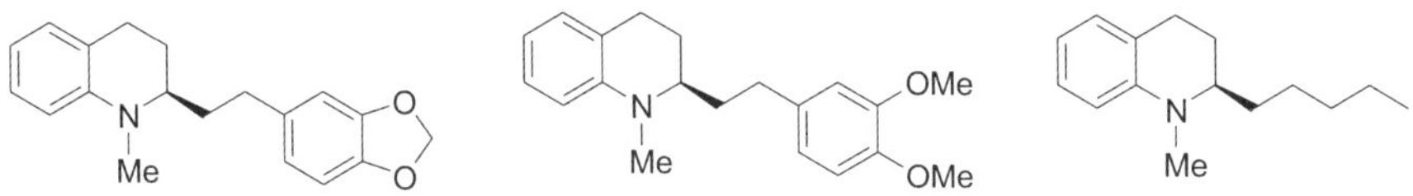


(+)-Galipinine　　(+)-Cuspareine　　(−)-Argustureine

该小组对 3-取代喹啉的不对称转移氢化也进行了研究，通过对催化剂结构、用量、溶剂、温度以及 Hantzsch 酯结构等因素的优化，发现在手性磷酸(*R*)-**45** 的催化下，**HEH** 为氢源，3-芳基取代喹啉的不对称转移氢化同样可以获得很好的对映选择性。与前面手性磷酸催化的 2-取代喹啉的不对称转移氢化不同的是，反应的关键步骤是对映选择性的酸催化质子转移(proton transfer)，而前者中的关键步骤是对映选择性的负氢转移 [197]。

Du 报道了一类以联二萘酚为骨架具有双轴手性的新型手性磷酸(*R*,*R*)-**52a**～**d**，其中(*R*，*R*)-**52d** 在喹啉的不对称转移氢化反应中表现出很好的催化活性，无论是烷基还是芳基取代的 2-取代喹啉几乎均可以定量的产率得到高 *ee* 值的还原产物。对于 2,3-二取代的喹啉衍生物，同样取得了很好的选择性(包括非对映和对映选择性) [198]。

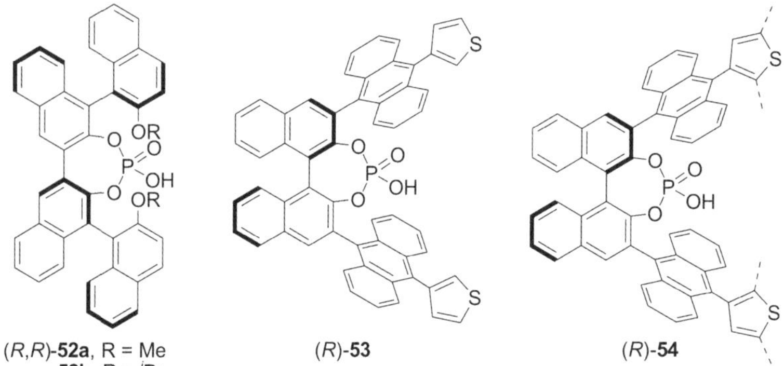

(R,R)-**52a**, R = Me
**52b**, R = $^{i}$Pr
**52c**, R = Bu
**52d**, R = Cy

(R)-**53**

(R)-**54**

Thomas 和 Blechert 等人合成了联萘骨架的 3,3′- 双[10-(噻吩-3-基)蒽-9-基]取代的手性磷酸单体(*R*)-**53**，以及通过三氯化铁氧化偶联相应酰氯得到大孔高分子聚合催化剂(*R*)-**54**，二者在 2-取代喹啉的不对称转移氢化中表现出很好的催化活性和立体选择性，而且聚合催化剂(*R*)-**54** 可以方便地回收再用至少 10 次而不影响活性和立体选择性，解决了催化剂回收再用的问题，在一定程度上弥补了有机催化中催化剂用量偏大的不足[199]。

Zhou 课题组用(*S*)-TRIP 为催化剂，**HEH** 为氢源，实现了 2-芳基-3-对甲苯磺酰氨基取代的喹啉衍生物的不对称转移氢化反应，为生物活性 2-芳基-3-氨基四氢喹啉衍生物的不对称合成提供了新方法[200]。

动态动力学拆分是一种从外消旋底物出发得到最高 100% 单一立体异构体的有效方法。Zhou 课题组利用手性磷酸(*R*)-**16** 催化的不对称转移氢化实现了对外消旋三环喹啉衍生物的动态动力学拆分，得到了具有三个连续手性中心的三环四氢喹啉衍生物。反应对烷基取代手性侧链的底物能够获得好的非对映及对映选择性结果，但苯基取代手性侧链底物会导致非对映和对映选择性的明显下降。在反应过程中底物部分还原得到的亚胺与烯胺之间的异构是实现动态动力学拆分的关键所在[201]。

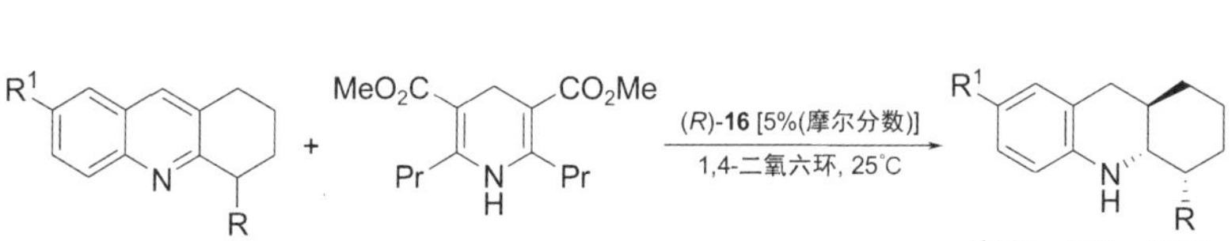


R = Me, Et, Pr, Bu, $CH_2 = CHCH_2$, Bn, Ph
$R^1$ = H, MeO, F

产率：49%～97%
dr值：5/1～>20/1
*ee*值：46%～89%

此外，该小组通过手性磷酸(*S*)-TRIP 催化的 3-三氟甲基取代喹啉衍生物的不对称转移氢化实现了 3-三氟甲基取代的手性四氢喹啉衍生物的对映选择合成。2-位芳基取代的底物普遍能够得到很好的非对映和对映选择结果，但是 2-位烷基或炔基取代的底物会导致反应非对映选择性的急剧下降[202]。

在手性磷酸催化的不对称转移氢化反应中所使用的手性磷酸大多局限于具有 C2 对称性骨架的手性磷酸，其他类型的手性磷酸报道较少。2015 年，Miller 课题组报道含有磷酸化苏氨酸结构单元的四肽 **55** 可以催化 8-位含有氨基(脲或酰胺)的 2-取代喹啉的不对称转移氢化反应，取得了中等至较好的对映选择性结果。底物 8-位氨基的存在是反应成功必不可少的条件，作者认为在反应过渡态中氨基与喹啉氮原子以及催化剂中的磷酸单元之间的氢键相互作用是实现对反应立体控制的关键所在[203]。

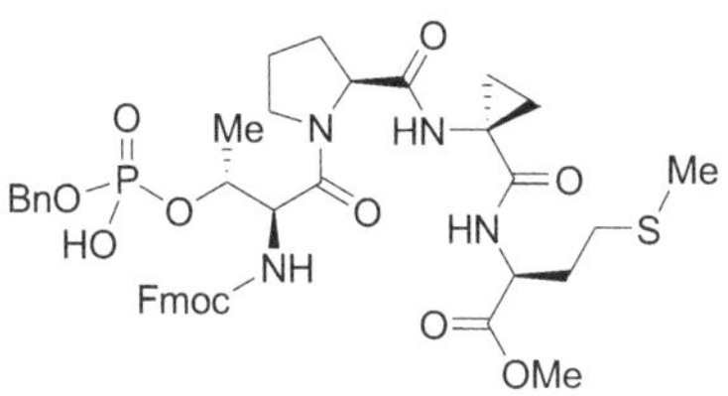


**55**

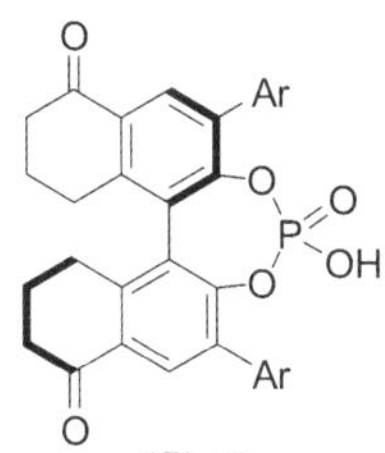


(*R*)-**56**
Ar = 9-蒽基

Bhanage 课题组使用可持续性溶剂碳酸二乙酯代替传统有机溶剂，在手性磷酸(*R*)-TRIP 的催化下，以 **HEH** 为氢源，同样实现了 2-取代喹啉的不对称转移氢化，得到相应的手性四氢喹啉衍生物[204]。

2015 年，Shi 课题组设计合成了含有 5, 5′-联四氢萘酮骨架的手性磷酸(*R*)-**56**，与联萘骨架(49.78°～ 52.19°)和八氢联萘骨架(57.70°)手性磷酸相比，前者具有更大的二面角(62.0°)，在 2-苯基喹啉的不对称转移氢化中表现出了比后两者更高的催化活性和相当的对映选择性[205]。

三氟甲硫基单元具有很高的亲脂性，在药物化学研究中具有重要的地位。Jiang 课题组通过手性磷酸(*S*)-TRIP 催化的 3-三氟甲硫基取代的喹啉的不对称转移氢化反应方便地实现了 3-三氟甲硫基取代的手性四氢喹啉衍生物的不对称合成。其中 2-位取代基对反应的立体化学结果有显著的影响，当 2-位有芳基取代基时都能得到几乎完美的对映选择结果，而 2-位没有取代基的底物只能得到中等程度的立体选择性[206]。

Bousquet 和 Pélinski 等人研究了手性磷酸(*S*)-**9** 催化的 3-对甲苯磺酰氨基喹啉衍生物不对称转移氢化反应，并以此为关键步骤实现了治疗帕金森药物 Sumanirole 的不对称合成[207]。

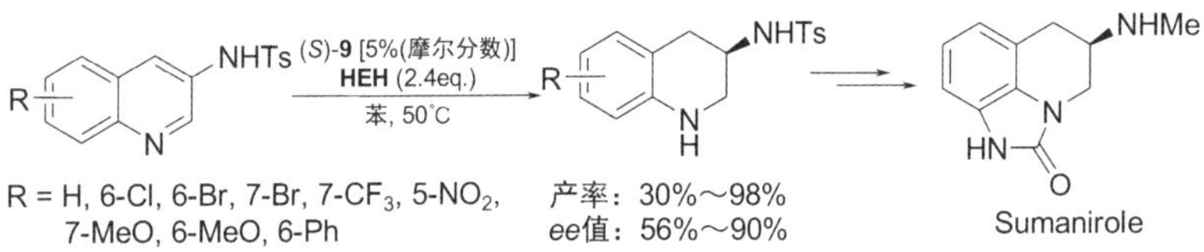


## 4.8.4 邻菲咯啉衍生物的转移氢化

Metallinos 等人利用 Rueping 小组发展的喹啉的不对称转移氢化反应条件研究了 2-取代或2, 9-二取代-1, 10-菲咯啉的不对称还原反应。在手性磷酸(*R*)-**17** 或(*R*)-**21** 的催化下，2-取代-1, 10-菲咯啉可以顺利地以较低至中等产率得到相应的还原产物四氢菲咯啉。对于 2, 9-二取代-1, 10-菲咯啉底物而言，当取代基为烷基时，可以较高的产率得到八氢菲咯啉产物[208]。

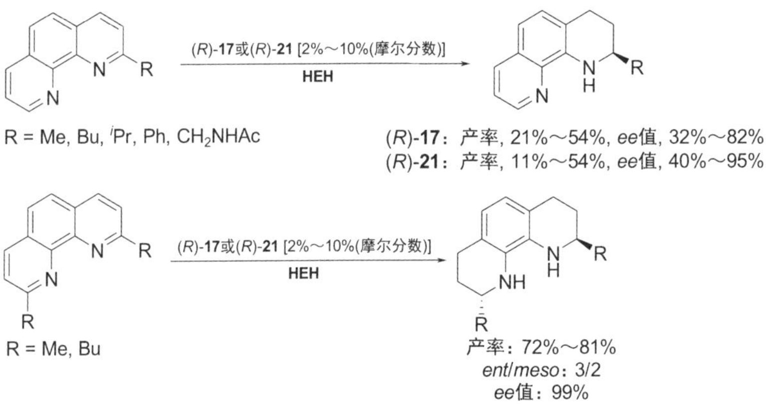


## 4.8.5 吡啶衍生物的转移氢化

手性哌啶衍生物不仅是许多生物活性物质的重要合成中间体，而且是许多生物碱如 Pumiliotoxins、Gephyrotoxins 等的核心结构单元。Rueping 课题组在手性磷酸

(*R*)-**19** 的催化下，以 **HEH** 为氢源，实现了多取代吡啶的不对称转移氢化，为光学活性哌啶衍生物的合成提供了新方法。例如，利用该策略可以方便地实现哌啶类生物碱 *diepi*-pumiliotoxin C 的手性中心的构筑 [209]。

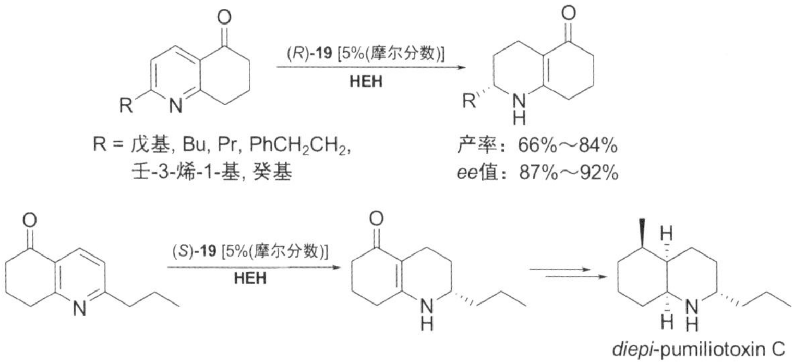


## 4.8.6 苯丙噁嗪（酮）、苯并噻嗪的转移氢化

二氢-2*H*-苯并噁嗪、二氢-2*H*-苯并噻嗪和二氢-2*H*-苯并噁嗪酮不仅是多种生物活性天然产物的结构单元，而且也是许多药物的重要合成中间体。Rueping 等人发现这几类手性杂环化合物可以方便地从相应的特殊环状亚胺苯并噁嗪、苯并噻嗪以及苯并噁嗪酮出发，利用手性磷酸(*R*)-**21** 催化的转移氢化实现其不对称合成。其中值得注意的是，当以 3-苯基苯并噁嗪为底物时，催化剂用量即使降低至 0.01%(摩尔分数)时仍然能够得到很好产率(90%)和 *ee* 值(93%)的还原产物，这是迄今为止不对称有机催化中催化剂用量最低的实例。其催化效率之高可以媲美甚至超过同类反应中的金属催化剂 [210]。

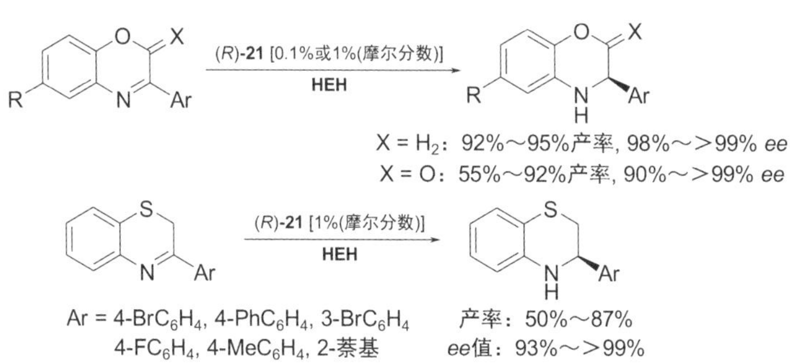

在手性磷酸催化的不对称转移氢化中，氢源除了常用的Hantzsch酯和苯并噻唑啉之外，Zhou 小组报道二氢吡咯并喹喔啉也可以作为氢源用于苯并噁嗪的不对称转移氢化。作者采用的催化体系是金属 / 手性磷酸二元催化体系，其中金属钌催化剂的作用是将吡咯并喹喔啉氢化还原原位生成二氢喹喔啉，后者作为氢源参与手性磷酸(*S*)-**18** 催化的苯并噁嗪的不对称转移氢化[211]。

Zhang 课题组合成了 3, 3′-双咔唑基取代的联萘骨架手性磷酸(*R*)-**57** 及其氧化偶联形成的多孔非均相磷酸催化剂(*R*)-**58**，并比较了二者在苯并噁嗪酮和苯并噁嗪的不对称转移氢化中的催化活性和选择性。二者在苯并噁嗪的不对称转移氢化中表现出了相当的活性和选择性，但在苯并噁嗪酮的反应中，均相催化剂的活性和选择性有很大程度的溶剂依赖性，而非均相催化剂的溶剂依赖性较小。此外，非均相催化剂可以方便地回收再用至少四次而不影响催化活性和选择性[212]。

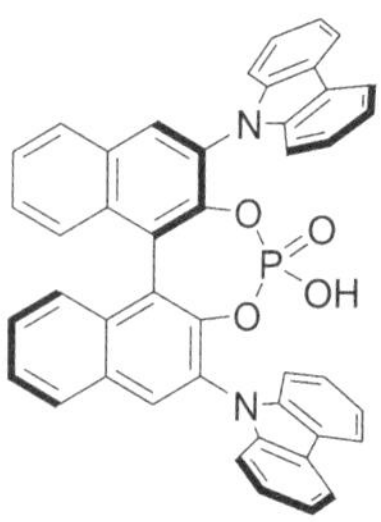


(*R*)-**57**

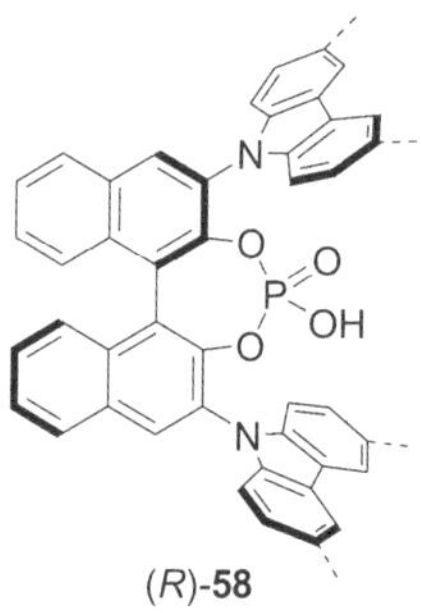


(*R*)-**58**

## 4.8.7 喹喔啉（酮）的转移氢化

Rueping 等人报道手性磷酸(*R*)-**19** 可以高效催化 2-芳基取代喹喔啉的不对称转移氢化并得到很好的对映选择结果。该催化体系同样适用于 2-取代喹喔啉酮的不对称转移氢化，尽管产率有所下降，但对映选择性得以保持。该方法为光学活性四氢喹喔啉或二氢喹喔啉酮提供了有效的合成途径[213]。

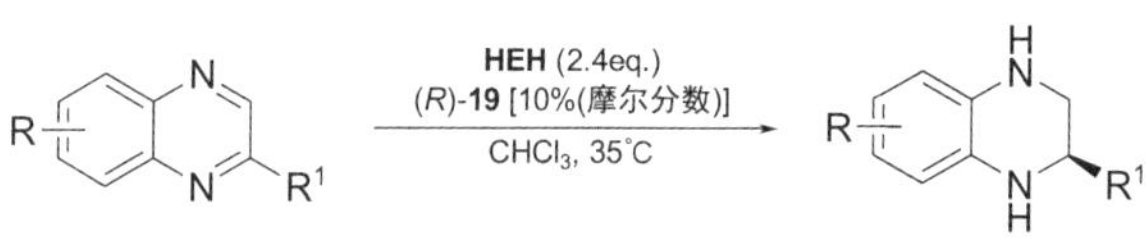


R = H, 6-Br, 7-Br, 6-Cl, 7-Cl, 6,7-$Cl_2$

$R^1$ = Ph, 4-MePh, 4-MeOPh, 3,4-$Cl_2$Ph, 3-BrPh, 2-呋喃基, 2-噻吩基

产率：73%～98%

*ee*值：80%～98%

R = Ph, 3,5-$Me_2$Ph, 4-$^t$BuPh, 4-MeOPh, 3,4-CH=CH−CH=CH

产率：42%～75%

*ee*值：98%

## 4.8.8 其他化合物的转移氢化

List 报道手性磷酸(*R*)-TRIP 与 L-缬氨酸叔丁酯组成的催化体系，在 **HEH** 为氢源的情况下，可以催化 $\alpha,\beta$-不饱和酮的不对称转移氢化，无论是 $\alpha,\beta$-不饱和环酮还是 $\alpha,\beta$-不饱和非环酮均能高产率和高对映选择性地得到相应的手性酮。反应中作者发现手性磷酸 TRIP 和 L-缬氨酸叔丁酯之间存在明显的手性匹配效应，例如在 3-甲基环己-2-烯酮的不对称转移氢化中，使用(*R*)-TRIP 的盐为催化剂时可以得到 94% *ee* 的对映选择性，而使用(*S*)-TRIP 的盐则得到的是几乎外消旋的还原产物。在反应过程中，L-缬氨酸叔丁酯的作用是与烯酮形成烯亚胺中间体，后者在手性磷酸的催化下进行共轭还原，继而异构和水解得到手性酮产物[214]。

Terada 小组使用手性磷酸(*R*)-TRIP 为催化剂，实现了 2,4-二芳基-2-羟基-2*H*-苯并吡喃的不对称脱羟基还原反应，得到光学活性 4*H*-苯并吡喃衍生物。在反应过程中，反应底物首先在手性磷酸的作用下脱水形成手性吡喃鎓离子对，后者发生不对称转移氢化还原得到手性 4*H*-苯并吡喃化合物[215]。

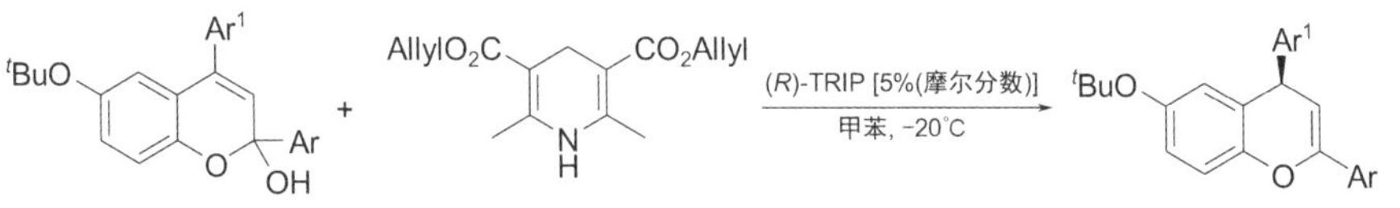

Ar = Ph, 4-$FC_6H_4$, 4-$MeOC_6H_4$

$Ar^1$ = Ph, 4-$ClC_6H_4$, 4-$MeC_6H_4$, 4-$MeOC_6H_4$, 3,4-$OCH_2OC_6H_3$

产率：85%～>99%

*ee*值：74%～96%

尽管手性磷酸催化的不对称转移氢化反应取得了巨大的成功，但未活化的富电子烯烃的不对称转移氢化仍然是最富挑战性的课题之一。2015 年，Lin 和 Sun 课题组首次报道了手性磷酸催化的一系列富电子 1,1-二芳基取代乙烯的不对称转移氢化反应，为具有重要生物活性的手性二芳基烷烃的合成提供了新方法。以 **HEH** 为氢源，含有 2-羟基苯基或 4-羟基苯基的 1,1-二取代乙烯分别在手性磷酸($R$)-**9** 或($R$)-**35** 的催化下可以顺利地被还原得到光学活性二芳基乙烷。其中 2-位或 4-位羟基的存在是确保反应活性和立体选择性的关键因素，DFT 计算表明，反应首先是在手性磷酸作用下原位产生邻或对位甲亚基苯醌中间体，然后在手性磷酸催化下发生不对称共轭转移氢化得到还原产物[216]。

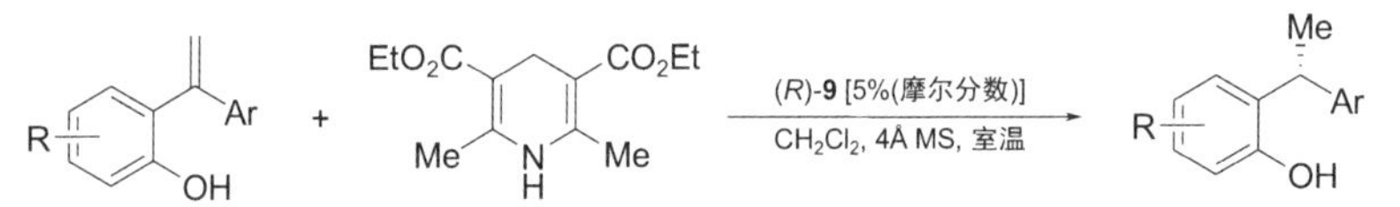


R = H, 4-MeO, 4-BnO, 4-TBSO, 4,5-$OCH_2O$, $CH_2$═$CHCH_2O$, HC≡$CCH_2$　产率：64%～96%

Ar = Ph, 4-MePh, 4-MeOPh, 4-MeSPh, 4-$PhC_6H_4$, 4-$FC_6H_4$, 1-萘基　*ee*值：75%～99%

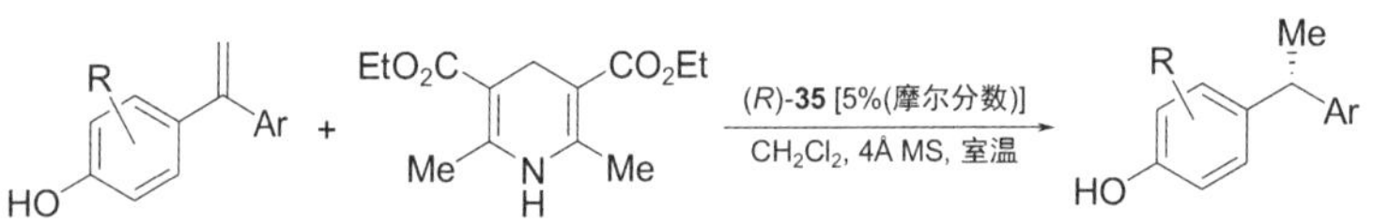


R = H, 2-F

Ar = Ph, 4-$MeOC_6H_4$, 4-TBSO

产率：51%～81%

*ee*值：65%～83%

进一步研究表明，当以 2-(萘-2-基)苯并噻唑啉代替 **HEH** 为氢源时，富电子的 1-(3-吲哚基)-1-芳基乙烯在手性磷酸($R$)-**9** 的催化下同样可以发生高对映选择性的不对称转移氢化，反应同样经由原位形成的烯基亚胺中间体的共轭还原进行[216]。

Li 和 Tang 课题组在手性磷酸($R$)-**21** 的催化下，以 **HEH** 为氢源，成功地实现了 2,2,4-三甲基-1,2-二氢喹啉的转移氢化，得到光学活性四氢喹啉衍生物。作者认为，在反应过程中底物首先在手性磷酸的作用下发生异构原位形成邻甲亚基醌亚胺中间体，后者在手性磷酸催化下发生共轭氢转移得到还原产物四氢喹啉衍生物[217]。

羰基叶立德是一类难以分离的高反应活性物种，常被用作 1,3-偶极子与各种亲 1,3-偶极子发生偶极环加成合成氧杂环化合物。为了进一步拓展羰基叶立德在有机合成中的应用，Terada 等人发展了一种基于 $Rh(OAc)_4$ 和手性磷酸($R$)-**21** 的二元催化体系，采用接力催化策略实现了从 $\alpha$-重氮邻芳甲酰基苯甲酰乙酸乙酯制备光学活性二氢异苯并吡喃衍生物。该转化包括以下四个步骤：① $\alpha$-重氮酸酯在金属铑催化剂作用下发生分解得到金属铑卡宾复合物；②分子内羰基氧对卡宾复合物插入得到环状羰基叶立德中间体；③手性磷酸对羰基叶立德进行质子解形成手性氧鎓碳正离子对；④手性氧鎓碳正离子对在手性磷酸催化下发生转移氢化得到光学活性产物[218]。

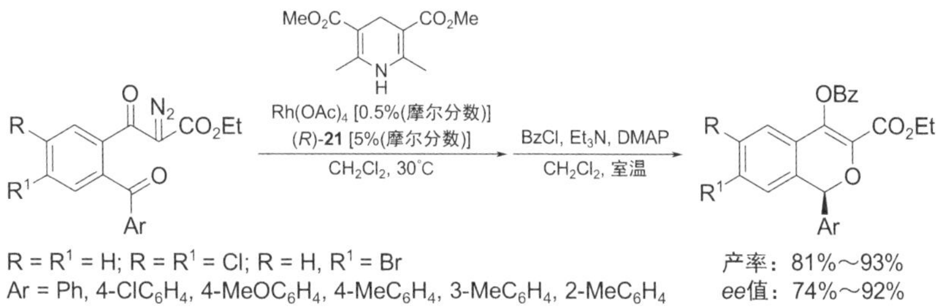


# 4.9 ene反应

Ene 反应，亦称 Alder-ene 反应或烯反应，是一个带有烯丙位氢的烯烃和一个亲烯体之间发生的反应。随着相关研究的深入，发现将烯烃或亲烯体中引入杂原子也能发生类似的反应。如果将亲烯体中的碳碳双键替换成碳氮或碳氧双键则称之为 imino-ene 反应或 carbonyl-ene 反应，如果同时在烯烃和亲烯体中引入氮原子，则称之为 aza-ene 反应。对于含杂原子的 ene 反应，由于杂原子具有 Lewis 碱性，可以与手性磷酸相互作用，给手性磷酸催化提供了丰富的机会。

Terada 报道手性磷酸(*R*)-**19** 能够催化富电子的 1-取代烯胺与亚胺之间的不对称 aza-Ene 反应，反应不仅取得了很好的对映选择性，而且在催化剂用量上也有很大的突破，最低仅需 0.05%(摩尔分数)(底物 / 催化剂 = 2000 ∶ 1)，为手性 *β*-氨基酮或 1,3-二胺的合成提供了新方法[219]。在反应中，作者认为手性磷酸(*R*)-**19** 作为一种双功能催化剂发挥作用，一方面磷酸作为 Brønsted 酸质子化亚胺形成亚胺正离子活化亲电试剂亚胺，另一方面，磷酰基中的氧作为 Lewis 碱通过氢键与烯胺 NH 单元上的质子相互作用达到活化亲核试剂的作用，通过一个九元环状过渡态生成类

aza-Ene 产物。

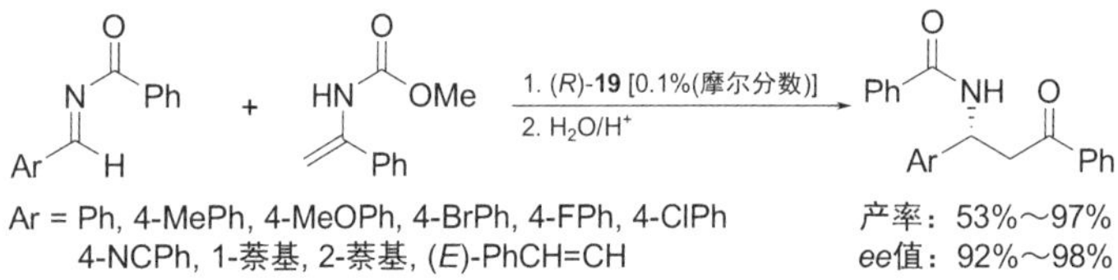


在此基础上，该研究小组发现当用未取代的烯胺替代取代烯胺为底物时，得到的 aza-ene 加成产物自身是一新的醛亚胺，它在手性磷酸(*R*)-**40** 的催化下可以继续与另一分子烯胺发生 aza-ene 反应，继而发生分子内环化反应，这样通过一系列串联反应巧妙地实现了光学活性哌啶衍生物的不对称合成[220]。

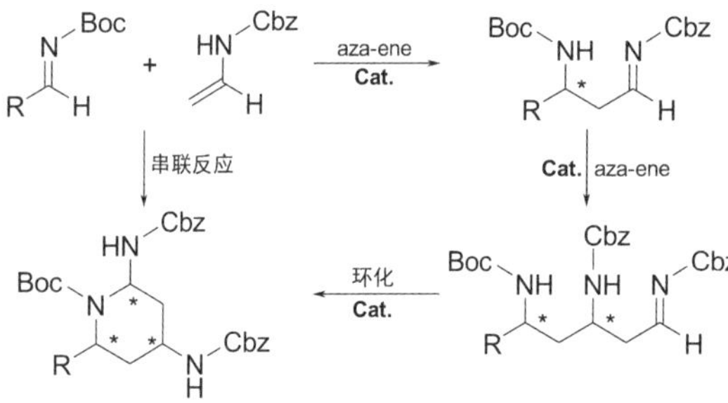


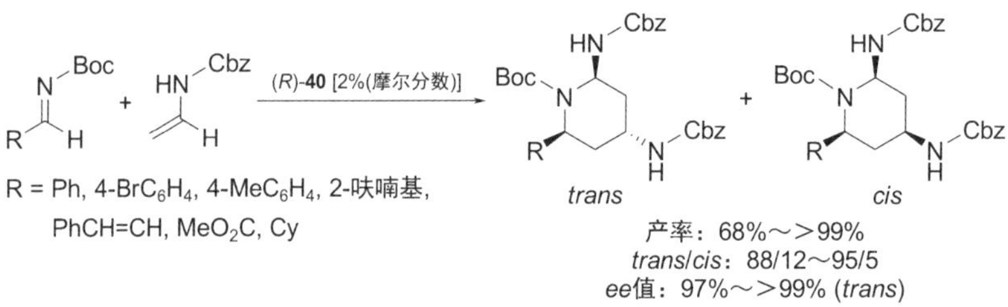


在上述反应中，由于新产生的醛亚胺具有很高的反应活性，即使使用过量的亚胺底物，仍然只能得到哌啶衍生物而得不到相应的 aza-ene 反应产物。Terada 发现当使用半缩醛胺(hemiaminal)替代亚胺作为反应底物时，半缩醛胺在手性磷酸催化剂(*R*)-**22** 的存在下可以原位消去甲醇产生亚胺，亚胺与烯胺发生不对称 aza-ene 反应后所产生的新的醛亚胺可以很好地被之前所产生的甲醇捕获形成新的半缩醛胺，虽然得到的产物是非对映异构体的混合物，但用 K-selectride 还原后即可高对映选择性地得到手性 1,3-二胺[221]。

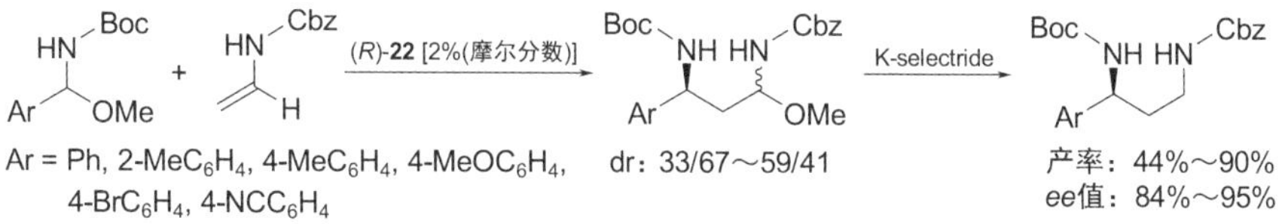

但是当用脂肪族半缩醛胺替换芳香族半缩醛胺为底物时，只能得到产率低于30%的aza-ene反应产物，同时伴随大量三聚烯胺副产物的产生。当采用2,2,2-三氯乙氧羰基(Troc)替代苄氧羰基(Cbz)为烯胺保护基时，可以有效地抑制三聚副产物的产生，提高aza-ene反应产物的产率。进一步研究发现，对于脂肪族半缩醛胺底物，手性磷酸(*R*)-TRIP具有更好的不对称诱导能力。该催化体系对于2-取代的烯胺底物同样有效，无论是(*Z*)-还是(*E*)-构型烯胺经还原后均可得到具有优异非对映选择性的1,3-二胺产物，而且其中优势异构体具有很高的*ee*值。(*E*)-构型烯胺主要得到*anti*-产物，而(*Z*)-构型烯胺主要得到*syn*-产物。此外，作者还尝试了手性磷酸(*R*)-TRIP催化的连续aza-ene/Friedel-Crafts烷基化反应“一锅法”制备手性吲哚衍生物。首先在手性磷酸催化下发生aza-ene反应，所形成的半缩醛胺不经分离直接加入吲哚，继续在手性磷酸的催化下发生不对称F-C烷基化反应，最终高立体选择性地得到光学活性吲哚衍生物。

Tsogoeva报道手性磷酸可以催化*N*-酰基烯胺的二聚，实现含氮季碳手性中心的构筑。其中联萘骨架手性磷酸(*R*)-**1**获得了最好的对映选择性。二聚产物经酸处理即可方便地转化为重要的合成中间体*β*-氨基酮，同时转化过程中并没有外消旋化现象出现。作者认为反应过程中，*N*-酰基烯胺首先在磷酸催化下快速建立*N*-酰基烯胺和*N*-酰基亚胺平衡，紧接着在磷酸的催化下烯胺和亚胺之间发生aza-ene反应并随即异构实现*N*-酰基烯胺的二聚[222]。

Masson和Zhu课题组报道了一种通过三组分aza-ene反应及后续还原反应的“一锅法”合成光学富集1,3-二胺化合物的方法。在八氢联萘骨架手性磷酸(*R*)-**16**的催化下，4-硝基苯胺、醛首先原位形成*N*-芳基亚胺，后者与Cbz保护的烯胺发生aza-ene反应，得到的*β*-氨基亚胺不经分离直接用氰基硼氢化钠还原即可得到具有重要合成价值的手性1,3-二胺衍生物[223]。

Terada等人在手性磷酸(*R*)-**59**的催化下，实现了乙醛酸酯和烯基氨基甲酸酯之间的不对称carbonyl-ene类型反应，反应中烯基氨基甲酸酯的几何构型对反应速度以及选择性(非对映及对映选择性)有显著的影响。(*Z*)-异构体会使反应时间延长，降低反应非对映选择性，而且主要产物的 *ee* 值很低；相反，(*E*)-异构体不仅可以得到很高的 *anti*- 选择性，而且产物的 *ee* 值高达 99%[224]。

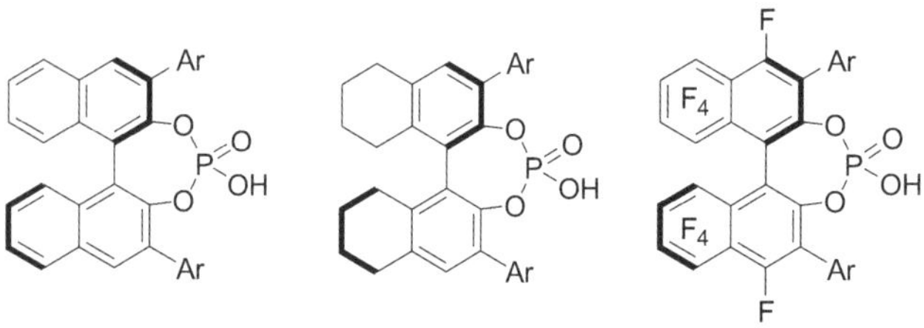

(*R*)-**59**
Ar = 4-$^t$BuC$_6$H$_4$

(*R*)-**60**
Ar = 9-菲基

(*R*)-**61**
Ar = 6-甲氧基萘-2-基

手性脒是一类重要的有机合成中间体，通过转化可以得到诸如 *α*-氨基醛、*α*-氨基腈、二胺等一系列有用的手性化合物。Rueping 等人采用八氢联萘骨架手性磷酸 (*R*)-**60** 为催化剂，通过醛亚胺与甲亚基肼之间的 Imino-ene 反应，以较好的产率和好的对映选择性实现了 *α*-氨基脒的不对称合成[225]。

Carbonyl-ene 反应是合成高丙烯醇的一类重要的 C—C 键形成反应[226]。Terada 小组报道衍生自 $F_{10}$-BINOL 的手性磷酸(*R*)-**61** 能够高效催化环状 1,1-二取代烯烃与乙醛酸乙酯的不对称 carbonyl-ene 反应，与衍生自联萘二酚的手性磷酸相比，该催化剂酸性较强，在催化活性和选择性方面都明显提高。理论计算表明，底物与催化剂之间的多点 C—H…O 氢键和 π 相互作用是获得好的对映选择性的重要因素[227]。

# 4.10

# 亚胺的亲核加成反应

从广义而言，前面提及的 Mannich 反应以及亚胺的 F-C 烷基化、亚胺的转移氢化、Strecker 反应等均属于亚胺的亲核加成反应。本节将进一步讨论几类其他类型的亚胺亲核加成反应，主要包括以杂原子如磷、氮、氧、硫为亲核中心的亲核试剂和一些特殊碳亲核试剂对亚胺或亚胺正离子的亲核加成。

## 4.10.1 磷亲核试剂

从生物学角度看，$\alpha$-氨基膦酸具有氨基酸的仿生结构，而且具有广泛的生物活性，因此该类化合物的不对称合成吸引了众多研究者的注意。其中亚磷酸衍生物与手性亚胺的非对映选择性加成[228]、手性 Lewis 酸催化的亚磷酸衍生物对亚胺的对映选择性加成[229]都是很成功的制备光学活性的 $\alpha$-氨基膦酸酯的方法。

2005 年，Akiyama 小组以联萘骨架手性磷酸(*R*)-**43** 为催化剂，实现了亚磷酸二酯对亚胺的亲核加成，即亚胺的不对称氢膦酰化反应，取得了中等至好的对映选择性[230]。当用三烷基亚磷酸酯代替二烷基亚磷酸酯参与反应时，反应活性和 *ee* 值都大幅降低。因此，作者认为二烷基亚磷酸中的 OH 基团对获得高 *ee* 值具有决定性作用，并指出在反应过渡态中，手性磷酸一方面作为 Brønsted 酸与亚胺形成亚胺正离子从而活化亚胺，另一方面，磷酰氧基与亚磷酸酯之间通过氢键相互作用使亲核试剂得以活化，并促进亲核试剂从 *Re* 面进攻亚胺。

Song 等人成功地将上述方法应用于一些具有生物活性的含氟 $\alpha$-氨基膦酸酯的合成，在手性磷酸(*R*)-**43** 的催化下，亚磷酸二酯对 $\alpha,\beta$-不饱和亚胺进行 1,2-加成，以较好的产率和中等至很好的对映选择性得到相应的 $\beta,\gamma$-不饱和 $\alpha$-氨基膦酸酯衍生物[231]。

羰基化合物、胺以及亚磷酸酯三组分通过原位产生亚胺的氢膦酰化，即所谓的 Kabachnik-Fields 反应，是合成 $\alpha$-氨基膦酸衍生物的有效方法。List 等人在手性磷酸(*S*)-**30** 的催化下，实现了 $\alpha$-支链醛、对甲氧基苯胺和亚磷酸二(戊-3-基)酯的 Kabachnik-Fields 反应，其中 $\alpha$-位具有较大体积环戊基、环己基以及异丙基的苯乙醛底物得到了很好的非对映和对映选择性结果，而较小体积的甲基和乙基取代的底物的立体选择性则有所降低。该反应最富挑战性的是在实现外消旋醛的动态动力学拆分过程中同时伴随着一个邻位新手性中心的形成[232]。

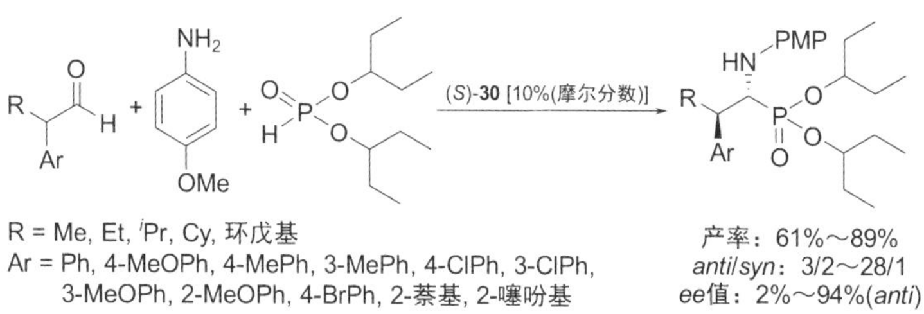

## 4.10.2 氮亲核试剂

Antilla 等人发现手性磷酸能够催化对甲苯磺酰胺作为氮亲核试剂与亚胺的亲核加成反应，其中由 VAPOL 衍生得到的具有较大位阻的手性磷酸(*S*)-**51** 表现出最好的不对称诱导效果，*ee* 值最高可达 99%[233]。该催化体系可以进一步拓展到环状酰亚胺对 *N*-Boc 芳香醛亚胺的不对称亲核加成反应，同样以好的对映选择性得到光学活性 *N*,*N*-缩醛衍生物[234]。

Toste 小组报道了一例酰胺作为氮亲核试剂对原位氧化形成的亚胺正离子的亲核加成。他们发现基于联萘骨架 3,3′-位含有三唑取代基的手性磷酸(*S*)-**62** 能高效催化四氢喹啉衍生物的分子内氧化脱氢偶联反应，得到手性多环四氢喹啉衍生物。作者认为，在氧化剂氧代铵盐的存在下，四氢喹啉首先被氧化得到相应的亚胺正离子，并与手性磷酸(*S*)-**62** 的阴离子形成手性离子对，最后接受氮亲核试剂的分子内对映选择性亲核加成得到目标化合物[235]。

R = Bn, 4-MeBn, 4-MeOBn, 2-$NO_2$Bn, 2-MeOBn, Ph, 3-MePh, 2-MePh, 2-ClPh, 2-HOPh, $^t$Bu

$R^1$ = H, Me, Br, $CF_3$

产率：38%～91%

*ee*值：60%～93%

研究中作者发现，当催化剂 3,3′- 三唑环取代基换成咪唑环或吡咯环时会导致反应对映选择性的显著下降，由于杂原子能有效增强 π 相互作用，作者认为催化剂与底物之间的非共价 π-π 相互作用是获得高对映选择性的关键因素。通过进一步深入研究三唑环上的取代基的电子及空间效应并结合理论计算发现在三唑环上引入大体积的 2,6-二取代芳基有利于限制底物构象并增强其与催化剂三唑环的 π-π 相互作用，从而提高反应的对映选择性。基于此认识，作者设计合成了三唑环上带有 2,6-二异丙基-4-溴苯基的催化剂(*S*)-**63**，后者在相同反应中表现出了更好的立体控制能力[236]。

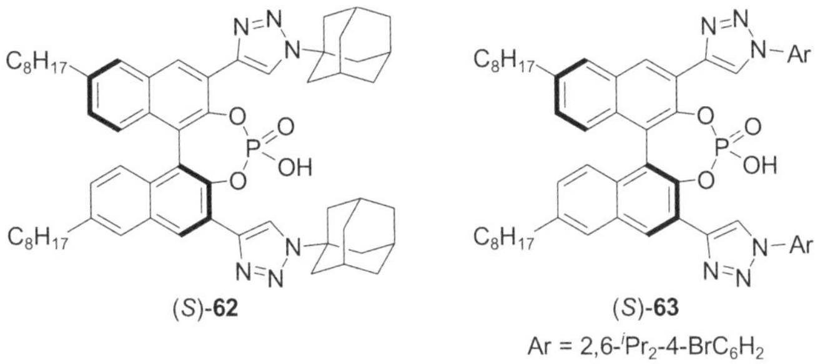


在手性磷酸催化的吲哚与亚胺或亚胺正离子的反应中，吲哚大多是作为碳亲核试剂参与反应，即得到所谓的F-C烷基化产物，而吲哚作为氮亲核试剂与亚胺或亚胺正离子的亲核加成则比较少见。Huang等人发现手性磷酸(*R*)-TRIP或其硫代类似物(*R*)-**64**可以催化*α*,*β*-不饱和*γ*-内酰胺的异构化和吲哚对异构后形成的亚胺正离子的亲核加成，得到吲哚氮原子上官能化的产物。在反应过程中，*α*,*β*-不饱和*γ*-内酰胺首先在手性磷酸作用下发生异构得到手性亚胺正离子中间体，然后接受吲哚氮原子的亲核进攻得到*N*,*N*-缩醛衍生物[237]。

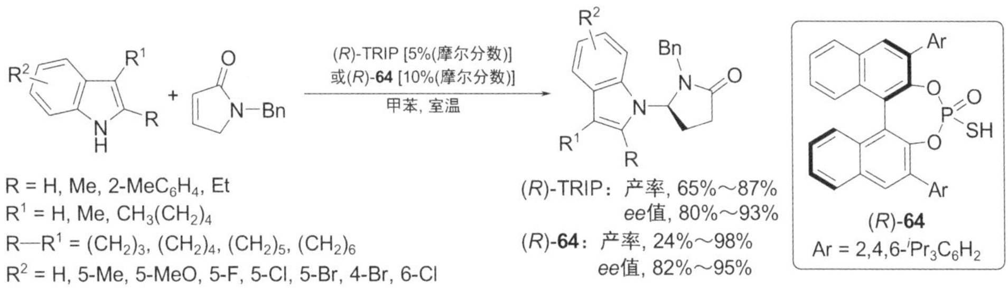


You小组采用接力催化的策略，从更为易得的原料*N*-苄基-*N*-烯丙基丙烯酰胺出发，在**Ru-Cat.**/手性磷酸(*R*)-STRIP二元催化体系作用下，实现了相同的化学转化得到光学活性吲哚氮氢官能化产物。在钌催化剂作用下，底物*N*-苄基-*N*-烯丙基丙烯酰胺首先发生关环烯烃复分解得到*α*,*β*-不饱和*γ*-内酰胺，后者在手性磷酸催化下异构成亚胺正离子并接受吲哚氮的亲核加成得到目标化合物[238]。

Zeng和Zhong等人从3-取代-3-羟基异吲哚啉酮出发，在螺二氢茚骨架手性磷酸(*S*)-**65**的催化下也实现了吲哚作为氮亲核试剂对原位形成亚胺正离子的不对称亲核加成反应，以好的对映选择性得到相应的含季碳手性中心的异吲哚啉酮衍生物[239]。

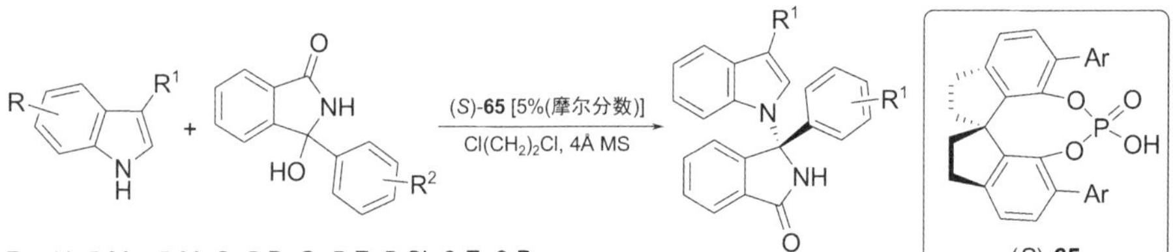

(*S*)-**65**
Ar = 2,4,6-$Me_3C_6H_2$

R = H, 5-Me, 5-MeO, 5-BnO, 5-F, 5-Cl, 6-F, 6-Br
$R^1$ = $BocNH(CH_2)_2$, Me, Et
$R^2$ = H, 4-Me, 4-MeO, 3,4-$(MeO)_2$, 3,5-$(MeO)_2$, 4-F, 4-Cl, 3-Cl, 3-F, 4-$^t$Bu, 4-Ph, 3,4-CH=CH−CH=CH

产率：50%～79%
*ee*值：84%～98%

2018 年，You 课题组报道联萘骨架手性磷酸(*S*)-CTRIP 可以催化吲哚与异喹啉的不对称 Reissert 类型反应，实现吲哚氮原子的官能化反应，得到一系列光学富集的氮氢被 1,2-二氢异喹啉-1-基取代的吲哚衍生物，获得了中等程度至好的对映选择结果[240]。

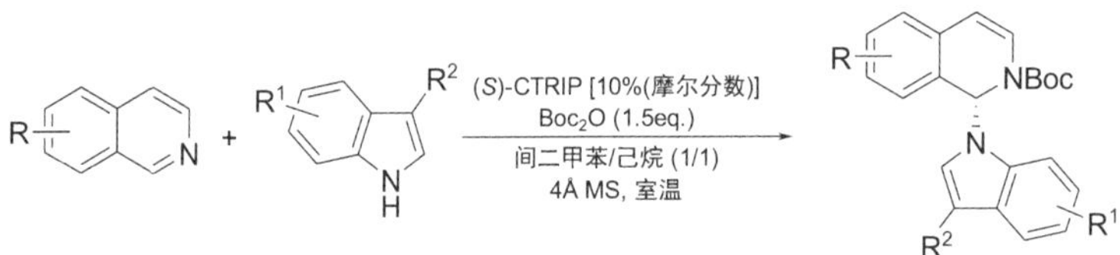

R = H, 4-Cl, 5-$NO_2$, 5-Br, 6-Br, 6-Me, 6-F, 6-Cl, 6-$CO_2Me$, 6-CN, 7-Br, 7-MeO, 8-Br
$R^1$ = H, 2-Me, 4-Cl, 5-F, 5-Cl, 5-Me, 5-MeO, 6-MeO
$R^2$ = $MeO_2C(CH_2)_2$, $EtO_2C(CH_2)_2$, $^iPrO_2C(CH_2)_2$, $PhO_2C(CH_2)_2$, $CbzNH(CH_2)_2$, $BocNH(CH_2)_2$, Me

产率：10%～98%
*ee*值：29%～94%

## 4.10.3 氧亲核试剂

手性 *N*,*O*-缩醛是天然产物和药物的重要结构单元，但由于其对酸、碱以及其他相对苛刻反应条件的敏感性，手性 *N*,*O*-缩醛的合成是极富挑战性的研究之一。Antilla 报道手性磷酸催化的醇对苯甲酰基亚胺的不对称加成可以方便地实现该手性结构单元的构筑，其中(*R*)-**19** 获得了最好的结果。不同结构的醇，包括伯、仲、叔醇以及不饱和醇均能高产率地得到加成产物，同时具有很好的立体选择性。不同结构的芳亚胺可获得很好的立体控制结果，但脂肪族亚胺由于存在与烯胺的异构平衡从而影响底物纯度，反应产率和选择性会下降[241]。

含过氧结构单元的化合物是一类生物学上有重要意义的目标分子，具有抗癌、抗菌、抗疟等活性。Antilla等人发现在手性磷酸(*R*)-**19** 催化下，过氧叔醇作为氧亲核试剂也能顺利地对 *N*-酰基亚胺进行不对称亲核加成，为这类具有广泛生物活性的物质的高对映选择性合成提供了简洁的新方法[242]。作者认为在反应过渡态中，手性磷酸作为双功能催化剂发挥作用，一方面质子化亚胺形成亚胺正离子，提高亚胺亲电活性并控制反应加成构象；另一方面磷酰基氧作为 Lewis 碱作用于过氧叔醇的羟基质子提高其亲核活性。

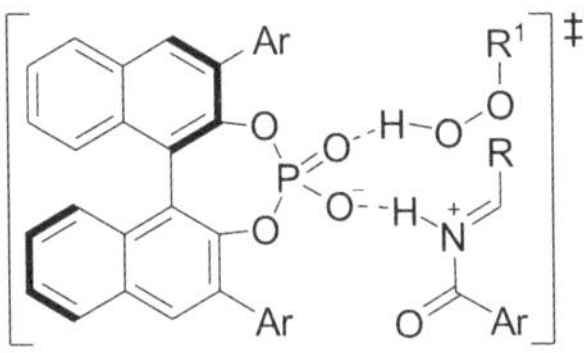

## 4.10.4 硫亲核试剂

手性 *N*,*S*-缩醛是一类广泛存在于许多天然产物如 *β*-内酰胺抗生素分子结构中的重要结构单元。硫醇对亚胺的亲核加成是合成该类化合物最简单高效的方法，Antilla 等人发现手性磷酸(*R*)-TRIP 能有效催化硫醇对 *N*-苯甲酰基醛亚胺的不对称加成反应，以很好的对映选择性得到结构多样的手性 *N*,*S*-缩醛衍生物。将亲核试剂硫醇换成硫化氢水溶液或硒醇同样能够获得很好的对映选择性结果[243]。

Shi 课题组在手性磷酸(*R*)-**9** 的催化下实现了硫酚对 *α*-苯甲酰氨基砜原位形成亚胺的不对称亲核加成反应，以较好的对映选择性得到相应的手性 *α*-苯甲酰氨基苄基苯基硫醚[244]。Gredičak[245] 和 Singh[246] 两个课题组还先后独立报道了手性磷酸(*R*)-TRIP 催化的硫醇(酚)对 3-取代-3-羟基异吲哚啉酮原位产生的亚胺的不对称亲核加成反应，以好的对映选择性得到相应的手性 *N*,*S*-缩醛衍生物，并利用该方法成功地实现了非核苷类 HIV-1 逆转录酶抑制剂的不对称合成。

## 4.10.5 碳亲核试剂

Rueping 等人报道了首例手性 Brønsted 酸催化的乙醛酸酯亚胺与硝基烷之间的不对称 aza-Henry 反应，在八氢联萘骨架手性磷酸(*R*)-**45** 的存在下，能以较好的产率和很好的对映选择性得到相应的 aza-Henry 加成产物。其中烷基取代硝基甲烷的非对映选择性明显高于芳基取代硝基甲烷。在反应过程中，手性磷酸一方面通过质子化活化亚胺形成手性离子对，另一方面促使硝基烷与氮酸酯之间平衡的快速建立，从而同时发挥 Brønsted 酸和 Lewis 碱的双重作用[247]。

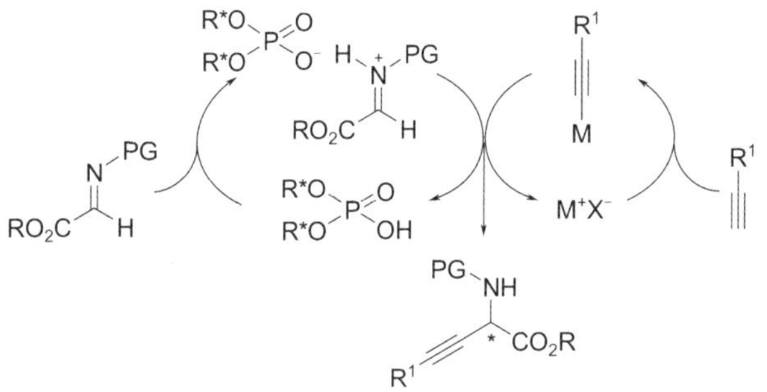


Rueping 小组还发展了一种 Brønsted 酸和金属的协同催化过程，实现了(取代)苯乙炔作为碳亲核试剂对 *α*-亚胺酯的对映选择性亲核加成。当使用手性磷酸(*R*)-**21** 和 AgOAc 作为共催化剂时，取得了很好的对映选择性结果。作者认为反应通过两个并行的催化循环进行，一方面亲电试剂亚胺酯通过手性 Brønsted 酸的质子化形成手性离子对得到活化并控制反应的立体化学；另一方面亲核试剂(取代)苯乙炔通过 Lewis 酸催化得到活化[248]。

采用相同的协同催化策略，Wang 课题组也实现了端炔对环状亚胺的不对称加成反应。在 AgOAc 和手性磷酸(*S*)-**21** 的二元催化体系的催化下，一系列端炔可以顺利地发生反应，以很好的对映选择性得到相应的手性炔丙胺衍生物[249]。

Hu 课题组采用协同催化的策略，在金属 Rh 与手性磷酸组成的共催化体系的催化下实现了重氮化合物、醇和亚胺的三组分反应。在反应中 $Rh(OAc)_4$ 与重氮化合物作用形成金属卡宾，继而与醇反应产生氧叶立德或相应的烯醇盐活性中间体；而手性磷酸的作用则是与亚胺形成手性离子对活化亚胺，并且在后续的氧叶立德加成过程中发挥不对称诱导作用形成手性 *β*-氨基-*α*-羟基酸衍生物。其中手性磷酸(*R*)-**21** 与 $Rh(OAc)_4$ 组成的共催化体系获得了最好的结果，对所有芳香醛亚胺均能得到几乎单一的非对映异构体，而且具有很好的对映选择性，但使用脂肪醛亚胺为底物时，反应的产率和选择性均明显下降[250]。

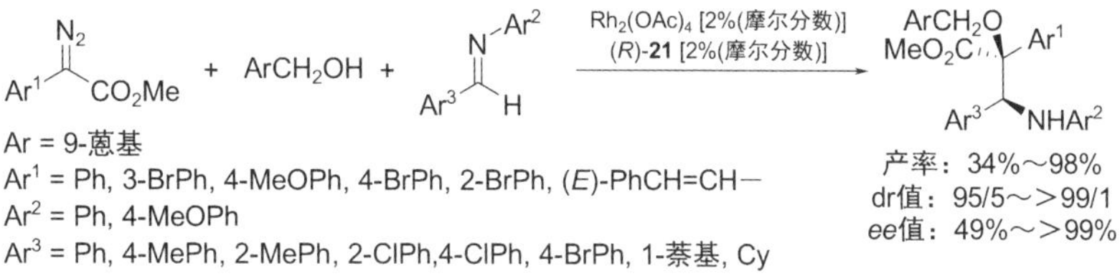


由于 3-羟基异吲哚酮在手性磷酸存在下很容易脱水原位形成环状 *N*-酰基亚胺，在相同的催化体系催化下，作者从 $\alpha$-重氮酸酯、2-甲氧基苄醇和 3-羟基异吲哚酮出发，在相同催化体系作用下实现了含有两个相邻季碳手性中心的手性异吲哚啉酮衍生物的立体选择性合成。该反应的局限性是对映选择性很好但非对映选择性较差[251]。

同样采用协同催化的策略，该小组从高炔丙醇衍生物和硝酮出发，在金催化剂和八氢联萘骨架手性磷酸(*S*)-**66** 的协同催化下，得到了光学活性的类 Mannich 加成产物。在反应过程中，首先金催化剂催化硝酮对炔烃的氧化得到 $\alpha$-金卡宾羟基酮中间体和硝酮的还原产物亚胺，随后分子内羟基插入含金的环状氧鎓叶立德中间体，然后在手性磷酸催化下，环状氧鎓叶立德中间体与亚胺发生不对称亲核加成得到相应的 Mannich 类型加成产物[252]。

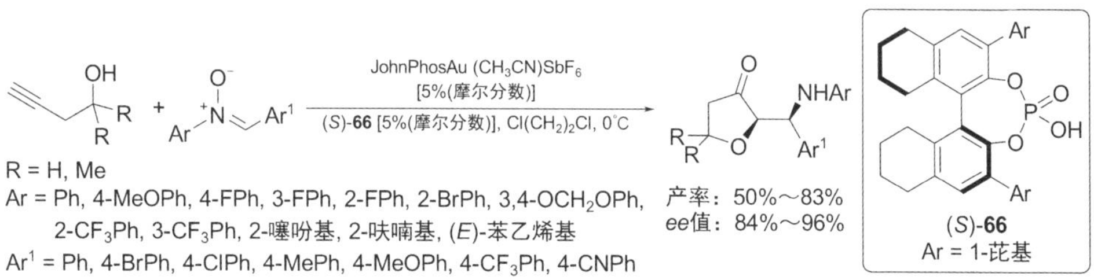


Terada 小组发现在手性磷酸(*R*)-**19** 的催化下，$\alpha$-重氮乙酸叔丁酯可作为一类特殊的碳亲核试剂对 *N*-酰基亚胺发生不对称亲核加成，得到了很好的催化结果[253]。产物 $\alpha$-重氮-$\beta$-氨基酸酯是合成 $\beta$-氨基酸及其衍生物的前体。加成产物经催化氢化、脱保护后可以得到光学纯度为 97% 的(*R*)-$\beta$-氨基氢化肉桂酸叔丁酯；或者经氧化、还原可以得到光学纯的(2*S*，3*S*)-$\beta$-苯甲酰氨基-$\alpha$-羟基叔丁酯。

随后，Singh 小组也报道一例手性磷酸催化的 $\alpha$-重氮酸酯对原位形成的 *N*-酰基亚胺的亲核加成。在手性磷酸(*S*)-TRIP 的催化下，3-羟基异吲哚啉酮与 $\alpha$-重氮酸酯反应可以方便地生成光学富集的异吲哚啉酮衍生物。在反应过程中，3-羟基异吲哚啉酮底物在磷酸催化剂作用下脱水原位产生亚胺正离子中间体，然后 *α*-重氮酸酯作为亲核试剂对其进行对映选择性亲核加成得到光学活性 Mannich 反应产物[254]。

Antilla 在研究二氢吡喃参与的杂 D-A 反应时发现，*N*-酰基醛亚胺与二氢吡喃在手性磷酸(*R*)-TRIP 的催化下并未生成预期的[4+2]环化产物，而是得到二氢吡喃对亚胺直接亲核加成的产物。反应具有广泛的底物范围并获得了令人满意的立体控制结果。产物中的富电子双键可以方便地通过进一步转化得到结构更为复杂的分子。例如，通过间氯过氧苯甲酸的环氧化及后续的分子内环氧开环可以实现螺噁唑啉衍生物的合成，在转化过程中有很好的非对映选择性并且不影响产物的光学纯度[255]。

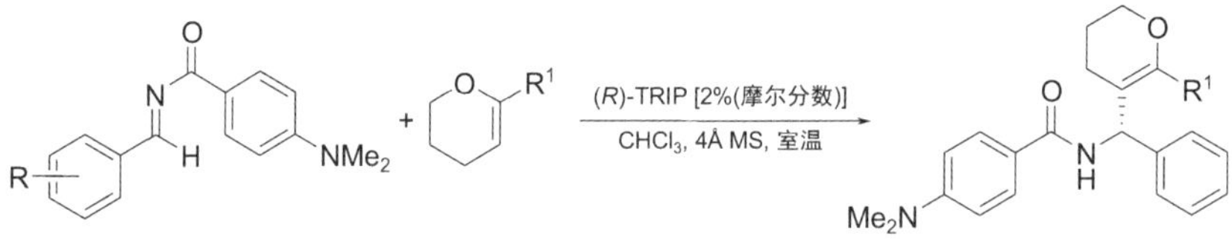


R = H, 4-Cl, 4-Br, 4-F, 4-Me, 4-MeO, 3-MeO, 3-F

$R^1$ = H, Pr, $^i$Bu, $^i$Pr$(CH_2)_2$, $^i$Pr$(CH_2)_3$, MeO$(CH_2)_2$

产率：72%～95%

*ee*值：76%～92%

Shi 课题组发现在手性磷酸(*R*)-**21** 的催化下，2-乙烯基苯酚与异吲哚酮稠合的 *β*-咔啉衍生的羟基内酰胺可以发生不对称形式烯基化反应，以高化学选择性、*E*/*Z* 选择性和对映选择性得到含有季碳手性中心的光学活性异吲哚酮稠合咔啉衍生物。在反应过程中，羟基内酰胺底物首先在手性磷酸作用下脱水形成手性亚胺正离子对，然后 2-烯基苯酚对其进行插烯亲核加成，最后消除质子得到相应的手性稠合咔啉衍生物[256]。

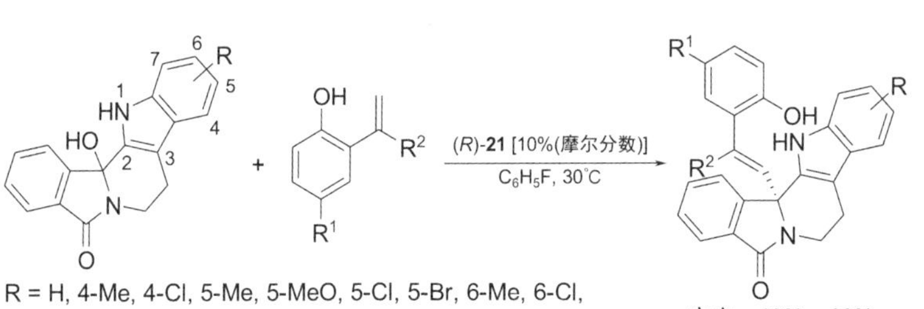


R = H, 4-Me, 4-Cl, 5-Me, 5-MeO, 5-Cl, 5-Br, 6-Me, 6-Cl, 6-Br, 7-Me

$R^1$ = H, Me, MeO, F

$R^2$ = Me, Et, Pr

产率：42%～83%

*E*/*Z*：＞95/5

*ee*值：70%～94%

Zhu 课题组报道在联萘骨架手性磷酸(*S*)-**49** 的催化下，醛腙作为氮杂烯胺可以

对 *N*-Boc 醛亚胺发生不对称亲核加成及 aza-Mannich 类型反应，得到光学活性偶氮化合物，产物通过氮氮键断裂可以方便地实现手性二胺的对映选择性合成。在反应过程中手性磷酸作为双功能催化剂通过氢键相互作用分别活化腙和亚胺底物，同时限制反应加成构象得到了很好的立体控制结果。其中腙氮原子上大体积叔丁基是确保化学选择性的关键，即只发生碳亲核进攻；而醛腙苯环上拉电子取代基的存在是确保反应活性的关键[257]。

Tong 和 Wang 等人报道手性磷酸(*R*)-TRIP 能够催化 *N*-烯基-*N*-酰基 -3-氨基丙醛与伯胺原位形成亚胺的分子内烯胺对亚胺的不对称亲核加成，得到光学活性的 4-氨基四氢吡啶衍生物。其中亚胺 N 上的取代基对反应的对映选择性影响十分明显，只有大体积的二苯基甲基和 10,11-二氢二苯并[7]轮烯-5-基能够获得好的对映选择性[258]。

# 4.11 Aldol反应

Aldol 反应是有机化学中十分重要的碳—碳键形成反应之一。广义的 Aldol 反应是指具有 *α*-氢的羰基化合物在一定条件下形成烯醇或烯醇负离子，再与另一分子羰基化合物发生亲核加成反应得到 *β*-羟基羰基化合物的一类有机化学反应。尽管酸可以加速羰基化合物的烯醇式和酮式互变异构平衡的建立，但手性磷酸催化的不对称 Aldol 反应的报道却比较少见，目前仅有几例报道，这可能与 Aldol 加成产物在酸催化下容易进一步脱水得到相应的非手性的羟醛缩合产物有关。

2009 年，Terada 等人发现在手性磷酸(*R*)-TRIP 的催化下，烯基醚和吖内酯反应可以得到吖内酯的 Aldol 加成产物，进一步经甲醇钠 / 甲醇处理得到吖内酯开环的 *α*-氨基-*β*-羟基酸酯衍生物，获得了较好的非对映及对映选择性。作者认为手性磷酸作用是质子化烯基醚并通过氢键相互作用形成手性氧鎓离子对 **A**，后者与吖内酯的烯醇式互变异构体发生亲核加成反应形成碳碳键。由于邻位取代芳基的位阻效应会导致互变异构变慢，最终使反应速度和立体选择性大幅下降[259]。

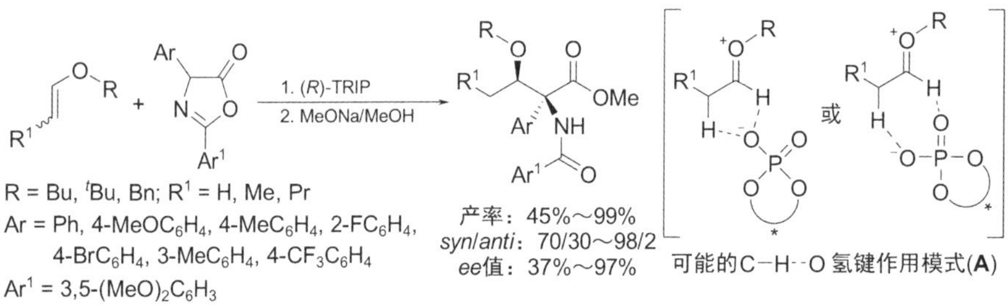


尽管基于烯胺活化机理的不对称 Aldol 反应取得了令人瞩目的研究进展，但苯乙酮、稠合环酮等底物的不对称 Aldol 反应仍是富有挑战性的研究课题。2010 年，Blanchet 小组采用八氢联萘骨架手性磷酸(*R*)-**67** 为催化剂实现了这些挑战性底物与乙醛酸酯之间的不对称 Aldol 反应[260]。

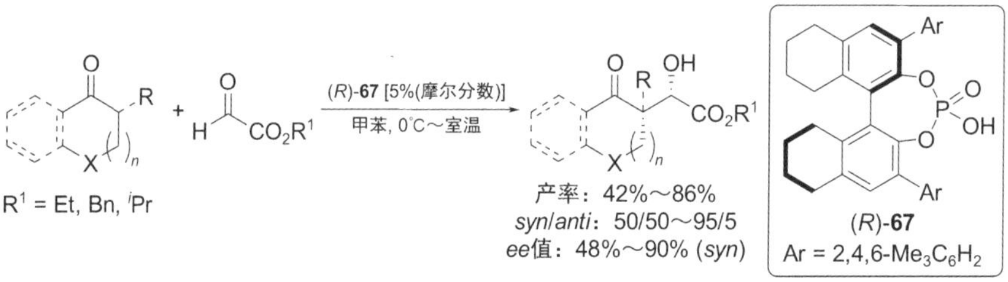


进一步研究表明，该催化体系同样适用于一系列共轭烯酮和双烯酮与乙醛酸乙酯的不对称 Aldol 反应，但是只得到中等程度的产率和对映选择性[261]。

# 4.12

# Biginelli反应

所谓 Biginelli 反应是指 $\beta$-酮酸酯、醛和(硫)脲的三组分缩合得到 3,4-二氢嘧啶-2(1*H*)-(硫)酮的化学反应。手性二氢嘧啶(硫)酮衍生物具有调节钙离子通道、抑制有丝分裂驱动蛋白和 $\alpha$1a-肾上腺素受体拮抗作用等生物活性，在药物研究领域占有十分重要的地位。因此，作为合成手性二氢嘧啶衍生物的有效方法，不对称Biginelli反应吸引了众多研究者的广泛关注。

2006年，Gong报道了首例手性磷酸催化的不对称Biginelli反应，他们在八氢联萘骨架手性磷酸(*R*)-**14**的催化下，以很好的对映选择性得到了相应的手性二氢嘧啶衍生物，为这类具有重要生物活性的杂环化合物的不对称合成提供了新方法[262]。

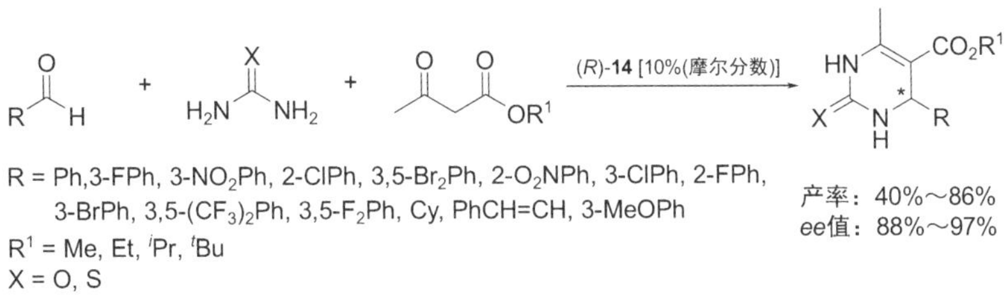


随后，该小组系统深入地研究了手性磷酸催化的不对称Biginelli及其类似反应，发现八氢联萘骨架手性磷酸(*R*)-**52**和(*R*)-**14**可以有效催化酮酸酯参与的Biginelli反应，其中(*R*)-**52**还可以催化可烯醇化醛、酮参与的类Biginelli反应。此外，研究发现，通过调节手性磷酸3,3′-位的取代基的大小可以方便地改变反应的立体化学结果。基于ONIOM的理论计算表明，在决定反应立体化学的过渡态中，亚胺和烯醇同时被双功能手性磷酸通过氢键相互作用得以活化。当催化剂是3,3′-二苯基取代的(*R*)-**14**时，苯基体积相对较小，*Si*-面和*Re*-面进攻的过渡态都存在较强的双活化作用，但*Si*-面进攻过渡态在能量上更为有利，因而主要得到(*R*)-对映体；相反，在3,3′-二(三苯硅基)取代的手性磷酸催化中，*Re*-面进攻过渡态中存在较强的双活化作用，而*Si*-面进攻过渡态中，由于大体积三苯硅基的存在，催化剂和烯醇只有较弱的氢键作用使烯醇反应活性较低，因此优先形成(*S*)-对映体[263]。

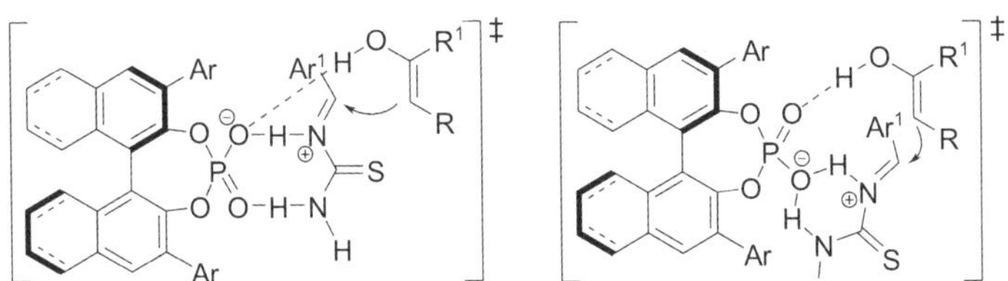

*Si*-面进攻过渡态　　*Re*-面进攻过渡态

Schaus 课题组利用手性磷酸(*R*)-**14** 催化的不对称 Biginelli 反应为关键步骤实现了黑色素聚集激素受体拮抗剂二氢吡啶衍生物 SNAP-7941 的不对称合成[264]。

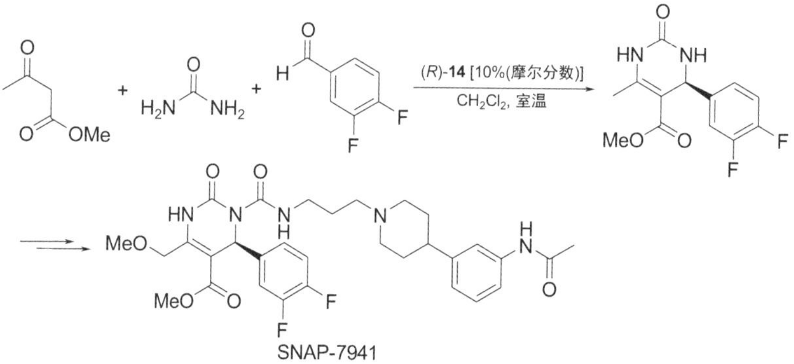

此外，Guo 和 Zou 等人研究了手性磷酸(*R*)-**68** 催化的脂肪醛参与的不对称 Biginelli 反应，取得了较好的对映选择性结果，尤其是经过简单的重结晶大多数情况下可以得到高光学纯度的环化产物，但是反应也存在反应时间长的缺点。所得产物经烷基化环化、醚化以及氨化等过程可以得到天然产物 Crambescin A 和 Batzelladine A 的双环胍核心结构单元[265]。

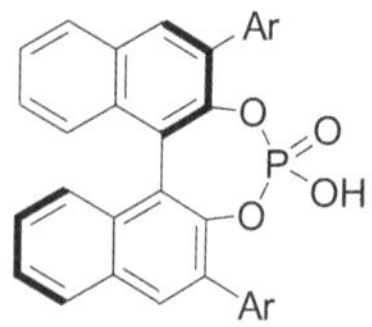

(*R*)-**68**

Ar = 3,5-$^t$Bu$_2$-4-MeOC$_6$H$_2$

# 4.13 Ugi反应

所谓 Ugi 反应是指一分子醛或酮、一分子胺、一分子异腈以及一分子羧酸缩合生成 α-酰氨基酰胺的多组分反应。近期的研究表明，在手性磷酸催化剂的作用下，可以实现对映选择性 Ugi 反应，得到光学富集的 α-酰氨基酰胺类化合物。

2016 年，Wang 和 Zhu 课题组报道了首例手性磷酸催化的不对称 Ugi 反应。他们首先从 2-甲酰基苯甲酸和芳胺缩合得到的 3-氨基异苯并呋喃出发，在手性磷酸 (*R*)-**69** 的催化下与异腈发生反应成功地实现了一类特殊结构的光学活性 α-酰氨基酰胺衍生物，即氨甲酰基取代的异吲哚啉酮衍生物的不对称合成。

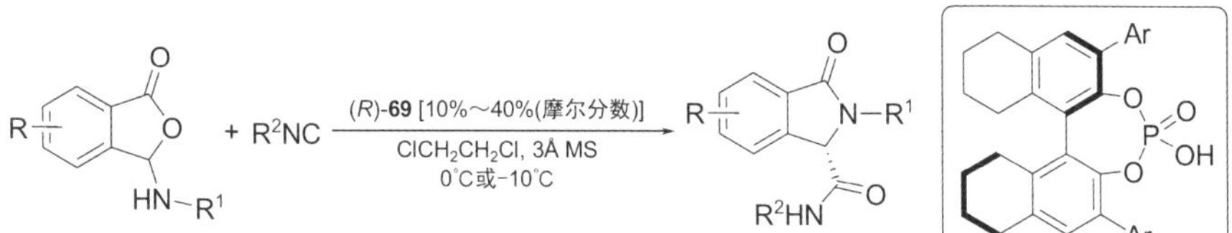


R = H, 6-MeO, 5-MeO, 6-F, 5-F
$R^1$ = Ph, 4-ClPh, 4-FPh, 4-$CF_3$Ph, 4-MeOPh, 1-萘基
$R^2$ = $^t$Bu, Cy, Bu, $MeO_2C(Me)_2C$

产率：74%～98%
*ee*值：62%～96%

(*R*)-**69**
Ar = 4-$NO_2C_6H_4$

在上述基础上，作者进一步发展了手性磷酸 (*R*)-**69** 催化的四中心三组分不对称 Ugi 反应，从邻甲酰基苯甲酸、胺和异腈出发同样得到了令人满意的结果。作者通过深入的机理研究认为反应的立体化学结果并不是源自生成 3-亚氨基-3,4-二氢异香豆素的碳碳键形成过程，而是源自手性磷酸对经由亚胺烯胺异构化产生的异香豆素的动态动力学拆分过程 [266]。

Houk 和 Tan 等人报道在手性磷酸的催化下，伯胺、羧酸、醛和异腈可以顺利地发生不对称四组分 Ugi 反应，方便地实现类肽结构分子 *N*-酰基-α-氨基酰胺衍生物的对映选择合成。反应具有非常广泛的底物适用范围，无论是脂肪醛还是芳香醛在螺二氢茚骨架手性磷酸的催化下都能得到很好的立体选择性结果，其中 (*R*)-**70** 在脂肪醛参与的反应中获得了最好的催化结果，而 (*R*)-**71** 则在芳香醛参与的反应中表现出了最好的催化活性和立体选择性。机理研究表明，手性磷酸作为双功能催化剂通过与底物的氢键相互作用控制了异腈对原位形成亚胺亲核加成的立体化学 [267]。

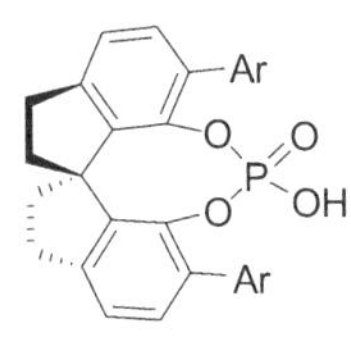


(*R*)-**70**
Ar = 2,4,6-$Cy_3C_6H_2$

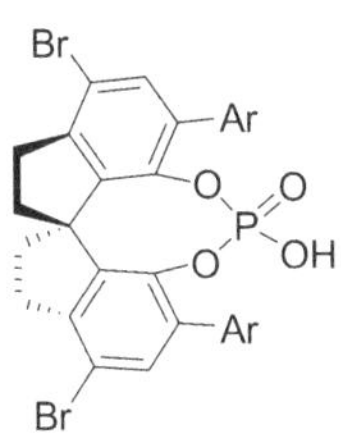


(*R*)-**71**
Ar = 2,4,6-$^i Pr_3C_6H_2$

# 4.14

# Nazarov环化反应

所谓 Nazarov 环化反应是指二乙烯基酮类化合物在 Brønsted 酸或 Lewis 酸催化下的一类 4*n* 体系在加热情况下发生的顺旋电环化关环反应。

2017 年，Zhu 和 Zhou 等人报道了首例手性磷酸催化的不对称 Nazarov 环化反应，作者采用协同催化和接力催化的策略，在螺二氢茚骨架手性磷酸(*R*)-STRIP 和氯化锌组成的催化体系催化下实现了 2-(*α*-取代丙烯酰基)吲哚底物的不对称 Nazarov 电环化得到光学活性环戊酮稠合的吲哚衍生物。在反应过程中，Lewis 酸 $ZnCl_2$ 和手性磷酸首先协同催化电环化过程得到环状烯醇中间体，然后手性磷酸再催化烯醇的对映选择质子化得到光学富集的环化产物[268]。

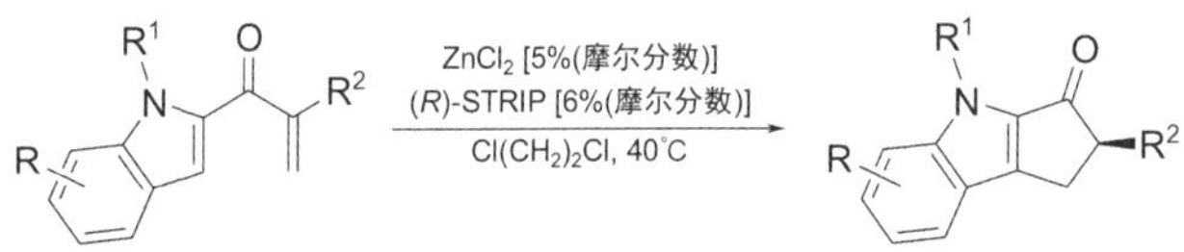


R = H, 5-F, 5-Cl, 5-Me, 4-F
$R^1$ = Me, $^i$Pr, 烯丙基, Bn, Ph, An, 4-$CF_3$Ph, 2-萘基
$R^2$ = Me, Et, $^i$Pr, Ph, 4-MePh, 4-FPh, 4-ClPh, 3,4-$OCH_2O$Ph

产率：71%～98%
*ee*值：74%～90%

Shi 课题组报道在八氢联萘骨架手性磷酸(*S*)-**60** 或螺二氢茚骨架手性磷酸(*S*)-STRIP 的催化下，3-苯乙烯基吲哚-2-甲醇可以和吲哚、2-萘酚或环状烯胺酮反应生成光学活性环戊烷稠合的吲哚衍生物。在反应过程中，3-苯乙烯基吲哚-2-甲醇首先在手性磷酸催化剂作用下脱水形成与催化剂通过氢键和静电相互作用得以稳定的 4π 电子数的离域碳正离子中间体，然后发生对映选择性的类 Nazarov 电环化反应得到新的环状碳正离子中间体，后者被亲核试剂吲哚、2-萘酚[269]或者环状烯胺酮[270]捕获得到阻断的 Nazarov 电环化产物。

# 4.15

## aza-Darzen反应

氮丙啶是合成胺类化合物的重要中间体，其中亚胺在碱性条件下与 *α*-卤代羧酸酯的反应，即 aza-Darzen 反应，是合成该类化合物的有效方法之一。Akiyama 等人发现手性磷酸可以有效催化重氮乙酸乙酯与亚胺间的 aza-Darzen 反应，在手性磷酸 (*R*)-**32** 的催化下，一系列衍生自芳酰基甲醛的醛亚胺均可高产率地得到 *cis*-氮杂环丙烷衍生物，同时获得令人满意的立体控制结果 [271]。

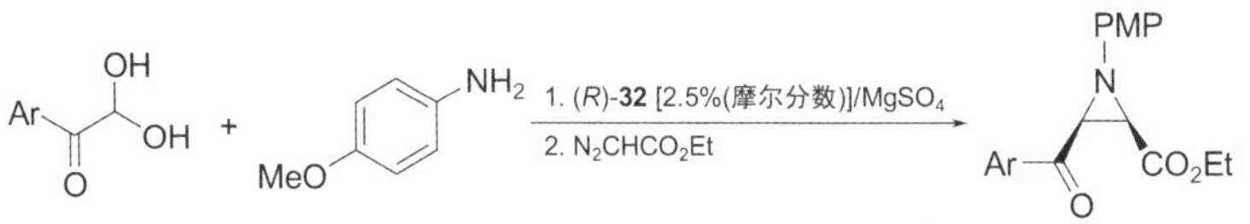


Ar = Ph, 4-BrC$_6$H$_4$, 4-MeC$_6$H$_4$, 4-MeOC$_6$H$_4$, 4-CF$_3$C$_6$H$_4$, 4-ClC$_6$H$_4$, 4-FC$_6$H$_4$, 4-PhC$_6$H$_4$, 1-萘基, 2-噻吩基

产率：91%～100%

*ee*值：92%～97%

上述催化体系中获得的主要是 *cis*-氮杂环丙烷，Zhong 课题组报道了另一例手性磷酸催化的不对称 aza-Darzen 反应，则主要得到 *anti*-氮杂环丙烷衍生物。在手性磷酸 (*R*)-**19** 的催化下，无论是 *N*-Boc 保护的亚胺还是 *N*-Cbz 保护的亚胺与重氮乙酰胺反应都可以高产率地得到氮杂环丙烷衍生物，同时获得令人满意的立体控制结果 [272]。

# 4.16

## Michael加成反应

在该部分内容中我们介绍的是广义的 Michael 加成反应，即亲电共轭体系 (Michael 受体) 与不同亲核试剂 (Michael 给体) 之间进行的共轭加成反应，亲核试剂包括碳亲核试剂和杂原子亲核试剂。其中杂原子作为亲核中心的Michael加成反应也叫hetero-Michael加成，包括aza-Michael、oxa-Michael、sulfa-Michael加成等。此外，我们将具有更大共轭体系亲电受体的共轭加成也放在此章节讲述。下面将按亲核试剂的类别介绍手性磷酸催化剂在不对称Michael加成反应中的研究进展。

## 4.16.1 碳亲核试剂

碳亲核试剂参与的Michael加成反应在手性磷酸催化的富电子芳香体系参与的Friedel-Crafts烷基化已有涉及，这里主要介绍其他类型碳亲核试剂参与的不对称Michael加成反应。

C3位带有手性侧链的吲哚衍生物广泛存在于自然界中，获取这类化合物最有效的方法通常是吲哚的不对称F-C烷基化和取代反应，其他方法报道较少。2011年，Terada发现在手性磷酸(*S*)-**40**的催化下，吖内酯和3-乙烯基吲哚发生对映选择性反应得到光学富集的C3含手性侧链的吲哚衍生物，为这类化合物的合成提供了新途径。所得产物经内酯环的亲核开环可以转化成为含有相邻两个手性中心的*α*-季碳色氨酸衍生物。在反应过程中，3-烯基吲哚首先质子化原位形成环状烯亚胺正离子并和手性磷酸阴离子形成手性离子对，继而与吖内酯在手性磷酸作用下形成的烯醇发生不对称Michael加成得到相应的手性吲哚衍生物[273]。

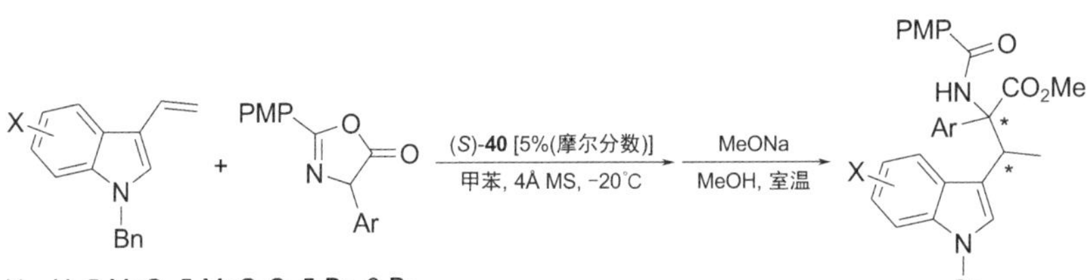


X = H, 5-MeO, 5-$MeO_2C$, 5-Br, 6-Br
Ar = Ph, 3-$MeOC_6H_4$, 4-$MeOC_6H_4$, 4-$MeC_6H_4$, 4-$ClC_6H_4$, 4-$BrC_6H_4$
PMP = 4-$MeOC_6H_4$

产率：35%～87%
*syn*/*anti*：91/9～98/2
*ee*值：83%～95%

Peng课题组采用基于金鸡纳生物碱的手性伯胺和手性磷酸(*R*)-**18**组成的协同催化体系，实现了环酮对*α*-取代硝基烯烃的不对称Michael加成，取得了中等至很好的立体选择结果。反应产物经一系列反应可以转化成为光学活性2-取代八氢吲哚衍生物[274]。

同年，Kraft 和 List 小组报道了手性磷酸(*S*)-TRIP 催化的 2-取代环己酮衍生物与烯酮之间的不对称 Michael 加成反应。当加入 2,6-二叔丁基-4-甲基苯酚作为自由基抑制剂时，能以较高产率和好的对映选择性得到具有季碳手性中心的 1,5-二酮[275]。

在上述催化体系中，只有大体积叔丁基或异丙基取代的烯酮底物能够获得很好的立体控制结果。为了克服这一局限性，Toste 小组巧妙地采用 *N*-苯基-*N*-丙二烯基新戊酰胺作为潜在的 Michael 受体，在手性磷酸(*S*)-TRIP 的催化下实现了间接的 2-取代环己酮对丙烯醛的不对称 Michael 加成，并取得了好的对映选择性结果。在手性磷酸作用下，底物首先被质子化形成烯亚胺正离子对，并接受 2-取代环己酮在酸催化下形成的烯醇的亲核进攻得到烯胺产物，后者经水解即可得到相应的醛，从而间接得到烯醛的 Michael 加成产物[276]。

Lam 课题组研究了手性磷酸(*R*)-TRIP 催化的分子内环酮对烯酮的 Michael 加成反应，实现了含有季碳结构单元的 1,3-环酮的去对称化，以好的对映选择性得到了相应的手性桥环二酮化合物[277]。

Li 等人以手性磷酸(*S*)-TRIP 为催化剂，实现了吖内酯对对甲亚基苯醌的不对称 1,6-共轭加成反应，加成产物进一步转化可以得到光学活性 $\beta,\beta$-二芳基取代-$\alpha$-氨基酸衍生物，为非天然 $\alpha$-氨基酸衍生物的合成提供了便利的新方法，但是反应具有一定程度的底物结构依赖性，只有衍生自芳醛的对甲亚基苯醌具有好的反应活性；此外，烷基取代吖内酯底物获得了很好的对映选择性结果，而芳基取代吖内酯底物的对映选择性则明显下降[278]。

上述催化体系的不足之处是使用制备好的对甲亚基苯醌作为底物，而这类底物需要在 2,6-位有大体积取代基如叔丁基的存在才能稳定存在。Sun 等人从对羟基苄醇出发，在螺二氢茚骨架手性磷酸(*S*)-**37** 催化下原位产生对甲亚基苯醌中间体，并与吖内酯发生不对称 Michael 加成反应，同样取得了好的对映选择结果，很好地克服了上述不足之处。在反应过程中，作者发现反应的立体选择性随反应时间变化而变化，认为这种现象是由反应的可逆性导致的，只需将产物中的酚羟基酰化保护即可得以解决[279]。

Gong 报道了手性磷酸(*S*)-**17** 催化的 3-(吲哚-3-基)-3-羟基吲哚酮与 *N*-Cbz 保护的烯胺之间的不对称取代反应，得到高 *ee* 值的含季碳手性中心的吲哚酮衍生物[280]。

作者认为在反应过程中，3-羟基吲哚啉酮底物首先在手性磷酸作用下脱水原位形成烯基亚胺中间体，DFT 理论计算表明，在随后烯胺对烯基亚胺的共轭加成中，手性磷酸作为双功能催化剂发挥作用，通过氢键相互作用同时活化反应烯胺和烯基亚胺形成如下反应过渡态从而实现对反应的立体控制。

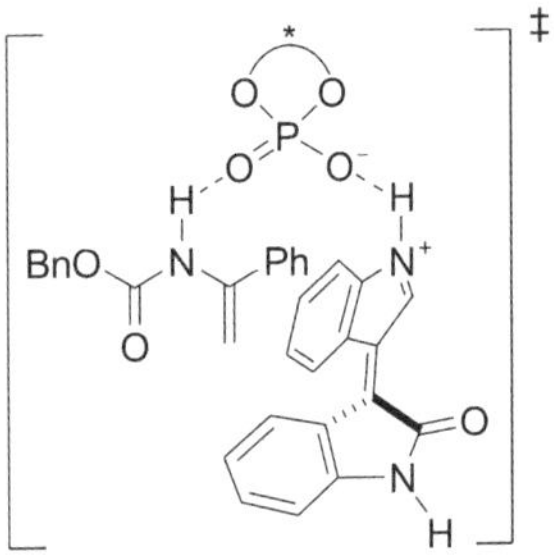

作者利用该不对称取代反应为关键步骤实现了天然产物(+)-folicanthine 的对映选择全合成，进一步展示了该方法在有机合成中的重要性。

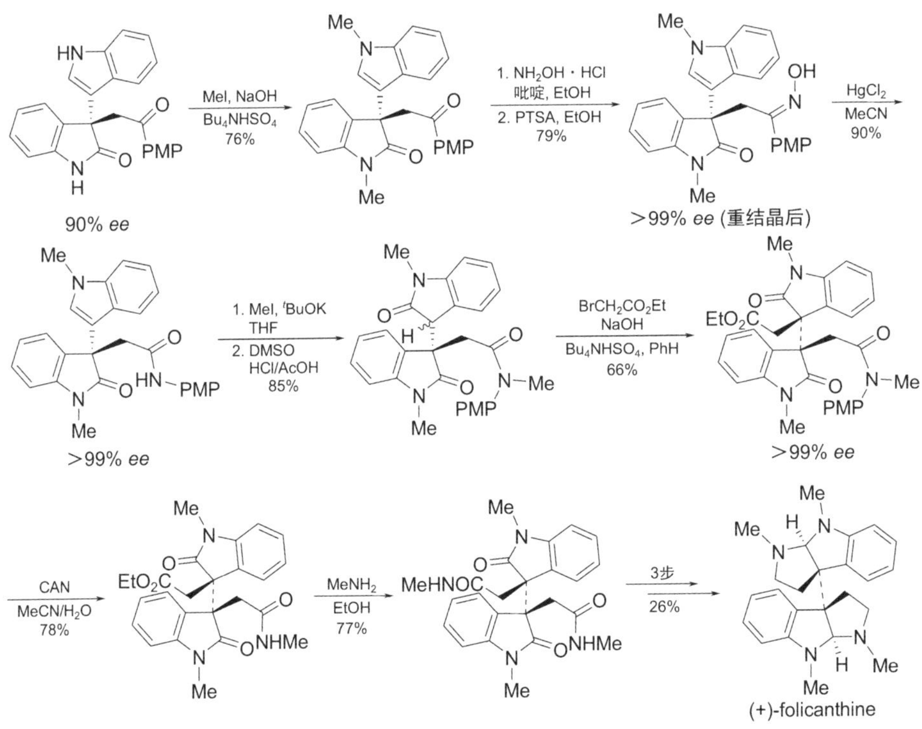

采用类似的策略，Peng[281]、Ma[282]和Xiao课题组[283]在手性磷酸(*R*)-**72**、(*R*)-**73**和(*R*)-**19**催化下，分别实现了脂肪族酮、*β*-酮酸以及3-硝基-4-甲基吡啶对吲哚-3-甲醇衍生物原位形成环状烯亚胺的不对称Michael加成或脱羧Michael加成，得到结构多样的光学活性吲哚衍生物，同样都得到了很好的非对映及对映选择性结果。

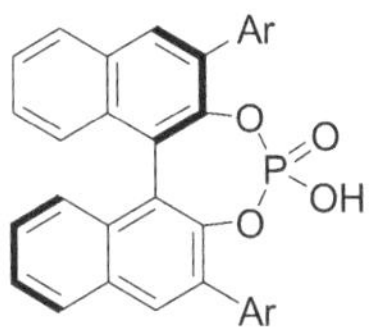

(*R*)-**72**
Ar = 4-MeOC$_6$H$_4$

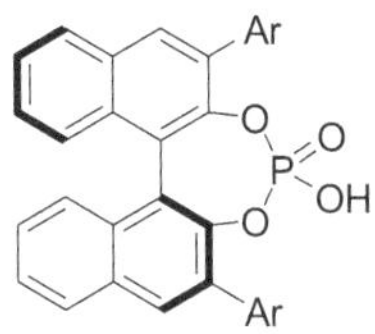

(*S*)-**73**
Ar = 4-(3,5-(CF$_3$)$_2$C$_6$H$_3$)C$_6$H$_4$

Schneider课题组在手性磷酸(*R*)-**10**催化下，从邻羟基苄醇衍生物出发实现了乙酰丙酮、乙酰乙酸乙酯以及各种环酮对邻羟基苄醇原位产生的邻甲亚基苯醌的不对称Michael加成反应，产物不经分离在对甲苯磺酸催化下脱水环化可以得到光学活性二氢苯并吡喃衍生物[284]。

轴手性联芳烃骨架不仅广泛存在于天然产物结构中，而且轴手性联芳烃化合物作为手性配体、催化剂或辅助剂在不对称合成中占有举足轻重的地位。Liu和Tan课题组通过手性磷酸(*R*)-TRIP催化的2-萘酚与2-取代萘醌的不对称芳基化反应，实现了轴手性联芳烃化合物的高效不对称合成。在反应过程中，2-萘酚作为碳亲核试剂首先在手性磷酸催化下对2-取代苯醌进行Michael加成得到具有一个中心手性的中间体，后者马上发生芳构化实现从中心手性向轴手性的完美转移从而得到轴手性联芳烃化合物[285]。

## 4.16.2 氮亲核试剂

众所周知，与C2和N1位相比，吲哚C3位在烷基化反应中反应活性最高，因此在手性磷酸催化下吲哚与Michael受体反应通常得到的是C3烷基化产物。2010年，You报道在手性磷酸(*S*)-**9**的催化下，2,3-二取代吲哚可以发生分子内不对称氮杂Michael加成反应，实现了化学选择的吲哚不对称N1-烷基化反应[286]。如果采用接力催化的策略，从吲哚烯烃和烯酮出发，在有机/金属二元催化体系下可以“一锅法”实现金属钌(**Ru-Cat.**)催化的烯烃复分解和手性磷酸(*S*)-**9**催化的不对称分子内氮杂 Michael 加成反应，并且不影响反应产率和立体选择性[286]。

R = Ph, 4-BrPh, 4-ClPh, 4-MePh, 4-MeOPh, 2-萘基
$R^1$ = Me, Et, Pr, $Ac(CH_2)_2$, $PhCO(CH_2)_2$, $HO(CH_2)_2$, Bn, Ph
X = $CH_2$, NBoc; $n$ = 0, 1

产率：72%～98%
*ee*值：69%～93%

Akiyama 课题组报道了 2-氨基取代查耳酮衍生物的不对称分子内氮杂 -Michael 加成反应，在联萘骨架手性磷酸(*R*)-**34** 催化下，以好的对映选择性得到了光学活性 2-取代-2, 3-二氢喹啉-4-酮衍生物，经进一步转化可以得到具有重要生物活性的手性 2-取代或 2, 4-二取代四氢喹啉化合物[287]。

胺和硝基烯烃的共轭加成产物是合成 *α*-氨基酸和 1, 2-二胺类化合物的重要合成前体。Huang 等人使用手性磷酸(*R*)-**17** 为催化剂实现了芳胺对硝基烯烃的不对称共轭加成，即氮杂 -Michael 加成，为光学富集的 *α*-氨基酸和 1, 2-二胺衍生物的合成提供了便利的途径。不足之处是反应仅能获得中等程度的对映选择性结果[288]。

*α*, *β*-二氨基酸衍生物是合成许多生物活性物质的重要合成砌块，Takemoto 课题组通过手性磷酸(*R*)-**19** 催化的 *N*-Boc 羟胺对亚烷基吖内酯的不对称氮杂-Michael 加成方便地实现了这类化合物的对映选择性合成。作者发现底物亚烷基吖内酯的双键构型对反应速度及选择性有显著影响，其中(*E*)-构型底物不仅反应速度快，而且能获得更好的对映选择性结果，但不易于制备。为了克服这一缺点，作者采用三苯基膦和手性磷酸组成的双催化体系，从易于制备的(*Z*)-构型底物出发，同样获得了较好的结果。在反应过程中，三苯基膦催化底物双键的异构化，而手性磷酸则催化异构化得到的(*E*)-构型底物的不对称氮杂-Michael 加成[289]。

芳乙胺或杂环芳乙胺由于其广泛的生物活性在药物化学研究中占有十分重要的地位。Watson 等人在手性磷酸(*R*)-TRIP 的催化下，通过芳胺对 2-乙烯基喹啉的不对称氮杂 Michael 加成反应方便地实现了光学富集的喹啉-2-乙胺的对映选择性合成。该反应的特点是在 C—N 键形成时并不产生手性中心，而是利用手性催化剂在加成中间体的质子化芳构化过程中控制反应的面选择性得到光学活性加成产物[290]。

2016 年，Terada 课题组报道了手性磷酸(*R*)-**19** 催化的吡唑或咔唑对 2-烯基苯并咪唑的不对称氮杂-Michael 加成反应，得到含有手性侧链的光学活性苯并咪唑衍生物。当以吡唑为亲核试剂时，烷基取代的 2-烯基苯并咪唑底物都能获得很好的对映选择性结果，但苯基取代底物的产率和对映选择性都会显著下降。此外，3-甲基取代吡唑和未取代咔唑除了生成正常的加成产物之外，还会伴随少量区域异构体的生成[291]。

Sun 等人报道在螺二氢茚骨架手性磷酸(*S*)-**74** 的催化下，4-金刚烷甲酰氨基苄醇与吲哚及咔唑衍生物可以发生化学选择性的不对称 *N*-烷基化反应，以很好的对映选择性得到相应的 *N*-烷基化产物。在反应过程中，4-金刚烷甲酰氨基苄醇首先在手性磷酸催化剂作用下原位产生对甲亚基苯醌亚胺，后者在手性磷酸催化下与吲哚或咔唑发生氮杂 1,6-共轭加成得到相应的 *N*-烷基化产物。反应具有很好的底物适用范围，近五十种取代吲哚及咔唑都能获得很好的对映选择性结果[292]。

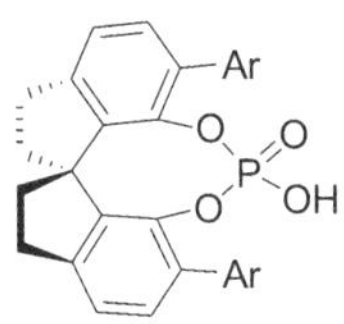


(*S*)-**74**
Ar = 1-芘基

随后，该小组从邻羟基苄醇出发，在手性磷酸(*R*)-**26** 催化下，通过酰胺或磺酰胺对原位产生邻甲亚基苯醌的 aza-Michael 加成实现了光学活性手性二芳甲胺的合成。由于产物稳定较差，在分离过程中会部分分解，需要将产物中的羟基进行乙酰化以得到稳定的加成产物[293]。

在报道的手性磷酸催化的不对称胺化反应中，大多是亲电胺化反应。2015 年，Toste 课题组报道了一例手性磷酸催化的亲核胺化反应。作者选取烯基偶氮化合物作为一类特殊的亲电受体，在手性磷酸(*R*)-**49** 催化下与亲核试剂芳胺发生不对称共轭加成，以很好的对映选择得到相应的手性 *α*-芳氨基腙衍生物，产物进一步水解即可得到 *α*-芳氨基酮。作者发现当使用小体积甲基取代的偶氮烯烃作为底物时，产率和 *ee* 值会随反应时间的延长而分别降低和提高，说明反应产物在手性磷酸作用下会通过动力学拆分过程得以进一步光学富集[294]。

### 4.16.3 氧亲核试剂

在联萘骨架手性磷酸(*S*)-**75** 的催化下，You 等人通过 4-(2-羟基乙氧基)环己二烯酮的分子内 oxa-Michael 加成反应实现了对潜手性底物的去对称化，得到光学活性稠合 1,4-二氧六环化合物，并成功地将该方法应用于天然产物 Cleroindicin C、D 和 F 的对映选择合成 [295]。

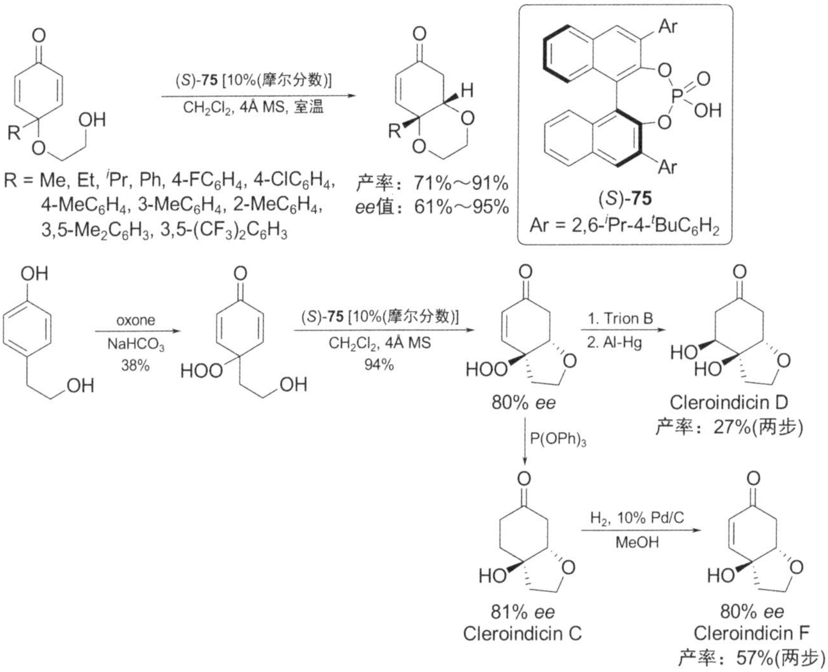


随后，该小组采用接力催化策略，在 Hoveyda-Grubbs Ⅱ(**Ru-Cat.**)/手性磷酸(*S*)-**9** 组成的二元催化体系作用下，从邻烯丙基苯酚或邻烯丙氨基苯酚和烯酮出发，通过 Ru 催化的烯烃复分解反应及后续手性磷酸催化的分子内氧杂-Michael 加成反应分别实现了光学活性二氢苯并呋喃和光学活性苯并吗啡啉衍生物的对映选择性合成 [296]。

### 4.16.4 硫亲核试剂

Li 等人以联萘骨架手性磷酸(*S*)-**19** 为催化剂成功地实现了硫代乙酸作为硫亲核试剂对对甲亚基苯醌的不对称 1,6-共轭加成，得到对位有含硫手性侧链的光学活性苯酚衍生物。作者发现水的加入对反应的立体控制有十分关键的作用，如果没有水的加入只能得到中等程度的对映选择性，而加入分子筛除水则只能得到外消旋的加成产物。因此，作者认为在反应过程中，水作为氢键桥连分子参与了反应过渡态的形成[297]。

同年，Sun 等人从邻羟基苄醇出发，在螺二氢茚骨架手性磷酸(*R*)-**31** 的催化下，实现了硫醇(酚)对邻羟基苄醇在催化剂作用下原位生成的邻甲亚基苯醌的不对称硫杂-Michael 加成，得到光学活性手性硫醚衍生物[298]。

# 4.17 Bayer-Villiger氧化反应

Bayer-Villiger 反应是指酮在过氧酸的作用下，在羰基和一个邻近烃基之间引入一个氧原子，得到相应的羧酸酯的化学反应。2008 年，Ding 等人报道了首例手性磷酸催化的不对称 Bayer-Villiger 反应，在八氢联萘骨架手性磷酸(*R*)-**66** 的催化下，以双氧水为氧化剂，实现了 3-取代环丁酮的氧化去对称化，得到光学活性 *γ*-内酯，最高可以获得 93% *ee* 的对映选择性。一般来说，3-芳基取代的底物所获得的对映选择性普遍高于烷基取代的底物[299]。

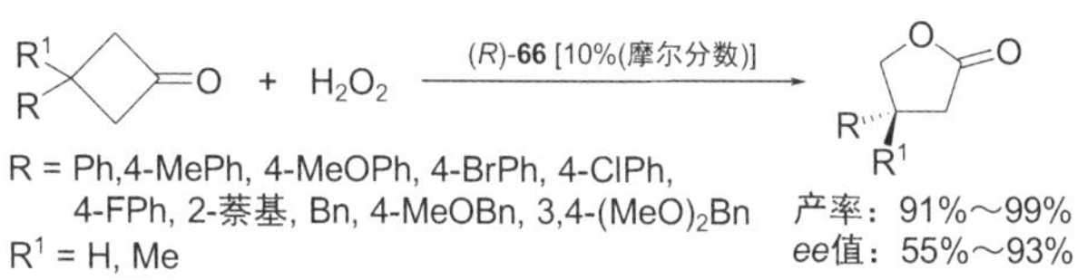


随后，该小组还报道了手性磷酸催化的 2,3,4-三取代和 2,3-二取代环丁酮的不对称 Bayer-Villiger 反应。当以(*R*)-TRIP 为催化剂，30% 双氧水为氧化剂时，三取代三环环丁酮底物可以几乎定量地得到 *ee* 值为 95% 的氧化产物三环 *γ*-内酯。对于外消旋的 2,3-二取代环丁酮，在手性磷酸(*S*)-**66** 催化下可以实现完全转化，得到正常的和不遵循迁移规律的反常的内酯产物。尽管正常迁移产物只有很低的 *ee* 值，但是反常迁移产物却获得了很好的对映选择性结果[300]。

# 4.18

## 环氧化反应

环氧化反应通常是指在烯烃的双键上引入一个氧原子形成 1,2-环氧化合物的反应。由于环氧化合物的高反应活性，可以方便地转化为其他重要的 1,2-双官能团化合物，因此作为获取环氧化合物主要途径之一的环氧化反应获得了大家的广泛关注。List 课题组发展了一种不对称抗衡阴离子定向催化(asymmetric counteranion-directed catalysis，ACDC)策略，在手性磷酸和非手性仲胺或手性伯胺的共催化下实现了烯醛或烯酮的不对称环氧化反应。

2008 年，List 小组在手性磷酸(*R*)-TRIP 与二(3,5-二三氟甲基苄基)胺组成的共催化体系的催化下，以过氧叔丁醇为氧化剂首次成功地实现了 $\alpha,\beta$-不饱和醛的不对称环氧化反应。不仅 $\beta$-单取代烯醛可以得到很好的立体选择性(dr 值高达＞ 99/1；*ee* 值高达 96%)，而且对其他氧化体系普遍很难获得很好立体控制结果的 $\beta,\beta$-双取代 $\alpha,\beta$-不饱和醛同样获得了很好的立体选择性 [301]。作者认为在反应过程中，非手性仲胺在手性磷酸催化下与烯醛反应得到烯亚胺正离子并与手性磷酸阴离子形成手性离子对，随后过氧叔丁醇对其发生共轭加成得到烯胺中间体，后者在手性磷酸作用下发生环化得到环氧化的亚胺正离子，最后水解得到环氧化产物。在催化循环中，手性磷酸分别在共轭加成反应步骤作为手性抗衡离子和在环化反应步骤作为手性 Brønsted 酸发挥对映识别作用。

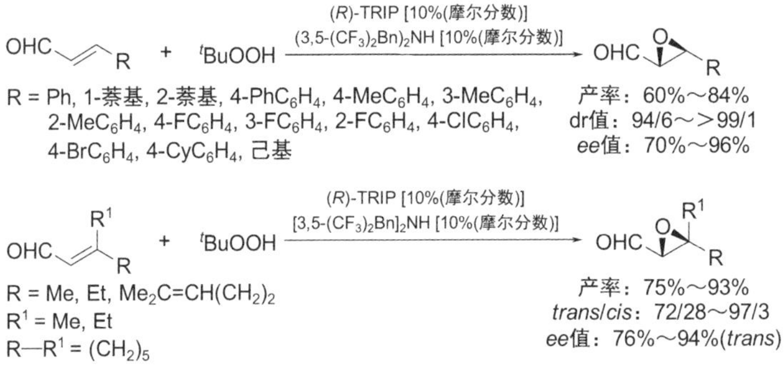

在上述工作的基础上，该小组进一步对环状烯酮底物的不对称环氧化进行了研究，发现在(1*R*,2*R*)-二苯基乙二胺(DPEN)和手性磷酸(*S*)-TRIP组成的共催化体系催化下，使用$H_2O_2$作为氧化剂，一系列环状烯酮可以顺利地转化为相应的环氧化合物，并且绝大部分底物获得了相当满意的对映选择性结果[302]。

*α*-支链化烯醛是不对称环氧化反应中最富挑战性的底物之一，该小组发现奎宁衍生的手性伯胺与基于(*R*)-联萘二酚的手性磷酸组成的共催化体系能够高效地催化*α*-支链化烯醛的不对称环氧化反应，并且取得了很好的对映选择性结果。其中手性磷酸(*R*)-**18**组成的催化体系在*α*,*β*-二取代烯醛的环氧化中表现出了最好的催化效果，而手性磷酸(*R*)-TRIP组成的催化体系则对*α*-单取代烯醛具有最好的立体选择性。此外，当*α*-单取代烯醛的取代基含有手性碳时，通过控制转化率还可以实现对外消旋底物的动力学拆分。例如*α*-位取代基是1-苯基乙基的烯醛底物在53%转化率的情况下，可以回收*ee*值为94%的(*S*)-异构体，同时得到dr值为5/1，*ee*值为92%的环氧化产物[303]。

# 4.19

# 开环反应

亲核试剂对张力环如环氧乙烷、硫杂环丙烷以及氮丙啶的不对称开环反应是获得手性1,2-双官能团化合物的有效方法。研究表明，手性磷酸可以有效催化不同亲核试剂对这些张力环的不对称开环反应，所涉及的亲核试剂有氮、硫以及氧亲核试剂等。

Antilla发现联菲骨架手性磷酸(*S*)-**51**能够高对映选择性地催化三甲硅基叠氮对内消旋*N*-(3,5-二三氟甲基苯甲酰基)氮丙啶的不对称开环，为手性二胺的不对称合成提供了新方法[304]。

在手性磷酸(*R*)-**51**的催化下，Sala采用苯硫基三甲基硅烷为开环试剂，实现了硫亲核试剂对内消旋氮杂环丙烷的不对称开环反应，反应获得了很好的对映选择性，提供了合成光学活性 β-氨基硫醚的新方法[305]。Antilla 等人通过深入研究发现硅基化的苯硫酚并不是反应成功的必需条件，在(S)-**51** 的催化下，直接使用硫酚作为亲核试剂同样获得了成功。各种取代的苯硫酚均能得到很好的对映选择性结果(74%～＞99% *ee*)，而巯基取代的杂环化合物以及硫醇尽管也能得到开环产物，但是对映选择性明显下降[306]。

List 等人发现手性磷酸作为双功能催化剂可以同时活化亲电试剂 *N*-酰基氮丙啶和亲核试剂羧酸，实现羧酸对氮丙啶的不对称开环反应。当使用手性磷酸(*S*)-TRIP 为催化剂，7 当量羧酸为开环试剂时，可以实现一系列内消旋氮丙啶衍生物的高对映选择性开环得到光学活性 β-氨基醇衍生物[307]。进一步研究发现，通过改变反应介质和反应温度，该催化体系还可以实现对外消旋氮丙啶的动力学拆分，分别得到高 *ee* 值的回收原料和开环产物。

由于金属催化芳基偶联的局限性，比 TRIP 位阻更大的 3,3′- 二(2,4,6-三叔丁基苯基)取代的手性磷酸(*R*)-**76** 一直未能实现合成。2015年，List 课题组通过芳基锂试剂对苯炔的亲核加成及手性色谱拆分实现了该大位阻手性磷酸的合成，该催化剂在上述开环反应中同样表现出了很好的催化活性，但对映选择性稍低于(*R*)-TRIP[308]。

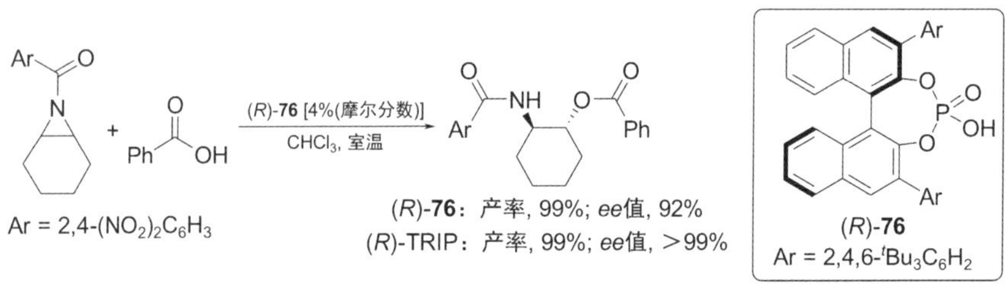


Toste 等人发现催化量[15%(摩尔分数)]的手性磷酸(*S*)-TRIP 与过量的 $Ag_2CO_3$ 组成的催化体系可以使外消旋反式 β-氯代胺高对映选择性地转化成相应的 β-叔氨基醚。在反应过程中，手性磷酸(A*H)首先与不溶性 $Ag_2CO_3$(固相)作用生成手性磷酸银盐，后者在有机介质中有较大的溶解度从而使 β-氯代胺发生分子内 $S_N2$ 反应原位产生内消旋吖丙啶鎓离子与手性磷酸阴离子形成的手性离子对，在手性磷酸阴离子的不对称诱导下，醇作为氧亲核试剂对内消旋吖丙啶鎓盐进行对映选择性开环得到手性 β-氨基醚。如果使用过量外消旋仲醇作为反应底物，反应会伴随着一个动力学拆分过程，得到高 de 值和 *ee* 值的 β-氨基醚。

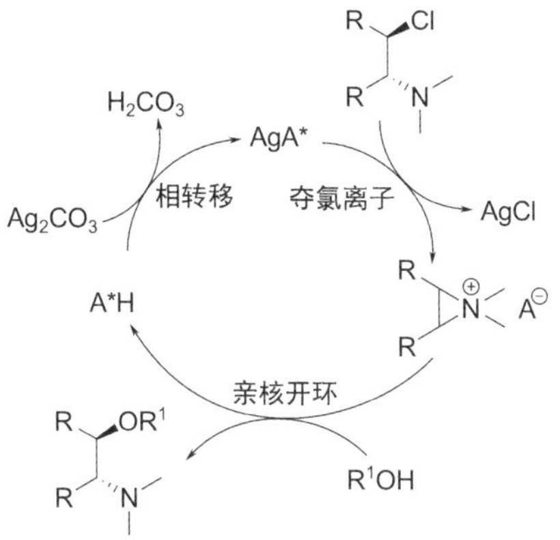


这种手性离子对的策略还可应用到其硫代类似物，即内消旋环锍鎓盐的不对称开环反应，作者巧妙地利用三氯乙酰亚胺酯基团的良好离去能力，以*β*-烷硫基三氯乙酰亚胺酯为底物，在手性磷酸的作用下首先质子化亚氨基，继而硫作为亲核试剂发生分子内 $S_N2$ 反应消去一分子三氯乙酰胺原位产生内消旋环锍鎓离子与手性磷酸阴离子组成的手性离子对，后者与醇发生不对称开环反应得到高 *ee* 值的手性 *β*-烷硫基醚[309]。

Sun 小组使用手性磷酸(*R*)-TRIP 为催化剂，2-巯基-5-甲氧基苯并噻唑为亲核性开环试剂，实现了对内消旋环氧烷的不对称开环反应，得到光学活性 *β*-硫代醇，但是只获得了中等程度至较好的对映选择性结果[310]。

随后，List 课题组研究了硫代乙酸或硫代苯甲酸作为硫亲核试剂对内消旋环氧烷的不对称开环反应。在八氢联萘骨架手性磷酸(*R*)-**77** 的催化下，硫代乙酸或硫代苯甲酸对内消旋环氧烷进行高对映选择性地开环，得到光学活性 *β*-乙酰(苯甲酰)硫基醇。在产物分离过程中作者发现个别底物会混有少量 *β*-乙酰(苯甲酰)氧基硫醇的形成，表明磷酸催化剂能够进一步催化产物的分子内酰基转移反应。因此，当低温下实现环氧烷的完全转化后，再简单地升高反应温度至 40℃，开环产物即可通过分子内酰基转移反应完全转化为相应的硫醇异构体，为光学活性硫醇的合成提供了新方法[311]。

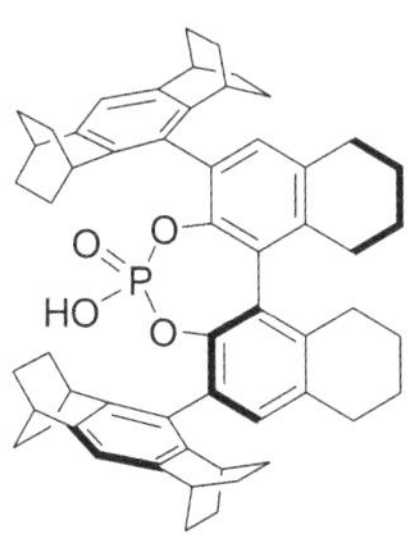


(*R*)-**77**

# 4.20

## 1,3-偶极环加成

1,3-偶极环加成是指1,3-偶极子和烯烃、炔烃以及亚胺等亲偶极子之间的环加成反应，是合成各类五元杂环化合物的重要方法，在有机合成中具有十分重要的意义。在手性磷酸催化的1,3-偶极环加成反应中几乎都是涉及甲亚胺叶立德(azomethine ylide)与不同亲偶极子的反应，仅有一例涉及甲亚胺亚胺(azomethine imine)偶极子的反应。

2008年，Gong课题组报道了首例手性磷酸催化的基于甲亚胺叶立德的三组分不对称1,3-偶极环加成反应。在手性磷酸(*R*)-TRIP的催化下，醛、氨基丙二酸二乙酯和芳胺可以发生三组分不对称1,3-偶极环加成反应一次性构筑两个手性中心，高对映选择地得到手性咪唑啉衍生物，但部分底物的非对映选择性并不是很理想。该反应为光学活性咪唑啉衍生物的对映选择性合成提供了有效和原子经济的方法。反应过程中，醛和氨基丙二酸二乙酯缩合得到的亚胺在手性磷酸的作用下形成1,3-偶极子，另一分子醛与芳胺形成的亚胺在手性磷酸的作用下则形成亚胺正离子得以活化，继而被1,3-偶极子捕获发生对映选择性的[3+2]环化反应[312]。

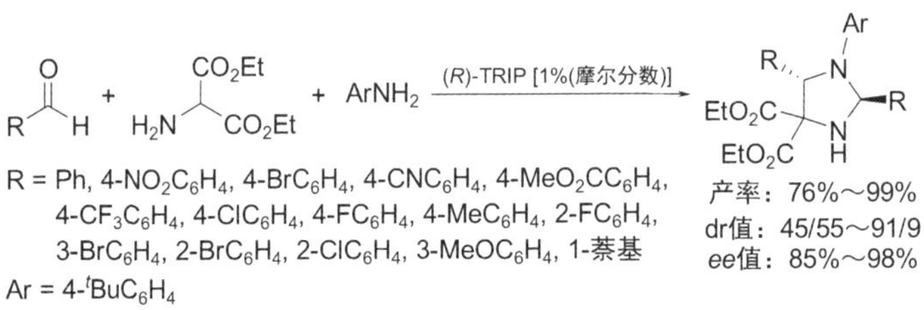


Shi等人报道了手性磷酸催化的基于甲亚胺叶立德的两组分不对称1,3-偶极环加成反应。在螺二氢茚骨架手性磷酸(*R*)-**31**的催化下，芳香醛与2-氨基丙二酸二酯原位产生的亚胺既作为1,3-偶极子又作为亲1,3-偶极子参与反应，得到光学活性四氢咪唑衍生物[313]。随后，该小组还报道了靛红亚胺、芳醛和氨基丙二酸二乙酯的三组分1,3-偶极环加成反应。在手性磷酸(*R*)-TRIP的催化下，以好的非对映及

对映选择性得到手性螺咪唑啉化合物，但是反应仅局限于吸电子基团取代的芳醛底物。各种对照实验表明，在反应过程中，芳醛和氨基丙二酸二乙酯形成的亚胺首先发生自身 1,3-偶极环加成，所得加成产物在手性磷酸催化下会继续与靛红亚胺发生串联反应最终转化成目标化合物 [314]。

Gong 等人使用手性双磷酸 $(R,R)$-**78** 为催化剂，实现了醛、氨基丙二酸酯和亲偶极子马来酸二甲酯之间的三组分不对称 1,3-偶极环加成，高产率和高对映选择性（*ee* 值高达 99%）地得到多取代吡咯烷衍生物，提供了一种快速、多样化的合成手性吡咯烷衍生物的新方法 [315]。

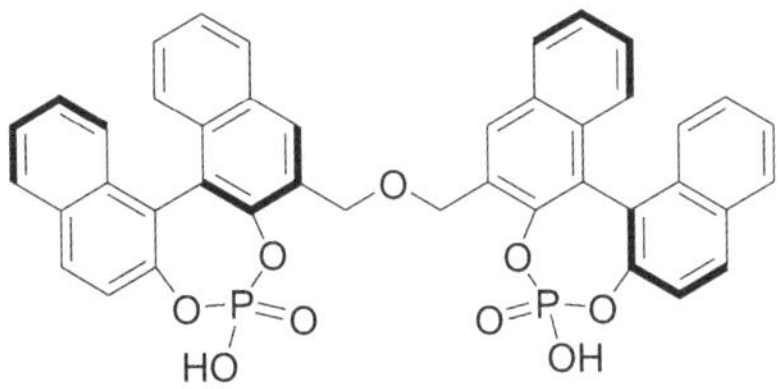

(*R*,*R*)-**78**

反应被认为是首先醛和氨基丙二酸酯缩合得到亚胺，亚胺在手性磷酸的作用下产生手性 1,3-偶极子 **A** 或 **B**，继而再与亲偶极子发生 1,3-偶极环加成得到产物手性吡咯烷 [315]。

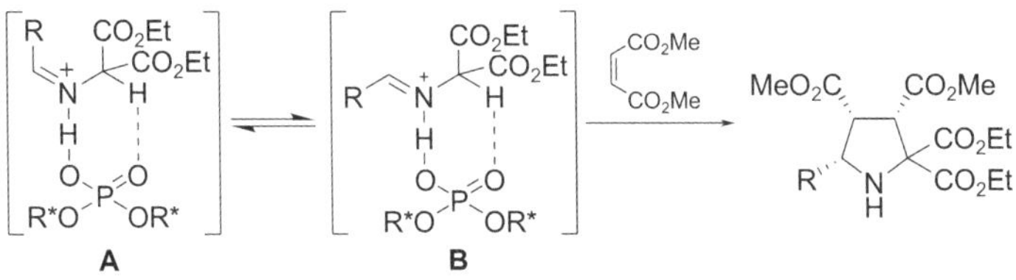

随后，该小组使用 3-甲亚基吲哚啉酮作为亲偶极子，在手性磷酸 $(R)$-**17** 催化下和醛、$\alpha$-氨基酸酯发生三组分不对称 1,3-偶极环加成，实现了 3,3′-吡咯烷吲哚酮螺环骨架的立体选择性构筑 [316]。在联萘骨架手性磷酸 $(R)$-**19** 的催化下，用 1,4-萘醌代替 3-甲亚基吲哚啉酮作为亲 1,3-偶极子与原位产生的甲亚胺叶立德发生不对称 1,3-偶极环加成，再经后续碱催化异构化可以得到光学活性异吲哚啉衍生物 [317]。该小组还进一步发展了 $\alpha,\beta$-不饱和酸酯为亲偶极子的分子内 1,3-偶极环加成反应。在联萘骨架手性磷酸 $(R)$-**17** 的催化下，以好的非对映和对映选择性实现了具有四个连续手性中心的稠合多环吡咯啉衍生物的对映选择性合成 [318]。

Shi 和 Tu 等人报道了共轭炔酮作为亲偶极子与甲亚胺叶立德的不对称 1,3-偶极环加成反应。在手性磷酸(*R*)-**19** 的催化下，炔酮、靛红以及氨基丙二酸二乙酯发生三组分反应，实现了螺吲哚酮衍生物的高对映选择性合成[319]。

硝基烯烃作为亲偶极子在手性磷酸催化下也能和原位形成的甲亚胺叶立德发生不对称 1,3-偶极环加成反应。He等人在手性磷酸(*R*)-**21** 催化下，实现了醛、氨基丙二酸二乙酯和硝基烯烃的不对称三组分 1,3-偶极环加成，以较低至好的对映选择性实现了硝基取代的光学富集四氢吡咯衍生物的对映选择性合成[320]。Wang 课题组则在手性磷酸(*R*)-TRIP 的催化下，实现了 3-氨基吲哚酮、醛与硝基烯烃的三组分不对称 1,3-偶极环加成反应，为光学活性螺吲哚酮的合成提供了新途径。但是当以脂肪醛为底物时，尽管也能以很好的非对映选择性得到环化产物，但反应的对映选择性急剧下降，只能得到几乎外消旋的产物[321]。

以上介绍的都是基于非环甲亚胺叶立德的 1,3-偶极环加成反应，Hong 和 Wang 课题组报道了一例环状甲亚胺叶立德参与的反应，即吖内酯与 3-甲亚基吲哚酮的 1,3-偶极环加成。在反应中，吖内酯底物通过与手性磷酸催化剂(*R*)-**79** 之间的氢键相互作用和质子转移原位形成环状甲亚胺叶立德中间体，进而与亲偶极子 3-甲亚基吲哚酮发生不对称 1,3-偶极环加成反应，产物不经分离经甲醇亲核开环和三氟醋酸脱保护得到光学活性螺吲哚酮化合物[322]。

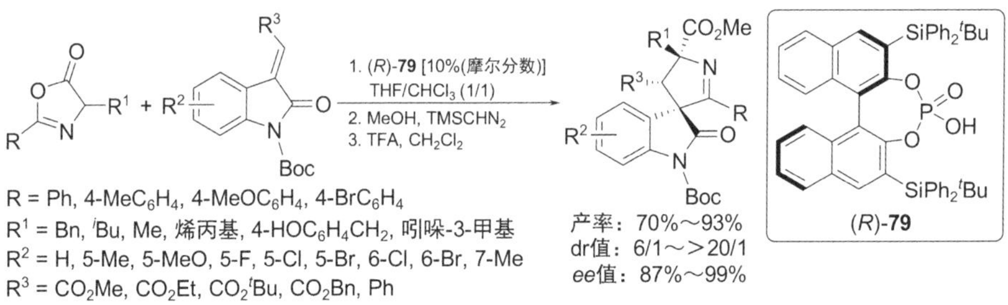

(*R*)-**79**

在手性磷酸催化的不对称 1,3-偶极环加成反应中，除了甲亚胺叶立德作为 1,3-偶极子之外，其他 1,3-偶极子参与的偶极环加成比较罕见，仅有 Zhu 课题组报道的一例甲亚胺亚胺作为 1,3-偶极子参与的偶极环加成反应。在螺二氢茚骨架手性磷酸(*S*)-**80** 的催化下，甲亚胺亚胺与 *N*-Cbz 保护烯胺可以顺利地发生反电子需求的 1,3-偶极环加成反应，以好的立体选择性得到相应的稠合吡唑啉衍生物。进一步通过氮氮键断裂可以转化为具有重要生物活性的手性四氢异喹啉化合物[323]。

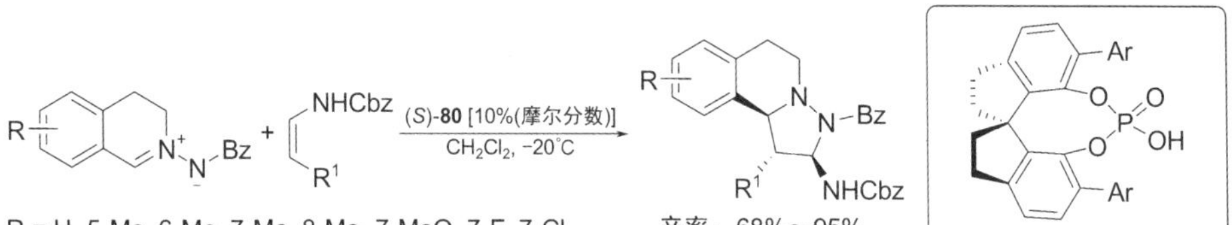


R = H, 5-Me, 6-Me, 7-Me, 8-Me, 7-MeO, 7-F, 7-Cl, 5-Br, 6-Br, 7-Br, 5-$CO_2$Me, 6-$CF_3$
$R^1$ = H, Me, Et, $^i$Pr, Bn

产率：68%～95%
dr值：＞19/1
*ee*值：79%～98%

# 4.21

## 串联环化反应

所谓串联环化反应是指反应物在相同反应条件下连续进行两步或两步以上的反应，最终得到环化产物的一类化学转化。串联环化反应，尤其是多组分串联环化反应，具有简洁、高效、原子经济等特点，可以从简单底物出发，快速实现复杂结构环状化合物的构建，因而在有机合成中占有十分重要的地位。随着手性磷酸催化的不断深入发展，基于结构多样性导向的有机合成策略，通过合理的底物设计，涌现出了许多出色的研究成果。

二氢吡啶，尤其是4-芳基-1,4-二氢吡啶是一类重要的钙离子通道调节剂，用于治疗心血管疾病。Gong等人发现在手性磷酸(*S*)-**60**的催化下，$\alpha,\beta$-不饱和醛、芳香族伯胺以及1,3-双羰基化合物可以发生三组分串联环化反应直接得到光学活性1,4-二氢吡啶衍生物，为该类重要氮杂环化合物的合成提供了便捷的新方法。在反应过程中，1,3-双羰基化合物首先与烯醛发生共轭加成，得到的1,5-双羰基化合物再与芳胺缩合得到环化产物[324]。

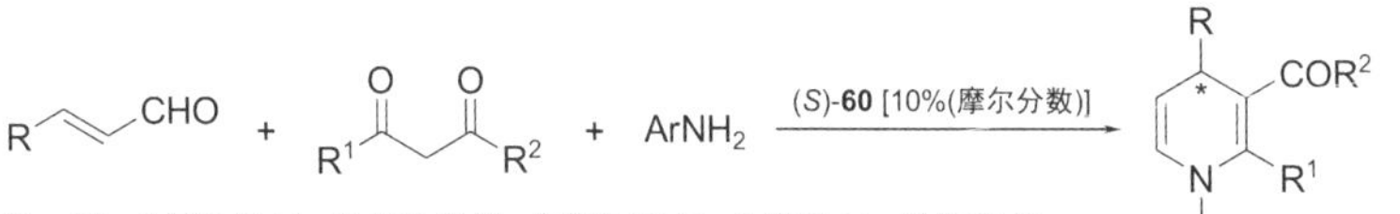


R = Ph, 4-$NO_2C_6H_4$, 3-$NO_2C_6H_4$, 2-$NO_2C_6H_4$, 2-$ClC_6H_4$, 2-$BrC_6H_4$, 2-$MeOC_6H_4$, 2-$CF_3C_6H_4$, 2,3-$Cl_2C_6H_3$
$R^1$ = Me, Et
$R^2$ = Me, OMe, OEt, O$^i$Pr, $OCH_2CH=CH_2$
Ar = 4-$ClC_6H_4$, 3-$MeC_6H_4$, 4-$MeC_6H_4$, 3-$MeOC_6H_4$, 4-$MeOC_6H_4$

产率：40%～93%
*ee*值：73%～98%

随后，该小组从吖内酯、肉桂醛和伯胺出发，在联萘骨架手性磷酸(*R*)-**9** 催化下，通过三组分串联环化方便地实现了光学活性 3-氨基-*δ*-内酰胺衍生物的立体选择合成。但由于存在一定程度的背景反应，反应的立体控制结果并不是很理想。作者认为在反应过渡态中，手性磷酸作为双功能催化剂发挥作用，一方面通过质子化活化肉桂醛与伯胺原位产生的烯亚胺，另一方面通过氢键相互作用活化烯醇式吖内酯，通过串联 Michael 加成 / 酰基转移得到相应的形式[4+2]环化产物[325]。

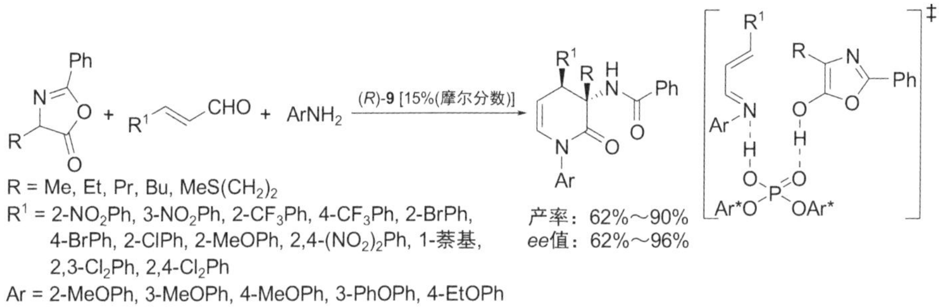


当使用苯乙胺衍生物作为伯胺组分时，得到的形式[4+2]环化产物在 Lewis 酸三氟化硼的作用下发生 Pictet-Spengler 反应环化即可便利地实现苯并喹诺里西啶(benzoquinolizidine)环系的构筑，从而进一步发展成为合成光学活性苯并喹诺里西啶的有效方法。

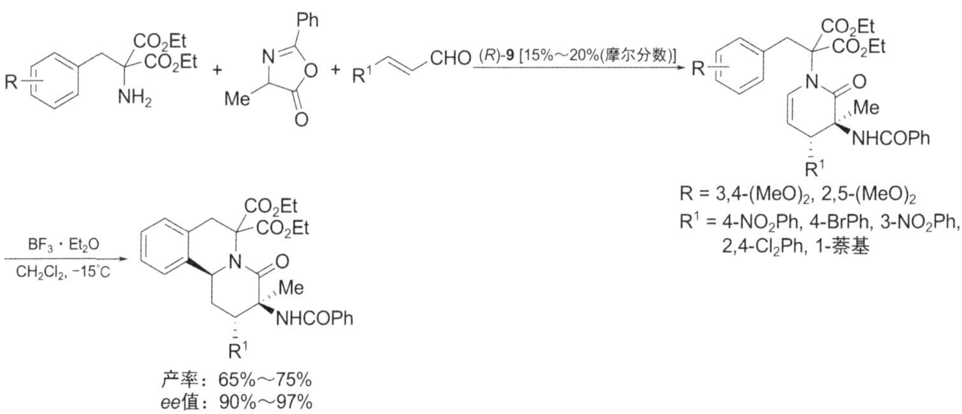


Zhu 报道手性磷酸可以催化脂肪醛亚胺与异腈之间的串联环化反应高产率地得到相应的光学活性 2-氨烷基-5-氨基噁唑衍生物。在手性磷酸(*R*)-**81** 或(*R*)-**82** 的催化下，反应获得了中等程度至很好的对映选择性。在反应中，异腈作为碳亲核试

剂首先在手性磷酸催化下对亚胺进行亲核加成，然后发生环化及异构化得到目标产物。由于脂肪族醛亚胺稳定性较差，作者进一步发展了醛、芳胺和异腈的三组分“一锅法”反应，获得了相同的对映选择结果[326]。

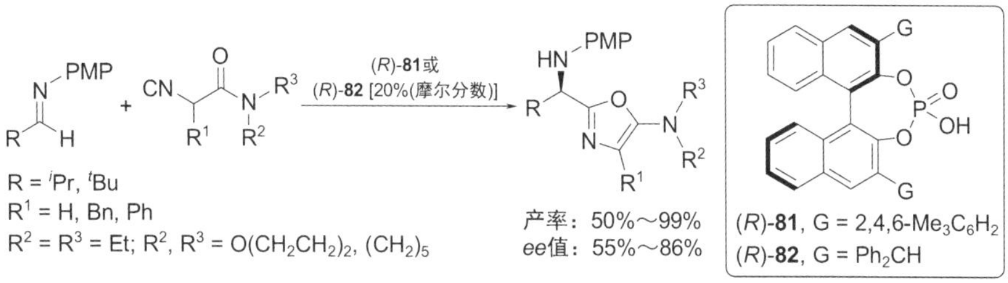


Zhong 课题组使用醛代替亚胺作为亲电试剂，在手性磷酸(*R*)-**52** 催化下也实现了与 *α*-异腈基乙酰胺的不对称串联环化反应，以高产率和好的对映选择性得到了光学活性噁唑衍生物，但是该催化体系仅适用于脂肪醛[327]。

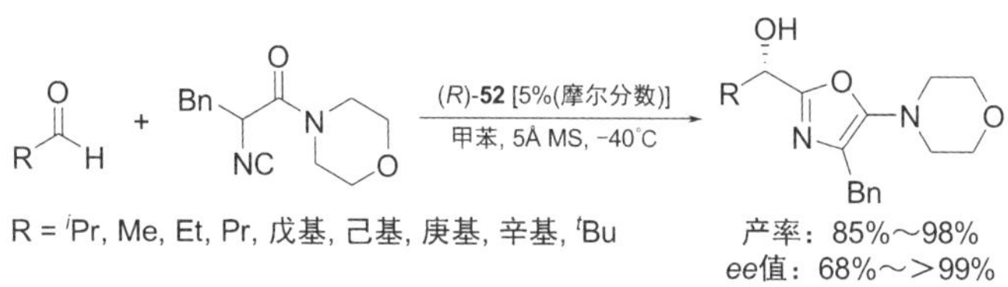


Rovis 课题组通过手性磷酸(*S*)-STRIP 和 *N*-苯基-*N*-(3,5-二三氟甲基苯基)硫脲共催化的不对称串联半缩醛化 / 氧杂-Michael 加成反应实现了潜手性过氧醌醇的去对称化，以很好的对映选择性得到具有抗癌活性的手性 1,2,4-三噁烷[328]。

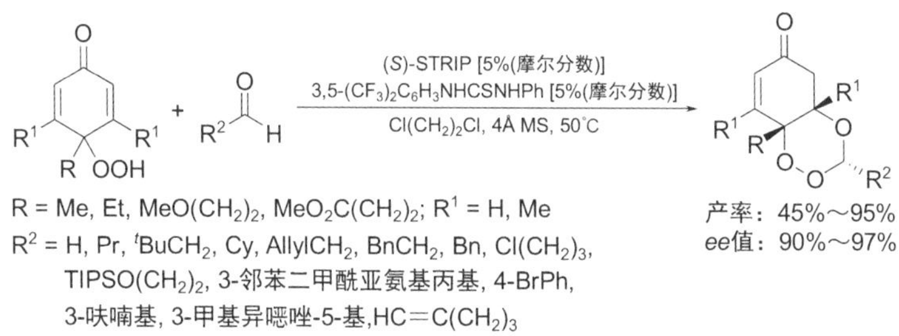


基于相似的反应策略，Asano 和 Matsubara 课题组也实现了手性磷酸催化的 *δ*-羟基取代烯酮与醛的不对称串联半缩醛化 / 氧杂-Michael 加成反应。在手性磷酸(*S*)-TRIP 的催化下，一系列 *δ*-羟基-*α*,*β*-不饱和酮与正己醛反应可以得到手性 1,3-

二氧六环化合物[329]。

Robinson 环化是最有效的构筑环己烯酮结构单元的方法并被广泛用于复杂天然产物的合成。Yamanaka 和 Akiyama 发现手性磷酸不仅可以催化环状 $\beta$-酮酸酯对甲基乙烯基酮的不对称 Michael 加成反应，还能催化后续的分子内羟醛缩合反应，得到 Robinson 环化产物。有趣的是，尽管在第一步(*R*)-**28** 催化的 Michael 加成中只得到较好的对映选择性，但是在(*R*)-TRIP 催化的后续分子内羟醛缩合过程中，除了 2-氧代环戊烷甲酸酯底物之外(几乎没有观察到动力学拆分效应)，其余底物均存在明显的动力学拆分现象，光学纯度可以得到进一步提高，以中等程度以上的产率得到近乎光学纯的环化产物[330]。

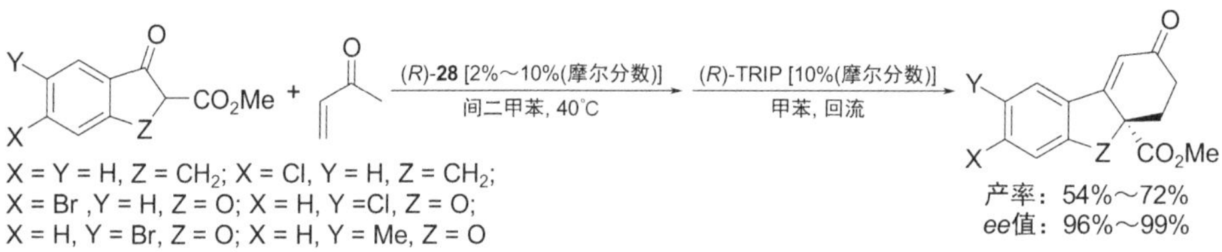


Lin课题组从 $\beta$-酮酸酯、芳香醛和芳香胺出发，在螺环手性磷酸(*S*)-**38** 的催化下，通过不对称多组分串联反应策略实现了手性四氢吡啶骨架的快速构建。在反应过程中，$\beta$-酮酸酯、芳香醛在手性磷酸作用下发生 Knovengal 缩合后再与芳香胺反应生成烯基烯胺中间体，后者在手性磷酸催化下与芳香醛和芳香胺形成的亚胺首先发生烯胺对亚胺的亲核加成，随即发生烯亚胺的分子内氮杂 Michael 加成得到形式[4+2]环化产物，即手性四氢吡啶衍生物[331]。

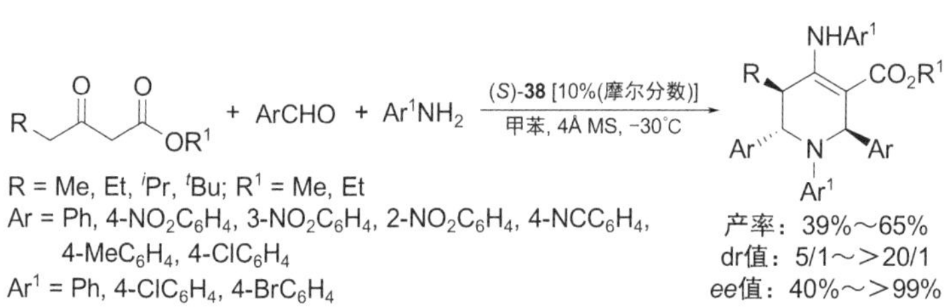


与此同时，Shi 和 Tu 等人也报道了类似的反应，所使用的催化剂是联萘骨架手性磷酸(*R*)-**13**，获得了中等至较好的对映选择结果[332]。

Shi 等人在螺二氢茚手性磷酸(*R*)-**31** 的催化下，通过芳香醛、邻苯二胺和 5，5-

二甲基环己-1,3-二酮的不对称三组分串联环化反应，实现了光学富集的苯并 1,4-二氮杂草衍生物的合成。作者认为，在手性磷酸作用下芳醛和 1,3-环己二酮分别与邻苯二胺中的一个氨基形成亚胺和烯胺，然后在手性磷酸催化下发生分子内的氮杂-Mannich 反应得到二氮杂草衍生物[333]。

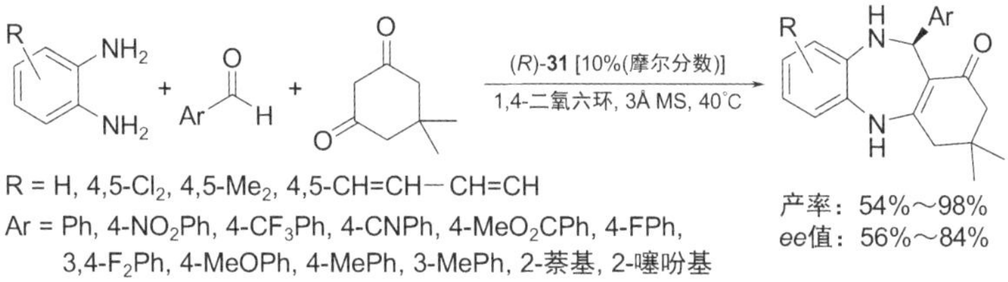


进一步研究表明，使用靛红衍生物代替芳醛，在八氢联萘骨架手性磷酸(*S*)-**59** 的催化下可以实现含有螺吲哚酮结构单元的手性二氮杂草衍生物的对映选择合成[334]。

邻羟基苄醇在酸催化下脱水可以原位产生高活性的亲电受体邻甲亚基苯醌，后者与同时具有亲核和亲电反应活性的双亲试剂通过 Michael 加成引发的串联反应可以得到环化产物。基于此策略，Schneider、Pan、Rueping 以及 Shi 课题组分别从邻羟基苄醇衍生物出发，分别在手性磷酸(*R*)-**83**、(*S*)-TRIP、(*R*)-**17** 和(*R*)-TRIP 的催化下实现了环状烯胺[335]、非环状烯胺[336]、1,3-环己二酮[337]以及环状烯胺酮[338]等亲核试剂对原位产生邻甲亚基苯醌的 Michael 加成引发的串联反应，实现了多种光学活性稠合苯并四氢吡喃或二氢苯并吡喃衍生物的合成。

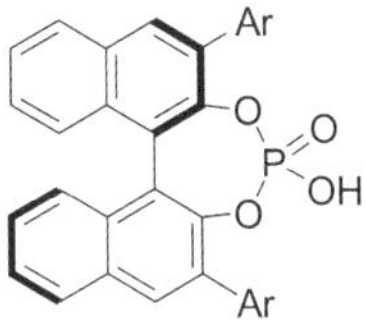


(*R*)-**83**

Ar = $C_6Me_5$

Shi 等人发现在螺二氢茚骨架手性磷酸(*S*)-**84** 催化下，3-烯基吲哚与苯醌单亚胺可以发生不对称串联环化反应，实现二氢苯并呋喃骨架的立体选择性构筑。在反应过程中，3-烯基吲哚首先在手性磷酸作用下对醌单亚胺发生不对称插烯 Michael 加成，随后发生芳构化和分子内氧杂-Michael 加成，得到形式[2+3]环化产物，取得了好的非对映和对映选择性结果[339]。

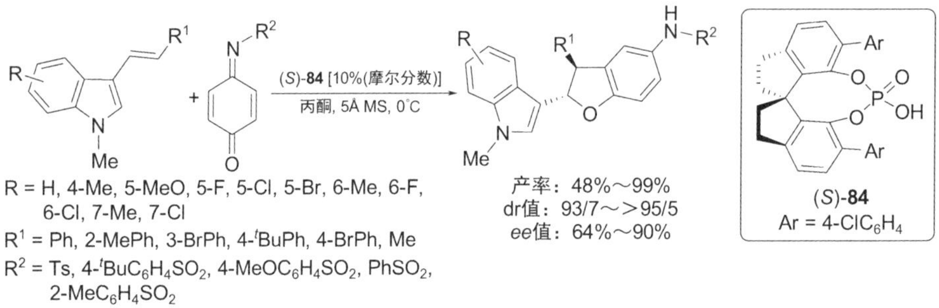


同年，Zhang 课题组在手性磷酸(*S*)-TRIP 的催化下通过环状烯酰胺与苯醌单亚胺的不对称串联环化反应，同样得到了光学富集的多环二氢苯并呋喃衍生物。其中衍生自苯并环酮的烯酰胺能够获得很好的立体选择性，但环己酮衍生的烯酰胺只能得到很低的对映选择性。在反应过程中，烯胺在催化剂作用下首先对苯醌单亚胺进行 Michael 加成并芳构化得到 *α*-芳基化的亚胺正离子中间体，随后酚羟基对亚胺正离子的亲核加成得到形式[2+3]环化产物[340]。

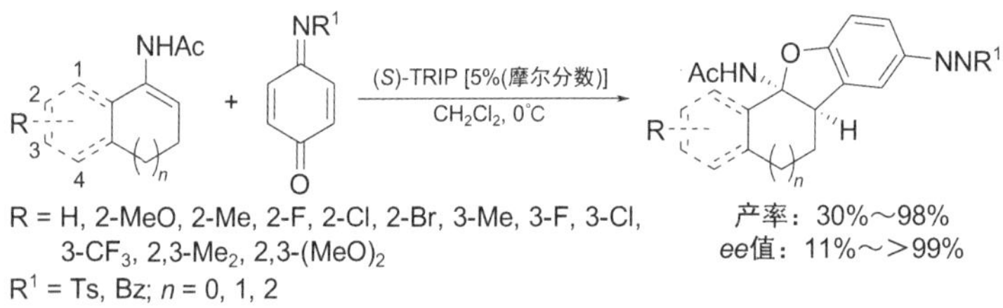


Masson 课题组报道在螺二氢茚骨架手性磷酸(*R*)-**42** 催化下，非环烯胺同苯醌可以发生类似的不对称串联环化反应，以好的对映选择性得到反式 2, 3-二取代二氢苯并呋喃衍生物。其中氮上的保护基对反应的非对映选择性影响较大，与烷氧羰基保护基相比苄硫羰基可以显著提高反应的非对映选择性[341]。在加大催化剂用量的条件下，从对苯二酚出发，使用二醋酸碘苯(PIDA)为氧化剂原位产生对苯醌，继而与烯胺发生环化可以实现“一锅法”合成手性二氢苯并呋喃衍生物，并且不影响反应的立体选择性。

Chen 和 Zhou 等人选取 1-苯乙烯基-2-萘酚作为亲核试剂在手性磷酸(*R*)-**19** 催化下与苯醌发生不对称串联环化反应，得到光学活性顺式二氢苯并呋喃衍生物。在反应过程中，手性磷酸作为双功能催化剂首先催化苯乙烯基萘酚与苯醌的不对称插烯 Michael 加成，得到的邻甲亚基苯醌中间体在催化剂作用下继续发生分子内氧杂-Michael 加成得到相应的形式[2+3]环化产物[342]。

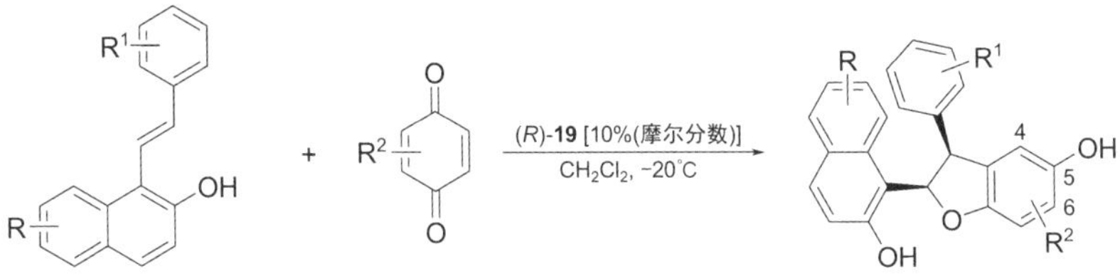


R = H, 6-Br, 6-Ph, 6-Me, 6-Et, 6-TMS, 7-TfO, 7-Br, 7-Ph
$R^1$ = H, 2-CN, 4-F, 4-Cl, 4-Br, 4-CN, 4-$CF_3$, 4-$NO_2$, 4-Me, 2,4-$F_2$
$R^2$ = H, 4-Cl, 4-Br, 6-Ph

产率：80%～98%
*ee*值：87%～99%

吲哚-3-甲醇衍生物在手性磷酸催化剂的作用下通过质子化脱水能够形成高反应活性的手性烯基亚胺正离子对，可以与不同的富电子烯烃发生不对称串联环化反应，得到结构多样的形式[2+3]环化产物，即环戊烷稠合的吲哚衍生物。

Masson 课题组报道了手性磷酸(*S*)-**21** 催化的吲哚-3-甲醇衍生物与 *N*-烯基氨基甲酸酯之间的不对称[2+3]环化，得到具有三个连续手性中心的环戊烷稠合的吲哚衍生物。吲哚氮氢的存在是获得好的立体选择性的关键因素，当吲哚氮原子上引入取代基之后反应的对映选择性会急剧下降，只得到外消旋的环化产物。在反应过程中，吲哚甲醇首先与催化剂作用脱水形成手性烯基亚胺手性离子对，然后烯胺作为亲核试剂对其进行共轭加成得到手性亚胺中间体，该中间体继续在手性磷酸催化下与吲哚环发生 C2 位 F-C 烷基化反应得到环化产物[343]。

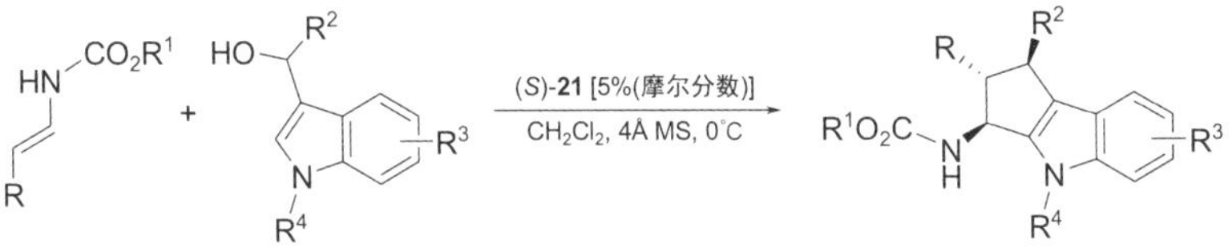


R = Me, Et, $^i$Pr, TBDPSO($CH_2$)$_3$, (*R*)-2,6-二甲基庚-2-烯-7-基
$R^1$ = Bn, $^t$Bu
$R^2$ = Ph, 4-FPh, 4-$CF_3$Ph, 3-MeOPh, 2-萘基, 2-噻吩基, $^i$Pr, Bu
$R^3$ = H, 5-MeO, 5-Br, 6-Br; $R^4$ = H, Bn

产率：44%～88%
dr值：80/20～>95/5
*ee*值：0～97%

Shi 小组采用相同的策略先后实现了基于靛红的吲哚-3-甲醇衍生物与 2-[344]、3-[345]以及 7-烯基吲哚衍生物[346]的不对称[2+3]环化反应，以很好的非对映及对映选择性得到相应的螺吲哚酮衍生物。

Shi 课题组发现如果将上述反应中的富电子烯烃换成原位产生的甲亚胺叶立德，

则可以实现形式[3+3]环化反应。在手性磷酸(*R*)-**60** 催化下，从靛红衍生物、氨基丙二酸二乙酯和 3-羟基-3-(吲哚-3-基)吲哚酮出发方便地得到了含四氢咔唑骨架的光学活性双螺吲哚酮衍生物。作者认为，3-羟基-3-(吲哚-3-基)吲哚酮在手性磷酸作用下首先脱水形成烯基亚胺中间体，后者通过手性磷酸的双活化作用与氨基丙二酸二乙酯和靛红形成的甲亚胺叶立德中间体发生不对称 Michael 加成，然后再在手性磷酸作用下发生不对称 Pictet-Spengler 反应环化得到双螺吲哚酮衍生物[347]。

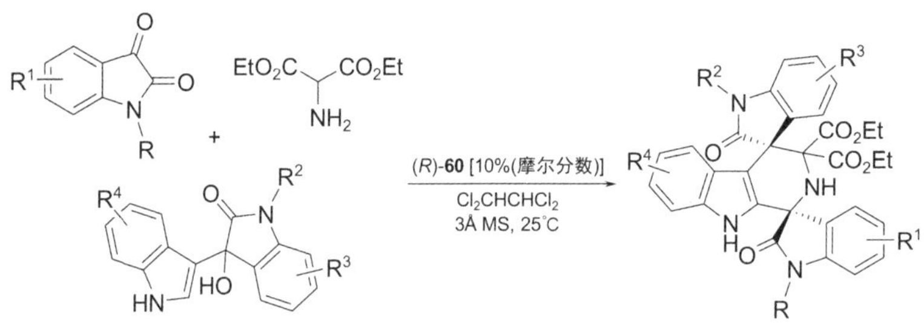


R = Bn, 4-FBn, 4-BrBn, 4-ClBn, 4-$^t$BuBn, 4-MeBn, Me
$R^1$ = H, 5-Cl, 5-Me, 6-Cl, 7-Me; $R^2$ = Me, Bn, Ph
$R^3$ = H, 5-Me, 6-Cl, 6-Br, 7-Me, 7-F; $R^4$ = H, 5-F, 5-MeO, 6-F

产率：40%～72%
dr值：＞95/5
*ee*值：82%～96%

Shi 小组报道在手性磷酸催化下，*α*,*α*-二芳基取代吲哚-2-甲醇与 3-烯基吲哚同样可以发生不对称串联环化反应得到手性三环吲哚衍生物。在反应过程中，底物吲哚-2-甲醇首先在手性磷酸(*S*)-**85** 作用下脱水产生离域的正离子中间体(包括碳正离子和烯基亚胺正离子两个共振极限式)，后者接受 3-烯基吲哚的亲核进攻产生环状亚胺正离子中间体，继而接受烯胺单元的亲核进攻环化得到目标化合物[348]。

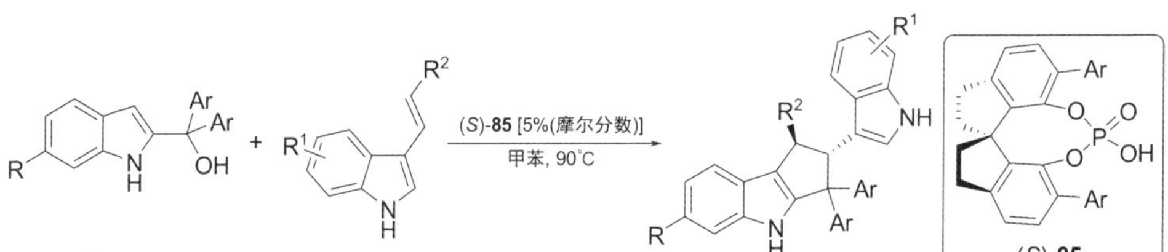


R = H, Cl
Ar = Ph, 3-FPh
$R^1$ = H, 4-F, 5-F, 5-Cl, 5-MeO, 6-F, 6-Cl, 6-Br, 6-Me, 7-F, 7-Me
$R^2$ = Ph, 2-MePh, 3-BrPh, 3-MePh, 4-BrPh, 4-MePh, Me

产率：46%～99%
dr值：78/22～＞95/5
*ee*值：68%～92%

(*S*)-**85**
Ar = 2-萘基

利用 *α*,*α*-二芳基取代吲哚-2-甲醇的这一反应特性，该小组进一步将亲核试剂拓展为原位形成的甲亚胺叶立德，也实现了不对称形式[3+3]环化反应。他们从吲哚-2-甲醇衍生物、醛和氨基丙二酸二乙酯出发，在手性磷酸(*R*)-**41** 催化下以好的对映选择性得到相应的手性哌啶稠合吲哚衍生物。在反应过程中，吲哚-2-甲醇首先在手性磷酸作用下脱水形成离域的正离子中间体，后者与醛和氨基丙二酸二乙酯在磷酸作用下形成的甲亚胺叶立德首先发生 1,4-共轭加成，随后发生分子内烯胺对亚胺的亲核加成并异构化得到形式[3+3]环化产物[349]。

进一步的研究表明，$\alpha$-单芳基取代吲哚-2-甲醇具有相似的反应性，在手性磷酸催化下也能原位形成离域的正离子中间体，但环化反应时表现出了不同的区域选择性，得到的是手性六氢嘧啶稠合吲哚衍生物。在反应过程中，原位形成的离域正离子中间体首先与原位形成的甲亚胺叶立德发生 1,6-共轭加成，随后吲哚氮对亚胺结构单元进行亲核加成得到环化产物。其中八氢联萘骨架手性磷酸(*S*)-**41** 和(*S*)-**60** 分别在靛红化合物[350]和醛[351]参与的串联环化过程中表现出了最好的催化效果。

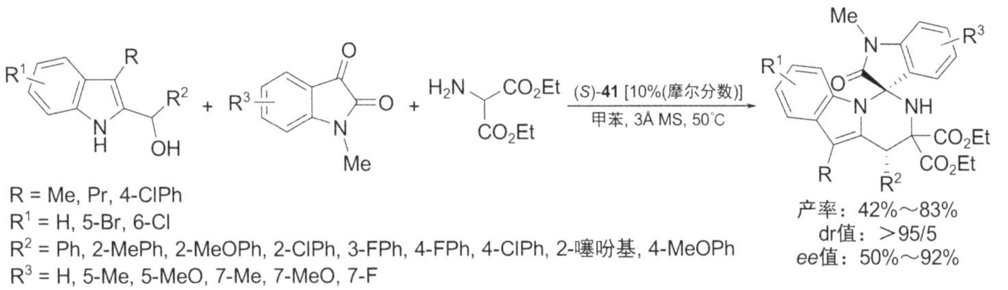

Qiu 课题组在手性磷酸(*R*)-TRIP 的催化下，利用 2-甲酰基取代苯甲酸甲酯与 2,6-二异丙基苄基取代的乙二胺之间的串联环化反应高效地实现了二氢咪唑稠合的异吲哚啉酮骨架的立体选择性构筑。在反应过程中，乙二胺衍生物首先在手性磷酸作用下与甲酰基反应生成亚胺，亚胺单元与手性磷酸形成手性亚胺离子对并接受氨基的亲核进攻得到手性四氢咪唑环，最后发生内酰胺化得到稠合的异吲哚啉

酮衍生物。当甲酰基邻位引入取代基后，位阻效应会导致反应对映选择性的显著下降[352]。

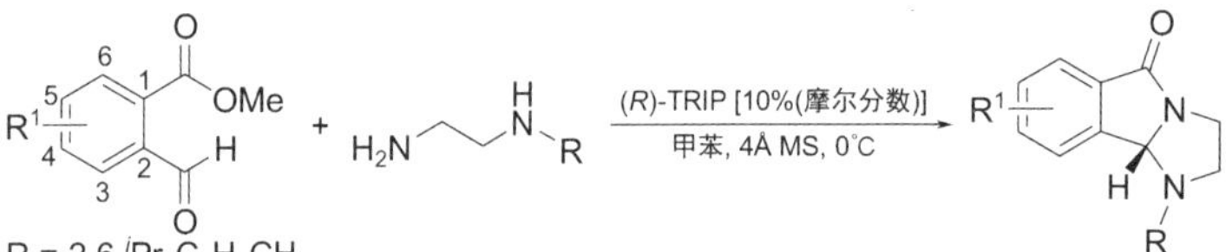


R = 2,6-$^iPr_2C_6H_3CH_2$
$R^1$ = 5-F, 5-Cl, 5-Br, 5-Me, 5-MeO, 5-$NO_2$, 4-F, 4-Cl, 4-Br, 4-$CF_3$, 4-Me, 4-MeO, 4,5-$(MeO)_2$, 6-F, 6-Me, 3-Me

产率：90%～93%
*ee*值：30%～96%

Sun 课题组在联萘骨架手性磷酸(*R*)-**19** 催化下，从 1-(2-羟乙氧基)-3-取代异苯并吡喃和芳乙烯基硼酸出发，实现了光学活性 1,2-二氢萘衍生物的不对称合成。其中 3-位取代基对反应的对映选择性影响比较显著，当其为氢或烷基时会导致反应对映选择性的明显下降。作者认为在反应过程中，两种底物首先在手性磷酸作用下形成如下的异苯并吡喃鎓手性离子对，然后发生[4+2]环化反应，继而分子内消除得到目标产物[353]。

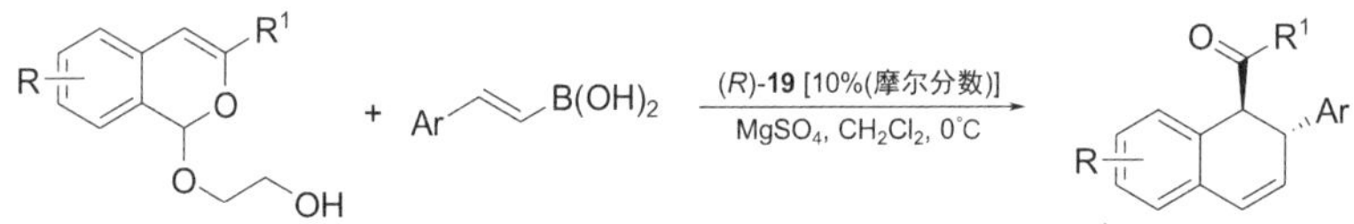


R = H, 6-Me, 6-F, 7-F, 7-$CF_3$, 7-MeO, 7-TBSO
$R^1$ = H, Ph, 4-CNPh, 4-AcPh, 2-BrPh, 4-FPh, 3-MeOPh, 1-萘基, Bu
$R^2$ = Ph, 4-MeOPh, 4-MePh, 4-FPh, 3,5-$Me_2Ph$, 3-MeOPh, 2-噻吩基

产率：72%～97%
*ee*值：26%～97%

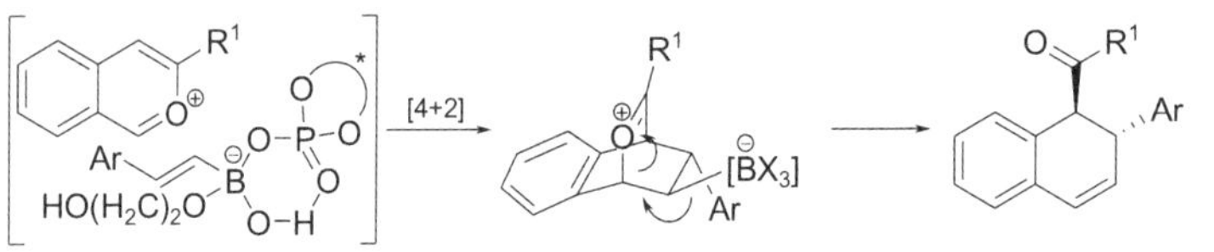


Shi 课题组利用 Brønsted 酸和 Lewis 碱协同催化的策略，在螺二氢茚骨架手性磷酸(*S*)-**31** 和手性胍的共催化下实现了 2-烯基苯酚与吖内酯的不对称形式[4+2]环化反应得到光学活性 3,4-二氢香豆素衍生物。在反应过程中，手性磷酸催化烯基苯酚异构原位形成邻甲亚基苯醌，后者在手性磷酸活化下与吖内酯在手性胍催化剂作用下形成的烯醇负离子发生共轭加成，产生的苯氧负离子中间体对吖内酯进行亲核开环得到形式[4+2]环化产物[354]。

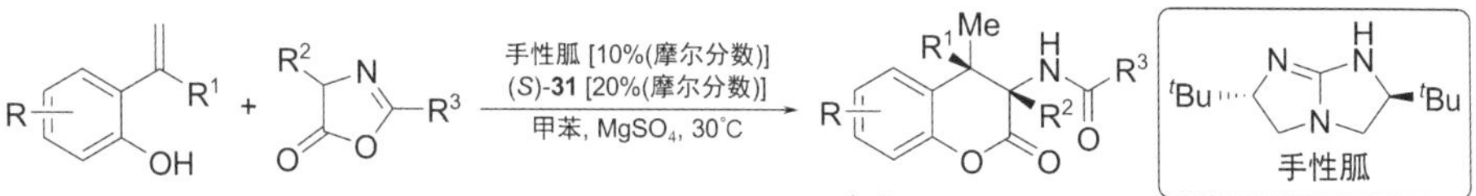


R = H, 4-F, 4-Cl, 4-Br, 4-Me, 4-EtO, 4-MeO, 5-F
$R^1$ = Me, Et; $R^2$ = Ph, 4-ClPh, 3-ClPh
$R^3$ = Ph, 4-EtOPh, 4-MeOPh, 3-MeOPh, 4-MePh, 4-BrPh

产率：42%～99%
dr值：＞95/5
*ee*值：70%～92%

采用相同的反应策略，该小组进一步实现了手性磷酸(*R*)-**9** 催化的 2-烯基苯酚与 3-芳氨基环己-2-烯酮的串联环化反应，尽管反应在高温下进行，仍然取得了较好的对映选择结果。在反应过程中，邻烯基苯酚首先在手性磷酸催化下发生异构原位形成邻甲亚基苯醌，然后接受烯胺的亲核进攻并芳构化得到苯酚中间体，酚羟基对酮羰基亲核加成得到半缩酮，最后脱水得到目标化合物[355]。

Schneider 课题组发现 2-对甲氧基苄氨基苄醇衍生物在手性磷酸作用下脱水可以原位产生邻甲亚基苯醌亚胺，后者具有很好的反应性，在手性磷酸(*R*)-**83** 催化下可以与环状烯胺[356]和乙酰乙酸酯[357]发生不对称[4+2]类型的串联环化反应分别得到手性稠合四氢喹啉衍生物和 1,4-二氢喹啉衍生物。

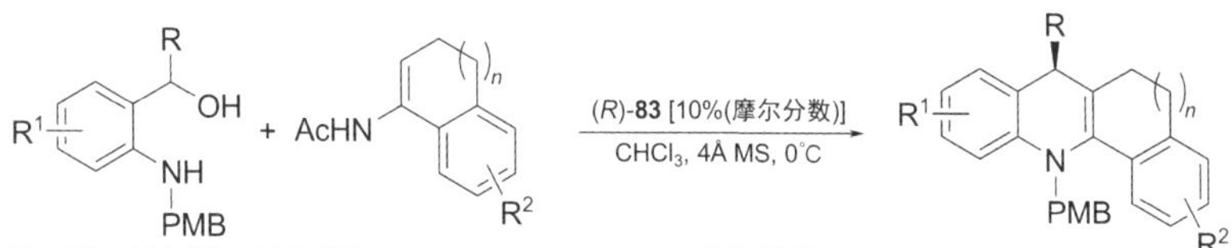


R = Ph, 4-MePh, 4-MeOPh, 4-ClPh, 4-$NO_2$Ph, (*E*)-苯乙烯基, Et
$R^1$ = H, 5-Me, 5-$^t$Bu, 4-Me, 4-MeO, 4-Cl, 4-Br
$R^2$ = H, 5-MeO, 6-MeO, 7-MeO, 7-Br; *n* = 1, 2

产率：25%～95%
*ee*值：70%～98%

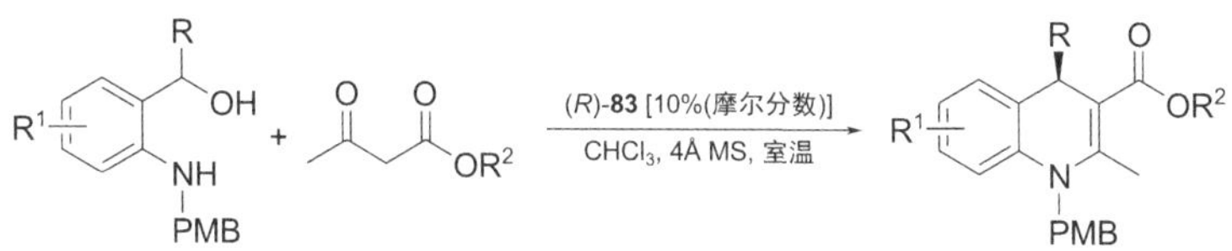


R = Ph, 4-MePh, 3-MePh, 2-MePh, 4-$^t$BuPh, 4-MeOPh, 4-AcOPh, 4-ClPh, 4-BrPh, 4-IPh,3,4-$(MeO)_2$Ph, 3-噻吩基
$R^1$ = H, 5-Me, 5-$^t$Bu, 4-Me, 4-Cl, 4-Br
$R^2$ = Me, Et, $^i$Pr, 烯丙基, Bn

产率：41%～92%
*ee*值：20%～84%

随后，该小组在手性磷酸(*R*)-**83** 催化下，还实现了 *α*-炔丙基取代的邻甲氨基苄醇与环状 *β*-酮酸酯的不对称串联环化反应，得到光学活性螺二氢喹啉酮衍生物。在反应过程中，*α*-炔丙基取代的邻甲氨基苄醇底物首先在手性磷酸作用下脱水原位产生邻甲亚基醌亚胺，后者在磷酸催化下与环状 *β*-酮酸酯发生 Michael 加成继而发

生内酰胺化得到形式[4+2]环化产物[358]。

Huang 课题组使用邻甲酰基查耳酮为底物，在手性磷酸(*R*)-TRIP 的催化下与烯丙基硼酸片呐醇酯首先发生醛的不对称烯丙基化反应，得到的高烯丙醇中间体继而与烯酮单元发生氧杂-Michael 加成反应得到光学活性二氢异苯并呋喃衍生物，反应具有好的对映选择性，但几乎没有非对映选择性[359]。

在(*S*)-TRIP[360]和(*S*)-**38**[361]催化下，含有邻位酚羟基的对甲亚基苯醌与吖内酯可以顺利地发生不对称串联环化反应，实现了光学富集3,4-二氢香豆素衍生物的对映选择合成。在反应过程中，手性磷酸首先催化吖内酯的烯醇化，然后烯醇对对甲亚基苯醌进行 Michael 加成，最后对甲亚基苯醌底物中的酚羟基对吖内酯环进行亲核开环实现二氢香豆素骨架的构建。

Shi 等人使用 3-烷基-2-烯基吲哚为亲核试剂，在具有更强酸性的联萘骨架手性硫代磷酸(*S*)-**86** 的催化下，也实现了与含邻位酚羟基的对甲亚基苯醌的不对称串联环化反应，得到相应的手性二氢苯并吡喃衍生物。作者认为在反应过程中，3-烷基-2-烯基吲哚首先在手性硫代磷酸的催化下与对甲亚基苯醌发生插烯1,6-共轭加成，加成产物在手性硫代磷酸催化下进一步发生分子内双烯亚胺的氧杂1,6-共轭加成得到形式上的[4+2]环化产物[362]。

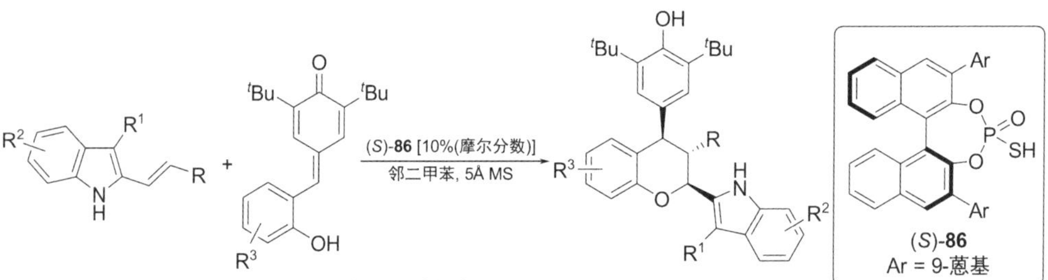


R = Ph, 2-MePh, 2-FPh, 2-ClPh, 2-BrPh, 3-MePh, 3-FPh, 3-ClPh, 3-BrPh, 4-MePh, 4-$^t$BuPh, 4-FPh, 4-ClPh, 4-BrPh

$R^1$ = Me, Et, Bn; $R^2$ = H, 6-Cl; $R^3$ = H, 4-Me, 4-Br, 5-Me

产率：63%～98%

dr值：78/22～>95/5

*ee*值：90%～96%

光学活性四氢喹啉的获取往往依赖于喹啉的不对称氢化或转移氢化以及喹啉或喹啉盐的去芳构芳基化和后续还原反应，这些反应都需要使用氢气或各种氢源作为还原剂。Zhao 课题组发展了一种基于借氢(borrowing-hydrogen)策略，利用非手性环铱催化剂和手性磷酸共催化体系实现外消旋邻氨基苯丙醇脱水环化形成光学活性四氢喹啉衍生物的新方法。在反应过程中，手性铱催化剂催化外消旋氨基醇的脱氢得到氨基酮和铱氢中间体，氨基酮在手性磷酸(*R*)-**49** 作用下脱水形成手性环状亚胺离子对，后者与铱氢中间体发生不对称氢化还原得到手性四氢喹啉衍生物[363]。

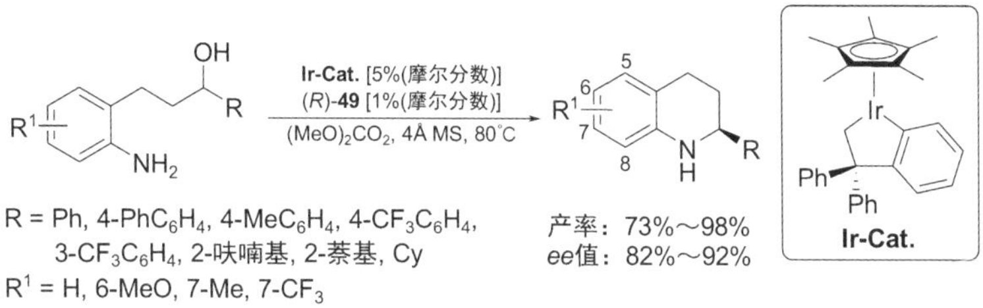


七元碳环稠合的吲哚骨架是许多天然产物和生物活性物质的核心骨架。Masson 课题组发现手性磷酸(*R*)-TRIP 能够催化吲哚-3-甲醇与 Cbz 保护的 1-氨基丁-1,3-二烯衍生物发生不对称形式[4+3]环化反应，为七元碳环稠合的吲哚骨架的立体选择性构筑提供了新方法。在反应过程中，吲哚甲醇首先在手性磷酸作用下脱水形成烯基亚胺正离子对，后者接受 Cbz 保护的 1-氨基丁-1,3-二烯衍生物的亲核进攻，在形成碳碳键的同时产生新的烯基亚胺正离子，然后再发生分子内吲哚与烯基亚胺正离子的不对称 F-C 烷基化得到环化产物[364]。

作为许多光学活性天然产物和合成药物的核心结构单元，1,5-二氢吡咯酮骨架的立体选择构建吸引了广泛关注。Palacios 等人报道在手性磷酸(*R*)-**9** 催化下，醛、胺和丙酮酸酯发生三组分不对称串联反应可以方便地实现 1,5-二氢吡咯-2-酮骨架的立体选择构筑。在反应过程中，醛和胺以及丙酮酸和胺分别形成亚胺和烯胺中间体，二者在手性磷酸催化下发生 C—C 键形成反应，得到的中间体继而发生分子内酰基转移反应并异构形成目标产物 $\gamma$-内酰胺[365]。

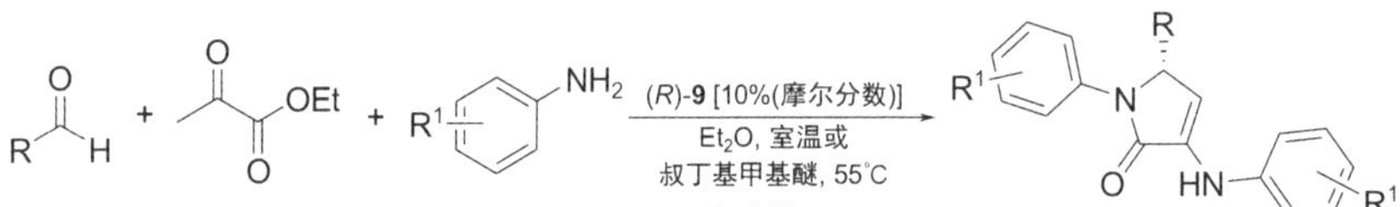

R = Ph, 4-$NO_2$Ph, 4-FPh, 4-$CF_3$Ph, 3-$NO_2$Ph, 2-噻吩基, Cy, $^i$Pr, (*E*)-苯乙烯基
$R^1$ = 4-Me, 2-F, 4-MeO, 4-Br

产率：74%～98%
*ee*值：52%～96%

You 课题组在前期工作基础上发现当把氮原子桥连的 *ω*-吲哚-3-基烯酮底物中氮原子上的吸电子 Boc 取代基替换成给电子 3,5-二三氟甲基苄基时，在手性磷酸 (*S*)-**87** 催化下，反应不再生成螺环产物而是得到吲哚基取代的手性四氢吡咯衍生物。作者认为氮原子上取代基电子性质的改变使得分子内 Michael 加成得到的螺环中间体易于发生逆 Mannich 反应开环得到亚胺正离子中间体，后者再发生分子内 Mannich 反应关环得到四氢吡咯环[366]。

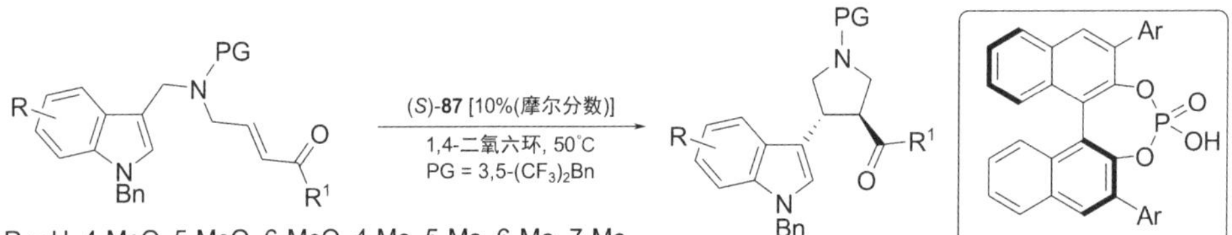

R = H, 4-MeO, 5-MeO, 6-MeO, 4-Me, 5-Me, 6-Me, 7-Me, 4-Br, 5-Br, 6-Br, 7-Br, 4-$CO_2$Me, 5-$CO_2$Me, 6-$CO_2$Me
$R^1$ = Ph, 2-MeOPh, 3-MeOPh, 4-MeOPh, 2-BrPh, 3-BrPh, 4-BrPh, Me

产率：65%～91%
*ee*值：54%～92%

(*S*)-**87**
Ar = 10-硝基蒽-9-基

# 4.22

## 醛的烃硼化反应

手性仲醇是不对称合成中的一类重要合成砌块，在许多手性药物和精细化学品的合成中均有广泛的应用。在众多制备手性仲醇的方法中，醛与烃基硼酸酯的不对称亲核加成反应，即醛的不对称烃硼化是一种比较成熟、有效的方法，反应得到的硼酸酯产物经质子解去硼化即可得到手性仲醇。在手性磷酸催化的该类反应中报道最多的是烯丙基硼酸酯与醛的不对称烯丙基硼化反应，除此之外，还涉及醛的不对称炔丙基硼化、联烯基硼化以及二烯基硼化反应。

2010 年，Antilla 报道了首例手性磷酸催化的醛的不对称烯丙基硼化反应。在手性磷酸(*R*)-TRIP 的催化下，烯丙基硼酸片呐醇酯对醛发生亲核加成得到相应的手性硼酸酯，进一步在手性磷酸作用下发生质子解去硼化得到光学活性高烯丙醇衍生物。无论是脂肪醛还是芳香醛都能顺利地发生反应，得到相应的烯丙基化产物，但芳醛的立体选择性优于脂肪醛的结果。当硼试剂中的烯丙基换成巴豆基时，反应同样可以发生，但双键构型决定了反应的非对映选择性。其中，(*E*)-构型底物表现出很好的 *anti*-选择性，而(*Z*)-构型底物则得到 *syn*-式产物[367]。随后，Hu 等人的研究表明，螺二氢茚骨架的手性磷酸(*R*)-STRIP 同样能够催化反应的顺利进行，而且表现出了更好的不对称诱导能力[368]。

Malkov 等人报道了衍生自四乙基乙二醇的外消旋烯丙基硼酸酯为烯丙基化试剂参与的醛的不对称烯丙基硼化反应。在手性磷酸(*R*)-TRIP 的催化下，在发生不对称烯丙基硼化反应的同时伴随着对外消旋烯丙基硼酸酯底物的动力学拆分。其中(*R*)-构型的底物会优先与醛发生反应得到(*Z*)-选择性高烯丙醇产物，而(*S*)-构型的底物则被光学富集[369]。

同年，Miura 和 Murakami 小组采用接力催化的策略，在离子型铱催化剂和手性磷酸(*R*)-TRIP 的催化下从烯基硼酸片呐醇酯出发实现了 *anti*-高烯丙醇衍生物的合成。在反应过程中，离子型铱催化剂负责催化烯基硼酸酯发生双键转位原位产生(*E*)-构型的烯丙基硼酸酯，后者在手性磷酸催化下发生醛的不对称烯丙基化反应得到相应的高烯丙醇产物。由于烯基硼酸酯可以方便地通过端炔与片呐醇硼烷的硼氢化获得，该方法可以进一步拓展至“一锅法”从端炔出发获取光学活性 *anti*-高烯丙醇衍生物[370]。

同样采用接力催化的策略，该小组从商品化的甲烷双硼酸片呐醇酯的烯丙基烷基化获取的 $\gamma,\delta$-不饱和偕二硼酸片呐醇酯出发，在钯催化剂和手性磷酸(*R*)-TRIP 的催化下实现了手性(*E*)-$\delta$-氧硼基 *anti*-高烯丙醇衍生物的对映选择合成。在反应过程中，钯催化剂同样催化 $\gamma,\delta$-不饱和偕二硼酸片呐醇酯发生双键转位原位形成(*E*)-构型的 $\beta,\gamma$-不饱和偕二硼酸片呐醇酯，后者在手性磷酸催化下发生醛的不对称烯丙基化反应首先得到(*Z*)-构型氧硼基取代的高烯丙醇产物，在钯催化剂作用下异构得到更稳定的(*E*)-构型氧硼基取代的高烯丙醇产物。由于产物结构中含有烯基硼酸酯结构单元，可以进一步与溴苯发生 Suzuki-Miyaura 偶联得到双键构型保留的交叉偶联产物[371]。

该小组通过进一步深入研究发现，当把双键转位的金属催化剂从钯催化剂换成离子型钌催化剂时，不仅有更好的催化活性，更重要的是钌催化剂不会催化所形成的$(Z)$-构型产物的双键异构化，从而可以得到更难于获取的$(Z)$-构型产物，在分离过程中环化得到环状硼酸酯。具有更远程双键的底物也能通过多次双键转位得到最终的环状高烯丙醇硼酸酯产物[372]。

Pericàs 小组从 3,3′-双(2,4,6-三异丙基苯基)取代$(R)$-联萘二酚出发，经 6,6′-二溴代、与对烯基苯硼酸偶联、与苯乙烯和对二烯基苯共聚以及磷酸化得到负载的手性磷酸催化剂$(R)$-PS-TRIP(**88**)，该催化剂在烯丙基硼酸酯与醛的不对称烯丙基化反应中表现出了好的催化活性和选择性。该负载催化剂可以方便地回收再用而不影响活性和选择性，所有底物的反应均使用同一负载催化剂样品经回收再用完成。此外，该催化剂还可做成固定床管式反应器实现连续流动催化不对称烯丙基化反应，有利于大规模制备[373]。

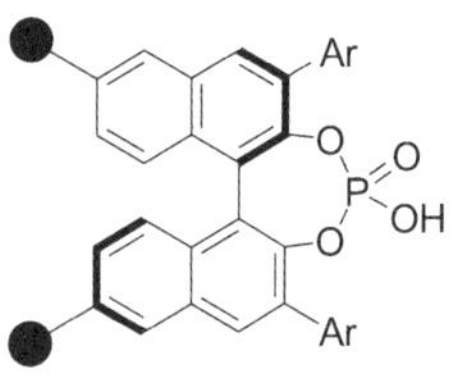


$(R)$-PS-TRIP (**88**)
Ar = 2,4,6-$^i Pr_3C_6H_2$

Gong 课题组利用接力催化的策略发展了一种从醛、烯丙基硼酸片呐醇酯出发高效、快捷的“一锅法”构筑手性 $\delta$-内酯的新方法，并基于该方法高效地实现了四氢吡喃类天然产物 herboxidiene 和 leucascandrolide A 的不对称全合成。在反应过程中，首先手性磷酸$(R)$-TRIP 催化醛和烯丙基硼试剂的不对称烯丙基化反应，得到的高烯丙醇产物在 Rh 催化下发生烯烃的氢甲酰化反应得到羟基醛，羟基醛在磷酸催化下发生分子内半缩醛化，环状半缩醛产物不经分离直接加入高价碘试剂 IBX 氧化得到目标化合物 $\delta$-内酯[374]。

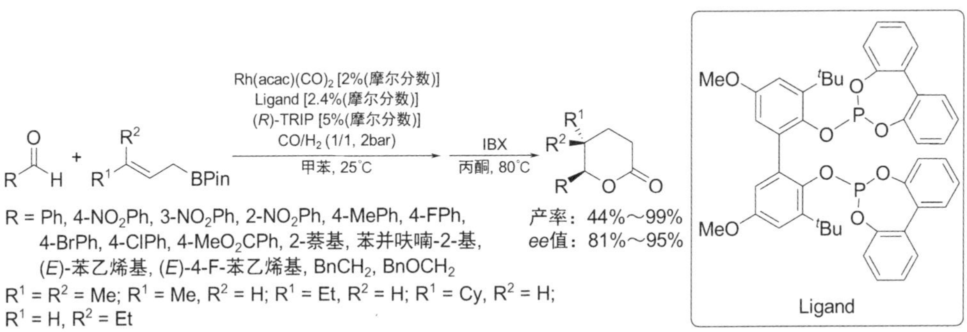

Chen 等人在手性磷酸(*R*)-TRIP 的催化下，使用 *γ*-烷氧基烯丙基硼酸片呐醇酯作为烷基化试剂实现了醛的不对称烯丙基化反应，得到 *β*-烷氧基取代的手性高烯丙醇衍生物。通过改变底物双键的构型可以分别得到 *syn* 和 *anti* 加成产物[375]。

Trauner 课题组报道衍生自己-1,5-二烯的双烯丙基硼酸酯试剂在手性磷酸(*S*)-TRIP 的催化下可以发生一次醛的不对称烯丙基化反应，得到的产物不经分离通过氧化后处理可以得到光学活性的 1,5-二醇。此外，分离得到的未经氧化后处理的烯丙基化产物通过各种转化还可以方便地获得 1,4、1,5 和 1,6-二醇衍生物[376]。

在手性磷酸催化的醛的不对称烯丙基硼化基础上，Reddy 和 Chen 课题组还先后报道了手性磷酸催化的醛的不对称炔丙基硼化反应。在手性磷酸(*R*)-TRIP 催化下，*α*-未取代联烯基硼酸片呐醇酯以及 *α*-取代联烯基硼酸片呐醇酯与醛可以顺利地发生不对称炔丙基化反应，得到相应的光学活性高炔丙醇衍生物[377]。

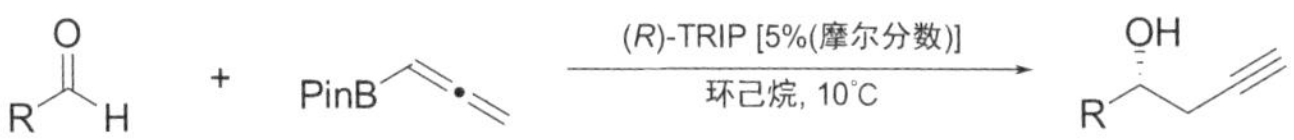


R = Ph, 4-BrPh, 3-BrPh, 4-FPh, 4-ClPh, 4-MePh, 4-MeOPh, 4-$CF_3$Ph, 2-萘基, 1-芘基, (*E*)-苯乙烯基, 2-噻吩基, 2-呋喃基, Bn, $BnCH_2$

产率：92%～98%
*ee*值：84%～>99%

R = Ph, 4-$NO_2$Ph, 4-MeOPh, 4-EtOPh, 4-MePh, 4-ClPh, 4-BrPh, 4-IPh, 4-$MeO_2$CPh, 4-CNPh, 3-BrPh, 2-萘基, 3,4-$Cl_2$Ph, 3,4-($OCH_2O$)Ph, (*E*)-呋喃-2-乙烯基, (*Z*)-PhCH=C(Br), (*E*)-2-$MeOC_6H_4$CH=CH, (*E*)-4-$ClC_6H_4$CH=CH, 3-噻吩基

$R^1$ = Me, Et, 戊基

产率：61%～98%
*ee*值：81%～98%

有趣的是，当将硼试剂从联烯基硼酸酯换成炔丙基硼酸酯之后，在相同的催化体系作用下则可以顺利地发生醛的不对称联烯基化反应，以好的产率和对映选择性得到相应的联烯基甲醇衍生物[378]。

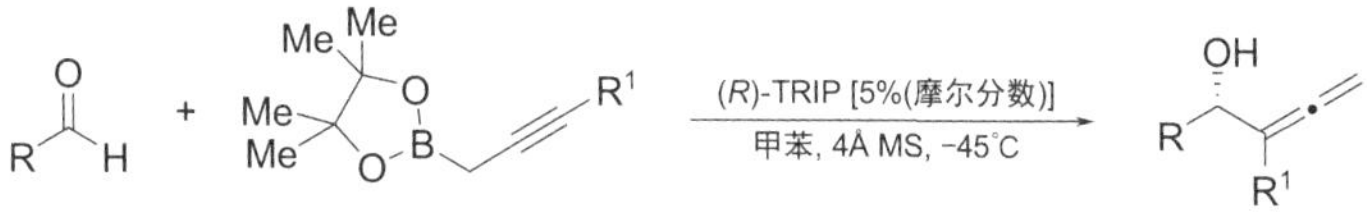


R = Ph, 4-$NMe_2$Ph, 4-MeOPh, 4-CNPh, 4-$NO_2$Ph, 4-$CO_2$MePh, 4-ClPh, 4-BrPh, 4-IPh, 3-BrPh, 2-CNPh, 3,4-($OCH_2O$)Ph, 2-萘基, 2-噻吩基, (*E*)-呋喃-2-乙烯基, (*Z*)-PhCH=C(Br), (*E*)-2-$MeOC_6H_4$CH=CH, 3-噻吩基, $BnCH_2$, BnO$(CH_2)_2$

产率：88%～98%
*ee*值：93%～99%

在 Lewis 酸催化的光学活性联烯基硼酸酯与醛的非对映选择炔丙基化反应中，尽管联烯的轴手性可以完美地转移为中心手性，但反应的非对映选择性有很大的底物依赖性，对于脂肪醛主要得到 *anti*-异构体，而芳香醛则主要得到 *syn*-异构体[379]。Roush 等人发现，当采用手性磷酸 TRIP 代替三氟化硼作为催化剂时，反应的非对映选择性可以很好地得以控制，当以构型匹配的(*S*)-TRIP 为催化剂时，无论是脂肪醛还是芳香醛都能得到＞50/1 的 *anti*-选择性[380]。该催化体系还可以进一步拓展至手性醛参与的反应，可以得到用其他方法难以得到的光学活性的 *anti*，*anti*-高烯丙醇。作者在研究过程中还发现，构型匹配催化剂的反应速度快于构型不匹配催化剂的反应速度。当使用过量的外消旋联烯基硼试剂，在手性磷酸(*R*)-TRIP 的催化下可以实现对联烯基硼试剂的动力学拆分及后续非对映选择炔丙基化反应得到光学活性的高炔丙醇衍生物[381]。

Huang 和 Pei 课题组报道了手性磷酸催化的醛与丁-2,3-二烯-1-基硼酸酯的不对称二烯基硼化反应。在(*R*)-TRIP 的催化下，无论是脂肪醛还是芳香醛都能顺利地与丁-2,3-二烯-1-基硼酸片呐醇酯发生反应，以高产率和近乎完美的立体选择性得到相应的手性丁-1,3-二烯-2-基甲醇衍生物[382]。

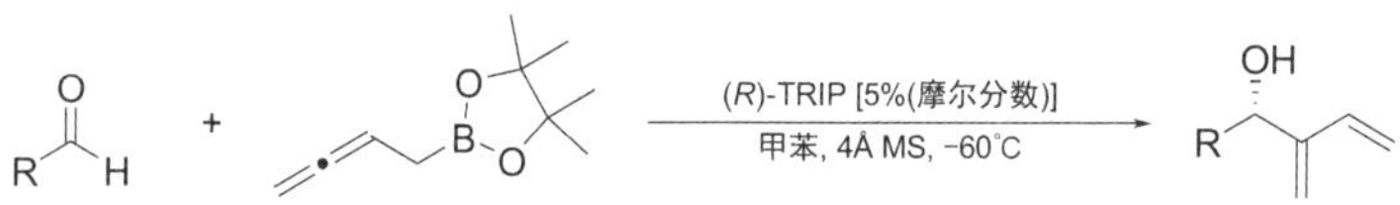


R = Ph, 4-MePh, 4-MeOPh, 4-FPh, 4-ClPh, 4-BrPh, 4-$CO_2$MePh, 4-$NO_2$Ph, 4-$CF_3$Ph, 3-BrPh, 3-MeOPh, 2-MePh, 1-萘基, 2-萘基, 9-蒽基, 2-呋喃基, 2-噻吩基, (*E*)-苯乙烯基, (*E*)-PhCH=C(Me), Bn$CH_2$, Cy,PhC≡C

产率：92%～99%
*ee*值：90%～＞99%

# 4.23 烯烃的1,2-双官能化反应

烯烃的不对称双官能化反应是一类非常重要的有机化学反应，可将烯烃转化为

多种具有重要合成价值的手性双官能团化合物，是构建化学结构多样性的有力手段，在有机合成中占有重要的地位。

Shi 小组发现以手性磷酸(*S*)-TRIP 为催化剂，*N*-溴代丁二酰亚胺(NBS)为溴源可以实现 *γ*-羟基或 *γ*-氨基烯烃的不对称溴环化反应，得到光学富集的 2-取代四氢呋喃或四氢吡咯衍生物，*ee* 值最高可达 91%。当 R 为烷基时，主要得到五元环产物，同时伴随少量的六元环产物，但是当 R 为苯基时则主要得到六元环产物[383]。

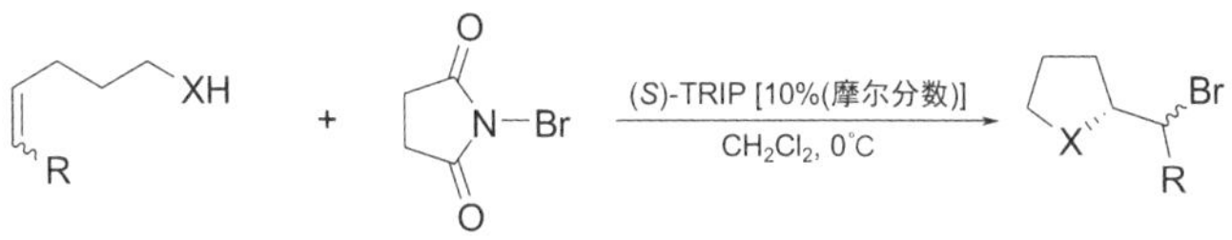


R = Me, Et, Bu, ${}^{t}$Bu, $BnCH_2$, $CH_3(CH_2)_4$, $(CH_3CH_2)_2CH$　　产率：45%～96%

X = O, 4-$NO_2C_6H_4SO_2N$, 2,4,6-${}^{i}Pr_3C_6H_2SO_2N$　　*ee*值：56%～91%

Zhang 等人报道了首例手性磷酸催化的烯烃的分子间不对称溴酯化反应。在以联萘骨架手性磷酸(*R*)-**21** 为催化剂，NBS 为溴源的情况下取得了最好的结果。由于存在磷酸催化剂自身参与的溴酯化副反应，反应的产率很低，并且只得到较低至中等程度的对映选择结果[384]。

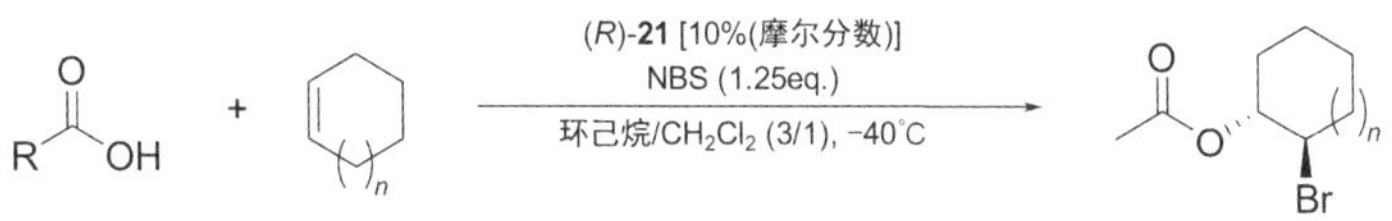


R = Ph, 4-MeOPh, 4-$NO_2$Ph, 4-CNPh, 2-HOPh, PhCO, 呋喃-2-甲酰基, 噻吩-2-甲酰基, Bn, $BnCH_2$, 3-MeOBn, 4-MeOBn, 2-$NO_2$Bn, 2-MeOBn, 4-FBn, 萘-2-甲基, 1-萘基

*n* = 0, 1, 2

产率：9%～36%

*ee*值：10%～70%

Toste 课题组报道手性磷酸(*R*)-**89** 在质子海绵存在下能够有效催化离子型氟化试剂 Selectfluor 对二氢吡喃中的富电子双键的不对称亲电氟代环化反应，得到手性含氟螺四氢吡喃衍生物。在反应中，手性磷酸与质子海绵作用后产生的手性阴离子与氟化试剂中的四氟硼酸阴离子交换得到可溶性的含手性磷酸阴离子的离子型氟化试剂，该手性氟化试剂与富电子烯烃底物发生亲电氟代环化得到目标化合物，实质上是手性磷酸阴离子作为相转移催化剂参与催化循环。用无机碱碳酸钠代替质子海绵同时增加催化剂用量，该反应可进一步拓展至双键电子云密度相对较低的二氢萘和二氢苯并吡喃类底物，同样获得了好的对映选择结果[385]。

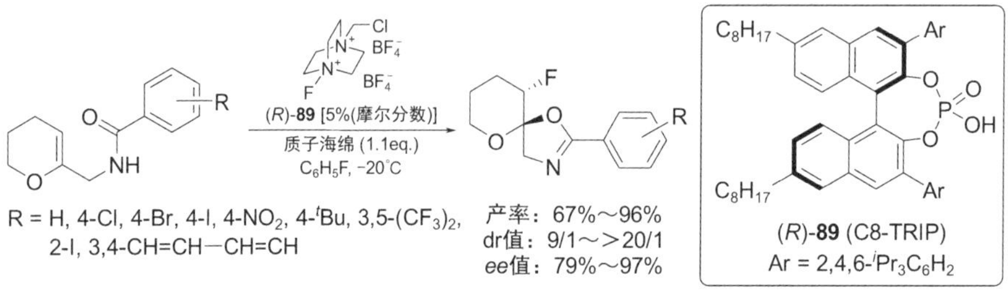


基于手性磷酸阴离子相转移催化策略，该小组进一步通过离子型亲电溴化和碘化试剂的设计，在手性磷酸(*R*)-**90**(TIPS-TRIP)的催化下实现了邻酰氨基苯(芳)乙烯类底物的不对称亲电溴代和碘代环化反应，也取得了好的对映选择结果[386]。

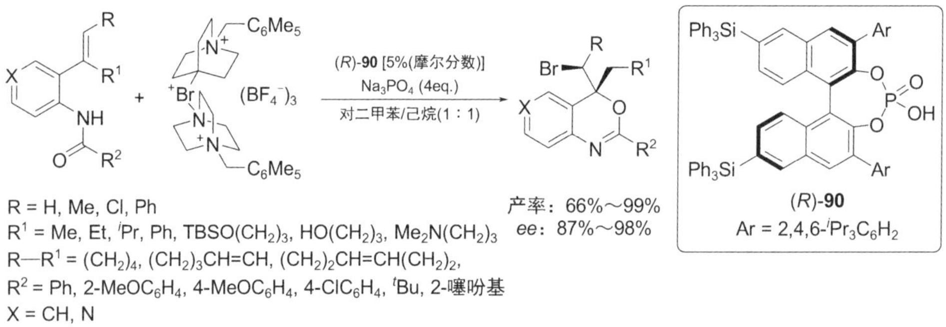


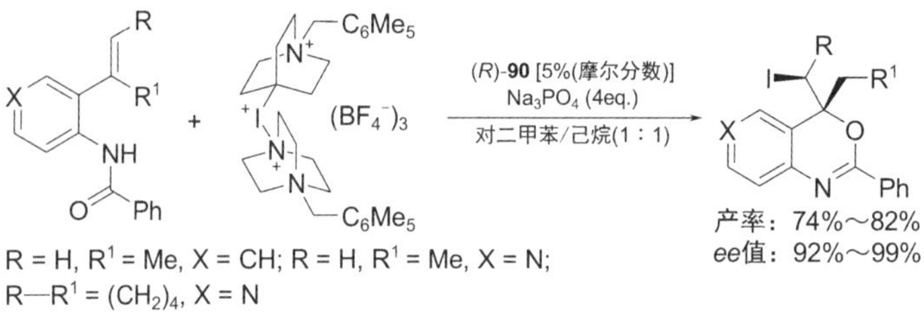


在手性磷酸(*S*)-C8-TRIP(**89**)和碳酸钠组成的催化体系的作用下，富电子的环状烯胺底物也能与氟代试剂 Selectfluor 顺利地发生高对映选择的亲电氟代反应得到相应的手性 *α*-氟代亚胺产物[387]。

当以(*Z*)-构型 *α*-未取代非环烯胺为底物时，反应产生的 *α*-氟代亚胺中间体反应活性较高，会立即被体系中的痕量水分捕获得到亲核加成的半胺缩醛产物，即不对称氟羟化产物。在磷酸催化剂(*R*，*R*)-**91**(PhDAP)的催化下，获得了很好的非对映和对映选择结果。产物经氧化或还原可以分别得到手性 *α*-氟代酰胺和 *β*-氟代胺。此外，在外加醇作为亲核试剂时，可以得到光学活性 *α*-氟代-*N*,*O*-缩醛产物，尽管非对映选择性有少许下降，但对映选择性却能得以保持[388]。

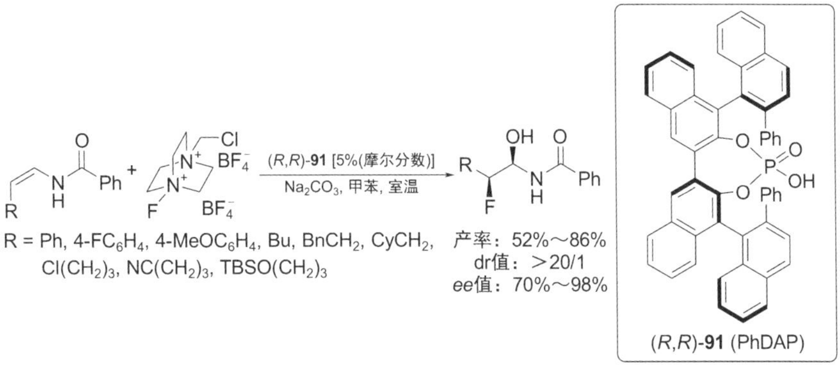


手性 $\beta$-卤代胺是一类重要的有机合成中间体，不仅可以用来合成许多生物活性物质，而且可以便利地转化为其他具有重要合成价值的化合物。Masson 课题组以手性磷酸(*R*)-TRIP 为催化剂实现了 *N*-溴代丁二酰亚胺(NBS)与 *N*-烷氧羰基保护的烯胺之间的不对称溴胺化反应，以很好的非对映及对映选择性得到相应的溴胺化产物，为该类具有重要合成价值的化合物的对映选择性合成提供了新方法[389]。同样采用(*R*)-TRIP 为催化剂，该小组还实现了 *N*-碘代丁二酰亚胺(NIS)与 *N*-烷氧羰基保护的烯胺之间的高立体选择性碘胺化反应[390]。

Gong 小组在联萘骨架手性磷酸(*S*)-**19** 催化下，以 *N*-芳硒基邻苯二甲酰亚胺为亲电硒试剂，实现了对 *N*-Fmoc 保护的取代色胺中的富电子双键的不对称胺硒化反应，得到光学活性的硒官能化的三环吲哚啉衍生物[391]。

Shi 等人在手性磷酸(*S*)-TRIP 的催化下，实现了 $\gamma$-或$\delta$-4-硝基苯磺酰氨基烯烃底物与苯基次磺酸甲酯之间的不对称硫胺化反应，取得了中等程度至好的对映选择结果。对于烷基取代的顺式 $\gamma$-或$\delta$-4-硝基苯磺酰氨基烯烃底物主要得到 *exo* 环化产物，对于芳基取代的反式 $\delta$-4-硝基苯磺酰氨基烯烃底物则主要得到 *endo* 环化产物[392]。

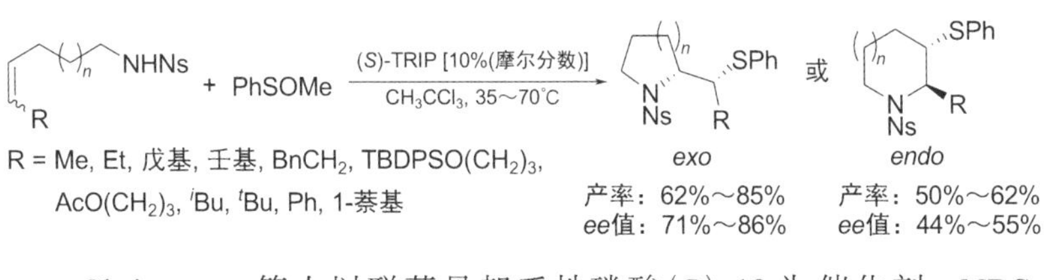


Christmann 等人以联萘骨架手性磷酸(*R*)-**19** 为催化剂、NBS 为溴源实现了从肉桂醇的3, 5-二叔丁基-4-甲氧基苯甲酸酯出发合成光学活性 $\beta$-溴代醇衍生物。反应

底物可以进一步拓展为高烯丙醇，同样得到了较好的反应结果。

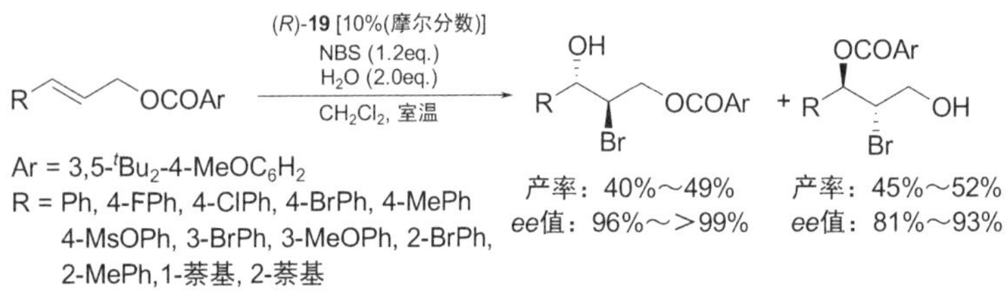


反应经由酯基作为邻基参与的溴代环化反应得到外消旋的半原酸酯中间体（**INT** 和 ent-**INT**），然后各自在手性磷酸催化下发生发散分解分别得到两个光学活性溴代醇衍生物。反应的对映选择性来自手性磷酸催化剂可以活化两个对映体中的不同氧原子[393]。

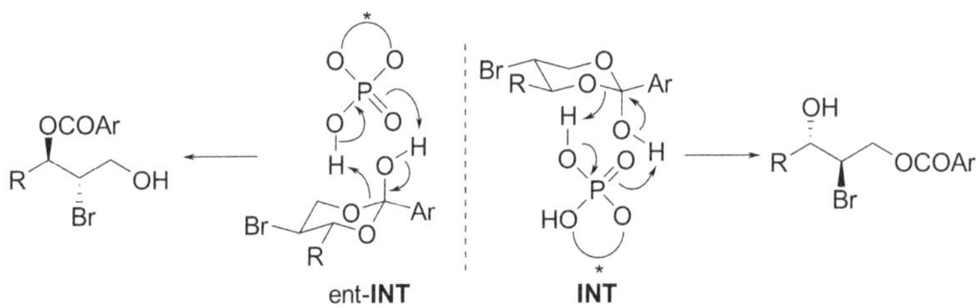


Xia 等人报道了八氢联萘骨架手性磷酸（*S*）**-92**（$H_8$-TRIP）催化的色胺衍生物与氮氧自由基 TEMPO 及其类似物的光催化自由基环化反应，得到光学活性二氢吲哚衍生物。在反应体系中，碱 DMAP 和添加剂异氰酸环己酯的加入是反应获得高产率和好的选择性的关键所在，前者可以有效抑制低选择性背景反应的发生，提高反应的选择性，后者可以清除反应中产生的能够抑制反应进行的 TEMPOH，从而提高反应的产率[394]。

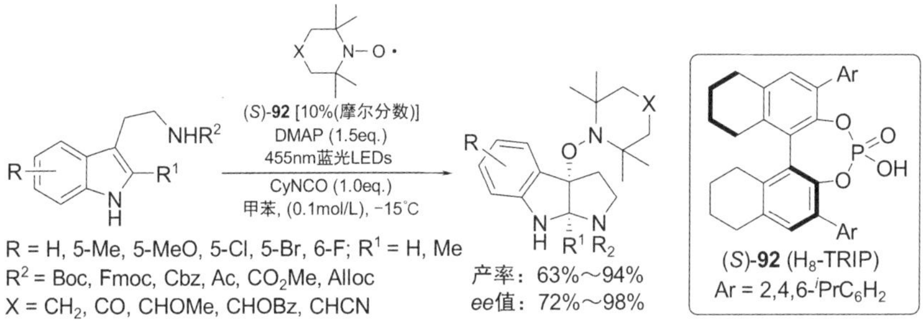

与不对称亲核或亲电氟烷基化反应相比，不对称自由基氟烷基化反应的报道相对较少。Lin、Wang 和 Dong 课题组报道在螺二氢茚骨架手性磷酸(*S*)-**93** 和 CuBr 组成的共催化体系作用下，*N*-(戊-4-烯-1-基)脲与全氟烷基磺酰氯可以发生分子内烯烃的不对称胺氟烷基化反应，得到相应的光学富集含氟四氢吡咯衍生物。在反应过程中全氟烷基磺酰氯在 CuBr 和手性磷酸的存在下产生含氟烷基自由基和手性磷酸的二价铜盐，然后含氟烷基自由基对烯烃进行自由基加成产生新的三级自由基中间体，该中间体通过氢键和静电相互作用与手性磷酸二价铜盐结合，从而实现对自由基的面选择性得到氧化加成的环状三价铜盐中间体，随后发生还原消除得到目标产物。反应中加入的无机盐碳酸银可以捕捉反应中产生的 HCl，从而抑制背景反应和副反应的发生，提高反应的对映选择性[395]。

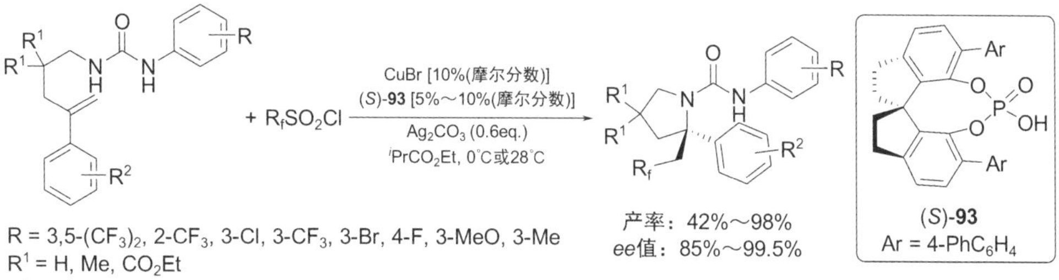


R = 3,5-$(CF_3)_2$, 2-$CF_3$, 3-Cl, 3-$CF_3$, 3-Br, 4-F, 3-MeO, 3-Me
$R^1$ = H, Me, $CO_2Et$
$R^1$—$R^1$ = $(CH_2)_2$, $(CH_2)_3$, $(CH_2)_4$, $(CH_2)_5$, $(CH_2)_6$
$R^2$ = H, 2-Me, 3-MeO, 3-Me, 3-Br; $R_f$ = $MeO_2CCF_2$, $HCF_2$, $CF_3$

采用相同的催化策略，该课题组还实现了烯烃的不对称分子内双胺化反应。在手性磷酸(*S*)-**93** 和 $Cu(CH_3CN)_4BF_4$ 组成的共催化体系作用下，*N*-(戊-4-烯-1-基)脲与 *N*-(4-甲氧基苯甲酰氧(基)吗啉发生不对称自由基加成得到光学活性双胺化产物[396]。

同样采用金属 / 有机协同催化体系，该课题组在 CuI 和手性磷酸(*S*)-**94** 的协同催化下，从 *α*-芳基取代-4-羟基苯乙烯、全氟或全氯烷基磺酰氯和吲哚出发，实现了烯烃的不对称 1,2-双碳官能化反应。作者认为，反应首先由全氟或全氯烷基自由基对烯烃的自由基加成引发，得到的自由基中间体被二价铜盐氧化得到碳正离子中间体，该中间体被富电子的吲哚环捕获(F-C 烷基化)得到双碳官能化产物。当把全氟或全氯烷基磺酰氯换成三氟甲基化试剂(Togni 试剂)，同样可以实现三氟甲基的引入[397]。

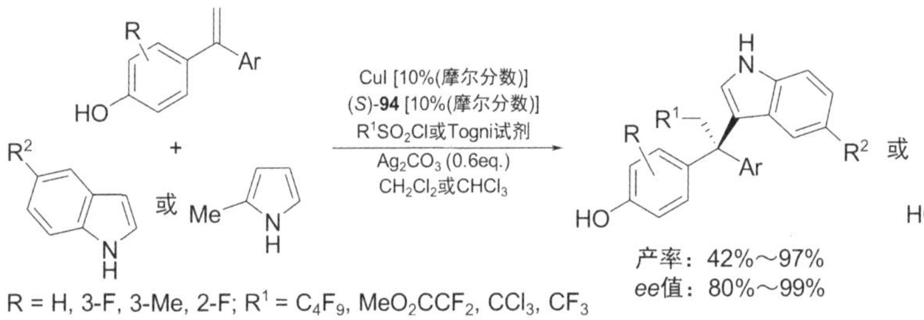


R = H, 3-F, 3-Me, 2-F; $R^1$ = $C_4F_9$, $MeO_2CCF_2$, $CCl_3$, $CF_3$

$R^2$ = H, F, Cl, Br, I, Me, MeO

Ar = Ph, 4-MePh, 4-$^t$BuPh, 4-ClPh, 4-$CF_3$Ph, 4-$NO_2$Ph, 2-FPh, 4-$MeO_2$CPh, 4-PhPh, 4-乙烯基苯基, 3-噻吩基, 2-萘基

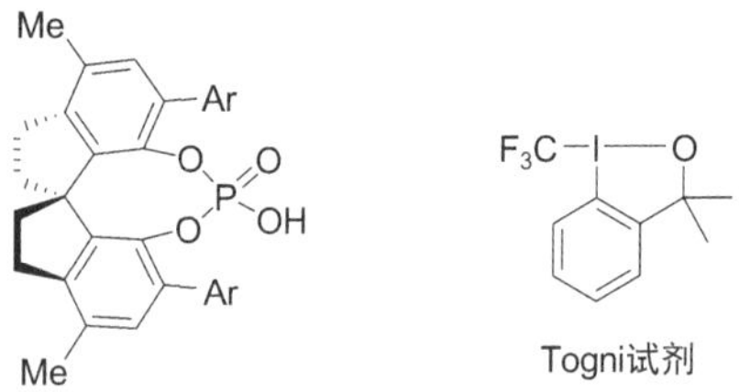

(*S*)-**94**

Ar = 2,4,6-$Cy_3C_6H_2$

Togni试剂

底物中羟基的存在是获得高对映选择性的关键所在，其通过与催化剂之间的氢键相互作用参与了决定立体化学一步反应的过渡态的形成。

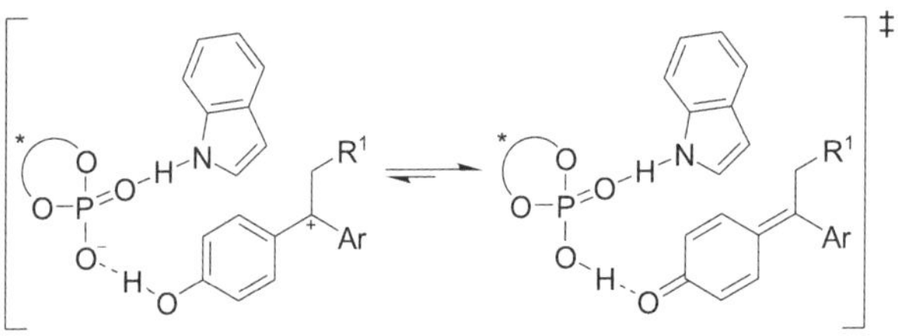

# 4.24

# 羰基化合物的α-官能化

羰基化合物 α-碳的立体选择性官能化一直是有机合成方法学的研究热点和重点，在重要天然产物或药物分子关键中间体的合成中具有重要的研究意义。由于羰基化合物具有在酸催化下易于烯醇化的特点，形成的烯醇作为亲核试剂与不同类型

的亲电试剂反应可以方便地实现羰基 $\alpha$-位官能化，为手性磷酸催化在羰基化合物 $\alpha$-位的立体选择官能化中的应用提供了丰富的机会。

$\alpha$-羟基-$\beta$-二羰基是天然产物及药物中常见的结构单元之一，Zhong 使用 4-氯亚硝基苯为氧源，通过手性磷酸(*R*)-**9** 催化的串联氨氧化(aminoxylation)/N-O 键异裂实现了 1,3-二羰基化合物的 $\alpha$-羟基化。反应具有较好的底物适用范围，五元及六元环状 1,3-二羰基化合物可以获得很高 *ee* 值的 2-羟基-1,3-二羰基化合物，七元环和非环状底物的对映选择性显著下降[398]。

List 小组在螺二氢茚骨架手性磷酸(*R*)-**95** 催化下，通过 $\alpha$-取代环酮与亚硝基苯反应也实现了对 $\alpha$-取代环酮的不对称 $\alpha$-羟基化反应，得到光学富集的 $\alpha$-羟基酮衍生物。作者认为，环酮首先在磷酸催化下发生区域选择烯醇化，得到的烯醇与亚硝基苯反应生成氨氧化酮产物，后者再与另一分子亚硝基苯反应得到最终的 $\alpha$-羟基酮产物并伴随氧化偶氮苯副产物的形成。该反应对环己酮和环庚酮有效，环戊酮能够反应但不能分离得到稳定的产物，非环酮则不能参与反应。另外，尽管反应获得了好的对映选择结果，但由于同时会形成未鉴定结构的聚合物，反应只有中等程度的产率[399]。

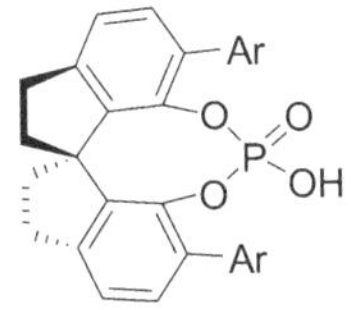


(*R*)-**95**

Ar = $F_{14}$-2-萘基

Gong 等人采用接力催化的策略，从戊-4-炔-1-醇和吖内酯出发得到了光学富集的吖内酯取代的四氢呋喃衍生物，实现了吖内酯羰基的 $\alpha$-位立体选择性官能化。在反应中，炔醇首先在金催化剂存在下发生分子内亲核加成得到 $\alpha$-甲亚基四氢呋喃中间体，后者在手性磷酸作用下得到手性氧鎓离子对，继而接受烯醇化吖内酯的亲核进攻得到手性四氢呋喃衍生物[400]。

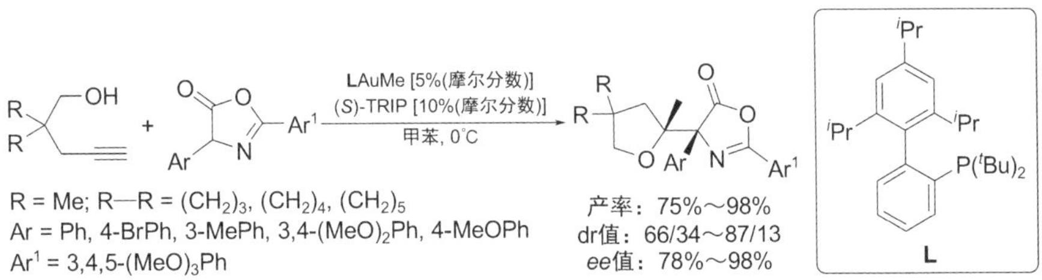

Jiang 等人报道在手性磷酸(*S*)-TRIP 的催化下，吡唑酮和联烯基叔丁基醚可以发生不对称烯丙基化反应，得到吡唑酮羰基 *α*-位烯丙基化的手性吡唑啉酮衍生物。在反应过程中，手性磷酸首先质子化富电子的联烯基醚原位形成手性烯基氧鎓离子对，然后在手性磷酸作用下烯醇化的吡唑酮底物对其发生 Michael 加成类型亲核进攻，得到光学活性烯丙基化产物[401]。随后，Wang 等人以联烯基胺替代联烯基醚，在类似的反应条件下实现了吡唑酮羰基 *α*-位的不对称烯丙基化反应，同样取得了较好的对映选择结果[402]。

作为传统碳碳键形成方法的有益补充，不对称交叉脱氢偶联反应在过去的十余年中取得了长足进步，涌现了许多出色的研究成果。Gong 课题组采用接力催化策略实现了端烯对醛的不对称 *α*-烯丙基化反应。在反应过程中，端烯首先在金属钯催化剂和氧化剂 2,6-二甲基苯醌(DMBQ)的作用下氧化脱氢形成亲电的烯丙基钯中间体，在手性磷酸催化下和醛与伯胺形成的烯胺发生碳碳键形成反应，最后水解亚胺得到烯丙基化的醛产物[403]。

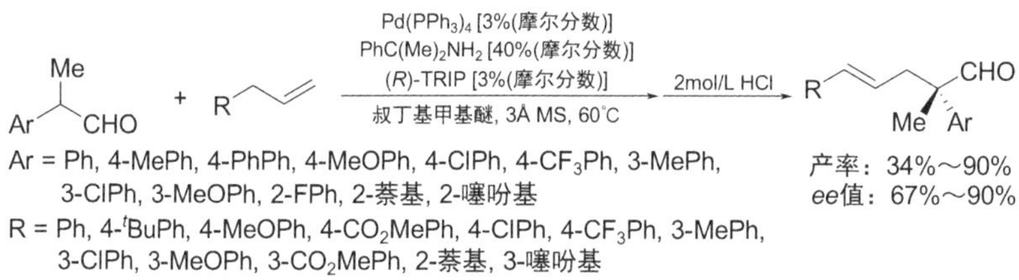


含季碳手性中心的 *α*-氨基酮不仅是一类重要的合成砌块，而且是合成手性药物(*S*)-ketamine 的重要前体。Toste 等人在手性磷酸(*R*)-**96** 催化下，偶氮二甲酸叔丁酯为亲电胺化试剂，实现了 2-取代环酮的不对称 *α*-胺化反应，为该类光学活性 *α*-氨基酮衍生物的合成提供了有效途径[404]。

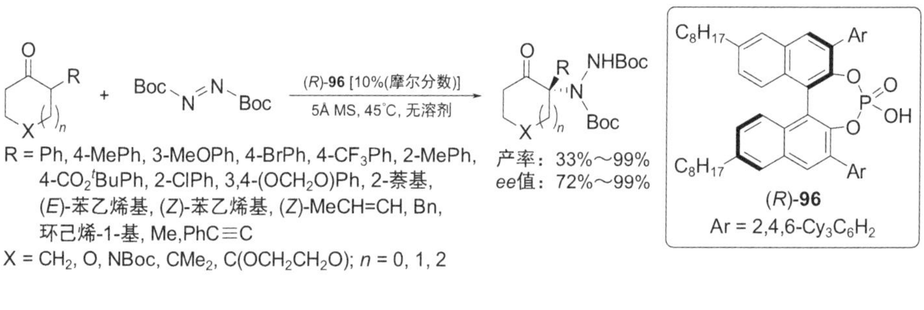

最初作者认为反应是通过对相应烯醇式的对映选择胺化途径进行，是一个简单的动态动力学转化过程，但对于部分底物实际并非如此。通过对反应的细致监测，发现对于某些底物，当转化率超过 50% 时，反应速度会减小，这就为改变反应条件如降低反应温度和底物浓度实现对底物的动力学拆分提供了可能。

与此同时，List 课题组也报道了手性磷酸(*S*)-**19** 催化的环酮与偶氮二甲酸酯的不对称 *α*-胺化反应，对 2-位取代的环戊酮或环己酮均取得了很好的对映选择性结果，但环庚酮和苯并环酮底物的对映选择性则明显下降[405]。

在羰基化合物的不对称 *α*-胺化反应中最常见的亲电试剂是偶氮二甲酸酯和亚硝基化合物，其他含氮亲电试剂的报道比较少见。Toste 等人报道了一例基于手性磷酸(*R*)-**97** 的相转移催化，以芳香重氮氟硼酸盐为亲电试剂实现了对环状 *β*-酮酸酯的亲电 *α*-胺化反应，得到相应的光学活性偶氮化合物，进一步发生氮氮键的还原断裂可以方便地转化为手性 *α*-氨基酸衍生物[406]。

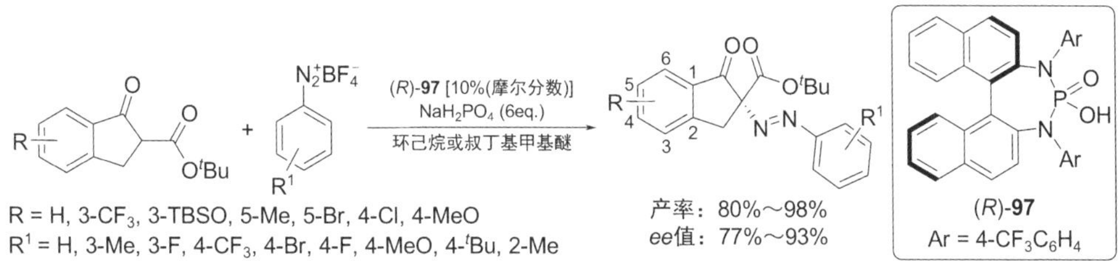


基于手性磷酸相转移催化策略，Toste 小组还设计了一种二元有机催化体系，在手性磷酸(*R*)-**89** 和手性伯胺[L-*α*-苯丙氨酸甲酯或 L-1-(萘-1- 基)-*α*-丙氨酸甲酯]的协同催化下，以 Selectfluor 为亲电氟试剂实现了 *α*-芳基环己酮的不对称 *α*-氟代反应。在反应过程中，手性伯胺以烯胺活化模式活化酮底物，而手性磷酸阴离子则通过手性相转移催化活化亲电氟试剂[407]。

Huang 课题组采用接力催化的策略，从炔酮出发首先在金催化剂作用下与仲胺

和炔基高价碘试剂 TIPS-EBX 反应生成双炔基取代烯胺，然后在手性磷酸(*R*)-**98** 催化下与亲电氟代试剂 Selectfluor 发生不对称亲电氟代反应得到光学活性 $\alpha$-双官能化炔酮衍生物，相当于实现了炔酮的“一锅法”不对称双官能化反应。反应具有一定的底物结构依赖性，连有三异丙硅基(TIPS)的炔酮底物都能获得 90% *ee* 以上的对映选择性，无论是将 TIPS 替换为环己基还是 4-叔丁基苯基均会导致对映选择性的急剧下降[408]。

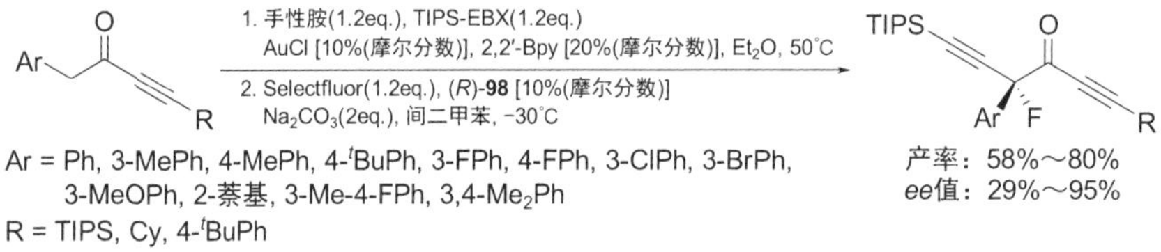


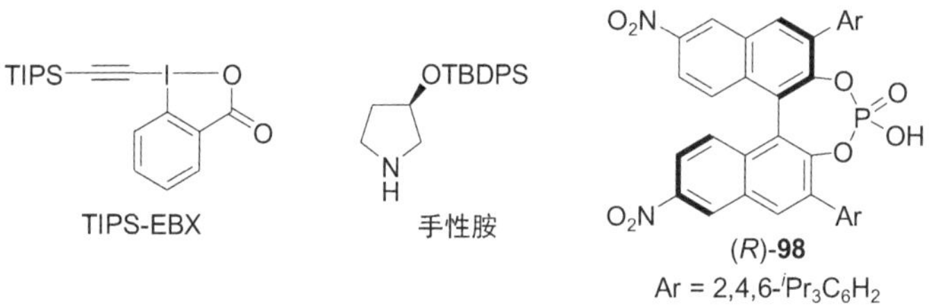


List 小组在研究手性磷酸(*R*)-**99** 催化的 2-取代环己酮与对苯醌的反应时，发现反应并没有生成预期的共轭加成产物，而是得到了形式 1,6-加成产物，从而实现了酮的 $\alpha$-芳氧化反应。作者认为取代环己酮首先在手性磷酸催化下烯醇化得到烯醇中间体，然后手性磷酸通过氢键作用与烯醇和醌形成三元复合物，该三元复合物发生质子耦合电子转移过程得到双自由基复合物，最后发生不对称自由基偶联得到目标化合物[409]。

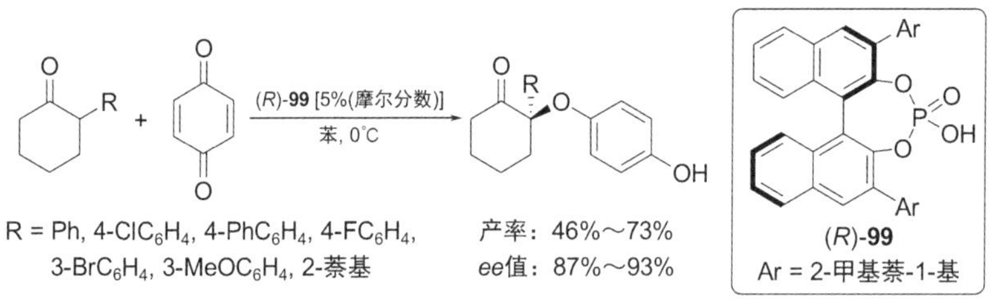

# 4.25
## 缩合反应

所谓缩合反应（condensation reaction）是指两分子化合物在催化剂作用下消除一分子水或其他小分子化合物形成新化合物的一大类化学转化。许多常见的有机反应都属于缩合反应，如常见的羟醛缩合、Knoevenagel 缩合等。

List 等人发展了一种手性 Brønsted 酸催化邻氨基苯甲酰胺和醛直接缩合合成手性 *N*,*N*-缩醛的简单方法。作者使用手性磷酸（*S*）**-30** 为催化剂，高产率地得到相应的缩合产物二氢苯并嘧啶酮。对于 *α*-未支链化脂肪醛底物而言，反应具有很好的对映选择性；而对于 *α*-支链化脂肪醛和芳香醛底物，产物的 *ee* 值明显下降。此外，该催化体系对邻氨基苯磺酰胺与醛的缩合环化反应同样有效，为治疗高血压的光学活性药物（*R*）-Thiabutazide、（*R*）-Cyclopenthiazide、（*R*）-Bendroflumethiazide 以及（*R*）-Penflutizide 的合成提供了便利的新方法 [410]。

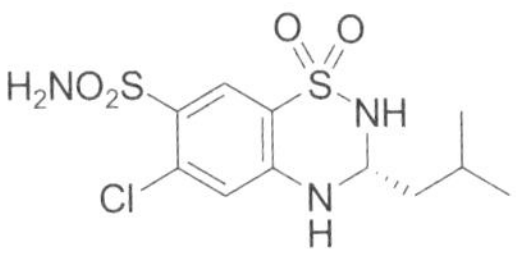

(*R*)-Thiabutazide
产率, 81%; *ee*值, 91%

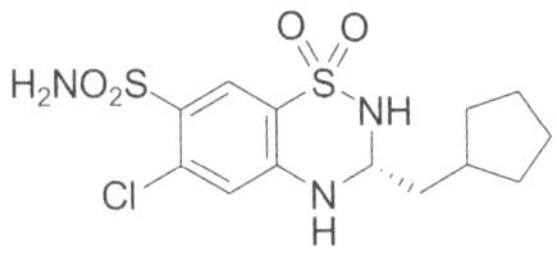

(*R*)-Cyclopenthiazide
产率, 72%; *ee*值, 91%

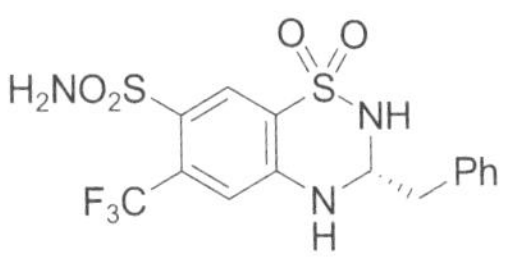

(*R*)-Bendroflumethiazide
产率, 80%; *ee*值, 92%

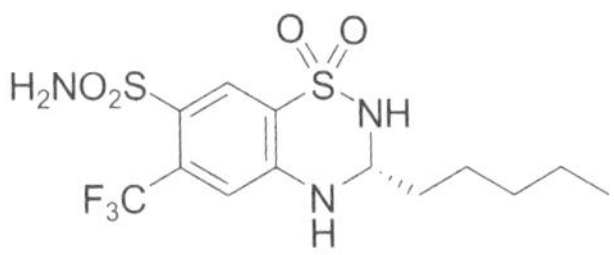

(*R*)-Penflutizide
产率, 74%; *ee*值, 90%

几乎同时，Rueping 小组也研究了手性磷酸催化的邻氨基苯甲酰胺与醛之间的缩合反应，在手性磷酸（*S*）**-19** 的催化下，无论是芳香醛还是 *α*-支链化的脂肪醛底物均能获得很好的立体控制结果，与 List 的催化体系正好互补 [411]。

Tian 等人发现使用 *N*-芳基或磺酰基取代亚胺代替醛在手性磷酸（*R*）**-21** 催化下与 2-氨基苯甲酰胺进行缩合反应，可以克服 List 催化体系中芳香醛底物对映选择性下降的不足，无论是脂肪族还是芳香族底物都能得到令人满意的立体选择性结果[412]。

Tan 小组巧妙地在底物邻氨基苯甲酰胺的酰胺氮上引入邻位取代苯基，在手性磷酸(*R*)-**19** 的催化下同样可以顺利地发生不对称缩合反应，由于缩合成环后的三级酰胺中的碳氮键自由旋转受阻，在形成手性中心的同时伴随着轴手性的产生，产物不经分离在氧化剂 DDQ 的作用下氧化脱氢得到具有很高 *ee* 值的轴手性喹唑酮衍生物[413]。

Miller 等人发现手性磷酸(*S*)-TRIP 能够有效地催化手性邻苯氨基取代三氟乙酰苯胺的非对映选择分子内缩合反应，得到光学活性环化产物苯并咪唑衍生物。在环化产物中由于 C—N 键旋转受阻会产生轴手性得到一对非对映阻旋异构体，尽管非手性 Brønsted 酸同样能催化此脱水环化过程，但几乎没有非对映选择性，得到的是近乎等量的一对非对映异构体的混合物，但在手性磷酸催化下大多数底物能够得到近乎完美的非对映选择结果[414]。

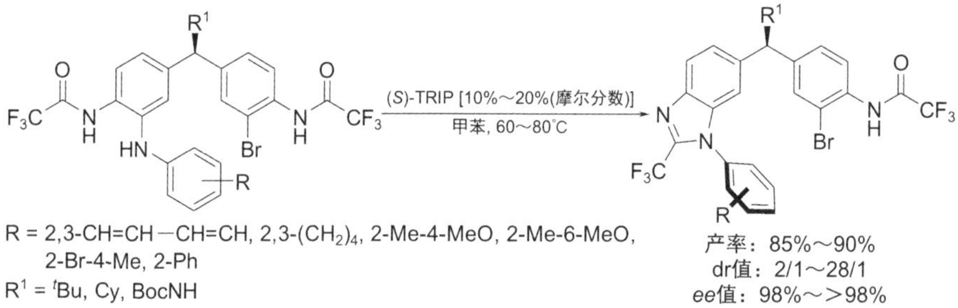


Akiyama 小组以手性磷酸(*R*)-TRIP 为催化剂，实现了 1,5-二酮衍生物的不对称分子内羟醛缩合反应，通过对潜手性底物的去对称化得到光学活性环己烯酮衍生物[415]。随后，Rodríguez-Escrich 和 Pericàs 等人将易于回收再用的多孔高分子手性磷酸(*R*)-PS-TRIP(**88**)用于该分子内不对称羟醛缩合反应，同样取得了较好的结果[416]。

Higuchi 和 Kawasaki 小组发现具有联菲骨架的手性磷酸(*S*)-**51** 可以催化潜手性 4-乙酰基-4-(2-吲哚基)取代的庚二酸二甲酯的去对称内酰胺化反应，消除一分子甲醇得到环状缩合产物，并以此为关键步骤实现了吲哚类生物碱(-)-leuconoxine 的对映选择全合成[417]。

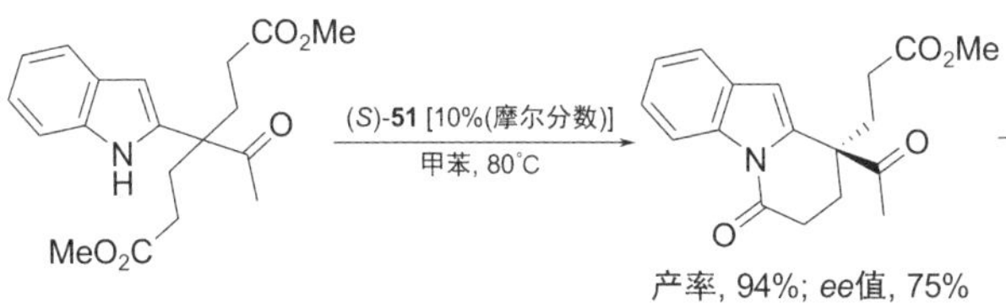


酸催化的醛与两分子醇脱水缩合形成缩醛的反应是有机合成中最常见的化学转化，但是不对称缩醛化却很少见报道。2013 年，List 课题组采用手性磷酸(*S*, *S*)-**100** 为催化剂，实现了二醇与醛的不对称缩醛化反应，以很好的对映选择性得到相应的手性缩醛[418]。同年，该课题组进一步将该催化体系拓展至外消旋二醇与醛的不对称缩合反应，发现手性磷酸[(*S*, *S*)-**100** 或(*S*, *S*)-**101**]催化剂能够高效识别外消旋二醇的一对对映体，从而成功地实现了对外消旋二醇底物的动力学拆分，分别得到手性缩醛和未反应的光学活性二醇[419]。

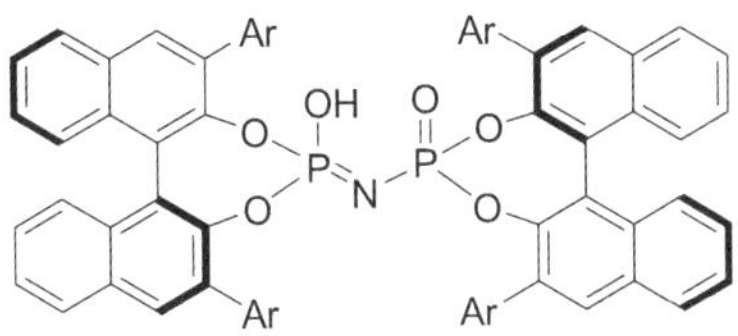


(*S*,*S*)-**100**：Ar = 2-$^i$Pr-5-Me$C_6H_3$
(*S*,*S*)-**101**：Ar = 2-Cy-5-Me$C_6H_3$

硫缩醛不仅在合成上具有重要应用，而且硫缩醛结构单元可以用来调节生物活性物质的生物性质，但是关于手性硫缩醛的合成却少见文献报道。Zhou 课题组使用螺二氢茚骨架手性磷酸(*S*)-STRIP 为催化剂实现了水杨醛衍生物与 2-巯甲基苯硫酚的不对称缩合反应，以好的对映选择结果得到相应的手性硫缩醛化合物。控制实验表明，醛基邻位羟基的存在是获得好的对映选择性的关键所在，作者推测在过渡态中羟基与催化剂之间存在氢键相互作用，从而有利于实现对反应的立体控制[420]。

Seidel 课题组发展了一种生物模拟对映选择性合成手性异吲哚啉酮衍生物的新方法，并利用该方法实现了异吲哚啉酮类天然产物 Mariline A 的对映选择性全合成。在手性磷酸(*S*)-TRIP 的催化下邻酰基苯甲醛和苯胺发生缩合反应，消除一分子水顺利地得到光学富集的异吲哚啉酮衍生物。当苯胺的邻位存在大体积的叔丁基时，除了形成碳手性中心之外，同时由于三级酰胺 C—N 键旋转受阻还产生了轴手性。作者认为反应首先在酸催化剂作用下形成环状双半胺缩醛，随后脱水形成羟基取代异吲哚，最后关键一步是手性磷酸催化的不对称质子化异构成为光学活性异吲哚啉酮[421]。

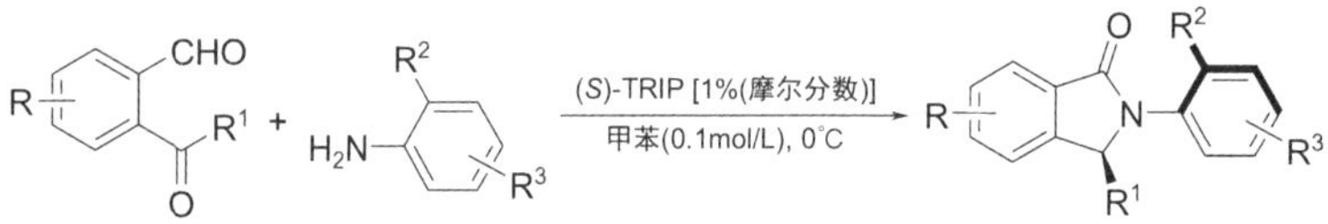


R = H, 5-Me, 5-Cl, 5-Br, 5-F, 4-MeO, 3-MeO
$R^1$ = Me, Et, Bn; $R^2$ = $^t$BuO, PhO, TIPSO, $^t$Bu
$R^3$ = H, 4-MeO, 5-Me, 5-F, 4-Cl, 4-Br

产率：49%～75%
dr值：6/1～7.5/1
*ee*值：71%～97%

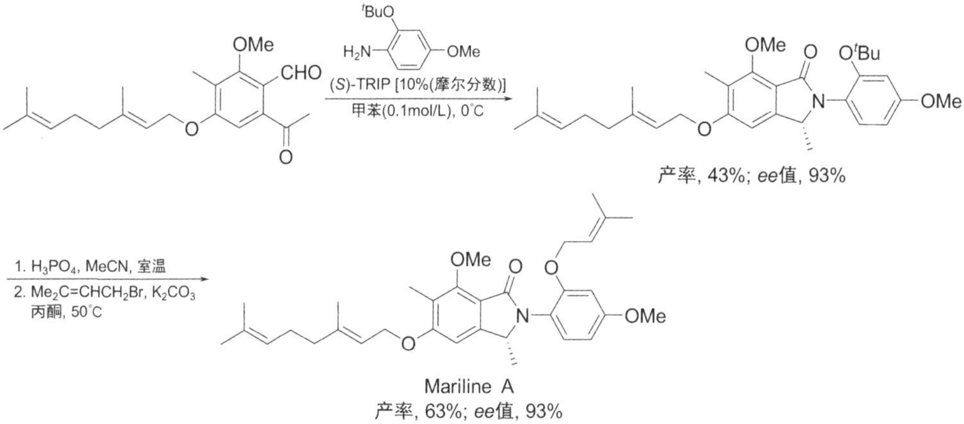


1,4-二酮与氨或伯胺的脱水缩合，即 Paal-Knorr 反应是构筑吡咯环的经典方法，已有 100 多年的历史，但是通过不对称 Paal-Knorr 反应实现轴手性吡咯化合物的合成却一直未见文献报道。2017 年，Tan 小组报道在螺二氢茚骨架手性磷酸(*S*)-**37** 和非手性 Lewis 酸 $Fe(OTf)_3$ 的协同催化下，1,4-二酮与邻取代苯胺可以发生不对称 Paal-Knorr 反应，实现了轴手性吡咯化合物的快速构筑，取得了好的对映选择结果[422]。

# 4.26
# 去对称化反应

潜手性化合物或内消旋化合物的去对称化是不对称有机合成中获取光学活性化

合物的重要策略之一。通过去对称化反应，可以一步实现多个手性中心的构筑，在多手性中心复杂分子的合成中得到了广泛的应用。

利用手性磷酸形成的亚胺正离子对立体控制亲核试剂对亚胺的亲核加成可以实现手性 *N*,*O*-缩醛和 *N*,*N*-缩醛的合成，但是利用手性磷酸形成的氧鎓离子对控制醇亲核试剂对氧鎓离子的亲核加成合成手性缩醛仍未见报道。2010 年，List 报道了首例手性磷酸(*S*)-TRIP 催化的转缩醛化(transacetalization)反应实现了手性缩醛的高对映选择合成。作者巧妙地设计了一类羟基官能化的潜手性缩醛底物，后者在手性磷酸的作用下形成手性氧鎓离子对，随后发生分子内醇对氧鎓离子的亲核加成得到手性缩醛产物，从而实现底物的去对称化过程[423]。

进一步研究发现，在衍生自螺环二酚的手性磷酸(*S*)-STRIP 的催化下，外消旋羟基官能化缩醛底物不仅可以实现手性缩醛单元的去对称化，而且可以实现对外消旋醇单元的动力学拆分，无论是回收的羟基缩醛底物还是转缩醛化产物都取得了很好的对映选择结果[424]。利用该策略可以方便地实现天然产物 boivinianin A 的一对对映体的合成。

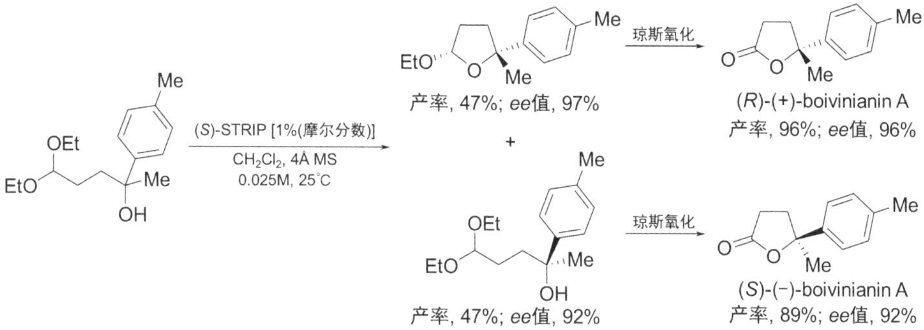


Sun 课题组利用手性磷酸催化的分子内转缩醛化反应实现了 1,3-二醇的去对称化，得到含有两个手性中心的手性四氢呋喃和四氢吡喃衍生物，手性磷酸(*S*)-**31** 和(*S*)-STRIP 表现出了最好的效果。在反应中，底物中的甲缩醛单元在手性磷酸催化下脱去一分子甲醇后形成手性氧鎓离子对，后者接受分子内羟基的亲核进攻得到手性环状缩醛产物[425]。

Akiyama 小组在八氢联萘骨架手性磷酸(*R*)-**41** 催化下，实现了取代 1-苯基-2,6-苯二酚化合物的溴代去对称化反应，得到光学活性轴手性联芳烃化合物。有趣的是，该策略实际包括两个不对称转化过程，一是手性磷酸催化的溴代去对称化过程，另一是溴代动力学拆分过程。对于个别溴代去对称化选择性不太理想的底物，可以通过增加溴代试剂 *N*-溴代邻苯二甲酰亚胺(NBP)的量，利用后续的动力学拆分过程进一步提高产物的光学纯度[426]。

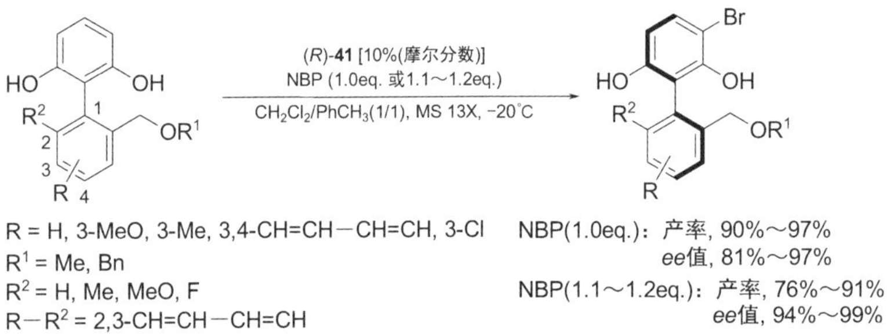

该课题组进一步将上述催化体系应用于 *N*-氯代邻苯二甲酰亚胺(NCP)或 *N*-碘代邻苯二甲酰亚胺(NIP)参与的氯代或碘代去对称化反应，由于在氯代或碘代去对称化反应中没有明显的后续动力学拆分过程，得到的氯代或碘代联芳烃化合物的 *ee* 值并不理想，但作者巧妙地将氯(碘)代去对称化和上述溴代动力学拆分相结合，最终得到了令人满意的对映选择结果[427]。

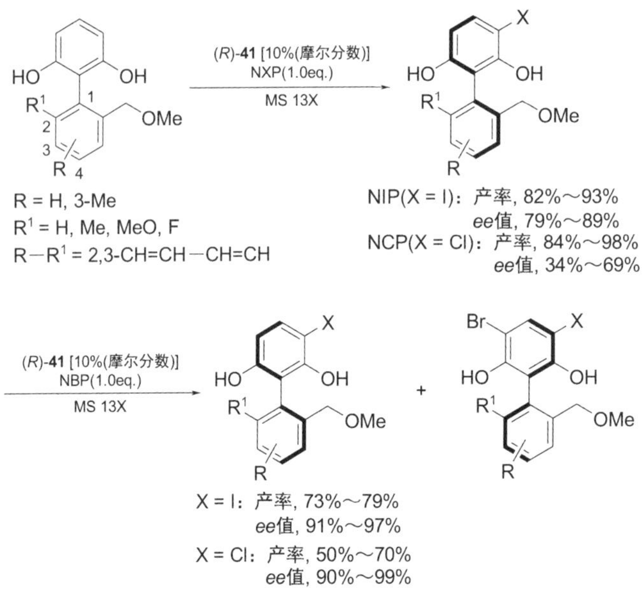

传统的 1, 3-二醇的去对称化往往依赖于手性 Lewis 碱或酸催化下的选择性单官

能化或分子内官能化。Houk 和 Zheng 课题组巧妙地利用手性磷酸催化 1,3-二醇缩醛的对映选择性氧化断裂反应间接地实现了 1,3-二醇的去对称化过程。在反应中，2-取代-1,3-二醇形成的缩醛首先被二甲基二氧杂环丙烷(DMDO)氧化得到原酸酯中间体，后者在手性磷酸作用下发生对映选择性质子转移得到去对称化的开环产物[428]。

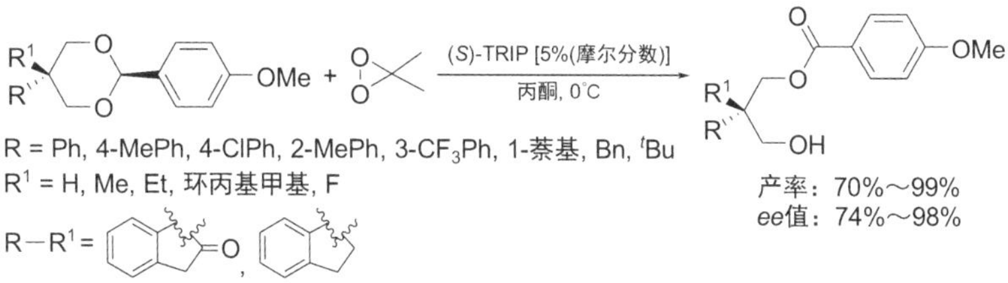


该催化体系同样适用于硝基取代的 1,3-丙二醇缩醛的对映选择性氧化断裂反应，得到去对称化的 2-硝基-1,3-二醇衍生物，产物经硝基还原、羟基氧化以及脱除酰基可以得到含有季碳手性中心的丝氨酸类似物。基于该方法还实现了天然产物 manzacidins A 和 C 的形式对映选择性全合成[429]。该氧化开环去对称化策略可以进一步拓展至四醇形成的双缩醛底物，其中联萘骨架的磷酸(*S*)-**9** 对芳基取代的底物有很好的对映选择性，而八氢联萘骨架的磷酸(*R*)-**66** 则对烷基取代的底物有很好的效果[430]。

Yamada 和 Takasu 课题组报道了手性磷酸催化的内消旋环状酸酐的酯化去对称化反应。在联萘骨架手性磷酸(*R*)-**98** 的催化下，内消旋环状酸酐和醇可以顺利地发生对映选择性酯化反应，得到去对称化的手性产物，但是反应的选择因子受亲核试剂醇的影响比较大，只有大体积的二苯甲醇和 2,2-二苯基乙醇获得了较好的对映选择结果[431]。

# 4.27

## 不对称质子化

不对称质子化是指通过手性质子源(质子供体)与潜手性底物(质子受体)之间的

质子转移，将潜手性底物转化成手性产物的化学过程，是一种最简单、有效的获取光学活性物质的方法。手性磷酸作为一种手性质子源在催化不对称质子化反应中已获得成功的应用，前面介绍的不对称反应中就有一些是以不对称质子化作为决定反应立体化学的关键步骤，在反应过程中会原位形成潜手性的质子受体中间体，然后通过不对称质子化得到手性产物。在这里我们主要介绍两例从潜手性底物出发，直接发生催化不对称质子化得到光学活性产物的实例。

尽管3-芳基-3,4-二氢香豆素衍生物表现出了广谱的生物活性，但是有关光学活性3-芳基-3,4-二氢香豆素的合成仍是一片空白。2012年，List报道手性磷酸可以催化取代乙烯酮环状硫缩酮的不对称质子化反应，得到高*ee*值的四氢苯并吡喃螺硫缩酮产物。由于产物在$I_2/NaHCO_3$体系中可以方便地水解得到光学活性3-芳基香豆素，而起始原料取代乙烯酮环状硫缩醛可以从外消旋3-芳基-3,4-二氢香豆素在三甲基铝作用下与1,3-丙二硫醇反应得到，因此该反应提供了一种去消旋化获得手性3-芳基-3,4-二氢香豆素的新途径。

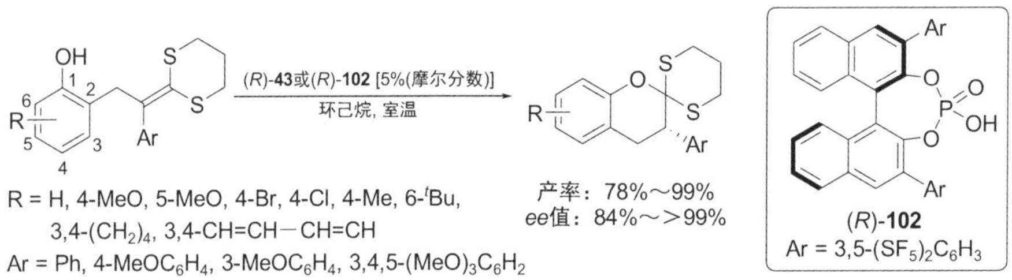


此外，产物通过Raney镍催化氢解可以得到光学富集的四氢苯并吡喃衍生物。例如，利用该方法可以方便地实现非甾体类雌激素(*S*)-Equol的对映选择性合成[432]。

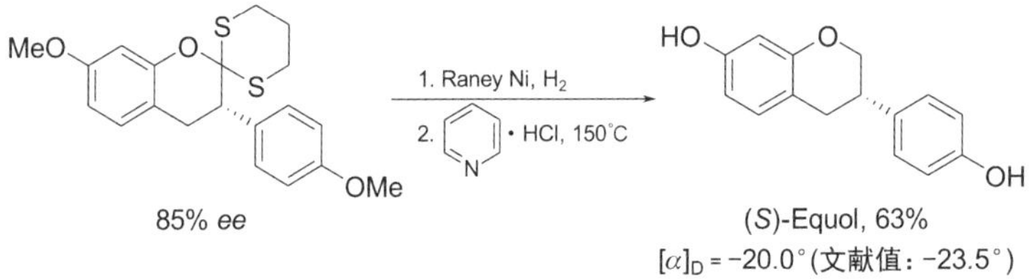


List使用手性磷酸(*R*)-TRIP或(*R*)-STRIP为催化剂，甲醇作为质子源和硅基受体，实现了对外消旋取代乙烯酮亚胺的不对称质子化反应，得到相应的光学活性*α*-

取代腈。利用新发展的方法，该课题方便地实现了非甾体类消炎药(*S*)-cicloprofen的对映选择合成[433]。

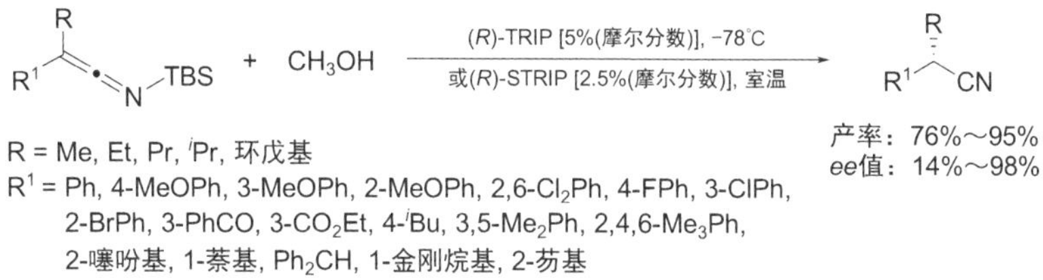


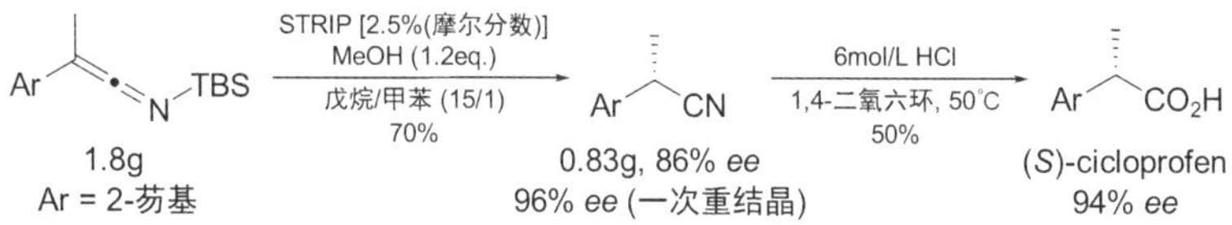


# 4.28

## 分子内氢胺化

分子内胺对碳碳重键的加成反应，即分子内氢胺化(intramolecular hydroamination)，是合成含氮杂环化合物最直接有效的方法之一。

Ackermann 报道磷酸二酯能催化未活化烯烃的分子内氢胺化反应，当使用手性磷酸(*R*)-**43** 为催化剂时，尽管实现了 5-苄氨基-4,4-二苯基戊-1-烯的不对称分子内氢胺化反应得到相应的手性四氢吡咯衍生物，但反应的对映选择性很低[434]。主要原因是实现手性 Brønsted 酸催化的关键在于质子化底物与手性 Brønsted 酸的共轭碱之间的氢键相互作用，而未活化烯烃质子化后形成的碳正离子中间体与共轭碱之间只有静电相互作用从而不利于对反应的立体控制。

Toste 等人发现酸性更强的八氢联萘骨架手性二硫代磷酸(*R*)-**103** 或(*R*)-**104** 可以高效地催化 *γ*-氨基取代的共轭二烯或联烯的分子内不对称氢胺化反应，高对映选择性地得到相应的光学活性氮杂环化合物[435]。

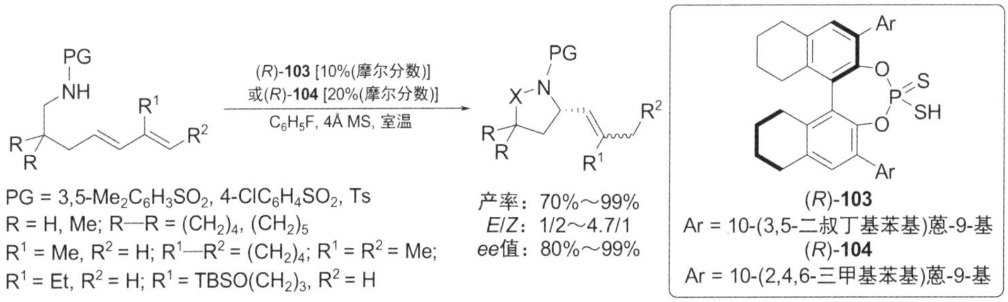

作者认为反应能取得好的对映选择性的原因在于手性二硫代磷酸阴离子具有很好的亲核性，能与底物质子化后形成的碳正离子中间体以共价键键合得到手性烯丙基二硫代磷酸酯，然后发生分子内非对映选择性 $S_N2'$反应得到氢胺化产物并再生催化剂进入下一催化循环。为了证明该策略的通用性，作者发现将 $\gamma$-氨基换成富电子吲哚环时，反应同样能顺利地进行得到分子内 F-C 烷基化产物，在手性二硫代磷酸 (*R*)-**105** 催化下也获得了好的对映选择结果。

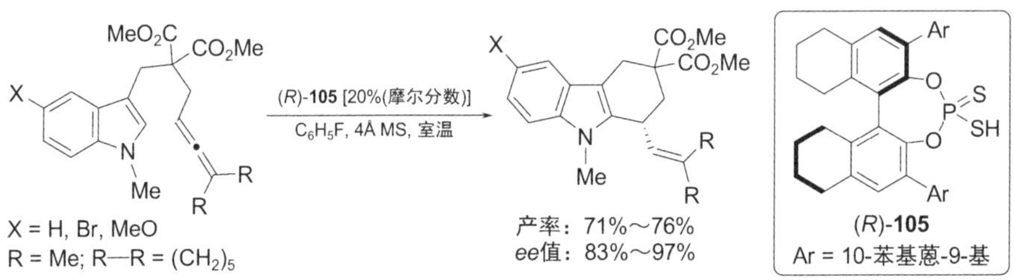

# 4.29

# 动力学拆分

动力学拆分是指在手性试剂(反应试剂、催化剂、溶剂等)作用下，依靠外消旋体中一对对映异构体反应速度的差异，使外消旋的底物得以部分或完全地被拆分，这一过程称为动力学拆分[436]。下面我们将介绍手性磷酸催化剂在动力学拆分方面取得的一些研究成果。

2012 年，Tian 小组发现手性磷酸(*R*)-**1** 能够催化硫醇对 *N*-二芳甲基磺酰胺的亲核取代反应，通过控制反应转化率，实现了对外消旋 *N*-二芳甲基磺酰胺的动力学拆分，尽管得到的亲核取代产物是外消旋状态，但是回收得到的未反应底物均有很高的光学纯度。

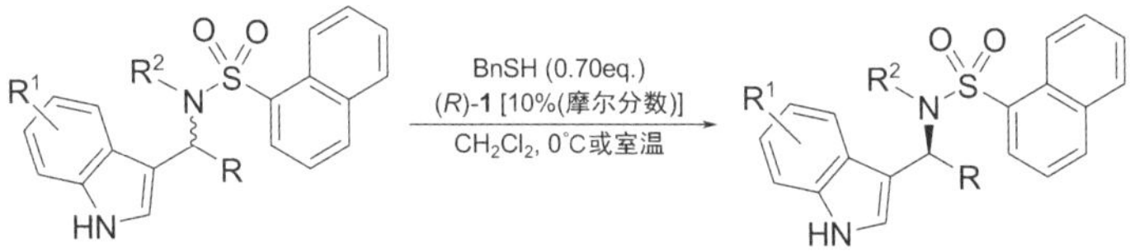


R = Ph, 4-$MeOC_6H_4$, 4-$FC_6H_4$, 4-$ClC_6H_4$, 4-$NCC_6H_4$, 4-$NO_2C_6H_4$, 2-$MeC_6H_4$, 2-$NO_2C_6H_4$, 2-噻吩基, Cy
$R^1$ = H, 5-Me, 5-Br, 6-Cl; $R^2$ = H, Me, Pr

回收率：31%～47%
*ee*值：90%～99%

对照实验表明，将吲哚氮上的氢用甲基替代之后，不仅反应明显减慢而且回收原料的 *ee* 值急剧下降。这说明在反应过渡态中，吲哚氮氢与手性磷酸中的磷酰基氧之间可能存在如下氢键相互作用，不仅可以活化底物，而且有助于对底物一对对映体的手性识别。与(*R*)-异构体形成的过渡态 **TS-1** 相比，在(*S*)-异构体形成的过渡态 **TS-2** 中，取代基 $R^1$ 和催化剂 C3 位取代基之间存在较强的空间排斥作用，能量高，反应速度慢，最终实现动力学拆分[437]。

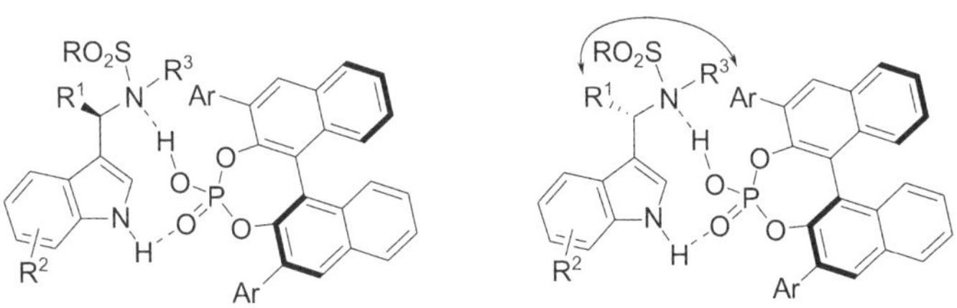

**TS-1**　　**TS-2**

在醇的酰化动力学拆分中经常采用的策略是利用碱性或亲核性催化剂来活化亲核试剂或酰化试剂，Yamada 和 Takasu 等人发现使用手性磷酸(*R*)-**98** 作为催化剂，不仅可以活化酰化试剂，还可高效地手性识别外消旋底物的一对对映体，实现完美的酰化动力学拆分过程，立体选择因子高达 215[438]。

Akiyama 等人发现在手性磷酸(*R*)-TRIP 催化的 *N*-3,4,5-三甲氧基苯基苯乙酮亚胺的转移氢化反应中，存在对氢源吲哚啉的高效动力学拆分过程。无论 2-位是芳基还是烷基取代的吲哚啉底物都能实现完美的氧化动力学拆分，以很高的回收率得到几乎光学纯的吲哚啉衍生物[439]。

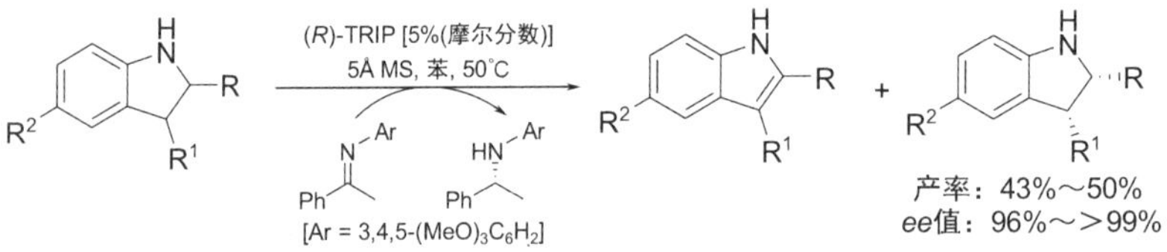


进一步研究表明，该催化体系同样适用于外消旋 2-取代四氢喹啉衍生物的氧化动力学拆分过程。在手性磷酸(*R*)-TRIP 和氢受体酮亚胺的存在下，(*R*)-异构体反应活性高，被快速脱氢氧化得到二氢喹啉或喹啉，而反应速度慢的(*S*)-对映体则实现了光学富集[440]。

该小组使用 2-羟基-5-甲氧基苯甲醛为前拆分试剂，通过手性磷酸催化的自身氧化还原反应，同样实现了二取代吲哚啉衍生物的高效动力学拆分。在反应过程中，吲哚啉衍生物的一个对映体在手性磷酸作用下优先与拆分试剂形成手性亚胺正离子对中间体，后者与吲哚啉的同一对映体发生分子间氢转移得到还原产物和吲哚衍生物，而反应活性较低的对映体则被光学富集。有趣的是，使用相同的催化剂但使用 *N*-3,4,5-三甲氧基苯基苯乙酮亚胺作为氢受体时得到的产物的构型正好相反[441]。

Liu 和 Petersen 课题组在手性磷酸(*R*)-TRIP 催化下，利用分子内酯交换反应(即内酯化)实现了 *γ*-羟基酸酯的动力学拆分，但是拆分效率并不理想，立体选择因子最高只有 16 左右，其中环状底物的拆分效果要稍好于链状底物[442]。

Sun、Hong 和 Wang 等人发现手性磷酸(*S*)-STRIP 可以对映选择活化基于靛红的外消旋环氧烷中(*S*)-对映体，与亲核试剂吲哚发生 F-C 烷基化得到相应的手性开环产物，从而剩下光学富集的(*R*)-对映体。反应具有很好的拆分效率，所有底物的立体选择因子均大于 100[443]。

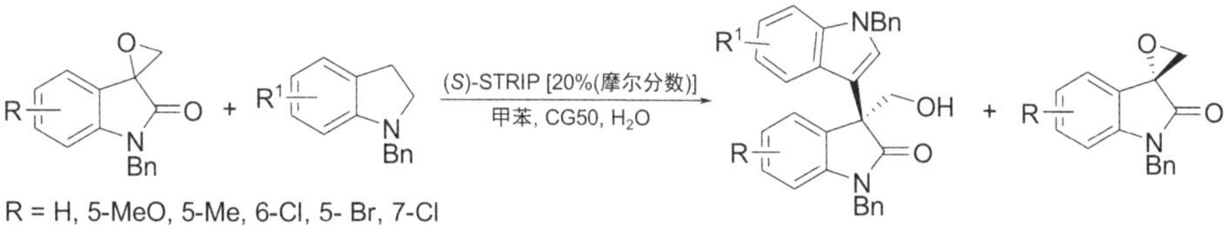

R = H, 5-MeO, 5-Me, 6-Cl, 5- Br, 7-Cl
$R^1$ = H, 4-Me, 4-Cl, 4-MeO, 5-Me, 5-Br, 5-MeO, 6-Cl, 6-MeO, 6-F, 7-Me, 7-F, 7-Cl

产率：30%～50%　ee值：88%～99%

产率：33%～49%　ee值：93%～99%

Shimoda 和 Yamamoto 小组报道在联萘骨架手性磷酸(*S*)-**5** 的催化下，外消旋 2-吡啶基酯作为酰基化试剂可以与 4-甲基苯胺发生酰化动力学拆分反应，分别得到光学富集的未反应羧酸酯和相应的酰胺。对于 *α*-取代苯乙酸酯，苯环上邻位取代基的引入不利于反应的立体控制，立体选择因子大幅下降；*α*-取代基的体积增大则有利于提高拆分效率，大体积异丙基取代底物可以获得很好的拆分效果[444]。

Akiyama 小组使用手性磷酸(*R*)-**19** 为催化剂，实现了[2,2]对环芳烷二酚的酰化动力学拆分，其中以大体积的异丁酸酐为酰化试剂时获得了最好的拆分效果，酰化产物和回收原料的 *ee* 值分别达到 98% 和 92%。在反应过渡态中，手性磷酸作为双功能催化剂分别与不参与反应的羟基和酸酐羰基形成氢键，这是获得好的拆分效果的必要条件。其他的单羟基取代[2.2]-对环芳烷均只能得到 *ee* 值很低甚至消旋的酯化产物和回收底物[445]。

# 4.30

# 去芳构化反应

芳香化合物是一大类具有特殊稳定性(芳香性)的二维平面结构有机分子，是合成许多高附加值产品，如药物、化妆品、染料、聚合物材料等的基本原料。在众多涉及芳香化合物的直接转化方法中，去芳构化反应具有特别的吸引力。这类反应直接将平面的芳香化合物转化为具有三维结构的复杂环状分子，且产物中通常含有在天然产物和药物分子中常见的季碳手性中心。因此，去芳构化反应为新物质的创制，特别是药物发现和新型功能材料的开发提供了多种可能性。但是，由于该类反应需要克服芳香性所带来的能垒，发展高效的去芳构化反应极具挑战性。随着手性磷酸催化的不断深入发展，目前已经实现了吲哚、苯酚、萘酚等芳香化合物的不对称去芳构化反应，其核心策略是利用各类富电子的(杂)芳香化合物为亲核试剂，使其与高活性的亲电试剂发生反应，通过不可逆的碳-碳或碳-杂原子键的形成来构筑季碳手性中心，同时得到稳定的去芳构化产物。不对称去芳构化的实现使得芳香类化合物在更多手性天然产物和药物分子的合成中发挥重要作用。

吡咯并吲哚啉作为众多生物碱及生物活性化合物的核心骨架，其立体选择性构筑方法一直是大家关注的热点。You 课题组利用手性磷酸催化，从色胺衍生物和共轭烯酮出发，经由共轭加成引发的串联环化反应成功地实现了该类骨架的立体选择性构筑。在手性磷酸(*S*)-**43** 催化下，吲哚首先对烯酮发生共轭加成得到去芳构化假吲哚中间体，随后 *N*-Boc 保护氨基在手性磷酸催化下对假吲哚中的亚胺结构单元进行亲核进攻得到环化产物多环吲哚啉衍生物[446]。

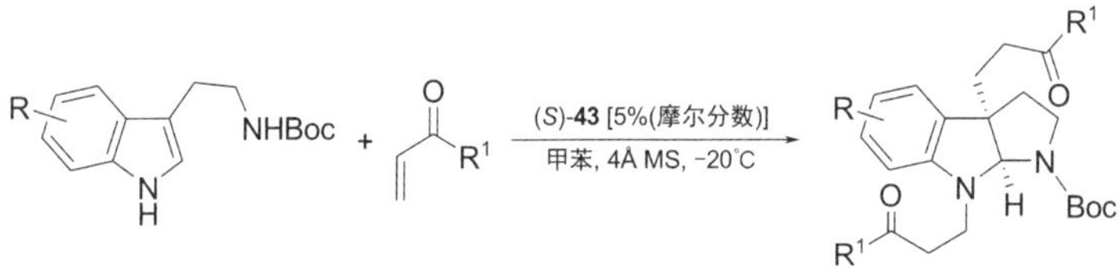


R = H, 5-Me, 5-MeO, 5-Cl, 5-F, 6-Cl, 6-F, 6-Br

$R^1$ = Ph, 4-$ClC_6H_4$, 4-$BrC_6H_4$, 4-$NO_2C_6H_4$, 2-萘基, Me

产率：33%～95%

*ee*值：50%～84%

与此同时，Antilla 课题组也报道了分别从色胺衍生物和烯酮或偶氮二甲酸酯出发，在手性磷酸(*R*)-TRIP 的催化下，经由 Michael 加成或氮杂-Michael 加成引发的串联环化反应实现吡咯并吲哚啉骨架的立体选择构筑。该小组利用新发展的吲哚去芳构化策略成功地实现了吲哚啉类生物碱(−)-debromoflustramine B 的对映选择全合成[447]。

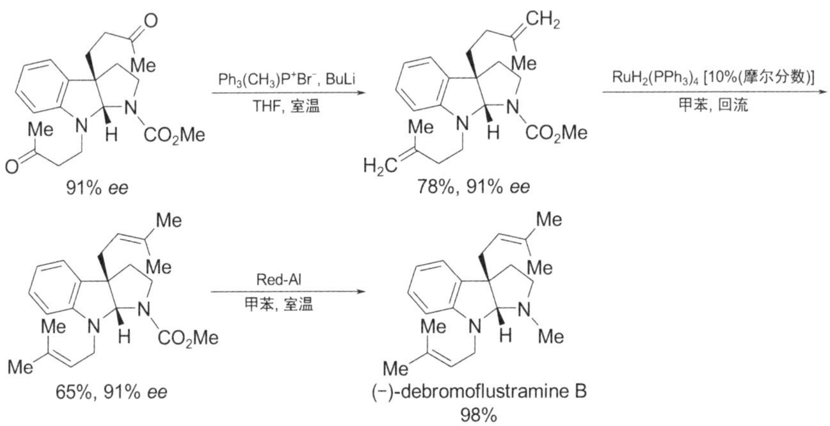

这种手性磷酸催化下吲哚与亲电试剂首先发生反应生成去芳构化的假吲哚中间体，随即分子内的亲核单元对假吲哚发生亲核进攻得到环化产物的合成策略已成为一种获取光学活性稠合吲哚啉衍生物的有效方法。后续研究主要集中在以下两方面，一是改变亲核中心与吲哚的连接单元或亲核中心，二是改变亲电试剂的类型。

You 课题组报道了手性磷酸催化的 3-邻对甲苯磺酰氨基苄基取代的吲哚衍生物与甲基乙烯基酮的不对称串联 Michael 加成 / 环化反应。以螺二氢茚骨架的手性磷酸(*R*)-**31** 为催化剂，以中等到良好的收率和优秀的对映选择性构建了一系列手性吲哚[2,3-*b*]并氢化喹啉化合物。值得注意的是，当吲哚 7-位有取代基时，由于位阻效应会影响吲哚啉对第二分子甲基乙烯基酮的氮杂 Michael 加成[448]。

Shi 课题组以环状双烯基亚胺为亲电试剂，在手性磷酸(*R*)-**31** 催化下实现了与色胺或色醇的串联环化，得到去芳构化的多环吲哚啉衍生物。作者发现底物比例和加料方式对反应结果有一定的影响，当色胺或色醇底物与双烯基亚胺之比为 1∶2.5 时，吲哚啉中间体中的氨基会与过量的双烯基亚胺反应得到 *N*-芳基化产物；当色胺或色醇底物与双烯基亚胺之比为 4∶1，同时缓慢加入双烯基亚胺底物时，则可以得到氮上无取代基的吲哚啉产物[449]。

此外，Shi 课题组以靛红衍生的 *N*-Boc 亚胺为亲电试剂，在手性磷酸(*S*)-TRIP 的催化下，也实现了与吲哚-3-乙醇的串联反应，以好的立体选择性得到吲哚环去芳构化的光学活性三环吲哚啉衍生物[450]。随后，该课题组从 3-(吲哚-3-基)-3-羟基吲哚酮出发，利用其在手性磷酸存在下容易脱水原位产生烯亚胺亲电试剂的特点，实现了与色胺衍生物发生共轭加成引发的串联反应得到复杂结构的手性多环吲哚啉，获得了较好的非对映和对映选择结果[451]。

Zhang 课题组则使用苯醌单磺酰亚胺作为亲电试剂，在手性磷酸(*R*)-TRIP 的催化下与 3-取代吲哚反应，得到了结构多样的光学活性多环吲哚啉衍生物。在反应过程中，3-取代吲哚首先在手性磷酸催化下对苯醌单磺酰亚胺进行共轭加成并芳构化得到含邻羟基苯基取代的手性环状亚胺正离子对，然后接受酚羟基的亲核进攻得到环化产物[452]。

You 小组采用手性磷酸阴离子相转移催化策略，以氟化试剂 Selectfluor 为亲电试剂，在联萘骨架手性磷酸(*S*)-**19** 的催化下实现了对色胺衍生物的不对称亲电氟代去芳构化反应得到光学活性三环吲哚啉衍生物[453]。

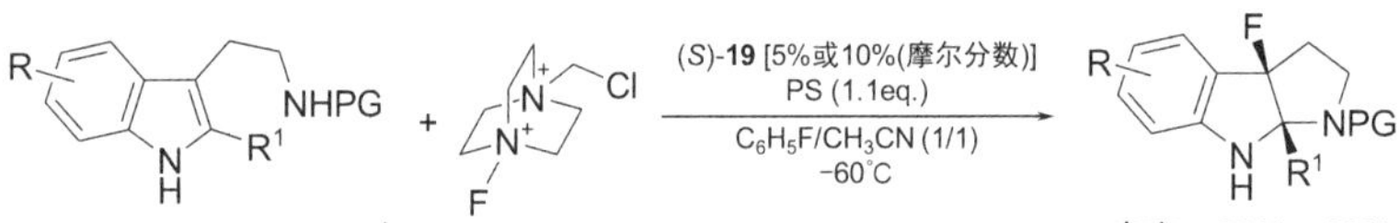

R = H, 5-MeO, 5-Me, 5-$^t$Bu, 7-Me, 5-$CF_3$, 5-F, 5-Cl, 5-$CO_2$Me, 5-Br, 4-Br, 6-Br, 7-Br, 4,6-$F_2$, 4,6-$Cl_2$
PG = $CO_2$Me, Cbz, Boc, Fmoc
$R^1$ = Me, Et, 环丙基甲基, $CH_2$=CH$(CH_2)_3$, $^i$Pr, H

产率：29%～92%
*ee*值：56%～97%

Bandini 等人发现手性磷酸(*R*)-**95** 能够有效催化 2,3-二取代吲哚与联烯胺的串联反应，实现吲哚环的不对称去芳构化烯丙基化反应，得到光学富集的假吲哚衍生物。作者认为在手性磷酸存在下联烯胺首先被质子化并与手性磷酸阴离子形成手性烯亚胺正离子对，然后与 2,3-二取代吲哚发生 Michael 加成类型烯丙基化得到去芳构化产物[454]。如果在反应体系中加入氢供体 Hantzsch 二乙酯，则可以实现“一锅法”串联去芳构化/转移氢化反应得到光学活性吲哚啉衍生物。

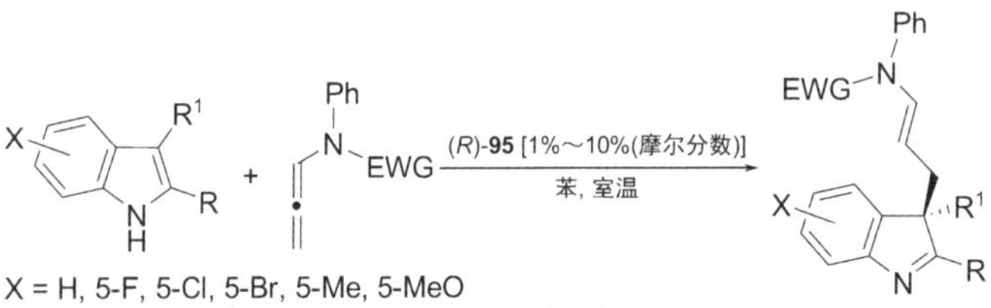

X = H, 5-F, 5-Cl, 5-Br, 5-Me, 5-MeO
R = Me, Et, Pr; $R^1$ = Me, Et, Pr, Bn, 3,4,5-$(MeO)_3$Bn
R—$R^1$ = $(CH_2)_4$, $(CH_2)_5$, $(CH_2)_6$; EWG = Ts, Bs

产率：60%～98%
*ee*值：72%～94%

Shi 课题组在手性磷酸(*R*)-TRIP 的催化下，利用 3-甲基-2-烯基吲哚与苯醌单磺酰亚胺的不对称共轭加成，顺利地得到去芳构化的芳基化假吲哚衍生物[455]。

You 小组通过手性磷酸(*S*)-**21** 催化的 2-取代吲哚对烯酮的不对称分子内 Michael 加成反应也高效地实现了吲哚的去芳构化，得到光学活性螺假吲哚衍生物[456]。

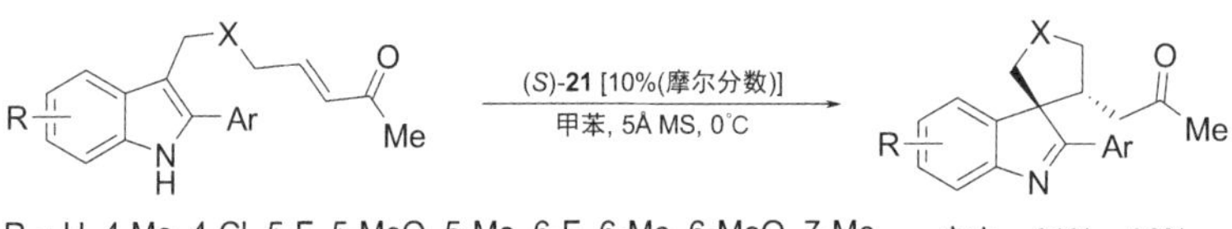

R = H, 4-Me, 4-Cl, 5-F, 5-MeO, 5-Me, 6-F, 6-Me, 6-MeO, 7-Me
Ar = Ph, 4-FPh, 4-ClPh, 4-MePh, 3-MeOPh, 2-MeOPh
X = NBoc, NTs, NCbz

产率：61%～98%
*ee*值：63%～94%

Toste 等人在手性磷酸(*S*)-**49** 的催化下实现了取代苯酚与亲电氟化试剂 Selectfluor 之间的不对称去芳构化氟代反应，为光学富集的 *α*-氟代环己二烯酮衍生物的合成提供了新方法。当苯酚的 3-位没有取代基时，得到的去芳构化氟代产物不稳定，只能分离得到相应的二聚产物。在反应过程中，手性磷酸首先与碱反应形成磷酸根，后者通过手性阴离子相转移催化实现了对反应的立体控制[457]。

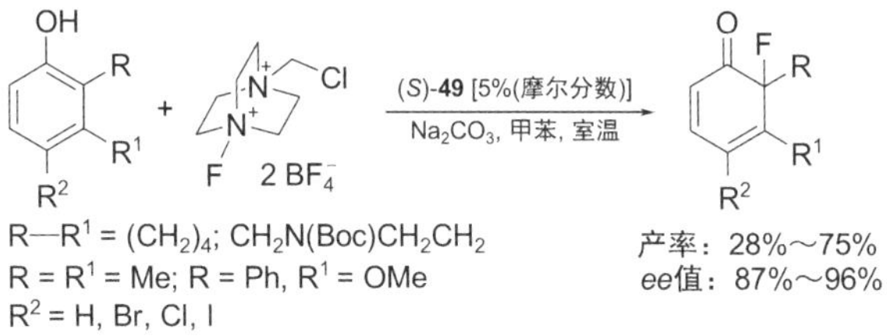


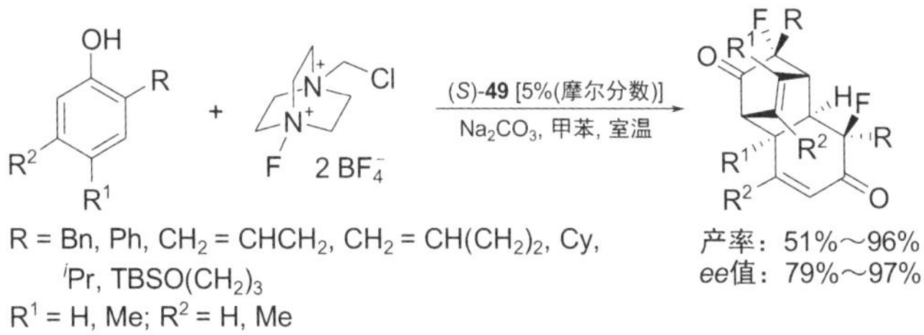


You 课题组使用偶氮二甲酸酯为亲电试剂，在手性磷酸催化下，实现了 $\beta$-萘酚的不对称去芳构化胺化反应，得到相应的光学活性 $\alpha$-肼基取代环状烯酮衍生物。其中螺二氢茚骨架手性磷酸(*R*)-**39** 对 1, 3-二取代萘酚底物获得了好的结果；而联萘骨架手性磷酸(*S*)-**19** 则对 3-位没有取代基的萘酚底物有好的效果。尽管在相同反应条件下苯酚也能发生去芳构化胺化反应，但只能得到几乎外消旋的产物。此外，联萘骨架手性磷酸(*S*)-**19** 在该反应中表现出了非常高的催化活性，以 1-甲基-2-萘酚为例，即使使用 0.05%(摩尔分数)催化剂，也几乎不影响反应的产率和选择性[458]。

Sun、Hong 和 Wang 等人采用对苯醌代替偶氮二甲酸酯作为亲电试剂，在螺二氢茚骨架手性磷酸(*S*)-**37** 的催化下同样实现了对 1-取代-$\beta$-萘酚的去芳构化反应。有趣的是，底物 3-位取代基的存在对反应活性和立体选择性都有显著影响，当 3-位无取代基时，反应活性和选择性均明显下降。在反应中，对苯醌既作为亲电试剂又作为氧化剂将去芳构化产物中的氢醌结构单元氧化为醌[459]。随后，Chen 和 Zhou 等人使用苯醌单亚胺代替苯醌作为 Michael 受体，在手性磷酸(*R*)-**19** 催化下也实现了 1-取代-$\beta$-萘酚的不对称去芳构化芳基化反应，同样获得了好的对映选择结果[460]。

# 4.31
# 重排反应

重排反应是一类分子的碳骨架发生重组的化学反应。许多重要的有机化合物可以通过重排反应得以合成。手性磷酸催化剂在一些重排反应中也获得了成功的应用，主要涉及 aza-Petasis-Ferrier 重排、Piancatelli 重排、Cloke-Wilson 重排、Pinacol 重排及其相关重排、3,3′-双氮杂 Cope 重排以及 aza-Cope 重排等。

## 4.31.1 aza-Petasis-Ferrier 重排

光学活性顺式或反式 $\beta$-氨基醛是一类重要的有机合成中间体，可以方便地转化成为氨基醇、氨基酸、内酰胺、氨基糖等手性化合物。尽管有机催化的不对称 Mannich 反应可以实现该类化合物的高效合成，但反应底物往往局限于芳香醛亚胺和乙醛酸酯亚胺。含 $\alpha$-氢的脂肪醛亚胺由于很容易异构成相应的烯胺限制了其在对映选择 Mannich 反应中的应用。2009 年，Terada 课题组采用二价镍配合物和手性磷酸接力催化的策略，实现了半胺缩醛烯丙基醚的双键移位和 aza-Petasis-Ferrier 重排反应，得到光学活性形式上脂肪醛亚胺参与的 Mannich 反应产物。作者认为，半胺缩醛烯丙基醚首先在镍配合物催化下发生双键移位反应得到相应的烯基醚中间体，烯基醚中间体在联萘骨架手性磷酸(*R*)-**75** 的作用下发生 C—O 键断裂得到烯醇和脂肪醛亚胺，二者发生 Mannich 反应实现重组，即 aza-Petasis-Ferrier 重排得到相应的 Mannich 反应类型产物，进一步经硼氢化钠还原实现了“一锅法”制备手性 1,3-氨基醇衍生物[461]。

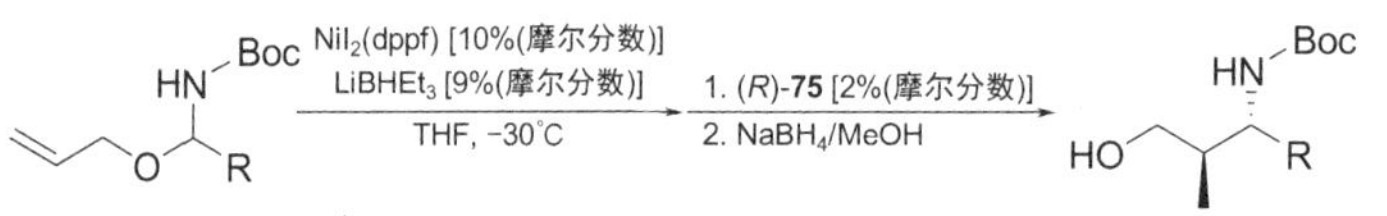


R = Me, Bn, $^{n}C_5H_{13}$, $^{i}$Bu, Cy, Ph

产率：55%～87%
dr值：91/9～95/5
*ee*值：76%～>99%

## 4.31.2 Piancatelli 重排

Piancatelli 重排反应是指呋喃 2-甲醇衍生物在酸催化下重排成环戊烯酮的化学过程。自报道以来，相关研究大多集中在发现新的催化剂类型和拓展参与亲核试剂的种类方面，而对映选择性 Piancatelli 重排鲜有报道。2017 年，Patil 等人在联萘骨架手性磷酸(*S*)-**10** 的催化下，实现了芳胺作为亲核试剂参与的不对称氮杂-Piancatelli 重排反应，以好的对映选择性得到 3-芳氨基取代环戊-2-烯酮衍生物[462]。

## 4.31.3 Cloke-Wilson 重排

所谓 Cloke-Wilson 重排是指环丙基酮在加热条件下发生扩环得到二氢呋喃的化学转化。2018 年，Uria、Merino 和 Viacrio 等人发现在手性磷酸(*S*)-**21** 催化下，环上连有酰基的供体-给体型(D-A)环丙烷衍生物可以发生对映选择的 Cloke-Wilson 重排反应得到相应的光学富集二氢呋喃衍生物，无论是三取代还是二取代基 D-A 环丙烷都得到了好的对映选择结果。作者认为手性磷酸通过质子化酮羰基促使环丙基酮发生开环烯醇化并与手性磷酸阴离子通过氢键和静电相互作用形成紧密离子对过渡态，然后发生氧亲核进攻得到环化产物[463]。

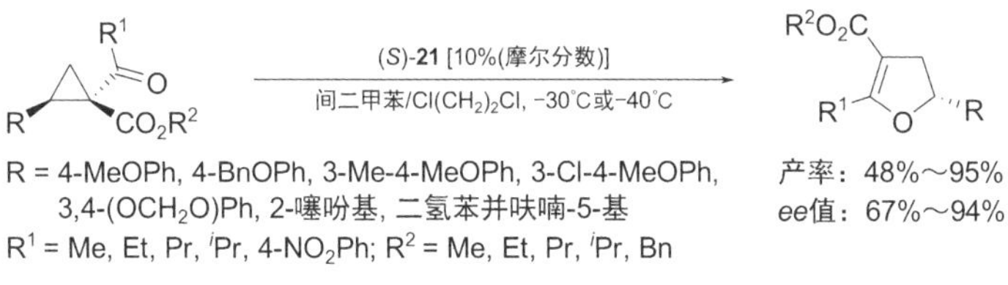

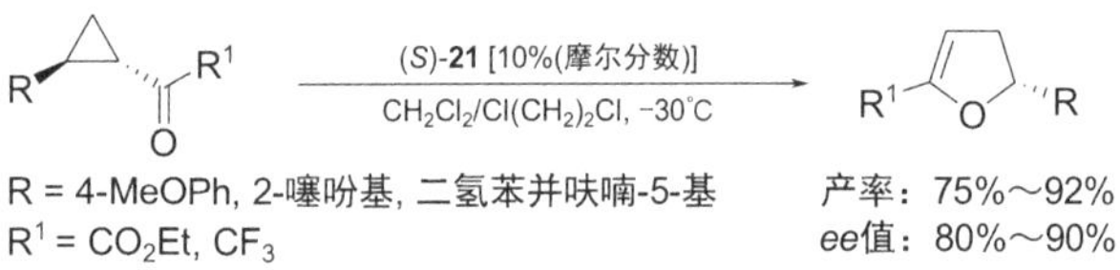


## 4.31.4 Pinacol 重排及其相关重排

Pinacol（片呐醇）重排是将邻二醇转化成醛、酮衍生物的重要方法。Antilla 在手性磷酸(*R*)-**26** 的催化下实现了吲哚基取代邻二醇的不对称片呐醇重排反应。在反应过程中，吲哚基取代 1,2-二醇首先在手性磷酸作用下脱水形成烯基亚胺正离子，后者与手性磷酸阴离子通过氢键和静电相互作用形成二元复合物，从而实现对基团迁移时的立体控制 [464]。

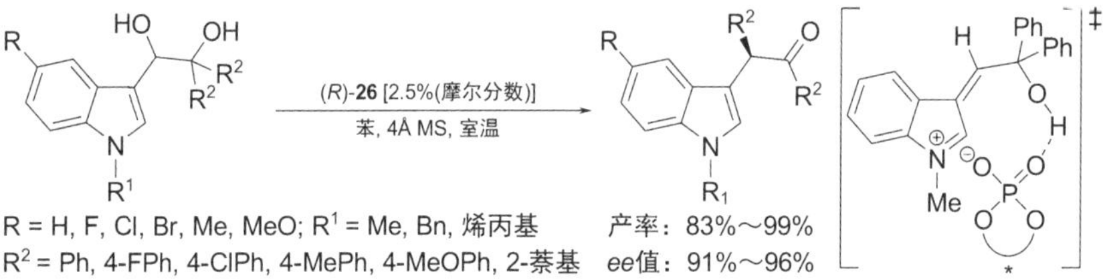


Tu 课题组使用手性磷酸(*R*)-TRIP 为催化剂实现了 2-烷氧基取代烯丙醇的 semi-Pinacol 重排，为立体选择构筑螺醚酮结构单元提供了高效新方法。在反应过程中，手性磷酸首先质子化富电子烯基醚结构单元并形成手性氧𬭩正离子对，同时磷酰基氧作为 Lewis 碱通过氢键相互作用活化羟基，促使烷基负离子迁移至氧𬭩碳正离子的 *Re*-面得到(*R*)-构型为主的产物 [465]。

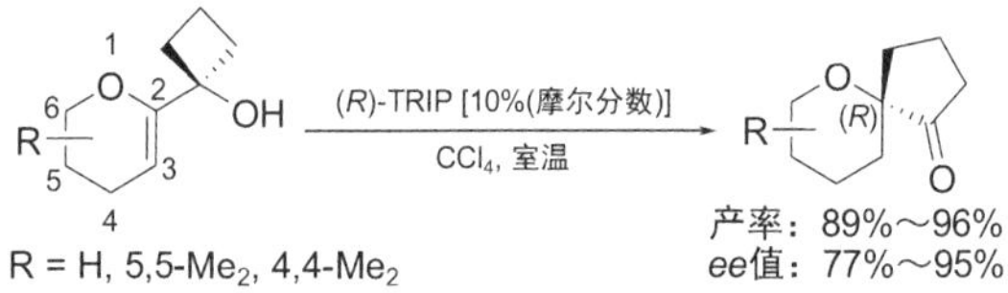


Lu 和 Xiao 课题组报道了一种高效的光催化串联氧化 /semi-Pinacol 重排反应，从 1,2-二取代吲哚出发实现了 2,2-二取代吲哚-3-酮衍生物的合成。在反应过程中，1,2-二取代吲哚首先经过光催化氧化得到 3-羟基取代假吲哚中间体，然后在酸催化

下发生 semi-Pinacol 重排得到吲哚-3-酮产物。经初步研究表明，手性磷酸(*R*)-**21** 的加入可以实现对半片呐醇重排步骤的立体控制，得到光学富集的异吲哚啉酮衍生物，为该类化合物的不对称合成提供了新方法 [466]。

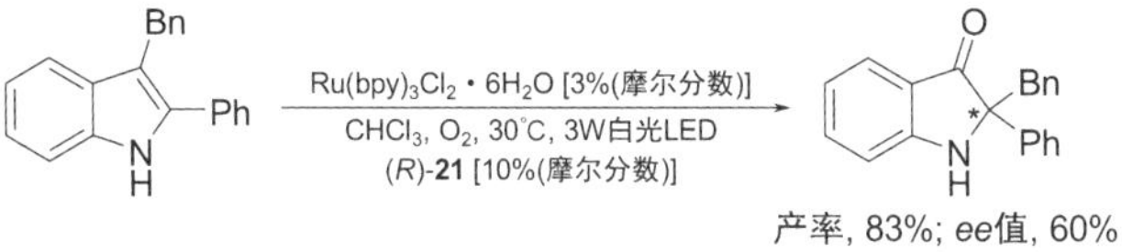


Zhang 和 Zu 等人在螺二氢茚骨架手性磷酸(*R*)-STRIP 的催化下实现了螺 3-羟基吲哚啉底物参与的 aza-Pinacol 重排反应，得到具有较高 *ee* 值的手性多环吲哚啉衍生物。在反应过程中，在手性磷酸作用下发生氮杂-片呐醇重排产生的手性亚胺正离子对中间体被底物分子中亲核性的磺酰氨基或羟基捕获得到最终的多环产物 [467]。

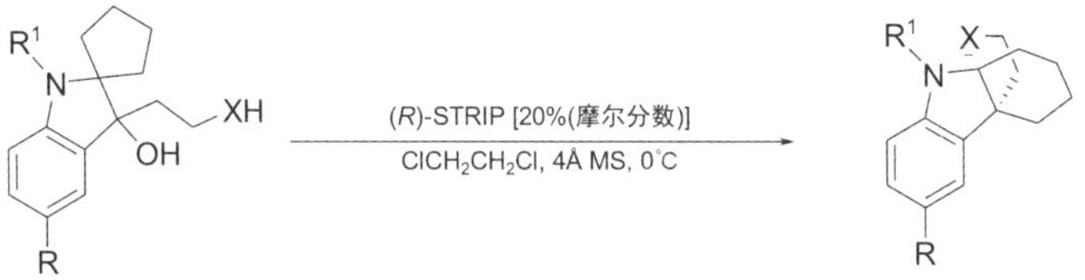


R = H, 5-Br; R$^1$ = Bn, Me, 4-MeBn, 4-MeOBn, 4-BrBn, 3-ClBn　产率：82%～97%

XH = TsNH, 4-ClPhSO$_2$NH, OH　*ee*值：74%～92%

## 4.31.5 [3,3]-diaza-Cope 重排

在不对称合成中广泛应用的光学活性联芳基二胺的获取往往依赖于手性拆分过程，而手性磷酸催化的不对称[3,3]-二氮杂-Cope 重排反应为这类重要的手性二胺化合物的合成提供了便利的新方法。

Kürti 等人在联萘骨架手性磷酸(*R*)-**43** 或八氢联萘骨架手性磷酸(*R*)-**23** 的催化下，一系列 *N*,*N'*-二芳基肼经由不对称[3,3]-二氮杂-Cope 重排得到相应的光学富集联芳基二胺产物。但是反应的对映选择性具有很强的底物依赖性，其中 3,3′-位甲氧基的引入不利于对反应的立体控制。另外，对于不对称的 *N*,*N'*-二芳基肼底物只能得到外消旋的重排产物 [468]。

同年，List 小组使用相同的联萘骨架催化剂(*R*)-**43**，在 Amberlite CG50 树脂作为添加剂的情况下，同样实现了一系列 *N*,*N'*-二(萘-2-基)取代肼的重排反应，获得了令人满意的对映选择结果[469]。

尽管基于苯腙的[3,3]-二氮杂-Cope 重排的 Fischer 吲哚合成法是快速构建吲哚环的有效方法，但催化不对称吲哚化却鲜有报道。2011 年，List 使用螺二氢茚骨架手性磷酸(*R*)-**37** 为催化剂，通过 4-取代环己酮苯腙的去对称化环化策略实现了首次催化不对称吲哚化，得到光学活性四氢咔唑衍生物。在催化体系中，离子交换树脂 Amberlite CG50 的加入是反应获得成功的关键因素之一，其加入能够吸收反应过程中产生的氨气，避免手性磷酸催化剂的失活[470]。作者利用该方法成功地实现了血栓素受体拮抗剂(*S*)-ramatroban(雷马曲班)关键中间体的对映选择性合成。

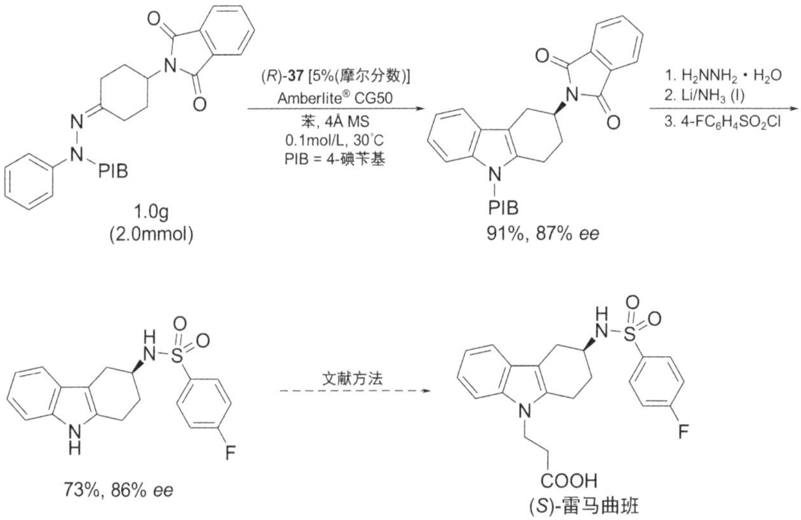


List 小组在后续研究中发现在螺二氢茚骨架手性磷酸(*R*)-STRIP 催化下，还可实现 2-取代环己酮与取代苯肼的不对称阻断 Fischer 吲哚化，得到光学富集的吲哚啉衍生物。该催化体系同样适用于 2-取代环戊酮底物得到相应的羟基取代的吲哚啉衍生物或不经分离直接还原得到更稳定的去羟基吲哚啉衍生物。更重要的是，如果在底物 2-位取代基适当位置引入亲核基团，可以对反应过程中形成的亚胺正离子中间体进行分子内亲核进攻得到结构更为复杂的多环吲哚啉衍生物[471]。

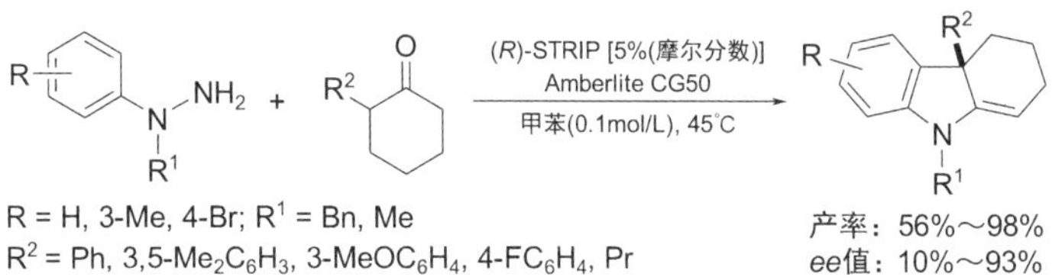


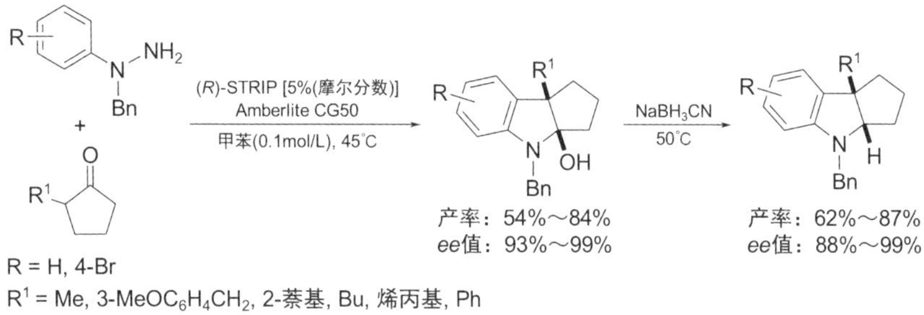


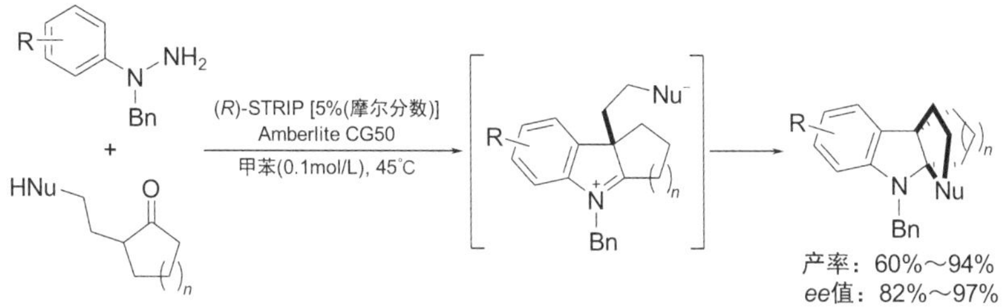


在上述研究的基础上，作者巧妙地通过使用多环酮底物首次实现了螺旋手性多环吲哚衍生物的有机催化不对称合成，产物进一步氧化脱氢可得到螺旋手性芳烃。其中具有大π体系的芘基取代的螺二氢茚骨架手性磷酸(*S*)-**74**表现出了最好的催化活性，主要原因是在反应过渡态中催化剂和烯肼中间体之间存在较强π-π相互作用，显著提高了对反应的立体控制能力[472]。

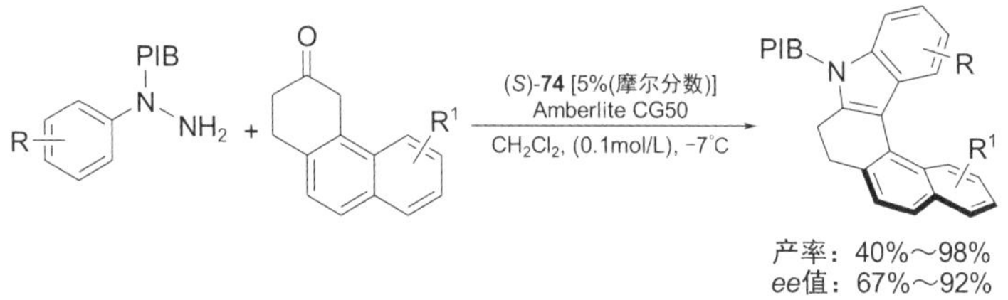


作者发现在*α*-萘肼的*β*-位引入取代基后，它与环酮形成的烯基肼在手性磷酸

(*R*)-STRIP 催化下发生不对称[3,3]-二氮杂-Cope 重排后得到的双亚胺中间体经过水解可以得到去芳构化的手性 1,4-二酮，为光学活性 1,4-二酮衍生物的合成提供了新方法。其中六元环酮可以通过船式过渡态很好地控制反应的非对映选择性，但环戊酮的非对映选择性则明显下降[473]。

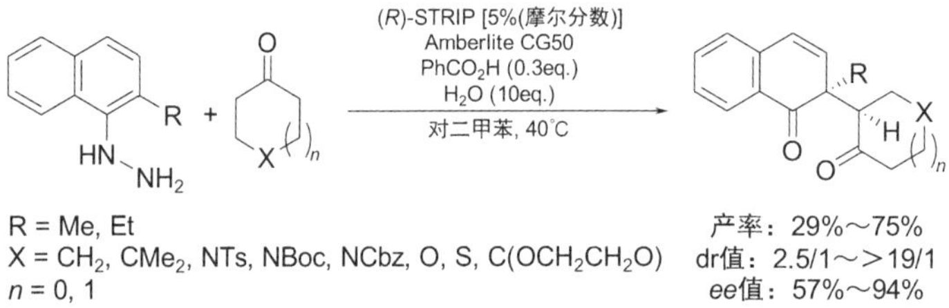


如果上述反应在完全无水条件下进行，同时加入 4Å 分子筛除去反应过程中产生的水，可以抑制重排中间体双亚胺的水解，从而实现去芳构吲哚化反应得到手性 3*H*-吡咯衍生物。当肼实现完全转化后得到的 3*H*-吡咯产物不经分离，继续加入磷酸二苯酯加热发生 1,5-烷基迁移，可以“一锅法”得到相应的 2*H*-吡咯衍生物[474]。

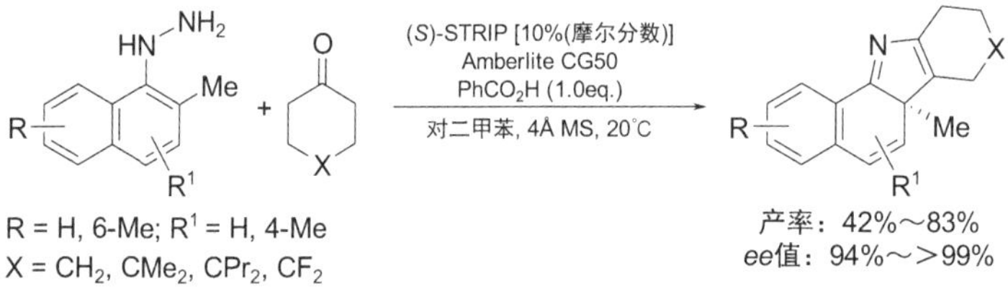


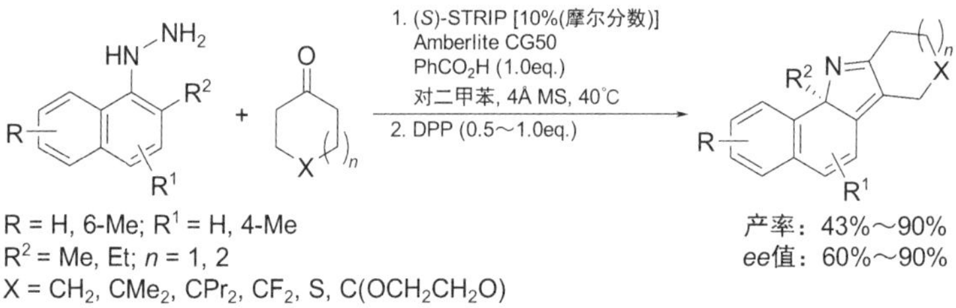


## 4.31.6 aza-Cope 重排

aza-Cope 重排是指 2-氮杂-1,5-二烯在加热条件下通过[3,3]-$\sigma$ 重排的异构化反应。Rueping 等人在八氢联萘骨架手性磷酸(*R*)-**25** 的催化下，利用醛和非手性高烯丙基伯胺反应得到光学富集的高烯丙胺的亚胺衍生物，产物经还原或水解分别得到光学活性高烯丙基仲胺或伯胺，为该类有机合成中的重要合成砌块的立体选择构筑提供了高效合成方法。在手性磷酸催化下，醛和非手性高烯丙基伯胺首先缩合得到含 2-氮杂-1, 5-二烯结构单元的手性亚胺离子对中间体 **A**，继而发生 2-aza-Cope 重排得到新的手性亚胺离子对中间体 **B**，最后通过质子转移得到光学富集高烯丙胺亚胺衍生物同时释放出手性磷酸进入下一催化循环 [475]。

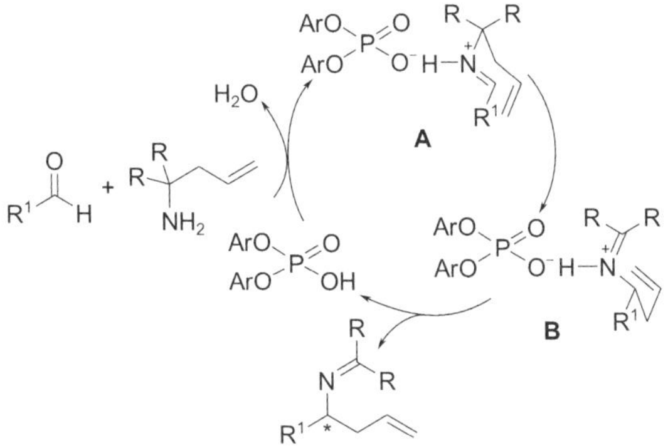


# 4.32

## 其他反应

Krische 等人发现在 Rh 催化的炔-羰基化合物的还原偶联反应中，加入 Brønsted 酸作为助催化剂(cocatalyst)可以极大地提高反应的速度和反应的转化率 [476]。作者通过深入研究发现，当使用手性磷酸(*R*)-TRIP 和非手性铑催化剂 Rh(COD)$_2$OTf/BIPHEP 组成的共催化体系时，(*R*)-TRIP 不仅作为 Brønsted 酸质子化底物 2-吡啶甲醛形成手性离子对从而活化底物，而且还在后续的 Rh 催化的还原偶联过程中发挥手性诱导作用得到具有 82%*ee* 值的还原偶联产物 [477]。

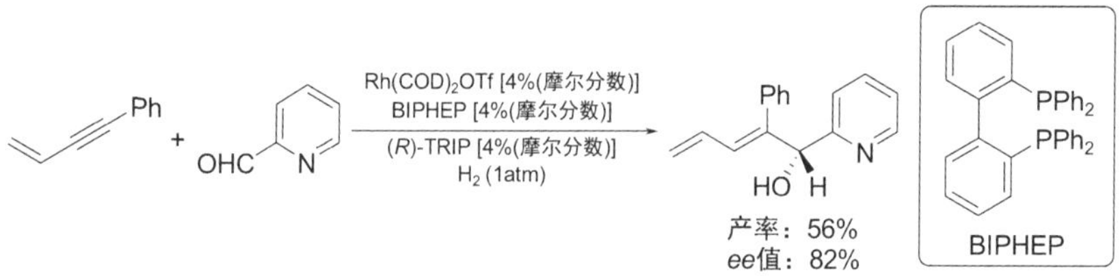


*α*-肼基酸及其衍生物不仅是一些氨基酸代谢酶抑制剂，而且可以用作抗菌剂和抗艾滋病药物。尽管腙的氢氰化是获取*α*-肼基酸衍生物的有效方法，但与亚胺的氢氰化反应，即Strecker反应相比，腙的氢氰化反应研究相对较少。2010年，Tsogoeva报道了首例手性磷酸催化的酰基腙的不对称硅氰化反应，以联萘骨架手性磷酸(*R*)-**1**为催化剂，叔丁醇为添加剂，一系列脂肪醛腙可以顺利地与三甲基硅氰反应得到较高*ee*值的氢氰化产物[478]。

Akiyama发现联苯骨架手性磷酸(*S*)-**106**和(*S*)-**107**能够催化邻二苄基氨基苯甲亚基丙二酸二酯的不对称C—H官能化反应，反应经由一个串联的分子内负氢转移和环化过程得到光学富集四氢喹啉衍生物。

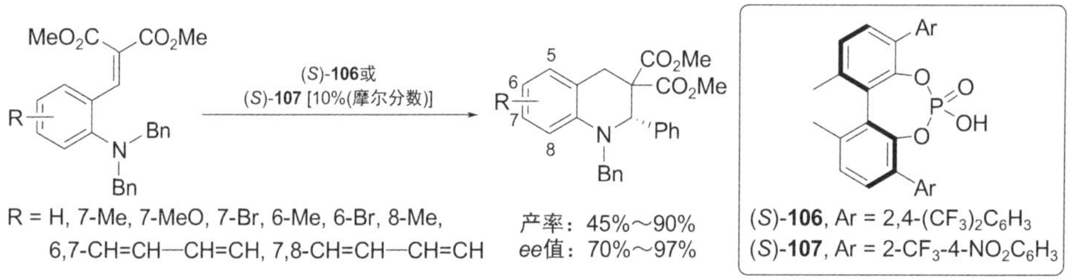


作者以2-(2-(*N*-甲基-*N*-(1-苯基乙基)氨基)苯甲亚基)丙二酸二甲酯为底物深入地研究了反应机理。其中(*S*)-异构体在手性磷酸催化下以89%的产率得到*ee*值为90%的(*S*)-构型产物，在相同条件下，(*R*)-异构体反应速度明显减慢，仅得到9%的*ee*值为64%的(*R*)-构型产物；值得注意的是，(*S*)-异构体即使在非手性催化剂作用下也能高产率得到*ee*值为85%的(*S*)-构型产物。这些结果表明，手性底物的手性信息在发生负氢迁移时并没有完全消失，在后续亲核进攻过程中主要从所转移的氢的同面进攻，即得到构型保留的产物。因此，作者认为反应的立体控制步骤并不是手性磷酸催化剂对氢转移后形成的亚胺中间体的对映面识别，而是在负氢转移步骤选择性地活化对映异位质子[479]。

Sun 等人发现烯丙基三氯硅烷作为烯丙基化试剂在手性磷酸(*R*)-**108** 的催化下可以对醛进行不对称亲核加成，以中等至较好的对映选择性高产率地得到相应的高烯丙醇产物 [480]。

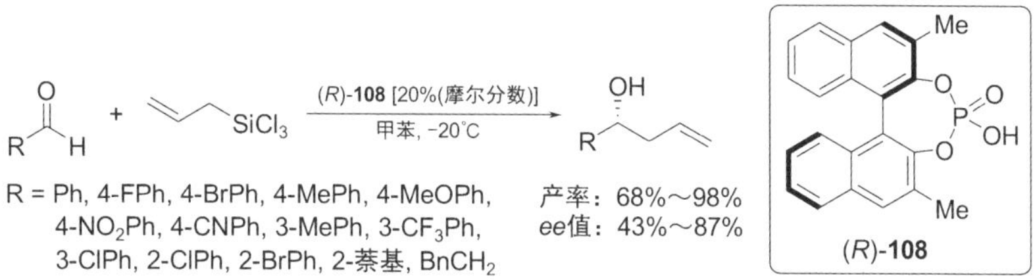


作者认为在反应过程中，手性磷酸催化剂、醛和烯丙基三氯硅烷通过磷酸与醛羰基氧的氢键相互作用以及磷酰基氧、羰基氧作为 Lewis 碱与硅 Lewis 酸中心的 Lewis 酸碱相互作用形成如下所示的三元复合物过渡态。

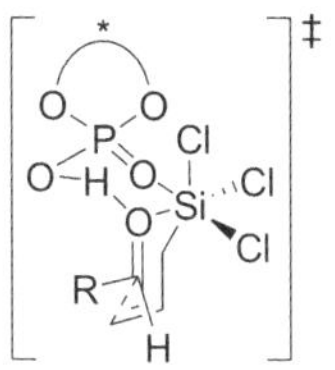

List 等人报道手性磷酸(*R*, *R*)-**109** 可以高效催化羟基官能化的环状烯醇醚的分子内不对称缩酮化反应，为天然产物中广泛存在的螺缩酮结构骨架的立体选择构筑提供了新方法。在反应过程中底物首先被手性磷酸质子化形成手性环状氧鎓离子对，然后羟基对氧鎓离子对发生分子内亲核进攻得到螺缩酮产物。该催化体系的另一优势在于对手性底物的螺缩酮化反应中能够以好的非对映选择性得到非热力学稳定的立体异构体。此外，该催化体系还能实现对外消旋底物的高效动力学拆分 [481]。

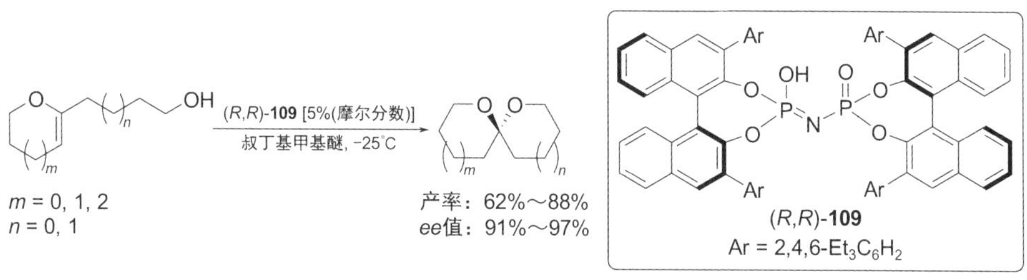


同年，Nagorny 等人使用手性磷酸(*S*)-TRIP 为催化剂同样实现了含环状烯基醚

结构单元叔醇的分子内不对称缩酮化反应。不仅如此，该方法还适用于糖衍生的二氢吡喃衍生物的分子内缩酮化，获得了比非手性催化剂更好的非对映选择结果，但需要根据底物结构选择构型匹配的磷酸催化剂[482]。

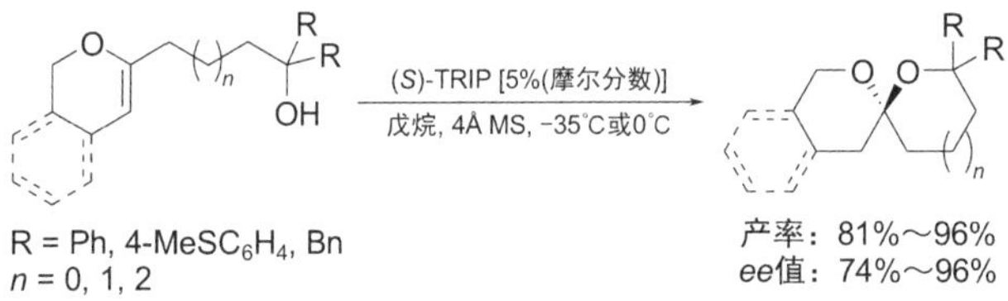

Terada 课题组报道了一例手性磷酸催化的外消旋β-氨基醇与二氢呋喃之间的不对称分子间缩醛化反应。在该反应中手性磷酸(*R*)-$H_8$-TRIP 对外消旋底物的一对对映体有很好的手性识别，可以高效地实现对外消旋氨基醇的动力学拆分。当使用(*R*)-TRIP 为催化剂时，含有叔醇结构单元的外消旋氨基醇也能实现很好的拆分，但对于含有两个手性中心的外消旋氨基醇底物而言，动力学拆分的效率有所下降[483]。

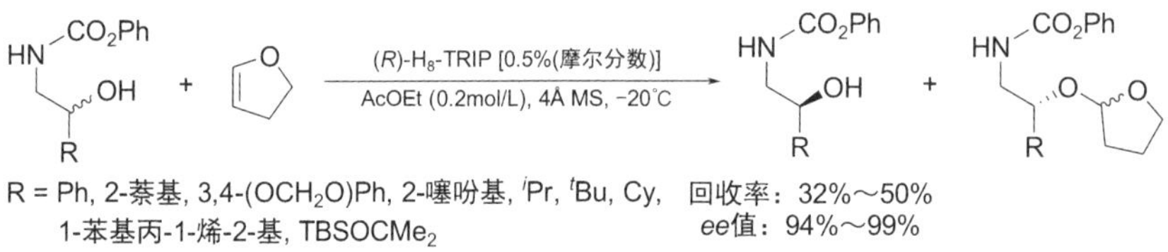

手性亚砜不仅在不对称合成中被广泛用作手性辅助剂和配体，而且在药物化学领域也占有十分重要的地位。Tao 和 Wang 等人发展了一种以手性磷酸(*R*)-**20** 为催化剂，双氧水为氧化剂，氧化芳基烷基硫醚或芳香醛衍生的 1,3-二噻烷制备光学富集亚砜的新方法，获得了中等以上程度的立体选择性[484]。

Willner 等人发现光氧化还原催化剂$[Ru(bpy)_3]Cl_2$和三乙胺组成的还原体系可以实现苯偶酰的光还原得到苯偶姻(2-羟基-1,2-二苯基乙酮)。反应包含了如下两个连续的单电子转移过程得到碳负离子中间体，最后经质子化得到还原产物[485]。

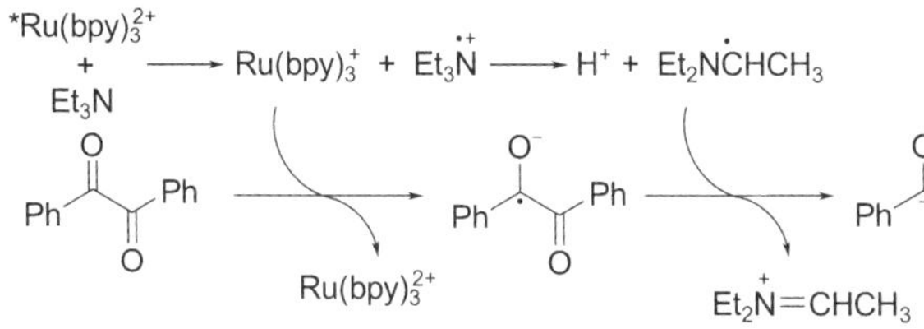

基于上述研究基础，Knowles 小组通过手性磷酸和光氧化还原催化剂的协同催化实现了分子内酮和腙的不对称还原偶联反应。作者认为反应通过由手性磷酸(*R*)-**9** 和光氧还原催化剂 $Ir(ppy)_2(dtbpy)PF_6$ 共同促进的协同质子耦合电子转移(PCET)过程形成的中性羰自由基中间体进行。由于形成的自由基中间体与手性磷酸阴离子通过氢键键合，从而以很好的非对映和对映选择实现了后续 C—C 键的形成[486]。

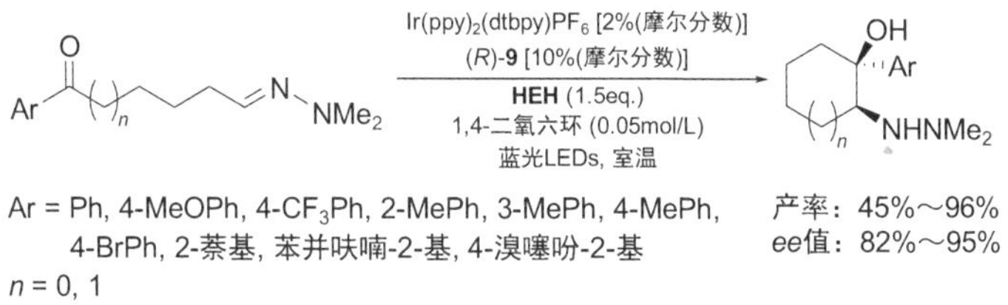

外消旋化合物的去消旋化是获取光学活性物质的一种有效方法。Toste 小组发展了一种手性磷酸(*S*)-TRIP 催化的氧化-还原过程实现了外消旋吲哚啉和四氢喹啉衍生物的“一锅法”去外消旋化，得到光学富集的吲哚啉和四氢喹啉化合物。作者巧妙地设计了一种有机/水/固三相反应体系，即反应底物在有机相，氧化剂主要在水相，而还原剂则主要以固相存在，这样有效地避免了氧化剂和还原剂的相互反应。在反应过程中，有机相中的外消旋底物被氧化成亚胺中间体，继而在手性磷酸催化下发生对映选择性转移氢化得到光学活性还原产物，最终实现对外消旋底物的去消旋化[487]。

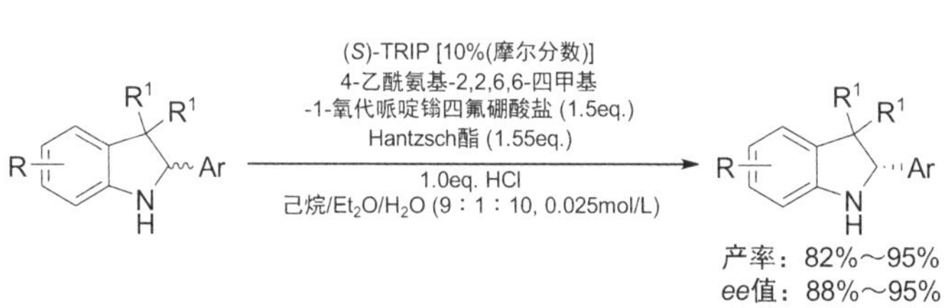

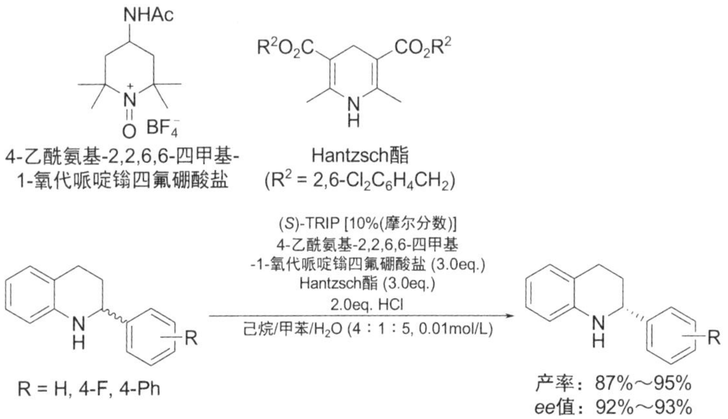

Zimmerman 和 Nagorny 课题组报道了一种通过手性磷酸(*S*)-**43** 催化氨基取代烯基缩醛环化制备光学活性哌啶衍生物的方法。反应中存在一有趣现象，即反应产率随反应时间延长而下降，但反应的对映选择性却随反应时间延长而提高。主要原因是在反应条件下，次要异构体中的烯基醚单元在手性磷酸(*S*)-**43** 的存在下可以与甲醇反应生成缩醛，从而导致产物产率的下降和进一步光学富集。作者通过理论计算证明反应并不是通过原位产生的烯基氧鎓离子中间体的分子内氮杂-Michael 加成进行，而是经由手性磷酸对底物的对映选择性转缩醛化和后续的非对映选择性分子内 $S_N2'$过程得到目标化合物[488]。

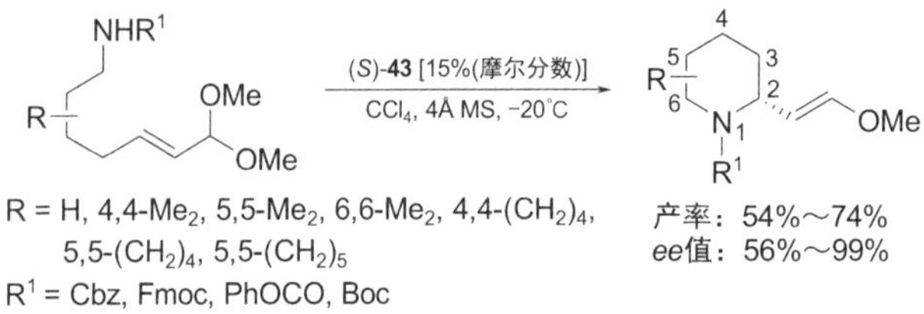

Yao 课题组发现醋酸银与手性磷酸(*S*)-TRIP 组成的催化体系能够协同催化 2-炔基环己-1-烯-1-甲醛与邻位羟基取代的苯乙烯衍生物发生不对称环化反应得到光学活性多环四氢苯并吡喃衍生物。作者认为底物 2-炔基环己-1-烯-1-甲醛在银催化下首先与分子内的醛羰基氧发生环化及质子解并与磷酸阴离子形成手性吡喃鎓离子对，后者作为缺电子双烯与富电子亲双烯体邻羟基取代苯乙烯首先发生反电子需求的[4+2]环化得到桥环吡喃鎓离子，并随后接受酚羟基的 $S_N2$ 或 $S_N2'$类型亲核进攻分别得到两种区域异构体。其中炔基带有烷基取代基时不利于对反应的立体控制，只能得到外消旋的环化产物[489]。

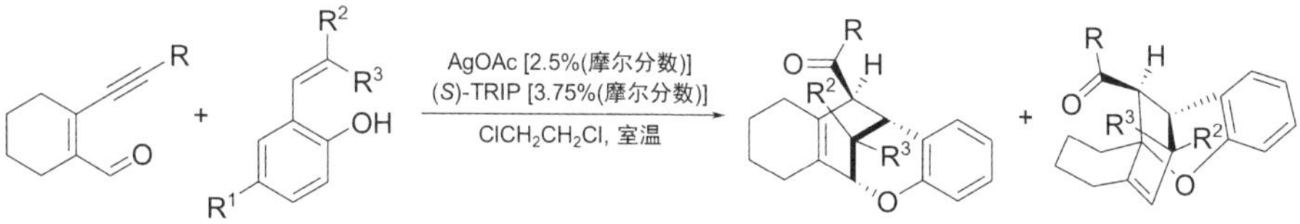

R = Ph, 4-CNPh, 4-$CO_2$MePh, 4-FPh, 4-BrPh, 4-MeOPh, 3-MeOPh, 2-MeOPh, 4-MePh, 3,4-$(MeO)_2$Ph, 3,4,5-$(MeO)_3$Ph, 戊基

$R^1$ = H, MeO, Me, Br, $CO_2$Me; $R^2$ = H, Me; $R^3$ = H, Me

产率：9%～50%　　*ee*值：0～95%

产率：15%～80%　　*ee*值：0～92%

Hu 课题组采用金属 / 有机协同催化的策略实现了从吲哚、3-重氮吲哚酮、芳胺和乙醛酸乙酯出发，通过不对称四组分串联反应得到具有两个连续手性中心的 3-吲哚基取代吲哚酮衍生物。对照实验表明，在金属铑催化剂作用下 3-重氮吲哚酮形成金属卡宾并与吲哚反应得到亲核性两性离子中间体，该中间体被手性磷酸(*S*)-**9** 作用下芳胺和乙醛酸酯形成的手性亚胺离子对原位捕获得到 Mannich 类型产物[490]。

R = H, 5-Br, 5-MeO, 5-$NO_2$, 6-Br, 7-Me

$R^1$ = H, 5-F, 5-Me, 6-F, 6-Cl

Ar = Ph, 4-BrPh, 4-ClPh, 4-MePh, 3,4-$Cl_2$Ph, 3,5-$Cl_2$Ph

产率：49%～94%　dr值：>95/5　*ee*值：49%～98%

在不对称亲电 *α*-胺化反应中，*N*-酰基烯胺的亲电胺化一直是挑战性的研究课题，主要原因是反应中形成的酰基亚胺正离子不稳定，易于发生水解、异构、聚合等副反应。Masson 课题组通过加入适当的临时性亲核试剂原位捕获酰基亚胺正离子得到稳定的反应中间体，并分别通过还原或氧化后处理的方法，实现了手性磷酸(*R*)-**14** 催化的 *N*-酰基烯胺的亲电胺化，分别得到具有重要合成价值的 1, 2-二胺及 *α*-氨基酸衍生物[491]。

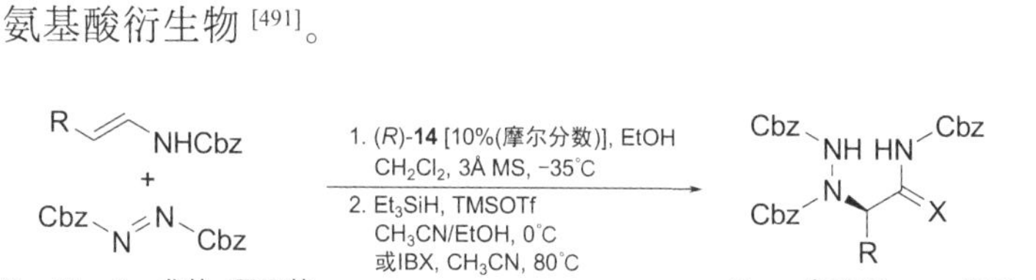

R = Me, Pr, 戊基, 环丙基

| X | 产率/% | *ee*值/% |
|---|---|---|
| $H_2$ | 89～96 | 83～98 |
| O | 95～99 | 45～75 |

Zhao 课题组采用金属 / 有机协同催化的策略，实现了外消旋醇的动态动力学不对称胺化反应。在手性铱催化剂和螺二氢茚骨架手性磷酸(*S*)-TRIP 的协同催化下，从含两个手性中心的外消旋醇出发，通过一系列串联反应非对映和对映选择性地得到相应的手性胺衍生物。作者认为，在反应过程中手性铱催化剂首先催化醇脱氢得到酮，后者在手性磷酸作用下与芳胺反应形成外消旋亚胺，铱催化剂脱氢后得到的铱氢化合物在手性磷酸催化下对外消旋亚胺进行动态动力学还原得到相应的手性胺化合物[492]。

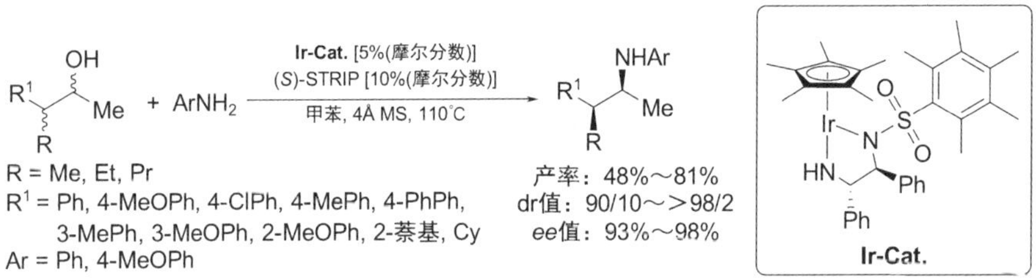


Passerini 反应是合成 *α*-酰氧基酰胺的一种多组分反应。尽管在反应过程中伴随一个手性中心的产生，但截至目前催化不对称 Passerini 反应的报道并不常见，并且局限于金属催化，底物适用范围也非常有限。2015 年，Liu 和 Tan 课题组利用手性磷酸催化首次实现了有机催化的不对称 Passerini 反应，不仅取得了很好的对映选择性，而且具有广泛的底物适用范围，无论是脂肪醛、羧酸还是芳香醛、羧酸都能以高 *ee* 值得到相应的目标化合物[493]。

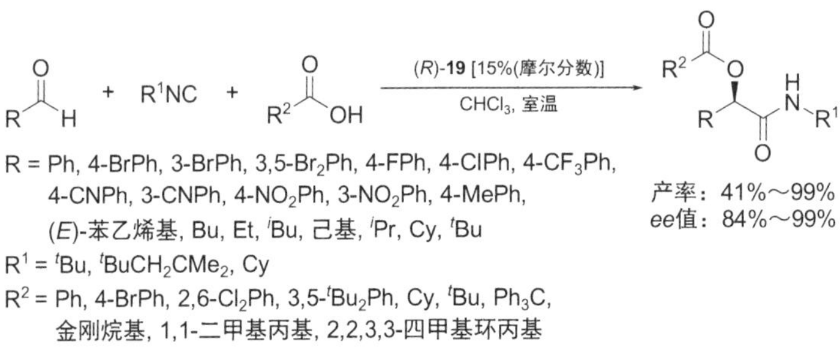


Ruijter 和 Orru 小组发现磷酸二苯酯作为中等强度的 Brønsted 酸可以催化醛与三苯甲基异腈参与的阻断的 Passerini 反应，得到相应的 *O*-三苯甲基氰醇，从而实现了无氰源参与的氰醇化反应。初步的实验结果表明，使用手性磷酸(*R*)-TRIP 代替磷酸二苯酯可以实现 *O*-三苯甲基氰醇的对映选择合成，取得了较好的对映选择

结果[494]。

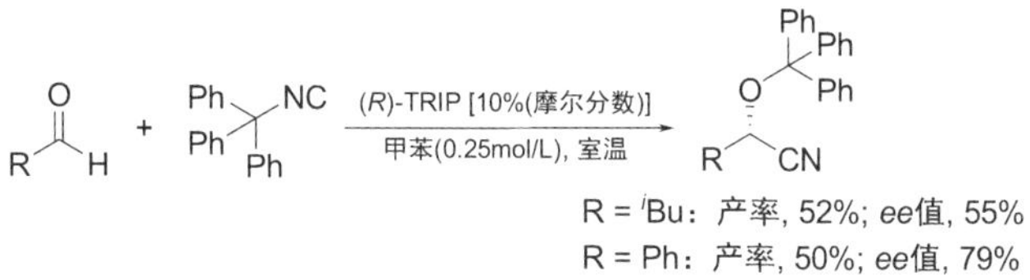


亲核烯丙基取代反应是有机合成中的最基本和重要反应之一。不对称烯丙基取代往往通过活化亲核试剂如手性相转移催化和活化亲电试剂如手性金属催化得以实现。Yamada 和 Takasu 等人采用手性磷酸(*R*)-**110** 为催化剂，通过氢键双活化的模式实现了磺酰氨基取代烯丙醇三氯乙酰亚胺酯的分子内不对称烯丙基化反应，以好的对映选择性得到相应的手性 2-烯基取代四氢吡咯衍生物。作者认为在反应过渡态中，手性磷酸作为双功能催化剂分别与磺酰胺单元和离去基团之间通过氢键相互作用同时活化亲核试剂和离去基团[495]。

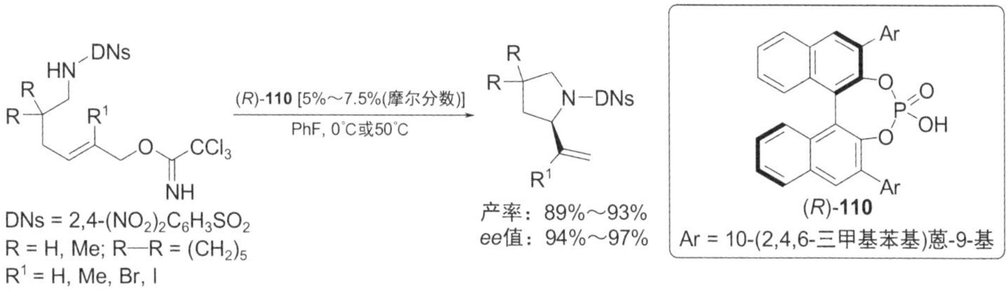


Yamada 和 Takasu 等人报道手性磷酸(*R*)-**111** 可以催化 *N*-Foc 保护的 *β*-氨基醇与 4-甲氧基苄基三氯乙酰亚胺酯的不对称亲核取代反应，实现对底物 *β*-氨基醇的动力学拆分，以较高的回收率和高 *ee* 值得到未反应的 *β*-氨基醇。通过深入的机理研究，作者认为手性磷酸首先与 4-甲氧基苄基三氯乙酰亚胺酯反应生成手性磷酸酯中间体，中间体可以识别 *β*-氨基醇底物的一对对映体，优先对(*R*)-对映体进行烷基化，剩下对映富集的(*S*)-对映体[496]。

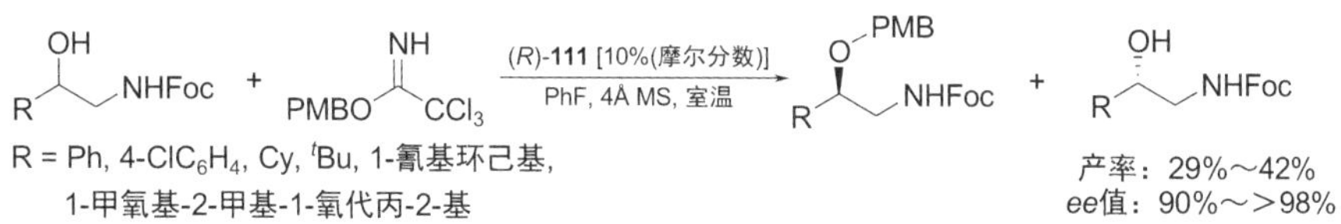

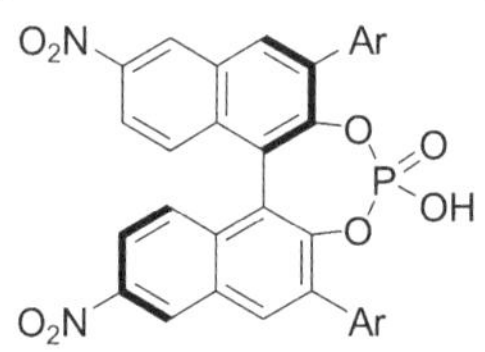


(*R*)-**111**

Ar = 2,4,6-$Cy_3C_6H_2$

叔胺或叔膦催化的活化烯烃与亚胺之间的 aza-MBH 反应是获取官能团密集烯丙胺衍生物的有效方法。Lu、Zhang 和 Shi 等人巧妙地通过在活化烯烃的 *β*-位引入氨基改变其电子性质的策略，实现了手性磷酸(*R*)-TRIP 催化的靛红亚胺和 *β*-氨基取代活化烯烃的不对称形式 aza-MBH 反应，获得了很好的对映选择结果。反应中手性磷酸催化剂首先催化烯胺对亚胺的亲核加成，得到的亚胺中间体异构化得到烯胺，即形式 aza-MBH 反应产物[497]。

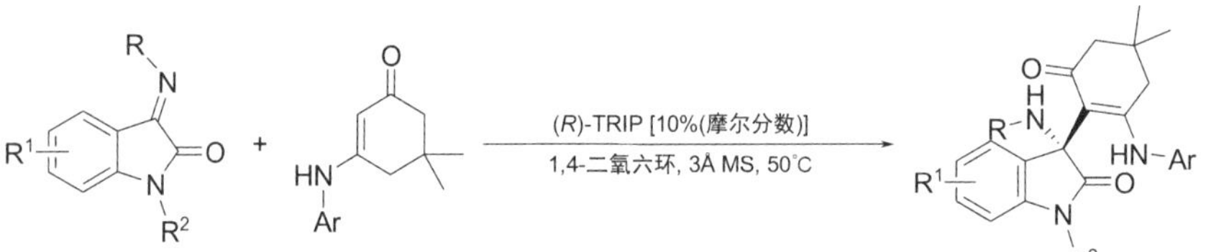


R = Boc, $EtO_2C$; $R^1$ = H, 4-Me, 5-F, 6-F, 6-Cl, 6-Br, 7-F, 7-Br, 7-MeO

$R^2$ = Bn, 4-$MeC_6H_4CH_2$

Ar = Ph, 4-$MeC_6H_4$, 2-$FC_6H_4$, 2-$MeOC_6H_4$, 3-$FC_6H_4$, 3-$MeC_6H_4$, 3-$MeOC_6H_4$, 4-$FC_6H_4$, 4-$ClC_6H_4$, 4-$MeC_6H_4$, 2-萘基

产率：54%～99%

*ee*值：70%～96%

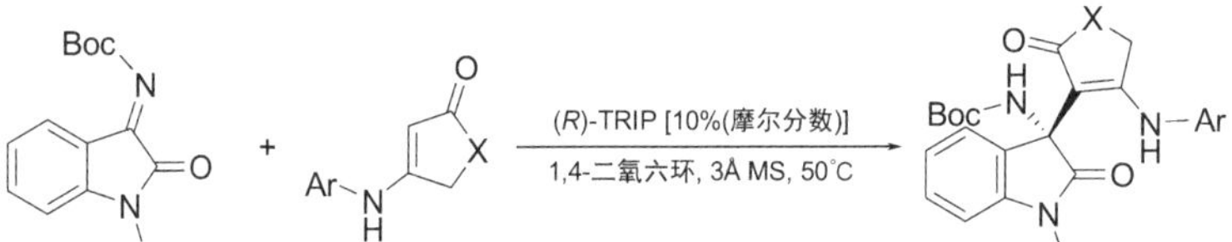


R = H, Me, Ph, EtCO, 烯丙基, 4-$MeOC_6H_4$

Ar = Ph, 4-$ClC_6H_4$, 4-$MeOC_6H_4$; X = O, $CH_2$

产率：58%～99%

*ee*值：77%～97%

Terada 小组报道手性磷酸(*R*)-**19** 或(*R*)-**41** 可以催化硫醇(酚)和外消旋炔丙醇-钴配合物的对映选择性亲核取代反应，得到光学活性炔丙基硫醚化合物。反应的关键在于底物在手性磷酸作用下脱水形成的正离子中间体的一对对映异构体可以相互转化，而手性磷酸催化剂可以优先识别其中一个对映体并转化成为取代产物，经由

一个动态动力学拆分过程最终完全转化成为光学富集的取代产物[498]。

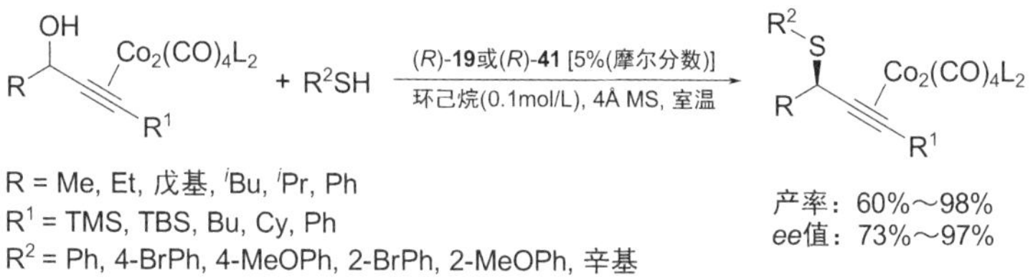

通过进一步深入研究，该小组使用羟基官能化的外消旋炔丙醇 - 钴配合物为底物，在螺二氢茚骨架手性磷酸(*R*)-STRIP 或(*R*)-**42** 的催化下发生分子内对映汇聚亲核取代反应得到光学活性七元环醚，为该类化合物的对映选择合成提供了高效新方法。其中芳基取代的底物获得了好的对映选择结果，但烷基取代的底物会导致立体选择性的显著下降[499]。

Zhi 和 Liu 等人采用接力催化的策略，实现了 *N*-酰基保护 2-烯丙基苄胺与 Togni 试剂、吲哚的不对称远程双官能化反应。在反应过程中，在硫氰化亚铜的作用下，Togni 试剂与 *N*-酰基保护 2-烯丙基苄胺发生自由基三氟甲基化、氧化原位形成三氟甲基化的亚胺中间体，后者在手性磷酸(*R*)-**9** 催化下与吲哚发生不对称 F-C 烷基化反应得到相应的目标产物[500]。

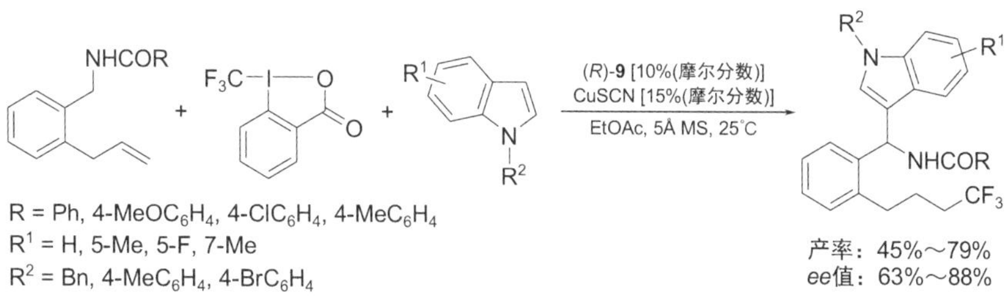

Shi 课题组采用协同催化的策略，结合金属催化和手性磷酸催化实现了羧酸、酚以及醇与 $\alpha$-重氮酸酯的不对称 O—H 键插入反应，得到光学活性 $\alpha$-官能化羧酸酯。在反应过程中金属催化剂首先催化重氮酸酯分解产生金属卡宾中间体，然后接受羧酸、酚或醇的亲核进攻形成金属缔合叶立德中间体，后者在手性磷酸作用下产生烯醇或氧鎓叶立德中间体，手性磷酸作为质子梭对该中间体进行不对称质子化得到目标产物[501]。

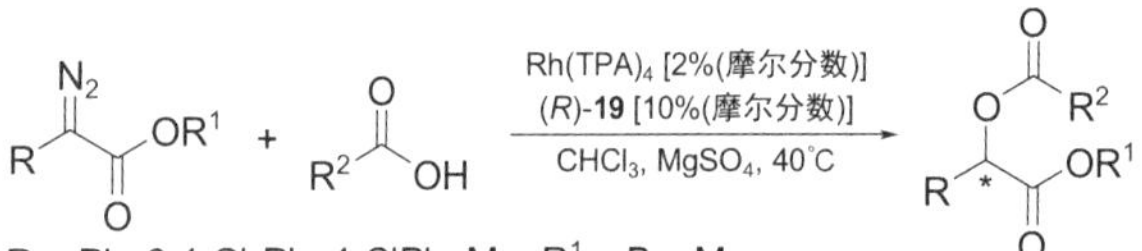

R = Ph, 3,4-$Cl_2$Ph, 4-ClPh, Me; $R^1$ = Bn, Me

$R^2$ = Ph, 4-MePh, 2-MeOPh, 2-ClPh, 3,4-$Cl_2$Ph, 3-噻吩基, 环戊烯-1-基, 环戊基

产率：54%～85%

*ee*值：84%～93%

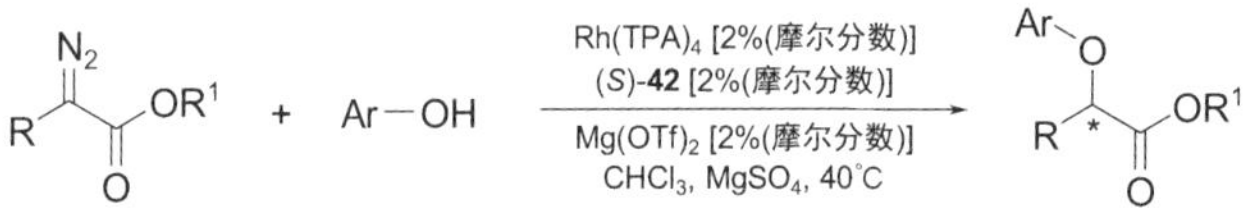

R = Ph, 2-MePh, 4-FPh, 4-ClPh,4-MePh, 3,4-$Cl_2$Ph, 2-萘基, 4-MeOPh, 3-噻吩基, (*E*)-苯乙烯基

$R^1$ = Bn, Me, Et; Ar = Ph, 4-ClPh

产率：20%～96%

*ee*值：83%～96%

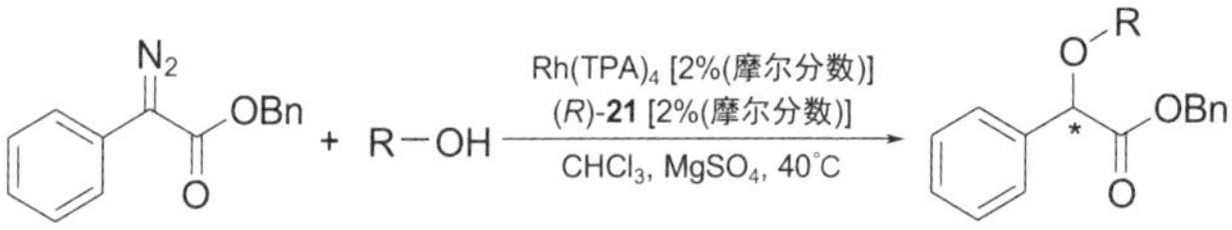

R = Bu, Bn, $BnCH_2$, 环丙基甲基, 环丁基甲基, $CH_2 = C(CH_3)(CH_2)_2$

产率：62%～76%

*ee*值：82%～90%

Shao 和 Cheng 报道在手性磷酸(*R*)-**43** 催化下，*α*-苯并噻唑基磺酰基酮对假吲哚的不对称 1,2-双官能化反应可以得到光学富集的吲哚啉衍生物，为这类具有潜在生物活性的杂环化合物的不对称合成提供了新方法。(*E*)-肉桂酸作为添加剂通过氢键相互作用可以进一步提高手性磷酸的酸性，从而提高催化活性。反应经由串联的 Mannich 反应和 Smiles 重排过程，消除一分子二氧化硫得到目标化合物[502]。

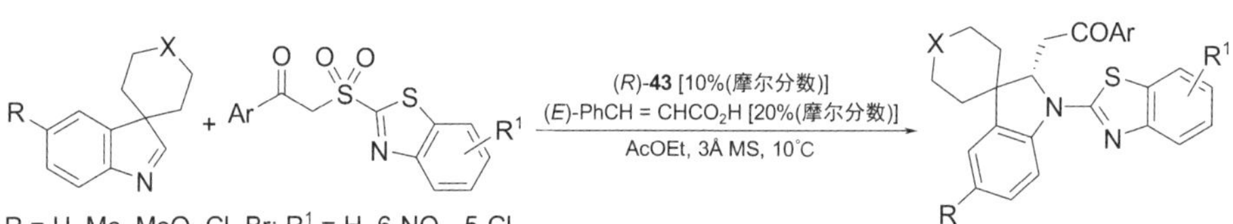

R = H, Me, MeO, Cl, Br; $R^1$ = H, 6-$NO_2$, 5-Cl

Ar = Ph, 4-MePh, 4-MeOPh, 4-FPh, 4-ClPh, 4-BrPh, 4-PhPh, 2-呋喃基

X = $CH_2$, O

产率：71%～99%

*ee*值：80%～87%

Shi 课题组采用协同催化的策略，在金属钯和手性磷酸催化剂的协同催化下实现了吲哚-2-甲醇对 4-取代吡唑酮的 C4 不对称芳基化反应，得到含季碳手性中心的手性吡唑衍生物。在反应过程中，吲哚-2-甲醇在手性磷酸(*R*)-**1** 作用下脱水产生离域的碳正离子中间体，后者与金属钯催化剂结合形成亲电的烯丙基钯物种，继而与吡唑酮的烯醇式在手性磷酸催化下发生碳碳键形成反应并重新芳构化得到芳基化吡唑酮。尽管单独使用手性磷酸(*R*)-**1** 也能催化该反应，但是反应活性和立体选择性都显著下降[503]。

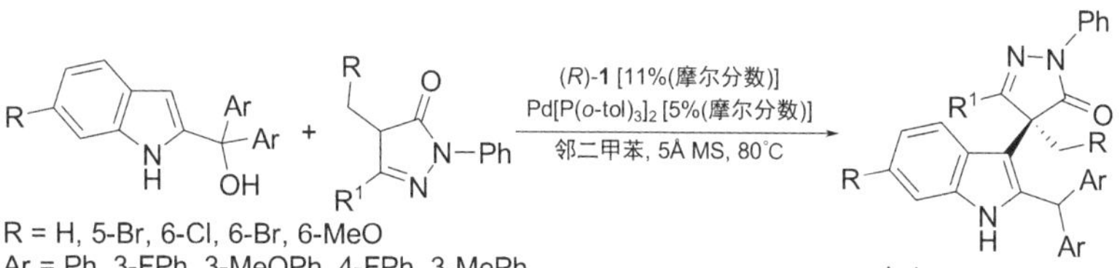

R = H, 5-Br, 6-Cl, 6-Br, 6-MeO
Ar = Ph, 3-FPh, 3-MeOPh, 4-FPh, 3-MePh
$R^1$ = Ph, 2-FPh, 3-FPh, 4-FPh, 2-萘基, 4-MePh, 4-MeOPh
$R^2$ = Me, Ph

产率：52%～99%
*ee*值：80%～>99%

Yang 和 Du 等人报道在联萘骨架手性磷酸(*S*)-**79** 的催化下可以实现氨硼烷对 *N*-芳基亚胺的不对称还原反应，得到了好的对映选择性结果。在反应过程中，手性磷酸催化剂首先与氨硼烷作用形成手性氨硼烷中间体，后者与亚胺通过六元环过渡态实现氢转移得到还原产物手性胺，添加剂水再与生成的硼中间体通过四元环过渡态反应实现催化剂的再生[504]。

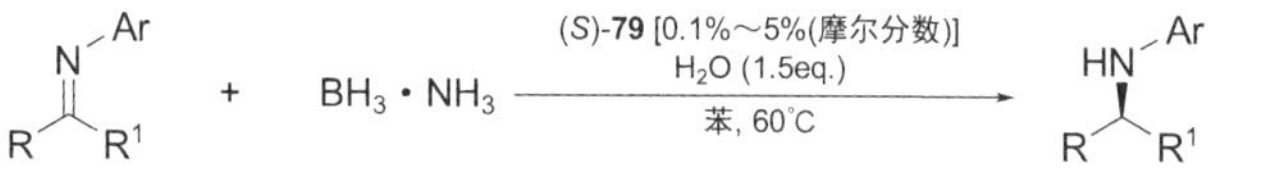

R = Ph, 4-MeOPh, 4-MePh, 4-PhPh, 4-ClPh, 4-BrPh, 3-MePh, 3-BrPh, Cy, 2-呋喃基, 苯并噻吩-2-基, 2-噻吩基, 3-吡啶基, 2-吡啶基
$R^1$ = Me, Et, Pr; Ar = 3,5-$(CF_3)_2C_6H_3$, 3,5-$Me_2C_6H_3$

产率：71%～96%
*ee*值：86%～94%

Terada 小组报道手性磷酸可以催化 1,3-二噻烷-2-甲醇的三氯乙酰亚胺酯与吡咯或吲哚的扩环反应。在反应过程中，底物 1,3-二噻烷-2-甲醇的三氯乙酰亚胺酯在手性磷酸(*R*)-**112** 的作用下发生分子内 $S_N2$ 反应得到锍鎓离子中间体，继而发生重排得到锍鎓离子中间体，通过 DFT 计算表明该锍鎓离子中间体与手性磷酸阴离子通过多重非经典的 C—H⋯O 氢键相互作用形成紧密离子对，然后接受吲哚或吡咯的亲核加成得到扩环产物[505]。

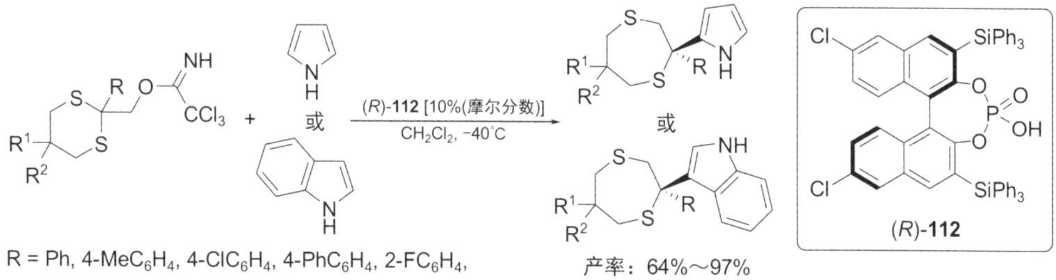

R = Ph, 4-$MeC_6H_4$, 4-$ClC_6H_4$, 4-$PhC_6H_4$, 2-$FC_6H_4$, 3,5-$(MeO)_2C_6H_3$, 2-萘基, Pr
$R^1$ = $R^2$ = H, Me; $R^1$—$R^2$ = *o*-$C_6H_4(CH_2)_2$

产率：64%～97%
*ee*值：65%～94%

Jiang 课题组结合光催化和手性磷酸催化成功地实现了 *N*-芳基甘氨酸对吡啶-2-基或喹啉-2-基取代的烯烃底物的不对称脱羧加成反应，得到光学活性仲胺衍生物。在反应过程中，*N*-芳基甘氨酸在光敏剂 DPZ 和蓝光 LED 灯照射下发生单电子转移、质子转移、脱羧等过程形成 *α*-氨基自由基，该自由基对手性磷酸催化剂(*S*)-**113** 活化的烯烃底物进行自由基加成产生新的自由基中间体，该自由基在还原态光敏剂 DPZ 以及手性磷酸作用下先后发生单电子转移还原和对映选择性质子化过程得到光学活性加成产物[506]。

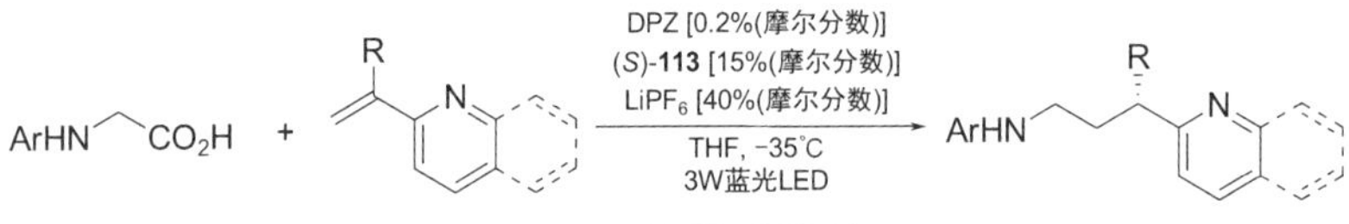


Ar = Ph, 4-ClPh, 4-BrPh, 3-ClPh, 3-BrPh, 4-MePh, 3-MePh, 4-MeOPh, 3-F-4-MeOPh, 3-$CF_3$-4-MeOPh

R = Ph, 4-CNPh, 4-$CF_3$Ph, 4-FPh, 4-ClPh, 4-BrPh, 3-FPh, 4-MePh, 3-MePh, 2-MePh, 4-PhPh, 4-MeOPh, 1-萘基, 2-萘基, 3,5-$(MeO)_2$Ph, 苯并呋喃-5-基, Me

产率：68%～97%
*ee*值：67%～98%

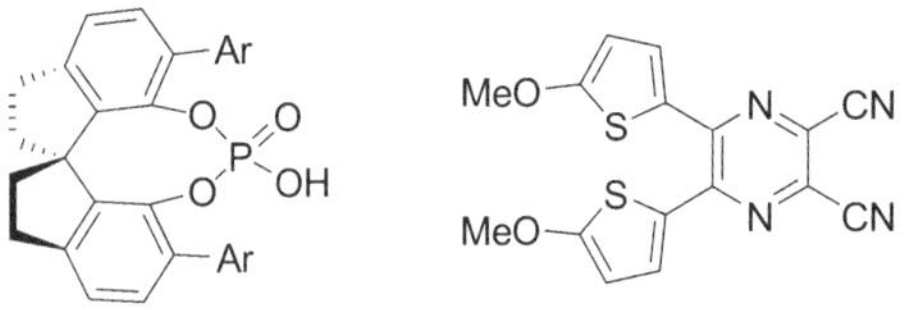

(*S*)-**113**
Ar = 2-$CF_3C_6H_4$

DPZ

该小组进一步将在烯烃的自由基加成反应中取得巨大成功的光敏剂 DPZ/ 手性磷酸催化体系拓展至 *α*-溴代酮和 *N*-芳基氨基酸的不对称脱羧自由基偶联反应，也取得了很好的对映选择结果。在反应过程中，*N*-芳基甘氨酸在光敏剂 DPZ 和蓝光 LED 灯照射下发生单电子转移、质子转移、脱羧等过程形成 *α*-氨基自由基，同时 *α*-溴代酮在还原态光敏剂作用下发生单电子还原脱溴形成自由基中间体，两个自由基在磷酸催化剂(*S*)-**114** 作用下进行偶联得到目标产物[507]。

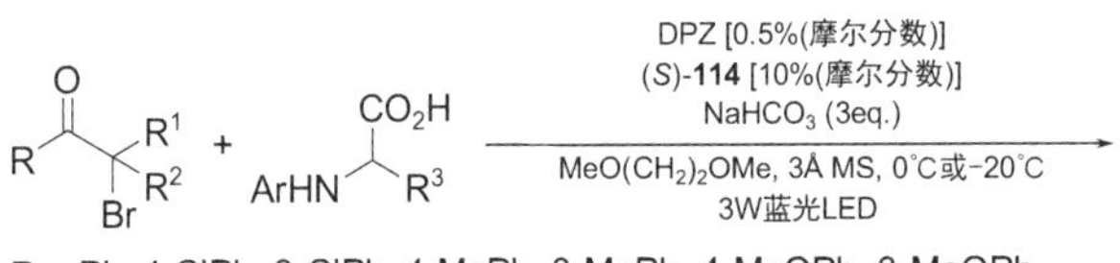


R = Ph, 4-ClPh, 3-ClPh, 4-MePh, 3-MePh, 4-MeOPh, 3-MeOPh, 4-BrPh, 4-HOPh, 2-噻吩基, Me, $^t$Bu
$R^1$ = Me, Et, Bn, 4-MeBn, 3-MeOBn, Ph, 4-ClPh
$R^2$ = H, F
$R^3$ = H, Me
Ar = Ph, 4-ClPh, 3-ClPh, 4-MePh, 3-MePh, 4-MeOPh

产率：46%～86%
dr值：＞20/1
*ee*值：78%～97%

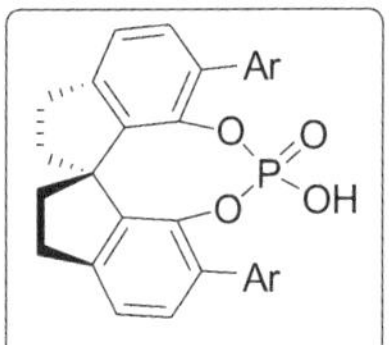

(*S*)-**114**
Ar = 3,5-$^tBu_2C_6H_3$

利用所发展的光敏剂 DPZ 和手性磷酸二元催化体系该小组还实现了活化酮与 *N*-芳基甘氨酸的不对称自由基偶联反应，取得了好的对映选择结果。在反应过程中，光敏剂 DPZ 受光照后产生激发态光敏剂 DPZ*，后者与 *N*-芳基甘氨酸发生单电子转移（SET）过程得到还原态光敏剂和 *N*-芳基甘氨酸正离子自由基，继而脱羧产生 *N*-芳基氨甲基自由基；与此同时，活化酮与还原态光敏剂发生单电子转移（SET）还原过程得到自由基负离子，在手性磷酸（*S*）-**115** 或（*S*）-**116** 作用下两个自由基发生对映选择性偶联得到产物光学活性 *β*-氨基叔醇[508]。

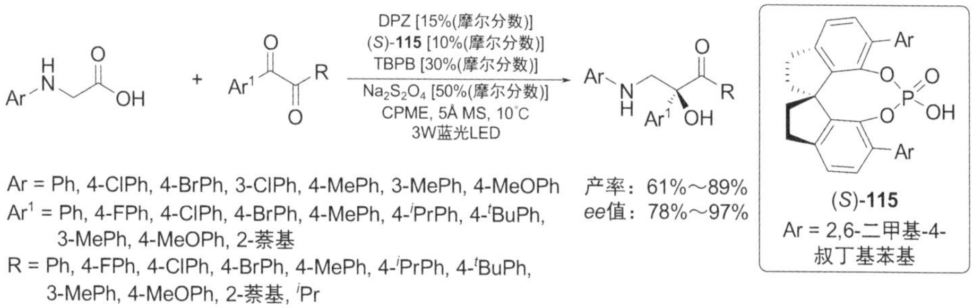


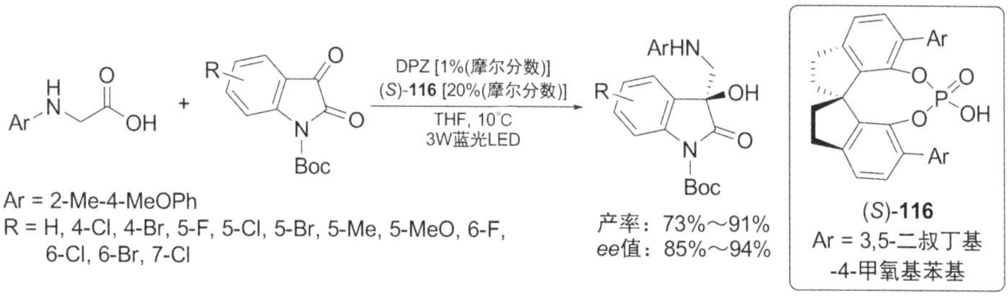


采用相同的策略，在光敏剂 DPZ 和螺二氢茚骨架手性磷酸（*S*）-**117** 催化下，该小组还实现了对映选择的 *α*-氨基酸衍生的氧化还原活性酯与异喹啉的 Minsci 类型加成反应，得到光学富集的手性异喹啉衍生物。在反应过程中，氧化还原活性酯首先在光敏剂存在下产生 *α*-氨基烷基自由基，继而在手性磷酸催化下对异喹啉发生对映选择性自由基加成，得到的自由基中间体在激发态光敏剂的作用下氧化芳构化得到手性异喹啉衍生物[509]。

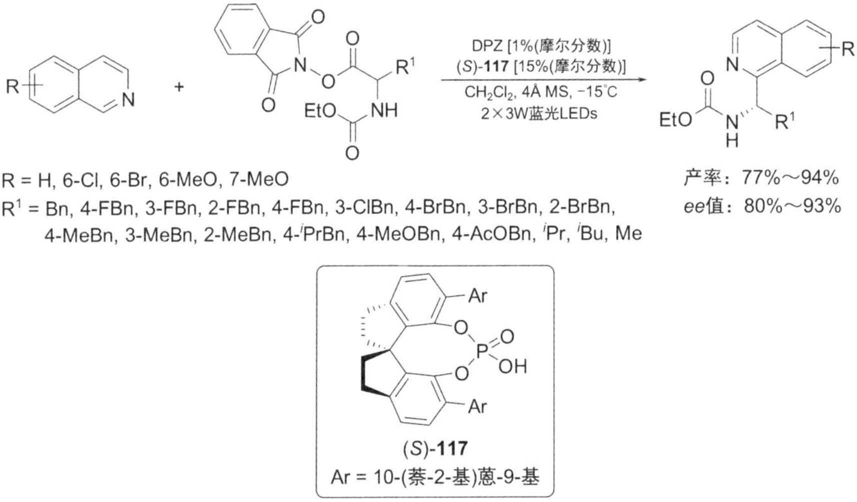


Chen 和 Huang 等人采用协同催化的策略，在原位产生的非手性氮杂环卡宾和手性磷酸(*S*)-**21** 与 DABCO 形成的铵盐组成的催化体系作用下，烯醛和硫醇反应得到手性 $\beta$-支链化羧酸硫酯。在反应过程中，氮杂环卡宾与烯醛作用形成相应的高烯醇中间体，然后手性磷酸铵盐作为质子梭实现了不对称质子转移得到手性酰基中间体，随后接受硫醇的亲核进攻发生酰基转移再生氮杂环卡宾催化剂。在反应过渡态中手性磷酸铵盐中的磷酰基氧作为氢键受体与高烯醇中的羟基存在氢键相互作用，当底物分子中烷基取代基体积增大后不利于氢键的形成会导致反应立体选择性的显著下降[510]。

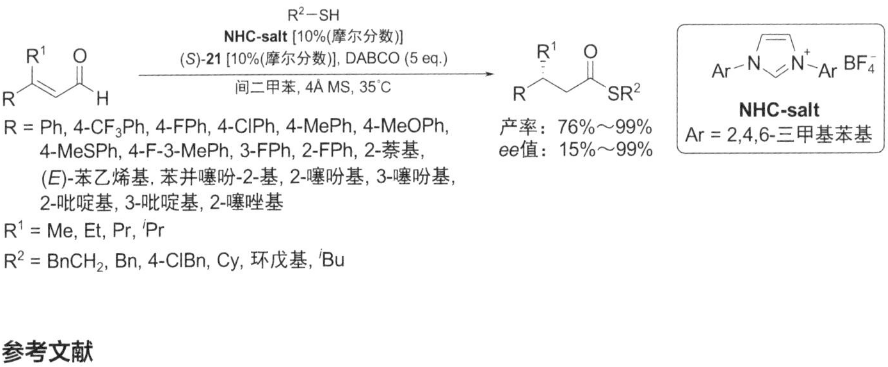


## 参考文献


[1] Akiyama T, Itoh J, Yokota K, et al. Enantioselective Mannich-type reaction catalyzed by a chiral Brønsted acid. Angewandte Chemie International Edition, 2004, 43 (12): 1566-1568.

[2] Uraguchi D, Terada M. Chiral Brønsted acid-catalyzed direct Mannich reactions via electrophilic activation. Journal of

the American Chemical Society, 2004, 126 (17): 5356-5357.

[3] (a) Akiyama T, Itoh J, Fuchibe K. Recent progress in chiral Brønsted acid catalysis. Advanced Synthesis & Catalysis, 2006, 348 (9): 999-1010. (b) Taylor M S, Jacobsen E N. Asymmetric catalysis by chiral hydrogen-bond donors. Angewandte Chemie International Edition, 2006, 45 (10): 1520-1543. (c) Connon S J. Chiral phosphoric acids: powerful organocatalysts for asymmetric addition reactions to imines. Angewandte Chemie International Edition, 2006, 45 (24): 3909-3912. (d) Akiyama T. Stronger Brønsted acids. Chemical Reviews, 2007, 107 (12): 5744-5758. (e) Adair G, Mukherjee S, List B. TRIP——A powerful Brønsted acid catalyst for asymmetric synthesis. Aldrichimica Acta, 2008, 41 (2): 31-39. (f) Terada M. Binaphthol-derived phosphoric acid as a versatile catalyst for enantioselective carbon-carbon bond forming reactions. Chemical Communications, 2008 (35): 4097-4112. (g) Terada M. Chiral phosphoric acids as versatile catalysts for enantioselective transformations. Synthesis, 2010, 2010 (12): 1929-1982. (h) Wu H, He Y P, Shi F. Recent advances in chiral phosphoric acid catalyzed asymmetric reactions for the synthesis of enantiopure indole derivatives. Synthesis, 2015, 47 (14): 1990-2016. (i) Li X, Song Q. Recent advances in asymmetric reactions catalyzed by chiral phosphoric acids. Chinese Chemical Letters, 2018, 29 (8): 1181-1192.

[4] Itoh J, Fuchibe K, Akiyama T. Preparation of $\beta$-amino esters by a chiral Brønsted acid catalyzed Mannich-type reaction. Synthesis, 2008, 2008 (8): 1319-1322.

[5] Akiyama T, Saitoh Y, Morita H, et al. Enantioselective Mannich-type reaction catalyzed by a chiral Brønsted acid derived from TADDOL. Advanced Synthesis & Catalysis, 2005, 347 (11-13): 1523-1526.

[6] Yamanaka M, Itoh J, Fuchibe K, et al. Chiral Brønsted acid catalyzed enantioselective Mannich-type reaction. Journal of the American Chemical Society, 2007, 129 (21): 6756-6764.

[7] Akiyama T, Katoh T, Mori K, et al. Enantioselective Mannich-type reaction catalyzed by a chiral phosphoric acid bearing an (*S*)-biphenol backbone. Synlett, 2009, 2009 (10): 1664-1666.

[8] Zhou F, Yamamoto H. A powerful chiral phosphoric acid catalyst for enantioselective Mukaiyama-Mannich reactions. Angewandte Chemie International Edition, 2016, 55 (31): 8970-8974.

[9] Kashikura W, Mori K, Akiyama T. Chiral phosphoric acid catalyzed enantioselective synthesis of $\beta$-amino-$\alpha$, $\alpha$-difluoro carbonyl compounds. Organic Letters, 2011, 13 (7): 1860-1863.

[10] Li J S, Liu Y J, Zhang G W, et al. Catalytic asymmetric Mukaiyama-Mannich reaction of cyclic *C*-acylimines with difluoroenoxysilanes: access to difluoroalkylated indolin-3-ones. Organic Letters, 2017, 19 (23): 6364-6367.

[11] (a) Carter N B, Nadany A E, Sweeney J B. Recent developments in the synthesis of furan-2(5*H*)-ones. Journal of the Chemical Society, Perkin Transactions 1, 2002, (21): 2324-2342. (b) Ferraz H M C, Longo L S, Grazini N V A. Syntheses of mintlactone and isomintlactone. Synthesis, 2002, 2002 (15): 2155-2164.

[12] (a) Brown S P, Goodwin N C, MacMillan D W C. The first enantioselective organocatalytic Mukaiyama-Michael reaction: a direct method for the synthesis of enantioenriched $\gamma$-butenolide architecture. Journal of the American Chemical Society, 2003, 125 (5): 1192-1194. (b) Kong K, Romo D. Diastereoselective, vinylogous Mukaiyama aldol additions of silyloxy furans to cyclic ketones: annulation of butenolides and $\gamma$-lactones. Organic Letters, 2006, 8 (14): 2909-2912.

[13] Akiyama T, Honma Y, Itoh J, et al. Vinylogous Mannich-type reaction catalyzed by an iodine-substituted chiral phosphoric acid. Advanced Synthesis & Catalysis, 2008, 350(3): 399-402.

[14] Sickert M, Schneider C. The enantioselective, Brønsted acid catalyzed, vinylogous Mannich reaction. Angewandte Chemie International Edition, 2008, 47 (19): 3631-3634.

[15] Giera D S, Sickert M, Schneider C. Brønsted acid-catalyzed, enantioselective, vinylogous Mannich reaction of vinylketene silyl *N*, *O*-acetals. Organic Letters, 2008, 10 (19): 4259-4262.

[16] Sickert M, Abels F, Lang M, et al. The Brønsted acid catalyzed, enantioselective vinylogous Mannich reaction. Chemistry: A European Journal, 2010, 16 (9): 2806-2818.

[17] Abels F, Schneider C. A modified and highly useful protocol for the Brønsted acid catalyzed, enantioselective, vinylogous Mannich reaction with aliphatic aldimines. Synthesis, 2011, 2011 (24): 4050-4058.

[18] Weilbeer C, Sickert M, Naumov S, et al. The Brønsted acid-catalyzed, enantioselective aza-Diels-Alder reaction for the direct synthesis of chiral piperidones. Chemistry: A European Journal, 2017, 23 (3): 513-518.

[19] Terada M, Sorimachi K, Uraguchi D. Phosphorodiamidic acid as a novel structural motif of Brønsted acid catalysts for direct Mannich reaction of *N*-acyl imines with 1,3-dicarbonyl compounds. Synlett, 2006, 2006 (1): 133-136.

[20] Terada M, Tanaka H, Sorimachi K. Asymmetric direct Mannich reaction catalyzed by chiral Brønsted acid via activation of enecarbamate as an aliphatic imine alternative. Synlett, 2008, 2008 (11): 1661-1664.

[21] Guo Q X, Guo C, Luo S, et al. Chiral Brønsted acid-catalyzed direct asymmetric Mannich reaction. Journal of the American Chemical Society, 2007, 129 (13): 3790-3791.

[22] Tong S, Wang Q, Wang M X, et al. Chiral phosphoric acid-catalyzed enantioselective three-component Mannich reaction of acyclic ketones, aldehydes and anilines. Tetrahedron, 2018, 74 (38): 5143-5149.

[23] Rueping M, Sugiono E, Schoepke F R. Development of the first Brønsted acid assisted enantioselective Brønsted acid catalyzed direct Mannich reaction. Synlett, 2007, 2007 (9): 1441-1445.

[24] Li J S, Liu Y J, Li S, et al. Chiral phosphoric acid-catalyzed direct asymmetric Mannich reaction of cyclic *C*-acylimines with simple ketones: facile access to C2-quaternary indolin-3-ones. Chemical Communications, 2018, 54 (66): 9151-9154.

[25] Kano T, Aota Y, Asakawa D, et al. Brønsted acid-catalyzed Mannich reaction through Dual activation of aldehydes and *N*-Boc-Imines. Chemical Communications, 2015, 51 (92): 16472-16474.

[26] Hatano M, Moriyama K, Maki T, et al. Which is the actual catalyst: chiral phosphoric acid or chiral calcium phosphate? Angewandte Chemie International Edition, 2010, 49 (22): 3823-3826.

[27] Ávila E P, Justo R M S, Goncalves V P, et al. Chiral Brønsted acid-catalyzed stereoselective Mannich-type reaction of azlactones with aldimines. The Journal of Organic Chemistry, 2015, 80 (1): 590-594.

[28] Kikuchi J, Momiyama N, Terada M. Chiral phosphoric acid catalyzed diastereo-and enantioselective Mannich-type reaction between enamides and thiazolones. Organic Letters, 2016, 18 (11): 2521-2523.

[29] Kang Q, Zhao Z A, You S L. A highly efficient and selective route to isomeric cyclic diazadienes. Journal of the American Chemical Society, 2007, 129 (6): 1482-1483.

[30] (a) Yang C G, Wang J, Tang X X, et al. Asymmetric aminohydroxylation of vinyl indoles: a short enantioselective synthesis of the bisindole alkaloids dihydrohamacanthin A and dragmacidin A. Tetrahdron: Asymmetry, 2002, 13 (4): 383-394. (b) Katz A H, Demerson C A, Shaw C C, et al. Synthesis and analgesic activity of pemedolac [*cis*-1-ethyl-1,3,4,9-tetrahydro-4-(phenylmethyl)pyrano[3,4-b]indole-1-acetic acid]. Journal of Medicinal Chemistry, 1988, 31 (6): 1244-1250.

[31] Kang Q, Zhao G A, You S L. Enantioselective synthesis of (3-indolyl)glycine derivatives via asymmetric Friedel-Crafts reaction between indoles and glyoxylate imines. Tetrahedron, 2009, 65 (8): 1603-1607.

[32] Wanner M J, Hauwert P, Schoemaker H E, et al. Synthesis of enantiopure (*S*)-indolylglycine by organocatalyzed Friedel-Crafts alkylation of indole. European Journal of Organic Chemistry, 2008, 2008 (1): 180-185.

[33] Terada M, Yokoyama S, Sorimachi K, et al. Chiral phosphoric acid-catalyzed enantioselective aza-Friedel-Crafts reaction of indoles. Advanced Synthesis & Catalysis, 2007, 349 (11-12): 1863-1867.

[34] Husmann R, Sugiono E, Mersmann S, et al. Enantioselective organocatalytic synthesis of quaternary $\alpha$-amino acids bearing a $CF_3$ moiety. Organic Letters, 2011, 13 (5): 1044-1047.

[35] Zhang K F, Nie J, Guo R, et al. Chiral phosphoric acid-catalyzed asymmetric aza-Friedel-Crafts reaction of indoles with cyclic *N*-acylketimines: enantioselective synthesis of trifluoromethyldihydroquinazolines. Advanced Synthesis & Catalysis 2013, 355 (17): 3497-3502.

[36] Kano T, Takechi R, Kobayashi R, et al. Chiral Brønsted acid-catalyzed enantioselective addition of indoles to ketimines. Organic & Biomolecular Chemistry, 2014, 12 (5): 724-727.

[37] Zhao Y, Wang L, Zhao J. Chiral phosphoric acid catalyzed aza-Friedel-Crafts alkylation of indoles with cyclic aryl $\alpha$-ketimino esters. Tetrahedron Letters, 2017, 58 (3): 213-217.

[38] Yan Z, Gao X, Zhou Y G. Enantioselective synthesis of quaternary $\alpha$-aminophosphonates by organocatalytic Friedel-Crafts reactions of indoles with cyclic $\alpha$-ketiminophosphonates. Chinese Journal of Catalysis, 2017, 38 (5): 784-791.

[39] Wang L, Rahman A, Lin X. Enantioselective synthesis of cyclic quaternary $\alpha$-amino acid derivatives by chiral phosphoric acid catalysis. Organic & Biomolecular Chemistry, 2017, 15 (28): 6033-6041.

[40] Lee S G, Kim S G. An asymmetric Brønsted acid-catalyzed Friedel-Crafts reaction of indoles with cyclic *N*-sulfimines. RSC Advances, 2017, 7 (54): 34283-34286.

[41] Rahman A, Xie E, Lin X. Organocatalytic asymmetric synthesis of benzazepinoindole derivatives with trifluoromethylated quaternary stereocenters by chiral phosphoric acid catalysts. Organic & Biomolecular Chemistry, 2018, 16 (8): 1367-1374.

[42] Zhang G W, Wang L, Nie J, et al. Chiral Brønsted acid-mediated enantioselective organocatalytic three-component reaction for the construction of trifluoromethyl-containing molecules. Advanced Synthesis & Catalysis, 2008, 350 (10): 1457-1463.

[43] Terada M, Sorimachi K. Enantioselective Friedel-Crafts reaction of electron-rich alkenes catalyzed by chiral Brønsted acid. Journal of the American Chemical Society, 2007, 129 (2): 292-293.

[44] Jia Y X, Zhong J, Zhu S F, et al. Chiral Brønsted acid catalyzed enantioselective Friedel-Crafts reaction of indoles and $\alpha$-aryl enamides: construction of quaternary carbon atoms. Angewandte Chemie International Edition, 2007, 46 (29): 5565-5567.

[45] Yin Q, You S L. Chiral phosphoric acid-catalysed Friedel-Crafts alkylation reaction of indoles with racemic spiro indolin-3-ones. Chemical Science, 2011, 2(7): 1344-1348.

[46] Yu X L, Lu A D, Wang Y M, et al. Chiral phosphoric acid catalyzed asymmetric Friedel-Crafts alkylation of indole with 3-hydroxyisoindolin-1-one: enantio-selective synthesis of 3-indolyl-substituted isoindolin-1-ones. European Journal of Organic Chemistry, 2011, 2011 (5): 892-897.

[47] Yu X L, Wang Y M, Wu G P, et al. Organocatalyzed enantioselective synthesis of quaternary carbon-containing isoindolin-1-ones. European Journal of Organic Chemistry, 2011, 2011 (16): 3060-3066.

[48] Courant T, Kumarn S, He L, et al. Chiral phosphoric acid-catalyzed enantioselective aza-Friedel-Crafts alkylation of indoles with $\gamma$-hydroxy-$\gamma$-lactams. Advanced Synthesis & Catalysis, 2013, 355 (5): 836-840.

[49] Sun F L, Zeng M, Gu Q, et al. Enantioselective synthesis of fluorene derivatives by chiral phosphoric acid catalyzed Tandem double Friedel-Crafts reaction. Chemistry: A European Journal, 2009, 15 (35): 8709-8712.

[50] Hansen C L, Ohm R G, Olsen L B, et al. Catalytic enantioselective synthesis of tetrahydocarbazoles and exocyclic Pictet-Spengler-type reactions. Organic Letters, 2016, 18 (23): 5990-5993.

[51] Yu S, Chen H, Xu X, et al. Enatioselective synthesis of tetrahydrocarbazoles via chiral phosphoric acid promoted domino Friedel-Crafts-type reaction of indole-3-butanal with indoles. Journal of Heterocyclic Chemistry, 2018, 55 (3): 619-631.

[52] Nie J, Zhang G W, Wang L, et al. Chiral Brønsted-acid-catalyzed enantioselective arylation of ethyl trifluoroacetoacetate and ethyl trifluoropyruvate. European Journal of Organic Chemistry, 2009, 2009 (19): 3145-3149.

[53] Nie J, Zhang G W, Wang L, et al. A perfect double role of $CF_3$ groups in activating substrates and stabilizing adducts: the chiral Brønsted acid-catalyzed direct arylation of trifluoromethylketones. Chemical Communications, 2009(17): 2356-2358.

[54] Kashikura W, Itoh J, Mori K, et al. Enantioselective Friedel-Crafts alkylation of indoles, pyrroles, and furans with trifluoropyruvate catalyzed by chiral phosphoric acid. Chemistry: An Asian Journal, 2010, 5 (3): 470-472.

[55] Ma J, Kass S R. Asymmetric arylation of 2,2,2-trifluoroacetophenones catalyzed by chiral electrostatically-enhanced phosphoric acids. Organic Letters, 2018, 20 (9): 2689-2692.

[56] Tang H Y, Lu A D, Zhou Z H, et al. Chiral phosphoric acid catalyzed asymmetric Friedel-Crafts alkylation of indoles with simple $\alpha$, $\beta$-unsaturated aromatic ketones. European Journal of Organic Chemistry 2008, 2008 (8): 1406-1410.

[57] Sakamoto T, Itoh J, Mori K, et al. Chiral Brønsted acid catalyzed asymmetric Friedel-Crafts alkylation reaction of indoles with $\alpha$, $\beta$-unsaturated ketones: short access to optically active 2-and 3-substituted indole derivatives. Organic & Biomolecular Chemistry, 2010, 8 (23): 5448-5454.

[58] Liu X L, Yu Z B, Pan B W, et al. Synthesis of novel chiral phosphoric acid-bearing two acidic phenolic hydroxyl groups and its catalytic evaluation for enantioselective Friedel-Crafts alkylation of indoles and enones. Journal of Heterocyclic Chemistry, 2015, 52 (2): 628-634.

[59] Pei Z K, Zheng Y, Nie J, et al. Chiral Brønsted acid-catalyzed regio-and enantioselective arylation of $\alpha$, $\beta$-unsaturated trifluoromethyl ketones. Tetrahedron Letters, 2010, 51 (35): 4658-4661.

[60] Bachu P, Akiyama T. Enantioselective Friedel-Crafts alkylation reaction of indoles with $\alpha$, $\beta$-unsaturated acyl phosphonates catalyzed by chiral phosphoric acid. Chemical Communications, 2010, 46 (23): 4112-4114.

[61] Cai Q, Zhao Z A, You S L. Asymmetric construction of polycyclic indoles through olefin cross-metathesis/intramolecular Friedel-Crafts alkylation under sequential catalysis. Angewandte Chemie International Edition, 2009, 48 (40): 7428-7431.

[62] Saha S, Alamsetti S K, Schneider C. Chiral Brønsted acid-catalyzed Friedel-Crafts alkylation of electron-rich arenes with in situ-generated ortho-quinone methides: highly enantioselective synthesis of diarylindolylmethanes and triarylmethanes. Chemical Communications, 2015, 51 (8): 1461-1464.

[63] Wu Q, Ma C, Du X H, et al. Chiral Brønsted acid-catalyzed alkylation of C3-substituted indoles with *o*-hydroxybenzyl alcohols: highly enantioselective synthesis of diarylindol-2-ylmethanes and evaluation on their cytotoxicity. Tetrahedron: Asymmetry, 2016, 27 (7-8): 307-316.

[64] Wang Z, Ai F, Wang Z, et al. Organocatalytic asymmetric synthesis of 1,1-diarylethanes by transfer hydrogenation. Journal of the American Chemical Society, 2015, 137 (1): 383-389.

[65] Bi B, Lou Q X, Ding Y Y, et al. Chiral phosphoric acid catalyzed highly enantioselective Friedel-Crafts alkylation reaction of C3-substituted indoles to $\beta$, $\gamma$-unsaturated $\alpha$-ketimino esters. Organic Letters, 2015, 17 (3): 540-543.

[66] Ding Y Y, Xu D F, Meng S S, et al. Chiral phosphoric acid catalyzed enantioselective Friedel-Crafts reaction of *N*-protected 4-aminoindoles with $\beta$, $\gamma$-unsaturated $\alpha$-ketimino esters. Advanced Synthesis & Catalysis, 2018, 360 (4): 664-669.

[67] Xun W, Xu B, Chen B, et al. Regio and enantioselective organocatalytic Friedel-Crafts alkylation of 4-aminoindoles at the C7-position. Organic Letters, 2018, 20 (3): 590-593.

[68] Sun X X, Du B X, Zhang H H, et al. Catalytic asymmetric arylation of 3-indolylmethanols: enantioselective synthesis of 3,3′ -bis(indolyl)oxindoles with high atom economy. ChemCatChem, 2015, 7 (7): 1211-1221.

[69] Zhang Y, Zhang S X, Fu L N, et al. Highly efficient atom-economic synthesis of chiral bis(indolyl)methanes bearing quaternary stereogenic carbon centers. ChemCatChem, 2017, 9 (16): 3107-3110.

[70] Li G, Liu H, Wang Y, et al. The catalytic enantioselective synthesis of tetrahydroquinolines containing all-carbon quaternary stereocenters via the formation of aza-ortho-xylylene with 1,2-dihydroquinoline as a precursor. Chemical Communications, 2016, 52 (11): 2304-2306.

[71] Wang H Q, Xu M M, Wan Y, et al. Application of 7-indolylmethanols in catalytic asymmetric arylations with tryptamines: enantioselective synthesis of 7-indolylmethanes. Advanced Synthesis & Catalysis, 2018, 360 (9): 1850-1860.

[72] Yue C, Na F, Fang X, et al. Chiral phosphoric acid catalyzed asymmetric synthesis of hetero-triarylmethanes from racemic indolyl alcohols. Angewandte Chemie International Edition, 2018, 57 (34): 11004-11008.

[73] Itoh J, Fuchibe K, Akiyama T. Chiral phosphoric acid catalyzed enantioselective Friedel-Crafts alkylation of indoles with nitroalkenes: cooperative effect of 3 Å molecular sieves. Angewandte Chemie International Edition, 2008, 47 (21): 4016-4018.

[74] Mori K, Wakazawa M, Akiyama T. Stereoselective construction of all-carbon quaternary center by means of chiral phosphoric acid: highly enantioselective Friedel-Crafts reaction of indoles with $\beta$, $\beta$-disubstituted nitroalkenes. Chemical Science, 2014, 5 (5): 1799-1803.

[75] Lin J H, Xiao J C. The asymmetric Friedel-Crafts reaction of indoles with fluoroalkylated nitroalkenes catalyzed by chiral phosphoric acid. European Journal of Organic Chemistry, 2011, 2011 (24): 4536-4539.

[76] Liu R R, Ye S C, Lu C J, et al. Dual catalysis for the redox annulation of nitroalkynes with indoles: enantioselective construction of indolin-3-ones bearing quaternary stereocenters. Angewandte Chemie International Edition, 2015, 54 (38): 11205-11208.

[77] Qi L W, Mao J H, Zhang J, et al. Organocatalytic asymmetric arylation of indoles enabled by azo groups. Nature Chemistry, **2018**, 10: 58-64.

[78] Qiu H, Zhang D, Liu S, et al. Asymmetric C-H functionalization of indoles via enantioselective protonation. Acta Chimica Sinica, 2012, 70 (24): 2484-2488.
[79] Li G L, Rowland G B, Rowland E B, et al. Organocatalytic enantioselective Friedel-Crafts reaction of pyrrole derivatives with imines. Organic Letters 2007, 9 (20): 4065-4068.
[80] Nakamura S, Sakurai Y, Nakashima H, et al. Organocatalytic enantioselective aza-Friedel-Crafts alkylation of pyrroles with *N*-(heteroarenesulfonyl)imines. Synlett, 2009, 2009 (10): 639-642.
[81] Rahman A, Xie E, Lin X. Organocatalytic asymmetric synthesis of benzazepinoindole derivatives with trifluoromethylated quaternary dtereocenters by chiral phosphoric acid catalysts. Organic & Biomolecular Chemistry, 2018, 16 (8): 1367-1374.
[82] Sheng Y F, Gu Q, Zhang A J, et al. Chiral Brønsted acid-catalyzed asymmetric Friedel-Crafts alkylation of pyrroles with nitroolefins. The Journal of Organic Chemistry, 2009, 74 (17): 6899-6901.
[83] Wang S G, You S L. Hydrogenative dearomatization of pyridine and an asymmetric aza-Friedel-Crafts alkylation sequence. Angewandte Chemie International Edition, 2014, 53 (8): 2194-2197.
[84] Yue C, Na F, Fang X, et al. Chiral phosphoric acid catalyzed asymmetric synthesis of hetero-triarylmethanes from racemic indolyl alcohols. Angewandte Chemie International Edition, 2018, 57 (34): 11004-11008.
[85] Zhou Y, Liu X W, Gu Q, et al. Enantioselective synthesis of tetrahydroindolizines via ruthenium-chiral phosphoric acid sequential catalysis. Synlett, 2016, 27 (4): 586-590.
[86] (a) Çavdar H, Saraçoğlu N. A New approach for the synthesis of 2-substituted indole derivatives via Michael type adducts. Tetrahedron, 2005, 61 (9): 2401-2405. (b) Çavdar H, Saraçoğlu N. Synthesis of new 2-vinylation products of indole via a Michael-type addition reaction with dimethyl acetylenedicarboxylate and their Diels-Alder reactivity as precursors of new carbazoles. The Journal of Organic Chemistry, 2006, 71 (20): 7793-7799.
[87] Kang Q, Zheng X J, You S L. Highly enantioselective Friedel-Crafts reaction of 4,7-dihydroindoles with imines by chiral phosphoric acids: facile access to 2-indolyl methanamine derivatives. Chemistry: A European Journal, 2008, 14 (12): 3539-3542.
[88] Sheng Y F, Li G Q, Kang Q, et al. Asymmetric Friedel-Crafts reaction of 4,7-dihydroindoles with nitroolefins by chiral Brønsted acids under low catalyst loading. Chemistry: A European Journal 2009, 15 (14): 3351-3354.
[89] Wang T, Zhang G W, Teng Y, et al. Chiral Brønsted acid-catalyzed enantioselective Friedel-Crafts reaction of 4,7-dihydroindoles with trifluoromethyl ketones. Advanced Synthesis & Catalysis, 2010, 352 (16): 2773-2777.
[90] Uraguchi D, Sorimachi K, Terada M. Organocatalytic asymmetric aza-Friedel-Crafts alkylation of furan. Journal of the American Chemical Society, 2004, 126 (38): 11804-11805.
[91] Kondoh A, Ota Y, Komuro T, et al. Chiral Brønsted acid-catalyzed enantioselective Friedel-Crafts reaction of 2-methoxyfuran with aliphatic ketimines generated in situ. Chemical Science, 2016, 7 (2): 1057-1062.
[92] Wong Y F, Wang Z, Sun J. Chiral phosphoric acid catalyzed asymmetric addition of naphthols to para-quinone methides. Organic & Biomolecular Chemistry, 2016, 14 (24): 5751-5754.
[93] Qin L, Wang P, Zhang Y, et al. Direct asymmetric Friedel-Crafts reaction of naphthols with acetals catalyzed by chiral Brønsted acids. Synlett, 2016, 27 (4): 571-574.
[94] Li S, Zhang J W, Li X L, et al. Phosphoric acid-catalyzed asymmetric synthesis of SPINOL derivatives. Journal of the American Chemical Society, 2016, 138 (50): 16561-16566.
[95] Dai W, Lu H, Jiang X L, et al. Organocatalytic asymmetric hydroarylation of *o*-hydroxyl styrenes via remote activation of phenylhydrazones. Tetrahedron: Asymmetry, 2015, 26 (2-3): 109-117.
[96] Correia J T M, List B, Coelho F. Catalytic asymmetric conjugate addition of indolizines to $\alpha$, $\beta$-unsaturated ketones. Angewandte Chemie International Edition, 2017, 56 (27): 7967-7970.
[97] (a) Ishihara K, Miyata M, Hattori, K, et al. A new chiral BLA promoter for asymmetric aza Diels-Alder and aldol-type reactions of imines. Journal of the American Chemical Society, 1994, 116 (23): 10520-10524. (b) Ishitani H, Kobayashi S. Catalytic asymmetric aza Diels-Alder reactions using a chiral lanthanide lewis acid. Enantioselective synthesis of tetrahydroquinoline derivatives using a catalytic amount of a chiral source. Tetrahedron Letters, 1996, 37 (41): 7357-7360. (c) Kobayashi S, Komiyama S, Ishitani H. The first enantioselective aza-Diels-Alder reactions of

imino dienophiles on use of a chiral zirconium catalyst. Angewandte Chemie International Edition, 1998, 37 (7): 979-981. (d) Kobayashi S, Kusakabe K, Komiyama S, et al. A switch of enantiofacial selectivities using designed similar chiral ligands in zirconium-catalyzed asymmetric aza Diels-Alder reactions. The Journal of Organic Chemistry, 1999, 64 (12): 4220-4221. (e) Kobayashi S, Kusakabe K, Ishitani H. Chiral catalyst optimization using both solid-phase and liquid-phase methods in asymmetric aza Diels-Alder reactions. Organic Letters 2000, 2 (9): 1225-1227. (f) Kobayashi S, Ueno M, Saito S, et al. Air-stable, storable, and highly efficient chiral zirconium catalysts for enantioselective Mannich-type, aza Diels-Alder, aldol, and hetero Diels-Alder reactions. Proceedings of the National Academy of Sciences of the United States of America, 2004, 101 (15): 5476-5481. (g) Yamashita Y, Mizuki Y, Kobayashi S. Catalytic asymmetric aza Diels-Alder reactions of hydrazones using a chiral zirconium catalyst. Tetrahedron Letters, 2005, 46 (11): 1803-1806. (h) Yao S, Johannsen M, Hazell R G, et al. Catalytic enantioselective aza Diels-Alder reactions of imino dienophiles. Angewandte Chemie International Edition, 1998, 37 (22): 3121-3124. (i) Josephsohn N S, Snapper M L, Hoveyda A H. Efficient and practical Ag-catalyzed cycloadditions between arylimines and the danishefsky diene. Journal of the American Chemical Society, 2003, 125 (14): 4018-4019. (j) Mancheño O G, Arrayás R G, Carretero J C. Chiral copper complexes of phosphino sulfenyl ferrocenes as efficient catalysts for enantioselective formal aza Diels-Alder reactions of *N*-sulfonyl imines. Journal of the American Chemical Society, 2004, 126 (2): 456-457.

[98] Akiyama T, Tamura Y, Itoh J, et al. Enantioselective aza-Diels-Alder reaction catalyzed by a chiral Brønsted acid: effect of the additive on the enantioselectivity. Synlett, 2006, 2006 (1): 141-143.

[99] Itoh J, Fuchibe K, Akiyama T. Chiral Brønsted acid catalyzed enantioselective aza-Diels-Alder reaction of Brassard's diene with imines. Angewandte Chemie International Edition, 2006, 45 (29): 4796-4798.

[100] Rueping M, Azap C. Cooperative coexistence: effective interplay of two Brønsted acids in the asymmetric synthesis of isoquinuclidines. Angewandte Chemie International Edition, 2006, 45 (46): 7832-7835.

[101] Liu H, Cun L F, Mi A Q, et al. Enantioselective direct aza hetero-Diels-Alder reaction catalyzed by chiral Brønsted acids. Organic Letters, 2006, 8 (26): 6023-6026.

[102] Akiyama T, Morita H, Fuchibe K. Chiral Brønsted acid-catalyzed inverse electron-demand aza Diels-Alder reaction. Journal of the American Chemical Society, 2006, 128 (40): 13070-13071.

[103] Calleja J, González-Pérez A B, de Lera A R, et al. Enantioselective synthesis of hexahydrofuro [3,2-*c*] quinolines through a multicatalytic and multicomponent process. A new "aromatic Sandwich" model for BINOL-phosphoric acid catalyzed reactions. Chemical Science, 2014, 5 (3): 996-1007.

[104] Liu H, Dagousset G, Masson G, et al. Chiral Brønsted acid-catalyzed enantioselective three-component povarov reaction. Journal of the American Chemical Society, 2009, 131 (13): 4598-4599.

[105] Dagousset G, Zhu J, Masson G. Chiral phosphoric acid-catalyzed enantioselective three-component povarov reaction using enecarbamates as dienophiles: highly diastereo-and enantioselective synthesis of substituted 4-aminotetrahydroquinolines. Journal of the American Chemical Society, 2011, 133 (37): 14804-14813.

[106] Dagousset G, Retailleau P, Masson G, et al. Chiral phosphoric acid-catalyzed enantioselective three-component Povarov reaction using cyclic enethioureas as dienophiles: stereocontrolled access to enantioenriched hexahydropyrroloquinolines. Chemistry: A European Journal, 2012, 18 (19): 5869-5873.

[107] Luo C, Huang Y. A highly diastereo-and enantioselective synthesis of tetrahydroquinolines: quaternary stereogenic center inversion and functionalization. Journal of the American Chemical Society, 2013, 135 (22): 8193-8196.

[108] Wang C, Han Z Y, Luo H W, et al. Highly enantioselective relay catalysis in the three-component reaction for direct construction of structurally complex heterocycles. Organic Letters, 2010, 12 (10): 2266-2269.

[109] Lin J H, Zong G, Du R B, et al. The asymmetric synthesis of $CF_3$-or-$CF_2$-substituted tetrahydroquinolines by employing a chiral phosphoric acid as catalyst. Chemical Communications, 2012, 48 (62): 7738-7740.

[110] Brioche J, Courant T, Alcaraz L, et al. Chiral phosphoric acid-catalyzed enantioselective three-component aza-Diels-Alder reactions of aminopyrroles and aminopyrazoles. Advanced Synthesis & Catalysis, 2014, 356 (8): 1719-1724.

[111] Bergonzini G, Gramigna L, Mazzanti A, et al. Organocatalytic asymmetric Povarov reactions with 2-and 3-vinylindoles. Chemical Communications, 2010, 46 (2): 327-329.

[112] Caruana L, Fochi M, Ranieri S, et al. Catalytic highly enantioselective vinylogous Povarov reaction. Chemical Communications, 2013, 49 (9): 880-882.
[113] He L, Bekkaye M, Retailleau P, et al. Chiral phosphoric acid catalyzed inverse-electron-demand aza-Diels-Alder reaction of isoeugenol derivatives. Organic Letters, 2012, 14 (12): 3158-3161.
[114] Jarrige L, Blanchard F, Masson G. Enantioselective organocatalytic intramolecular aza-Diels-Alder reaction. Angewandte Chemie International Edition, 2017, 56 (35): 10573-10576.
[115] Chen Z, Wang B, Wang Z, et al. Complex bioactive alkaloid-type polycycles through efficient catalytic asymmetric multicomponent aza-Diels-Alder reaction of indoles with oxetane as directing group. Angewandte Chemie International Edition, 2013, 52 (7): 2027-2031.
[116] Shi F, Xing G J, Zhu R Y, et al. A catalytic asymmetric isatin-involved Povarov reaction: diastereo-and enantioselective construction of spiro[indolin-3,2′ -quinoline] scaffold. Organic Letters, 2013, 15 (1): 128-131.
[117] Zhang H H, Sun X X, Liang J, et al. Catalytic asymmetric Povarov reaction of isatin-derived 2-azadienes with 3-vinylindoles. Organic & Biomolecular Chemistry, 2014, 12 (47): 9539-9546.
[118] Momiyama N, Tabuse H, Terada M. Chiral phosphoric acid-governed anti-diastereoselective and enantioselective hetero-Diels-Alder reaction of glyoxylate. Journal of the American Chemical Society, 2009, 131 (36): 12882-12883.
[119] Bernardi L, Comes-Franchini M, Fochi M, et al. Catalytic asymmetric inverse-electron-demand (IED) [4+2] cycloaddition of salicylaldimines: preparation of optically active 4-aminobenzopyran derivatives. Advanced Synthesis & Catalysis, 2010, 352 (18): 3399-3406.
[120] Li T Z, Geng C A, Yin X J, et al. Catalytic asymmetric total synthesis of (+)-and (−)-paeoveitol via a hetero-Diels-Alder reaction. Organic Letters, 2017, 19 (3): 429-431.
[121] Pous J, Courant T, Bernadat G, et al. Regio-, diastereo-, and enantioselective nitroso-Diels-Alder reaction of 1,3-diene-1-carbamates catalyzed by chiral phosphoric acids. Journal of the American Chemical Society, 2015, 137 (37): 11950-11953.
[122] Dumoulin A, Masson G. Asymmetric oxidative nitroso-Diels-Alder reaction of *N*-arylhydroxylamines catalyzed by a chiral phosphoric acid. The Journal of Organic Chemistry, 2016, 81 (21): 10154-10159.
[123] Tian X, Hofmann N, Melchiorre P. Asymmetric vinylogous Diels-Alder reactions catalyzed by a chiral phosphoric acid. Angewandte Chemie International Edition, 2014, 53 (11): 2997-3000.
[124] Wang Y, Tu M S, Yin L, et al. Brønsted acid catalyzed asymmetric Diels-Alder reactions: stereoselective construction of spiro[tetrahydrocarbazole-3,3′ -oxindole] framework. The Journal of Organic Chemistry, 2015, 80 (6): 3223-3232.
[125] Takagi R, Nishi T. Organocatalytic asymmetric desymmetrization of 4,4-disubstituted cyclohexadienones via an intermolecular Diels-Alder reaction. Organic & Biomolecular Chemistry, 2015, 13 (45): 11039-11045.
[126] Hatano M, Goto Y, Izumiseki A, et al. Boron tribromide-assisted chiral phosphoric acid catalyst for a highly enantioselective Diels-Alder reaction of 1,2-dihydropyridines. Journal of the American Chemical Society, 2015, 137 (42): 13472-13475.
[127] Hatano M, Ishihara H, Goto Y, et al. Remote tris(pentafluorophenyl)borane-assisted chiral phosphoric acid catalysts for the enantioselective Diels-Alder reaction. Synlett, 2016, 27 (4): 564-570.
[128] (a) Sigman M S, Jacobsen E N. Enantioselective addition of hydrogen cyanide to imines catalyzed by a chiral (Salen)Al( Ⅲ ) complex. Journal of the American Chemical Society, 1998, 120 (21): 5315-5316. (b) Takamura M, Hamashima Y, Usuda H. et al. A catalytic asymmetric Strecker-type reaction: interesting reactivity difference between TMSCN and HCN. Angewandte Chemie International Edition, 2000, 39 (9): 1650-1652. (c) Krueger C A, Kuntz K W, Dzierba C D, et al. Ti-catalyzed enantioselective addition of cyanide to imines. A practical synthesis of optically pure $\alpha$-amino acids. Journal of the American Chemical Society, 1999, 121 (17): 4284-4285. (d) Byrne J J, Chavarot M, Chavant P Y, et al. Asymmetric Strecker reactions of ketimines catalysed by titanium-based complexes. Tetrahedron Letters, 2000, 41 (6): 873-876. (e) Josephsohn N S, Kuntz K W, Snapper M L, et al. Mechanism of enantioselective Ti-catalyzed Strecker reaction: peptide-based metal complexes as bifunctional catalysts. Journal of the American Chemical Society, 2001, 123 (47): 11594-11599. (f) Ishitani H, Komiyama S, Kobayashi S. Catalytic, enantioselective synthesis of $\alpha$-aminonitriles with a novel zirconium catalyst. Angewandte Chemie International

Edition, 1998, 37 (22): 3186-3188. (g) Kobayashi S, Ishitani H. Novel binuclear chiral zirconium catalysts used in enantioselective Strecker reactions. Chirality, 2000, 12 (5-6): 540-543. (h) Chavarot M, Byrne J J, Chavant P Y, et al. Sc(BINOL)$_2$Li: a new heterobimetallic catalyst for the asymmetric Strecker reaction. Tetrahedron: Asymmetry, 2001, 12 (8): 1147-1150. (i) Masumoto S, Usuda H, Suzuki M, et al. Catalytic enantioselective Strecker reaction of ketoimines. Journal of the American Chemical Society, 2003, 125 (19): 5634-5635.

[129] Corey E J, Grogan M J. Enantioselective synthesis of $\alpha$-amino nitriles from *N*-benzhydryl imines and HCN with a chiral bicyclic guanidine as catalyst. Organic Letters, 1999, 1 (1): 157-160.

[130] (a) Sigman M S, Jacobsen E N. Schiff base catalysts for the asymmetric Strecker reaction identified and optimized from parallel synthetic libraries. Journal of the American Chemical Society, 1998, 120 (19): 4901-4902. (b) Sigman M S, Vachal P, Jacobsen E N. A general catalyst for the asymmetric Strecker reaction. Angewandte Chemie International Edition, 2000, 39 (7): 1279-1281. (c) Vachal P, Jacobsen E N. Enantioselective catalytic addition of HCN to ketoimines. Catalytic synthesis of quaternary amino acids. Organic Letters, 2000, 2 (6): 867-870. (d) Vachal P, Jacobsen E N. Structure-based analysis and optimization of a highly enantioselective catalyst for the Strecker reaction. Journal of the American Chemical Society, 2002, 124 (34): 10012-10014. (e) Wenzel A G, Lalonde M P, Jacobsen E N. Divergent stereoinduction mechanisms in urea-catalyzed additions to imines. Synlett, 2003, 2003 (12): 1919-1922. (f) Tsogoeva S B, Yalalov D A, Hateley M J, et al. Asymmetric organocatalysis with novel chiral thiourea derivatives: bifunctional catalysts for the Strecker and nitro-Michael reactions. European Journal of Organic Chemistry, 2005, 2005 (23): 4995-5000.

[131] (a) Liu B, Feng X, Chen F, et al. Enantioselective Strecker reaction promoted by chiral *N*-oxides. Synlett, 2001, 2001 (10): 1551-1554. (b) Jiao Z, Feng X, Liu B, et al. Enantioselective Strecker reactions between aldimines and trimethylsilyl cyanide promoted by chiral *N*, *N'* -dioxides. European Journal of Organic Chemistry, 2003, 2003 (19): 3818-3826.

[132] Huang J, Corey E J. A new chiral catalyst for the enantioselective strecker synthesis of $\alpha$-amino acids. Organic Letters, 2004, 6 (26): 5027-5029.

[133] Rueping M, Sugiono E, Azap C. A highly enantioselective Brønsted acid catalyst for the strecker reaction. Angewandte Chemie International Edition, 2006, 45 (16): 2617-2619.

[134] Rueping M, Sugiono E, Moreth S A. Metal-free, enantioselective Strecker reactions catalyzed by chiral BINOL and TADDOL catalysts. Advanced Synthesis & Catalysis, 2007, 349 (4-5): 759-764.

[135] Seayad J, Seayad A M, List B. Catalytic asymmetric Pictet-Spengler reaction. Journal of the American Chemical Society, 2006, 128 (4): 1086-1087.

[136] Wanner M J, van der Haas R N S, de Cuba K R, et al. Catalytic asymmetric Pictet-Spengler reactions via sulfenyliminium ions. Angewandte Chemie International Edition, 2007, 46 (39): 7485-7487.

[137] Sewgobind N V, Wanner M J, Ingemann S, et al. Enantioselective BINOL-phosphoric acid catalyzed Pictet-Spengler reactions of *N*-benzyltryptamine. The Journal of Organic Chemistry, 2008, 73 (16): 6405-6408.

[138] Gobé V, Guinchard X. Stereoselective synthesis of chiral polycyclic indolic architectures through Pd$^0$-catalyzed Tandem deprotection/cyclization of tetrahydro-$\beta$-carbolines on allenes. Chemistry: A European Journal, 2015, 21 (23): 8511-8520.

[139] Wang S G, Xia Z L, Xu R Q, et al. Construction of chiral tetrahydro-$\beta$-carbolines: asymmetric Pictet-Spengler reaction of indolyl dihydropyridines. Angewandte Chemie International Edition, 2017, 56 (26): 7440-7443.

[140] Holloway C A, Muratore M E, Storer R I, et al. Direct enantioselective Brønsted acid catalyzed *N*-acyliminium cyclization cascades of tryptamines and ketoacids. Organic Letters, 2010, 12 (21): 4720-4723.

[141] Duce S, Pesciaioli F, Gramigna L, et al. An easy entry to optically active spiroindolinones: chiral Brønsted acid-catalysed Pictet-Spengler reactions of isatins. Advanced Synthesis & Catalysis, 2011, 353 (6): 860-864.

[142] Badillo J J, Silva-GarcĆa A, Shupe B H, et al. Enantioselective Pictet-Spengler reactions of isatins for the synthesis of spiroindolones. Tetrahedron Letters, 2011, 52 (43): 5550-5553.

[143] Cai Q, Liang X W, Wang S G, et al. Ring-closing metathesis/isomerization/Pictet-Spengler cascade via ruthenium/chiral phosphoric acid sequential catalysis. Organic Letters, 2012, 14 (19): 5022-5025.

[144] Cai Q, Liang X W, Wang S G, et al. An olefin isomerization/asymmetric Pictet-Spengler cascade via sequential catalysis of ruthenium alkylidene and chiral phosphoric acid. Organic & Biomolecular Chemistry, 2013, 11 (10): 1602-1605.

[145] Gregory A W, Jakubec P, Turner P, et al. Gold and BINOL-phosphoric acid catalyzed enantioselective hydroamination/*N*-sulfonyliminium cyclization cascade. Organic Letters, 2013, 15 (17): 4330-4333.

[146] Toda Y, Terada M. Relay catalysis by a ruthenium complex-chiral Brønsted acid binary sytem for ternary reaction sequence involving enantioselective Pictet-Spengler-type cyclization as the key step. Synlett, 2013, 24 (6): 752-756.

[147] Saifuddin M, Agarwal P K, Sharma S K, et al. Water-accelerated cationic π-(7-endo) cyclisation: application to indole-based peri-annulated polyheterocycles. European Journal of Organic Chemistry, 2010, 2010 (26): 5108-5117.

[148] Cheng D J, Wu H B, Tian S K. Catalytic asymmetric Pictet-Spengler-type reaction for the synthesis of optically active indolo[3,4-*cd*][1]benzazepines. Organic Letters, 2011, 13 (20): 5636-5639.

[149] He Y, Lin M, Li Z, et al. Direct synthesis of chiral 1,2,3,4-tetrahydropyrrolo[1,2-a]pyrazines via a catalytic asymmetric intramolecular aza-Friedel-Crafts reaction. Organic Letters, 2011, 13 (17): 4490-4493.

[150] Cheng H G, Miguélez J, Miyamura H, et al. Integration of aerobic oxidation and intramolecular asymmetric aza-Friedel-Crafts reactions with a chiral bifunctional heterogeneous catalyst. Chemical Science. 2017, 8 (2): 1356-1359.

[151] Chen H Y, Zhang Y, Zhang Y, et al. Synthesis of six-mmembered spirooxindoles via a chiral Brønsted acid-catalyzed asymmetric intramolecular Friedel-Crafts reaction. RSC Advances, 2018, 8 (65): 37035-37039.

[152] Fan Y S, Jiang Y J, An D, et al. $H_8$-BINOL chiral imidodiphosphoric acids catalyzed enantioselective synthesis of dihydroindolo-/-pyrrolo[1,2-a]quinoxalines. Organic Letters, 2014, 16 (23): 6112-6115.

[153] Shen X, Wang Y, Wu T, et al. Triply hydrogen-bond-directed enantioselective assembly of pyrrolobenzo-1,4-diazine skeletons with quaternary stereocenters. Chemistry: A European Journal, 2015, 21 (25): 9039-9043.

[154] Lombardo V M, Thomas C D, Scheidt K A. A Tandem isomerization/prins strategy: iridium( Ⅲ )/Brønsted acid cooperative catalysis. Angewandte Chemie International Edition, 2013, 52 (49): 12910-12914.

[155] Maskeri M A, O' Connor M J, Jaworski A A, et al. A cooperative hydrogen bond donor-Brønsted acid system for the enantioselective synthesis of tetrahydropyrans. Angewandte Chemie International Edition, 2018, 57 (52): 17225-17229.

[156] Storer R I, Carrera D E, Ni Y K, et al. Enantioselective organocatalytic reductive amination. Journal of the American Chemical Society, 2006, 128 (1): 84-86.

[157] Zhou J, List B. Organocatalytic asymmetric reaction cascade to substituted cyclohexylamines. Journal of the American Chemical Society, 2007, 129 (24): 7498-7499.

[158] Saito K, Akiyama T. Enantioselective organocatalytic reductive amination of aliphatic ketones by benzothiazoline as hydrogen donor. Chemical Communications, 2012, 48 (38): 4573-4575.

[159] Kim K H, Lee C Y, Cheon C H. Enantioselective synthesis of *β*-arylamines via chiral phosphoric acid-catalyzed asymmetric reductive amination. The Journal of Organic Chemistry, 2015, 80 (12): 6367-6374.

[160] Kim K H, Cheon C H. Concise asymmetric total synthesis of ent-ancistrocladinium A. Advanced Synthesis & Catalysis, 2016, 358 (18): 2883-2888.

[161] Mori K, Miyake A, Akiyama T. Enantioselective synthesis of fused heterocycles with contiguous stereogenic centers by chiral phosphoric acid catalyzed symmetry breaking. Chemical Communications, 2015, 51 (89): 16107-16110.

[162] Rexit A A, Luo S, Mailikezati M. Chiral phosphoric acid-catalyzed enantioselective reductive amination of 2-pyridyl ketones: construction of structurally chiral pyridine-based ligands. The Journal of Organic Chemistry, 2016, 81 (22): 11384-11388.

[163] Park D Y, Kim K H, Cheon C H. Enantioselective synthesis of *β*-aminotetralins via chiral phosphoric acid-catalyzed reductive amination of *β*-tetralones. Advanced Synthesis & Catalysis, 2018, 360 (3): 462-467.

[164] Miyagawa M, Yamamoto R, Kobayashi N, et al. Reduction of nitroarenes to anilines with a benzothiazoline: application to enantioselective synthesis of 2-arylquinoline derivatives. Synlett, 2019, 30 (4): 499-502.

[165] Rueping M, Sugiono E, Azap C, et al. Enantioselective Brønsted acid catalyzed transfer hydrogenation:

organocatalytic reduction of imines. Organic Letters, 2005, 7 (17): 3781-3783.
[166] Hoffmann S, Seayad A M, List B, et al. A powerful Brønsted acid catalyst for the organocatalytic asymmetric transfer hydrogenation of imines. Angewandte Chemie International Edition, 2005, 44 (45): 7424-7427.
[167] Zhu C, Akiyama T, Benzothiazoline: highly efficient reducing agent for the enantioselective organocatalytic transfer hydrogenation of ketimines. Organic Letters, 2009, 11 (18): 4180-4183.
[168] Han Z Y, Xiao H, Gong L Z. Dynamic kinetic asymmetric transfer hydrogenation of racemic 2,4-diaryl-2,3-dihydrobenzo[b][1,4]diazepines catalyzed by chiral phosphoric acids. Bioorganic & Medicinal Chemistry Letters, 2009, 19 (14): 3729-3732.
[169] Horiguchi K, Yamamoto E, Saito K, et al. Dynamic kinetic resolution approach for the asymmetric synthesis of tetrahydrobenzodiazepines using transfer hydrogenation by chiral phosphoric acid. Chemistry: A European Journal, 2016, 22 (24): 8078-8083.
[170] Henseler A, Kato M, Mori K, et al. Chiral phosphoric acid catalyzed transfer hydrogenation: facile synthetic access to highly optically active trifluoromethylated amines. Angewandte Chemie International Edition, 2011, 50 (35): 8180-8183.
[171] Sakamoto T, Horiguchi K, Saito K, et al. Enantioselective transfer hydrogenation of difluoromethyl ketimines using benzothiazoline as a hydrogen donor in combination with a chiral phosphoric acid. Asian Journal of Organic Chemistry, 2013, 2 (11): 943-946.
[172] Chen M W, Wu B, Chen Z P, et al. Synthesis of chiral fluorinated propargylamines via chemoselective biomimetic hydrogenation. Organic Letters, 2016, 18 (18): 4650-4653.
[173] Miyagawa M, Takashima K, Akiyama T. Asymmetric reduction of trifluoromethyl alkynyl ketimines by chiral phosphoric acid and benzothiazoline. Synlett, 2018, 29 (12): 1607-1610.
[174] Chen M W, Yang Q, Deng Z, et al. Organocatalytic asymmetric reduction of fluorinated alkynyl ketimines. The Journal of Organic Chemistry, 2018, 83 (15): 8688-8694.
[175] Nguyen T B, Bousserouel H, Wang Q, et al. Chiral phosphoric acid-catalyzed enantioselective transfer hydrogenation of ortho-hydroxyaryl alkyl N-H ketimines. Organic Letters, 2010, 12 (20): 4705-4707.
[176] Nguyen T B, Bousserouel H, Wang Q, et al. Phosphoric acid-catalyzed enantioselective transfer hydrogenation of *N*-aryl-ortho-hydroxybenzophenone ketimines. Advanced Synthesis & Catalysis, 2011, 353 (2-3): 257-262.
[177] Sakamoto T, Mori K, Akiyama T. Chiral phosphoric acid catalyzed enantioselective transfer deuteration of ketimines by use of benzothiazoline as a deuterium donor: synthesis of optically active deuterated amines. Organic Letters, 2012, 14 (13): 3312-3315.
[178] Saito K, Horiguchi K, Shibata Y, et al. Chiral phosphoric-acid-catalyzed transfer hydrogenation of ethyl ketimine derivatives by using benzothiazoline. Chemistry: A European Journal, 2014, 20 (25): 7616-7620.
[179] Li G L, Antilla J C. Highly enantioselective hydrogenation of enamides catalyzed by chiral phosphoric acids. Organic Letters, 2009, 11 (5): 1075-1078.
[180] Han Z Y, Xian H, Chen X H, et al. Consecutive intramolecular hydroamination/asymmetric transfer hydrogenation under relay catalysis of an achiral gold complex/chiral Brønsted acid binary system. Journal of the American Chemical Society, 2009, 131 (26): 9182-9183.
[181] Liu X Y, Che C M. Highly enantioselective synthesis of chiral secondary amines by gold( Ⅰ )/chiral Brønsted acid catalyzed tandem intermolecular hydroamination and transfer hydrogenation reactions. Organic Letters, 2009, 11 (18): 4204-4207.
[182] Enders D, Grondal C, Hüttl M R M. Asymmetric organocatalytic domino reactions. Angewandte Chemie International Edition, 2007, 46 (10): 1570-1581.
[183] Rueping M, Antonchich A D. A highly enantioselective Brønsted acid catalyzed reaction cascade. Angewandte Chemie International Edition, 2008, 47 (31): 5836-5838.
[184] Liao H H, Hsiao C C, Sugiono E, et al. Shedding light on Brønsted acid catalysis: a photocyclization-reduction reaction for the asymmetric synthesis of tetrahydroquinolines from aminochalcones in batch and flow. Chemical Communications, 2013, 49 (72): 7953-7955.

[185] Chen M W, Chen Q A, Duan Y, et al. Asymmetric hydrogenolysis of racemic tertiary alcohols, 3-substituted 3-hydroxyisoindolin-1-ones. Chemical Communications, 2012, 48 (11): 1698-1700.

[186] Zhou J Q, Sheng W J, Jia J H, et al. Chiral phosphoric acid catalyzed asymmetric hydrogenolysis of racemic 3-aryl-3-hydroxyisoindolin-1-ones. Tetrahedron Letters, 2013, 54 (24): 3082-3084.

[187] Zhang Y, He L, Shi L. Asymmetric hydrogenolysis of racemic 3-substitued-3-hydroxy-isoindolin-1-ones employing SPINOL-derived chiral phosphoric acid. Tetrahedron Letters, 2018, 59 (16): 1592-1595.

[188] Yin Q, Wang S G, You S L. Asymmetric synthesis of tetrahydro-$\beta$-carbolines via chiral phosphoric acid catalyzed transfer hydrogenation reaction. Organic Letters, 2013, 15 (11): 2688-2691.

[189] Xia Z L. Zheng C. Wang S G, et al. Catalytic asymmetric dearomatization of indolyl dihydropyridines through an enamine isomerization/spirocyclization/transfer hydrogenation sequence. Angewandte Chemie International Edition, 2018, 57 (10): 2653-2656.

[190] (a) Yang Q, Shang G, Gao W, et al. A highly enantioselective, Pd-TangPhos-catalyzed hydrogenation of *N*-tosylimines. Angewandte Chemie International Edition, 2006, 42 (23): 3832-3835. (b) Zhu S F, Xie J B, Zhang Y Z, et al. Well-defined chiral spiro iridium/phosphine-oxazoline cationic complexes for highly enantioselective hydrogenation of imines at ambient pressure. Journal of the American Chemical Society, 2006, 128 (39): 12886-12891. (c) Shang G, Yang Q, Zhang X. Rh-catalyzed asymmetric hydrogenation of $\alpha$-aryl imino esters: an efficient enantioselective synthesis of aryl glycine derivatives. Angewandte Chemie International Edition, 2006, 45 (38): 6360-6362.

[191] Li G L, Liang Y X, Antilla J C. A vaulted biaryl phosphoric acid-catalyzed reduction of $\alpha$-imino esters: the highly enantioselective preparation of $\alpha$-amino esters. Journal of the American Chemical Society, 2007, 129 (18): 5830-5831.

[192] Kang Q, Zhao G A, You S L. Highly enantioselective transfer hydrogenation of $\alpha$-imino esters by a phosphoric acid. Advanced Synthesis & Catalysis, 2007, 349 (10): 1657-1660.

[193] Zhu C, Akiyama T. Enantioselective organocatalytic transfer hydrogenation of $\alpha$-imino esters by utilization of benzothiazoline as highly efficient reducing agent. Advanced Synthesis & Catalysis, 2010, 352 (11-12): 1846-1850.

[194] (a) Lin W Q, He Z, Jing, Y, et al. A practical synthesis of ethyl (*R*)-and (*S*)-2-hydroxy-4-phenylbutanoate and D-homophenylalanine ethyl ester hydrochloride from L-malic acid. Tetrahedron: Asymmetry, 2001, 12 (11): 1583-1587. (b) Ji J X, Wu J, Chan A S C, et al. Catalytic asymmetric alkynylation of $\alpha$-imino ester:a versatile approach to optically active unnatural $\alpha$-amino acid derivatives. Proceedings of the National Academy of Sciences of the United States of America, 2005, 102 (32): 11196-11200. (c) Shao Z, Wang J, Ding K, et al. Unprecedented effects of additives and ligand-to-metal ratio on the enantiofacial selection of copper-catalyzed alkynylation of $\alpha$-imino ester with arylacetylenes. Advanced Synthesis & Catalysis, 2007, 349 (14-15): 2375-2379. (d) Rueping M, Antonchick A P, Brinkmann C, et al Dual catalysis: a combined enantioselective Brønsted acid and metal-catalyzed reaction——metal catalysis with chiral counterions. Angewandte Chemie International Edition, 2007, 46 (36): 6903-6906.

[195] Kang Q, Zhao Z A, You S L. Asymmetric transfer hydrogenation of $\beta$, $\gamma$-alkynyl $\alpha$-imino esters by a Brønsted acid. Oganic Letters, 2008, 10(10): 2031-2034.

[196] Rueping M, Antonchick A P, Theissmann T. A highly enantioselective Brønsted acid catalyzed cascade reaction: organocatalytic transfer hydrogenation of quinolines and their application in the synthesis of alkaloids. Angewandte Chemie International Edition, 2006, 45 (22): 3683-3686.

[197] Rueping M, Theissmann T, Raja S, et al. Asymmetric counterion pair catalysis: an enantioselective Brønsted acid-catalyzed protonation. Advanced Synthesis & Catalysis, 2008, 350 (7-8): 1001-1006.

[198] Guo Q S, Du D M, Xu J X. The development of double axially chiral phosphoric acids and their catalytic transfer hydrogenation of quinolines. Angewandte Chemie International Edition, 2008, 47 (4): 759-762.

[199] Kundu D S, Schmidt J, Bleschke C, et al. A microporous binol-derived phosphoric acid. Angewandte Chemie International Edition, 2012, 51 (22): 5456-5459.

[200] Cai X F, Guo R N, Feng G S, et al. Chiral phosphoric acid-catalyzed asymmetric transfer hydrogenation of quinolin-3-amines. Oganic Letters, 2014, 16 (10): 2680-2683.

[201] Chen M W, Cai X F, Chen Z P, et al. Facile construction of three contiguous stereogenic centers via dynamic kinetic

resolution in asymmetric transfer hydrogenation of quinolones. Chemical Communications, 2014, 50 (83): 12526-12529.

[202] Guo R N, Chen Z P, Cai X F, et al. Asymmetric transfer hydrogenation of 3-(trifluoromethyl)quinolones. Synthesis, 2014, 46 (20): 2751-2756.

[203] Shugrue C R, Miller S J. Phosphothreonine as a catalytic residue in peptide-mediated asymmetric transfer hydrogenations of 8-aminoquinolines. Angewandte Chemie International Edition, 2015, 54 (38): 11173-11176.

[204] More G V, Bhanage B M. Chiral phosphoric acid catalyzed asymmetric transfer hydrogenation of quinolines in a sustainable solvent. Tetrahedron: Asymmetry, 2015, 26 (20): 1174-1179.

[205] Wang Y, Liu W, Ren W, et al. Synthesis and evaluation of 5,5′-bitetralone-based chiral phosphoric acids. Oganic Letters, 2015, 17 (20): 4976-4979.

[206] Zhou J, Zhang Q F, Zhao W H, et al. Chiral phosphoric acid-catalyzed asymmetric transfer hydrogenation of 3-trifluoromethylthioquinolines. Organic & Biomolecular Chemistry, 2016, 14 (29): 6937-6941.

[207] Aillerie A, de Talencé V L, Dumont C, et al. Enantioselective transfer hydrogenation, a key step for the synthesis of 3-aminotetrahydroquinolines. New Journal of Chemistry, 2016, 40 (11): 9034-9037.

[208] Metallinos C, Barrett F B, Xu S F. Brønsted acid catalyzed asymmetric reduction of 2-and 2,9-substituted 1,10-phenanthrolines. Synlett, 2008, 2008 (5): 720-724.

[209] Rueping M, Antonchich A P. Organocatalytic enantioselective reduction of pyridines. Angewandte Chemie International Edition, 2007, 46(24): 4562-4565.

[210] Rueping M, Antonchick A P, Theissmann T. Remarkably low catalyst loading in Brønsted acid catalyzed transfer hydrogenations: enantioselective reduction of benzoxazines, benzothiazines, and benzoxazinones. Angewandte Chemie International Edition, 2006, 45 (40): 6751-6755.

[211] Chen Z P, Chen M W, Guo R N, et al. 4,5-dihydropyrrolo[1,2-a]quinoxalines: a tunable and regenerable biomimetic hydrogen source. Oganic Letters, 2014, 16 (5): 1406-1409.

[212] Zhang X, Kormos A, Zhang J. Self-supported BINOL-derived phosphoric acid based on a chiral carbazolic porous framework. Oganic Letters, 2017, 19 (22): 6072-6075.

[213] Rueping M, Tato F, Schoepke F R. The first general, efficient and highly enantioselective reduction of quinoxalines and quinoxalinones. Chemistry: A European Journal 2010, 16 (9): 2688-2691.

[214] Maritin N J A, List B. The [1,5]-brook rearrangement: an initial application in anion relay chemistry. Journal of the American Chemical Society, 2006, 128 (38): 13368-13369.

[215] Terada M, Yamanaka T, Toda Y. Chiral anion catalysis in the enantioselective 1,4-reduction of the 1-benzopyrylium ion as a reactive intermediate. Chemistry: A European Journal, 2013, 19 (41): 13658-13662.

[216] Wang Z, Ai F, Wang Z, et al. Organocatalytic asymmetric synthesis of 1,1-diarylethanes by transfer hydrogenation. Journal of the American Chemical Society, 2015, 137 (1): 383-389.

[217] Li G, Liu H, Lyu G, et al. Enantioselective organocatalytic transfer hydrogenation of 1,2-dihydroquinoline through formation of aza-*o*-xylylene. Oganic Letters, 2015, 17 (17): 4125-4127.

[218] Terada M, Toda Y. Relay catalysis using a rhodium complex/chiral Brønsted acid binary system: enantioselective reduction of a carbonyl ylide as the reactive intermediate. Angewandte Chemie International Edition, 2012, 51 (9): 2093-2097.

[219] Terada M, Machioka K, Sorimachi K. High substrate/catalyst organocatalysis by a chiral Brønsted acid for an enantioselective aza-ene-type reaction. Angewandte Chemie International Edition, 2006, 45 (14): 2254-2257.

[220] Terada M, Machioka K, Sorimachi K. Chiral Brønsted acid-catalyzed Tandem aza-ene type reaction/cyclization cascade for a one-pot entry to enantioenriched piperidines. Journal of the American Chemical Society, 2007, 129 (34): 10336-10337.

[221] Terada M, Machioka K, Sorimachi K. Activation of hemiaminal ethers by chiral Brønsted acids for facile access to enantioselective two-carbon homologation using enecarbamates. Angewandte Chemie International Edition, 2009, 48 (14): 2553-2556.

[222] Baudequin C, Zamfir A, Tsogoeva S B. Highly enantioselective organocatalytic formation of a quaternary carbon

center via chiral Brønsted acid catalyzed self-coupling of enamides. Chemical Communications, 2008, (38): 4637-4639.

[223] Dagousset G, Drouet F, Masson G, et al. Chiral Brønsted acid-catalyzed enantioselective multicomponent Mannich reaction: synthesis of anti-1,3-diamines using enecarbamates as nucleophiles. Oganic Letters, 2009, 11 (23): 5546-5549.

[224] Terada M, Soga K, Momiyama N. Enantioselective activation of aldehydes by chiral phosphoric acid catalysts in an aza-ene-type reaction between glyoxylate and enecarbamate. Angewandte Chemie International Edition, 2008, 47 (22): 4122-4125.

[225] Rueping M, Sugiono E, Theissmann T, et al. An enantioselective chiral Brønsted acid catalyzed imino-azaenamine reaction. Oganic Letters, 2007, 9 (6): 1065-1068.

[226] (a) Hoffmann H M R. The ene reaction. Angewandte Chemie International Edition in English, 1969, 8 (8): 556-577. (b) Oppolzer N, Sniekus V. Intramolecular ene reactions in organic synthesis. Angewandte Chemie International Edition in English, 1978, 17 (7): 476-486. (c) Snider B. Lewis-acid catalyzed ene reactions. Accounts of Chemical Research, 1980, 13 (11): 426-432.

[227] Kikuchi T, Aramaki H, Okamoto H, et al. $F_{10}$BINOL-derived chiral phosphoric acid-catalyzed enantioselective carbonyl-ene reaction: theoretical elucidation of stereochemical outcomes. Chemical Science, 2019, 10 (5): 1426-1433.

[228] (a) Yager K M, Taylor C M, Smith III A B. Asymmetric synthesis of α-aminophosphonates via diastereoselective addition of lithium diethyl phosphite to chelating imines. Journal of the American Chemical Society, 1994, 116 (20): 9377-9378. (b) Smith III A B, Yager K M, Taylor C M. Enantioselective synthesis of diverse α-amino phosphonate diesters. Journal of the American Chemical Society, 1995, 117 (44): 10879-10888. (c) Lefebvre I M, Evans Jr S A. Studies toward the asymmetric synthesis of α-amino phosphonic acids via the addition of phosphites to enantiopure sulfinimines. The Journal of Organic Chemistry, 1997, 62 (22): 7532-7533. (d) Davis F A, Lee S, Yan H, et al. Asymmetric synthesis of quaternary α-amino phosphonates using sulfinimines. Oganic Letters, 2001, 3 (11): 1757-1760.

[229] (a) Sasai H, Arai S, Tahara Y, et al. Catalytic asymmetric synthesis of alpha.-amino phosphonates using lanthanoid-potassium-BINOL complexes. The Journal of Organic Chemistry, 1995, 60 (21): 6656-6657. (b) Gröger H, Saida Y, Arai S, et al. First catalytic asymmetric hydrophosphonylation of cyclic imines: highly efficient enantioselective approach to a 4-thiazolidinylphosphonate via chiral titanium and lanthanoid catalysts. Tetrahedron Letters, 1996, 37 (23): 9291-9292. (c) Gröger H, Saida Y, Sasai H, et al. A new and highly efficient asymmetric route to cyclic α-amino phosphonates: the first catalytic enantioselective hydrophosphonylation of cyclic imines catalyzed by chiral heterobimetallic lanthanoid complexes. Journal of the American Chemical Society, 1998, 120 (13): 3089-3103. (d) Saida Y, Gröger H, Maison W, et al. Concept of improved rigidity: how to make enantioselective hydrophosphonylation of cyclic imines catalyzed by chiral heterobimetallic lanthanoid complexes almost perfect. The Journal of Organic Chemistry, 2000, 65 (16): 4818-4825. (e) Joly G D, Jacobsen E N. Thiourea-catalyzed enantioselective hydrophosphonylation of imines: practical access to enantiomerically enriched α-amino phosphonic acids. Journal of the American Chemical Society, 2004, 126 (13): 4102-4103. (f) Kobayashi S, Kiyohara H, Nakamura Y, et al. Catalytic asymmetric synthesis of α-amino phosphonates using enantioselective carbon-carbon bond-forming reactions. Journal of the American Chemical Society, 2004, 126 (21): 6558-6559.

[230] Akiyama T, Morita H, Itoh J, et al. Chiral Brønsted acid catalyzed enantioselective hydrophosphonylation of imines: asymmetric synthesis of α-amino phosphonates. Oganic Letters, 2005, 7 (13): 2583-2585.

[231] Bhadury P S, Zhang Y P, Zhang S, et al. An effective route to fluorine containing asymmetric α-aminophosphonates using chiral Brønsted acid catalyst. Chirality, 2009, 21 (5): 547-557.

[232] Cheng X, Goddard R, Buth G, et al. Direct catalytic asymmetric three-component Kabachnik-Fields reaction. Angewandte Chemie International Edition, 2008, 47 (27): 5079-5081.

[233] Rowland G B, Zhang H, Rowland E B, et al. Brønsted acid-catalyzed imine amidation. Journal of the American Chemical Society, 2005, 127 (45): 15696-15697.

[234] Liang Y, Rowland E B, Rowland G B, et al. VAPOL phosphoric acid catalysis: the highly enantioselective addition of imides to imines. Chemical Communications, 2007 (43): 4477-4479.

[235] Neel A J, Hehn J P, Tripet P F, et al. Asymmetric cross-dehydrogenative coupling enabled by the design and application of chiral triazole-containing phosphoric acids. Journal of the American Chemical Society, 2013, 135 (38): 14044-14047.

[236] Milo A, Neel A J, Toste F D, et al. A data-intensive approach to mechanistic elucidation applied to chiral anion catalysis. Science, 2015, 347 (6223): 737-743.

[237] Xie Y, Zhao Y, Qian B, et al. Enantioselective N-H functionalization of indoles with $\alpha$, $\beta$-unsaturated $\gamma$-lactams catalyzed by chiral Brønsted acids. Angewandte Chemie International Edition, 2011, 50 (25): 5682-5686.

[238] Shi Y C, Wang S G, Yin Q, et al. *N*-alkylation of indole via ring-closing metathesis/isomerization/Mannich cascade under ruthenium/chiral phosphoric acid sequential catalysis. Organic Chemistry Frontiers, 2014, 1 (1): 39-43.

[239] Zhang L, Wu B, Chen Z, et al. Chiral phosphoric acid catalyzed enantioselective *N*-alkylation of indoles with in situ generated cyclic *N*-acyl ketimines. Chemical Communications, 2018, 54 (66): 9230-9233.

[240] Cai Y, Gu Q, You S L. Chemoselective N-H functionalization of indole derivatives via the reissert-type reaction catalyzed by a chiral phosphoric acid. Organic & Biomolecular Chemistry, 2018, 16 (33): 6146-6154.

[241] Li G L, Fronczek F R, Antilla J C. Catalytic asymmetric addition of alcohols to imines: enantioselective preparation of chiral *N*, *O*-aminals. Journal of the American Chemical Society, 2008, 130 (37): 12216-12217.

[242] Zheng W, Wojtas L, Antilla J C. Chiral phosphoric acid catalyzed peroxidation of imines. Angewandte Chemie International Edition, 2010, 49 (37): 6589-6591.

[243] Ingle G K, Mormino M G, Wojtas L, et al. Chiral phosphoric acid-catalyzed addition of thiols to *N*-acyl imines: access to chiral *N*, *S*-acetals. Oganic Letters, 2011, 13 (18): 4822-4825.

[244] Shi L, Zhang B, Zhang J, et al. One-pot multicomponent asymmetric synthesis of $\alpha$-amidosulfides from thiophenol and *N*-acylimines generated in situ from $\alpha$-amidosulfones. Monatshefte für Chemie: Chemical Monthly, 2017, 148 (2): 375-379.

[245] Suć J, Dokli I, Gredičak M. Chiral Brønsted acid-catalysed enantioselective synthesis of isoindolinone-derived *N*(acyl),*S*-acetals. Chemical Communications, 2016, 52 (10): 2071-2074.

[246] Unhale R A, Molleti N, Rana N K, et al. Chiral phosphoric acid catalyzed enantioselective addition of thiols to in situ generated ketimines: synthesis of *N*,*S*-ketals. Tetrahedron Letters, 2017, 58 (2): 145-151.

[247] Rueping M, Antonchick A P. Brønsted-acid-catalyzed activation of nitroalkanes: a direct enantioselective aza-Henry reaction. Oganic Letters, 2008, 10 (9): 1731-1734.

[248] Rueping M, Antonchick A P, Brinkmann C. Dual catalysis: a combined enantioselective Brønsted acid and metal-catalyzed reaction——metal catalysis with chiral counterions. Angewandte Chemie International Edition, 2007, 46 (36): 6903-6906.

[249] Ren Y Y, Wang Y Q, Liu S. Asymmetric alkynylation of seven-membered cyclic imines by combining chiral phosphoric acids and Ag(Ⅰ) catalysts: synthesis of 11-substituted-10,11-dihydrodibenzo[b,f][1,4]oxazepine derivatives. The Journal of Organic Chemistry, 2014, 79 (23): 11759-11767.

[250] Hu W H, Xu X F, Zhou J, et al. Cooperative catalysis with chiral Brønsted acid-$Rh_2(OAc)_4$: highly enantioselective three-component reactions of diazo compounds with alcohols and imines. Journal of the American Chemical Society, 2008, 130 (25): 7782-7783.

[251] Kang Z, Zhang D, Shou J, et al. Enantioselective trapping of oxonium ylides by 3-hydroxyisoindolinones via a formal $S_N1$ pathway for construction of contiguous quaternary stereocenters. Oganic Letters, 2018, 20 (4): 983-986.

[252] Wei H, Bao M, Dong K, et al. Visible-light-mediated metal-free difunctionalization of alkenes with $CO_2$ and silanes or C($sp^3$)-H alkanes. Angewandte Chemie International Edition, 2018, 57 (52): 17200-17224.

[253] Uraguchi D, Sorimachi K, Terada M. Organocatalytic asymmetric direct alkylation of $\alpha$-diazoester via C-H bond cleavage. Journal of the American Chemical Society, 2005, 127 (26): 9360-9361.

[254] Unhale R A, Sadhu M M, Ray S K, et al. A chiral Brønsted acid-catalyzed highly enantioselective Mannich-type

reaction of α-diazo esters with in situ generated *N*-acyl ketimines. Chemical Communications, 2018, 54 (28): 3516-3519.

[255] Li G, Kaplan M J, Wojtas L, et al. Chiral phosphoric acid catalyzed addition of dihydropyrans to *N*-acyl imines: stereocontrolled access to enantioenriched spirocyclic oxazoletetrahydropyrans with three contiguous stereocenters. Oganic Letters, 2010, 12 (9): 1960-1963.

[256] Zhang H H, Wang Y M, Xie Y W, et al. Organocatalytic chemo-, (*E*/*Z*)-and enantioselective formal alkenylation of indole-derived hydroxylactams using *o*-hydroxystyrenes as a source of alkenyl group. The Journal of Organic Chemistry, 2014, 79 (15): 7141-7151.

[257] Wang Y, Wang Q, Zhu J. Organocatalytic nucleophilic addition of hydrazones to imines: synthesis of enantioenriched vicinal diamines. Angewandte Chemie International Edition, 2017, 56 (20): 5612-5615.

[258] Tong S, Wang M X. Catalytic enantioselective synthesis of 4-amino-1,2,3,4-tetrahydropyridine derivatives from intramolecular nucleophilic addition reaction of tertiary enamides. Synlett, 2019, 30 (4): 483-487.

[259] Terada M, Tanaka H, Sorimachi K. Enantioselective direct aldol-type reaction of azlactone via protonation of vinyl ethers by a chiral Brønsted acid catalyst. Journal of the American Chemical Society, 2009, 131 (10): 3430-3431.

[260] Pousse G, Le Cavelier F, Humphreys L, et al. Brønsted acid catalyzed asymmetric aldol reaction: a complementary approach to enamine catalysis. Oganic Letters, 2010, 12 (16): 3582-3585.

[261] Das J, Le Cavelier F, Rouden J, et al. Expanding the scope of the direct regiospecific asymmetric aldol reaction to enones and dienones catalyzed by a BINOL-derived Brønsted acid. European Journal of Organic Chemistry, 2011, 2011 (33): 6628-6631.

[262] Chen X H, Xu X Y, Liu H, et al. Highly enantioselective organocatalytic Biginelli reaction. Journal of the American Chemical Society, 2006, 128 (46): 14802-14803.

[263] Li N, Chen X H, Song J, et al. Highly enantioselective organocatalytic Biginelli and Biginelli-Like condensations: reversal of the stereochemistry by tuning the 3,3 ′ -disubstituents of phosphoric acids. Journal of the American Chemical Society, 2009, 131 (42): 15301-15310.

[264] Goss J M, Schaus S E. Enantioselective synthesis of SNAP-7941: chiral dihydropyrimidone inhibitor of MCH1-R. The Journal of Organic Chemistry, 2008, 73 (19): 7651-7656.

[265] Guo Y, Gao Z, Fan C, et al. Enantioselective Biginelli reaction of aliphatic aldehydes catalyzed by a chiral phosphoric acid: a key step in the synthesis of the bicyclic guanidine core of crambescin A and batzelladine A. Synthesis, 2018, 50 (12): 2394-2406.

[266] Zhang Y, Ao Y F, Huang Z T, et al. Chiral phosphoric acid catalyzed asymmetric ugi reaction by dynamic kinetic resolution of the primary multicomponent adduct. Angewandte Chemie International Edition, 2016, 55 (17): 5282-5285.

[267] Zhang J, Yu P, Li S Y, et al. Asymmetric phosphoric acid-catalyzed four-component Ugi reaction. Science, 2018, 361(6407): 1087-1096.

[268] Wang G P, Chen M Q, Zhu, S F, et al. Enantioselective Nazarov cyclization of indole enones cooperatively catalyzed by Lewis acids and chiral Brønsted acids. Chemical Science, 2017, 8 (10): 7197-7202.

[269] Wang C S, Wu J L, Li C, et al. Design of C3-alkenyl-substituted 2-indolylmethanols for catalytic asymmetric interrupted Nazarov-type cyclization. Advanced Synthesis & Catalysis, 2018, 360 (5): 846-851.

[270] Wu J L, Wang C S, Wang J R, et al. a catalytic asymmetric interrupted Nazarov-type cyclization of 2-indolylmethanols with cyclic enaminones. Organic & Biomolecular Chemistry, 2018, 16 (30): 5457-5464.

[271] Akiyama T, Suzuki T, Mori K. Enantioselective aza-Darzens reaction catalyzed by a chiral phosphoric acid. Oganic Letters, 2009, 11 (11): 2445-2447.

[272] Zeng X F, Zeng X, Xu Z. J, et al. Highly efficient asymmetric trans-selective aziridination of diazoacetamides and *N*-Boc-imines catalyzed by chiral Brønsted acids. Oganic Letters, 2009, 11 (14): 3036-3039.

[273] Terada M, Moriya K, Kanomata K, et al. Chiral Brønsted acid catalyzed stereoselective addition of azlactones to 3-vinylindoles for facile access to enantioenriched tryptophan derivatives. Angewandte Chemie International Edition, 2011, 50 (52): 12586-12590.

[274] Han Y, Zheng B, Peng Y. Construction of chiral 2-substituted octahydroindoles from cyclic ketones and nitroolefins bearing only one $\alpha$-substituent. Advanced Synthesis & Catalysis 2015, 357 (6): 1136-1142.

[275] Felker I, Pupo G, Kraft P, et al. Design and enantioselective synthesis of cashmeran odorants by using "enol catalysis". Angewandte Chemie International Edition, 2015, 54(6): 1960-1964.

[276] Yang X, Toste F D. Asymmetric addition of $\alpha$-branched cyclic ketones to allenamides catalyzed by a chiral phosphoric acid. Chemical Science, 2016, 7 (4): 2653-2656.

[277] Burns A R, Madec A G E, Low D W, et al. Enantioselective synthesis of bicyclo[3.*n*.1]alkanes by chiral phosphoric acid-catalyzed desymmetrizing Michael cyclizations. Chemical Science, 2015, 6 (6): 3550-3555.

[278] Li W, Xu X, Liu Y, et al. Enantioselective organocatalytic 1,6-addition of azlactones to para-quinone methides: an access to $\alpha$, $\alpha$-disubstituted and $\beta$, $\beta$-diaryl-$\alpha$-amino acid esters. Oganic Letters, 2018, 20 (4): 1142-1145.

[279] Yan J, Chen M, Sung H H Y, et al. An organocatalytic asymmetric synthesis of chiral $\beta$, $\beta$-diaryl-$\alpha$-amino acids via addition of azlactones to in situ generated para-quinone methides. Chemistry: An Asian Journal, 2018, 13 (17): 2440-2444.

[280] Guo C, Song J, Huang J Z, et al. Core-structure-oriented asymmetric organocatalytic substitution of 3-hydroxyoxindoles: application in the enantioselective total synthesis of (+)-folicanthine. Angewandte Chemie International Edition, 2012, 51 (4): 1046-1050.

[281] Song L, Guo Q X, Li X C, et al. The direct asymmetric $\alpha$ alkylation of ketones by Brønsted acid catalysis. Angewandte Chemie International Edition, 2012, 51 (8): 1899-1902.

[282] Tang X D, Li S, Guo R, et al. Chiral phosphoric acid catalyzed enantioselective decarboxylative alkylation of $\beta$-keto acids with 3-hydroxy-3-indolyloxindoles. Oganic Letters, 2015, 17 (6): 1389-1392.

[283] Xiao M, Ren D, Xu L, et al. $S_N1$-type alkylation of *N*-heteroaromatics with alcohols. Oganic Letters, 2017, 19 (21): 5724-5727.

[284] El-Sepelgy O, Haseloff S, Alamsetti S K, et al. Brønsted acid catalyzed, conjugate addition of $\beta$-dicarbonyls to in situ generated ortho-quinone methides——enantioselective synthesis of 4-aryl-4*H*-chromenes. Angewandte Chemie International Edition, 2014, 53 (30): 7923-7927.

[285] Chen Y H, Cheng D J, Zhang J, et al. Atroposelective synthesis of axially chiral biaryldiols via organocatalytic arylation of 2-naphthols. Journal of the American Chemical Society, 2015, 137 (48): 15062-15065.

[286] Cai Q, Zheng C, You S L. Enantioselective intramolecular aza-Michael additions of indoles catalyzed by chiral phosphoric acids. Angewandte Chemie International Edition, 2010, 49 (46): 8666-8669.

[287] Saito K, Moriya Y, Akiyama T. Chiral phosphoric acid catalyzed asymmetric synthesis of 2-substituted 2,3-dihydro-4-quinolones by a protecting-group-free approach. Oganic Letters, 2015, 17 (13): 3202-3205.

[288] Yang L, Xia C, Huang H. Chiral phosphoric acid catalyzed enantioselective aza-Michael addition of aromatic amines to nitroolefins. Chinese Journal of Catalysis, 2011, 32 (9-10): 1573-1576.

[289] Izumi S, Kobayashi Y, Takemoto Y. Catalytic asymmetric synthesis of anti-$\alpha$, $\beta$-diamino acid derivatives. Oganic Letters, 2016, 18 (4): 696-699.

[290] Xu C, Muir C W, Leach A G, et al. Catalytic enantioselective synthesis of $\alpha$-chiral azaheteroaryl ethylamines by asymmetric protonation. Angewandte Chemie International Edition, 2018, 57 (35): 11374-11377.

[291] Wang Y Y, Kanomata K, Korenaga T, et al. Enantioselective aza Michael-type addition to alkenyl benzimidazoles catalyzed by a chiral phosphoric acid. Angewandte Chemie International Edition, 2016, 55 (3): 927-931.

[292] Chen M, Sun J. Catalytic asymmetric *N*-alkylation of indoles and carbazoles through 1,6-conjugate addition of aza-para-quinone methides. Angewandte Chemie International Edition, 2017, 56 (16): 4583-4587.

[293] Chen M, Han Y, Ma D, et al. Organocatalytic enantioselective synthesis of chiral diarylmethylamines from racemic alcohols. Chinese Journal of Chemistry, 2018, 36 (7): 587-593.

[294] Miles D H, Guasch J, Toste F D. A nucleophilic strategy for enantioselective intermolecular $\alpha$-amination: access to enantioenriched $\alpha$-arylamino ketones. Journal of the American Chemical Society, 2015, 137 (24): 7632-7635.

[295] Gu Q, Rong Z Q, Zheng C, et al. Desymmetrization of cyclohexadienones via Brønsted acid-catalyzed enantioselective oxo-michael reaction. Journal of the American Chemical Society, 2010, 132 (12): 4056-4057.

[296] Zhang J W, Cai Q, Gu Q, et al. Enantioselective synthesis of benzofurans and benzoxazines via an olefin cross-metathesis-intramolecular oxo-Michael reaction. Chemical Communications, 2013, 49 (70): 7750-7752.
[297] Dong N, Zhang Z P, Xue X S, et al. Phosphoric acid catalyzed asymmetric 1,6-conjugate addition of thioacetic acid to para-quinone methides. Angewandte Chemie International Edition, 2016, 55 (4): 1460-1464.
[298] Lai Z, Sun J. Enantioselective addition of thiols to ortho-quinone methides catalyzed by chiral phosphoric acids. Synlett, 2016, 27 (4): 555-558.
[299] Xu S M, Wang Z, Zhang X, et al. Chiral Brønsted acid catalyzed asymmetric Baeyer-Villiger reaction of 3-substituted cyclobutanones by using aqueous $H_2O_2$. Angewandte Chemie International Edition, 2008, 47 (15): 2840-2843.
[300] Xu S M, Wang Z, Zhang, X, et al. Asymmetric Baeyer-Villiger oxidation of 2,3-and 2,3,4-substituted cyclobutanones catalyzed by chiral phosphoric acids with aqueous $H_2O_2$ as the oxidant. European Journal of Organic Chemistry 2011, 2011 (1): 110-116.
[301] Wang X W, List B. Asymmetric counteranion-directed catalysis for the epoxidation of enals. Angewandte Chemie International Edition, 2008, 47 (6): 1119-1122.
[302] Wang X W, Reisinger C M, List B. Catalytic asymmetric epoxidation of cyclic enones. Journal of the American Chemical Society, 2008, 130 (19): 6070-6071.
[303] Lifchits O, Reisinger C M, List B. Catalytic asymmetric epoxidation of $\alpha$-Branched enals. Journal of the American Chemical Society, 2010, 132 (30): 10227-10229.
[304] Rowland E B, Rowland G B, Rivera-Otero E, et al. Brønsted acid-catalyzed desymmetrization of meso-aziridines. Journal of the American Chemical Society, 2007, 129 (40): 12084-12085.
[305] Sala G D, Lattanzi A. Highly enantioselective synthesis of $\beta$-amidophenylthioethers by organocatalytic desymmetrization of meso-aziridines. Organic Letters, 2009, 11 (15): 3330-3333.
[306] Larson S E, Baso J C, Li G, et al. Chiral phosphoric acid-catalyzed desymmetrization of meso-aziridines with functionalized mercaptans. Organic Letters, 2009, 11 (22): 5186-5189.
[307] Monaco M R, Poladura B, de Los Bernardos M D, et al. Activation of carboxylic acids in asymmetric organocatalysis. Angewandte Chemie International Edition, 2014, 53 (27): 7063-7067.
[308] Monaco M R, Properzi R, List B. An approach to highly hindered BINOL phosphates. Synlett, 2016, 27 (4): 591-594.
[309] Hamilton G L, Kanai T, Toste F D. Chiral anion-mediated asymmetric ring opening of meso-aziridinium and episulfonium ions. Journal of the American Chemical Society, 2008, 130 (45): 14984-14986.
[310] Wang Z, Law W K, Sun J. Chiral phosphoric acid catalyzed enantioselective desymmetrization of meso-epoxides by thiols. Organic Letters, 2013, 15 (23): 5964-5966.
[311] Monaco M R, Prévost S, List B. Catalytic asymmetric synthesis of thiols. Journal of the American Chemical Society, 2014, 136 (49): 16982-16985.
[312] Liu W J, Chen X H, Gong L Z. Direct assembly of aldehydes, amino esters, and anilines into chiral imidazolidines via Brønsted acid catalyzed asymmetric 1,3-dipolar cycloadditions. Organic Letters, 2008, 10(23): 5357-5360.
[313] Zhu R Y, Wang C S, Jiang F, et al. Catalytic asymmetric homo-1,3-dipolar cycloadditions of azomethine ylides: diastereo-and enantioselective synthesis of imidazolidines. Tetrahedron: Asymmetry 2014, 25 (8): 617-624.
[314] Wang Y M, Zhang H H, Li C, et al. Catalytic asymmetric chemoselective 1,3-dipolar cycloadditions of an azomethine ylide with isatin-derived imines: diastereo-and enantioselective construction of a spiro[imidazolidine-2,3′ -oxindole] framework. Chemical Communications, 2016, 52 (9): 1804-1807.
[315] Chen X H, Zhang W Q, Gong L Z. Asymmetric organocatalytic three-component 1,3-dipolar cycloaddition: control of stereochemistry via a chiral Brønsted acid activated dipole. Journal of the American Chemical Society, 2008, 130 (17): 5652-5653.
[316] Chen X H, Wei Q, Luo S W, et al. Organocatalytic synthesis of spiro[pyrrolidin-3,3′-oxindoles] with high enantiopurity and structural diversity. Journal of the American Chemical Society, 2009, 131 (38): 13819-13825.
[317] Wang C, Chen X H, Zhou S M, et al. Asymmetric organocatalytic formal double-arylation of azomethines for the synthesis of highly enantiomerically enriched isoindolines. Chemical Communications, 2010, 46 (8): 1275-1277.

[318] Li N, Song J, Tu X, et al. Organocatalytic asymmetric intramolecular [3+2] cycloaddition: a straightforward approach to access multiply substituted hexahydrochromeno[4,3-b]pyrrolidine derivatives in high optical purity. Organic & Biomolecular Chemistry, 2010, 8 (9): 2016-2019.

[319] Shi F, Zhu R Y, Liang X, et al. Catalytic asymmetric 1,3-dipolar cycloadditions of alkynes with isatin-derived azomethine ylides: enantioselective synthesis of spiro[indoline-3,2′-pyrrole] derivatives. Advanced Synthesis & Catalysis, 2013, 355 (11-12): 2447-2458.

[320] Luo W, Lin Y, Yang D, et al. Chiral phosphoric acid catalyzed 1,3-dipolar cycloadditions of aldehydes, eiethyl $\alpha$-aminomalonate, and nitroalkenes. Tetrahedron: Asymmetry, 2014, 25 (10-11): 787-791.

[321] Zhu G, Wang B, Bao X, et al. Catalytic asymmetric construction of spiro[pyrrolidine-2,3′-oxindole] scaffolds through chiral phosphoric acid-catalyzed 1,3-dipolar cycloaddition involving 3-amino oxindoles. Chemical Communications, 2015, 51 (85): 15510-15513.

[322] Zhang Z, Sun W, Zhu G, et al. Chiral phosphoric acid catalyzed enantioselective 1,3-dipolar cycloaddition reaction of azlactones. Chemical Communications, 2016, 52 (7): 1377-1380.

[323] Wang Y, Wang Q, Zhu J. Chiral phosphoric acid-catalyzed enantioselective formal [3+2] cycloaddition of azomethine imines with enecarbamates. Chemistry: A European Journal, 2016, 22 (24): 8084-8088.

[324] Jiang J, Yu J, Sun X X, et al. Organocatalytic asymmetric three-component cyclization of cinnamaldehydes and primary amines with 1,3-dicarbonyl compounds: straightforward access to enantiomerically enriched dihydropyridines. Angewandte Chemie International Edition, 2008, 47 (13): 2458-2462.

[325] Jiang J, Qing J, Gong L Z. Asymmetric synthesis of 3-amino-$\delta$-lactams and benzo[a]quinolizidines by catalytic cyclization reactions involving azlactones. Chemistry: A European Journal 2009, 15 (29): 7031-7034.

[326] Yue T, Wang M X, Wang D X, et al. Brønsted acid catalyzed enantioselective three-component reaction involving the $\alpha$-addition of isocyanides to imines. Angewandte Chemie International Edition, 2009, 48 (36): 6717-6721.

[327] Zeng X, Ye K, Lu M, et al. Chiral Brønsted acid catalyzed enantioselective addition of $\alpha$-isocyanoacetamides to aldehydes. Organic Letters, 2010, 12 (10): 2414-2417.

[328] Rubush D M, Morges M A, Rose B J, et al. An asymmetric synthesis of 1,2,4-trioxane anticancer agents via desymmetrization of peroxyquinols through a Brønsted acid catalysis cascade. Journal of the American Chemical Society, 2012, 134 (33): 13554-13557.

[329] Matsumoto A, Asano K, Matsubara S. A chiral phosphoric acid catalyst for asymmetric construction of 1,3-dioxanes. Chemical Communications, 2015, 51 (58): 11693-11696.

[330] (a) Akiyama T, Katoh T, Mori K. Enantioselective Robinson-type annulation reaction catalyzed by chiral phosphoric acids. Angewandte Chemie International Edition, 2009, 48 (23): 4226-4228. (b) Yamanaka M, Hoshino M, Katoh T, et al. Kinetic resolution in chiral phosphoric acid catalyzed aldol reactions: enantioselective Robinson-type annulation reactions. European Journal of Organic Chemistry, 2012, 2012 (24): 4508-4514.

[331] Li X, Zhao Y, Qu H, et al. Organocatalytic asymmetric multicomponent reactions of aromatic aldehydes and anilines with $\beta$-ketoesters: facile and atom-economical access to chiral tetrahydropyridines. Chemical Communications, 2013, 49 (14): 1401-1403.

[332] Shi F, Tan W, Zhu R Y, et al. Catalytic asymmetric five-component Tandem reaction: diastereo-and enantioselective synthesis of densely functionalized tetrahydropyridines with biological importance. Advanced Synthesis & Catalysis, 2013, 355 (8): 1605-1622.

[333] Wang Y, Tu M S, Shi F, et al. Enantioselective construction of the biologically significant dibenzo[1,4]diazepine scaffold via organocatalytic asymmetric three-component reactions. Advanced Synthesis & Catalysis, 2014, 356 (9): 2009-2019.

[334] Wang Y, Shi F, Yao X X, et al. Catalytic asymmetric construction of 3,3′ -spirooxindoles fused with seven-membered rings by enantioselective Tandem reactions. Chemistry: A European Journal, 2014, 20 (46): 15047-15052.

[335] (a)Saha S, Schneider C. Secondary alcohol hemiacetal formation: an in situ carbonyl activation strategy. Organic Letters, 2015, 17 (3): 648. (b) Saha S, Schneider C. Brønsted acid-catalyzed, highly enantioselective addition of enamides to in situ-generated ortho-quinone methides: a domino approach to complex acetamidotetrahydroxanthenes.

Chemistry: A European Journal, 2015, 21 (6): 2348-2352.

[336] Gharui C, Singh S, Pan S C. Chiral phosphoric acid catalyzed enantioselective annulation of acyclic enecarbamates to in situ-generated ortho-quinone methides. Organic & Biomolecular Chemistry, 2017, 15(35): 7272-7276.

[337] Hsiao C C, Liao H H, Rueping M. Enantio-and diastereoselective access to distant stereocenters embedded within tetrahydroxanthenes: utilizing ortho-quinone methides as reactive intermediates in asymmetric Brønsted acid catalysis. Angewandte Chemie International Edition, 2014, 53 (48): 13258-13263.

[338] Zhao J J, Zhang Y C, Xu M M, et al. Catalytic chemo-, *E*/*Z*-, and enantioselective cyclizations of *o*-hydroxybenzyl alcohols with dimedone-derived enaminones. The Journal of Organic Chemistry, 2015, 80 (20): 10016-10024.

[339] Sun X X, Zhang H H, Li G H, et al. Diastereo-and enantioselective construction of an indole-based 2,3-dihydrobenzofuran scaffold via catalytic asymmetric [3+2] cyclizations of quinone monoimides with 3-vinylindoles. Chemical Communications, 2016, 52 (14): 2968-2971.

[340] Zhang M, Yu S, Hu F, et al. Highly enantioselective [3+2] coupling of cyclic enamides with quinone monoimines promoted by a chiral phosphoric acid. Chemical Communications, 2016, 52 (56): 8757-8760.

[341] Gelis C, Bekkaye M, Lebée C, et al. Chiral phosphoric acid catalyzed [3+2] cycloaddition and Tandem oxidative [3+2] cycloaddition: asymmetric synthesis of substituted 3-aminodihydrobenzofurans. Organic Letters, 2016, 18 (14): 3422-3425.

[342] Feng W, Yang H, Wang Z, et al. Enantioselective [3+2] formal cycloaddition of 1-styrylnaphthols with quinones catalyzed by a chiral phosphoric acid. Organic Letters, 2018, 20 (10): 2929-2933.

[343] Lebée C, Kataja A O, Blanchard F, et al. Formal asymmetric organocatalytic [3+2] cyclization between enecarbamates and 3-indolylmethanols: rapid access to 3-aminocyclopenta[b]indoles. Chemistry: A European Journal 2015, 21 (23): 8399-8402.

[344] Tan W, Li X, Gong Y X, et al. Highly diastereo-and enantioselective construction of a spiro [cyclopenta [b]indole-1,3′ -oxindole] scaffold via catalytic asymmetric formal [3+2] cycloadditions. Chemical Communications, 2014, 50 (100): 15901-15904.

[345] Fan T, Zhang H H, Li C, et al. The application of *N*-protected 3-vinylindoles in chiral phosphoric acid-catalyzed [3+2] cyclization with 3-indolylmethanols: monoactivation of the catalyst to vinyliminium. Advanced Synthesis & Catalysis, 2016, 358 (12): 2017-2031.

[346] Shi F, Zhang H H, Sun X X, et al. Organocatalytic asymmetric cascade reactions of 7-vinylindoles: diastereo-and enantioselective synthesis of C7-functionalized indoles. Chemistry: A European Journal, 2015, 21(8): 3465-3471.

[347] Dai W, Lu H, Li X, et al. Diastereo-and enantioselective construction of a bispirooxindole scaffold containing a tetrahydro-$\beta$-carboline moiety through an organocatalytic asymmetric cascade reaction. Chemistry: A European Journal, 2014, 20 (36): 11382-11389.

[348] Zhu Z Q, Shen Y, Sun X X, et al. Catalytic asymmetric [3+2] cycloadditions of C-3 unsubstituted 2-indolylmethanols: regio-, diastereo-and enantioselective construction of the cyclopenta[b]indole framework. Advanced Synthesis & Catalysis, 2016, 358 (23): 3797-3808.

[349] Sun X X, Zhang H H, Li G H, et al. Catalytic enantioselective and regioselective [3+3] cycloadditions using 2-indolylmethanols as 3C building blocks. Chemistry: A European Journal, 2016, 22 (49): 17526-17532.

[350] Li C, Lu H, Sun X X, et al. Diastereo-and enantioselective construction of spirooxindole scaffolds through a catalytic asymmetric [3+3] cycloaddition. Organic & Biomolecular Chemistry, 2017, 15 (22): 4794-4797.

[351] Sun X X, Li C, He Y Y, et al. Catalytic asymmetric [3+3] cycloaddition of azomethine ylides with C3-substituted 2-indolylmethanols. Advanced Synthesis & Catalysis, 2017, 359 (15): 2660-2670.

[352] He Y, Cheng C, Chen B, et al. Highly enantioselective synthesis of 2,3-dihydro-1*H*-imidazo[2,1-*a*]isoindol-5(9*bH*)-ones via catalytic asymmetric intramolecular cascade imidization-nucleophilic addition-lactamization. Organic Letters, 2014, 16 (24): 6366-6369.

[353] Qian H, Zhao W, Wang Z, et al. Organocatalytic enantio-and diastereoselective synthesis of 1,2-dihydronaphthalenes from isobenzopyrylium ions. Journal of the American Chemical Society, 2015, 137 (2): 560-563.

[354] Zhang Y C, Zhu Q N, Yang X, et al. Merging chiral brønsted acid/base catalysis: an enantioselective [4+2]

cycloaddition of $o$-hydroxystyrenes with azlactones. The Journal of Organic Chemistry, 2016, 81 (4): 1681-1688.

[355] Tang M, Zhao J J, Wu Q, et al. Organocatalytic generation of $o$-quinone methides from commonly used $o$-hydroxystyrenes at high temperature for enantioselective cyclization. Synthesis, 2017, 49 (9): 2035-2044.

[356] Kretzschmar M, Hodík T, Schneider C. Brønsted acid catalyzed addition of enamides to ortho-quinone methide imines——an efficient and highly enantioselective synthesis of chiral tetrahydroacridines. Angewandte Chemie International Edition, 2016, 55 (32): 9788-9792.

[357] Hodík T, Schneider C. Brønsted acid-catalyzed, enantioselective synthesis of 1,4-dihydroquinoline-3-carboxylates via in situ generated ortho-quinone methide imines. Organic & Biomolecular Chemistry, 2017, 15 (17): 3706-3716.

[358] Hodík T, Schneider C. A highly enantio-and diastereoselective synthesis of spirocyclic dihydroquinolones via domino Michael addition-lactamization of ortho-quinone methide imines. Chemistry: A European Journal, 2018, 24 (68): 18082-18088.

[359] Yang X, Pang S, Cheng F, et al. Enantioselective synthesis of 1,3-disubstituted 1,3-dihydroisobenzofurans via a cascade allylboration/oxo-Michael reaction of $o$-formyl chalcones catalyzed by a chiral phosphoric acid. The Journal of Organic Chemistry, 2017, 82 (19): 10388-10397.

[360] Zhang L, Liu Y, Liu K, et al. Asymmetric synthesis of dihydrocoumarins via the organocatalytic hetero-Diels-Alder reaction of ortho-quinone methides. Organic & Biomolecular Chemistry, 2017, 15 (41): 8743-8747.

[361] Zhang Z P, Xie K X, Yang C, et al. Asymmetric synthesis of dihydrocoumarins through chiral phosphoric acid-catalyzed cycloannulation of para-quinone methides and azlactones. The Journal of Organic Chemistry, 2018, 83 (1): 364-373.

[362] Jiang X L, Wu S F, Wang J R, et al. Catalytic asymmetric [4+2] cyclization of para-quinone methide derivatives with 3-alkyl-2-vinylindoles. Advanced Synthesis & Catalysis, 2018, 360 (21): 4225-4235.

[363] Lim C S, Quach T T, Zhao Y. Enantioselective synthesis of tetrahydroquinolines by borrowing hydrogen methodology: cooperative catalysis by an achiral iridacycle and a chiral phosphoric acid. Angewandte Chemie International Edition, 2017, 56 (25): 7176-7180.

[364] Gelis C, Levitre G, Merad J, et al. Highly diastereo-and enantioselective synthesis of cyclohepta[b]indoles by chiral-phosphoric-acid-catalyzed (4+3) cycloaddition. Angewandte Chemie International Edition, 2018, 57 (37): 12121-12125.

[365] del Corte X, Maestro A, Vicario J, et al. Brønsted-acid-catalyzed asymmetric three-component reaction of amines, aldehydes, and pyruvate derivatives. Enantioselective synthesis of highly functionalized $\gamma$-lactam derivatives. Organic Letters, 2018, 20 (2): 317-320.

[366] Xia Z L, Zheng C, Liang X W, et al. Manipulation of spiroindolenine intermediates for enantioselective synthesis of 3-(indol-3-yl)-pyrrolidines. Angewandte Chemie International Edition, 2019, 58 (4): 1158-1162.

[367] Jain P, Antilla J C. Chiral Brønsted acid-catalyzed allylboration of aldehydes. Journal of the American Chemical Society, 2010, 132 (34): 11884-11886.

[368] Xing C H, Liao Y X, Zhang Y, et al. Asymmetric allylboration of aldehydes with pinacol allylboronates catalyzed by 1,1′-spirobiindane-7,7′-diol (SPINOL) based phosphoric acids. European Journal of Organic Chemistry, 2012, 2012 (6): 1115-1118.

[369] Incerti-Pradillos C A, Kabeshov M A, Malkov A V. Highly stereoselective synthesis of $Z$-homoallylic alcohols by kinetic resolution of racemic secondary allyl boronates. Angewandte Chemie International Edition, 2013, 52 (20): 5338-5341.

[370] Miura T, Nishida Y, Morimoto M, et al. Enantioselective synthesis of anti homoallylic alcohols from terminal alkynes and aldehydes based on concomitant use of a cationic iridium complex and a chiral phosphoric acid. Journal of the American Chemical Society, 2013, 135 (31): 11497-11500.

[371] Miura T, Nakahashi J, Murakami M. Enantioselective synthesis of ($E$)-$\delta$-boryl-substituted anti-homoallylic alcohols using palladium and a chiral phosphoric acid. Angewandte Chemie International Edition, 2017, 56 (24): 6989-6993.

[372] Miura T, Nakahashi J, Zhou W, et al. Enantioselective synthesis of anti-1,2-oxaborinan-3-enes from aldehydes and 1,1-di(boryl)alk-3-enes using ruthenium and chiral phosphoric acid catalysts. Journal of the American Chemical

Society, 2017, 139 (31): 10903-10908.

[373] Clot-Almenara L, Rodríguez-Escrich C, Osorio-Planes L, et al. Polystyrene-supported TRIP: a highly recyclable catalyst for batch and flow enantioselective allylation of aldehydes. ACS Catalysis, 2016, 6 (11): 7647-7651.

[374] Li L L, Su Y L, Han Z Y, et al. Assembly of tetrahydropyran derivatives from aldehydes, allylboronates, and syngas by asymmetric relay catalytic cascade reaction. Chemistry: A European Journal, 2018, 24 (30): 7626-7630.

[375] Gao S, Chen M. Enantioselective syn-and anti-alkoxyallylation of aldehydes via Brønsted acid catalysis. Organic Letters, 2018, 20 (19): 6174-6177.

[376] Hetzler B E, Volpin G, Vignoni E, et al. A versatile bis-allylboron reagent for the stereoselective synthesis of chiral diols. Angewandte Chemie International Edition, 2018, 57 (43): 14276-14280.

[377] (a) Reddy L R. Chiral Brønsted acid catalyzed enantioselective propargylation of aldehydes with allenylboronate. Organic Letters, 2012, 14 (4): 1142-1145. (b) Wang M, Khan S, Miliordos E, et al. Enantioselective syntheses of homopropargylic alcohols via asymmetric allenylboration. Organic Letters, 2018, 20 (13): 3810-3814.

[378] Wang M, Khan S, Miliordos E, et al. Enantioselective allenylation of aldehydes via Brønsted acid catalysis. Advanced Synthesis & Catalysis, 2018, 360 (23): 4634-4639.

[379] Sasaki Y, Sawamura M, Ito H. Mechanistic insight into the anomalous syn-selectivity observed during the addition of allenylboronates to aromatic aldehydes. Chemistry Letters, 2011, 40 (9): 1044-1046.

[380] Chen M, Roush W R. Enantioselective synthesis of anti-and syn-homopropargyl alcohols via chiral Brønsted acid catalyzed asymmetric allenylboration reactions. Journal of the American Chemical Society, 2012, 134 (26): 10947-10952.

[381] Tsai A S, Chen M, Roush W R. Chiral Brønsted acid catalyzed enantioselective synthesis of anti-homopropargyl alcohols via kinetic resolution-aldehyde allenylboration using racemic allenylboronates. Organic Letters, 2013, 15 (7): 1568-1571.

[382] Huang Y, Yang X, Lyu Z, et al. Asymmetric synthesis of 1,3-butadienyl-2-carbinols by the homoallenylboration of aldehydes with a chiral phosphoric acid catalyst. Angewandte Chemie International Edition, 2015, 54 (25): 7299-7302.

[383] Huang D, Wang H, Xue F, et al. Enantioselective bromocyclization of olefins catalyzed by chiral phosphoric acid. Organic Letters, 2011, 13 (24): 6350-6353.

[384] Li G X, Fu Q Q, Zhang X M, et al. First asymmetric intermolecular bromoesterification catalyzed by chiral Brønsted acid. Tetrahedron: Asymmetry, 2012, 23 (3-4): 245-251.

[385] Rauniyar V, Lackner A D, Hamilton G L, et al. Asymmetric electrophilic fluorination using an anionic chiral phase-transfer catalyst. Science, 2011, 334 (6063): 1681-1684.

[386] Wang Y M, Wu J, Hoong C, et al. Enantioselective halocyclization using reagents tailored for chiral anion phase-transfer catalysis. Journal of the American Chemical Society, 2012, 134 (31): 12928-12931.

[387] Phipps R J, Hiramatsu K, Toste F D. Asymmetric fluorination of enamides: access to $\alpha$-fluoroimines using an anionic chiral phase-transfer catalyst. Journal of the American Chemical Society, 2012, 134 (20): 8376-8379.

[388] Honjo T, Phipps R J, Rauniyar V, et al. A doubly axially chiral phosphoric acid catalyst for the asymmetric Tandem oxyfluorination of enamides. Angewandte Chemie International Edition, 2012, 51 (38): 9684-9688.

[389] Alix A, Lalli C, Retailleau P, et al. Highly enantioselective electrophilic $\alpha$-bromination of enecarbamates: chiral phosphoric acid and calcium phosphate salt catalysts. Journal of the American Chemical Society, 2012, 134 (25): 10389-10392.

[390] Lebée C, Blanchard F, Masson G. Highly enantioselective intermolecular iodo-and chloroamination of enecarbamates catalyzed by chiral phosphoric acids or calcium phosphate salts. Synlett, 2016, 27 (4): 559-563.

[391] Wei Q, Wang Y Y, Du Y L, et al. Organocatalytic asymmetric selenofunctionalization of tryptamine for the synthesis of hexahydropyrrolo[2,3-b]indole derivatives. Beilstein Journal of Organic Chemistry, 2013, 9 (6): 1559-1564.

[392] Li L, Li Z, Huang D, et al. Chiral phosphoric acid catalyzed enantioselective sulfamination of amino-alkenes. RSC Advances, 2013, 3 (14): 4523-4525.

[393] Cao Y M, Lentz D, Christmann M. Synthesis of enantioenriched bromohydrins via divergent reactions of racemic

intermediates from anchimeric oxygen borrowing. Journal of the American Chemical Society, 2018, 140 (34): 10677-10681.

[394] Liang K, Tong X, Li T, et al. Enantioselective radical cyclization of tryptamines by visible light-excited nitroxides. The Journal of Organic Chemistry, 2018, 83 (18): 10948-10958.

[395] Lin J S, Wang F L, Dong X Y, et al. Catalytic asymmetric radical aminoperfluoroalkylation and aminodifluoromethylation of alkenes to versatile enantioenriched-fluoroalkyl amines. Nature Communications, 2017, 8: 14841.

[396] Wang F L, Dong X Y, Lin J S, et al. Catalytic asymmetric radical diamination of alkenes. Chem, 2017, 3 (6): 979-990.

[397] Lin J S, Li T T, Liu J R, et al. Cu/chiral phosphoric acid-catalyzed asymmetric three-component radical-initiated 1,2-dicarbofunctionalization of alkenes. Journal of the American Chemical Society, 2019, 141 (2): 1074-1083.

[398] Lu M, Lu Y P, Zeng X F, et al. Chiral Brønsted acid-catalyzed enantioselective $\alpha$-hydroxylation of $\beta$-dicarbonyl compounds. Journal of the American Chemical Society, 2009, 131 (13): 4562-4563.

[399] Shevchenko G A, Pupo G, List B. Direct asymmetric $\alpha$-hydroxylation of cyclic $\alpha$-branched ketones through enol catalysis. Synlett, 2019, 30 (1): 49-53.

[400] Han Z Y, Guo R, Wang P S, et al. Enantioselective concomitant creation of vicinal quaternary stereogenic centers via cyclization of alkynols triggered addition of azlactones. Tetrahedron Letters, 2011, 52 (45): 5963-5967.

[401] Zhou H, Wei Z, Zhang J, et al. From palladium to Brønsted acid catalysis: highly enantioselective regiodivergent addition of alkoxyallenes to pyrazolones. Angewandte Chemie International Edition, 2017, 56 (4): 1077-1081.

[402] Yang K, Bao X, Liu S, et al. Asymmetric addition of pyrazolones to allenamides catalyzed by a chiral phosphoric acid. European Journal of Organic Chemistry, 2018, 2018 (46): 6469-6473.

[403] Wang P S, Lin H C, Zhai Y J, et al. Chiral counteranion strategy for asymmetric oxidative C($sp^3$)-H/C($sp^3$)-H coupling: enantioselective $\alpha$-allylation of aldehydes with terminal alkenes. Angewandte Chemie International Edition, 2014, 53 (45): 12218-12221.

[404] Yang X, Toste F D. Direct asymmetric amination of $\alpha$-branched cyclic ketones catalyzed by a chiral phosphoric acid. Journal of the American Chemical Society, 2015, 137 (9): 3205-3208.

[405] Shevchenko G A, Pupo G, List B. Catalytic asymmetric $\alpha$-amination of $\alpha$-branched ketones via enol catalysis. Synlett, 2015, 26 (10): 1413-1416.

[406] Nelson H M, Patel J S, Shunatona H P, et al. Enantioselective $\alpha$-amination enabled by a BINAM-derived phase-transfer catalyst. Chemical Science, 2015, 6 (1): 170-173.

[407] Yang X, Phipps R J, Toste F D. Asymmetric fluorination of $\alpha$-branched cyclohexanones enabled by a combination of chiral anion phase-transfer catalysis and enamine catalysis using protected amino acids. Journal of the American Chemical Society, 2014, 136 (14): 5225-5228.

[408] Peng S, Wang Z, Zhang L, et al. Streamlined asymmetric $\alpha$-difunctionalization of ynones. Nature Communications, 2018, 9: 375.

[409] Shevchenko G A, Oppelaar B, List B. An unexpected $\alpha$-oxidation of cyclic ketones with 1,4-benzoquinone by enol catalysis. Angewandte Chemie International Edition, 2018, 57 (33): 10756-10759.

[410] Chen X, Vellalath S, Goddard R, et al. Direct catalytic asymmetric synthesis of cyclic aminals from aldehydes. Journal of the American Chemical Society, 2008, 130(47): 15786-15787.

[411] Rueping M, Antonchick A P, Sugiono E, et al. Asymmetric Brønsted acid catalysis: catalytic enantioselective synthesis of highly biologically active dihydroquinazolinones. Angewandte Chemie International Edition, 2009, 48 (5): 908-910.

[412] Cheng D J, Tian Y, Tian S K, Catalytic asymmetric synthesis of dihydroquinazolinones from imines and 2-aminobenzamides. Advanced Synthesis & Catalysis, 2012, 354 (6): 995-999.

[413] Wang Y B, Zheng S C, Hu Y M, et al. Brønsted acid-catalysed enantioselective construction of axially chiral arylquinazolinones. Nature Commununications, 2017, 8: 15489.

[414] Kwon Y, Chinn A J, Kim B, et al. Divergent control of point and axial stereogenicity: catalytic enantioselective

C-N bond-forming cross-coupling and catalyst-controlled atroposelective cyclodehydration. Angewandte Chemie International Edition, 2018, 57 (21): 6251-6255.
[415] Mori K, Katoh T, Suzuki T, et al. Chiral phosphoric acid catalyzed desymmetrization of meso-1,3-diones: asymmetric synthesis of chiral cyclohexenones. Angewandte Chemie International Edition, 2009, 48 (51): 9652-9654.
[416] Clot-Almenara L, Rodríguez-Escrich C, Pericàs M A. Desymmetrisation of meso-diones promoted by a highly recyclable polymer-supported chiral phosphoric acid catalyst. RSC Advances, 2018, 8 (13): 6910-6914.
[417] Higuchi K, Suzuki S, Ueda R, et al. Asymmetric total synthesis of (-)-leuconoxine via chiral phosphoric acid catalyzed desymmetrization of a prochiral diester. Organic Letters, 2015, 17 (1): 154-157.
[418] Kim J H, Cŏrić I, Vellalath S, et al. The catalytic asymmetric acetalization. Angewandte Chemie International Edition, 2013, 52 (16): 4474-4477.
[419] Kim J H, Čorić I, Palumbo C, et al. Resolution of diols via catalytic asymmetric acetalization. Journal of the American Chemical Society, 2015, 137 (5): 1778-1781.
[420] Yu J S, Wu W B, Zhou F. The first catalytic asymmetric thioacetalization by chiral phosphoric acid catalysis. Organic & Biomolecular Chemistry, 2016, 14 (7): 2205-2209.
[421] Min C, Lin Y, Seidel D. Catalytic enantioselective synthesis of mariline A and related isoindolinones through a biomimetic approach. Angewandte Chemie International Edition, 2017, 56 (48): 15353-15357.
[422] Zhang L, Zhang J, Ma J, et al. Highly atroposelective synthesis of arylpyrroles by catalytic asymmetric Paal-Knorr reaction. Journal of the American Chemical Society, 2017, 139 (5): 1714-1717.
[423] Čorić I, Vellalath S, List B. Catalytic asymmetric transacetalization. Journal of the American Chemical Society, 2010, 132 (25): 8536-8537.
[424] Čorić I, Müller S, List B. Kinetic resolution of homoaldols via catalytic asymmetric transacetalization. Journal of the American Chemical Society, 2010, 132 (49): 17370-17373.
[425] Chen Z, Sun J. Enantio-and diastereoselective assembly of tetrahydrofuran and tetrahydropyran skeletons with all-carbon-substituted quaternary stereocenters. Angewandte Chemie International Edition, 2013, 52 (51): 13593-13596.
[426] (a) Mori K, Ichikawa Y, Kobayashi M, et al. Enantioselective synthesis of multisubstituted biaryl skeleton by chiral phosphoric acid catalyzed desymmetrization/kinetic resolution sequence. Journal of the American Chemical Society, 2013, 135 (10): 3964-3970. (b) Mori K, Ichikawa Y, Kobayashi M, et al. Prediction of suitable catalyst by $^1$H NMR: asymmetric synthesis of multisubstituted biaryls by chiral phosphoric acid catalyzed asymmetric bromination. Chemical Science, 2013, 4 (11): 4235-4239.
[427] Mori K, Kobayashi M, Itakura T, et al. Enantioselective synthesis of chiral biaryl chlorides/iodides by a chiral phosphoric acid catalyzed sequential halogenation strategy. Advanced Synthesis & Catalysis, 2015, 357 (1): 35-40.
[428] Meng S S, Liang Y, Cao K S, et al. Chiral phosphoric acid catalyzed highly enantioselective desymmetrization of 2-substituted and 2,2-disubstituted 1,3-diols via oxidative cleavage of benzylidene acetals. Journal of the American Chemical Society, 2014, 136 (35): 12249-12252.
[429] Meng S S, Tang W B, Zheng W H, Catalytically enantioselective synthesis of acyclic $\alpha$-tertiary amines through desymmetrization of 2-substituted 2-nitro-1,3-diols. Organic Letters, 2018, 20 (3): 518-521.
[430] Yang H, Cao K S, Zheng W H. A catalytic enantioselective approach to tetrol bearing vicinal all-carbon quaternary stereogenic centers. Chemical Communications, 2017, 53 (26): 3737-3740.
[431] Yamada K I, Oonishi A, Kuroda Y, et al. Desymmetrization of acid anhydride with asymmetric esterification catalyzed by chiral phosphoric acid. Tetrahedron Letters, 2016, 57 (36): 4098-4100.
[432] Lee J W, List B. Deracemization of $\alpha$-aryl hydrocoumarins via catalytic asymmetric protonation of ketene dithioacetals. Journal of the American Chemical Society, 2012, 134 (44): 18245-18248.
[433] Guin J, Varseev G, List B. Catalytic asymmetric protonation of silyl ketene imines. Journal of the American Chemical Society, 2013, 135 (6): 2100-2103.
[434] Ackermann L, Althammer A. Phosphoric acid diesters as efficient catalysts for hydroaminations of nonactivated alkenes and an application to asymmetric hydroaminations. Synlett, 2008, 2008 (7): 995-998.
[435] Shapiro N D, Rauniyar V, Hamilton G L, et al. Asymmetric additions to dienes catalysed by a dithiophosphoric acid.

Nature, 2011, 470 (7333): 245-249.
[436] Moss G P. Basic terminology of stereochemistry. Pure and Applied Chemistry, 1996, 68 (12): 2193-2222.
[437] Wu X S, Tian S K. Catalytic asymmetric cleavage of sp$^3$ C-N bonds for access to highly enantioenriched *N*-benzylic sulfonamides. Chemical Communications, 2012, 48 (6): 898-900.
[438] Harada S, Kuwano S, Yamaoka Y, et al. Kinetic resolution of secondary alcohols catalyzed by chiral phosphoric acids. Angewandte Chemie International Edition, 2013, 52 (39): 10227-10230.
[439] Saito K, Shibata Y, Yamanaka M, et al. Chiral phosphoric acid-catalyzed oxidative kinetic resolution of indolines based on transfer hydrogenation to imines. Journal of the American Chemical Society, 2013, 135 (32): 11740-11743.
[440] Saito K, Miyashita H, Akiyama T. Chiral phosphoric acid catalyzed oxidative kinetic resolution of cyclic secondary amine derivatives including tetrahydroquinolines by hydrogen transfer to imines. Chemical Communications, 2015, 51 (93): 16648-16651.
[441] Saito K, Akiyama T. Chiral phosphoric acid catalyzed kinetic resolution of indolines based on a self-redox reaction. Angewandte Chemie International Edition, 2016, 55 (9): 3148-3152.
[442] Qabaja G, Benavides A R, Liu S, et al. Asymmetric synthesis of hydroxy esters with multiple stereocenters via a chiral phosphoric acid catalyzed kinetic resolution. The Journal of Organic Chemistry, 2015, 80 (1): 133-140.
[443] Zhu G, Bao G, Li Y, et al. Efficient catalytic kinetic resolution of spiro-epoxyoxindoles with concomitant asymmetric Friedel-Crafts alkylation of indoles. Angewandte Chemie International Edition, 2017, 56 (19): 5332-5335.
[444] Shimoda Y, Yamamoto H. Chiral phosphoric acid-catalyzed kinetic resolution via amide bond formation. Journal of the American Chemical Society, 2017, 139 (20): 6855-6858.
[445] Moria K, Kishia H, Akiyama T. Highly efficient kinetic resolution of PHANOL by chiral phosphoric acid catalyzed asymmetric acylation. Synthesis, 2017, 49 (2): 365-370.
[446] Cai Q, Liu C, Liang X W, et al. Enantioselective construction of pyrroloindolines via chiral phosphoric acid catalyzed cascade Michael addition-cyclization of tryptamines. Organic Letters, 2012, 14 (17): 4588-4590.
[447] Zhang Z, Antilla J C. Enantioselective construction of pyrroloindolines catalyzed by chiral phosphoric acids: total synthesis of (-)-debromoflustramine B. Angewandte Chemie International Edition, 2012, 51 (47): 11778-11782.
[448] Duan D, Yin Q, Wang S, et al. Chiral phosphoric acid-catalyzed asymmetric cascade reaction of C(3) substituted indoles and methyl vinyl ketone. Acta Chimica Sinica, 2014, 72 (9): 1001-1004.
[449] Ma C, Zhang T, Zhou J Y, et al. Catalytic asymmetric chemodivergent arylative dearomatization of tryptophols. Chemical Communications, 2017, 53 (89): 12124-12127.
[450] Jiang F, Zhao D, Yang X, et al. Catalyst-controlled chemoselective and enantioselective reactions of tryptophols with isatin-derived imines. ACS Catalysis, 2017, 7 (10): 6984-6989.
[451] Jiang F, Zhang Y C, Yang X, et al. Catalytic asymmetric cascade dearomatization of tryptamines with indol-3-ylmethanols: diastereo-and enantioselective synthesis of structurally complex indole derivatives. Synlett, 2016, 27 (4): 575-580.
[452] Liao L, Shu C, Zhang M, et al. Highly enantioselective [3+2] coupling of indoles with quinone monoimines promoted by a chiral phosphoric acid. Angewandte Chemie International Edition, 2014, 53 (39): 10471-10475.
[453] Liang X W, Liu C, Zhang W, et al. Asymmetric fluorinative dearomatization of tryptamine derivatives. Chemical Communications, 2017, 53 (40): 5531-5534.
[454] Romano C, Jia M, Monari M, et al. Metal-free enantioselective electrophilic activation of allenamides: stereoselective dearomatization of indoles. Angewandte Chemie International Edition, 2014, 53 (50): 13854-13857.
[455] Wang Y, Sun M, Yin L, et al. Catalytic enantioselective arylative dearomatization of 3-methyl-2-vinylindoles enabled by reactivity switch. Advanced Synthesis & Catalysis, 2015, 357 (18): 4031-4040.
[456] Zhou Y, Xia Z L, Gu Q, et al. Chiral phosphoric acid catalyzed intramolecular dearomative Michael addition of indoles to enones. Organic Letters, 2017, 19 (4): 762-765.
[457] Phipps R J, Toste F D. Chiral anion phase-transfer catalysis applied to the direct enantioselective fluorinative dearomatization of phenols. Journal of the American Chemical Society, 2013, 135 (4): 1268-1271.
[458] Wang S G, Yin Q, Zhuo C X, et al. Asymmetric dearomatization of $\beta$-naphthols through an amination reaction

catalyzed by a chiral phosphoric acid. Angewandte Chemie International Edition, 2015, 54 (2): 647-650.
[459] Zhu G, Bao G, Li Y, et al. Chiral phosphoric acid catalyzed asymmetric oxidative dearomatization of naphthols with quinones. Organic Letters, 2016, 18 (20): 5288-5291.
[460] Li X Q, Yang H, Wang J J, et al. Asymmetric arylative dearomatization of $\beta$-naphthols catalyzed by a chiral phosphoric acid. Chemistry: A European Journal, 2017, 23 (22): 5381-5385.
[461] Terada M, Toda Y. Double bond isomerization/enantioselective aza-Petasis-Ferrier rearrangement sequence as an efficient entry to anti-and enantioenriched $\beta$-amino aldehydes. Journal of the American Chemical Society, 2009, 131 (18): 6354-6355.
[462] Gadea A B, Patil T. Catalytic enantioselective aza-piancatelli rearrangement. Synlett, 2017, 28 (9): 1096-1100.
[463] Ortega A, Manzano R, Uria U, et al. Catalytic enantioselective Cloke-Wilson rearrangement. Angewandte Chemie International Edition, 2018, 57 (27): 8225-8229.
[464] Liang T, Zhang Z, Antilla J C. Chiral Brønsted acid catalyzed pinacol rearrangement. Angewandte Chemie International Edition, 2010, 49 (50): 9734-9736.
[465] Zhang Q W, Fan C A, Zhang H J, et al. Brønsted acid catalyzed enantioselective semipinacol rearrangement for the synthesis of chiral spiroethers. Angewandte Chemie International Edition, 2009, 48 (45): 8572-8574.
[466] Ding W, Zhou Q Q, Xuan J, et al. Photocatalytic aerobic oxidation/semipinacol rearrangement sequence: a concise route to the core of pseudoindoxyl alkaloids. Tetrahedron Letters, 2014, 55 (33): 4648-4652.
[467] Yu Y, Li J, Jiang L, et al. Catalytic enantioselective aza-pinacol rearrangement. Angewandte Chemie International Edition, 2017, 56 (31): 9217-9221.
[468] Li G Q, Gao H, Keene C, et al. Organocatalytic aryl-aryl bond formation: an atroposelective [3,3]-rearrangement approach to BINAM derivatives. Journal of the American Chemical Society, 2013, 135 (20): 7414-7417.
[469] De C K, Pesciaioli F, List B. Catalytic asymmetric benzidine rearrangement. Angewandte Chemie International Edition, 2013, 52 (35): 9293-9295.
[470] Müller S, Webber M J, List B. The catalytic asymmetric fischer indolization. Journal of the American Chemical Society, 2011, 133 (46): 18534-18537.
[471] Martínez A, Webber M J, Müller S, et al. Versatile access to chiral indolines by catalytic asymmetric Fischer indolization. Angewandte Chemie International Edition, 2013, 52 (36): 9486-9490.
[472] Kötzner L, Webber M J, Martínez A, et al. Asymmetric catalysis on the nanoscale: the organocatalytic approach to helicenes. Angewandte Chemie International Edition, 2014, 53 (20): 5202-5205.
[473] Huang S, Kötzner L, De C K, et al. Catalytic asymmetric dearomatizing redox cross coupling of ketones with aryl hydrazines giving 1,4-diketones. Journal of the American Chemical Society, 2015, 137 (10): 3446-3449.
[474] Kötzner L, Leutzsch M, Sievers S, et al. The organocatalytic approach to enantiopure 2*H*-and 3*H*-pyrroles: inhibitors of the hedgehog signaling pathway. Angewandte Chemie International Edition, 2016, 55 (27): 7693-7697.
[475] Rueping M, Antonchick A P. Catalytic asymmetric aminoallylation of aldehydes: a catalytic enantioselective aza-cope rearrangement. Angewandte Chemie International Edition, 2008, 47 (52): 10090-10093.
[476] Kong J R, Ngai M Y, Krische M J. Highly enantioselective direct reductive coupling of conjugated alkynes and $\alpha$-ketoesters via rhodium-catalyzed asymmetric hydrogenation. Journal of the American Chemical Society, 2006, 128(3): 718-719.
[477] Komanduri V, Krische M J. Enantioselective reductive coupling of 1,3-enynes to heterocyclic aromatic aldehydes and ketones via rhodium-catalyzed asymmetric hydrogenation: mechanistic insight into the role of Brønsted acid additives. Journal of the American Chemical Society, 2006, 128 (51): 16448-16449.
[478] Zamfir A, Tsogoeva S B. Asymmetric hydrocyanation of hydrazones catalyzed by in situ formed *O*-silylated BINOL-phosphate: a convenient access to versatile $\alpha$-hydrazino acids. Organic Letters, 2010, 12 (1): 188-191.
[479] Mori K, Ehara K, Kurihara K, et al. Selective activation of enantiotopic C($sp^3$)-hydrogen by means of chiral phosphoric acid: asymmetric synthesis of tetrahydroquinoline derivatives. Journal of the American Chemical Society, 2011, 133(16): 6166-6169.
[480] Cheng K, Fan T, Sun J. Chiral phosphoric acid catalyzed enantioselective allylation of aldehydes with

allyltrichlorosilane. Chinese Journal of Chemistry, 2011, 29 (8): 1669-1671.
[481] Čorić I, List B. Asymmetric spiroacetalization catalysed by confined Brønsted acids. Nature, 2012, 483 (7389): 315-319.
[482] Sun Z, Winschel G A, Borovika A, et al. Chiral phosphoric acid-catalyzed enantioselective and diastereoselective spiroketalizations. Journal of the American Chemical Society, 2012, 134 (19): 8074-8077.
[483] Yamanaka T, Kondoh A, Terada M. Kinetic resolution of racemic amino alcohols through intermolecular acetalization catalyzed by a chiral Brønsted acid. Journal of the American Chemical Society, 2015, 137 (3): 1048-1051.
[484] Liu Z M, Zhao H, Li M Q, et al. Chiral phosphoric acid-catalyzed asymmetric oxidation of aryl alkyl sulfides and aldehyde-derived 1,3-dithianes: using aqueous hydrogen peroxide as the terminal oxidant. Advanced Synthesis & Catalysis, 2012, 354 (6): 1012-1022.
[485] Willner I, Tsfania T, Eichen Y. Photocatalyzed and electrocatalyzed reduction of vicinal dibromides and activated ketones using ruthenium( I ) tris(bipyridine) as electron-transfer mediator. The Journal of Organic Chemistry, 1990, 55 (9): 2656-2662.
[486] Rono L J, Yayla H G, Wang D Y, et al. Enantioselective photoredox catalysis enabled by proton-coupled electron transfer: development of an asymmetric aza-pinacol cyclization. Journal of the American Chemical Society, 2013, 135 (47): 17735-17738.
[487] Lackner A D, Samant A V, Toste F D. Single-operation deracemization of 3*H*-indolines and tetrahydroquinolines enabled by phase separation. Journal of the American Chemical Society, 2013, 135 (38): 14090-14093.
[488] Sun Z, Winschel G A, Zimmerman P M, et al. Enantioselective synthesis of piperidines through the formation of chiral mixed phosphoric acid acetals: experimental and theoretical studies. Angewandte Chemie International Edition, 2014, 53 (42): 11194-11198.
[489] Zhang H, Zhu L, Wang S, et al. Asymmetric annulation of 3-alkynylacrylaldehydes with styrene-type olefins by synergetic relay catalysis from AgOAc and chiral phosphoric Acid. The Journal of Organic Chemistry, 2014, 79 (15): 7063-7074.
[490] Jing C, Xing D, Hu W. Catalytic asymmetric four-component reaction for the rapid construction of 3,3-disubstituted 3-Indol-3′-yloxindoles. Organic Letters, 2015, 17 (17): 4336-4339.
[491] Dumoulin A, Lalli C, Retailleau P, et al. Catalytic, highly enantioselective, direct amination of enecarbamates. Chemical Communications, 2015, 51 (25): 5383-5386.
[492] Rong Z Q, Zhang Y, Chua R H B, et al. Dynamic kinetic asymmetric amination of alcohols: from a mixture of four isomers to diastereo-and enantiopure $\alpha$-branched amines. Journal of the American Chemical Society, 2015, 137 (15): 4944-4947.
[493] Zhang J, Lin S X, Cheng D J, et al. Phosphoric acid-catalyzed asymmetric classic passerini reaction. Journal of the American Chemical Society, 2015, 137 (44): 14039-14042.
[494] Cioc R C, Schuckman P, Preschel H D, et al. Brønsted acid-catalyzed cyanotritylation of aldehydes by trityl isocyanide. Organic Letters, 2016, 18 (15): 3562-3565.
[495] Kuroda Y, Harada S, Oonishi A, et al. Organocatalytic activation of the leaving group in the intramolecular asymmetric $S_N2'$ reaction. Angewandte Chemie International Edition, 2015, 54 (28): 8263-8266.
[496] Kuroda Y, Harada S, Oonishi A, et al. Use of a catalytic chiral leaving group for asymmetric substitutions at $sp^3$-hybridized carbon atoms: kinetic resolution of $\beta$-amino alcohols by *p*-methoxybenzylation. Angewandte Chemie International Edition, 2016, 55 (42): 13137-13141.
[497] Zhou L J, Zhang Y C, Jiang F, et al. Enantioselective construction of cyclic enaminone-based 3-substituted 3-amino-2-oxindole scaffolds via catalytic asymmetric additions of isatin-derived imines. Advanced Synthesis & Catalysis, 2016, 358 (19): 3069-3083.
[498] Terada M, Ota Y, Li F, et al. Enantioconvergent nucleophilic substitution reaction of racemic alkyne-dicobalt complex (Nicholas reaction) catalyzed by chiral Brønsted acid. Journal of the American Chemical Society, 2016, 138 (34): 11038-11043.
[499] Ota Y, Kondoh A, Terada M. Enantioselective intramolecular Nicholas reaction catalyzed by chiral phosphoric acid:

enantioconvergent synthesis of seven-membered cyclic ethers from racemic diols. Angewandte Chemie International Edition, 2018, 57 (42): 13917-13921.

[500] Li T, Yu P, Du Y M, et al. Enantioselective *α*-C-H functionalization of amides with indoles triggered by radical trifluoromethylation of alkenes: highly selective formation of C-$CF_3$ and C-C bonds. Journal of Fluorine Chemistry, 2017, 203: 210-214.

[501] Zhang Y, Yao Y, He L, et al. Rhodium( Ⅱ )/chiral phosphoric acid-cocatalyzed enantioselective O-H bond insertion of *α*-diazo esters. Advanced Synthesis & Catalysis, 2017, 359 (16): 2754-2761.

[502] Shao Y D, Cheng D J. Catalytic asymmetric 1,2-difunctionalization of indolenines with *α*-(benzothiazol-2-ylsulfonyl) carbonyl compounds. Advanced Synthesis & Catalysis, 2017, 359 (15): 2549-2556.

[503] Zhu Z Q, Shen Y, Liu J X, et al. Enantioselective direct *α*-arylation of pyrazol-5-ones with 2-indolylmethanols via organo-metal cooperative catalysis. Organic Letters, 2017, 19 (7): 1542-1545.

[504] Zhou Q, Meng W, Yang J, et al. A continuously regenerable chiral ammonia borane for asymmetric transfer hydrogenations. Angewandte Chemie International Edition, 2018, 57 (37): 12111-12115.

[505] Li F, Korenaga T, Nakanishi T, et al. Chiral phosphoric acid catalyzed enantioselective ring expansion reaction of 1,3-dithiane derivatives: case study of the nature of ion-pairing interaction. Journal of the American Chemical Society, 2018, 140 (7): 2629-2642.

[506] Yin Y, Dai Y, Jia H, et al. Conjugate addition-enantioselective protonation of *N*-aryl glycines to *α*-branched 2-vinylazaarenes via cooperative photoredox and asymmetric catalysis. Journal of the American Chemical Society, 2018, 140 (19): 6083-6087.

[507] Li J, Kong M, Qiao B, et al. Formal enantioconvergent substitution of alkyl halides via catalytic asymmetric photoredox radical coupling. Nature Commununications, 2018, 9: 2445-2453.

[508] Liu Y, Liu X, Li J, et al. Catalytic enantioselective radical coupling of activated ketones with *N*-aryl glycines. Chemical Science, 2018, 9 (42): 8094-8098.

[509] Liu X, Liu Y, Chai G, et al. Organocatalytic enantioselective addition of *α*-aminoalkyl radicals to isoquinolines. Orgic Letters, 2018, 20 (19): 6298-6301.

[510] Zhang L, Yuan P, Chen J, et al. Enantioselective cooperative proton-transfer catalysis using chiral ammonium phosphates. Chemical Communications, 2018, 54 (12): 1473-1476.

# 5

# 含P—C键有机磷化合物的合成

5.1 含P—C键有机磷化合物的合成概述

5.2 Hirao偶联反应

5.3 交叉脱氢（CDC）偶联反应

5.4 炔烃和烯烃的氢磷酰化反应

5.5 磷酰基自由基参与的反应

5.6 其他

# 5.1

# 含P—C键有机磷化合物的合成概述

有机磷化合物在生命科学中扮演着重要的角色，参与生命新陈代谢活动中几乎所有的化学反应，如高能磷酸化合物 ATP 是生命体中产生能量的直接来源，蛋白质的磷酸化和去磷酸化调控着生命体中的重要活动，含磷有机化合物磷脂是遗传物质 DNA 和 RNA 中不可或缺的组成部分。

有机磷化合物具有广谱的生物活性，在医药和农药领域中有着广泛的应用（图 5-1）。据 drugbank 网站 2019 年数据，FDA 批准的含磷上市药物有 76 个，如抗生素药物磷霉素、抗肺癌药物磷乙天冬氨酸、安定类药物福司肼等。此外，有机磷化合物在农药领域应用十分广泛。

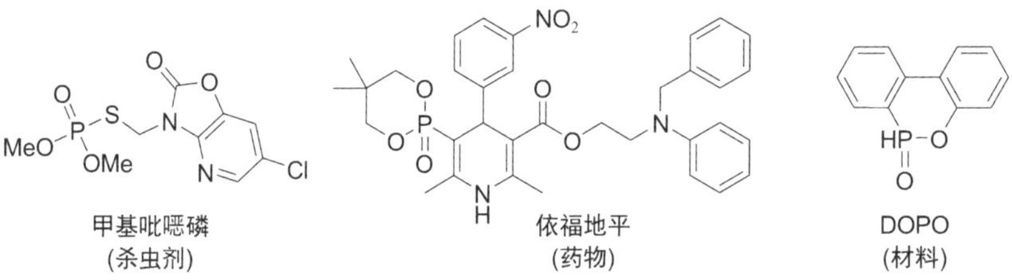


图 5-1　含磷功能化合物举例

有机磷化合物具有优良的物理化学性能，在材料领域也有着广泛的用途。由于磷酸基团对各种过渡金属离子和布朗斯特酸有着特殊的亲和力，含磷萃取剂得到了大力发展，用于多种过渡金属特别是铀和镨的萃取；含磷材料具有阻燃性能，广泛应用于塑料阻燃和织物阻燃，与传统的含卤阻燃剂相比，含磷有机阻燃剂具有低烟、低毒和高阻燃性等优点。

在有机磷化合物中，含 P—C 键有机磷化合物在有机合成领域占有十分重要的地位，是一类重要的有机合成中间体。它们既可作为配体协同过渡金属促进反应发生，也可直接作为催化剂催化反应的进行。回顾一个多世纪以来的诺贝尔奖颁奖历史，其中化学奖授予给有机合成方法学的一共有 6 次，其中四届均与含 P—C 键有机磷化合物的利用紧密相关：1979 年授予布朗以磷叶立德为中心的 Wittig 反应，

2001 年授予威廉•诺尔斯、夏普雷斯以及野依良治以“(*R*)/(*S*)-Binap(联萘二苯基膦)”为中心的不对称催化反应，2005 年授予以钌 / 膦催化剂为中心的烯烃复分解反应以及 2010 年授予大量应用磷配体的过渡金属催化的交叉偶联反应。

因此，含 P—C 键有机磷化合物是一类非常重要的功能化合物，广泛应用于生物医药、农药、材料以及催化合成等领域[1-3]。研究含 P—C 键有机磷化合物的高效合成，无论从基础研究的学科意义还是应用研究的经济价值来看，都是一个研究内容广阔和意义深远的领域。传统合成含 P—C 键有机磷化合物的方法高度依赖于高活性有机卤化合物的转化(图 5-2)。例如，$R_{3-n}PCl_n$ 与芳香化合物在高温下的亲电取代反应，P(O)X 化合物与格氏试剂或者锂试剂的亲核取代反应，烷基卤化合物与 $R_2P(OR)$ 在高温(一般大于 140℃)下的 Arbuzov 反应。虽然这些已建立的方法能够构建 P—C 键，合成相应的含 P—C 键有机磷化合物，但是这些化学反应需要使用高活性的化学试剂和苛刻的反应条件如无水、无氧和高温等，导致化学反应官能团兼容性低，无法适应现代复杂分子绿色高效合成的要求。因此，开发温和条件下高效合成含 P—C 键有机磷化合物的方法显得需要而迫切。经过多年的不懈努力，合成化学家在该领域取得了巨大的进展，使得含 P—C 键有机磷化合物的合成不断趋向于温和、绿色与高效。本章着重综述该领域近年来的研究进展。

(1) $\mathrm{P{-}X \xrightarrow[\text{高温}]{Ph\text{-}H/AlCl_3} P{-}Ph}$ Friedel-Crafts反应

(2) $\mathrm{R{-}X \xrightarrow{Li,\ Mg} RLi,\ RMgX \xrightarrow{P{-}X} R{-}P}$ 亲核取代反应

(3) $\mathrm{R{-}X + (R'O)_3P \longrightarrow (R'O)_2P(O)R + R'X}$ Michaelis-Arbuzov反应

图 5-2 传统合成含 P—C 键有机磷化合物的方法

# 5.2 Hirao偶联反应

## 5.2.1 C—X/P(O)—H 交叉偶联

1980 年，Hirao 课题组开创性地将钯催化的交叉偶联反应应用于含 P—C 键有

机磷化合物的合成[4](图 5-3)。研究发现，在催化量 $Pd(PPh_3)_4$ 作用下，以三乙胺为碱，烯基溴代烃能够与亚磷酸二酯在 90℃顺利偶联，高产率地生成相应的烯基膦酸酯化合物，双键构型在反应前后保持不变。在类似的条件下，Hirao 课题组随后实现了芳基卤(Br、I)代烃与亚磷酸酯的交叉偶联，合成了相应的芳基膦酸酯化合物[5]。这些化学反应条件温和、官能团兼容性好，开启了过渡金属催化 P(O)H 化合物转化构建 $sp^2$ C—P 键的先河。

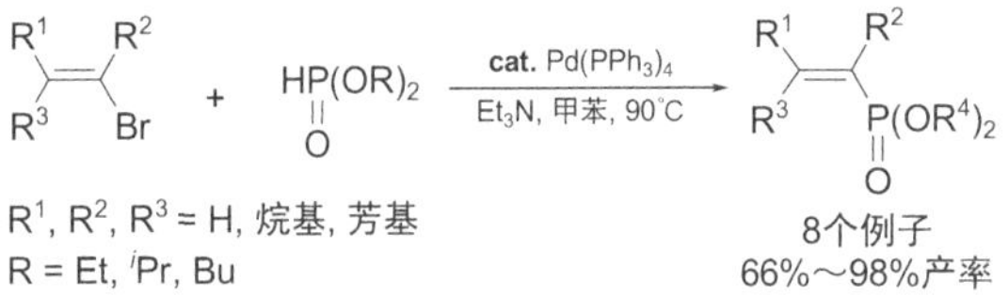


图 5-3 Hirao 偶联合成烯基磷化合物

合成化学工作者随后投入了巨大的努力对该反应进行探索与改良，使得反应底物适用范围更广，催化体系更加廉价与高效。1990 年，Beletskaya 将反应的底物拓展至烯基氯代烃[6]。该反应体系可应用于碳手性[7]和磷手性[8]的有机磷化合物的合成。Stawinski[9]和 Keglevich[10,11]随后将微波辅助技术应用于卤代烃底物的膦酸化反应，提高了反应效率。

2008 年，Montchamp 课题组利用 $Pd(OAc)_2$/dppf 为催化剂，以化学计量的三乙胺为碱，实现了多种芳基和杂芳基氯代物与亚磷酸酯的交叉偶联，值得指出的是，钯催化剂用量可降至 0.5%(摩尔分数)，并可进行克级规模放大反应[12](图 5-4)。2009 年，Stawinski 课题组研究发现醋酸盐能够促进钯催化的 Hirao 偶联，降低反应温度，缩短反应时间，从而提高反应效率[13]。Cossy 等将该体系拓展至含有拉电子基团的吡唑类溴代物[14]。Han 等利用该催化体系设计并合成了基于多聚噁唑的含磷大环化合物，该类化合物是潜在的端粒酶抑制剂[15]。

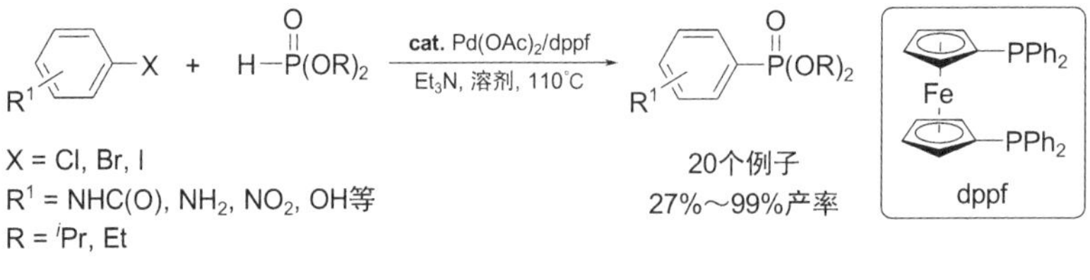


图 5-4 钯催化的芳基卤化物与亚磷酸酯的交叉偶联反应

2011 年，Montchamp 发展了 $Pd(OAc)_2$/Xantphos 催化体系用于 Hirao 偶联[16]（图 5-5）。作者以二异丙基乙基胺为碱，以 9∶1 的甲苯与乙二醇为混合溶剂，在 110℃下成功实现了多种芳杂环氯代物与次膦酸酯的交叉偶联，并随后将底物拓展至烯基、烯丙基或者炔基卤代烃[17]。该策略可应用于含有膦酸基团的金属卟啉的合成[18]。

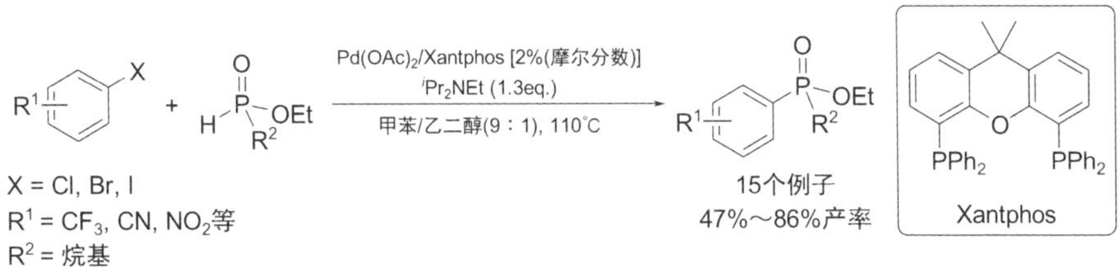


图 5-5　钯催化的芳基卤与次膦酸酯的交叉偶联反应

Xu 等发现 Hirao 开发的催化体系可应用于催化仲膦氧化物与卤代烃的交叉偶联[19]。在该反应条件下，多种官能团如乙酰基、酰氨基、氨基和氰基等取代的芳基溴化合物可与仲膦氧化物如丁基苯基、己基苯基以及苄基苯基氧化膦进行交叉偶联得到较高产率的目标产物。Herzon 等发现 $Pd_2(dba)_3$/Xantphos 催化体系也可催化仲膦氧化物与芳基碘化合物的交叉偶联反应[20]（图 5-6）。该体系反应条件温和，催化剂的用量低[0.5%（摩尔分数）]，底物适用范围广，并且可以高立体选择性地合成磷手性叔膦配体。

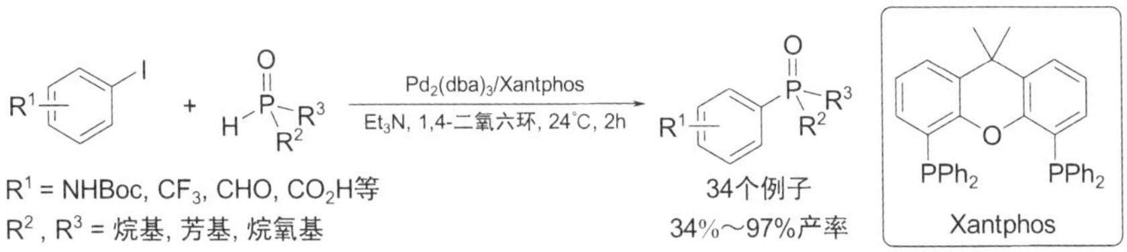


图 5-6　钯催化的芳基碘与仲膦氧化物的交叉偶联反应

2013 年，吴养洁课题组利用特殊的环状钯催化剂在水相中实现了卤代烃与二苯基膦氧、亚磷酸酯的交叉偶联反应[21]（图 5-7）。多种芳基氯代烃可与 P(O)H 化合物反应，以良好的产率得到芳基膦酸酯。

2006 年，Fiaud 课题组采用 $Pd(OAc)_2$/dppp 催化体系，在碱的作用下实现了光学活性五元环状仲膦氧化物与芳基卤代物的交叉偶联反应[22]（图 5-8）。该策略可以构建多种光学纯的手性叔膦配体前体。

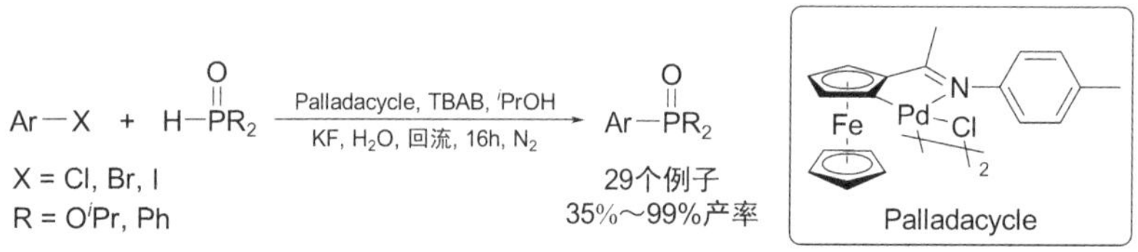


图 5-7 环状钯催化有机卤代物与 P(O)H 化合物的偶联反应

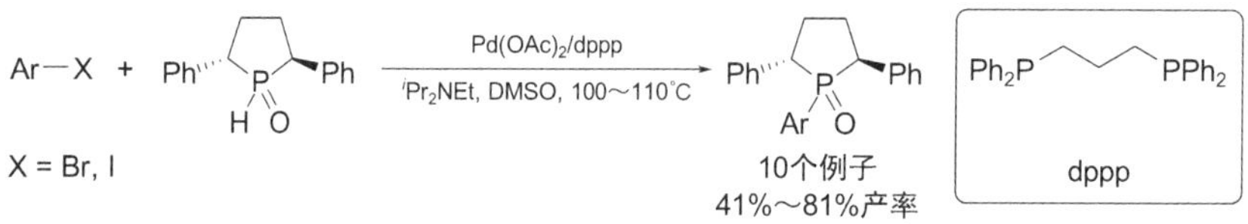


图 5-8 光学活性五元环状仲膦氧化物与芳基卤代物的交叉偶联反应

钯催化策略也可应用于有机卤代物和其他含 P—H 键底物的交叉偶联。1996 年，Stelzer 课题组利用钯催化实现了芳基碘与伯膦或仲膦的交叉偶联[23]（图 5-9）。该反应催化剂量最低可降至 0.05%（摩尔分数），且底物适用范围广，各种芳基碘化合物都可以与伯膦或仲膦进行交叉偶联反应，生成相应的仲膦或叔膦，羟基、氨基、羧基、酯基以及磺酸基等官能团都兼容于反应体系。

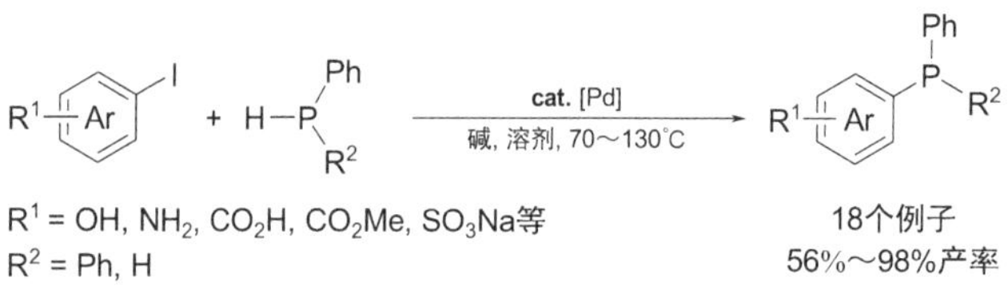


图 5-9 钯催化芳基碘试剂与伯膦或仲膦的交叉偶联反应

镍与钯同族，它也可以应用于卤代烃与含 P—H 键的化合物之间的交叉偶联，合成有机膦化合物。1980 年，Christol 等人利用镍催化实现仲膦与芳基溴的交叉偶联[24]（图 5-10）。该体系利用 1%（摩尔分数）$NiBr_2$ 为催化剂，在无溶剂的条件下于 200℃加热 24h 得到交叉偶联产物。必须指出的是，该产物是三芳基膦和其相应的季鏻盐的混合物。

2011 年，赵玉芬课题组发展了一例在锌粉作用下，水相中的镍催化芳基卤代物与二苯基膦氧的交叉偶联反应[25]（图 5-11）。该方法反应条件温和，官能团耐受性强，除酯基、氨基、羟基、乙酰基等官能团外，含氮杂环类底物、具有光学活性的手性仲膦氧化物也能很好地应用于该催化体系。

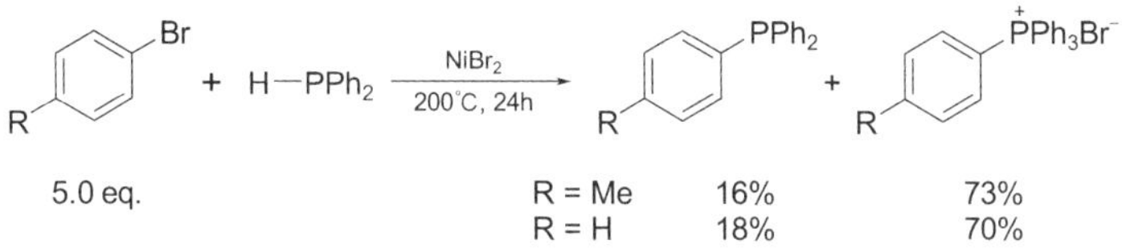

图 5-10　镍催化芳基溴与二苯基膦的偶联反应

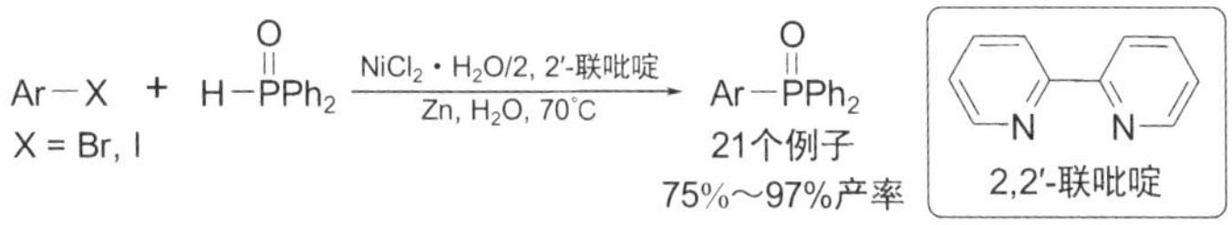

图 5-11　镍催化芳基卤代物与二苯基膦氧交叉偶联反应

2012，韩福社等人进一步拓展了镍催化 P—H 试剂与卤代烃的交叉偶联构建 P—C 键的底物范围[26]（图 5-12）。该反应利用 $NiCl_2$(dppp) 为催化剂，1,4-二氧六环为溶剂，2 当量 $K_3PO_4$ 为碱。多种芳基卤代物可以与二烷基亚膦酸酯、二苯基膦氧和二苯基膦反应，合成一系列功能化的有机膦化合物。

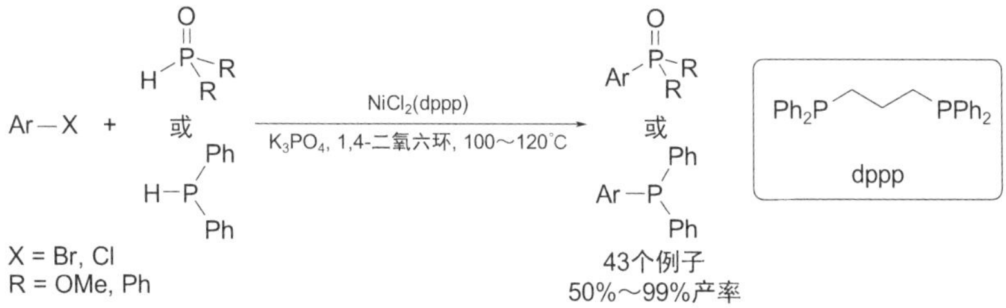

图 5-12　镍催化芳基卤代物与 P—H 化合物的交叉偶联反应

同年，杨尚东等人也利用镍催化实现了芳基氯代物与二苯基膦氧的交叉偶联反应[27]（图 5-13）。在 2%（摩尔分数）$NiCl_2(Ph_3P)_2$ 和 1.5 当量 $K_2CO_3$ 作用下，多种氯代氮杂环化合物可与二苯基膦氧反应。在 5%（摩尔分数）$NiCl_2$(DME) 和 1.5 当量 $^t$BuONa 作用下，多种活性相对较低的芳基氯代物以及氯代氮杂环化合物也可在 DMF 中与二苯基膦氧发生交叉偶联反应，以中等至良好的产率得到目标产物。

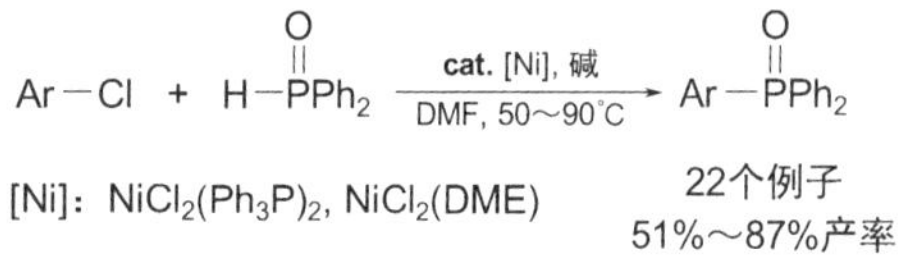

图 5-13 镍催化芳基氯代物与二苯基膦氧的交叉偶联反应

赵玉芬课题组在 2013 年又发展了一种镍-镁介导的二苯基膦氧与多种偕二溴烯烃反应合成烯基叔膦氧化物的方法[28]（图 5-14）。该反应主要生成反式构型的烯基叔膦氧化物。随后的研究发现，镍-锌催化体系可应用于多种 P(O)—H 化合物与偕二溴烯烃化合物的交叉偶联反应[29]。镍-锌催化体系还可以应用于芳基碘代物与多种次膦酸酯类化合物的交叉偶联反应[30]。

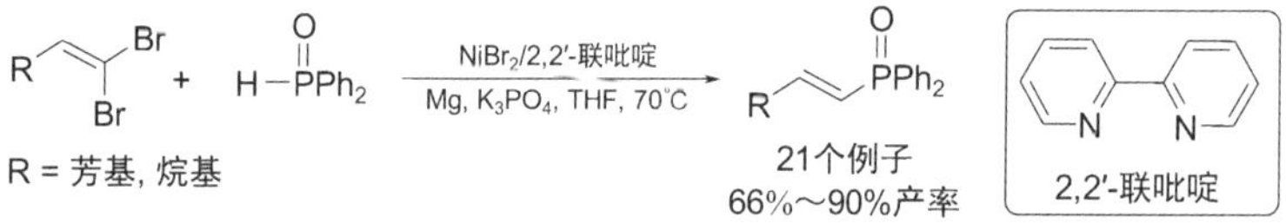

图 5-14 镍-Mg 介导的偕二溴烯烃与二苯基膦氧反应构建烯基膦化合物

廉价金属铜也可以用于催化芳基卤代物与 P—H 化合物的交叉偶联。2003 年，Venkataraman[31]（图 5-15）和 Buchwald 等[32]（图 5-16）分别报道了铜催化卤代烃与二苯基膦烷的交叉偶联反应。他们均利用 CuI 为催化剂。在合适碱的作用下，该催化剂能够催化各种芳基或烯基碘代物与二苯基膦氢反应。值得指出的是，Buchwald 报道的方法加入了 *N*,*N'*-二甲基乙二胺作为配体，其底物范围更为广泛，溴代烃以及亚磷酸酯类化合物都可在该体系中很好地参与反应。

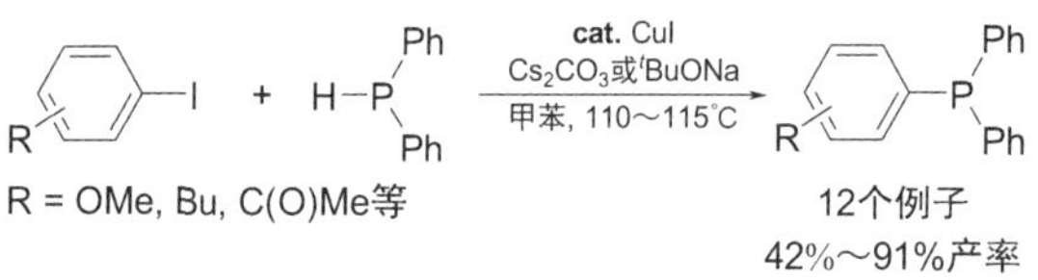

图 5-15 铜催化芳基碘与二苯基膦的偶联反应

2013 年，Taillefer 等将铜催化卤代烃与二苯基膦氧交叉偶联反应的底物拓展至 1-溴-1,3-丁二烯类化合物[33]（图 5-17）。此外，铜还可催化烯基苯基碘鎓盐与亚磷酸酯的交叉偶联，高选择性地制备烯基膦酸酯类化合物[34]（图 5-18）。

廉价金属钴也能催化该类偶联反应。Ranu 等在 2016 年报道了首例钴催化卤代烃与亚磷酸酯的交叉偶联反应[35]（图 5-19）。反应体系无须额外加入配体，官能团容忍性和立体选择性都非常高。在催化量的 Co(acac)$_2$ 和 CuI 以及 $Cs_2CO_3$ 作用下，一系列的不同官能团取代的烯基或芳基卤代物均能与 P—H 化合物在 NMP 中于 110℃反应得到较高产率的交叉偶联产物。

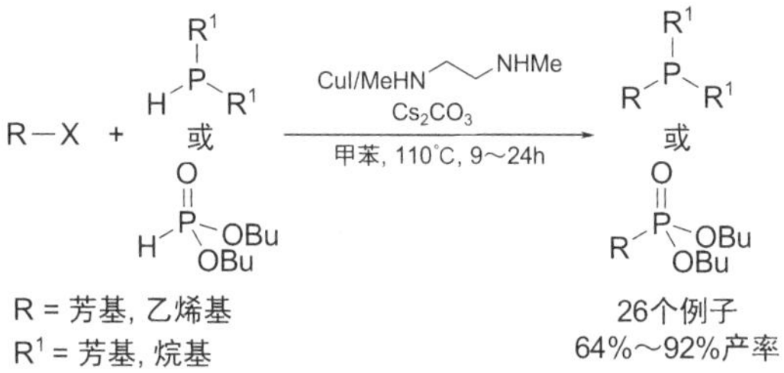


图 5-16　铜催化芳基或烯基卤代物与磷-氢化合物的交叉偶联反应

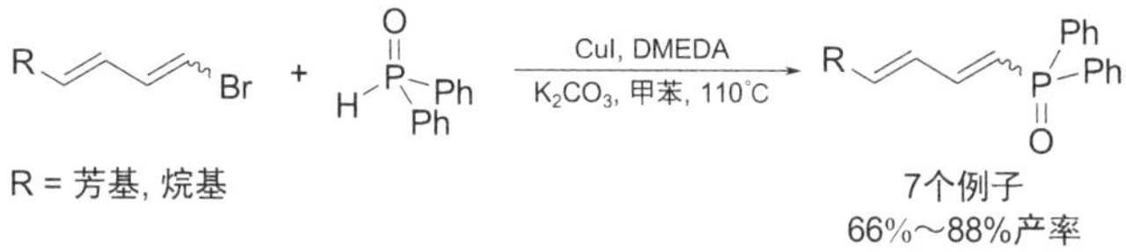


图 5-17　1-溴-1,3-丁二烯类化合物与二苯基膦氧的交叉偶联反应

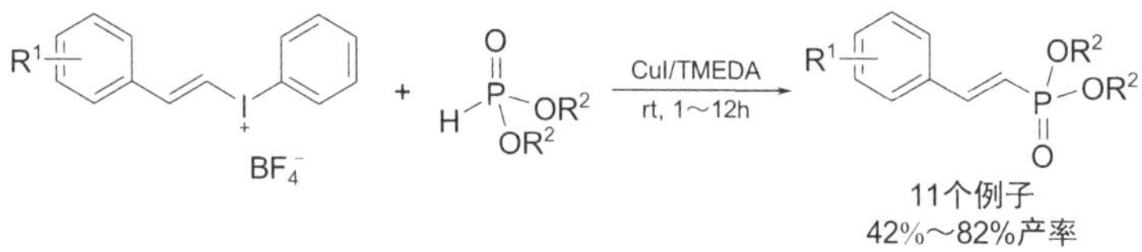


图 5-18　铜催化烯基苯基碘鎓盐与亚磷酸酯的交叉偶联反应

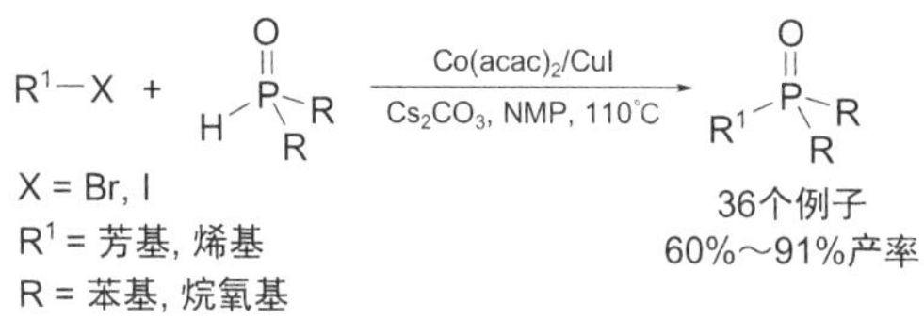


图 5-19　Co(acac)$_2$/CuI 共催化有机卤代物与磷-氢试剂的交叉偶联反应

## 5.2.2　C—Z（Z=O，S，N 等）/P（O）—H 交叉偶联

自 Hirao 的开创性工作公开以来，有机膦及其衍生物的合成取得了巨大的进展。

由于卤代烃底物需要预先合成，且毒性较大，因此，近年来科学家致力于寻找卤代烃的替代品作为偶联试剂绿色合成有机膦及其衍生物。

苯酚及其衍生物广泛存在于多种生物质和人工合成化学品中，廉价易得，是较为理想的绿色偶联试剂，被广泛应用于构建各种碳-碳和碳-杂原子键。近年来，该类化合物也被应用于有机膦及其衍生物的合成。1987 年，Petrakis 和 Nagabhushan 发展了钯催化三氟甲烷磺酸苯酯类化合物与亚磷酸酯通过 C—O/P—H 交叉偶联构建 P—C 键的方法[36]（图 5-20），该反应底物范围广，能够适用于含有肽链保护基的反应底物，展现出较高的合成价值。

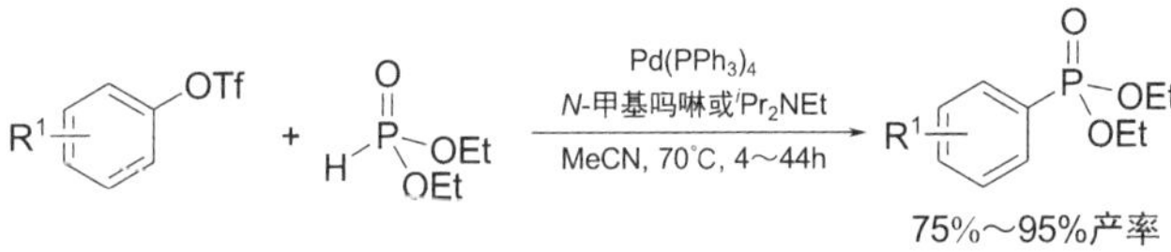


图 5-20　钯催化三氟甲烷磺酸苯酯类化合物与亚磷酸二乙酯交叉偶联

钯催化芳基三氟甲磺酸酯的二苯基次膦酰化反应可以应用于制备手性叔膦。Morgans 等[37]研究发现，以 $Pd(OAc)_2$/dppp 为催化剂，在 $EtN^iPr_2$ 和 $HCO_2Na$ 作用下，二苯基膦氧能够与(-)-BINOL 的双三氟甲磺酸酯反应，以 77% 的产率生成单次膦酰化衍生物（图 5-21）。值得指出的是，该单取代的单次膦酰化衍生物可以通过水解反应将三氟甲磺酸基转化为对应的酚羟基。

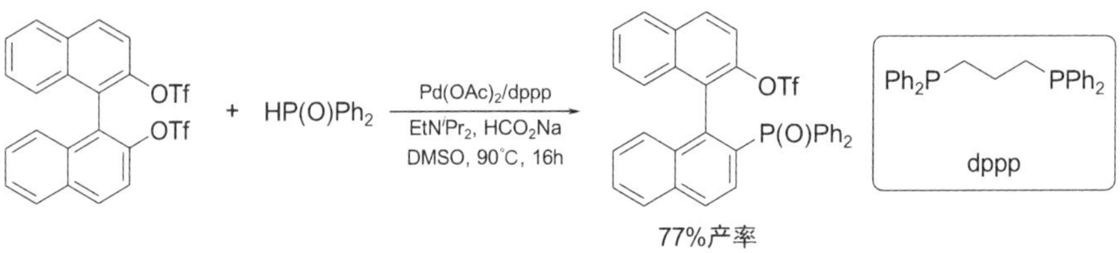


图 5-21　三氟甲磺酸酯与二级膦氧的交叉偶联制备手性膦

2015 年，Kwong 课题组发展了一例钯催化甲磺酸苯酯及对甲苯磺酸苯酯与亚磷酸酯偶联构建芳基膦氧化物的新方法[38]（图 5-22）。该反应利用 $Pd(OAc)_2$/**L1** 为催化剂，催化剂的用量最低可降至 0.25%（摩尔分数）。该钯催化体系的官能团兼容性非常高，游离氨基酸、酮基、酯基、氨基以及杂环取代的磺酸酯类化合物都可以在该体系中耐受。值得指出的是，具有生物活性的酚类如 17*β*-雌二醇和 6-羟基黄酮的甲磺酸酯衍生物也能顺利地参与反应。

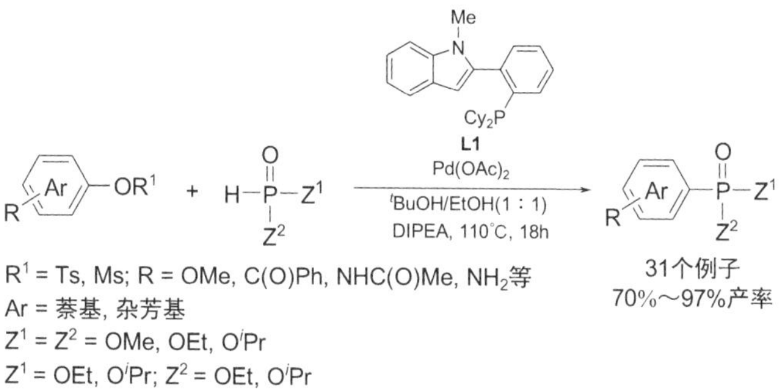


图 5-22 钯催化酯类化合物与 P(O)—H 化合物交叉偶联

镍催化剂也能催化酚的磺酸酯与 P(O)—H 类化合物的交叉偶联合成有机膦化合物。2012 年，张万斌课题组报道了镍催化 P(O)—H 化合物与甲磺酸苯酯及对甲苯磺酸苯酯的交叉偶联反应[39](图 5-23)。该反应利用 10%(摩尔分数)的 $NiCl_2$(dppf)为催化剂，外加 20%(摩尔分数)dppf 为配体。该催化体系底物适用范围广，二苯基膦氧、次膦酸酯和亚磷酸酯都能够参与交叉偶联，芳环上带有甲基、甲氧基或酯基的磺酸酯类化合物均表现出良好的反应活性，双氧杂环取代的磺酸酯类化合物也能与二苯基膦氧反应，以中等产率生成相应的偶联产物。

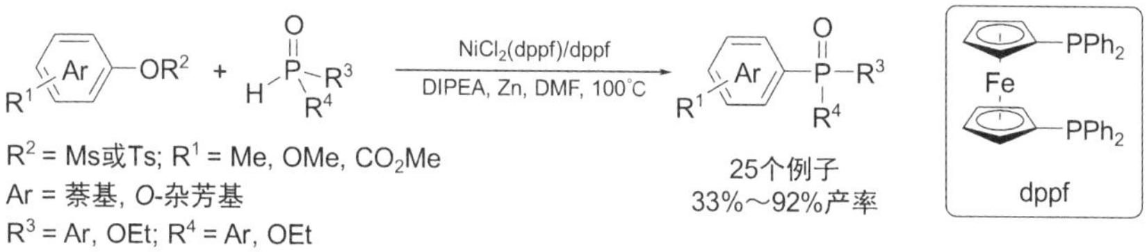


图 5-23 镍催化芳基磺酸酯类化合物与 P(O)—H 化合物交叉偶联

同年，韩福社课题组报道了镍催化酚类化合物与 P(O)—H 化合物交叉偶联构建 C—P 键的反应[40](图 5-24)。该反应为一锅两步过程：在 4 当量碱作用下首先利用三吡咯烷基溴化鳞六氟磷酸盐(PyBroP)在 100℃下对酚类化合物进行活化，再原位加入镍催化剂和 1.5 当量 P(O)—H 化合物进行下一步的交叉偶联反应。氰基、酯基或乙酰基取代的芳基酚和 *N*-杂环酚类化合物等都可在该体系中取得较好的反应效果。不同种类的 P(O)—H 化合物如仲膦氧化物、亚磷酸酯等均能有效参与化学反应。该方法以一锅两步进行交叉偶联反应，无须分离活化酚类中间体，在一定程度上提高了反应效率，且使用廉价稳定的二价镍作为催化剂，展现出较好的应用前景，为 C—P 键构建提供了新思路。

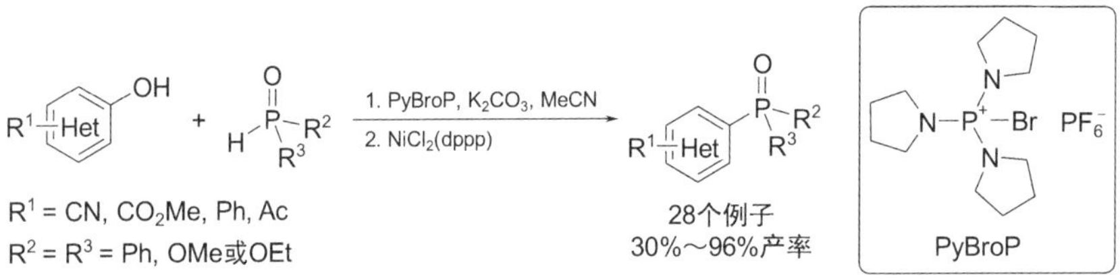


图 5-24　镍催化酚类化合物与 P(O)—H 化合物 C—O/P—H 交叉偶联

2015 年，韩立彪课题组开发了一例镍催化酚(醇)衍生物与含 P—H 键化合物的交叉偶联反应[41](图 5-25)。该反应使用 Ni(COD)$_2$/dcype 为催化剂，$K_2CO_3$ 为碱，1,4-二氧六环为溶剂，在 80℃下进行，条件较为温和。该反应是惰性 C—O 键活化领域又一具有创新性的应用实例。通过这种新策略，可以合成各种高价值的 C(sp$^2$)—P 和 C(sp$^3$)—P 化合物，并且表现出广泛的底物适用性：芳基、烯基、苄基和烯丙基的叔戊酸酯都表现出良好的反应活性；此外，仲膦氧化物、次膦酸酯、亚膦酸酯以及高配位性的三价 P—H 化合物都可以有效地参与反应。必须指出的是，对于叔戊酸酚酯，只有萘环等多环化合物适用。

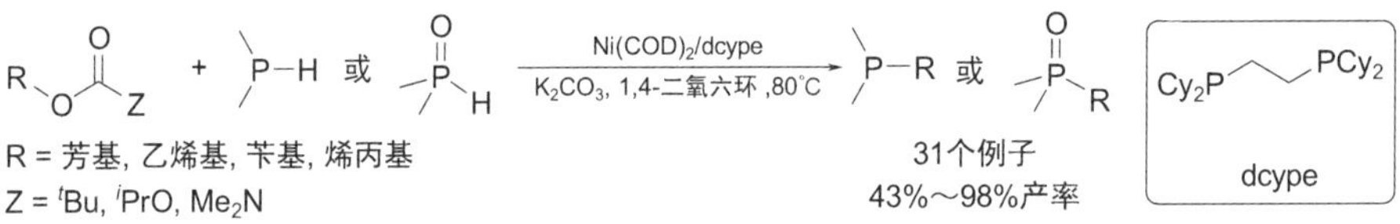


图 5-25　Ni 催化的惰性 C—O 与 P—H 的交叉偶联

2016 年，该课题组通过条件优化解决了上述遗留问题：以 $Cs_2CO_3$ 替代 $K_2CO_3$ 为碱，以甲苯代替二氧六环为溶剂，新戊酸苯酚酯也能够与 P(O)—H 化合物反应，以中等至高的产率得到了相应的偶联产物[42]。该类 Ni 催化的 C—O/P—H 交叉偶联反应在 P—C 键的形成中具有广泛的通用性。使用廉价易得的苯酚衍生物作为芳基化试剂，利用廉价的镍催化成功制备了各种芳基膦化合物，这是有机膦及其衍生物合成领域的突破性进展。

2016 年，韩立彪课题组发展了 $FeCl_3$ 催化 P(O)—H 化合物与缩醛的交叉偶联反应，合成 α-烷氧基膦酰化合物[43]（图 5-26）。该反应非常简单高效，无须配体参与，且底物适用范围广，对卤素基团如氯、溴、碘均兼容；除了芳基缩醛外，脂肪族的缩醛也能与仲膦氧化物反应，以良好的产率生成 α-烷氧基膦酰化合物；不同种类的 P(O)—H 化合物如仲膦氧化物（二芳基膦氧、芳基烷基膦氧和二烷基膦氧）、次膦酸酯和亚膦酸酯都能有效参与反应，高配位性的三价磷氢化合物也能以几乎定量的产率转化为相应的 α-烷氧基膦酰化合物。

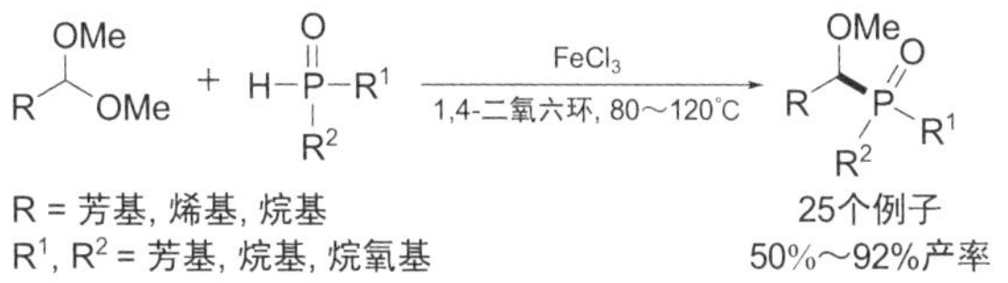


图 5-26　铁催化 α-烷氧基膦酰化合物的合成

硫酯广泛存在于天然产物中，硫代酸酯是柠檬酸循环和生化过程中酰基转移的重要活性中间体。基于此，合成化学家经常将羧酸预转化为硫酯，然后应用于有机合成。2020 年，陈铁桥课题组利用硫酯化合物与 P(O)—H 化合物反应选择性合成苄基膦化合物和芳基膦化合物[44]（图 5-27）。当以 10%（摩尔分数）Pd(dppp)$Cl_2$ 为催化剂，3.5 当量 $NaHCO_3$ 为碱，1, 3-DCP 为溶剂于 130℃下反应时，硫酯和 P(O)—H 化合物选择性发生脱羰偶联，生成芳基膦化合物，亚磷酸酯、次磷酸酯与二级磷氧均适用于该反应。在不加过渡金属催化剂的条件下，当以 $K_2CO_3$ 为碱，$NaH_2PO_2$ 为还原剂，在 DMF 中于 120℃反应时，硫酯和 P(O)—H 化合物选择性发生去氧偶联反应，生成苄基膦化合物。该研究首次实现了硫酯与 P(O)—H 化合物的选择性可控磷酸化，为苄基、烯基和芳基膦化合物的合成提供了一种有效的方法，拓展了硫酯的应用范围。

2014 年，赵玉芬课题组报道了钯催化氧气氧化芳基肼类化合物与亚磷酸酯的交叉偶联[45]（图 5-28）。在 10%（摩尔分数）Pd(OAc)$_2$、30%（摩尔分数）dppp 和 1.5 当量 TFA 作用下，芳基肼类化合物在氧气氛围下可以与亚磷酸酯发生氧化交叉偶联，高效制备芳基膦酸酯类化合物。该反应使用氧气为氧化剂，主要副产物为氮气和水，较为绿色环保。该体系的官能团兼容性较高，氟、氯、羧基、磺酰氨基、氰基、三氟甲基等官能团都可在该体系中兼容。亚磷酸酯可以有效参与反应，然而二苯基膦氧在该体系中会被氧化成次磷酸，不能转化为目标产物。

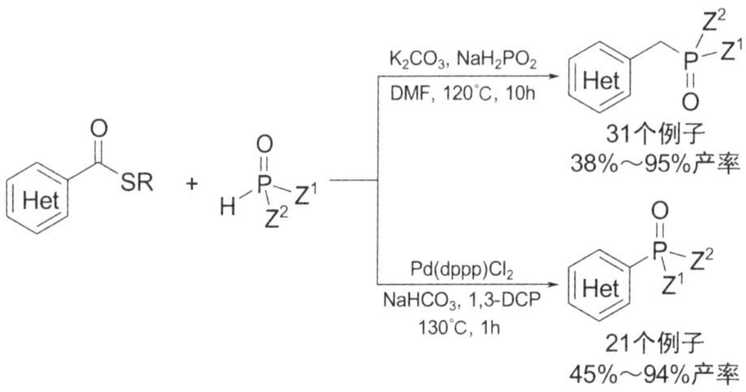

图 5-27　硫酯化合物的 C—S/P(O)—H 交叉偶联

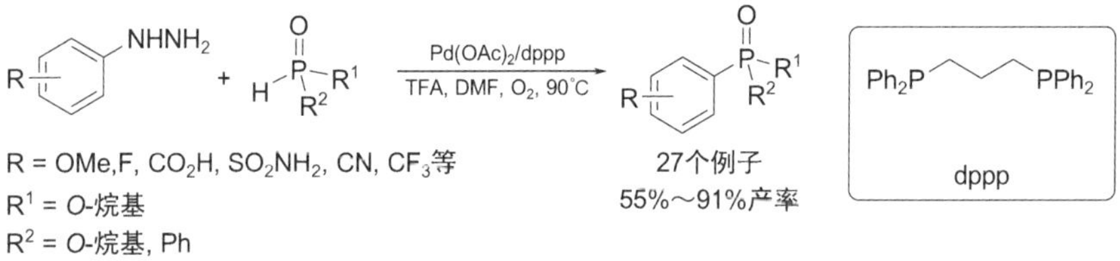

图 5-28　钯催化 C—N/P—H 交叉偶联构建 C—P 键

2016 年，屈凌波课题组发展了一例银催化 β-硝基苯乙烯与 P(O)—H 化合物的交叉偶联反应[46](图 5-29)。在催化量 $AgNO_3$ 作用下，β-硝基苯乙烯类化合物与亚磷酸酯或二级膦氧在乙腈中 90℃反应 2h，可以中等至良好产率生成烯基膦化合物。机理研究显示该反应可能是自由基历程。

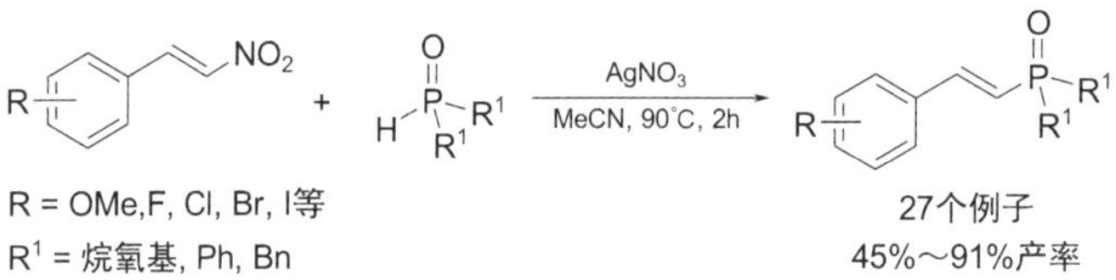

图 5-29　银催化 C—N/P(O)—H 交叉偶联构建 C—P 键

2012 年，赵玉芬课题组发展了一例铜催化烷基膦酸酯类化合物的合成[47](图 5-30)。该反应条件简单温和，底物适用范围广。在 10%(摩尔分数)CuI 和 1.5 当量 $Cs_2CO_3$ 作用下，各种芳基、烷基磺酰腙类化合物能与亚磷酸酯反应，以高产率生成对应的烷基膦酸酯类化合物。氨基、卤原子、烯基等多种官能团都可在该体系中很好地耐受。除了亚磷酸酯外，次膦酸酯以及二苯基膦氧也都可在该体系中高产率地转化为目标产物。2013 年，梁永明课题组也报道了类似条件下 *N*-甲苯磺酰腙类化合物与 P(O)—H 化合物交叉偶联构建 $sp^3C$—P 键的反应[48]。

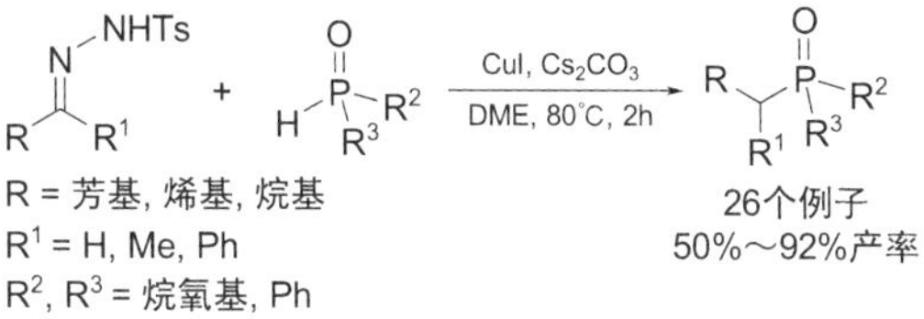


图 5-30 铜催化烷基膦酸酯类化合物的合成

苄基三氟甲磺酸铵是廉价易得的胺衍生物，它们被用作苄基源应用于一系列 C—C 和 C-杂原子(C—B，C—S)键的形成反应中。2020 年，陈铁桥课题组发展了一例苄基三氟甲磺酸铵与 P(O)—H 的交叉偶联反应[49](图 5-31)。该反应以 $Pd(OAc)_2$ 为催化剂，dppf 为配体，$K_2CO_3$ 为碱，二氧六环为溶剂，条件温和，底物适用范围广。克级规模合成实验和一锅合成操作很好地展示了该反应的实用性。

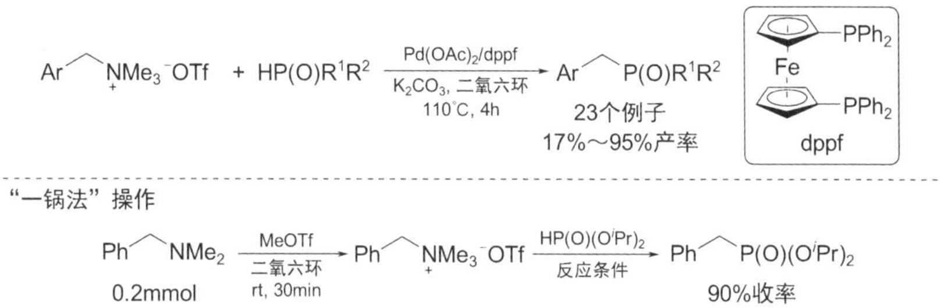


图 5-31 季铵盐的 C—N/P(O)—H 的交叉偶联反应

2011 年，赵玉芬课题组报道了铜催化芳硼酸类化合物与亚磷酸酯交叉偶联合成芳基磷化合物的方法[50](图 5-32)。该反应以 $Cu_2O$/1, 10-菲咯啉为催化剂，空气为氧化剂，在室温下进行，反应条件温和；官能团容忍性高，硝基、烯基或乙酰基等都可在该体系中兼容。苯乙烯基硼酸也可与亚磷酸酯反应，以较高产率生成对应的烯基膦化合物。

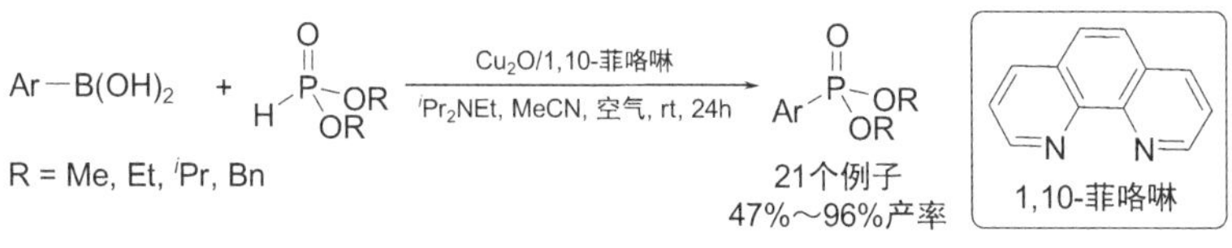


图 5-32 铜催化 C—B/P(O)—H 交叉偶联构建 C—P 键

2013 年，赵玉芬课题组利用镍催化实现了类似的反应[51]，并将反应底物拓展至仲膦氧化物和次膦酸酯(图 5-33)。2014 年，该课题组又利用钯催化实现了芳硼酸与仲膦氧化物的氧化交叉偶联[52]。此外，吴豫生课题组在 2016 年也报道了钯催化杂芳基硼酸与亚磷酸酯的氧化交叉偶联反应[53]。

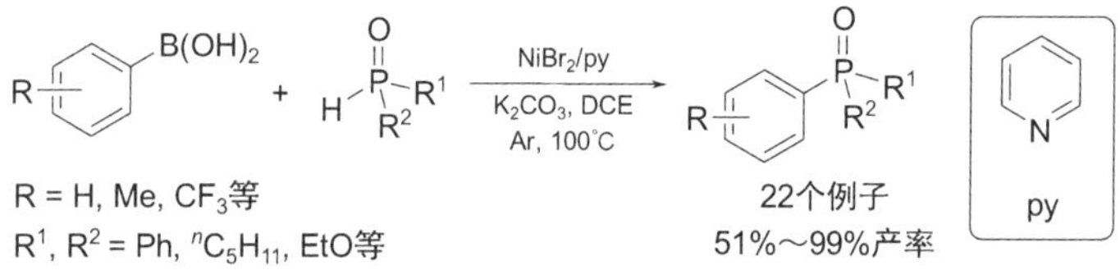


图 5-33　镍催化 C—B/P(O)—H 交叉偶联构建 C—P 键

赵玉芬课题组在 2014 年利用钯催化实现了三芳基铋与 P(O)—H 化合物的交叉偶联[54](图 5-34)。该反应对 P(O)—H 化合物的适用性高，多种亚磷酸酯、次磷酸酯、仲膦氧化物以及二苯基膦烷都可与三苯基铋反应，以良好产率转化为对应的芳基膦化合物。

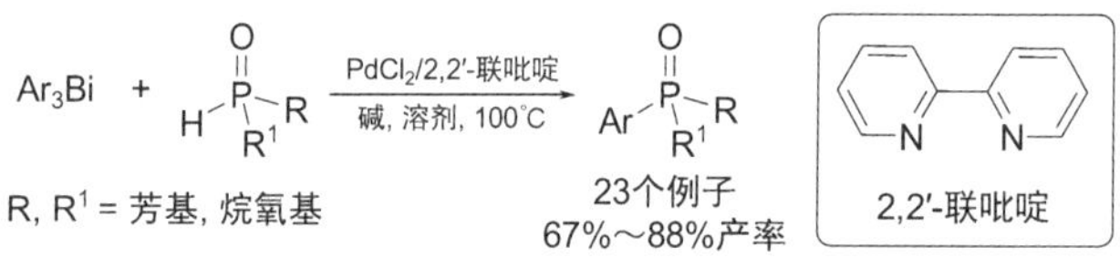


图 5-34　钯催化三芳基铋与磷氢化合物交叉偶联构建芳基膦化合物

同年，王磊课题组发展了一例钯催化芳基亚磺酸钠与亚磷酸酯的交叉偶联反应[55](图 5-35)。芳环上含甲基、甲氧基、叔丁基、酰氨基或卤原子等取代基的芳基亚磺酸钠均能有效参与化学反应。该反应条件相对温和，但是需要使用过化学计量的银盐为氧化剂，增加了反应的成本。

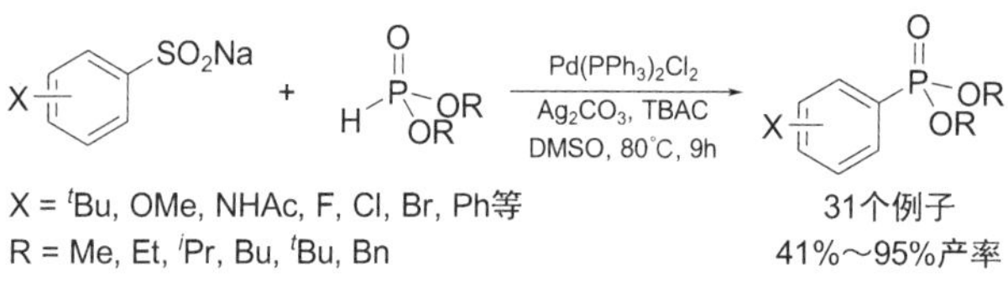


图 5-35　钯催化 C—S/P(O)—H 交叉偶联构建 C—P 键

2017 年，王科军课题组利用钯催化实现了芳基硅烷与亚磷酸酯的交叉偶联[56]

(图 5-36)。在 5%(摩尔分数)$Pd(PPh_3)_2Cl_2$，2 当量 $Ag_2CO_3$ 和 4 当量 KF 作用下，多种苯基硅烷能够与不同种类的亚磷酸酯反应，生成相应的芳基膦化合物。

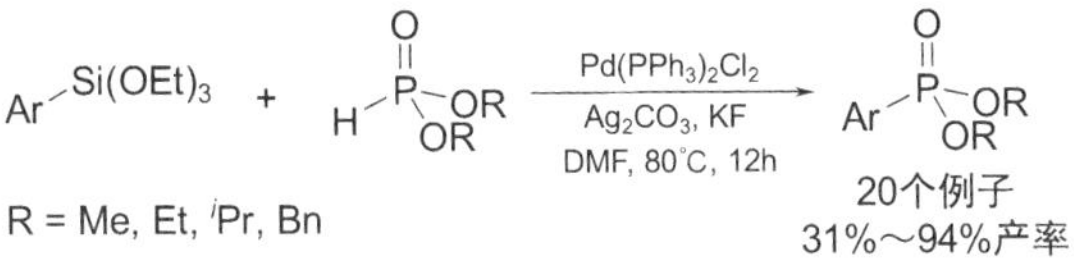

图 5-36 钯催化 C—Si/P(O)—H 交叉偶联构建 C—P 键

# 5.3 交叉脱氢（CDC）偶联反应

交叉脱氢偶联直接利用反应底物中的Z—H键和E—H键脱氢偶联构建Z—E键，避免了反应原料的预官能团化，有效提高了合成效率，广泛应用于材料、医药等功能分子的合成。近年来，该策略应用到有机磷合成领域，取得了一定进展。

## 5.3.1 构建 spC—P 键

2009 年，韩立彪等首次报道了端炔与$(RO)_2P(O)H$ 的脱氢偶联生成炔基膦酸酯的反应(图 5-37)。在催化量的 CuI 作用下，各种端炔能够与亚磷酸酯发生氧化脱氢反应，以高产率生成相应的炔基膦酸酯化合物[57]。但是该反应仅适用于亚磷酸酯，次磷酸酯和仲膦氧化物在该反应条件下会被氧化为对应的酸，不能转化为相应的偶联产物。尽管存在该限制，这一发现仍为 spC—P 键的构建提供了新的思路。

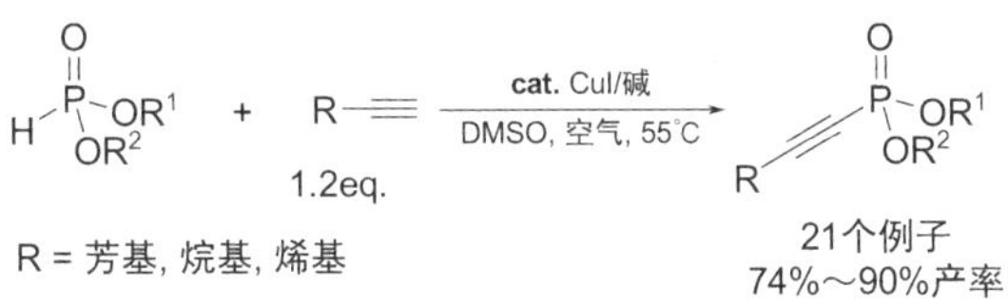

图 5-37 铜催化末端炔烃与亚磷酸酯交叉脱氢偶联反应

2015 年，该课题组报道了钯催化 spC—P 键形成的反应[58](图 5-38)。该反应由 5%(摩尔分数)的 $Pd(OAc)_2$ 和 2 当量的 $AgBF_4$ 介导，所有三种含 P—H 键的磷酰基化合物(亚膦酸酯、次膦酸酯和仲膦氧化物)均可与末端炔烃偶联。尽管该反应需要化学计量的 $AgBF_4$，增加了反应成本，但是该反应条件比较温和，而且克服了铜催化反应的底物局限问题，拓展了炔基磷酸酯类化合物的合成反应。

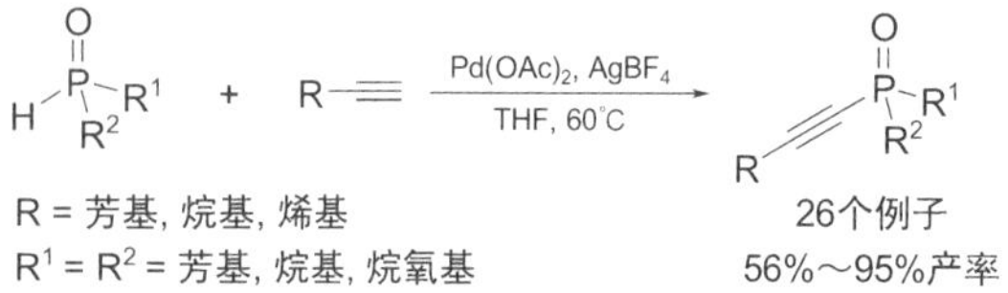


图 5-38　P(O)H 化合物与末端炔烃之间的钯催化交叉脱氢偶联

同一时间，雷爱文课题组报告了 Ag 催化的仲膦氧化物和末端炔烃之间交叉脱氢偶联[59](图 5-39)。在高温下，使用 2 当量的 $Ag_2CO_3$ 作为氧化剂，在 DMSO 中生成了各种炔基二芳基叔膦氧化物。

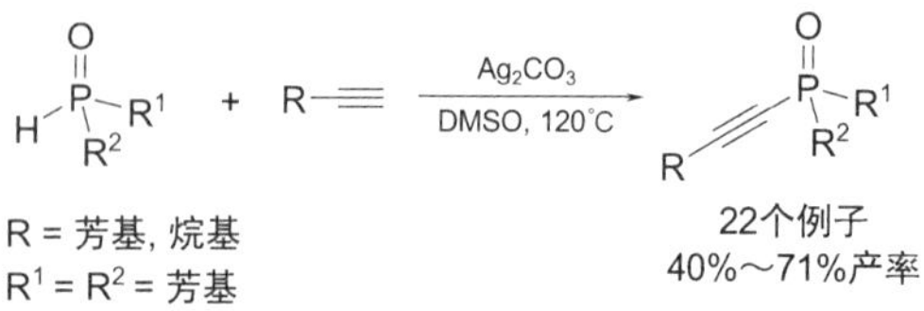


图 5-39　银介导的二芳基膦氧化物与末端炔烃之间的交叉脱氢偶联

2017 年，陈铁桥和韩立彪报道了一例不使用银盐的钯催化的 spC—P 键形成反应[60](图 5-40)。该反应使用 2.5%(摩尔分数)的 $Pd(OAc)_2/PPh_3$ 为催化剂，丙烯腈为吸氢试剂，在二氯甲烷中于 70℃下反应，以中等至高的产率生成相应的偶联产物。该反应避免了使用昂贵的过化学计量的银盐为氧化剂，表现出较广的底物适用性，能够扩大至克级反应，这些结果很好地展示了该新方法在有机合成中的合成应用价值。

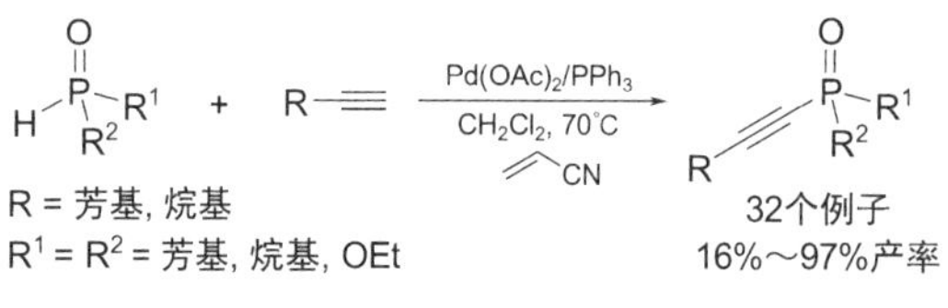


图 5-40　丙烯腈参与的 P(O)—H 化合物与末端炔烃之间的钯催化交叉脱氢偶联

## 5.3.2 构建 $sp^2C—P$ 键

1962 年，Jason[61] 发现了在 130 ～ 150℃下萘被亚磷酸二乙酯膦酸化的现象。尽管产物产率较低，但该反应还是证明了可以通过交叉脱氢偶联构建 $sp^2C—P$ 键。

2006 年，Ishii[62] 报道了 $Mn(OAc)_2$ 和 $Co(OAc)_2$ 协同催化的芳烃与亚磷酸二乙酯在乙酸中交叉脱氢偶联反应生成芳基膦酸酯(图 5-41)。但遗憾的是，反应的产率不高，普遍在 50% 左右；并且反应的区域选择性不好，当反应底物为单取代时，磷酰基自由基可以进攻取代基的邻、间和对位，最终得到三种产物。

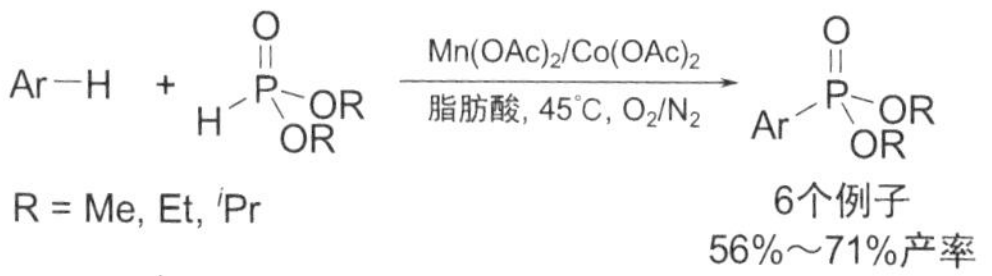


图 5-41　锰和钴共催化亚磷酸酯与简单芳烃的交叉脱氢偶联

同年，张伟等 [63] 公开了使用 3 当量 $Mn(OAc)_3$ 作为氧化剂在乙酸中将噻唑、呋喃和吡咯与二烷基亚磷酸酯进行膦酸化反应，制得了各种杂芳基膦酸酯，包括具有烷氧基、羰基、甲酰基、酯基和醚键等官能团的膦酸酯，并且获得了高产率和高选择性(图 5-42)。杂芳烃化合物各个碳上的电子云密度分布不均匀，由于磷酰基自由基的亲电性，磷酰基自由基可以选择性地进攻到电子云密度高的碳上，从而得到选择性较好的产物。在相似的反应条件下，简单芳烃也能被膦酸化。

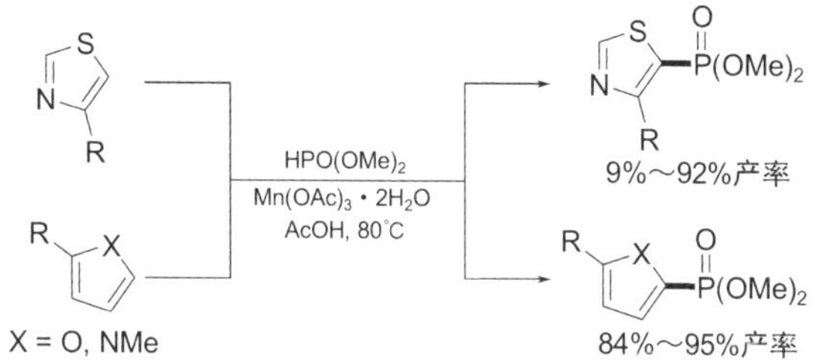


图 5-42　磷酰基自由基与杂芳烃的加成脱氢反应

2010 年，张伟等发现使用 3 当量的 $Mn(OAc)_3$ 为氧化剂，带有酰基、酰胺、硝基或酯基的缺电子烯烃与二烷基亚磷酸酯在乙酸中的膦酸化选择性地发生在 $\alpha$ 位上，该反应能以中等至良好的产率(37% ～ 87%)得到相应的($E$)-烯基膦酸酯(图 5-43)[64]。

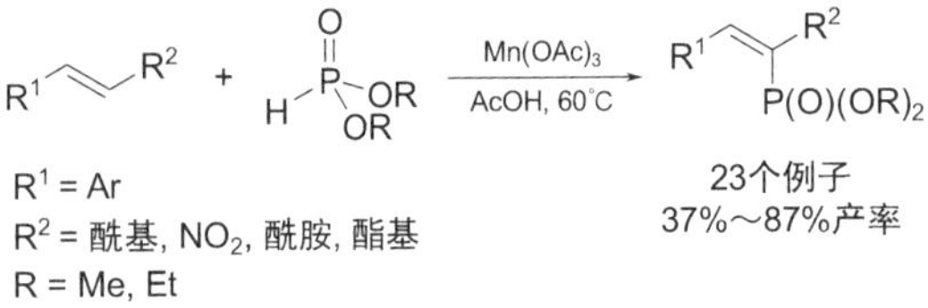


图 5-43　锰介导的带有共轭基团的芳基烯烃的膦酸化反应

2014 年，Montchamp 报道了通过芳烃与 P(O)—H 化合物之间的脱氢偶联反应，该反应在 $Mn(OAc)_2$ 催化下形成 $sp^2C$—P 键[65](图 5-44)。各种芳烃在 70℃的乙酸中与次膦酸酯偶联，以 37% ～ 96% 的产率生成相应的膦酰基化合物。对于手性 P(O)—H 化合物，脱氢偶联可得构型保留的产物。

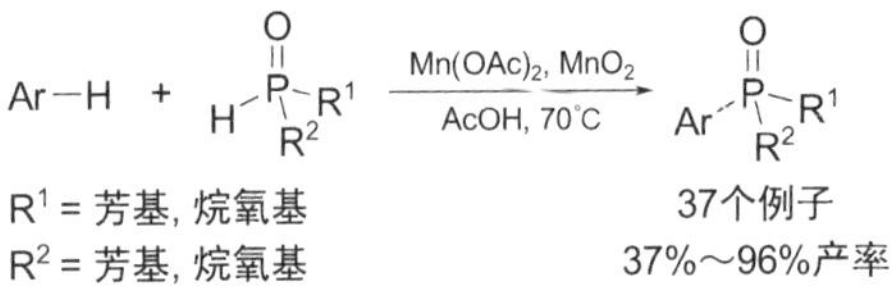


图 5-44　锰催化的芳烃膦酸化反应

2012 年 Wan 报道了通过银介导的脱氢偶联构建 $sp^2C$—P 键形成反应[66](图 5-45)。使用当量的 AgOAc 在 90℃下令吲哚与亚磷酸二烷基酯反应生成具有生物活性的吲哚-2-膦酸酯，产率为 18% ～ 71%。随后，Huang 使用 4 当量 $K_2S_2O_8$ 作为氧化剂，以催化量 $AgNO_3$ 实现了呋喃、噻吩、噻唑、吡咯和吡啶的膦酸化[67]。

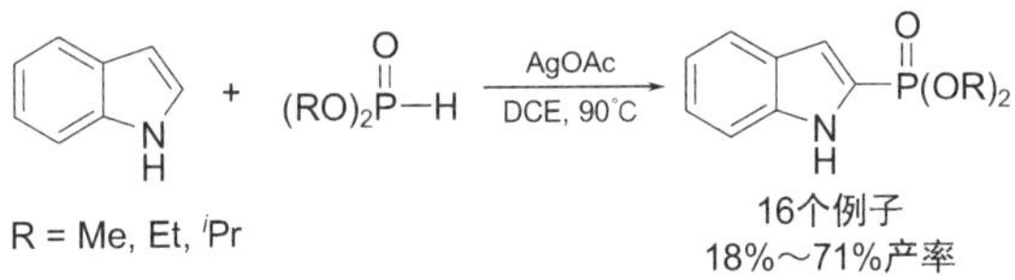


图 5-45　银介导的吲哚膦酸化

钯也用于介导相似的脱氢偶联过程。2012 年，Li 使用钯催化剂开发了亚磷酸二烷基酯使唑类膦酸化的方法。通过将配体转换为联吡啶，苯并噁唑也可以被膦酸化[68]。Wu 报道了在类似条件下香豆素被亚磷酸二烷基酯选择性膦酸化的反应，该反应可以在空气中进行[69]。该反应具有高的区域选择性，只有 C3 位被膦酸化。

2013 年，Yu 报道了一种基于杂环导向的钯催化苯环邻位 $sp^2C$—H 膦酸化策略[70]。亚磷酸酯和仲膦氧化物都易于与带有 2-吡啶基的芳烃偶联，以 25 ～ 80% 的产率得到相应的产物。该反应也可以通过电化学方法完成。通过使用这种导向基团的策略，偶氮化合物也可以被膦酸化（图 5-46）。

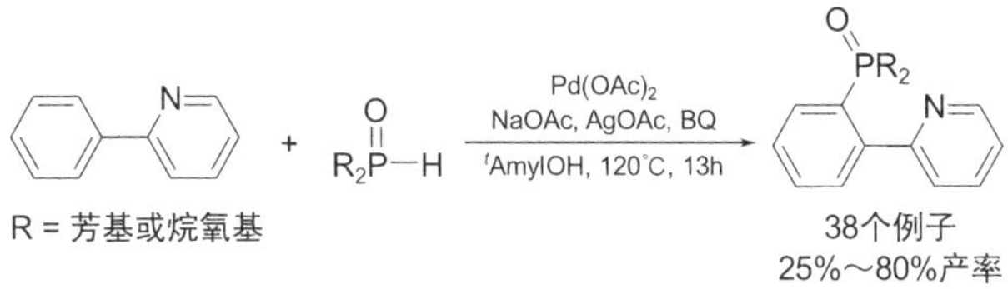


图 5-46　芳烃与 P(O)H 化合物的 Pd 催化交叉脱氢偶联

2014 年，郑州大学的陈晓岚等人报道了过氧化二叔丁基（DTBP）氧化产生磷酰基自由基和苯并噻唑及其衍生物发生的加成脱氢反应[71]。该反应的转化率较好，产率在 62% ～ 86% 之间；但氧化剂过氧化二叔丁基（DTBP）需要加入 10 当量，并且亚磷酸二酯也需要 5 当量，这造成比较大的浪费（图 5-47）。

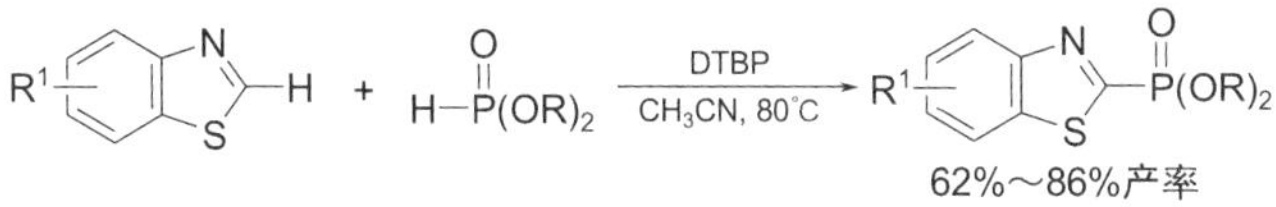


图 5-47　磷酰基自由基与苯并噻唑衍生物的加成脱氢反应

2016 年，吴磊等人报道了在催化量有机染料 Eosin B 的存在下，二苯基氧膦在光照的作用下和噻唑类衍生物反应得到二苯基次膦酰化的噻唑产物（图 5-48）[72]。

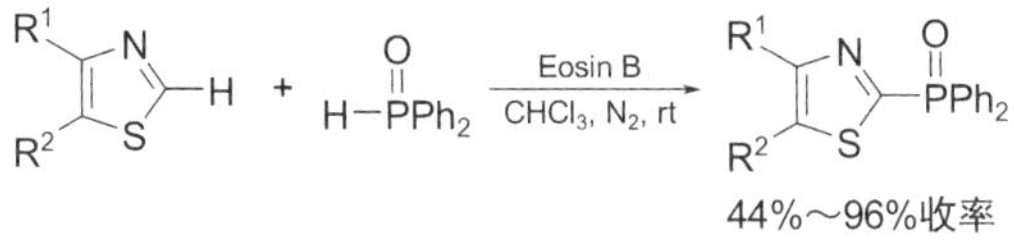


图 5-48　光催化产生的膦酰基自由基与苯并噻唑衍生物的加成脱氢反应

该反应是一个自由基历程，二苯基氧膦在光催化剂 Eosin B 和光照的共同作用下得到二苯基次膦酰基自由基，该自由基和噻唑发生亲核加成生成氮自由基中间体，该中间体脱去一分子氢自由基得到次膦酰化噻唑产物，而体系中游离的氢自由基则结合生成氢气（图 5-49）。传统合成这类产物的方法，一般都需要大量氧化剂的参与，而这个方法则无须氧化剂的参与即可进行，更加简便、绿色。

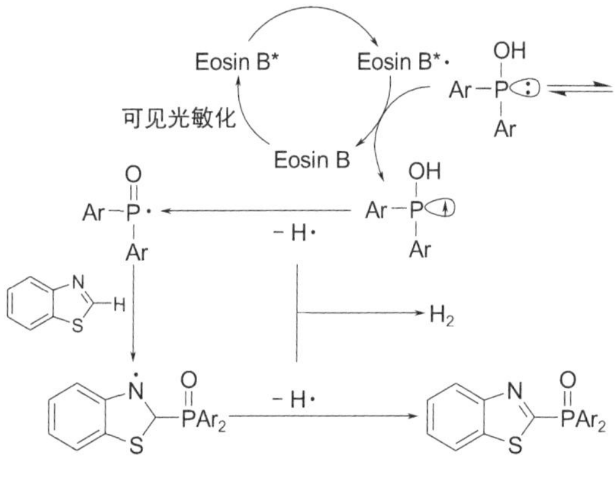


图 5-49　光催化合成次膦酰化苯并噻唑衍生物的机理

近年来，已经形成了许多构建 sp²C—P 键的金属（Pd、Cu、Ag、Mn 等）介导的脱氢偶联反应。但是，如上所述，在这些反应中通常必须使用化学计量的金属或氧化剂。因此，从绿色合成的角度看，需要开发更清洁、更简单的催化脱氢偶联方法。

## 5.3.3　构建 sp³C—P 键

sp³C—P 键也可以通过交叉脱氢偶联反应构建。2009 年，Li 报道了使用铜催化剂氧化脱氢偶联构建 P(O)—H/sp³C—H 键以生产 α-氨基膦酸酯的方法[73]（图 5-50）。该反应以 CuBr 为催化剂，亚磷酸酯与四氢异喹啉于 MeOH 中在 60℃下反应，以良好的产率得到相应的偶联产物。后来，Ofial 报道了以 ᵗBuOOH 为氧化剂在 *N,N*-二烷基苯胺和亚磷酸酯之间的铁催化的氧化脱氢偶联[74]（图 5-50）。该反应通过增加亚磷酸酯的用量，也可以获得双膦酸化产物。

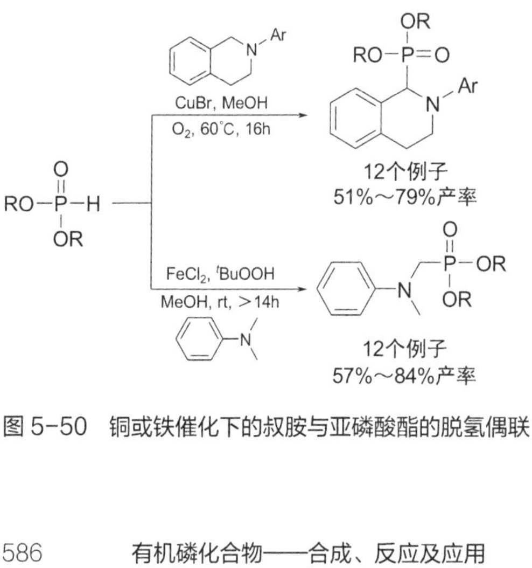


图 5-50　铜或铁催化下的叔胺与亚磷酸酯的脱氢偶联

2011 年，Rueping 使用光还原氧化钌 / 联吡啶或铱 / 联吡啶催化剂开发了可见光介导的 $sp^3$C—P 键形成反应[75]。在甲苯和水的双相溶液中，各种 *N*-芳基四氢异喹啉很容易用次磷酸酯(3 当量)膦酸化，以中等至高产率生产相应的 $\alpha$-氨基膦酸酯。然而，由于快速水解，亚磷酸二甲酯不适用于该反应。这种脱氢偶联也可以由钯 / 卟啉光催化剂在乙腈中介导完成。

# 5.4

# 炔烃和烯烃的氢磷酰化反应

## 5.4.1 炔烃的氢磷酰化反应

炔烃与 Ni 等过渡金属配合物、Z—H 键(Z—H 键: H—H、C—H、O—H、S—H、N—H 等)进行的三组分加成生成的烯基金属配合物是过渡金属催化炔烃官能团化过程中的重要中间体，它们能够跟其他的活性官能团发生各种诸如配体交换反应、转移插入反应、还原消除反应等基元反应，构建各种各样的有机化合物结构骨架。炔烃的金属氢化反应能够解释过渡金属催化炔烃的官能团化相关反应的机理，有助于加深对这些化学反应的认知，从而设计出更加优良的化学反应体系，在过渡金属催化炔烃的官能团化反应中有着非常广泛的应用。

过渡金属催化的炔烃与 P(O)—H 键的加成是合成烯基膦化合物最为直接和原子经济性最好的一种方法。现在已经开发了许多有效的过渡金属催化体系，诸如镍催化系统、铑催化系统、铜催化系统、微波辅助系统、钯催化系统等。这些催化系统能够有效地催化 P(O)—H 键与炔烃的加成，高选择性地生成相应的烯基膦化合物(图 5-51)。

(1)过渡金属钯催化的炔烃与 P(O)—H 键的膦氢化反应

1996 年，Tanaka 等第一次报道了钯配合物催化的亚磷酸二甲酯与炔烃的加成反应，高选择性地生成支链的烯基膦酸酯，开创了过渡金属催化 P(O)—H 键与炔烃加成反应的先河(图 5-52)[76]。该反应具有非常高的立体选择性(顺式加成)和区域选择性(马氏加成)，还能够与多种官能团相容，是一种非常有效的向炔烃分子中导入膦酸基团的方法。

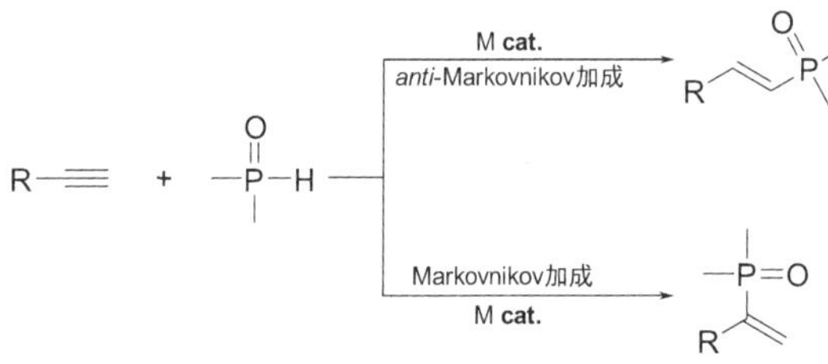


图 5-51　过渡金属催化的 P(O)—H 键与炔烃的选择性的膦氢化比较

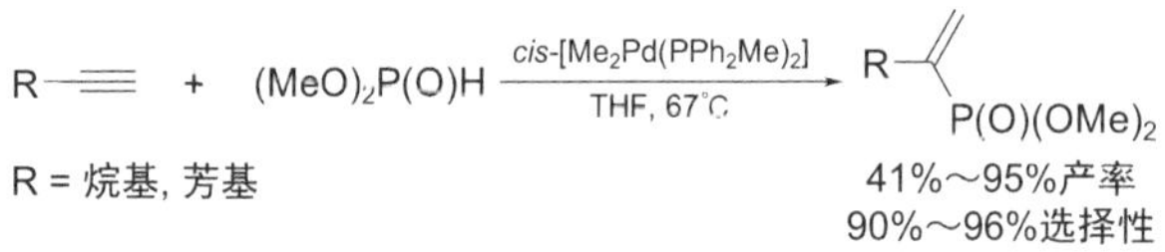


图 5-52　钯催化的 P(O)—H 键与炔烃的加成反应

Tanaka 等还研究了该反应的催化机理(图 5-53)，认为二价钯的催化剂前体先被 P(O)—H 键还原产生零价钯配合物，该新产生的零价钯配合物再与 P(O)—H 键发生氧化加成反应生成钯-氢活性中间体 H—Pd—P(O)，该活性中间体在与炔烃发生钯氢化反应之后，再接着发生还原消除反应，产生烯基膦酸酯，并同时释放零价钯催化剂，以进行下一个催化循环。虽然实验证据不是非常的充分，相应的中间体没有分离表征，也没有在线检测到，只是合成表征了其类似物氢-铂活性配合物，但是 Tanaka 等提出的反应机理能够很好地解释实验中发现的各种现象：顺式加成、马氏加成。Ananikov 等于 2011 年通过密度泛函计算也提出了相似的反应机理，为 Tanaka 等提出的反应机理提供了理论依据[77]。

1996 年，Tanaka 等还报道了零价钯催化的二苯基膦氧[$Ph_2P(O)H$]与炔烃的膦氢化反应(图 5-54)[78]。该反应能够选择性地得到反马氏加成的产物，可以一次性向双炔分子中导入两个二苯基膦基。同时，对其他官能团也有很高的相容性。1998 年，作者在研究论文中报道，二苯基次膦酸[$Ph_2P(O)OH$]的加入能够加快炔烃膦氢化反应的速率，而且能够导致区域选择性的反转，即在二苯基次膦酸与钯配合物的协同催化下，二苯基膦氧能够顺利地和各种各样的炔烃反应，产生相应的马氏加成产物

（图 5-54）[79]。2011 年，Tanaka 等发现 P(O)—Pt—H 与二苯基膦酸之间能够形成氢键[80]。钯与铂处于同一副族，作者认为这种氢键现象也应该存在于中间体 P(O)—Pd—H 配合物与二苯基膦酸之间，并提出膦酸通过氢键作用影响炔烃与 P(O)—H 键加成的区域选择性与反应速率。

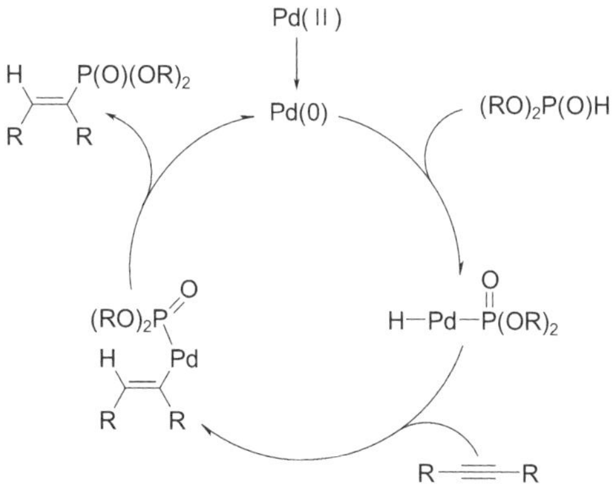

图 5-53 钯催化的 P(O)—H 键与炔烃的选择性膦氢化反应的可能机理

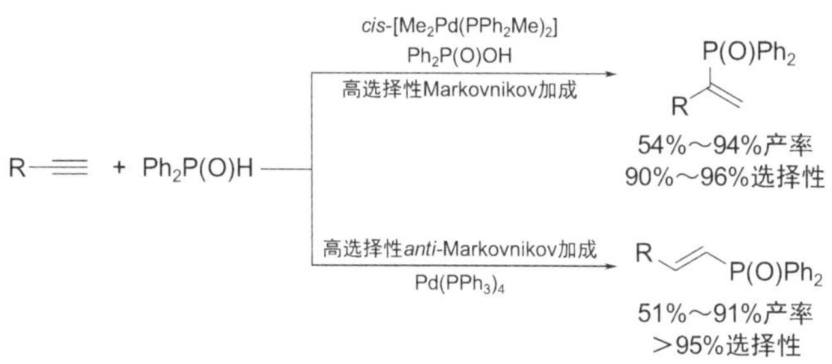

图 5-54 钯催化的二苯基膦氧与炔烃的膦氢化反应

Montchamp 等于 2002 年报道了零价钯催化的次磷酸酯与末端炔烃的加成反应，高选择性地得到了马氏加成产物烯基次膦酸酯，第一次通过过渡金属催化的方法高选择性地合成了烯基次膦酸衍生物（图 5-55）[81]。

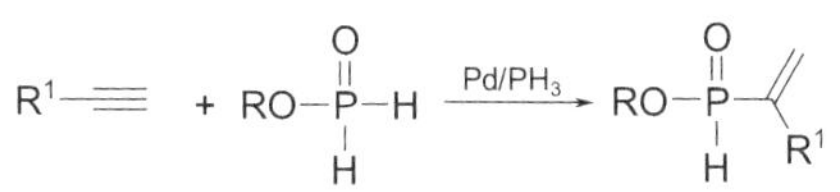

图 5-55 钯催化的炔烃与 (RO)P(O)$H_2$ 的膦氢化反应

同年，Tanaka 等还第一次将含磷手性的膦酸基团通过钯催化剂与二苯基次膦酸协同催化的方法顺利地导入了炔烃分子(图 5-56)[82]。研究发现，手性次膦酸基团的中心原子磷的立体构型在化学反应的前后保持不变(利用 X 射线单晶衍射技术确定分子的绝对构型)。Tanaka 等还通过化学计量反应研究发现，零价铂配合物能够与 P(O)—H 键发生氧化加成反应定量地生成铂-氢配合物 H—Pt—P(O)，该配合物经 X 射线单晶衍射技术分析确定了分子的绝对构型，分子结构展示手性次膦酸基团中心原子磷的立体构型没有发生变化。

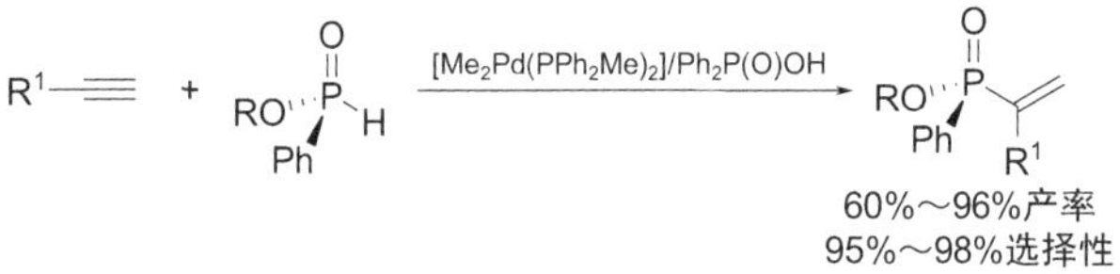


图 5-56　钯与二苯基次膦酸协同催化的手性膦酸基团导入炔烃分子

2008 年，韩立彪等报道了炔烃与 P(O)—H 键的去氢双膦酸化的方法，即一次性向炔烃分子中导入两个膦酸基团，生成相应的烯基双膦化合物和氢气(图 5-57)[83]。在[$\eta^3$-allylPdCl]$_2$ 的催化下，炔烃能够和高化学活性的五元环状亚磷酸酯反应，生成乙烯-1,2-双膦酸酯。在该催化反应体系下，各种各样的炔烃包括芳香炔烃和脂肪炔烃都能够很好地被双膦酸化，但是，原料 P(O)—H 化合物仅限于具有高反应活性的五元环状亚磷酸酯。

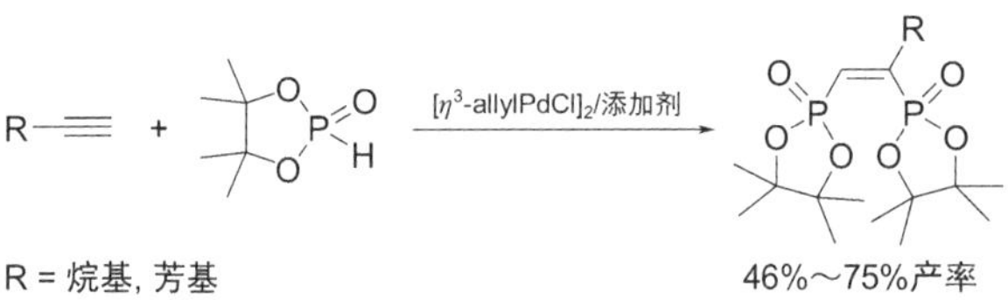


图 5-57　钯催化的炔烃去氢双膦酸化反应

2018年，陈铁桥与韩立彪等人对钯催化 P(O)—H 化合物(即亚磷酸二酯、亚磷酸单酯和亚磷酸)与炔烃膦氢化反应的种类、范围、局限性和机理进行了全面的研究[84](图 5-58)。研究发现，末端炔烃、内部炔烃、脂肪炔烃、芳香炔烃都能与亚磷酸酯发生氢磷酰化反应，选择性地生成对应的马氏加成产物，各种官能团如氰基、羰基、硝基、卤素基团、氨基、羟基、硅基、酸酐基团、二茂铁基团和噻吩杂环等都能兼容于该反应体系；磺酰基乙炔由于在该反应条件下发生分解，不能生成对应的烯基磷化合物，一些炔丙基杂原子类化合物也不能参与化学反应；除了亚磷酸酯，经过优化化学反应条件，次磷酸酯、二级磷氧和次磷酸也能有效地参与化学反应，高产率地生成对应的烯基磷化合物；建立了200mmol规模合成工艺，展示工业应用前景；利用供电子能力强、空间位阻小的$PEt_3$配体稳定金属配位化合物，分离表征关键中间体，首次清晰构建催化循环；确认反应经历氢钯化过程，且为“配位优先”途径，而非“氧化加成优先”途径，即零价钯配合物先与炔烃配位然后发生质子化的过程；揭示反应的区域选择性决定于氢钯化步骤，且P(O)—H化合物的酸性越强，马氏加成选择性越高，速度越快；阐明$Ph_2P(O)OH$的催化机理，

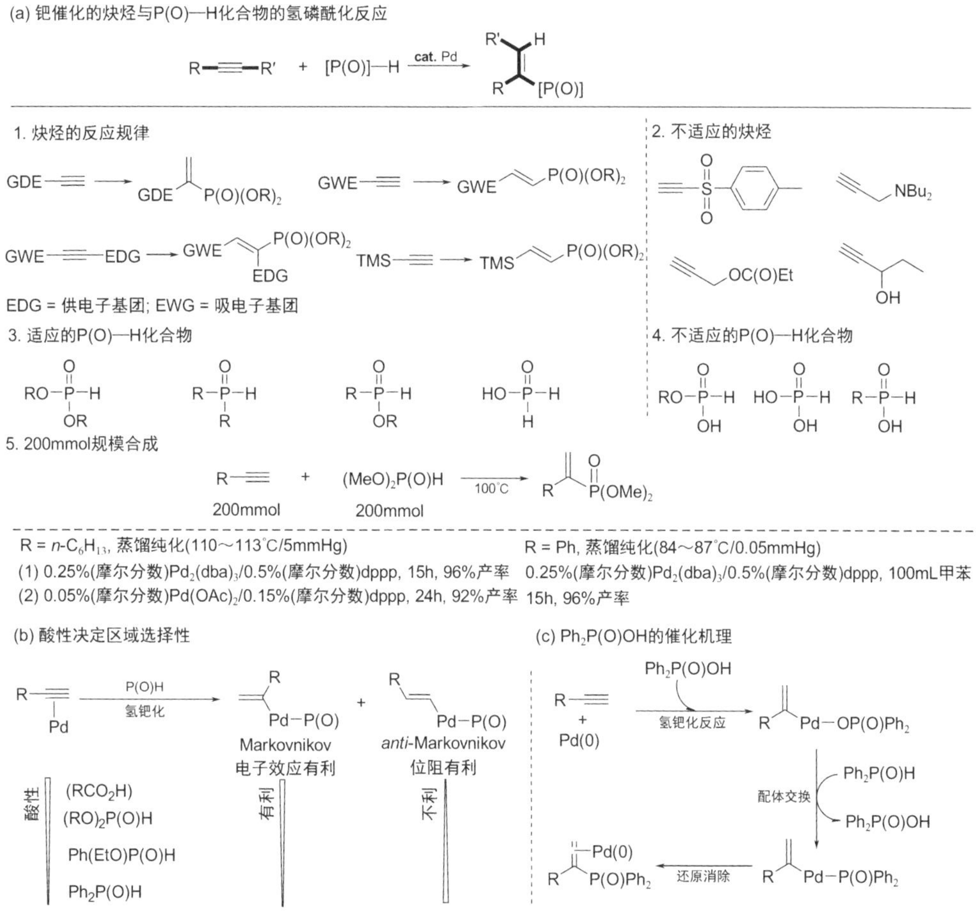

图5-58

(d) 钯催化炔烃与P(O)—H化合物氢磷酰化反应的机理

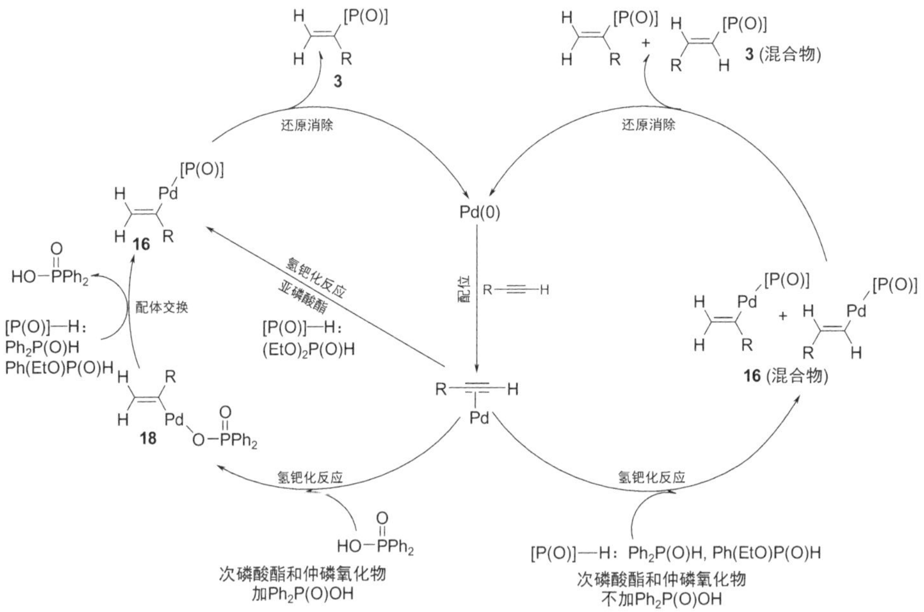


图 5-58　钯催化的 P(O)—H 键与炔烃膦氢化反应规律

其通过氢钯化环节参与化学反应，提高马氏加成选择性和反应速率，并通过配体交换反应重新产生。至此，炔烃与 P(O)—H 化合物加成生成烯基膦化合物的反应已被探索得十分透彻，这种方法也成为合成烯基膦酸衍生物的通用方法。

(2) 过渡金属铑催化的炔烃与 P(O)—H 键的膦氢化反应

过渡金属铑也能够有效地催化炔烃与 P(O)—H 键的膦氢化反应，但是铑催化炔烃与 P(O)—H 键加成，区域选择性地产生反马氏加成的产物[注：目前还没有铑催化炔烃与 P(O)—H 键进行马氏加成的报道]。2001 年，Tanaka 等报道了铑催化的高活性五元环状亚磷酸酯与炔烃的加成反应[85]，作者发现，在 2% ~ 3%(摩尔分数)的 Wilkinson 催化剂 $RhBr(PPh_3)_3$ 的催化下，五元环状亚磷酸酯能够和各种各样的炔烃迅速地发生膦氢化反应，选择性地生成线型的烯基膦酸酯(图 5-59)。该催化反应条件相对温和，各种各样的官能团诸如羟基、卤素、氰基、硅基等都能在本催化体系下相容，反应迅速，一般在 5h 内反应完全，是一种非常有效的合成线型烯基膦酸衍生物的方法。作者还通过化学计量反应，初步研究了该铑催化的炔烃膦氢化反应的机理。研究表明，P(O)—H 键能够和 Wilkinson 配合物发生氧化加成反应，定量地生成相应的铑-氢(Rh-H)中间体，铑-氢中间体能够继续和炔烃反应生成烯基铑配合物和相应的产物共轭烯炔(利用核磁技术观测)，在此基础之上，作者提出了过渡金属铑催化的炔烃膦氢化反应的可能机理：铑配合物先和P(O)—H键发生氧化加成反应，生成铑-氢(Rh-H)中间体，该铑-氢中间体再和一分子的炔烃发生铑氢化反应，产生烯基铑配合物，烯基铑配合物再接着发生还原消除反应，生成对应的线型烯基膦酸酯，并重新产生Wilkinson催化剂进入下一个催化循环，该机理能够很好地解释线型烯基膦酸酯的产生。

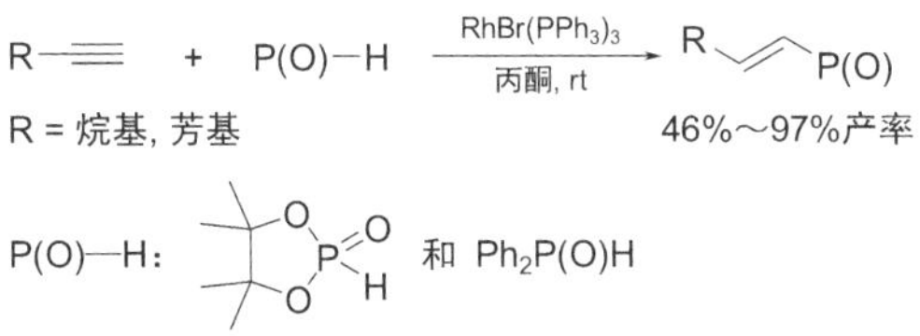


图5-59　铑催化的P(O)—H键与炔烃的加成反应

同一年，Tanaka等还报道了铑催化的二苯基膦氧[$Ph_2P(O)H$]与炔烃的加成反应，同样能够选择性地产生反马氏加成的产物[86]。2005年，Stockland等开发了一个有效的微波辅助的铑催化体系，在该催化系统中，作者能够通过简单地改变反应物的比例，选择性地得到马氏加成的含一个膦酸基团的烯基膦酸衍生物(单加成)或者含两个膦酸基团的双膦酸衍生物(双加成)[87]。在此基础上，作者进一步研究了微波的协助体系，以炔丙醇为底物，合成了膦酸基团取代的烯丙醇(注：其他过渡金属不能催化炔丙醇合成相应的膦酸基团取代的烯丙醇)[88]。2011年，作者还进一步研究了该微波协助体系的空间效应，发现炔烃的二聚反应是过渡金属铑催化的炔烃膦氢化反应的竞争反应：当以大位阻的二芳基膦氧为底物时，炔烃的二聚反应会比较显著[89]。Toffano等利用铑催化体系成功地将含面手性的膦酸基团导入了炔烃分子，合成了相应的含面手性膦酸结构单元的线型烯基膦酸衍生物[90]。

(3)过渡金属镍催化的炔烃与P(O)—H键的膦氢化反应

钯和铑都属于贵金属，价格比较高昂，为了降低化学反应成本，化学工作者将目光转移到价格比较低廉的过渡金属，希望能够同样高效率地催化炔烃与P(O)—H键的加成反应，合成相应的烯基膦化合物。不负所望，过渡金属镍也能够高效地催化炔烃与P(O)—H键的加成反应，而且通过微调化学反应的条件，能够选择性地得到马氏加成产物或者反马氏加成产物。2004 年，韩立彪等报道了一个非常有效的镍催化的炔烃与 P(O)—H 键的加成反应，通过微调反应条件，能够选择性地获得马氏加成产物或者反马氏加成产物[91]。如图 5-60 所示，在条件 A[以 0.5%(摩尔分数)Ni(PPh$_2$Me)$_4$ 为催化剂，乙醇为溶剂，在 20℃下反应 5h]状态下，炔烃能够顺利地和 P(O)—H 键反应，高产率地、高选择性地生成反马氏加成产物，产率高达 96%，区域选择性高达 99%；而在条件 B[以 1%(摩尔分数)Ni(COD)$_2$、4%(摩尔分数)PPhMe$_2$ 和 2%(摩尔分数)Ph$_2$P(O)OH 为催化剂，四氢呋喃为溶剂，在 20℃反应 2h]状态下，P(O)—H 键与炔烃的膦氢化反应也能够顺利地进行，但是高选择性地生成马氏加成产物，产率高达 93%，区域选择性高达 94%。

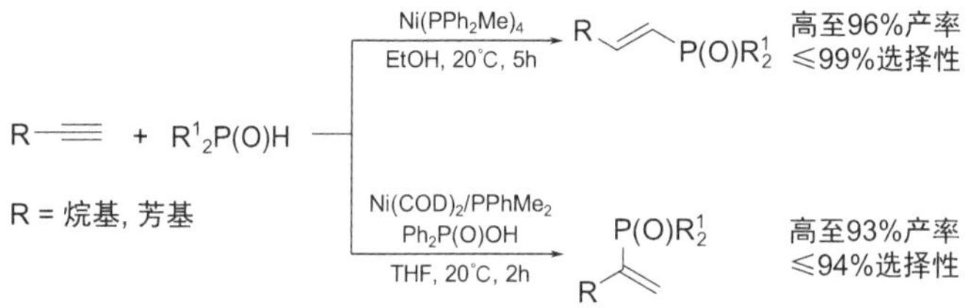


图 5-60 镍催化的炔烃与 P(O)—H 键的选择性膦氢化反应

在该文中，作者还研究了镍配合物与 P(O)—H 键的化学计量反应，作者研究证实镍配合物能够和 P(O)—H 键发生氧化加成反应，定量地产生镍-氢(Ni-H)活性配合物，该镍-氢活性配合物能够在室温下顺利地与 1-辛炔反应，生成支链与线型的混合烯基膦化合物(图 5-61)。钯和铂配合物也能与 P(O)—H 键反应，产生类似的金属-氢(M-H)配合物，其中钯-氢(Pd-H)配合物在室温下能够非常缓慢地和 1-辛炔反应，但是铂-氢(Pt-H)配合物则即使在加热的状态下也不与 1-辛炔反应。作者认为，这些中间体的反应活性是与催化反应的现象相一致的，即镍在常温下即可以催化炔烃与 P(O)—H 键的加成，钯需要加热，而铂不能催化 P(O)—H 键与炔烃的膦氢化反应。

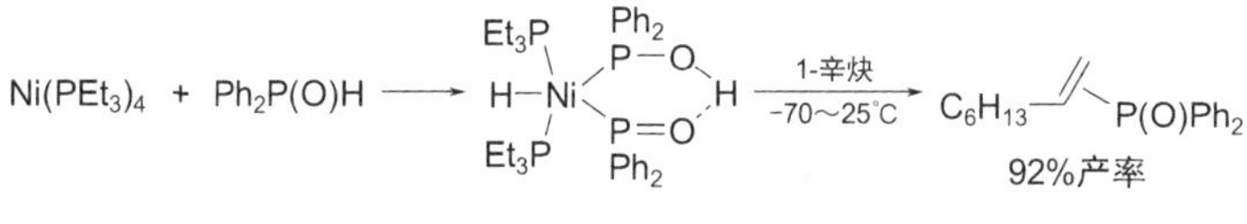


图 5-61 镍配合物与炔烃、P(O)—H 化合物的计量反应

2005 年，韩立彪等还报道了炔丙醇与 P(O)—H 键的膦氢化反应，一锅合成膦酸基团取代的 1, 3-丁二烯 [92]。该反应对于特定基团来讲，产率和选择性都很好，但是很多时候，这个膦氢化反应的区域选择性不佳(图 5-62)。作者认为该反应包括两个环节：炔键的膦氢化反应和羟基的消除反应。但是，目前该反应的历程尚不明确，先发生消除反应脱水还是先发生膦氢化反应，还有待于进一步的研究。

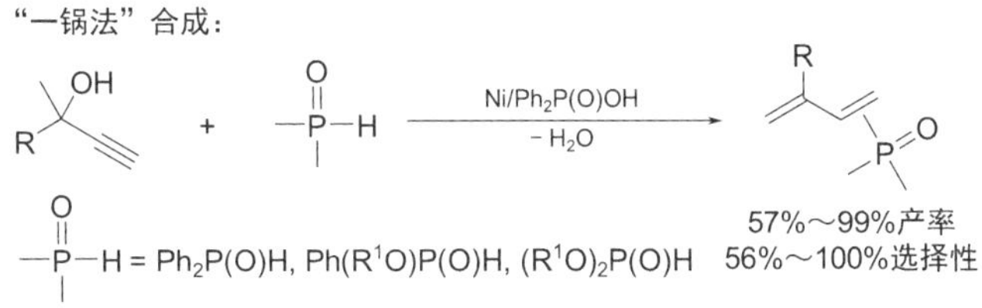


图 5-62　镍催化的炔丙醇与 P(O)—H 反应一锅合成膦酸基团取代的 1,3-丁二烯

同一年，Montchamp 报道了镍催化的(RO)P(O)$H_2$ 与内炔的加成反应，高选择性地得到了顺式加成产物烯基次膦酸衍生物 [93]。该反应以二价镍为催化剂，不需要添加配体，反应条件相对温和，但对末端炔烃的区域选择性非常不好。2010 年，Beletskaya 等报道了一个有效的镍催化系统，该催化体系不需要酸的协助，即可有效地催化端炔与 P(O)—H 键的加成，选择性地产生马氏加成产物 [94]。作者还通过密度泛函计算推导了该膦氢化反应的机理，作者认为该反应是一个基于 Ni(0)/Ni(Ⅱ)的催化循环过程：P(O)—H 键先和 Ni(0)配合物发生氧化加成反应，产生镍-氢(Ni-H)活性中间体，该镍-氢中间体再接着和炔烃发生镍磷化反应，生成烯基-镍-氢的活性物质，该活性物质再接着发生还原消除反应，即生成相应的烯基膦酸衍生物，并同时释放 Ni(0)配合物，以进行下一个催化循环。但是作者又在同一年通过量化计算表明，在镍催化的炔烃膦氢化体系中，炔烃的镍氢化反应在能量上要优于炔烃的镍膦化反应，校正了前面提出的基于炔烃镍膦化的反应机理。

2011 年，Rabasso 等利用镍配合物催化炔丙胺与 P(O)—H 键的加成，高选择性、高产率地一步合成了 *β*-氨基取代的烯基膦化合物，立体选择性大于 95%，区域选择性也大于 95%[95]。该化学反应的条件相对温和，各种各样的高价值官能团诸如氰基、酯基、醚键、含氧含硫杂环等都能与该催化体系相容，是一种非常有效的一步合成 *β*-氨基取代的烯基膦化合物的方法。

(4)其他过渡金属催化的炔烃与 P(O)—H 键的膦氢化反应

2004 年，Uemura 等报道了过渡金属钌催化炔丙醇与二苯基膦氧的反应(图 5-63)[96]。通过该催化体系，作者能够一次性向分子中导入两个二苯基次膦酰基，生成烯丙位被次膦酰基取代的烯基二苯基膦氧化物，该催化体系反应条件相对温和，氟、氯、溴等卤素基团都能兼容，是一种有效的双膦化的方法。

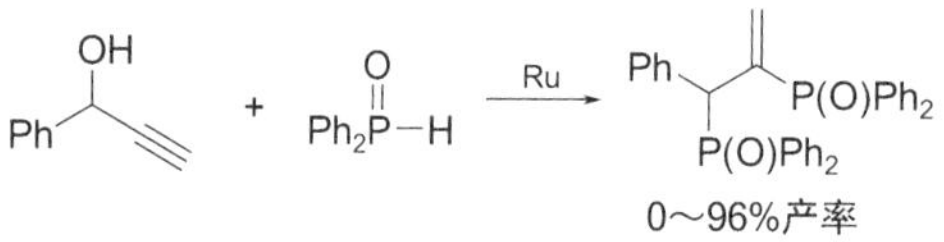


图 5-63　过渡金属钌配合物催化的炔丙醇的双膦化反应

Yamamoto 等于 2012 年报道了过渡金属钌催化的 1,6-二炔的膦氢化环化的方法，高选择性地合成了带碳(杂)环的 1,3-二烯基膦氧化物 [97]。该反应体系的实用性非常广，能够有效地合成含氧杂环、含氮杂环以及全碳环有机磷化合物，对酯基、甲氧基、噻吩环等都能兼容(图 5-64)。

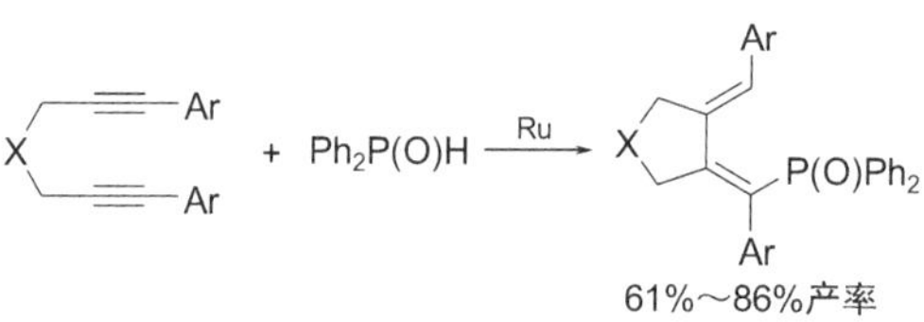


图 5-64　过渡金属钌催化的 1,6-二炔的膦氢化环化反应

## 5.4.2　烯烃的氢磷酰化反应

过渡金属催化的烯烃与杂原子化合物的加成在近几十年中成为构建碳-杂原子键的最强大工具之一。膦酸酯 $RP(O)(OR^1)_2$ 是一类在合成应用和生物活性中非常有用的化合物，传统上由 $P(OR^1)_3$ 与有机卤化物 RX 的 Arbuzov 反应制备。一种更具吸引力的高原子经济性的、用途广泛且清洁的替代方法是金属配合物催化的烯烃与 $HP(O)(OR^1)_2$ 加成。但是，这种策略在合成有机磷化合物中发展较为缓慢。直到 2000 年，Tanaka 和韩立彪等人发表了由五元环状亚磷酸二酯(亚磷酸片呐醇酯)与烯烃在钯催化下加成生成烷基膦酸酯，这是烯烃的氢磷酰化反应的首例报道 [98]

(图 5-65)。研究指出，无论是链状还是环状烯烃都适用于该反应，但在所有 P(O)—H 化合物中只有五元环状亚磷酸酯能够发生反应，推测这与反应过程中形成较为稳定的三角双锥过渡态的 Pd—P 中间体有关。作者利用氘氢交换实验对反应机理进行了解释: Pd 首先插入亚磷酸酯化合物的 P—H 键之间，然后金属再与端烯的双键配位加成，最后还原消除得到目标产物。值得注意的是，该反应的产物大多为反马氏加成的产物。2006 年，该课题组优化了此反应的催化系统，使用 5%(摩尔分数)$Pd(OAc)_2$ 和 7.5%(摩尔分数)Josiphos 型配体，降冰片烯与亚磷酸片呐醇酯很好地发生不对称加成反应，产率均在 80% 以上，并且得到很好的对映体选择性[99]。

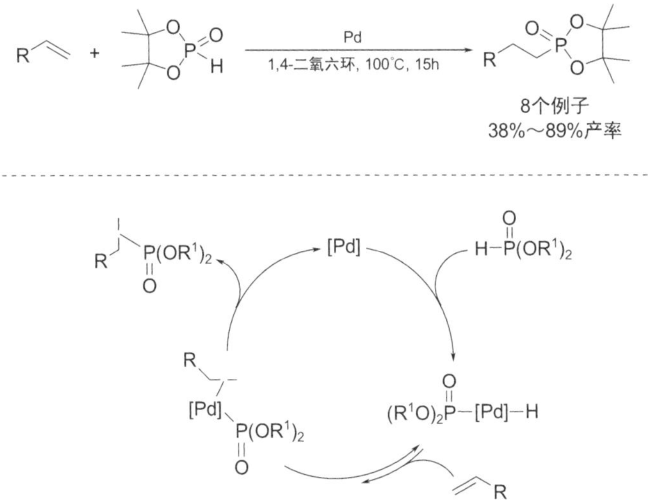


图 5-65 烯烃与五元环状亚磷酸酯的氢磷酰化反应

随后的很长一段时间烯烃的氢磷酰化反应领域没有非常大的突破，报道的研究大多是对催化系统的优化、改进，如 Rh 催化体系等。含 P—H 反应底物的范围局限性一直没有被改善。直到 2014 年，Mathieu 报道了烯烃与亚磷酸二酯的氢磷酰化反应[100](图 5-66)。作者发现在 6%(摩尔分数)$Pd(OAc)_2$、15%(摩尔分数)Davephos 或 Xphos 作用下，苯乙烯与亚磷酸二丁基酯在 100℃、12h 产生 $\alpha$-加成产物和 $\beta$-加成产物。并且各种亚磷酸二酯与亚磷酸片呐醇酯都可以在该条件下反应，各种类型的端烯和环状烯烃也同样适用。值得注意的是，作者指出亚磷酸二酯底物的性质会影响反应的区域选择性，普通的亚磷酸二酯具有出色的反马氏加成化学选择性，而环状的亚磷酸片呐醇酯通常与苯乙烯衍生物生成马氏加成产物。

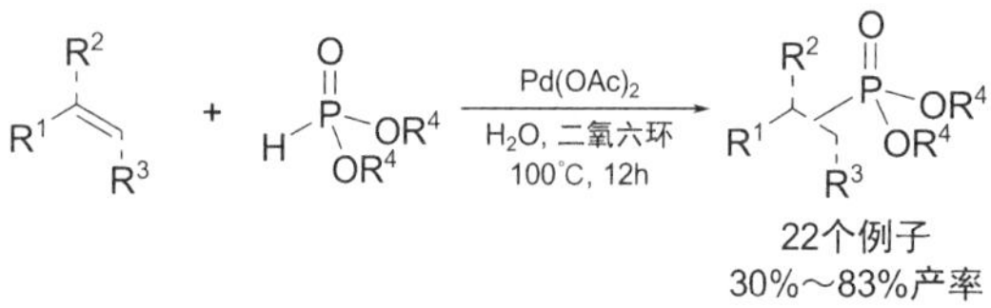


图 5-66 烯烃与亚磷酸酯的氢磷酰化反应

2019 年，Tong 课题组开发了一种(*Z*)-1-碘-1,6-二烯为底物的多米诺 Heck/ 阴离子捕获的磷酸化反应[101](图 5-67)。以 $Pd(OAc)_2$/dppf 为催化体系，添加 2 当量的 CsF，在甲苯溶液中 65℃反应 12h 得到含有四氢吡啶环的(硫代)膦酸酯衍生物。该反应中 P—H 试剂除了可以是亚磷酸二酯外，硫代亚磷酸二酯同样可以使用。这种反应策略也能以很高的产率(95%，1g)放大到克级。

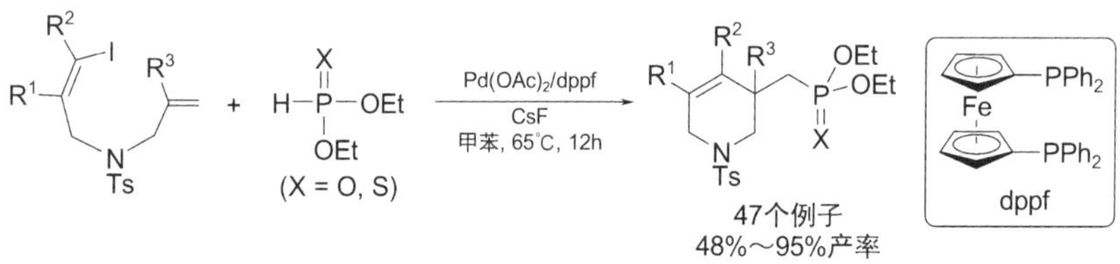


图 5-67 Heck / 阴离子捕获的磷酸化反应

可见光催化的烯烃与仲膦氧化物的氢次膦酰化反应是另一种合成叔膦氧化物的有效手段。2014 年，Kobayashi 报道了在光催化剂诱导下烯烃与 P(O)—H 化合物的氢磷酰化反应[102]。该方法条件十分温和，无须添加其他助剂，在室温条件下即可以高产率得到目标化合物(图 5-68)。在光氧化还原循环中，光激发的罗丹明 B(PC*)促进 P(O)—H Ⅰ 的单电子氧化，生成相应的自由基阳离子 Ⅱ。在去质子化作用下形成膦酰基自由基Ⅲ，并进行反马氏规则的形式加成到双键上，形成自由基中间体Ⅳ。通过 P(O)—H 或其三价互变异构体与自由基中间体Ⅳ的夺氢反应使链增长，使得膦酰基自由基Ⅲ再生并生成氢膦酰化产物 **3**。对于还原型光催化剂 PC•⁻，可以在溶剂中通过微量的氧气猝灭从而再生罗丹明 B(PC)并结束光氧化还原循环。

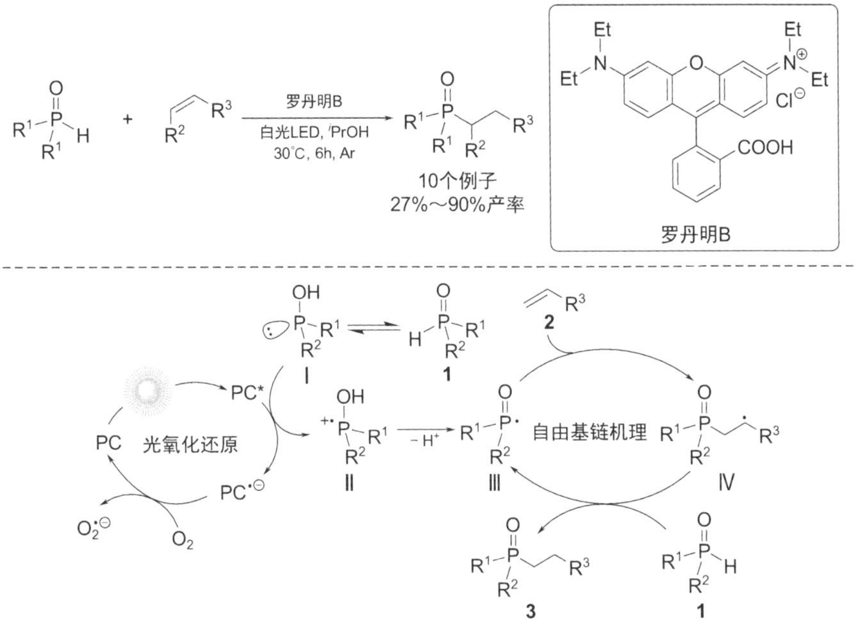


图 5-68　光催化的烯烃与 P(O)H 的氢磷酰化反应

# 5.5

# 磷酰基自由基参与的反应

含 P(O)—H 键的化合物在自由基引发剂的作用下可以生成磷酰基自由基，并发生一系列的反应。磷酰基自由基可以与不饱和键发生加成、加成脱氢以及双官能团化等一系列反应。而磷酰基自由基与不饱和化合物的双官能团化反应可以在一步反应中实现含磷杂环以及多环复杂化合物的构筑，不仅具有步骤经济性、原子经济性好等优点，而且条件温和可控。

文献报道的磷酰基自由基引发剂的种类非常丰富，早期是使用三乙基硼作为磷酰基自由基引发剂，但由于三乙基硼的毒性非常大，已经逐步被淘汰。目前，已经开发出低毒甚至是无毒的试剂，在温和的条件下和膦氢化合物反应生成磷酰基自由基。文献报道的磷酰基自由基引发剂的种类有：氧气、光照、偶氮化合物、银盐、过氧化合物、锰盐以及催化量铜和氧化剂的配合使用等，这些磷酰基自由基引发剂适用于不同的反应体系，有其各自的优缺点。

磷酰基自由基可以和不饱和体系发生多种反应，按反应底物的类型，将磷酰基自由基的反应归纳为磷酰基自由基和不饱和体系的加成脱氢反应、磷酰基自由基与烯烃的双官能团化反应以及磷酰基自由基和炔烃的双官能团化反应三大类。磷酰基自由基与不饱和体系的加成脱氢反应，一般是磷酰基自由基和不饱和键先发生加成反应，再被氧化脱氢，最终得到膦酰化的芳香烃(见 5.3.2 节)。本节仅总结磷酰基自由基与烯烃和炔烃的双官能团化反应。

## 5.5.1 磷酰基自由基与烯烃的双官能团化反应

双官能团化反应，顾名思义就是可以在一步反应中同时引入两个官能团。而磷酰基自由基和烯烃的双官能团化反应可以生成链状产物和环状产物。2013 年，杨尚东等人报道了硝酸银催化的磷酰基自由基和 *N*-芳基丙烯酰胺的反应，该反应经过磷酰基自由基与烯酰胺的加成-环化过程得到含氧化膦单元的氧化吲哚衍生物(图 5-69)[103]。需要指出的是，这里的磷酰基自由基选择性地加成到羰基的 $\beta$ 位。这是首例磷酰基自由基和烯酰胺底物的加成环化串联反应，在这之后，陆续有许多相关文献报道。

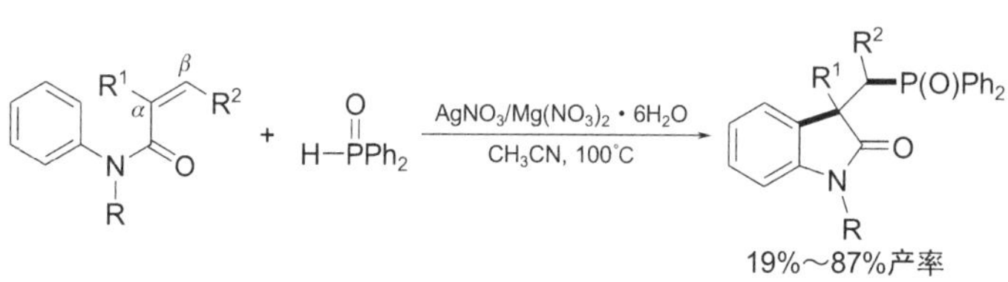


图 5-69 银促进的磷酰基自由基和 *N*-芳基丙烯酰胺的加成环化反应

2016 年，Lu 和 Yang 通过光催化的途径来实现这一转化(图 5-70)，该反应使用 1% 的铱盐作为光催化剂，同时还需要 3 当量的 $K_2S_2O_8$ 作为氧化剂[104]。当羰基的 $\alpha$ 位无取代，$\beta$ 位被芳基取代时，磷酰基自由基则选择性地加成到羰基的 $\alpha$ 位。

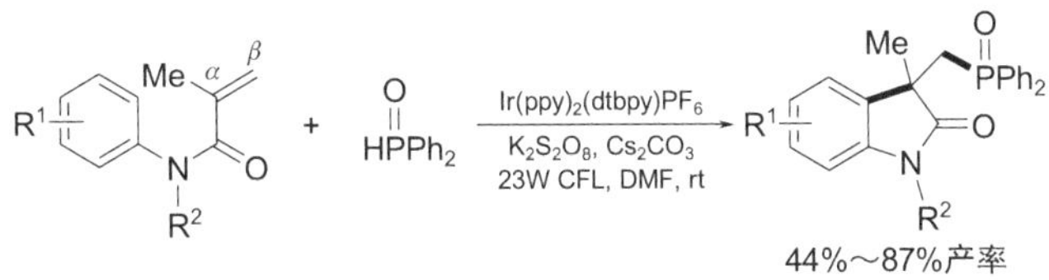

图 5-70 光催化产生的磷酰基自由基和 *N*-芳基丙烯酰胺的加成环化反应

2016 年，朱成健等人报道了硝酸银催化的磷酰基自由基和 *N*-芳基丙烯酰胺的反应，实现了膦酰化的 3,4-二氢喹啉酮衍生物的合成(图 5-71)[105]。

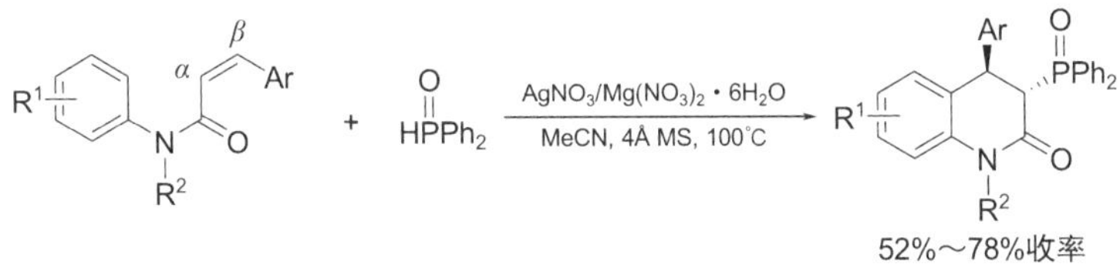

图 5-71 膦酰化的 3,4-二氢喹啉酮衍生物的合成

2016 年，浙江大学的崔孙良等人在 *N*-芳基烯酰胺的氮上引入氰基，通过控制烯烃链的长度可以选择性地得到稠合的双环或三环化合物，甚至是螺环产物。值得一提的是，该方法不论是端烯还是内烯都可以参与反应，并且反应的转化率较高，最高可达 90%(图 5-72)[106]。

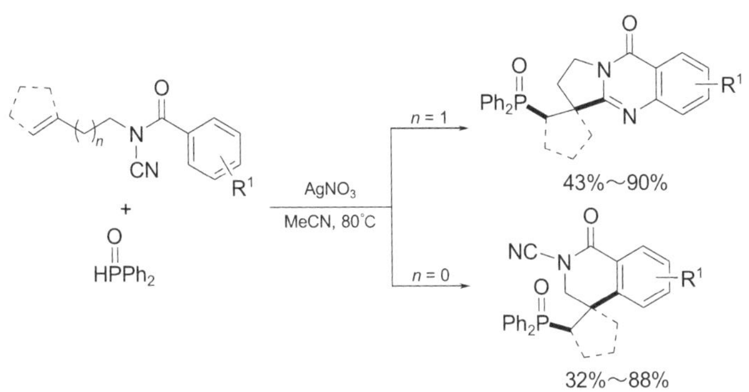

图 5-72 磷酰基自由基参与的含磷多环化合物的合成

其反应历程是：二苯基氧膦在硝酸银的作用下得到二苯基次膦酰基自由基，该自由基首先与烯烃发生加成反应得到碳自由基中间体，当 $n=1$ 时，碳自由基中间

体进攻到分子内的氰基碳上，生成亚胺氮自由基中间体，该中间体再发生环化加成、氧化脱质子过程得到三环产物；当 $n = 0$ 时，碳自由基中间体则进攻到苯环上，再发生氧化、脱质子过程，得到稠合双环产物(图 5-73)。

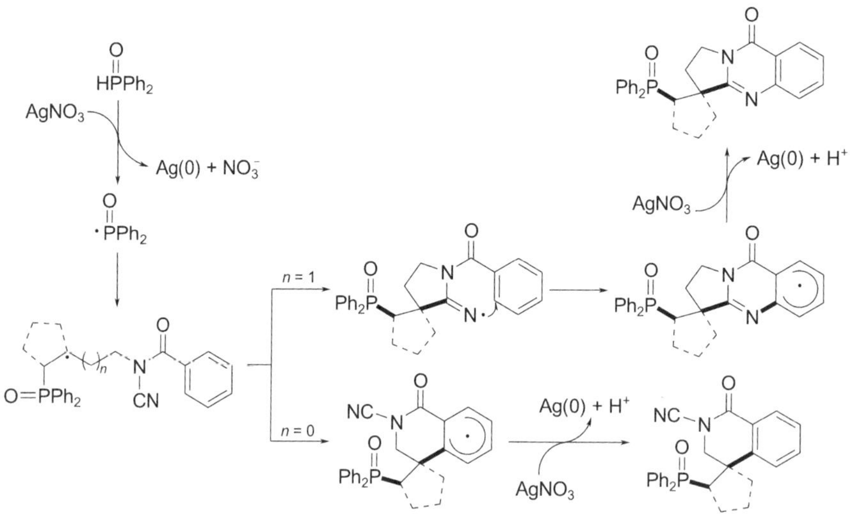

图 5-73　磷酰基自由基参与的反应机理

若在 *N*-芳基丙烯酰胺的底物中引入磺酰基，反应又会有新的变化。2014 年，Nevado 等人报道了使用硝酸银催化产生的磷酰基自由基与 *N*-磺酰基丙烯酰胺类化合物的加成环化反应(图 5-74)[107]。实验表明，当酰胺氮原子上的取代基团类型不同时，可以得到完全不同类型的产物。

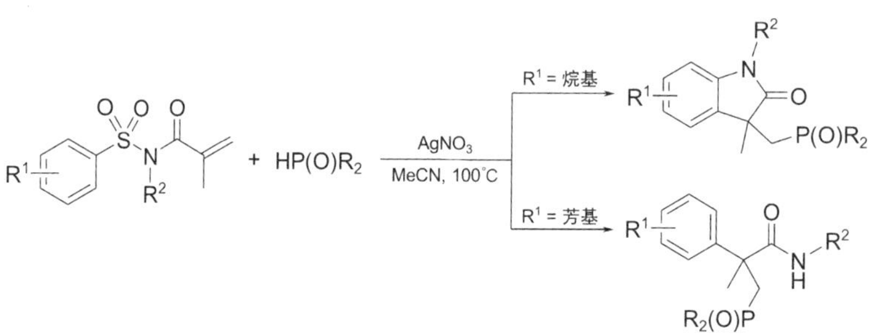

图 5-74　磷酰基自由基参与的脱 $SO_2$ 反应

该反应的历程是：在硝酸银的作用下，磷酰基自由基首先与双键发生加成反应生成碳自由基中间体，该中间体优先加成到碳硫键的芳基碳上，形成五元环中间体，继而脱去一分子 $SO_2$ 形成酰胺氮自由基中间体，有意思的是，氮上的取代基会直接影响最终产物的结构，当氮上的取代基为芳基时，得到次膦酰化的酰胺产物；当氮上的取代基为烷烃时，得到次膦酰化吲哚-2-酮产物。

## 5.5.2 磷酰基自由基与炔烃的双官能团化反应

同样地，磷酰基自由基和炔烃的双官能团化反应也可以分别得到链状产物和环状产物。而对于链状产物的生成，目前报道的是在氧化剂存在下，端炔或者炔酸被磷酰基自由基进攻得到烯基自由基中间体，烯基自由基被氧气捕获，经过一系列的转化最终得到 $\beta$-羰基膦酸酯（图 5-75）。

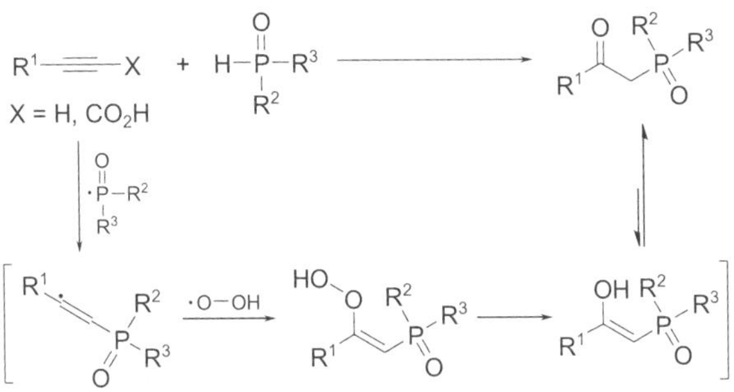

图 5-75 磷酰基自由基和端炔或炔酸反应生成 $\beta$-羰基膦酸酯的机理

2015 年，赵玉芬课题组报道二芳基氧膦和炔酸反应生成 $\beta$-羰基叔膦氧化物[108]。该反应使用五水硫酸铜和 TBHP 作为次膦酰基自由基引发剂，但是必须加入氨水才可以使反应获得满意的转化率（图 5-76），在此条件下，反应产率最高可达 95%。

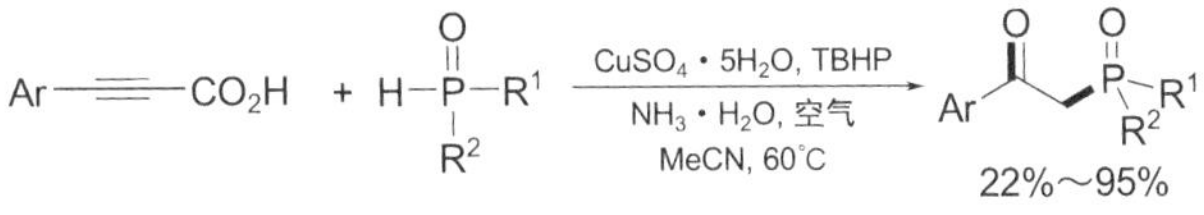

图 5-76 铜促进的磷酰基自由基途径合成 $\beta$-羰基氧化膦

以上只适合芳基取代 $\beta$-羰基氧化膦的合成。2015 年，陈晓岚课题组报道仲膦在铜盐、银盐和氧化剂的作用下，和端炔以及内炔反应同样可以得到 $\beta$-羰基氧化膦

（图 5-77）[109]。比较之前的工作，该反应的优点是不仅可以合成芳基取代的 $\beta$-羰基氧化膦，也同样适用于烷基取代的 $\beta$-羰基氧化膦的合成。

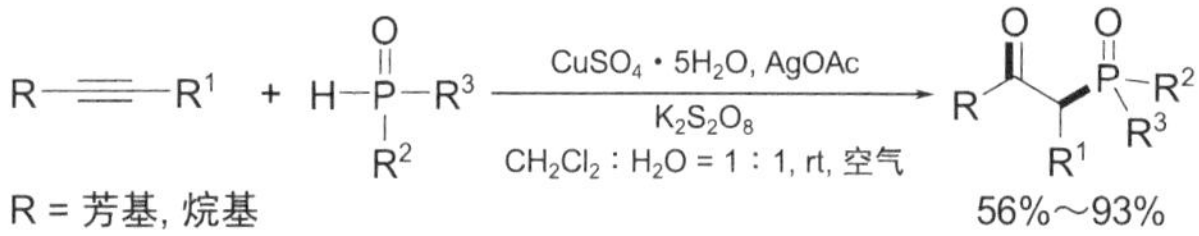


图 5-77　铜、银促进的磷酰基自由基途径合成 $\beta$-羰基氧化膦

对于通过磷酰基自由基和炔烃的双官能团化反应来合成含磷酰基的环状化合物报道很多。2014 年，梁永民等人报道了硝酸银引发产生的磷酰基自由基与对苯甲醚类不饱和体系的反应，从而得到一系列次膦酰化氮杂螺环化合物 [110]。文章中的机理显示产物苯醌中的氧来源于原料苯甲醚中的氧（图 5-78）。

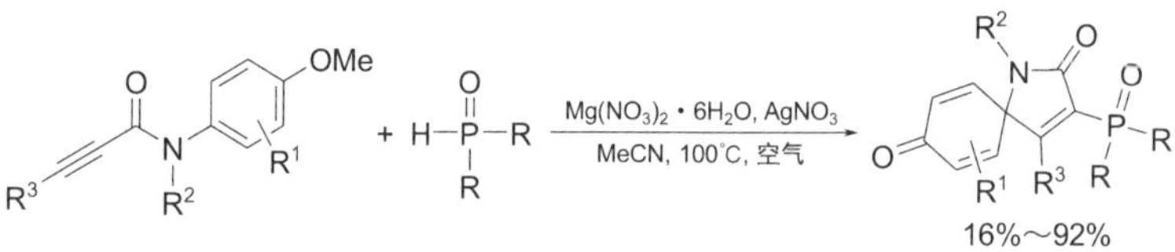


图 5-78　次膦酰化氮杂螺环化合物的合成

2014 年，Wu 等人报道了在银盐的催化下生成的磷酰基自由基与炔酸酯的加成环化反应，从而合成一系列膦酰化的香豆素衍生物 [111]。首先，磷酰基自由基与炔基发生加成得到烯基自由基中间体，该中间体与芳香环发生加成环化、氧化脱质子的过程得到目标产物（图 5-79）。

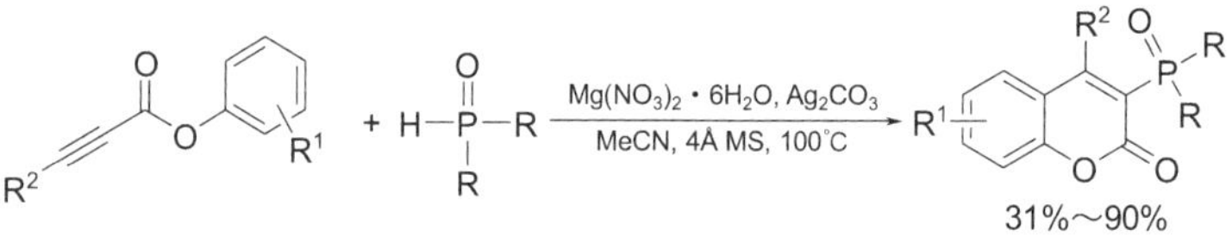


图 5-79　膦酰化的香豆素衍生物的合成

同年，梁永民等人报道了银催化生成的磷酰基自由基与 1，6-烯炔底物的加成环化反应，“一锅法”构筑了并三环产物 [112]。膦氢化合物在银盐的作用下生成磷酰基自由基，磷酰基自由基选择性地与三键发生加成反应生成烯基自由基中间体，该中间体再与烯烃发生加成反应得到碳自由基中间体，最后与芳环发生加成、氧化脱质

子得到目标环化产物（图 5-80）。

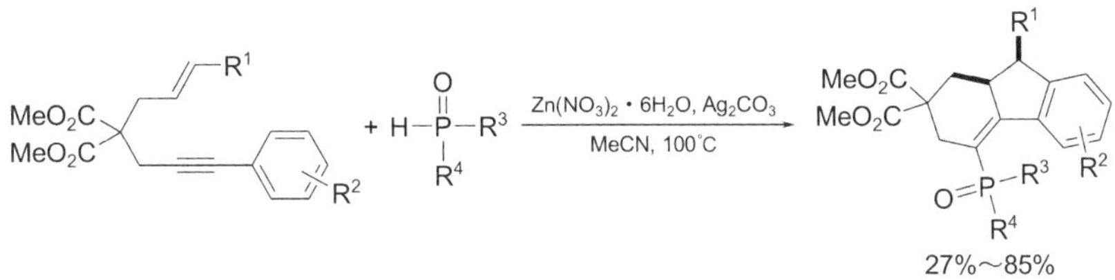


图 5-80　磷酰基自由基与 1,6-烯炔的反应

吲哚骨架广泛存在于众多天然产物以及生物活性分子中。2016 年，赵玉芬课题组在吲哚的氮原子上引入炔丙基，生成的磷酰基自由基可以和三键发生加成反应，得到的烯基自由基选择性地加成到吲哚的 2 位，生成 3-吲哚自由基中间体，该中间体经过氧化、脱质子和异构化得到 2-膦酰化-9*H*-吡咯[1, 2-a]吲哚衍生物（图 5-81）[113]。

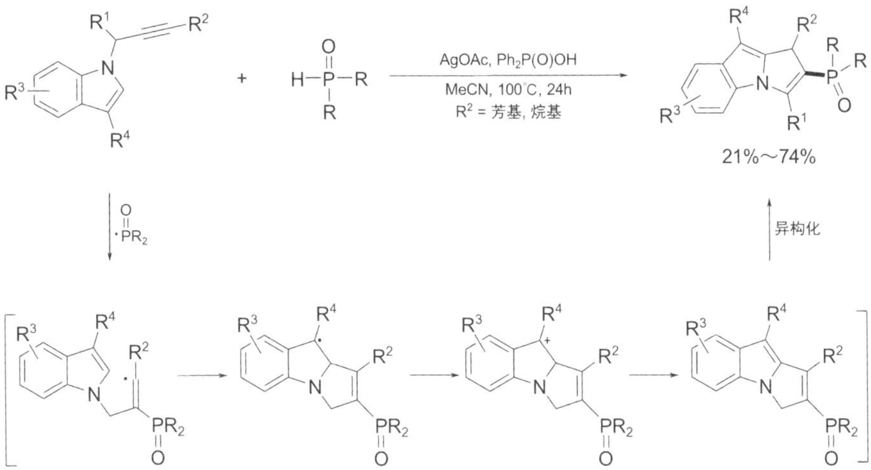


图 5-81　2- 膦酰化-9*H*-吡咯 [1,2-a] 吲哚衍生物的合成

以上介绍了含磷酰基的五元环和六元环的合成，磷酰基自由基也一样可以实现含磷酰基的七元环化合物的合成。众所周知，吲哚的 2 位碳和 3 位碳的活性很高，可以发生多种反应。梁永民等人分别在吲哚的 2 位碳和 3 位碳引入炔丙氨羰基，其中三键单元被磷酰基自由基进攻后生成烯基自由基中间体，该中间体进一步和吲哚环上的碳发生加成环化-脱质子过程，从而得到膦酰化的吲哚并七元环的产物（图 5-82）[114]。

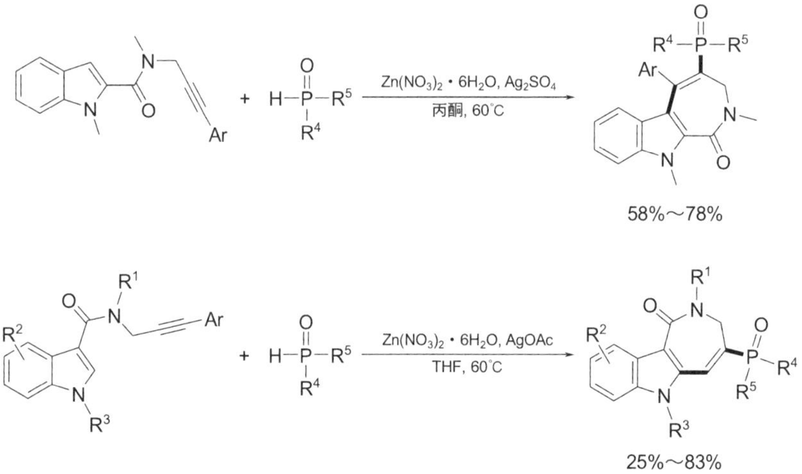


图 5-82　含磷酰基七元环化合物的合成

磷酰基自由基参与的反应，不仅适用于含磷酰基化合物的杂环以及多环化合物的合成，也一样可以用于磷杂环化合物的合成。2013 年，Satoh 等人报道了醋酸银促进的(硫代)磷酰基自由基和二芳基乙炔的反应[115]。磷酰基自由基首先加成到三键上，生成的自由基中间体进一步进攻磷原子上的苯环，生成的中间体经过氧化、脱质子得到磷杂吲哚衍生物。醋酸锰也可以引发该反应，只是产率稍低。但是当磷酰基自由基源为二苯基硫膦以及 R 为三甲基硅基时，只有醋酸锰作为氧化剂，反应才可以顺利进行(图 5-83)。反应的不足之处在于无论醋酸银还是醋酸锰都必须是化学计量的。

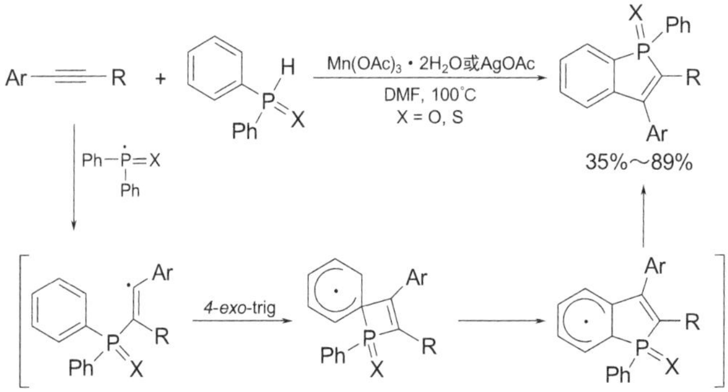


图 5-83　锰促进的磷杂环化合物的合成

几乎同时，段伟良等人报道了氧化银引发的磷酰基自由基对二苯乙炔类化合物的加成环化反应，同样实现了苯并磷杂环化合物的构筑[116]。该方法底物适用性好，并且使用催化量的银盐同样可以推动反应(图 5-84)。

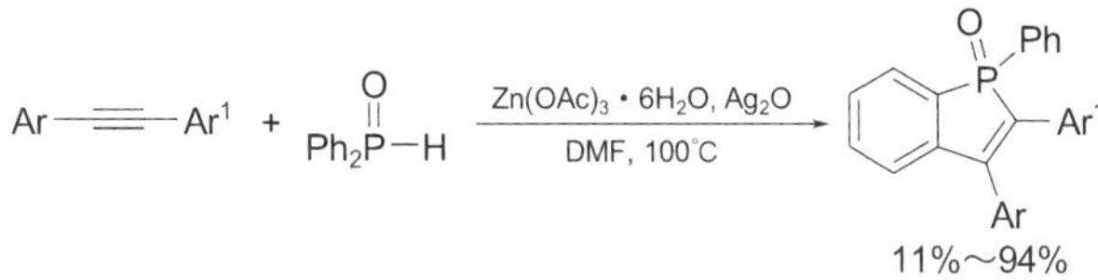


图 5-84　银促进的磷杂环化合物的合成

以上两种合成苯并磷杂环化合物的方法，需要大当量的银盐或者锰盐，实际操作起来不够经济、绿色。2016 年，赵玉芬课题组在此基础上报道了仅使用 2% 的五水硫酸铜[117](图 5-85)或使用 5 当量的 $K_2S_2O_8$[118] 也可以实现通过磷酰基自由基与炔烃的反应合成苯并磷杂环化合物。

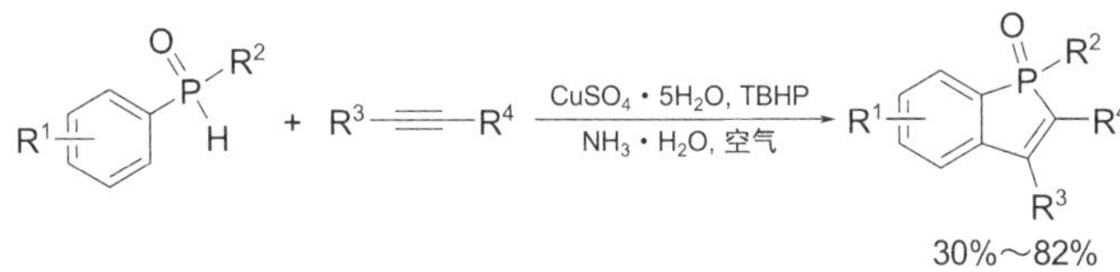


图 5-85　五水硫酸铜催化的磷杂环化合物的合成

除去传统的磷酰基自由基引发剂，使用 Eosin Y 作为光催化剂，通过光照的途径也一样可以实现苯并磷杂环化合物的合成(图 5-86)[119]。在这个反应中，需要使用 2 当量的 *N*-乙氧基-2-甲基吡啶四氟硼酸盐作为氧化剂。同时，作者对该反应的反应机理进行了较全面的研究。

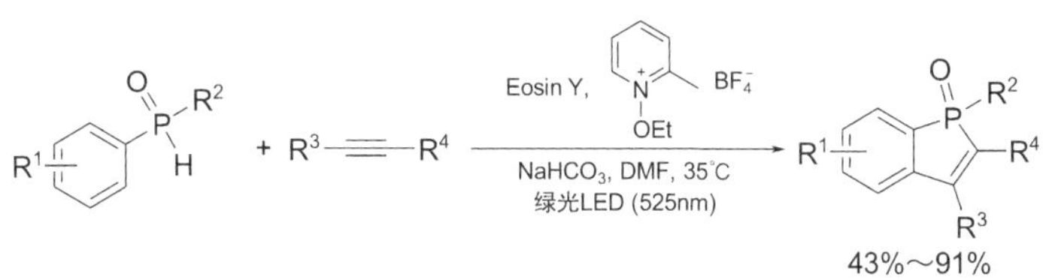


图 5-86　光催化条件下的磷杂环化合物的合成

## 5.5.3 磷酰基自由基的其他反应

除了以上介绍的磷酰基自由基和芳香化合物、烯烃以及炔烃化合物的反应，磷酰基自由基还可以与其他化合物反应得到相应的有机膦化合物。

异氰基团的碳上有一对孤电子对，容易被磷酰基自由基进攻生成碳自由基，并进一步转化得到相应的产物。2016 年，Lu 和 Yang 通过光催化的途径来引发磷酰基自由基，进而和异氰发生加成反应，再发生分子内的环化-氧化过程得到 1-膦酰化异喹啉产物(图 5-87)[104]。

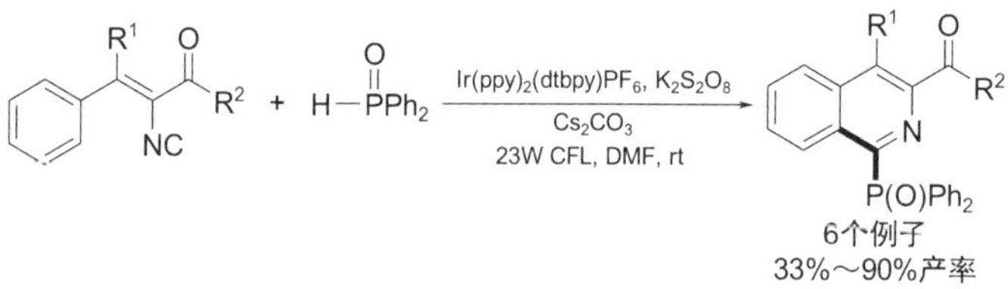


图 5-87　磷酰基自由基和异氰的反应

合成芳基次膦酸硫酯的方法丰富，其中通过磷酰基自由基的途径是众多合成方法之一。二硫醚在加热的条件下可以得到硫自由基，该硫自由基可以作为磷酰基自由基引发剂引发二苯基膦氧生成二苯基次膦酰基自由基，该自由基可以和硫自由基猝灭得到二苯基次膦酸硫酯(图 5-88，路径 a)[120]；同时，二苯基次膦酰基自由基也可以直接和二硫醚反应得到二苯基次膦酸硫酯，并生成硫自由基，得到的硫自由基继续参与反应(图 5-88，路径 b)。

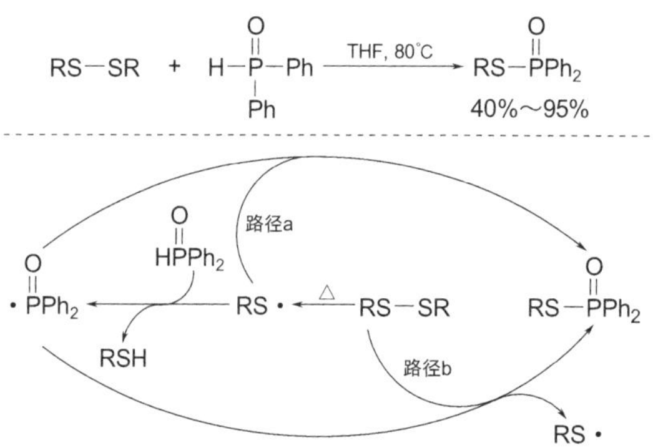


图 5-88　膦氢化合物和二硫醚的反应

另外，硫醇和膦氢化合物的反应也可以直接得到膦酸硫酯(图 5-89)[121]。在光引发剂和光照的作用下，硫醇可以生成硫自由基，该硫自由基可以猝灭得到二硫醚，也可以作为引发剂，引发膦氢化合物生成磷酰基自由基。该反应后续的反应历程和图 5-88 的反应类似。

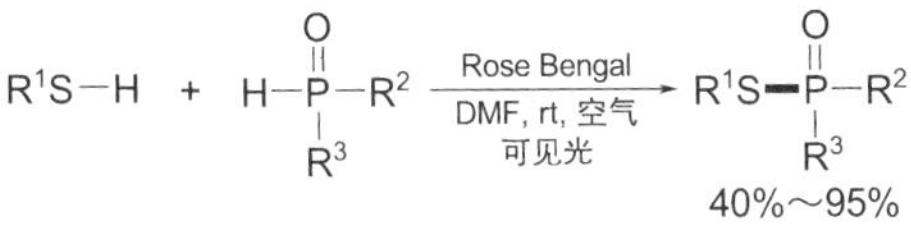


图 5-89 膦氢化合物和硫醇的反应

# 5.6 其他

## 5.6.1 脱水偶联的磷酸化反应

近些年来，直接使用醇(R—OH)作为交叉偶联试剂引起了极大的关注，因为醇的结构，物理化学性质丰富且毒性相对较低。更重要的是，由于水是唯一的副产物，不需要进行任何浪费的预功能化，因此该反应在原子经济上和环境上都是无害的。

由于羟基的离去能力差以及磷原子与金属的强配位特性，醇与 P(O)—H 化合物之间的脱水交叉偶联反应一直没有被开发出来，直到 2000 年，Hidai 报道了有关炔丙醇的膦酰化的开创性工作。从那时起，在醇类与 P(O)—H 化合物的磷酸化反应方面取得了重大进展。不仅醇的范围扩展到烯丙醇和苄醇，还能够构建包括 $sp^3$C—P、烯基 C—P 和芳基 C—P 在内的各种 C—P 键。

(1) $sp^3$C—P 键的构建

2000 年，Nishibayashi 和 Hidai 报道了第一例炔丙醇与 P(O)—H 化合物进行脱水炔丙基取代反应以构建 $sp^3$C—P 键[122](图 5-90)。在他们开发的硫醇盐桥接的二钌配合物催化下，二苯基膦氧化物与炔丙醇可以在60℃的二氯甲烷中次膦酰化，并以56%的产率得到相应的炔丙基二苯基氧化膦。该反应发生于丙二烯配合物的γ-C区域，进一步的研究表明，1,1-二芳基丙醇也可以相容得到相应的产物。

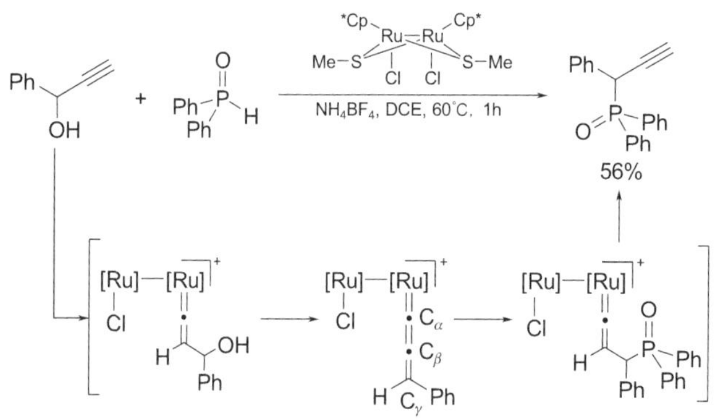

图5-90 炔丙醇的次膦酰化反应

2017年，Gao和Xu发表了一种简便高效的由$Zn(OTf)_2$催化未保护的炔丙醇直接膦酰化反应[123]（图5-91）。这种反应合成了结构多样的γ-氧代膦氧化物，同时构建了新的$sp^3C—P$和C═O键。该反应无须配体和碱的参与，操作简便和完美的原子经济性使该方法具有很高的实际应用价值。机理研究表明，该反应可能通过串联的Meyer-Schuster重排和磷杂Michael加成反应进行。

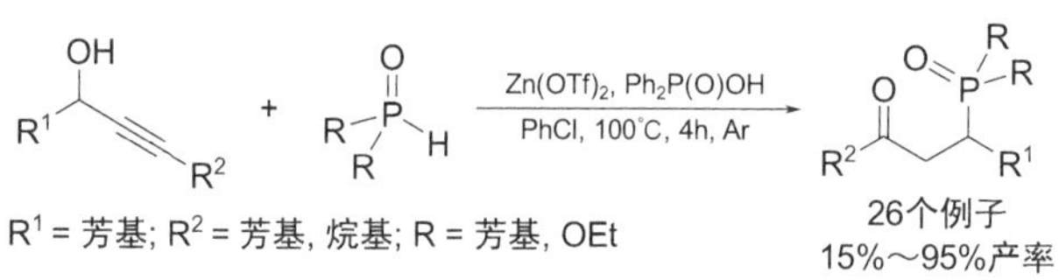

图5-91 γ-氧代膦氧化物的合成

2017年，Loh研究课题组在MBH（Morita-Baylis-Hillman）醇和仲膦氧化物之间完成了有效的脱水交叉偶联反应[124]，为$sp^3C—P$键的形成提供了一种原子经济和环境友好的方法（图5-92）。该反应在无溶剂、无金属的条件下进行，并以中等至良好的产率（35%～92%）得到预期产物，产物具有很高的Z式烯烃选择性（62∶38～95∶5）。DFT计算表明，这种直接脱水偶联是通过协同机制进行的，其中关键在于过渡态中的分子间氢键同时活化了亲核试剂羟基二芳基（烷基）膦，使得羟基更容易离去，从而加速了 $S_N2$ 反应。

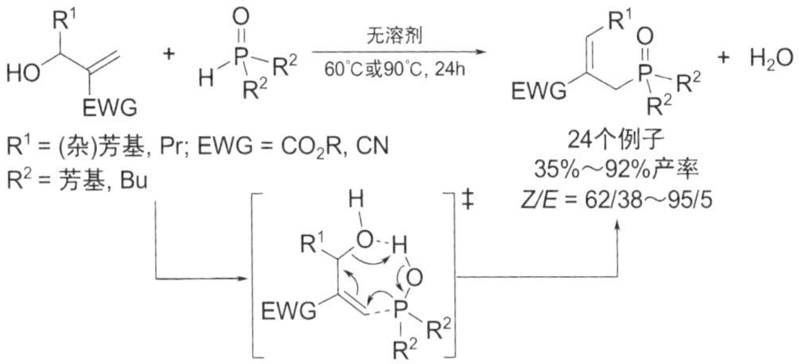


图 5-92 无金属催化的 P(O)H 化合物烯丙基化

当使用 MBH(Morita-Baylis-Hillman)醇以外的烯丙醇时，反应无法获得所需的交叉偶联产物。为了解决这一问题，该课题组进一步开发了由 $Ba(NTf_2)_2$ 和 $KPF_6$ 组成的催化体系，以实现烯丙基醇与 P(O)—H 底物之间的脱水偶联反应(图 5-93)。在最佳条件下，各种烯丙醇可与二芳基膦氧化物偶联，以高产率得到相应的烯丙叔膦[125]。添加 $KPF_6$ 作为添加剂起着重要作用，可能通过改变 $Ba^{2+}$ 的路易斯酸度，从而提高反应产率。

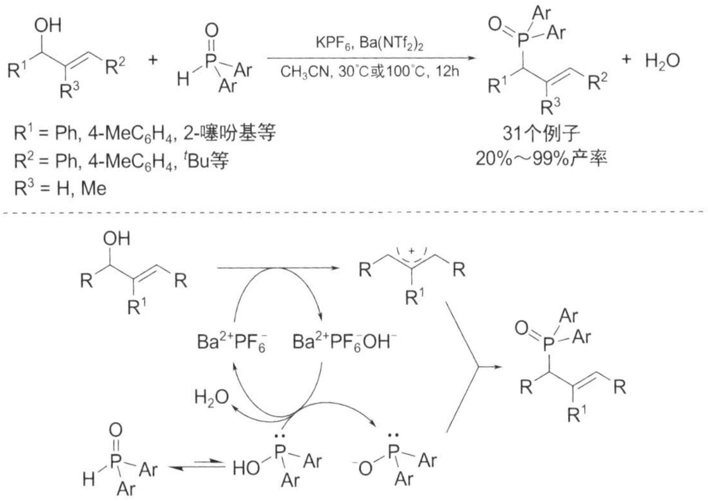


图 5-93 钡催化的 P(O)H 化合物烯丙基化

实验发现，在 C1 和 C3 位置具有不同取代基的烯丙醇作为反应底物时，会产生两个区域异构体，因此作者提出了一种可行的机制，其中反应通过烯丙基碳正离子途径进行。首先，C—O 键被 $Ba^{2+}$ 活化，随后 C—O 键断裂，同时形成相对稳定的 $BaPF_6(OH)$ 物质和烯丙基碳正离子。$BaPF_6(OH)$ 夺取二芳基氧膦的互变异构体二芳基次亚膦酸中的质子，生成的阴离子亲核进攻烯丙基碳正离子得到相应的取代产物，并再生出催化剂。

与炔丙醇和烯丙醇相比，普通醇与 P(O)H 化合物之间形成 $C(sp^3)$—P 键的相应交叉偶联反应很少被研究，这可能是由于这种醇的低反应性，通常需要通过转化为酯或卤化物衍生物来预活化。2018 年，陈铁桥课题组发展了一例 *t*-BuONa 介导的醇与 P(O)H 化合物的交叉脱水偶联[126]（图 5-94）。该反应避免了过渡金属催化剂的使用，反应条件简单，能够高效合成各种各样的烷基磷化合物。必须指出的是，该反应需要在高温（130℃）下反应，且只能适用于二级磷氧化合物。

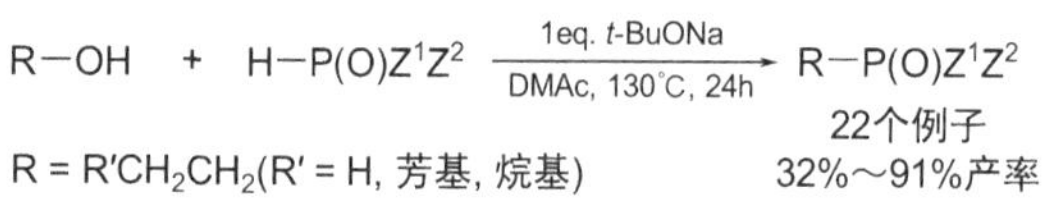


图 5-94 碱介导的 P(O)H 化合物脱水烷基化反应

Montchamp 等人开发了以 DMF 或 $^t$AmOH 为溶剂，在 $Pd_2(dba)_3$/Xantphos 催化体系下各种苯甲醇与 $H_3PO_2$ 之间进行的脱水偶联反应的第一个实例，以中等至良好的产率得到苯甲基次膦酸及其衍生物[17,127]（图 5-95）。进一步研究表明，手性底物（*R*）-1-（2-萘基）乙醇的反应可得到 *ee* 值为 77% 的相应的次膦酸酯。

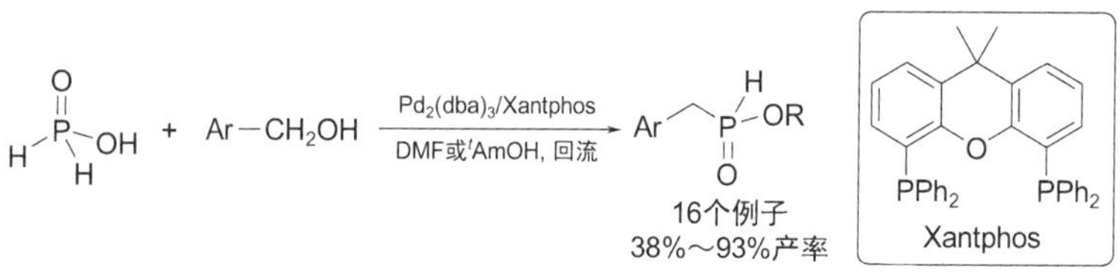


图 5-95 H- 次膦酸的苄基化

（2）烯基 C—P 键的构建

乙烯基膦酸酯或乙烯基膦氧化物在合成化学中非常重要，因为它们通常用于构建其他羧基和杂环化合物。此外，已有的 C═C 键也为进一步的结构修改提供了方便。因此，从炔丙醇、烯丙醇和苄醇出发合成这类化合物已做了相当多的研究。

膦酰基取代的1,3-丁二烯衍生物是最重要的官能化磷化合物之一，可以进一步转化为其他有价值的化合物。在这方面，Han开发了一种从易得的炔丙醇和P(O)—H化合物制备此类化合物的新方法[92](图5-96)。在5%(摩尔分数)的$Ni(PPh_2Me)_4$的催化下，开链的和环状的炔丙醇与$Ph_2P(O)H$、$(MeO)_2P(O)H$和Ph(EtO)P(O)H反应，生成膦酰化的1,3-丁二烯。使用非质子性溶剂THF作为反应介质对于反应的成功至关重要，如果使用质子性的醇类溶剂(例如EtOH)，烷基膦化合物是主要产物。到目前为止，具体的反应机理尚不清楚。根据一些对照实验，作者只是排除了将$Ph_2P(O)H$加入炔丙醇的炔键中并随后进行脱水过程的可能性。

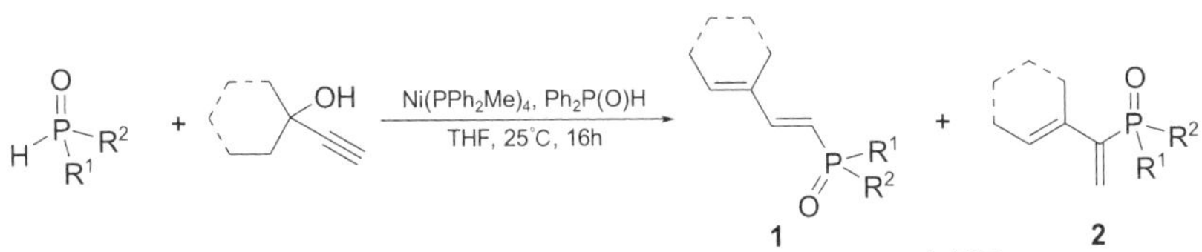


图5-96 膦酰基1,3-丁二烯的合成

通过采用Brønsted酸催化和有机光氧化还原协同催化，Xie和Loh的课题组开发了一种高效且实用的方法来构建$sp^2C$—P键[128](图5-97)。在20%(摩尔分数)TsOH以及可见光和TBHP的条件下，各种1,1-二芳基乙醇可以与二芳基氧化膦反应，生成烯基氧化膦产物，具有良好的产率和良好的选择性。值得注意的是，通过使用合适的底物也可以方便地获得四取代的链烯基膦氧化物。此外，使用光学纯的次膦酸酯能够合成光学纯的P-手性烯基膦骨架。研究证明，TsOH不仅对促进1,1-二芳基乙醇的初始脱水至关重要，而且对整个催化循环都有影响。根据一些对照实验，提出了可能的反应途径。P(O)—H化合物首先被光激发罗丹明(PC*)单电子氧化得到自由基阳离子和还原罗丹明($PC^{\cdot -}$)，磷自由基正离子去质子化生成膦酰基自由基，它随即对烯烃发生反马式加成得到碳自由基中间体。TBHP对$PC^{\cdot -}$的猝灭再生出罗丹明(PC)并伴随产生$^tBuO\cdot$和$OH^-$，$OH^-$立即被TsOH捕获产生$TsO^-$。通过单电子转移过程，$^tBuO\cdot$与碳自由基反应得到碳正离子中间体，其在$TsO^-$的辅助下消除质子得到相应的烯基氧化膦产物。

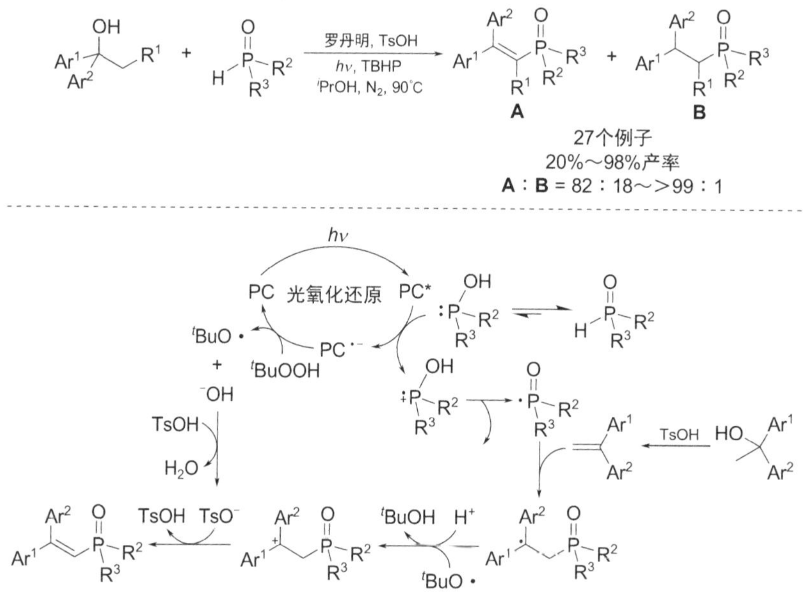


图 5-97 Brønsted 酸 / 有机光氧化还原协同催化 C( 烯基 )—P 键的形成

(3) 芳基 C—P 键的构建

2005 年，Nishibayashi 等人将他们开发的由硫醇盐桥连的钌配合物和 $NH_4BF_4$ 组成的系统应用于醇与 $Ph_2P(O)H$ 的偶合，得到芳基(二苯基)膦氧化物[129](图 5-98)。作者提出了串联亲核取代和环化途径，环化步骤可被认为是生成的联烯基膦氧化物的 Michael 加成类型的分子内 Friedel-Crafts 烷基化或典型的 6π-电环化关环。

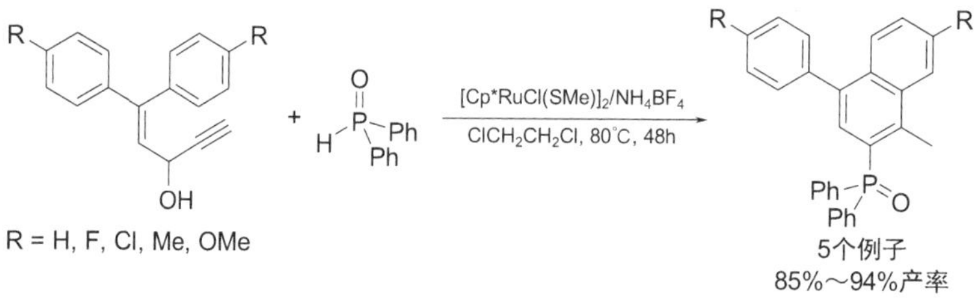


图 5-98 芳基 ( 二苯基 ) 膦氧化物的合成

在 2-吲哚基甲醇的膦酰化中，Wang 和 Kozllowski 发现，使用 $Yb(OTf)_3$ 可以形成 C3 膦酰化的吲哚而不生成 C2 膦酰基甲基吲哚[130](图 5-99)。强路易斯酸 $Yb(OTf)_3$ 在此 C3 区域选择性中起重要作用，它稳定了正离子中间体，从而促进热力学稳定的 C3 膦酰化吲哚的生成。

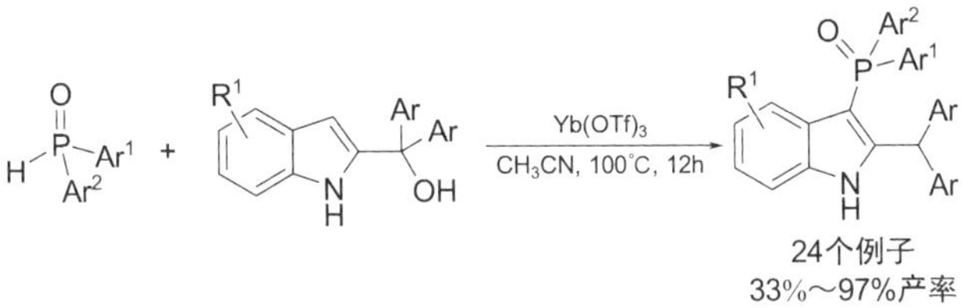


图 5-99　2- 吲哚基甲醇的 C3 膦酰化

总之，丰富可用的醇(R—OH)与 P(O)—H 化合物之间的直接脱水交叉偶联反应已成为实现原子经济和环境友好合成的最重要策略之一，产生的唯一的副产物是水。近几十年来，通过使用苄基、烯丙基和炔丙基醇的这种策略，在 C($sp^3$)—P、C(芳基)—P 和 C(烯基)—P 的构建方面已取得了很大进展。

## 5.6.2　脱羰 / 脱羧过程的磷酸化反应

羧酸及其衍生物广泛存在于自然界中，是最廉价易得的有机化合物之一。因此，直接使用羧酸及其衍生物作为原料可以减少合成目标功能分子的步骤，从而提高合成效率并降低成本。在过去的几十年中，化学家们在这一领域投入了大量的精力，并取得了显著的进展，从羧酸及其衍生物通过脱羧、脱羰和其他方式制备了各种各样的功能有机分子。该策略已成为构建各种碳-碳和碳-杂原子键的有效方法。但是，当该策略扩展到含 P—C 键的有机磷化合物的合成时，还面临巨大的挑战和困难。例如，脱羧偶合通常发生在氧化剂的存在下，而起始原料 P(O)—H 化合物也会被氧化成相应的酸。另一个挑战是 P(O)—H 化合物与过渡金属的强配位能力可能会导致反应过程中催化剂的失活。令人高兴的是，通过精心设计催化系统，已经成功地抑制这些问题，并取得了显著进展(图 5-100)。

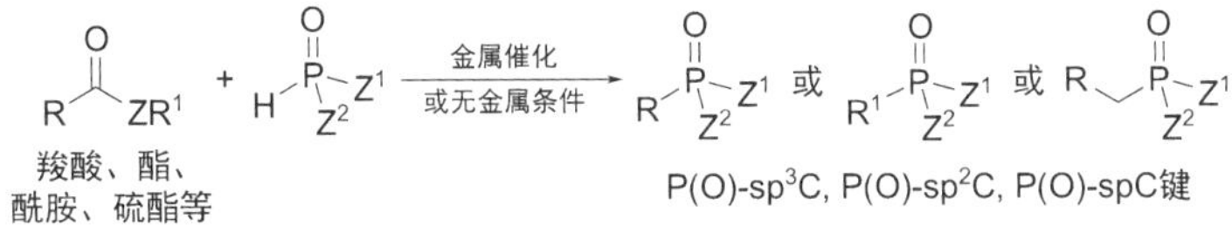


图 5-100　羧酸及其衍生物的磷酸化

(1) $sp^3C$—P 键的构建

2011 年，Yang 将该策略扩展到有机磷领域，实现了特殊的 *N*-苄基-L-脯氨酸与 $Ph_2P(O)H$ 的脱羧次膦酰化反应，形成 *α*-氨基叔膦氧化物[131]（图 5-101）。在 10%（摩尔分数）CuCl、2 当量 $Ag_2CO_3$ 和 2 当量 $K_2CO_3$ 作用下，该反应在甲苯中于 120℃反应，以 72% 的产率得到偶联产物。在相同反应条件下使用 *N*-甲基或 *N*-苯基-L-脯氨酸时，未检测到产物。推断该反应可能是通过氧化脱羧反应形成的甲亚胺叶立德中间体而发生的，随后在 CuCl 存在下被 $Ph_2P(O)H$ 捕获以生成产物。所提出的机理可以很好地解释外消旋产物的形成以及在反应条件下 *N*-甲基和 *N*-苯基-L-脯氨酸的不适用性。作者还报道了肉桂酸和炔基羧酸的脱羧磷酸化，这是从羧酸合成含 P—C 键的有机磷化合物的开创性工作。

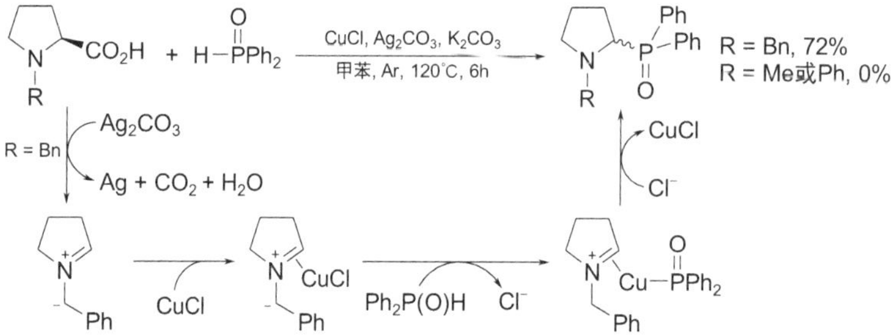


图 5-101　脯氨酸形成 P(O)—$sp^3C$ 键的脱羧次膦酰化

随即，Wang 报道了铜催化、醛诱导的 *α*-氨基酸与 P(O)—H 化合物的串联脱羧偶联反应，为合成 *α*-氨基磷酰基化合物提供了一种有效的方法[132]（图 5-102）。与上述 Yang 的工作不同，亚胺型中间体的生成是由醛通过加成、环化和脱羧作用诱导的。从机理上讲，该反应非常类似于 A3 偶联。底物范围相对更为广泛，亚磷酸酯和仲膦氧化物均适用于该反应，都可与 *α*-氨基酸偶合，以中等至高产率得到预期产物。富电子和缺电子的苯甲醛在反应条件下均能很好地发挥作用。但是，带有邻位取代基的反应性较差，尤其是当邻位取代基为硝基（强吸电子基团）时，反应没有发生。

2020 年，Yamaguchi 描述了芳香羧酸苯酯在钯催化下与 P(O)—H 化合物可以发生脱氧磷酰化生成芳甲基磷酰基化合物[133]（图 5-103）。噻吩-2-甲酸苯酯在 5%（摩尔分数）的 $PdCl_2$ 和 10%（摩尔分数）的 1，2-双（二环己基膦基）乙烷（dcype）存在下，在 150℃时使用 1.5 当量的 $HCO_2Na$ 作为还原剂，与 1.5 当量的 $Ph_2P(O)H$ 在 DME 中容易反应，生成 89% 的对应产物。其他芳基(杂芳基)羧酸苯酯也可用于该反应，以中等至良好的产率得到预期的偶联产物。MeO、$Me_2N$、MeS、$CF_3O$、$CF_3$、CN、羰基和甲酯基等官能团都能耐受。该反应也可用于生物活性羧酸的改性，如丙磺舒、替米沙坦和非布索坦等，显示出其在有机合成中的潜在合成价值。值得注意的是，使用 $Boc_2O$ 作为原位活化剂，芳香羧酸也可以进行该反应，从而以中等产率合成芳甲基磷酰基化合物。然而，只有芳基仲膦氧化物在反应条件下起作用，脂肪族仲膦氧化物不发生反应，亚磷酸酯和次膦酸酯也只有较低的产率。在文献总结和控制实验的基础上，作者提出 Pd(0) 催化剂首先与酯发生氧化加成，然后与 P(O)—H 化合物进行配体交换并还原消除以生成 $\alpha$-羰基磷酰基化合物。该化合物在钯催化下被 $HCO_2Na$ 还原成所需的产物。也可以通过其他 P(O)—H 化合物进一步加成，然后在钯催化剂存在下异构化并进一步被 $HCO_2Na$ 还原得到目标产物。

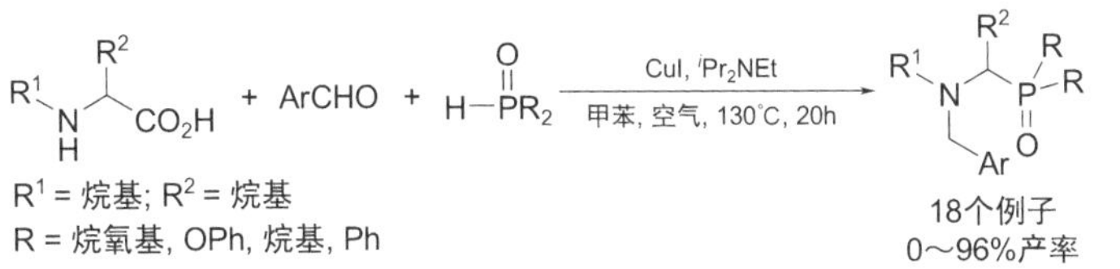


图 5-102 铜催化和醛诱导的 $\alpha$-氨基酸与 P(O)—H 化合物的串联脱羧偶联反应

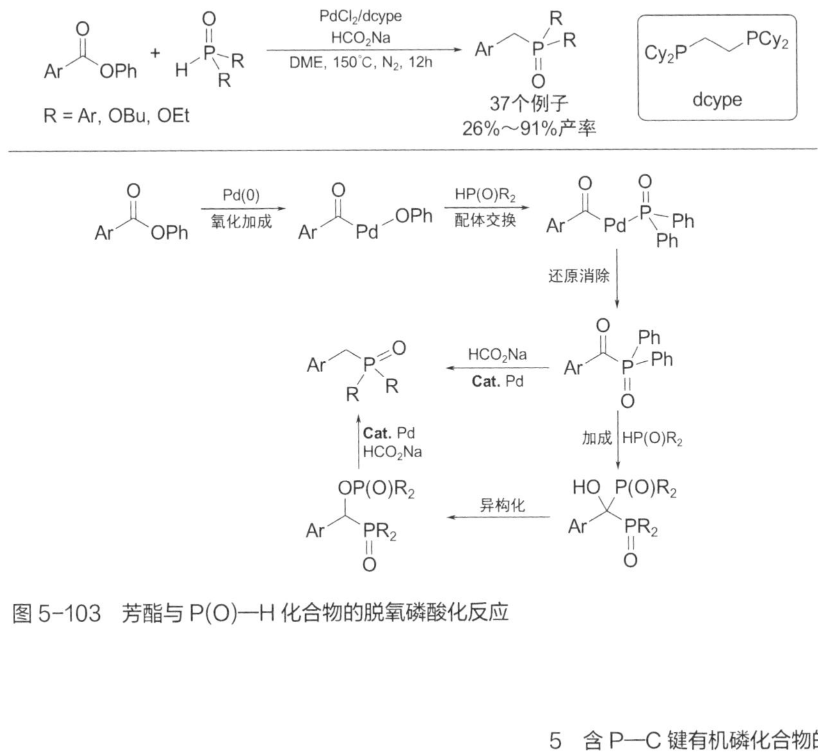


图 5-103 芳酯与 P(O)—H 化合物的脱氧磷酸化反应

(2) $sp^2C—P$ 键的构建

芳香族羧酸及其衍生物也很容易获得。在过去的几十年中，化学家在将它们与各种 C、N、O 和 S 亲核试剂偶联以制备目标芳香族化合物方面取得了巨大的成功。同样，利用芳香族羧酸作为芳基来源，而不是传统的芳基卤化物来制备有价值的芳基磷酰基化合物也是十分有意义的。

在 2019 年，Szostak 报道了一种更有效的钯催化 $sp^2C—P$ 键构建反应，该反应以苯甲酸为原料通过脱羰作用开始[134]（图 5-104）。在该反应中，苯甲酸被 $Piv_2O$ 原位活化，并易于与亚磷酸酯偶合，从而以较高的产率生成相应的芳基膦酸酯。肉桂酸和生物活性的苯甲酸也成功地被膦酸化。除了亚磷酸酯以外，芳基仲膦氧化物也显示出很好的适用性，为制备叔膦氧化物提供了一种简单的方法，其还原产物叔膦是过渡金属催化中很有价值的配体。在 DFT 计算和前期工作基础上，作者提出了该反应的催化循环：首先通过 $Piv_2O$ 活化酸形成混合酸酐，然后与 Pd(0) 配合物发生氧化加成生成酰基钯物种，然后进行脱羰、配体交换和还原消除生成目标产物。当使用 $Boc_2O$ 作为羧酸的活化剂时，产率较低，其原因可能是 $Boc_2O$ 在 160℃时会发生热分解。同一时间，陈铁桥课题组使用 $Boc_2O$ 在较低的反应温度（115℃）下完成了反应，并证明了苯甲酸的广泛底物适用范围[135]。值得指出的是，三种氢磷酰基化合物，即亚磷酸酯、次膦酸酯和仲膦氧化物在反应条件下均表现出良好的反应性。该反应提供了合成芳基膦酰基化合物的普适方法。

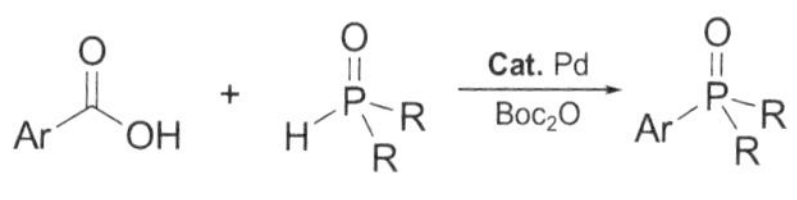


图 5-104 苯甲酸与 P(O)—H 化合物的脱羰磷酸化反应

芳香羧酸衍生物也可以用作 $sp^2C—P(O)$ 键形成反应中的芳基来源。2017 年，Szostak 和同事实现了芳香酰胺的脱羰磷酸化反应[136]（图 5-105）。镍和钯催化剂均可催化该反应，但是由于酰胺的 C—N 键具有较高的共振稳定性，因此需要较高的反应温度（160℃）。而且，只有在氮原子上带有至少一个吸电子基团的特殊酰胺才适用于该反应。尽管反应条件苛刻，但该反应仍显示出相对较宽的酰胺底物适用范围，并有较好的官能团耐受性，MeO、$CF_3O$、F、Cl、$CF_3$、CN、酯基和羰基都不会受影响。该反应提供了一种获得芳基磷酰基化合物的方法，并丰富了酰胺化学的

“工具箱”。作者同样提出了一个经典的催化循环，涉及氧化加成、脱羰基化、配体交换和还原消除。随后的DFT研究支持了所提出的机理，并表明决速步骤取决于金属催化剂的使用。对于镍催化剂，氧化加成是反应的决速步，而对于钯催化剂，脱羰基是整个反应的决速步。两年后，Yamaguchi及其同事报道了在镍催化下芳香羧酸苯酯的类似脱羰膦酸化反应，但该反应需要较高的反应温度(150～170℃)[137]。

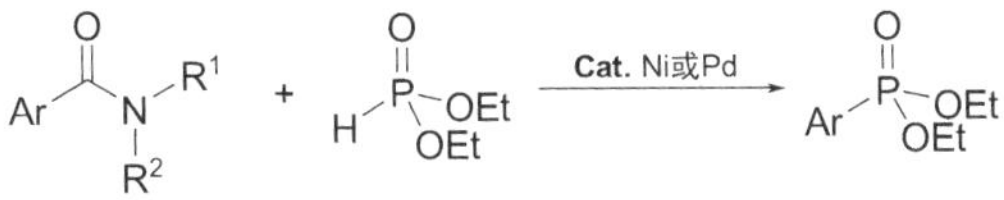


图5-105 过渡金属催化的芳香酰胺的脱羰磷酸化反应

芳酰基酰肼也可以在钯催化下发生脱羰磷酰化生成芳基磷酰基化合物[138]。湖南大学的周永波发现，在混合溶剂(DMSO/DMAc)中加入2当量$PhSO_3H$，2当量$Na_2S_2O_8$，以10%(摩尔分数)的$Pd(OAc)_2$/dppm为催化剂，芳酰肼(3当量)与P(O)—H化合物反应20h，能以中等至良好的产率生成相应的偶联产物(图5-106)。与酰胺的脱羰磷酰化相比，尽管反应条件相对复杂，但反应温度温和。另外，三种氢-磷酰基化合物，即亚磷酸二酯、次膦酸酯和仲膦氧化物均被证明是适用的反应底物。当使用手性亚膦酸酯时，磷原子的构型得以保留，立体专一地获得相应的手性叔膦氧化物。可以推断，反应机理首先由钯将芳酰基酰肼氧化生成芳族钯物种，并释放出$N_2$和CO气体。然后将所得的芳基钯物质与P(O)—H化合物进行配体交换，并进行还原消除生成预期的产物。

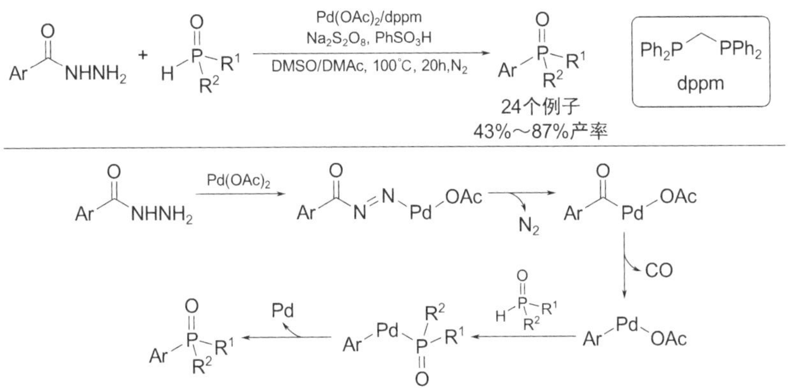


图5-106 钯催化的芳酰肼的氧化脱羰磷酸化

据报道，在无金属催化的条件下也可以产生磷酰基自由基。沿着这一思路，Zhou 于 2018 年通过类似的自由基过程在 KI/TBPB 催化体系中实现了 $\beta$-芳基取代丙烯酸的脱羧磷酸化反应[139]（图 5-107）。与 Wang 的工作不同，该反应对仲膦氧化物的效果很好，而在反应条件下次膦酸酯和亚磷酸二酯的产率较低。该反应还可以放大至 10mmol 规模，并且适用于生物活性分子——雌酮衍生物的改性，显示出其在有机合成中的潜在应用价值。

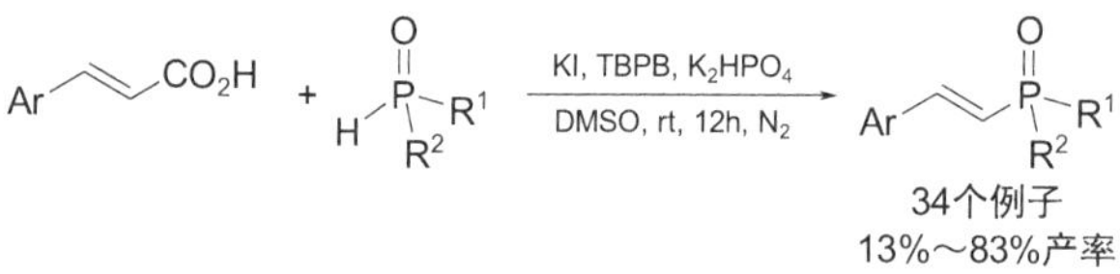


图 5-107 $\beta$-芳基取代丙烯酸的无金属脱羧磷酸化反应

（3）spC—P 键的构建

炔基磷酰基化合物也是一种重要的有机磷化合物，在合成和材料中得到广泛应用，一些衍生物也具有生物活性。在传统的合成方法上，它们是通过卤化磷与乙炔锂或乙炔镁进行亲核取代制备的，也可以由 1, 1-二溴烯烃、炔基砜和乙炔铜试剂合成。炔基羧酸在结构上类似于末端炔烃，通过结合脱羧机理和磷酸化反应的机理，炔基羧酸可直接转化成炔基磷酰化产物。实际上，Yang 在 2011 年实现了这样的反应[131]（图 5-108）。在 5%（摩尔分数）的 $Cu_2O$、10%（摩尔分数）的 1, 10-菲咯啉，5%（摩尔分数）的 $Pd(acac)_2$、10%（摩尔分数）的 $PPh_3$ 和 3 当量的 AgOAc 的存在下，以 NMP 为溶剂，苯丙酸（1.5 当量）与 $Ph_2P(O)H$ 在 120℃下以 70% 的产率得到偶联产物。其他富电子的炔基羧酸也可用于该反应，脂肪族羧酸也能很好地适用。至于 P(O)—H 化合物的底物范围，$Ph_2P(O)H$、Ph(EtO)P(O)H 和 $(EtO)_2P(O)H$ 均可与苯丙酸偶联，但产率中等。在该反应中，作者提出 AgOAc 发挥了双重作用：脱羧催化剂和 Pd(0)/Pd(Ⅱ) 过程的氧化剂，而 $Cu_2O$ 可能促进了 P(O)—H 键的活化。$Pd(OAc)_2$ 与炔基银和磷酰基 Cu(Ⅱ) 中间体进行连续的转金属化，然后还原消除以生成预期的产物和 Pd(0) 物种。尽管反应条件复杂，但该反应证明了炔基羧酸磷酸化的可行性。

三年后，Gao 在 $Ni(NO_3)_2 \cdot 6H_2O/Ag_2CO_3$ 催化体系中实现了芳族炔基羧酸与亚磷酸二酯的磷酸化[140]，但是仅报道了三个具有中等产率（36% ～ 45%）的底物。在同一年，Wu 也针对该反应体系进行了报道[141]。通过加热 $Cu(OAc)_2 \cdot H_2O$（2 当量)、1,10-菲咯啉(2.5 当量)、芳基丙炔酸、亚磷酸二酯(2 当量)、$^{i}$PrOH(3 当量)和 $K_3PO_4$(2 当量)的混合物至 60℃，以水为溶剂空气氛围下，偶联产物的产率较高。富电子炔酸和贫电子炔酸都适用于该反应，但杂芳基和烷基取代的炔酸则显示出较差的反应性。在同样的反应条件下使用 $Ph_2P(O)H$ 时，产率较低。

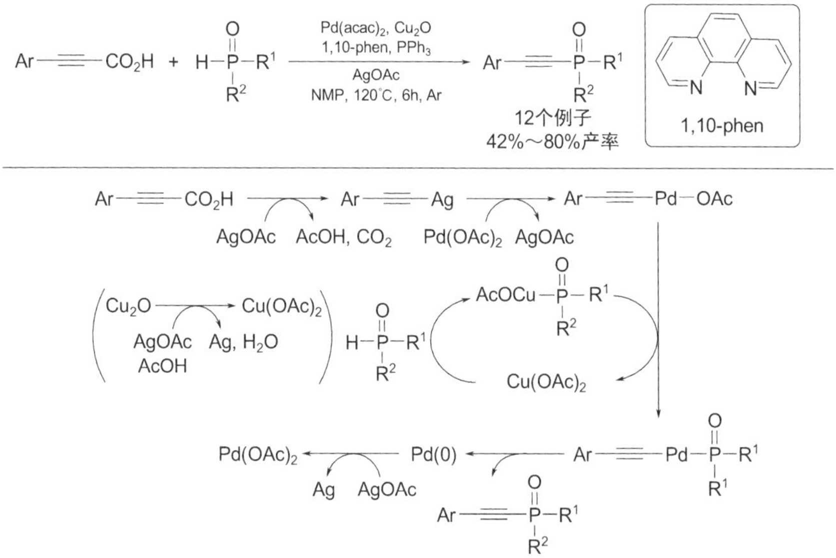


图 5-108　Pd/Cu/Ag 介导的炔酸脱羧磷酸化反应

炔基羧酸可用作炔基源，用于合成炔基磷酰基化合物。但是，现有报道的反应条件均较为复杂，需要使用化学计量上过量的过渡金属盐作为氧化剂。未来仍然需要发展更加清洁和实用的催化体系。

含 P—C 键的有机磷化合物在生物、材料、合成等领域具有广泛的应用，其有效合成受到合成化学家的高度关注。有机磷化合物的传统合成依赖于毒性有机卤化合物的转化，这些有机卤化合物需要预先合成，降低了总反应的原子利用效率和步骤效率。针对这一现状，合成化学家利用自然界大量存在的化合物如 C—H 化合物、C—O 化合物、羧酸等代替有机卤化合物与稳定的 P(O)—H 化合物偶联，绿色合成有机磷化合物，取得了巨大的进展。尽管如此，仍有许多问题需要解决：①目前开发的合成方法大多条件比较复杂，底物的适用性比较低，需要进一步优化条件如催化剂、配体等，使得反应条件更加简单温和，适用于更广的有机磷化合物特别是药物、材料等含磷化合物的合成；②目前开发的合成方法一般都在毫克级别，需要投入大量工作促进实验室毫克规模的合成技术向精细化工规模乃至工业规模生产技术的发展。

## 参考文献


[1] Quin L D. A guide to organophosphorus chemistry. New York: Wiley Interscience, 2000.

[2] Majoral J P. New aspects in phosphorus chemistry. Berlin: Springer, 2004.

[3] Murphy P J. Organophosphorus reagents. Oxford: Oxford University Press, 2004.

[4] Hirao T, Masunaga T, Ohshiro Y, et al. Stereoselective synthesis of vinylphosphonate. Tetrahedron Letters, 1980, 21: 3595-3598.

[5] Hirao T, Masunaga T, Ohshiro Y, et al. A novel synthesis of dialkyl arenephosphonates. Synthesis, 1981(1): 56-57.

[6] Kazankova M A, Trostyanskaya I G, Lutsenko S V, et al. Nickel-and palladium-catalyzed cross-coupling as a route to 1-and 2-alkoxy-or dialkylaminovinylphosphonates. Tetrahedron Letters, 1999, 40: 569-572.

[7] Wyatt P B, Villalonga-Barber C, Motevalli M. Synthesis and Diels-Alder reactivity of chiral 2-(alk-1-enyl)-1,3,2-diazaphospholidine 2-oxides. Tetrahedron Letters, 1999, 40: 149-152.

[8] Pirat J L, Monbrun J, Virieux D, et al. Pallado-catalysed P-arylations and P-vinylation of 2-hydrogeno-2-oxo-1,4,2-oxazaphosphinanes. Tetrahedron, 2005, 61: 7029-7036.

[9] Kalek M, Ziadi A, Stawinski J. Microwave-assisted palladium-catalyzed cross-coupling of aryl and vinyl halides with H-phosphonate diesters. Organic Letters, 2008, 10: 4637-4640.

[10] Jablonkai E, Keglevich G. P-ligand-free, microwave-assisted variation of the Hirao reaction under solvent-free conditions; the P-C coupling reaction of >P(O)H species and bromoarenes. Tetrahedron Letter, 2013, 54: 4185-4188.

[11] Keglevich G, Jablonkai E, Balázs L B. A "green" variation of the Hirao reaction: the P-C coupling of diethyl phosphite, alkyl phenyl-H-phosphinates and secondary phosphine oxides with bromoarenes using a P-ligand-free $Pd(OAc)_2$ catalyst under microwave and solvent-free conditions. RSC Advances, 2014, 4: 22808-22816.

[12] Belabassi Y, Alzghari S, Montchamp J L. Revisiting the Hirao cross-coupling: improved synthesis of aryl and heteroaryl phosphonates. Journal of Organometallic Chemistry, 2008, 693: 3171-3178.

[13] Kalek M, Jezowska M, Stawinski J. Preparation of arylphosphonates by palladium(0)-catalyzed cross-coupling in the presence of acetate additives: synthetic and mechanistic studies. Advanced Synthesis & Catalysis, 2009, 351: 3207-3216.

[14] Huang Q, Tran G, Gomez Pardo D, et al. Palladium-catalyzed phosphonylation of pyrazoles substituted by electron-withdrawing groups. Tetrahedron, 2015, 71: 7250-7259.

[15] Qi F, Gao L, Han F. Design and synthesis of polyoxazole-based macrocycles tethered with a phosphonate group. Chinese Journal of Chemistry, 2014, 32: 585-591.

[16] Deal E L, Petit C, Montchamp J L. Palladium-catalyzed cross-coupling of H-phosphinate esters with chloroarenes. Organic Letters, 2011, 13: 3270-3273.

[17] Berger O, Petit C, Deal E L, et al. Phosphorus-carbon bond formation: palladium-catalyzed cross-coupling of H-phosphinates and other P(O)H-containing compounds. Advanced Synthesis & Catalysis, 2013, 355: 1361-1373.

[18] Enakieva Y Y, Michalak J, Abdulaeva I A, et al. General and scalable approach to $A_2B$-and $A_2BC$-type porphyrin phosphonate diesters. European Journal of Organic Chemistry, 2016(28): 4881-4892.

[19] Xu Y, Li Z, Xia J, et al. Palladium-catalysed synthesis of alkylarylphenylphosphine oxides. Synthesis 1984: 781-782.

[20] Bloomfield A J, Herzon S B. Room temperature, palladium-mediated P-arylation of secondary phosphine oxides. Organic Letters, 2012, 14: 4370-4373.

[21] Xu K, Yang F, Zhang G, et al. Palladacycle-catalyzed phosphonation of aryl halides in neat water. Green Chemistry, 2013, 15: 1055-1060.

[22] Toffano M, Dobrota C, Fiaud J C. Synthesis of enantiopure 1-r-aryl-2-c,5-t-diphenylphospholane oxides and boranes by Pd-catalyzed C-P bond formation. European Journal of Organic Chemistry, 2006(3): 650-656.
[23] Herd O, Heßler A, Hingst M, et al. Water soluble phosphines Ⅶ. Palladium-catalyzed P-C cross coupling reactions between primary or secondary phosphines and functional aryliodides-a novel synthetic route to water soluble phosphines. Journal of Organometallic Chemistry, 1996, 522: 69-76.
[24] Cristau H J, Chêne A, Christol H. Arylation catalytique d' organophosphorés. Produits de l' arylation, catalysée par les sels de nickel (Ⅱ), de composés du phosphore tricoordiné. Journal of Organometallic Chemistry, 1980, 185: 283-295.
[25] Zhang X, Liu H, Hu X, et al. Ni(Ⅱ)/Zn catalyzed reductive coupling of aryl halides with diphenylphosphine oxide in water. Organic Letters, 2011, 13: 3478-3481.
[26] Zhao Y L, Wu G J, Li Y, et al. [$NiCl_2$(dppp)]-catalyzed cross-coupling of aryl halides with dialkyl phosphite, diphenylphosphine oxide, and diphenylphosphine. Chemistry: A European Journal, 2012, 18: 9622-9627.
[27] Zhang H Y, Sun M, Ma Y N, et al. Nickel-catalyzed C-P cross-coupling of diphenylphosphine oxide with aryl chlorides. Organic & Biomolecular Chemistry, 2012, 10: 9627-9633.
[28] Liu L, Wang Y, Zeng Z, et al. Nickel(Ⅱ)-magnesium-catalyzed cross-coupling of 1,1-dibromo-1-alkenes with diphenylphosphine oxide: one-pot synthesis of (*E*)-1-alkenylphosphine oxides or bisphosphine oxides. Advanced Synthesis & Catalysis, 2013, 355: 659-666.
[29] Liu L L, Lyu Y, Wu Y, et al. Experimental and theoretical studies on nickel-zinc-catalyzed cross-coupling of gem-dibromoalkenes with P(O)—H compounds. RSC Advances, 2014, 4: 2322-2326.
[30] Kinbara A, Ito M, Abe T, et al. Nickel-catalyzed C-P cross-coupling reactions of aryl iodides with H-phosphinates. Tetrahedron, 2015, 71: 7614-7619.
[31] Allen D V, Venkataraman D. Copper-catalyzed synthesis of unsymmetrical triarylphosphines. Journal of Organic Chemistry, 2003, 68: 4590-4593.
[32] Gelman D, Jiang L, Buchwald S L. Copper-catalyzed C-P bond construction via direct coupling of secondary phosphines and phosphites with aryl and vinyl halides. Organic Letters, 2003, 5: 2315-2318.
[33] Gatignol J, Alayrac C, Lohier J F, et al. Copper-catalyzed synthesis of 1,3-butadienylphosphine oxides and chemoselective phosphoryl reduction to stereodefined 1,3-butadienylphosphines. Advanced Synthesis & Catalysis, 2013, 355: 2822-2826.
[34] Thielges S, Bisseret P, Eustache J. Copper-mediated cross-coupling of H-phosphonates with vinyliodonium salts: a novel very mild synthesis of 2-arylvinylphosphonates. Organic Letters, 2005, 7: 681-684.
[35] Ghosh T, Maity P, Kundu D, et al. Cobalt catalysed, copper assisted C($sp^2$)-P cross coupling. New Journal of Chemistry, 2016, 40: 9556-9564.
[36] Petrakis K S, Nagabhushan T L. Palladium-catalyzed substitutions of triflates derived from tyrosine-containing peptides and simpler hydroxyarenes forming 4-(diethoxyphosphinyl)phenyl-alanines and diethyl arylphosphonates. Journal of the American Chemical Society, 1987, 109: 2831-2833.
[37] Kurz L, Lee G, Morgans D, et al. Stereospecific functionalization of (*R*)-(−)-1,1′-bi-2-naphthol triflate. Tetrahedron Letters, 1990, 31: 6321-6324.
[38] Fu W C, So C M, Kwong F Y. Palladium-catalyzed phosphorylation of aryl mesylates and tosylates. Organic Letters, 2015, 17: 5906-5909.
[39] Shen C, Yang G, Zhang W. Nickel-catalyzed C-P coupling of aryl mesylates and tosylates with H(O)P$R^1R^2$. Organic & Biomolecular Chemistry, 2012, 10: 3500-3505.
[40] Zhao Y L, Wu G J, Han F S. Ni-catalyzed construction of C-P bonds from electron-deficient phenolsvia the in situaryl C-O activation by PyBroP. Chemical Communications, 2012, 48: 5868-5870.
[41] Yang J, Chen T, Han L B. C-P bond-forming reactions via C-O/P-H cross-coupling catalyzed by nickel. Journal of the American Chemical Society, 2015, 137: 1782-1785.
[42] Yang J, Xiao J, Chen T, et al. Nickel-catalyzed phosphorylation of phenol derivatives via C-O/P-H cross-coupling. Journal of Organic Chemistry 2016, 81: 3911-3916.

[43] Li X, Chen T, Saga Y, et al. Iron-catalyzed cross coupling of P-H/C-O bonds: efficient synthesis of $\alpha$-alkoxyphosphorus compounds. Dalton Transactions, 2016, 45: 1877-1880.

[44] Xu K, Liu L, Li Z, et al. Controllable phosphorylation of thioesters: selective synthesis of aryl and benzyl phosphoryl compounds. Journal of Organic Chemistry, 2020, 85: 14653-14663.

[45] Xu W, Hu G, Xu P, et al. Palladium-catalyzed C-P cross-coupling of arylhydrazines with H-phosphonates via C-N bond cleavage. Advanced Synthesis & Catalysis, 2014, 356(15): 2948-2954.

[46] Yuan J W, Yang L R, Mao P, et al. Silver-catalyzed synthesis of 2-arylvinylphosphonates by cross-coupling of $\beta$-nitrostyrenes with H-phosphites. RSC Advances, 2016, 6: 87058-87065.

[47] Miao W, Gao Y, Li X, et al. Copper-catalyzed synthesis of alkylphosphonates from H-phosphonates and *N*-tosylhydrazones. Advanced Synthesis & Catalysis, 2012, 354: 2659-2664.

[48] Chen Z S, Zhou Z Z, Hua H L, et al. Reductive coupling reactions: a new strategy for C($sp^3$)-P bond formation. Tetrahedron, 2013, 69: 1065-1068.

[49] Liu L, Xu K, Wang Y, et al. Palladium-catalyzed phosphorylation of benzyl ammonium triflates with P(O)H compounds. Tetrahedron, 2020, 76: 131020-131027.

[50] Zhuang R, Xu J, Cai Z, et al. Copper-catalyzed C-P bond construction via direct coupling of phenylboronic acids with H-phosphonate diesters. Organic Letters, 2011, 13: 2110-2113.

[51] Hu G, Chen W, Fu T, et al. Nickel-catalyzed C-P cross-coupling of arylboronic acids with P(O)H compounds. Organic Letters, 2013, 15: 5362-5365.

[52] Fu T, Qiao H, Peng Z, et al. Palladium-catalyzed air-based oxidative coupling of arylboronic acids with H-phosphine oxides leading to aryl phosphine oxides. Organic & Biomolecular Chemistry 2014, 12: 2895-2902.

[53] Geng Z, Zhang Y, Zheng L, et al. Pd-catalyzed C-P coupling of heteroaryl boronic acid with H-phosphonate diester. Tetrahedron Letters, 2016, 57: 3063-3066.

[54] Wang T, Sang S, Liu L L, et al. Experimental and theoretical study on palladium-catalyzed C-P bond formation via direct coupling of triarylbismuths with P(O)-H compounds. Journal of Organic Chemistry, 2014, 79: 608-617.

[55] Miao T, Wang L. Palladium-catalyzed desulfitative cross-coupling reaction of sodium arylsulfinates with H-phosphonate diesters. Advanced Synthesis & Catalysis, 2014, 356: 967-971.

[56] Luo H, Liu H, Chen X, et al. Ar-P bond construction by the Pd-catalyzed oxidative cross-coupling of arylsilanes with H-phosphonates via C-Si bond cleavage. Chemical Communications, 2017, 53: 956-958.

[57] Gao Y, Wang G, Chen L, et al. Copper-catalyzed aerobic oxidative coupling of terminal alkynes with H-phosphonates leading to alkynylphosphonates. Journal of the American Chemical Society, 2009, 131: 7956-7957.

[58] Yang J, Chen T, Zhou Y, et al. Palladium-catalyzed dehydrogenative coupling of terminal alkynes with secondary phosphine oxides. Chemical Communications, 2015, 51: 3549-3551.

[59] Wang T, Chen S, Shao A, et al. Silver-mediated selective oxidative cross-coupling between C-H/P-H: a strategy to construct alkynyl(diaryl)phosphine oxide. Organic Letters, 2014, 17: 118-121.

[60] Zhang J Q, Chen T, Zhang J S, et al. Silver-free direct synthesis of alkynylphosphine oxides via spC-H/P(O)-H dehydrogenative coupling catalyzed by palladium. Organic Letters, 2017, 19: 4692-4695.

[61] Jason E F, Fields E K. Free-radical phosphonation of aromatic compounds. Journal of Organic Chemistry, 1962, 27: 1402-1405.

[62] Kagayama T, Nakano A, Sakaguchi S, et al. Phosphonation of arenes with dialkyl phosphites catalyzed by Mn( Ⅱ )/Co( Ⅱ )/$O_2$ redox couple. Organic Letters, 2006, 8: 407-409.

[63] Mu X J, Zou J P, Qian Q F, et al. Manganese( Ⅲ ) acetate promoted regioselective phosphonation of heteroaryl compounds. Organic Letters, 2006, 8: 5291-5293.

[64] Pan X Q, Zou J P, Zhang G L, et al. Manganese( Ⅲ )-mediated direct phosphonation of arylalkenes and arylalkynes. Chemical Communications, 2010, 46: 1721-1723.

[65] Berger O, Montchamp J L. Manganese-mediated intermolecular arylation of H-phosphinates and related compounds. Chemistry: A European Journal, 2014, 20: 12385-12388.

[66] Wan B, Wang H, Li X, et al. Direct oxidative C-P bond formation of indoles with dialkyl phosphites. Synthesis, 2012,

44: 941-945.
[67] Xiang C B, Bian Y J, Mao X R, et al. Coupling reactions of heteroarenes with phosphites under silver catalysis. Journal of Organic Chemistry, 2012, 77: 7706-7710.
[68] Hou C, Ren Y, Lang R, et al. Palladium-catalyzed direct phosphonation of azoles with dialkyl phosphites. Chemical Communications, 2012, 48: 5181-5183.
[69] Mi X, Huang M, Zhang J, et al. Regioselective palladium-catalyzed phosphonation of coumarins with dialkyl H-phosphonates via C-H functionalization. Organic Letters, 2013, 15: 6266-6269.
[70] Feng C G, Ye M, Xiao K J, et al. Pd( Ⅱ )-catalyzed phosphorylation of aryl C-H bonds. Journal of the American Chemical Society, 2013, 135: 9322-9325.
[71] Chen X L, Li X, Qu L B, et al. Peroxides as "Switches" of dialkyl H-phosphonate: two mild and metal-free methods for preparation of 2-acylbenzothiazoles and dialkyl benzothiazol-2-ylphosphonates. Journal of Organic Chemistry, 2014, 79: 8407-8416.
[72] Luo K, Chen Y Z, Yang W C, et al. Cross-coupling hydrogen evolution by visible light photocatalysis toward $C(sp^2)$-P formation: metal-free C-H functionalization of thiazole derivatives with diarylphosphine oxides. Organic Letters, 2016, 18: 452-455.
[73] Baslé O, Li C J. Copper-catalyzed aerobic phosphonation of $sp^3$ C-H bonds. Chemical Communications, 2009: 4124-4126.
[74] Han W, Ofial A R. Iron-catalyzed dehydrogenative phosphonation of *N,N*-dimethylanilines. Chemical Communications, 2009: 6023-6025.
[75] Rueping M, Zhu S, Koenigs R M. Photoredox catalyzed C-P bond forming reactions-visible light mediated oxidative phosphonylations of amines. Chemical Communications, 2011, 47: 8679-8681.
[76] Han L B, Tanaka M. Palladium-catalyzed hydrophosphorylation of alkynes via oxidative addition of $HP(O)(OR)_2$. Journal of the American Chemical Society, 1996, 118: 1571-1572.
[77] Ananikov V P, Makarov A V, Beletskaya I P. Catalytic hydrofunctionalization of alkynes through P-H bond addition: the unique role of orientation and properties of the phosphorus group in the insertion step. Chemistry: A European Journal, 2011, 17: 12623-12630.
[78] Han L B, Choi N, Tanaka M. Oxidative addition of $HP(O)Ph_2$ to platinum(0) and palladium(0) complexes and palladium-catalyzed regio-and stereoselective hydrophosphinylation of alkynes. Organometallics, 1996, 15: 3259-3261.
[79] Han L B, Hua R, Tanaka M. Phosphinic acid induced reversal of regioselectivity in Pd-catalyzed hydrophosphinylation of alkynes with $Ph_2P(O)H$. Angewandte Chemie International Edition, 1998, 37: 94-96.
[80] Kanada J, Tanaka M. Efficient addition reaction of dibutylphosphane oxide with alkynes: new mechanistic proposal involving a duo of palladium and Brønsted acid. Advanced Synthesis & Catalysis, 2011, 353: 890-896.
[81] Deprèle S, Montchamp J L. Palladium-catalyzed hydrophosphinylation of alkenes and alkynes. Journal of the American Chemical Society, 2002, 124: 9386-9387.
[82] Han L B, Zhao C Q, Onozawa S Y, et al. Retention of configuration on the oxidative addition of P-H bond to platinum (0) complexes: the first straightforward synthesis of enantiomerically pure P-chiral alkenylphosphinates via palladium-catalyzed stereospecific hydrophosphinylation of alkynes. Journal of the American Chemical Society, 2002, 124: 3842-3843.
[83] Han L B, Ono Y, Shimada S. Palladium-catalyzed dehydrogenative cis double phosphorylation of alkynes with H-phosphonate leading to (*Z*)-bisphosphoryl-1-alkenes. Journal of the American Chemical Society, 2008, 130: 2752-2753.
[84] Chen T, Zhao C Q, Han L B. Hydrophosphorylation of alkynes catalyzed by palladium: generality and mechanism. Journal of the American Chemical Society, 2018, 140: 3139-3155.
[85] Zhao C Q, Han L B, Goto M, et al. ChemInform abstract: rhodium-catalyzed hydrophosphorylation of terminal alkynes leading to highly selective formation of (*E*)-alkenylphosphonates: complete reversal of regioselectivity to the palladium-catalyzed counterpart. Angewandte Chemie International Edition, 2001, 40: 1929-1932.

[86] Han L B, Zhao C Q, Tanaka M. Rhodium-catalyzed regio-and stereoselective addition of diphenylphosphine oxide to alkynes. Journal of Organic Chemistry, 2001, 66: 5929-5932.

[87] Stone J J, Stockland R A, Reyes J. M, et al. Microwave-assisted solventless single and double addition of $HP(O)Ph_2$ to alkynes. Journal of Molecular Catalysis A: Chemical 2005, 226: 11-21.

[88] Stockland R A, Lipman A J, Bawiec J A, et al. Remarkable tolerance of ethynyl steroids to air and water in microwave-assisted hydrophosphinylation: Reaction scope and limitations. Journal of Organometallic Chemistry, 2006, 691: 4042-4053.

[89] Richard M E, Reese K P, Stone J J, et al. Probing the steric limits of rhodium catalyzed hydrophosphinylation. P-H addition vs. dimerization/oligomerization/polymerization. Journal of Organometallic Chemistry, 2011, 696: 123-129.

[90] Duraud A, Toffano M, Fiaud J C. Regioselective metal-catalyzed hydrophosphinylation of alkynes: synthesis of enantiopure $\alpha$-or $\beta$-substituted vinylphosphane oxides. European Journal of Organic Chemistry, 2009: 4400-4403.

[91] Han L B, Zhang C, Yazawa H, et al. Efficient and selective nickel-catalyzed addition of H-P(O) and H-S bonds to alkynes. Journal of the American Chemical Society, 2004, 126: 5080-5081.

[92] Han L B, Ono Y, Yazawa H. Nickel-catalyzed addition of P(O)-H bonds to propargyl alcohols: one-pot generation of phosphinoyl 1,3-butadienes. Organic Letters, 2005, 7: 2909-2911.

[93] Ribière P, Bravo-Altamirano K, Antczak M I, et al. $NiCl_2$-catalyzed hydrophosphinylation. Journal of Organic Chemistry, 2005, 70: 4064-4072.

[94] Ananikov V P, Khemchyan L L, Beletskaya I P, et al. Acid-free nickel catalyst for stereo-and regioselective hydrophosphorylation of alkynes: synthetic procedure and combined experimental and theoretical mechanistic study. Advanced Synthesis & Catalysis, 2010, 352: 2979-2992.

[95] Fadel A, Legrand F, Evano G, et al. Highly regio-and stereoselective nickel-catalyzed addition of dialkyl phosphites to ynamides: an efficient synthesis of $\beta$-aminovinylphosphonates. Advanced Synthesis & Catalysis, 2011, 353: 263-267.

[96] Milton M D, Onodera G, Nishibayashi Y, et al. Double phosphinylation of propargylic alcohols: a novel synthetic route to 1,2-bis(diphenylphosphino)ethane derivatives. Organic Letters, 2004, 6: 3993-3995.

[97] Yamamoto Y, Fukatsu K, Nishiyama H. Ruthenium-catalyzed hydrophosphinylative cyclization of 1,6-diynes. Stereoselective synthesis of exocyclic 1,3-dienylphosphine oxides. Chemical Communications, 2012, 48: 7985-7987.

[98] Han L B, Mirzaei F, Zhao C Q, et al. High reactivity of a five-membered cyclic hydrogen phosphonate leading to development of facile palladium-catalyzed hydrophosphorylation of alkenes. Journal of the American Chemical Society, 2000, 122: 5407-5408.

[99] Xu Q, Han L B. Palladium-catalyzed asymmetric hydrophosphorylation of norbornenes. Organic Letters, 2006, 8: 2099-2101.

[100] Candy M, Rousseaux S A L, San Román A C, et al. Palladium-catalyzed hydrophosphonylation of alkenes with dialkyl H-phosphonates. Advanced Synthesis & Catalysis, 2014, 356: 2703-2708.

[101] Hong Y, Liu W, Dong M, et al. Pd(0)-catalyzed cyclizative phosphorylation of (*Z*)-1-iodo-1,6-diene: synthesis of alkylphosphonate and alkylthionophosphonate. Organic Letters, 2019, 21: 5742-5746.

[102] Yoo W J, Kobayashi S. Hydrophosphinylation of unactivated alkenes with secondary phosphineoxides under visible-light photocatalysis. Green Chemistry, 2013, 15: 1844-1848.

[103] Li Y M, Sun M, Wang H L, et al. Direct annulations toward phosphorylated oxindoles: silver-catalyzed carbon-phosphorus functionalization of alkenes. Angewandte Chemie International Edition, 2013, 52: 3972-3976.

[104] Li C X, Tu D S, Yao R, et al. Visible-light-induced cascade reaction of isocyanides and *N*-arylacrylamides with diphenylphosphine oxide via radical C-P and C-C bond formation. Organic Letters, 2016, 18: 4928-4931.

[105] Zhang H, Gu Z, Li Z, et al. Silver-catalyzed cascade radical cyclization: a direct approach to 3,4-disubstituted dihydroquinolin-2(1*H*)-ones through activation of the P-H bond and functionalization of the $C(sp^2)$-H bond. Journal of Organic Chemistry, 2016, 81: 2122-2127.

[106] Zheng J, Zhang Y, Wang D, et al. Silver( I )-mediated phosphorylation/cyclization cascade of *N*-cyanamide alkenes for divergent access to quinazolinones and dihydroisoquinolinones. Organic Letters, 2016, 18: 1768-1771.

[107] Kong W, Merino E, Nevado C. Arylphosphonylation and arylazidation of activated alkenes. Angewandte Chemie International Edition, 2014, 53: 5078-5082.
[108] Zhang P, Zhang L, Gao Y, et al. Copper-catalyzed tandem phosphination-decarboxylation-oxidation of alkynyl acids with H-phosphine oxides: a facile synthesis of $\beta$-ketophosphine oxides. Chemical Communications, 2015, 51: 7839-7842.
[109] Chen X, Li X, Chen X L, et al. A one-pot strategy to synthesize $\beta$-ketophosphonates: silver/copper catalyzed direct oxyphosphorylation of alkynes with H-phosphonates and oxygen in the air. Chemical Communications, 2015, 51: 3846-3849.
[110] Wang L J, Wang A Q, Xia Y, et al. Silver-catalyzed carbon-phosphorus functionalization of *N*-(*p*-methoxyaryl) propiolamides coupled with dearomatization: access to phosphorylated aza-decenones. Chemical Communications, 2014, 50: 13998-14001.
[111] Mi X, Wang C, Huang M, et al. Silver-catalyzed synthesis of 3-phosphorated coumarins via radical cyclization of alkynoates and dialkyl H-phosphonates. Organic Letters, 2014, 16: 3356-3359.
[112] Zhou Z Z, Jin D P, Li L H, et al. Silver-promoted oxidative cyclization of 1,6-enynes: highly regioselective synthesis of phosphorated fluorene derivatives. Organic Letters, 2014, 16: 5616-5619.
[113] Chen S, Zhang P, Shu W, et al. Cascade phosphinoylation/cyclization/isomerization process for the synthesis of 2-phosphinoyl-9H-pyrrolo[1, 2-a]indoles. Organic Letters, 2016, 18: 5712-5715.
[114] Hua H L, Zhang B S, He Y T, et al. Silver-mediated oxidative C-H/P-H functionalization: an efficient route for the synthesis of benzo [b] phosphole oxides. Organic Letters, 2015, 18: 216-219.
[115] Unoh Y, Hirano K, Satoh T, et al. An approach to benzophosphole oxides through silver-or manganese-mediated dehydrogenative annulation involving C-C and C-P bond formation. Angewandte Chemie International Edition, 2013, 52: 12975-12979.
[116] Chen Y R, Duan W L. Silver-mediated oxidative C-H/P-H functionalization: an efficient route for the synthesis of benzo[b]phosphole oxides. Journal of the American Chemical Society, 2013, 135: 16754-16757.
[117] Zhang P, Gao Y, Zhang L, et al. Copper-catalyzed cycloaddition between secondary phosphine oxides and alkynes: synthesis of benzophosphole oxides. Advanced Synthesis & Catalysis, 2016, 358: 138-142.
[118] Ma D, Chen W, Hu G, et al. $K_2S_2O_8$-mediated metal-free direct P-H/C-H functionalization: a convenient route to benzo[b]phosphole oxides from unactivated alkynes. Green Chemistry, 2016, 18: 3522-3526.
[119] Quint V, Morlet-Savary F, Lohier J F, et al. Metal-free, visible light-photocatalyzed synthesis of benzo[b]phosphole oxides: synthetic and mechanistic investigations. Journal of the American Chemical Society, 2016, 138: 7436-7441.
[120] Xia M, Cheng J. Catalyst-and oxidant-free coupling of disulfides with H-phosphine oxide: construction of P-S bond leading to thiophosphinates. Tetrahedron Letters, 2016, 57: 4702-4704.
[121] Sun J G, Yang H, Li P, et al. Metal-free visible-light-mediated oxidative cross-coupling of thiols with P(O)H compounds using air as the oxidant. Organic Letters, 2016, 18: 5114-5117.
[122] Nishibayashi Y, Wakiji I, Hidai M. Novel propargylic substitution reactions catalyzed by thiolate-Bridged diruthenium complexes via allenylidene intermediates. Journal of the American Chemical Society, 2000, 122: 11019-11020.
[123] Shan C, Chen F, Pan J, et al. $Zn(OTf)_2$-catalyzed phosphinylation of propargylic alcohols: access to $\gamma$-ketophosphine oxides. Journal of Organic Chemistry, 2017, 82: 11659-11666.
[124] Xie P, Wang J, Fan J, et al. The C-OH/P-H dehydrative cross-coupling for the construction of the P-C bond under metal-free conditions. Green Chemistry, 2017, 19: 2135-2139.
[125] Wo X, Xie P, Fu W, et al. Barium-catalyzed C-OH/P-H dehydrative cross-coupling for C-P bond construction. Chemical Communications, 2018, 54: 11132-11135.
[126] Chen L, Zhu Y, Chen T, et al. Direct C-OH/P(O)-H dehydration coupling forming phosphine oxides. Organic & Biomolecular Chemistry, 2018, 16: 5090-5093.
[127] Coudray L, Montchamp J L. Green, palladium-catalyzed synthesis of benzylic H-phosphinates from hypophosphorous acid and benzylic alcohols. European Journal of Organic Chemistry, 2008(24): 4101-4103.

[128] Xie P, Fan J, Liu Y, et al. Bronsted acid/organic photoredox cooperative catalysis: easy access to tri-and tetrasubstituted alkenylphosphorus compounds from alcohols and P-H species. Organic Letters, 2018, 20: 3341-3344.

[129] Onodera G, Matsumoto H, Milton M D, et al. Ruthenium-catalyzed formation of aryl(diphenyl)phosphine oxides by reactions of propargylic alcohols with diphenylphosphine oxide. Organic Letters, 2005, 7: 4029-4032.

[130] Hu C, Hong G, He Y, et al. Lewis acid-controlled regioselective phosphorylation of 2-indolylmethanols with diarylphosphine oxides: synthesis of highly substituted indoles. Journal of Organic Chemistry, 2018, 83: 4739-4753.

[131] Hu J, Zhao N, Yang B, et al. Copper-catalyzed C-P coupling through decarboxylation. Chemistry: A European Journal, 2011, 17: 5516-5521.

[132] Yang D, Zhao D, Mao L, et al. Copper/DIPEA-catalyzed, aldehyde-induced Tandem decarboxylation-coupling of natural $\alpha$-amino acids and phosphites or secondary phosphine oxides. Journal of Organic Chemistry, 2011, 76: 6426-6431.

[133] Kurosawa M B, Isshiki R, Muto K, et al. Catalytic deoxygenative coupling of aromatic esters with organophosphorus compounds. Journal of the American Chemical Society, 2020, 142: 7386-7392.

[134] Liu C, Ji C L, Zhou T, et al. Decarbonylative phosphorylation of carboxylic acids via redox-neutral palladium catalysis. Organic Letters, 2019, 21: 9256-9261.

[135] Zhang J S, Chen T Q, Han L B. Palladium-catalyzed direct decarbonylative phosphorylation of benzoic acids with P(O)-H compounds. European Journal of Organic Chemistry, 2020(9): 1148-1153.

[136] Liu C, Szostak M. Decarbonylative phosphorylation of amides by palladium and nickel catalysis: the hirao cross-coupling of amide derivatives. Angewandte Chemie International Edition, 2017, 56: 12718-12722.

[137] Isshiki R, Muto K, Yamaguchi J. Decarbonylative C-P bond formation using aromatic esters and organophosphorus compounds. Organic Letters, 2018, 20: 1150-1153.

[138] Dong J, Liu L, Ji X, et al. General oxidative aryl C-P bond formation through palladium-catalyzed decarbonylative coupling of aroylhydrazides with P(O)H compounds. Organic Letters, 2019, 21: 3198-3203.

[139] Liu L, Zhou D, Dong J, et al. Transition-metal-free C-P bond formation via decarboxylative phosphorylation of cinnamic acids with P(O)H compounds. Journal of Organic Chemistry, 2018, 83: 4190-4196.

[140] Wu Y, Liu L L, Yan K, et al. Nickel-catalyzed decarboxylative C-P cross-coupling of alkenyl acids with P(O)H compounds. Journal of Organic Chemistry, 2014, 79: 8118-8127.

[141] Li X, Yang F, Wu Y, et al. Copper-mediated oxidative decarboxylative coupling of arylpropiolic acids with dialkyl H-phosphonates in water. Organic Letters, 2014, 16: 992-995.

# 索引

## B

白磷........013
白磷的活化........009
白磷官能团化........020
白磷活化........016
不对称 aza-MBH 反应........189
不对称 MBH 反应........186
不对称［3+2］环化反应........255
不对称烯丙基化反应........232
不对称质子化........503

## C

插烯 Mannich 反应........378
成键数........004
催化的 Wittig 反应........050

## D

单质磷........011
氮杂 -Michael 加成反应........227
电化学活化........032
动力学拆分........507

## F

分子内 aza-Wittig 反应........058
分子内 Rauhut-Currier 反应........055
分子内 RC 反应........162
分子内 Wittig 反应........054
分子内氢胺化........505

## G

改进的 Appel 反应........085
改进的 Mitsunobu 反应........071
炔酸酯........056
炔酮的分子内环化反应........338

## H

含磷药物........008
含 P—C 键有机磷化合物........566
黑磷........040
红磷........034
环氧化........462
还原胺化........417

J

交叉 RC/Michael/Aldol 串联反应...173
交叉偶联反应........567
交叉脱氢偶联反应........581
烃硼化反应........482

K

开环反应........463

L

连续环化反应........302
连续 [2+3] / [2+4] 环化反应........306
连续 [3+2] / [2+3] 环化反应........306
连续 [3+3] / [3+3] 环化反应........311
联烯酸酯........053
磷酸化反应........609
磷酰基自由基参........599
磷叶立德........050
膦氢化反应........587

P

配位数........003

Q

亲核加成........438
氢磷酰化反应........587, 596
去对称化........500
去芳构化........509

S

生物分子标记........107
手性双功能硫脲 - 叔膦催化剂........195
叔膦连续催化........294
双功能手性方酰胺........195
缩合反应........497

W

完美合成化学........009

X

烯丙基碳酸酯........052

Y

有机磷化合物的分类........003
有机磷化合物的命名........005
有机磷化合物的应用........007
有机磷化学........002
有机磷农药........008
有机小分子催化........008

## Z

转移氢化……419
自由基捕获剂……030

## 其他

Aldol 反应……447
Appel 反应……050, 083
Arbusov 重排反应……002
aza-Cope 重排……520
aza-Darzen 反应……453
aza-Petasis-Ferrier 重排……514
aza-Wittig 反应……050
Bayer-Villiger 氧化……461
Biginelli 反应……448
Cloke-Wilson 重排……515
Diels-Alder 反应……408
ene 反应……435
Friedel-Crafts 烷基化……385
hetero-Diels-Alder 反应……400
Hirao 偶联反应……567
Huisgen 内盐……050, 109
Kukhtin-Ramirez 加合物……050, 121
Mannich 反应……378
MBH 醇衍生物的连续环化反应……334
MBH 醇衍生物的烯丙基化反应……230
MBH 醇衍生物的［1+2+2］环化反应……337
MBH 醇衍生物的［1+4］环化反应……327
MBH 醇衍生物的［2+4］环化反应……336
MBH 醇衍生物的［3+2］环化反应……312
MBH 醇衍生物的［3+3］环化反应……323
MBH 醇衍生物的［4+2］环化反应……337
Michael 加成反应……199, 453
Michaelis-Becker 反应……002
Mitsunobu 反应……008, 050, 069
Morita-Baylis-Hillman 反应……181
Morita-Baylis-Hillman（MBH）反应……152
Nazarov 环化……452
Piancatelli 重排……515
Pictet-Spengler 反应……411
Pinacol 重排……516
p$K_a$ 规则……069
Rauhut-Currier 反应……151
RC/Aldol 串联反应……172

RC/Michael 串联反应 ....................170
RC/Michael/Wittig 反应 ..................173
Staudinger 反应 ...............008, 050, 097
Staudinger 连接反应 ...............097, 099
Strecker 反应 ...................................410
Trofimov-Gusarova 反应 .................012
Ugi 反应...........................................450
Wittig 反应 ......................................050
Wittig 烯化反应 ..............................003
[1+4] 环化反应 ..............................271
[2+4] 环化反应 ..............................302
[2+4] / [2+3] 连续环化反应 .........335
[3, 3] - 二氮杂 -Cope 重排反应 ....517
[3+2] 环化反应 ..............................250
[3+2] / [3+2] 环化反应 .................306
[3+3] 环化反应 ......................307, 342
[4+1] 环化反应 ..............................289
[4+2] 环化反应 ......................275, 295
α- 极性反转加成反应 .....................229
β- 加成反应 .....................................225
β′ - 极性反转加成 ...........................228
γ- 极性反转加成反应......................215
1, 3-偶极环加成 ..............................466
1, 7- 极性反转加成反应 .................229

# 元素周期表

IUPAC 2013

图例（以95号元素 Am 为例）：

| | |
|---|---|
| +2 +3 +4 +5 +6 | 氧化态(单质的氧化态为0，未列入；常见的为红色) |
| 95 | 原子序数 |
| Am | 元素符号(红色的为放射性元素) |
| 镅▴ | 元素名称(注▴的为人造元素) |
| $5f^7 7s^2$ | 价层电子构型 |
| 243.06138(2)✦ | 以 $^{12}C=12$ 为基准的原子量(注✦的是半衰期最长同位素的原子量) |

s区元素　p区元素　d区元素　ds区元素　f区元素　稀有气体

| 族 / 周期 | 1 ⅠA | 2 ⅡA | 3 ⅢB | 4 ⅣB | 5 ⅤB | 6 ⅥB | 7 ⅦB | 8 ⅧB(Ⅷ) | 9 ⅧB(Ⅷ) | 10 ⅧB(Ⅷ) | 11 ⅠB | 12 ⅡB | 13 ⅢA | 14 ⅣA | 15 ⅤA | 16 ⅥA | 17 ⅦA | 18 ⅧA(0) | 电子层 |
|---|---|---|---|---|---|---|---|---|---|---|---|---|---|---|---|---|---|---|---|
| 1 | 1 H 氢<br>$1s^1$<br>1.008<br>−1 +1 | | | | | | | | | | | | | | | | | 2 He 氦<br>$1s^2$<br>4.002602(2) | K |
| 2 | 3 Li 锂<br>$2s^1$<br>6.94<br>+1 | 4 Be 铍<br>$2s^2$<br>9.0121831(5)<br>+2 | | | | | | | | | | | 5 B 硼<br>$2s^2 2p^1$<br>10.81<br>+3 | 6 C 碳<br>$2s^2 2p^2$<br>12.011<br>−4 +2 +4 | 7 N 氮<br>$2s^2 2p^3$<br>14.007<br>−3 −2 −1 +1 +2 +3 +4 +5 | 8 O 氧<br>$2s^2 2p^4$<br>15.999<br>−2 −1 | 9 F 氟<br>$2s^2 2p^5$<br>18.998403163(6)<br>−1 | 10 Ne 氖<br>$2s^2 2p^6$<br>20.1797(6) | L K |
| 3 | 11 Na 钠<br>$3s^1$<br>22.98976928(2)<br>−1 +1 | 12 Mg 镁<br>$3s^2$<br>24.305<br>+2 | | | | | | | | | | | 13 Al 铝<br>$3s^2 3p^1$<br>26.9815385(7)<br>+3 | 14 Si 硅<br>$3s^2 3p^2$<br>28.085<br>−4 +2 +4 | 15 P 磷<br>$3s^2 3p^3$<br>30.973761998(5)<br>−3 −2 +1 +3 +5 | 16 S 硫<br>$3s^2 3p^4$<br>32.06<br>−2 +2 +4 +6 | 17 Cl 氯<br>$3s^2 3p^5$<br>35.45<br>−1 +1 +3 +5 +7 | 18 Ar 氩<br>$3s^2 3p^6$<br>39.948(1) | M L K |
| 4 | 19 K 钾<br>$4s^1$<br>39.0983(1)<br>−1 +1 | 20 Ca 钙<br>$4s^2$<br>40.078(4)<br>+2 | 21 Sc 钪<br>$3d^1 4s^2$<br>44.955908(5)<br>+3 | 22 Ti 钛<br>$3d^2 4s^2$<br>47.867(1)<br>−1 0 +2 +3 +4 | 23 V 钒<br>$3d^3 4s^2$<br>50.9415(1)<br>0 ±1 +2 +3 +4 +5 | 24 Cr 铬<br>$3d^5 4s^1$<br>51.9961(6)<br>−3 0 ±1 ±2 +3 +4 +5 +6 | 25 Mn 锰<br>$3d^5 4s^2$<br>54.938044(3)<br>−2 0 ±1 +2 ±3 +4 +5 +6 +7 | 26 Fe 铁<br>$3d^6 4s^2$<br>55.845(2)<br>−2 0 ±1 +2 +3 +4 +5 +6 | 27 Co 钴<br>$3d^7 4s^2$<br>58.933194(4)<br>0 ±1 +2 +3 +4 +5 | 28 Ni 镍<br>$3d^8 4s^2$<br>58.6934(4)<br>0 ±1 +2 +3 +4 | 29 Cu 铜<br>$3d^{10} 4s^1$<br>63.546(3)<br>+1 +2 +3 +4 | 30 Zn 锌<br>$3d^{10} 4s^2$<br>65.38(2)<br>+1 +2 | 31 Ga 镓<br>$4s^2 4p^1$<br>69.723(1)<br>+1 +3 | 32 Ge 锗<br>$4s^2 4p^2$<br>72.630(8)<br>+2 +4 | 33 As 砷<br>$4s^2 4p^3$<br>74.921595(6)<br>−3 +3 +5 | 34 Se 硒<br>$4s^2 4p^4$<br>78.971(8)<br>−2 +2 +4 +6 | 35 Br 溴<br>$4s^2 4p^5$<br>79.904<br>−1 +1 +3 +5 +7 | 36 Kr 氪<br>$4s^2 4p^6$<br>83.798(2)<br>+2 +4 | N M L K |
| 5 | 37 Rb 铷<br>$5s^1$<br>85.4678(3)<br>−1 +1 | 38 Sr 锶<br>$5s^2$<br>87.62(1)<br>+2 | 39 Y 钇<br>$4d^1 5s^2$<br>88.90584(2)<br>+3 | 40 Zr 锆<br>$4d^2 5s^2$<br>91.224(2)<br>+1 +2 +3 +4 | 41 Nb 铌<br>$4d^4 5s^1$<br>92.90637(2)<br>0 ±1 +2 +3 +4 +5 | 42 Mo 钼<br>$4d^5 5s^1$<br>95.95(1)<br>0 ±1 ±2 +3 +4 +5 +6 | 43 Tc 锝▴<br>$4d^5 5s^2$<br>97.90721(3)✦<br>0 ±1 +2 +3 +4 +5 +6 +7 | 44 Ru 钌<br>$4d^7 5s^1$<br>101.07(2)<br>0 +1 ±2 +3 +4 +5 +6 +7 +8 | 45 Rh 铑<br>$4d^8 5s^1$<br>102.90550(2)<br>0 ±1 +2 +3 +4 +5 +6 | 46 Pd 钯<br>$4d^{10}$<br>106.42(1)<br>0 +1 +2 +3 +4 | 47 Ag 银<br>$4d^{10} 5s^1$<br>107.8682(2)<br>+1 +2 +3 | 48 Cd 镉<br>$4d^{10} 5s^2$<br>112.414(4)<br>+1 +2 | 49 In 铟<br>$5s^2 5p^1$<br>114.818(1)<br>+1 +3 | 50 Sn 锡<br>$5s^2 5p^2$<br>118.710(7)<br>+2 +4 | 51 Sb 锑<br>$5s^2 5p^3$<br>121.760(1)<br>−3 +3 +5 | 52 Te 碲<br>$5s^2 5p^4$<br>127.60(3)<br>−2 +2 +4 +6 | 53 I 碘<br>$5s^2 5p^5$<br>126.90447(3)<br>−1 +1 +3 +5 +7 | 54 Xe 氙<br>$5s^2 5p^6$<br>131.293(6)<br>+2 +4 +6 +8 | O N M L K |
| 6 | 55 Cs 铯<br>$6s^1$<br>132.90545196(6)<br>−1 +1 | 56 Ba 钡<br>$6s^2$<br>137.327(7)<br>+2 | 57~71 La~Lu<br>镧系 | 72 Hf 铪<br>$5d^2 6s^2$<br>178.49(2)<br>+1 +2 +3 +4 | 73 Ta 钽<br>$5d^3 6s^2$<br>180.94788(2)<br>0 ±1 +2 +3 +4 +5 | 74 W 钨<br>$5d^4 6s^2$<br>183.84(1)<br>0 ±1 ±2 +3 +4 +5 +6 | 75 Re 铼<br>$5d^5 6s^2$<br>186.207(1)<br>0 ±1 +2 +3 +4 +5 +6 +7 | 76 Os 锇<br>$5d^6 6s^2$<br>190.23(3)<br>0 +1 +2 +3 +4 +5 +6 +7 +8 | 77 Ir 铱<br>$5d^7 6s^2$<br>192.217(3)<br>0 ±1 +2 +3 +4 +5 +6 | 78 Pt 铂<br>$5d^9 6s^1$<br>195.084(9)<br>0 +2 +3 +4 +5 +6 | 79 Au 金<br>$5d^{10} 6s^1$<br>196.966569(5)<br>+1 +2 +3 +5 | 80 Hg 汞<br>$5d^{10} 6s^2$<br>200.592(3)<br>+1 +2 +3 | 81 Tl 铊<br>$6s^2 6p^1$<br>204.38<br>+1 +3 | 82 Pb 铅<br>$6s^2 6p^2$<br>207.2(1)<br>+2 +4 | 83 Bi 铋<br>$6s^2 6p^3$<br>208.98040(1)<br>−3 +3 +5 | 84 Po 钋<br>$6s^2 6p^4$<br>208.98243(2)✦<br>−2 +2 +3 +4 +6 | 85 At 砹<br>$6s^2 6p^5$<br>209.98715(5)✦<br>±1 +5 +7 | 86 Rn 氡<br>$6s^2 6p^6$<br>222.01758(2)✦<br>+2 | P O N M L K |
| 7 | 87 Fr 钫▴<br>$7s^1$<br>223.01974(2)✦<br>+1 | 88 Ra 镭<br>$7s^2$<br>226.02541(2)✦<br>+2 | 89~103 Ac~Lr<br>锕系 | 104 Rf 𬬻▴<br>$6d^2 7s^2$<br>267.122(4)✦ | 105 Db 𬭊▴<br>$6d^3 7s^2$<br>270.131(4)✦ | 106 Sg 𬭳▴<br>$6d^4 7s^2$<br>269.129(3)✦ | 107 Bh 𬭛▴<br>$6d^5 7s^2$<br>270.133(2)✦ | 108 Hs 𬭶▴<br>$6d^6 7s^2$<br>270.134(2)✦ | 109 Mt 鿏▴<br>$6d^7 7s^2$<br>278.156(5)✦ | 110 Ds 𫟼▴<br>281.165(4)✦ | 111 Rg 𬬭▴<br>281.166(6)✦ | 112 Cn 鿔▴<br>285.177(4)✦ | 113 Nh 鿭▴<br>286.182(5)✦ | 114 Fl 𫓧▴<br>289.190(4)✦ | 115 Mc 镆▴<br>289.194(6)✦ | 116 Lv 𫟷▴<br>293.204(4)✦ | 117 Ts 鿬▴<br>293.208(6)✦ | 118 Og 鿫▴<br>294.214(5)✦ | Q P O N M L K |

| | 57 | 58 | 59 | 60 | 61 | 62 | 63 | 64 | 65 | 66 | 67 | 68 | 69 | 70 | 71 |
|---|---|---|---|---|---|---|---|---|---|---|---|---|---|---|---|
| ★ 镧系 | La★ 镧<br>$5d^1 6s^2$<br>138.90547(7)<br>+3 | Ce 铈<br>$4f^1 5d^1 6s^2$<br>140.116(1)<br>+2 +3 +4 | Pr 镨<br>$4f^3 6s^2$<br>140.90766(2)<br>+3 +4 | Nd 钕<br>$4f^4 6s^2$<br>144.242(3)<br>+2 +3 +4 | Pm 钷▴<br>$4f^5 6s^2$<br>144.91276(2)✦<br>+3 | Sm 钐<br>$4f^6 6s^2$<br>150.36(2)<br>+2 +3 | Eu 铕<br>$4f^7 6s^2$<br>151.964(1)<br>+2 +3 | Gd 钆<br>$4f^7 5d^1 6s^2$<br>157.25(3)<br>+3 | Tb 铽<br>$4f^9 6s^2$<br>158.92535(2)<br>+3 +4 | Dy 镝<br>$4f^{10} 6s^2$<br>162.500(1)<br>+3 +4 | Ho 钬<br>$4f^{11} 6s^2$<br>164.93033(2)<br>+3 | Er 铒<br>$4f^{12} 6s^2$<br>167.259(3)<br>+3 | Tm 铥<br>$4f^{13} 6s^2$<br>168.93422(2)<br>+2 +3 | Yb 镱<br>$4f^{14} 6s^2$<br>173.045(10)<br>+2 +3 | Lu 镥<br>$4f^{14} 5d^1 6s^2$<br>174.9668(1)<br>+3 |

| | 89 | 90 | 91 | 92 | 93 | 94 | 95 | 96 | 97 | 98 | 99 | 100 | 101 | 102 | 103 |
|---|---|---|---|---|---|---|---|---|---|---|---|---|---|---|---|
| ★ 锕系 | Ac★ 锕<br>$6d^1 7s^2$<br>227.02775(2)✦<br>+3 | Th 钍<br>$6d^2 7s^2$<br>232.0377(4)<br>+3 +4 | Pa 镤<br>$5f^2 6d^1 7s^2$<br>231.03588(2)<br>+3 +4 +5 | U 铀<br>$5f^3 6d^1 7s^2$<br>238.02891(3)<br>+2 +3 +4 +5 +6 | Np 镎<br>$5f^4 6d^1 7s^2$<br>237.04817(2)✦<br>+3 +4 +5 +6 +7 | Pu 钚<br>$5f^6 7s^2$<br>244.06421(4)✦<br>+3 +4 +5 +6 +7 | Am 镅▴<br>$5f^7 7s^2$<br>243.06138(2)✦<br>+2 +3 +4 +5 +6 | Cm 锔▴<br>$5f^7 6d^1 7s^2$<br>247.07035(3)✦<br>+3 +4 | Bk 锫▴<br>$5f^9 7s^2$<br>247.07031(4)✦<br>+3 +4 | Cf 锎▴<br>$5f^{10} 7s^2$<br>251.07959(3)✦<br>+2 +3 +4 | Es 锿▴<br>$5f^{11} 7s^2$<br>252.0830(3)✦<br>+2 +3 | Fm 镄▴<br>$5f^{12} 7s^2$<br>257.09511(5)✦<br>+2 +3 | Md 钔▴<br>$5f^{13} 7s^2$<br>258.09843(3)✦<br>+2 +3 | No 锘▴<br>$5f^{14} 7s^2$<br>259.1010(7)✦<br>+2 +3 | Lr 铹▴<br>$5f^{14} 6d^1 7s^2$<br>262.110(2)✦<br>+3 |